# 폐기물처리
## 기사 필기

# PREFACE
## WASTES TREATMENT

본서는 한국산업인력공단 최근 출제기준에 맞추어 구성하였으며 폐기물처리기사 필기시험을 준비하는 수험생 여러분들이 효율적으로 공부할 수 있도록 필수내용만 정성껏 담았습니다.

### ● 본 교재의 특징

1. 최근 출제경향에 맞추어 핵심이론과 계산문제 및 풀이 수록
2. 각 단원별로 출제비중 높은 내용 표시
3. 최근 폐기물 관련 법규, 공정시험기준 수록 및 출제비중 높은 내용 표시
4. 핵심필수문제(이론·계산) 및 최근 기출문제풀이의 상세한 해설 수록

차후 실시되는 시험문제들의 해설을 통해 미흡하고 부족한 점을 계속 수정·보완해 나가도록 하겠습니다.

끝으로, 이 책을 출간하기까지 끊임없는 성원과 배려를 해주신 예문사 관계자 여러분, 주경야독 윤동기 이사님, 달팽이 박수호님, 인천의 친구 김성기에게 깊은 감사를 전합니다.

저자 **서영민**

徹頭徹尾 (철두철미)
처음부터 끝까지 빈틈없이 철저하게

# INFORMATION

## 폐기물처리기사 출제기준(필기)

| 직무분야 | 환경·에너지 | 중직무분야 | 환경 | 자격종목 | 폐기물처리기사 | 적용기간 | 2026.1.1.~2030.12.31. |
|---|---|---|---|---|---|---|---|

○ 직무내용 : 사람의 생활이나 사업활동과 관련하여 발생된 폐기물을 물리적, 생물학적, 화학적으로 처리하기 위한 계획을 수립하고, 처리시설을 설계, 시공, 운영하는 업무를 수행하는 직무이다.

| 필기검정방법 | 객관식 | 문제수 | 80 | 시험시간 | 2시간 |
|---|---|---|---|---|---|

| 필기과목명 | 문제수 | 주요항목 | 세부항목 | 세세항목 |
|---|---|---|---|---|
| 폐기물개론 | 20 | 1. 오염원 현황 파악 | 1. 폐기물 발생원 현황 파악 | 1. 폐기물 발생원 파악<br>2. 폐기물 분류체계<br>3. 폐기물 유해성 확인 |
| | | | 2. 배출원별 발생량 및 처리량 | 1. 폐기물 발생 및 처리량 파악<br>2. 발생량 조사 및 예측 |
| | | 2. 폐기물관리 계획 수립 | 1. 폐기물 발생 특성 파악 | 1. 폐기물 특성 파악<br>2. 폐기물 통계자료 조사 및 분석<br>3. 폐기물 발생 및 처리 현황 분석 |
| | | | 2. 환경법규와 정책 조사 | 1. 환경 관련 법률 및 제도 파악<br>2. 폐기물 처리 법적 기준 및 관리 기준 파악<br>3. 폐기물 관리 대책 및 방안<br>4. 국외 폐기물 분류체계 및 관련 동향 파악 |
| | | | 3. 폐기물관련법 | 1. 폐기물관리법<br>2. 기타 관련법 |
| | | 3. 폐기물처리시설 설치 계획 | 1. 폐기물처리시설 종류, 특성파악 | 1. 대상 폐기물의 특성 파악<br>2. 처리시설 분류 및 주요 단위 공정 파악<br>3. 처리시설별 특성 파악 |
| | | | 2. 폐기물처리시설 현황 조사 | 1. 처리시설 조사 및 파악<br>2. 설계도서의 이해<br>3. 설계, 시공, 운전의 문제점 분석 및 개선 |

| 필기과목명 | 문제수 | 주요항목 | 세부항목 | 세세항목 |
|---|---|---|---|---|
| | | | 3. 처리공정별 최적 가용 기술(BAT) 선정 | 1. 최적 가용기술 선정<br>2. 부산물 활용 및 2차 오염 저감<br>3. 최적 가용기술을 활용한 폐기물 처리시설 계획수립 |
| | | 4. 수거 · 운반 | 1. 폐기물 분리배출 및 보관 | 1. 폐기물의 분리배출 구분 및 방법<br>2. 폐기물 보관용기 종류 및 용량 파악<br>3. 배출원에서 폐기물 저감 |
| | | | 2. 폐기물 수거와 운반(수송) | 1. 수거체계 파악 및 계획<br>2. 수거관련 장비, 차량 현황 파악<br>3. 수거 노선 계획 |
| | | | 3. 적환장(중계처리시설) 관리 | 1. 적환장의 위치와 규모 파악<br>2. 폐기물 종류별 분리 및 선별<br>3. 폐기물의 압축 및 적재방법<br>4. 적환장 2차 환경오염 관리 |
| | | | 4. 폐기물 추적 관리 | 1. 무선주파수 인식 시스템의 이해<br>2. GIS, GPS 시스템의 파악<br>3. 올바로시스템(전자 인수인계서)의 이해 및 활용 |
| | | 5. 폐기물관리 행정 업무 | 1. 행정절차 이행 | 1. 폐기물 관련 인허가 업무 파악<br>2. 폐기물 시설 운영 실적자료 보관 및 관리<br>3. 폐기물관련법에 따른 서류 작성, 기록 및 보존<br>4. 법적 행정조치에 대한 대응 업무<br>5. 폐기물 관련 안전사고 예방 및 관리 |
| 폐기물 재활용 및 자원화 기술 | 20 | 1. 물리적 처리기술 | 1. 전처리 기술 | 1. 압축 · 파쇄 · 분쇄 · 절단 기술<br>2. 용융 · 증발 · 농축 · 정제 기술<br>3. 유수 분리 · 탈수 · 건조 기술<br>4. 2차 환경오염방지 기술 |
| | | | 2. 연료화 기술 | 1. 연료화 대상 가연성 폐기물의 성상, 특성 이해<br>2. 연료화 시설 단위공정 파악<br>3. 2차 환경오염방지 기술<br>4. 연료의 품질기준 파악 |

# INFORMATION

| 필기과목명 | 문제수 | 주요항목 | 세부항목 | 세세항목 |
|---|---|---|---|---|
| | | | 3. 건설폐기물 처리기술 | 1. 건설폐기물의 종류 파악<br>2. 건설폐기물의 처리 공정 파악<br>3. 2차 환경오염방지 기술<br>4. 재활용 제품의 품질기준 파악 |
| | | | 4. 기타 물리적 처리기술 | 1. 기타 물리적 처리기술 |
| | | 2. 화학적 처리기술 | 1. 화학적 처리 | 1. 고형화 · 안정화, 고화 기술<br>2. 중화 · 산화 · 환원 · 중합 · 축합 · 치환 등 기술<br>3. 응집 · 침전 기술<br>4. 2차 환경오염방지 기술<br>5. 재활용 제품의 품질기준 파악 |
| | | | 2. 열적 · 화학적 처리 | 1. 열분해 재활용<br>2. 가용화 기술<br>3. 기타 열적 처리 기술<br>4. 2차 환경오염방지 기술<br>5. 재활용 제품의 품질기준 파악 |
| | | | 3. 기타 화학적 처리 | 1. 각종 금속 회수 기술<br>2. 바이오디젤 등 화학적 생산 기술 |
| | | 3. 생물학적 처리기술 | 1. 호기성 처리기술 | 1. 퇴비화 기술<br>2. 고온습식 산화 기술<br>3. 2차 환경오염방지 기술<br>4. 재활용 제품의 품질기준 파악 |
| | | | 2. 혐기성 처리기술 | 1. 혐기성 소화 기술<br>2. 바이오가스의 정제 및 이용<br>3. 2차 환경오염방지 기술<br>4. 재활용 제품의 품질기준 파악 |
| | | | 3. 기타 생물학적 처리 | 1. 바이오 에탄올, 메탄올 등 생물학적 생산기술<br>2. 기타 생물학적 처리 기술 |
| 폐기물 처분 기술 | 20 | 1. 중간처분 기술 | 1. 연소이론 및 계산 | 1. 연소 및 열효율<br>2. 산소량 · 공기량 · 연소가스량<br>3. 연소배기가스 내 오염물질 종류 및 농도 등 |
| | | | 2. 폐기물 종류별 연소 특성 | 1. 고위 및 저위 발열량<br>2. 생활폐기물 연소특성 |

| 필기과목명 | 문제수 | 주요항목 | 세부항목 | 세세항목 |
|---|---|---|---|---|
| | | | | 3. 사업장폐기물 연소특성<br>4. 기타 폐기물 연소특성 |
| | | | 3. 소각공정 | 1. 폐기물 투입방식<br>2. 연소조건 및 영향인자<br>3. 소각재 처분 |
| | | | 4. 소각로의 종류 및 특성 | 1. 소각로의 종류 및 특성<br>2. 연소방식의 종류 및 특성 |
| | | | 5. 소각로의 설계 및 운전관리 | 1. 소각로 설계<br>2. 소각로 운전관리 |
| | | | 6. 연소가스 처리 및 오염방지 | 1. 연소가스 처리 방법 및 장치<br>2. 연소가스 처리 설비의 종류 및 특징 |
| | | | 7. 폐열 회수 및 이용 | 1. 폐열 회수 방법<br>2. 폐열 회수 설비<br>3. 회수에너지 이용 |
| | | 2. 최종처분 기술 | 1. 매립 기술 | 1. 매립지 선정<br>2. 매립 공법<br>3. 매립지 내 유기물 분해<br>4. 침출수 발생 및 처분<br>5. 가스 발생 및 처분<br>6. 매립시설 설계 및 운전관리 |
| | | | 2. 매립지 안정화 및 사후관리 | 1. 매립지 안정화 검토<br>2. 사후관리<br>3. 사후 토지 이용 계획 |
| 폐기물공정<br>시험기준 | 20 | 1. 총칙 | 1. 일반 사항 | 1. 용어 정의<br>2. 기타 시험 조작 사항 등<br>3. 정도보증/정도관리 등 |
| | | 2. 일반 시험법 | 1. 시료채취 방법 | 1. 성상에 따른 시료의 채취방법<br>2. 시료의 양과 수 |
| | | | 2. 시료의 조제 방법 | 1. 시료 전처리<br>2. 시료 축소 방법 |
| | | | 3. 시료의 전처리 방법 | 1. 전처리 필요성<br>2. 전처리 방법 및 특징 |
| | | | 4. 함량 시험 방법 | 1. 원리 및 적용범위<br>2. 시험 방법 |

| 필기과목명 | 문제수 | 주요항목 | 세부항목 | 세세항목 |
|---|---|---|---|---|
| | | | 5. 용출시험 방법 | 1. 적용범위 및 시료용액의 조제<br>2. 용출조작 및 시험방법<br>3. 시험결과의 보정 |
| | | | 6. 기타 시험방법 | 1. 유해특성(재활용환경성평가)<br>2. 금속함량(수출입폐기물) |
| | | 3. 기기 분석법 | 1. 자외선/가시선분광법 | 1. 측정원리 및 적용범위<br>2. 장치의 구성 및 특성<br>3. 조작 및 결과분석방법 |
| | | | 2. 원자흡수분광광도법 | 1. 측정원리 및 적용범위<br>2. 장치의 구성 및 특성<br>3. 조작 및 결과분석방법 |
| | | | 3. 유도결합 플라즈마<br>원자발광분광법 | 1. 측정원리 및 적용범위<br>2. 장치의 구성 및 특성<br>3. 조작 및 결과분석방법 |
| | | | 4. 기체크로마토그래피법 | 1. 측정원리 및 적용범위<br>2. 장치의 구성 및 특성<br>3. 조작 및 결과분석방법 |
| | | | 5. 이온전극법 등 | 1. 측정원리 및 적용범위<br>2. 장치의 구성 및 특성<br>3. 조작 및 결과분석방법 |
| | | 4. 항목별 시험방법 | 1. 일반항목 | 1. 측정원리<br>2. 기구 및 기기<br>3. 시험방법 |
| | | | 2. 금속류 | 1. 측정원리<br>2. 기구 및 기기<br>3. 시험방법 |
| | | | 3. 유기화합물류 | 1. 측정원리<br>2. 기구 및 기기<br>3. 시험방법 |
| | | | 4. 기타 | 1. 측정원리<br>2. 기구 및 기기<br>3. 시험방법 |

| 필기과목명 | 문제수 | 주요항목 | 세부항목 | 세세항목 |
|---|---|---|---|---|
| | | 5. 분석용 시약 제조 | 1. 시약제조방법 | 1. 시약 및 용액<br>2. 완충용액<br>3. 표준용액<br>4. 규정용액 |
| | | 6. 폐기물 조사분석 | 1. 결과해석 및 보고 | 1. 폐기물 분석결과 정리, 기록, 해석 및 보고 |

# PART 01. 폐기물개론

01 폐기물의 정의 및 분류 ········································································· 1-3
02 폐기물 처리계획(최소화 정책) ···························································· 1-6
03 전과정평가(LCA ; Life Cycle Assessment) ···································· 1-9
04 쓰레기 발생량 예측 및 조사방법 ························································ 1-11
05 폐기물(쓰레기)의 성상분석(조사)방법 ················································ 1-14
06 슬러지의 함수율과 비중(밀도)의 관계 ················································ 1-33
07 슬러지양과 함수율의 관계(슬러지와 함수율의 물질수지) ·················· 1-36
08 유해물질의 배출원 및 인체에의 영향 ················································ 1-41
09 폐기물의 수거 ······················································································· 1-43
10 폐기물의 수송(수집)방법 ······································································ 1-59
11 적환장(Transfer station) ··································································· 1-62
12 폐기물의 관리체계 ················································································ 1-65
13 청소상태의 평가법 ················································································ 1-70
14 폐기물 압축 ··························································································· 1-72
15 폐기물 파쇄 ··························································································· 1-80
16 폐기물 선별 ··························································································· 1-90
17 폐기물의 기계적·생물학적 처리(MBT) ············································ 1-101
18 퇴비화(Composting) ··········································································· 1-103
19 열분해(Pyrolysis) ················································································· 1-115
20 고형연료제품(SRF ; Solid Refuse Fuel) ········································· 1-119
21 폐기물 관련 법규 ················································································· 1-120
 ■ 용어 정의(법 제2조) ······································································ 1-120
 ■ 사업장 범위(영 제2조) – 대통령령으로 정하는 사업장 종류 ········ 1-121
 ■ 지정폐기물의 종류(영 제3조 : 별표 1) ········································· 1-121
 ■ 지정폐기물에 함유된 유해물질(규칙 제2조 : 별표 1)
   – 오니류·폐흡착제 및 폐흡수제에 함유된 유해물질 ··············· 1-123

- 의료폐기물 발생 의료기관 및 시험·검사기관 등(규칙 제2조 : 별표 3)
  - 환경부령으로 정하는 의료기관이나 시험·검사기관 ················· 1-124
- 의료폐기물의 종류(영 제4조 : 별표 2) ············································· 1-125
- 폐기물의 종류별 세부분류(규칙 제4조의2 : 별표 4) ····················· 1-125
- 에너지 회수기준(규칙 제3조) ··························································· 1-126
- 폐기물처리시설의 종류(영 제5조 : 별표 3) ···································· 1-127
- 폐기물 감량화시설의 종류(영 제6조 : 별표 4) ······························ 1-129
- 적용범위(법 제3조) – 폐기물관리법을 적용하지 않는 해당물질 ······· 1-129
- 폐기물관리의 기본원칙(법 제3조의2) ·············································· 1-130
- 국가와 지방자치단체의 책무(법 제4조) ·········································· 1-130
- 광역 폐기물처리시설의 설치·운영의 위탁자(규칙 제5조) ············ 1-131
- 폐기물처리시설의 설치·운영을 위탁받을 수 있는 자의 기준
  (규칙 제5조 : 별표 4의4) ································································· 1-131
- 생활폐기물의 발생지 처리(법 제5조의2) ········································ 1-132
- 반입협력금의 징수(법 제5조의3) ····················································· 1-132
- 폐기물처리시설 반입수수료(법 제6조) ············································ 1-132
- 폐기물처리시설 반입수수료 결정 시 고려하는 경비(규칙 제6조) ······ 1-132
- 국민의 책무(법 제7조) ····································································· 1-133
- 폐기물의 처리기준(법 제13조) ························································ 1-133
- 폐기물 처리기준(영 제7조) – 폐기물 처리기준 및 방법 ··············· 1-133
- 폐기물의 재활용 준수사항(영 제7조의2 : 별표 4의2) ·················· 1-134
- 재활용이 금지되거나 제한되는 폐기물(영 제7조의3 : 별표 4의3) ······ 1-134
- 폐기물 수집·운반업자 등의 운반기준(규칙 제9조) ······················· 1-134
- 폐기물처리사업장 외의 장소에서의 폐기물 보관시설 기준(규칙 제11조)
  - 환경부령으로 정하는 경우 ·························································· 1-136
- 폐기물재활용 신고자와 광역 폐기물처리시설 설치·운영자의
  폐기물처리기간(규칙 제12조) ························································ 1-136
- 폐기물의 처리에 관한 구체적인 기준 및 방법(규칙 제14조 : 별표 5) ······ 1-137
- 폐기물의 재활용 원칙 및 준수사항(법 제13조의2) ······················· 1-151
- 재활용환경성평가에 따른 재활용의 승인 절차(규칙 제14조의6) ······· 1-151
- 유해성 검사기관(규칙 제14조의13) ················································· 1-152
- 폐기물 사용 시멘트에 대한 정보공개(규칙 제14조의14) ·············· 1-153

# CONTENTS

- 생활폐기물의 처리(법 제14조) ··········· 1-153
- 생활폐기물의 처리대행자(영 제8조) ··········· 1-155
- 생활폐기물 수집·운반 대행자에 대한 과징금 처분(법 제14조의2) ··········· 1-155
- 음식물류 폐기물 발생 억제 계획의 수립 등(법 제14조의3) ··········· 1-156
- 생활폐기물 중 특정 품목의 대행(법 제14조의6) ··········· 1-156
- 과징금의 부과(영 제8조의2) ··········· 1-157
- 과징금의 사용용도(영 제8조의3) ··········· 1-157
- 음식물류 폐기물 배출자의 범위(영 제8조의4) ··········· 1-157
- 폐기물배출자의 처리 협조(법 제15조) ··········· 1-158
- 음식물류 폐기물 배출자의 의무(법 제15조의2) ··········· 1-159
- 음식물류 폐기물 발생 억제 계획의 수립주기 및 평가방법 등(규칙 제16조) ··········· 1-159
- 생활계 유해폐기물 처리계획의 수립(규칙 제16조의2)
  - 생활계 유해폐기물 종류 ··········· 1-159
- 생활폐기물 수집·운반 관련 안전기준(규칙 제16조의3) ··········· 1-160
- 사업장폐기물배출자의 의무(법 제17조) ··········· 1-160
- 폐기물분석전문기관의 지정(법 제17조의2) ··········· 1-162
- 폐기물분석전문기관 지정의 취소(법 제17조의5) ··········· 1-162
- 음식물류 폐기물 배출자의 범위(규칙 제17조) ··········· 1-163
- 사업장폐기물배출자의 확인 등(규칙 제17조의2) ··········· 1-163
- 사업장폐기물배출자의 범위(규칙 제17조의3) ··········· 1-163
- 사업장폐기물배출자의 신고(규칙 제18조) ··········· 1-164
- 지정폐기물 처리계획의 확인(규칙 제18조의2) ··········· 1-165
- 폐기물 발생 억제를 위한 기본 방침 및 절차(규칙 제19조)
  - 환경부령으로 정하는 기본방침과 절차 ··········· 1-166
- 사업장폐기물의 처리(법 제18조) ··········· 1-167
- 유해성 정보자료의 작성·제공 의무(법 제18조의2) ··········· 1-167
- 폐기물 인계·인수사항과 폐기물처리현장 정보의 입력 방법과 절차
  (규칙 제20조 제3항 : 별표 6) ··········· 1-168
- 사업장폐기물의 공동처리(규칙 제21조)
  - 환경부령으로 정하는 둘 이상의 사업장폐기물 배출자 ··········· 1-169
- 폐기물처리업(법 제25조) ··········· 1-169
- 폐기물처리업의 적합성확인(법 제25조의3) ··········· 1-172

- 의료폐기물 처리에 관한 특례(법 제25조의4) ········································· 1-172
- 폐기물처리업의 허가(규칙 제28조) ····················································· 1-172
- 폐기물처리업의 시설·장비·기술능력의 기준(규칙 제28조 제6항 : 별표 7) ··· 1-175
- 폐기물처리업의 변경허가(규칙 제29조) ··············································· 1-177
- 폐기물처리업자의 폐기물 보관량 및 처리기한(규칙 제31조) ··················· 1-178
- 화재예방조치(규칙 제31조의2) ··························································· 1-179
- 폐기물처리업자의 준수사항(규칙 제32조 : 별표 8) ······························· 1-180
- 폐기물처리업의 변경신고(규칙 제33조) ··············································· 1-181
- 전용용기 검사기관(규칙 제34조의7) ···················································· 1-181
- 결격사유(법 제26조) ·········································································· 1-181
- 벌금형의 분리 선고(법 제26조의2) ······················································ 1-182
- 허가의 취소(법 제27조) ····································································· 1-182
- 폐기물처리업자에 대한 과징금 처분(법 제28조) ·································· 1-183
- 과징금을 부과할 위반행위별 과징금의 금액(영 제11조) ························· 1-184
- 과징금의 부과 및 납부(영 제11조의2) ·················································· 1-185
- 과징금의 사용용도(영 제12조) ···························································· 1-185
- 폐기물처리시설의 설치(법 제29조) ······················································ 1-185
- 폐기물처분시설 또는 재활용시설의 설치기준(규칙 제35조 : 별표 9) ········· 1-186
- 설치가 금지되는 폐기물 소각 시설(규칙 제36조) ·································· 1-193
- 폐기물처리시설 설치승인·신고의 제외대상(규칙 제37조) ····················· 1-193
- 설치신고대상 폐기물처리시설(규칙 제38조) ········································· 1-193
- 폐기물처리시설의 설치승인(규칙 제39조) ············································ 1-194
- 폐기물처리시설의 설치신고(규칙 제40조) ············································ 1-195
- 폐기물처리시설의 사용신고 및 검사(규칙 제41조) ······························· 1-196
- 폐기물처분시설 또는 재활용시설의 검사기준(규칙 제41조 제6항 : 별표 10) ··· 1-198
- 폐기물처리시설 검사기관의 지정(법 제30조의2) ··································· 1-202
- 폐기물처리시설의 관리(법 제31조) ······················································ 1-203
- 폐기물처분시설 또는 재활용시설의 관리기준(규칙 제42조 제1항 : 별표 11) ··· 1-204
- 오염물질 측정대상 폐기물처리시설(영 제13조) ···································· 1-209
- 오염물질의 측정(규칙 제43조) ···························································· 1-209
- 측정대상 오염물질의 종류 및 측정주기(규칙 제43조 : 별표 12) ············· 1-209
- 주변지역 영향조사대상 폐기물처리시설(영 제14조) ······························ 1-209

## CONTENTS

- 폐기물처리시설의 폐쇄절차대행자(영 제14조의2) ········································· 1-210
- 폐기물처리시설의 개선기간(규칙 제44조) ··················································· 1-210
- 오염물질의 측정명령이나 주변지역 영향조사명령의 이행기간(규칙 제45조) ···· 1-210
- 폐기물처리시설 주변지역 영향조사 기준(규칙 제46조 : 별표 13) ················· 1-210
- 기술관리인(법 제34조) ··················································································· 1-211
- 기술관리인을 두어야 할 폐기물처리시설(영 제15조) ····································· 1-211
- 기술관리대행자(영 제16조) ············································································ 1-212
- 기술관리인의 자격기준(규칙 제48조 : 별표 14) ············································· 1-212
- 폐기물처리시설에 대한 기술관리대행계약에 포함될 점검항목
  (규칙 제49조 : 별표 15) ················································································· 1-213
- 폐기물처리 담당자 등에 대한 교육(법 제35조) ············································· 1-214
- 교육대상자(영 제17조) ··················································································· 1-214
- 폐기물처리 담당자 등에 대한 교육(규칙 제50조) ········································· 1-214
- 교육과정(규칙 제51조) ··················································································· 1-215
- 교육대상자의 선발 및 등록(규칙 제53조) ····················································· 1-216
- 교육결과 보고(규칙 제54조) ·········································································· 1-216
- 장부 등의 기록과 보존(법 제36조) ································································ 1-216
- 휴업과 폐업 등의 신고(규칙 제59조) ···························································· 1-217
- 보고서 제출(법 제38조) ················································································· 1-217
- 보고서의 제출(규칙 제60조) ·········································································· 1-218
- 시험·분석기관(규칙 제63조) ·········································································· 1-218
- 폐기물처리업자 등의 방치폐기물 처리(법 제40조) ······································· 1-219
- 방치폐기물의 처리이행보증보험(영 제18조) ·················································· 1-219
- 폐기물의 처리명령 대상이 되는 조업중단기간(영 제20조) ··························· 1-219
- 처리이행보증보험금액의 산출기준(영 제21조) ·············································· 1-220
- 방치폐기물의 처리량과 처리기간(영 제23조) ················································ 1-220
- 폐기물처리 공제조합의 설립(법 제41조) ······················································· 1-220
- 조합의 사업(법 제42조) ················································································· 1-221
- 분담금(법 제43조) ·························································································· 1-221
- 폐기물 인계·인수 내용 등의 전산처리(법 제45조) ······································· 1-221
- 폐기물처리 신고(법 제46조) ·········································································· 1-221
- 폐기물처리 신고대상 ····················································································· 1-222

- 폐기물처리 신고자가 갖추어야 할 보관시설 및 재활용시설
  (규칙 제66조 제1항 : 별표 17) ·········································· 1-223
- 폐기물처리 신고(규칙 제67조) ·········································· 1-223
- 폐기물처리 신고자의 준수사항(규칙 제67조의2 : 별표 17의2) ········· 1-224
- 폐기물처리 신고자에 대한 과징금 처분(법 제46조의2) ················ 1-224
- 과징금을 부과할 위반행위별 과징금의 금액(영 제23조의3) ············ 1-225
- 과징금의 사용 용도(영 제23조의4) ······································ 1-225
- 폐기물의 회수조치(법 제47조) ·········································· 1-225
- 폐기물의 반입정지명령(법 제47조의2) ·································· 1-226
- 폐기물처리에 대한 조치명령(법 제48조) ································ 1-226
- 폐기물처리자문위원회(법 제48조의3) ··································· 1-227
- 폐기물적정처리 추진센터(법 제48조의4) ································ 1-227
- 과징금(법 제48조의5) ···················································· 1-228
- 과징금의 계산방법(영 제23조의7) ······································· 1-228
- 폐기물처리시설의 사후관리(법 제50조) ································· 1-228
- 폐기물의 회수 등의 조치대상이 되는 제품에 함유된 수질오염물질 등
  (규칙 제68조 : 별표 18) ················································· 1-229
- 폐기물처리시설의 사용종료 및 사후관리(규칙 제69조) ················ 1-229
- 폐기물 매립시설의 검사(규칙 제69조의2) ······························· 1-230
- 사후관리대상(영 제24조) ················································ 1-230
- 사후관리 기준 및 방법(규칙 제70조 : 별표 19) ······················· 1-231
- 사후관리대행자(영 제25조) ·············································· 1-232
- 폐기물처리시설의 사후관리이행보증금(법 제51조) ····················· 1-232
- 사후관리 등 비용의 예치(영 제26조) ··································· 1-233
- 사후관리이행보증금의 산출기준(영 제30조) ···························· 1-233
- 사후관리이행보증금의 사전적립(법 제52조) ···························· 1-234
- 사후관리이행보증금의 사전적립(영 제33조) ···························· 1-234
- 사후관리이행보증금의 용도(법 제53조) ································· 1-235
- 사용종료 또는 폐쇄 후의 토지이용 제한 등(법 제54조) ··············· 1-235
- 토지이용 제한(영 제35조) ··············································· 1-235
- 토지이용계획서의 첨부서류(규칙 제79조) ······························· 1-236
- 폐기물처리시설 사후관리 사항에 대한 의견청취(영 제36조) ·········· 1-236

- 폐기물 처리실적의 보고(법 제58조) ············································ 1-236
- 한국폐기물협회(법 제58조의2) ················································ 1-236
- 한국폐기물협회의 설립(영 제36조의2) ········································ 1-236
- 한국폐기물협회의 업무 등(영 제36조의3) ···································· 1-237
- 수수료(법 제59조) ······························································ 1-237
- 수수료(규칙 제82조) ···························································· 1-237
- 행정처분의 기준(법 제60조) ··················································· 1-237
- 청문(법 제61조) ································································· 1-238
- 업무의 위탁(영 제37조의2) ···················································· 1-238
- 벌칙(법 제63조) ································································· 1-238
- 벌칙(법 제64조) ································································· 1-238
- 벌칙(법 제65조) ································································· 1-239
- 벌칙(법 제66조) ································································· 1-240
- 과태료(법 제68조) ······························································ 1-241
- 과태료의 부과기준(영 제38조의4 : 별표 8) ································· 1-244

# PART 02 폐기물 재활용 및 자원화 기술

- 01 슬러지 및 분뇨처리 ·········································································· 2-3
- 02 슬러지 농축 ······················································································ 2-16
- 03 슬러지 개량(Conditioning) ······························································ 2-22
- 04 혐기성 소화 ······················································································ 2-24
- 05 호기성 소화 ······················································································ 2-35
- 06 슬러지 세척(세정법, 수세법 : Elutriation) ···································· 2-37
- 07 슬러지의 탈수 ·················································································· 2-46
- 08 폐기물 중간처리시설 ······································································ 2-52
- 09 고형화 처리 ······················································································ 2-59
- 10 폐기물 최종처리(매립)의 일반적 사항 ········································ 2-68
- 11 매립방법의 구분 ·············································································· 2-71
- 12 매립구조에 의한 구분 ···································································· 2-75
- 13 복토(덮개설비) ················································································· 2-77
- 14 매립지 내의 유기물 분해 ······························································ 2-83
- 15 침출수의 발생 ·················································································· 2-91
- 16 토양오염의 대책 ············································································ 2-114
- 17 자원화 ····························································································· 2-126

# PART 03 폐기물 처분 기술

01 연소이론 ······ 3-3
02 연료의 연소 ······ 3-6
03 연소반응 ······ 3-15
04 발열량 ······ 3-47
05 공기연료비(AFR ; Air/Fuel Ratio) ······ 3-52
06 등가비($\phi$) ······ 3-54
07 소각이론 ······ 3-55
08 소각로(연소기)의 종류 ······ 3-60
09 소각로의 설계 ······ 3-70
10 유해가스 제거설비 ······ 3-84
11 다이옥신류 제어 ······ 3-95
12 주요 제진시설 ······ 3-97
13 송풍기 소요동력 ······ 3-103
14 집진효율 ······ 3-104
15 폐열에너지 회수 및 이용 ······ 3-106
16 감시제어설비 ······ 3-110

# PART 04 폐기물 공정시험기준

- [총칙] ····· 4-3
- [정도보증/정도관리] ····· 4-8
- [지정폐기물에 함유된 유해물질의 기준] ····· 4-11
- [시료의 채취] ····· 4-12
- [시료의 준비] ····· 4-17
- [상향류 투수방식의 유출시험] ····· 4-22
- [시약 및 용액] ····· 4-23
- [완충용액] ····· 4-23
- [표준용액] ····· 4-24
- [규정용액] : 질산은용액(0.1M) ····· 4-25
- [강열감량 및 유기물 함량 – 중량법] ····· 4-26
- [기름성분 – 중량법] ····· 4-30
- [수분 및 고형물 – 중량법] ····· 4-34
- [수소이온농도 – 유리전극법] ····· 4-36
- [석면 – 편광현미경법] ····· 4-42
- [석면 – X선 회절기법] ····· 4-54
- [자외선/가시선 분광법] ····· 4-59
- [시안 – 자외선/가시선 분광법] ····· 4-66
- [시안 – 이온전극법] ····· 4-71
- [금속류] ····· 4-77
- [원자흡수분광광도법] ····· 4-78
- [금속류 – 원자흡수분광광도법] ····· 4-87
- [유도결합플라스마 – 원자발광분광법] ····· 4-91
- [금속류 – 유도결합플라스마 – 원자발광분광법] ····· 4-94
- [구리] ····· 4-99

## CONTENTS

[구리 – 자외선/가시선 분광법] ·················································································· 4-100
[납] ······························································································································· 4-104
[납 – 자외선/가시선 분광법] ······················································································ 4-105
[납 – 유도결합플라스마 – 원자발광분광법] ······························································ 4-109
[비소] ··························································································································· 4-109
[비소 – 수소화물생성 – 원자흡수분광광도법] ························································· 4-110
[비소 – 자외선/가시선 분광법] ·················································································· 4-114
[수은] ··························································································································· 4-117
[수은 – 환원기화 – 원자흡수분광광도법] ································································· 4-118
[수은 – 자외선/가시선 분광법] ·················································································· 4-122
[카드뮴] ······················································································································· 4-124
[카드뮴 – 자외선/가시선 분광법] ·············································································· 4-124
[크롬] ··························································································································· 4-128
[크롬 – 원자흡수분광광도법] ····················································································· 4-128
[크롬 – 자외선/가시선 분광법] ·················································································· 4-131
[6가크롬] ····················································································································· 4-134
[6가크롬 – 원자흡수분광광도법] ··············································································· 4-135
[6가크롬 – 자외선/가시선 분광법] ············································································ 4-138
[유기인 – 기체크로마토그래피] ················································································· 4-140
[유기인 – 기체크로마토그래피 – 질량분석법] ························································· 4-147
[폴리클로리네이티드비페닐(PCBs) – 기체크로마토그래피] ·································· 4-149
[폴리클로리네이티드비페닐(PCBs) – 기체크로마토그래피 – 질량분석법] ········· 4-158
[폴리클로리네이티드비페닐(PCBs) – 기체크로마토그래피 – 절연유분석법] ····· 4-161
[할로겐화 유기물질 – 기체크로마토그래피 – 질량분석법] ··································· 4-164
[할로겐화 유기물질 – 기체크로마토그래피] ···························································· 4-168
[휘발성 저급염소화 탄화수소류 – 기체크로마토그래피] ······································· 4-169
[감염성 미생물 – 아포균 검사법] ·············································································· 4-172
[감염성 미생물 – 세균배양 검사법] ·········································································· 4-176
[감염성 미생물 – 멸균테이프 검사법] ······································································ 4-178

# CONTENTS

## PART 05. 핵심(계산) 150문제

## PART 06. 핵심(이론) 350문제

## PART 07. 기출문제 풀이

| | |
|---|---|
| 2020년 통합 1·2회 기사 | 7-3 |
| 2020년 3회 기사 | 7-25 |
| 2020년 4회 기사 | 7-48 |
| 2021년 1회 기사 | 7-70 |
| 2021년 2회 기사 | 7-94 |
| 2021년 4회 기사 | 7-117 |
| 2022년 1회 기사 | 7-141 |
| 2022년 2회 기사 | 7-163 |
| 2022년 4회 CBT 복원·예상문제 | 7-186 |
| 2023년 1회 CBT 복원·예상문제 | 7-210 |
| 2024년 1회 CBT 복원·예상문제 | 7-234 |
| 2025년 1회 CBT 복원·예상문제 | 7-258 |

# PART 01 폐기물 개론

WASTE TREATMENT

# 폐기물의 정의 및 분류

## (1) 폐기물 정의(폐기물관리법)

현행 폐기물관리법에서 폐기물을 쓰레기·연소재·오니·폐유·폐산·폐알칼리 및 동물의 사체 등으로서 사람의 생활이나 사업활동에 필요하지 아니하게 된 물질로 정의하고 있다.

## (2) 폐기물 분류

① 폐기물은 생활폐기물 및 사업장폐기물로 분류한다.
② 생활폐기물은 사업장폐기물 외의 폐기물을 통칭한다.
③ 지정폐기물은 사업장폐기물 중 폐유·폐산 등 주변환경을 오염시킬 수 있거나 의료폐기물 등 인체에 위해를 줄 수 있는 해로운 물질로서 대통령령이 정하는 폐기물로 규정하고 있다.
④ 일반폐기물과 지정폐기물의 분류기준은 유해성이다.
⑤ 분류

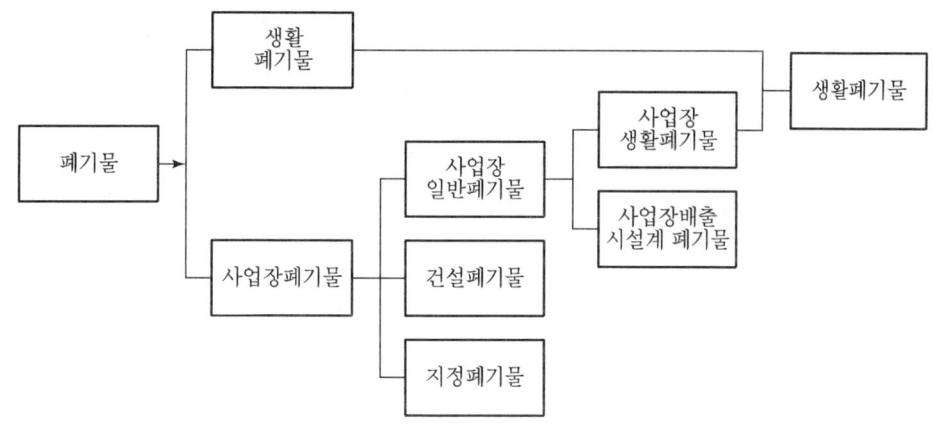

## (3) 폐기물 발생현황 및 특징

① 구성비율

| 사업장폐기물 중 건설폐기물 > 사업장배출시설계 폐기물 > 생활폐기물 > 지정폐기물 |
|---|
| (약 50%)　　　　　　　　(약 37%)　　　　　(약 13%)　　(약 2.5%) |

② 발생량 표기
　㉠ 쓰레기 발생량은 각 지역의 규모나 특성에 따라 많은 차이가 있어 주로 총발생량보다는 단위발생량(kg/인·일)을 표기한다.
　㉡ 생활폐기물 일일발생량은 약 1.0kg/인·일이다.
　㉢ 사업장폐기물 발생량은 제품제조공정에 따라 다르며 원 단위로 ton/종업원수, ton/면적 등이 사용된다.

② 폐기물(쓰레기)의 발생량은 부피와 중량으로 표시가능하며 부피로 표시할 경우 폐기물의 압축 정도를 명시하여야 한다.

③ 사업장 내 폐기물 발생량 억제방안
㉠ 자원, 원료의 선택
㉡ 제조, 가공공정의 선택
㉢ 제품 사용연수의 감안

④ 우리나라에서 가장 많이 발생하는 사업장폐기물(지정폐기물)은 폐합성 고분자화합물이다.

⑤ 국내 사업장폐기물 중 지정폐기물의 특성
㉠ 사업장폐기물의 대부분은 일반사업장폐기물이다.
㉡ 일반사업장폐기물 중 무기물류가 가장 많은 비중을 차지하고 있다.
㉢ 사업장폐기물 중 가장 높은 증가율을 보이는 것은 폐유기용제이다.
㉣ 지정폐기물은 사업장폐기물의 한 종류이다.
㉤ 지정폐기물 중 그 배출량이 가장 많은 것은 폐유기용제이다.

⑥ 우리나라의 쓰레기 배출특성
㉠ 계절적 변동이 심하다.
㉡ 음식물 쓰레기 조성이 높다.
㉢ 쓰레기의 발열량이 낮다.
㉣ 수분과 회분함량이 많다.

⑦ 산업폐기물의 종류와 처리방법
㉠ 유해성 슬러지 : 고형화법  ㉡ 폐알칼리 : 중화법
㉢ 폐유류 : 유수분리법  ㉣ 폐용제류 : 증류회수법

⑧ 유해물질별 처리가능기술
㉠ 납 : 응집  ㉡ 비소 : 침전
㉢ 수은 : 흡착  ㉣ 시안 : 알칼리 염소법

⑨ 유해폐기물의 성질을 판단하는 시험방법(성질), 종류(유해폐기물 평가기준)
일반폐기물과 지정폐기물의 분류기준은 유해성이다.
㉠ 부식성  ㉡ 유해성
㉢ 반응성  ㉣ 인화성(발화성)
㉤ 용출특성  ㉥ 독성
㉦ 난분해성  ㉧ 유해가능성
㉨ 감염성

⑩ 석면해체 및 제조작업의 조치기준
  ㉠ 습식으로 작업할 것
  ㉡ 당해 장소를 음압으로 유지시킬 것
  ㉢ 당해 장소를 밀폐시킬 것
  ㉣ 신체를 감싸는 보호의를 착용할 것

⑪ 음식물 쓰레기 처리방법
  음식물쓰레기는 수분과 염분 때문에 다음 방법으로 처리한다.
  ㉠ 감량 및 소멸화
  ㉡ 사료화
  ㉢ 호기성 퇴비화
  ㉣ 바이오가스 생산처리

 학습 Point
① 폐기물 발생현황 및 특징 내용 숙지
② 국내 사업장폐기물 중 지정폐기물의 특성 내용 숙지
③ 산업폐기물 및 유해물질별 처리방법 숙지

⑫ 재활용대책 중 생산·유통구조를 개선 시 고려사항
  ㉠ 재활용이 용이한 제품의 생산촉진
  ㉡ 폐자원의 원료사용확대
  ㉢ 제조업종별 생산자 공동협력체계강화

⑬ 음식물 쓰레기 처리방법
  ㉠ 폐기물의 발생 및 수거
  ㉡ 폐기물의 운반 및 수송
  ㉢ 폐기물의 처리 및 처분

# SECTION 002 폐기물 처리계획(최소화 정책)

## (1) 폐기물 부담금제도

① 환경부장관은 폐기물의 발생을 억제하고 자원의 낭비를 막기 위하여 유해물질, 유독물을 함유하고 있거나 재활용이 어렵고 폐기물관리상의 문제를 초래할 가능성이 있는 제품·재료·용기 중 대통령령으로 정하는 제품·재료·용기의 제조업자나 수입업자에게 그 폐기물의 처리에 드는 비용을 매년 부과·징수하는 제도이다.

② 유독·유해성이 있거나 재활용이 어렵고 관리상 문제를 일으킬 수 있는 제품을 제조, 수입하는 자에게 당해 폐기물처리 소요비용을 제품가격에 포함시키는 것을 말한다.

③ 폐기물 부담금 부과품목(자원의 절약과 재활용촉진에 관한 법률)
  ㉠ 살충제, 유독물제품
  ㉡ 부동액
  ㉢ 껌
  ㉣ 1회용 기저귀
  ㉤ 담배
  ㉥ 플라스틱 제품

## (2) 폐기물 예치금제도

제품용기 중 사용 후 폐기물이 되는 경우, 그 회수처리에 소요되는 비용을 당해 제품용기의 제조업자 또는 수입업자로 하여금 폐기물 관리기금에 예치하게 하여 제조업자 또는 수입업자가 제품용기를 회수처리하면 민법에서 정한 이자를 포함하여 반환하고 그렇지 못한 경우는 위탁처리하는 제도이다.

## (3) 생산자책임 재활용 제도(Extended Producer Responsibility ; EPR)

① 폐기물은 단순히 버려져 못쓰는 것이라는 의식을 바꾸어 '폐기물=자원'이라는 공감대를 확산시킴으로써 재활용 정책에 활력을 불어넣는 제도이며, 폐기물의 자원화를 위해 생산자책임 재활용 제도(EPR)의 정착과 활성화가 필수적이다.

② 폐기물 예치금 제도의 문제점을 개선한 제도이다.

③ 제품 및 제품에 의해 발생된 폐기물에 대하여 포괄적인 생산자의 책임을 원칙으로 하는 제도이다.

## (4) 쓰레기 종량제

① 정의

배출되는 폐기물을 일정한 용기에 담아 수집운반, 처리하는 체계로 쓰레기 배출량에 따라 부과금을 부과시켜 쓰레기 발생을 억제시키는 제도(1995년 1월 1일 실시)이다.

② 특징
   ㉠ 쓰레기 배출량에 따라 수거처리비용을 부담하는 원인자 부담원칙을 적용하는 제도이다.
   ㉡ 관급 규격봉투에 쓰레기를 담아 배출하여야 한다.
   ㉢ 가정의 생활쓰레기 및 상가, 시장, 업소, 사업장에서 발생하는 대형쓰레기는 대상에서 제외된다.
   ㉣ 재활용품, 연탄쓰레기 등은 종량제 대상에서 제외된다.
   ㉤ 시장, 군수, 구청장이 수거체제의 관리책임을 가진다.
   ㉥ 수수료 부과기준을 현실화하여 폐기물 감량화를 도모하고 처리재원을 확보한다.

(5) 1회용품 사용규제
   ① 정의
      같은 용도에 한 번 사용하도록 만들어진 제품으로서 대통령령으로 정하는 것을 말한다.

   ② 1회용품(자원의 절약과 재활용촉진에 관한 법률)
      ㉠ 1회용 컵·접시·용기(종이, 금속박, 합성수지재질 등으로 제조된 것을 말한다)
      ㉡ 1회용 나무젓가락
      ㉢ 이쑤시개(전분으로 제조한 것은 제외한다)
      ㉣ 1회용 수저·포크·나이프
      ㉤ 1회용 광고선전물(신문·잡지 등에 끼워 배포하거나 고객에게 배포하는 광고전단지와 카탈로그 등 단순 광고목적의 광고선전물로서 합성수지재질로 도포하거나 첩합된 것만 해당한다)
      ㉥ 1회용 면도기·칫솔
      ㉦ 1회용 치약·샴푸·린스
      ㉧ 1회용 봉투·쇼핑백(환경부장관이 재질, 규격, 용도, 형태 등을 고려하여 고시하는 것은 제외한다)
      ㉨ 1회용 응원용품(응원객이나 관람객 등에게 제공하기 위한 막대풍선, 비닐방석 등을 말한다)
      ㉩ 1회용 비닐식탁보(생분해성수지제품은 제외한다)

(6) 포장폐기물 발생 억제
   ① 포장재
      제품의 수송, 보관, 취급, 사용 등의 과정에서 제품의 가치·상태를 보호하거나 품질을 보전하기 위한 목적으로 제품의 포장에 사용된 재료나 용기 등을 말한다.
   ② 포장방법에 관한 기준을 지켜야 하는 제품(자원의 절약과 재활용촉진에 관한 법률)
      ㉠ 음식료품류 : 가공식품, 음료, 주류, 제과류, 건강기능식품

ⓒ 화장품류(방향제를 포함한다)
ⓒ 세제류
ⓔ 잡화류 : 완구·인형류, 문구류, 신변잡화류(지갑 및 허리띠만 해당한다)
ⓜ 의약외품류
ⓗ 의류 : 와이셔츠류, 내의류
ⓢ 전자제품류(300g 이하의 휴대용 제품에 한정한다) : 차량용 충전기, 케이블, 이어폰·헤드셋, 마우스, 근거리무선통신(블루투스) 스피커
ⓞ 종합제품[같은 종류 또는 다른 종류의 최소 판매단위 제품을 2개 이상 함께 포장한 제품을 말한다. 이 경우 주 제품을 위한 전용 계량 도구나 그 구성품, 소량(30g 또는 30mL 이하)의 샘플용 비매품·증정품 및 설명서, 규격서, 메모카드와 같은 참조용 물품은 종합제품을 구성하는 제품으로 보지 아니한다] : 1차식품 및 ⓙ부터 ⓗ까지의 제품

### (7) 분리수거제도 감량화 대책

① 수익성, 재산성이 있는 것은 민간이, 민간이 기피하는 것은 공공부문이 역할 분담한다.
② 분리대상 재활용품의 품목을 지정한다.
③ 쓰레기수집 운반장비의 기계화, 현대화를 한다.

**Reference** 도시쓰레기 중 연탄재 함량이 감소됨에 따라 나타난 현상

① 도시쓰레기 구성성분으로 분류 시 회분함량이 감소된다.
② 도시쓰레기의 겉보기 밀도가 감소되었다.
③ RDF 제조 시 산술적 환산량(Arithmetic Equivalence)이 증가되었다.
④ 연탄재 감소로 매립 시 복토량 사용량이 증가되었다.

#### 학습 Point

[1] 폐기물 부담금제도, 생산자책임 재활용 제도 내용 숙지
[2] 포장폐기물 발생 억제 내용 숙지

# SECTION 003 전과정평가 (LCA ; Life Cycle Assessment)

### (1) 정의
사용한 자원 및 에너지, 환경으로 배출되는 환경오염물질을 규명하고 정량화함으로써 한 제품이나 공정에 관련된 환경부담을 평가하여 그 에너지와 자원, 환경부하 영향을 평가하여 환경을 개선시킬 수 있는 기회를 규명하는 과정을 전과정평가라 한다.

### (2) 의미
사용하는 자원, 에너지, 환경에 미치는 각종 부하를 원료자원 채취 → 생산 → 유통 → 사용 → 재사용 → 폐기의 전 과정에 걸쳐 가능한 한 정량적으로 분석 및 평가하여 현재 인류가 직면하고 있는 자원의 고갈 및 생태계의 파괴현상과 지구환경문제 등을 근본적으로 해결하기 위한 각종 개선방안을 모색하는 기술적이며 체계적인 과정을 의미한다.(원료의 취득에서 연구개발, 제품의 생산과 포장, 수송·유통·판매과정, 소비자 사용 및 최종 폐기에 이르는 제품의 전체 과정상에서 환경영향을 평가하고 최소화하기 위한 조직적인 방법론을 의미)

### (3) 전과정평가의 절차(구성요소 4단계)
① **목적 및 범위의 설정**(Goal Definition Scoping) : 1단계
   ㉠ 정의
      목적을 위하여 실시하는지 배경·이유, 전제조건, 제약조건을 제시하는 단계를 말한다.
   ㉡ 사용목적
      ⓐ 복수제품 간의 비교선택
      ⓑ 제품 및 공정의 개선효과 파악
      ⓒ 목표치를 달성하기 위한 제품의 점검
      ⓓ 개선점의 추출(우선순위 결정)
      ⓔ 제품에 관계되는 주체 간의 의사전달 촉진

② **목록분석**(Inventory Analysis) : 2단계
   상품, 포장, 공정, 물질, 원료 및 활동에 의해 발생하는 에너지 및 천연원료 요구량, 대기, 수질오염 배출, 고형폐기물과 기타 기술적 자료구축과정이다.

③ **영향평가**(Impact Analysis or Assessment) : 3단계
   ㉠ 정의
      조사분석과정에서 확정된 자원요구 및 환경부하에 대한 영향을 평가하는 기술적, 정량적, 정성적 과정이다.
   ㉡ 절차
      분류화 → 특성화 → 정규화 → 가중치 부여

④ 개선평가 및 결과해석(Improvement Assessment) : 4단계
전 과정에 대한 해석을 실시하는 과정으로 목록분석이나 영향평가 단계로부터 도출된 결과를 분석, 보고, 결론을 얻는 것이 목적이다.

> **Reference** 환경성적표지제도(EDP)
>
> 제품의 원료채취, 제조, 유통, 소비, 폐기의 전 단계에서 발생하는 환경부하를 전과정평가(LCA)를 통해 정량적인 수치로 표시하는 우리나라의 환경라벨링제도이다.

> **Reference** 환경경영체제(ISO-14000(14001))
>
> ① 조직의 활동, 서비스 및 제품과 관련된 환경위험요소를 사전에 충분히 식별하고 평가함으로써 적절한 대응방안을 수립하여 이행하고, 지속적 개선을 통해 환경보존, 비용절감, 기업경쟁력 향상, 법규준수 및 이해관계자와의 좋은 관계를 유지할 수 있도록 하는 시스템이다.
> ② 기업이 환경문제의 개선을 위해 자발적으로 도입하는 제도이다.
> ③ 기업의 친환경성 이미지에 대한 광고 효과를 위해 도입할 수 있다.
> ④ 전과정평가(LCA)를 이용하여 기업의 환경성과를 측정하기도 한다.

**학습 Point**

① 전 과정 평가내용 전체 숙지

# 쓰레기 발생량 예측 및 조사방법

## (1) 쓰레기 발생량 예측방법(모델)

| 방법(모델) | 내용 |
|---|---|
| 경향법(Trend method)<br>경향예측모델 | • 최저 5년 이상의 과거 처리 실적을 수식 model에 대하여 과거의 경향을 가지고 장래를 예측하는 방법<br>• 단지 시간과 그에 따른 쓰레기 발생량(또는 성상) 간의 상관관계만을 고려하며 이를 수식으로 표현하면 $x = f(t)$<br>• $x = f(t)$는 선형, 지수형, 대수형 등에서 가장 근사한 형태를 택함 |
| 다중회귀모델<br>(Multiple regression model) | • 하나의 수식으로 각 인자들의 효과를 총괄적으로 나타내어 복잡한 시스템의 분석에 유용하게 사용할 수 있는 쓰레기 발생량 예측방법<br>• 각 인자마다 효과를 파악하기보다는 전체 인자의 효과를 총괄적으로 파악하는 것이 간편하고 유용한 예측방법으로 시간을 단순히 하나의 독립된 종속인자로 대입<br>• 수식 $x = f(X_1 X_2 X_3 \cdots X_n)$, 여기서 $X_1 X_2 X_3 \cdots X_n$은 쓰레기 발생량에 영향을 주는 인자<br>※ 인자 : 인구, 지역소득(GNP 또는 GRP), 자원회수량, 상품 소비량 또는 매출액(자원회수량, 사회적·경제적 특성이 고려됨) |
| 동적모사모델<br>(Dynamic simulation model) | • 쓰레기 발생량에 영향을 주는 모든 인자를 시간에 대한 함수로 나타낸 후 시간에 대한 함수로 표현된 각 영향인자들 간의 상관관계를 수식화하는 방법<br>• 시간만을 고려하는 경향법과 시간을 단순히 하나의 독립적인 종속인자로 고려하는 다중회귀모델의 문제점을 보안한 예측방법<br>• Dynamo 모델 등이 있음 |

### 必 수문제

**01** 2015년 폐기물 발생량이 1,100ton인 도시의 연간 폐기물 발생 증가율이 10%라고 할 때 2020년 폐기물 예측발생량(ton)은?

> **풀이**
> 폐기물 예측발생량(ton) = $1,100\text{ton} \times (1+0.1)^5 = 1,771.56\text{ton}$

## (2) 쓰레기 발생량 조사(측정)방법

| 조사방법 | | 내용 |
|---|---|---|
| 적재차량 계수분석법<br>(Load-count analysis) | | • 일정기간 동안 특정지역의 쓰레기 수거·운반차량의 대수를 조사하여, 이 결과로 밀도를 이용하여 질량으로 환산하는 방법(차량의 대수에 폐기물의 겉보기 비중을 선정하여 중량으로 환산하는 방법)<br>• 조사장소는 중간적하장이나 중계처리장이 적합<br>• 단점으로는 쓰레기의 밀도 또는 압축정도에 따라 오차가 크다는 것 |
| 직접계근법<br>(Direct weighting method) | | • 일정기간 동안 특정 지역의 쓰레기 수거운반차량을 중간적하장이나 중계처리장에서 직접 계근하는 방법(트럭 스케일 방법)<br>• 입구에서 쓰레기가 적재되어 있는 차량과 출구에서 쓰레기를 적하한 공차량을 계근하여 쓰레기양 산출<br>• 장점으로는 적재차량 계수분석에 비하여 비교적 정확한 쓰레기 발생량을 파악할 수 있는 방법<br>• 단점으로는 적재차량 계수분석에 비하여 작업량이 많고 번거로움이 있음 |
| 물질수지법<br>(Material balance method) | | • 시스템으로 유입되는 모든 물질들과 유출되는 모든 폐기물의 양에 대하여 물질수지를 세움으로써 폐기물 발생량을 추정하는 방법<br>• 주로 산업폐기물 발생량을 추산할 때 이용하는 방법<br>• 단점으로는 비용이 많이 소요되고 작업량이 많아 널리 이용되지 않음, 즉 특수한 경우에만 사용됨<br>• 우선적으로 조사하고자 하는 계의 경계를 정확하게 설정해야 함<br>• 물질수지를 세울 수 있는 상세한 데이터가 있는 경우에 가능 |
| 통계<br>조사 | 표본조사<br>(단순 샘플링 검사) | • 조사기간이 짧음<br>• 비용이 적게 소요됨<br>• 조사상 오차가 큼 |
| | 전수조사 | • 표본오차가 작아 신뢰도가 높음(정확함)<br>• 행정시책에 대한 이용도가 높음<br>• 조사기간이 긺<br>• 표본치의 보정역할이 가능함 |

## (3) 폐기물의 발생량(생산량) 추정(결정) 방법

① 발생량을 직접 측정(생산량을 직접 측정하는 방법)
② 원자재의 사용량으로부터 추정하는 방법
③ 주민의 수입이나 매상고와 같은 2차적인 자료로 추정하는 방법

## (4) 폐기물(쓰레기) 발생량에 영향을 주는 요인

| 영향요인 | 내용 |
| --- | --- |
| 도시규모 | 도시의 규모가 커질수록 쓰레기 발생량 증가 |
| 생활수준 | 생활수준이 높아지면 발생량이 증가하고 종류는 다양화됨 (증가율 10% 내외) |
| 계절 | 겨울철에 발생량 증가 |
| 수집빈도 | 수집빈도가 높을수록 발생량 증가 |
| 쓰레기통 크기 | 쓰레기통이 클수록 유효용적이 증가하여 발생량 증가 |
| 재활용품 회수 및 재이용률 | 재활용품의 회수 및 재이용률이 높을수록 쓰레기 발생량 감소 |
| 법규 | 쓰레기 관련 법규는 쓰레기 발생량에 중요한 영향을 미침 |
| 장소 | 상업지역, 주택지역, 공업지역 등, 장소에 따라 발생량과 성상이 달라짐 |
| 사회구조 | 도시의 평균연령층, 교육수준에 따라 발생량은 달라짐 |

※ 가정의 부엌에 음식쓰레기를 분쇄하는 시설이 있으면 음식쓰레기 발생량이 감소된다.

### Reference 도시쓰레기의 특성

① 배출량은 생활수준의 향상, 생활양식, 수집형태 등에 따라 좌우된다.
② 쓰레기의 질은 지역, 계절, 기후 등에 따라 달라진다.
③ 계절적으로 연말이나 여름철에 많은 양의 쓰레기가 배출된다.
④ 도시쓰레기의 처리에 있어서 그 성상은 크게 문제시된다.

### 학습 Point

1 쓰레기 발생량 예측방법의 종류 및 주요 내용 숙지
2 쓰레기 발생량 조사방법의 종류 및 주요 내용 숙지
3 쓰레기 발생량에 영향을 주는 요소 내용 숙지

# 폐기물(쓰레기)의 성상분석(조사)방법

## (1) 시료의 축소(분할채취)방법

① **구획법**
  ㉠ 모아진 대시료를 네모꼴로 엷게 균일한 두께로 편다.
  ㉡ 이것을 가로 4등분 세로 5등분하여 20개의 덩어리로 나눈다.
  ㉢ 20개의 각 부분에서 균등량을 취한 후 혼합하여 하나의 시료로 만든다.

② **교호삽법**
  ㉠ 분쇄한 대시료를 단단하고 깨끗한 평면 위에 원추형으로 쌓는다.
  ㉡ 원추를 장소를 바꾸어 다시 쌓는다.
  ㉢ 원추에서 일정한 양을 취하여 장방형으로 도포하고 계속해서 일정한 양을 취하여 그 위에 입체로 쌓는다.
  ㉣ 육면체의 측면을 교대로 돌면서 각각 균등한 양을 취하여 두 개의 원추를 쌓는다.
  ㉤ 하나의 원추는 버리고 나머지 원추를 앞의 조작을 반복하면서 적당한 크기까지 줄인다.

③ **원추사분법**(축소비율이 일정하기 때문에 가장 많이 사용)
  ㉠ 분쇄한 대시료를 단단하고 깨끗한 평면 위에 원추형으로 쌓아 올린다.
  ㉡ 앞의 원추를 장소를 바꾸어 다시 쌓는다.
  ㉢ 원추의 꼭지를 수직으로 눌러서 평평하게 만들고 이것을 부채꼴로 사등분한다.
  ㉣ 마주보는 두 부분을 취하고 반은 버린다.
  ㉤ 반으로 줄어든 시료를 앞의 조작을 반복하여 적당한 크기까지 줄인다.

> **Reference** 쓰레기 성상분석
>
> ① 쓰레기 채취는 신속하게 작업하되 축소작업 개시부터 30분 이내에 완료하는 것이 바람직하다.
> ② 수집운반차로부터 시료를 채취하되 무작위 채취방식으로 하고 수거차마다 배출지역이 다를 경우 층별 채취법이 더욱 바람직하다.
> ③ 1대의 차량으로부터 대표되는 시료를 10kg 이상 채취하고 원시료의 총량은 200kg 이상이 되도록 시료를 채취하는 것이 바람직하다.
> ④ 쓰레기 성상조사는 적어도 1년에 4회 측정하되 수분의 평균치를 알기 위해서 비오는 날 수집은 피하는 것이 바람직하다.

(2) 폐기물 성상분석 절차

① 절차도

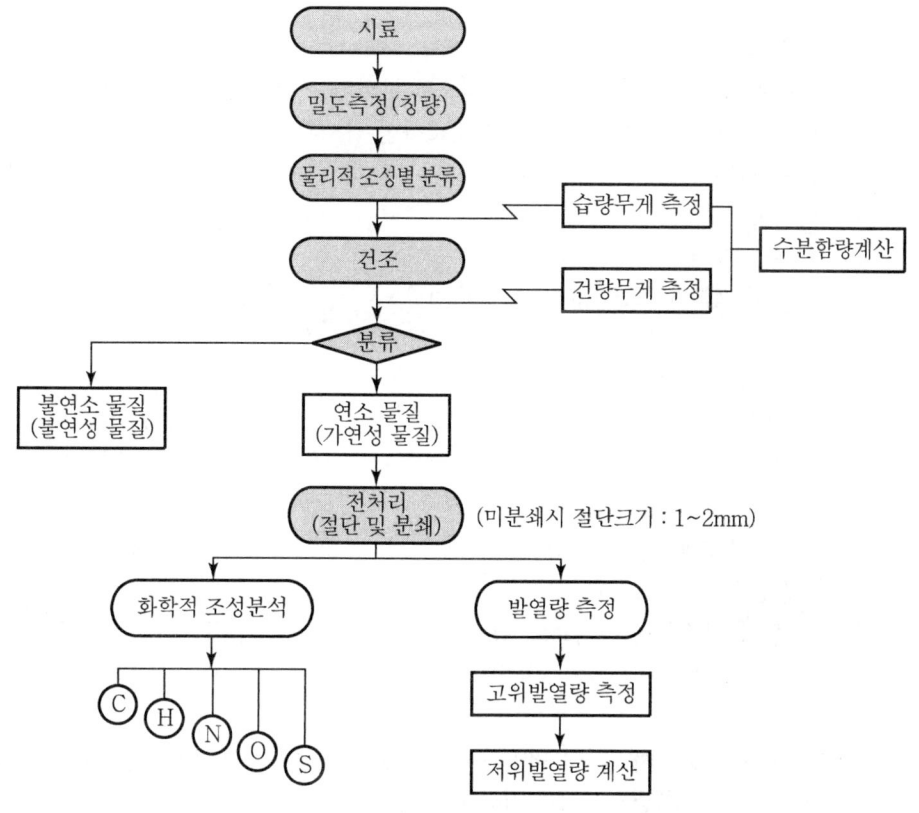

[성상분석 절차도]

② 분석방법

㉠ 개량분석(근사분석 ; Proximate Analysis) 항목

| 항목 | 내용 |
| --- | --- |
| 수분함량 | 건조(105±5℃에서 약 4시간) 후 수분손실량 측정 |
| 휘발성 고형물 | 완전연소(600±25℃) 후 손실된 양 |
| 고정탄소 | 완전연소 후 측정 |
| 회분(재) | 완전연소 후 측정 |

※ 폐기물 분석에서 회분성분을 구하는 것은 소각재의 발생량을 예측하기 위함이다.

㉡ 극한분석(Ultimately Analysis)

화학적 조성분석을 의미하며 대상항목은 C, H, O, N, S, Cl이다.

(3) 물리적 성상분석
① 겉보기 비중(밀도)
  ㉠ 물리적 성상분석 절차상 최우선 분석항목은 겉보기 비중이다.
  ㉡ 측정방법
     미리 부피를 알고 있는 용기(일반적으로 부피 50L 용기)에 시료를 넣고 30cm 높이의 위치에서 3회 낙하시키고 눈금이 감소하면 감소된 분량만큼 시료를 추가하며, 이 작업을 눈금이 감소하지 않을 때까지 반복한다.
  ㉢ 관련 식

$$\text{겉보기 비중}(kg/m^3 \text{ or } ton/m^3) = \frac{\text{시료의 중량}(kg \text{ or } ton)}{\text{용기의 부피}(m^3)}$$

  ㉣ 도시폐기물의 대표적 밀도
     ⓐ 종이 : $85kg/m^3$
     ⓑ 플라스틱 : $65kg/m^3$
     ⓒ 고무 : $130kg/m^3$
     ⓓ 유리 : $195kg/m^3$
     ⓔ 재 : $480kg/m^3$
     ⓕ 가죽류 : $160kg/m^3$
     ⓖ 알루미늄캔(비철금속) : $160kg/m^3$
     ⓗ 음식폐기물 : $290kg/m^3$
     ⓘ 철금속 : $320kg/m^3$
  ㉤ 폐기물의 비중은 일반적으로 겉보기비중을 말한다.

**필수문제**

**01** 쓰레기 10ton을 소각하였더니 재의 용적이 $1.5m^3$ 발생되었다. 재의 밀도($kg/m^3$)는?(단, 재의 중량은 쓰레기중량의 1/100이다.)

풀이
$$\text{재의 밀도}(kg/m^3) = \frac{\text{중량}(kg)}{\text{부피}(m^3)} = \frac{10ton}{1.5m^3} \times \frac{1{,}000kg}{1ton} \times 0.01 = 66.67kg/m^3$$

**필수문제**

**02** 쓰레기 100ton을 1일 소각 후 남은 재는 전체 소각한 쓰레기질량의 20%라고 한다. 남은 재의 용적이 $25m^3$일 때 재의 밀도($ton/m^3$)는?

풀이
$$\text{재의 밀도}(ton/m^3) = \frac{\text{질량}(ton)}{\text{부피}(m^3)} = \frac{100ton}{25m^3} \times 0.2 = 0.8ton/m^3$$

**03** 쓰레기를 소각했을 때 남은 재의 중량은 쓰레기 중량의 약 1/3이다. 쓰레기 90ton을 소각했을 때 재의 용적이 $8m^3$라고 하면 재의 밀도($ton/m^3$)는?

> **풀이**
>
> 재의 밀도($ton/m^3$) = $\dfrac{중량(ton)}{부피(m^3)}$ = $\dfrac{90ton}{8m^3} \times \dfrac{1}{3}$ = $3.75 ton/m^3$

**04** 쓰레기를 소각한 후 남은 재의 중량은 소각 전 쓰레기중량의 1/3이다. 재의 밀도가 $2.5t/m^3$이고 재의 용적이 $3.3m^3$이 될 때 소각 전 원래 쓰레기의 중량(ton)은?

> **풀이**
>
> 중량(ton) = 밀도($ton/m^3$) × 부피($m^3$) = $2.5 ton/m^3 \times 3.3 m^3 \times 3$ = $24.75 ton$

**05** 쓰레기를 소각하였을 때 남은 재의 무게는 쓰레기의 10%이고 재의 밀도는 $1.05 g/cm^3$라면 쓰레기 60톤을 소각할 경우 남은 재의 부피($m^3$)는?

> **풀이**
>
> 부피($m^3$) = $\dfrac{질량}{밀도}$ = $\dfrac{60ton \times 10^6 g/ton}{1.05 g/cm^3 \times 10^6 cm^3/m^3} \times 0.1$ = $5.71 m^3$
>
> (참고 : $1m^3 = 1,000L = 10^6 cm^3 = 10^6 mL$)

**06** 소각로에서 발생되는 재의 무게감량비가 70%, 부피감소비가 90%라 할 때 소각 전 폐기물의 밀도가 $0.35 ton/m^3$라면 소각재의 밀도($ton/m^3$)는?

> **풀이**
>
> 중량감소율 70%, 부피감소율 90%이므로
>
> 밀도($ton/m^3$) = $0.35 ton/m^3 \times \dfrac{(100-70)}{(100-90)}$ = $1.05 ton/m^3$

**07** 용적밀도가 $600 kg/m^3$인 폐기물을 처리하는 소각로에서 질량감소율은 85%이고 부피감소율은 90%이었을 경우, 이 소각로에서 발생하는 소각재의 용적밀도($kg/m^3$)는?

> **풀이**
>
> 용적밀도($kg/m^3$) = $600 kg/m^3 \times \dfrac{(100-85)}{(100-90)}$ = $900 kg/m^3$

### 必수문제

**08** 어느 폐기물의 성분을 조사한 결과 플라스틱의 함량이 20%(중량비)로 나타났다. 이 폐기물의 밀도가 300kg/m³라면 15m³ 중에 함유된 플라스틱의 양(kg)은?

**풀이**

플라스틱의 양(중량 : kg) = 밀도(kg/m³) × 부피(m³) = 300kg/m³ × 15m³ × 0.2 = 900kg

### 必수문제

**09** 인구 30,000명의 어느 도시에서 쓰레기를 2일마다 수거하는 데 적재용량 8m³인 트럭 30대가 동원된다. 1인당 1일 쓰레기배출량이 0.85kg일 때 쓰레기의 밀도(kg/m³)는?

**풀이**

$$\text{밀도}(kg/m^3) = \frac{\text{질량}(kg)}{\text{부피}(m^3)} = \frac{0.85kg/\text{인}\cdot\text{일} \times 30{,}000\text{인} \times 2\text{일}}{8m^3/\text{대} \times 30\text{대}} = 212.5 kg/m^3$$

### 必수문제

**10** 함수율 70%인 슬러지 케이크 10ton을 소각할 때 소각재발생량(kg)은?(단, 슬러지 케이크 비중 1.0, 건조케이크 건조중량당 무기성분 20%, 유기성분 중 연소율 90%, 소각에 의한 무기물 손실은 없다.)

**풀이**

소각재(kg) = 무기물 + 미연분(잔류유기물)

무기물 = 10ton × 1,000kg/ton × 0.3 × 0.2 = 600kg

미연물 = 10ton × 1,000kg/ton × 0.3 × (1−0.2) × (1−0.9) = 240kg

= 600 + 240 = 840kg

② 종류별 성상분석
  ㉠ 축소시료 전체량을 비닐시트 위에서 10종류의 조성으로 손 선별하여 각 조성별로 무게를 측정, 습량기준으로 중량비를 구한다.
  ㉡ 조성(10종류)
   ⓐ 음식물류(부엌)폐기물    ⓑ 종이류
   ⓒ 섬유류                ⓓ 비닐, 플라스틱류
   ⓔ 목재류                ⓕ 고무, 가죽류
   ⓖ 유리, 도자기류         ⓗ 금속류
   ⓘ 연탄재                ⓙ 기타

ⓒ 관련식(수분량을 제외한 건량기준 중량비)

$$\text{조성 } i \text{의 건량기준 중량비}(\%) = \frac{\text{조성 } i \text{의 습량기준 중량비} \times (100 - \text{조성 } i \text{의 수분량})}{\sum \text{조성 } i \text{의 습량기준 중량비} \times (100 - \text{조성 } i \text{의 수분량})} \times 100$$

③ **수분함량(함수율)**
  ㉠ 수분함량측정은 재질의 수분흡수능력에 따라 몇 개의 군으로 나누어 수분함량을 각각 측정한 후 습량 기준으로 가중평균한다.
  ㉡ 종류별 조성측정에 사용한 시료의 무게를 측정한 후 물중탕(수욕상)에서 수분을 거의 날려 보내고 건조기를 이용하여 105±5℃에서 시료의 중량이 일정하게 될 때까지 약 4시간 건조, 중량이 일정하게 유지되는 시점에서 시료의 무게를 측정한다.
  ㉢ 전체 쓰레기의 수분함량($W$)

$$W(\%) = \frac{\text{전체 수분중량}}{\text{전체 습윤중량}} \times 100 = \frac{\text{물(수분)}}{\text{건조시료}} \times 100$$

  ㉣ 각 시료의 수분함량($W_i$)

$$W_i(\%) = \frac{(\text{건조 전 각 시료의 중량} - \text{건조 후 각 시료의 중량})(\text{kg})}{\text{건조 전 각 시료의 중량}(\text{kg})} \times 100$$

$$\text{가연분}(\%) = 100 - \text{수분}(\%) - \text{회분}(\%)$$

$$\text{회분}(\%) = \frac{\text{강열 후 시료의 중량}}{\text{강열 전 시료의 중량}} \times 100$$

> **Reference 강열감량**
> 
> ① 소각재 중 미연분의 양을 중량 백분율로 표시한다.(강열감량=수분함량+가연분함량)
> ② 소각로의 연소효율을 판정하는 지표 및 설계인자로 사용한다.(소각로의 운전상태를 파악할 수 있는 중요한 지표)
> ③ 소각잔사의 매립처분에 있어서 중요한 의미가 있다.
> ④ 3성분 중에서 가연분이 타지 않고 남는 양으로 표현된다.
> ⑤ 강열감량이 낮을수록 연소효율이 좋다.(연소효율이 높은 연소로는 강열감량이 작음)
> ⑥ 소각로의 종류, 처리용량에 따른 화격자의 면적을 산정하는 데 중요한 자료이다.
> ⑦ 쓰레기의 가연분, 소각잔사의 미연분, 고형물 중의 유기분을 측정하기 위한 열작감량(완전연소가능량, Ignition Loss)
> ⑧ 연소효율에 대응하는 미연분과 회잔사의 강열감량은 항상 일치하지는 않는다.
> ⑨ 가연분 비율이 큰 대상물은 강열감량의 저감이 쉽다.

> **Reference** 완전연소가능량
> 
> ① 소각로의 연소율 등 소각로를 설계할 때 중요한 설계지표이다.
> ② 완전연소가능량은 소각잔사의 무해화를 판단하는 척도이다.
> ③ 완전연소가능량이라는 항목을 위생상태의 판단근거로 삼는 것이 반드시 적당하다고 할 수는 없다.

**필수문제**

**01** 어느 도시의 쓰레기를 수집한 후 각 성분별로 함수량을 측정한 결과 다음과 같았다. 쓰레기 전체 함수율(%) 값은?(단, 중량기준)

| 성분 | 구성중량(kg) | 수분함량(%) | 성분 | 구성중량(kg) | 수분함량(%) |
|---|---|---|---|---|---|
| 식품 폐기물 | 10 | 70 | 금속류 | 3 | 3 |
| 플라스틱류 | 5 | 2 | 연탄재 | 75 | 8 |
| 종이류 | 7 | 6 | | | |

**풀이**

$$함수율(\%) = \frac{총수분량}{총쓰레기중량} \times 100$$

$$= \frac{(10 \times 0.7) + (5 \times 0.02) + (7 \times 0.06) + (3 \times 0.03) + (75 \times 0.08)}{10 + 5 + 7 + 3 + 75} \times 100 = 13.61\%$$

**필수문제**

**02** 함수율 80%인 슬러지 100m³와 함수율 40%인 1,000m³의 쓰레기를 혼합했을 때 함수율(%)은?

**풀이**

$$함수율(\%) = \frac{(100 \times 0.8) + (1,000 \times 0.4)}{100 + 1,000} \times 100 = 43.64\%$$

**필수문제**

**03** 쓰레기와 슬러지의 고형물 함량이 각각 50%, 20%라고 하면 쓰레기와 슬러지를 7 : 3으로 혼합했을 때 함수율(%)은?

**풀이**

$$함수율(\%) = \frac{(7 \times 0.5) + (3 \times 0.8)}{7 + 3} \times 100 = 59\%$$

### 필수문제

**04** 다음 표와 같이 이루어진 혼합쓰레기의 함수율(%)은 얼마인가?

| 구성 물질 | 구성중량비 | 함수율 |
|---|---|---|
| 연탄재 | 80% | 20% |
| 식품 폐기물 | 15% | 60% |
| 종이류 | 5% | 10% |

**풀이**

$$\text{함수율}(\%) = \frac{(80 \times 0.2) + (15 \times 0.6) + (5 \times 0.1)}{(80 + 15 + 5)} \times 100 = 25.5\%$$

### 필수문제

**05** 쓰레기와 슬러지를 함께 매립하려고 한다. 쓰레기와 슬러지의 함수율이 각각 60%와 90%라 한다면 쓰레기와 슬러지를 중량비 8 : 2 비율로 섞을 때 혼합체의 함수율(%)은?

**풀이**

$$\text{함수율}(\%) = \frac{\text{총수분량}}{\text{전체 쓰레기중량}} \times 100 = \frac{(8 \times 0.6) + (2 \times 0.9)}{8 + 2} \times 100 = 66\%$$

### 필수문제

**06** 퇴비화하기 위해 함수율 97%인 분뇨와 함수율 30%인 쓰레기를 무게비 1 : 3으로 혼합했을 때의 함수율(%)은?(단, 분뇨와 쓰레기의 비중은 같다고 가정함)

**풀이**

$$\text{함수율}(\%) = \frac{(1 \times 0.97) + (3 \times 0.3)}{1 + 3} \times 100 = 46.75\%$$

### 필수문제

**07** 1,000kg의 폐기물을 처리하여 800kg과 200kg으로 분류하였다. 이들 각 폐기물에 함유된 유용성분의 함량을 조사하였더니 각각 무게의 25%와 0.2%를 차지하고 있음을 알았다. 그러면 전체 폐기물에 함유되어 있는 유용성분의 함량은 약 몇 %(무게기준)인가?

**풀이**

$$\text{유용성분}(\%) = \frac{\text{총유용성분}}{\text{전체 폐기물중량}} \times 100 = \frac{(800 \times 0.25) + (200 \times 0.002)}{800 + 200} \times 100 = 20.04\%$$

④ 회분함량

㉠ 수분측정 후 건조된 시료를 분쇄기로 2mm 이하로 분쇄한 후 약 20g 이상 적당량을 도가니 또는 접시에 취하여 무게를 측정하고, 600±25℃로 3시간 강열한다. 강열한 시료를 방랭하여 105±5℃에서 2시간 건조한 후 약 30분간 방랭하고 무게를 측정한다.

㉡ 각 시료의 회분($A_i$)

$$A_i(\%) = \frac{강열\ 후\ 각\ 시료의\ 중량(kg)}{강열\ 전\ 각\ 시료의\ 중량(kg)} \times 100$$

㉢ 전체 쓰레기의 건량기준 회분함량($A_d$)

$$A_d(\%) = \frac{전체\ 회분중량}{전체\ 건조중량} \times 100$$

㉣ 전체 쓰레기의 습량기준 회분함량($A_w$)

$$A_w(\%) = (A_d : 건량기준\ 회분함량) \times \frac{100 - (전체\ 쓰레기\ 수분함량)}{100} \times 100$$

> **Reference** 재의 융점
>
> 재의 융점은 폐기물 소각으로부터 생긴 재가 용융, 응고되어 고형물을 형성시키는 온도로 정의된다. 폐기물로부터 클링크가 생성되는 대표적인 융점의 범위는 1,100~1,200℃이다.

**01** 완전히 건조시킨 폐기물 10g을 취해 회분량을 조사하였더니 2.5g이었다. 이 폐기물의 원래 함수율이 30%였다면 이 폐기물의 습량기준 회분 중량비(%)는?(단, 비중 1.0 기준)

> 풀이
> 습량기준 회분 중량비($A_w$)
> $$A_w(\%) = \left(\frac{전체\ 회분중량}{전체\ 건조중량} \times \frac{100 - 함수율}{100}\right) \times 100 = \left[\left(\frac{2.5}{10}\right) \times \left(\frac{100-30}{100}\right)\right] \times 100 = 17.5\%$$

**02** 105~110℃에서 4시간 건조된 쓰레기의 회분량은 15%이다. 이 경우 건조 전 수분을 함유한 생쓰레기의 회분량(%)은?(단, 생쓰레기 함수율 25%)

> 풀이
> 건조 전 수분함유 생쓰레기의 회분량 = $15\% \times \frac{100-25}{100} = 11.25\%$

#### 必수문제

**03** 폐기물 중의 수분이 습량기준으로 70%이면 건량기준 함수율(%)은?

> **풀이**
> 
> 습량기준 수분(%) = $\frac{70}{100} \times 100 = 70\%$ (고형물 : 30%)
> 
> 건량기준 수분(%) = $\frac{70}{30} \times 100 = 233\%$

#### 必수문제

**04** 어느 도시의 쓰레기 시료 100kg의 습윤건조무게 및 함수율 측정결과가 다음과 같을 때 이 시료의 건조중량(kg)은?

| 성분 | 습윤상태의 무게(kg) | 함수율(%) |
|---|---|---|
| 음식류 | 70 | 60 |
| 목재류 | 13 | 18 |
| 종이류 | 9 | 12 |
| 기타 | 8 | 10 |

> **풀이**
> 
> $$건조중량(kg) = \Sigma \left[ 수분상태\ 무게 \times \frac{(100-함수율)}{100} \right]$$
> $$= \left[ \left(70 \times \frac{100-60}{100}\right) + \left(13 \times \frac{100-18}{100}\right) + \left(9 \times \frac{100-12}{100}\right) + \left(8 \times \frac{100-10}{100}\right) \right]$$
> $$= 53.78 kg$$

⑤ 쓰레기의 가연성 물질의 양

> 가연성 물질의 양(ton or kg)
> =폐기물의 양(ton or kg)×가연성 물질의 함유비율
> =(밀도×부피)×$\left(\frac{100-비가연성\ 성분}{100}\right)$

### 必수문제 01
쓰레기 중 가연성 쓰레기가 30%이다. 밀도가 550kg/m³인 쓰레기 3m³의 가연성 물질의 중량(kg)은?

**풀이**
가연성 물질의 양(kg)=폐기물의 양(kg)×가연성 물질의 함유비율
$$= (550 \text{kg/m}^3 \times 3\text{m}^3) \times 0.3 = 495 \text{kg}$$

### 必수문제 02
어느 도시폐기물 중 비가연 성분이 40%(w/w%)이다. 밀도가 450kg/m³인 폐기물 10m³ 중 가연성 물질의 양(ton)은?

**풀이**
가연성 물질의 양(ton)=폐기물의 양(ton)×가연성 물질의 함유비율
$$= (450 \text{kg/m}^3 \times 10\text{m}^3 \times \text{ton}/10^3\text{kg}) \times \left(\frac{100-40}{100}\right) = 2.7 \text{ton}$$

### 必수문제 03
어느 도시 쓰레기의 성분 중 안 타는 성분이 중량비로 약 60%를 차지하였다. 지금 밀도가 400kg/m³인 쓰레기가 8m³ 있을 때 타는 성분물질의 양(ton)은?

**풀이**
가연성 물질의 양(ton)$= (400 \text{kg/m}^3 \times 8\text{m}^3 \times \text{ton}/10^3\text{kg}) \times \left(\frac{100-60}{100}\right) = 1.28 \text{ton}$

### 必수문제 04
쓰레기 3성분을 조사하기 위한 실험결과가 다음과 같을 때 가연분의 함량(%)은?(단, 원시료 무게=5.4kg, 건조 후 무게=3.76kg, 강열 후 무게=1.07kg)

**풀이**
가연분함량(%)$= 100 - \left(\frac{(5.4-3.76)+1.07}{5.4} \times 100\right) = 49.81\%$

### 必수문제 05
어느 폐기물의 성분을 조사한 결과 플라스틱의 함량이 20%(중량비)로 나타났다. 이 폐기물의 밀도가 300kg/m³이라면 10m³ 중에 함유된 플라스틱의 양(kg)은?

**풀이**
무게(kg)=(밀도×부피)×플라스틱 함유비율=300kg/m³×10m³×0.2=600kg

### (4) 화학적 원소(성상) 분석

① 쓰레기의 가연성 성분의 화학적 성분분석 항목(자동원소분석장치 사용 ; Ultimate Analysis)

> C, H, N, O, S

② 폐기물 원소분석에 있어 별도의 장치나 기기(연소관, 환원관 및 흡수관의 충전물 교환 등)를 필요로 하지 않고, 자동원소분석기를 이용하여 동시에 분석 가능 항목

> C, H, N

③ 연소관, 환원관 및 흡수관의 충전물을 교환함으로써 분석 가능 항목

> O, S

④ 폐기물처리 부산물인 가스를 최대로 이용하고자 할 때 폐기물 성분 중 가장 큰 영향을 미치는 성분

> C

⑤ 일반폐기물의 소각처리에서 통상적인 폐기물의 원소분석치를 이용하여 얻을 수 있는 항목
  ㉠ 연소용 공기량
  ㉡ 배기가스양 및 조성
  ㉢ 유해가스의 종류 및 양

### (5) 발열량 분석

① 개요
  ㉠ 발열량이란 연료(고체, 액체, 기체)가 $O_2$와 반응하여 산화물($CO_2$, $H_2O$, $SO_2$ 등)이 발생되는데 이때 생성되는 열량을 의미한다.
  ㉡ 발열량 분석은 원소분석 결과를 이용하는 방법으로 고위발열량과 저위발열량을 추정할 수 있다.
  ㉢ 발열량계에서 측정한 값을 고위발열량이라 하고, 고위발열량에서 물의 증발잠열을 제외한 값을 저위발열량이라 한다.
  ㉣ 폐기물을 자체 소각처리하기 위해서는 약 1,500kcal/kg의 자체 열량이 있어야 한다.
  ㉤ 발열량은 계절적 변동과 관계가 있다.

② 발열량 단위
  ㉠ 고체, 액체 연소물질의 단위 : kcal/kg
  ㉡ 기체 연소물질의 단위 : $kcal/Sm^3$

③ 단열열량계에 의한 측정
　㉠ 고체, 액체 연료 : 봄브식 열량계
　㉡ 기체 연료 : 융겔스식 열량계

④ 원소 분석결과를 이용한 발열량 산정식(원소분석에 의한 방식)
　㉠ 듀롱(Dulong)의 식
　　ⓐ 산소성분(O) 전부가 수소성분(H)과 결합하여 수분($H_2O$)으로 존재한다고 가정하고, 즉 폐기물이 거의 완전연소된다는 가정하에서 발열량을 산정하는 식으로 Bomb 열량계로 구한 발열량에 근사시키기 위해 Dulong 보정식을 사용(Dulong 공식에 의한 발열량 계산은 화학적 원소분석을 기초로 함)
　　ⓑ 유효수소 $\left(H - \dfrac{O}{8}\right)$를 고려한 식

- 수소 중 연소반응에 참여한 수소의 $\dfrac{O}{8}$만큼 제외한 수소를 의미
- 수소 1g은 산소 8g과 반응하여 $H_2O$ 생성

　　ⓒ 고위발열량($H_h$)

- 단열열량계의 측정값으로 총발열량을 의미(단열열량계로 폐기물의 발열량을 측정 시 폐기물 성상은 습량 기준)
- 고위발열량 계산에 기초로 활용되는 것은 화학적 조성 분석
- 수소가 연소하여 생기는 수증기의 응축잠열을 포함한 열량
- 단열열량계로 측정 시 얻는 발열량은 건량기준 고위발열량이다.
  [$H_h = H_l$(저위발열량) + 수분 응축열]

$$H_h(\text{kcal/kg}) = 8{,}100C + 34{,}000\left(H - \dfrac{O}{8}\right) + 2{,}500S$$

　　ⓓ 저위발열량($H_l$)

- 발열량계에서 측정한 고위발열량에서 수분의 응축잠열을 제외한 열량
- 폐기물의 가연분, 수분, 회분의 조성비로 저위발열량을 추정
- 소각로의 설계기준으로 이용

$$H_l(\text{kcal/kg}) = 8{,}100C + 34{,}000\left(H - \dfrac{O}{8}\right) + 2{,}500S - 600(9H + W)$$

　　ⓔ $H_h$와 $H_l$의 관계
- 고체 · 액체 연소물질

$$H_h(\text{kcal/kg}) = H_l + 600(9H + W) \ : \ H_l = H_h - 600(9H + W)$$

여기서, C : 탄소(%), H : 수소(%), O : 산소(%), S : 황(%), W : 수분(%)
600 : 0℃에서 $H_2O$ 1kg의 증발잠열(kcal/kg)

- 기체 연소물질

$$H_l = H_h - 480 \sum H_2O$$

여기서, 480 : 수증기($H_2O$) $1Sm^3$의 증발잠열($kcal/Sm^3$)

ⓒ 스튜어(Steuer)의 식
- 고위발열량($H_h$)

O의 $\frac{1}{2}$이 $H_2O$, 나머지 $\frac{1}{2}$이 CO(또는 $CO_2$)로 존재하는 것으로 가정한 식

$$H_h(\text{kcal/kg}) = 8,100\left(C - \frac{3}{8}O\right) + 5,700 \times \frac{3}{8}O + 34,500\left(H - \frac{O}{16}\right) + 2,500S$$

$$H_l(\text{kcal/kg}) = 8,100\left(C - \frac{3}{8}O\right) + 5,700 \times \frac{3}{8}O$$
$$+ 34,500\left(H - \frac{O}{16}\right) + 2,500S - 600(9H + W)$$

ⓒ 쉴레-케스트너(Scheuer-Kestner)의 식
- 고위발열량($H_h$)

O의 모든 것이 CO(또는 $CO_2$)로 존재하는 것으로 가정한 식

$$H_h(\text{kcal/kg}) = 81\left(C - \frac{3}{4}O\right) + 342.5H + 22.5S + 57 \times \frac{3}{4}O$$

$$H_h(\text{kcal/kg}) = 8,100\left(C - \frac{3}{4}O\right) + 34,250H + 2,250S + 5,700 \times \frac{3}{4}O$$

ⓔ Kunle 식
ⓜ Gumz 식

⑤ 3성분 조성비에 의한 발열량 산정식(3성분 추정식에 의한 방법)
ⓐ 쓰레기의 저위발열량 추정 시 3성분(가연분, 수분, 회분)의 조성비율을 이용하여 발열량을 산출하는 방법이다.
ⓑ 쓰레기가 불균일성 물질이고 수분을 50% 이상 함유하고 있는 경우에는 상당한 오차가 발생한다.
ⓒ 가연분(%) = 100 - 수분(%) - 회분(%)

② 고위발열량($H_h$)

$$H_h(\text{kcal/kg}) = 45\,VS$$

여기서, $VS$ : 쓰레기 중 가연분의 조성비(함량)(%)

⑩ 저위발열량($H_l$)

$$H_l(\text{kcal/kg}) = 45\,VS - 6\,W$$

여기서, $W$ : 쓰레기 중 수분의 조성비(함수율)(%)

⑥ 물리적 조성(플라스틱, 종이 등) 분석치로부터 발열량 산정식
  ㉠ 발열량은 플라스틱의 혼입률이 많으면 증가하며 계절적 변동과도 관계가 있다.
  ㉡ 저위발열량($H_l$)

$$H_l(\text{kcal/kg}) = 88.2R + 40.5(G+P) - 6W$$

여기서, $R$ : 플라스틱 함유율(%)
       $G$ : 쓰레기 함유율(건조기준)(%)
       $P$ : 종이 함유율(건조기준)(%)
       $W$ : 수분 함유율(%)

㉢ 고위발열량($H_h$)

$$H_h(\text{kcal/kg}) = 88.2R + 40.5(G+P)$$

⑦ 기체의 발열량을 이용한 계산식에 의한 방법
   기체 연소방정식 이용한다.

> **Reference** 폐기물 내 함유된 리그닌의 양으로 생분해도를 평가하기 위한 관계식
>
> 생물 분해성 분율($BF$) : 유기성 폐기물의 생물분해성 추정식
>
> $$BF = 0.83 - (0.028 \times LC)$$
>
> 여기서, $BF$(생분해성 분율) = $\dfrac{\text{생분해성 휘발성 고형물량}}{\text{전체 휘발성 고형물량}(VS)}$ : (휘발성 고형분 함량 기준)
>
> $LC$ = 휘발성 고형분 중 리그닌 함량(건조무게 %로 표시)
> ※ 리그닌은 도시 폐기물 유기성분 중 가장 생분해가 느린 성분이다.

### 필수문제

**01** 수분이 60%, 수소가 8%인 폐기물의 고위발열량이 4,000kcal/kg이라면 저위발열량(kcal/kg)은?

풀이
$$H_l(\text{kcal/kg}) = H_h - 600(9\text{H} + \text{W}) = 4,000 - 600[(9 \times 0.08) + 0.6] = 3,208 \text{kcal/kg}$$

### 필수문제

**02** 수소의 함량(원소분석에 의한 수소의 조성비)이 12%이고 수분함량이 20%인 폐기물의 고위발열량이 3,000kcal/kg일 때 저위발열량(kcal/kg)은?(단, 원소분석법 기준)

풀이
$$H_l(\text{kcal/kg}) = H_h - 600(9\text{H} + \text{W}) = 3,000 - 600[(9 \times 0.12) + 0.2] = 2,232 \text{kcal/kg}$$

### 필수문제

**03** 폐기물의 함수율이 25%이고, 건조기준으로 연소성분은 탄소 55%, 수소 18%이고, 건조폐기물은 열량계에 의한 열량이 2,800kcal/kg일 때 $H_l$(kcal/kg)은?

풀이
$$H_l(\text{kcal/kg}) = H_h - 600(9\text{H} + \text{W}) = 2,800 - 600[(9 \times 0.18 \times 0.75) + 0.25] = 1,921 \text{kcal/kg}$$

### 필수문제

**04** 어느 도시쓰레기의 조성이 탄소 48%, 수소 6.4%, 산소 37.6%, 질소 2.6%, 황 0.4%, 그리고 회분 5%일 때 고위발열량(kcal/kg)은?(단, Dulong식 적용)

풀이
$$\begin{aligned} H_h(\text{kcal/kg}) &= 8,100\text{C} + 34,000\left(\text{H} - \frac{\text{O}}{8}\right) + 2,500\text{S} \\ &= (8,100 \times 0.48) + \left[34,000\left(0.064 - \frac{0.376}{8}\right)\right] + (2,500 \times 0.004) = 4,476 \text{kcal/kg} \end{aligned}$$

### 05 다음과 같은 조성의 폐기물의 고위발열량(kcal/kg)은?(단, 탄소, 수소, 황의 연소반응열은 각각 8,100kcal/kg, 34,000kcal/kg, 2,500kcal/kg으로 하며 Dulong식을 이용)

조성(%) : C=30, H=30, O=20, S=10, 수분=5, 불연소물=5

**풀이**

$$H_h(\text{kcal/kg}) = 8{,}100\text{C} + 34{,}000\left(\text{H} - \frac{\text{O}}{8}\right) + 2{,}500\text{S}$$
$$= (8{,}100 \times 0.3) + \left[34{,}000\left(0.3 - \frac{0.2}{8}\right)\right] + (2{,}500 \times 0.1) = 12{,}030\,\text{kcal/kg}$$

### 06 어떤 폐기물의 함유성분이 함수율(29%), 불활성 성분(14%), 탄소(26%), 수소(6%), 산소(24%), 황(1%)일 때 $H_h$, $H_l$(kcal/kg)은?

**풀이**

$$H_h(\text{kcal/kg}) = 8{,}100\text{C} + 34{,}000\left(\text{H} - \frac{\text{O}}{8}\right) + 2{,}500\text{S}$$
$$= 8{,}100 \times 0.26 + \left[34{,}000\left(0.06 - \frac{0.24}{8}\right)\right] + (2{,}500 \times 0.01) = 3{,}151\,\text{kcal/kg}$$
$$H_l(\text{kcal/kg}) = H_h - 600(9\text{H} + \text{W}) = 3{,}151 - 600[(9 \times 0.06) + 0.29] = 2{,}653\,\text{kcal/kg}$$

### 07 폐기물을 분석한 결과 수분 20%, 회분 15%, 고정탄소 25%, 휘발분이 40%이고 휘발분을 원소분석한 결과 수소 20%, 황 5%, 산소 25%, 탄소 50%이었다. 이때 폐기물의 고위발열량 (kcal/kg)은?(단, $H_h = 8{,}100\text{C} + 34{,}000\left(\text{H} - \frac{\text{O}}{8}\right) + 2{,}500\text{S}$)

**풀이**

$$H_h(\text{kcal/kg}) = 8{,}100 \times [(0.5 \times 0.4) + 0.25] + \left\{34{,}000 \times \left[(0.2 \times 0.4) - \left(\frac{0.25 \times 0.4}{8}\right)\right]\right\}$$
$$+ [2{,}500 \times (0.05 \times 0.4)]$$
$$= 5{,}990\,\text{kcal/kg}$$

### 必수문제

**08** 다음 조성의 폐기물의 저위발열량(kcal/kg)을 Dulong식을 이용하여 계산한 값(kcal/kg)은?(단, 탄소, 수소, 황의 연소발열량은 각각 8,100kcal/kg, 34,000kcal/kg, 2,500kcal/kg으로 한다.)

- 조성(%) : 휘발성 고형물 50, 수분 20, 회분 30
- 휘발성 고형물 원소분석 결과(%) : C 50, H 30, O 10, N 10

**풀이**

$$H_h(\text{kcal/kg}) = 8,100\text{C} + 34,000\left(\text{H} - \frac{\text{O}}{8}\right) + 2,500\text{S}$$
$$= 8,100 \times (0.5 \times 0.5) + 34,000\left[(0.3 \times 0.5) - \left(\frac{0.1 \times 0.5}{8}\right)\right] + (2,500 \times 0)$$
$$= 6,912.5\,\text{kcal/kg}$$
$$H_l(\text{kcal/kg}) = H_h - 600(9\text{H} + \text{W})\,(\text{kcal/kg})$$
$$= 6,912.5 - 600[(9 \times 0.3 \times 0.5) + 0.2] = 5,982.5\,\text{kcal/kg}$$

### 必수문제

**09** 3성분이 다음과 같은 쓰레기의 저위발열량(kcal/kg)은?

수분 60%, 가연분 30%, 회분 10%

**풀이**

3성분 조성비에 의한 저위발열량 계산
$$H_l(\text{kcal/kg}) = 45\,VS - 6\,W = (45 \times 30) - (6 \times 60) = 990\,\text{kcal/kg}$$

### 必수문제

**10** 어떤 쓰레기의 가연분의 조성비가 60%이며, 수분의 함유율이 20%라면 이 쓰레기의 저위발열량(kcal/kg)은?(단, 쓰레기의 3성분 조성비 기준의 추정식을 사용하며 발열량의 단위는 kcal/kg)

**풀이**

$$H_l(\text{kcal/kg}) = 45\,VS - 6\,W = (45 \times 60) - (6 \times 20) = 2,580\,\text{kcal/kg}$$

**11** 어느 쓰레기의 회분함량과 저위발열량을 측정하였더니 각각 10% 및 990kcal/kg이었다. 수분함량(%)은?(단, 발열량은 3성분 분석에 의함. 가연분 함량 30%)

**풀이**

$H_l = 45VS - 6W$,  $990 = (45 \times 30) - 6W$

$W$(수분함량 : %) = 60%

**12** 폐기물의 평균 저위발열량(kcal/kg)은?(단, 도표 내의 백분율은 중량백분율이며, 수분의 증발잠열은 공히 500kcal/kg으로 가정한다.)

| 구분 | 성분비 | 고위발열량 | 구분 | 성분비 | 고위발열량 |
|---|---|---|---|---|---|
| 종이 | 30 | 9,000kcal/kg | 음식류 | 20 | 8,500kcal/kg |
| 목재 | 30 | 10,000kcal/kg | 플라스틱 | 20 | 15,000kcal/kg |

**풀이**

각 수분의 증발잠열을 고려하여 성분중량비를 적용한다.

$H_l(\text{kcal/kg}) = [(9,000 - 500) \times 0.3] + [(10,000 - 500) \times 0.3] + [(8,500 - 500) \times 0.2]$
$\qquad + [(15,000 - 500) \times 0.2] = 9,900\text{kcal/kg}$

**13** 폐기물에 대한 발열량자료이다. 건량기준 폐기물의 평균발열량(kcal/kg)은?(단, 전체폐기물 수분함량 40%)

| 구분 | 폐 목재 | 폐 슬러지 | 폐 페인트 |
|---|---|---|---|
| 중량비(%) | 20 | 60 | 20 |
| 발열량(kcal/kg) | 4,300 | 1,200 | 3,200 |

**풀이**

습윤기준 평균발열량(kcal/kg) = $(4,300 \times 0.2) + (1,200 \times 0.6) + (3,200 \times 0.2)$
$\qquad\qquad\qquad\qquad\qquad = 2,220 \text{kcal/kg}$

건량기준 평균발열량(kcal/kg) = 습량기준 발열량 $\times \dfrac{(\text{수분} + \text{건조폐기물})\text{함량}}{\text{건조폐기물함량}}$

$\qquad\qquad\qquad\qquad\qquad = 2,220\text{kcal/kg} \times \dfrac{(40+60)}{60} = 3,700\text{kcal/kg}$

# SECTION 006 슬러지의 함수율과 비중(밀도)의 관계

$$\frac{슬러지양}{슬러지\ 비중} = \frac{고형물량}{고형물\ 비중} + \frac{함수량}{함수\ 비중}$$

$$= \frac{유기물(VS)량}{유기물\ 비중} + \frac{무기물(FS)량}{무기물\ 비중} + \frac{함수량}{함수\ 비중}$$

(고형물 비중은 건조된 고형물을 의미)

### 必 수문제

**01** 수분함량이 97%인 슬러지의 비중은?(단, 고형물의 비중은 1.35)

**풀이**

$$\frac{슬러지양}{슬러지\ 비중} = \frac{고형물량}{고형물\ 비중} + \frac{함수량}{함수\ 비중}$$

$$\frac{100}{슬러지\ 비중} = \frac{(100-97)}{1.35} + \frac{97}{1.0}$$

$$\frac{100}{슬러지\ 비중} = 99.2222$$

$$슬러지\ 비중 = \frac{100}{99.2222} = 1.008$$

### 必 수문제

**02** 함수율이 90%인 슬러지의 겉보기 비중은 1.02이었다. 이 슬러지를 탈수하여 함수율이 40%인 슬러지를 얻었다면 이 슬러지가 갖는 겉보기 비중은?

**풀이**

$$\frac{슬러지양}{슬러지\ 비중} = \frac{고형물량}{고형물\ 비중} + \frac{함수량}{함수\ 비중}$$

(함수율이 90%이면 슬러지 100% 중 고형물 10%)

$$\frac{100}{1.02} = \frac{10}{고형물\ 비중} + \frac{90}{1.0}, \quad 고형물\ 비중 = 1.244$$

계산된 고형물 비중 1.244에 다시 함수율 40%를 적용하면

$$\frac{100}{슬러지\ 비중} = \frac{60}{1.244} + \frac{40}{1.0}$$

$$\frac{100}{슬러지\ 비중} = 88.2315$$

$$슬러지\ 비중 = \frac{100}{88.2315} = 1.13$$

### 필수문제 03
건조 전 슬러지 고형물의 비중이 1.28이며 고형분의 함량이 41%일 때 건조 후 슬러지의 비중은?

**풀이**

$$\frac{슬러지양}{슬러지\ 비중} = \frac{고형물량}{고형물\ 비중} + \frac{함수량}{함수\ 비중}$$

$$\frac{100}{슬러지\ 비중} = \frac{41}{1.28} + \frac{(100-41)}{1.0}$$

$$\frac{100}{슬러지\ 비중} = 91.0312$$

$$슬러지\ 비중 = \frac{100}{91.0312} = 1.09$$

### 필수문제 04
건조된 고형물의 비중은 1.54이고 건조 전 슬러지의 고형분 함량이 60%, 건조중량이 400kg이라 할 때 건조 전 슬러지의 비중은?

**풀이**

$$\frac{666.67}{슬러지\ 비중} = \frac{400}{1.54} + \frac{266.67}{1.0}$$

$$슬러지양 = 고형물량 \times \frac{1}{슬러지\ 중\ 고형물\ 함량}$$

$$= 400kg \times \frac{1}{0.6} = 666.67kg$$

슬러지 비중 = 1.27

### 필수문제 05
슬러지 중 비중 0.85인 유기성 고형물의 함량이 6%, 비중 2.02인 무기성 고형물의 함량이 20%일 때 이 슬러지 비중은?

**풀이**

$$\frac{슬러지양}{슬러지\ 비중} = \frac{유기물}{유기물\ 비중} + \frac{무기물}{무기물\ 비중} + \frac{함수량}{함수\ 비중}$$

슬러지 중 함수율(100 − 6 − 20 = 74%)

$$\frac{100}{슬러지\ 비중} = \frac{6}{0.85} + \frac{20}{2.02} + \frac{74}{1.0}$$

슬러지 비중 = 1.10

**06** 슬러지를 처리하기 위하여 생슬러지를 분석한 결과 수분은 90%, 고형물 중 휘발성 고형물은 70%, 휘발성 고형물의 비중은 1.1, 무기성 고형물의 비중은 2.2였다. 생슬러지 비중은? (단, 무기성 고형물+휘발성 고형물=총고형물)

**풀이**

$$\frac{슬러지양}{슬러지\ 비중} = \frac{휘발성\ 고형물}{휘발성\ 고형물\ 비중} + \frac{무기성\ 고형물}{무기성\ 고형물\ 비중} + \frac{함수량}{함수\ 비중}$$

$$\frac{100}{슬러지\ 비중} = \frac{(10 \times 0.7)}{1.1} + \frac{(10-7)}{2.2} + \frac{90}{1.0}$$

슬러지 비중 = 1.023

**07** 슬러지를 처리하기 위하여 생슬러지를 분석한 결과 수분은 95%, 고형물 중 휘발성 고형물은 70%, 휘발성 고형물의 비중은 1.1, 무기성 고형물의 비중은 2.2였다. 생슬러지의 비중은? (단, 무기성 고형물+휘발성 고형물=총고형물)

**풀이**

$$\frac{100}{슬러지\ 비중} = \frac{(5 \times 0.7)}{1.1} + \frac{(5 \times 0.3)}{2.2} + \frac{95}{1.0}$$

슬러지 비중 = 1.01

**08** 건조된 슬러지 고형분의 비중이 1.28이며 건조 이전의 슬러지 내 고형분 함량이 41%일 때 건조 전 슬러지의 비중은?

**풀이**

$$\frac{100}{슬러지\ 비중} = \frac{41}{1.28} + \frac{(100-41)}{1.0} \qquad \frac{100}{슬러지\ 비중} = 91.031$$

슬러지 비중 = 1.09

**09** 건조된 고형물의 비중이 1.42이고 건조 이전의 슬러지 내 고형물 함량이 40%, 건조중량이 400kg이라고 할 때 건조 이전의 슬러지 케이크의 부피($m^3$)는?

**풀이**

$$\frac{100}{슬러지\ 비중} = \frac{40}{1.42} + \frac{60}{1.0} \qquad 슬러지\ 비중 = 1.134$$

$$슬러지\ 부피(m^3) = \frac{0.4ton}{1.134ton/m^3} \times \frac{100}{100-60} = 0.88m^3$$

# SECTION 007 슬러지양과 함수율의 관계
### (슬러지와 함수율의 물질수지)

일반적으로 농축, 탈수, 건조공정의 물질수지를 나타낸다.

> 초기 슬러지양(100−초기함수율)=처리 후 슬러지양(100−처리 후 함수율)

> 슬러지 부피 ⇨ FS(무기물)+VS(유기물)+W(수분)

### 必수문제

**01** 고형분이 50%인 음식쓰레기 5ton을 소각하기 위해 수분함량이 25%가 되도록 건조시켰다. 이 건조 쓰레기의 중량(ton)은?(단, 쓰레기 비중 1.0)

**풀이**

초기 슬러지양(100−초기함수율)=처리 후 슬러지양(100−처리 후 함수율)
고형분 50%(함수율 100−50=50%)
5ton×(100−50)=처리 후 슬러지양×(100−25)
처리 후 슬러지양(ton) = 3.3ton

### 必수문제

**02** 함수율이 94%인 수거분뇨 200kL/day를 70% 함수율의 건조슬러지로 만들면 하루의 건조 슬러지 생산량(kL/day)은?

**풀이**

200kL/day×(1−0.94)=건조슬러지 생산량×(1−0.7)

건조슬러지 생산량(처리 후 슬러지양 : kL/day) = $\dfrac{200\text{kL/day} \times (1-0.94)}{(1-0.7)}$ = 40kL/day

### 必수문제

**03** 수분이 96%인 슬러지를 수분 60%로 탈수했을 때 탈수 후 슬러지의 체적(m³)은?(단, 탈수 전 슬러지 체적 100m³)

**풀이**

100m³×(1−0.96)=탈수 후 슬러지 체적×(1−0.6)

탈수슬러지 체적(처리 후 슬러지 부피 : m³) = $\dfrac{100\text{m}^3 \times (1-0.96)}{(1-0.6)}$ = 10m³

### 04 수분함량이 80%인 슬러지 100m³를 30m³로 농축하였다면 농축된 슬러지함수율(%)은? (단, 슬러지 비중 1.0)

**풀이**

$100\text{m}^3(100-80) = 30\text{m}^3(100-\text{처리 후 함수율})$

$100-\text{처리 후 함수율} = \dfrac{100\text{m}^3(100-8)}{30\text{m}^3}$

$100-\text{처리 후 함수율} = 66.67\%$

처리 후 함수율(%) $= 100 - 66.67 = 33.33\%$

### 05 함수율 50%인 1kg의 쓰레기를 건조시켜 함수율 25%로 하였을 때 건조쓰레기의 무게는 몇 kg인가?

**풀이**

$1\text{kg} \times (1-0.5) = $ 건조쓰레기 무게 $\times (1-0.25)$

건조쓰레기 무게(처리 후 건조쓰레기 무게 : kg) $= 0.67\text{kg}$

### 06 음식쓰레기 15톤이 있다. 이 쓰레기의 고형분 함량은 30%이고 소각을 위하여 수분함량이 20%가 되도록 건조시켰다. 건조 후 쓰레기의 중량(ton)은?(단, 쓰레기 비중 1.0)

**풀이**

$15 \times (1-0.7) = $ 건조 후 쓰레기 중량 $\times (1-0.2)$

건조 후 쓰레기중량(처리 후 쓰레기의 양) $= 5.63\text{ton}$

### 07 고형분 20%의 주방쓰레기 10톤이 있다. 소각을 위하여 함수율이 60%가 되도록 건조시켰다면 이때의 무게(ton)는?(단, 비중은 1.0, 건조 시 고형분의 손실은 없음)

**풀이**

건조 전·후 고형물중량 불변

$10\text{ton} \times (100-80) = $ 처리 후 슬러지양 $\times (100-60)$

처리 후 슬러지양(건조 후 쓰레기양 : ton) $= 5\text{ton}$

### 08 필수문제

5%의 고형물을 함유하는 슬러지를 하루에 10m³씩 침전지에서 제거하는 처리장에서 운영기술의 향상으로 7%의 고형물을 함유하는 슬러지로 제거할 수 있게 되었다면 같은 고형물량(무게기준)을 제거하기 위하여 침전지에서 제거되는 슬러지양(m³)은?

**풀이**

$10m^3 \times 0.05 = $ 제거슬러지양 $\times 0.07$

제거슬러지양($m^3$) $= 7.14m^3$

### 09 필수문제

슬러지 60m³의 함수율이 95%이다. 건조 후 슬러지의 체적을 $\frac{1}{5}$로 하면 슬러지 함수율(%)은?(단, 모든 슬러지의 비중은 1.0)

**풀이**

$60m^3 \times (100-95) = \left(60m^3 \times \frac{1}{5}\right) \times (100 - $ 처리 후 함수율$)$

처리 후 슬러지 함수율(%) $= 75\%$

### 10 필수문제

폐기물의 초기함수율이 65%였다. 이 폐기물을 노천건조시킨 후의 함수율이 45%로 감소되었다면, 몇 kg의 물이 증발되었는가?(단, 초기 폐기물의 무게 : 100kg, 폐기물의 비중 1.0)

**풀이**

$100kg \times (1-0.65) = $ 건조 후 폐기물량 $\times (1-0.45)$

건조 후 폐기물량 $= 63.64kg$

증발 수분량(kg) $= $ 건조 전 폐기물량 $-$ 건조 후 폐기물량 $= 100kg - 63.64kg = 36.36kg$

### 11 필수문제

함수율 90%인 슬러지 1kg을 농축하여 함수율이 50%로 되었다. 이때 제거된 수분량(kg)은?

**풀이**

$1kg \times (1-0.90) = $ 처리 후 슬러지양 $\times (1-0.5)$

처리 후 슬러지양 $= 0.2kg$

제거수분량(kg) $= $ 처리 전 슬러지양 $-$ 처리 후 슬러지양 $= 1kg - 0.2kg = 0.8kg$

### 必수문제

**12** 90% 함수율의 폐기물을 탈수시켜 함수율이 60%로 되었다면 폐기물은 초기 무게의 몇 %로 되었는가?(단, 폐기물 비중 1.0)

> **풀이**
> 초기 폐기물량$\times(1-0.9)$=처리 후 폐기물량$\times(1-0.6)$
> $\dfrac{\text{처리 후 폐기물량}}{\text{초기 폐기물량}} = \dfrac{(1-0.9)}{(1-0.6)} = 0.25$
> 처리 후 폐기물비율(%) $= 0.25 \times 100 = 25\%$

### 必수문제

**13** 함수율 98%인 슬러지를 농축하여 함수율 92%로 하였다면 슬러지의 부피변화율은?(단, 비중은 1.0)

> **풀이**
> 초기 슬러지양$(1-0.98)$=처리 후 슬러지양$(1-0.92)$
> $\dfrac{\text{처리 후 슬러지양}}{\text{초기 슬러지양}} = \dfrac{(1-0.98)}{(1-0.92)} = 0.25$

### 必수문제

**14** 수분함량이 35%인 쓰레기를 건조시켜 수분함량 15%로 감소시키면 건조쓰레기 중량은 처음 중량의 몇 %가 되는가?(단, 비중 1.0)

> **풀이**
> $\dfrac{\text{처리 후 쓰레기양}}{\text{초기 쓰레기양}} = \dfrac{(1-0.35)}{(1-0.15)} = 0.7647$
> 처리 후 쓰레기비율(%) = 처리 전 쓰레기비율$\times 0.7647 = 100 \times 0.7647 = 76.47\%$

### 必수문제

**15** 함수율 95%의 슬러지를 함수율 50%인 슬러지로 만들려면 슬러지 1ton당 얼마의 수분을 증발(kg)시켜야 하는가?(단, 비중 1.0)

> **풀이**
> $1,000\text{kg} \times (1-0.95)$ = 처리 후 슬러지양$\times(1-0.5)$
> 처리 후 슬러지양 $= 100\text{kg}$
> 증발된 수분량(kg) $= 1,000\text{kg} - 100\text{kg} = 900\text{kg}$

### 16 필수문제

함수율이 95%인 슬러지를 함수율 75%의 슬러지로 탈수시켰을 때 탈수 후/전의 슬러지 체적비(탈수 후/탈수 전)는?

**풀이**

$$\text{체적비} = \frac{\text{처리 후 탈수슬러지양}}{\text{초기 탈수슬러지양}} = \frac{(1-\text{초기 탈수함수율})}{(1-\text{처리 후 탈수함수율})} = \frac{(1-0.95)}{(1-0.75)} = 0.2$$

### 17 필수문제

소화슬러지의 발생량은 1일 투입량의 10%이다. 소화슬러지의 함수율이 95%라고 하면 1일 탈수된 슬러지의 양($m^3$)은?(단, 슬러지의 비중은 모두 1.0이고 분뇨투입량은 100kL/day이며 탈수슬러지의 함수율은 75%이다.)

**풀이**

$100m^3/day \times 0.1(1-0.95) = $ 처리 후 슬러지양 $\times (1-0.75)$
처리 후 슬러지양(탈수된 슬러지의 양 : $m^3/day$) = $2m^3/day$

### 18 필수문제

축분과 톱밥 쓰레기를 혼합한 후 퇴비화하여 함수량 20%의 퇴비를 만들었다면 퇴비량(ton)은?(단, 퇴비화 시 수분 감량만 고려, 비중=1.0)

| 성분 | 쓰레기 양(ton) | 함수량(%) |
|---|---|---|
| 축분 | 12.0 | 85.0 |
| 톱밥 | 2.0 | 5.0 |

**풀이**

축분, 톱밥 혼합함수율 $= \frac{(12 \times 0.85) + (2 \times 0.05)}{12+2} \times 100 = 73.57\%$

물질수지식 이용

$14ton \times (1-0.7357) = $ 퇴비량 $\times (1-0.2)$

퇴비량(ton) $= \frac{14ton \times 0.2643}{0.8} = 4.63ton$

# 유해물질의 배출원 및 인체에의 영향

## (1) 수은

### ① 배출원
- ㉠ 형광등, 온도계, 체온계, 기압계 제조
- ㉡ 페인트, 농약, 살균제 제조

### ② 인체 영향
- ㉠ 미나마타병
- ㉡ 구내염, 근육진전, 정신증상, 중추신경계통 장애

## (2) 카드뮴

### ① 배출원
- ㉠ 납광물이나 아연 제련 시 부산물
- ㉡ 축전기, 도자기, 살균제, 도금시설
- ㉢ 산업폐기물 및 광산폐기물

### ② 인체 영향
- ㉠ 이타이이타이병(만성중독)
- ㉡ 신장기능, 골격계, 폐기능 장애

## (3) 납

### ① 배출원
- ㉠ 납제련소 및 납광산
- ㉡ 납축전지, 인쇄공업, 페인트

### ② 인체 영향
- ㉠ 빈혈, 소화기·신경·근육계통 장애
- ㉡ 중추신경 장애(뇌중독, 두통, 기억상실 등)

## (4) 크롬($Cr^{6+}$)

### ① 배출원
- ㉠ 가죽, 피혁 제조
- ㉡ 전기도금, 염색·안료 제조

### ② 인체 영향
- ㉠ 피부염, 피부궤양, 폐암 유발
- ㉡ 코, 폐, 위장의 점막 자극(비중격연골에 천공)

(5) 비소
  ① 배출원
    ㉠ 납과 구리의 합금 제조 시 첨가제로 사용
    ㉡ 벽지, 조화, 색소, 베어링 제조
    ㉢ 유리 착색제, 방부제
  ② 인체 영향
    ㉠ 발암성과 돌연변이성 유발
    ㉡ 피부암 유발, 용혈성 빈혈, 색소 침착
    ㉢ 장기적인 노출 시 피로와 무기력증 유발

(6) PCB
  ① 배출원
    ㉠ 트랜스유 제조, 절연유
    ㉡ 금속보호피막, 합성접착제
  ② 인체 영향
    카네미유증

> **Reference** 석면폐기물 발생원
>
> ① 보일러 공장　　② 발전소　　③ 자동차 공장

> **Reference** 일산화질소(NO)
>
> 유해폐기물을 소각할 때 발생하며 광화학 스모그의 원인이 되는 물질이다.

 학습 Point

1 폐기물 성상분석 절차 숙지
2 도시폐기물 개략(조사)분석 항목 숙지
3 겉보기 비중 측정방법 내용 숙지
4 화학적 성상분석 항목 숙지
5 유해폐기물 성질 판단 시험방법 종류 숙지
6 원소분석에 의한 발열량 분석 산정식 및 유효수소 개념 숙지
7 삼성분 조성비에 의한 발열량 산정식 숙지
8 슬러지의 함수율과 비중의 관계 계산문제

# SECTION 009 폐기물의 수거

## (1) 수거단계의 비용
① 폐기물 관리에 소요되는 총비용 중 수거 및 운반단계가 60% 이상을 차지한다. 즉, 폐기물 관리 시 비용이 가장 많이 든다.
② 폐기물 관리에서 가장 우선적으로 고려해야 할 사항은 감량화이다.
③ 도시 쓰레기 수거계획 수립 시 가장 중요하게 고려해야 할 사항은 수거 노선이다.
④ 분리수거의 장점으로는 폐기물의 자원화, 최종 처분장 면적 축소, 쓰레기 처리의 효율성 증대 등이 있다.

## (2) 효과적·경제적인 수거노선 결정 시 유의(고려)사항 : 수거노선 설정요령
① 지형이 언덕인 지역에서는 언덕의 위에서부터 내려가며 적재하면서 차량을 진행하도록 한다.(안전성, 연료비 절약)
② 수거인원 및 차량형식이 같은 기존 시스템의 조건들을 서로 관련시킨다.
③ 출발점은 차고와 가깝게 하고 수거된 마지막 컨테이너가 처분지의 가장 가까이에 위치하도록 배치한다.
④ 가능한 한 지형지물 및 도로경계와 같은 장벽을 사용하여 간선도로 부근에서 시작하고 끝나야 한다.(도로경계등을 이용)
⑤ 가능한 한 시계방향으로 수거노선을 정한다.
⑥ 적은 양의 쓰레기가 발생하나 동일한 수거빈도를 받기 원하는 적재지점(수거지점)은 가능한 한 같은 날 왕복 내에서 수거한다.
⑦ 아주 많은 양의 쓰레기가 발생되는 발생원은 하루 중 가장 먼저 수거한다.
⑧ 될 수 있는 한 한 번 간 길은 다시 가지 않는다.
⑨ 반복운행 또는 U자형 회전은 피하여 수거한다.
⑩ 교통량이 많거나 출퇴근시간은 피하여 수거한다.
⑪ 수거지점과 수거빈도 결정 시 기존정책이나 규정을 참고한다.

## (3) 용기 수거방법의 종류 및 특징
① **블록수거**(Block service : 타종 수거)
 ㉠ 수집차량이 사전계획에 의해 일정한 노선에 따라 정해진 시간에 교차로 등 예고된 지점에 정차하여 일정지역(block)에 대하여 타종이나 음악신호를 보내면, 주민들이 쓰레기를 들고 나와 차에 적재하는 수거방식
 ㉡ 수거효율이 가장 높은 수거형태(MHT : 약 0.84)
    MHT가 작을수록 수거효율이 높음

② 문전수거(Door-to-door collection)
   ㉠ 수거인원이 가정 안에까지 들어와 쓰레기를 치워가는 수거방식으로 주민협조가 필요 없으며 Back-Yard Carry와 같은 의미의 수거방식
   ㉡ 수거효율이 가장 낮은 수거형태(MHT : 약 2.3)

③ 노변수거(Curb service) ; 연석수거
   거주자가 정해진 수거일에 쓰레기통을 노변(연석)에 놓아두고 쓰레기통이 비워진 후 다음 수거일이 되기 전에 거주자가 다시 쓰레기통을 원래의 위치로 찾아가는 수거방식

④ 골목수거(Alley service)
   골목길 안에 있는 주거지역에 적용하는 수거형태로, 수거담당자와 주민 간의 계약에 의하여 이루어지는 수거방식

⑤ 수거인원 반출, 반입수거(Set-out and Set-back Service)

### (4) MHT(Man Hour per Ton) : 수거노동력

① 폐기물 1ton당 인력소요시간, 즉 수거인부 1인이 폐기물 1ton을 수거하는 데 소요되는 시간을 의미한다.
② 쓰레기통의 위치, 거리, 쓰레기통의 종류와 모양, 수거차의 능력과 형태 등에 따라 달라진다.

$$MHT = \frac{1일\ 평균\ 수거인부(인) \times 수거작업시간(hr/day)}{1일\ 평균\ 발생량(ton/day)(=수거량)}$$

$$= \frac{총작업시간(인 \cdot hr)}{총수거량(ton)}$$

③ MHT는 폐기물 수거노동력을 비교하는 지표이다.
④ MHT가 작을수록 수거효율이 좋다는 의미

| 수거 형태 | 수거 효율 | 비고 |
|---|---|---|
| 타종 수거 | 0.84 MHT | 가장 높음 |
| 대형 쓰레기통 | 1.1 MHT | |
| 플라스틱 자루 | 1.35 MHT | |
| 집밖 이동식 | 1.47 MHT | |
| 집안 이동식 | 1.86 MHT | |
| 집밖 고정식 | 1.96 MHT | |
| 문전 수거 | 2.3 MHT | |
| 벽면 부착식 | 2.38 MHT | 가장 낮음 |

> **Reference** 수거효율 관련 단위(Time Motion Study : 동작시간 조사)
> 
> ① man · hour/ton(MHT) : 수거인부 1인이 1ton의 폐기물을 수거하는 데 소요되는 시간
> ② service/day/truck(SDT) : 수거트럭 1대당 1일 수거가옥 수
> ③ service/man/hour(SMH) : 수거인부 1인이 1시간에 수거하는 가옥 수
> ④ ton/day/truck(TDT) : 수거트럭 1대당 1일 수거하는 폐기물량
> ⑤ ton/man/hr(TMH) : 수거인부 시간당 수거 톤 수

### (5) 수거용기의 크기, 구조, 설치장소 결정 시 고려인자

① 인구수
② 인구밀도
③ 쓰레기 성상
④ 발생량
⑤ 생활수준

### (6) 수거작업 영향인자

① 수거노선
② 수거량
③ 수거형태
④ 수거인부수
⑤ 적환장까지의 거리

### (7) 수거 · 운반하고자 할 때 고려사항(적정한 수집 · 운반 시스템 대책수립 시 검토 항목)

① 수거빈도
② 수거거리
③ 수거구역
④ 쓰레기통 크기
⑤ 지역별, 계절별 발생량 및 특성 고려
⑥ 다른 지역 경유 시 밀폐차량 이용
⑦ 지역 여건에 맞게 기계식 상차방법 이용
⑧ 배출방법

### (8) 폐기물의 관리계획 시 조사 및 예측하여야 할 항목

① 배출원에 따른 폐기물의 배출량과 시간적 변동량 파악
② 수집 및 운반, 처리방법과 처분방법 등에 따른 소요비용 검토
③ 폐기물의 재활용 또는 자원화 여부 검토

### (9) 일반폐기물의 수집 · 운반 처리 시 고려사항

① 지역별, 계절별 발생량 및 특성 고려
② 다른 지역의 경유 시 밀폐차량 이용
③ 지역 여건에 맞는 기계식 상차방법 이용

### 학습 Point

1. 수거노선 설정요령 내용 숙지
2. 블록수거 내용 숙지
3. 각 수거방법의 MHT 값 숙지

---

**필수문제 01** 어느 도시의 폐기물 수거량이 2,500,000톤/년, 수거인부 3,000명, 1일 작업시간 8시간, 연간작업일수 340일일 때 MHT는?

**풀이**

$$MHT = \frac{수거인부 \times 수거인부\ 총\ 수거시간}{총\ 수거량}$$

$$= \frac{3{,}000인 \times (8hr/day \times 340day/year)}{2{,}500{,}000ton/year} = 3.26\,MHT(man \cdot hr/ton)$$

---

**필수문제 02** 폐기물 발생량이 5,000,000ton/year, 수거인부의 하루작업시간이 10시간, 1년 작업일수 300일, MHT가 1.8일 때 수거인부수(인)는?

**풀이**

$$1.8 = \frac{수거인부수 \times (10hr/day \times 300day/year)}{5{,}000{,}000ton/year}$$

수거인부수(인) = 3,000명(인)

---

**필수문제 03** 쓰레기를 인부 840명이 1일 8시간의 작업으로 수거 운반 시 MHT는?(단, 연간 수거실적은 2,851,312ton, 인부의 휴가일수는 연중 60일(1인당), 1년=365일)

**풀이**

$$MHT = \frac{수거인부 \times 수거인부\ 총\ 수거시간}{총\ 수거량}$$

(수거일수(day) = 365 − 60 = 305 day)

$$= \frac{840인 \times 8hr/day \times 305day/year}{2{,}851{,}312ton/year}$$

$$= 0.72\,MHT(man \cdot hr/ton)$$

**必수문제**

**04** 3,000,000ton/year의 쓰레기의 수거에 4,500명의 인구가 종사한다면 MHT는?(단, 1일 작업시간 : 8hr, 1년 작업일수 : 300day)

풀이

$$MHT = \frac{4,500인 \times 8hr/day \times 300day/year}{3,000,000ton/year} = 3.6 MHT(man \cdot hr/ton)$$

**必수문제**

**05** 어떤 도시의 수거인구가 2009년 648,825명이며, 이 도시의 쓰레기 배출량은 1.15kg/인·일이다. 수거인부는 308명이며, 이들이 1일에 8시간을 작업한다면 MHT는?

풀이

$$MHT = \frac{308인 \times 8hr/day}{1.15kg/인 \cdot 일 \times 648,825인 \times ton/1,000kg} = 3.3 MHT(man \cdot hr/ton)$$

**必수문제**

**06** 어느 도시의 연간쓰레기 수거량이 8,339,000m³, 수거인부수가 6,000명일 때 MHT는? (단, 밀도 0.5ton/m³, 작업시간 1일 8시간)

풀이

$$MHT = \frac{6,000인 \times 8hr/day \times 365day/year}{8,339,000m^3/year \times 0.5ton/m^3} = 4.2 MHT(man \cdot hr/ton)$$

**必수문제**

**07** 어느 도시의 쓰레기 발생량이 3배로 증가하였으나 쓰레기 수거노동력(MHT)은 그대로 유지시키고자 한다. 수거시간을 50% 증가시키는 경우 수거인원은 몇 배 증가되어야 하는가?

풀이

$$MHT = \frac{수거인부 \times 수거인부\ 총\ 수거시간}{총발생량}$$

$$= \frac{수거인부 \times 1.5}{3} \text{ (MHT는 변화 없으므로)}$$

수거인부 = 2배

**08** 어느 도시에서 쓰레기 수거 시 수거인부가 1일 3,000명, 수거인부 1인이 1일 8시간, 연간 300일을 근무하며 쓰레기를 수거운반하는 데 소요된 MHT가 10.7이라면 연간 쓰레기 수거량(ton/year)은?

**풀이**

$$\text{총 수거량(ton/year)} = \frac{\text{수거인부} \times \text{수거인부 총 수거시간}}{\text{MHT}}$$

$$= \frac{3{,}000\text{인} \times 8\text{hr/day} \times 300\text{day/year}}{10.7(\text{man} \cdot \text{hr/ton})} = 672{,}897.19\,\text{ton/year}$$

**09** 인구 130,000명의 도시에서 28,470ton/year의 쓰레기가 발생하였다. 이 도시의 1인당 1일 쓰레기 발생량(kg)은?

**풀이**

$$\text{쓰레기 발생량(kg/인} \cdot \text{일)} = \frac{\text{발생쓰레기양}}{\text{대상인구수}}$$

$$= \frac{28{,}470\,\text{ton/year} \times 1{,}000\,\text{kg/ton} \times \text{year/365일}}{130{,}000\text{인}} = 0.6\,\text{kg/인} \cdot \text{일}$$

**10** 어떤 도시에서 한 해 동안 폐기물 수거량이 253,000톤/년이었다. 수거인부는 1일 850명이었으며 수거대상 인구는 250,000명이라고 할 때 1인 1일 폐기물 생산량(kg/인·일)은?(단, 1년 365일 기준)

**풀이**

$$\text{폐기물 생산량(kg/인} \cdot \text{일)} = \frac{\text{수거폐기물량}}{\text{대상인구수}}$$

$$= \frac{253{,}000\,\text{ton/year} \times \text{year/365일} \times 10^3\,\text{kg/ton}}{250{,}000\text{인}} = 2.77\,\text{kg/인} \cdot \text{일}$$

**11** 적재량 15m³인 수거차량으로 연간 10만 대 분의 쓰레기가 인구 100만 명인 도시에서 발생하고 있다. 이때 쓰레기의 밀도가 600kg/m³라면 1인 1일 발생하는 무게(kg)는?

**풀이**

$$\text{쓰레기 발생량(kg/인} \cdot \text{일)} = \frac{\text{수거쓰레기 부피} \times \text{쓰레기 밀도}}{\text{대상인구수}}$$

$$= \frac{15\,\text{m}^3/\text{대} \times 100{,}000\,\text{대/year} \times \text{year/365day} \times 600\,\text{kg/m}^3}{1{,}000{,}000\text{인}}$$

$$= 2.47\,\text{kg/인} \cdot \text{일}$$

**12** 인구가 200만 명인 어떤 도시의 폐기물 수거 실적은 504,970ton/year이다. 폐기물 수거율이 총배출량의 75%라고 하면 이 도시의 1인 1일 배출량(kg/인·일)은?(1년 365일)

**풀이**

$$\text{폐기물 배출량(kg/인·일)} = \frac{\text{총배출량}}{\text{대상인구수} \times \text{수거율}}$$

$$= \frac{504,970\text{ton/year} \times \text{year}/365\text{day} \times 10^3\text{kg/ton}}{2,000,000\text{인} \times 0.75} = 0.92\text{kg/인·일}$$

**13** 500세대의 세대당 평균가족수 5인인 아파트에서 배출하는 쓰레기를 2일마다 수거하는 데 적재용량 8.0m³의 트럭 5대가 소요된다. 쓰레기 단위용적당 중량이 210kg/m³라면 1인 1일당 쓰레기 배출량(kg)은?

**풀이**

$$\text{쓰레기 배출량(kg/인·일)} = \frac{8.0\text{m}^3/\text{대} \times 5\text{대} \times 210\text{kg/m}^3}{500\text{세대} \times 5\text{인/세대} \times 2\text{day}} = 1.68\text{kg/인·일}$$

**14** 어떤 곳에 150인이 거주하고 있다. 용적이 1.5m³인 손수레로 이틀에 한 번씩 수거한다고 한다. 쓰레기의 밀도가 400kg/m³이라면 1인 1일 폐기물 발생량은?

**풀이**

$$\text{폐기물 발생량(kg/인·일)} = \frac{1.5\text{m}^3 \times 400\text{kg/m}^3}{150\text{인} \times 2\text{day}} = 2\text{kg/인·일}$$

**15** 어느 도시에서 1주일 동안 쓰레기 수거상황을 조사한 다음 결과를 적용한 1인당 1일 쓰레기 발생량(kg/인·일)은?(단, 1일 수거대상인구 600,000명, 1주일 수거하여 적재한 쓰레기 용적 13,125m³, 쓰레기 밀도 0.5ton/m³)

**풀이**

$$\text{쓰레기 발생량(kg/인·일)} = \frac{13,125\text{m}^3 \times 0.5\text{ton/m}^3 \times 10^3\text{kg/ton}}{600,000\text{인} \times 7\text{일}} = 1.56\text{kg/인·일}$$

### 必수문제

**16** 수거대상 인구가 1,200명인 지역에서 1주일 동안의 쓰레기 수거상태를 조사하여 다음 표와 같은 결과를 얻었다. 이 지역의 1인 1일당 쓰레기 발생량은 몇 kg인가?

- 트럭 수 : 1대
- 트럭용적 : 11m³
- 쓰레기 수거횟수 : 4회/주
- 적재 시 쓰레기 밀도 : 0.5ton/m³

**풀이**

$$쓰레기\ 발생량(kg/인·일) = \frac{11m^3/대 \times 1대/회 \times 4회/주 \times 1주/7day \times 500kg/m^3}{1,200인}$$
$$= 2.62 kg/인·일$$

### 必수문제

**17** 수거대상 인구가 2,000명인 어느 지역에서 4일 동안 발생한 쓰레기를 수거한 결과가 다음과 같다면 이 지역의 1일 1인당 쓰레기 발생량(kg/인·일)은?(단, 트럭 수 6대, 트럭 용적 8.0m³/대, 적재 시 쓰레기 밀도 250kg/m³)

**풀이**

$$쓰레기\ 발생량(kg/인·일) = \frac{수거쓰레기\ 부피 \times 쓰레기\ 밀도}{대상인구수}$$
$$= \frac{8m^3/대 \times 6대 \times 250kg/m^3}{2,000인 \times 4day} = 1.5 kg/인·일$$

### 必수문제

**18** 폐기물의 밀도는 0.7ton/m³이고 이를 적재량 15ton의 트럭 24대로 운반하고자 한다. 운반 가능한 폐기물 총량(m³)은?(단, 기타 조건은 고려하지 않음)

**풀이**

$$폐기물\ 총량(m^3) = \frac{15ton \times 24}{0.7ton/m^3} = 514.3 m^3$$

### 必수문제

**19** 3,000명이 거주하는 지역에서 한 가구당 20L 종량제 봉투가 1주일에 2개씩 발생되고 있다. 한 가구당 2.4명이 거주할 때 발생되는 쓰레기 발생량(L/인·주)은?

**풀이**

$$쓰레기\ 발생량(L/인·주) = \frac{20L/가구 \times 2/주}{2.4인/가구} = 16.67 L/인·주$$

### 필수문제

**20** 0.8ton/m³인 쓰레기 1,000m³가 적환장에 있다. 이때 8ton 차량으로 매립장까지 운반하고자 할 때 몇 대의 차량이 필요한가?

**풀이**

$$\text{소요차량(대)} = \frac{\text{쓰레기발생량}}{\text{1대당 운반량}} = \frac{0.8\text{ton/m}^3 \times 1,000\text{m}^3}{8\text{ton/대}} = 100\text{대}$$

### 필수문제

**21** 인구 10만 명이고 1인 1일 쓰레기 배출량이 0.86kg이며 쓰레기의 밀도가 250kg/m³이라고 하면 적재용량 6.0m³인 차량이 하루에 몇 대 필요한가?(단, 기타 사항은 고려하지 않음)

**풀이**

$$\text{소요차량(대)} = \frac{\text{하루 쓰레기 배출량}}{\text{1일 1대 운반량}} = \frac{0.86\text{kg/인·일} \times 100,000\text{인}}{6.0\text{m}^3/\text{대} \times 250\text{kg/m}^3} = 57.33\text{대/일}(58\text{대/일})$$

### 필수문제

**22** 하루 폐기물 발생량(밀도 0.85t/m³)이 500m³인 어느 도시에서 적재용량이 10톤인 트럭으로 폐기물을 운반하고자 한다면 소요차량대수는?(단, 기타 조건은 고려하지 않음)

**풀이**

$$\text{소요차량(대)} = \frac{\text{폐기물 발생량}}{\text{1일 1대당 운반량}} = \frac{0.85\text{ton/m}^3 \times 500\text{m}^3}{10\text{ton/대}} = 42.5\text{대}(43\text{대})$$

### 필수문제

**23** 인구 35만 명인 도시의 쓰레기 발생량이 1.5kg/인·일이고, 이 도시의 쓰레기수거율은 90%이다. 적재용량이 10ton인 수거차량으로 수거한다면 하루에 몇 대로 운반해야 하는가?(단, 기타 조건은 고려하지 않음)

- 차량당 하루운전시간 : 6시간
- 차량당 수거시간 : 20분
- 처리장까지 왕복운반시간 : 42분
- 차량당 하역시간 : 10분

**풀이**

$$\text{소요차량(대)} = \frac{\text{하루 폐기물 수거량(kg/일)}}{\text{1일 1대당 운반량(kg/일·대)}}$$

$$\text{하루 폐기물 수거량} = 1.5\text{kg/인·일} \times 350,000\text{인} \times 0.9 = 472,500\text{kg/일}$$

$$\text{1일 1대당 운반량} = \frac{10\text{ton/대} \times 6\text{hr/대·일} \times 1,000\text{kg/ton}}{(42+20+10)\text{min/대} \times \text{hr/60min}} = 50,000\text{kg/일·대}$$

$$= \frac{472,500\text{kg/일}}{50,000\text{kg/일·대}} = 9.45\text{대}(10\text{대})$$

### 24. 
1일 폐기물 발생량이 1,000톤인 도시에서 6톤 트럭(적재 가능량)을 이용하여 쓰레기를 매립지까지 운반하려고 한다. 다음과 같은 조건하에서 하루에 필요한 운반트럭의 대수는?(단, 예비차량 포함, 기타 조건은 고려하지 않음)

- 하루 트럭의 작업시간 : 8시간
- 처리장까지 왕복운반시간 : 35분
- 적하시간 : 10분
- 운반거리 : 10km
- 수거시간(적재시간) : 15분
- 예비차량 : 10대

**풀이**

$$\text{소요차량(대)} = \frac{\text{하루 폐기물 수거량}}{\text{1일 1대당 운반량}}$$

하루 폐기물 수거량 = 1,000ton/일

$$\text{1일 1대당 운반량} = \frac{6\text{ton/대} \times 8\text{hr/대·일}}{(35+15+10)\text{min/대} \times \text{hr/60min}} = 48\text{ton/일·대}$$

$$= \frac{1,000\text{ton/일}}{48\text{ton/일·대}} + 10\text{대(예비차량)} = 30.8\text{대 (31대)}$$

### 25.
1일 폐기물 발생량이 3,200m³인 도시에서 8m³ 덤프트럭으로 쓰레기를 매립장으로 운반하고자 한다. 다음 조건에서 몇 대의 차량이 필요한가?

- 작업시간 : 8시간/일
- 하차시간 : 10분
- 운반거리 : 2km
- 대기차량 : 2대
- 왕복운반시간 : 40분
- 적재시간 : 10분

**풀이**

$$\text{소요차량(대)} = \frac{\text{하루 폐기물 수거량}}{\text{1일 1대당 운반량}}$$

하루 폐기물 수거량 = 3,200m³/일

$$\text{1일 1대당 운반량} = \frac{8\text{m}^3/\text{대} \times 8\text{hr/일·대}}{(40+10+10)\text{min/대} \times \text{hr/60min}} = 64\text{m}^3/\text{일·대}$$

$$= \frac{3,200\text{m}^3/\text{일}}{64\text{m}^3/\text{일·대}} = 50 + 2(\text{예비차량}) = 52\text{대}$$

### 26.
인구 500,000명인 어느 도시의 쓰레기 발생량 중 가연성이 20%라고 한다. 쓰레기 발생량이 0.6kg/인·일이고, 밀도는 0.8ton/m³, 쓰레기차의 적재용량이 15m³일 때, 가연성 쓰레기를 운반하는 데 필요한 차량(대/일)은?(단, 차량은 1일 1회 운행기준)

**풀이**

$$\text{소요차량(대)} = \frac{\text{가연성 쓰레기의 총량}}{\text{쓰레기차의 적재용량}} = \frac{0.6\text{kg/인·일} \times 500,000\text{인} \times 0.2}{15\text{m}^3/\text{대} \times 800\text{kg/m}^3} = 5\text{대/일}$$

**27** 인구 10만 명인 어느 도시에서 쓰레기를 소각처리하기 위해 분리수거를 하고 있다. 조사결과 아래와 같이 자료를 얻었을 때 가연성 성분 전량을 소각로로 운반하는 데 필요한 차량은 몇 대인가?(단, 쓰레기 조성 : 가연성 60wt, 불연성 40wt)

- 쓰레기 발생량 : 1.8kg/인·일
- 쓰레기차의 적재용량 : 4.3m³
- 수거차 일일 평균 왕복횟수 : 3회/대·일
- 쓰레기차의 적재밀도 : 0.6t/m³
- 적재율 : 0.8

**풀이**

$$\text{소요차량(대)} = \frac{\text{가연성 쓰레기 총량}}{\text{쓰레기차의 적재용량}}$$

$$= \frac{1.8\text{kg/인}\cdot\text{일} \times 100{,}000\text{인} \times 0.6}{4.3\text{m}^3/\text{회} \times 0.8 \times 600\text{kg/m}^3 \times 3\text{회/대}\cdot\text{일}} = 17.44\text{대}(18\text{대})$$

**28** 폐기물 발생량이 1kg/인·일인 지역의 인구가 10만 명이고 적재량 8ton 트럭으로 이 폐기물을 모두 운반하고 있다면 1일 필요한 차량 수는?(단, 트럭은 1일 1회 운행하며 기타 조건은 고려하지 않음)

**풀이**

$$\text{소요차량(대)} = \frac{\text{폐기물 총발생량}}{\text{적재용량}} = \frac{1\text{kg/인}\cdot\text{일} \times 100{,}000\text{인}}{8{,}000\text{kg/회} \times \text{회/대}\cdot\text{일}} = 12.5\text{대}(13\text{대})$$

**29** 인구 20만 명인 도시에서 폐기물 발생량이 1.2kg/일·인, 밀도는 450kg/m³이고, 이것을 8m³의 차로 운반하고자 한다. 운전시간 8hr/일, 운반거리 4km, 왕복시간 30분, 적재시간 30분, 적하시간 20분, 압축률 1.5, 대기차량 2대일 때 소요차량대수는?

**풀이**

$$\text{소요차량(대)} = \frac{\text{하루 폐기물 수거량}}{\text{1일 1대당 운반량}}$$

$$\text{하루 폐기물 수거량} = 1.2\text{kg/일}\cdot\text{인} \times 200{,}000\text{인}$$
$$= 240{,}000\text{kg/일}$$

$$\text{1일 1대당 운반량} = \frac{8\text{m}^3/\text{대} \times 8\text{hr/대}\cdot\text{일} \times 450\text{kg/m}^3 \times 1.5}{(30+30+20)\text{min/대} \times \text{hr}/60\text{min}}$$
$$= 32{,}400\text{kg/일}\cdot\text{대}$$

$$= \frac{240{,}000\text{kg/일}}{32{,}400\text{kg/일}\cdot\text{대}} + 2\text{대} = 9.4\text{대}(10\text{대})$$

### 必수문제 30
어느 도시의 인구는 220,000명이고 1인 1일 쓰레기배출량은 2.2kg/인·일이다. 쓰레기의 밀도가 500kg/m³라고 하면 적재량 10m³인 트럭의 하루 운반횟수는?(단, 트럭은 1대 기준)

**풀이**

$$\text{하루 운반횟수(회/일)} = \frac{\text{총배출량(kg/일)}}{\text{1회 수거량(kg/회)}}$$

$$= \frac{2.2\text{kg/인·일} \times 220,000\text{인}}{10\text{m}^3/\text{대} \times \text{대/회} \times 500\text{kg/m}^3} = 96.8\text{회/일}(97\text{회/일})$$

### 必수문제 31
인구 1,000,000명이고, 1인 1일 쓰레기 발생량은 1.4kg/인·일이라 한다. 쓰레기 밀도가 750kg/m³라고 하면 적재량 12m³인 트럭(1대 기준)으로 1일 동안 배출된 쓰레기 전량을 운반하기 위한 횟수(회/일)는?

**풀이**

$$\text{운반횟수(회/일)} = \frac{1.4\text{kg/인·일} \times 1,000,000\text{인}}{12\text{m}^3/\text{대} \times \text{대/회} \times 750\text{kg/m}^3} = 155.56\text{회/일}(156\text{회/일})$$

### 必수문제 32
다음 조건을 가진 지역의 일일 최소 쓰레기 수거횟수(회/일)는?

- 발생쓰레기 밀도 : 600kg/m³
- 적재용량 : 2m³
- 적재함 이용률 : 70%
- 수거인부 : 10명
- 발생량 : 1.2kg/인·일
- 차량대수 : 4(동시 사용)
- 압축비 : 2
- 수거대상 : 20,000인

**풀이**

$$\text{수거횟수(회/일)} = \frac{1.2\text{kg/인·일} \times 20,000\text{인}}{2\text{m}^3/\text{대} \times 4\text{대/회} \times 600\text{kg/m}^3 \times 0.7 \times 2} = 3.57\text{회/일}(4\text{회/일})$$

### 必수문제 33
수거대상인구 1,500명, 폐기물 발생량 2kg/인·일, 차량용적 5m³, 적재밀도 600kg/m³일 때 폐기물의 수거횟수(회/주)는?(단, 차량 1대 기준)

**풀이**

$$\text{수거횟수(회/주)} = \frac{\text{총발생량(kg/주)}}{\text{1회 수거량(kg/회)}} = \frac{2\text{kg/인·일} \times 1,500\text{인} \times 7\text{일/주}}{5\text{m}^3/\text{대} \times \text{대/회} \times 600\text{kg/m}^3} = 7\text{회/주}$$

**34** 발생쓰레기 밀도 500kg/m³, 차량 8m³, 압축비 2.0, 발생량 1.1kg/인·일, 적재함 이용률 85%, 차량수 3대, 수거대상인구 15,000명, 수거인부 5명의 조건에서 차량을 동시운행할 때, 쓰레기 수거는 일주일에 최소 몇 회 이상 하여야 하는가?

**풀이**

$$운행횟수(회/주) = \frac{총발생량(kg/주)}{1회 수거량(kg/회)}$$

$$= \frac{1.1kg/인·일 \times 15,000인 \times 7일/주}{8m^3/대 \times 3대/회 \times 500kg/m^3 \times 0.85 \times 2} = 5.66회/주(6회/주)$$

**35** 다음 조건을 가진 지역의 쓰레기는 1주일에 몇 번 수거해야 하는가?

- 쓰레기 밀도 : 700kg/m³
- 수거대상인구 : 10,000인
- 적재함 이용률 : 90%
- 차량대수 : 1대
- 발생량 : 1.5kg/인·일
- 차량적재용량 : 8m³
- 압축비 : 1.2
- 수거인부 : 5명

**풀이**

$$수거횟수(회/주) = \frac{총 발생량(kg/주)}{1회 수거량(kg/회)}$$

$$= \frac{1.5kg/인·일 \times 10,000인 \times 7일/주}{8m^3/대 \times 대/회 \times 700kg/m^3 \times 0.9 \times 1.2} = 17.36회/주(18회/주)$$

**36** 인구 200,000명인 어느 도시의 1인 1일 쓰레기 배출량이 1.8kg이다. 쓰레기 밀도가 0.5t/m³라면 적재량 15m³의 트럭이 처리장으로 한 달 동안 운반해야 할 횟수는?(단, 한 달은 30일, 트럭은 1대 기준)

**풀이**

$$운반횟수(회/달) = \frac{1.8kg/인·일 \times 200,000인 \times 30일/달}{15m^3/대 \times 대/회 \times 500kg/m^3} = 1,440회/달$$

### 必수문제 37
다음과 같은 조건을 가진 지역에서 쓰레기를 수거하는 데 드는 회별 소요시간(min/회)은?

- 1가구당 가족수 : 4인
- 수거횟수 : 1회/주
- 한 가구당 수거소요시간 : 0.5min
- 1일 1인당 쓰레기 발생량 : 1.3kg/인 · 일
- 수거쓰레기양 : 14,000kg/회

**풀이**

회별 소요시간(min/회) = $\dfrac{수거량}{총배출량}$

$= \dfrac{0.5\text{min}/\text{가구} \times 14{,}000 kg/\text{회}}{1.3\text{kg}/\text{인}\cdot\text{일} \times 4\text{인}/\text{가구} \times 7\text{일}/\text{주}} = 192.31 \text{min}/\text{회}$

### 必수문제 38
도시쓰레기의 1일 1인당 발생량이 0.6kg이고, 쓰레기 밀도가 0.3ton/m³라고 할 때 차량적재용량이 4.4m³인 차량 한 대에 실을 수 있는 쓰레기를 쓰레기 발생인구로 환산하면 몇 명에 해당하는가?(단, 1일 기준 압축 등 기타조건은 고려하지 않음)

**풀이**

쓰레기 발생인구(인) = $\dfrac{4.4\text{m}^3/\text{대} \times 300\text{kg}/\text{m}^3 \times \text{대}/\text{일}}{0.6\text{kg}/\text{인}\cdot\text{일}} = 2{,}200$인

### 必수문제 39
쓰레기 발생량이 3kg/인 · 일인 지역을 용적이 2m³인 손수레를 이용하여 이틀 간격으로 전량 수거하려면 한 손수레가 담당할 수 있는 최대 가옥수는?(단, 쓰레기 밀도는 500kg/m³이고 가옥당 1.5세대, 1세대당 5인이 거주한다고 한다.)

**풀이**

최대 가옥수(가옥) = $\dfrac{2\text{m}^3 \times 500\text{kg}/\text{m}^3}{3\text{kg}/\text{인}\cdot\text{일} \times 5\text{인}/\text{세대} \times 1.5\text{세대}/\text{가옥} \times 2\text{일}} = 22.22$가옥(23가옥)

### 必수문제 40
어느 주거지역에서 1일 1인당 1.2kg의 폐기물이 발생되고 1가구당 3인이 살며 이 지역의 총 가구수가 3,000일 때 5일간 총폐기물 발생량(kg)은?

**풀이**

총폐기물 발생량(kg) = 1일 1인당 폐기물 발생량 × 총가구인구수 × 발생기간
= 1.2kg/인·일 × (3인/가구 × 3,000가구) × 5일
= 54,000kg

**必수문제**

**41** 슬러지 수거량이 200m³/일이고 BOD가 10,000mg/L라면 1일 수거 BOD 총량(kg/일)은?

풀이

1일 BOD 총량(kg/일) = BOD 농도 × 1일 수거된 슬러지양
$= (10,000\text{mg/L} \times 10^3\text{L/m}^3) \times (200\text{m}^3/\text{일} \times 1\text{kg}/10^6\text{mg})$
$= 2,000\text{kg/일}$

**必수문제**

**42** 도시의 인구가 50,000명이고 분뇨의 1인 1일당 발생량은 1.1L이다. 수거된 분뇨의 BOD 농도를 측정하였더니 60,000mg/L이었고, 분뇨의 수거율이 30%라고 할 때 수거된 분뇨의 1일 발생 BOD양(kg)은?(단, 분뇨비중 1.0)

풀이

수거분뇨 BOD(kg/일) = 1.1L/인·일 × 50,000인 × 60,000mg/L × kg/10⁶mg × 0.3
$= 990\text{kg/일}$

**必수문제**

**43** 인구 200만 명인 도시에서 발생하는 폐기물의 가연성분을 이용하여 RDF를 생산하고자 한다. 최대 생산량(ton/일)은?(단, 폐기물 중 가연성분 80%(무게기준), 가연성분 회수율 50%(무게기준), 폐기물발생량 1.3kg/인·일)

풀이

최대 생산량(ton/일) = 1.3kg/인·일 × 2,000,000인 × ton/1,000kg × 0.8 × 0.5
$= 1,040\text{ton/일}$
(RDF는 폐기물 중 가연성분을 이용하는 고형화 연료이다.)

**必수문제**

**44** 인구 1,000,000명인 도시에서 1일 1인당 1.8kg의 쓰레기가 발생하고 있다. 1년 동안 발생한 쓰레기의 총 부피(m³/year)는?(단, 쓰레기 밀도는 0.45kg/L이며, 인구 및 발생량 증가, 압축에 의한 변화는 무시)

풀이

쓰레기 총 부피(m³/year) = $\dfrac{1.8\text{kg/인·일} \times 1,000,000\text{인} \times 365\text{일/year}}{0.45\text{kg/L} \times 1,000\text{L/m}^3} = 1,460,000\text{m}^3/\text{year}$

### 必수문제

**45** 인구 10,000명의 도시에서 1일 1인당 1.2kg의 쓰레기를 배출하고 있다. 이때 쓰레기의 평균 겉보기밀도는 500kg/m³이다. 일주일간 발생되는 쓰레기양(m³/주)은?(단, 일요일은 1.5kg/인·일의 율로 배출)

> **풀이**
>
> 일주일(평일 6일+일요일)을 구분하여 계산 후 합한다.
>
> $$\text{평일(6일) 발생 쓰레기양} = \frac{1.2\text{kg/인·일} \times 10,000\text{인} \times 6\text{일/주}}{500\text{kg/m}^3} = 144\text{m}^3/\text{주}$$
>
> $$\text{일요일 발생 쓰레기양} = \frac{1.5\text{kg/인·일} \times 10,000\text{인} \times 1\text{일/주}}{500\text{kg/m}^3} = 30\text{m}^3/\text{주}$$
>
> 총 발생 쓰레기양(m³/주) = 144 + 30 = 174m³/주

### 必수문제

**46** 다음과 같은 조건하에 1주일에 2회 수거하는 지역 내의 1회 수거 쓰레기양(ton/회)은?

- 수거대상 가구 : 2,000세대
- 세대당 평균인구수 : 3.5인
- 쓰레기 발생량 : 1.1kg/인·일

> **풀이**
>
> $$\text{수거 쓰레기양(ton/회)} = \frac{1.1\text{kg/인·일} \times 2,000\text{세대} \times 3.5\text{인/세대}}{1,000\text{kg/ton} \times 2\text{회}/7\text{일}} = 26.95\text{ton/회}(27\text{ton/회})$$

### 必수문제

**47** 소각로에 폐기물을 투입하는 1시간 중에 투입작업시간은 20분이고 나머지 40분은 정리시간과 휴식시간으로 한다. 크레인의 버킷용량은 4m³, 1회 투입하는 시간은 120초, 버킷으로 폐기물을 집었을 때 용적중량을 최대 0.4ton/m³로 본다면 폐기물의 1일 최대공급능력(ton/day)은?

> **풀이**
>
> 1일 최대공급능력(ton/day) = 0.4ton/m³ × 4m³/회 × 회/120sec
>     × 60sec/min × 20min/hr × 24hr/day
>     = 384ton/day

# SECTION 010 폐기물의 수송(수집)방법

### (1) 모노레일(mono rail) 수송
① 쓰레기를 적환장에서 최종처분장까지 수송하는 데 적용할 수 있다.
② 자동무인화할 수 있다.
③ 가설이 어렵고 설비비가 많다.
④ 시설 완료 후 경로변경이 어렵고 반송 노선이 필요하다는 단점이 있다.

### (2) 컨테이너(container) 수송
① 광대한 국토와 철도망이 있는 곳에서 사용할 수 있다.
② 수집차에 의해서 기지역까지 운반한 후 철도에 적환하여 매립지까지 운반하는 방법이다.
③ 사용 후 세정으로 세정수 처리문제를 고려해야 한다.
④ 수집차의 집중과 청결유지가 가능한 지역(철도역 기지)의 선정이 문제가 된다.

### (3) 컨베이어(conveyor) 수송
① 지하에 설치된 컨베이어에 의해 쓰레기를 수송하는 방법이다.
② 컨베이어 수송설비를 하수도처럼 배치하여 각 가정의 쓰레기를 처분장까지 운반할 수 있다.
③ 악취문제를 해결하고 경관을 보전할 수 있는 장점이 있다.
④ 전력비, 시설비, 내구성, 미생물 부착 등이 문제가 되며 고가의 시설비와 정기적인 정비로 인한 유지비가 많이 드는 단점이 있다.
⑤ 컨베이어 설계 시 고려할 사항은 수분함량, 안식각, 입자 크기 등이다.

### (4) 관거(pipe-line) 수송
① 적용
   폐기물 발생밀도가 상대적으로 높은 인구밀집지역 및 아파트 지역 등에서 현실성이 있다.

② 장점
   ㉠ 자동화, 무공해화, 안전화가 가능하다.(분진, 소음, 진동, 악취 등의 문제점이 없는 가장 위생적이고 이상적인 수송방식)
   ㉡ 눈에 띄지 않는다.(미관, 경관 좋음)
   ㉢ 에너지 절약이 가능하다.
   ㉣ 교통소통이 원활하여 교통체증 유발이 없다.(수거차량에 의한 도심지 교통량 증가 없음)
   ㉤ 투입용이, 수집이 편리하다.
   ㉥ 인건비 절감의 효과가 있다.

③ 단점
  ㉠ 대형 폐기물(조대폐기물)에 대한 전처리 공정(파쇄, 압축)이 필요하다.
  ㉡ 가설(설치) 후에 경로변경이 곤란하고 설치비가 비싸다.
  ㉢ 잘못 투입된 폐기물은 회수하기가 곤란하다.
  ㉣ 2.5km 이내의 거리에서만 이용된다.(장거리, 즉 2.5km 이상에서는 사용 곤란)
  ㉤ 단거리에 현실성이 있다.
  ㉥ 사고 발생 시 시스템 전체가 마비되며 대체시스템으로 전환이 필요하다.(고장 및 긴급 사고 발생에 대한 대처방법이 필요함)
  ㉦ 초기투자 비용이 많이 소요된다.
  ㉧ pipe 내부 진공도에 한계가 있다.(max $0.5kg/cm^2$)

④ 종류
  ㉠ 공기수송(관거 이용)
    ⓐ 공기의 속도압(동압)에 의해 쓰레기를 수송하며 진공수송과 가압수송이 있다.
    ⓑ 공기수송은 고층주택밀집지역(발생밀도가 높은 지역)에 현실성이 있으며 소음(관내 통과소음, 기타 기계음)에 대한 방지시설을 해야 한다.
    ⓒ 진공수송은 쓰레기를 받는 쪽에서 흡인하여 수송하는 방법이다.
    ⓓ 진공수송의 경제적인 수송거리는 약 2km 정도이다.
    ⓔ 진공수송에 있어서 진공압력은 최대 $0.5kg/cm^2$ Vac 정도이다.
    ⓕ 가압수송은 송풍기로 쓰레기를 불어서 수송하는 방법이다.
    ⓖ 가압수송은 진공수송보다 수송거리를 더 길게 할 수 있다.
      (최고 5km가 경제적 거리)
    ⓗ 가압수송은 연속수송을 하고자 할 경우에는 크기가 불균일해서 부착되기 쉽고 유동성이 나쁜 쓰레기를 정압으로 연속 정량공급하는 것이 곤란하다.
    ⓘ 공기수송에 소모되는 동력은 캡슐수송에 소요되는 동력보다 훨씬 많이 소요된다.
  ㉡ 슬러리(slurry, 현탁물) 수송(관거 이용)
    ⓐ 쓰레기를 전처리(파쇄 or 분쇄)하여 현탁물상으로 하여 펌프를 사용해서 하수도에 흘러보내는 방식이다.
    ⓑ 관 마모가 적고 동력도 적게 소모된다.(장점)
    ⓒ 혼입되는 고형물의 양에 한도(≒8%)가 있다.
    ⓓ 폐수처리장 하수관망이 있으면 음식물쓰레기 슬러리 수송은 충분히 검토할 가치가 있다.
  ㉢ 캡슐(capsule) 수송(관거 이용)
    ⓐ 쓰레기를 충전한 캡슐을 수송관 내에 삽입하여 공기나 물의 흐름을 이용하여 수송하는 방식과 각 캡슐에 구동장치를 설치한 수송방식이 있다.
    ⓑ 공기와 수력캡슐은 각각 압송식과 제트 펌프식으로 대별된다.

ⓒ 소요동력은 공기수송에 비해 훨씬 적게 소요된다.
ⓓ 쓰레기를 캡슐에 넣거나 꺼내는 것이 힘들어 쓰레기 수집에는 적합하지 않다.

### (5) 폐기물 보관 전용 컨테이너의 특징
① 폐기물 수집작업을 기계화, 자동화할 수 있다.
② 시간에 관계없이 폐기물 투입이 가능하고 주변 미관이 보존된다.
③ 폐기물 수집차와 결합하여 운용이 가능하여 효율적 측면에서 좋다.
④ 폐기물의 선별보관 및 분리수거가 쉽다.

### (6) 견인식 컨테이너 시스템(HCS)의 특징
① 미관상 유리하다.
② 손작업이 용이하지 않다.
③ 시간 및 경비 절약이 가능하다.
④ 비위생의 문제를 제거할 수 있다.

**학습 Point**

① 폐기물 수송방법 종류 숙지
② 관거수송 및 공기수송 내용 숙지

# SECTION 011 적환장(Transfer station)

## (1) 정의

적환장은 소형수거를 대형수송으로 연결하여 주는 곳이며 효율적인 수송을 위하여 보조적인 역할을 수행한다. 즉, 작은 용기로 수거한 폐기물을 대형 트럭에 옮겨 싣는 곳을 의미한다.

## (2) 적환장의 용적(capacity)

적환장의 용적(저장 용량)은 2일간의 발생량을 초과하지 않도록 한다.

## (3) 특징

① 수거지점으로부터 (최종)처리장까지의 거리가 먼 경우 중간에 설치하는 것이 바람직하다. 즉, 적환장은 폐기물 처분지가 멀리 위치할수록 필요성이 더 높다.
② 적환을 시행하는 주된 이유는 종말처리장이 대형화하여 폐기물의 운반거리가 연장되었기 때문이다.
③ 폐기물의 수거와 운반을 분리하는 기능을 한다.
④ 적환장에서 재사용 가능한 물질의 선별을 고려하여 선별시설 설치가 가능하다.
⑤ 적환장 설계 시에는 사용하고자 하는 적환작업의 종류, 용량, 소요량, 주변환경 요건을 고려하여야 한다.
⑥ 변질되기 쉬운 쓰레기 수거에는 이용하지 않는 것이 좋다.
⑦ 공기를 이용한 관로수송시스템 방식을 이용할수록 적환장의 필요성이 더 높다.
⑧ 간선도로에 쉽게 연결될 수 있는 곳에 설치한다.

## (4) 적환장 설치가 필요한 경우

① 작은 용량의 수집차량을 사용할 때($15m^3$ 이하)
② 저밀도 거주지역이 존재할 때
③ 불법투기와 다량의 어질러진 쓰레기들이 발생할 때
④ 슬러지 수송이나 공기수송방식을 사용할 때
⑤ 처분지가 수집장소로부터 멀리 떨어져 있을 때(16km 이상)
⑥ 상업지역에서 폐기물 수집에 소형 용기를 많이 사용하는 경우
⑦ 쓰레기 수송 비용절감이 필요한 경우
⑧ 압축식 수거 시스템인 경우

### (5) 적환장 위치결정 시 고려사항

① 적환장의 설치장소는 수거하고자 하는 개별적 고형폐기물 발생지역의 하중중심(무게중심)과 되도록 가까운 곳이어야 함
② 쉽게 간선도로에 연결되며, 2차 보조수송수단의 연결이 쉬운 곳
③ 건설비와 운영비가 적게 들고 경제적인 곳
④ 주도로의 접근이 용이하고 2차 또는 보조수송수단의 연결이 쉬운 지역
⑤ 주민의 반대가 적고 주위환경에 대한 영향이 최소인 곳
⑥ 설치 및 작업이 쉬운 곳(설치 및 작업조작이 경제적인 곳)
⑦ 적환작업 중 공중위생 및 환경피해 영향이 최소인 곳

### (6) 적환장의 형식(소형차량에서 대형차량으로 적재하는 방법 기준)

① **직접투하방식**(Direct-discharge transfer station)
  ㉠ 소형차에서 대형차로 직접 투하하여 싣는 방법이다.
  ㉡ 주택가와 먼 지역에 설치 가능한 적환장 방법이다.
  ㉢ 건설비나 운영비가 적어 소도시에서 유용한 방법이다.
  ㉣ 압축되지 않는 단점이 있다.

② **저장투하방식**(Storage-discharge transfer station)
  ㉠ 쓰레기를 저장 피트(pit)나 플랫폼에 저장한 후 압축기(or 블로저)로 적환하는 방법이다.
  ㉡ 대도시의 대용량 쓰레기에 적합하다.
  ㉢ 저장 피트는 2~2.5m 깊이로 되어 있으며, 계획 처리량의 1/2~2일분의 쓰레기를 저장할 수 있는 저장능력을 갖추어야 한다.
  ㉣ 직접투하방식에 비하여 수거차의 대기시간 없이 빠른 시간 내에 적하를 마치므로 적환 내외의 교통체증 현상을 없애주는 효과가 있다.

③ **직접·저장투하 결합방식**(Direct and storage-discharge transfer station)
  ㉠ 직접 상차하는 방식과 쓰레기를 저장 후 적환하는 방식 두 가지 모두를 한 적환장 내에 설치 운영하는 방식이다.
  ㉡ 부패성 쓰레기는 직접 투입되고 재활용품이 많은 쓰레기는 별도 투하되어 재활용품을 선별한 뒤 수송차량에 적재하여 매립지로 수송하게 되는 방식이다.
  ㉢ 재활용품의 회수율을 증대시키기 위한 방식이다.

### (7) 국내에서 쓰레기 적환시설이 님비(NIMBY)시설로 인식되고 있는 원인

① 적환장 인근에 쓰레기 차량의 출입이 빈번해진다.
② 악취발생 및 쓰레기가 비산하게 된다.
③ 파리 모기 등의 해충과 쥐가 서식하게 되어서 비위생적이다.

④ 폐기물 처리시설이 생활중심지에 놓이게 된다.

※ 님비(NIMBY ; Not In My Back Yard) : 지역적 이기주의

(8) 운반거리에 따른 운반비용

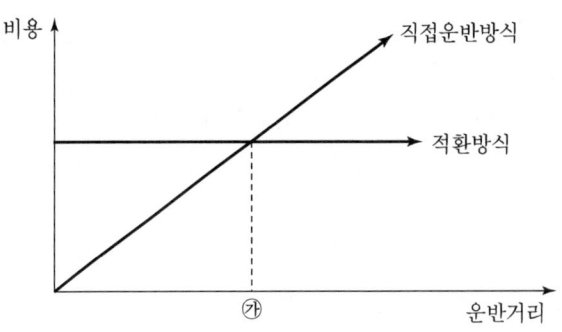

㉮ : 직접운반방식과 적환방식의 비용이 교차하는 점.
이 점 초과시 적환방식이 경제적으로 유리함

(9) 적환장 설치효과

① 수거효율 향상
② 비용 절감
③ 매립장 작업효율 상승
④ 효과적인 인원 배치계획 가능

(10) 적환장의 기능

① 분리선별
② 압축, 파쇄
③ 수송효율

 학습 Point

① 적환장 일반내용 숙지
② 적환장 설치가 필요한 경우 및 위치결정 시 고려사항 숙지

# SECTION 012 폐기물의 관리체계

### (1) 폐기물 관리에 있어서 우선적으로 고려하여야 할 사항

감량화 → 재이용 – 재활용 → 에너지 회수 → 소각 → 매립
① 감량화(가장 우선적 고려)
② 재회수 및 재활용(재이용 포함)
③ 소각
④ 최종처분(매립)

### (2) 우리나라 폐기물의 종합적인 관리대책

① 폐기물의 재생 및 재활용
② 분리수거체계의 확립
③ 폐기물 발생의 감량화

### (3) 발생 쓰레기의 통합관리 측면상 고려해야 할 사항

① 경제적 측면
② 기술적 측면
③ 1차 환경오염의 측면

### (4) 폐기물처리 대책의 기본방향

① 무해화
② 발생 억제
③ 재생이용

### (5) 폐기물처리(기술)의 기본목표(폐기물처리계획의 기본요소)

① 감량화
② 안정화
③ 무해화

### (6) 도시쓰레기 자원화의 목적

① 쓰레기의 감량화
② 자연보호
③ 매립지 수명연장

(7) 폐기물의 자원화 및 재활용을 추진하기 위하여 선행되어야 할 조건

재생제품 시판의 안정성 확보

(8) 생활폐기물 중 포장폐기물 감량화의 의미

상품의 포장공간비율 최소화

(9) 4E

① Economy(경제)  ② Energy(에너지)
③ Environment(환경)  ④ Equality(인간평등)

(10) 3R

① Reduction(감량화)
② Reuse(재이용) or Recycle(재활용)
③ Recovery(회수 이용)

(11) 오염자 부담원칙[Polluter Pays Principles ; PPP(3P)]

오염을 유발한 자가 오염방지비용뿐만 아니라 그 피해에 대한 복구비용까지도 책임을 지도록 하는 경제유인책이다. (예 부담금 제도, 예치금, 종량제)

(12) ESSD(Environmentally Sound and Sustainable Development)

① ESSD는 1992년 리우데자네이루에서 가진 유엔환경개발회의에서 대두된 용어이다.
② 친환경적이면서 지속 가능한 개발을 의미한다.

(13) 바젤(Basel)협약

바젤협약은 1976년 세베소 사건을 계기로 1989년 체결된 국제조약으로 유해폐기물의 국가 간 이동 및 처리에 관한 국제협약으로 유해폐기물의 수출, 수입을 통제하여 유해폐기물 불법 교역을 최소화하고, 환경오염을 최소화하는 것이 목적이다.

(14) 러브커넬사건(Love canal accident, 러브운하사건)

러브커넬사건은 미국(1940~1952) 후커케미컬사의 유해폐기물 불법매립으로 일어난 환경재난사건이다.

(15) 일반폐기물의 관리체계상 가장 우선적으로 분리해야 하는 폐기물

유해물질

### (16) 쓰레기의 용적을 감소시키는 대표적 방법
① 압축　　　　② 소각　　　　③ 열분해

### (17) 폐기물 재활용 시 장점
① 자원절약　　　② 최종처분량 감소　　③ 2차 오염 감소

### (18) 쓰레기 감량화 대책
① 발생원 대책
　㉠ 식단제 개선(주문식단제, 푸드뱅크 운영)
　㉡ 철저한 분리수거 실시
　㉢ 가정용품의 적절한 정비
　㉣ 저장량 적정수준 관리
　㉤ 포장용기 및 포장재료의 절약
　㉥ 중고품의 활용
　㉦ 조리음식의 최소화

② 발생 후 대책
　㉠ 재생이용　　㉡ 중량 및 부피감소화　　㉢ 에너지 회수

### (19) 폐기물의 처리현황
① 현재 우리나라에서 발생되는 생활폐기물의 처리방법 중 가장 많이 사용되는 공법은 매립이다.
② 현재 우리나라에서 발생되는 하수슬러지 처리방법 중 가장 큰 비중을 차지하는 것은 해양투기이다.
③ 최근 10년간 우리나라 생활폐기물 처리방법 중 처리비율이 증가하는 것은 재활용이고, 감소하는 것은 매립이다.
④ 음식물쓰레기는 수분과 염분 때문에 매립, 소각이 어려우며 주로 퇴비화, 사료화, 바이오가스생산 등으로 처리한다.

### (20) 폐기물 관리계획 시 조사 및 예측항목
① 배출원에 따른 폐기물의 배출량과 시간적 변동량을 파악한다.
② 수집 및 운반, 처리방법과 처분방법 등에 따른 소요비용을 검토한다.
③ 폐기물의 재활용 또는 자원화 여부를 검토한다.

## (21) 폐기물(쓰레기)의 관리체계

발생 → 수집 → 적환 → 수송 → 처리 및 회수 → 처분

> **Reference** 재활용, 재사용, 재회수
>
> (1) 재활용(Recycling)
>   폐기물을 재질이나 물리화학적 특성의 변화를 가져오는 중간처리과정(가공처리)을 통하여 원래의 용도 또는 타 용도로 사용될 수 있는 상태로 만드는 것을 의미한다.
> (2) 재사용(Reuse)
>   현상태 그대로 또는 변형하여 원래의 용도 또는 타 용도로 재사용하는 것을 의미한다.
> (3) 재회수(Recovery)
>   중간처리과정을 거쳐 유용한 물질만을 추출하여 원료 또는 에너지원으로 사용하는 것을 의미한다.

> **Reference** 정원쓰레기의 재활용 용도
>
> ① 퇴비 생산   ② 바이오매스 연료로의 이용   ③ 조경용 멀취(mulch) 생산

> **Reference** 폐산 또는 폐알칼리를 재활용하는 기술
>
> ① 폐염산, 염화제2철 폐액을 이용한 폐수처리제, 전자회로 부식제 생산
> ② 폐황산, 폐염산을 이용한 수처리 응집제 생산
> ③ 구리 에칭액을 이용한 황산구리 생산

> **Reference** 방사성 폐기물 기준
>
> ① 방사성 폐기물을 고준위 및 저준위로 구분하는 기준은 10rem이다.
> ② rem은 전리방사선의 흡수선량이 생체에 영향을 주는 정도를 표시하는 선당량의 단위이다.

> **Reference** 건설재료로 재이용이 가능한 폐기물
>
> ① 슬래그   ② 소각재   ③ 탈 무기성 슬러지
> ④ 음식물쓰레기는 수분과 염분 때문에 매립, 소각이 어려우며 주로 퇴비화, 사료화, 바이오가스 생산처리 등으로 처리한다.

**Reference** 재활용대책 중 생산·유통구조를 개선 시 고려사항

① 재활용이 용이한 제품의 생산촉진
② 폐자원의 원료사용 확대
③ 제조업종별 생산자 공동협력체계 강화

 **Reference** 생활폐기물의 관리와 기능적 요소

① 생활폐기물의 발생 및 수거
② 폐기물의 운반 및 수성
③ 폐기물의 처리 및 처분

#### 학습 Point

1. 폐기물관리의 우선적 고려사항 숙지
2. 바젤협약 내용 숙지
3. 재활용, 재사용, 재회수 내용 구분 숙지

# 청소상태의 평가법

## (1) 지역사회 효과지수(Community Effect Index ; CEI)

① 가로 청소상태를 기준으로 측정(평가)한다.
② CEI 지수에서 가로청결상태 $S$의 scale은 1~4로 정하여 각각 100, 75, 50, 25, 0점으로 한다.

$$CEI = \frac{\sum_{i=1}^{N}(S-P)}{N}$$

여기서, $N$ : 가로의 총수
$P$ : 가로 청소상태의 문제점 여부(1개에 10점씩 감점 계산)
감점이 되는 문제점은 화재유발이 가능한 경우, 자동차와 같은 큰 폐기물이 버려져 있는 경우
$S$ : 가로의 청결상태(0~100점)
$S$=100점 : 아주 깨끗하고 버려진 쓰레기가 보이지 않는 경우
$S$=75점 : 수거를 위한 것이 아닌 쓰레기가 한 곳에 버려져 있는 경우
$S$=50점 : 쓰레기가 거리에 보이고 또한 모아 놓은 것도 보이는 경우
$S$=25점 : 약 60L(리터) 이상의 쓰레기가 흩어져 있는 경우

## (2) 사용자 만족도 지수(User Satisfaction Index ; USI)

① 서비스를 받는 사람들의 만족도를 설문조사하여 계산하는 방법이다.
② 설문 문항은 6개로 구성되어 있으며 총점은 100점이다.

$$USI = \frac{\sum_{i=1}^{N} R_i}{N}$$

여기서, $N$ : 총 설문회답자의 수
$R$ : 설문지 점수의 합계

③ CEI와 USI 종합평가
㉠ 80점 이상 : 청소상태가 특출하게 양호한 상태(매우 양호 : Excellent)
㉡ 60점 이상 : 청소상태가 좋은 상태(양호 : Good)
㉢ 40점 이상 : 청소상태가 보통상태(보통 : Fair)
㉣ 20점 이상 : 청소상태가 불량한 상태(불량 : Poor)
㉤ 20점 이하 : 청소상태가 용납할 수 없는 상태(매우 불량 : Unacceptable)

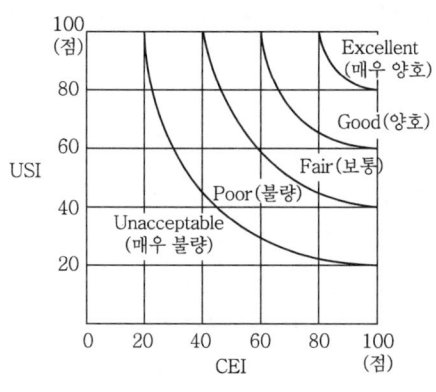

[CEI와 USI의 종합평가 관계]

###  학습 Point

① CEI 및 USI 식 및 각 factor 숙지

**01** 폐기물차량 총중량 19,945kg, 공차량 중량 13,725kg, 적재함의 크기 $H$ : 140cm, $W$ : 250cm, $L$ : 410cm일 때 차량적재계수(ton/m³)는?

풀이

$$적재계수(\text{ton/m}^3) = \frac{적재폐기물의 \ 중량}{적재함의 \ 부피}$$
$$= \frac{(19,945 - 13,725)\text{kg} \times \text{ton}/1,000\text{kg}}{(1.4 \times 2.5 \times 4.1)\text{m}^3} = 0.43 \text{ton/m}^3$$

(적재계수는 단위용적당 적재량을 의미)

# SECTION 014 폐기물 압축

## (1) 개요

① 압축(폐기물 중간처리기술 중 하나)은 부피를 감소(약 1/10)시키는 것이 주된 목적이다.
② 수분이 빠지므로 중량도 감소시킬 수 있다.
③ 통상적인 압축밀도는 1,000kg/m³가 적절하다.
④ 압축의 장점은 공기층 배제에 의한 부피축소이다.

## (2) 압력의 강도에 따른 압축장치 분류

① 저압력 압축기
  ㉠ 압축강도 : 700kN/m²(7기압) 이하
  ㉡ 캔류나 병류는 약 2.4atm(240kN/m²) 정도에서 압축되므로 저압압축기를 사용할 수 있다.

② 고압력 압축기
  ㉠ 압축강도 : 700~35,000kN/m² 범위
  ㉡ 폐기물의 밀도를 1,600kg/m³까지 압축시킬 수 있으나 통상적인 경제적 폐기물의 압축밀도는 1,000kg/m³ 정도이다.

## (3) 쓰레기 압축기를 형태에 따라 구분

① 고정식 압축기(Stationary compactors)
  ㉠ 압축방법에 따라 수평식 압축기, 수직식 압축기로 구분된다.
  ㉡ 주로 수압에 의해 압축시키고 압축은 압축피스톤을 사용한다.
  ㉢ 호퍼(적하 ; Loading) → 투입/충진(충전 ; Fill Charging) → 압축(램압축 ; Ram Compacts)

② 백 압축기(Bag compactors)
  ㉠ 백 압축기의 처리능력은 5~34m³/hr 범위가 대부분이다.
  ㉡ 작업자에 따라 처리능력이 달라지며 백 압축기의 능력평가는 작업가능한 내구성과 조업시간에 좌우된다.
  ㉢ 다종 다양하다.(수동식과 자동식, 수평식과 수직식, 다단식과 1단식, 연속식과 회분식)
  ㉣ 백 압축기 중 회분식이란 투입량을 일정량식 수회 분리하여 간헐적인 조작을 행하는 것을 말한다.
  ㉤ 원래 쓰레기 부피의 12.5~25%까지 감소시키기 위해 필요한 소요압력은 288~961kg/cm²이다.

③ 수직식 또는 소용돌이식 압축기(Vertical or console compactors)
  ㉠ 기계적 작동이나 유압 또는 공기압에 의해 작동하는 압축피스톤(Compacting ram)

을 가지고 있다.
  ⓒ 압축 가능 포장부피는 0.08~0.17m³(요구압력은 192~481kg/cm²)로 1/10까지 부피감소가 가능하다.
④ 회전식 압축기(Rotary compactors)
  ㉠ 회전판 위에 open 상태로 있는 종이나 휴지로 만든 Bag에 폐기물을 충전·압축하여 포장하는 소형 압축기이며 비교적 부피가 적은 폐기물을 넣어 포장하는 압축피스톤의 조합으로 구성되어 있다.
  ⓒ 표준형으로 8~10개의 bag(1개 bag의 부피 0.4m³)을 갖고 있으며, 큰 것은 20~30개의 bag을 가지고 있다.

### (4) 포장기(Baler : 압축결속기)

① 포장기의 목적은 압축 가능한 폐기물의 양을 근본적으로 줄이는 데 있고 또한 관리에 용이한 크기나 무게로 포장하는 기계이다.(Baling : 폐기물을 압축하여 덩어리로 만드는 중간처리 과정)
② 압축 후 삼베나 가죽 또는 철끈으로 묶는다.(압축결속기는 압축이 끝난 폐기물을 끈으로 묶는 장치이다.)
③ 완전하게 건조되지 못한 폐기물은 취급하기 곤란하다.
④ 소각, 매립 또는 최종처분을 하는 데에서 취급상 완전한 포장을 유지하여야 하나 이때 사용하는 끈들은 소각 시에 잘 끊어지는 것을 선택해야 한다.

### (5) 압축기의 부피감소를 표현하는 지표

- 압축비(다짐률 : Compaction Ratio ; CR)$= \dfrac{V_i}{V_f} = \dfrac{100}{(100 - VR)}$

$$= -\left(\dfrac{100 - VR}{100}\right)$$

- 부피감소율(Volume Reduction ; VR)$= \left(\dfrac{V_i - V_f}{V_i}\right) \times 100 = \left(1 - \dfrac{V_f}{V_i}\right) \times 100$

$$= \left(1 - \dfrac{1}{CR}\right) \times 100(\%)$$

- 밀도가 $a$인 폐기물을 밀도가 $b(a<b)$인 상태로 압축시킬 경우 부피는 $\left(1 - \dfrac{a}{b}\right) \times 100$이다.

여기서, $V_i$ : 압축 전 초기부피
   $V_f$ : 압축 후 최종부피

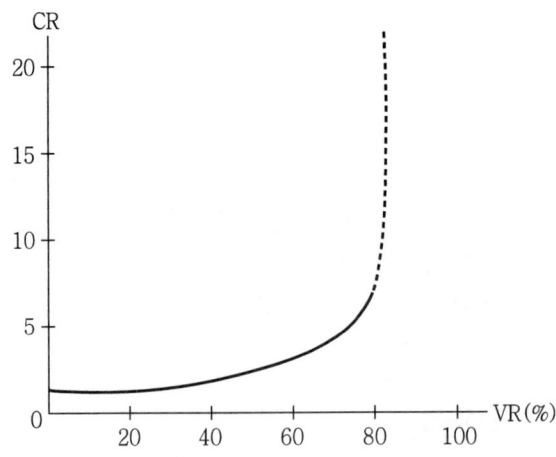

(VR이 증가함에 따라 CR의 증가율은 처음에는 서서히 증가하고 약 80% 이상 되면 매우 급하게 증가함. 즉 VR이 80% 이상이 되려면 매우 큰 CR이 필요하다는 의미)

[압축비 대 부피감소율의 관계]

### 학습 Point

① 압축기 종류 숙지
② 백 압축기 및 포장기 내용 숙지
③ CR 및 VR 관련식 숙지

**필수문제**

**01** 어느 쓰레기를 압축시켜 용적감소율이 38%인 경우 압축비는?

풀이

$$압축비(CR) = \frac{V_i}{V_f} = \frac{100}{(100-VR)} = \frac{100}{(100-38)} = 1.61$$

**필수문제**

**02** 부피감소율을 80%로 하기 위한 압축비는?

풀이

$$압축비(CR) = \frac{V_i}{V_f} = \frac{100}{(100-VR)} = \frac{100}{(100-80)} = 5$$

### 必수문제

**03** $10\text{m}^3$의 폐기물을 압축비 6으로 압축하였을 때 압축 후의 부피($\text{m}^3$)는?

> **풀이**
> 압축비$(CR) = \dfrac{V_i}{V_f}$, $6 = \dfrac{10}{V_f}$
> 압축 후 부피$(V_f) = 1.67\text{m}^3$

### 必수문제

**04** 밀도가 $150\text{kg/m}^3$인 쓰레기 10ton을 압축비(CR)가 3이 되도록 압축하였다면 최종부피($\text{m}^3$)는?

> **풀이**
> $CR = \dfrac{V_i}{V_f}$, $V_f = \dfrac{V_i}{CR}$
> 최종 부피$(V_f,\ \text{m}^3) = \dfrac{\left(\dfrac{10\text{ton}}{0.15\text{ton/m}^3}\right)}{3} = 22.22\text{m}^3$

### 必수문제

**05** 밀도가 $500\text{kg/m}^3$인 폐기물 중 5ton을 압축시켰더니 처음 부피보다 60%가 감소하였다. 이 때 CR은?

> **풀이**
> 압축비$(CR) = \dfrac{100}{(100-VR)} = \dfrac{100}{(100-60)} = 2.5$

### 必수문제

**06** 무게 10톤, 밀도 $300\text{kg/m}^3$인 폐기물을 밀도 $800\text{kg/m}^3$로 압축시켰다면 CR은?

> **풀이**
> 압축비$(CR) = \dfrac{V_i}{V_f}$
> $V_i = \dfrac{10\text{ton}}{0.3\text{ton/m}^3} = 33.33\text{m}^3$, $V_f = \dfrac{10\text{ton}}{0.8\text{ton/m}^3} = 12.5\text{m}^3$
> $= \dfrac{33.33}{12.5} = 2.67$

**07** 밀도가 200kg/m³인 폐기물을 압축하여 밀도가 500kg/m³가 되도록 하였다면 압축된 폐기물 부피는 초기 부피의 몇 %인가?

> **풀이**
> 초기 부피($V_i$) = $\dfrac{1\text{ton}}{0.2\text{ton/m}^3}$ = $5\text{m}^3$
>
> 압축 후 부피($V_f$) = $\dfrac{1\text{ton}}{0.5\text{ton/m}^3}$ = $2\text{m}^3$
>
> $\dfrac{V_f}{V_i} \times 100 = \dfrac{2}{5} \times 100 = 40\%$

**08** 폐기물의 압축비를 2에서 4로 증가시킬 경우 부피감소율은 몇 배인가?

> **풀이**
> 부피감소율($VR$) = $\left(1 - \dfrac{1}{CR}\right) \times 100$
>
>     CR 2인 경우 $VR = \left(1 - \dfrac{1}{2}\right) \times 100 = 50\%$
>
>     CR 4인 경우 $VR = \left(1 - \dfrac{1}{4}\right) \times 100 = 75\%$
>
> $VR = \dfrac{75}{50} = 1.5$배 증가

**09** 무게 100ton, 밀도 700kg/m³인 폐기물을 밀도 1,200kg/m³로 압축하였다면 부피감소율(%)은?

> **풀이**
> $VR = \left(1 - \dfrac{V_f}{V_i}\right) \times 100(\%)$
>
>     $V_i = \dfrac{100\text{ton}}{0.7\text{ton/m}^3} = 142.86\text{m}^3$, $V_f = \dfrac{100\text{ton}}{1.2\text{ton/m}^3} = 83.33\text{m}^3$
>
>   = $\left(1 - \dfrac{83.33}{142.86}\right) \times 100 = 42\%$

### 필수문제

**10** 다음 폐기물의 부피감소율(%)은?(단, 압축 전 부피 45m³, 압축 후 부피 33m³)

풀이
$$VR = \left(1 - \frac{V_f}{V_i}\right) \times 100 = \left(1 - \frac{33}{45}\right) \times 100 = 26.67\%$$

### 필수문제

**11** 쓰레기를 압축시키기 전의 밀도가 0.43t/m³이었던 것을 압축기로 압축시킨 결과 밀도가 0.93t/m³으로 증가하였다. 이때의 부피감소율(%)은?

풀이
$$VR = \left(1 - \frac{V_f}{V_i}\right) \times 100(\%)$$
$$V_i = \frac{1\text{ton}}{0.43\text{ton/m}^3} = 2.33\text{m}^3, \quad V_f = \frac{1\text{ton}}{0.93\text{ton/m}^3} = 1.08\text{m}^3$$
$$= \left(1 - \frac{1.08}{2.33}\right) \times 100 = 54\%$$

### 필수문제

**12** 자연상태의 쓰레기 밀도가 200kg/m³이었던 것을 적환장에 설치된 압축기에 넣어 압축시킨 결과 800kg/m³으로 증가하였다. 이때의 부피감소율(%)은?

풀이
$$VR = \left(1 - \frac{V_f}{V_i}\right) \times 100(\%)$$
$$V_i = \frac{1\text{kg}}{200\text{kg/m}^3} = 0.005\text{m}^3, \quad V_f = \frac{1\text{kg}}{800\text{kg/m}^3} = 0.00125\text{m}^3$$
$$= \left(1 - \frac{0.00125}{0.005}\right) \times 100 = 75\%$$

### 필수문제

**13** 폐기물의 성상조사결과 표와 같은 결과를 구했다. 이 지역에 Home compaction unit(가정용 부피축소기)를 설치하고 난 후의 폐기물 전체의 밀도가 350kg/m³로 예상된다면 부피감소율(%)은?

| 성분 | 중량비(%) | 밀도(kg/m³) |
|---|---|---|
| 음식물 | 20 | 280 |
| 종이 | 50 | 80 |
| 골판지 | 10 | 50 |
| 기타 | 20 | 150 |

**풀이**

$$VR = \left(1 - \frac{V_f}{V_i}\right) \times 100$$

압축 전 전체밀도 = $(280 \text{kg/m}^3 \times 0.2) + (80 \text{kg/m}^3 \times 0.5)$
$\qquad\qquad\qquad + (50 \text{kg/m}^3 \times 0.1) + (150 \text{kg/m}^3 \times 0.2) = 131 \text{kg/m}^3$

압축 후 전체밀도 = $350 \text{kg/m}^3$

$$V_i = \frac{1 \text{kg}}{131 \text{kg/m}^3} = 0.0076 \text{m}^3, \quad V_f = \frac{1 \text{kg}}{350 \text{kg/m}^3} = 0.0028 \text{m}^3$$

$$= \left(1 - \frac{0.0028}{0.0076}\right) \times 100 = 63.16\%$$

### 必수문제

**14** 밀도가 600kg/m³인 쓰레기 10ton을 압축시켜 부피를 10m³로 만들었다면 부피감소율(%)은?

**풀이**

$$VR = \left(1 - \frac{V_f}{V_i}\right) \times 100(\%)$$

$$V_i = \frac{10 \text{ton}}{0.6 \text{ton/m}^3} = 16.67 \text{m}^3, \quad V_f = 10 \text{m}^3$$

$$= \left(1 - \frac{10}{16.67}\right) \times 100 = 40.01\%$$

### 必수문제

**15** 밀도가 600kg/m³인 도시쓰레기 100ton을 소각시킨 결과 밀도가 1,200kg/m³인 재 10ton 이 남았다. 이 경우 부피감소율(%)과 무게감소율(%)은?

**풀이**

부피감소율($VR$)

$$VR = \left(1 - \frac{V_f}{V_i}\right) \times 100(\%)$$

$$V_i = \frac{100 \text{ton}}{0.6 \text{ton/m}^3} = 166.67 \text{m}^3, \quad V_f = \frac{10 \text{ton}}{1.2 \text{ton/m}^3} = 8.33 \text{m}^3$$

$$= \left(1 - \frac{8.33}{166.67}\right) \times 100 = 95\%$$

무게감소율($WR$)

$$WR = \left(1 - \frac{W_f}{W_i}\right) \times 100(\%) = \left(1 - \frac{10}{100}\right) \times 100 = 90\%$$

**16** 쓰레기를 압축시키기 전의 밀도가 $0.45t/m^3$이었던 것을 압축기에 압축시킨 결과 밀도가 $0.95t/m^3$으로 증가하였다면 이때 압축비는?

풀이

압축비$(CR) = \dfrac{V_i}{V_f}$

$V_i = \dfrac{1\text{ton}}{0.45\text{ton}/m^3} = 2.22m^3$, $V_f = \dfrac{1\text{ton}}{0.95\text{ton}/m^3} = 1.05m^3$

$= \dfrac{2.22}{1.05} = 2.11$

# 015 폐기물 파쇄

### (1) 개요
① 파쇄는 폐기물 원래 형태보다 작게 함으로써 폐기물 크기를 비교적 균일한 형태로 만들기 위한 공정이며 소각 및 매립 시 전처리공정으로 이용된다.
② 파쇄 후 부피가 감소하는 것이 대부분이나 때로는 파쇄 후의 부피가 파쇄 전보다 커질 수도 있다.

### (2) 폐기물을 분쇄하거나 파쇄하는 목적(기대효과)
① 겉보기 비중의 증가(수송, 매립지 수명 연장)
② 유가물의 분리, 회수
③ 비표면적의 증가(미생물 분해속도 증가)
④ 입경분포의 균일화(저장, 압축, 소각 용이)
⑤ 용적감소(부피감소 ; 무게변화)
⑥ 취급의 용이 및 운반비 감소
⑦ 매립을 위한 전처리
⑧ 소각을 위한 전처리

### (3) 파쇄를 통한 세립화 및 균일화의 장점
① 조대폐기물에 의한 소각로의 손상 방지, 용량감소로 인한 운반비의 절감 및 매립부지가 절약된다.
② 자력선별에 의한 고가금속 등의 회수 가능하다.
③ 폐기물의 건조성과 연소성이 향상(연소효율 높아짐)된다.
④ 변동이 비교적 적은 성상연료를 가능하게 한다.

### (4) 쓰레기를 파쇄하여 매립 시 장점(이점)
① 곱게 파쇄하면 매립 시 복토가 필요 없거나 복토요구량이 절감된다.
② 매립 시 폐기물이 잘 섞여서 호기성 조건을 유지하므로 냄새가 방지된다.
③ 매립작업이 용이하고 압축장비가 없어도 고밀도의 매립이 가능하다.
④ 폐기물 입자의 표면적이 증가되어 미생물작용이 촉진된다.(조기 안정화)
⑤ 병원균의 매개체(쥐 or 해충)의 섭취가능 음식이 없어져 이들의 서식이 불가능하다.
⑥ 폐기물의 밀도가 증가되어 바람에 멀리 날아갈 염려가 없다.(화재위험 없음)
⑦ 압축 시 밀도증가율이 크므로 운반비가 감소한다.

### (5) 파쇄처리에 따른 비표면적 증가의 특징

① 소각처리 시 연소효율이 향상된다.
② 수거 시 비산먼지 발생에 의해 수거효율이 저감된다.
③ 열분해 시 반응효율이 향상된다.
④ 퇴비화 시 발효효율이 향상된다.

### (6) 파쇄처리의 문제점

① 소음·진동 ┐
② 먼지 발생 ┘ 환경상(공해발생상) 문제
③ 폭발 ── 안정상 문제

### (7) 파쇄기의 메커니즘(작용력)

① 압축작용에 의한 파쇄
② 전단작용에 의한 파쇄
③ 충격작용에 의한 파쇄
④ 상기 3가지 조합에 의한 파쇄

### (8) 건식 파쇄기의 종류 및 특징

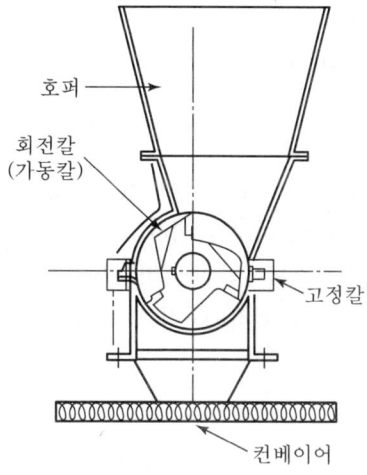

[회전식 전단파쇄기]

① 전단파쇄기(shear shredder)
  ㉠ 원리
     고정칼의 왕복 또는 회전칼(가동칼)의 교합에 의하여 폐기물을 전단한다.

ⓛ 특징
  ⓐ 충격파쇄기에 비하여 파쇄속도가 느리다.
  ⓑ 충격파쇄기에 비하여 이물질의 혼입에 취약하다.
  ⓒ 충격파쇄기에 비하여 파쇄물의 입도(크기)를 고르게 할 수 있다.(장점)
  ⓓ 전단파쇄기는 해머밀 파쇄기보다 저속으로 운전된다.
  ⓔ 소각로 전처리에 많이 이용되나 처리용량이 작아 대량이나 연쇄파쇄에 부적합하다.
  ⓕ 분진, 소음, 진동이 적고 폭발위험이 거의 없다.
ⓒ 종류
  ⓐ Van Roll식 왕복전단 파쇄기
  ⓑ Lindemann식 왕복전단 파쇄기
  ⓒ 회전식 전단 파쇄기
  ⓓ Tollemacshe
ⓔ 대상 폐기물
  목재류, 플라스틱류, 종이류, 폐타이어(연질플라스틱과 종이류가 혼합된 폐기물을 파쇄하는 데 효과적)
ⓜ 취성도가 낮은 쓰레기는 전단파쇄기가 유효하다.
  (취성도 : 압축강도와 인장강도의 비로 나타냄)

② 충격파쇄기
  ㉠ 원리
   충격파쇄기(해머밀 파쇄기)에 투입된 폐기물은 중심축의 주위를 고속회전하고 있는 회전해머의 충격에 의해 파쇄된다.
  ㉡ 특징
    ⓐ 충격파쇄기는 주로 회전식이다.
    ⓑ 해머밀(Hammermill)이 대표적이며 Hazemag식도 이에 속한다.
    ⓒ Hammer나 Impeller의 마모가 심하다.
    ⓓ 금속, 고무, 연질플라스틱류의 파쇄가 어렵다.
    ⓔ 도시폐기물 파쇄 소요동력(최소동력 15kWh/ton, 평균 20kWh/ton)
    ⓕ 대상폐기물
      유리, 목질류

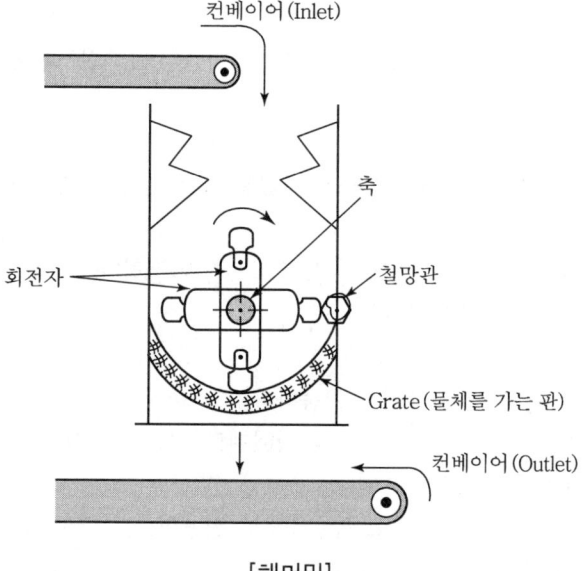

[해머밀]

③ **압축파쇄기**
　㉠ 원리
　　압착력을 이용하는 일반유압장비로 폐기물을 파쇄하는 장치이다.
　㉡ 특징
　　ⓐ 파쇄기의 마모가 적고 기구적으로 가장 간단하고 튼튼하다고 할 수 있다.
　　ⓑ 파쇄비용이 적게 든다.
　　ⓒ 구조상 큰 덩어리의 폐기물 파쇄에 적합하다.
　　ⓓ 금속, 고무, 연질플라스틱류의 파쇄는 어렵다.
　　ⓔ 나무나 플라스틱류, 콘크리트 덩이, 건축 폐기물의 파쇄에 이용한다.
　㉢ 종류
　　ⓐ Rotary mill식
　　ⓑ Impact crusher식
　　ⓒ 터브 그라인더(tub grinder) : 발생원에서 현장처리를 할 수 있는 일종의 이동식 해머밀 파쇄기이며 투입구 직경이 크다는 특징을 가진다.(정원쓰레기, 건축폐기물에 적용)
　㉣ 취성도가 큰 물질에 효과적이다.

## (9) 습식 파쇄기의 특징

① **냉각파쇄기**
　㉠ 원리
　　ⓐ 파괴에너지가 큰 물질을 저온열화시켜 적은 에너지로 충격파쇄하는 방법이다.

ⓑ 상온에서 파쇄가 곤란한 폐기물을 단계별로 −196℃ 범위까지 냉각시켜 대상폐기물의 저온포성을 이용하여 파쇄, 폐기물의 포화온도차를 이용하여 성분별로 선택 파쇄하는 방법이다.

ⓒ 특징
　ⓐ 오스테나이트계 stainless가 기계적 특성, 우수한 내식성 등의 장점으로 많이 사용된다.
　ⓑ 유가물을 고순도·고회수율로 회수가 가능하다.
　ⓒ 파쇄에 소요되는 동력이 적다.
　ⓓ 입도를 작게 할 수 있다.
　ⓔ 복합재질의 선택파쇄가 가능하다.
　ⓕ 드라이아이스와 액체질소가 냉매제로 이용되며 그 비용은 많이 든다.
　ⓖ 소음진동을 줄일 수 있다.
　ⓗ 투자비가 크므로 주로 특수용도로 활용한다.
　ⓘ 상온에서 파쇄하기 어려운 물질도 파쇄가 가능하다.
　ⓙ 파쇄기의 발열 및 열화를 방지한다.

ⓒ 대상 폐기물
　모터류, 금속이 들어 있는 자동차타이어, 피복전선, 플라스틱류

② **습식 펄퍼**(wet pulper)
　㉠ 종이나 주방쓰레기를 절단 Rotor가 달린 Mix에서 다량의 물과 격회류시켜 파쇄하고 현탁물 상태로 분리하는 파쇄기이다.
　㉡ 소음, 분진, 폭발사고를 방지할 수 있다.

③ **회전드럼식**(Rotory drum)
　㉠ 재료의 강도차에 의해 파쇄정도가 달라지는 점을 이용하여 일체화된 파쇄 mechanism과 screening으로 파쇄와 분별을 동시에 행하는 방식이다.
　㉡ 종이, 주방쓰레기, 플라스틱의 3그룹으로 선별적 분별이 가능하다.

## (10) 파쇄 시 에너지 소모량

① **Kick의 법칙**
　㉠ 파쇄기의 에너지소모량(동력)을 예측하기 위한 식이다.
　㉡ 파쇄는 다른 중간처리시설에 비하여 높은 에너지가 요구된다.
　㉢ 이 공식은 폐기물 입자의 크기를 3cm 미만으로 작게 파쇄(고운 파쇄, 2차 파쇄)에 잘 적용되는 식이다.
　㉣ 폐기물이 파쇄되는 비율이 100mm 이상으로 똑같으면 파쇄시 필요한 에너지는 일정하다는 법칙이다.

◎ 관련식

$$E = C\ln\left(\frac{L_1}{L_2}\right)$$

여기서, $E$ : 폐기물 파쇄에너지(kW·hr/ton)
$C$ : 상수
$L_1$ : 초기 폐기물 크기(cm)
$L_2$ : 최종 파쇄 후 폐기물 크기(cm)

② Rittinger의 법칙
㉠ 거칠게 파쇄하는 공정에 적용한다.
㉡ 관련식

$$E = C\left(\frac{1}{L_2} - \frac{1}{L_1}\right)$$

③ Bond의 법칙

$$E = C\left(\frac{1}{\sqrt{L_2}} - \frac{1}{\sqrt{L_1}}\right)$$

## (11) 굴림통 파쇄기(Roll Crasher)

① 재회수과정에서 유리같이 깨지기 쉬운 물질을 분쇄할 때 이용된다.
② 퍼짐성이 있는 금속캔류는 단순히 납작하게 된다.
③ 유리와 금속류가 섞인 폐기물을 굴림통 분쇄기에 투입하면 분쇄된 유리를 체로 쳐서 쉽게 분리할 수 있다.
④ 분쇄는 투입물을 포집하는 과정과 이것을 굴림통 사이로 통과시키는 두 가지 과정으로 구분된다.

## (12) 암석의 Crusher 종류

① Jaw Crusher
암석의 조쇄용으로 사용한다.
② Cone Crusher
암석의 중쇄용으로 사용한다.
③ Ball Crusher
암석의 미쇄용으로 사용한다.

## (13) Rosin-Rammler Model(로진-레뮬러 모델)

도시폐기물의 입경분포에 대한 수식적 모델

$$Y = 1 - \exp\left[-\left(\frac{X}{X_0}\right)^n\right]$$

여기서, $Y$ : 체하분율(크기가 $x$보다 작은 폐기물의 총 누적무게분율 ; 입자크기가 $x$보다 큰 입자의 누적률)

$X$ : 입자의 입경(폐기물의 입경)

$X_0$ : 특성입자의 입경

$n$ : 상수(분포지수 ; 균등수)

### Reference

① 평균입자 : 입자의 무게기준으로 50%가 통과할 수 있는 체눈의 크기를 의미한다.
② 특성입자 : 입자의 무게기준으로 63.2%가 통과할 수 있는 체눈의 크기를 의미한다.

## (14) 입경 구분

① **유효입경**(Effective Size)
  ㉠ 입도누적곡선상의 10%에 해당하는 입자직경(입경)을 의미한다. 즉 전체의 10%를 통과시킨 체눈의 크기에 해당하는 입경이다.
  ㉡ 표시는 $D_{10}$으로 한다.($d_{p10}$)

② **평균입경**(Median Diameter)
  ㉠ 입도누적곡선상의 50%에 해당하는 입경을 의미한다.
  ㉡ 표시는 $D_{50}$으로 한다.($d_{p50}$)

③ **균등계수**(Uniformity Coefficient)
  ㉠ $D_{60}$(입도누적곡선상의 60%에 해당하는 입경)과 유효입경($D_{10}$)의 비로 나타낸다.
  ㉡ 표시는 $U$로 한다.
  ㉢ 균등계수의 수치가 1에 근접할수록 양호한 입도분포를 의미하며 수치가 클수록 공극률이 작아져 통기저항이 증가된다.

$$균등계수(U) = \frac{D_{60}}{D_{10}}$$

$$곡률계수(Z) = \frac{(D_{30})^2}{D_{10} D_{60}}$$

### 학습 Point

1. 파쇄 목적 내용 숙지
2. 파쇄기의 메커니즘 종류 및 특징 숙지
3. Kick의 법칙 내용 및 계산식 숙지
4. 로진-레뮬러 모델식 숙지
5. $D_{10}$, $D_{50}$, 균등계수, 곡률계수 내용 및 관련식 숙지

**필수문제**

**01** 80ton/hr 규모의 시설에서 평균크기가 30.5cm인 혼합된 도시폐기물을 최종 크기 5.1cm로 파쇄하기 위한 동력(kW)은?(단, 평균크기를 15.2cm에서 5.1cm로 파쇄하기 위한 에너지소모율은 15kW·hr/ton이며, 킥스의 법칙 적용)

**풀이**

$$E = C\ln\left(\frac{L_1}{L_2}\right)$$

우선 상수($C$)를 구하면

$$15\,\text{kW}\cdot\text{hr/ton} = C\ln\left(\frac{15.2}{5.1}\right),\quad C = 13.74\,\text{kW}\cdot\text{hr/ton}$$

$$E = 13.74\,\text{kW}\cdot\text{hr/ton} \times \ln\left(\frac{30.5}{5.1}\right) = 24.57\,\text{kW}\cdot\text{hr/ton}$$

동력(kW) $= 24.57\,\text{kW}\cdot\text{hr/ton} \times 80\,\text{ton/hr} = 1{,}965.6\,\text{kW}$

**필수문제**

**02** 최초 크기가 10cm인 폐기물을 2cm로 파쇄하고자 할 때 Kick's 법칙에 의한 소요동력은 동일 폐기물을 4cm로 파쇄할 때 소요되는 동력의 몇 배인가?

**풀이**

$$E_1 = C\ln\left(\frac{10}{2}\right) = C\ln 5,\quad E_2 = C\ln\left(\frac{10}{4}\right) = C\ln 2.5$$

동력비$\left(\dfrac{E_1}{E_2}\right) = \dfrac{\ln 5}{\ln 2.5} = 1.76\,(배)$

**필수문제**

**03** 입경 20cm의 폐기물을 2cm로 파쇄할 경우 사용되는 에너지는 입경 10cm를 2cm로 파쇄할 때 사용되는 에너지의 몇 배인가?(단, Kick의 법칙을 이용)

**풀이**

$$E_1 = C\ln\left(\frac{20}{2}\right) = C\ln 10,\quad E_2 = C\ln\left(\frac{10}{2}\right) = C\ln 5$$

동력비$\left(\dfrac{E_1}{E_2}\right) = \dfrac{\ln 10}{\ln 5} = 1.43\,(배)$

### 04 쓰레기를 파쇄할 때 90% 이상을 3.8cm보다 작게 파쇄하려고 하는 경우 Rosin-Rammler Model에 의한 특성입자의 크기(cm)는?(단, $n=1$)

**풀이**

$Y = 1 - \exp\left[-\left(\frac{X}{X_0}\right)^n\right]$, $0.9 = 1 - \exp\left[-\left(\frac{3.8}{X_0}\right)^1\right]$, $-\frac{3.8}{X_0} = \ln 0.1$

특성입자 크기($X_0$ : cm) $= \frac{3.8}{2.3} = 1.65 \text{cm}$

### 05 도시폐기물을 파쇄할 경우 $X_{90} = 1.9\text{cm}$로 하여(90% 이상을 1.9cm보다 작게 파쇄할 경우) $X_0$(특성입자)를 구한 값은?(Rosin-Rammler식 적용, $n=1$)

**풀이**

$Y = 1 - \exp\left[-\left(\frac{X}{X_0}\right)^n\right]$, $0.9 = 1 - \exp\left[-\left(\frac{1.9}{X_0}\right)^1\right]$, $-\frac{1.9}{X_0} = \ln 0.1$

특성입자 크기($X_0$ : cm) $= \frac{1.9}{2.3} = 0.83 \text{cm}$

### 06 어떤 쓰레기의 입도를 분석한바 입도누적곡선상의 10%, 40%, 60%, 90%의 입경이 각각 2, 5, 10, 20mm이었다고 한다. 이때 균등계수는?

**풀이**

균등계수 $U = \frac{D_{60}}{D_{10}} = \frac{10}{2} = 5$

### 07 체분석을 통해 다음과 같은 입도분포곡선을 얻었다. 이 토사의 유효입경은?

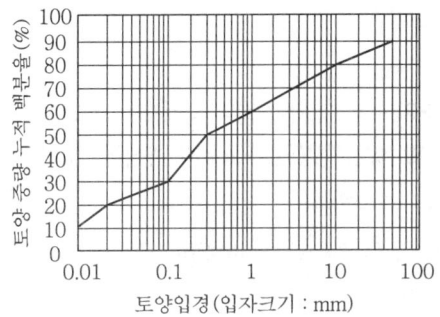

> **풀이**
> 유효입경($D_{10}$)은 입도누적곡선상의 10%에 해당하는 입경을 의미하므로 입도누적곡선상에서 0.01mm에 해당된다.

### 필수문제

**08** 쓰레기를 체분석하여 다음과 같은 결과를 얻었다. 곡률계수는?(단, $D_{10}$, $D_{30}$, $D_{60}$은 쓰레기시료의 체중량 통과백분율이 각각 10%, 30%, 60%에 해당하는 직경임)

$$D_{10} : 0.01\text{mm}, \quad D_{30} : 0.05\text{mm}, \quad D_{60} : 0.25\text{mm}$$

> **풀이**
> 곡률계수($Z$)
> $$Z = \frac{(D_{30})^2}{D_{10}D_{60}} = \frac{0.05^2}{0.01 \times 0.25} = 1$$

### 필수문제

**09** Soil Washing 기법을 적용하기 위하여 토양의 입도분포를 조사한 결과가 다음과 같을 경우, 유효입경, 균등계수, 곡률계수는 각각 얼마인가?(단, $D_{10}$, $D_{30}$, $D_{60}$은 각각 통과백분율 10%, 30%, 60%에 해당하는 입경이다.)

| 구분 | $D_{10}$ | $D_{30}$ | $D_{60}$ |
|---|---|---|---|
| 입자크기(mm) | 0.25 | 0.60 | 0.90 |

> **풀이**
> - 유효입경($D_{10}$) : 0.25mm
> - 균등계수($U$) = $\dfrac{D_{60}}{D_{10}} = \dfrac{0.90}{0.25} = 3.6$
> - 곡률계수($Z$) = $\dfrac{(D_{30})^2}{D_{10}D_{60}} = \dfrac{(0.60)^2}{0.25 \times 0.90} = 1.6$

# SECTION 016 폐기물 선별

## (1) 폐기물의 선별 및 재료 회수공정의 기본적인 순서

폐기물 → 저장 → 분쇄 → 공기선별 → 사이클론 → 자석선별

## (2) 손 선별(인력 선별 : Hand sorting)

① 적용
  컨베이어 벨트를 이용하여 손으로 종이류, 플라스틱류, 금속류, 유리류 등을 분류하며 특히 폐유리병은 크기 및 색깔별로 선별하는 데 유용하다.

② 장점
  정확도가 높고 파쇄공정으로 유입되기 전에 폭발가능물질의 분류가 가능하다.

③ 단점
  기계적인 선별보다 작업량이 떨어지며, 먼지·악취 등에 노출된다.

④ 작업방법
  9m/min 이하의 속도로 이동하는 컨베이어 벨트의 한쪽 또는 양쪽에 작업자가 서서 선별한다.

⑤ 벨트 폭
  ㉠ 한쪽 작업 : 60cm
  ㉡ 양쪽 작업 : 90~120cm

⑥ 작업효율
  0.5ton/인·hr

⑦ 컨베이어 종류
  ㉠ 고무벨트식
  ㉡ 스크루식
  ㉢ 공기식
  ㉣ 나사식

## (3) 스크린 선별(체선별 : Screening)

① 개요
  스크린 선별은 폐기물을 체의 크기에 따라 분류하여 폐기물의 자원화 및 재생이용을 위한 선별방법이다.

② 종류
  ㉠ 일반적 분류
    ⓐ 회전 스크린(Rotating screen)
      • 도시폐기물 선별에 주로 이용
      • 대표적 스크린은 트롬멜 스크린(Trommel screen)
    ⓑ 진동 스크린(Vibrating screen)
      골재 선별에 주로 이용

ⓛ 스크린 위치에 따른 분류
  ⓐ Post screening
    • 파쇄 → 스크린 선별
    • 선별효율의 증진을 목적
  ⓑ Pre screening
    • 스크린 선별 → 파쇄
    • 파쇄설비 보호에 중점
③ **트롬멜 스크린**(Trommel screen)
  ㉠ 원리
    폐기물이 경사진 회전 트롬멜 스크린에 투입되면 스크린의 회전으로 폐기물이 혼합을 이루며 길이방향으로 밀려나가면서 스크린 체의 규격에 따라 선별된다.(원통의 체로 수평방향으로부터 5° 전후로 경사된 축을 중심으로 회전시켜 체를 분리함)
  ㉡ 트롬멜 스크린의 선별효율에 영향을 주는 인자
    ⓐ 체눈의 크기(입경)
    ⓑ 직경
    ⓒ 경사도(경사도가 크면 효율 감소, 부하율 증대)
    ⓓ 길이(길면 효율 증대, 동력소모 증대)
    ⓔ 회전속도(rpm)
    ⓕ 폐기물의 부하와 특성
  ㉢ 트롬멜 스크린의 운전특성
    ⓐ 스크린 개방면적(53%)
    ⓑ 경사도(2~3°)
    ⓒ 회전속도(11~30rpm)
    ⓓ 길이(3~4m)
  ㉣ 특징
    ⓐ 스크린 중에서 선별효율이 좋고 유지관리상 문제가 적어 도시폐기물의 선별작업에서 가장 많이 사용된다.
    ⓑ 원통의 경사도가 크면 선별효율이 떨어지고 부하율도 커진다.
    ⓒ 트롬멜의 경사각, 회전속도가 증가할수록 선별효율이 저하한다.
    ⓓ 최적회전속도는 일반적으로 (임계회전속도× 0.45=최적회전속도)로 나타낸다.
    ⓔ 원통의 직경 및 길이가 길면 동력소모가 많고 효율은 증가한다.
    ⓕ 수평으로 회전하는 직경 3m 정도의 원통형태이다.
    ⓖ 회전속도의 경우 어느 정도까지는 증가할수록 선별효율이 증가하나 그 이상이 되면 원심력에 의해 막힘현상이 일어난다.

ⓗ 스크린 앞에 분쇄기를 설치하여 분리된 폐기물을 주입, 분쇄함으로써 입도를 균일하게 한다.
ⓘ 수분의 함량이 높을수록 분리효율이 저하된다.(단, 슬러리 형태가 되면 분리가 용이)
ⓙ 원통 내로 압축공기를 송입할 수 있다.
ⓚ 원통 내 부하율(폐기물)이 증가하면 선별효율은 감소한다.
ⓛ 파쇄입경의 차이가 작을수록 선별효과가 적어져 선별효율이 낮아지므로 분별공정이 잘 진행되지 못한다.

ⓜ 관련식

$$\text{트롬멜의 최적회전속도(rpm)} = \text{임계속도}(n_c) \times 0.45$$

$$\text{임계속도}(n_c) = \frac{1}{2\pi}\sqrt{\frac{g}{r}} = \sqrt{\frac{g}{4\pi^2 r}} \text{ (rpm)}$$

여기서, $g$ : 중력가속도($9.8m/sec^2$)
$r$ : 스크린의 반경(m)

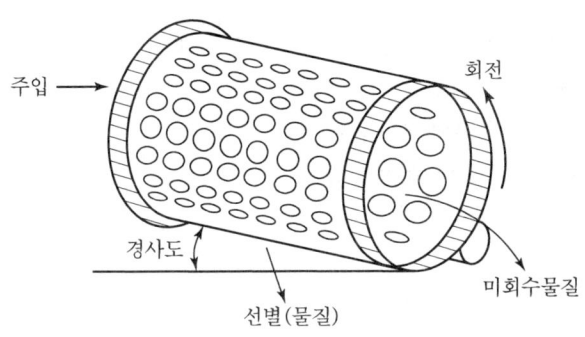

[트롬멜 스크린]

④ 진동 스크린

주로 골재분리에 많이 이용하며 체경이 막히는 문제가 발생할 수 있다.

⑤ 디스크 스크린

㉠ 디스크가 연결된 평행수평축들로 구성되며, 미세물질은 디스크 사이 틈으로 떨어져 분리되고 잔유물은 디스크의 윗부분을 타고 넘어간다.
㉡ 분리입자 크기는 디스크 사이의 공간을 조절하여 정한다.

### 필수문제

**01** 직경이 2.7m인 Trommel screen의 임계속도(rpm)는? [단, $\eta_c = \left(\dfrac{g}{4\pi r^2}\right)^{0.5}$ ]

**풀이**

$$\text{임계속도}(\eta_c : \text{rpm}) = \dfrac{1}{2\pi}\sqrt{\dfrac{g}{r}} = \dfrac{1}{2\pi}\sqrt{\dfrac{9.8}{1.35}}$$
$$= 0.43 \text{cycle/sec} \times 60 \text{sec/min} = 26 \text{cycle/min} (26 \text{rpm})$$

### 필수문제

**02** 직경이 2m인 트롬멜 스크린의 최적속도(rpm)는?

**풀이**

최적회전속도(rpm) = 임계속도($\eta_c$) × 0.45

$$\eta_c = \dfrac{1}{2\pi}\sqrt{\dfrac{g}{r}} = \dfrac{1}{2\pi}\sqrt{\dfrac{9.8}{1}} = 0.5 \text{cycle/sec} \times 60 \text{sec/min}$$
$$= 30 \text{cycle/min}(30 \text{rpm})$$
$$= 30 \text{rpm} \times 0.45 = 13.5 \text{rpm}$$

### (4) 공기선별법(풍력선별 : Air Classifier)

① 개요
  ㉠ 공기선별은 폐기물 내의 가벼운 물질인 종이나 플라스틱 종류를 기타 무거운 물질로부터 선별해내는 방법이다.(무게를 이용한 선별방법)
  ㉡ 일반적으로 공기 선별기의 성능은 주입률이 커질수록 떨어지는 것으로 알려져 있다.

② 종류
  ㉠ 수직공기선별기
    ⓐ 슈트 하부에서 상부로 공기를 주입시켜 가벼운 것은 상부로 뜨고 무거운 것은 하부로 떨어진다.
    ⓑ 지그재그(Zigzag) 공기선별기는 컬럼의 난류를 완화시켜 선별효율을 증진시키고자 고안된 장치로 수직공기선별기를 개선시킨 것이다.
  ㉡ 경사공기선별기
    경사공기선별기는 중력에 의해 입구로 들어온 폐기물을 진공판에 의하여 가벼운 것과 무거운 것으로 분리한다.

③ 유체 중에서 부유하는 입자의 속도($V$)

$$V(\text{cm/sec}) = \left[\frac{4(\rho_s - \rho)g \cdot d}{3C_D \rho}\right]^{\frac{1}{2}}$$

여기서, $\rho_s$ : 입자의 밀도(g/cm³)
$\rho$ : 공기(유체)밀도(g/cm³)
$g$ : 중력가속도(980cm/sec²)
$d$ : 입자직경(cm)
$C_D$ : 항력계수

## (5) 광학선별법(Optical Sorting)

① 원리

광학선별은 물질이 가진 광학적 특성의 차를 이용하여 분리하는 기술로 투명과 불투명한 폐기물의 선별에 이용되는 방법이다. 즉 돌, 코르크 등의 불투명한 것과 유리 같은 투명한 것의 분리에 이용된다.(설정된 기준색과 다른 색의 입자를 포함한 입자의 혼합물을 투과도 차이로 분리)

② 광학선별의 절차(과정) 4단계
㉠ 1단계 : 입자 기계적 투입
㉡ 2단계 : 광학적 조사
㉢ 3단계 : 조사결과는 전기, 전자적 평가
㉣ 4단계 : 선별대상입자는 압축공기분사에 의해 정밀하게 제거됨

③ 구성
광학박스, 공기노즐, 검출기 등

## (6) 와전류 분리(선별)법(Eddy Current Separator)

① 원리
㉠ 연속적으로 변화하는 자장 속에 비극성(비자성)이고 전기전도도가 우수한 물질(구리, 알루미늄, 아연 등)을 넣으면 금속 내에 소용돌이 전류가 발생하는 와전류현상에 의하여 반발력이 생기는데 이 반발력의 차를 이용하여 다른 물질로부터 분리하는 방법이다.
㉡ 와전류는 시간적으로 변화하는 자장 속에 놓은 도체의 내부에 전자유도로 생기는 와상의 전류이다.
㉢ 와전류현상을 이용하여 비자성이고 전기전도도가 우수한 물질을 와류현상에 의해 다른 물질에서 분리할 수 있으며 주로 분리하는 물질은 비철금속(비자성)이다.

② 전자석 유도에 관한 페러데이 법칙을 기초로 한다. 즉, 자력선을 도체가 스칠 때에 진행방향과 직각방향으로 힘이 작용하는 것을 이용하여 분리한다.
⑩ 자력선별에서 사용하는 자력의 단위는 자기유도 또는 자기력 선속밀도의 의미인 Tesla (T)이다.
⑪ 자력선별장비의 선별효율은 비교적 높다.

② 종류
  ㉠ 리어모터방식
  ㉡ 영구자석방식
  ㉢ 드럼방식

③ 특징
  ㉠ 자속이 두 개(서로 다른 자속변화를 갖는 영구자석)가 있으며 고유저항, 도자율 등의 물성의 차이에서 반발력 크기의 차이가 생기기 때문에 비자성 도체의 분리가 가능하다. 즉, 비철금속의 분리, 회수에 이용된다.
  ㉡ 전자석 유도에 관한 페러데이 법칙을 기초로 한다.
  ㉢ Al, Zn, Cu 등의 양전도체성 물질 선별 시 사용한다.(전기전도성이 좋은 Al, Zn, Cu 등을 넣어 금속 내에 소용돌이 전류를 발생시켜 생기는 반발력의 차를 이용하여 분리) 또한 순도와 회수율은 98%까지도 보고되고 있다.
  ㉣ 폐기물 중 철금속(Fe), 비철금속(Al, Cu), 유리병의 3종류를 각각 분리할 경우 와전류 선별법이 가장 적절하다.

## (7) 관성 선별(Inertial Separation)

분쇄된 폐기물을 중력이나 탄도학을 이용하여 가벼운 것(유기물)과 무거운 것(무기물)으로 분리한다.

## (8) Stoners

① 약간 경사진 판에 진동을 줄 때(하부에서 공기주입) 무거운 것이 빨리 판의 경사면 위로 올라가는 원리를 이용한다.
② Pneumatic Table이라고도 한다.
③ 수용액 중에서 무거운 것을 고르는 Jig의 원리와 유사하다.
④ 공기가 유입되는 다공 진공판으로 구성되어 있다.
⑤ 중요한 운전변수는 다공판의 기울기와 공기유량이다.
⑥ 원래 밀 등의 곡물에서 돌이나 기타 무거운 물질을 제거하기 위하여 고안되었다.
⑦ 주로 알루미늄을 회수하거나 또는 퇴비로부터 유리조각과 같은 무거운 물질을 고르는 데 사용된다.

⑧ 상당히 좁은 입자크기분포 범위 내에서 밀도선별기로 작용한다.

### (9) 유동상 분리(Fluidized Bed Separators)
① Ferrosilicon 또는 Iron Powder 속에 폐기물을 넣고 공기를 인입시켜 가벼운 물질은 위로, 무거운 물질은 아래로 내려가는 원리이다.
② 분쇄한 전기줄로부터 금속을 회수하거나 분쇄된 자동차나 연소재로부터 알루미늄, 구리 등을 회수하는 데 사용되는 선별장치이다.
③ 회수물질 크기가 0.2~10cm 정도, 최소 비중 차이가 0.2 이상이어야 한다.

### (10) Secators
① 경사진 컨베이어를 통해 폐기물을 주입시켜 천천히 회전하는 드럼 위에 떨어뜨려서 선별하는 장치이며 물렁거리는 가벼운 물질(가볍고 탄력 없는 물질)로부터 딱딱한 물질(무겁고 탄력 있는 물질)을 선별하는 데 사용한다.
② 주로 퇴비 중의 유리조각을 추출할 때 이용되는 선별장치이다.

### (11) 수중체(Jigs) 선별법
① 물에 잠겨 있는 스크린 위에 분류하려는 폐기물을 넣고 수위를 변화(1초당 2.5회 가량 0.5~5cm의 폭)시켜 흔들층을 침투하는 능력의 차이로 가벼운 물질과 무거운 물질을 분류하는 원리이며 사금선별을 위해 오래 전부터 사용되던 습식 선별방법이다.
② 스크린상에서 비중이 다른 입자의 토층을 통과하는 액류를 상하로 맥동시켜서 층의 팽창 수축을 반복하여 무거운 입자는 하층으로, 가벼운 입자는 상층으로 이동시켜 분리하는 중력분리방법이다.

### (12) 테이블(Table) 선별법
각 물질의 비중차를 이용하여 약간 경사진 평판에 폐기물을 올려놓고 좌우로 빠른 진동과 느린 진동을 주면 가벼운 입자는 빠른 진동 쪽으로, 무거운 입자는 느린 쪽으로 분류되는 방법이다.

### (13) 풍력선별기
펄스풍력선별기는 유속의 변화를 이용하는 장치이며 전형적인 (공기/폐기물)비는 2~7 정도이다.

### (14) 정전기적 선별기
폐기물에 전하를 부여하고 전하량의 차에 따른 전기력으로 선별하는 장치. 즉 물질의 전기전도성을 이용하여 도체물질과 부도체물질로 분리하는 방법이며 수분이 적당히 있는 상태에서 플라스틱에서 종이를 선별할 수 있는 장치이다.

### (15) 습식 선별의 특징(건식 선별의 상대적 의미)

① 분류된 것이 깨끗하고 먼지가 발생하지 않는다.
② 습식방법에 의하여 분류된 물질은 건식에 의한 것보다 폭발위험성이 적다.
③ 선별비용이 비싸며 폐기물이 부패하기 쉬워 악취 발생의 우려가 있어 많이 사용되지는 않는다.
④ 유기물을 분류시키고자 하는 경우나 폐지로부터 펄프를 만들기 위한 경우에 사용한다.

### (16) Pulverizer

쓰레기를 물과 섞어 잘게 부순 뒤 다시 물과 분리시키는 습식 분쇄기의 일종으로 습식방법을 이용하기 때문에 폐수가 다량 발생하며 반드시 폐수처리시설이 있어야 한다.

### (17) 선별 효율

① Worrell식
   ㉠ 회수율($x$)과 기각률($y$)이 동시에 높을 때 선별효율이 높아진다.
   ㉡ 회수율이 높아도 기타 도시폐기물($y$)이 회수된 물질 내에 많이 포함되어 있으면 선별의 의미가 없다.
   ㉢ 기타 도시폐기물이 선별되는 양($y_1$)이 적고 기타 도시폐기물이 제거되는 양($y_2$)이 커야 선별효율이 높아진다.
   ㉣ 관련식($E$ : 선별효율)

$$E(\%) = (x : 회수율) \times (y : 기각률, 폐기율)$$

$$x\ 회수율 = \frac{x_1(회수된\ x의\ 순량)}{x_0(투입된\ x의\ 총량)}$$

$$y\ 기각률 = 1 - \frac{y_1}{y_0} = \frac{y_0 - y_1}{y_0} = \frac{y_2}{y_0}$$

$$= \left[\left(\frac{x_1}{x_0}\right) \times \left(\frac{y_2}{y_0}\right)\right] \times 100$$

② Rietema식
   ㉠ $x$ 회수율은 높을수록, $y$ 회수율은 낮을수록 선별효율이 높아진다.
   ㉡ 관련식($E$ : 선별효율)

$$E(\%) = (x : 회수율) - (y : 회수율) = \left[\left|\left(\frac{x_1}{x_0}\right) - \left(\frac{y_1}{y_0}\right)\right|\right] \times 100$$

여기서, $x_0$ : 회수대상 물질의 투입량(투입된 총량) : 투입물질 중 회수대상물질
$x_1$ : 회수대상 물질의 회수량(회수된 순량) : 회수된 물질 중 회수대상물질

$x_2$ : 제거된 물질 중 회수량 : 배출물질 중 회수대상물질

$y_0$ : 기타 도시폐기물의 투입량(투입된 기타 폐기물량) : 투입물질 중 회수대상이 아닌 물질

$y_1$ : 기타 도시폐기물의 회수량(회수되는 기타 도시폐기물의 양) : 회수된 물질 중 기타 물질

$y_2$ : 기타 도시폐기물의 폐기량(제거되는 기타 폐기물의 양) : 배출물질 중 기타 물질

③ 회수품의 순도(%)

$$\frac{x의\ 회수량}{회수대상물질량} = \frac{x_1}{x_1 + y_1} \times 100$$

## (18) 폐기물의 발생원 선별 시 일반적인 고려사항

① 주민들의 협력과 참여
② 변화하고 있는 주민의 폐기물 저장 습관
③ 새로운 컨테이너, 장비, 시설을 위한 투자

---

**학습 Point**

1 손 선별 내용 숙지
2 트롬멜 스크린 내용 전체 숙지
3 와전류분리법, 광학선별법, 공기선별법, Secators, Stoners 내용 숙지
4 선별효율식(Worrell, Rietema) 숙지

### 필수문제

**01** 투입량이 1ton/hr, 회수량이 700kg/hr(그중 회수대상물질 550kg/hr), 제거량이 300kg/hr(그중 회수대상물질 70kg/hr)일 때 Worrell식 및 Rietema식을 이용하여 선별효율(%)을 구하시오.

**풀이**

$x_1$이 550kg/hr ⇨ $y_1$은 150kg/hr

$x_2$가 70kg/hr ⇨ $y_2$는 230kg/hr : $(1,000-700-70)$kg/hr

$x_0 = x_1 + x_2 = 550 + 70 = 620$kg/hr

$y_0 = y_1 + y_2 = 150 + 230 = 380$kg/hr

Worrell식
$$E(\%) = \left[\left(\frac{x_1}{x_0}\right) \times \left(\frac{y_2}{y_0}\right)\right] \times 100 = \left[\left(\frac{550}{620}\right) \times \left(\frac{230}{380}\right)\right] \times 100 = 53.69\%$$

Rietema식
$$E(\%) = \left[\left(\frac{x_1}{x_0}\right) - \left(\frac{y_1}{y_0}\right)\right] \times 100 = \left[\left(\frac{550}{620}\right) - \left(\frac{150}{380}\right)\right] \times 100 = 49.24\%$$

### 필수문제

**02** 항력계수가 3.5라고 가정하고 직경 3cm인 알루미늄 입자를 선별하기 위하여 부유시키는 데 필요한 속도(cm/sec)는?

(단, 공기선별 $\rho_s = 2.70$, $\rho = 0.0012$이며, 속도식 $V = \left[\dfrac{4(\rho_s - \rho)g \cdot d}{3C_D \rho}\right]^{\frac{1}{2}}$)

**풀이**

$$속도(\text{cm/sec}) = \left[\frac{4(2.7 - 0.0012) \times 980 \times 3}{3 \times 3.5 \times 0.0012}\right]^{\frac{1}{2}} = 1.59 \times 10^3 \text{cm/sec}$$

**03** 폐기물 중 알루미늄을 선별하고자 한다. 폐기물 투입량은 100ton이고, 회수량이 80ton, 회수량 중 알루미늄캔량이 70ton, 제거폐기물 중 알루미늄캔량이 2ton일 때 Worrell식 및 Rietema식에 의한 선별효율(%) 및 알루미늄캔의 순도(%)를 구하시오.

**풀이**

$x_1$이 70ton ⇨ $y_1$은 10ton

$x_2$가 2ton ⇨ $y_2$는 18ton : $(100-80-2)$ton

$x_0 = x_1 + x_2 = 70 + 2 = 72$ton

$y_0 = y_1 + y_2 = 10 + 18 = 28$ton

Worrell식

$$E(\%) = \left[\left(\frac{x_1}{x_0}\right) \times \left(\frac{y_2}{y_0}\right)\right] \times 100 = \left[\left(\frac{70}{72}\right) \times \left(\frac{18}{28}\right)\right] \times 100 = 62.50\%$$

Rietema식

$$E(\%) = \left[\left|\frac{x_1}{x_0} - \frac{y_1}{y_0}\right|\right] \times 100 = \left[\left|\frac{70}{72} - \frac{10}{28}\right|\right] \times 100 = 61.51\%$$

알루미늄캔 순도(%) $= \left(\frac{x_1}{x_1 + y_1}\right) \times 100 = \left(\frac{70}{70 + 10}\right) \times 100 = 87.5\%$

---

**04** 다음 조건의 경우 Worrell식에 의한 선별효율(%)은?

- 총투입폐기물 : 10ton
- 회수량 : 7ton
- 회수량 중 회수대상물질 : 6ton
- 제거량 중 제거대상물질 : 2.5ton

**풀이**

$x_1$이 6ton ⇨ $y_1$은 1ton

$x_2$가 $(3-2.5)$ton ⇨ $y_2$는 2.5ton : $(10-7-0.5)$

$x_0 = x_1 + x_2 = 6 + 0.5 = 6.5$ton

$y_0 = y_1 + y_2 = 1 + 2.5 = 3.5$ton

$E(\%) = \left[\left(\frac{x_1}{x_0}\right) \times \left(\frac{y_2}{y_0}\right)\right] \times 100 = \left[\left(\frac{6}{6.5}\right) \times \left(\frac{2.5}{3.5}\right)\right] \times 100 = 65.93\%$

# SECTION 017 폐기물의 기계적 · 생물학적 처리(MBT)

## (1) 정의

MBT(Mechanical Biological Treatment), 즉 폐기물 전처리시설이란 폐기물의 최종처분 전 기계적 분리 · 선별 및 생물학적 처리를 거쳐 재활용 가치가 있는 물질(RDF 가공 및 재활용품 선별)을 최대한 회수하고 환경부하를 감소시키는 시설을 말한다.

## (2) 의미

① MT(Mechanical Treatment)
  ㉠ 기계적 처리시설을 말한다.
  ㉡ 저장, 파쇄, 분쇄, 절단, 선별, 이송 등 기계적 시설을 말한다.
② BT(Biological Treatment)
  ㉠ 생물학적 처리시설을 말한다.
  ㉡ Bio gas 포집(소각), 생물학적 처리를 통한 환경부하 감소시설을 말한다.

## (3) MBT 공정구성의 예

① 매립을 위한 안정화
② 퇴비 생산
③ 토질개량제 생산
④ 고형연료(RDF) 생산
⑤ 열처리(소각, 가스화) 대상물질의 감량화

## (4) 특징

① 생활폐기물의 단순 소각, 매립에서 벗어나 처리방식을 다변화하고 폐기물의 최종처분량을 최소화하며 가연성 폐기물의 고형 연료화(RDF) 등을 통한 자원회수를 높이기 위해 MBT를 도입한다.
② MBT 시설에는 가연성 물질을 고형연료로 가공하는 시설이 포함되어 있다.
③ MBT는 주로 생활폐기물 전처리 시스템으로서 재활용 가치가 있는 물질을 회수하는 시설이다.
④ MBT는 주로 기계적 선별, 생물학적 처리 등을 통해 재활용 가치가 있는 물질을 회수하는 시설이다.
⑤ MBT는 생활폐기물을 소각 또는 매립하기 전에 재활용 물질을 회수하는 시설 중 한 종류이다.

### 학습 Point

1. MBT 정의 숙지
2. MBT 특징 숙지

수문제

**01** 어느 도시의 폐기물을 분석한 결과 가연성 성분이 60%, 불연성 성분이 40%였다. 이 지역의 폐기물 발생량은 1일 1인 1.0kg이다. 인구 50,000명인 곳에서 가연성 성분 중 80%를 회수하여 RDF를 생산한다면 RDF의 연간 생산량(ton/year)은?

풀이

RDF 연간 생산량(ton/year) = 1.0kg/인·일 × 50,000인 × ton/1,000kg
　　　　　　　　　　　　× 365일/year × 0.6 × 0.8
= 8,760ton/year

# 018 퇴비화(Composting)

## (1) 개요

① 퇴비화는 유기물의 함량이 높은 폐기물에 수분을 가하여 미생물의 분해작용으로 유기물의 양을 감소시키고 일부는 미생물의 대사작용에 따른 폐기물의 감량과 유기물질의 비료화를 얻는 방법이다.
② 도시폐기물 중 음식찌꺼기, 낙엽 또는 하수처리장 찌꺼기와 같은 유기물을 안정한 상태의 부식질(Humus)로 변화시키는 공정이다.
③ 퇴비화는 호기성 조건에서 생물학적으로 유기물을 안정화시키는 고형폐기물 자원화 방법 중의 하나이다.
④ 퇴비화 과정의 완료 후 약 20일 정도 안정화 기간이 필요하다.
⑤ 쓰레기 퇴비장(야적)의 세균 이용법은 호기성 세균을 이용하는 것이다.
⑥ 우리나라에서 음식물 쓰레기를 퇴비로 재활용하는 데 있어서 가장 큰 문제점은 염분함량이다.(염분함량이 높은 원료를 퇴비화하여 토양에 시비하면 토양경화의 원인이 된다.)
⑦ 호기성 방법보다는 혐기성 방법이 퇴비화에 소요되는 시간이 길다.

## (2) 일반적 반응식

유기성 폐기물을 호기성 조건으로 분해시켜 그 중의 분해성 성분을 가스화하여 안정화하는 방식으로 일반적 반응식은

$$\text{유기물} + O_2 \rightarrow CO_2 + H_2O + NO_3^- + SO_2^{2-} + \text{다른 유기물} + Q\,\text{kcal}$$

## (3) 일반적 퇴비화의 공정

폐기물 → 전처리 → 발효 → 양생 → 마무리 → 저장

## (4) 퇴비화의 목적

① 유기물질을 안정한 물질로 변화
② 폐기물의 부피 감소
③ 병원성 미생물, 유충, 해충 제거
④ 영양물질(N, P 등)의 최대함량 유지
⑤ 부산물 생산(토양개량제로 사용)

### (5) 유기물질에 대한 퇴비의 특성(유기물질과 구별되는 특성)
① 색변화(갈색 or 암갈색)가 나타난다.
② 낮은 C/N비를 갖는다.
③ 계속적 성질변화(미생물 활동)가 나타난다.
④ 수분흡수능력이 높다.
⑤ 양이온 교환능력이 높다.

### (6) 부식질(Humus)의 특징
① 악취가 없으며 흙냄새가 나는 안정한 유기물이다.
② 물 보유력 및 양이온 교환능력이 좋다.
③ C/N비는 낮은 편이며 10~20 정도이다.
④ 짙은 갈색 또는 검은색을 띤다.
⑤ 병원균이 거의 사멸되어 토양개량제로서 품질이 우수하다.
⑥ 부식질에 포함된 물질
    ㉠ 휴민(Humin)
    ㉡ 풀브산(Fulvic Acid)
    ㉢ 휴민산(Humin Acid)

### (7) 퇴비화의 장점
① 유기성 폐기물을 재활용하여, 그 결과 폐기물의 감량화가 가능하다.
② 생산품인 퇴비는 토양의 이화학성질을 개선시키는 토양개량제(토양 완충작용 증가)로 사용할 수 있다.(Humus는 토양개량제로 사용)
③ 운영 시 에너지가 적게 소요된다.
④ 초기의 시설 투자비가 일반적으로 낮다.
⑤ 다른 폐기물처리에 비해 고도의 기술수준이 요구되지 않는다.
⑥ 퇴비화 과정을 거치면서 병원균, 기생충 등이 사멸된다.

### (8) 퇴비화의 단점
① 생산된 퇴비는 비료가치로서 경제성이 낮다.(시장 확보가 어려움)
② 다양한 재료를 이용하므로 퇴비제품의 품질표준화가 어렵다.
③ 부지가 많이 필요하고 부지선정에 어려움이 많다.
④ 퇴비가 완성되어도 부피가 크게 감소되지는 않는다.(완성된 퇴비의 감용률은 50% 이하로서 다른 처리방식에 비하여 낮다.)
⑤ 악취발생의 문제점이 있다.

### (9) 퇴비화의 단계별 변화(과정)

① 퇴비화는 중온균과 고온균이 주된 역할을 한다.
② 온도변화단계 순서 : 중온단계 → 고온단계 → 냉각단계 → 숙성단계
③ 단계별 특징
  ㉠ 초기 단계(중온단계)
    ⓐ 온도가 오르기 시작하는 단계(40℃ 이상으로 상승)이다.
    ⓑ 전반기에는 진균(Fungi), 세균(Bacteria)이 주로 유기물 분해를 한다.
    ⓒ 후반기에는 고온성 세균 및 방성균(Actinomycetes)이 주로 유기물 분해를 한다.
    ⓓ pH는 5.6~6.0 정도이다.
  ㉡ 고온 단계
    ⓐ 퇴비온도가 50~60℃를 계속 유지(60~65℃까지 오르면 미생물 사멸, 열에 강한 포자형 세균만 남아 퇴비화효율이 급격히 떨어진다.)
    ⓑ 전반기에는 세균(Bacillus)이 유기물 분해를 한다.
    ⓒ 후반기에는 방선균(Thermoactinomyces), 진균이 유기물 분해를 한다.
    ⓓ pH는 8.0 정도이다.
  ㉢ 숙성 단계(냉각단계 → 숙성단계)
    ⓐ 퇴비온도가 40℃ 이하로 떨어지는 단계이다.
    ⓑ 부식질 환경에 적합한 방선균이 주류를 이룬다.(부식질 환경 ; Ligin 함량 높음, 가용영양분 함량 낮음)
    ⓒ pH는 8.0 정도이다.

### (10) 퇴비화 방법

① 뒤집기식 퇴비단 공법
  ㉠ 퇴비화의 가장 오래된 방법 중의 하나이며 건조가 빠르고 많은 양을 다룰 수 있다.
  ㉡ 높이 1.8~2.1m, 폭 4.0~5.0m의 작은 단면을 가진 퇴비단을 이용한다.
  ㉢ 퇴비단을 만들기 전에 파쇄·체분리를 통해 크기는 약 2.5~7.5cm, 수분함량은 50~60%로 조절한다.
  ㉣ 완전한 퇴비화는 3~4주 후에 이루어지며 그 후 3~4주부터 뒤집지 않고 숙성시킨다.
  ㉤ 숙성기간 동안 잔류 분해성 유기물질은 곰팡이류와 방성균류에 의해 더 분해된다.
  ㉥ 병원균 파괴율이 낮으며 상대적으로 투자비가 낮다.
  ㉦ 공기공급량 제어가 제한적이며 악취영향반경이 크다.
  ㉧ 운영 시 날씨에 많은 영향을 받는다는 문제점이 있다.
  ㉨ 일반적으로 부지소요가 크나 운영비용은 낮다.

② 통기식 정체퇴비단 공법
  ㉠ 정원폐기물 또는 분리된 도시폐기물에 함유된 유기폐기물을 퇴비화하기 위하여 이용된다.

  &copy; 퇴비단 높이는 약 2~2.5m이고 퇴비화 기간은 3~4주 정도이다.
  &copy; 효과적인 공기공급을 위해 별도의 송풍기를 사용한다.
  &copy; 탈수된 하수슬러지를 퇴비화할 경우 공극 유지, 과도한 수분흡수를 위해 수분조절제가 필요하다.

③ 기계식 반응조 퇴비화공법
  ㉠ 퇴비화가 밀폐된 반응조 내에서 수행된다.
  ㉡ 일반적으로 퇴비화 원인물질의 혼합(교반)에 따라 수직형과 수평형으로 나누어 퇴비화를 수행한다.
  ㉢ 수직형 퇴비화 반응조는 반응조 전체에 최적조건을 유지하기 어려워 생산된 퇴비의 질이 떨어질 수 있다.
  ㉣ 수평형 퇴비화 반응조는 수직형 퇴비화 반응조와 달리 공기흐름 경로를 짧게 유지할 수 있다.
  ㉤ 기계식 퇴비공법의 장점은 기후의 영향을 받지 않으며, 악취통제가 쉽고, 좁은 공간을 활용할 수 있는 점이다.

### (11) 퇴비화 설계운영 고려인자(운전척도)

① 수분함량(함수율)
  ㉠ 퇴비화에 적당한 원료의 수분함량은 50~60%이다.
  ㉡ 분뇨, 슬러지 등 수분이 많은 경우, 즉 60% 이상인 경우 악취 발생 및 퇴비화 효율 저하가 나타나므로 팽화제를 혼합한다.
  ㉢ 팽화제(Bulking Agent : 톱밥, 볏짚, 낙엽 등)를 혼합하여 수분량을 조절한다.
  ㉣ 40% 이하인 경우 분해율이 감소한다. 이때에는 생오니 등을 첨가하여 수분량을 조절한다.
  ㉤ Bulking Agent(통기개량제)
    ⓐ 팽화제 또는 수분함량조절제라 하며 퇴비를 효과적으로 생산하기 위하여 주입한다.
    ⓑ 통기개량제는 톱밥 등을 사용하며 수분조절, 탈질소비, 조절기능을 겸한다.
    ⓒ 톱밥, 왕겨, 볏짚 등이 이용된다.(톱밥 기준 C/N비는 150~1,000 정도)
    ⓓ 수분 흡수능력이 좋아야 한다.
    ⓔ 쉽게 조달이 가능한 폐기물이어야 한다.
    ⓕ 입자 간의 구조적 안정성이 있어야 한다.
    ⓖ 퇴비의 질(C/N비) 개선에 영향을 준다.(C/N비 조절효과)
    ⓗ 처리대상물질 내의 공기가 원활히 유통할 수 있도록 한다.
    ⓘ pH 조절효과가 있다.
  ㉥ 하수슬러지는 폐기물과 함께 퇴비화가 가능하며 슬러지를 첨가할 경우 최종수분함량이 중요한 인자로 작용한다.

ⓢ 함수율이 높을수록 미생물의 분해속도는 느려진다.
ⓞ 함수율이 높을 경우 침출수가 발생된다.

> **Reference** 통기개량제의 특징
>
> (1) 볏짚
>     칼슘분이 높다.
> (2) 톱밥
>     ① 분해 시 추가적인 질소를 요구하며 분해율은 종류에 따라 다르다.
>     ② 난분해성 유기물이기 때문에 분해가 느리다.
> (3) 파쇄목편
>     폐목재 내 퇴비화에 영향을 줄 수 있는 유해물질의 함유 가능성이 있다.
> (4) 왕겨(파쇄)
>     발생기간이 한정되어 있기 때문에 저류공간이 필요하다.

② C/N비
   ㉠ 퇴비화 시 가장 중요한 환경적 인자이다.
   ㉡ 퇴비화 시 초기 C/N비는 25~40 정도(공급원료의 C/N비는 대략 30 : 1 정도)가 적당하고 적정 C/N비는 25~50 정도이고 조절은 C/N비가 서로 다른 폐기물을 적절히 혼합하여 최적조건으로 맞춘다.
   ㉢ 탄소(C)는 미생물들이 생장하기 위한 에너지원이고 질소(N)는 미생물을 구성하는 인자, 즉 생장에 필요한 단백질 합성에 주로 쓰인다.
   ㉣ C/N비는 분해가 진행될수록 점점 낮아져 최종적으로 10 정도가 된다.
   ㉤ C/N비가 높으면 유기산 등이 퇴비의 pH를 낮추고 미생물의 성장과 활동도 억제되며 질소부족(C/N비 80 이상이면 질소결핍현상)으로 퇴비화가 잘 형성되지 않아 퇴비화의 소요기간이 길어진다.(폐기물 내 질소함량이 적은 것은 퇴비화가 잘 되지 않는다.)
   ㉥ C/N비가 20보다 낮으면 유기질소가 암모니아로 변하여 pH를 증가시키고, 이로 인해 암모니아 가스가 발생되어 퇴비화과정 중 생물학적 활성이 떨어져 악취가 생기며 질소원의 손실이 커서 비료효과가 저하될 가능성이 높다.
   ㉦ 도시하수슬러지 및 축산분뇨의 경우 C/N비가 낮기 때문에 C/N비가 높은 폐기물과 혼합하여 적당한 비율로 조절하면 퇴비화 효율을 높일 수 있다.
      ⓐ C/N비가 높은 폐기물 : 신문지(약 980), 소나무(약 730), 톱밥(약 510), 밀짚(약 130)
      ⓑ C/N비가 낮은 폐기물 : 낙엽(약 60), 돼지분뇨(약 20), 소화 후 슬러지(16), 소화 전 활성슬러지(약 6)
   ㉧ 보통 미생물세포의 탄소/질소비는 5~15로 미생물에 의한 유기물의 분해는 탄소/질소비가 미생물세포의 그것과 비슷해질 때까지 이루어진다.

ⓩ 분해를 위해서는 대상원료별로 적합한 탄질소비를 맞추어 주는 것이 필요하다.
ⓒ 일반적으로 퇴비화 탄소가 많으면 퇴비의 pH를 낮춘다.
ⓚ 퇴비화 과정에서 총질소농도 비율이 증가되는 원인은 질소분의 소모에 비해 탄소분이 급격히 소모되므로 생긴 결과이다.
ⓔ 암모니아 냄새가 유발될 경우 건조된 낙엽과 같은 탄소원을 첨가해야 한다.

③ 온도
㉠ 퇴비화의 최적온도는 55~60℃이다.(퇴비단의 온도는 초기 며칠간은 50~55℃를 유지하여야 하며 활발한 분해를 위해서는 55~60℃가 적당) 또한 유기물이 가장 빠른 속도로 분해하는 온도 범위는 60~80℃이다.
㉡ 60℃(70℃) 이상의 온도에서는 분해효율이 떨어지기 때문에 공기공급량을 증가시켜 온도조절을 한다.
㉢ 퇴비화 반응에 의한 온도상승은 미생물의 호흡대사에 의한 발열반응에 의한 것이다.
㉣ 퇴비화 과정에서 온도는 퇴비화 완료를 알 수 있는 지표로 중요한 인자이다.
㉤ C/N비가 높을수록 온도지속시간이 길어지며 C/N비가 낮을수록 온도상승이 빠르다.
㉥ 온도가 서서히 내려가 40℃ 이하 정도가 되면 퇴비화가 거의 완성된 상태로 간주한다.
㉦ 발효 초기 원료의 온도가 40~60℃까지 증가하면 고온성 세균과 방선균이 우점한다.

④ 입자크기
㉠ 퇴비화에 가장 적당한 입자의 크기는 5cm 이하이다.(폐기물의 적정입자는 25~75mm 정도)
㉡ 불규칙한 폐기물은 퇴비화 전에 파쇄하는 것이 바람직하다.
㉢ 입자크기는 물질의 밀도, 내부마찰, 흐름특성, 마찰저항 등에 영향을 미친다.

⑤ pH
㉠ pH는 운전 초기에는 5~6 정도로 떨어졌다가 퇴비화됨에 따라 증가하여 최종적으로 8~9 가량이 된다.
㉡ 퇴비화에 가장 적합한 폐기물의 pH 범위는 5.5~8.0(7~7.5) 범위이다.
㉢ 암모니아 가스에 의한 질소 손실을 줄이기 위해서 pH 8.5 이상 올라가지 않도록 주의한다.
㉣ pH가 5.5 이하인 경우 인위적인 pH 조절을 위해 탄산칼슘을 첨가한다.

⑥ 공기공급
㉠ 퇴비화에 가장 적합한 공기공급 범위는 5~15%(산소농도)이며 공기주입률은 약 50~200 L/min·m³ 정도이고 공간부피는 퇴비부피의 30~36%가 적합하다.(이론적인 산소요구량은 식을 이용하여 추정가능)
㉡ 공기공급의 기능
   ⓐ 미생물의 호기적 대사를 도움

ⓑ 온도조절
ⓒ 수분, $CO_2$, 기타 가스를 제거
ⓒ 수분증발 역할을 수행하며 자연순환 공기공급이 가장 바람직하다.
ⓔ 공기가 과잉공급되면 열손실이 생겨 미생물의 대사열을 빼앗겨서 동화작용이 저해된다.
ⓜ 공기공급이 부족하면 혐기성 분해에 의해 퇴비화 속도의 저하를 초래하고 악취발생의 원인이 된다.

⑦ 병원균 제어
 ㉠ 정상적인 퇴비화 공정에서는 병원균의 사멸이 가능하다.
 ㉡ 병원균 사멸을 위해 60~70℃에서 24시간 이상 유지되어야 한다.

⑧ 교반 및 뒤집기
 ㉠ 퇴비단이 건조해지거나 덩어리지고 공기의 단회로(Channeling) 현상을 방지하기 위하여 반응기간 동안 필요에 따라 규칙적으로 교반하거나 뒤집어준다.
 ㉡ 뒤집기 정도는 수분함량, 폐기물 특성, 공기요구량에 의하여 결정된다.
 ㉢ 수분함량이 55~60%, 퇴비화 기간이 15일인 경우 3일째 첫 번째 뒤집기를 한다.

⑨ 부지 소요
 ㉠ 50ton/day 용량인 경우 부지는 약 6,000~8,000$m^2$ 정도 소요된다.
 ㉡ 부지규모가 커질수록 상대적 요구 부지는 줄어진다.

⑩ 혼합과 미생물 식종(접종)
 ㉠ 미생물 식종을 위해 다량의 숙성퇴비를 반송하여 첨가한다.
 ㉡ 퇴비화 시 도시폐기물에 다른 폐기물 혼합 여부는 C/N비와 수분함량에 영향을 받는다.
 ㉢ 도시폐기물 내 유기물(종이, 다량의 탄소)이 대부분인 경우 질소함량이 높은 유기성 폐기물(분뇨, 슬러지)을 혼합하여 C/N비를 적절하게 조절한다.

⑪ 분해 정도
 ㉠ 분해 정도는 온도저하, 발열량 감소, 분해 가능한 유기물량, 산화환원전위 증가, 산소 이동률, 곰팡이(Chaetomium Gracilius)의 성장 등을 통하여 알 수 있다.
 ㉡ 퇴비화의 유기물 분해반응은 호기성이 가장 빠르다.

(12) 퇴비화를 위한 설비
 ① 공기공급시설    ② 수분조절시설    ③ 교반시설

(13) 퇴비화 시 도시쓰레기에 분뇨 또는 슬러지를 혼합하는 이유
 ① C/N비 조절
  도시쓰레기의 C/N비(도시폐기물 퇴비화 시 가장 반응성이 좋은 C/N비는 50~70%)가 높

으므로 슬러지 첨가
② **부족성분 보완**
미생물, 영양소(미생물 접종효과 있음)
③ **함수율 조정**
50~60% 조정(수분을 슬러지가 보충, 쓰레기는 슬러지의 Bulking Agent의 역할)

### (14) 퇴비의 숙성도지표(퇴비화 반응의 분해 정도 판단지표)

① 탄질비(C/N비)     ② $CO_2$ 발생량
③ 식물 생육 억제 정도     ④ 온도 감소
⑤ 공기공급량 감소     ⑥ 퇴비의 발열능력 감소
⑦ 산화·환원전위의 증가

### (15) 분뇨슬러지 퇴비화 시 고려사항

① 자연상태에서 생화학적으로 안정되어야 한다.
② 병원균, 회충란 등의 유무와 관련이 있다.
③ 악취 등의 발생이 없어야 한다.
④ 취급이 용이한 상태이어야 한다.

### (16) 사업장폐기물의 퇴비화

① 퇴비화 이용이 가능하다.
② 토양오염에 대한 평가가 필요하다.
③ 독성물질의 함유농도에 따라 결정하여야 한다.
④ 중금속물질의 전처리가 필요하다.

### (17) 쓰레기와 슬러지를 혼합하여 퇴비화할 때의 특징

① 쓰레기 단독으로 퇴비화할 때보다 통기성이 나빠진다.
② 슬러지가 수분을 보충해 준다.
③ 미생물의 접종효과가 있다.
④ 쓰레기는 슬러지의 Bulking Agent의 역할을 할 수 있다.

### (18) 습식방식에 의한 사료화의 특징

① 다양한 종류의 호기성 미생물과 효소를 이용하여 단기간에 유기물을 발효시켜 사료를 생산하는 방식이다.
② 처리 후 수분함량이 50~60% 정도이다.

③ 종균제 투입 후 30~60℃에서 24시간 발효와 350℃에서 고온멸균 처리한다.
④ 비용이 적게 소요된다.
⑤ 수분 함량이 높아 통기성이 나쁘고 변질 우려가 있다.

> **학습 Point**
> 1 퇴비화 목적 숙지
> 2 부식질 특징 숙지
> 3 퇴비화 장단점 숙지
> 4 퇴비화 설계운영 고려인자 전체 내용 숙지

### 필수문제

**01** 화학적 조성이 $C_7H_{10}O_5N$으로 대표되는 폐기물의 C/N비는?

풀이

$$C/N비 = \frac{탄소의\ 양}{질소의\ 양} = \frac{(12 \times 7)}{14} = 6$$

### 필수문제

**02** 폐기물을 수거하여 분석한 결과 함수율이 30%이고 총휘발성 고형물은 총고형물의 80%, 유기탄소량은 총 휘발성 고형물의 90%이었다. 또한 총질소량은 총고형물의 2%라 할 때, 이 폐기물의 C/N비는?(단, 비중 1.0 기준)

풀이

$$C/N비 = \frac{탄소의\ 양}{질소의\ 양} = \frac{(1-0.3) \times 0.8 \times 0.9}{(1-0.3) \times 0.02} = 36$$

### 필수문제

**03** 다음 조성을 가진 분뇨와 음식물을 중량비 3 : 5로 혼합 처리시 C/N비는?

| 구분 | 함수율 | 유기탄소/TS | 총질소량/TS |
|---|---|---|---|
| 분뇨 | 95% | 40% | 20% |
| 음식물 | 35% | 87% | 5% |

> [풀이]
> 
> $$C/N비 = \frac{혼합물\ 중\ 탄소의\ 양}{혼합물\ 중\ 질소의\ 양}$$
> 
> $$혼합물\ 중\ 탄소의\ 양 = \left[\left(\frac{3}{3+5} \times (1-0.95) \times 0.4\right) + \left(\frac{5}{3+5} \times (1-0.35) \times 0.87\right)\right]$$
> $$= 0.361$$
> 
> $$혼합물\ 중\ 질소의\ 양 = \left[\left(\frac{3}{3+5} \times (1-0.95) \times 0.2\right) + \left(\frac{5}{3+5} \times (1-0.35) \times 0.05\right)\right]$$
> $$= 0.024$$
> 
> $$= \frac{0.361}{0.024} = 15$$

**04** 퇴비화시키기 위하여 다음 조건의 분뇨와 쓰레기를 중량비 1 : 2로 혼합하면 C/N비는 얼마인가?

| 구분 | 탄소 | 질소 | 함수율 |
|---|---|---|---|
| 분뇨 | 총고형물의 40% | 총고형물의 15% | 90% |
| 쓰레기 | 총고형물의 60% | 총고형물의 2% | 20% |

> [풀이]
> 
> $$혼합물\ 중\ 탄소의\ 양 = \left[\left(\frac{1}{1+2} \times (1-0.9) \times 0.4\right) + \left(\frac{2}{1+2}(1-0.2) \times 0.6\right)\right]$$
> $$= 0.3333$$
> 
> $$혼합물\ 중\ 질소의\ 양 = \left[\left(\frac{1}{1+2} \times (1-0.9) \times 0.15\right) + \left(\frac{2}{1+2}(1-0.2) \times 0.02\right)\right]$$
> $$= 0.0156$$
> 
> $$C/N비 = \frac{0.3333}{0.0156} = 21.36$$

**05** 수분함량이 90%인 슬러지를 수분함량 50%로 낮추기 위해 톱밥을 첨가하였다면 슬러지 톤당 소요되는 톱밥의 양(kg)은?(단, 비중 1.0 기준, 톱밥의 수분함량 20%)

> [풀이]
> 
> 슬러지와 톱밥 혼합 시 수분함량 50% 의미
> 
> $$50\% = \frac{(1 \times 0.9) + (x \times 0.2)}{1+x} \times 100 \ ; \ x(톱밥양)$$
> 
> $$0.5(1+x) = 0.9 + 0.2x$$
> 
> $$x = 1.333\text{ton} \times 1,000\text{kg/ton} = 1,333\text{kg}$$

### 必수문제

**06** C/N비가 8인 도시폐기물과 C/N비가 55인 주방폐기물을 혼합하여 C/N비가 25인 혼합폐기물을 만들 경우 중량기준 혼합비는?

**풀이**

혼합폐기물의 중량을 100kg으로 가정하면
혼합폐기물=도시폐기물중량($X$)+주방폐기물의 중량($Y$)
$$100 = X + Y \quad \cdots\cdots ①$$

C성분함량
도시폐기물 중 탄소량+주방폐기물 중 탄소량=혼합폐기물 중 탄소량
$$(X\mathrm{kg} \times 8) + (Y\mathrm{kg} \times 55) = 100\mathrm{kg} \times 25 \quad \cdots\cdots ②$$

①식을 ②식에 대입하여 풀면
$X = 63.8$, $Y = 36.2$(도시폐기물 : 주방폐기물=63.8 : 36.2)

### 必수문제

**07** 30ton의 음식물쓰레기를 볏짚과 혼합하여 C/N비 30으로 조정하여 퇴비화하고자 한다. 이때 볏짚의 필요량(ton)은?(단, 음식물쓰레기와 볏짚의 C/N비는 각각 20과 100이고, 다른 조건은 고려하지 않음)

**풀이**

음식물쓰레기를 $x_1$, 볏짚을 $x_2$로 하고 합이 1이라고 가정

혼합 C/N비 $= \dfrac{20x_1 + 100x_2}{x_1 + x_2}$  ($x_1 + x_2 = 1$)

$$30 = \dfrac{20(1-x_2) + 100x_2}{(1-x_2) + x_2}$$

$x_2$(볏짚)$=0.125$
$x_1$(음식쓰레기)$=1-0.125=0.875$
볏짚(ton) : $0.125 = 30\mathrm{ton} : 0.875$
볏짚(ton)$= \dfrac{0.125 \times 30\mathrm{ton}}{0.875} = 4.29\mathrm{ton}$

**08** 슬러지를 낙엽과 혼합하여 퇴비화하려 한다. 퇴비화 대상 혼합물의 C/N비를 30으로 할 때, 낙엽 1kg당 필요한 슬러지의 양(kg)은?(단, 고형물 건조중량 기준, 비중=1.0 기준)

| 구분 | 슬러지 | 낙엽 |
|---|---|---|
| C/N비 | 9 | 50 |
| 수분함량 | 80% | 40% |
| 질소함량 | 건조고형물 중 6% | 건조고형물 중 1% |

**풀이**

| 구분 | C/N비 | 질소 | 탄소 | 함수율 | 혼합비율 |
|---|---|---|---|---|---|
| 슬러지 | 9 | 6% | 54% | 80% | $(1-x)$ |
| 낙엽 | 50 | 1% | 50% | 40% | $x$ |

C 함량 $= [(1-x) \times (1-0.8) \times 0.54] + [x \times (1-0.4) \times 0.5] = 0.192x + 0.108$

N 함량 $= [(1-x) \times (1-0.8) \times 0.06] + [x \times (1-0.4) \times 0.1] = -0.006x + 0.012$

C/N비 $= \dfrac{\text{C 함량}}{\text{N 함량}}$

$30 = \dfrac{0.192x + 0.108}{-0.006x + 0.012}$

$30 \times (-0.006x + 0.012) = 0.192x + 0.108$

$0.372x = 0.252$

$x = 0.678$

$0.678 : (1-0.678) = 1 : x'$

$x'$ (낙엽 1kg당 필요 슬러지양) $= 0.48$kg

# SECTION 019 열분해(Pyrolysis)

## (1) 정의

열분해란 공기가 부족한 상태(무산소 혹은 저산소 분위기)에서 가연성 폐기물을 연소시켜(간접가열에 의해) 유기물질로부터 가스, 액체 및 고체상태의 연료를 생산하는 공정을 의미하며 흡열반응을 한다.

## (2) 특징

① 예열, 건조과정을 거치므로 보조연료의 소비량이 증가되어 유지관리비가 많이 소요된다.
② 폐기물을 산소의 공급 없이 가열하여 가스, 액체, 고체의 3성분으로 분리한다.(연소가 고도의 발열반응임에 비해 열분해는 고도의 흡열반응이다.)
③ 분해와 응축반응이 일어나며 소각에 비해 느린 속도로 폐기물을 처리한다.
④ 필요한 에너지를 외부에서 공급해 주어야 한다. 즉, 열분해는 예열, 건조과정을 거치므로 보조연료의 소비량이 증가되어 유지관리비가 많이 소요된다.
⑤ 열분해시설의 전처리단계는 파쇄 → 선별 → 건조 → 2차 선별이다.
⑥ 수분 함량이 높은 폐기물의 경우에 열분해효율 저하와 에너지 소비량 증가 문제를 일으킨다.

## (3) 열분해공정이 소각에 비하여 갖는 장점

① 대기로 방출하는 배기가스양이 적게 배출된다.(가스처리장치가 소형화)
② 황, 중금속분이 Ash(회분) 중에 고정되는 비율이 크다.
③ 상대적으로 저온이기 때문에 NOx(질소산화물), 염화수소의 발생량이 적다.
④ 환원기가 유지되므로 $Cr^{3+}$이 $Cr^{6+}$으로 변화하기 어려우며 대기오염물질의 발생이 적다. (크롬산화 억제)
⑤ 폐플라스틱, 폐타이어, 오니류 등 스토커 소각처리가 곤란한 물질도 처리 가능하다.
⑥ 공기공급장치의 소형화 및 감량화로 매립용량이 감소한다.
⑦ 소각에 비교하여 생성물의 정제장치가 필요하다.
⑧ 고온용융식을 이용하면 재를 고형화할 수 있고 중금속의 용출이 없어서 자원으로 활용할 수 있다.
⑨ 저장 및 수송이 가능한 연료를 회수할 수 있다.
⑩ 분해가스, 분해유 등 연료를 얻을 수 있으며 소각에 비해 저장이 가능한 에너지를 회수할 수 있다.
⑪ 신규 석탄이나 석유의 사용량을 줄일 수 있다.

### (4) 열분해에 의해 생성되는 물질

① 기체물질

$H_2$, $CH_4$, $CO$, $H_2S$, $HCN$, $CO_2$

② 액체물질

식초산, 아세톤, 메탄올, 오일, 타르, 방향성 물질

③ 고체물질

Char(탄소), 불활성 물질

### (5) 열분해방법

① 저온법

㉠ 저온의 범위 500~900℃(열분해 : Pyrolysis)
㉡ 타르(Tar), 탄화물(Char), 액체상태의 연료가 고온법에 비해 많이 생성
㉢ 반응식

$$6C_6H_{10}O_5 \rightarrow 7CO + 5CO_2 + 3H_2 + CH_4 + 6H_2O + 3C_4H_9O_3 + 8C$$

② 고온법

㉠ 고온의 범위 1,100~1,500℃ 혹은 1,100~1,800℃(가스화 : Gasification)
㉡ 가스상태의 연료가 저온법에 비해 많이 생성(가스의 구성비가 높음)
㉢ 일반적으로 장치를 1,700℃ 정도로 운전하면 모든 재는 슬래그(Slag)로 배출된다.
㉣ 반응식

$$6C_6H_{10}O_5 \rightarrow 11CO + 10CO_2 + 6H_2 + H_2O + \frac{1}{2}C_4H_9O_3 + C$$

> **Reference** 산소흡입고온 열분해법
>
> ① 분해온도는 높지만 공기를 공급하지 않기 때문에 질소산화물의 발생량이 적다.
> ② 이동바닥로의 밑으로부터 소량의 순산소를 주입, 노내의 폐기물 일부를 연소, 강열시켜 이때 발생하는 열을 이용해 상부의 쓰레기를 열분해한다.
> ③ 폐기물을 선별, 파쇄 등 전처리 과정을 하지 않거나 간단히 하여도 된다.
> ④ 도시폐기물의 열분해 장치로 이용된다.

### (6) 열분해를 통하여 얻어지는 연료의 성질을 결정짓는 요소(영향 운전인자)

① 운전(열분해)온도
   ㉠ 온도가 증가할수록 수소 함량은 증가하며, 이산화탄소 함량은 감소한다.
   ㉡ 분해온도가 증가되면 가스구성비가 증대되며, 산과 Tar, Char의 양은 감소한다.
   ㉢ 열공급속도가 커짐에 따라 유기성 액체와 수분 그리고 Char의 생성량은 감소한다.

② 가열속도
   ㉠ 가열속도가 낮은 경우와 높은 경우 모두 가스생산량이 많다.
   ㉡ 가열속도가 큰 경우에는 수분함량과 용액상태의 유기물질량이 감소된다.
   ㉢ 열분해가스 중 CO, $H_2$, $CH_4$ 등의 생성률은 열공급속도가 커짐에 따라 증가한다.

③ 가열시간
   열분해 시간의 척도이다.

④ 폐기물의 입자크기
   폐기물의 입자크기가 작을수록 열분해가 쉽게 이루어진다.

⑤ 폐기물의 성질 중 수분함량
   ⓐ 수분함량이 많을수록 운전온도까지 온도를 올리는 데 시간이 많이 소요된다.
   ⓑ 예열을 통하여 폐기물을 건조시키는 경우에는 비용이 증대된다.

⑥ 공기공급
   연료의 열량을 증가시키기 위해 산소를 공급한다.

⑦ 스팀공급
   가스의 생성량과 Char의 생성을 감소시키기 위해 스팀을 주입하며 온도가 높을수록 스팀 주입량이 증가한다.

### (7) 열분해에 의한 에너지 회수법의 특징

① 보일러 튜브가 쉽게 부식된다.
② 초기 시설비가 매우 높다.
③ 열공급에 대한 확실성이 없으며 또한 시장의 절대적 확보가 어렵다.
④ 기체생성물질은 지역난방에 효과적이다.

### (8) 열분해장치의 종류

① **고정상**(Fixed Bed)
  ㉠ 상부로부터 분쇄되었거나 또는 분쇄되지 않은 폐기물이 주입되어 건조 후 열분해되고 Slag, 재가 하부로 배출된다.
  ㉡ 가스의 상승속도는 0.2~0.5m/hr이다.(체류시간이 비교적 길다.)

② **유동상**(Fluidized Bed)
  ㉠ 고정상과 부유상태의 열분해장치의 중간단계이다.
  ㉡ 장점으로는 반응시간이 빨라 폐기물의 수분함량 변화에도 큰 문제 없이 운전되는 점이다.
  ㉢ 단점으로는 열손실이 크며 운전이 까다롭다는 점이다.

③ **부유상**(Suspension)
  ㉠ 공기 주입 없이 또는 부족한 공기 주입상태에서 운전한다.
  ㉡ 어떤 종류의 폐기물도 처리가 가능하다.
  ㉢ 주입폐기물의 입자가 작아야 하고 주입량도 크지 못한 단점이 있다.

④ **로터리킬른**(Rotary Kiln)형

> **Reference** 폐기물 조성별 재활용 기술
>
> ① 부패성 쓰레기 – 퇴비화
> ② 가연성 폐기물 – 열회수
> ③ 난연성 쓰레기 – 열분해

> **Reference** 유기성 폐기물 자원화 방법
>
> ① 퇴비화
> ② 연료화
> ③ 건설자재화

**학습 Point**

① 열분해 소각에 비하여 갖는 장점 숙지
② 열분해로 생성되는 물질 내용 숙지
③ 열분해장치 종류 및 유동상 열분해장치 내용 숙지

# 020 고형연료제품(SRF ; Solid Refuse Fuel)

## (1) 정의

고체폐기물 중 발열량이 4,000kcal/kg 이상인 폐합성수지류, 폐지류, 폐목재류 등 가연성 물질을 선별하여 파쇄, 건조 등의 처리과정을 거쳐 연료화시킨 고체연료를 통칭하는 것, 즉 단순 소각 또는 매립되는 폐기물 중 자원으로의 이용 가치가 있는 가연성 폐기물을 원료로 사용하여 만든 연료 제품이다.

## (2) 종류

① 일반 고형연료제품(SRF)의 제조원료
  ㉠ 생활폐기물(음식물류폐기물 제외)　㉡ 폐합성수지류(자동차 파쇄잔재물 제외)
  ㉢ 폐합성섬유류　　　　　　　　　　㉣ 폐고무류(합성고무류 포함)
  ㉤ 폐타이어

② 바이오 고형연료제품(Bio-SRF)의 제조원료
  ㉠ 폐지류
  ㉡ 농업폐기물(왕겨, 쌀겨, 옥수수대 등 농작물 부산물)
  ㉢ 폐목재류(철도폐침목, 전신주 제외)
  ㉣ 식물성 잔재물(땅콩껍질, 호두껍질, 팜껍질 등)
  ㉤ 초본류 폐기물

## (3) 사용시설

① 시멘트 소성로
② 화학발전시설, 열병합발전시설 및 발전용량이 2MW 이상인 발전시설
③ 석탄사용량이 2ton/hr 이상인 지역난방시설, 산업용 보일러, 제철소 노
④ 고형연료제품 사용량이 200kg/hr 이상인 보일러 시설

## (4) SRF를 소각시설에서 사용 시 문제점

① 시설비가 고가이고 숙련된 기술이 필요하다.
② 연료공급의 신뢰성 문제가 있을 수 있다.
③ Cl 함량 및 연소먼지의 문제가 있고 유황함량이 적어 SOx 발생이 상대적으로 적은 편이다.
④ Cl 함령이 높을 경우 소각시설의 부식발생으로 수명단축의 우려가 있다.

 학습 Point

SRF 정의 숙지

# SECTION 021 폐기물 관련 법규

Note : 폐기물 관련 법규의 내용이 학습하기에 너무 방대하고 자주 변경되어 출제빈도가 높은 내용으로 선별하여 수록합니다.(학습자는 선별내용과 과년도 문제를 학습하여 준비하는 것이 효율적이라고 사료됩니다.)

## ■ 용어 정의(법 제2조) *중요내용

① 폐기물
1. 쓰레기, 연소재, 오니, 폐유, 폐산, 폐알칼리 및 동물의 사체 등으로서 사람의 생활이나 사업활동에 필요하지 아니하게 된 물질을 말한다.
2. 폐기물 관리법의 목적
   가. 폐기물의 발생을 최대한 억제
   나. 발생한 폐기물을 친환경적으로 처리
   다. 환경보전과 국민생활의 질적 향상에 이바지하는 것

② 생활폐기물
사업장폐기물 외의 폐기물을 말한다.

③ 사업장폐기물
「대기환경보전법」, 「물환경보전법」 또는 「소음·진동관리법」에 따라 배출시설을 설치·운영하는 사업장이나 그 밖에 대통령령으로 정하는 사업장에서 발생하는 폐기물을 말한다.

④ 지정폐기물
사업장폐기물 중 폐유·폐산 등 주변 환경을 오염시킬 수 있거나 의료폐기물 등 인체에 위해를 줄 수 있는 해로운 물질로서 대통령령으로 정하는 폐기물을 말한다.

⑤ 의료폐기물
보건·의료기관, 동물병원, 시험·검사기관 등에서 배출되는 폐기물 중 인체에 감염 등 위해를 줄 우려가 있는 폐기물과 인체 조직 등 적출물, 실험 동물의 사체 등 보건·환경보호상 특별한 관리가 필요하다고 인정되는 폐기물로서 대통령령으로 정하는 폐기물을 말한다.

⑤의2. 의료폐기물 전용용기
의료폐기물로 인한 감염 등의 위해 방지를 위하여 의료폐기물을 넣어 수집·운반 또는 보관에 사용하는 용기를 말한다.

⑤의3. 처리
폐기물의 수집, 운반, 보관, 재활용, 처분을 말한다.

⑥ 처분
1. 폐기물의 소각·중화·파쇄·고형화 등의 중간처분과 매립하거나 해역으로 배출하는 등의 최종처분을 말한다.
2. 폐기물 처분시설이란 폐기물처리시설 중 중간처분시설 및 최종처분시설을 말한다.

⑦ 재활용
다음 각 목의 어느 하나에 해당하는 활동을 말한다.

1. 폐기물을 재사용·재생이용하거나 재사용·재생이용할 수 있는 상태로 만드는 활동
2. 폐기물로부터 「에너지법」에 따른 에너지를 회수하거나 회수할 수 있는 상태로 만들거나 폐기물을 연료로 사용하는 활동으로서 환경부령으로 정하는 활동

⑧ 폐기물처리시설
폐기물의 중간처분시설, 최종처분시설 및 재활용시설로서 대통령령으로 정하는 시설을 말한다.

⑨ 폐기물감량화시설
생산 공정에서 발생하는 폐기물의 양을 줄이고, 사업장 내 재활용을 통하여 폐기물 배출을 최소화하는 시설로서 대통령령으로 정하는 시설을 말한다.

⑩ 폐기물처분시설(영 제1조의 2)
폐기물처분시설 중 중간처분시설 및 최종처분시설을 말한다.

## ■ 사업장 범위(영 제2조) – 대통령령으로 정하는 사업장 종류

① 「물환경보전법」에 따른 공공폐수처리시설을 설치·운영하는 사업장
② 「하수도법」에 따른 공공하수처리시설을 설치·운영하는 사업장
③ 「하수도법」에 따른 분뇨처리시설을 설치·운영하는 사업장
④ 「가축분뇨의 관리 및 이용에 관한 법률」에 따른 공공처리시설
⑤ 폐기물처리시설(폐기물처리업의 허가를 받은 자가 설치하는 시설을 포함한다)을 설치·운영하는 사업장
⑥ 지정폐기물을 배출하는 사업장
⑦ 폐기물을 1일 평균 300킬로그램 이상 배출하는 사업장
⑧ 「건설산업기본법」에 따른 건설공사로 폐기물을 5톤(공사를 착공할 때부터 마칠 때까지 발생되는 폐기물의 양을 말한다) 이상 배출하는 사업장
⑨ 일련의 공사(제8호에 따른 건설공사는 제외한다) 또는 작업으로 폐기물을 5톤(공사를 착공하거나 작업을 시작할 때부터 마칠 때까지 발생하는 폐기물의 양을 말한다) 이상 배출하는 사업장

## ■ 지정폐기물의 종류(영 제3조 : 별표 1) 〈중요내용〉

1. 특정시설에서 발생되는 폐기물
   가. 폐합성 고분자화합물
      1) 폐합성 수지(고체상태의 것은 제외한다)
      2) 폐합성 고무(고체상태의 것은 제외한다)
   나. 오니류(수분함량이 95퍼센트 미만이거나 고형물함량이 5퍼센트 이상인 것으로 한정한다)
      1) 폐수처리 오니(환경부령으로 정하는 물질을 함유한 것으로 환경부장관이 고시한 시설에서 발생되는 것으로 한정한다)

2) 공정 오니(환경부령으로 정하는 물질을 함유한 것으로 환경부장관이 고시한 시설에서 발생되는 것으로 한정한다)

다. 폐농약(농약의 제조·판매업소에서 발생되는 것으로 한정한다)

2. 부식성 폐기물

  가. 폐산(액체상태의 폐기물로서 수소이온 농도지수가 2.0 이하인 것으로 한정한다)

  나. 폐알칼리(액체상태의 폐기물로서 수소이온 농도지수가 12.5 이상인 것으로 한정하며, 수산화칼륨 및 수산화나트륨을 포함한다)

3. 유해물질함유 폐기물(환경부령으로 정하는 물질을 함유한 것으로 한정한다)

  가. 광재[철광 원석의 사용으로 인한 고로슬래그(slag)는 제외한다]

  나. 분진(대기오염 방지시설에서 포집된 것으로 한정하되, 소각시설에서 발생되는 것은 제외한다)

  다. 폐주물사 및 샌드블라스트 폐사

  라. 폐내화물 및 재벌구이 전에 유약을 바른 도자기 조각

  마. 소각재

  바. 안정화 또는 고형화·고화 처리물

  사. 폐촉매

  아. 폐흡착제 및 폐흡수제[광물유·동물유 및 식물유{폐식용유(식용을 목적으로 식품재료와 원료를 제조·조리·가공하는 과정, 식용유를 유통·사용하는 과정 또는 음식물류 폐기물을 재활용하는 과정에서 발생하는 기름을 말한다. 이하 같다)는 제외한다}의 정제에 사용된 폐토사를 포함한다]

4. 폐유기용제

  가. 할로겐족(환경부령으로 정하는 물질 또는 이를 함유한 물질로 한정한다)

  나. 그 밖의 폐유기용제(가목 외의 유기용제를 말한다)

5. 폐페인트 및 폐래커(다음 각 목의 것을 포함한다)

  가. 페인트 및 래커와 유기용제가 혼합된 것으로서 페인트 및 래커 제조업, 용적 5세제곱미터 이상 또는 동력 3마력 이상의 도장시설, 폐기물을 재활용하는 시설에서 발생되는 것

  나. 페인트 보관용기에 남아 있는 페인트를 제거하기 위하여 유기용제와 혼합한 것

  다. 폐페인트 용기(용기 안에 남아 있는 페인트가 건조되어 있고, 그 잔존량이 용기 바닥에서 6밀리미터를 넘지 아니하는 것은 제외한다)

6. 폐유[기름성분을 5퍼센트 이상 함유한 것을 포함하며, 폴리클로리네이티드비페닐(PCBs)함유 폐기물, 폐식용유와 그 잔재물, 폐흡착제 및 폐흡수제는 제외한다]

7. 폐석면

  가. 건조고형물의 함량을 기준으로 하여 석면이 1퍼센트 이상 함유된 제품·설비(뿜칠로 사용된 것은 포함된다) 등의 해체·제거 시 발생되는 것

나. 슬레이트 등 고형화된 석면 제품 등의 연마·절단·가공 공정에서 발생된 부스러기 및 연마·절단·가공 시설의 집진기에서 모아진 분진

다. 석면의 제거작업에 사용된 바닥비닐시트(뿜칠로 사용된 석면의 해체·제거작업에 사용된 경우에는 모든 비닐시트)·방진마스크·작업복 등

8. 폴리클로리네이티드비페닐 함유 폐기물

   가. 액체상태의 것(1리터당 2밀리그램 이상 함유한 것으로 한정한다)

   나. 액체상태 외의 것(용출액 1리터당 0.003밀리그램 이상 함유한 것으로 한정한다)

9. 폐유독물질[「화학물질관리법」에 따른 인체급성유해성물질, 인체만성유해성물질, 생태유해성물질, 허가물질, 제한물질, 금지물질 및 사고대비물질을 폐기하는 경우로 한정하되, 폐농약(농약의 제조·판매업소에서 발생되는 것으로 한정한다), 부식성 폐기물, 폐유기용제, 폴리클로리네이티드비페닐 함유 폐기물 및 수은폐기물은 제외한다]

10. 의료폐기물(환경부령으로 정하는 의료기관이나 시험·검사 기관 등에서 발생되는 것으로 한정한다)

10의2. 천연방사성제품폐기물[「생활주변방사선 안전관리법」에 따른 가공제품 중 같은 법 안전기준에 적합하지 않은 제품으로서 방사능 농도가 그램당 10베크렐 미만인 폐기물을 말한다. 이 경우 가공제품으로부터 천연방사성핵종을 포함하지 않은 부분을 분리할 수 있는 때에는 그 부분을 제외한다]

11. 수은폐기물

    가. 수은함유폐기물[수은과 그 화합물을 함유한 폐램프(폐형광등은 제외한다), 폐계측기기(온도계, 혈압계, 체온계 등), 폐전지 및 그 밖의 환경부장관이 고시하는 폐제품을 말한다]

    나. 수은구성폐기물(수은함유폐기물로부터 분리한 수은 및 그 화합물로 한정한다)

    다. 수은함유폐기물 처리잔재물(수은함유폐기물을 처리하는 과정에서 발생되는 것과 폐형광등을 재활용하는 과정에서 발생되는 것을 포함하되, 「환경분야 시험·검사 등에 관한 법률」에 따라 환경부장관이 고시한 폐기물 분야에 대한 환경오염공정시험기준에 따른 용출시험 결과 용출액 1리터당 0.005밀리그램 이상의 수은 및 그 화합물이 함유된 것으로 한정한다)

12. 그 밖에 주변환경을 오염시킬 수 있는 유해한 물질로서 환경부장관이 정하여 고시하는 물질

■ 지정폐기물에 함유된 유해물질(규칙 제2조 : 별표 1)

– 오니류·폐흡착제 및 폐흡수제에 함유된 유해물질

① 납 또는 그 화합물　　　　　　　② 구리 또는 그 화합물
③ 비소 또는 그 화합물　　　　　　④ 수은 또는 그 화합물

⑤ 카드뮴 또는 그 화합물　　⑥ 6가크롬 화합물
⑦ 시안화합물　　　　　　　⑧ 유기인화합물
⑨ 테트라클로로에틸렌　　　⑩ 트리클로로에틸렌
⑪ 기름성분　　　　　　　　⑫ 그 밖에 환경부장관이 정하여 고시하는 물질

■ 의료폐기물 발생 의료기관 및 시험·검사기관 등(규칙 제2조 : 별표 3) *중요내용*
  – 환경부령으로 정하는 의료기관이나 시험·검사기관

> 1. 「의료법」에 따른 의료기관
> 2. 「지역보건법」에 따른 보건소 및 보건지소
> 3. 「농어촌 등 보건의료를 위한 특별조치법」에 따른 보건진료소
> 4. 「혈액관리법」에 혈액원
> 5. 「검역법」에 따른 검역소 및 「가축전염병예방법」에 따른 동물검역기관
> 6. 「수의사법」에 따른 동물병원
> 7. 국가나 지방자치단체의 시험·연구기관(의학·치과의학·한의학·약학 및 수의학에 관한 기관을 말한다)
> 8. 대학·산업대학·전문대학 및 그 부속시험·연구기관(의학·치과의학·한의학·약학 및 수의학에 관한 기관을 말한다)
> 9. 학술연구나 제품의 제조·발명에 관한 시험·연구를 하는 연구소(의학·치과의학·한의학·약학 및 수의학에 관한 연구소를 말한다)
> 10. 「장사 등에 관한 법률」에 따른 장례식장
> 11. 「형의 집행 및 수용자의 처우에 관한 법률」의 교도소·소년교도소·구치소 등에 설치된 의무시설
> 12. 「의료법」에 따라 설치된 기업체의 부속 의료기관으로서 면적이 100제곱미터 이상인 의무시설
> 13. 「국군의무사령부령」에 따라 사단급 이상 군부대에 설치된 의무시설
> 14. 「노인복지법」에 따른 노인요양시설
> 15. 의료폐기물 중 태반을 대상으로 법 제25조 제5항 제5호부터 제7호까지의 규정 중 어느 하나에 해당하는 폐기물 재활용업의 허가를 받은 사업장
> 16. 「인체조직 안전 및 관리 등에 관한 법률」에 따른 조직은행
> 17. 「지방소방기관 설치에 관한 규정」에 따른 소방서, 119안전센터, 119구급대 및 119구조구급센터
> 18. 그 밖에 환경부장관이 정하여 고시하는 기관

## ■ 의료폐기물의 종류(영 제4조 : 별표 2) 〈중요내용〉

1. 격리의료폐기물
   「전염병예방 및 관리에 관한 법률」에 따른 전염병으로부터 타인을 보호하기 위하여 격리된 사람에 대한 의료행위에서 발생한 일체의 폐기물
2. 위해의료폐기물
   가. 조직물류폐기물 : 인체 또는 동물의 조직·장기·기관·신체의 일부, 동물의 사체, 혈액·고름 및 혈액생성물(혈청, 혈장, 혈액제제)
   나. 병리계폐기물 : 시험·검사 등에 사용된 배양액, 배양용기, 보관균주, 폐시험관, 슬라이드, 커버글라스, 폐배지, 폐장갑
   다. 손상성폐기물 : 주사바늘, 봉합바늘, 수술용 칼날, 한방침, 치과용침, 파손된 유리재질의 시험기구
   라. 생물·화학폐기물 : 폐백신, 폐항암제, 폐화학치료제
   마. 혈액오염폐기물 : 폐혈액백, 혈액투석 시 사용된 폐기물, 그 밖에 혈액이 유출될 정도로 포함되어 있어 특별한 관리가 필요한 폐기물
3. 일반의료폐기물
   가. 혈액이 함유되어 있는 탈지면, 붕대, 거즈, 일회용 기저귀, 생리대, 일회용 주사기 또는 수액세트
   나. 혈액이 함유되지 않은 다음의 폐기물. 다만, 「국민건강보험법」에 따른 건강검진 또는 환경부령으로 정하는 검진에서 발생한 것은 제외한다.
      1) 체액
      2) 분비물
      3) 체액·분비물·배설물이 함유되어 있는 탈지면, 붕대, 거즈, 일회용 기저귀, 생리대, 일회용 주사기 또는 수액세트

비고 : 1. 의료폐기물이 아닌 폐기물로서 의료폐기물과 혼합되거나 접촉된 폐기물은 혼합되거나 접촉된 의료폐기물과 같은 폐기물로 본다.
2. 채혈진단에 사용된 혈액이 담긴 검사튜브, 용기 등은 제2호 가목의 조직물류폐기물로 본다.
3. 감염병환자, 감염병의사환자 또는 병원체보유자가 사용한 일회용 기저귀. 다만, 일회용 기저귀를 매개로 한 전염 가능성이 낮다고 판단되는 감염병으로서 환경부장관이 고시하는 감염병 관련 감염병환자 등이 사용한 일회용 기저귀는 제외한다.

## ■ 폐기물의 종류별 세부분류(규칙 제4조의2 : 별표 4)

(1) 지정폐기물의 세부분류 및 분류번호
    01 특정시설에서 발생하는 폐기물
        01-01 폐합성고분자화합물      01-02 오니류       01-03 폐농약

02 부식성폐기물  03 유해물질 함유 폐기물
04 폐유기용제  05 폐페인트 및 폐래커
06 폐유  07 폐석면
08 폴리클로리네이티드비페닐 함유 폐기물  09 폐유독물질
10 의료폐기물  11 수은폐기물
12-00-00 천연방사성제품폐기물

(2) 사업장일반폐기물의 세부분류 및 분류번호
51-01 유기성오니류  51-02 무기성오니류
51-03 폐합성고분자화합물  51-04 광재류
51-05 분진류(소각시설발생분진제외)  51-06 폐주물사및 폐사
51-07 폐내화물 및 폐도자기 조각  51-08 소각재
51-09 안정화 또는 고형화·고화 처리물  51-10 폐촉매
51-11 폐흡착제 및 폐흡수제  51-12 폐석고 및 폐석회

## ■ 에너지 회수기준(규칙 제3조)

① 환경부령으로 정하는 활동 *중요내용*

1. 가연성 고형폐기물로부터 다음 각 목에 따른 기준에 맞게 에너지를 회수하는 활동
   가. 다른 물질과 혼합하지 아니하고 해당 폐기물의 저위발열량이 킬로그램당 3천 킬로칼로리 이상일 것
   나. 에너지의 회수효율(회수에너지 총량을 투입에너지 총량으로 나눈 비율을 말한다)이 75퍼센트 이상일 것
   다. 회수열을 모두 열원, 전기 등의 형태로 스스로 이용하거나 다른 사람에게 공급할 것
   라. 환경부장관이 정하여 고시하는 경우에는 폐기물의 30퍼센트 이상을 원료나 재료로 재활용하고 그 나머지 중에서 에너지의 회수에 이용할 것

2. 폐기물을 에너지를 회수할 수 있는 상태로 만드는 활동으로서 다음 각 목의 어느 하나에 해당하는 활동
   가. 가연성 폐기물을 「자원의 절약과 재활용촉진에 관한 법률 시행규칙」에서 정한 기준에 적합한 고형연료제품으로 만드는 활동
   나. 폐기물을 혐기성 소화, 정제, 유화 등의 방법으로 에너지를 회수할 수 있는 상태로 만드는 활동

3. 다음 각 목의 어느 하나에 해당하는 폐기물(지정폐기물은 제외한다)을 시멘트 소성로 및 환경부장관이 정하여 고시하는 시설에서 연료로 사용하는 활동
   가. 폐타이어
   나. 폐섬유

다. 폐목재
라. 폐합성수지
마. 폐합성고무
바. 분진(중유회, 코크스 분진만 해당한다)
사. 그 밖에 환경부장관이 정하여 고시하는 폐기물
② 에너지회수기준의 측정방법 등은 환경부장관이 정하여 고시한다.
③ 에너지 회수기준 측정기관 *중요내용*
1. 한국환경공단
2. 한국기계연구원 및 한국에너지기술연구원
3. 한국산업기술시험원
4. 국가표준기본법에 따라 인정받은 시험·검사기관 중 환경부장관이 지정하는 기관

## ■ 폐기물처리시설의 종류(영 제5조 : 별표 3) *중요내용*

1. 중간처분시설
    가. 소각시설
        1) 일반 소각시설
        2) 고온 소각시설
        3) 열 분해시설
        4) 고온 용융시설
        5) 열처리 조합시설[1)에서 4)까지의 시설 중 둘 이상의 시설이 조합된 시설]
    나. 기계적 처분시설
        1) 압축시설(동력 7.5kW 이상인 시설로 한정한다)
        2) 파쇄·분쇄시설(동력 15kW 이상인 시설로 한정한다)
        3) 절단시설(동력 7.5kW 이상인 시설로 한정한다)
        4) 용융시설(동력 7.5kW 이상인 시설로 한정한다)
        5) 증발·농축시설
        6) 정제시설(분리·증류·추출·여과 등의 시설을 이용하여 폐기물을 처분하는 단위시설을 포함한다)
        7) 유수 분리시설
        8) 탈수·건조 시설
        9) 멸균분쇄 시설
    다. 화학적 처분시설
        1) 고형화·고화·안정화 시설
        2) 반응시설(중화·산화·환원·중합·축합·치환 등의 화학반응을 이용하여 폐기물을 처분하는 단위시설을 포함한다)
        3) 응집·침전 시설

라. 생물학적 처분시설
  1) 소멸화 시설(1일 처분능력 100킬로그램 이상인 시설로 한정한다)
  2) 호기성·혐기성 분해시설
마. 그 밖에 환경부장관이 폐기물을 안전하게 중간처분할 수 있다고 인정하여 고시하는 시설

2. 최종 처분시설
  가. 매립시설
    1) 차단형 매립시설
    2) 관리형 매립시설(침출수 처리시설, 가스 소각·발전·연료화 시설 등 부대시설을 포함한다)
  나. 그 밖에 환경부장관이 폐기물을 안전하게 최종처분할 수 있다고 인정하여 고시하는 시설

3. 재활용시설
  가. 기계적 재활용시설
    1) 압축·압출·성형·주조시설(동력 7.5kW 이상인 시설로 한정한다)
    2) 파쇄·분쇄·탈피 시설(동력 15kW 이상인 시설로 한정한다)
    3) 절단시설(동력 7.5kW 이상인 시설로 한정한다)
    4) 용융·용해시설(동력 7.5kW 이상인 시설로 한정한다)
    5) 연료화시설
    6) 증발·농축 시설
    7) 정제시설(분리·증류·추출·여과 등의 시설을 이용하여 폐기물을 재활용하는 단위시설을 포함한다)
    8) 유수 분리 시설
    9) 탈수·건조 시설
    10) 세척시설(철도용 폐목재 받침목을 재활용하는 경우로 한정한다)
  나. 화학적 재활용시설
    1) 고형화·고화 시설
    2) 반응시설(중화·산화·환원·중합·축합·치환 등의 화학반응을 이용하여 폐기물을 재활용하는 단위시설을 포함한다)
    3) 응집·침전 시설
    4) 열분해시설(가스화시설을 포함한다)
  다. 생물학적 재활용시설
    1) 1일 재활용능력이 100킬로그램 이상인 다음의 시설
      가) 부숙(썩혀서 익히는 것)시설(미생물을 이용하여 유기물질을 발효하는 등의 과정을 거쳐 제품의 원료 등을 만드는 시설을 말한다. 이하 같다). 다만, 1일 재활용능력이 100킬로그램 이상 200킬로그램 미만인 음식물류 폐기물 부숙시설은 제외한다.

　　　　　　나) 사료화 시설(건조에 의한 사료화 시설을 포함한다)
　　　　　　다) 퇴비화 시설(건조에 의한 퇴비화 시설, 지렁이분변토 생산시설 및 생석회 처리
　　　　　　　　시설을 포함한다)
　　　　　　라) 동애등에분변토 생산시설
　　　　　　마) 부숙토 생산시설
　　　　　2) 호기성·혐기성 분해시설
　　　　　3) 버섯재배시설
　　　라. 시멘트 소성로
　　　마. 용해로(폐기물에서 비철금속을 추출하는 경우로 한정한다)
　　　바. 소성(시멘트 소성로는 제외한다)·탄화시설
　　　사. 골재가공시설
　　　아. 의약품 제조시설
　　　자. 소각열회수시설(시간당 재활용능력이 200킬로그램 이상인 시설로서 에너지를 회수하
　　　　기 위하여 설치하는 시설만 해당한다)
　　　차. 수은회수시설
　　　카. 선별시설(재활용이 가능한 폐기물을 선별하는 시설을 말한다.)

■ 폐기물 감량화시설의 종류(영 제6조 : 별표 4) *중요내용

① 공정 개선시설
② 폐기물 재이용시설
③ 폐기물 재활용시설
④ 그 밖의 폐기물 감량화시설

■ 적용범위(법 제3조) *중요내용
　– 폐기물관리법을 적용하지 않는 해당물질

① 「원자력안전법」에 따른 방사성 물질과 이로 인하여 오염된 물질
② 용기에 들어 있지 아니한 기체상태의 물질
③ 「물환경보전법」에 따른 수질 오염 방지시설에 유입되거나 공공 수역으로 배출되는 폐수
④ 「가축분뇨의 관리 및 이용에 관한 법률」에 따른 가축분뇨
⑤ 「하수도법」에 따른 하수·분뇨
⑥ 「가축전염병예방법」이 적용되는 가축의 사체, 오염 물건, 수입 금지 물건 및 검역 불합격품
⑦ 「수산생물질병 관리법」에 적용되는 수산동물의 사체, 오염된 시설 또는 물건, 수입금지물건
　 및 검역 불합격품
⑧ 「군수품관리법」에 따라 폐기되는 탄약
⑨ 「동물보호법」에 따른 동물장묘업의 등록을 한 자가 설치·운영하는 동물장묘시설에서 처리되

는 동물의 사체
⑩ 「수산부산물 재활용 촉진에 관한 법률」에 따른 수산부산물이 다른 폐기물과 혼합된 경우에는 이 법을 적용하고, 다른 폐기물과 혼합되지 않아 수산부산물만 배출·수집·운반·재활용하는 경우에는 이 법을 적용하지 아니한다.

### ■ 폐기물관리의 기본원칙(법 제3조의2) *중요내용

① 사업자는 제품의 생산방식 등을 개선하여 폐기물의 발생을 최대한 억제하고, 발생한 폐기물을 스스로 재활용함으로써 폐기물의 배출을 최소화하여야 한다.
② 누구든지 폐기물을 배출하는 경우에는 주변 환경이나 주민의 건강에 위해를 끼치지 아니하도록 사전에 적절한 조치를 하여야 한다.
③ 폐기물은 그 처리과정에서 양과 유해성을 줄이도록 하는 등 환경보전과 국민건강보호에 적합하게 처리되어야 한다.
④ 폐기물로 인하여 환경오염을 일으킨 자는 오염된 환경을 복원할 책임을 지며, 오염으로 인한 피해의 구제에 드는 비용을 부담하여야 한다.
⑤ 국내에서 발생한 폐기물은 가능하면 국내에서 처리되어야 하고, 폐기물의 수입은 되도록 억제되어야 한다.
⑥ 폐기물은 소각, 매립 등의 처분을 하기보다는 우선적으로 재활용함으로써 자원생산성의 향상에 이바지하도록 하여야 한다.

### ■ 국가와 지방자치단체의 책무(법 제4조)

① 특별자치시장, 특별자치도지사, 시장·군수·구청장(자치구의 구청장을 말한다. 이하 같다)은 관할 구역의 폐기물의 배출 및 처리상황을 파악하여 폐기물이 적정하게 처리될 수 있도록 폐기물처리시설을 설치·운영하여야 하며, 폐기물의 처리방법의 개선 및 관계인의 자질 향상으로 폐기물 처리사업을 능률적으로 수행하는 한편, 주민과 사업자의 청소 의식 함양과 폐기물 발생 억제를 위하여 노력하여야 한다.
② 특별시장·광역시장·도지사는 시장·군수·구청장이 제1항에 따른 책무를 충실하게 하도록 기술적·재정적 지원을 하고, 그 관할 구역의 폐기물 처리사업에 대한 조정을 하여야 한다.
③ 국가는 지정폐기물의 배출 및 처리 상황을 파악하고 지정폐기물이 적정하게 처리되도록 필요한 조치를 마련하여야 한다.
④ 국가는 폐기물 처리에 대한 기술을 연구·개발·지원하고, 특별시장·광역시장·특별자치시장·도지사·특별자치도지사 및 시장·군수·구청장이 제1항과 제2항에 따른 책무를 충실하게 하도록 필요한 기술적·재정적 지원을 하며, 특별시·광역시·특별자치시·도·특별자치도 간의 폐기물 처리사업에 대한 조정을 하여야 한다.

■ 광역 폐기물처리시설의 설치·운영의 위탁자(규칙 제5조) *중요내용

① 한국환경공단
①의2. 수도권매립지관리공사
② 지방자치단체조합으로서 폐기물의 광역처리를 위하여 설립된 조합
③ 해당 광역 폐기물처리시설을 시공한 자(그 시설의 운영을 위탁하는 경우에만 해당한다)
④ 별표 4의4 기준에 맞는 자

■ 폐기물처리시설의 설치·운영을 위탁받을 수 있는 자의 기준(규칙 제5조 : 별표 4의4) *중요내용

폐기물 처분시설 또는 재활용시설별로 다음 각 호의 구분에 따른 기술인력을 보유하여야 한다.
1. 소각시설 *중요내용
   가. 폐기물처리기술사 1명
   나. 폐기물처리기사 또는 대기환경기사 1명
   다. 일반기계기사 1급 1명
   라. 시공분야에서 2년 이상 근무한 자 2명(폐기물 처분시설의 설치를 위탁받으려는 경우에만 해당한다)
   마. 1일 50톤 이상의 폐기물소각시설에서 천정크레인을 1년 이상 운전한 자 1명과 천정크레인 외의 처분시설의 운전분야에서 2년 이상 근무한 자 2명(폐기물 처분시설의 운영을 위탁받으려는 경우에만 해당한다)
2. 매립시설
   가. 폐기물처리기술사 1명
   나. 폐기물처리기사 또는 수질환경기사 중 1명
   다. 토목기사 1급 1명
   라. 매립시설(9,900제곱미터 이상의 지정폐기물 또는 33,000제곱미터 이상의 생활폐기물)에서 2년 이상 근무한 자 2명
3. 음식물류 폐기물 처분시설 또는 재활용시설
   가. 폐기물처리기사 1명
   나. 수질환경기사 또는 대기환경기사 1명
   다. 기계정비산업기사 1명
   라. 1일 50톤 이상의 음식물류 폐기물 처분시설 또는 재활용시설(위탁대상시설과 같은 종류의 시설만 해당한다)의 시공분야에서 2년 이상 근무한 자 2명(폐기물 처분시설 또는 재활용시설의 설치를 위탁받으려는 경우에만 해당한다)
   마. 1일 50톤 이상의 음식물류 폐기물 처분시설 또는 재활용시설(위탁대상시설과 같은 종류의 시설만 해당한다)의 운전분야에서 2년 이상 근무한 자 2명(폐기물 처분시설 또는 재활용시설의 운영을 위탁받으려는 경우에만 해당한다)

■ **생활폐기물의 발생지 처리(법 제5조의2)**
① 특별자치시장, 특별자치도지사, 시장·군수·구청장은 관할 구역에서 발생한 생활폐기물을 관할 구역 내 폐기물처리시설 또는 관할 구역을 대상 지역으로 하는 광역 폐기물처리시설에서 처리하도록 필요한 조치를 하여야 한다.
② 특별자치시장, 특별자치도지사, 시장·군수·구청장은 제1항의 조치에도 불구하고 관할 구역에서 발생한 생활폐기물을 모두 처리할 수 없을 때에는 관할 구역 외의 특별자치시장, 특별자치도지사, 시장·군수·구청장과 협의하여 해당 지방자치단체의 관할 구역으로 생활폐기물을 반출하여 처리할 수 있다.

■ **반입협력금의 징수(법 제5조의3)**
① 환경부령으로 정하는 생활폐기물을 반입하여 처리한 특별자치시장, 특별자치도지사, 시장·군수·구청장은 해당 생활폐기물을 반출한 특별자치시장, 특별자치도지사, 시장·군수·구청장으로부터 해당 생활폐기물의 반입량을 고려하여 산정한 금액(이하 "반입협력금"이라 한다)을 징수할 수 있다. 이 경우「폐기물처리시설 설치촉진 및 주변지역지원 등에 관한 법률」에 따른 가산금은 징수한 것으로 본다.
② 반입협력금은 환경부령으로 정하는 범위에서 제1항에 따라 생활폐기물을 반입하여 처리하는 지방자치단체의 조례로 정한다.
③ 반입협력금은 다음 각 호의 용도로 사용하여야 한다.
   1. 폐기물처리시설 주변 지역의 환경개선과 주민 지원
   2. 폐기물처리시설의 설치·운영 및 개선
   3. 폐기물의 발생 억제 및 적정 처리 방법에 관한 연구·개발
   4. 그 밖에 폐기물의 발생 억제 및 적정 처리를 위하여 환경부령으로 정하는 사업

■ **폐기물처리시설 반입수수료(법 제6조)** *중요내용*
반입수수료의 금액은 징수기관이 국가이면 환경부령으로, 지방자치단체이면 조례로 정한다.

■ **폐기물처리시설 반입수수료 결정 시 고려하는 경비(규칙 제6조)** *중요내용*
① 폐기물처리시설의 설치비와 운영비를 고려하여 폐기물의 종류별로 산정한 폐기물의 처리에 드는 적정 경비
② 폐기물처리시설의 설치·운영자가 폐기물을 직접 수집·운반하는 경우에는 그 수집·운반에 드는 경비
③ 그 밖에 폐기물처리시설의 주변지역 주민에 대한 최소한의 지원에 드는 경비

## ■ 국민의 책무(법 제7조)

모든 국민은 자연환경과 생활환경을 청결히 유지하고, 폐기물의 감량화(감량화)와 자원화를 위하여 노력하여야 한다.

## ■ 폐기물의 처리기준(법 제13조)

① 누구든지 폐기물을 처리하려는 자는 대통령령으로 정하는 기준과 방법을 따라야 한다. 다만, 폐기물의 재활용 원칙 및 준수사항에 따라 재활용을 하기 쉬운 상태로 만든 폐기물에 대하여는 완화된 처리기준과 방법을 대통령령으로 따로 정할 수 있다.
② 의료폐기물은 검사를 받아 합격한 의료폐기물 전용용기만을 사용하여 처리하여야 한다.

## ■ 폐기물 처리기준(영 제7조) – 폐기물 처리기준 및 방법

① 폐기물의 종류와 성질·상태별로 재활용 가능성 여부, 가연성이나 불연성 여부 등에 따라 구분하여 수집·운반·보관할 것. 다만, 의료폐기물이 아닌 폐기물로서 다음 각 목의 어느 하나에 해당하는 경우에는 그러하지 아니하다.
   가. 처리기준과 방법이 같은 폐기물로서 같은 폐기물 처분시설 또는 재활용시설이나 장소에서 처리하는 경우
   나. 폐기물의 발생 당시 두 종류 이상의 폐기물이 혼합되어 발생된 경우
   다. 특별자치시, 특별자치도 또는 시(특별시와 광역시는 제외한다. 이하 같다)·군·구(자치구를 말한다. 이하 같다)의 분리수집 계획 또는 지역적 여건 등을 고려하여 특별자치시·특별자치도 또는 시·군·구의 조례에 따라 그 구분을 다르게 정하는 경우
② 폐기물은 폐기물 처분시설 또는 재활용시설에서 처리할 것. 다만, 생활폐기물 배출자가 법 제15조 제1항에 따라 처리하는 경우 및 폐기물을 환경부령으로 정하는 바에 따라 생활환경 보전상 지장이 없는 방법으로 적정하게 처리하는 경우에는 그러하지 아니하다.
③ 폐기물처리신고를 한 자와 광역 폐기물처리시설·운영자는 환경부령으로 정하는 기간 이내에 처리할 것
④ 분진·소각재·오니류 중 지정폐기물이 아닌 고체상태의 폐기물로서 수소이온 농도지수가 12.5 이상이거나 2.0 이하인 것을 매립처분하는 경우 관리형 매립시설의 차수시설과 침출수 처리시설의 성능에 지장을 초래하지 아니하도록 중화 등의 방법으로 중간처분한 후 매립할 것

## ■ 폐기물의 재활용 준수사항(영 제7조의2 : 별표 4의2)

폐기물(환경부장관이 정하여 고시하는 종류에 해당하는 폐기물 또는 환경부장관이 정하여 고시하는 업종에서 배출되는 폐기물로 한정한다)을 재활용하려는 자는 다음 각 목에 따른 폐기물의 유해특성을 물리 · 화학적인 방법, 생물학적인 방법 등을 이용해 제거하거나 안정화해야 한다. 다만, 재활용하려는 폐기물이 다음 각 목에 따른 폐기물의 유해특성 중 두 가지 이상의 유해특성에 해당하는 경우에는 각각의 유해특성을 고려하여 모두 제거하거나 안정화해야 한다.
가. 폭발성                  나. 인화성
다. 자연발화성              라. 금수성(禁水性)
마. 산화성                  바. 용출독성
사. 감염성                  아. 부식성
자. 생태독성

## ■ 재활용이 금지되거나 제한되는 폐기물(영 제7조의3 : 별표 4의3)

1. 다음 각 목의 어느 하나에 해당하는 물질 중 폐기되는 물질
   가. 「산업안전보건법」에 따라 제조 등이 금지된 물질
   나. 「화학물질의 등록 및 평가 등에 관한 법률」에 따라 금지물질로 지정 · 고시된 물질
   다. 「화학물질의 등록 및 평가 등에 관한 법률」에 따라 제한물질로 지정 · 고시된 물질
2. 폐농약(「농약관리법」에 따른 농약 중 폐기되는 것을 말한다)
3. 폐의약품(「약사법」에 따른 의약품 중 폐기되는 것을 말한다)
4. 의료폐기물을 멸균 · 분쇄한 잔재물
5. 폐기물의 재활용 유형에 관한 세부분류에 해당하지 않는 유형으로 재활용하려는 폐기물(재활용환경성평가를 받아 재활용하는 경우는 제외한다)
6. 천연방사성제품폐기물(「생활주변방사선 안전관리법」에 따른 조치를 이행할 제조업자가 없는 제품의 폐기물을 포함한다) 및 천연방사성제품폐기물 소각재(「생활주변방사선 안전관리법」에 따른 조치를 이행할 제조업자가 없는 제품의 폐기물 소각재를 포함한다)
7. 그 밖에 환경부장관이 재활용하는 경우 사람의 건강이나 환경에 위해를 줄 수 있는 우려가 있다고 인정하여 고시하는 폐기물

## ■ 폐기물 수집 · 운반업자 등의 운반기준(규칙 제9조)

① "환경부령으로 정하는 장소로 운반하는 경우"란 적재능력이 작은 차량으로 폐기물을 수집하여 적재능력이 큰 차량으로 옮겨 싣기 위하여 특별시장 · 광역시장 · 특별자치시장 · 도지사 및 특별자치도지사(이하 "시 · 도지사"라 한다) 또는 유역환경청장 · 지방환경청장(이하 "지

방환경관서의 장"이라 한다)으로부터 승인받은 장소(이하 "임시보관장소"라 한다)로 운반하는 경우를 말한다.

② "환경부령으로 정하는 자"란 다음 각 호의 자를 말한다.
1. 폐타이어를 수집·운반하는 자
2. 폐가전제품을 분리·해체하지 아니하고 그대로 수집·운반하는 자
3. 폐식용유를 수집·운반하는 자
4. 동·식물성 잔재물 중 동물성 잔재물과 커피찌꺼기에 해당하는 식물성 잔재물을 수집·운반하는 자
   가. 1회용 컵을 수집·운반하는 자
   나. 어업·양식업용 폐합성수지(이하 "어업·양식업용 폐합성수지"라 한다)를 수집·운반하는 자
5. 그 밖에 폐기물의 원활한 처리를 위하여 환경부장관이 임시보관장소가 필요하다고 인정하여 고시하는 자

③ 시·도지사 또는 지방환경관서의 장이 임시보관장소를 승인하는 경우에는 다음 각 호의 기준에 맞도록 하여야 한다.
1. 법 제25조 제5항 제1호에 해당하는 폐기물 수집·운반업의 허가를 받은 자(이하 "폐기물 수집·운반업자"라 한다) 또는 제2항 각 호의 자(이하 이 조에서 "폐기물 수집·운반업자 등"이라 한다)당 특별시·광역시·특별자치시·도 및 특별자치도(이하 "시·도"라 한다)별로 1개소로 제한할 것
2. 임시보관장소에서 보관할 수 있는 허용량 및 기간은 다음 각 목의 범위로 할 것
   가. 폐기물 수집·운반업자 : 양 및 기간 이내일 것
   나. 제2항 각 호의 자
      1) 허용량 : 중량이 30톤 이하이고 용적이 300세제곱미터 이하일 것
      2) 기간 : 5일 이내일 것

④ 승인을 받으려는 자는 별지 서식의 폐기물 수집·운반업자 등의 임시보관장소 설치승인신청서에 다음 각 호의 서류를 첨부하여 임시보관장소 설치예정지를 관할하는 시·도지사 또는 지방환경관서의 장에게 제출하여야 하며, 시·도지사 또는 지방환경관서의 장은 임시보관장소의 설치를 승인하였을 때에는 서식의 폐기물 수집·운반업자 등의 임시보관장소 설치승인서를 신청인에게 내주어야 한다.
1. 폐기물의 수집·운반 계획서
2. 보관장소의 규모를 확인할 수 있는 서류
3. 보관장소에 보관할 수 있는 폐기물의 양과 그 산출근거를 확인할 수 있는 서류
4. 폐기물의 보관과 관련하여 예상되는 환경오염에 대한 대책
5. 해당 토지나 건축물 등에 대한 적법한 사용권이 있음을 확인할 수 있는 서류

⑤ 승인받은 자는 다음 각 호의 사유로 승인받은 사항을 변경하려면 미리 별지 서식의 폐기물 수

집·운반업자 등의 임시보관장소 변경승인신청서에 설치승인서와 변경내용을 증명하는 서류를 첨부하여 승인받은 시·도지사 또는 지방환경관서의 장에게 제출하여야 하며, 시·도지사 또는 지방환경관서의 장은 임시보관장소의 변경승인을 하면 별지 서식의 폐기물 수집·운반업자 등의 임시보관장소 설치승인서에 변경사항을 적어 신청인에게 내주어야 한다.
1. 임시보관장소 소재지의 변경(승인받은 행정기관의 관할구역 안에서의 소재지 변경만 해당한다)
2. 보관대상 폐기물 종류의 변경
3. 승인받은 허용량의 변경
⑥ 임시보관장소를 승인하거나 변경승인한 시·도지사 또는 지방환경관서의 장은 승인하거나 변경승인한 내용을 즉시 해당 수집·운반업의 허가기관이나 폐기물처리 신고기관에 알려야 한다.

## ■ 폐기물처리사업장 외의 장소에서의 폐기물 보관시설 기준(규칙 제11조)
### - 환경부령으로 정하는 경우
① 폐기물 재활용업의 허가를 받은 자(이하 "폐기물 재활용업자"라 한다)가 시·도지사로부터 승인받은 임시보관시설에 폐전주(폐전주를 철거할 때 발생하는 폐애자·폐근가 및 폐합성수지제 커버류 등을 포함한다. 이하 같다)를 보관하는 경우. 이 경우 시·도지사는 임시보관시설을 승인할 때에 다음 각 목의 기준을 따라야 한다.
   가. 전주의 철거공사현장과 그 폐전주 재활용시설이 있는 사업장의 거리가 50킬로미터 이상일 것
   나. 임시보관시설에서의 폐전주 보관 허용량은 50톤(12월부터 다음 해 2월까지 보관하는 경우에는 100톤) 미만일 것  *중요내용*
   다. 폐합성수지제 커버류는 별도로 보관할 것
② 폐기물 재활용업자가 시·도지사로부터 승인받은 임시보관시설에 태반을 보관하는 경우. 이 경우 시·도지사는 임시보관시설을 승인할 때에 다음 각 목의 기준을 따라야 한다.
   가. 폐기물 재활용업자는 「약사법」에 따른 의약품제조업 허가를 받은 자일 것
   나. 태반의 배출장소와 그 태반 재활용시설이 있는 사업장의 거리가 100킬로미터 이상일 것
   다. 임시보관시설에서의 태반 보관 허용량은 5톤 미만일 것  *중요내용*
   라. 임시보관시설에서의 태반 보관 기간은 태반이 임시보관시설에 도착한 날부터 5일 이내일 것

## ■ 폐기물재활용 신고자와 광역 폐기물처리시설 설치·운영자의 폐기물처리기간(규칙 제12조) *중요내용*

"환경부령으로 정하는 기간"이란 30일을 말한다. 다만, 폐기물처리 신고자가 고철을 재활용하는 경우에는 60일을 말한다.

■ 폐기물의 처리에 관한 구체적인 기준 및 방법(규칙 제14조 : 별표 5)

1. 생활폐기물의 기준 및 방법
    가. 공통사항
        생활폐기물은 특별자치도지사 또는 시장·군수·구청장 또는 생활폐기물의 처리를 대행하는 자, 폐기물처리 신고를 한 자(수집·운반 또는 재활용으로 한정한다)가 이를 처리하여야 한다. 다만, 생활폐기물 중 일련의 공사·작업 등으로 인하여 5톤 미만으로 발생되는 폐기물(이하 "공사장 생활폐기물"이라 한다)을 배출하는 자(최초로 공사의 전부를 도급받은 자를 포함한다)는 특별자치시, 특별자치도 또는 시·군·구의 조례에서 정하는 바에 따라 그 폐기물의 처리를 대행하는 자나 폐기물 처분시설 또는 재활용시설의 설치·운영자에게 운반할 수 있다.
    나. 처리의 경우
        1) 재활용이 가능한 폐기물은 재활용하여야 한다.
        2) 매립되는 생활폐기물로 인하여 매립층 안에 공간이 생길 수 있는 건설폐재류·폐합성고분자화합물 및 폐고무류(가연성은 제외한다)에 해당하는 생활폐기물은 매립시 공간이 최소화되도록 해체·압축·파쇄·절단 또는 용융한 후 매립하여야 하며, 오니의 경우에는 탈수·건조 등에 의하여 수분함량 85퍼센트 이하로 사전처리를 한 후에 매립하여야 한다. *중요내용*

2. 음식물류 폐기물의 기준 및 방법
    가. 처리의 경우
        음식물류 폐기물을 스스로 감량하는 자는 단독이나 공동으로 다음의 어느 하나에 해당하는 방법으로 감량하여야 하며, 감량된 음식물류 폐기물은 재활용하여야 한다.
        1) 가열에 의한 건조의 방법으로 부산물의 수분함량을 25퍼센트 미만으로 감량하여야 한다. *중요내용*
        2) 발효 또는 발효건조에 따라 퇴비화·사료화 또는 소멸화하여 부산물의 수분함량을 40퍼센트 미만으로 하여야 한다.

3. 사업장일반폐기물의 기준 및 방법
    가. 보관의 경우
        1) 사업장일반폐기물배출자는 그의 사업장에서 발생하는 폐기물을 보관이 시작되는 날부터 90일(중간가공 폐기물의 경우는 120일을 말한다)을 초과하여 보관하여서는 아니 된다. 다만, 다음의 어느 하나에 해당하는 경우에는 제외한다. *중요내용*
            가) 보관하는 사업장일반폐기물의 양이 5톤 미만인 경우
            나) 「자원의 절약과 재활용촉진에 관한 법률」에 따라 숙성방법을 지정하고 있는 철강슬래그를 보관하는 경우
            다) 「산지관리법」에 따른 토석채취허가를 받아 자체 석산의 복구용으로 재활용하

는 폐석분토사(폐수처리오니는 제외한다)를 보관하는 경우
라) 천재지변이나 그 밖의 부득이한 사유로 장기보관할 필요성이 있다고 시·도지사가 기간을 정하여 인정하는 경우
2) 1)에도 불구하고, 의료기관 일회용기저귀 배출자는 의료기관 일회용기저귀의 보관이 시작되는 날부터 15일(섭씨 4도 이하로 냉장보관하는 경우에는 30일)을 초과하여 보관해서는 안 된다. 다만, 천재지변, 휴업, 시설의 보수, 그 밖의 부득이한 경우로서 시·도지사나 지방환경관서의 장이 기간을 정하여 인정하는 경우는 예외로 한다.
3) 의료기관 일회용기저귀 배출자는 의료기관 일회용기저귀를 별도의 보관장소에 보관하고, 보관장소를 주 1회 이상 약물소독의 방법으로 소독해야 한다.
4) 의료기관 일회용기저귀 배출자는 의료기관 일회용기저귀의 발생·처리상황 등 다음의 사항을 기록하여 보관장소에 비치해야 하며, 기록 내용은 기록한 날부터 3년간 보존해야 한다. *중요내용

| 발생일시 | 발생량 | 자가처리 | | 위탁처리 | | | |
|---|---|---|---|---|---|---|---|
| (연/월/일) | (kg) | 처리일시 | 처리량 | 처리일시 | 처리량 | 운반자 | 처리자 |
| | | | | | | | |

나. 처리의 경우
1) 공통기준
가) 재활용하지 아니하는 소각 가능한 사업장일반폐기물이 1일 평균 100킬로그램 이상 배출되는 경우에는 소각하여야 한다.
나) 재활용이 가능한 폐기물은 재활용하여야 한다.
2) 사업장일반폐기물의 종류별 처리기준 및 방법
가) 소각재는 다음의 어느 하나에 해당하는 방법으로 처분하여야 한다. *중요내용
(1) 관리형 매립시설에 매립하여야 한다.
(2) 안정화처분하여야 한다.
(3) 시멘트·합성고분자화합물을 이용하거나 그 밖에 이와 비슷한 방법으로 고형화처분하여야 한다.
나) 오니
(1) 유기성 오니(고형물 중 유기성물질의 함량이 40퍼센트 이상인 것을 말한다. 이하 같다)는 다음의 어느 하나에 해당하는 방법으로 처분하여야 한다.
㈎ 소각하거나 시멘트·합성고분자화합물의 이용, 그 밖에 이와 비슷한 방법으로 고형화 또는 고화 처분하여야 한다.
㈏ 수분함량이 85퍼센트 이하로 탈수·건조한 후 관리형 매립시설에 매립하여야 한다. 다만, 물을 이용하여 폐기물을 운반한 후 침전처리하는

경우에는 탈수·건조처분을 하지 아니할 수 있다.
- (다) 1일 처리용량 1만 세제곱미터 이상인 폐수종말처리시설, 1일 처리용량 1만 세제곱미터 이상인 공공하수처리시설과 1일 폐수배출량 2천 세제곱미터 이상인 폐수배출시설의 유기성 오니는 (나)에도 불구하고 바로 매립하여서는 아니 된다.
- (라) 축산폐수처리시설·분뇨처리시설 및 1일 폐수배출량 700세제곱미터 이상 2천 세제곱미터 미만인 배출업소의 유기성 오니도 (다)와 같이 처분하여야 한다.
- (마) 매립가스를 회수하여 재이용하는 시설이 설치된 매립시설의 경우에는 (다)와 (라)에도 불구하고 수분함량 75퍼센트 이하로 처리하여 매립할 수 있다. 다만, 1일 500톤 이상은 매립할 수 없다.
(2) 무기성 오니(유기성 오니 외의 오니를 말한다)는 다음의 어느 하나에 해당하는 방법으로 처분하여야 한다.
- (가) 소각하여야 한다.
- (나) 수분함량 85퍼센트 이하로 탈수·건조한 후 관리형 매립시설에 매립하여야 한다. 다만, 물을 이용하여 폐기물을 운반한 후 침전처리하는 경우에는 탈수·건조처분을 하지 아니할 수 있다.

다) 폐지·폐목재류 및 폐섬유류는 소각하여야 한다.
라) 동물성 잔재물 및 동물의 사체는 다음의 어느 하나에 해당하는 방법으로 처분하여야 한다.
  (1) 소각하거나 관리형 매립시설에 매립하여야 한다. 다만, 상수원보호구역, 마을상수도 또는 소규모급수시설의 취수원, 공원구역, 지하수보전구역 및 하천·호수와 늪·바다의 경계로부터 500미터 이상 떨어진 지역으로서 특별자치도지사 또는 시장·군수·구청장이 인정하는 지역에서 동물의 사체를 묻는 경우에는 그러하지 아니한다.
마) 폐고무류는 소각하여야 한다. 다만, 소각이 곤란한 경우에는 최대지름 15센티미터 이하의 크기로 파쇄·절단한 후 관리형 매립시설에 매립할 수 있다.
바) 광재·폐금속류·폐토사·폐석고 및 폐석회는 관리형 매립시설에 매립하여야 한다.
사) 분진은 다음의 어느 하나에 해당하는 방법으로 처분하여야 한다.
  (1) 폴리에틸렌이나 그 밖에 이와 비슷한 재질의 포대에 담아 관리형 매립시설에 매립하여야 한다.
  (2) 시멘트·합성고분자화합물을 이용하거나 이와 비슷한 방법으로 고형화한 후 관리형 매립시설에 매립하여야 한다.
아) 폐촉매·폐흡착제 및 폐흡수제는 다음의 어느 하나에 해당하는 방법으로 처분

하여야 한다. 〔중요내용〕
   (1) 가연성인 것은 소각하여야 한다.
   (2) 가연성이 아닌 것은 관리형 매립시설에 매립하여야 한다.
자) 폐합성고분자화합물은 다음의 어느 하나에 해당하는 방법으로 처분하여야 한다.
   (1) 폐합성고분자화합물은 소각하여야 한다. 다만, 소각이 곤란한 경우에는 최대지름 15센티미터 이하의 크기로 파쇄·절단 또는 용융한 후 관리형 매립시설에 매립할 수 있다. 〔중요내용〕
   (2) 다음의 어느 하나에 해당하는 자는 배출하는 발포폴리스틸렌 폐기물을 스스로 또는 위탁하여 재활용하거나 용융에 따른 감량처리를 하여야 한다.
      (가) 대규모점포를 개설한 자
      (나) 농수산물도매시장·농수산물공판장을 개설·운영하는 자
차) 폐가전제품 및 폐가구류는 다음의 어느 하나에 해당하는 방법으로 처분하여야 한다.
   (1) 가연성 물질은 소각하여야 한다.
   (2) 불연성 물질은 최대직경 15센티미터 이하의 크기로 압축·파쇄·해체·절단 또는 용융한 후 관리형 매립시설에 매립하여야 한다.
   (3) 가연성과 불연성이 혼합된 재질의 것은 압축·파쇄 또는 절단 등으로 가연물과 불연물을 선별한 후 (1)이나 (2)의 방법에 따라 처분하여야 한다.
   (4) 사용이 끝난 폐가전제품 중에 염화불화탄소 등의 냉매물질(오존층파괴지수가 0인 물질은 제외한다)이 함유된 경우 이를 안전하게 회수하여야 한다.
카) 석면(뿜칠로 사용된 것은 제외한다)의 해체·제거작업에 사용된 비닐시트 중 바닥용으로 사용된 것이 아닌 것은 포대에 담겨진 상태로 소각하여야 한다.
타) 폐주물사는 다음의 어느 하나에 해당하는 방법으로 처분하여야 한다.
   (1) 관리형 매립시설에 매립하여야 한다.
파) 폐냉매물질은 다음의 어느 하나에 해당하는 방법으로 폐냉매물질의 분해율이 99.9퍼센트 이상이 되도록 처분하여야 한다.
   (1) 소각하여야 한다.
   (2) 산화·환원 등의 반응을 이용하여 분해하여야 한다.

4. 지정폐기물(의료폐기물은 제외한다)의 기준 및 방법
   가. 수집·운반의 경우
      1) 분진·폐농약·폐석면 중 작은 알갱이 상태의 것은 흩날리지 아니하도록 폴리에틸렌이나 그 밖에 이와 비슷한 재질의 포대(흩날릴 우려가 있는 폐석면의 경우는 습도 조절 등의 조치 후 견고한 용기에 밀봉하거나 고밀도 내수성재질의 포대로 2중포장한 것을 말한다)에 담아 수집·운반하여야 하고, 그 운반차량의 적재함에

는 덮개를 덮어야 한다. 이 경우 폐석면을 수집·운반하는 차량은 4)의 표시 외에 적재함 양측에 가로 100센티미터 이상, 세로 50센티미터 이상의 크기로 흰색 바탕에 붉은색 글자로 폐석면 운반차량을 표시하거나 표지를 부착하여야 한다.
2) 액체상태의 지정폐기물을 수집·운반하는 경우에는 흘러나올 우려가 없는 전용의 탱크·용기·파이프 또는 이와 비슷한 설비를 사용하고, 혼합이나 유동으로 생기는 위험이 없도록 하여야 한다.
3) 지정폐기물은 다음의 차량으로 수집·운반하여야 한다.
    가) 고상의 지정폐기물은 밀폐형 차량으로 수집·운반하여야 한다. 다만, 밀폐된 전용 수거용기에 담아 수집·운반하는 경우에는 금속, 플라스틱 또는 비산·누출·악취를 방지할 수 있는 재질로서 환경부장관이 정하여 고시하는 재질로 제작된 밀폐형 덮개를 설치하고, 침출수 등의 유출이나 누출을 방지할 수 있는 방지턱 등을 설치한 차량으로 수집·운반할 수 있다.
    나) 액상의 폐기물은 탱크로리로 운반하여야 한다. 다만, 밀폐된 전용 수거용기에 담아 수집·운반하는 경우에는 금속, 플라스틱 또는 비산·누출·악취를 방지할 수 있는 재질로서 환경부장관이 정하여 고시하는 재질로 제작된 밀폐형 덮개를 설치하고, 침출수나 액상의 물질이 유출 또는 누출되지 않도록 방지턱 등을 설치한 차량으로 수집·운반할 수 있다.
    다) 가) 또는 나)에도 불구하고 폐변압기 등 해당 폐기물의 길이가 차량 적재함의 최대길이를 초과하여 밀폐형 차량 또는 밀폐형 덮개 설치차량으로 수집·운반하는 것이 곤란하다고 관할 시·도지사나 지방환경관서의 장이 인정하는 폐기물의 경우에는 적재된 폐기물을 합성수지 등으로 제작된 포장으로 덮은 차량으로 수집·운반할 수 있다. 이 경우 폐기물이 수집·운반과정에서 유출되거나 흩날리지 않도록 해당 폐기물을 합성수지 등을 이용하여 밀폐된 상태로 포장하고 고정하는 등 필요한 조치를 하여야 한다.
4) 지정폐기물 수집·운반차량의 차체는 노란색으로 색칠하여야 한다. 다만, 임시로 사용하는 운반차량인 경우에는 그러하지 아니하다. *중요내용*
5) 지정폐기물의 수집·운반차량 적재함의 양쪽 옆면에는 지정폐기물 수집·운반차량, 회사명 및 전화번호를 잘 알아 볼 수 있도록 붙이거나 표기하여야 한다. 이 경우 그 크기는 가로 100센티미터 이상, 세로 50센티미터 이상으로 하고, 검은색 글자로 하여 붙이거나 표기하되, 폐기물 수집·운반증을 발급하는 기관의 장이 인정하면 차량의 크기에 따라 붙이거나 표기하는 크기를 조정할 수 있다. 임시로 사용하는 운반차량의 경우에도 또한 같다. *중요내용*
6) 도서 중 방파제나 다리 등으로 육지와 연결되지 아니한 도서지역(이하 "도서지역"이라 한다)에서 선박을 이용하여 지정폐기물을 수집·운반하는 경우에는 같은 선박에 지정폐기물 외의 폐기물을 함께 실을 수 있다. 이 경우 폐기물이 서로 혼합되

지 아니하도록 구분하여 실어야 한다.
7) 폐유독물질은 다음의 방법으로 수집·운반해야 한다.
   가) 폐유독물질은 해당 물질이 유출되었을 때 상호반응을 일으켜 화재, 유독가스 생성, 발열 등의 사고를 일으킬 수 있는 물질과 함께 운반해서는 안 된다.
   나) 기계에 의하여 하역하는 구조(기계에 의하여 들어올리기 위한 고리·기구·포크리프트 포켓 등이 있는 구조를 말한다)로 된 폐유독물질 운반용기를 사용하는 경우에는 다음의 기준을 따라야 한다.
      (1) 복수의 폐쇄장치가 연속하여 설치되어 있는 운반용기에 폐유독물질을 수집하는 경우에는 용기 본체에 가까운 폐쇄장치를 먼저 폐쇄해야 한다.
      (2) 정전기로 인하여 화재, 폭발 등의 재해가 발생할 우려가 있는 폐유독물질이 담긴 운반용기를 사용하는 경우에는 해당 재해를 방지하기 위하여 접지를 하거나 도전성 재료를 사용하거나 제전장치를 사용하는 등의 조치를 해야 한다.
      (3) 고온 등 온도변화로 인하여 고체의 물질이 액상으로 될 수 있는 폐유독물질을 수집하는 경우에는 해당 물질이 유출되지 않는 운반용기를 사용해야 한다.
   다) 폐유독물질을 보관시설, 탱크 등으로 이송하는 경우에는 물질의 유출을 방지하고 유출된 물질로 인한 재해의 확대를 방지하기 위한 조치를 해야 한다.
8) 수은폐기물은 다른 종류의 폐기물과 혼합해 운반해서는 안 되며, 그 종류별로 다음의 구분에 따라 수집·운반해야 한다.
   가) 수은함유폐기물은 폴리에틸렌 등 고밀도 내수성 재질로 이중 포장한 후 밀봉하고, 용기의 바닥 및 벽면 등에 파손을 방지할 수 있는 완충재를 삽입해 운반해야 한다.
   나) 수은구성폐기물은 국립환경과학원장이 고시하는 기준에 적합한 전용용기(이하 "수은전용용기"라 한다)에 넣어 운반해야 한다.
   다) 수은함유폐기물 처리잔재물은 폴리에틸렌 등 고밀도 내수성 재질로 이중 포장한 후 수집·운반해야 한다.
9) 천연방사성제품폐기물은 다음의 방법으로 수집·운반해야 한다.
   가) 폐기물 중에서 천연방사성핵종을 포함한 부분을 분리할 수 있는 경우에는 이를 분리하여 수집할 수 있다.
   나) 수집·운반 시 작업자는 방진마스크를 착용해야 한다.
   다) 폐기물이 비산, 유출 또는 방출되지 않도록 폴리에틸렌, 그 밖에 이와 유사한 재질을 사용하여 포장한 상태로 수집해야 한다.
   라) 폐기물을 수집·운반하기 전에 포장한 상태에서 사람이 쉽게 볼 수 있는 위치에 아래와 같은 표지를 부착하여 다른 폐기물과 혼합되지 않도록 해야 한다. 이 경우 표지의 규격은 가로 15센티미터 이상, 세로 10센티미터 이상으로 한다.

| 천연방사성제품폐기물 | |
|---|---|
| 폐기물의 종류 | |
| 수거일자 | |
| 배출자명 | |
| 운반자명 | |
| 처리자명 | |

나. 보관의 경우 *중요내용*

1) 지정폐기물은 지정폐기물 외의 폐기물과 구분하여 보관하여야 한다.
2) 폐유기용제는 휘발되지 아니하도록 밀폐된 용기에 보관하여야 한다. *중요내용*
3) 폐석면은 다음과 같이 보관한다.
   가) 석면의 해체·제거작업에 사용된 바닥비닐시트(뿜칠로 사용된 석면의 해체·제거작업 시 사용된 비닐시트의 경우 모든 비닐시트), 방진마스크, 작업복 등 흩날릴 우려가 있는 폐석면은 습도 조절 등의 조치 후 고밀도 내수성재질의 포대로 2중포장하거나 견고한 용기에 밀봉하여 흩날리지 아니하도록 보관하여야 한다.
   나) 고형화 되어 있어 흩날릴 우려가 없는 폐석면은 폴리에틸렌, 그 밖에 이와 유사한 재질의 포대로 포장하여 보관하여야 한다.
4) 지정폐기물은 지정폐기물에 의하여 부식되거나 파손되지 아니하는 재질로 된 보관시설 또는 보관용기를 사용하여 보관하여야 한다.
5) 지정폐기물배출자는 그의 사업장에서 발생하는 지정폐기물 중 폐산·폐알칼리·폐유·폐유기용제·폐촉매·폐흡착제·폐흡수제·폐농약, 폴리클로리네이티드비페닐 함유폐기물, 폐수처리 오니 중 유기성 오니는 보관이 시작된 날부터 45일을 초과하여 보관하여서는 아니 되며, 그 밖의 지정폐기물은 60일을 초과하여 보관하여서는 아니 된다. 다만, 천재지변이나 그 밖에 부득이한 사유로 장기보관할 필요성이 있다고 관할 시·도지사나 지방환경관서의 장이 인정하는 경우와, 1년간 배출하는 지정폐기물의 총량이 3톤 미만인 사업장의 경우에는 1년의 기간 내에서 보관할 수 있다. *중요내용*
6) 지정폐기물의 보관창고에는 보관 중인 지정폐기물의 종류, 보관가능용량, 취급 시 주의사항 및 관리책임자 등을 적어 넣은 표지판을 다음과 같이 설치하여야 한다.
   가) 보관창고에는 표지판을 사람이 쉽게 볼 수 있는 위치에 설치하여야 한다.
   나) 표지의 규격 : 가로 60센티미터 이상 × 세로 40센티미터 이상(드럼 등 소형용기에 붙이는 경우에는 가로 15센티미터 이상 × 세로 10센티미터 이상) *중요내용*
   다) 표지의 색깔 : 노란색 바탕에 검은색 선 및 검은색 글자 *중요내용*
   라) 표지판의 보기

| 지정폐기물 보관표지 ||
|---|---|
| ① 폐기물의 종류 : | ② 보관가능용량 :            톤 |
| ③ 관리책임자 : | ④ 보관기간 :      ~      (일간) |
| ⑤ 취급 시 주의사항<br>　• 보관 시 :<br>　• 운반 시 :<br>　• 처리 시: ||
| ⑥ 운반(처리)예정장소 : ||

다. 처리의 경우
　1) 공통기준
　　가) 재활용이 가능한 폐기물은 재활용하여야 한다.
　　나) 지정폐기물을 시멘트로 고형화하는 경우에는 시멘트의 양이 1세제곱미터 당 150킬로그램 이상이어야 한다. *중요내용*
　2) 지정폐기물의 종류별 처리기준 및 방법
　　가) 폐산이나 폐알칼리의 경우
　　　⑴ 액체상태의 것은 다음의 어느 하나에 해당하는 방법으로 처분하여야 한다. 다만, 처리 후 잔재물이 규정된 물질을 포함한 경우에는 그 잔재물을 안정화처분하거나 시멘트·합성고분자화합물의 이용 또는 이와 비슷한 방법으로 고형화처분한 후 지정폐기물을 매립할 수 있는 관리형 매립시설에 매립하여야 한다.
　　　　㈎ 중화·산화·환원의 반응을 이용하여 처분한 후 응집·침전·여과·탈수의 방법으로 처분하여야 한다.
　　　　㈏ 증발·농축의 방법으로 처분하여야 한다.
　　　　㈐ 분리·증류·추출·여과의 방법으로 정제처분하여야 한다.
　　나) 폐유 *중요내용*
　　　⑴ 액체상태의 것은 다음의 어느 하나에 해당하는 방법으로 처분하여야 한다.
　　　　㈎ 기름과 물을 분리하여 분리된 기름성분은 소각하여야 하고, 기름과 물을 분리한 후 남은 물은 수질오염방지시설에서 처리하여야 한다.
　　　　㈏ 증발·농축방법으로 처리한 후 그 잔재물은 소각하거나 안정화처분하여야 한다.
　　　　㈐ 응집·침전방법으로 처리한 후 그 잔재물은 소각하여야 한다.
　　　　㈑ 분리·증류·추출·여과·열분해의 방법으로 정제처분하여야 한다.
　　　　㈒ 소각하거나 안정화처분하여야 한다.
　　　⑵ 고체상태의 것[타르·피치(Pitch)류는 제외한다]은 소각하거나 안정화처분하여야 한다.

(3) 타르 · 피치류는 소각하거나 지정폐기물을 매립할 수 있는 관리형 매립시설에 매립하여야 한다.
다) 폐유기용제의 경우
　(1) 기름과 물 분리가 가능한 것은 기름과 물 분리방법으로 사전처분하여야 한다.
　(2) 할로겐족으로 액체상태의 것은 다음의 어느 하나에 해당하는 방법으로 처분하여야 한다.
　　(가) 고온소각하여야 한다.
　　(나) 증발 · 농축방법으로 처분한 후 그 잔재물은 고온소각하여야 한다.
　　(다) 분리 · 증류 · 추출 · 여과의 방법으로 정제한 후 그 잔재물은 고온소각하여야 한다.
　　(라) 중화 · 산화 · 환원 · 중합 · 축합의 반응을 이용하여 처분하여야 하며, 처분 후 발생하는 잔재물은 고온소각하거나, 응집 · 침전 · 여과 · 탈수의 방법으로 다시 처분한 후 그 잔재물은 고온소각하여야 한다.
　(3) 할로겐족으로 고체상태의 것은 고온소각하여야 한다.
　(4) 그 밖의 폐유기용제로서 액체상태의 것은 다음의 어느 하나에 해당하는 방법으로 처분하여야 한다.
　　(가) 소각하여야 한다.
　　(나) 증발 · 농축방법으로 처분한 후 그 잔재물은 소각하여야 한다.
　　(다) 분리 · 증류 · 추출 · 여과의 방법으로 정제한 후 그 잔재물은 소각하여야 한다.
　　(라) 중화 · 산화 · 환원 · 중합 · 축합의 반응을 이용하여 처분하여야 하며, 처분 후 발생하는 잔재물은 소각하거나, 응집 · 침전 · 여과 · 탈수의 방법으로 다시 처분한 후 그 잔재물은 소각하여야 한다.
　(5) 그 밖의 폐유기용제로서 고체상태의 것은 소각하여야 한다.
라) 폐합성고분자화합물의 경우
　폐합성고분자화합물은 소각하여야 한다. 다만, 소각이 곤란한 경우에는 최대지름 15센티미터 이하의 크기로 파쇄 · 절단 또는 용융한 후 지정폐기물을 매립할 수 있는 관리형 매립시설에 매립할 수 있다.
마) 폐석면의 경우
　(1) 분진이나 부스러기는 고온용융처분하거나 고형화처분하여야 한다.
　(2) 고형화되어 있어 흩날릴 우려가 없는 것은 폴리에틸렌 그 밖에 이와 유사한 재질의 포대로 포장하여 지정폐기물매립시설에 매립하되, 매립과정에서 석면 분진이 날리지 아니하도록 충분히 물을 뿌리고 수시로 복토를 실시하여야 하며, 장비 등을 이용한 다짐 · 압축작업은 복토 후에 하여야 한다. 이 경우 다짐 · 압축작업 과정에서 폐석면이 복토층 표면으로 노출되어서는 아니 된다.

(3) 석면의 해체·제거작업에 사용된 바닥비닐시트(뿜칠로 사용된 석면의 해체·제거작업 시 사용된 비닐시트의 경우 모든 비닐시트), 방진마스크, 작업복 등은 고밀도 내수성재질의 포대에 2중으로 포장하거나 견고한 용기에 밀봉하여 지정폐기물매립시설에 매립하거나 고온용융처분 또는 고형화처분하여야 한다.

(4) 매립시설 내 일정구역을 정하여 매립하고, 매립구역임을 알리는 표지판을 설치하여야 한다.

바) 폐흡수제와 폐흡착제의 경우
다음의 어느 하나에 해당하는 방법으로 처분하여야 한다.
(1) 고온소각 처분대상물질을 흡수하거나 흡착한 것 중 가연성은 고온소각하여야 하고, 불연성은 지정폐기물을 매립할 수 있는 관리형 매립시설에 매립하여야 한다.
(2) 일반소각 처분대상물질을 흡수하거나 흡착한 것 중 가연성은 일반소각하여야 하며, 불연성은 지정폐기물을 매립할 수 있는 관리형 매립시설에 매립하여야 한다.
(3) 안정화처분하거나 시멘트·합성고분자화합물을 이용하여 고형화처분하거나 이와 비슷한 방법으로 고형화처분하여야 한다.
(4) 광물유·동물유 또는 식물유가 포함된 것은 포함된 기름을 추출 등으로 재활용하여야 한다.

사) 폐농약의 경우
액체상태의 것은 고온소각하거나 고온용융처분하고, 고체상태의 것은 고온소각 또는 고온용융처분하거나 차단형 매립시설에 매립하여야 한다. ★중요내용

아) 폴리클로리네이티드비페닐 함유폐기물의 경우
고온소각하거나 고온용융처분하여야 한다.

자) 오니의 경우
다음 각 호의 어느 하나에 해당하는 방법으로 처분하여야 한다.
(1) 소각하여야 한다.
(2) 시멘트·합성고분자화합물을 이용하여 고형화처분하거나 이와 비슷한 방법으로 고형화처분하여야 한다.
(3) 수분함량 85퍼센트 이하로 하여 안정화처분하여야 한다.
(4) 수분함량 85퍼센트 이하로 하여 지정폐기물을 매립할 수 있는 관리형 매립시설에 매립하여야 한다. ★중요내용
(5) 폐수배출량 2천 세제곱미터 이상인 배출업소의 유기성 오니는 바로 매립하여서는 아니되며, 소각하거나 시멘트·합성고분자화합물의 이용이나 그 밖에 이와 비슷한 방법으로 고형화 처분하여야 한다.
(6) 1일 폐수배출량 700세제곱미터 이상 2천 세제곱미터 미만인 배출업소의 유기성 오니도 (5)와 같이 처분하여야 한다.

5. 지정폐기물 중 의료폐기물의 기준 및 방법
   가. 공통사항
       의료폐기물 중 태반을 재활용하기 위하여 배출자, 폐기물 수집·운반업자, 폐기물 재활용업자가 태반을 인계·인수하는 경우에는 전용용기를 풀어서 수량, 무게(g)를 확인한 후 그 내용을 전자정보처리프로그램에 입력하여야 한다. *중요내용
   나. 의료폐기물 전용용기 사용의 경우
       1) 한번 사용한 전용용기는 다시 사용하여서는 아니 된다.
       2) 의료폐기물은 발생한 때(해당 진찰·치료 및 시험·검사행위가 끝났을 때를 말한다. 이하 같다)부터 전용용기에 넣어 내용물이 새어 나오지 아니하도록 보관하여야 하며, 의료폐기물의 투입이 끝난 전용용기는 밀폐 포장하여야 한다. 다만, 대형 조직물류폐기물과 같이 전용용기에 넣기 어려운 의료폐기물은 내용물이 보이지 아니하도록 개별 포장하여 내용물이 새어 나오지 아니하도록 밀폐 포장하여야 한다.
       3) 전용용기는 봉투형 용기 및 상자형 용기로 구분하되, 봉투형 용기의 재질은 합성수지류로 하고 상자형 용기의 재질은 골판지류 또는 합성수지류로 한다. *중요내용
       4) 의료폐기물의 종류별로 사용하는 전용용기는 다음의 구분에 따른다.
           가) 격리의료폐기물, 위해의료폐기물 중 조직물류폐기물(치아는 제외한다) 및 손상성폐기물과 액체상태의 폐기물 : 합성수지류 상자형 용기
           나) 그 밖의 의료폐기물 : 봉투형 용기 또는 골판지류 상자형 용기
       5) 봉투형 용기에는 그 용량의 75퍼센트 미만으로 의료폐기물을 넣어야 한다. *중요내용
       6) 의료폐기물을 넣은 봉투형 용기를 이동할 때에는 반드시 뚜껑이 있고 견고한 전용 운반구를 사용하여야 하며, 사용한 전용 운반구는 약물로 소독하여야 한다.
       7) 봉투형 용기에 담은 의료폐기물의 처리를 위탁하는 경우에는 상자형 용기에 다시 담아 위탁하여야 한다.
       8) 골판지류 상자형 용기의 내부에는 봉투형 용기 또는 내부 주머니를 붙이거나 넣어서 사용하여야 한다.

| 의료폐기물의 종류 | 도형 색상 |
|---|---|
| 격리의료폐기물 | 붉은색 |
| 위해의료폐기물(재활용하는 태반은 제외한다) 및 일반의료폐기물 | 노란색 |
| 재활용하는 태반 | 녹색 |

   다. 보관의 경우
       1) 의료폐기물을 위탁처리하는 배출자는 의료폐기물의 종류별로 다음의 구분에 따른 보관기간을 초과하여 보관하여서는 아니 된다. 다만, 천재지변, 휴업, 시설의 보수, 그 밖의 부득이한 경우로서 시·도지사나 지방환경관서의 장이 인정하는 경우에는 그러하지 아니하다. *중요내용

가) 격리의료폐기물 : 7일
나) 위해의료폐기물 중 조직물류폐기물(치아는 제외한다), 병리계폐기물, 생물·화학폐기물 및 혈액오염폐기물과 바)를 제외한 일반의료폐기물 : 15일
다) 위해의료폐기물 중 손상성폐기물 : 30일
라) 위해의료폐기물 중 조직물류폐기물(치아만 해당한다) : 60일
마) 나목 6)에 따라 혼합 보관된 의료폐기물 : 혼합 보관된 각각의 의료폐기물의 보관기간 중 가장 짧은 기간
바) 일반의료폐기물(의료기관 중 입원실이 없는 의원, 치과의원 및 한의원에서 발생하는 것으로서 섭씨 4도 이하로 냉장보관하는 것만 해당한다) : 30일

2) 의료폐기물 보관시설의 세부 기준은 다음과 같다.
가) 보관창고의 바닥과 안벽은 타일·콘크리트 등 물에 견디는 성질의 자재로 세척이 쉽게 설치하여야 하며, 항상 청결을 유지할 수 있도록 하여야 한다.
나) 보관창고에는 소독약품 및 장비와 이를 보관할 수 있는 시설을 갖추어야 하고, 냉장시설에는 내부 온도를 측정할 수 있는 온도계를 붙여야 한다.
다) 냉장시설은 섭씨 4도 이하의 설비를 갖추어야 하며, 보관 중에는 냉장설비를 항상 가동하여야 한다.
라) 보관창고, 보관장소 및 냉장시설은 주 1회 이상 약물소독의 방법으로 소독하여야 한다.
마) 보관창고와 냉장시설은 의료폐기물이 밖에서 보이지 않는 구조로 되어 있어야 하며, 외부인의 출입을 제한하여야 한다.
바) 보관창고, 보관장소 및 냉장시설에는 보관 중인 의료폐기물의 종류·양 및 보관기간 등을 확인할 수 있는 다음의 표지판을 설치하여야 한다.

(배출자용)

| 의료폐기물 보관표지 | |
|---|---|
| ① 폐기물 종류 : | ② 총보관량 :          킬로그램 |
| ③ 보관기간 : | ④ 관리책임자 : |
| ⑤ 취급시 주의사항<br>• 보관 시 :<br>• 운반 시 : | |
| ⑥ 운반장소 | |

(처리업자용)

| 의료폐기물 보관표지 | | |
|---|---|---|
| ① 폐기물종류 : | ② 총보관량 :          킬로그램 | |
| ③ 보관기간 : | ④ 관리책임자 : | |
| ⑤ 업소별 수탁량 | | |
| 업소명 | 수탁일자 | 수탁량 |
| | | |
| | | |
| | | |

(의료폐기물보관표지판의 설치요령) 〈중요내용〉
- 보관창고와 냉장시설의 출입구 또는 출입문에 각각 붙여야 한다.
- 표지판의 규격 : 가로 60센티미터 이상×세로 40센티미터 이상(냉장시설에 보관하는 경우에는 가로 30센티미터 이상×세로 20센티미터 이상)
- 표지의 색깔 : 흰색 바탕에 녹색 선과 녹색 글자

라. 수집·운반의 경우
1) 의료폐기물의 수집·운반차량은 섭씨 4도 이하의 냉장설비가 설치되고, 수집·운반 중에는 적재함의 내부온도를 섭씨 4도 이하로 유지하여야 한다. 다만, 적재함을 열고 의료폐기물을 싣거나 내릴 때에는 그러하지 아니하다.
2) 적재함의 내부는 물에 견디는 성질의 자재로서 소독을 쉽게 할 수 있는 구조로 되어 있어야 하며, 그 안에는 온도계를 붙이고 소독에 필요한 약품 및 장비와 이를 보관할 수 있는 설비를 갖추어야 한다.
3) 적재함은 사용할 때마다 약물소독(이하 "약물소독"이라 한다)의 방법으로 소독하여야 한다.
4) 의료폐기물의 수집·운반차량의 차체는 흰색으로 색칠하여야 한다. 〈중요내용〉
5) 의료폐기물의 수집·운반차량의 적재함의 양쪽 옆면에는 의료폐기물의 도형, 업소명 및 전화번호를, 뒷면에는 의료폐기물의 도형을 붙이거나 표기하되, 그 크기는 가로 100센티미터 이상, 세로 50센티미터 이상(뒷면의 경우 가로·세로 각각 50센티미터 이상)이어야 하며, 글자의 색깔은 녹색으로 하여야 한다.

마. 처리의 경우
1) 재활용이 가능한 폐기물은 재활용하여야 한다.
2) 의료폐기물배출자가 설치하는 처분시설별 처분능력은 다음과 같다. 〈중요내용〉
  가) 소각시설 : 시간당 처분능력 25킬로그램 이상의 시설
  나) 멸균분쇄시설 : 시간당 처분능력 100킬로그램 이상의 시설

6. 폐기물수집·운반증
  가. 폐기물을 수집·운반하는 자는 다음의 어느 하나에 해당하는 경우 폐기물을 수집·운반하는 차량(철도차량과 선박을 포함한다. 이하 이 호에서 같다)에 다음의 폐기물수집·운반증을 붙여야 한다. 다만, 폐기물을 철도차량이나 선박으로 운반하는 경우에는 폐기물수집·운반증을 가지고 있어야 한다.
  1) 광역 폐기물 처분시설 또는 재활용시설의 설치·운영자가 폐기물을 수집·운반하는 경우(생활폐기물을 수집·운반하는 경우는 제외한다)
  2) 음식물류 폐기물 배출자가 그 사업장에서 발생한 음식물류 폐기물을 사업장 밖으로 운반하는 경우
  3) 음식물류 폐기물을 공동으로 수집·운반 또는 재활용하는 자가 음식물류 폐기물을 수집·운반하는 경우

4) 사업장폐기물배출자가 그 사업장에서 발생한 폐기물을 사업장 밖으로 운반하는 경우
5) 사업장폐기물을 공동으로 수집·운반, 처분 또는 재활용하는 자가 수집·운반하는 경우
6) 폐기물처리업자가 폐기물을 수집·운반하는 경우
7) 폐기물처리 신고자가 재활용 대상폐기물을 수집·운반하는 경우
8) 폐기물을 수출하거나 수입하는 자가 그 폐기물을 운반하는 경우(컨테이너를 이용하여 운반하는 경우를 포함한다)

폐기물 수집·운반증의 규격 및 적어 넣는 방법

※ 비고 〔중요내용〕
1. 원의 지름 : 100밀리미터
2. 바탕색 : 노란색(임시차량의 경우 흰색)

나. 가목에도 불구하고 다음의 어느 하나에 해당하는 경우에는 폐기물을 수집·운반하는 차량에 폐기물수집·운반증을 붙이지 아니하거나 가지고 있지 아니할 수 있다.
1) 빈용기 보증금이 포함된 제품의 용기를 회수하여 재활용하는 경우
2) 재활용의무생산자, 재활용사업공제조합, 재활용의무생산자 또는 재활용사업공제조합으로부터 회수 및 재활용을 위탁받은 자가 해당 폐기물을 회수하여 재활용하는 경우
3) 다음의 어느 하나에 해당하는 자가 폐전기·전자제품을 회수하여 재활용하는 경우
   가) 전기·전자제품 제조·수입업자 또는 그 자로부터 전기·전자제품의 회수 및 재활용을 위탁받은 자
   나) 전기·전자제품의 판매업자
   다) 재활용사업공제조합 또는 재활용사업공제조합으로부터 전기·전자제품의 회수 및 재활용을 위탁받은 자
4) 제66조 제5항에 해당하는 자가 해당 폐기물을 수집·운반하는 경우
5) 전주철거 공사용 차량으로 철거된 폐전주를 폐기물 재활용업을 하는 자의 사업장까

　　　　지 운반하는 경우
　　6) 중간가공 폐기물을 수집·운반하는 경우
　　7) 다음의 폐기물을 재활용하기 위하여 해당 폐기물을 배출하는 자 또는 폐기물 재활용업자가 운반하는 경우
　　　　가) 벌채·산지개간·건설공사 등으로 발생한 나무뿌리·줄기·가지 등의 임목폐기물
　　　　나) 천연상태의 목재를 물리적으로 가공하는 과정에서 이물질에 오염되지 아니한 상태로 발생된 톱밥·목피·나무조각 등의 폐기물
　　8) 폐기물을 수출 또는 수입하는 경우로서 폐기물을 컨테이너에 넣은 후 밀폐하여 운반하는 경우(해당 폐기물이 수출 또는 수입되는 폐기물임을 증명하는 폐기물수출 신고증명서나 폐기물수입 신고증명서, 또는 수출이동서류나 수입이동서류를 가지고 있는 경우로 한정한다)

## ■ 폐기물의 재활용 원칙 및 준수사항(법 제13조의2)

① 누구든지 다음 각 호를 위반하지 아니하는 경우에는 폐기물을 재활용할 수 있다.
　1. 비산먼지, 악취가 발생하거나 휘발성 유기화합물, 대기오염물질 등이 배출되어 생활환경에 위해를 미치지 아니할 것
　2. 침출수나 중금속 등 유해물질이 유출되어 토양, 수생태계 또는 지하수를 오염시키지 아니할 것
　3. 소음 또는 진동이 발생하여 사람에게 피해를 주지 아니할 것
　4. 중금속 등 유해물질을 제거하거나 안정화하여 재활용제품이나 원료로 사용하는 과정에서 사람이나 환경에 위해를 미치지 아니하도록 하는 등 대통령령으로 정하는 사항을 준수할 것
　5. 그 밖에 환경부령으로 정하는 재활용의 기준을 준수할 것

② 다음 각 호의 어느 하나에 해당하는 폐기물은 재활용을 금지하거나 제한한다. 〈중요내용〉
　1. 폐석면
　2. 폴리클로리네이티드비페닐(PCBs)을 환경부령으로 정하는 농도 이상 함유하는 폐기물
　3. 의료폐기물(태반은 제외한다)
　4. 폐유독물 등 인체나 환경에 미치는 위해가 매우 높을 것으로 우려되는 폐기물 중 대통령령으로 정하는 폐기물

## ■ 재활용환경성평가에 따른 재활용의 승인 절차(규칙 제14조의6)

재활용환경성평가에 따른 재활용의 승인을 받으려는 자는 재활용환경성평가서를 발급받은 날부터 1년 이내에 재활용환경성평가에 따른 재활용승인신청서에 재활용환경성평가서를 첨부하여 국립환경과학원장에게 제출하여야 한다.

■ **유해성 검사기관(규칙 제14조의13)**

① 유해성기준 시험・분석기관 *중요내용*
  1. 국립환경과학원
  2. 보건환경연구원
  3. 유역환경청 또는 지방환경청
  4. 한국환경공단
  5. 석유 및 석유대체연료 사업법에 따른 다음 각 목의 기관
      가. 한국석유관리원
      나. 산업통상자원부장관이 지정하는 기관
  6. 비료관리법 시행규칙에 따른 시험기관
  7. 수도권매립지관리공사
  8. 전용용기 검사기관
  9. 국가표준기본법에 따른 인정기구가 시험・검사기관으로 인정한 기관
  10. 그 밖에 환경부장관이 재활용제품을 시험분석할 수 있다고 인정하여 고시하는 시험분석 기관

② 지방환경관서장이 조치명령할 경우 명시사항
  1. 대상제품 또는 물질명
  2. 대상제품 또는 물질의 제조자 명칭
  3. 조치명령의 내용
  4. 조치명령의 사유
  5. 조치기간・방법
  6. 그 밖에 조치에 필요한 사항

## ■ 폐기물 사용 시멘트에 대한 정보공개(규칙 제14조의14)

① 시멘트를 제조하는 자가 공개해야 하는 폐기물 사용 시멘트 정보(이하 "폐기물사용시멘트정보"라 한다)의 항목은 다음 각 호와 같다.
　1. 폐기물의 종류
　2. 폐기물의 원산지
　3. 다음 각 목의 구분에 따른 폐기물의 구성성분
　　가. 폐기물이 대체원료로 사용되는 경우 : 시험 결과에서 확인 가능한 성분
　　나. 폐기물이 보조연료로 사용되는 경우 : 시험 결과에서 확인 가능한 성분
　4. 폐기물 사용 시멘트의 생산량
　5. 폐기물의 사용량 및 사용비율
　6. 폐기물의 위탁자 및 반입량
② 시멘트를 제조하는 자는 폐기물사용시멘트정보를 다음의 두 가지 방법으로 공개해야 한다.
　1. 매 분기 다음달 15일까지 별지 서식에 따른 분기별 폐기물사용시멘트정보를 해당 사업자가 운영하는 인터넷 홈페이지에 공개하는 방법
　2. 사용된 폐기물의 종류 및 분기별 폐기물사용시멘트정보를 확인할 수 있는 방법 등을 표기방법에 따라 시멘트 제품의 포장지에 표기할 것
③ 공개의 기간은 3년으로 한다.

## ■ 생활폐기물의 처리(법 제14조)

① 특별자치시장, 특별자치도지사, 시장·군수·구청장은 관할 구역에서 배출되는 생활폐기물을 처리하여야 한다. 다만, 환경부령으로 정하는 바에 따라 특별자치시장, 특별자치도지사, 시장·군수·구청장이 지정하는 지역은 제외한다.
② 특별자치시장, 특별자치도지사, 시장·군수·구청장은 해당 지방자치단체의 조례로 정하는 바에 따라 대통령령으로 정하는 자에게 제1항에 따른 처리를 대행하게 할 수 있다.
③ 제1항 본문 및 제2항에도 불구하고 제46조 제1항에 따라 폐기물처리 신고를 한 자(이하 "폐기물처리 신고자"라 한다)는 생활폐기물 중 폐지, 고철, 폐식용유(생활폐기물에 해당하는 폐식용유를 유출 우려가 없는 전용 탱크·용기로 수집·운반하는 경우만 해당한다) 등 환경부령으로 정하는 폐기물을 수집·운반 또는 재활용할 수 있다.
④ 제3항에 따라 생활폐기물을 수집·운반하는 자는 수집한 생활폐기물 중 환경부령으로 정하는 폐기물을 다음 각 호의 자에게 운반할 수 있다.
　1. 「자원의 절약과 재활용촉진에 관한 법률」에 따른 제품·포장재의 제조업자 또는 수입업자 중 제조·수입하거나 판매한 제품·포장재로 인하여 발생한 폐기물을 직접 회수하여 재활용하는 자(재활용을 위탁받은 자 중 환경부령으로 정하는 자를 포함한다)
　2. 폐기물 재활용업의 허가를 받은 자
　3. 폐기물처리 신고자

4. 그 밖에 환경부령으로 정하는 자
⑤ 특별자치시장, 특별자치도지사, 시장·군수·구청장은 제1항에 따라 생활폐기물을 처리할 때에는 배출되는 생활폐기물의 종류, 양 등에 따라 수수료를 징수할 수 있다. 이 경우 수수료는 해당 지방자치단체의 조례로 정하는 바에 따라 폐기물 종량제 봉투 또는 폐기물임을 표시하는 표지 등을 판매하는 방법으로 징수하되, 음식물류 폐기물의 경우에는 배출량에 따라 산출한 금액을 부과하는 방법으로 징수할 수 있다.
⑥ 특별자치시장, 특별자치도지사, 시장·군수·구청장이 제5항에 따라 음식물류 폐기물에 대하여 수수료를 부과·징수하려는 경우에는 전자정보처리프로그램을 이용할 수 있다. 이 경우 수수료 산정에 필요한 내용을 환경부령으로 정하는 바에 따라 전자정보처리프로그램에 입력하여야 한다.
⑦ 특별자치시장, 특별자치도지사, 시장·군수·구청장은 조례로 정하는 바에 따라 종량제 봉투 등의 제작·유통·판매를 대행하게 할 수 있다.
⑧ 특별자치시장, 특별자치도지사, 시장·군수·구청장은 생활폐기물 수집·운반을 대행하게 할 경우에는 다음 각 호의 사항을 준수하여야 한다.
  1. 환경부령으로 정하는 기준에 따라 원가를 계산하여야 하며, 최초의 원가계산은 「지방자치단체를 당사자로 하는 계약에 관한 법률 시행규칙」에서 규정하는 원가계산용역기관에 원가계산을 의뢰하여야 한다.
  2. 생활폐기물 수집·운반 대행자에 대한 대행실적 평가기준(주민만족도와 환경미화원의 근로조건을 포함한다)을 해당 지방자치단체의 조례로 정하고, 평가기준에 따라 매년 1회 이상 평가를 실시하여야 한다. 이 경우 대행실적 평가는 해당 지방자치단체가 민간전문가 등으로 평가단을 구성하여 실시하여야 한다. *중요내용
  3. 대행실적을 평가한 경우 그 결과를 해당 지방자치단체 인터넷 홈페이지에 평가일부터 6개월 이상 공개하여야 하며, 평가결과 해당 지방자치단체의 조례로 정하는 기준에 미달되는 경우에는 환경부령으로 정하는 바에 따라 영업정지, 대행계약 해지 등의 조치를 하여야 한다.
  4. 생활폐기물 수집·운반 대행계약을 체결한 경우 그 계약내용을 계약일부터 6개월 이상 해당 지방자치단체 인터넷 홈페이지에 공개하여야 한다.
  5. 대행계약이 만료된 경우에는 계약만료 후 6개월 이내에 대행비용 지출내역을 6개월 이상 해당 지방자치단체 인터넷 홈페이지에 공개하여야 한다.
  6. 생활폐기물 수집·운반 대행자(법인의 대표자를 포함한다)가 생활폐기물 수집·운반 대행계약과 관련하여 다음 각 목에 해당하는 형을 선고받은 경우에는 지체 없이 대행계약을 해지하여야 한다.
    가. 「형법」에 해당하는 죄를 범하여 벌금 이상의 형을 선고받은 경우
    나. 「형법」(「특정경제범죄 가중처벌 등에 관한 법률」에 따라 가중처벌되는 경우를 포함한다)에 해당하는 죄를 범하여 벌금 이상의 형을 선고받은 경우(벌금형의 경우에는

300만 원 이상에 한정한다)
    7. 생활폐기물 수집·운반 대행계약 시 생활폐기물 수집·운반 대행계약과 관련하여 제6호 각 목에 해당하는 형을 선고받은 후 3년이 지나지 아니한 자는 계약대상에서 제외하여야 한다.
⑨ 환경부장관은 생활폐기물의 처리와 관련하여 필요하다고 인정하는 경우에는 해당 특별자치시장, 특별자치도지사, 시장·군수·구청장에 대하여 필요한 자료 제출을 요구하거나 시정조치를 요구할 수 있으며, 생활폐기물 처리에 관한 기준의 준수 여부 등을 점검·확인할 수 있다. 이 경우 환경부장관의 자료 제출 및 시정조치 요구를 받은 해당 특별자치시장, 특별자치도지사, 시장·군수·구청장은 특별한 사정이 없으면 이에 따라야 한다.
⑩ 환경부장관은 특별자치시장, 특별자치도지사, 시장·군수·구청장이 제⑨항에 따른 요구를 이행하지 아니하는 경우에는 재정적 지원의 중단 또는 삭감 등의 조치를 할 수 있다.

## ■ 생활폐기물의 처리대행자(영 제8조) *중요내용*

"대통령령으로 정하는 생활폐기물의 처리대행자"란 다음 각 호의 어느 하나에 해당하는 자를 말한다. 다만 제4호는 농업활동으로 발생하는 폐플라스틱 필름·시트류를 재활용하거나 폐농약용기 등 폐농약 포장재를 재활용 또는 소각하는 경우만 해당한다.
1. 폐기물처리업자
2. 폐기물처리 신고자
3. 「한국환경공단법」에 따른 한국환경공단
4. 전기·전자제품 재활용의무생산자 또는 전기·전자제품 판매업자(전기·전자제품 재활용의무생산자 또는 전기·전자제품 판매업자로부터 회수·재활용을 위탁받은 자를 포함한다) 중 전기·전자제품을 재활용하기 위하여 스스로 회수하는 체계를 갖춘 자
5. 재활용센터를 운영하는 자(대형폐기물을 수집·운반 및 재활용하는 것만 해당한다)
6. 재활용의무생산자 중 제품·포장재를 스스로 회수하여 재활용하는 체계를 갖춘 자(재활용의무생산자로부터 재활용을 위탁받은 자를 포함한다)
7. 「건설폐기물 재활용촉진에 관한 법률」에 따라 건설폐기물처리업의 허가를 받은 자(공사·작업 등으로 인하여 5톤 미만으로 발생되는 생활폐기물을 재활용하기 위하여 수집·운반하거나 재활용하는 경우만 해당한다)

## ■ 생활폐기물 수집·운반 대행자에 대한 과징금 처분(법 제14조의2) *중요내용*

① 특별자치시장, 특별자치도지사, 시장·군수·구청장은 생활폐기물 수집·운반 대행자에게 영업의 정지를 명하려는 경우에 그 영업의 정지로 인하여 생활폐기물이 처리되지 아니하고 쌓여 지역주민의 건강에 위해가 발생하거나 발생할 우려가 있으면 대통령령으로 정하는 바에 따라 그 영업의 정지를 갈음하여 1억 원 이하의 과징금을 부과할 수 있다.

② 특별자치시장, 특별자치도지사, 시장·군수·구청장은 과징금을 내야 할 자가 납부기한까지 내지 아니하면 과징금 부과처분을 취소하고 영업정지 처분을 하거나 「지방행정제재·부과금의 징수 등에 관한 법률」에 따라 과징금을 징수한다. 다만, 폐업 등으로 영업정지 처분을 할 수 없는 경우에는 과징금을 징수한다.
③ 과징금으로 징수한 금액은 특별자치시·특별자치도·시·군·구의 수입으로 하되, 광역 폐기물처리시설의 확충 등 대통령령으로 정하는 용도로 사용하여야 한다.

## ■ 음식물류 폐기물 발생 억제 계획의 수립 등(법 제14조의3) 중요내용

① 특별자치시장, 특별자치도지사, 시장·군수·구청장은 관할 구역의 음식물류 폐기물(농산물류·수산물류·축산물 폐기물을 포함한다. 이하 같다)의 발생을 최대한 줄이고 발생한 음식물류 폐기물을 적정하게 처리하기 위하여 다음 각 호의 사항을 포함하는 음식물류 폐기물 발생 억제 계획을 수립·시행하고, 매년 그 추진성과를 평가하여야 한다.
  1. 음식물류 폐기물의 발생 및 처리 현황
  2. 음식물류 폐기물의 향후 발생 예상량 및 적정 처리 계획
  3. 음식물류 폐기물의 발생 억제 목표 및 목표 달성 방안
  4. 음식물류 폐기물 처리시설의 설치 현황 및 향후 설치 계획
  5. 음식물류 폐기물의 발생 억제 및 적정 처리를 위한 기술적·재정적 지원 방안(재원의 확보계획을 포함한다)
② 계획의 수립주기, 평가방법 등 필요한 사항은 환경부령으로 정한다.

## ■ 생활폐기물 중 특정 품목의 대행(법 제14조의6)

① 특별자치시장, 특별자치도지사, 시장·군수·구청장은 생활폐기물의 처리를 대행하게 하는 경우 폐지, 고철, 폐합성수지 등 지방자치단체의 조례로 정하는 폐기물(이하 이 조에서 "특정 품목"이라 한다)의 수집·운반 또는 재활용을 별도로 대행하게 하는 계약(이하 "대행계약"이라 한다)을 체결할 수 있다.
② 특별자치시장, 특별자치도지사, 시장·군수·구청장은 대행계약을 체결한 대행자가 다음 각 호의 어느 하나에 해당하는 경우에는 대행계약을 해지할 수 있다.
  1. 대행계약이 체결된 특정 품목 중 일부 품목의 수집·운반 또는 재활용을 회피하거나 거부한 경우
  2. 분리배출된 품목을 혼합하여 수집·운반하거나 보관한 경우
  3. 처리 능력의 초과 등 정당한 사유 없이 대행계약을 이행하지 아니한 경우
  4. 그 밖에 환경부령으로 정하는 경우
③ 특별자치시장, 특별자치도지사, 시장·군수·구청장은 대행계약을 체결한 경우 재활용 시장의 변동 등으로 계약금액을 조정할 필요가 있을 때에는 환경부령으로 정하는 바에 따라 계약금

액을 조정할 수 있다.
④ 특별자치시장, 특별자치도지사, 시장·군수·구청장은 대행계약으로부터 얻은 수익금을 환경부령으로 정하는 바에 따라 특정 품목의 배출자에게 지원하여야 한다.
⑤ 특별자치시장, 특별자치도지사, 시장·군수·구청장은 대행계약을 체결(대행계약의 변경을 포함한다)하거나 계약금액을 조정한 경우 환경부령으로 정하는 바에 따라 그 내용을 해당 지방자치단체 인터넷 홈페이지에 공개하여야 한다.

## ■ 과징금의 부과(영 제8조의2)

① 생활폐기물 수집·운반 대행자에 대한 과징금의 금액(별표 4의4) *중요내용

| 위반행위 | 영업정지 1개월 | 영업정지 3개월 |
|---|---|---|
| 법 제14조 제6항 제2호에 따른 평가결과가 대행실적 평가기준에 미달한 경우 | 2천만 원 | 5천만 원 |

② 특별자치시장, 특별자치도지사, 시장·군수·구청장은 사업장의 사업규모, 사업지역의 특수성, 위반행위의 정도 및 횟수 등을 고려하여 과징금 금액의 2분의 1의 범위에서 가중하거나 감경할 수 있다. 다만, 가중하는 경우에는 과징금 총액이 1억 원을 초과할 수 없다. *중요내용

## ■ 과징금의 사용용도(영 제8조의3) *중요내용

"대통령령으로 정하는 과징금의 사용 용도"란 다음 각 호의 용도를 말한다.
① 광역 폐기물처리시설(지정폐기물 공공 처리시설은 제외한다)의 확충
② 보관장소 외의 장소에 배출된 생활폐기물의 처리
③ 생활폐기물의 수집·운반에 필요한 시설·장비의 확충
④ 생활폐기물 배출자 및 수집·운반자에 대한 지도·점검에 필요한 시설·장비의 구입 및 운영

## ■ 음식물류 폐기물 배출자의 범위(영 제8조의4)

"대통령령으로 정하는 음식물류 폐기물 배출자의 범위"란 다음 각 호의 어느 하나에 해당하는 자를 말한다. 다만, 다음 어느 하나에 해당하는 자가 사업장 폐기물 배출자인 경우에는 제외한다.
1. 「식품위생법」에 따른 집단급식소(「사회복지사업법」에 따른 사회복지시설의 집단급식소는 제외한다) 중 1일 평균 총 급식인원이 100명 이상(유치원에 설치된 집단급식소는 1일 평균 총 급식인원이 200명 이상)인 집단급식소를 운영하는 자. 이 경우 1일 평균 총 급식인원의 구체적인 산출방법 등은 환경부장관이 정하여 고시한다.
2. 「식품위생법」에 따른 식품접객업 중 사업장 규모가 200제곱미터 이상인 휴게음식점영업

(주로 다류 또는 아이스크림류를 조리·판매하는 경우는 제외한다) 또는 일반음식점영업을 하는 자. 다만, 음식물류 폐기물의 발생량, 폐기물 재활용시설의 용량 등을 고려하여 특별자치도 또는 시·군·구의 조례로 다음 각 목의 사업장 규모 또는 제외 대상 업종을 정하는 경우에는 그 조례에 따른다.
   가. 사업장 규모(200제곱미터 이상으로 한정한다.)
   나. 휴게음식점 영업 및 일반음식점 영업 중 일부 제외 대상 업종
3. 「유통산업발전법」에 따른 대규모점포를 개설한 자
4. 「농수산물 유통 및 가격안정에 관한 법률」에 따른 농수산물도매시장·농수산물공판장 또는 농수산물종합유통센터를 개설·운영하는 자
5. 「관광진흥법」에 따른 관광숙박업을 경영하는 자
6. 그 밖에 음식물류 폐기물을 스스로 감량하거나 재활용하도록 할 필요가 있어 특별자치시, 특별자치도 또는 시·군·구의 조례로 정하는 자

## ■ 폐기물배출자의 처리 협조(법 제15조)

① 생활폐기물이 배출되는 토지나 건물의 소유자·점유자 또는 관리자(이하 "생활폐기물배출자"라 한다)는 관할 특별자치시, 특별자치도, 시·군·구의 조례로 정하는 바에 따라 생활환경 보전상 지장이 없는 방법으로 그 폐기물을 스스로 처리하거나 양을 줄여서 배출하여야 한다.
② 생활폐기물배출자는 스스로 처리할 수 없는 생활폐기물의 분리·보관에 필요한 보관시설을 설치하고, 그 생활폐기물을 종류별, 성질·상태별로 분리하여 보관하여야 하며, 특별자치시, 특별자치도, 시·군·구에서는 분리·보관에 관한 구체적인 사항을 조례로 정하여야 한다.
③ 생활폐기물배출자는 생활폐기물을 스스로 처리하는 경우 매년 2월 말까지 환경부령으로 정하는 바에 따라 폐기물의 위탁 처리실적과 처리방법, 계약에 관한 사항 등을 특별자치시장, 특별자치도지사, 시장·군수·구청장에게 신고하여야 한다.
④ 특별자치시장, 특별자치도지사, 시장·군수·구청장은 생활폐기물을 스스로 처리한 자의 처리실적을 관할구역 내 생활폐기물 발생 및 처리실적에 포함하는 등 관리하여야 한다.
⑤ 특별자치시장, 특별자치도지사, 시장·군수·구청장은 음식물류 폐기물의 양을 줄여서 배출하기 위한 시설을 설치하거나 제2항에 따라 생활폐기물의 분리·보관에 필요한 보관시설을 설치하려는 생활폐기물배출자에게 시설의 설치에 필요한 비용의 전부 또는 일부를 지원할 수 있으며, 지원 시설의 종류 및 설치·관리 기준, 지원의 범위 등에 관한 구체적인 사항은 조례로 정할 수 있다.

■ 음식물류 폐기물 배출자의 의무(법 제15조의2)
① 음식물류 폐기물을 다량으로 배출하는 자로서 대통령령으로 정하는 자는 음식물류 폐기물의 발생 억제 및 적정 처리를 위하여 관할 특별자치시, 특별자치도, 시·군·구의 조례로 정하는 사항을 준수하여야 한다.
② 음식물류 폐기물 배출자는 음식물류 폐기물의 발생 억제 및 처리 계획을 환경부령으로 정하는 바에 따라 특별자치시장, 특별자치도지사, 시장·군수·구청장에게 신고하여야 한다. 신고한 사항 중 환경부령으로 정하는 사항을 변경할 때에도 또한 같다.
③ 음식물류 폐기물 배출자는 발생하는 음식물류 폐기물을 스스로 수집·운반 또는 재활용하거나 다음 각 호의 어느 하나에 해당하는 자에게 환경부령으로 정하는 위탁·수탁의 기준 및 절차에 따라 위탁하여 수집·운반 또는 재활용하여야 한다.
   1. 폐기물처리시설을 설치·운영하는 자
   2. 폐기물 수집·운반업의 허가를 받은 자
   3. 폐기물 재활용업의 허가를 받은 자
   4. 폐기물처리 신고자(음식물류 폐기물을 재활용하기 위하여 신고한 자로 한정한다)
④ 음식물류 폐기물 배출자는 각각의 사업장에서 발생하는 음식물류 폐기물을 환경부령으로 정하는 바에 따라 공동으로 수집·운반 또는 재활용할 수 있고, 폐기물처리시설을 공동으로 설치·운영할 수 있다. 이 경우 공동 운영기구를 설치하고 그 대표자 1명을 선정하여야 한다.
⑤ 음식물류 폐기물 배출자 중 업종·규모와 폐기물 배출량 등을 고려하여 환경부령으로 정하는 자가 음식물류 폐기물의 처리를 위탁한 경우 해당 폐기물의 처리과정이 폐기물의 처리 기준과 방법 또는 폐기물의 재활용 원칙 및 준수사항에 맞게 이루어지고 있는지를 환경부령으로 정하는 바에 따라 확인하는 등 필요한 조치를 취하여야 한다. 다만, 폐기물처리시설을 설치·운영하는 자에게 위탁하는 경우에는 그러하지 아니하다.

■ 음식물류 폐기물 발생 억제 계획의 수립주기 및 평가방법 등(규칙 제16조)
① 음식물류 폐기물 발생 억제 계획의 수립주기는 5년으로 하되, 그 계획에는 연도별 세부 추진계획을 포함하여야 한다. *중요내용*
② 특별자치시장, 특별자치도지사, 시장·군수·구청장은 제1항에 따른 연도별 세부 추진계획의 성과를 다음 연도 3월 31일까지 평가하여야 한다.
③ 특별자치시장, 특별자치도지사, 시장·군수·구청장은 제2항에 따른 평가 결과를 반영하여 연도별 세부 추진계획을 조정하여야 한다.

■ 생활계 유해폐기물 처리계획의 수립(규칙 제16조의2) - 생활계 유해폐기물 종류
① 폐농약
② 폐의약품

③ 수은이 함유된 폐기물
④ 천연방사성제품생활폐기물[「생활주변방사선 안전관리법」에 따른 가공제품 중 안전기준에 적합하지 않은 제품으로서 방사능 농도가 그램당 10베크렐 미만인 폐기물(조치를 이행할 제조업자가 없는 경우만 해당한다)을 말한다. 이 경우 가공제품으로부터 천연방사성핵종을 포함하지 않은 부분을 분리할 수 있는 때에는 그 부분을 제외한다]
⑤ 그 밖에 환경부장관이 생활폐기물 중 질병 유발 및 신체 손상 등 인간의 건강과 주변 환경에 피해를 유발할 수 있다고 인정하여 고시하는 폐기물

## ■ 생활폐기물 수집·운반 관련 안전기준(규칙 제16조의3)

① 안전기준을 적용해야 하는 대상
　1. 특별자치시장, 특별자치도지사, 시장·군수·구청장이 생활폐기물을 수집·운반하는 경우
　2. 생활폐기물의 처리를 대행받은 업체가 생활폐기물을 수집·운반하는 경우
② 안전기준을 준수해야 하는 경우
　1. 청소차량에 다음 각 목의 장치를 모두 설치·운영할 것
　　가. 청소차량에 의한 사고를 예방할 수 있는 후방영상장치
　　나. 비상시 환경미화원이 적재 장치의 작동을 제어할 수 있는 안전멈춤바 및 양손 조작방식의 안전스위치
　　다. 청소차량 배출가스가 환경미화원의 인체에 미치는 영향을 줄일 수 있는 수직형의 배출가수 배기관[청소차량이 내연기관이면서 압축 또는 압착식 진개(塵芥) 차량이거나 재활용품 전용 저압축형 차량인 경우만 해당한다]
　2. 안전화, 안전조끼, 장갑 등 보호장구를 환경미화원에게 지급할 것
　3. 다음 각 목의 조치를 할 것. 다만, 특별자치시장, 특별자치도지사 또는 시장·군수·구청장이 폐기물을 시급하게 처리할 필요가 있거나 주민 생활에 중대한 불편을 초래할 우려가 있는 등 해당 지방자치단체의 조례로 정한 사유에 해당하는 경우에는 그렇지 않다.
　　가. 주간작업을 원칙으로 할 것
　　나. 3명(운전자를 포함한다)이 1조를 이루어 작업하는 것을 원칙으로 할 것
　　다. 폭염·강추위, 폭우·폭설, 강풍, 미세먼지 등으로부터 환경미화원의 건강 위해를 예방하기 위하여 작업시간 조정 및 작업 중지 등 필요한 조치를 할 것

## ■ 사업장폐기물배출자의 의무(법 제17조)

① 사업장폐기물을 배출하는 사업자는 다음 각 호의 사항을 지켜야 한다.
　1. 사업장에서 발생하는 폐기물 중 환경부령으로 정하는 유해물질의 함유량에 따라 지정폐기물로 분류될 수 있는 폐기물에 대해서는 환경부령으로 정하는 바에 따라 폐기물분석전문기관에 의뢰하여 지정폐기물에 해당되는지를 미리 확인하여야 한다.

1의2. 사업장에서 발생하는 모든 폐기물을 폐기물의 처리 기준과 방법 및 폐기물의 재활용 원칙 및 준수사항에 적합하게 처리하여야 한다.
2. 생산 공정에서는 폐기물감량화시설의 설치, 기술개발 및 재활용 등의 방법으로 사업장폐기물의 발생을 최대한으로 억제하여야 한다.
3. 폐기물의 처리를 위탁하는 경우 환경부령으로 정하는 위탁·수탁의 기준 및 절차를 따라야 하며, 사업장 폐기물 배출자 중 업종·규모와 폐기물 배출량 등을 고려하여 환경부령으로 정하는 자는 해당 폐기물의 처리과정이 폐기물의 처리 기준과 방법 또는 폐기물의 재활용 원칙 및 준수사항에 맞게 이루어지고 있는지를 환경부령으로 정하는 바에 따라 확인하는 등 필요한 조치를 취하여야 한다. 다만, 폐기물처리시설을 설치·운영하는 자에게 위탁하는 경우에는 그러하지 아니하다.

② 환경부령으로 정하는 사업장폐기물배출자는 사업장폐기물의 종류와 발생량 등을 환경부령으로 정하는 바에 따라 특별자치시장, 특별자치도지사, 시장·군수·구청장에게 신고하여야 한다. 신고한 사항 중 환경부령으로 정하는 사항을 변경할 때에도 또한 같다.

③ 특별자치시장, 특별자치도지사, 시장·군수·구청장은 신고 또는 변경신고를 받은 날부터 20일 이내에 신고수리 여부를 신고인에게 통지하여야 한다. •중요내용

④ 특별자치시장, 특별자치도지사, 시장·군수·구청장이 정한 기간 내에 신고수리 여부나 민원 처리 관련 법령에 따른 처리기간의 연장을 신고인에게 통지하지 아니하면 그 기간이 끝난 날의 다음 날에 신고를 수리한 것으로 본다.

⑤ 환경부령으로 정하는 지정폐기물을 배출하는 사업자는 그 지정폐기물을 처리하기 전에 다음 각 호의 서류를 환경부장관에게 제출하여 확인을 받아야 한다. 다만, 「자동차관리법」에 따른 자동차정비업을 하는 자 등 환경부령으로 정하는 자가 지정폐기물을 공동으로 수집·운반하는 경우에는 그 대표자가 환경부장관에게 제출하여 확인을 받아야 한다.
1. 다음 각 목의 사항을 적은 폐기물처리계획서
   가. 상호, 사업장 소재지 및 업종
   나. 폐기물의 종류, 배출량 및 배출주기
   다. 폐기물의 운반 및 처리 계획
   라. 폐기물의 공동 처리에 관한 계획(공동 처리하는 경우만 해당한다)
   마. 그 밖에 환경부령으로 정하는 사항
2. 폐기물분석전문기관이 작성한 폐기물분석결과서
3. 지정폐기물의 처리를 위탁하는 경우에는 수탁처리자의 수탁확인서

⑥ 확인을 받은 자는 다음 각 호의 어느 하나에 해당하는 경우에는 그와 관련된 서류를 환경부장관에게 제출하여 변경확인을 받아야 한다.
1. 상호를 변경하려는 경우
2. 사업장 소재지를 변경하려는 경우
3. 지정폐기물의 월평균 배출량(확인 또는 변경확인을 받은 후 1년간의 배출량을 기준으로 산정한다)이 100분의 10 이상으로서 환경부령으로 정하는 비율 이상 증가하는 경우

4. 새로 배출되거나 추가로 배출되는 지정폐기물의 양(추가로 배출되는 경우는 종전에 배출되던 양을 더하여 산정한다)이 지정폐기물 처리계획 확인을 받아야 하는 경우에 해당하는 경우
5. 지정폐기물의 종류별 처리방법이나 처리자를 변경하려는 경우
6. 공동 처리하는 사업장의 수 또는 공동 처리하는 폐기물의 종류를 변경하려는 경우(공동 처리하는 경우만 해당한다)

## ■ 폐기물분석전문기관의 지정(법 제17조의2)

① 환경부장관은 폐기물에 관한 시험·분석 업무를 전문적으로 수행하기 위하여 다음 각 호의 기관을 폐기물 시험·분석 전문기관(이하 "폐기물분석전문기관"이라 한다)으로 지정할 수 있다. *중요내용*
  1. 「한국환경공단법」에 따른 한국환경공단(이하 "한국환경공단"이라 한다)
  2. 「수도권매립지관리공사의 설립 및 운영 등에 관한 법률」에 따른 수도권매립지관리공사
  3. 「보건환경연구원법」에 따른 보건환경연구원
  4. 그 밖에 환경부장관이 폐기물의 시험·분석 능력이 있다고 인정하는 기관

② 기관이 폐기물분석전문기관으로 지정을 받으려는 경우에는 대통령령으로 정하는 시설, 장비 및 기술능력을 갖추어 환경부장관에게 지정을 신청하여야 한다.

## ■ 폐기물분석전문기관 지정의 취소(법 제17조의5)

① 환경부장관은 폐기물분석전문기관이 다음 각 호의 어느 하나에 해당하면 그 지정을 취소하여야 한다.
  1. 거짓이나 그 밖의 부정한 방법으로 지정을 받은 경우
  2. 제17조의2 제5항에 따라 준용되는 제26조 각 호의 결격사유 중 어느 하나에 해당되는 경우. 다만, 법인의 임원 중에 제26조 제6호에 해당되는 자가 있는 경우 결격사유가 발생한 날부터 2개월 이내에 그 임원을 바꾸어 임명하면 그러하지 아니하다.
  3. 업무정지기간 중 시험·분석 업무를 한 경우

② 환경부장관은 폐기물분석전문기관이 다음 각 호의 어느 하나에 해당하면 그 지정을 취소하거나 6개월 이내의 기간을 정하여 업무의 전부 또는 일부의 정지를 명령할 수 있다.
  1. 시설, 장비 및 기술능력 기준에 미달된 경우
  2. 변경지정을 받지 아니하고 지정사항을 변경한 경우
  3. 제17조의3에 따른 준수사항을 위반한 경우
  4. 평가 결과가 환경부령으로 정하는 기준에 미달된 경우
  5. 고의나 중대한 과실로 사실과 다른 내용의 폐기물분석결과서를 발급한 경우
  6. 지정을 받은 후 1년 이내에 업무를 시작하지 아니하거나 정당한 사유 없이 계속하여 1년 이상 휴업한 경우

## ■ 음식물류 폐기물 배출자의 범위(규칙 제17조)

집단급식소를 운영하는 자를 말한다.

## ■ 사업장폐기물배출자의 확인 등(규칙 제17조의2)

① "환경부령으로 정하는 유해물질"이란 유해물질, 기름성분, 석면 또는 폴리클로리네이티드비페닐을 말한다.
② 사업장폐기물배출자는 사업장에서 발생하는 폐기물이 지정폐기물로 분류될 수 있는 경우로서 다음 각 호의 어느 하나에 해당하면 사업장에서 발생하는 폐기물이 지정폐기물에 해당되는지를 미리 확인해야 한다.
  1. 사업장폐기물배출자 신고 또는 변경신고(대상 폐기물의 종류가 변경된 경우만 해당한다)를 하는 경우
  2. 사용 원료, 생산 또는 배출 공정 등의 변경으로 폐기물의 종류 또는 성상이 변경되는 경우(1.에 해당하는 경우는 제외한다)
  3. 처리 대상 폐기물의 종류 또는 성상이 변경되는 경우

## ■ 사업장폐기물배출자의 범위(규칙 제17조의3)

① 다음 각 호의 어느 하나에 해당하는 자는 해당 폐기물의 처리과정이 폐기물의 처리 기준과 방법 또는 폐기물의 재활용 원칙 및 준수사항에 맞게 이뤄지고 있는지를 확인해야 한다.
  1. 사업장의 폐기물을 10톤 이상 배출하는 자
  2. 지정폐기물이 아닌 다음 각 목의 폐기물을 배출하는 사업장폐기물배출자
     가. 오니, 폐합성고분자화합물(월 평균 2톤 이상 배출되는 경우만 해당한다)
     나. 광재, 분진, 폐사(폐주물사 및 샌드블라스트폐사를 말한다. 이하 같다), 폐내화물, 도자기조각(재벌구이 전에 유약을 바른 도자기조각을 말한다. 이하 같다), 소각재, 안정화 또는 고형화처리물, 폐촉매, 폐흡착제 또는 폐흡수제(각각 월 평균 1톤 이상 배출되는 경우만 해당한다)
  3. 다음 각 목의 지정폐기물을 배출하는 사업장폐기물배출자
     가. 오니(월 평균 1톤 이상 배출되는 경우만 해당한다)
     나. 폐농약, 광재, 분진, 폐주물사, 폐사, 폐내화물, 도자기조각, 소각재, 안정화 또는 고형화처리물, 폐촉매, 폐흡착제, 폐흡수제, 폐유기용제 또는 폐유(각각 월 평균 130킬로그램 또는 합계 월 평균 200킬로그램 이상 배출되는 경우만 해당한다)
     다. 폐합성고분자화합물, 폐산, 폐알칼리, 폐페인트, 폐래커 또는 폐석면(각각 월 평균 200킬로그램 또는 합계 월 평균 400킬로그램 이상 배출되는 경우만 해당한다)
     라. 폴리클로리네이티드비페닐 함유 폐기물
     마. 폐유독물질

바. 「의료법」의 종합병원에서 배출되는 의료폐기물
사. 수은폐기물
아. 천연방사성제품폐기물(「생활주변방사선 안전관리법」에 따른 가공제품 중 안전기준에 적합하지 않은 제품으로서 방사능 농도가 그램당 10베크렐 미만인 폐기물을 말한다. 이 경우 가공제품으로부터 천연방사성핵종을 포함하지 않은 부분을 분리할 수 있는 때에는 그 부분을 제외한다)
자. 고시된 지정폐기물(환경부장관이 정하여 고시하는 양 이상으로 배출되는 경우만 해당한다)
4. 제21조 제1항 제7호 및 제7호의2에 해당하는 자(지정폐기물을 배출하는 경우만 해당한다)

■ **사업장폐기물배출자의 신고(규칙 제18조)**

① 법 제17조 제2항에서 "환경부령으로 정하는 사업장폐기물배출자"란 지정폐기물 외의 사업장폐기물[생활폐기물로 만든 중간가공폐기물 외의 중간가공폐기물, 폐지 및 고철(비철금속을 포함한다. 이와 같다), 왕겨 및 쌀겨는 제외한다. 이하 이 조에서 같다]을 배출하는 자로서 다음 각 호의 어느 하나에 해당하는 자를 말한다. ◆중요내용

1. 「대기환경보전법」· 「물환경보전법」 또는 「소음 · 진동관리법」에 따른 배출시설(이하 "배출시설"이라 한다)을 설치 · 운영하는 자로서 폐기물을 1일 평균 100킬로그램 이상 배출하는 자
2. 영 제2조 제1호부터 제5호까지의 시설을 설치 · 운영하는 자로서 폐기물을 1일 평균 100킬로그램 이상 배출하는 자
3. 폐기물을 1일 평균 300킬로그램 이상 배출하는 자
4. 건설공사 및 공사 또는 작업 등으로 인하여 폐기물을 5톤 이상 배출하는 자(공사의 경우에는 발주자로부터 최초로 공사의 전부를 도급받은 자를 포함한다)
5. 사업장폐기물 공동처리 운영기구의 대표자(제21조 제1항 제7호 및 제8호에 해당하는 자는 제외한다)

② 제1항 각 호의 어느 하나에 해당하는 자는 사업장폐기물배출자신고서에 수탁처리능력 확인서를 첨부(그 사업장에서 발생하는 폐기물을 위탁하여 처리하는 경우만 해당한다)하여 다음 각 호와 같이 사업장폐기물의 발생지(사업장폐기물 공동처리의 경우에는 그 운영기구 대표자의 사업장 소재지)를 관할하는 특별자치시장, 특별자치도지사 또는 시장 · 군수 · 구청장에게 신고해야 한다. 지정폐기물 여부를 미리 확인하여야 하는 자는 폐기물분석전문기관이 작성한 폐기물분석결과서를 신고서에 첨부해야 한다.

1. 제1항 제1호부터 제3호까지의 규정에 해당하는 자의 경우 : 사업 개시일 또는 폐기물이 발생한 날부터 1개월 이내
2. 제1항 제4호에 해당하는 자의 경우 : 폐기물의 배출 예정일(공사의 경우에는 착공일을 말한다)까지
3. 제1항 제5호에 해당하는 자의 경우 : 사업 개시일부터 7일 이내

③ 특별자치시장, 특별자치도지사 또는 시장·군수·구청장은 제2항에 따른 신고를 받으면 사업장폐기물배출자 신고증명서를 신고인에게 내주어야 한다.

④ 신고를 한 자는 다음 각 호의 어느 하나에 해당하는 사유가 발생하면 그 사유가 발생한 날부터 1개월 이내에(제1항 제4호에 해당하는 자는 처리하기 전까지, 제7호 및 제8호에 해당하는 경우에는 10일 이내에) 변경신고서에 수탁처리능력 확인서(그 사업장에서 발생하는 폐기물을 위탁하여 처리하는 경우만 해당한다), 변경내용을 확인할 수 있는 서류, 사업장폐기물배출자 신고증명서 및 폐기물분석전문기관이 작성한 폐기물분석결과서를 첨부하여 특별자치시장, 특별자치도지사, 시장·군수·구청장에게 제출해야 한다.

1. 신고한 사업장폐기물의 월 평균 배출량(신고 또는 변경신고 후 매 1년간의 배출량을 기준으로 산정한다)이 100분의 50 이상 증가한 경우. 다만, 제1항 제4호의 경우에는 총배출량이 100분의 50 이상 증가한 경우만 해당한다.
2. 신고 당시에는 배출되지 아니한 사업장폐기물이 1일 평균 300킬로그램(제1항 제1호 및 제2호의 경우에는 100킬로그램) 이상 추가로 배출되는 경우(제1항 제4호의 경우는 제외한다)
3. 상호 또는 사업장의 소재지를 변경한 경우
4. 사업장폐기물의 종류별 처리계획을 변경한 경우(폐기물의 처리방법이 같은 경우로서 처리장소만을 변경한 경우는 제외한다)
5. 사업장폐기물 공동처리 운영기구의 대표자, 대상사업장의 수 또는 대상 폐기물의 종류가 변경된 경우(사업장 폐기물 공동처리의 경우만 해당한다)
6. 폐기물이 발생되는 공사기간이 3개월 이상 연장되는 경우(제1항 제4호의 경우만 해당한다)
7. 「순환경제사회 전환 촉진법」에 따라 사업장 폐기물이 순환자원으로 인정받거나 지정·고시된 경우
8. 「순환경제사회 전환 촉진법」에 따라 사업장 폐기물에 대한 순환자원의 인정 또는 지정이 취소된 경우
9. 「순환경제사회 전환 촉진법」에 따라 매립한 폐기물을 재활용하기 위하여 파내는 경우

## ■ 지정폐기물 처리계획의 확인(규칙 제18조의2)

① "환경부령으로 정하는 지정폐기물을 배출하는 사업자"란 다음 각 호의 어느 하나에 해당하는 사업자(생활폐기물로 만든 중간가공 폐기물 외의 중간가공 폐기물을 배출하는 사업자는 제외한다)를 말한다. *중요내용*

1. 오니(월 평균 500킬로그램 이상 배출되는 경우에만 해당한다)
2. 폐농약, 광재, 분진, 폐주물사, 폐사, 폐내화물, 도자기조각, 소각재, 안정화 또는 고형화 처리물, 폐촉매, 폐흡착제, 폐흡수제, 폐유기용제 또는 폐유를 월 평균 50킬로그램 또는 합계 월 평균 130킬로그램 이상 배출하는 사업자
3. 폐합성고분자화합물, 폐산, 폐알칼리, 폐페인트, 또는 폐래커를 각각 월 평균 100킬로그램 또는 합계 월 평균 200킬로그램 이상 배출하는 사업자

3의2. 폐석면을 월 평균 20킬로그램 이상 배출하는 사업자. 이 경우 축사 등 환경부장관이 정하여 고시하는 시설물을 운영하는 사업자가 5톤 미만의 슬레이트 지붕 철거ㆍ제거 작업을 전부 도급한 경우에는 수급인(하수급인은 제외한다)이 사업자를 갈음하여 지정폐기물 처리계획의 확인을 받을 수 있다.
4. 폴리클로리네이티드비페닐 함유폐기물을 배출하는 사업자
5. 폐유독물질을 배출하는 사업자
6. 의료폐기물을 배출하는 사업자
7. 수은폐기물을 배출하는 사업자
8. 천연방사성제품 폐기물을 배출하는 사업자
9. 지정폐기물을 환경부장관이 정하여 고시하는 양 이상으로 배출하는 사업자

② 그 밖에 "환경부령으로 정하는 사항"이란 다음 각 호의 사항을 말한다.
1. 주원료명 및 사용량
2. 주생산품명 및 생산량
3. 제조공정

③ 확인을 받으려는 자는 사업개시일 또는 폐기물이 발생한 날부터 1개월 이내에 폐기물의 발생지(사업장폐기물공동처리의 경우에는 그 운영기구 대표자의 사업장 소재지를 말한다. 이하 이 조에서 같다)를 관할하는 시ㆍ도지사 또는 지방환경관서의 장에게 제출하여야 한다.

④ 확인신청을 받은 시ㆍ도지사 또는 지방환경관서의 장은 처리계획의 적정 여부를 검토한 후 신청을 받은 날부터 5일 이내에 별지 제14호 서식의 폐기물 처리계획 확인증명서를 신청인에게 내주어야 한다. 다만, 법 제17조 제5항의 적용대상이 되는 폐기물이 추가되는 등의 사유로 5일 이내에 그 처리계획이 적정한지 확인하기 곤란하면 환경부장관이 정하여 고시하는 기준에 따라 그 처리계획의 적정성을 확인하여 폐기물 처리계획 확인증명서를 내줄 수 있는 시기를 조정할 수 있다.

⑤ 확인을 받은 자는 법 제17조 제6항 각 호의 어느 하나에 해당하는 경우 그 사유가 발생한 날부터 30일 이내에(30일 전에 해당 폐기물을 처리하려는 경우에는 폐기물을 처리하기 전까지) 폐기물 처리계획서에 변경하려는 사항을 적어 폐기물의 발생지를 관할하는 시ㆍ도지사 또는 지방환경관서의 장에게 제출하여야 한다.

⑥ 사업장폐기물배출자의 의무에서 환경부령으로 정하는 비율이란 100분의 30을 말한다.

## ■ 폐기물 발생 억제를 위한 기본 방침 및 절차(규칙 제19조)

### - 환경부령으로 정하는 기본방침과 절차

1. 사업장폐기물 배출자는 기술개발ㆍ공정개선ㆍ재이용 등의 방법으로 폐기물의 발생을 억제하기 위한 자체계획을 수립ㆍ시행할 것
2. 제1호에 따른 자체계획의 내용에는 자체적으로 설정한 폐기물 발생억제 목표율 및 효율적인 달성방법 등을 포함할 것

3. 사업장폐기물배출자는 제1호에 따른 자체계획의 추진실적을 정기적으로 평가하고 그 결과를 기록 · 유지할 것
4. 사업장폐기물배출자는 같은 종류의 제품을 제조하는 사업자 간의 상호 정보교환 및 기술제공 등을 통하여 폐기물 발생을 억제하기 위한 공동 노력에 적극 참여하며, 재활용이 가능한 폐기물을 분리 · 회수하는 체계를 마련하기 위하여 노력할 것

## ■ 사업장폐기물의 처리(법 제18조)

① 사업장폐기물배출자는 그의 사업장에서 발생하는 폐기물을 스스로 처리하거나 폐기물처리업의 허가를 받은 자, 폐기물처리 신고자, 폐기물처리시설을 설치 · 운영하는 자, 건설폐기물처리업의 허가를 받은 자 또는 폐기물 해양 배출업의 등록을 한 자에게 위탁하여 처리하여야 한다.

② 환경부령으로 정하는 사업장폐기물(폐지, 왕겨, 고철, 쌀겨는 제외)을 배출, 수집 · 운반, 재활용 또는 처분하는 자는 그 폐기물을 배출, 수집 · 운반, 재활용 또는 처분할 때마다 폐기물의 인계 · 인수에 관한 사항과 계량값, 위치정보, 영상정보 등 환경부령으로 정하는 폐기물현장정보를 환경부령으로 정하는 바에 따라 전자정보처리프로그램에 입력하여야 한다. 다만, 의료폐기물은 환경부령으로 정하는 바에 따라 무선주파수인식방법을 이용하여 그 내용을 전자정보처리프로그램에 입력하여야 한다.

③ 환경부장관은 입력된 폐기물 인계 · 인수 내용을 해당 폐기물을 배출하는 자, 수집 · 운반하는 자, 재활용하는 자 또는 처분하는 자가 확인 · 출력할 수 있도록 하여야 하며, 그 폐기물을 배출하는 자, 수집 · 운반하는 자, 재활용하는 자 또는 처분하는 자를 관할하는 시장 · 군수 · 구청장 또는 시 · 도지사가 그 폐기물의 배출, 수집 · 운반, 재활용 및 처분 과정을 검색 · 확인할 수 있도록 하여야 한다.

④ 환경부령으로 정하는 둘 이상의 사업장폐기물배출자는 각각의 사업장에서 발생하는 폐기물을 환경부령으로 정하는 바에 따라 공동으로 수집, 운반, 재활용 또는 처분할 수 있다. 이 경우 사업장폐기물배출자는 공동운영기구를 설치하고 그 중 1명을 공동 운영기구의 대표자로 선정하여야 하며, 폐기물처리시설을 공동으로 설치 · 운영할 수 있다.

## ■ 유해성 정보자료의 작성 · 제공 의무(법 제18조의2)

① 사업장폐기물배출자는 환경부령으로 정하는 사업장폐기물을 배출하는 경우에는 환경부령으로 정하는 바에 따라 스스로 또는 환경부령으로 정하는 전문기관에 의뢰하여 다음 각 호의 사항을 포함한 유해성 정보자료(이하 "유해성 정보자료"라 한다)를 작성하여야 한다.
1. 사업장폐기물의 종류
2. 사업장폐기물의 물리 · 화학적 성질 및 취급 시 주의사항
3. 사업장폐기물로 인하여 화재 등의 사고 발생 시 방제 등 조치방법
4. 그 밖에 환경부령으로 정하는 사항

② 사업장폐기물배출자는 유해성 정보자료를 작성한 후 생산공정이나 사용 원료의 변경 등 환경부령으로 정하는 중요사항이 변경된 경우에는 환경부령으로 정하는 바에 따라 그 변경내용을 반영하여 스스로 또는 환경부령으로 정하는 기관에 의뢰하여 유해성 정보자료를 다시 작성하여야 한다.
③ 사업장폐기물배출자는 해당 사업장폐기물을 위탁하여 처리하는 경우에는 수탁자에게 제1항 및 제2항에 따라 작성한 유해성 정보자료를 제공하여야 한다.
④ 사업장폐기물배출자와 수탁자는 제1항, 제2항 및 제3항에 따라 작성하거나 제공받은 유해성 정보자료를 사업장폐기물의 수집·운반차량, 보관장소 및 처리시설에 각각 게시하거나 비치하여야 한다.

## ■ 폐기물 인계·인수사항과 폐기물처리현장 정보의 입력 방법과 절차(규칙 제20조 제3항 : 별표 6)

1. 폐기물 인계·인수에 관한 내용은 다음 각 목의 어느 하나에 해당하는 매체를 이용한 방법으로 전자정보처리프로그램에 입력하여야 한다.
   가. 컴퓨터
   나. 이동형 통신수단
   다. 전산처리기구의 ARS
2. 사업장폐기물을 배출, 수집·운반, 처분 또는 재활용하는 자는 인계·인수하는 폐기물의 종류와 양 등의 내용을 전자정보처리프로그램에 입력하여야 한다. *중요내용
   가. 배출자는 운반자에게 폐기물을 인계하기 전이나 컨테이너를 사용하여 수출폐기물 또는 수입폐기물을 스스로 운반하기 전에 폐기물의 종류 및 양 등을 전자정보처리프로그램에 확정 또는 예약입력하여야 하며, 예약입력한 경우에는 처리자가 폐기물을 인수한 후 2일 이내에 확정입력하여야 한다.
   나. 운반자는 배출자로부터 폐기물을 인수받은 날부터 2일 이내에 전달받은 인계번호를 확인하여 전자정보처리프로그램에 입력하여야 한다. 다만, 적재능력이 작은 차량으로 폐기물을 수집하여 적재능력이 큰 차량으로 옮겨 싣기 위하여 임시보관장소를 경유하여 운반하는 경우에는 처리자에게 인계한 후 2일 이내에 입력하여야 한다.
   다. 처분 또는 재활용하는 자는 운반자로부터 폐기물을 인수한 때에는 인수한 날부터 2일 이내에 인계번호, 인계일자, 인수량 등을 전자정보처리프로그램에 입력하여야 한다. 다만, 수도권매립지관리공사에 반입되는 폐기물 중 「수도권매립지관리공사의 설립 및 운영 등에 관한 법률」에 따라 성분검사 등을 실시하는 폐기물에 대하여는 한국환경공단이 인정하는 경우에 한하여 입력기한을 30일로 연장할 수 있다.
   라. 처분 또는 재활용하는 자는 다목에 따라 입력한 폐기물을 처리한 후 2일 이내에 처리량 및 처리일자 등을 전자정보처리프로그램에 입력하여야 한다. 이 경우 처리기간을 초과하여서는 아니 된다.

■ **사업장폐기물의 공동처리(규칙 제21조) – 환경부령으로 정하는 둘 이상의 사업장폐기물 배출자**

① 자동차정비업을 하는 자
② 건설기계정비업을 하는 자
③ 여객자동차운송사업을 하는 자
④ 화물자동차운송사업을 하는 자
⑤ 세탁업을 하는 자
⑥ 인쇄사를 경영하는 자
⑦ 같은 법인의 사업자 및 동일한 기업집단의 사업자
⑧의2. 같은 산업단지 등 사업장 밀집지역의 사업장을 운영하는 자
⑨ 의료폐기물을 배출하는 자(종합병원은 제외한다)
⑩ 사업장폐기물이 소량으로 발생하여 공동으로 수집·운반하는 것이 효율적이라고 시·도지사, 시장·군수·구청장 또는 지방환경관서의 장이 인정하는 사업장을 운영하는 자

■ **폐기물처리업(법 제25조)** 〔중요내용〕

① 폐기물의 수집·운반, 재활용 또는 처분을 업(이하 "폐기물처리업"이라 한다)으로 하려는 자(음식물류 폐기물을 제외한 생활폐기물을 재활용하려는 자와 폐기물처리 신고자는 제외한다)는 환경부령으로 정하는 바에 따라 지정폐기물을 대상으로 하는 경우에는 폐기물 처리 사업계획서를 환경부장관에게 제출하고, 그 밖의 폐기물을 대상으로 하는 경우에는 시·도지사에게 제출하여야 한다. 환경부령으로 정하는 중요 사항을 변경하려는 때에도 또한 같다.

② 환경부장관이나 시·도지사는 제출된 폐기물 처리사업계획서를 다음 각 호의 사항에 관하여 검토한 후 그 적합 여부를 폐기물처리사업계획서를 제출한 자에게 통보하여야 한다.
  1. 폐기물처리업 허가를 받으려는 자(법인의 경우에는 임원을 포함한다)가 결격사유에 해당하는지 여부
  2. 폐기물처리시설의 입지 등이 다른 법률에 저촉되는지 여부
  3. 폐기물처리사업계획서상의 시설·장비와 기술능력이 제3항에 따른 허가기준에 맞는지 여부
  4. 폐기물처리시설의 설치·운영으로 상수원보호구역의 수질이 악화되거나 환경기준의 유지가 곤란하게 되는 등 사람의 건강이나 주변 환경에 영향을 미치는지 여부

③ 적합통보를 받은 자는 그 통보를 받은 날부터 2년(폐기물 수집·운반업의 경우에는 6개월, 폐기물처리업 중 소각시설과 매립시설의 설치가 필요한 경우에는 3년) 이내에 환경부령으로 정하는 기준에 따른 시설·장비 및 기술능력을 갖추어 업종, 영업대상 폐기물 및 처리분야별로 지정폐기물을 대상으로 하는 경우에는 환경부장관의, 그 밖의 폐기물을 대상으로 하는 경우에는 시·도지사의 허가를 받아야 한다. 이 경우 환경부장관 또는 시·도지사는 제2항에 따라 적합통보를 받은 자가 그 적합통보를 받은 사업계획에 따라 시설·장비 및 기술인력 등의 요건을 갖추어 허가신청을 한 때에는 지체 없이 허가하여야 한다.

④ 환경부장관 또는 시·도지사는 천재지변이나 그 밖의 부득이한 사유로 제3항의 기간 내에 허가신청을 하지 못한 자에 대하여는 신청에 따라 총 연장기간 1년(폐기물 수집·운반업의 경우에는 총 연장기간 6개월, 폐기물 최종처분업과 폐기물 종합처분업의 경우에는 총 연장기간 2년)의 범위에서 허가신청기간을 연장할 수 있다. *중요내용*

⑤ 폐기물처리업의 업종 구분과 영업 내용은 다음과 같다. *중요내용*
  1. 폐기물 수집·운반업 : 폐기물을 수집하여 재활용 또는 처분 장소로 운반하거나 폐기물을 수출하기 위하여 수집·운반하는 영업
  2. 폐기물 중간처분업 : 폐기물 중간처분시설을 갖추고 폐기물을 소각 처분, 기계적 처분, 화학적 처분, 생물학적 처분, 그 밖에 환경부장관이 폐기물을 안전하게 중간처분할 수 있다고 인정하여 고시하는 방법으로 중간처분하는 영업
  3. 폐기물 최종처분업 : 폐기물 최종처분시설을 갖추고 폐기물을 매립 등(해역 배출은 제외한다)의 방법으로 최종처분하는 영업
  4. 폐기물 종합처분업 : 폐기물 중간처분시설 및 최종처분시설을 갖추고 폐기물의 중간처분과 최종처분을 함께 하는 영업
  5. 폐기물 중간재활용업 : 폐기물 재활용시설을 갖추고 중간가공 폐기물을 만드는 영업
  6. 폐기물 최종재활용업 : 폐기물 재활용시설을 갖추고 중간가공 폐기물을 제13조의2에 따른 폐기물의 재활용원칙 및 준수사항에 따라 재활용하는 영업
  7. 폐기물 종합재활용업 : 폐기물 재활용시설을 갖추고 중간재활용업과 최종재활용업을 함께 하는 영업

⑥ 폐기물처리업 허가를 받은 자는 같은 항 제1호에 따른 폐기물 수집·운반업의 허가를 받지 아니하고 그 처리 대상 폐기물을 스스로 수집·운반할 수 있다.

⑦ 환경부장관 또는 시·도지사는 허가 또는 변경허가를 할 때에는 주민생활의 편익, 주변 환경보호 및 폐기물처리업의 효율적 관리 등을 위하여 필요한 조건을 붙일 수 있다. 다만, 영업 구역을 제한하는 조건은 생활폐기물의 수집·운반업에 대하여 붙일 수 있으며, 이 경우 시·도지사는 시·군·구 단위 미만으로 제한하여서는 아니 된다.

⑧ 폐기물처리업의 허가를 받은 자(이하 "폐기물처리업자"라 한다)는 다른 사람에게 자기의 성명이나 상호를 사용하여 폐기물을 처리하게 하거나 그 허가증을 다른 사람에게 빌려주어서는 아니 된다.

⑨ 폐기물처리업자는 다음 각 호의 준수사항을 지켜야 한다. *중요내용*
  1. 환경부령으로 정하는 바에 따라 폐기물을 허가받은 사업장 내 보관시설이나 승인받은 임시보관시설 등 적정한 장소에 보관할 것
  2. 환경부령으로 정하는 양 또는 기간을 초과하여 폐기물을 보관하지 말 것
  3. 자신의 처리시설에서 처리가 어렵거나 처리능력을 초과하는 경우에는 폐기물의 처리를 위탁받지 말 것
  4. 보관·매립 중인 폐기물에 대하여 영상정보처리기기의 설치·관리 및 영상정보의 수집·

보관 등 환경부령으로 정하는 화재예방조치를 할 것(폐기물 수집·운반업을 하는 자는 제외한다)
   5. 처리명령, 반입정지명령 또는 조치명령 등 처분이 내려진 장소로 폐기물을 운반하지 아니할 것
   6. 그 밖에 폐기물 처리 계약 시 계약서 작성·보관 등 환경부령으로 정하는 준수사항을 지킬 것
⑩ 의료폐기물의 수집·운반 또는 처분을 업으로 하려는 자는 다른 폐기물과 분리하여 별도로 수집·운반 또는 처분하는 시설·장비 및 사업장을 설치·운영하여야 한다.
⑪ 허가를 받은 자가 환경부령으로 정하는 중요사항을 변경하려면 변경허가를 받아야 하고, 그 밖의 사항 중 환경부령으로 정하는 사항을 변경하려면 변경신고를 하여야 한다.
⑫ 환경부장관 또는 시·도지사는 변경신고를 받은 날부터 20일 이내에 변경신고수리 여부를 신고인에게 통지하여야 한다.
⑬ 환경부장관 또는 시·도지사가 정한 기간 내에 변경신고수리 여부나 민원 처리 관련 법령에 따른 처리 기간의 연장을 신고인에게 통지하지 아니하면 그 기간이 끝난 날의 다음 날에 변경신고를 수리한 것으로 본다.
⑭ 지정폐기물과 지정폐기물 외의 폐기물을 동일한 폐기물처리시설에서 처리하려는 자가 지정폐기물과 관련하여 다음 각 호의 어느 하나에 해당하면 지정폐기물 외의 폐기물과 관련하여 각각 그에 해당하는 시·도지사의 적합 통보·허가 또는 변경허가를 받거나 시·도지사에게 변경 신고를 한 것으로 본다.
   1. 환경부장관으로부터 폐기물 처리 사업계획서의 적합 통보를 받은 경우
   2. 환경부장관으로부터 폐기물처리업의 허가를 받은 경우
   3. 환경부장관으로부터 폐기물처리업의 변경허가를 받거나 환경부장관에게 변경신고를 한 경우
⑮ 지정폐기물 외의 폐기물과 관련해 시·도지사의 적합 통보·허가·변경허가·변경신고의 의제를 받으려는 자는 환경부장관에게 폐기물 처리 사업계획서의 제출, 폐기물처리업의 허가 신청, 변경허가 신청 또는 변경신고를 할 때에 환경부령으로 정하는 관련 서류를 함께 제출하여야 한다.
⑯ 환경부장관은 관련 서류를 제출받으면 관할 시·도지사의 의견을 들어야 하며, 적합통보·허가·변경허가를 하거나 변경신고를 받으면 관할 시·도지사에게 그 내용을 알려야 한다.
⑰ 폐기물처리업을 하려는 자 중 다음 각 호의 어느 하나에 해당하는 자는 제1항 및 제2항에 따른 절차를 거치지 아니하고 제3항에 따른 허가를 신청할 수 있다.
   1. 산업단지에서 폐기물처리업을 하려는 자
   2. 재활용단지에서 폐기물처리업을 하려는 자
   3. 폐기물 재활용업을 하려는 자

## ■ 폐기물처리업의 적합성확인(법 제25조의3)

① 폐기물처리업자는 대통령령으로 정하는 업종별 적합성확인의 유효기간이 경과할 때마다 환경부장관 또는 시·도지사로부터 다음 각 호의 사항을 모두 충족하여 폐기물처리업을 계속 수행할 수 있는 적합성을 갖추었음을 확인 받아야 한다.
   1. 폐기물의 처리 기준과 방법 또는 폐기물의 재활용 원칙 및 준수사항을 충족하는 등 환경부령으로 정하는 조건을 갖추고 있을 것
   2. 결격사유에 해당하지 아니할 것
   3. 이 법을 위반하여 발생한 법적 책임을 모두 이행하였을 것
② 적합성확인을 받으려는 자는 업종별 적합성확인 유효기간이 만료되기 3개월 전까지 환경부령으로 정하는 바에 따라 제1항 각 호의 사항을 확인하는 데 필요한 자료를 첨부하여 환경부장관 또는 시·도지사에게 신청하여야 한다. 이 경우 적합성확인신청을 받은 환경부장관 또는 시·도지사는 특별한 사정이 없으면 유효기간 만료일 이전에 적합성 여부를 확인하여 적합성확인 신청인에게 통보하여야 한다.
③ 환경부장관 또는 시·도지사가 적합성확인기간 만료일까지 적합성 여부를 확인하여 적합성확인신청인에게 통보하지 아니한 경우에는 적합성확인신청인은 적합성확인 유효기간이 만료된 이후에도 폐기물처리업을 계속 영위할 수 있다.

## ■ 의료폐기물 처리에 관한 특례(법 제25조의4)

환경부장관은 의료폐기물 중간처분 또는 종합처분을 업으로 하는 자의 시설·장비 또는 사업장의 부족으로 의료폐기물의 원활한 처분이 어려워 국민건강 및 환경에 위해를 끼칠 우려가 있는 경우 환경 오염이나 인체 위해도가 낮은 의료폐기물로서 대통령령으로 정하는 의료폐기물에 한정하여 이를 환경부령으로 정하는 바에 따라 지정폐기물 중간처분 또는 종합처분을 업으로 하는 자에게 처분하게 할 수 있다.

## ■ 폐기물처리업의 허가(규칙 제28조)

① 폐기물처리업을 하려는 자는 폐기물처리 사업계획서에 다음 각 호의 구분에 따른 서류를 첨부하여 폐기물 중간처분시설 및 최종처분시설(이하 "폐기물 처분시설"이라 한다) 또는 재활용시설 설치예정지(지정폐기물 수집·운반업의 경우에는 주차장 소재지, 지정폐기물 외 폐기물 수집·운반업의 경우에는 연락장소 또는 사무실 소재지)를 관할하는 시·도지사 또는 지방환경관서의 장에게 제출하여야 한다.
   1. 폐기물 수집·운반업 : 수집·운반대상 폐기물의 수집·운반계획서(시설 설치, 장비 및 기술능력의 확보계획을 포함한다)
   2. 폐기물 중간처분업, 폐기물 최종처분업 및 폐기물 종합처분업
      가. 처분대상 폐기물의 처분계획서(시설 설치, 장비 및 기술능력의 확보계획을 포함한다)

나. 배출시설의 설치허가 신청 또는 신고 시의 첨부서류(배출시설에 해당하는 폐기물 처분시설을 설치하는 경우만 제출하며, 가목의 서류와 중복되면 그에 해당하는 서류는 제출하지 아니할 수 있다)

다. 환경부장관이 정하여 고시하는 사항을 포함하는 환경성조사서(소각시설과 매립시설로 한정하되, 「환경영향평가법」에 따른 전략환경영향평가 대상사업, 환경영향평가 대상사업 또는 소규모 환경영향평가 대상사업인 경우에는 전략환경영향평가서, 환경영향평가서나 소규모 환경영향평가서로 대체할 수 있다)

3. 폐기물 중간재활용업, 폐기물 최종재활용업 및 폐기물 종합재활용업

가. 재활용대상 폐기물의 재활용계획서(시설 설치, 장비 및 기술능력의 확보계획을 포함한다)

나. 배출시설의 설치허가 신청 또는 신고 시의 첨부서류(배출시설에 해당하는 폐기물 재활용시설을 설치하는 경우만 제출하며, 가목의 서류와 중복되면 그에 해당하는 서류는 제출하지 아니할 수 있다)

다. 환경부장관이 정하여 고시하는 사항을 포함하는 환경성조사서(폐기물을 연료로 사용하는 시멘트 소성로와 소각열회수시설로 한정하되, 「환경영향평가법」에 따른 전략환경영향평가 대상사업, 환경영향평가 대상사업 또는 소규모 환경영향평가 대상사업인 경우에는 전략환경영향평가서, 환경영향평가서나 소규모 환경영향평가서로 대체할 수 있다)

② 1개의 폐기물 처분시설 또는 재활용시설에 대하여 2개 이상의 사업자로 나누어 폐기물처리업 허가를 신청하거나, 폐기물 처분시설 또는 재활용시설 설치승인 또는 신고를 하여서는 아니 된다.

③ 법 제25조 제1항 후단에서 "환경부령으로 정하는 중요 사항"이란 다음 각 호의 구분에 따른 사항을 말한다.(폐기물처리사업계획서) *중요내용*

1. 폐기물 수집 · 운반업

가. 대표자 또는 상호

나. 연락장소 또는 사무실 소재지(지정폐기물 수집 · 운반업의 경우에는 주차장 소재지를 포함한다)

다. 영업구역(생활폐기물의 수집 · 운반업만 해당한다)

라. 수집 · 운반 폐기물의 종류

마. 운반차량의 수 또는 종류

2. 폐기물 중간처분업, 폐기물 최종처분업 및 폐기물 종합처분업

가. 대표자 또는 상호

나. 폐기물 처분시설 설치 예정지

다. 폐기물 처분시설의 수(증가하는 경우에만 해당한다)

라. 폐기물 처분시설의 구조 및 규모[별표 9 제1호 나목 2) 가) (1) · (2), 나) (1) · (2), 다)

(2)·(3), 라) (1)·(2)에 따른 기준을 변경하는 경우, 차수시설·침출수처리시설을 변경하는 경우 및 「대기환경보전법」 또는 「물환경보전법」에 따른 배출시설의 변경허가 또는 변경신고 사유에 해당하는 경우로 한정한다]
　마. 폐기물 처분시설의 처분용량(처분용량의 변경으로 다른 법령에 따른 인·허가를 받아야 하는 경우와 처분용량이 100분의 30 이상 증감하는 경우만 해당한다)
　바. 허용보관량
　사. 매립시설의 제방의 규모(증가하는 경우에만 해당한다)
3. 폐기물 중간재활용업, 폐기물 최종재활용업 및 폐기물 종합재활용업
　가. 대표자 또는 상호
　나. 폐기물 재활용시설 설치 예정지
　다. 폐기물 재활용시설의 수(증가하는 경우에만 해당한다)
　라. 폐기물 재활용시설의 구조 및 규모[별표 9 제3호 마목 13)·14)에 따른 기준을 변경하는 경우, 「대기환경보전법」 또는 「물환경보전법」에 따른 배출시설의 변경허가 또는 변경신고 사유에 해당하는 경우로 한정한다]
　마. 폐기물 재활용시설의 재활용용량(재활용용량의 변경으로 다른 법령에 따른 인·허가를 받아야 하는 경우와 재활용용량이 100분의 30 이상 증감하는 경우만 해당한다)
　바. 허용보관량

④ 허가를 받고자 하는 자는 허가신청서에 다음 각 호의 구분에 따른 서류를 첨부하여 시·도지사나 지방환경관서의 장에게 제출하여야 한다.
1. 폐기물 수집·운반업
　가. 시설 및 장비명세서
　나. 수집·운반 대상 폐기물의 수집·운반계획서
　다. 기술능력의 보유 현황 및 그 자격을 증명하는 서류

■ 폐기물처리업의 시설 · 장비 · 기술능력의 기준(규칙 제28조 제6항 : 별표 7)

1. 폐기물수집 · 운반업의 기준
   가. 생활폐기물 또는 사업장비(非)배출시설계 폐기물을 수집 · 운반하는 경우
      1) 장비 *중요내용
         가) 밀폐형 압축 · 압착차량 1대(특별시 · 광역시는 2대) 이상
         나) 밀폐형 차량 또는 밀폐형 덮개 설치차량 1대 이상(적재능력 합계 4.5톤 이상). 다만, 생활폐기물을 수집 · 운반하는 경우에는 2018년 6월 30일까지 적재능력을 적용하지 아니한다.
         다) 섭씨 4도 이하의 냉장 적재함이 설치된 차량 1대 이상(의료기관 일회용기저귀를 수집 · 운반하는 경우에 한정한다)
      2) 연락장소 또는 사무실
   나. 사업장배출시설계폐기물을 수집 · 운반하는 경우
      1) 장비 *중요내용
         가) 액체상태 폐기물을 수집 · 운반하는 경우 : 탱크로리 1대 이상, 밀폐형 차량 1대 이상
         나) 고체상태 폐기물을 수집 · 운반하는 경우 : 밀폐형 차량 또는 밀폐형 덮개 설치 차량 2대 이상
      2) 연락장소 또는 사무실
   다. 지정폐기물(의료폐기물은 제외한다)을 수집 · 운반하는 경우
      1) 장비
         가) 액체상태 폐기물을 수집 · 운반하는 경우 : 탱크로리 1대 이상, 밀폐형 차량 1대 이상(적재능력 합계 9톤 이상)
         나) 고체상태 폐기물을 수집 · 운반하는 경우 : 밀폐형 차량 2대 이상, 밀폐형 덮개 설치 차량 1대 이상(적재능력 합계 13.5톤 이상)
      2) 시설
         가) 주차장 : 모든 차량을 주차할 수 있는 규모
         나) 세차시설 : 20제곱미터 이상
      3) 기술능력 : 폐기물처리산업기사 · 대기환경산업기사 · 수질환경산업기사 또는 공업화학산업기사 중 1명 이상
      4) 연락장소 또는 사무실
   라. 지정폐기물 중 의료폐기물을 수집 · 운반하는 경우
      1) 장비 *중요내용
         가) 적재능력 0.45톤 이상의 냉장차량(섭씨 4도 이하인 것을 말한다. 이하 같다) 3대 이상
         나) 약물 소독장비 1식 이상
      2) 주차장 : 모든 차량을 주차할 수 있는 규모
      3) 연락장소 또는 사무실

2. 폐기물 중간처분업의 기준
   가. 지정폐기물 외의 폐기물(건설폐기물은 제외한다)을 중간처분하는 경우
      1) 소각전문의 경우
         가) 실험실
         나) 시설 및 장비
            (1) 소각시설 : 시간당 처분능력 2톤 이상
            (2) 보관시설 : 1일 처분능력의 10일분 이상 30일분 이하의 폐기물을 보관할 수 있는 규모의 시설
            (3) 계량시설 1식 이상
            (4) 배출가스의 오염물질 중 아황산가스·염화수소·질소산화물·일산화탄소 및 분진을 측정·분석할 수 있는 실험기기
            (5) 수집·운반차량(밀폐형 차량 또는 밀폐형 덮개 설치 차량을 말한다) 1대 이상(처분대상 폐기물을 스스로 수집·운반하는 경우만 해당한다)
         다) 기술능력 : 폐기물처리산업기사 또는 대기환경산업기사 중 1명 이상
      2) 기계적 처분전문의 경우
         가) 시설 및 장비
            (1) 처분시설 : 시간당 처분능력 200킬로그램 이상
            (2) 보관시설 : 1일 처분능력의 10일분 이상 30일분 이하의 폐기물을 보관할 수 있는 규모의 시설
            (3) 계량시설 1식 이상
            (4) 수집·운반차량 1대 이상(처분대상 폐기물을 스스로 수집·운반하는 경우만 해당한다)
         나) 기술능력 : 폐기물처리산업기사·대기환경산업기사·수질환경산업기사·소음진동산업기사 또는 환경기능사 중 1명 이상
      3) 화학적 처분 또는 생물학적 처분전문의 경우
         가) 시설 및 장비
            (1) 처분시설 : 1일 처분능력 5톤 이상
            (2) 보관시설 : 1일 처분능력의 10일분 이상 30일분 이하의 폐기물을 보관할 수 있는 규모의 시설(부패와 악취발생의 방지를 위하여 수집·운반 즉시 처분하는 생물학적 처분시설을 갖춘 경우 보관시설을 설치하지 아니할 수 있다)
            (3) 계량시설 1식 이상
            (4) 수집·운반차량 1대 이상(처분대상 폐기물을 스스로 수집·운반하는 경우만 해당한다)
         나) 기술능력 : 폐기물처리산업기사·대기환경산업기사·수질환경산업기사 또는 공업화학산업기사 중 1명 이상

## ■ 폐기물처리업의 변경허가(규칙 제29조) *중요내용

① 폐기물처리업의 변경허가를 받아야 할 중요사항은 다음 각 호와 같다.
  1. 폐기물 수집·운반업
     가. 수집·운반대상 폐기물의 변경
     나. 영업구역의 변경
     다. 주차장 소재지의 변경(지정폐기물을 대상으로 하는 수집·운반업만 해당한다)
     라. 운반차량(임시차량은 제외한다)의 증차
  2. 폐기물 중간처분업, 폐기물 최종처분업 및 폐기물 종합처분업
     가. 처분대상 폐기물의 변경
     나. 폐기물 처분시설 소재지의 변경
     다. 운반차량(임시차량은 제외한다)의 증차
     라. 폐기물 처분시설의 신설
     마. 폐기물 처분시설의 증설, 개·보수 또는 그 밖의 방법으로 허가 또는 변경허가를 받은 처분용량의 100분의 30 이상의 변경(허가 또는 변경허가를 받은 후 변경되는 누계를 말한다)
     바. 주요 설비의 변경. 다만, 다음 1)부터 4)까지의 경우만 해당한다.
        1) 폐기물 처분시설의 구조 변경으로 인하여 별표 9 제1호 나목 2) 가)의 (1)·(2), 나)의 (1)·(2), 다)의 (2)·(3), 라)의 (1)·(2)의 기준이 변경되는 경우
        2) 차수시설·침출수 처리시설이 변경되는 경우
        3) 별표 9 제2호 나목 2) 바)에 따른 가스처리시설 또는 가스활용시설이 설치되거나 변경되는 경우
        4) 배출시설의 변경허가 또는 변경신고의 대상이 되는 경우
     사. 매립시설 제방의 증·개축
     아. 허용보관량의 변경
  3. 폐기물 중간재활용업, 폐기물 최종재활용업 및 폐기물 종합재활용업
     가. 재활용대상 폐기물의 변경
     나. 폐기물 재활용 유형의 변형
     다. 폐기물 재활용시설 소재지의 변경
     라. 운반차량(임시차량은 제외한다)의 증차
     마. 폐기물 재활용시설의 신설
     바. 폐기물 재활용시설의 증설, 개·보수 또는 그 밖의 방법으로 허가 또는 변경허가를 받은 재활용 용량의 100분의 30 이상(금속을 회수하는 최종재활용업 또는 종합재활용업의 경우에는 100분의 50 이상)의 변경(허가 또는 변경허가를 받은 후 변경되는 누계를 말한다)
     사. 주요 설비의 변경. 다만, 다음 1) 및 2)의 경우만 해당한다.

　　　　　1) 폐기물 재활용시설의 구조 변경으로 인하여 기준이 변경되는 경우
　　　　　2) 배출시설의 변경허가 또는 변경신고의 대상이 되는 경우
　　　아. 허용보관량의 변경
② 변경허가를 받으려는 자는 미리 변경허가신청서에 다음 각 호의 서류를 첨부하여 시·도지사나 지방환경관서의 장에게 제출하여야 한다.
　　1. 허가증 원본
　　2. 변경내용을 확인할 수 있는 서류
　　3. 배출시설의 설치허가 신청 또는 신고 시의 첨부서류(배출시설에 해당하는 폐기물처리시설을 신설하는 경우만 제출한다)
　　4. 배출시설의 변경허가 신청 또는 변경신고 시의 첨부서류(처리용량이나 주요 설비의 변경으로 배출시설의 변경허가 또는 변경신고를 받아야 될 경우만 제출한다)
　　5. 환경부장관이 정하여 고시하는 사항을 포함하는 환경성조사서(소각시설, 매립시설, 소각열회수시설 또는 폐기물을 연료로 사용하는 시멘트 소성로의 소재지가 변경된 경우로 한정하되「환경영향평가법」에 따른 전략환경영향평가 대상사업, 환경영향평가 대상사업 또는 소규모 환경영향평가 대상사업인 경우에는 전략환경영향평가서, 환경영향평가서나 소규모 환경영향평가서로 대체할 수 있다)
　　6. 폐기물을 성토재·보조기층재 등으로 직접 이용하는 공사의 발주자 또는 토지소유자 등 해당 토지의 권리자의 동의서
　　7. 그 밖에 시·도지사 또는 지방환경관서의 장이 제3항에 따른 검토에 필요하다고 인정하는 서류

## ■ 폐기물처리업자의 폐기물 보관량 및 처리기한(규칙 제31조)

① 법 제25조 제9항에서 "환경부령으로 정하는 양 또는 기간"이란 다음 각 호와 같다.
　　1. 폐기물 수집·운반업자가 임시보관장소에 폐기물을 보관하는 경우 *중요내용
　　　가. 의료폐기물 : 냉장 보관할 수 있는 섭씨 4도 이하의 전용보관시설에서 보관하는 경우 5일 이내, 그 밖의 보관시설에서 보관하는 경우에는 2일 이내, 다만 격리의료폐기물의 경우에서 보관시설과 무관하게 2일 이내로 한다.
　　　나. 의료폐기물 외의 폐기물 : 중량 450톤 이하이고 용적이 300세제곱미터 이하, 5일 이내
　　2. 폐기물 재활용업자가 임시보관장소에 폐기물(폐전주로 한정한다)을 보관하는 경우
　　　가. 3월부터 11월까지 : 중량 50톤 미만
　　　나. 12월부터 다음 해 2월까지 : 중량 100톤 미만
　　3. 폐기물 재활용업자가 다음 각 목의 폐기물을 재활용하기 위하여 보관하는 경우 : 1일 재활용량의 60일분 보관량 이하, 60일 이내, 다만 폐기물재활용업자가 폐목재, 폐촉매 또는 합성수지 재질의 폐김발장(「수산업·어촌 발전 기본법」에 따른 수산물 중 김의

건조를 위하여 사용하는 발장을 말한다), 석탄재(수입석탄재는 제외한다), 리튬이차전지(배터리 제조공정에서 발생하는 부산물인 경우만 해당한다) 또는 전기자동차 폐배터리 또는 태양광 폐패널을 재활용하기 위하여 보관하는 경우에는 1일 재활용량의 180일분 보관량 이하, 180일 이내로 한다.

    가. 폐석고(도자기 제조시설에서 발생하는 것으로 한정한다), 폐고무, 광재, 폐내화물, 폐도자기조각, 폐합성수지, 폐금속류, 폐지, 폐목재, 폐유리, 폐콘크리트전주, 폐석재, 폐레미콘, 폐촉매 또는 합성수지재질의 폐김발장, 리튬이차전지, 전기자동차 폐배터리 또는 태양광 폐패널

    나. 토기·자기·내화물·시멘트·콘크리트·석제품의 제조 및 가공시설, 건설공사장의 세륜시설(바퀴 등의 세척시설), 수도사업용 정수시설, 비금속광물 분쇄시설[굴착(땅파기)시설을 포함한다] 또는 토사세척시설에서 발생되는 무기성 오니

4. 폐기물 재활용업자, 폐기물 중간처분업자 및 폐기물 종합처분업자가 폐기물을 보관하는 경우 : 1일 처리용량의 30일분 보관량 이하, 30일 이내(매립시설의 일정 구역을 구획하여 폐석면을 매립하기 위한 경우에는 6개월 이내)

5. 폐기물 재활용업자가 의료폐기물(태반으로 한정한다)을 보관하는 경우
    가. 폐기물 임시보관시설에 보관하는 경우 : 중량 5톤 미만, 5일 이내
    나. 그 밖의 경우 : 1일 재활용량의 7일분 보관량 이하, 7일 이내

6. 폐기물 중간처분업자가 의료폐기물을 보관하는 경우 : 1일 처분용량의 5일분 보관량 이하, 5일 이내. 다만, 격리의료폐기물 및 조직물류폐기물의 경우에는 2일분 보관량 이하, 2일 이내로 한다.

7. 환경부장관은 「감염병의 예방 및 관리에 관한 법률」에 따른 감염병의 확산으로 인하여 「재난 및 안전관리 기본법」에 따른 재난 예보·경보가 발령되는 경우 또는 감염병의 확산 방지를 위하여 필요하다고 인정하는 경우에는 의료폐기물의 처리기한을 따로 정할 수 있다.

## ■ 화재예방조치(규칙 제31조의2)

① "영상정보처리기기의 설치·관리 및 영상정보의 수집·보관 등 환경부령으로 정하는 화재예방조치"란 다음 각 호의 조치를 말한다.

  1. 「개인정보 보호법」에 따른 영상정보처리기기를 다음 각 목의 기준에 따라 설치·관리할 것
    가. 영상정보 수집장치, 네트워크 장치, 모니터 및 저장장치 등으로 구성된 영상정보처리기기를 설치·관리할 것
    나. 영상정보처리기기를 보관시설(보관창고, 냉장시설을 포함한다) 및 매립시설에 설치할 것

  2. 영상정보처리기기로 촬영하여 광(光) 또는 전자적 방식으로 처리되는 영상정보를 다음 각 목의 기준에 따라 수집·보관할 것

가. 보관·매립 중인 폐기물에 대한 영상정보를 상시적으로 촬영·수집할 것
나. 촬영·수집된 영상정보를 60일간 저장·보관할 것
② 화재예방조치에 관하여 필요한 세부 사항은 환경부장관이 정하여 고시한다.

## ■ 폐기물처리업자의 준수사항(규칙 제32조 : 별표 8) *중요내용

1. 공통기준
   가. 폐기물처리업자는 폐기물수집·운반 전용차량 및 임시차량 외의 차량으로 폐기물을 수집·운반하여서는 아니되며, 같은 차량에 폐기물과 폐기물 외의 물건을 함께 실어서는 아니 된다. 다만, 폐기물의 수집·운반에 필요한 장비 등은 그러하지 아니하다.
   나. 폐기물처리업자는 폐기물의 처리를 위탁한 자와 상호·소재지·대표자 및 위탁계약기간, 폐기물의 종류별 수량, 폐기물의 성질과 상태 및 취급 시 주의사항, 폐기물의 종류별 운반장소(출발지 및 도착지) 및 운반단가 또는 운반비(운반의 경우만 해당한다), 폐기물의 종류별 처분 또는 재활용장소와 처분 또는 재활용방법 및 처분 또는 재활용단가나 처분 또는 재활용비(처분 또는 재활용의 경우만 해당한다) 등의 내용을 기재한 폐기물 위(수)탁운반(처리)계약서를 작성·체결하여야 하고, 그 계약서를 3년간 보관하여야 한다. 다만, 폐기물처리업자가 배출자와 하나의 계약서로 동시에 폐기물의 처리의 위탁계약을 체결하는 경우에는 운반단가와 처분단가 또는 재활용단가를 구분하여 기재하여야 한다.
2. 폐기물 중간처분업자·최종처분업자·종합처분업자의 경우
   허가받은 처분공정을 임의로 변경하여 위탁받은 폐기물을 처분하거나, 처분공정의 전부 또는 일부를 거치지 아니하고 그 처분을 종료하여서는 아니 된다.
3. 폐기물 재활용업자의 경우
   가. 유기성 오니를 화력발전소에서 연료로 사용하기 위하여 가공하는 자는 유기성 오니 연료의 저위발열량, 수분 함유량, 회분 함유량, 황분 함유량, 길이 및 금속성분을 매 분기당 1회 이상 측정하여 그 결과를 시·도지사에게 제출하여야 한다.
   나. 폐유기용제를 정제유기용제로 재활용하는 자는 폐유기용제 배출공정의 변경, 폐유기용제 수집·배출업소의 변경 등으로 인하여 폐유기용제의 성질과 상태가 변경될 때에는 그 성분을 분석하고 그 분석결과를 3년간 갖추어 두어야 한다.
   다. 폐유를 정제연료유로 재활용하는 자는 기준항목을 분기 1회 이상 측정하고 그 결과를 기록한 후 3년 동안 보관하여야 한다.
   라. 폐유, 할로겐족을 제외한 폐유기용제, 폐페인트 및 폐래커를 재생연료유로 재활용하는 자는 기준 항목을 분기 1회 이상 측정하고 그 결과를 기록한 후 3년 동안 보관하여야 한다.

## ■ 폐기물처리업의 변경신고(규칙 제33조)

① 폐기물처리업의 변경신고를 하여야 할 사항은 다음 각 호와 같다. *중요내용*
1. 상호의 변경
2. 대표자의 변경(권리·의무를 승계하는 경우는 제외한다)
3. 연락장소나 사무실 소재지의 변경
4. 임시차량의 증차 또는 운반차량의 감차
5. 재활용 대상 부지의 변경(별표 4의2 제4호에 따른 재활용 유형으로 재활용하는 경우만 해당한다)
6. 재활용 대상 폐기물의 변경(별표 4의2에 따른 재활용의 세부 유형은 변경하지 않고 재활용하려는 폐기물을 추가하는 경우만 해당한다)
7. 폐기물 재활용 유형의 변경(재활용 시설 또는 해당 시설의 소재지가 변경되지 않는 경우만 해당한다)
8. 기술능력의 변경

② 변경신고를 하려는 자는 제1항 제1호 및 제2호의 경우에는 그 사유가 발생한 날부터 30일 이내에, 제1항 제3호부터 제7호까지의 경우에는 변경 전에 폐기물처리업 변경신고서에 허가증과 변경내용을 확인할 수 있는 서류(운반차량을 감차하는 경우는 제외한다)를 첨부하여 시·도지사나 지방환경관서의 장에게 제출해야 한다.

## ■ 전용용기 검사기관(규칙 제34조의7) *중요내용*

전용용기의 검사기관은 다음 각 호의 기관으로 한다.
1. 한국환경공단
2. 한국화학융합시험연구원
3. 한국건설생활환경시험연구원
4. 그 밖에 환경부장관이 전용용기에 대한 검사능력이 있다고 인정하여 고시하는 기관

## ■ 결격사유(법 제26조) *중요내용*

다음 각 호의 어느 하나에 해당하는 자는 폐기물처리업의 허가를 받거나 전용용기 제조업의 등록을 할 수 없다.
1. 미성년자, 피성년후견인 또는 피한정후견인
2. 파산선고를 받고 복권되지 아니한 자
3. 이 법을 위반하여 금고 이상의 실형을 선고받고 그 형의 집행이 끝나거나 집행을 받지 아니하기로 확정된 후 10년이 지나지 아니한 자
3의2. 이 법을 위반하여 금고 이상의 형의 집행유예를 선고받고 그 집행유예 기간이 끝난 날부터 5년이 지나지 아니한 자

4. 이 법을 위반하여 대통령령으로 정하는 벌금형 이상을 선고받고 그 형이 확정된 날부터 5년이 지나지 아니한 자
5. 폐기물처리업의 허가가 취소되거나 전용용기 제조업의 등록이 취소된 자(이하 "허가취소자 등"이라 한다)로서 그 허가 또는 등록이 취소된 날부터 10년이 지나지 아니한 자

5의2. 허가취소자 등과의 관계에서 자신의 영향력을 이용하여 허가취소자 등에게 업무집행을 지시하거나 허가취소자 등의 명의로 직접 업무를 집행하는 등의 사유로 허가취소자 등에게 영향을 미쳐 이익을 얻는 자 등으로서 환경부령으로 정하는 자
6. 임원 또는 사용인 중에 제1호부터 제5호까지 및 제5호의2의 어느 하나에 해당하는 자가 있는 법인 또는 개인사업자

## ■ 벌금형의 분리 선고(법 제26조의2)

규정된 죄와 다른 죄의 경합범에 대하여 벌금형을 선고하는 경우에는 이를 분리 선고하여야 한다.

## ■ 허가의 취소(법 제27조)

① 환경부장관이나 시·도지사는 폐기물처리업자가 다음 각 호의 어느 하나에 해당하면 그 허가(변경허가 및 변경신고를 포함한다)를 취소하여야 한다.
  1. 속임수나 그 밖의 부정한 방법으로 허가를 받은 경우
  1의2. 적합성확인을 받지 아니한 경우
  1의3. 속임수나 그 밖의 부정한 방법으로 적합성확인을 받은 경우
  2. 결격사유 중 어느 하나에 해당되는 경우. 다만, 다음 각 목의 어느 하나에 해당하는 경우 그 구분에 따른 조치를 한 경우를 제외한다.
    가. 임원 또는 사용인 중 제26조 제6호에 해당하는 자가 있는 경우 : 결격사유가 발생한 날부터 2개월 이내에 그 임원 또는 사용인을 바꾸어 임명
    나. 권리·의무를 승계한 상속인이 제26조 각 호의 어느 하나에 해당하는 경우 : 상속이 시작된 날부터 6개월 이내에 그 권리·의무를 다른 자에게 양도
  3. 제40조 제1항 본문에 따른 조치를 하지 아니한 경우
  4. 계약 갱신 명령을 이행하지 아니한 경우
  5. 영업정지기간 중 영업 행위를 한 경우
② 환경부장관이나 시·도지사는 폐기물처리업자가 다음 각 호의 어느 하나에 해당하면 그 허가를 취소하거나 6개월 이내의 기간을 정하여 영업의 전부 또는 일부의 정지를 명령할 수 있다.
  1. 사업장폐기물을 버리거나 매립 또는 소각한 경우
  2. 제13조 또는 제13조의2를 위반하여 폐기물을 처리한 경우
  2의2. 제13조의5 제5항에 따른 조치명령을 이행하지 아니한 경우

2의3. 제14조의5 제2항을 위반하여 안전기준을 준수하지 아니한 경우
3. 폐기물의 인계·인수에 관한 사항과 폐기물처리현장정보를 전자정보처리프로그램에 입력하지 아니한 경우
3의2. 유해성 정보자료를 게시하지 아니하거나 비치하지 아니한 경우
4. 운반 중에 서류 등을 지니지 아니하거나 관계 행정기관이나 그 소속 공무원이 요구하여도 인계번호를 알려주지 아니한 경우
5. 업종 구분과 영업 내용의 범위를 벗어나는 영업을 한 경우
6. 제25조 제7항에 따른 조건을 위반한 경우
7. 다른 사람에게 자기의 성명이나 상호를 사용하여 폐기물을 처리하게 하거나 그 허가증을 다른 사람에게 빌려 준 경우
8. 폐기물을 보관하거나 준수사항을 위반한 경우. 다만, 같은 항 제5호에 해당하는 경우에는 고의 또는 중과실인 경우에 한정한다.
9. 별도로 수집·운반·처분하는 시설·장비 및 사업장을 설치·운영하지 아니한 경우
10. 변경허가를 받거나 변경신고를 하지 아니하고 허가사항이나 신고사항을 변경한 경우
11. 검사를 받지 아니하거나 같은 조 제3항을 위반하여 적합판정을 받지 아니한 폐기물처리시설을 사용한 경우
12. 관리기준에 맞지 아니하게 폐기물처리시설을 운영한 경우
13. 개선명령이나 사용중지명령을 이행하지 아니한 경우
14. 폐쇄명령을 이행하지 아니한 경우
15. 측정명령이나 조사명령을 이행하지 아니한 경우
15의2. 권리·의무의 승계를 위한 허가신청을 하지 아니하거나 허가를 받지 못한 경우
16. 권리·의무의 승계신고를 하지 아니하거나 승계신고가 수리되지 아니한 경우
17. 장부를 기록·보존하지 아니한 경우
17의2. 장부에 기록하고 보존하여야 하는 폐기물의 발생·배출·처리상황 등을 전자정보처리프로그램에 입력하지 아니하거나 거짓으로 입력한 경우
18. 제39조의3, 제40조 제2항·제3항, 제47조의2 또는 제48조에 따른 명령을 이행하지 아니한 경우
19. 사후관리이행보증금을 사전에 적립하지 아니한 경우
20. 허가를 받은 후 1년 이내에 영업을 시작하지 아니하거나 정당한 사유 없이 계속하여 1년 이상 휴업한 경우 **중요내용**

## ■ 폐기물처리업자에 대한 과징금 처분(법 제28조)

① 환경부장관이나 시·도지사는 폐기물처리업자에게 영업의 정지를 명령하려는 때 그 영업의 정지가 다음 각 호의 어느 하나에 해당한다고 인정되면 그 영업의 정지를 갈음하여 대통령령으로 정하는 매출액에 100분의 5를 곱한 금액을 초과하지 아니하는 범위에서 과징금을

부과할 수 있다. 다만, 그 폐기물처리업자가 매출액이 없거나 매출액을 산정하기 곤란한 경우로서 대통령령으로 정하는 경우에는 1억 원을 초과하지 아니하는 범위에서 과징금을 부과할 수 있다. *중요내용

1. 해당 영업의 정지로 인하여 그 영업의 이용자가 폐기물을 위탁처리하지 못하여 폐기물이 사업장 안에 적체됨으로써 이용자의 사업활동에 막대한 지장을 줄 우려가 있는 경우
2. 해당 폐기물처리업자가 보관 중인 폐기물이나 그 영업의 이용자가 보관 중인 폐기물의 적체에 따른 환경오염으로 인하여 인근지역 주민의 건강에 위해가 발생되거나 발생될 우려가 있는 경우
3. 천재지변이나 그 밖의 부득이한 사유로 해당 영업을 계속하도록 할 필요가 있다고 인정되는 경우

② 과징금을 부과하는 위반행위의 종류와 정도에 따른 과징금의 금액, 그 밖에 필요한 사항은 대통령령으로 정하되, 그 금액의 2분의 1의 범위에서 가중하거나 감경할 수 있다. *중요내용
③ 과징금을 내야 할 자가 납부기한까지 내지 아니하면 환경부장관이나 시·도지사는 과징금 부과처분을 취소하고 영업정지 처분을 하거나 환경부장관은 국세 체납처분의 예에 따라, 시·도지사는 「지방세외수입금의 징수 등에 관한 법률」에 따라 각각 과징금을 징수한다. 다만, 폐업 등으로 영업정지 처분을 할 수 없는 경우에는 국세 체납처분의 예 또는 「지방세외수입금의 징수 등에 관한 법률」에 따라 과징금을 징수한다.
④ 과징금으로 징수한 금액은 징수 주체가 사용하되, 광역 폐기물처리시설의 확충 등 대통령령으로 정하는 용도로 사용하여야 한다.
⑤ 과징금 처분을 받은 날부터 2년이 경과되기 전에 영업정지 처분 대상이 되는 경우에는 영업정지를 갈음하여 과징금을 부과하지 아니한다. *중요내용

## ■ 과징금을 부과할 위반행위별 과징금의 금액(영 제11조)

① 법 제28조 제1항 각 호 외의 부분 본문에서 "대통령령으로 정하는 매출액"이란 해당 폐기물처리업자에게 과징금을 부과하는 연도의 직전 3개 사업연도의 연평균 매출액(영업정지 대상 폐기물처리업의 영업에 따른 매출액만 해당한다)을 말한다. 다만, 과징금을 부과하는 사업연도의 1월 1일 현재 사업을 시작한 지 3년이 되지 않은 경우에는 그 사업을 시작한 날부터 직전 사업연도 말일까지의 매출액을 연평균 매출액으로 환산한 금액을 말하며, 과징금을 부과하는 사업연도에 사업을 시작한 경우에는 사업을 시작한 날부터 위반행위를 한 날까지의 매출액을 연매출액으로 환산한 금액을 말한다.
② 법 제28조 제1항 각 호 외의 부분 단서에서 "대통령령으로 정하는 경우"란 다음 각 호의 어느 하나에 해당하는 경우를 말한다.
  1. 영업을 시작하지 않거나 영업을 중단하는 등의 사유로 영업실적이 없는 경우
  2. 재해 등으로 인하여 매출액 산정자료가 소멸되거나 훼손되어 객관적인 매출액의 산정이 곤란한 경우

③ 환경부장관이나 시·도지사는 사업장의 사업규모, 사업지역의 특수성, 위반행위의 정도 및 횟수 등을 고려하여 법 제28조 제1항에 따른 과징금 금액의 2분의 1 범위에서 가중하거나 감경할 수 있다.

### ■ 과징금의 부과 및 납부(영 제11조의2)

① 환경부장관이나 시·도지사는 과징금을 부과하려는 때에는 그 위반행위의 종별과 해당 과징금의 금액을 구체적으로 밝혀 이를 납부할 것을 서면으로 통지하여야 한다.
② 통지를 받은 자는 통지를 받은 날부터 20일 이내에 과징금을 부과권자가 정하는 수납기관에 납부하여야 한다. **중요내용**
③ 과징금의 납부를 받은 수납기관은 그 납부자에게 영수증을 발급하고, 지체 없이 그 사실을 환경부장관이나 시·도지사에게 알려야 한다.

### ■ 과징금의 사용용도(영 제12조) **중요내용**

과징금으로 징수한 금액의 사용용도는 다음 각 호와 같다.
1. 광역 폐기물처리시설(지정폐기물 공공 처리시설을 포함한다)의 확충
1의2. 공공 재활용기반시설의 확충
2. 처리한 폐기물 중 그 폐기물을 처리한 자나 그 폐기물의 처리를 위탁한 자를 확인할 수 없는 폐기물로 인하여 예상되는 환경상 위해를 제거하기 위한 처리
3. 폐기물처리업자나 폐기물처리시설의 지도·점검에 필요한 시설·장비의 구입 및 운영

### ■ 폐기물처리시설의 설치(법 제29조)

① 폐기물처리시설은 환경부령으로 정하는 기준에 맞게 설치하되, 환경부령으로 정하는 규모 미만의 폐기물 소각 시설을 설치·운영하여서는 아니 된다.
② 폐기물처리업의 허가를 받았거나 받으려는 자 외의 자가 폐기물처리시설을 설치하려면 환경부장관의 승인을 받아야 한다. 다만, 제1호의 폐기물처리시설을 설치하는 경우는 제외하며, 제2호의 폐기물처리시설을 설치하려면 환경부장관에게 신고하여야 한다.
   1. 학교·연구기관 등 환경부령으로 정하는 자가 환경부령으로 정하는 바에 따라 시험·연구 목적으로 설치·운영하는 폐기물처리시설
   2. 환경부령으로 정하는 규모의 폐기물처리시설
③ 제2항의 경우에 승인을 받았거나 신고한 사항 중 환경부령으로 정하는 중요사항을 변경하려면 각각 변경승인을 받거나 변경신고를 하여야 한다.
④ 폐기물처리시설을 설치하는 자는 그 설치공사를 끝낸 후 그 시설의 사용을 시작하려면 다음 각 호의 구분에 따라 해당 행정기관의 장에게 신고하여야 한다.
   1. 폐기물처리업자가 설치한 폐기물처리시설의 경우 : 허가관청

2. 제1호 외의 폐기물처리시설의 경우 : 승인관청 또는 신고관청

⑤ 환경부장관 또는 해당 행정기관의 장은 신고·변경신고를 받은 날부터 20일 이내에 신고·변경신고수리 여부를 신고인에게 통지하여야 한다. *중요내용

⑥ 환경부장관 또는 해당 행정기관의 장이 제5항에서 정한 기간 내에 신고·변경신고수리 여부나 민원 처리 관련 법령에 따른 처리기간의 연장을 신고인에게 통지하지 아니하면 그 기간이 끝난 날의 다음 날에 신고·변경신고를 수리한 것으로 본다.

## ■ 폐기물처분시설 또는 재활용시설의 설치기준(규칙 제35조 : 별표 9)

1. 중간처분시설의 경우
    가. 소각시설
        1) 공통기준
            가) 연소실·열분해실(가스화실을 포함한다. 이하 이 목에서 같다) 및 고온용융실의 예열 및 온도를 조절할 수 있도록 보조버너 등 충분한 용량의 보조연소장치를 설치하여야 한다. *중요내용
            나) 연소실·열분해실 및 고온용융실의 연소용 공기 또는 산소 등이 안정적으로 공급될 수 있는 장치(공급량을 조절할 수 있는 기능을 갖는 것만 해당한다)를 설치하여야 한다.
            다) 굴뚝을 설치하는 경우에는 통풍력과 배기가스의 대기확산을 고려한 높이와 구조를 가져야 한다.
            라) 폭발사고와 화재 등에 대비한 안전한 구조이어야 하며, 소화기 등 필요한 장비를 갖추어야 한다.
            마) 시설규모, 처분대상 폐기물의 종류, 소각방식, 설계·시공자명 및 연락처 등 필요한 사항을 지워지지 아니하고 파손되지 아니하는 방법으로 표시한 표지를 붙여야 한다.
            바) 연소실·열분해실 및 고온용융실에는 시설 내의 압력변화를 감지할 수 있는 압력측정계를 설치하여야 한다. 다만, 생활폐기물을 대상으로 도서지역에 설치하는 소각시설로서 시간당 처분능력이 200킬로그램 미만인 시설의 경우에는 그러하지 아니하다.
            사) 시간당 처분능력이 2톤 이상인 경우에는 반입되는 폐기물의 무게를 측정할 수 있는 계량시설을 설치하여야 한다. 다만, 시·도지사나 지방환경관서의 장이 인정하는 경우와 다른 곳의 계량시설을 이용하여 반입되는 폐기물의 무게를 측정할 수 있는 경우에는 그러하지 아니하다.
            아) 연소실·열분해실 및 고온용융실의 최종 출구에는 출구온도 측정공을 설치하고, 각 시설의 출구온도 기준보다 섭씨 300도 이상까지, 대기오염 방지시

설 중 최초 집진시설의 입구에는 섭씨600도 이상 측정할 수 있는 온도지시계 및 온도변화를 연속적으로 기록할 수 있는 자동온도기록계를 붙여야 한다. 다만, 최초 집진시설의 입구에 붙여야 하는 온도 지시계 및 자동온도기록계의 경우 시간당 처분능력이 2톤 이상인 시설의 경우만 해당한다.

자) 연소실·열분해실 및 고온용융실의 외부를 철판으로 덮은 경우에는 본체의 고온부위를 내열도료로 색칠 또는 단열처리하거나 내화단열벽돌, 캐스터블 내화물 등으로 시공하여 그 외부표면온도를 섭씨 80도 이하(생활폐기물을 대상으로 도서지역에 설치하는 소각시설로서 시간당 처분능력이 200킬로그램 미만인 시설의 경우에는 섭씨 120도 이하)로 유지할 수 있는 구조이어야 한다. 다만, 회전식소각시설 등 구조상 단열을 충분히 할 수 없는 경우에는 그러하지 아니하다.

차) 대기오염 방지시설 중 최초 집진시설(전기·여과집진시설이 설치되어 있는 경우에는 전기·여과집진시설을 최초 집진시설로 본다)에 흘러 들어오는 연소가스를 섭씨 200도 이하(시간당 처분능력이 2톤 미만인 시설의 경우에는 섭씨 250도 이하)로 냉각시키기 위한 냉각시설이나 폐열회수시설을 설치하여야 한다. 다만, 생활폐기물을 대상으로 도서지역에 설치하는 시간당 처분능력이 200킬로그램 미만인 시설로서 대기오염 방지시설의 처리공정상 연소가스의 냉각이 필요하지 아니하는 경우에는 그러하지 아니한다.

카) 「대기환경보전법 시행령」에 따른 굴뚝 자동측정기기 부착하여야 하는 소각시설은 굴뚝 자동측정기기를 설치하고 운영·관리하여야 하며, 대기오염 방지시설의 입·출구 및 굴뚝에는 배출가스의 온도, 대기오염물질의 농도 등을 측정할 수 있는 측정공을 대기오염공정 시험방법에 맞게 설치하여야 한다.

타) 폐기물 투입구 및 청소구는 고온에 견딜 수 있는 재질로 만들어야 하며, 외부 공기가 흘러 들어오거나 연소가스가 새어 나가는 것을 방지할 수 있는 구조이어야 한다.

파) 내부의 연소상태를 볼 수 있는 구조이어야 하며, 소각재의 제거 시 재의 흩날림을 방지할 수 있는 구조이어야 한다.

하) 폐기물반입장·저장조 등에서 발생하는 악취가 처분시설의 외부로 새어나가는 것을 방지할 수 있는 시설을 설치하여야 한다. 다만, 시간당 처분능력이 2톤 미만인 시설인 경우에는 공기차단시설 등 간이시설을 설치할 수 있다.

거) 시간당 처분능력이 25킬로그램 이상인 소각시설은 「잔류성유기오염물질 관리법 시행규칙」에 따른 다이옥신 배출기준을 지킬 수 있는 시설을 설치하여야 한다.

너) 허가·승인을 받거나 신고한 시간당 처분능력을 초과하여 설치하여서는 아니 된다.

더) 폐냉매물질 등 기체상 폐기물을 처분하는 경우에는 기체상 폐기물이 외부로 새어 나가지 아니하고 연소실·열분해실·고온용융실로 직접 투입할 수 있는 설비를 갖추어야 한다.

2) 개별기준 *중요내용*

가) 일반소각시설

(1) 연소실(연소실이 둘 이상인 경우에는 최종 연소실)의 출구온도는 섭씨 850도 이상(의료폐기물을 대상으로 하는 소각시설 외의 시설로서 시간당 처리능력이 200킬로그램 미만인 경우에는 섭씨 800도 이상)이어야 한다. 다만, 종이, 목재류만을 소각하는 경우에는 섭씨 450도 이상이어야 한다.

(2) 연소실은 연소가스가 2초 이상(의료폐기물을 대상으로 하는 소각시설 외의 시설로서 시간당 처리능력이 200킬로그램 미만의 경우에는 0.5초 이상, 시간당 처리능력이 200킬로그램 이상 2톤 미만인 경우에는 1초 이상) 체류할 수 있고, 충분하게 혼합될 수 있는 구조이어야 한다. 이 경우 체류시간은 섭씨 850도(의료폐기물을 대상으로 하는 소각시설 외의 시설로서 시간당 처리능력이 200킬로그램 미만인 경우에는 섭씨 800도, 종이·목재류 및 마늘피 등 초근목피류를 소각하는 경우에는 섭씨 450도)에서의 부피로 환산한 연소가스의 체적으로 계산한다.

(3) 바닥재의 강열감량이 10퍼센트 이하가 될 수 있는 소각 성능을 갖추어야 한다. 다만, 2008년 1월 1일 이후 가동 개시되는 생활폐기물 소각 시설은 강열감량이 5퍼센트(시간당 처리능력이 200킬로그램 미만의 경우에는 10퍼센트) 이하가 될 수 있는 소각 성능을 갖추어야 한다.

(4) 2차 연소실이 없는 연소방식 중 연속투입방식의 경우에는 폐기물을 투입할 연소실과 외부공기가 차단되도록 이중문 등의 구조이어야 하며, 이 경우의 연소실은 출구기준 온도 이상이 유지될 수 있는 구조이어야 한다.

(5) 폐기물을 일괄 투입하여 연소하는 방식의 경우에는 소량의 공기로 가스화시키는 가스화실과 이에 접속된 연소실을 가진 구조이어야 하며, 이 경우 가스화실은 연소가스체류시간을 산정할 때에 연소실로 보지 아니한다.

(6) 의료폐기물을 대상으로 하는 소각시설(시간당 처분능력이 200킬로그램 이상인 시설만 해당한다)에는 폐기물을 자동으로 투입하는 장치와 투입되는 폐기물의 양을 자동계측하는 장치를 갖추어야 한다.

나) 고온소각시설 *중요내용*

(1) 2차 연소실의 출구온도는 섭씨 1,100도 이상이어야 한다.

(2) 2차 연소실은 연소가스가 2초 이상 체류할 수 있고, 충분하게 혼합될 수 있는 구조이어야 한다. 이 경우 체류시간은 섭씨 1,100도에서의 부피로 환산한 연소가스의 체적으로 계산한다.

(3) 고온소각시설에서 배출되는 바닥재의 강열감량이 5퍼센트 이하가 될 수 있는 소각 성능을 갖추어야 한다.
(4) 1차 연소실에 접속된 2차 연소실을 갖춘 구조이어야 한다.

다) 열분해소각시설
(1) 폐기물투입장치, 열분해실(가스화실을 포함한다), 가스연소실(열분해가스를 연소시키는 경우만 해당한다) 및 열회수장치가 설치되어야 한다.
(2) 열분해가스를 연소시키는 경우에는 가스연소실의 출구온도는 섭씨 850도 이상이 되어야 한다.
(3) 열분해가스를 연소시키는 경우에는 가스연소실은 가스가 2초 이상(시간당 처리능력이 200킬로그램 미만인 시설의 경우에는 1초 이상) 체류할 수 있고 충분하게 혼합될 수 있는 구조이어야 한다. 이 경우 체류시간은 섭씨 850도에서 부피로 환산한 연소가스의 체적으로 계산한다.
(4) 열분해실(가스화실을 포함한다)에서 배출되는 바닥재의 강열감량이 10퍼센트 이하(시간당 처리능력이 200킬로그램 미만인 시설의 경우에는 15퍼센트 이하)가 될 수 있는 성능을 갖추어야 한다. 다만, 열분해 시 발생하는 탄화물을 재활용하는 경우에는 그러하지 아니하다.

라) 고온용융시설 *중요내용*
(1) 고온용융시설의 출구온도는 섭씨 1,200도 이상이 되어야 한다.
(2) 고온용융시설에서 연소가스의 체류시간은 1초 이상이어야 하고 충분하게 혼합될 수 있는 구조이어야 한다. 이 경우 체류시간은 섭씨 1,200도에서의 부피로 환산한 연소가스의 체적으로 계산한다.
(3) 고온용융시설에서 배출되는 잔재물의 강열감량은 1퍼센트 이하가 될 수 있는 성능을 갖추어야 한다.

다. 기계적 처리시설
1) 파쇄·분쇄·절단시설 *중요내용*
파쇄·분쇄·절단조각의 크기는 최대직경 15센티미터 이하로 각각 파쇄·분쇄·절단할 수 있는 시설이어야 한다.
2) 유수분리시설
회수유저장조 용적은 3세제곱미터 이상이어야 한다.
3) 탈수시설 *중요내용*
수분함량을 85퍼센트 이하로 탈수할 수 있는 시설이어야 한다.
4) 멸균분쇄시설 *중요내용*
가) 밀폐형으로 된 자동제어에 의한 처리방식이어야 하며, 처리일자·처리온도·처리압력 및 처리시간 등의 운전내용과 투입되는 폐기물의 양이 연속적으로 함께 자동기록되는 장치를 갖추어야 한다.

나) 폭발사고와 화재 등에 대비하여 안전한 구조이어야 하며, 소화기 등 필요한 장비를 갖추어야 한다.
다) 악취를 방지할 수 있는 시설과 수분함량이 50퍼센트 이하가 되도록 처리할 수 있는 건조장치를 갖추어야 한다.
라) 원형이 파쇄되어 재사용할 수 없도록 분쇄할 수 있는 시설을 갖추어야 한다.
마) 다음의 성능을 유지할 수 있는 시설을 갖추어야 한다.
 (1) 증기로 수분을 침투시킨 후 고온으로 가열하는 시설(이하 "증기멸균분쇄시설"이라 한다)은 멸균실이 섭씨 121도 이상, 계기압으로 1기압 이상인 상태에서 폐기물이 30분 이상 체류하여야 한다.
 (2) 증기로 수분을 침투시킨 후 나선형 열관에서 고온으로 가열하는 시설(이하 "열관멸균분쇄시설"이라 한다)은 섭씨 100도의 증기로 수분침투 후 나선형 열관에서 분당 4회 이상의 회전속도와 섭씨 165±5도의 고온으로 가열하여 멸균실이 섭씨 100도 이상인 상태에서 40분 이상 체류하여야 한다.
 (3) 증기로 수분을 침투시킨 후 마이크로웨이브를 조사하는 시설(이하 "마이크로웨이브멸균분쇄시설"이라 한다)은 섭씨 160도의 고온증기로 수분침투 후 4개 이상의 마이크로파 발생기에서 각각 2천4백50MHz의 주파수와 출력 1천2백와트의 마이크로파를 조사하여 섭씨 95도 이상인 상태에서 25분 이상 체류하여야 한다.

2. 최종처리시설의 경우
 가. 매립시설의 공통기준
  1) 매립시설의 주위에 사람이나 가축 등의 출입을 방지할 수 있는 철망 등의 외곽시설을 지상 1.5미터 이상의 높이로 설치하여야 한다. 다만, 매립시설이 사람 등이 무단으로 출입할 수 없는 사업장 안에 있는 경우와 그 주위가 사람 등의 출입이 곤란한 해변·하천·절벽 등의 지형인 경우에는 그러하지 아니하다. *중요내용
  2) 매립시설 입구에 폐기물매립시설임을 표시하는 가로 100센티미터 이상, 세로 50센티미터 이상의 표지판을 지상 100센티미터 이상의 높이에 설치하여야 한다. 이 경우 표지판에는 매립시설명, 매립대상폐기물의 종류, 관리자의 주소·성명·전화번호·설계·시공·감리자명 등을 적어야 한다.
  3) 폐기물의 흘러나감을 방지할 수 있는 축대벽 및 둑은 매립되는 폐기물의 무게, 매립단면 및 침출수위 등을 고려하여 안전하게 설치하여야 한다. 이 경우 축대벽은 저면활동에 대한 안전율이 1.5 이상, 쓰러짐에 대한 안전율이 2.0 이상, 지지력에 대한 안전율이 3.0 이상이어야 하며, 둑은 사면활동에 대한 안전율이 1.3 이상이어야 한다. *중요내용
  4) 폐기물의 매립으로 인하여 침출수가 발생하는 경우에는 지하수오염 여부를 확인

할 수 있는 지하수 검사정을 사용시작 신고일 2개월 전까지 매립시설의 주변 지하수흐름층 상류에 1개소 이상, 하류에 2개소 이상 설치하여야 한다. 이 경우 지하수 검사정은 직경이 10센티미터 이상이고, 재질은 테프론·스테인리스강 또는 합성수지관을 사용하여야 하며, 지하수 검사정의 지표면으로부터 오염물질이 흘러들지 아니하는 구조로 설치하여야 한다. 다만, 매립시설의 경계선이 해수면과 가까이 있어 지하수 검사정 설치가 어려운 시설로서 해수면 가까운 지역에 지하수 검사정 대신 해수수질검사를 할 수 있는 일정한 지점을 2개소 이상 선정한 시설의 경우에는 그러하지 아니하다.
5) 조성면적이 15만 제곱미터 이상인 매립시설은 지진에 대한 안정성을 고려하여야 하고, 조성면적이 15만 제곱미터 미만인 매립시설은 해당 매립시설을 설치하려는 자가 매립시설 지반의 연약정도, 매립높이 등을 고려하여 필요하다고 인정하면 지진에 대한 안전성을 고려할 수 있다.

나. 매립시설의 개별기준
1) 차단형 매립시설
가) 바닥과 외벽은 한국산업규격 F2405(콘크리트의 압축강도 시험방법)에 따라 측정한 압축강도(이하 "압축강도"라 한다)가 $210kg/cm^2$ 이상인 철근콘크리트로서 두께가 15센티미터 이상 또는 이와 같은 차단효력을 가진 구조물로 설치하되 방수처리하여야 한다.
나) 내부막의 1개 구획의 면적은 매립가능면적 50제곱미터 이하 또는 매립가능용적 250세제곱미터 이하가 되도록 하고, 내부막의 두께는 10센티미터 이상으로 하되, 압축강도 $210kg/cm^2$ 이상의 콘크리트로 설치하여야 한다.
다) 매립시설 주변에 떨어진 빗물이 흘러드는 것을 방지할 수 있는 시설과 빗물을 차단할 수 있는 덮개를 설치하여야 한다.

2) 관리형 매립시설
가) 고밀도폴리에틸렌이나 이에 준하는 재질의 토목합성수지 라이너를 사용하는 경우
(1) 두께 2.0밀리미터(지정폐기물을 매립하는 경우에는 2.5밀리미터) 이상의 것을 1겹 이상 포설할 것
(2) 토목합성수지 라이너 하부에는 점토·점토광물혼합토 등 점토류를 다져 투수계수가 1초당 1천만분의 1센티미터 이하이고 두께가 50센티미터 이상(지정폐기물을 매립하는 경우에는 1미터 이상)인 라이너를 설치할 것. 다만, 매립시설 측면 및 내부 진입도로의 경사가 급하여 토목합성수지 라이너 하부에 점토류 라이너를 설치하는 것이 불가능하면 토목합성수지 라이너 하부에 같은 수준 이상의 차수효과를 가지는 토목합성수지 점토라이너 등으로 포설할 수 있다.
(3) 고밀도폴리에틸렌라이너 중 매끄러운 고밀도폴리에틸렌라이너를 사용하

는 경우에는 아래 표(고밀도폴리에틸렌 라이너 기준)의 기준에 적합한 것을 사용할 것

(2) 점토·점토광물혼합토 등 점토류를 사용하는 경우 투수계수가 1초당 1천만분의 1센티미터 이하이고 두께가 1미터 이상(지정폐기물을 매립하는 경우에는 1.5미터 이상)인 라이너를 설치할 것

(3) 침출수량 등의 변동에 대응하기 위하여 침출수유량조정조를 설치하여야 하며, 침출수유량조정조는 최근 10년간 1일 강우량이 10밀리미터 이상인 강우일수 중 최다빈도의 1일 강우량의 7배 이상에 해당하는 침출수를 저장할 수 있는 규모로 설치하되, 유량조정조 내부를 방수처리하고 유량조정조 유입구에는 유량계를 설치하여야 한다. *중요내용*

나) 그 밖에 다음의 기준에 적합하여야 한다.

(1) 매립시설 바닥의 차수시설 위(토목합성수지 라이너를 차수시설로 사용하는 경우에는 토목합성수지 라이너 위에 지오컴포지트·지오텍스타일 등을 설치한 후 그 위를 말한다)에는 침출수 집배수층(투수계수가 1초당 1백분의 1센티미터 이상이고 두께가 30센티미터 이상이어야 한다), 집배수관로 등 수평 집배수시설 및 수직집수정 등의 침출수 집배수시설을 설치할 것

(2) 매립시설 측면에 토목합성수지 라이너로 차수시설을 설치한 경우에는 토목합성수지 라이너 위에 매립무게 상태에서 투과능계수가 1초당 3만분의 1제곱미터 이상(빗물이 매립시설로 흘러들거나 떨어지는 것을 방지할 수 있는 시설을 설치한 경우는 제외한다)인 지오컴포지트·지오네트 또는 지오텍스타일 등 토목합성수지 배수층을 설치할 것

(3) 매립시설 측면에 점토류 라이너로 차수시설을 설치한 경우에는 점토류 라이너 위에 투수계수가 1초당 1백분의 1센티미터 이상이고 두께가 30센티미터 이상인 모래 등을 포설할 것

(4) 집배수관로의 주변에는 집배수관로가 막히지 아니하도록 충분한 공극(空隙)을 가지는 골재(골재의 최대치수는 50밀리미터 이하이어야 하며, 최소치수는 5밀리미터 체의 통과량이 5퍼센트 이하이어야 한다) 등을 설치할 것

(5) 침출수집 배수시설의 바닥기울기는 2퍼센트 이상(침출수집 배수시설이 매립지 내외부의 침출수 이송시설과 연결되어 있어 침출수의 수위를 저감할 수 있는 경우에는 적용하지 아니한다)이 되도록 할 것

(6) 환경기술검증을 받은 매립시설의 설치공법으로 토목합성수지 배수층 등을 설치할 필요가 없는 구조로 매립시설을 설치하는 경우에는 (1)부터 (5)까지의 규정을 적용하지 아니한다.

■ 설치가 금지되는 폐기물 소각 시설(규칙 제36조) *중요내용

법 제29조 제1항에서 "환경부령으로 정하는 규모 미만의 폐기물 소각 시설"이란 시간당 폐기물 소각 능력이 25킬로그램 미만인 폐기물 소각 시설을 말한다.

■ 폐기물처리시설 설치승인·신고의 제외대상(규칙 제37조)

① 법 제29조 제1항 제1호에서 "환경부령으로 정하는 자"란 다음 각 호의 자를 말한다.
  1. 「환경기술개발 및 지원에 관한 법률」에 따른 기관
  2. 대학·산업대학·전문대학·기술대학 및 그 부설연구기관
  3. 국·공립연구기관
  4. 기업부설연구소 및 기업의 연구개발 전담부서
  5. 산업기술연구조합
  6. 「환경친화적 산업구조로의 전환촉진에 관한 법률」에 따른 기관 및 단체
  6의2 재활용환경성평가를 신청하기 위해 연구, 실험시설 등의 대체시설을 설치·운영하려는 자
  7. 그 밖에 환경부장관이 정하여 고시하는 자
② 폐기물처리시설을 설치·운영하려는 자는 폐기물처분시설 또는 재활용시설 설치·운영계획서를 시·도지사나 지방환경관서의 장에게 제출하여야 하며, 이를 제출받은 시·도지사나 지방환경관서의 장은 그 시설을 설치·운영하려는 자가 제1항 각 호의 어느 하나에 해당하는 자인지 여부, 적절한 환경오염방지시설을 설치하였는지 여부 및 시험·연구목적을 확인하고 그 확인결과(환경오염방지시설의 경우 보완할 사항이 있으면 그 보완할 사항을 포함한다)를 신청인에게 알려야 한다.

■ 설치신고대상 폐기물처리시설(규칙 제38조) *중요내용

"환경부령으로 정하는 규모의 설치신고대상 폐기물처리시설"이란 다음 각 호의 시설을 말한다.
1. 일반소각시설로서 1일 처분능력이 100톤(지정폐기물의 경우에는 10톤) 미만인 시설
2. 고온소각시설·열분해소각시설·고온용융시설 또는 열처리조합시설로서 시간당 처리능력이 100킬로그램 미만인 시설
3. 기계적 처분시설 또는 재활용시설 중 증발·농축·정제 또는 유수분리시설로서 시간당 처리능력이 125킬로그램 미만인 시설
4. 기계적 처분시설 또는 재활용시설 중 압축·파쇄·분쇄·절단·용융 또는 연료화 시설로서 1일 처리능력이 100톤 미만인 시설
5. 기계적 처분시설 또는 재활용시설 중 탈수·건조시설, 멸균분쇄시설 및 화학적 처리시설
6. 생물학적 처분시설 또는 재활용시설로서 1일 처리능력이 100톤 미만인 시설
7. 소각열회수시설로서 1일 재활용능력이 100톤 미만인 시설

## ■ 폐기물처리시설의 설치승인(규칙 제39조) *중요내용*

① 폐기물처리시설을 설치하려는 자는 폐기물 처분시설 또는 재활용시설 설치승인신청서에 다음 각 호의 서류를 첨부하여 그 시설의 소재지를 관할하는 시·도지사나 지방환경관서의 장에게 제출하여야 한다.
1. 처분 또는 재활용대상 폐기물 배출업체의 제조공정도 및 폐기물배출명세서(사업장폐기물배출자가 설치하는 경우만 제출한다)
2. 폐기물의 종류, 성질·상태 및 예상 배출량명세서(사업장폐기물배출자가 설치하는 경우만 제출한다)
3. 처분 또는 재활용대상 폐기물의 처분계획서
4. 폐기물처분시설 또는 재활용시설의 설치 및 장비확보 계획서
5. 폐기물처분시설 또는 재활용시설의 설계도서(음식물류 폐기물을 처분 또는 재활용하는 시설의 경우에는 물질수지도를 포함한다)
6. 처분 또는 재활용 후에 발생하는 폐기물의 처분계획서
7. 공동폐기물처분시설 또는 재활용시설의 설치·운영에 드는 비용부담 등에 관한 규약(폐기물처리시설을 공동으로 설치·운영하는 경우만 제출한다)
8. 폐기물매립시설의 사후관리계획서
9. 환경부장관이 고시하는 사항을 포함한 시설설치의 환경성조사서[면적이 1만 제곱미터 이상이거나 매립용적이 3만 세제곱미터 이상인 매립시설, 1일 처분능력이 100톤 이상(지정폐기물의 경우에는 10톤 이상)인 소각시설, 1일 재활용능력이 100톤 이상인 소각열회수시설이나 폐기물을 연료로 사용하는 시멘트 소성로의 경우만 제출한다]. 다만, 「환경영향평가법」에 따른 전략환경영향평가 대상사업, 환경영향평가 대상사업 또는 소규모 환경영향평가 대상사업의 경우에는 전략환경영향평가서, 환경영향평가서나 소규모 환경영향평가서로 대체할 수 있다. *중요내용*
10. 배출시설의 설치허가 신청 또는 신고 시의 첨부서류(배출시설에 해당하는 폐기물 처분시설 또는 재활용시설을 설치하는 경우만 제출하며 제1호부터 제8호까지의 서류와 중복되면 그 서류는 제출하지 아니할 수 있다)

② 변경승인을 받아야 할 중요사항은 다음 각 호와 같다.
1. 상호의 변경(사업장폐기물배출자가 설치하는 경우만 해당한다)
2. 처분 또는 재활용대상 폐기물의 변경
3. 처분 또는 재활용시설 소재지의 변경
4. 승인 또는 변경승인을 받은 처분 또는 재활용용량의 합계 또는 누계의 100분의 30 이상의 증가
5. 매립시설 제방의 증·개축
6. 주요설비의 변경. 다만, 다음 각 목의 경우만 해당한다.
    가. 폐기물처리시설의 구조변경으로 별표 9 제1호 나목 2) 가)의 (1)·(2), 나)의 (1)·(2),

다)의 (2)·(3), 라)의 (1)·(2)의 기준이 변경되는 경우
나. 폐기물 재활용시설의 구조변경으로 별표 9 제3호 마목 13)·14)의 기준이 변경되는 경우
다. 차수시설·침출수 처리시설이 변경되는 경우
라. 가스 처리시설 또는 가스 활용시설이 설치되거나 변경되는 경우
마. 침출수매립시설 환원 정화설비를 설치하거나 변경하는 경우
바. 배출시설의 변경허가 또는 변경신고 대상이 되는 경우

③ 변경승인을 받으려는 자는 제2항 제2호부터 제6호까지의 규정에 해당하면 변경 전에, 제2항 제1호에 해당하면 승인사유가 발생한 날부터 30일 이내에 각각 폐기물처분 또는 재활용시설 설치변경승인신청서에 다음 각 호의 서류를 첨부하여 시·도지사나 지방환경관서의 장에게 제출하여야 한다.
1. 폐기물처분시설 또는 재활용시설 설치승인서
2. 변경내용을 확인할 수 있는 서류(제2항 제1호의 경우만 제출한다)
3. 폐기물처분 또는 재활용시설의 설치변경계획서(제2항 제4호부터 제6호까지의 경우만 제출한다)
4. 배출시설의 변경허가 신청 또는 변경신고의 첨부서류(처분 또는 재활용용량이나 주요 설비의 변경 등으로 배출시설의 변경허가 또는 변경신고 대상에 해당되는 경우만 제출한다)
5. 환경성조사서(처분 또는 재활용용량의 증가로 제1항 제9호에 해당되는 경우만 제출한다)

■ 폐기물처리시설의 설치신고(규칙 제40조)

① 폐기물처리시설의 설치신고를 하려는 자는 폐기물처분시설 또는 재활용시설 설치신고서에 다음 각 호의 서류를 첨부하여 시·도지사나 지방환경관서의 장에게 제출하여야 한다.
1. 폐기물처분시설 또는 재활용시설의 설치 및 장비확보 계획서
2. 환경부장관이 고시하는 사항을 포함한 시설설치의 환경성조사서(1일 소각용량이 50톤 이상인 소각시설의 경우만 제출한다)
3. 배출시설의 설치허가 신청 또는 신고 시의 첨부서류(배출시설에 해당하는 폐기물처분시설 또는 재활용시설의 경우만 제출한다)
4. 공동폐기물처분시설 또는 재활용시설의 설치·운영에 드는 비용부담 등에 관한 규약(법 폐기물처리시설을 공동으로 설치·운영하는 경우만 제출한다)

② 시·도지사나 지방환경관서의 장은 신고서를 받으면 신고증명서를 신고인에게 내주어야 한다.

③ 변경신고를 하여야 할 중요사항은 다음 각 호와 같다. *중요내용
1. 상호의 변경(사업장폐기물배출자가 설치하는 경우만 해당한다)
2. 처분시설 또는 재활용시설 소재지의 변경
3. 처분 또는 재활용대상 폐기물의 변경
4. 신고 또는 변경신고를 한 처분 또는 재활용용량의 합계 또는 누계의 100분의 30 이상의

증가

5. 주요 설비의 변경. 다만, 폐기물처분시설의 구조변경으로 별표 9 제1호 나목 2) 가)의 (1)·(2), 나)의 (1)·(2), 다)의 (2)·(3), 라)의 (1)·(2)의 기준이 변경되는 경우, 폐기물재활용시설의 구조변경으로 별표 9 제3호 마목 13)·14)의 기준이 변경되는 경우 및 배출시설의 변경허가 또는 변경신고 대상이 되는 경우만 해당한다.

■ **폐기물처리시설의 사용신고 및 검사(규칙 제41조)**

① 폐기물처리시설의 설치자(폐기물처리업의 변경허가를 받은 자를 포함한다)는 해당 시설의 사용개시일 10일 전까지 사용개시신고서에 다음 각 호의 서류를 첨부하여 시·도지사나 지방환경관서의 장에게 제출하여야 한다. 다만, 대기오염방지시설만을 증설하거나 교체하였을 때에는 제2호의 서류를 첨부하지 아니할 수 있다. *중요내용

1. 해당 시설의 유지관리계획서
2. 다음 각 목의 어느 하나에 해당하는 시설의 경우에는 법 제30조의2 제3항에 따른 폐기물처리시설 검사기관에서 발행한 그 시설의 검사결과서
   가. 소각시설[종전의 소각열회수시설을 소각시설로 변경(처분대상 폐기물이 동일한 경우에 한정한다)하여 사용하려는 경우에는 해당 소각열회수시설 설치 당시 폐기물처리시설 검사기관에서 발행한 그 시설의 검사결과서로 대체할 수 있다]
   나. 매립시설
   다. 멸균분쇄시설(영 별표 3 제1호 나목 9)에 해당하는 시설로서 의료폐기물을 대상으로 하는 시설을 포함한다. 이하 이 조에서 같다)
   라. 음식물류 폐기물을 처리하는 시설로서 1일 처리능력 100킬로그램 이상인 시설
   마. 시멘트 소성로(폐기물을 연료로 사용하는 경우로 한정한다)
   바. 소각열회수시설
   사. 열분해시설(가스화시설을 포함한다)

② 법 제30조 제1항 전단에서 "환경부령으로 정하는 폐기물처리시설"이란 법 제29조 제2항 제1호에 따른 시설을 제외한 다음 각 호의 시설을 말한다. *중요내용

1. 소각시설
2. 매립시설
3. 멸균분쇄시설
4. 음식물류 폐기물처리시설(음식물류 폐기물에 대한 중간처리 후 새로 발생한 폐기물을 처리하는 시설을 포함한다. 이하 이 조에서 같다)
5. 시멘트 소성로(폐기물을 연료로 사용하는 경우로 한정한다)
6. 소각열회수시설
7. 열분해시설

③ 법 제30조 제1항 후단에서 "환경부령으로 정하는 경우"란 다음 각 호의 경우를 말한다.

1. 제39조 제3항 제2호 및 제4호부터 제6호까지 규정 중 어느 하나에 해당하는 변경승인을 받은 경우
2. 제40조 제3항 제3호부터 제5호까지의 규정 중 어느 하나에 해당하는 변경신고를 한 경우

④ "환경부령으로 정하는 기간"이란 다음 각 호의 기준일 전후 각각 30일 이내 기간을 말한다. 다만 멸균분쇄시설은 3.의 기간을 말한다. *중요내용*
  1. 소각시설, 소각열회수시설 및 열분해시설 : 최초 정기검사는 사용개시일부터 3년이 되는 날(「대기환경보전법」에 따른 측정기기를 설치하고 같은 법 시행령에 따른 굴뚝원격감시체계관제센터와 연결하여 정상적으로 운영되는 경우에는 사용개시일부터 5년이 되는 날), 2회 이후의 정기검사는 최종 정기검사일(검사결과서를 발급받은 날을 말한다)부터 3년이 되는 날
  2. 매립시설 : 최초 정기검사는 사용개시일부터 1년이 되는 날, 2회 이후의 정기검사는 최종 정기검사일부터 3년이 되는 날
  3. 멸균분쇄시설 : 최초 정기검사는 사용개시일부터 3개월, 2회 이후의 정기검사는 최종 정기검사일부터 3개월
  4. 음식물류 폐기물 처리시설 : 최초 정기검사는 사용개시일부터 1년이 되는 날, 2회 이후의 정기검사는 최종 정기검사일부터 1년이 되는 날
  5. 시멘트 소성로 : 최초 정기검사는 사용개시일부터 3년이 되는 날(「대기환경보전법」에 따른 측정기기를 설치하고 같은 법 시행령에 따른 굴뚝원격감시체계관제센터와 연결하여 정상적으로 운영되는 경우에는 사용개시일부터 5년이 되는 날), 2회 이후의 정기검사는 최종 정기검사일부터 3년이 되는 날

⑤ 검사를 받으려는 자는 검사를 받으려는 날 15일 전까지 검사신청서에 다음 각 호의 서류를 첨부하여 폐기물처리시설 검사기관에 제출하여야 한다. *중요내용*
  1. 소각시설, 멸균분해시설, 소각열회수시설이나 열분해시설의 경우
     가. 설계도면
     나. 폐기물조성비 내용
     다. 운전 및 유지관리계획서
  2. 매립시설의 경우
     가. 설계도서 및 구조계산서 사본
     나. 시방서 및 재료시험성적서 사본
     다. 설치 및 장비확보 명세서
     라. 환경부장관이 고시하는 사항을 포함한 시설설치의 환경성조사서(면적이 1만 제곱미터 이상이거나 매립용적이 3만 세제곱미터 이상인 매립시설의 경우만 제출한다). 다만, 「환경영향평가법」에 따른 전략환경영향평가 대상사업, 환경영향평가 대상사업 또는 소규모 환경영향평가 대상사업의 경우에는 전략환경영향평가서, 환경영향평가서나 소규모 환경영향평가서로 대체할 수 있다. *중요내용*

마. 종전에 받은 정기검사결과서 사본(종전에 검사를 받은 경우에 한정한다)
3. 음식물류 폐기물 처리시설의 경우 *중요내용
   가. 설계도면
   나. 운전 및 유지관리계획서(물질수지도를 포함한다)
   다. 재활용제품의 사용 또는 공급계획서(재활용의 경우만 제출한다)
4. 시멘트 소성로의 경우
   가. 설계도면
   나. 폐기물 성질·상태, 양, 조성비내용
   다. 운전 및 유지관리계획서

⑥ 검사기관은 검사를 마치면 지체 없이 검사결과서를 검사를 신청한 자에게 내주어야 한다.
⑦ 멸균분쇄시설의 검사는 아포균 검사로 하고, 그 밖의 세부검사방법은 환경부장관이 정하여 고시한다.
⑧ 폐기물처리시설 검사기관의 장은 분기별 검사실적을 매 분기 다음달 20일까지 국립환경과학원장에게 보고하고, 검사결과서 복사본이나 그 밖에 검사와 관련된 서류를 5년간 보존하여야 한다.
⑨ 국립환경과학원장은 폐기물처리시설 검사기관으로부터 보고받은 검사실적을 반기별로 취합하여 다음 각 호의 구분에 따른 기한까지 환경부장관에게 제출해야 한다.
   1. 상반기 검사실적 : 7월 30일까지
   2. 하반기 검사실적 : 다음 해 1월 31일까지

## ■ 폐기물처분시설 또는 재활용시설의 검사기준(규칙 제41조 제6항 : 별표 10)

1. 소각시설

| 구분 | 검사항목 |
|---|---|
| 설치검사 | • 소각능력의 적절성 및 적절연소상태 유지 여부<br>• 연소실 출구온도 유지 여부<br>• 연소가스 체류시간 적절 여부<br>• 바닥재 강열감량 적절 여부<br>• 보조연소장치의 용량 및 작동상태<br>• 연소실 공기나 산소공급장치 작동상태<br>• 굴뚝의 통풍력 및 구조의 적절성<br>• 폭발사고와 화재 등에 대비한 구조인지 여부<br>• 압력측정계 설치 여부 및 작동상태<br>• 자동투입장치(의료폐기물을 대상으로 하는 경우만 해당한다)·계량시설의 설치 여부 및 작동상태<br>• 출구온도 측정공, 온도지시계, 온도기록계 설치 여부 및 작동상태<br>• 내부에 사용한 재질의 적절성<br>• 연소실 외부피복상태 및 외부표면온도<br>• 대기오염 방지시설의 유입가스 온도 |

| 구분 | 검사항목 |
|---|---|
| 정기검사<br>(공통사항)<br>*중요내용 | • 배출가스의 연속측정 · 기록장치 작동상태<br>• 폐기물의 투입구 및 청소구의 내열성, 구조 및 공기유입 · 유출 여부<br>• 내부연소상태 투시공 설치 여부<br>• 소각재의 흩날림 방지조치 여부<br>• 표지판 부착 여부 및 기재사항<br>• 에너지 회수설비의 계측장비 설치 여부(소각열을 회수 · 이용하는 시설만 해당한다)<br>• 연소상태의 적절성 유지 여부<br>• 소방장비 설치 및 관리실태<br>• 보조연소장치의 작동상태<br>• 배기가스온도 적절 여부<br>• 바닥재 강열감량<br>• 연소실 출구가스 온도<br>• 연소실 가스체류시간<br>• 설치검사 당시와 같은 설비 · 구조를 유지하고 있는지 여부 |

2. 매립시설

| 구분 | | 검사항목 |
|---|---|---|
| 설치<br>검사 | 공통<br>사항 | • 외곽시설 설치상태<br>• 표지판의 규격 및 기재사항<br>• 축대벽과 둑의 안정성<br>• 기초지반 처리내용 및 상태<br>• 빗물배제시설 설치내용<br>• 계량시설 작동상태<br>• 세륜 · 세차시설 작동상태<br>• 지하수 검사정의 수 · 규격 · 재질 · 설치구조 |
| | 차단형<br>매립시설<br>*중요내용 | • 바닥과 외벽의 압축강도 · 두께<br>• 내부막의 구획면적, 매립가능 용적, 두께, 압축강도<br>• 빗물유입 방지시설 및 덮개설치내역 |
| | 관리형<br>매립시설<br>*중요내용 | • 차수시설의 재질 · 두께 · 투수계수<br>• 토목합성수지 라이너의 항목인장강도의 안전율<br>• 매끄러운 고밀도폴리에틸렌라이너의 기준 적합 여부<br>• 침출수 집배수층의 재질 · 두께 · 투수계수 · 투과중계수 및 기울기<br>• 지하수배제시설 설치내용<br>• 침출수유량조정조의 규모 · 방수처리내역, 유량계의 형식 및 작동상태<br>• 침출수 처리시설의 처리방법, 처리용량<br>• 침출수 매립시설 환원정화설비의 설치내용<br>• 침출수 이송 · 처리 시 종말처리시설 등의 처리능력<br>• 매립가스 소각시설이나 활용시설 설치계획<br>• 내부진입도로 설치내용<br>• 매립시설의 상부를 덮는 형태의 시설물인 경우 그 시설물의 구조안정성 |

| 구분 | | 검사항목 |
|---|---|---|
| 정기검사 | 차단형 매립시설 ※중요내용 | • 소화장비 설치 · 관리실태<br>• 축대벽의 안정성<br>• 빗물 · 지하수 유입방지 조치<br>• 사용종료매립지 밀폐상태 |
| | 관리형 매립시설 | • 소화장비 설치 · 관리실태<br>• 축대벽의 안정성<br>• 빗물 · 지하수 유입방지 조치<br>• 빗물배제시설의 유지 · 관리실태<br>• 세륜 · 세차시설의 작동상태<br>• 계량시설의 작동상태<br>• 미매립구역의 차수시설 유지 · 관리실태<br>• 침출수 처리시설 운영 · 관리실태 및 침출수배출허용기준 준수 여부<br>• 지하수 검사정, 지하수배제시설 및 해수의 수질검사 등을 통한 침출수 누출 여부<br>• 침출수 집배수시설의 기능<br>• 침출수 매립시설 환원정화설비의 설치내용<br>• 가스포집 및 처리시설의 적절설치 · 운영 여부<br>• 매립작업설계도서에 의한 매립 · 복토 · 빗물배제실태<br>• 폐기물의 다짐 및 압축정도<br>• 차수시설 상부보호층 적절설치 여부<br>• 복토두께<br>• 침출수위<br>• 매립층 함수율<br>• 매립시설 상부를 덮는 형태의 시설물인 경우 그 시설물의 유지 · 관리실태 |

3. 멸균분쇄시설

| 구분 | 검사항목 |
|---|---|
| 설치검사 ※중요내용 | • 멸균능력의 적절성 및 멸균조건의 적절 여부(멸균검사 포함)<br>• 분쇄시설의 작동상태<br>• 밀폐형으로 된 자동제어에 의한 처리방식인지 여부<br>• 자동기록장치의 작동상태<br>• 폭발사고와 화재 등에 대비한 구조인지 여부<br>• 자동투입장치와 투입량 자동계측장치의 작동상태<br>• 악취방지시설 · 건조장치의 작동상태 |
| 정기검사 ※중요내용 | • 멸균조건의 적절유지 여부(멸균검사 포함)<br>• 분쇄시설의 작동상태<br>• 자동기록장치의 작동상태<br>• 폭발사고와 화재 등에 대비한 구조의 적절유지<br>• 악취방지시설 · 건조장치 · 자동투입장치 등의 작동상태 |

4. 음식물류 폐기물 처리시설

| 구분 | | 검사항목 |
|---|---|---|
| 설치검사 | 사료화 시설 *중요내용 | • 혼합시설의 적절 여부<br>• 가열·건조시설의 적절 여부<br>• 사료저장시설의 적절 여부<br>• 사료화 제품의 적절성 |
| | 퇴비화 시설 *중요내용 | • 탈수·혼합시설의 기능 및 적절 여부<br>• 발효시설의 구조·기능 및 적절 여부<br>• 후부숙시설 및 저장시설의 적절 여부<br>• 퇴비화 제품의 적절성 |
| | 혐기성 소화시설 *중요내용 | • 산발효시설의 설치 여부 및 작동상태<br>• 메탄발효시설의 설치 여부 및 작동상태<br>• 최종생산물의 퇴비로서의 적절성<br>• 메탄가스의 적절처리 여부 |
| | 감량화 시설 | [부숙방식]<br>• 부숙장치의 구조·기능 및 적절성<br>• 부숙장치의 성능<br>• 최종생산물 품질의 적절성<br>[탄화·건조방식]<br>• 탄화·건조장치의 기능 및 적절성<br>• 탄화·건조장치의 성능<br>• 최종생산물 품질의 적절성 |
| 정기검사 | 사료화 시설 *중요내용 | • 가열·건조시설의 작동상태<br>• 사료저장시설의 작동상태<br>• 사료화 제품의 적절성 |
| | 퇴비화 시설 | • 탈수·혼합시설의 작동상태<br>• 발효시설의 작동상태<br>• 후부숙시설 및 저장시설의 작동상태<br>• 퇴비화 제품의 적절성 |
| | 혐기성 소화시설 | • 산발효시설의 작동상태<br>• 메탄발효시설의 작동상태<br>• 최종생산물의 퇴비로서의 적절성<br>• 메탄가스의 적절처리 여부 |
| | 감량화 시설 | [부숙방식]<br>• 부숙장치의 작동상태<br>• 최종생산물 품질의 적절성<br>[탄화·건조방식]<br>• 탄화·건조장치의 작동상태<br>• 최종생산물 품질의 적절성 |

5. 시멘트 소성로

| 구분 | 검사항목 |
|---|---|
| 설치검사 | • 재활용능력의 적절성 및 적절연소상태 유지 여부<br>• 예열기 최하단 원심력 집진시설 출구온도 유지 여부<br>• 연소가스 체류시간 적절 여부<br>• 연소실 공기나 산소 공급장치 작동상태<br>• 굴뚝의 통풍력 및 구조의 적절성<br>• 폭발사고와 화재 등에 대비한 구조인지 여부<br>• 압력측정계 설치 여부 및 작동상태<br>• 출구온도 측정공, 온도지시계, 온도기록계 설치 여부 및 작동상태<br>• 내부에 사용한 재질의 적절성<br>• 대기오염 방지시설의 유입가스 온도<br>• 폐기물의 투입구 및 청소구의 내열성, 구조 및 공기유입·유출 여부<br>• 표지판 부착 여부 및 기재사항 |
| 정기검사<br>*중요내용 | • 연소상태의 적절성 유지 여부<br>• 연소실 장비 설치 및 관리실태<br>• 배기가스온도 적절 여부<br>• 예열기 최하단 원심력 집진시설 출구가스 온도<br>• 연소실 가스체류시간<br>• 설치검사 당시와 같은 설비·구조를 유지하고 있는지 여부 |

6. 소각열회수시설
7. 열분해시설

## ■ 폐기물처리시설 검사기관의 지정(법 제30조의2)

① 환경부장관은 전문적·기술적인 폐기물처리시설 검사를 위하여 다음 각 호의 어느 하나에 해당하는 기관 또는 단체 중에서 폐기물처리시설 검사기관을 지정하고, 그 기관에 지정서를 발급하여야 한다. *중요내용

   1. 한국환경공단
   2. 국·공립연구기관
   3. 그 밖에 환경부령으로 정하는 기관 또는 단체

② 폐기물처리시설 검사기관으로 지정받으려는 자는 검사업무를 수행하고자 하는 폐기물처리시설별로 환경부령으로 정하는 기술인력 및 시설·장비 등의 요건을 갖추어 환경부장관에게 신청하여야 한다. 환경부령으로 정하는 중요사항을 변경하려는 경우에도 또한 같다.

③ 폐기물처리시설 검사기관은 다음 각 호의 준수사항을 지켜야 한다. *중요내용

   1. 폐기물처리시설 검사기관 지정서에 기재된 폐기물처리시설 이외의 시설에 대하여는 검사를 의뢰받지 말 것
   2. 의뢰받은 폐기물처리시설 검사업무를 다른 폐기물처리시설 검사기관이나 그 밖의 자에게 다시 의뢰하지 말 것

3. 폐기물처리시설 검사는 폐기물처리시설 검사기관에 등록된 기술인력이 직접 실시하는 등 환경부령으로 정하는 준수사항을 지킬 것

④ 환경부장관은 폐기물처리시설 검사기관이 다음 각 호의 어느 하나에 해당하면 그 지정을 취소하거나 6개월 이내의 기간을 정하여 업무의 정지를 명할 수 있다. 다만, 제1호부터 제3호까지의 어느 하나에 해당하는 경우에는 그 지정을 취소하여야 한다.
1. 거짓이나 그 밖의 부정한 방법으로 지정 또는 변경지정을 받은 경우
2. 결격사유 중 어느 하나에 해당하는 경우. 다만, 법인의 임원 중 제9항에 해당하는 자에 대해 결격사유가 발생한 날부터 2개월 이내에 그 임원을 바꾸어 임명하면 그러하지 아니하다. *중요내용
3. 업무정지기간 중 폐기물처리시설 검사업무를 실시한 경우
4. 지정요건을 갖추지 못하게 된 경우
5. 변경지정을 받지 아니하고 중요사항을 변경한 경우
6. 거짓이나 그 밖의 부정한 방법으로 제3항에 따른 폐기물처리시설 검사결과서를 발급한 경우
7. 다른 자에게 자기의 명의나 상호를 사용하여 폐기물처리시설 검사를 하게 하거나 폐기물처리시설 검사기관 지정서를 빌려준 경우
8. 준수사항을 위반한 경우

## ■ 폐기물처리시설의 관리(법 제31조)

① 폐기물처리시설을 설치·운영하는 자는 환경부령으로 정하는 관리기준에 따라 그 시설을 유지·관리하여야 한다.
② 대통령령으로 정하는 폐기물처리시설을 설치·운영하는 자는 그 처리시설에서 배출되는 오염물질을 측정하거나 환경부령으로 정하는 측정기관으로 하여금 측정하게 하고, 그 결과를 환경부장관에게 제출하여야 한다.
③ 대통령령으로 정하는 폐기물처리시설을 설치·운영하는 자는 그 폐기물처리시설의 설치·운영이 주변지역에 미치는 영향을 3년마다 조사하고, 그 결과를 환경부장관에게 제출하여야 한다. *중요내용
④ 환경부장관은 폐기물처리시설의 설치 또는 유지·관리가 설치기준 또는 관리기준에 맞지 아니하거나 검사 결과 부적합 판정을 받은 경우에는 그 시설을 설치·운영하는 자에게 환경부령으로 정하는 바에 따라 기간을 정하여 그 시설의 개선을 명하거나 그 시설의 사용중지(제30조 제1항 또는 제2항에 따른 검사 결과 부적합 판정을 받은 경우는 제외한다)를 명할 수 있다.
⑤ 환경부장관은 개선명령과 사용중지 명령을 받은 자가 이를 이행하지 아니하거나 그 이행이 불가능하다고 판단되면 해당 시설의 폐쇄를 명할 수 있다.
⑥ 환경부장관은 폐기물을 매립하는 시설을 설치한 자가 제5항에 따른 폐쇄명령을 받고도 그 기

간에 그 시설의 폐쇄를 하지 아니하면 대통령령으로 정하는 자에게 최종복토 등 폐쇄절차를 대행하게 하고 폐기물을 매립하는 시설을 설치한 자가 예치한 사후관리이행보증금 사전적립금을 그 비용으로 사용할 수 있다. 이 경우 그 비용이 사후관리이행보증금 사전적립금을 초과하면 그 초과 금액을 그 명령을 받은 자로부터 징수할 수 있다.

⑦ 환경부장관은 폐기물처리시설을 설치·운영하는 자가 오염물질의 측정의무를 이행하지 아니하거나 주변지역에 미치는 영향을 조사하지 아니하면 환경부령으로 정하는 바에 따라 기간을 정하여 오염물질의 측정 또는 주변지역에 미치는 영향의 조사를 명령할 수 있다.

⑧ 측정하여야 하는 오염물질, 측정주기, 측정결과의 보고, 그 밖에 필요한 사항은 환경부령으로 정한다.

⑨ 조사의 방법·범위, 결과 보고, 그 밖에 필요한 사항은 환경부령으로 정한다.

⑩ 환경부장관은「공공기관의 정보 공개에 관한 법률」로 정하는 바에 따라 측정 결과와 조사 결과를 공개하여야 한다.

## ■ 폐기물처분시설 또는 재활용시설의 관리기준(규칙 제42조 제1항 : 별표 11)

1. 공통기준 *중요내용*

   자동 계측장비에 사용한 기록지는 3년 이상 보존하여야 한다. 다만, 「대기환경보전법」에 따라 측정기기를 붙이고 굴뚝자동측정관제센터와 연결하여 정상적으로 운영하면서 온도 데이터를 저장매체에 기록·보관하는 경우에는 그러하지 아니하다.

2. 개별기준

   가. 중간처분시설의 경우

   1) 소각시설

      가) 공통기준 *중요내용*

      (1) 해당 시설에서 처분이 가능한 폐기물만을 소각하여야 한다.

      (2) 연소실에 폐기물을 투입하려는 경우에는 보조연소장치나 그 밖의 방법을 사용하여 섭씨 800도(「대기환경보전법」에 따른 측정기기를 붙이고 굴뚝자동측정관제센터와 연결하여 정상적으로 운영되는 의료폐기물 외의 폐기물을 대상으로 하는 소각시설의 경우에도 600도, 종이·목재류만을 소각하는 경우에는 450도)까지 온도를 높인 후 폐기물을 투입하여야 하고, 시설의 가동을 멈출 때에는 폐기물이 완전히 연소한 후 온도를 낮추어야 한다.

      (3) 시간당 처분능력이 2톤 이상인 생활폐기물 소각 시설의 경우에는 일산화탄소 농도를 4시간 평균 50피피엠(표준산소농도 12퍼센트로 환산한 농도로서 4시간 평균치를 말한다) 이내로 배출되도록 유지·관리하여야 한다.

      나) 개별기준

      (1) 일반소각시설 *중요내용*

         (가) 연소실(연소실이 둘 이상인 경우에는 최종 연소실)의 출구온도는 섭씨

850도(의료폐기물을 대상으로 하는 소각시설 외의 시설로서 시간당 처분능력이 200킬로그램 미만인 경우에는 섭씨 800도, 종이 또는 접착제·폐페인트·기름 및 방부제 등이 묻어있지 아니한 순수한 목재류만을 소각하는 경우에는 섭씨 450도) 이상을 유지하여야 한다. 다만, 기계고장·이물질 유입 등으로 불가피한 경우에는 출구온도를 기준온도보다 20도 낮은 온도의 범위에서 장애제거와 정상가동에 필요한 시간 동안 일시적으로 유지할 수 있다.
- (나) 연소실은 연소가스가 2초(의료폐기물을 대상으로 하는 소각시설 외의 시설로서 시간당 처분능력이 200킬로그램 미만의 경우에는 0.5초, 시간당 처분능력이 200킬로그램 이상 2톤 미만인 경우에는 1초) 이상 체류하여야 한다.
- (다) 바닥재의 강열감량이 10퍼센트 이하가 되도록 소각하여야 한다. 다만, 2008년 1월 1일 이후 가동이 시작되는 생활폐기물 소각 시설은 강열감량이 5퍼센트(시간당 처분능력이 200킬로그램 미만의 경우에는 10퍼센트) 이하가 되도록 소각하여야 한다.

(2) 고온소각시설
- (가) 연소실(연소실이 둘 이상인 경우에는 최종 연소실)의 출구온도는 섭씨 1,100도 이상을 유지하여야 한다. 다만, 기계고장·이물질 유입 등으로 불가피한 경우에는 출구온도를 기준온도보다 50도 낮은 온도의 범위에서 장애제거와 정상가동에 필요한 시간 동안 일시적으로 유지할 수 있다.
- (나) 연소실은 연소가스가 2초 이상 체류하여야 한다.
- (다) 바닥재의 강열감량이 5퍼센트 이하가 되도록 소각하여야 한다.

(3) 열분해시설
- (가) 열분해가스를 연소시키는 경우에는 가스연소실의 출구온도는 섭씨 850도 이상을 유지하여야 한다. 다만, 기계고장·이물질 유입 등으로 불가피한 경우에는 출구온도를 기준온도보다 20도 낮은 온도의 범위에서 장애제거와 정상가동에 필요한 시간 동안 일시적으로 유지할 수 있다.
- (나) 열분해가스를 연소시키는 경우에는 가스연소실은 가스가 2초 이상(시간당 처분능력이 200킬로그램 미만인 시설의 경우에는 1초 이상) 체류하여야 한다.
- (다) 열분해 잔재물의 강열감량이 10퍼센트(지정폐기물 외의 폐기물을 소각하는 시설로서 시간당 처분능력이 200킬로그램 미만인 소각시설의 경우에는 15퍼센트) 이하가 되도록 소각하여야 한다. ★중요내용

(4) 고온용융시설 ★중요내용

(가) 고온용융시설의 출구온도는 섭씨 1,200도 이상을 유지하여야 한다. 다만, 기계고장·이물질 유입 등으로 불가피한 경우에는 출구온도를 기준온도보다 50도 낮은 온도의 범위에서 장애제거와 정상가동에 필요한 시간 동안 일시적으로 유지할 수 있다.
(나) 고온용융시설은 연소가스가 1초 이상 체류하여야 한다.
(다) 고온용융시설에서 배출되는 잔재물의 강열감량은 1퍼센트 이하가 되도록 용융하여야 한다.

2) 기계적 처분시설
　가) 멸균분쇄시설
　　(1) 다음의 성능을 유지할 수 있어야 한다. ★중요내용
　　　(가) 증기멸균분쇄시설은 멸균실이 섭씨 121도 이상, 계기압으로 1기압 이상인 상태에서 폐기물이 30분 이상 체류하여야 한다.
　　　(나) 열관멸균분쇄시설은 섭씨 100도의 증기로 수분침투 후 나선형 열관에서 분당 4회 이상의 회전속도와 섭씨 165±5도의 고온으로 가열하여 멸균실이 섭씨 100도 이상인 상태에서 40분 이상 체류하여야 한다.
　　　(다) 마이크로웨이브멸균분쇄시설은 섭씨 160도의 고온증기로 수분침투 후 4개 이상의 마이크로파 발생기에서 각각 2천4백50메가헤르츠의 주파수와 출력 1천2백와트의 마이크로파를 조사하여 섭씨 95도 이상인 상태에서 25분 이상 체류하여야 한다.
　　(2) 가동 시마다 아포균검사·세균배양검사 또는 멸균테이프검사를 하되, 1일 3회 이하 가동하는 경우에는 1회 이상, 1일 3회를 초과하여 가동하는 경우에는 2회 이상 아포균검사나 세균배양검사를 하여야 한다.
　　(3) 자동기록지는 연결방식으로 사용하여야 한다.
　　(4) 폐기물은 원형이 파쇄되어 재사용할 수 없도록 분쇄하여야 한다.
　　(5) 수분량이 50퍼센트 이하가 되도록 건조하여야 한다.

나. 최종처분시설의 경우
　1) 차단형 매립시설 ★중요내용
　　가) 매립시설의 축대벽은 구조적으로 안정성이 유지되도록 하여야 한다.
　　나) 매립시설 내부로 빗물이나 지하수가 흘러들 아니하도록 하여야 한다.
　　다) 매립시설의 사용을 끝낼 때에는 밀폐시켜야 한다.
　　라) 폐기물이 매립시설의 외부로 흘러나가지 아니하도록 유지·관리하여야 한다.
　2) 관리형 매립시설
　　가) 매립시설에서 발생하는 침출수는 다음의 배출허용기준 이하로 처리하여야 한다. 다만, 침출수매립시설 환원정화설비를 통하여 매립시설로 주입되는 침출수의 경우에는 제외한다.

〈매립시설·침출수의 생물화학적 산소요구량·화학적 산소요구량·부유물질량의 배출허용기준〉

| 구분 | 생물화학적 산소요구량(mg/L) | 화학적 산소요구량(mg/L) | 부유물질량(mg/L) |
|---|---|---|---|
| 청정지역 | 30 | 200 | 30 |
| 가 지역 | 50 | 300 | 50 |
| 나 지역 | 70 | 400 | 70 |

※ 비고 : 화학적 산소요구량의 배출허용기준은 중크롬산칼륨법에 따라 분석한 결과를 적용한다.

〈매립시설침출수의 페놀류 등 오염물질의 배출허용기준〉

| 항목\지역 | 수소이온농도 | 노말헥산추출물질 함유량 | | 페놀류 함유량(mg/L) | 시안 함유량(mg/L) | 크롬 함유량(mg/L) | 용해성철 함유량(mg/L) | 아연 함유량(mg/L) | 구리 함유량(mg/L) | 카드뮴 함유량(mg/L) | 수은 함유량(mg/L) | 유기인 함유량(mg/L) |
|---|---|---|---|---|---|---|---|---|---|---|---|---|
| | | 광유류(mg/L) | 동식물유지류(mg/L) | | | | | | | | | |
| 청정지역 | 5.8~8.0 | 1 이하 | 5 이하 | 1 이하 | 0.2 이하 | 0.5 이하 | 2 이하 | 1 이하 | 0.5 이하 | 0.02 이하 | 불검출 | 0.2 이하 |
| 가 지역 | 5.8~8.0 | 5 이하 | 30 이하 | 3 이하 | 1 이하 | 2 이하 | 10 이하 | 5 이하 | 3 이하 | 0.1 이하 | 0.005 이하 | 1 이하 |
| 나 지역 | 5.8~8.0 | 5 이하 | 30 이하 | 3 이하 | 1 이하 | 2 이하 | 10 이하 | 5 이하 | 3 이하 | 0.1 이하 | 0.005 이하 | 1 이하 |

| 항목\지역 | 비소 함유량(mg/L) | 납 함유량(mg/L) | 6가 크롬 함유량(mg/L) | 용해성망간 함유량(mg/L) | 불소 함유량(mg/L) | PCB 함유량(mg/L) | 총대장균군수(군수/mL) | 색도 | 총질소 | 디에틸헥실프탈레이트 (mg/L) | 셀레늄 (mg/L) | 총인 (mg/L) | 트리클로로에틸렌 (mg/L) | 테트라클로로에틸렌 (mg/L) |
|---|---|---|---|---|---|---|---|---|---|---|---|---|---|---|
| 청정지역 | 0.1 이하 | 0.2 이하 | 0.1 이하 | 2 이하 | 3 이하 | 불검출 | 100 이하 | 200 이하 | 100 이하 | 0.02 이하 | 100 이하 | 4 이하 | 0.06 이하 | 0.02 이하 |
| 가 지역 | 0.5 이하 | 1 이하 | 0.5 이하 | 10 이하 | 15 이하 | 0.005 이하 | 3,000 이하 | 300 이하 | 150 이하 | 0.2 이하 | 3,000 이하 | 8 이하 | 0.3 이하 | 0.1 이하 |
| 나 지역 | 0.5 이하 | 1 이하 | 0.5 이하 | 10 이하 | 15 이하 | 0.005 이하 | 3,000 이하 | 300 이하 | 200 이하 | 0.2 이하 | 3,000 이하 | 8 이하 | 0.3 이하 | 0.1 이하 |

나) 매립시설 주변의 지하수 검사정 및 빗물·지하수배제시설의 수질검사 또는 해수수질검사는 해당 매립시설의 사용시작 신고일 2개월 전부터 사용시작 신고일까지의 기간 중에는 월 1회 이상, 사용시작 신고일 후부터는 분기 1회 이상 각각 실시하여야 하며, 검사실적을 매년 1월 말까지 시·도지사나 지방환경관서의 장에게 보고하여야 한다.

다) 매립시설의 복토는 다음 기준에 맞게 하여야 한다.
  (1) 매립작업이 끝난 후 투수성이 낮은 흙, 고화처리물 또는 건설폐재류를 재활용한 토사 등을 사용하여 15센티미터 이상의 두께(화학복토재 등 인공복토

재를 사용하는 경우에는 환경부장관이 정하여 고시하는 두께)로 다져 일일 복토를 하여야 하며, 매립작업이 7일 이상 중단되는 때에는 노출된 매립층의 표면부분에 30센티미터 이상의 두께로 다져 기울기가 2퍼센트 이상이 되도록 중간복토를 하여야 한다. 다만, 지정폐기물로 분류되지 아니하는 폐기물 중 복토의 필요성이 없다고 인정되는 소각재·도자기조각·광재류·폐석고·폐석회나 폐각류 등 악취의 발생이나 흩날릴 우려가 없는 폐기물만 매립하는 경우와 빗물의 침투를 방지하고 폐기물이 외부로 흩날리거나 악취가 발산되는 것을 막을 수 있는 시설을 설치하여 주변지역에 영향을 줄 우려가 없다고 인정되는 매립시설의 경우에는 일일 복토와 중간복토를 하지 아니할 수 있다. *중요내용

(2) 화학복토재 등 인공복토재는 폐기물공정 시험기준(방법)에 의한 용출시험 등을 하여 유해성이 없다고 판단한 후 사용하여야 한다.

(3) 음식물류, 지정폐기물로 분류되지 아니하는 유기성 오니 또는 동식물성잔재물 등 부패성폐기물로서 부패성물질의 함량이 40퍼센트 이상인 폐기물만 매립하는 때에는 폐기물의 높이가 매 3미터가 되기 전에 복토를 하여야 한다. *중요내용

(4) 오니 중 유기성의 것 등 부패성 지정폐기물로서 부패성물질의 함량이 40퍼센트 이상인 지정폐기물만을 매립하는 경우에는 해당 폐기물의 높이가 50센티미터 이상인 때에는 50센티미터마다 30센티미터 이상의 두께로 복토를 하여야 한다. 다만, 매일 작업종료 직전에 매립되는 폐기물이 부패성폐기물인 경우 그 폐기물의 높이에 해당하는 두께로 복토를 하여야 한다. *중요내용

(5) 매립시설의 사용이 끝났을 때에는 최종복토층을 기울기가 2퍼센트 이상이 되도록 설치하여야 한다.

㈎ 가스배제층 : 두께 30센티미터 이상 설치 *중요내용

㈏ 차단층 : 점토·점토광물혼합토 등으로 두께 45센티미터 이상이고 투수계수가 1초당 1백만분의 1센티미터 이하가 되도록 설치하거나 점토·점토광물혼합토 등으로 두께 30센티미터 이상이고 투수계수가 1초당 1백만분의 1센티미터 이하가 되도록 설치한 후 그 위에 두께 1.5밀리미터 이상인 합성고분자차수막 설치

㈐ 배수층 : 모래, 재생골재 등을 30센티미터 이상 두께로 포설하거나 복토층 무게상태에서 투과능계수가 1초당 3만분의 1제곱미터 이상인 지오컴포지트·지오네트 또는 지오텍스타일 등의 토목합성수지를 설치

㈑ 식생대층 : 식물심기와 생장이 가능한 양질의 토양으로 두께 60센티미터 이상 설치 *중요내용

■ **오염물질 측정대상 폐기물처리시설(영 제13조)** `중요내용`

"대통령령으로 정하는 오염물질 측정대상 폐기물처리시설"이란 폐기물매립시설을 말한다.

■ **오염물질의 측정(규칙 제43조)** `중요내용`

① 법 제31조 제2항에서 "환경부령으로 정하는 측정기관"이란 다음 각 호의 기관을 말한다(폐기물 매립시설 침출수의 측정기관).
   1. 보건환경연구원
   2. 한국환경공단
   3. 수질오염물질 측정대행업의 등록을 한 자
   4. 수도권매립지관리공사
   5. 폐기물 분석전문기관
② 폐기물처리시설을 설치·운영하는 자는 오염물질의 측정 결과를 매분기가 끝나는 달의 다음 달 10일까지 시·도지사나 지방환경관서의 장에게 보고하고, 사후관리가 끝날 때까지 보존하여야 한다.

■ **측정대상 오염물질의 종류 및 측정주기(규칙 제43조 : 별표 12)**

> 1. 측정대상 오염물질의 종류
>    별표 11 제2호 나목 2) 가)에 따른 배출허용기준 대상항목
> 2. 관리형 매립시설 오염물질 측정주기 `중요내용`
>    가. 침출수 배출량이 1일 2천 세제곱미터 이상인 경우
>        1) 화학적 산소요구량 : 매일 1회 이상
>        2) 화학적 산소량 외의 오염물질 : 주 1회 이상
>    나. 침출수 배출량이 1일 2천 세제곱미터 미만인 경우 : 월 1회 이상

■ **주변지역 영향조사대상 폐기물처리시설(영 제14조)** `중요내용`

"대통령령으로 정하는 주변지역 영향조사대상 폐기물처리시설"이란 폐기물처리업자가 설치·운영하는 다음 각 호의 시설을 말한다.
1. 1일 처분능력이 50톤 이상인 사업장폐기물 소각시설(같은 사업장에 여러 개의 소각시설이 있는 경우에는 각 소각시설의 1일 처분능력의 합계가 50톤 이상인 경우를 말한다)
2. 매립면적 1만 제곱미터 이상의 사업장 지정폐기물 매립시설
3. 매립면적 15만 제곱미터 이상의 사업장 일반폐기물 매립시설
4. 시멘트 소성로(폐기물을 연료로 사용하는 경우로 한정한다)
5. 1일 재활용능력이 50톤 이상인 사업장폐기물 소각열회수시설(같은 사업장에 여러 개의 소각

열회수시설이 있는 경우에는 각 소각열회수시설의 1일 재활용능력의 합계가 50톤 이상인 경우를 말한다)

## ■ 폐기물처리시설의 폐쇄절차대행자(영 제14조의2) *중요내용

1. 한국환경공단
2. 환경부장관이 최종복토 등 폐쇄절차를 대행할 능력이 있다고 인정하여 고시하는 자

## ■ 폐기물처리시설의 개선기간(규칙 제44조)

① 시·도지사나 지방환경관서의 장이 폐기물처리시설의 개선 또는 사용중지를 명할 때에는 개선 등에 필요한 조치의 내용, 시설의 종류 등을 고려하여 개선명령의 경우에는 1년의 범위에서, 사용중지명령의 경우에는 6개월의 범위에서 각각 그 기간을 정하여야 한다. *중요내용
② 시·도지사나 지방환경관서의 장은 천재지변이나 그 밖의 부득이한 사유로 제1항의 개선기간 내에 그 조치를 끝내지 못한 자에 대하여는 6개월의 범위에서 그 기간을 연장할 수 있다.
③ 폐기물처리시설의 설치자 또는 관리자는 사용중지기간 내에 그 명령의 원인이 된 사유가 없어 졌을 때에는 시·도지사나 지방환경관서의 장에게 보고하여야 한다.
④ 시·도지사나 지방환경관서의 장은 보고를 받으면 지체 없이 그 사실을 조사·확인하고, 그 사유가 없어졌다고 인정되면 그 명령을 철회하여야 한다.

## ■ 오염물질의 측정명령이나 주변지역 영향조사명령의 이행기간(규칙 제45조)

① 시·도지사나 지방환경관서의 장이 오염물질의 측정을 명하려면 1개월의 범위에서 기간을 정하여 명하여야 한다.
② 시·도지사나 지방환경관서의 장이 주변지역에 대한 영향조사를 명하려면 6개월의 범위에서 기간을 정하여 명하여야 한다.
③ 시·도지사나 지방환경관서의 장은 폐기물처리시설의 설치·운영자가 천재지변이나 그 밖의 부득이한 사유로 기간 내에 측정이나 조사를 끝내지 못하면 각각 1개월 또는 3개월의 범위에서 그 기간을 연장할 수 있다.

## ■ 폐기물처리시설 주변지역 영향조사 기준(규칙 제46조 : 별표 13)

1. 조사분야 및 항목
   가. 매립시설
      1) 대기 : 대기환경기준 항목 중 미세먼지(PM-10) 및 악취방지법에 따른 악취
      2) 지표수 : 침출수 배출허용기준 항목
      3) 지하수 : 생활용수수질기준 항목

            4) 토양 : 토양오염우려기준 항목
        나. 소각시설 및 시멘트 소성로 및 소각열회수시설 *중요내용
            1) 대기 : 다이옥신, 푸란 및 악취
            2) 지표수 : 침출수배출허용기준 항목(소각시설 및 소각열회수시설이 수질 및 폐수배출시설에 해당하는 경우를 말한다)
    2. 조사방법
        가. 조사횟수 : 각 항목당 계절을 달리하여 2회 이상 측정하되, 악취는 여름(6월부터 8월까지)에 1회 이상, 토양은 연 1회 이상 측정하여야 한다. *중요내용
        나. 조사지점
            1) 미세먼지와 다이옥신 조사지점은 해당 시설에 인접한 주거지역 중 3개소 이상 지역의 일정한 곳으로 한다.
            2) 악취 조사지점은 매립시설에 가장 인접한 주거지역에서 냄새가 가장 심한 곳으로 한다.
            3) 지표수 조사지점은 해당 시설에 인접하여 폐수, 침출수 등이 흘러들거나 흘러들 것으로 우려되는 지역의 상·하류 각 1개소 이상의 일정한 곳으로 한다.
            4) 지하수 조사지점은 매립시설의 주변에 설치된 3개의 지하수 검사정으로 한다.
            5) 토양 조사지점은 4개소 이상으로 하고, 환경부장관이 정하여 고시하는 토양정밀조사의 방법에 따라 폐기물 매립 및 재활용 지역의 시료채취 지점의 표토와 심토에서 각각 시료를 채취해야 하며, 시료채취 지점의 지형 및 하부토양의 특성을 고려하여 시료를 채취해야 한다. *중요내용
        다. 측정방법 : 환경오염 공정시험기준으로 하여야 한다.
    3. 결과보고 *중요내용
        조사완료 후 30일 이내에 시·도지사나 지방환경관서의 장에게 제출하여야 한다.

## ■ 기술관리인(법 제34조)

① 대통령령으로 정하는 폐기물처리시설을 설치·운영하는 자는 그 시설의 유지·관리에 관한 기술업무를 담당하게 하기 위하여 기술관리인을 임명(기술관리인의 자격을 갖추어 스스로 기술관리하는 경우를 포함한다)하거나 기술관리 능력이 있다고 대통령령으로 정하는 자와 기술관리 대행계약을 체결하여야 한다.
② 기술관리인의 자격·기술관리 대행계약 등에 필요한 사항은 환경부령으로 정한다.

## ■ 기술관리인을 두어야 할 폐기물처리시설(영 제15조) *중요내용

"대통령령으로 정하는 기술관리인을 두어야 할 폐기물처리시설"이란 다음 각 호의 시설을 말한다. 다만, 폐기물처리업자가 운영하는 폐기물처리시설은 제외한다.
1. 매립시설의 경우

가. 지정폐기물을 매립하는 시설로서 면적이 3천300제곱미터 이상인 시설. 다만, 별표 3의 제2호 최종처리시설 중 가목의 1) 차단형 매립시설에서는 면적이 330제곱미터 이상이거나 매립용적이 1천 세제곱미터 이상인 시설로 한다.
나. 지정폐기물 외의 폐기물을 매립하는 시설로서 면적이 1만 제곱미터 이상이거나 매립용적이 3만 세제곱미터 이상인 시설
2. 소각시설로서 시간당 처리능력이 600킬로그램(감염성폐기물을 대상으로 하는 소각시설의 경우에는 200킬로그램) 이상인 시설
3. 압축·파쇄·분쇄 또는 절단시설로서 1일 처리능력 또는 재활용시설이 100톤 이상인 시설
4. 사료화·퇴비화 또는 연료화시설로서 1일 재활용능력이 5톤 이상인 시설
5. 멸균·분쇄시설로서 시간당 처리능력이 100킬로그램 이상인 시설
6. 시멘트 소성로
7. 용해로(폐기물에 비철금속을 추출하는 경우로 한정한다)로서 시간당 재활용능력이 600킬로그램 이상인 시설
8. 소각열회수시설로서 시간당 재활용능력이 600킬로그램 이상인 시설

## ■ 기술관리대행자(영 제16조) *중요내용*

폐기물처리시설의 유지·관리에 관한 기술관리를 대행할 수 있는 자는 다음 각 호의 자로 한다.
1. 한국환경공단
2. 엔지니어링사업자
3. 기술사사무소(자격을 가진 기술사가 개설한 사무소로 한정한다)
4. 그 밖에 환경부장관이 기술관리를 대행할 능력이 있다고 인정하여 고시하는 자

## ■ 기술관리인의 자격기준(규칙 제48조 : 별표 14) *중요내용*

| 구분 | | 자격기준 |
|---|---|---|
| 폐기물 처분시설 또는 재활용시설 | 가. 매립시설 | 폐기물처리기사, 수질환경기사, 토목기사, 일반기계기사, 건설기계기사, 화공기사, 토양환경기사 중 1명 이상 |
| | 나. 소각시설(의료폐기물을 대상으로 하는 소각시설은 제외한다), 시멘트 소성로, 용해로 및 소각열회수시설 | 폐기물처리기사, 대기환경기사, 토목기사, 일반기계기사, 건설기계기사, 화공기사, 전기기사, 전기공사기사 중 1명 이상 |
| | 다. 의료폐기물을 대상으로 하는 시설 | 폐기물처리산업기사, 임상병리사, 위생사 중 1명 이상 |
| | 라. 음식물류 폐기물을 대상으로 하는 시설 | 폐기물처리산업기사, 수질환경산업기사, 화공산업기사, 토목산업기사, 대기환경산업기 |

| | | 사, 일반기계기사, 전기기사 중 1명 이상 |
|---|---|---|
| | 마. 그 밖의 시설 | 같은 시설의 운영을 담당하는 자 1명 이상 |

※ 비고 : 폐기물 처분시설 또는 재활용시설이 배출시설에 해당할 때에는 「대기환경보전법」・「물환경보전법」 또는 「소음・진동관리법」에 따른 환경관리인이 기술관리인을 겸임할 수 있다.

## ■ 폐기물처리시설에 대한 기술관리대행계약에 포함될 점검항목(규칙 제49조 : 별표 15)

| 시설명 | | 점검항목 |
|---|---|---|
| 1. 중간처분시설 | 가. 소각시설 및 고온 열분해시설 *중요내용 | • 내화물의 파손 여부<br>• 연소버너・보조버너의 정상가동 여부<br>• 안전설비의 정상가동 여부<br>• 방지시설의 정상가동 여부<br>• 배출가스 중의 오염물질의 농도<br>• 연소실 등의 청소실시 여부<br>• 냉각펌프의 정상가동 여부<br>• 연도 등의 기밀유지상태<br>• 정기성능검사 실시 여부<br>• 시설가동개시 시 적절온도까지 높인 후 폐기물 투입여부 및 시설가동 중단방법의 적절성 여부<br>• 온도・압력 등의 적절유지 여부 |
| | 나. 유수분리시설 | • 분리수이동설비의 파손 여부<br>• 회수유저장조의 부식 또는 파손 여부<br>• 이물질제거망의 청소 여부<br>• 폐유투입량 조절장치의 정상가동 여부<br>• 정기적인 여과포의 교체 또는 세척 여부 |
| | 다. 안정화시설 | • 유해가스처리설비의 정상가동 여부 *중요내용 |
| 2. 최종처분시설 | 가. 차단형 매립시설 | • 빗물차단용 덮개의 구비 여부<br>• 하단벽체의 콘크리트 파손 여부 |
| | 나. 관리형 매립시설 *중요내용 | • 차수시설의 파손 여부<br>• 침출수집수정・이송설비 등의 정기적인 청소실시 여부<br>• 유량조정조의 파손 여부<br>• 침출수 처리시설의 정상가동 여부<br>• 방류수의 수질<br>• 발생가스처리시설의 정상가동 여부 |

## ■ 폐기물처리 담당자 등에 대한 교육(법 제35조) *중요내용

다음 각 호의 어느 하나에 해당하는 사람은 환경부령으로 정하는 교육기관이 실시하는 교육을 받아야 한다.
1. 다음 각 목의 어느 하나에 해당하는 폐기물처리 담당자
   가. 폐기물처리업에 종사하는 기술요원
   나. 폐기물처리시설의 기술관리인
   다. 그 밖에 대통령령으로 정하는 사람
2. 폐기물분석전문기관의 기술요원
3. 재활용환경성평가기관의 기술인력

## ■ 교육대상자(영 제17조) *중요내용

"그 밖에 대통령령으로 정하는 사람(교육대상자)"이란 다음 각 호의 사람을 말한다.
1. 폐기물처리시설(법 제34조 제1항에 따라 기술관리인을 임명한 폐기물처리시설은 제외한다)의 설치·운영자나 그가 고용한 기술담당자
2. 사업장폐기물배출자 신고를 한 자나 그가 고용한 기술담당자
3. 확인을 받아야 하는 지정폐기물을 배출하는 사업자나 그가 고용한 기술담당자
4. 제2호와 제3호에 따른 자 외의 사업장폐기물을 배출하는 사업자나 그가 고용한 기술담당자로서 환경부령으로 정하는 자
5. 폐기물수집·운반업의 허가를 받은 자나 그가 고용한 기술담당자
6. 폐기물처리 신고자나 그가 고용한 기술담당자

## ■ 폐기물처리 담당자 등에 대한 교육(규칙 제50조)

① 폐기물처리 담당자 등은 다음 각 호에서 정하는 바에 따라 최초 교육을 받은 후 3년마다 재교육을 받아야 한다. 다만, 제2호에 해당하는 자는 1년마다 재교육을 받아야 한다. *중요내용
   1. 제3항 제2호 가목, 라목 및 마목 중 어느 하나에 해당하는 자(제18조 제1항 제4호에 해당하는 자는 제외한다) 및 영 제8조의 4에 따른 음식물류 폐기물 배출자 또는 그가 고용한 기술담당자 : 다음 각 목의 어느 하나에 해당하는 경우 해당 사유가 발생한 날부터 1년 이내
      가. 사업장폐기물 배출자의 신고(변경신고는 제외한다)를 한 경우
      나. 법 제17조 제5항에 따른 서류를 제출한 경우
      다. 폐기물처리업 허가(변경허가는 제외한다)를 받은 경우
      라. 폐기물 수집·운반 신고(법 제46조 제2항에 따른 변경신고는 제외한다)를 한 경우
      마. 음식물류 폐기물 처리시설을 설치한 경우
   2. 별표 7 제5호 가목 1)나)(2)에 따라 임명된 기술요원 : 임명된 날부터 6개월 이내
   3. 제1호 및 제2호 외의 자 : 교육대상자가 된 날부터 1년 이내

② 제1항에 해당하는 자가 법을 위반하여 행정처분을 받은 경우에는 그 처분을 받은 날부터 1년 이내에 추가 교육을 받아야 한다.
③ 제1항 및 제2항에 따른 교육을 하는 기관(이하 "교육기관"이라 한다) 및 그 교육기관에서 교육을 받아야 할 자는 다음 각 호와 같다. 중요내용
  1. 국립환경인력개발원, 한국환경공단 또는 한국폐기물협회
     가. 폐기물처분시설 또는 재활용시설의 기술관리인이나 폐기물처리시설의 설치자로서 스스로 기술관리를 하는 자
     나. 법 제2조 제8호에 따른 폐기물처리시설(법 제29조에 따라 설치 승인을 받은 폐기물처리시설만 해당하며, 영 제15조 각 호에 해당하는 폐기물처리시설은 제외한다)의 설치·운영자 또는 그가 고용한 기술담당자
  2. 「환경정책기본법」에 따른 환경보전협회 또는 한국폐기물협회
     가. 법 제17조 제2항에 따른 사업장폐기물 배출자 신고를 한 자 및 법 제17조 제5항에 따른 서류를 제출한 자 또는 그가 고용한 기술담당자(다목, 제1호 가목·나목에 해당하는 자와 제3호에서 정하는 자는 제외한다)
     나. 폐기물처리업자(폐기물 수집·운반업자는 제외한다)가 고용한 기술요원
     다. 폐기물처리시설(법 제29조에 따라 설치신고를 한 폐기물처리시설만 해당되며, 영 제15조 각 호에 해당하는 폐기물처리시설은 제외한다)의 설치·운영자 또는 그가 고용한 기술담당자
     라. 폐기물 수집·운반업자 또는 그가 고용한 기술담당자
     마. 폐기물재활용신고자 또는 그가 고용한 기술담당자
  2의2. 한국환경산업기술원
     재활용환경성평가기관의 기술인력
  2의3. 국립환경인력개발원, 한국환경공단
     폐기물분석전문기관의 기술요원
④ 시·도지사, 지방환경관서의 장 또는 국립환경과학원장은 교육을 받아야 하는 자가 재난 등으로 본인의 귀책사유 없이 불가피하게 교육을 받을 수 없다고 인정하는 경우에는 6개월의 범위에서 한 차례에 한해 그 교육기간을 연기할 수 있다.

## ■ 교육과정(규칙 제51조) 중요내용

① 폐기물처리 담당자 등이 받아야 할 교육과정은 다음 각 호와 같다. 이 경우 제2호부터 제4호까지의 규정 중 어느 하나의 교육과정을 마친 자는 제1호의 교육과정을 마친 것으로 본다.
  1. 사업장폐기물 배출자 과정
  2. 폐기물처리업 기술요원 과정
  3. 폐기물처리신고자 과정
  4. 폐기물처분시설 또는 재활용시설 기술담당자 과정

5. 재활용환경성평가기관 기술인력 과정
   6. 폐기물분석전문기관 기술요원 과정
② 제1항 제1호부터 제4호까지에 따른 교육과정의 교육기간은 3일 이내, 제5호 및 제6호에 따른 교육과정의 교육기간은 5일 이내로 한다. 다만, 「환경정책기본법」에 따른 한국환경보전원와 교육기관이 하는 교육과정의 교육기간은 1일 이내로 한다.

■ **교육대상자의 선발 및 등록(규칙 제53조)**
① 환경부장관은 제출된 교육계획을 매년 1월 31일까지 시·도지사, 지방환경관서의 장 또는 국립환경과학원장에게 알려야 한다.
② 시·도지사, 지방환경관서의 장 또는 국립환경과학원장은 관할구역의 교육대상자를 선발하여 그 명단을 해당 교육과정이 시작되기 15일 전까지 교육기관의 장에게 알려야 한다. *중요내용*
③ 시·도지사, 지방환경관서의 장 또는 국립환경과학원장은 제2항에 따라 교육대상자를 선발하면 그 교육대상자를 고용한 자에게 지체 없이 알려야 한다.
④ 교육대상자로 선발된 자는 해당 교육기관에 교육이 시작되기 전까지 등록을 하여야 한다.

■ **교육결과 보고(규칙 제54조)** *중요내용*

교육기관의 장은 교육을 하면 매 분기의 교육실적을 그 분기가 끝난 후 15일 이내에 환경부장관에게 보고하여야 하며, 매 교육과정 종료 후 7일 이내에 교육결과를 교육대상자를 선발하여 통보한 기관의 장에게 알려야 한다.

■ **장부 등의 기록과 보존(법 제36조)**

다음 각 호의 어느 하나에 해당하는 자는 환경부령으로 정하는 바에 따라 장부를 갖추어 두고 폐기물의 발생·배출·처리상황 등을 기록하고, 마지막으로 기록한 날부터 3년(제1호의 경우에는 2년)간 보존하여야 한다. 다만, 전자정보처리프로그램을 이용하는 경우에는 그러하지 아니하다. *중요내용*

1. 음식물류 폐기물의 발생 억제 및 처리 계획을 신고하여야 하는 자
1의2. 제17조 제2항에 따른 신고를 하여야 하는 자
1의3. 제17조 제5항에 따라 확인을 받아야 하는 자
2. 사업장폐기물을 공동으로 수집, 운반, 재활용 또는 처분하는 공동 운영기구의 대표자
3. 폐기물처리업자
3의2. 전용용기 제조업자
4. 폐기물처리시설을 설치·운영하는 자
5. 폐기물처리신고자
6. 제47조 제2항에 따른 제조업자나 수입업자

■ 휴업과 폐업 등의 신고(규칙 제59조) *중요내용
① 폐기물처리업자나 폐기물처리신고자가 휴업·폐업 또는 재개업을 한 경우에는 휴업·폐업 또는 재개업을 한 날부터 20일 이내에 신고서에 다음 각 호의 서류를 첨부하여 시·도지사나 지방환경관서의 장에게 제출하여야 한다.
   1. 휴업·폐업의 경우
      가. 허가증 또는 신고증명서 원본
      나. 보관 폐기물 처리완료 결과
   2. 재개업의 경우
      가. 폐기물처분시설 또는 재활용시설, 시설점검 결과서
      나. 기술능력의 보유현황 및 그 자격을 확인할 수 있는 서류(폐기물처리업자만 해당한다)
② 재활용환경성평가기관 또는 폐기물분석전문기관이 휴업·폐업 또는 재개업을 한 경우에는 휴업·폐업 또는 재개업을 한 날부터 20일 이내에 다음 각 호의 서류를 첨부하여 국립환경과학원장에게 제출하여야 한다.
   1. 휴업·폐업의 경우 : 지정서 원본
   2. 재개업의 경우
      가. 시험·분석 장비의 점검결과서
      나. 기술능력의 보유현황 및 그 자격을 확인할 수 있는 서류
③ 전용용기 제조업자가 휴업·폐업 또는 재개업을 한 경우에는 휴업·폐업 또는 재개업을 한 날부터 20일 이내에 다음 각 호의 서류를 첨부하여 지방환경관서의 장에게 제출하여야 한다.
   1. 휴업·폐업의 경우 : 등록증 원본
   2. 재개업의 경우 : 전용용기 제조시설 및 장비의 점검결과서

■ 보고서 제출(법 제38조)
① 다음 각 호의 어느 하나에 해당하는 자는 환경부령으로 정하는 바에 따라 매년 폐기물의 발생·처리에 관한 보고서를 다음 연도 2월 말일까지 해당 허가·승인·신고기관 또는 확인기관의 장에게 제출하여야 한다.
   1. 폐기물처리시설을 설치·운영하는 자
   1의2. 음식물류 폐기물의 발생 억제 및 처리 계획 신고를 한 자
   2. 사업장폐기물배출자 신고를 한 자
   3. 제17조 제2항에 따라 확인을 받은 자
   4. 폐기물처리업자
   5. 폐기물처리 신고자
② 전용용기 제조업 등록을 한 자는 환경부령으로 정하는 바에 따라 전용용기 생산 및 출고, 품질검사에 관한 보고서를 다음 연도 2월 말일까지 등록기관의 장에게 제출하여야 한다.

③ 환경부장관, 시·도지사 또는 시장·군수·구청장은 보고서를 제출하여야 하는 자가 기한 내에 제출하지 아니하면 기간을 정하여 제출을 명할 수 있다.
④ 보고서를 제출하여야 하는 자는 사업장폐기물의 처리를 위탁한 자에게 보고서 작성에 필요한 자료를 매년 1월 15일까지 서면으로 요구할 수 있으며, 그 요구를 받은 자는 그 자료를 1월 31일까지 서면으로 제출하여야 한다.
⑤ 폐기물분석전문기관은 환경부령으로 정하는 바에 따라 매년 폐기물의 시험·분석에 관한 보고서를 다음 연도 2월 말일까지 환경부장관에게 제출하여야 한다.

### ■ 보고서의 제출(규칙 제60조) *중요내용

① 폐기물처리시설의 설치·운영자 등은 보고서를 전자정보처리프로그램을 이용하여 다음 연도 2월 말일까지 해당 허가·승인·신고·확인기관의 장에게 제출하여야 한다.
② 사업장폐기물배출자는 폐기물 배출이 끝난 날부터 15일 이내에 특별자치시장, 특별자치도지사 또는 시장·군수·구청장에게 폐기물 처리 실적을 보고하여야 한다.

### ■ 시험·분석기관(규칙 제63조) *중요내용

시·도지사, 시장·군수·구청장 또는 지방환경관서의 장은 관계 공무원이 사업장 등에 출입하여 검사할 때에 배출되는 폐기물이나 재활용한 제품의 성분, 유해물질 함유 여부 또는 전용용기의 적정 여부의 검사를 위한 시험분석이 필요하면 다음 각 호의 시험분석기관으로 하여금 시험분석하게 할 수 있다.
1. 국립환경과학원
2. 보건환경연구원
3. 유역환경청 또는 지방환경청
4. 한국환경공단
5. 「석유 및 석유대체연료 사업법」에 따른 다음 각 목의 기관
   가. 한국석유관리원
   나. 산업통상자원부장관이 지정하는 기관
6. 「비료관리법 시행규칙」에 따른 시험연구기관
7. 수도권매립지관리공사
8. 전용용기 검사기관(전용용기에 대한 시험분석으로 한정)
9. 「국가표준기본법」에 따른 인정기구가 시험·검사기관으로 인정한 기관(천연방사성제품폐기물 및 천연방사성제품폐기물 소각재에 대한 방사성핵종시험분석으로 한정한다)
10. 그 밖에 환경부장관이 재활용제품을 시험분석할 수 있다고 인정하여 고시하는 시험분석기관

■ **폐기물처리업자 등의 방치폐기물 처리(법 제40조)**

① 사업장폐기물을 대상으로 하는 폐기물처리업자와 폐기물처리 신고자는 폐기물의 방치를 방지하기 위하여 허가를 받거나 신고를 한 후 영업 시작 전까지 다음 각 호의 어느 하나에 해당하는 조치를 취하여야 한다. 다만, 폐기물처리 신고자 중 폐기물 방치가능성을 고려하여 환경부령으로 정하는 자는 그러하지 아니하다.
  1. 폐기물 처리공제조합에 분담금 납부
  2. 폐기물의 처리를 보증하는 보험 가입
② 조치를 한 자가 다음 각 호의 어느 하나에 해당하면 대통령령으로 정하는 바에 따라 보험(이하 "처리이행보증보험"이라 한다)의 계약을 갱신하여야 한다.
  1. 처리이행보증보험의 가입 기간이 끝나는 경우
  2. 허가를 받은 처리 대상 폐기물의 종류, 허용보관량 또는 처리 단가가 변경되거나 양을 초과하여 폐기물을 보관하는 등의 사유로 처리이행보증보험의 보험금액이 변동되어야 하는 경우
③ 처리이행보증보험에 가입하거나 처리이행보증보험의 계약을 갱신한 자는 대통령령으로 정하는 바에 따라 그 사실을 증명하는 보험증서 원본을 환경부장관 또는 시·도지사에게 제출하여야 한다.
④ 환경부장관 또는 시·도지사가 폐기물 처리 공제조합에 방치폐기물의 처리를 명할 때에는 처리량과 처리기간에 대하여 대통령령으로 정하는 범위 안에서 할 수 있도록 명하여야 한다.
⑤ 폐기물 처리 공제조합은 폐기물처리업자 또는 폐기물처리 신고자로부터 납부받은 분담금을 초과하여 폐기물을 처리한 경우에는 초과비용에 대하여 폐기물처리업자, 폐기물처리 신고자 또는 권리·의무를 승계한 자에게 구상권을 행사할 수 있다.

■ **방치폐기물의 처리이행보증보험(영 제18조)**

① 보험(이하 "처리이행보증보험"이라 한다)의 가입기간은 1년 단위로 하되, 보증기간은 보험 종료일에 60일을 가산한 기간으로 해야 한다. *중요내용*
② 처리이행보증보험에 최초로 가입할 때에는 가입기간을 다음 해 12월 31일까지로 한다.
③ 처리이행보증보험에 가입하는 자는 보험사업자로부터 환경부장관이나 시·도지사가 보험금을 수령할 수 있도록 보험계약을 체결하여야 한다.

■ **폐기물의 처리명령 대상이 되는 조업중단기간(영 제20조)**

① 법 제40조 제2항에서 "대통령령으로 정하는 폐기물의 처리명령 대상이 되는 조업중단 기간"이란 다음 각 호의 기간을 말한다.
  1. 동물성 잔재물과 의료성 폐기물 중 조직물류 등 부패나 변질의 우려가 있는 폐기물인 경우 : 15일 *중요내용*

2. 폐기물의 방치로 생활환경 보전상 중대한 위해가 발생하거나 발생할 우려가 있는 경우 : 폐기물의 처리를 명할 수 있는 권한을 가진 자가 3일 이상 1개월 이내에서 정하는 기간
3. 제1호와 제2호 외의 경우 : 1개월

② 환경부장관이나 시·도지사는 폐기물처리업자나 폐기물처리신고자가 주민의 민원, 노사관계 등 불가피한 사유로 조업을 중단한 경우에는 폐기물처리업자나 폐기물처리 신고자의 신청에 따라 기간 내에서 한 차례만 폐기물의 처리명령을 연기할 수 있다.

## ■ 처리이행보증보험금액의 산출기준(영 제21조) *중요내용*

① 처리이행보증보험의 보험금액의 산출기준은 다음 각 호와 같다.
  1. 폐기물처리업자 : 폐기물의 종류별 처리단가에 양(이하 "허용보관량"이라 한다)을 곱한 금액의 2배(허용보관량을 초과한 초과보관량의 경우에는 폐기물의 종류별 처리단가에 초과보관량을 곱한 금액의 5배)
  2. 폐기물처리신고자 : 폐기물의 종류별 처리단가에 보관시설에서 보관가능한 양(이하 "보관량"이라 한다)을 곱한 금액의 2배

② 폐기물의 종류별 처리단가는 폐기물의 성질과 상태, 처리방법 등을 고려하여 환경부장관이 정하여 고시한다.

## ■ 방치폐기물의 처리량과 처리기간(영 제23조) *중요내용*

① 폐기물처리 공제조합에 처리를 명할 수 있는 방치폐기물의 처리량은 다음 각 호와 같다.
  1. 폐기물처리업자가 방치한 폐기물의 경우 : 그 폐기물처리업자의 폐기물 허용보관량의 2배 이내
  2. 폐기물처리 신고자가 방치한 폐기물의 경우 : 그 폐기물처리 신고자의 폐기물 보관량의 2배 이내

② 환경부장관이나 시·도지사는 폐기물처리 공제조합에 방치폐기물의 처리를 명하려면 주변 환경의 오염 우려 정도와 방치폐기물의 처리량 등을 고려하여 2개월의 범위에서 그 처리기간을 정해야 한다. 다만, 부득이한 사유로 처리기간 내에 방치폐기물을 처리하기 곤란하다고 환경부장관이나 시·도지사가 인정하면 1개월의 범위에서 한 차례만 그 기간을 연장할 수 있다.

## ■ 폐기물처리 공제조합의 설립(법 제41조)

방치폐기물의 처리이행을 보증하기 위하여 폐기물처리업자와 폐기물처리 신고자는 폐기물처리 공제조합(이하 "조합"이라 한다)을 설립할 수 있다.

■ 조합의 사업(법 제42조)

조합은 다음 각 호의 업무를 수행할 수 있다. 다만, 생활폐기물을 처리 대상으로 하는 폐기물처리 업자와 폐기물처리 신고자가 설립하는 조합은 제2호의 업무만 수행할 수 있다.
① 조합원의 방치폐기물을 처리하기 위한 공제사업
② 조합원의 폐기물 처리사업에 필요한 입찰보증·계약이행보증·선급금보증 업무

■ 분담금(법 제43조)

① 조합의 조합원은 공제사업을 하는 데에 필요한 분담금을 조합에 내야 한다.
② 분담금의 산정기준·납부절차, 그 밖에 필요한 사항은 조합의 정관으로 정하는 바에 따른다.
③ 조합원은 명령을 이행하지 아니하여 방치폐기물이 발생한 경우에는 납부한 분담금은 반환받을 수 없다. 다만, 환경부장관이 처리명령을 하기 이전에 방치폐기물을 처리한 경우에는 그러하지 아니하다.

■ 폐기물 인계·인수 내용 등의 전산처리(법 제45조) *중요내용*

환경부장관은 전산기록이 입력된 날부터 3년간 전산기록을 보존하여야 한다.

■ 폐기물처리 신고(법 제46조)

① 다음 각 호의 어느 하나에 해당하는 자는 환경부령으로 정하는 기준에 따른 시설·장비를 갖추어 시·도지사에게 신고하여야 한다.
  1. 동·식물성 잔재물 등의 폐기물을 자신의 농경지에 퇴비로 사용하는 등의 방법으로 재활용하는 자로서 환경부령으로 정하는 자
  2. 폐지, 고철 등 환경부령으로 정하는 폐기물을 수집·운반하거나 환경부령으로 정하는 방법으로 재활용하는 자로서 사업장 규모 등이 환경부령으로 정하는 기준에 해당하는 자
  3. 폐타이어, 폐가전제품 등 환경부령으로 정하는 폐기물을 수집·운반하는 자
② 폐기물처리 신고자가 환경부령으로 정하는 사항을 변경하려면 시·도지사에게 신고하여야 한다.
③ 시·도지사는 신고·변경신고를 받은 날부터 20일 이내에 신고·변경신고수리 여부를 신고인에게 통지하여야 한다. *중요내용*
④ 시·도지사가 정한 기간 내에 신고·변경신고수리 여부나 민원 처리 관련 법령에 따른 처리기간의 연장을 신고인에게 통지하지 아니하면 그 기간이 끝난 날의 다음 날에 신고·변경신고를 수리한 것으로 본다.
⑤ 폐기물처리 신고자는 폐기물 수집·운반업의 허가를 받지 아니하거나 신고를 하지 아니하고 그 재활용 대상 폐기물을 스스로 수집·운반할 수 있다.

⑥ 폐기물처리 신고자는 신고한 폐기물처리 방법에 따라 폐기물을 처리하는 등 환경부령으로 정하는 준수사항을 지켜야 한다.

⑦ 시·도지사는 폐기물처리 신고자가 다음 각 호의 어느 하나에 해당하면 그 시설의 폐쇄를 명령하거나 6개월 이내의 기간을 정하여 폐기물의 반입금지 등 폐기물처리의 금지를 명령할 수 있다. *중요내용*

1. 준수사항을 지키지 아니한 경우
2. 폐기물의 처리 기준과 방법 또는 제13조의2에 따른 폐기물의 재활용 원칙 및 준수사항을 지키지 아니한 경우
3. 제40조 제1항 본문에 따른 조치를 하지 아니한 경우

⑧ 제7항에 따라 시설의 폐쇄처분을 받은 자는 그 처분을 받은 날부터 1년간 다시 폐기물처리 신고를 할 수 없다. *중요내용*

## ■ 폐기물처리 신고대상

① 법 제46조 제1항 제2호에서 "폐지, 고철 등 환경부령으로 정하는 폐기물"이란 다른 자의 폐기물로서 다음 각 호의 폐기물(지정폐기물은 제외한다)을 말한다.
  1. 폐지
  2. 고철
  3. 폐포장재[「자원의 절약과 재활용촉진에 관한 법률 시행령」에 따른 재활용의무 대상인 종이팩, 유리병, 금속캔, 합성수지 재질의 포장재, 1회용 봉투·쇼핑백 및 합성수지 재질의 필름류만 해당한다]
  4. 폐전선(폐유를 함유한 경우는 제외한다. 이하 이 조에서 같다)
  5. 1회용 컵(재활용하는 경우만 해당한다)

② 법 제46조 제1항 제2호에서 "환경부령으로 정하는 방법"이란 선별·압축·감용(減容)·절단 또는 탈피(脫皮, 폐전선만 해당한다)하는 방법을 말한다.

③ 법 제46조 제1항 제2호에서 "환경부령으로 정하는 기준에 해당하는 자"란 폐기물을 수집·운반하거나 재활용하는 자로서 사업장 규모가 다음 각 호의 어느 하나에 해당하는 자를 말한다.
  1. 특별시·광역시 지역으로서 사업장 규모가 1,000㎡ 이상인 자
  2. 시·군 지역(광역시의 군 지역을 포함한다)으로서 사업장 규모가 2,000㎡ 이상인 자

④ "폐타이어, 폐가전제품 등 환경부령으로 정하는 폐기물"이란 다른 자의 폐기물로서 다음 각 호의 폐기물을 말한다.
  1. 폐축전지 및 폐변압기(손상되지 아니한 상태로서 폐황산이나 폐절연유가 유출되지 아니하는 경우만 해당한다)
  2. 폐타이어
  3. 폐가전제품
  4. 폐드럼(내용물이 제거되어 유출될 우려가 없는 경우만 해당한다)

5. 폐식용유(생활폐기물에 해당하는 폐식용유를 유출될 우려가 없는 전용의 탱크·용기로 수집·운반하는 경우만 해당한다)
6. 폐섬유(봉제공장에서 봉제 가공 후 생활폐기물로 배출되는 폐원단 조각만 해당한다)
7. 농업용 폐플라스틱필름·시트류와 폐농약용기 등 폐농약 포장재(농업활동 과정에서 생활폐기물로 발생되는 것만 해당한다)
8. 폐의류(생활폐기물로 배출되는 것만 해당한다)
9. 동·식물성 잔재물(생활폐기물로 배출되는 것만 해당한다)
10. 1회용 컵
11. 어업·양식업용 폐합성수지(어업·양식업 활동 과정에서 배출되는 생활폐기물로서 양식용폐부자, 합성수지재질의 폐김발장, 폐어망 및 폐로프 등을 말한다)
12. 「자원의 절약과 재활용촉진에 관한 법률 시행령」에 따른 의약품 및 의약외품 포장재

## ■ 폐기물처리 신고자가 갖추어야 할 보관시설 및 재활용시설(규칙 제66조 제1항 : 별표 17)

1. 폐기물을 수집·운반하는 자의 기준
   가. 장비 : 폐기물을 수집·운반하는 차량 1대 이상
   나. 연락장소 또는 사무실
2. 폐기물을 재활용하는 자의 기준
   가. 보관시설 : 1일 처리능력의 1일분 이상 30일분 이하의 폐기물을 보관할 수 있는 보관용기 또는 보관시설. 다만, 시·도지사의 인정을 받아 위탁받은 폐기물을 보관하지 아니하고 곧바로 재활용시설로 운반하는 경우에는 보관용기나 보관시설을 갖추지 아니할 수 있다. *중요내용
   나. 재활용시설 : 재활용하려는 폐기물의 종류 및 재활용방법 등에 따라 맞게 설치하여야 하는 선별·압축·감용·절단·사료화·퇴비화 시설 중 해당 시설 1식 이상
   다. 차량 : 재활용하려는 폐기물을 수집·운반하는 차량 1대 이상(재활용대상폐기물을 스스로 수집·운반하는 경우만 해당한다)
   ※ 비고
      1. 음식물류 폐기물을 재활용하는 자는 보관시설을 갖추지 아니할 수 있다.
      2. 재활용 용도 또는 방법을 고려하여 재활용시설이 필요하지 아니하다고 시·도지사가 인정하는 경우에는 재활용시설을 갖추지 아니할 수 있다.

## ■ 폐기물처리 신고(규칙 제67조)

① 법 제46조 제1항에 따라 폐기물처리 신고를 하려는 자는 폐기물처리 개시 15일 전까지 폐기물 재활용 신고서에 다음 각 호의 구분에 따른 서류를 첨부하여 그 사업장을 관할하는 시·도지사에게 제출하여야 한다. *중요내용
   1. 폐기물 수집·운반 신고의 경우 : 신고서에 다음 각 목의 서류를 첨부. 다만, 폐기물 수

집·운반 신고의 경우에는 나목의 서류만 첨부한다.
　　가. 폐기물처리 신고 대상임을 확인 할 수 있는 서류
　　나. 폐기물 수집·운반 계획서
　2. 폐기물 재활용 신고의 경우 : 신고서에 다음 각 목의 서류를 첨부
　　가. 폐기물처리 신고 대상임을 확인할 수 있는 서류
　　나. 폐기물 수집·운반 계획서(폐기물을 스스로 수집·운반하는 경우만 해당한다)
　　다. 폐기물 재활용 유형에 따른 재활용의 용도 또는 방법 설명서
　　라. 재활용시설 설치명세서
　　마. 보관시설 또는 보관용기 설치명세서(용량 및 그 산출근거를 확인할 수 있는 서류를 포함한다)
　　바. 재활용 과정에서 발생하는 폐기물의 처리계획서
　　사. 폐기물을 성토재·보조기층재 등으로 직접 이용하는 공사의 발주자 또는 토지소유자 등 해당 토지의 권리자의 동의서
② 신고를 받은 시·도지사는 적합한 경우 신고증명서를 신고인에게 내주어야 한다.
③ 폐기물재활용 신고자는 사항을 변경하려는 경우에는 변경 전에 변경신고서에 신고증명서를 첨부하여 시·도지사에게 제출하여야 한다.

## ■ 폐기물처리 신고자의 준수사항(규칙 제67조의2 : 별표 17의2) *중요내용*

> 1. 폐기물처리 신고자는 폐기물의 재활용을 위탁한 자와 폐기물 위탁재활용(운반)계약서를 작성하고, 그 계약서를 3년간 보관하여야 한다.
> 2. 정당한 사유 없이 계속하여 1년 이상 휴업하여서는 아니 된다.

## ■ 폐기물처리 신고자에 대한 과징금 처분(법 제46조의2)

① 시·도지사는 폐기물처리 신고자가 처리금지를 명령하여야 하는 경우 그 처리금지가 다음 각 호의 어느 하나에 해당한다고 인정되면 대통령령으로 정하는 바에 따라 그 처리금지를 갈음하여 2천만 원 이하의 과징금을 부과할 수 있다. *중요내용*
　1. 해당 재활용사업의 정지로 인하여 그 재활용사업의 이용자가 폐기물을 위탁처리하지 못하여 폐기물이 사업장 안에 적체됨으로써 이용자의 사업활동에 막대한 지장을 줄 우려가 있는 경우
　2. 해당 재활용사업체에 보관 중인 폐기물 또는 그 재활용사업의 이용자가 보관 중인 폐기물의 적체에 따른 환경오염으로 인하여 인근지역 주민의 건강에 위해가 발생되거나 발생될 우려가 있는 경우
　3. 천재지변이나 그 밖의 부득이한 사유로 해당 재활용사업을 계속하도록 할 필요가 있다고 인정되는 경우

② 과징금을 부과하는 위반행위의 종류와 정도에 따른 과징금의 금액, 그 밖에 필요한 사항은 대통령령으로 정한다.
③ 과징금을 내야 할 자가 납부기한까지 과징금을 내지 아니하면 시·도지사는 과징금 부과처분을 취소하고 처리금지 처분을 하거나 과징금을 징수한다. 다만, 폐업 등으로 처리금지 처분을 할 수 없는 경우에는 「지방행정제재·부과금의 징수 등에 관한 법률」에 따라 과징금을 징수한다.
④ 과징금으로 징수한 금액은 시·도의 수입으로 하되, 광역폐기물처리시설의 확충 등 대통령령으로 정하는 용도로 사용하여야 한다.

## ■ 과징금을 부과할 위반행위별 과징금의 금액(영 제23조의3) *중요내용*

시·도지사는 사업장의 사업규모, 사업지역의 특수성, 위반행위의 정도 및 횟수 등을 고려하여 폐기물처리 신고자 과징금의 금액의 2분의 1의 범위에서 이를 가중하거나 감경할 수 있다. 다만, 가중하는 경우에도 과징금의 총액은 2천만 원을 초과할 수 없다.

## ■ 과징금의 사용 용도(영 제23조의4) *중요내용*

"대통령령으로 정하는 과징금의 사용 용도"란 다음 각 호와 같다.
1. 광역폐기물 처리시설의 확충
2. 공공 재활용기반시설의 확충
3. 폐기물재활용 신고자가 적합하게 재활용하지 아니한 폐기물의 처리
4. 폐기물처리 신고자의 지도·점검에 필요한 시설·장비의 구입 및 운영

## ■ 폐기물의 회수조치(법 제47조)

① 환경부장관은 사업자가 고시된 회수·처리방법에 따라 회수·처리하지 아니하면 기간을 정하여 그 회수와 처리에 필요한 조치를 할 것을 권고할 수 있다.
② 사업자는 재료·용기·제품 등이 「대기환경보전법」 제2조, 「물환경보전법」 제2조 및 「화학물질관리법」 제2조에 따른 대기오염물질, 수질오염물질, 인체급성유해성물질, 인체만성유해성물질, 생태유해성물질 중 환경부령으로 정하는 물질을 포함하고 있거나 다량으로 제조·가공·수입 또는 판매되어 폐기물이 되는 경우 환경부장관이 고시하는 폐기물의 회수 및 처리방법에 따라 회수·처리하여야 한다. 이 경우 환경부장관이 이를 고시하려면 미리 관계 중앙행정기관의 장과 협의하여야 한다.
③ 환경부장관은 권고를 받은 자가 권고사항을 이행하지 아니하면 해당 폐기물의 회수와 적정한 처리 등에 필요한 조치를 명할 수 있다.

■ 폐기물의 반입정지명령(법 제47조의2)

① 환경부장관 또는 시·도지사는 폐기물처리업자의 보관용량, 처리실적, 처리능력 등 환경부령으로 정하는 기준을 초과하여 폐기물을 보관하는 경우에는 폐기물처리업자에게 폐기물의 반입정지를 명할 수 있다. 다만, 재난폐기물의 처리 등 환경부령으로 정하는 사유에 해당하는 경우에는 그러하지 아니하다.
② 반입정지명령을 받은 자가 환경부령으로 정하는 기준 이하로 폐기물의 보관량을 감소시킨 경우에는 환경부장관 또는 시·도지사에게 폐기물의 반입재개 신청을 할 수 있다.
③ 환경부장관 또는 시·도지사는 반입재개 신청을 받은 날부터 10일 이내에 반입재개 여부를 신청인에게 통보하여야 한다. *중요내용

■ 폐기물처리에 대한 조치명령(법 제48조)

① 환경부장관, 시·도지사 또는 시장·군수·구청장은 부적정처리폐기물이 발생하면 다음 각 호의 어느 하나에 해당하는 자에게 기간을 정하여 폐기물의 처리방법 변경, 폐기물의 처리 또는 반입 정지 등 필요한 조치를 명할 수 있다.
  1. 부적정처리폐기물을 발생시킨 자
  2. 부적정처리폐기물이 처리된 폐기물처리시설의 설치 또는 운영을 수탁자에게 위탁한 자
  3. 부적정처리폐기물의 처리를 위탁한 음식물류 폐기물 배출자 또는 사업장폐기물배출자. 다만, 폐기물의 처리를 위탁한 자가 제15조의2 제3항·제5항, 제17조 제1항 제3호 또는 제18조의2 제3항에 따른 의무를 위반하거나 그 밖의 귀책사유가 있다고 인정되는 경우로 한정한다.
  4. 부적정처리폐기물의 발생부터 최종처분에 이르기까지 배출, 수집·운반, 보관, 재활용 및 처분과정에 관여한 자
  5. 부적정처리폐기물과 관련하여 제18조 제3항을 위반하여 폐기물 인계·인수에 관한 사항과 폐기물처리현장정보를 전자정보처리프로그램에 입력하지 아니하거나 거짓으로 입력한 자
  6. 제1호부터 제5호까지의 규정 중 어느 하나에 해당하는 자에 대하여 부적정처리폐기물의 발생 원인이 된 행위를 할 것을 요구·의뢰·교사한 자 또는 그 행위에 협력한 자
  7. 제1호부터 제6호까지의 사업장폐기물 배출자에 대하여 제17조 제8항 또는 제9항에 따라 권리·의무를 승계한 자
  8. 제1호부터 제6호까지의 폐기물처리업자, 폐기물처리시설의 설치자 또는 폐기물처리 신고자에 대하여 제33조 제1항부터 제3항까지에 따라 권리·의무를 승계한 자
  9. 부적정처리폐기물을 직접 처리하거나 다른 사람에게 자기 소유의 토지 사용을 허용한 경우 부적정처리폐기물이 버려지거나 매립된 토지의 소유자
② 환경부장관, 시·도지사 또는 시장·군수·구청장은 조치명령대상자가 둘 이상인 경우에는 다음 각 호의 순서에 따른 자에게 조치명령을 하여야 한다.

1. 다음 각 목의 어느 하나에 해당하는 자
   가. 제1항 제1호의 조치명령대상자
   나. 제17조 제8항·제9항 또는 제33조 제1항부터 제3항까지에 따라 가목에 해당하는 자의 권리·의무를 승계한 자
   다. 제1항 제9호의 조치명령대상자(자기 소유의 토지에 부적정처리폐기물을 직접 처리한 경우만 해당한다)
2. 다음 각 목의 어느 하나에 해당하는 자
   가. 제1항 제2호부터 제6호까지의 조치명령대상자
   나. 제17조 제8항·제9항 또는 제33조 제1항부터 제3항까지에 따라 가목에 해당하는 자의 권리·의무를 승계한 자
3. 제1항 제9호의 조치명령대상자(자기 소유의 토지에 부적정처리폐기물을 직접 처리한 경우는 제외한다)

③ 제2항에도 불구하고 환경부장관, 시·도지사 또는 시장·군수·구청장은 조치명령대상자 간 책임 정도, 조치명령대상자의 조치명령 이행 가능성 등을 고려하여 대통령령으로 정하는 기준에 따라 해당 조치명령대상자에 앞서 다음 순위의 조치명령대상자들 중 어느 하나에 해당하는 자에게 조치명령을 할 수 있다.

④ 환경부장관, 시·도지사 또는 시장·군수·구청장이 제1항부터 제3항까지에 따른 조치명령대상자 또는 조치명령의 범위를 결정하기 위하여 필요한 경우에는 제48조의3에 따른 폐기물처리자문위원회에 자문할 수 있다.

⑤ 제1항부터 제3항까지에 따라 조치명령을 받은 자가 자기의 비용으로 조치명령을 이행한 경우에는 동일한 사유로 조치명령을 받은 자의 부담부분에 관하여 구상권을 행사할 수 있다.

⑥ 제1항부터 제5항까지의 규정 외에 조치명령의 기준, 절차 및 방법 등에 필요한 사항은 환경부령으로 정한다.

### ■ 폐기물처리자문위원회(법 제48조의3)

① 환경부장관, 시·도지사 또는 시장·군수·구청장의 자문에 응하기 위하여 환경부에 폐기물처리자문위원회를 둔다.
② 위원회는 위원장을 포함하여 5명 이상 9명 이하의 위원으로 구성한다.
③ 위원회의 구성·운영 등에 필요한 사항은 대통령령으로 정한다.

### ■ 폐기물적정처리 추진센터(법 제48조의4) 중요내용

환경부장관은 다음 각 호의 업무를 기술적으로 지원하기 위하여 한국환경공단 등 대통령령으로 정하는 전문기관을 폐기물적정처리 추진센터로 지정할 수 있다.
1. 사업장폐기물의 적정 처리 점검 및 적정 처리를 위한 지도
2. 폐기물처리업자, 폐기물처리시설 설치자, 폐기물처리 신고자에 관한 정보의 수집 및 제공

3. 사업장폐기물의 적정한 처리를 위한 계발활동 및 홍보활동
4. 대집행 업무 지원
5. 그 밖에 폐기물의 적정 처리에 관하여 환경부령으로 정하는 업무

## ■ 과징금(법 제48조의5)

① 환경부장관, 시·도지사 또는 시장·군수·구청장은 폐기물을 부적정 처리함으로써 얻은 부적정처리이익의 3배 이하에 해당하는 금액과 폐기물의 제거 및 원상회복에 드는 비용을 과징금으로 부과할 수 있다.
② 환경부장관, 시·도지사 또는 시장·군수·구청장은 제1항에 따른 과징금을 내야 할 자가 납부기한까지 내지 아니하면 국세 체납처분의 예 또는 「지방행정제재·부과금의 징수 등에 관한 법률」에 따라 징수한다.
③ 과징금을 부과할 때 「환경범죄 등의 단속 및 가중처벌에 관한 법률」에 따라 과징금이 부과된 경우에는 그에 해당하는 금액을 감액한다.
④ 과징금의 구체적인 계산방법과 그 밖에 필요한 사항은 대통령령으로 정한다.

## ■ 과징금의 계산방법(영 제23조의7)

① 부적정처리이익은 부적정처리폐기물의 양에 환경부장관이 정하여 고시하는 폐기물의 종류 및 처리방법별 처리단가를 곱한 금액으로 한다.
② 과징금을 부과하기 전에 과징금을 납부해야 할 자가 스스로 부적정처리폐기물을 제거하고 토지 등을 원상회복한 경우에는 폐기물의 제거 및 원상회복에 드는 비용은 과징금으로 부과하지 않는다.

## ■ 폐기물처리시설의 사후관리(법 제50조)

① 설치승인을 받거나 설치신고를 한 후 폐기물처리시설을 설치한 자(폐기물처리업의 허가를 받은 자를 포함한다)는 그가 설치한 폐기물처리시설의 사용을 끝내거나 폐쇄하려면 환경부령으로 정하는 바에 따라 환경부장관에게 신고하여야 한다. 이 경우 폐기물을 매립하는 시설의 사용을 끝내거나 시설을 폐쇄하려면 검사기관으로부터 환경부령으로 정하는 검사에서 적합 판정을 받아야 한다.
② 환경부장관은 신고를 받은 경우 환경부령으로 정하는 기간 내에 신고수리 여부를 신고인에게 통지하여야 한다.
③ 환경부장관이 기간 내에 신고수리 여부나 민원 처리 관련 법령에 따른 처리기간의 연장을 신고인에게 통지하지 아니하면 그 기간이 끝난 날의 다음 날에 신고를 수리한 것으로 본다.
④ 환경부장관은 검사 결과 부적합 판정을 받은 경우에는 그 시설을 설치·운영하는 자에게 환경부령으로 정하는 바에 따라 기간을 정하여 그 시설의 개선을 명할 수 있다.

⑤ 다음 각 호의 어느 하나에 해당하는 자는 그 시설로 인한 주민의 건강·재산 또는 주변환경의 피해를 방지하기 위하여 환경부령으로 정하는 바에 따라 침출수 처리시설을 설치·가동하는 등의 사후관리를 하여야 한다. <sub>중요내용</sub>
  1. 신고를 한 자 중 대통령령으로 정하는 폐기물을 매립하는 시설을 사용종료하거나 폐쇄한 자
  2. 대통령령으로 정하는 폐기물을 매립하는 시설을 사용하면서 폐쇄명령을 받은 자
⑥ 사후관리를 하여야 하는 자는 적절한 사후관리가 이루어지고 있는지에 관하여 검사기관으로부터 환경부령으로 정하는 정기검사를 받아야 한다. 이 경우 「환경기술 및 환경산업 지원법」에 따른 기술진단을 받으면 정기검사를 받은 것으로 본다.
⑦ 환경부장관은 사후관리를 하여야 하는 자가 이를 제대로 하지 아니하거나 정기검사 결과 부적합 판정을 받은 경우에는 환경부령으로 정하는 바에 따라 기간을 정하여 시정을 명할 수 있다.
⑧ 환경부장관은 명령을 받고도 그 기간에 시정하지 아니하면 대통령령으로 정하는 자에게 대행하게 하고 사후관리이행보증금·이행보증보험금 또는 사후관리이행보증금의 사전적립금을 그 비용으로 사용할 수 있다. 이 경우 그 비용이 사후관리이행보증금 등을 초과하면 그 초과금액을 그 명령을 받은 자로부터 징수할 수 있다.

■ 폐기물의 회수 등의 조치대상이 되는 제품에 함유된 수질오염물질 등(규칙 제68조 : 별표 18)

> 1. 비소 또는 그 화합물
> 2. 6가크롬 또는 그 화합물
> 3. 수은 또는 그 화합물
> 4. 카드뮴 또는 그 화합물
> 5. 납 또는 그 화합물
> 6. 시안화물
> 7. 폴리크로리네이티드비페닐
> 8. 「화학물질관리법」에 따른 인체급성유해성물질, 인체만성유해성물질, 생태유해성물질

■ 폐기물처리시설의 사용종료 및 사후관리(규칙 제69조)

① 폐기물처리시설의 사용을 끝내거나 폐쇄하려는 자(폐쇄절차를 대행하는 자 포함)는 그 시설의 사용종료일(매립면적을 구획하여 단계적으로 매립하는 시설은 구획별 사용종료일) 또는 폐쇄예정일 1개월(매립시설의 경우는 3개월) 이전에 사용종료·폐쇄신고서에 다음 각 호의 서류(매립시설인 경우만 해당한다)를 첨부하여 시·도지사나 지방환경관서의 장에게 제출하여야 한다. <sub>중요내용</sub>
  1. 다음 각 목의 사항을 포함한 폐기물 매립시설 사후관리계획서 <sub>중요내용</sub>
    가. 폐기물처리시설 설치·사용내용
    나. 사후관리 추진일정

다. 빗물배제계획
　　　라. 침출수 관리계획(차단형 매립시설은 제외한다)
　　　마. 지하수 수질조사계획
　　　바. 발생가스 관리계획(유기성폐기물을 매립하는 시설만 해당한다)
　　　사. 구조물과 지반 등의 안정도유지계획
　　2. 검사기관에 제출한 사용종료·폐쇄검사 신청서류사본
② 신고(매립시설의 사용종료·폐쇄 신고만 해당한다)를 한 자는 매립시설의 사용종료일 또는 폐쇄예정일까지 검사기관으로부터 받은 사용종료·폐쇄 검사결과서 사본을 시·도지사나 지방환경관서의 장에게 제출하여야 한다.
③ 시·도지사나 지방환경관서의 장은 6개월 이내의 기간 동안 폐기물처리시설의 개선을 명할 수 있다. 이 경우 개선명령을 받은 자가 천재지변 또는 그 밖의 불가피한 사유로 개선명령을 이행하지 못하면 3개월 이내에서 한 차례 개선 기간을 연장할 수 있다.

## ■ 폐기물 매립시설의 검사(규칙 제69조의2)

① 사용종료·폐쇄 검사를 받으려는 자는 검사를 받으려는 날 3개월 전까지, 사후관리 정기검사를 받으려는 자는 검사를 받으려는 날 15일 전까지 검사신청서에 다음 각 호의 서류를 첨부하여 매립시설의 검사기관(이하 이 조에서 "매립시설 검사기관"이라 한다)에 제출하여야 한다.
　1. 설계도서 및 구조계산서 사본
　2. 시방서 및 재료시험성적서 사본
　3. 사후관리계획서(사후관리 정기검사의 경우만 제출한다)
　4. 종전에 받은 사후관리 정기검사 결과서 사본(종전에 검사를 받은 경우에 한정하며, 사후관리 정기검사의 경우만 제출한다)
② 법 제50조 제6항 전단에서 "환경부령으로 정하는 정기검사"란 다음 각 호의 기준일 전후 각각 30일 이내의 기간마다 받아야 하는 검사를 말한다.
　1. 최초 정기검사 : 사용종료일 또는 폐쇄일부터 1년이 되는 날
　2. 2회 이후의 정기검사 : 최종 정기검사일부터 3년이 되는 날
③ 매립시설 검사기관의 장은 분기별 검사실적을 매 분기 다음 달 20일까지 국립환경과학원장에게 보고하고, 검사결과서 부본이나 그 밖에 검사와 관련된 서류를 5년간 보존하여야 한다.

## ■ 사후관리대상(영 제24조)

"대통령령으로 정하는 폐기물을 매립하는 시설"이란 최종 처분시설 중 매립시설을 말한다. 다만, 연탄재, 석탄재 등을 매립하는 시설로서 환경부장관이 침출수 처리시설의 가동 등 사후관리에 필요한 조치를 하지 아니하여도 된다고 인정하는 시설은 제외한다.

## ■ 사후관리 기준 및 방법(규칙 제70조 : 별표 19)

1. 사후관리 기간 *중요내용
   사용종료 또는 폐쇄신고를 한 날부터 30년 이내로 한다.
2. 사후관리 항목 및 방법
   가. 침출수 관리방법 *중요내용
      1) 매립시설에서 발생하는 침출수 및 처리수에 대하여 침출수 배출허용기준 항목을 분기 1회 이상 조사·분석하고 그 결과를 측정기관의 측정결과발급일부터 30일 이내에 시·도지사 또는 지방환경관서의 장에게 제출해야 한다.
      2) 매립시설의 차수시설 상부에 모여 있는 침출수의 수위는 시설의 안정 등을 고려하여 2미터 이하로 유지되도록 관리하여야 한다.
   나. 지하수 수질 조사방법
      1) 「지하수의 수질보전 등에 관한 규칙」에 따른 생활용수 수질기준항목을 조사하여야 한다. 다만, 매립종료 후 3년까지는 월 1회 이상 조사하여야 한다. *중요내용
      2) 매립시설의 주변에 설치된 기존 지하수 검사정을 이용하여 지하수 수질을 검사하되 반드시 기능이 정상적으로 발휘되도록 관리하여야 한다.
   다. 발생가스 관리방법(유기성폐기물을 매립한 폐기물매립시설만 해당한다)
      1) 외기온도, 가스온도, 메탄, 이산화탄소, 암모니아, 황화수소 등의 조사항목을 매립종료 후 5년까지는 분기 1회 이상, 5년이 지난 후에는 연 1회 이상 조사하여야 한다. *중요내용
      2) 발생가스는 포집하여 소각처리하거나 발전·연료 등으로 재활용하여야 한다.
   라. 구조물과 지반의 안정도 유지방법
      1) 축대벽, 둑 등 구조물 및 지반의 안정도를 관리하는 계획을 수립·시행하여야 한다. 이 경우 시·도지사나 지방환경관서의 장이 안정도를 유지하기 위하여 특히 필요하다고 인정하여 매립시설 검사기관이 실시한 안정성검토성적서의 제출을 요구하는 경우에는 이에 따라야 한다.
      2) 물리적인 압축과 미생물의 유기물 분해작용에 의한 침하현상으로 매립시설의 사면이나 최종 복토층이 손상될 우려가 있으므로 이에 대한 방지계획을 수립·시행하여야 한다.
      3) 매립시설 주변의 안정한 부지에 기준점을 설치하고 침하 여부를 관측하려는 지점에 측정점(매립부지면적 1만 제곱미터당 2개소 이상)을 설치하여 연 2회 이상 조사하고 지표면이 항상 일정한 경사도를 유지하도록 관리하여야 한다(차단형 매립시설은 제외한다). 다만, 측정점의 수는 매립시설 검사기관이 실시한 타당성보고서 등으로 조정할 수 있다. *중요내용

마. 지표수 수질 조사방법
　　1) 매립시설에 인접하여 하천·계곡이 있는 경우 환경기준항목을 반기 1회 이상 조사하여야 한다.
　　2) 조사지점은 매립시설을 중심으로 각 하천·계곡의 상·하류 각 1개 지점 이상의 일정한 지점으로 한다.
바. 토양 조사방법 *중요내용*
　　1) 「토양환경보전법 시행규칙」에 따른 토양오염물질을 연 1회 이상 조사하여야 한다.
　　2) 토양조사지점은 4개소 이상으로 하고 환경부장관이 정하여 고시하는 토양정밀조사방법에 따라 폐기물 매립 및 재활용 지역의 시료 채취지점의 표토에서 시료를 채취한다.
사. 방역방법(차단형매립시설은 제외한다)
　　1) 파리, 모기 등 해충을 방지하기 위한 방역계획을 수립·시행하여야 한다.
　　2) 방역은 매립종료 후 월 1회 이상 실시하되, 12월부터 다음 해 2월까지는 필요시에, 6월부터 9월까지는 주 1회 이상 실시하여야 한다. 다만, 매립시설 검사기관이 더 이상의 방역이 필요하지 아니하다고 판단하는 경우에는 그러하지 아니하다. *중요내용*

3. 주변환경영향 종합보고서 작성 *중요내용*
사후관리 항목 및 방법에 따라 조사한 결과를 토대로 매립시설이 주변환경에 미치는 영향에 대한 종합보고서를 매립시설의 사용종료신고 후 5년마다 작성하고, 작성일부터 30일 이내에 시·도지사 또는 지방환경관서의 장에게 제출해야 한다.

## ■ 사후관리대행자(영 제25조) *중요내용*

폐기물매립시설의 사후관리 업무를 대행할 수 있는 자는 다음 각 호의 자로 한다.
1. 한국환경공단
2. 그 밖에 환경부장관이 사후관리를 대행할 능력이 있다고 인정하여 고시하는 자

## ■ 폐기물처리시설의 사후관리이행보증금(법 제51조)

① 환경부장관은 사후관리 대상인 폐기물을 매립하는 시설이 그 사용종료 또는 폐쇄 후 침출수의 누출 등으로 주민의 건강 또는 재산이나 주변환경에 심각한 위해를 가져올 우려가 있다고 인정하면 대통령령으로 정하는 바에 따라 그 시설을 설치한 자에게 그 사후관리의 이행을 보증하게 하기 위하여 사후관리에 드는 비용의 전부를 「환경정책기본법」에 따른 환경개선특별회계에 예치하게 할 수 있다. 다만, 다음 각 호의 어느 하나에 해당하면 대통령령으로 정하는 바에 따라 사후관리에 드는 비용의 예치를 면제하거나 사후관리에 드는 비용의 전부나 일부의 예치를 갈음하게 할 수 있다.
　1. 사후관리의 이행을 보증하는 보험에 가입한 경우

2. 사후관리에 드는 비용을 사전에 적립한 경우
3. 그 밖에 대통령령으로 정하는 경우

② 폐기물을 매립하는 시설을 설치한 자가 예치하여야 할 비용은 대통령령으로 정하는 기준에 따라 산출하되, 그 납부시기·절차, 그 밖에 필요한 사항은 대통령령으로 정한다.

### ■ 사후관리 등 비용의 예치(영 제26조)

① 환경부장관은 사후관리 대상인 폐기물을 매립하는 시설 중 침출수나 매립가스의 누출 등으로 주민의 건강 또는 재산이나 주변환경에 심각한 위해를 가져올 우려가 있는 시설에 대해서는 환경부령으로 정하는 바에 따라 그 설치자에게 사용종료(폐쇄를 포함) 사후관리의 이행 보증을 위한 사후관리 등에 드는 비용의 납부대상 시설임을 사용종료 또는 폐쇄의 신고를 받은 후 15일 이내에 알려야 한다.

② 사후관리이행보증금의 납부대상 시설임을 통지받은 자는 통지받은 날부터 1개월 이내에 환경부령으로 정하는 바에 따라 사후관리이행보증금 산출기준에 따른 사후관리 등 소요비용 명세서를 작성하여 환경부장관에게 제출하여야 한다. *중요내용*

③ 환경부장관은 비용명세서를 받으면 그 제출일부터 1개월 이내에 사후관리 등에 드는 비용을 결정하고, 해당 시설의 설치자에게 1개월 이상의 납부기간을 정하여 그 비용에 상당하는 금액(제33조에 따른 사후관리이행보증금을 사전에 적립한 자의 경우에는 그 사전적립금에 사전적립기간 중 매년 1년 만기 정기적금 이자에 상당하는 이자를 가산한 금액을 뺀 금액을 말한다)을 사후관리이행보증금으로 낼 것을 알려야 한다. *중요내용*

### ■ 사후관리이행보증금의 산출기준(영 제30조)

① 사후관리이행보증금의 산출기준은 다음 각 호와 같다.
 사후관리이행보증금은 사용종료에 드는 비용과 사후관리에 드는 비용을 합산하여 산출한다. 이 경우 매립시설별로 매립한 폐기물의 종류와 양, 매립시설의 형태, 지형적 요인, 침출수의 양과 농도, 침출수 처리방법 등을 고려하여야 한다.

1. 사용종료(폐쇄를 포함한다. 이하 같다)에 드는 비용
 다음 각 목의 비용을 합산하여 산출한다. 이 경우 예치 대상 시설은 면적이 3천3백제곱미터 이상인 폐기물을 매립하는 시설로 한다.
 가. 사용종료 검사에 드는 비용
 나. 최종복토에 드는 비용

2. 사후관리에 드는 비용 *중요내용*
 사후관리 기간에 드는 다음 각 목의 비용을 합산하여 산출한다. 다만, 차단형 매립시설의 경우에는 가목의 비용은 제외한다.
 가. 침출수 처리시설의 가동과 유지·관리에 드는 비용

나. 매립시설 제방, 매립가스 처리시설, 지하수 검사정 등의 유지·관리에 드는 비용
  다. 매립시설 주변의 환경오염조사에 드는 비용
  라. 정기검사에 드는 비용

## ■ 사후관리이행보증금의 사전적립(법 제52조)

① 환경부장관은 대통령령으로 정하는 폐기물을 매립하는 시설을 설치하는 자에게 대통령령으로 정하는 바에 따라 그 시설의 사후관리 등에 드는 비용의 전부를 매립하는 폐기물의 양이 허가·변경허가 또는 승인·변경승인을 받은 처분용량의 100분의 50을 초과하기 전에「환경정책기본법」에 따른 환경개선특별회계에 사전 적립하게 할 수 있다. 다만, 다음 각 호의 어느 하나에 해당하면 사후관리이행보증금 사전적립금의 예치를 갈음하게 할 수 있다.
  1. 사후관리 등의 이행을 보증하는 보험에 가입한 경우
  2. 사후관리 등에 드는 비용의 전부 또는 일부에 상당하는 담보물(폐기물매립시설은 제외한다)을 제공한 경우
② 환경부장관은 시설을 설치한 자가 사전에 적립한 금액이 사후관리이행보증금보다 많으면 대통령령으로 정하는 바에 따라 그 차액을 반환하여야 한다.

## ■ 사후관리이행보증금의 사전적립(영 제33조)

① 사후관리이행보증금의 사전적립 대상이 되는 폐기물을 매립하는 시설은 면적이 3천300제곱미터 이상인 시설로 한다. *중요내용*
② 매립시설의 설치자는 폐기물처리업의 허가·변경허가 또는 폐기물처리시설의 설치 승인·변경승인을 받아 그 시설의 사용을 시작한 날부터 1개월 이내에 환경부령으로 정하는 바에 따라 사전적립금 적립계획서에 다음 각 호의 서류를 첨부하여 환경부장관에게 제출하여야 한다. 이 경우 사전적립금 적립계획서를 받은 환경부장관은 사후관리 등에 드는 비용의 산출명세, 적립기간 및 연도별 적립금액의 적정 여부 등을 확인하여야 한다. *중요내용*
  1. 사후관리이행보증금의 산출기준을 고려하여 산출한 예상 사후관리 등에 드는 비용의 산출명세서
  2. 연도별 예상 매립 폐기물량 및 폐기물을 매립하는 시설의 처분용량을 고려하여 수립한 적립계획서
③ 환경부장관은 매년 사전적립금 적립계획서를 기준으로 해당 매립시설에 실제 매립된 폐기물량을 고려하여 산출한 사전적립금을 납부하도록 통보하여야 한다. 다만, 최초의 납부 통보는 해당 시설을 사용하기 시작한 후 1년이 지난 날부터 1개월 이내에 하여야 한다.
④ 납부통보를 받은 자는 통보받은 금액을 매년 환경부장관에게 납부하여야 한다.

■ **사후관리이행보증금의 용도(법 제53조)** 중요내용

사후관리이행보증금과 사전적립금은 다음 각 호의 용도에 사용한다.
1. 사후관리이행보증금과 매립 시설의 사후관리를 위한 사전 적립금의 환불
2. 매립 시설의 사후관리 대행
3. 최종복토 등 폐쇄절차 대행
4. 그 밖에 대통령령으로 정하는 용도

■ **사용종료 또는 폐쇄 후의 토지이용 제한 등(법 제54조)**

① 환경부장관은 사후관리 대상인 폐기물을 매립하는 시설의 사용이 끝나거나 시설이 폐쇄된 후 침출수의 누출, 제방의 유실 등으로 주민의 건강 또는 재산이나 주변환경에 심각한 위해를 가져올 우려가 있다고 인정되면 그 시설이 있는 토지의 소유권 또는 소유권 외의 권리를 가지고 있는 자에게 기간을 정하여 그 토지 이용을 수목(樹木)의 식재(植栽), 초지(草地)의 조성 또는 다음 각 호의 어느 하나에 해당하는 시설·설비의 설치 및 행위에 한정하도록 그 용도를 제한할 수 있다.
   1. 폐기물처리시설 및 폐기물처리업을 허가받기 위하여 갖추어야 할 시설
   2. 「도시공원 및 녹지 등에 관한 법률」에 따른 공원시설
   3. 「체육시설의 설치·이용에 관한 법률」에 따른 체육시설
   4. 「문화예술진흥법」에 따른 문화시설
   5. 「신에너지 및 재생에너지 개발·이용·보급 촉진법」에 따른 신·재생에너지 설비
   6. 「주차장법」에 따른 주차장
   7. 「국토의 계획 및 이용에 관한 법률」에 따른 행위
   8. 「물류시설의 개발 및 운영에 관한 법률」에 따른 물류시설
   9. 「토양환경보전법」에 따라 토양정화업을 등록하기 위하여 갖추어야 할 시설
② 토지 이용의 제한기간, 토지 이용을 위한 절차·방법 및 안전기준 등에 필요한 사항은 대통령령으로 정한다.

■ **토지이용 제한(영 제35조)**

① 토지이용의 제한기간은 폐기물매립시설의 사용이 종료되거나 그 시설이 폐쇄된 날부터 30년 이내로 한다. 중요내용
② 사용 종료되거나 폐쇄된 매립시설이 소재한 토지의 소유권 또는 소유권 외의 권리를 가지고 있는 자는 그 토지를 이용하려면 토지이용계획서에 환경부령으로 정하는 서류를 첨부하여 환경부장관에게 제출하여야 한다.

■ **토지이용계획서의 첨부서류(규칙 제79조)** *중요내용*

"환경부령으로 정하는 토지이용계획서의 첨부서류"란 다음 각 호의 서류를 말한다.
1. 이용하려는 토지의 도면
2. 매립폐기물의 종류·양 및 복토상태를 적은 서류
3. 지적도

■ **폐기물처리시설 사후관리 사항에 대한 의견청취(영 제36조)**

법과 이 영에 따른 폐기물매립시설의 사후관리 등의 시행과 관련하여 다음 각 호의 사항에 대하여는 관계 전문가의 의견을 들어야 한다.
1. 사후관리이행보증금 납부대상 시설 결정과 폐기물매립시설별 사후관리 등에 드는 비용의 산정
2. 폐기물매립시설 사후관리이행보증금의 산출기준
3. 사용 종료 또는 폐쇄된 폐기물매립시설의 토지 이용 제한기간의 결정

■ **폐기물 처리실적의 보고(법 제58조)**

시·도지사는 환경부령으로 정하는 바에 따라 관할 구역의 전년도 폐기물 처리실적을 3월 31일까지 환경부장관에게 보고하여야 한다.

■ **한국폐기물협회(법 제58조의2)**

① 폐기물처리시설 설치·운영자, 폐기물처리업자, 폐기물과 관련된 단체 등 대통령령으로 정하는 자는 폐기물에 관한 조사·연구·기술개발·정보보급 등 폐기물분야의 발전을 도모하기 위하여 환경부장관의 허가를 받아 한국폐기물협회를 설립할 수 있다.
② 협회는 법인으로 한다.
③ 협회는 다음 각 호의 업무를 수행한다.
   1. 폐기물산업의 발전을 위한 지도 및 조사·연구
   2. 폐기물 관련 홍보 및 교육·연수
   3. 그 밖에 대통령령으로 정하는 업무
④ 협회의 조직·운영, 그 밖에 필요한 사항은 그 설립목적을 달성하기 위하여 필요한 범위에서 대통령령으로 정한다.
⑤ 협회에 관하여 이 법에 규정되지 아니한 사항은 「민법」 중 사단법인에 관한 규정을 준용한다.

■ **한국폐기물협회의 설립(영 제36조의2)** *중요내용*

"대통령령으로 정하는 자"란 다음 각 호의 어느 하나에 해당하는 자를 말한다.

1. 폐기물처리시설 설치·운영자
2. 폐기물처리업자 또는 폐기물처리 신고자
3. 「수도권매립지관리공사의 설립 및 운영 등에 관한 법률」에 따른 수도권매립지관리공사
4. 한국환경공단
5. 폐기물과 관련된 협회·학회 또는 조합 등 단체
6. 그 밖에 사업장폐기물을 배출하는 자 등 폐기물 관련 업무에 종사하는 자

■ **한국폐기물협회의 업무 등**(영 제36조의3)

① "대통령령으로 정하는 업무"란 다음 각 호의 업무를 말한다.
   1. 폐기물 관련 국제교류 및 협력
   2. 폐기물과 관련된 업무로서 국가나 지방자치단체로부터 위탁받은 업무
   3. 그 밖에 정관에서 정하는 업무
② 한국폐기물협회(이하 "협회"라 한다)에 총회, 이사회 및 사무국을 둔다.
③ 협회의 사업에 드는 경비는 회원이 내는 회비와 사업수입금 등으로 충당하며, 국가 또는 지방자치단체는 그 경비의 일부를 예산의 범위에서 지원할 수 있다.

■ **수수료**(법 제59조)

① 다음 각 호의 어느 하나에 해당하는 자는 환경부령으로 정하는 바에 따라 수수료를 내야 한다.
   1. 재활용환경성평가를 받으려는 자
   1의2. 유해성 정보자료 작성을 의뢰하려는 자
   2. 허가를 받으려는 자
   3. 전용용기 제조업의 등록을 하려는 자
   4. 검사를 받으려는 자
② 다음 각 호의 기관은 해당 호에서 정하는 자로부터 환경부장관이 정하여 고시하는 바에 따라 수수료를 받을 수 있다.
   ❶ 검사기관 : 전용용기에 대한 검사를 받으려는 자
   ❷ 폐기물분석전문기관 : 폐기물의 시험·분석을 의뢰하려는 자

■ **수수료**(규칙 제82조)

재활용환경성평가를 받으려는 자가 내야 하는 수수료는 재활용환경성평가 실시에 드는 인건비·경비·기술료 및 출장비 등을 고려하여 국립환경과학원장이 정하여 고시한다.

■ **행정처분의 기준**(법 제60조)

이 법 또는 이 법에 따른 명령을 위반한 행위에 대한 행정처분의 기준은 환경부령으로 정한다.

■ **청문**(법 제61조)

환경부장관 또는 시·도지사는 다음 각 호의 어느 하나에 해당하는 처분을 하려면 청문을 실시하여야 한다. *중요내용*
1. 재활용환경성평가 승인 취소
2. 재활용환경성평가기관의 지정 취소
3. 폐기물분석기관 지정의 취소
4. 폐기물처리업 허가 취소
5. 폐기물처리업 등록 취소
5의2. 폐기물처리시설 검사기관의 지정 취소
6. 폐기물처리시설의 폐쇄명령

■ **업무의 위탁**(영 제37조의2) *중요내용*

① 환경부장관은 다음 각 호의 업무를 한국환경공단에 위탁한다.
   1. 폐기물 인계·인수 내용의 관리 및 제공 업무
   2. 전산처리기구의 설치·운영 업무
   3. 전자정보처리프로그램의 구축·운영 업무
   4. 폐기물처리사업 및 폐기물처리시설의 설치·운영실태 등의 조사업무 및 그 평가를 위한 자료검토 및 분석 등 업무
② 환경부장관은 생활폐기물을 수집·운반하는 자가 준수하여야 할 안전기준에 따른 실태조사 업무를 협회에 위탁한다.

■ **벌칙**(법 제63조) *중요내용*

다음 각 호의 어느 하나에 해당하는 자는 7년 이하의 징역이나 7천만 원 이하의 벌금에 처한다. 이 경우 징역형과 벌금형은 병과할 수 있다.
1. 특별자치도지사, 시장·군수·구청장이나 공원·도로 등 시설의 관리자가 폐기물의 수집을 위하여 마련한 장소나 설비 외의 장소에 사업장폐기물을 버리거나 매립한 자
2. 지정된 장소 외에 사업장폐기물을 매립하거나 소각한 자
3. 폐기물의 재활용에 대한 승인을 받지 아니하고 폐기물을 재활용한 자

■ **벌칙**(법 제64조) *중요내용*

다음 각 호의 어느 하나에 해당하는 자는 5년 이하의 징역이나 5천만 원 이하의 벌금에 처한다.
1. 제13조의3 제6항에 따라 승인이 취소되었음에도 불구하고 폐기물을 계속 재활용한 자
2. 거짓이나 그 밖의 부정한 방법으로 재활용환경성평가기관으로 지정 또는 변경지정을 받은 자
3. 제13조의4 제1항에 따른 지정을 받지 아니하고 재활용환경성평가를 한 자

4. 대행계약을 체결하지 아니하고 종량제 봉투 등을 제작·유통한 자
5. 허가를 받지 아니하고 폐기물처리업을 한 자
6. 거짓이나 그 밖의 부정한 방법으로 폐기물처리업 허가를 받은 자
7. 등록을 하지 아니하고 전용용기를 제조한 자
8. 거짓이나 그 밖의 부정한 방법으로 전용용기 제조업 등록을 한 자

8의2. 적합성확인을 받지 아니하고 폐기물처리업을 계속한 자

8의3. 거짓이나 그 밖의 부정한 방법으로 적합성확인을 받은 자

9. 폐기물처리시설의 폐쇄명령을 이행하지 아니한 자

■ 벌칙(법 제65조) 중요내용

다음 각 호의 어느 하나에 해당하는 자는 3년 이하의 징역이나 3천만 원 이하의 벌금에 처한다. 다만, 제1호, 제6호 및 제11호의 경우 징역형과 벌금형은 병과할 수 있다.

1. 폐기물처리기준을 위반하여 폐기물을 매립한 자
2. 거짓이나 그 밖의 부정한 방법으로 재활용환경성평가서를 작성하여 환경부장관에게 제출한 자
3. 변경지정을 받지 아니하고 중요사항을 변경한 자
4. 다른 자에게 자기의 명의나 상호를 사용하여 재활용환경성평가를 하게 하거나 재활용환경성평가기관 지정서를 다른 자에게 빌려준 자
5. 다른 자의 명의나 상호를 사용하여 재활용환경성평가를 하거나 재활용환경성평가기관 지정서를 빌린 자
6. 사업장폐기물 중 음식물류 폐기물을 수집·운반 또는 재활용한 자
7. 거짓이나 그 밖의 부정한 방법으로 폐기물분석전문기관으로 지정을 받거나 변경지정을 받은 자
8. 제17조의2 제1항 또는 제3항에 따른 지정 또는 변경지정을 받지 아니하고 폐기물분석전문기관의 업무를 한 자
9. 업무정지기간 중 폐기물 시험·분석 업무를 한 폐기물분석전문기관
10. 고의로 사실과 다른 내용의 폐기물분석결과서를 발급한 폐기물분석전문기관
11. 제18조 제1항을 위반하여 사업장폐기물을 처리한 자
14. 폐기물처리업의 허가를 받은 자가 변경허가를 받지 아니하고 폐기물처리업의 허가사항을 변경한 자
15. 제25조의2 제6항을 위반하여 검사를 받지 아니한 자
16. 영업정지 기간에 영업을 한 자
17. 제27조의2 제2항에 따른 영업정지 기간에 영업을 한 자
18. 승인을 받지 아니하고 폐기물처리시설을 설치한 자
19. 규정을 위반하여 검사를 받지 아니하거나 적합 판정을 받지 아니하고 폐기물처리시설을 사용한 자

19의2. 거짓이나 그 밖의 부정한 방법으로 폐기물처리시설 검사기관으로 지정 또는 변경지정을

받은 자
19의3. 폐기물처리시설 검사기관으로 지정을 받지 아니하고 폐기물처리시설을 검사한 자
20. 폐기물처리시설의 설치 또는 유지·관리가 기준에 맞지 아니하여 지시된 개선명령을 이행하지 아니하거나 사용중지 명령을 위반한 자
21. 제39조의2, 제39조의3 또는 제40조 제2항·제3항·제4항 제1호에 따른 명령을 이행하지 아니한 자
22. 폐기물 회수조치명령을 이행하지 아니한 자
22의2. 제47조의2 제1항에 따른 반입정지명령을 이행하지 아니한 자
23. 폐기물의 처리방법 변경, 폐기물의 처리 또는 반입정지 등 필요한 조치명령을 이행하지 아니한 자
24. 시설폐쇄검사를 받지 아니하거나 적합 판정을 받지 아니하고 폐기물을 매립하는 시설의 사용을 끝내거나 시설을 폐쇄한 자
25. 제50조 제4항에 따른 개선명령을 이행하지 아니한 자
26. 사후관리를 하여야 하는 자는 적절한 사후관리가 이루어지고 있는지 정기검사를 받아야 하는데 이를 위반하여 정기검사를 받지 아니한 자
27. 사후관리 정기검사 부적합 판정에 따른 시정명령을 이행하지 아니한 자

## ■ 벌칙(법 제66조) *중요내용*

다음 각 호의 어느 하나에 해당하는 자는 2년 이하의 징역이나 2천만 원 이하의 벌금에 처한다.
1. 폐기물의 재활용 용도 또는 방법을 위반하여 폐기물을 처리한 자(제65조 제1호의 경우는 제외한다)
1의2. 제13조의3 제5항에 따른 승인 조건을 위반하여 폐기물을 재활용한 자
1의3. 제13조의5 제5항에 따른 조치명령을 이행하지 아니한 자
1의4. 제13조의6 제1항을 위반하여 폐기물 사용 시멘트 정보를 공개하지 아니하거나 거짓으로 공개한 자
2. 폐기물의 수출입 신고의무를 위반하여 신고를 하지 아니하거나 허위로 신고를 한 자
3의2. 제14조의5 제2항을 위반하여 안전기준을 준수하지 아니한 자
3의3. 제15조의2 제3항, 제5항 또는 제17조 제1항 제3호에 따른 기준 및 절차를 준수하지 아니하고 위탁 또는 확인하는 등 필요한 조치를 취하지 아니한 자
4. 제17조 제5항에 따른 확인 또는 같은 조 제6항(제1호에 따른 상호의 변경은 제외한다)에 따른 변경확인을 받지 아니하거나 확인·변경확인을 받은 내용과 다르게 지정폐기물을 배출·운반 또는 처리한 자
4의2. 다른 자에게 자기의 성명이나 상호를 사용하여 폐기물의 시험·분석 업무를 하게 하거나 지정서를 다른 자에게 빌려 준 폐기물분석전문기관
4의3. 중대한 과실로 사실과 다른 내용의 폐기물분석결과서를 발급한 폐기물분석전문기관

4의4. 폐기물의 인계 · 인수에 관한 사항과 폐기물처리현장정보를 입력하지 아니하거나 거짓으로 입력한 자
6. 폐기물처리업의 업종 구분과 영업 내용의 범위를 벗어나는 영업을 한 자
7. 제25조 제7항의 조건을 위반한 자
8. 다른 사람에게 자기의 성명이나 상호를 사용하여 폐기물을 처리하게 하거나 그 허가증을 다른 사람에게 빌려준 자
9. 제25조 제9항에 따른 준수사항을 지키지 아니한 자. 다만, 제25조 제9항 제5호에 해당하는 경우에는 고의 또는 중과실인 경우에 한정한다.
9의2. 변경등록을 하지 아니하거나 거짓으로 변경등록하고 등록한 사항을 변경한 자
9의3. 다른 사람에게 자기의 성명이나 상호를 사용하여 전용용기를 제조하게 하거나 등록증을 다른 사람에게 빌려준 자
9의4. 제25조의2 제8항을 위반하여 제25조의2 제5항에 따른 기준에 적합하지 아니한 전용용기를 유통시킨 자
10. 설치가 금지되는 폐기물 소각시설을 설치 · 운영한 자
11. 신고를 하지 아니하고 폐기물처리시설을 설치한 자
12. 폐기물처리시설 설치에 있어서 승인을 받았거나 신고한 사항 중 환경부령으로 행하는 주요 사항을 변경하려는 경우 변경승인을 받지 아니하고 승인받은 사항을 변경한 자
12의2. 제30조의2 제2항을 위반하여 변경지정을 받지 아니하고 중요사항을 변경한 자
12의3. 거짓이나 그 밖의 부정한 방법으로 폐기물처리시설 검사결과서를 발급한 자
12의4. 다른 자에게 자기의 명의나 상호를 사용하여 폐기물처리시설 검사를 하게 하거나 폐기물처리시설 검사기관 지정서를 빌려준 자
12의5. 다른 자의 명의나 상호를 사용하여 폐기물처리시설 검사를 하거나 폐기물처리시설 검사기관 지정서를 빌린 자
13. 관리기준에 적합하지 아니하게 폐기물처리시설을 유지 · 관리하여 주변환경을 오염시킨 자
14. 측정이나 조사명령을 이행하지 아니한 자
17. 장부기록사항을 전자정보프로그램에 입력하지 아니하거나 거짓으로 입력한 자
18. 제39조 제1항에 따른 보고를 하지 아니하거나 거짓 보고를 한 자
19. 제39조 제1항에 따른 출입 · 검사를 거부 · 방해 또는 기피한 자

## ■ 과태료(법 제68조)

① 다음 각 호의 어느 하나에 해당하는 자에게는 1천만 원 이하의 과태료를 부과한다.
　1의2. 생활폐기물배출자는 생활폐기물을 스스로 처리 · 신고하여야 한다. 이를 위반하여 신고를 하지 아니하거나 거짓으로 신고를 한 자
　1의3. 음식물류 폐기물 배출자는 환경부령으로 정하는 위탁 · 수탁의 기준 및 절차에 따라 위탁하여 수집 · 운반 또는 재활용하여야 한다. 이를 위반하여 생활폐기물 중 음식물류 폐기물

을 수집·운반 또는 재활용한 자

1의4. 사업장폐기물 배출자는 사업장폐기물의 종류와 발생량 등을 환경부령으로 정하는 바에 따라 신고하여야 한다. 이를 위반하여 신고를 하지 아니하거나 거짓으로 신고를 한 자

1의5. 폐기물분석전문기관의 준수사항을 지키지 아니한 자

1의6. 유해성 정보자료를 작성하지 아니하거나 거짓 또는 부정한 방법으로 작성한 자(유해성 정보자료의 작성을 의뢰받은 전문기관을 포함한다)

1의7. 작성한 유해성 정보자료를 수탁자에게 제공하지 아니한 자

3의2. 전용용기 제조를 업으로 하려는 자는 환경부령으로 정하는 기준에 따른 시설·장비 등의 요건을 갖추어 환경부장관에게 등록하여야 한다. 이에 따른 변경신고를 하지 아니하거나 거짓으로 변경신고하고 등록한 사항을 변경한 자

3의3. 전용용기 제조업자는 환경부령으로 정하는 준수사항을 지켜야 한다. 이를 위반하여 준수사항을 지키지 아니한 자

3의4. 폐기물처리시설 검사기관의 준수사항을 지키지 아니한 자

4. 규정을 위반하여 관리기준에 맞지 아니하게 폐기물처리시설을 유지·관리하거나 오염물질 및 주변지역에 미치는 영향을 측정 또는 조사하지 아니한 자(제66조 제14호의 경우는 제외한다)

5. 기술관리인을 임명하지 아니하고 기술관리 대행 계약을 체결하지 아니한 자 ★중요내용

6. 환경부령으로 정하는 바에 따라 매년 폐기물의 발생·처리에 관한 보고서를 다음 연도 2월 말일까지 해당 허가·승인·신고기관 또는 확인기관의 장에게 제출하여야 한다. 이를 위반하여 제출명령을 이행하지 아니한 자

6의2. 폐기물처리업자 등의 방치폐기물 처리 조치를 하지 아니한 자

8. 처리이행보증보험의 계약갱신명령을 이행하지 아니한 자

9. 유해성 기준에 적합하지 아니하게 폐기물을 재활용한 제품 또는 물질을 제조하거나 유통한 자 ★중요내용

10. 처리금지 기간 중 폐기물의 처리를 계속한 자

11. 폐기물처리시설의 사후관리의무신고를 하지 아니한 자

② 다음 각 호의 어느 하나에 해당하는 자에게는 300만 원 이하의 과태료를 부과한다.

1. 사업장에서 발생하는 폐기물 중 환경부령으로 정하는 유해물질의 함유량에 따라 지정폐기물로 분류될 수 있는 폐기물에 대해서는 폐기물분석전문기관에 의뢰하여 지정폐기물에 해당되는지를 미리 확인하여야 한다. 이를 위반하여 확인을 하지 아니한 자

1의3. 상호의 변경확인을 받지 아니한 자

5. 변경신고를 하지 아니하고 신고사항을 변경한 자

6. 관계 행정기관이나 그 소속 공무원이 요구하여도 인계번호를 알려주지 아니한 자

7. 폐기물을 수탁하여 처리하는 자는 영업정지·휴업·폐업 또는 폐기물처리시설의 사용정지 등의 사유로 환경부령으로 정하는 사업장폐기물을 처리할 수 없는 경우에는 환경부령으로 정하는 바에 따라 지체 없이 그 사실을 사업장폐기물의 처리를 위탁한 배출자에게 통보

하여야 한다. 이를 위반하여 통보하지 아니한 자
9. 폐기물처리업자, 폐기물처리 신고자, 폐기물분석전문기관 또는 전용용기 제조업자는 그 영업을 휴업·폐업 또는 재개업한 경우에는 환경부령으로 정하는 바에 따라 그 사실을 허가, 신고, 지정 또는 등록관청에 신고하여야 한다. 재활용환경성평가기관도 또한 같다. 이를 위반하여 신고를 하지 아니하거나 폐기물을 전부 처리하지 아니한 자

9의2. 환경부령으로 정하는 바에 따라 매년 폐기물의 발생·처리에 관한 보고서를 기한까지 제출하지 아니하거나 거짓으로 작성하여 제출한 자

9의3. 보고서 제출명령을 이행하지 아니한 자

9의4. 보고서를 기한까지 제출하지 아니하거나 거짓으로 작성하여 제출한 자

10. 처리이행보증보험의 계약을 갱신하지 아니한 자
11. 폐기물처리 신고자는 신고한 폐기물처리 방법에 따라 폐기물을 처리하는 등 환경부령으로 정하는 준수사항을 지켜야 한다. 이를 위반하여 준수사항을 지키지 아니한 자
12. 대행계약을 체결하지 아니하고 종량제 봉투 등을 판매한 자

12의2. 중요사항이 변경된 후에도 유해성 정보자료를 다시 작성하지 아니하거나 거짓 또는 부정한 방법으로 작성한 자(유해성 정보자료의 작성을 의뢰받은 전문기관을 포함한다)

12의3. 사업장폐기물 배출자는 해당 사업장폐기물을 위탁하여 처리하는 경우에는 수탁자에게 작성한 유해성 정보자료를 수탁자에게 제공하지 아니한 자

12의4. 유해성 정보자료를 게시하지 아니하거나 비치하지 아니한 자

③ 다음 각 호의 어느 하나에 해당하는 자에게는 100만 원 이하의 과태료를 부과한다.
1. 폐기물의 수집을 위하여 마련한 장소나 설비 외의 장소에 생활폐기물을 버리거나 매립 또는 소각한 자
2. 토지나 건물의 소유자·점유자 또는 관리자의 청결유지를 위한 조치명령을 이행하지 아니한 자
3. 생활폐기물의 처리협조 규정(생활폐기물이 배출되는 토지나 건물의 소유자, 점유자또는 관리자는 관할 특별자치도, 시군수의 조례로 정하는 바에 따라 생활환경 보전상 지장이 없는 방법으로 그 폐기물을 스스로 처리하거나 양을 줄여서 배출)을 위반한 자
4. 음식물류 폐기물의 배출 감량 계획 및 처리 실적을 제출하지 아니하거나 발생량과 처리 실적 등을 기록·보존하는 등 조례로 정하는 준수사항을 지키지 아니한 자

4의2. 음식물류 폐기물의 발생 억제 및 처리 계획을 신고하지 아니한 자

4의3. 폐기물의 인계·인수에 관한 내용을 기간 내에 전자정보처리프로그램에 입력하지 아니하거나 부실하게 입력한 자

5. 설치승인을 받아 폐기물처리시설을 설치하는 자는 그 설치공사를 끝낸 후 신고하여야 한다. 이를 위반하여 신고를 하지 아니하고 해당 시설의 사용을 시작한 자 *중요내용
6. 교육을 받지 아니한 자 또는 교육을 받게 하지 아니한 자
7. 장부를 기록 또는 보존하지 아니하거나 거짓으로 기록한 자

7의2. 재활용제품 또는 물질에 관한 내용을 기간 내에 전자정보처리프로그램에 입력하지 아니하거나 거짓으로 또는 부실하게 입력한 자
8. 보고서를 기한까지 제출하지 아니하거나 거짓으로 작성하여 제출한 자(제2항 제9호의2의 경우는 제외한다)
9. 보고서 작성에 필요한 자료를 기한까지 제출하지 아니하거나 거짓으로 작성하여 제출한 자
10. 처리이행보증보험증서 원본을 제출하지 아니한 자
11. 조치의 변경사실을 알리지 아니한 자
12. 폐기물처리시설의 사용을 끝내거나 파쇄하려면 환경부령으로 정하는 바에 따라 환경부장관에게 신고하여야 한다. 이를 위반하여 신고를 하지 아니한 자

④ 과태료는 대통령령으로 정하는 바에 따라 소관별로 환경부장관, 시·도지사 또는 시장·군수·구청장이 부과·징수한다. *중요내용*

## ■ 과태료의 부과기준(영 제38조의4 : 별표 8)

1. 일반기준
   가. 위반행위의 횟수에 따른 과태료의 부과기준은 최근 1년간 같은 위반행위로 과태료 부과처분을 받은 경우에 적용한다. 이 경우 기간의 계산은 위반행위에 대하여 과태료를 부과처분한 날과 그 처분 후 다시 같은 위반행위를 적발한 날을 각각 기준으로 한다. *중요내용*
   나. 가목에 따라 기준된 부과처분을 하는 경우 가중처분의 적용차수는 그 위반 행위 전 부과처분 차수의 다음 차수로 한다.
   다. 부과권자는 다음의 어느 하나에 해당하는 경우에는 제2호에 따른 과태료 금액의 2분의 1의 범위에서 그 금액을 감경할 수 있다. 다만, 과태료를 체납하고 있는 위반행위자의 경우에는 그러하지 아니하다. *중요내용*
      1) 위반행위자가 「질서위반행위규제법 시행령」 제2조의2 제1항 각 호의 어느 하나에 해당하는 경우
      2) 위반행위자의 사소한 부주의나 오류 등 과실로 인한 것으로 인정되는 경우
      3) 위반행위자가 위반행위를 바로 정정하거나 시정하여 해소한 경우
      4) 그 밖에 위반행위의 정도, 동기와 그 결과 등을 고려하여 감경할 필요가 있다고 인정되는 경우

# PART 02
# 폐기물 재활용 및 자원화 기술

WASTES TREATMENT

# 슬러지 및 분뇨처리

### (1) 슬러지 처리 목적 및 공정

① 감량화
처리공정 : 농축, 탈수, 건조, 소각, 유기물의 혐기성 소화

② 안정화(반응성이 없도록 하는 조작)
처리공정 : 퇴비화

③ 무해화
처리공정 : 소각(열분해)

### (2) 슬러지 처리 공정(순서)

농축 → 소화(안정화) → 개량 → 탈수 → 건조 → 소각 → 매립

① 슬러지 처리에 있어 가장 먼저 고려해야 하는 사항은 수분제거에 의한 부피감소이다.
② 슬러지를 비료로 이용하고자 할 경우 슬러지는 영양소가 충분하나 유해물질이 있어 식물에 대한 재해실험이 필요하다.

### (3) 유기성 슬러지의 재이용방법

① 혐기성 소화법
② 호기성 소화법
③ 열분해
④ 퇴비화

### (4) 분뇨처리 목적(분뇨처리 최종생성물의 요구조건)

① 생화학적 안정화
안정화 방법 : 혐기성 및 호기성 산화방법

② 위생적 안정화
각종 병원미생물 및 기생충란의 안정화

③ 최종생성물의 감량화
함수율 저감

④ 처분의 확실성
2차 오염물질 발생방지

⑤ 공중에 혐오감을 주지 않을 것

⑥ 자원으로서 재이용 가치를 향상시킬 것

## (5) 분뇨의 발생 및 특성

① 분과 뇨의 구성비

양적으로 1 : 8(분 : 뇨) 또는 0.2 : 0.9

② 분과 뇨의 고형질(고형물)비

7 : 1(분 : 뇨) 또는 7~8 : 1

③ 분뇨의 발생량

평균 1.1L/인·일(분뇨처리장 설계 시 적용되는 1인 분뇨배출량)

④ 분뇨의 수거량

0.9~1.2L/일

⑤ 분뇨의 특성
  ㉠ 유기물 함유도와 점도가 높아서 쉽게 고액분리되지 않는다.
  (다량유기물을 포함하여 고액분리 곤란)
  ㉡ 토사 및 협착물이 많고 분뇨 내 협잡물의 양과 질은 도시, 농촌, 공장지대 등 발생지역에 따라 그 차이가 크다.
  ㉢ 분뇨는 외관상 황색~다갈색이고 비중은 1.02 정도이며 악취를 유발한다.
  ㉣ 분뇨는 하수슬러지에 비해 질소의 농도가 높다.[$NH_4HCO_3$ 및 $(NH_4)_2CO_3$ 형태로 존재]
  ㉤ 분뇨 중 질소산화물의 함유형태를 보면 분은 VS의 12~20% 정도이고 뇨는 VS의 80~90%이다. 즉 질소 화합물 함유도가 높다.
  ㉥ 협잡물의 함유율이 높고 염분의 농도도 비교적 높다.
  ㉦ 일반적으로 1인 1일 평균 100g의 분과 800g의 뇨를 배출한다.
  ㉧ 고형물 중 휘발성 고형물 농도가 높다.
  ㉨ COD 함량이 높고 BOD는 COD의 약 1/3 정도이다.
  ㉩ 수거분뇨의 성질에 영향을 주는 요소는 배출지역의 기후, 분뇨저장기간, 저장탱크의 구조와 크기 등이다.

## (6) 분뇨의 일반적 성질

| 항목 | 성질 | 항목 | 성질 |
|---|---|---|---|
| pH | 6.8~8.3(or 7~8.5 ; 약알칼리) | 협잡물 | 3~5%(or 4~7%) |
| 점도 | 1.2~2.2 | 대장균 | $2.6 \times 10^{10}$/100mL |
| Cl | 4,000~5,500mg/L | C/N비 | 약 10 |
| 토사류 | 0.3~0.5% | 비중 | 1.02(or 약 1) |
| 온도 | 11.3~29℃ | COD | 70,000ppm 내외 |
| 알칼리도 | 94,000mg/L | BOD | 20,000ppm 이상 |

## (7) 분뇨의 전처리시설

### ① 목적
수거분뇨 중 포함되어 있는 협잡물(토사류, 섬유류, 목재류, PVC류 등 각종 크기의 조대물)을 분뇨처리시설 투입 전에 제거하는 것이 목적이다.

### ② 전처리 공정

> 투입구 → 토사류 제거용 수조 → 협잡물 제거용 스크린 → 협잡물 파쇄장치

㉠ 투입구
  ⓐ 기계조작식 및 간이식 중 기계조작식이 유용
  ⓑ 투입구 설치 시 고려사항
  - 냄새방지 구조
  - 호스이탈방지장치 및 세척설비
  - 기생충 유출방지
  - 방수 및 방청도장

㉡ 수조
  ⓐ 토사류 및 협잡물 제거기능을 하는 침사지의 의미
  ⓑ 토사류 제거방법
  - Pump 흡입에 의한 제거(진공 Pump, Sand Pump)
  - 컨베이어에 의한 제거(Basket형 운반장치)
  - 침사조 내 청소구 설치에 의한 제거
  ⓒ 투입분뇨의 토사, 협잡물 등을 분리시키기 위하여 토사트랩(sand trap)을 설치

㉢ 스크린
  협잡물 제거 스크린에는 Bar Screen, Rotary Screen, 원심분리기, Drum Screen 등이 있다.

㉣ 파쇄장치
  각종 협잡물을 동시에 파쇄 가능한 Distintegrator 파쇄기를 많이 사용한다.

### ③ 분뇨투입구 수
㉠ 분뇨투입구 수는 운반차량 적재량 및 1일 총 처리량에 의해 결정된다.
㉡ 분뇨투입구의 크기는 수거차량 및 호스의 대소에 의해 결정된다.
㉢ 분뇨투입구 수($N$)

$$N = \frac{Q}{Q' \times V} \times \alpha$$

여기서, $Q$ : 시간당 최대 반입량($m^3/hr$)
$Q'$ : 시간당 배차 대수(대/hr)
$V$ : 수거차량의 적재량($m^3$/대)
$\alpha$ : 안전율

④ 분뇨처리장의 부지선정조건
  ㉠ 주변지역과 거리가 이격될 것
  ㉡ 방류수의 하천확보가 용이할 것
  ㉢ 수거운반의 효율성이 좋을 것

(8) 분뇨의 습식 산화방식
① 완전살균이 가능하며 부지 소요면적이 적다.
② 슬러지는 반응탑에서 연소된다.
③ COD가 높은 슬러지 처리에 전용될 수 있다.
④ 건설비, 유지보수비, 전기료가 많이 든다.
⑤ 고온반응이므로 무균상태로 유출되어 위생적이다.
⑥ 슬러지 탈수성이 좋아서 탈수 후 토지개량제로 이용된다.
⑦ 기액분리 시 기체발생량이 많아 탈기해야 한다.

(9) 분뇨정화조(PVC 원형 정화조) 처리순서

부패조 → 여과조 → 산화조 → 소독조

(10) 분뇨(처리장)의 주요 악취물질
① Skatole(인분 냄새가 나는 화합물) 및 Indole
② $NH_3$, $H_2S$
③ 메르캅탄(R-SH)

(11) 분뇨의 희석폭기방식
① 조의 유효수심은 3.5~5m, 유효폭은 유효수심의 1~2배로 한다.
② 조의 BOD 부하는 $1kg/m^3 \cdot day$ 이하로 한다.
③ 반송슬러지양은 희석된 분뇨량의 20~40%를 표준으로 한다.
④ 고압에 의한 산기식 폭기방식으로 하여 송기량은 제거 BOD 1kg당 $100m^3$를 표준으로 한다.
⑤ 폭기시간은 12시간 이상으로 한다.

> **Reference** 분뇨종말처리시설 종류

① Wet Oxidation Method
② Rotary Kiln Composting Method
③ Digester Method

### 학습 Point

1. 슬러지 처리목적 숙지
2. 슬러지 처리공정순서 숙지
3. 분뇨투입구 수 계산식 숙지
4. 분뇨의 특성내용 숙지
5. 분뇨의 일반적 성질 내용 숙지

### 필수문제

**01** 분뇨슬러지의 처리량 300m³/day, 수집, 운반차 적재량 4.0m³/대, 하루 8시간 투입수집운반차의 대당 투입 체류시간 약 20분, 피크계수 1.5라 할 때 소요투입구 수는 얼마인가?

**풀이**

분뇨투입구 수$(N) = \dfrac{300\text{m}^3/\text{day} \times 1.5}{4.0\text{m}^3/\text{대} \times 8\text{hr}/\text{day} \times \text{대}/20\text{min} \times 60\text{min}/\text{hr}} = 4.69 (≒ 5개소)$

### 필수문제

**02** 신도시에 분뇨처리장 투입시설을 설계하려고 한다. 1일 수거 분뇨투입량은 200kL이고 수거차용량은 2.0kL/대, 수거차 1대의 투입시간은 10분이 소요되며 분뇨처리장 작업시간을 1일 6시간으로 계획하면 분뇨투입구 수는?(단, 최대수거율을 고려한 안전율 1.2)

**풀이**

분뇨투입구 수$(N) = \dfrac{200\text{kL}/\text{day}}{2.0\text{kL}/\text{대} \times 6\text{hr}/\text{day} \times \text{대}/10\text{min} \times 60\text{min}/\text{hr}} \times 1.2 = 3.33 (≒ 4개)$

### 필수문제

**03** 어느 도시 인구가 500,000명이고, 수거인부는 400인/일이며, 총 분뇨량은 500ton/day이다. 이때 분뇨수거량이 200ton/day이라면 분뇨수거율(%)은?

**풀이**

분뇨수거율$(\%) = \dfrac{200}{500} \times 100 = 40\%$

**04** 분뇨를 적재용량이 2.5m³인 트럭으로 처리장에 운반한다. 처리장에서 분뇨처리량은 100ton/day이고 분뇨를 투입시설에 동시 투입한다. 필요한 저장조(Storage Pit)의 소요둘레는 몇 m인가?(단, 적재시간 및 처리장까지의 왕복소요시간은 30분, 투입시간은 10분, 분뇨의 비중은 1.0, 차량 1대당 소요폭은 3.0m, 1일 8시간 작업을 기준으로 함)

풀이

분뇨투입구 수$(N) = \dfrac{100\text{ton/day}}{2.5\text{m}^3/\text{대} \times 8\text{hr/day} \times \text{대}/40\text{min} \times 60\text{min}/1\text{hr}} = 3.33$개

Pit의 둘레(m) = 투입구 수 × 1대 소요폭 = 3.33개 × 3.0m/대 = 10m

**05** 인간의 1인 1일당 평균 BOD가 13g이고 분뇨 평균 배출량이 1L라면 분뇨 BOD 농도(ppm)는 얼마인가?

풀이

BOD 농도 = $\dfrac{13\text{g} \times 10^3 \text{mg/g}}{1\text{L}} = 13,000\text{mg/L(ppm)}$

### (11) 슬러지의 특성

① 슬러지 비중과 함수율 관계

$$\dfrac{\text{슬러지양}}{\text{슬러지 비중}} = \dfrac{\text{고형물량}}{\text{고형물 비중}} + \dfrac{\text{함수량}}{\text{함수 비중}}$$

$$= \dfrac{\text{유기물}(VS)\text{량}}{\text{유기물 비중}} + \dfrac{\text{무기물}(FS)\text{량}}{\text{무기물 비중}} + \dfrac{\text{함수량}}{\text{함수 비중}}$$

(고형물 비중은 건조된 고형물을 의미)

**01** 다음 조건의 슬러지 비중을 구하시오.

- 건조된 고형물 비중 : 1.4
- 건조중량 : 400kg
- 건조 이전 고형물 함량 : 38%

풀이

$\dfrac{1}{\text{슬러지 비중}} = \dfrac{\text{고형물량}}{\text{고형물 비중}} + \dfrac{\text{함수량}}{\text{함수 비중}}$

$\dfrac{1}{\text{슬러지 비중}} = \dfrac{0.38}{1.4} + \dfrac{(1-0.38)}{1.0}$

슬러지 비중 = 1.12

### 必수문제

**02** 슬러지 내 비중 0.96인 휘발성 고형물이 7%, 비중 1.85인 나머지 잔류고형물의 함량이 14%일 때 슬러지의 비중은?(단, 총고형물 함량은 21%)

**풀이**

$$\frac{슬러지양}{슬러지\ 비중} = \frac{유기물(VS)}{유기물\ 비중} + \frac{무기물(VS)}{무기물\ 비중} + \frac{함수율}{함수\ 비중}$$

$VS$(휘발성 고형물 : 7%)
$FS$(강열잔류고형물 : 무기물 : 14%)

$$\frac{100}{슬러지\ 비중} = \frac{7}{0.96} + \frac{14}{1.85} + \frac{79}{1.0}$$

슬러지 비중 = 1.07

② 슬러지 각 성분의 관계

```
TS  →  VS  +  FS
        ↓
TSS →  VSS +  FSS
 +      +     +
TDS →  VDS +  FDS
```

분뇨(슬러지) = TS + W
             = FS + VS + W (W : 수분)

여기서, TS : 총고형물(증발잔류물)　　VS : 휘발성 고형물
　　　　FS : 강열잔류 고형물　　　　TSS : 총부유성 고형물
　　　　VSS : 휘발성 부유물　　　　 FSS : 강열잔류 부유물
　　　　TDS : 총용존성 고형물　　　 VDS : 휘발성 용존고형물
　　　　FDS : 강열잔류 용존성 고형물

③ 슬러지(분뇨)의 함수율과 슬러지 관계

일반적으로 농축, 탈수, 건조공정의 물질수지를 나타낸다.

초기 슬러지양(100 – 초기함수율) = 처리 후 슬러지양(100 – 처리 후 함수율)

슬러지 부피 ⇨ FS(무기물) + VS(유기물) + W(수분)

### 필수문제

**01** 분뇨를 혐기성 소화방식으로 처리하기 위하여 직경 10m, 높이 6m의 소화조를 시설하였다. 분뇨주입량을 1일 48m³로 할 때 소화조 내 체류시간(day)은?

풀이

$$체류시간(day) = \frac{소화조\ 부피(m^3)}{분뇨주입량(m^3/day)} = \frac{\left(\frac{3.14 \times 10^2}{4}\right)m^2 \times 6m}{48m^3/day} = 9.81\,day$$

### 필수문제

**02** 분뇨처리장의 방류수량이 1,000m³/day일 때 15분간 염소소독을 할 경우 소독조의 크기(m³)는?

풀이

단순 단위계산문제

소독조의 부피($m^3$) = $1,000m^3/day \times day/24hr \times hr/60min \times 15min = 10.42m^3$

### 필수문제

**03** 소화조 처리능력(유입량)이 20m³/day인 분뇨처리장 가스저장탱크를 설계하고자 한다. 가스발생량은 유입량의 8배와 같다고 보고 가스의 체류시간을 4시간으로 할 때 탱크의 용적(m³)은?(단, 기타 조건은 고려하지 않음)

풀이

저장탱크용적($m^3$) = 소화조 처리능력(유입량) × 체류시간
= $20m^3/day \times 4hr \times day/24hr \times 8 = 26.67m^3$

### 필수문제

**04** 분뇨저장탱크 내의 악취발생 공간체적이 40m³이고 이를 시간당 5차례씩 교환하고자 한다. 발생된 악취공기를 퇴비여과방식을 채택하여 투과속도 20m/hr로 처리하고자 할 때 필요한 퇴비여과상의 면적(m²)은?

풀이

$$퇴비여과상\ 면적(m^2) = \frac{40m^3}{20m/hr \times hr/5} = 10m^2$$

### 필수문제

**05** 처리용량(분뇨투입량)이 15m³/day인 분뇨처리장에 가스저장탱크를 설치하고자 한다. 가스체류시간을 8hr으로 하고 생성가스양은 투입량의 8배로 가정하면 가스탱크의 용량(m³)은?

> 풀이
>
> 가스탱크 용량($m^3$) = $15m^3/day \times 8hr \times day/24hr \times 8 = 40m^3$

### 필수문제

**06** 처리용량이 25kL/day인 혐기성 소화식 분뇨처리장에 가스저장 탱크를 설치하고자 한다. 가스저류(체류)시간을 6시간으로 하고 생성가스양을 투입분뇨량의 8배로 가정한다면 가스탱크의 용량(m³)은?

> 풀이
>
> 가스탱크 용량($m^3$) = $25kL/day \times m^3/kL \times day/24hr \times 6hr \times 8 = 50m^3$

### 필수문제

**07** 어느 분뇨처리장에서 8kL/일의 분뇨를 처리하며 여기에서 발생하는 가스의 양이 투입분뇨량의 8배라고 한다면, 이 중 $CH_4$가스에 의해 생성되는 열량(kcal/day)은?(단, 발생가스 중 $CH_4$가스가 75%를 차지하며 열량은 $4,000 kcal/m^3 - CH_4$이다.)

> 풀이
>
> 메탄가스양 = $8kL/day \times m^3/kL \times 8 \times 0.75 = 48m^3 CH_4/day$
>
> 열량(kcal/day) = $48m^3 CH_4/day \times 4,000 kcal/m^3 - CH_4 = 192,000 kcal/day$

### 필수문제

**08** 함수율 99%의 슬러지를 소화시킨 후 탈수공정을 통하여 함수율 80%로 낮추었다. 탈수 후 슬러지의 부피는 원래 슬러지의 몇 %로 감소하였는가?(단, 소화조의 유기물 제거효율은 전체 고형물의 50%이며 슬러지 고형물의 비중은 1.0)

> 풀이
>
> $1 \times (100 - 99)$ = 탈수 후 슬러지 부피 $\times (100 - 80)$
>
> 탈수 후 슬러지 부피 = $0.05 \times 0.5 = 0.025$
>
> 부피감소율(%) = $\dfrac{0.025}{1} \times 100 = 2.5\%$

### 09
5%의 고형물을 함유하는 슬러지를 하루에 100m³씩 침전지로부터 제거하는 처리장에서 운영기술의 숙달로 8%의 고형물을 함유하는 슬러지로 제거할 수 있다면, 제거되는 슬러지의 양(m³/day)은?(단, 제거되는 고형물의 무게는 같으며 비중은 1.0 기준)

**풀이**

함수율과 슬러지의 물질수지식 이용
$W_1(100 - XW_1) = W_2(100 - XW_2)$
$100\text{m}^3/\text{day} \times 0.05 = W_2 \times 0.08$
　　　$[100 - XW_1$는 고형물량을 의미, 즉 $100 - 95 = 5\%(0.05)]$
$W_2 = 62.5\text{m}^3/\text{day}$
제거슬러지양(m³/day) $= 100 - 62.5 = 37.5\text{m}^3/\text{day}$

### 10
함수율 96% 고형물 중의 유기물 함유비가 75%인 생슬러지를 소화하여 유기물의 60%가 가스 및 탈리액으로 전환되고 함수율 95%의 소화슬러지가 얻어졌다. 똑같은 슬러지가 같은 조건에서 1,000m³/day를 소화한 경우 소화슬러지 발생량(m³/day)은?(단, 소화 전후 슬러지의 비중은 1.0으로 가정)

**풀이**

잔류고형물을 구하여 함수율을 보정하면
소화 전 슬러지양(1,000m³/day) $= VS + FS + W$
　　　$VS = 1,000\text{m}^3/\text{day} \times (1 - 0.96) \times 0.75 = 30\text{m}^3/\text{day}$
　　　$FS = 1,000\text{m}^3/\text{day} \times (1 - 0.96) \times 0.25 = 10\text{m}^3/\text{day}$

소화 후 슬러지양($x$ m³/day) $= VS'$(잔류유기물) $+ FS' + W'$
　　　$VS' = 30\text{m}^3/\text{day} \times (1 - 0.6) = 12\text{m}^3/\text{day}$
　　　$FS' = FS = 10\text{m}^3/\text{day}$

소화 후 슬러지양 수분 보정(m³/day) $= (VS' + FS') \times \dfrac{100}{100 - \text{함수율}}$
　　　　　　　　　　　　　　　$= (12 + 10) \times \dfrac{100}{100 - 95} = 440\text{m}^3/\text{day}$

### 필수문제

**11** 소화조에 투입되는 분뇨 중 휘발성 고형물의 양이 1,000kg/day이다. 이 분뇨의 휘발성 고형물은 전체 고형물의 2/3을 차지하고 분뇨의 5% 고형물을 함유한다면 소화조에 투입되는 분뇨의 양($m^3$/day)은?(단, 분뇨의 비중은 1.0으로 본다.)

> **풀이**
> 소화조에 투입되는 분뇨의 양은 총 고형물량을 의미하므로
> 총 고형물량 $= 1,000\text{kg/day} \cdot VS \times \dfrac{3TS}{2VS}$
> $= 1,500\text{kg} \cdot TS/\text{day}\,(VS = 1,000\text{kg/day})$
> 분뇨량($m^3$/day) $= 1,500\text{kg} \cdot TS/\text{day} \times \dfrac{100\%\ \text{분뇨}}{5\%\ TS} \times m^3/1,000\text{kg} = 30 m^3/\text{day}$

### 필수문제

**12** 고형물 중 유기물이 90%이고 함수율이 96%인 슬러지 500$m^3$를 소화시킨 결과 유기물 중 $\dfrac{2}{3}$가 제거되고 함수율 90%인 슬러지로 변했다면 소화슬러지 부피($m^3$)는?(단, 모든 슬러지의 비중은 1.0 기준)

> **풀이**
> $FS$(무기물) $= 500 m^3 \times 0.04 \times 0.1 = 2 m^3$
> $VS'$(잔류유기물) $= 500 m^3 \times 0.04 \times 0.9 \times \dfrac{1}{3} = 6 m^3$
> 소화슬러지 부피($m^3$) $= FS + VS' \times \dfrac{100}{100 - \text{함수율}} = (2+6) m^3 \times \dfrac{100}{100-90} = 80 m^3$

### 필수문제

**13** 어느 도시의 분뇨농도는 TS가 6%이고, TS의 65%가 VS이다. 이 분뇨를 혐기성 소화처리한다면 분뇨 5$m^3$당 발생하는 $CH_4$ 가스의 양($m^3$)은?(단, 비중은 1.0으로 가정, 분뇨의 VS 1kg당 0.4$m^3$의 $CH_4$ 가스 발생)

> **풀이**
> 메탄($CH_4$)가스 발생량 $= VS$양 $\times VS$ 1kg당 $CH_4$ 발생량
> 메탄($m^3$) $= 0.4 m^3 \cdot CH_4/\text{kg} \cdot VS \times \dfrac{65VS}{100TS} \times 60,000\text{mg/L} \cdot TS$
> $\times 5 m^3 \times 10^{-6}\text{kg/mg} \times 10^3 \text{L}/m^3 = 78 m^3$

### 필수문제

**14** 분뇨를 소화처리함에 있어 소화대상 분뇨량이 200m³/day, 분뇨 내 유기물 농도가 20,000ppm이라면 가스발생량(m³/day)은?(단, 유기물 소화에 따른 가스 발생량은 500L/kg·유기물, 유기물은 전량 소화하고 분뇨의 비중은 1.0으로 가정)

**풀이**

분뇨 중 유기물량 = 200m³/day × 20,000mg/L × 10³L/m³ × 1kg/10⁶mg
= 4,000kg·유기물/day

가스발생량(m³/day) = 4,000kg·유기물/day × 0.5m³/kg·유기물 = 2,000m³/day

### 필수문제

**15** 총 고형물이 20,000g/m³인 폐기물 100m³의 매립 시 이 중 휘발성 고형물이 60%(w/w%)이었다면 $CH_4$ 발생량(m³)은?(단, $CH_4$ 발생량은 VS 1kg당 0.5m³이다.)

**풀이**

$CH_4(m^3) = 0.5m^3 \cdot CH_4/kg \cdot VS \times \dfrac{60VS}{100TS} \times 20,000g \cdot TS/m^3 \times 100m^3 \times 1kg/1,000g$

$= 600m^3$

### 필수문제

**16** 함수율이 96%이고, 고형물질 중 휘발분이 50%인 슬러지 400m³를 혐기성 소화하여 함수율 90%의 소화슬러지가 얻어졌다면, 이때 소화슬러지의 발생량(m³)은?(단, 소화 전후 슬러지의 비중은 1이고, 소화과정에서 생슬러지의 휘발분은 50%가 분해됨)

**풀이**

잔류고형물을 구하여 함수율을 보정하여 구하면

소화 후 슬러지양(수분 보정) = $(VS' + FS) \times \dfrac{100}{100 - 함수율}$

$FS(무기물) = 400m^3 \times (1 - 0.96) \times 0.5 = 8m^3$

$VS'(잔류유기물) = 400m^3 \times (1 - 0.96) \times 0.5 \times (1 - 0.5)$
$= 4m^3$

소화슬러지 발생량$(m^3) = (8 + 4)m^3 \times \dfrac{100}{100 - 90} = 120m^3$

**필수문제**

**17** VS 60%이고 함수율 97%인 농축슬러지 100m³를 소화시켰다. 소화율(VS 대상) 50%이고, 소화 후 함수율이 96%라면 소화 후의 부피(m³)는?(단, 모든 슬러지의 비중 1.0)

**풀이**

소화 후 슬러지양(수분 보정) = $(VS' + FS) \times \dfrac{100}{100 - Xw}$

$FS$(무기물) = $(100 \times 0.03)\text{m}^3 \times 0.4 = 1.2\text{m}^3$

$VS'$(잔류유기물) = $(100 \times 0.03)\text{m}^3 \times 0.6 \times 0.5 = 0.9\text{m}^3$

소화 후 부피(m³) = $(1.2 + 0.9)\text{m}^3 \times \dfrac{100}{100 - 96} = 52.5\text{m}^3$

**필수문제**

**18** 다음 조건으로 분뇨를 소화시킨 후 소화조 내 전체에 대한 함수율(%)은?(단, 생분뇨의 함수율 95%, 분뇨 내 고형물 중 유기물량 60%, 소화 시 유기물 감량 60%(가스화), 비중 1.0, 처리방식 Batch식, 탈리액을 인출하지 않음)

**풀이**

소화 후 분뇨 = 수분 + 고형물 중 무기물 + 잔류유기물
$= (100 \times 0.95) + (100 \times 0.05 \times 0.4) + (100 \times 0.05 \times 0.6 \times 0.4) = 98.2\%$

함수율(%) = $\dfrac{95}{98.2} \times 100 = 96.74\%$

# SECTION 002 슬러지 농축

## (1) 개요
① 슬러지 농축은 중력장에서 일어나는 자연침강현상을 이용하는 중력농축법이 주이다.
② 슬러지로부터 액체(수분)의 일부분을 제거하여 슬러지의 고형물량을 늘리는 공정이다.
③ 농축, 탈수, 건조 시 총 고형물량은 변화 없이 수분량만 작아지며, 소화나 소각 시에는 유기물($VS$) 감량으로 총 고형물량이 변화된다.

## (2) 농축 목적
① 부피 감소(이후 처리시설 용량 감소)
② 개량이 필요한 화학약품 투여량 감소
③ 처리비용 감소
④ 저장탱크 용적 감소(시설규모의 축소)
⑤ 탈수 시 탈수효율 향상
⑥ 소화조의 슬러지 가열 시 소요열량이 적게 요구됨(에너지 감소)

## (3) 농축 방법
① **중력식 농축**
  ㉠ 원리
    슬러지를 8~20시간 정치해 둠으로써 고액분리하는 것이다.
  ㉡ 장점
    ⓐ 구조가 간단하고, 유지관리가 용이함(동력비 적음)
    ⓑ 일반적으로 1차 슬러지에 적합
    ⓒ 저장 및 농축이 동시에 가능함
    ⓓ 약품을 사용하지 않음(운전조작이 쉬움)
    ⓔ 1차+2차 슬러지 혼합 농축도 가능함
  ㉢ 단점
    ⓐ 잉여슬러지의 농축에는 부적합함
    ⓑ 잉여슬러지의 경우 소요면적이 크게 요구됨
    ⓒ 계절적 변화 적응이 늦으며 악취문제가 발생할 수 있음
    ⓓ 일정한 농도의 농축슬러지를 얻기가 곤란함

② **부상식 농축**
  ㉠ 원리
    슬러지 입자에 미세기포를 부착시킴으로써 겉보기 밀도를 물의 밀도보다 가볍게 하여

슬러지를 부상시켜 고액분리하는 것이다.
  ⓒ 장점
    ⓐ 잉여슬러지(농도가 0.5~0.8%로 낮음)에 효과적
    ⓑ 고형물 회수율이 비교적 높고 약품 주입 없이 운전 가능함
    ⓒ 중력농축보다 농축성이 뛰어남
  ⓒ 단점
    ⓐ 동력비가 많이 소요되며 악취문제가 발생할 수 있음
    ⓑ 타 방법보다 상대적 소요면적이 크게 요구됨
    ⓒ 유지, 관리기술이 요구됨(운전조직이 복잡함)

③ 원심분리 농축
  ㉠ 원리
    중력장에서 얻어지는 중력가속도에 비하여 큰 원심력을 주어 고액분리하는 것이다.
  ㉡ 장점
    ⓐ 강력한 원심력으로 장치가 콤팩트함(60~90m³/hr, TS 0.8~1.5% → 3~5%)
    ⓑ 잉여슬러지에 효과적이며 운전조작이 용이함
    ⓒ 악취가 적고 연속운전이 가능함
    ⓓ 고농도로 농축이 가능함
    ⓔ 계절적 영향 및 슬러지농도 영향을 받는 일이 적고 안정한 농축효과를 얻을 수 있음
  ㉢ 단점
    ⓐ 시설비 및 유지관리비가 크게 소요됨
    ⓑ 유지관리가 까다로움(기계동력, 마모, 소음·진동에 주의)

### (4) 슬러지 분리액

$$분리액(m^3) = \frac{건조슬러지}{(1-초기\ 함수율)} - \frac{건조슬러지}{(1-처리\ 후\ 함수율)}$$

### (5) 농축조 고형물 부하

$$고형물부하(kg/m^2) = 유입슬러지량 \times \frac{유입슬러지\ 농도}{소요단면적}$$

## (6) 농축 전후 슬러지양과 고형물량 관계

$$SL_1 \times TS_1 = SL_2 \times TS_2$$

여기서, $SL_1$ : 처리 전 슬러지양
$SL_2$ : 처리 후 슬러지양
$TS_1$ : 처리 전 고형물량
$TS_2$ : 처리 후 고형물량

## (7) 슬러지 농축조 설계 시 고려사항

① 슬러지의 유량 및 농도
② 농축 후의 슬러지의 농도
③ 약품 소요량의 유무
④ 상징액의 유량과 SS농도

### 학습 Point

① 슬러지 농축 목적 숙지
② 농축방법 종류 숙지

---

 수문제

**01** 함수율 90%인 슬러지에 응집제를 가하여 침전농축시킨 결과 상등액과 침전슬러지의 용적비가 1 : 2일 경우 슬러지의 함수율(%)은 얼마인가?(단, 응집제의 주입량은 무시, 농축 전후 슬러지 비중은 1로 한다.)

**풀이**

고형물 물질수지
초기 슬러지양 $100m^3$, 슬러지 비중 1.0으로 가정
$100m^3 \times 0.1 = 100m^3 \times \dfrac{2}{3} \times$ 농축 후 고형물 함량

농축 후 고형물 함량 $= 0.15 \times 100 = 15\%$

농축 후 슬러지의 함수율+농축 후 고형물의 함량$=100$
농축 후 슬러지의 함수율$=100-15=85\%$

**02** 분뇨의 슬러지 건량은 3m³이며, 함수율이 95%이다. 함수율을 80%까지 농축하면 농축조에서의 분리액(m³)은?(단, 비중은 1.0 기준)

풀이

$$분리액(m^3) = \frac{건조슬러지}{(1-초기\ 함수율)} - \frac{건조슬러지}{(1-처리\ 후\ 함수율)}$$

$$= \frac{3}{(1-0.95)} - \frac{3}{(1-0.8)} = 45m^3$$

**03** 슬러지를 처리하기 위해 위생처리장 활성슬러지 1% 농도의 폐액 100m³를 농축조에 넣었더니 4% 슬러지로 농축되었다. 농축조에 농축되어 있는 슬러지양(m³)은?(단, 상등액의 농도는 고려하지 않으며, 비중은 1.0이다.)

풀이

$SL_1 \times TS_1 = SL_2 \times TS_2$ (농축 전후의 고형물량은 불변)

$100m^3 \times 0.01 \times 10^3 kg/m^3 = SL_2(m^3) \times 40,000mg/L \times 1kg/10^6 mg \times 10^3 L/m^3$

$SL_2(m^3) = 25m^3 [SL_2 : 농축된\ 슬러지양]$

(기타 방법) $100m^3 \times 0.01 = SL_2(m^3) \times 0.04$

$SL_2 = 25m^3$

**04** 슬러지 처리를 하기 위해 위생처리장 활성슬러지(1% 농도) 40m³를 농축조에 넣어 농축한 결과 슬러지의 농도가 35,000mg/L가 되었다. 농축된 슬러지의 양(m³)은?(단, 슬러지 비중 1.0)

풀이

$SL_1 \times TS_1 = SL_2 \times TS_2$

$40m^3 \times 0.01 \times 10^3 kg/m^3 = SL_2(m^3) \times 35,000mg/L \times 1kg/10^6 mg \times 10^3 L/m^3$

$SL_2(m^3) = 11.43m^3 [SL_2 : 농축된\ 슬러지양]$

(기타 방법) $40m^3 \times 0.01 = SL_2(m^3) \times 0.035$

$SL_2 = 11.43m^3$

### 필수문제

**05** 총고형물 중 유기물이 60%이고 함수율이 98%인 슬러지를 소화조에 500m³/day로 투입하여 30일 소화시켰더니 유기물의 2/3가 가스화 또는 액화하여 함수율 90%인 소화슬러지가 얻어졌다고 한다. 소화 후 슬러지양(m³/day)은?(단, 슬러지 비중 1.0)

**풀이**

500m³/day×0.02×0.6=소화 후 슬러지양×0.1
소화 후 슬러지양=60m³/day

### 필수문제

**06** 6.3%의 고형물을 함유한 150,000kg의 슬러지를 농축한 후, 농축슬러지를 소화조로 이송할 경우의 농축슬러지 무게는 70,000kg이다. 이때 소화조로 이송한 농축된 슬러지의 고형물 함유율(%)은?(단, 슬러지 비중 1.0, 상등액의 고형물 함량 무시)

**풀이**

150,000kg×0.063 = 70,000kg×농축슬러지의 고형물 함유율
농축슬러지의 고형물 함유율 = 0.135×100 = 13.5%

### 필수문제

**07** 농축슬러지의 고형물 농도가 5%이고 이 고형물 중 유기물의 함유율이 70%이며 다시 소화과정에 의하여 유기물의 60%가 분해되고 소화된 슬러지의 고형물 함량이 5.8%일 때 전체 슬러지양(%)은 얼마나 감소하겠는가?(단, 비중은 1.0으로 가정)

**풀이**

소화 후 고형물 중 유기물 함량 = 1kg×0.05×0.7×0.4
　　　　　　　　　　　　　　= 0.014kg(슬러지 1kg 기준)

소화 후 고형물 중 무기물 함량 = 1kg×0.05×0.3 = 0.015kg
소화 후 고형물량 = $VS' + FS$ = 0.014+0.015 = 0.029kg
소화 후 고형물량 = 소화 후 슬러지양×소화 후 고형물의 비율
0.029kg = 소화 후 슬러지양×0.058
소화 후 슬러지양 = 0.5kg

슬러지 감소량(%) = 최초 슬러지양 − 소화 후 슬러지양
　　　　　　　　= 1−0.5 = 0.5×100 = 50%(즉, 50% 감소)

**08** 고형물의 농도 10kg/m³, 함수율 98%, 유량 700m³/day인 슬러지를 고형물 농도 50kg/m³이고, 함수율 95%인 슬러지로 농축시키고자 gkf 경우 농축조의 소요단면적(m²)은?(단, 침강속도=10m/day)

**풀이**

$700\text{m}^3/\text{day} \times 10\text{kg/m}^3 \times (1-0.98) = $ 농축된 유량 $\times 50\text{kg/m}^3 \times (1-0.95)$

농축된 유량 $= 56\text{m}^3/\text{day}$

소요단면적$(\text{m}^2) = \dfrac{Q}{V} = \dfrac{56\text{m}^3/\text{day}}{10\text{m/day}} = 5.6\text{m}^2$

**09** 슬러지의 유량이 50m³/day, 슬러지의 고형물 농도가 10%, 소화조의 부피가 500m³, 슬러지의 고형물 내 VS 함유도가 70%라면 소화조에 주입되는 TS(kg/m³·d), VS(kg/m³·d) 부하는 각각 얼마인가?(단, 슬러지의 비중은 1.0으로 가정한다.)

**풀이**

$\text{TS}(\text{kg/m}^3 \cdot \text{day}) = \dfrac{50\text{m}^3/\text{day} \times 0.1 \times 1{,}000\text{kg/ton} \times \text{ton/m}^3}{500\text{m}^3} = 10\text{kg/m}^3 \cdot \text{day}$

$\text{VS}(\text{kg/m}^3 \cdot \text{day}) = 10\text{kg/m}^3 \cdot \text{day} \times 0.7 = 7\text{kg/m}^3 \cdot \text{day}$

# SECTION 003 슬러지 개량(Conditioning)

### (1) 개요
① 농축슬러지나 소화슬러지는 여러 유기물과 형상이 다양한 미세고형물 및 콜로이드로 구성되고 물과 강한 친화력으로 탈수가 쉽지 않으므로 슬러지를 개량한다.
② 주로 화학약품처리, 열처리를 행하며, 수세나 물리적인 세척방법 등도 효과가 있다.

### (2) 슬러지 개량목적
① 슬러지의 탈수성 향상 : 주된 목적
② 슬러지의 안정화
③ 탈수 시 약품 소모량 및 소요동력을 줄임

### (3) 슬러지 개량방법
① **생물학적 처리**(혐기성, 호기성 소화)
  ㉠ 소화법의 1차적인 목적은 지방, 단백질, 탄수화물을 비롯한 유기화합물이나 병원균을 포함한 슬러지를 무해한 토양으로 변환시키는 것이다.
  ㉡ 토양환원이 가능한 경우 유용하다.

② **약품처리** : 주 개량방법
  ㉠ 약품처리는 하수슬러지의 탈수전처리방법으로 가장 일반화된 방법이다.
  ㉡ 고분자 응집제 첨가법
    ⓐ 응집제의 가교, 반데르발스력(Van der Waals force) 감소 등으로 응결
    ⓑ 슬러지 성상을 그대로 두고 탈수성, 농축성의 개선을 도모함
    ⓒ 고분자응집제를 벨트프레스, 원심탈수기와 조합하여 사용
    ⓓ 하수슬러지는 양이온성 응집제가 적용됨
    ⓔ 응집제로는 황산알루미늄($Al_2(SO_4)_3 \cdot 18H_2O$), 염화제이철($FeCl_3 \cdot 6H_2O$), 폴리염화알루미늄(PAC) 등이 있다.
  ㉢ 무기약품 첨가법
    ⓐ 슬러지의 pH를 변화시켜 무기질 비율을 증가시킴
    ⓑ 안정화를 도모함
    ⓒ 무기약품으로 소석회와 염화제2철을, 진공 또는 가압탈수기와 조합하여 사용하는 것이 일반적임
    ⓓ 안정한 탈수가 가능하나 슬러지고형분의 단위중량당 30~50%의 첨가가 필요하고 슬러지 증가, 발열량 저하가 문제

ⓔ 과산화수소 첨가량은 하수슬러지 $1m^3$당 1~2kg, 황산제1철은 고형분량당 10~15%가 적당함

③ 열처리

슬러지액을 밀폐된 상황에서 150~200℃ 정도의 온도로 반 시간~한 시간 정도 처리함으로써 슬러지 내의 콜로이드와 겔구조를 파괴하여 탈수성을 개량한다.

④ 동결처리

슬러지 내부에 있는 유리수의 결빙, 고형물의 농축에 의해 탈수성을 향상시키는 것을 말한다.

⑤ 슬러지 세척(세정법)

㉠ 세정(수세)은 주로 혐기성 소화된 슬러지를 대상으로 실시하며 슬러지의 알칼리도를 낮춘다.
㉡ 소화슬러지를 물과 혼합시킨 후 슬러지를 재침전시키는 방법, 즉 알칼리도를 감소시키기 위해 희석수를 사용하여 슬러지를 개량시키는 방법이다.
㉢ 알칼리성 슬러지를 세척함으로써 슬러지 탈수에 이용되는 응집제의 양을 감소시킬 수 있다.
㉣ 소화슬러지 내의 가스방울이 없어지므로 부력을 제거하여 농축이 잘되게 한다.

## (4) 슬러지 개량에 영향을 주는 요소

① 장기간 저장한 슬러지는 약품소요량이 많이 소요된다.
② 입자의 크기가 작으면 수분을 많이 부착시켜 탈수가 어렵다.
③ 슬러지의 농도가 증가될수록 침전이나 농축이 어렵다.
④ 장거리를 수송한 슬러지는 약품소요량이 많이 소요된다.

### Reference 슬러지의 고액분리약품

① 알루미늄염
② 철염
③ 석회카바이트

### 학습 Point

① 슬러지 개량 목적 숙지
② 슬러지 세정법 내용 숙지

# SECTION 004 혐기성 소화

### (1) 개요
① 혐기성 소화는 슬러지의 소화, 분뇨 및 고농도 폐수처리에 적용되며 혐기성 소화 시에는 RDF, 열분해 등과 같이 에너지를 회수할 수 있다.
② 같은 조건하에서 혐기성 처리 시 Carbohydrate(탄수화물)의 슬러지 발생량이 많다.

### (2) 혐기성 소화의 목적
① 유기화합물 변환(유기물이 분해하여 슬러지를 안정화)
② 부피 감소(20~60% 감소)
③ 메탄($CH_4$) 가스 회수
④ 병원균 사멸 및 변환

### (3) 혐기성 소화의 장점
① 호기성 처리에 비해 슬러지 발생량(소화 슬러지)이 적다.
  ※ 이유 : • 혐기성 분해는 호기성 분해에 비하여 영양분이 없는 상태로 분해되기 때문
  • 혐기성 분해는 호기성 분해에 비하여 소화일수가 길어지기 때문
  • 혐기성 분해는 합성세포의 내호흡반응으로 생성되기 때문
② 동력시설의 소모가 적어 운전비용(동력비)이 저렴하다.(산소공급 불필요)
③ 생성슬러지의 탈수 및 건조가 쉽다.(탈수성 양호)
④ 메탄가스 회수가 가능하다.(회수된 가스를 연료로 사용 가능함)
⑤ 병원균이나 기생충란의 사멸이 가능하다.(부패성, 유기물을 안정화시킴)
⑥ 고농도 폐수처리가 가능하다.(국내 대부분의 하수처리장에서 적용 중)
⑦ 소화 슬러지의 탈수성이 좋다.(탈수성이 호기성에 비해 양호함)

### (4) 혐기성 소화의 단점
① 호기성 소화공법보다 운전이 용이하지 않다.(운전이 어려우므로 유지관리에 숙련이 필요함. 즉 혐기성 세균은 온도, pH 및 기타 화합물의 영향에 민감)
② 소화가스는 냄새($NH_3$, $H_2S$)가 문제 된다.(악취 발생 문제)
③ 부식성이 높은 편이다.
④ 높은 온도가 요구되며 미생물 성장속도가 느리다.
⑤ 상등수의 농도가 높고 반응이 더디어 소화기간이 비교적 오래 걸린다.
⑥ 처리효율이 낮고 시설비가 많이 든다.(처리효율이 낮아 다시 호기성으로 처리하여 방류)
⑦ 암모니아, 인산 등 영양염류의 제거율이 낮다.

## (5) 혐기성 분해의 3단계

① 제1단계(가수분해 단계)
  ㉠ 개요 : 다당류, 지방, 단백질 등이 C, H, O, N, S의 유기물로 분해되는 단계이다.
  ㉡ 생성물질
    ⓐ 다당류(녹말, 셀룰로오스) → 단당류, 2당류
    ⓑ 지방(FATs) → 긴 사슬 지방산, 글리세린
    ⓒ 단백질 → 아미노산

② 제2단계(산 생성 단계 : 산, 수소 발효)
  ㉠ 개요 : 유기산(Formic Acid, Propionic Acid, Butyric Acid) 형성과정, 즉 산성소화 과정으로 유기산균(산 생성 박테리아)에 의해 유기물이 알코올로 변화되는 단계로 유기산의 농도가 높을수록 처리효율이 낮아진다.
  ㉡ 생성물질
    ⓐ 휘발성 유기산[특히 초산(아세트산)이 생성]
    ⓑ 알코올, 케톤 및 $NH_3$, $H_2$, $CO_2$, $H_2O$ 등 생성
    ⓒ $NH_3$, $H_2$, $CO_2$, $H_2O$ 등

③ 제3단계(메탄 생성 단계 : 알칼리, 메탄 발효)
  ㉠ 개요
    ⓐ 메탄발효과정으로 메탄균(최적 pH 7.2~7.4)에 의해 유기산이나 알코올 등이 분해되어 $CH_4$, $CO_2$이 생성되는 단계로 메탄균의 최적 pH는 약알칼리성, 온도는 35~37℃ 정도이다.
    ⓑ 산화·환원전위(ORP)는 $-200mV$ 이하에서 운전된다.
  ㉡ 생성물질
    ⓐ $CH_4$(정상적인 메탄 함유량 55~65vol%) 생성
    ⓑ $CO_2$(정상적인 이산화탄소 함유량 30vol% 내외) 생성

④ 혐기성 소화조의 정상운영 시 가스구성비
  $CH_4 > CO_2 > H_2 > O_2$

## (6) 소화방식

① 1단 소화방식(단단소화방식)
  ㉠ 슬러지의 소화, 농축, 상등액 등이 한 탱크 내에서 동시에 일어나는 방식이다.
  ㉡ 혼합이 잘되지 않고 층이 형성되어 전체 부피의 50% 이하만 사용된다.

② 2단 소화방식
  ㉠ 1차 소화조(1단계)
    가온 및 교반조의 역할을 한다.

ⓛ 2차 소화조(2단계)

   소화슬러지와 상등수를 분리하는 역할을 한다.

## (7) 소화온도에 따른 구분

① 중온소화

   ㉠ 소화의 최적온도는 35±2℃ 정도이며 우리나라에서 대부분 이용한다.
   ㉡ 고온소화에 비해 미생물 활성이 용이하다.
   ㉢ 탈수여액의 수질이 고온소화에 비해 우수하다.

② 고온소화

   ㉠ 일반적으로 고온박테리아의 적절한 조건인 온도 50~55℃ 정도에서 일어난다.
   ㉡ 부하능력 및 병원균 사멸에 유리하다.
   ㉢ 빠른 반응으로 인한 다량의 가스가 생성된다.

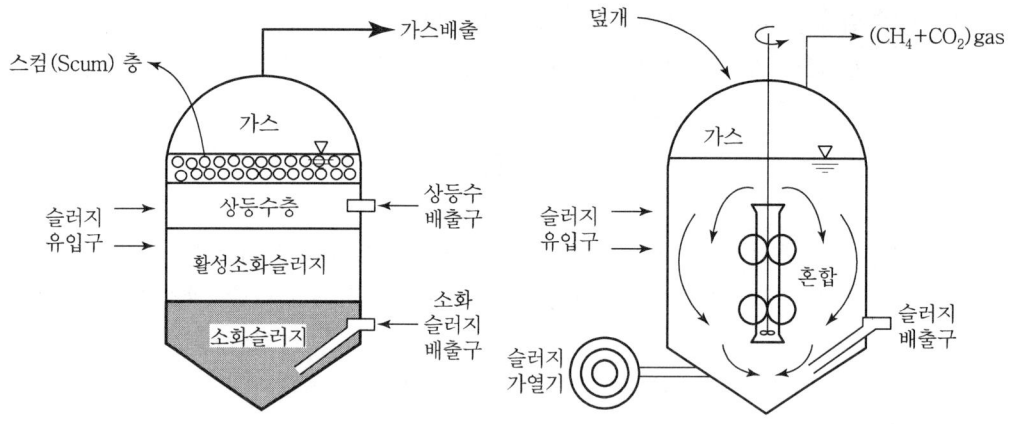

[재래식 표준 단단 소화방식]   [고효율 완전혼합식 단단 소화방식]

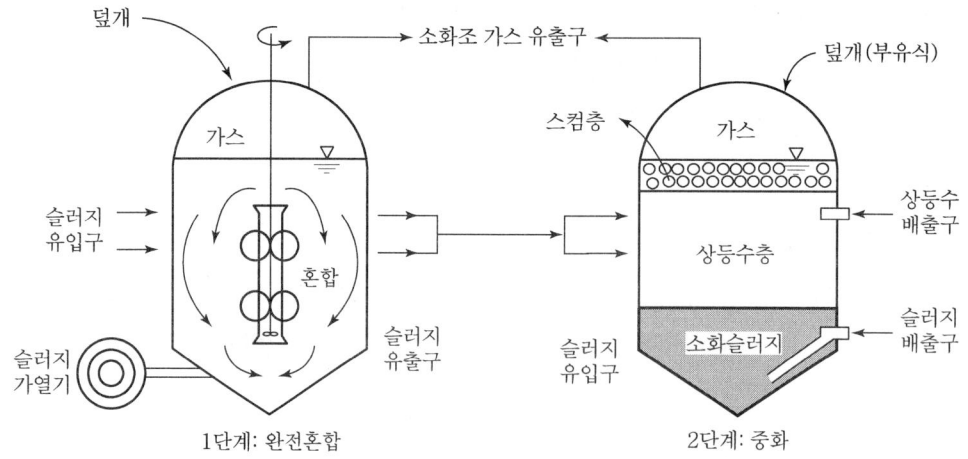

[2단식 소화방식]

## (8) 혐기성 소화분해에 영향을 주는 운영인자

① 유기물부하량

재래식의 경우 $0.5 \sim 1.5 \text{kg} \cdot \text{VS}/\text{m}^3 \cdot \text{day}$이고 완전혼합 고부하 소화조의 경우 $1.5 \sim 6.5 \text{kg} \cdot \text{VS}/\text{m}^3 \cdot \text{day}$(일반적으로는 $1.8 \text{kg} \cdot \text{VS}/\text{m}^3 \cdot \text{day}$) 정도이다.

② pH

㉠ 최적 pH는 7.2~7.4 정도이며 pH가 6.5 이하이면 산 및 메탄 생성균의 평형이 깨져 Scum 발생이 증가, gas 발생이 감소한다.
㉡ 비정상적으로 작동하는 소화조에 석회를 주입하는 이유는 pH를 높이기 위함이다.

③ 유기산 농도

㉠ 혐기성 소화 시 일반적인 유기산의 최적농도는 200~450mg/L 정도이며 3,000mg/L 이상이면 가스화가 억제된다.
㉡ 유기산의 농도가 높을수록 처리효율은 낮아진다.

④ 온도

우리나라는 대부분 중온소화방식으로 소화의 최적온도는 35℃이다.

⑤ 소화일수

중온소화방식은 소화일수가 25~30일, 고온소화방식은 10~15일 정도이다.

⑥ 방해물질

소화조 내 암모늄 이온 농도가 과잉이면 독성물질로 작용하며 중금속류, 강산, 강알칼리 등도 소화작용을 방해한다.

## (9) 분뇨의 혐기성 소화처리

① 혐기성 분뇨처리의 특징

㉠ 분뇨처리에서 일반적으로 사용되는 공법이다.
㉡ 유기물의 농도가 높을수록 유리하다.
㉢ 소화슬러지의 발생량이 호기성 처리보다 적은 편이다.
㉣ 분해에 기간이 많이 소요된다.(호기성 산화방식에 비해 소화속도 늦음)
㉤ 처리과정 중 취기가 발생(위생해충 발생, 위생상 특별 주의)된다.
㉥ 유지관리에 숙련이 필요하다.
㉦ 소화조 용적이 비교적 대용량(넓은 부지 필요)이다.

② 분뇨를 「혐기성 소화+활성슬러지 공법」 연계 처리 시 공정

투입조 → 저류조 → 1차 소화조 → 2차 소화조 → 희석조 → 침전조 → 소독조

③ 분뇨를 혐기성 소화법으로 처리 시 정상적인 작동 여부 조사항목
  ㉠ 소화가스양
    일반적으로 혐기성 소화처리 시 온도 36~37℃, 10~15일간 저장 조건에서 발생하는 가스의 양은 분뇨투입량의 8~10배 정도이다.
  ㉡ 소화가스 중 메탄과 이산화탄소의 함량
    발생가스 중 메탄 함유비율이 60~70%, 이산화탄소의 함량이 30%이면 정상운영상태이며, 메탄의 열량은 약 5,300kcal/m$^3$이다.
  ㉢ 슬러지 내의 유기산 농도(부하량)
  ㉣ 소화시간
  ㉤ 온도 및 체류시간
  ㉥ 휘발성 유기산
  ㉦ 알칼리도
  ㉧ pH

④ 다량의 분뇨를 일시에 소화조에 투입 시 장해
  ㉠ 스컴(Scum)의 발생 증가
  ㉡ 소화조 내의 pH 및 온도의 저하
  ㉢ 유기산 농도 및 가스압 증가
  ㉣ 탈리액의 인출 불균등
  ㉤ 소화조 내의 부하가 불균등하게 되어 안정된 처리조건을 유지하기 어려움

⑤ 분뇨를 생물학적 처리 시 일반적으로 희석수는 원수의 약 20배(20~30배) 정도가 적당하다.
⑥ 분뇨소화조에서 소화슬러지를 1일 투입량 이상 과다 인출 시 소화조 내의 pH는 산성화 상태가 된다.
⑦ 소화효율

$$\text{소화효율}(\%) = \left(1 - \frac{VS_2/FS_2}{VS_1/FS_1}\right) \times 100(\%)$$

여기서, $VS_1$ : 소화 전 슬러지의 유기성분(%)
       $VS_2$ : 소화 후 슬러지의 유기성분(%)
       $FS_1$ : 소화 전 슬러지의 무기성분(%)
       $FS_2$ : 소화 후 슬러지의 무기성분(%)

## (10) 혐기성 소화조에서 독성으로 작용하는 물질농도

① 황화물 : 200mg/L
② 나트륨 : 5,000~8,000mg/L
③ 칼륨 : 4,000~10,000mg/L
④ 칼슘 : 2,000~6,000mg/L
⑤ 마그네슘 : 1,200~3,500mg/L
⑥ 암모니아 : 1,700~4,000mg/L

**학습 Point**

1. 혐기성 소화 장단점 내용 숙지
2. 혐기성 분해 3단계 내용 숙지
3. 다량 분뇨 일시 투입 시 장해내용 숙지
4. 소화효율 계산식 숙지

**필수문제**

**01** 분뇨를 소화처리함에 있어 소화대상 분뇨량 $Q=100m^3/day$, 분뇨 내 유기물 농도가 20,000 ppm이라면 가스발생량($m^3/day$)은?(단, 유기물 소화에 따른 가스발생량은 500L/kg·유기물, 유기물 전량 소화, 분뇨비중은 1.0으로 가정)

**풀이**

가스발생량($m^3/day$) = 단위 유기물당 가스발생량 × 유기물의 양
$= 500L/kg·유기물 × 100m^3/day × 20,000mg/L × kg/10^6mg$
$= 1,000m^3/day$

**필수문제**

**02** 총고형물량이 36,500mg/L, 휘발성 고형물량이 총고형물 중 64.5%인 폐기물 60kL/day를 혐기성 소화조에서 소화시켰을 때 1일 가스발생량($m^3/day$)은?(단, 폐기물 비중 1.0, 가스발생량은 $0.35m^3/kg(VS)$)

**풀이**

가스발생량($m^3/day$) $= 0.35m^3/kg·VS × 36,500mg/L × 0.645$
$× 60kL/day × 1,000L/1kL × 1kg/10^6mg$
$= 494.39m^3/day$

**필수문제**

**03** 1일 10kL/day를 처리하는 어느 분뇨처리장에서 발생가스양이 $80m^3/day$이었다. 소화조의 운영상태를 정상적으로 본다면 발생되는 $CH_4$ 가스양($m^3/day$)은?

**풀이**

발생가스 중 메탄함유비율 60% 이상이면 정상운영상태
$80m^3/day × 0.6 = 48m^3/day$

## 필수문제

**04** 글리신($C_2H_5O_2N$) 3M이 혐기성 소화에 의해 완전분해할 때 생성 가능한 이론적인 메탄가스 양(L)은?(단, 표준상태기준, 분해최종산물은 $CH_4$, $CO_2$, $NH_3$)

풀이

$C_2H_5O_2N + 0.5H_2O \rightarrow 0.75CH_4 + 1.25CO_2 + NH_3$
  1mole        :  $0.75 \times 22.4$L
  3mole        :  $CH_4$(L)

$CH_4(L) = \dfrac{3\text{mole} \times 0.75 \times 22.4\text{L}}{1\text{mole}} = 50.4\text{L}$

## 필수문제

**05** $C_{40}H_{83}O_{30}N$을 혐기성 완전 분해 시 유기물 1mol당 발생하는 메탄의 양(mol)은?

풀이

$CH_4(\text{mol}) = \dfrac{4a+b-2c-3d}{8} = \dfrac{(4 \times 40)+83-(2 \times 30)-(3 \times 1)}{8} = 22.5\text{mol}$

## 필수문제

**06** 유기물($C_6H_{12}O_6$) 5kg을 혐기성으로 완전분해할 때 생성될 수 있는 이론적 메탄의 양($Sm^3$)은?

풀이

$C_6H_{12}O_6 \rightarrow 3CH_4 + 3CO_2$
  180kg   :  $3 \times 22.4\text{Sm}^3$
  5kg     :  $CH_4(\text{Sm}^3)$

$CH_4(\text{Sm}^3) = \dfrac{5\text{kg} \times (3 \times 22.4)\text{Sm}^3}{180\text{kg}} = 1.87\text{Sm}^3$

## 필수문제

**07** 유기물($C_6H_{12}O_6$) 0.1ton을 혐기성 소화할 때 생성될 수 있는 최대 메탄의 양(kg)은?

풀이

$C_6H_{12}O_6 \rightarrow 3CH_4 + 3CO_2$
  180kg    :  $(3 \times 16)$kg
  100kg    :  $CH_4$(kg)

$CH_4(\text{kg}) = 26.67\text{kg}$

### 필수문제

**08** 소화조 가스의 열량을 측정한 결과 6,300kcal/m³였다. 메탄가스의 함유량(%)은 얼마로 추정할 수 있는가?(메탄가스 열량=9,000kcal/m³, 메탄 이외의 가스는 불연소성이라 가정)

**풀이**

메탄가스 함유량(%) = $\dfrac{6,300\text{kcal/m}^3}{9,000\text{kcal/m}^3} \times 100 = 70\%$

### 필수문제

**09** 분뇨 300kL/day를 중온소화하였다. 1일 동안 얻어지는 열량(kcal/day)은?(단, $CH_4$ 발열량은 6,000kcal/m³으로 하며, 발생가스는 전량 메탄으로 가정하고 발생가스양은 분뇨투입량의 8배로 한다.)

**풀이**

열량(kcal/day) = 300kL/day × 6,000kcal/m³ × 1,000L/kL × m³/1,000L × 8
 = $1.44 \times 10^7$ kcal/day

### 필수문제

**10** 분뇨를 혐기성 소화처리할 때 발생하는 $CH_4$ gas 부피는 분뇨투입량의 약 8배라고 한다. 1일에 분뇨 600kL씩을 처리하는 소화시설에서 발생하는 $CH_4$ 가스를 에너지원으로 하여 24시간 균등 연소시킬 때 얻을 수 있는 시간당 열량(kcal/hr)은?(단, $CH_4$ 가스의 발열량은 6,000kcal/m³)

**풀이**

열량(kcal/hr) = 600kL/day × 6,000kcal/m³ × 1,000L/kL × m³/1,000L × day/24hr × 8
 = $1.2 \times 10^6$ kcal/hr

### 필수문제

**11** 200kL 처리용량의 분뇨처리장에서 발생되는 메탄을 사용하는 보일러에서 기대할 수 있는 열생산량(kcal)은?(단, 가스생산량 8m³/kL(분뇨), $CH_4$ 함량 75%, $CH_4$ 열량 9,000kcal/m³, 보일러 열교환 효율 80%, 기타 조건은 고려하지 않음)

**풀이**

열생산량(kcal) = 메탄 발생량 × 메탄의 발열량 × 열교환 효율
 = (200kL × 8m³/kL × 0.75) × (9,000kcal/m³) × 0.8 = $8.64 \times 10^6$ kcal

**12** 분뇨투입량이 50kL/일 · 인 소화조가 있다. 온도 20℃에서 온도를 중온(35℃) 소화의 정량 한계에 맞추려고 한다. 소화조의 열손실이 30%라면 소요열량(kcal/day)은?(단, 소화조의 분뇨비열 1.2kcal/kg · ℃, 분뇨비중 1.0)

**풀이**

$$열량 = 분뇨투입량 \times 비열 \times 온도차 \times \frac{100}{열효율}$$
$$= 50 \times 10^3 \text{kg/day} \times 1.2 \text{kcal/kg} \cdot ℃ \times (35-20)℃ \times \frac{100}{70} = 1.29 \times 10^6 \text{kcal/day}$$

**13** 분뇨처리시설을 가온식으로 운영하려고 한다. 투입분뇨량이 1.6kL/hr일 때 투입된 분뇨를 소화온도까지 올리는 데 필요한 열량은 몇 kcal/hr인가?(소화온도 35℃, 투입분뇨온도 18℃, 분뇨비열 1cal/g · ℃이며, 분뇨의 비중은 1.0, 기타 열손실은 없는 것으로 한다.)

**풀이**

$$열량(\text{kcal/hr}) = 슬러지양 \times 비열 \times 온도차 (\text{g/hr} \times \text{cal/g} \cdot ℃ \times ℃)$$
$$= (1.6 \text{kL/hr} \times 1,000 \text{L/kL} \times 1 \text{kg/1L} \times 1,000 \text{g/kg})$$
$$\times (1 \text{cal/g} \cdot ℃ \times 1 \text{kcal}/1,000 \text{cal}) \times ((35-18)℃)$$
$$= 27,200 \text{kcal/hr}$$

**14** K도시의 인구가 10,000명이고 분뇨발생량은 1.1L/인 · 일 이며 수거율은 60%이다. 이 수거분뇨를 혐기성 소화로 처리할 때 필요한 소화조의 용량(m³/조)은?(단, 소화조의 크기는 같은 4조로 하며, 소화일수는 30일)

**풀이**

$$소화조\ 용량(\text{m}^3/조) = 1.1 \text{L/인} \cdot 일 \times 10,000\text{인} \times 30일 \times 0.6 \times \text{m}^3/1,000\text{L} \times 1/4조$$
$$= 49.5 \text{m}^3/조$$

**15** 어떤 분뇨처리장으로 VS가 1.4g/L인 분뇨가 50kL/일 유입될 때 소화조(1단계 소화 → 2단계 소화, 직렬방식)에서 발생되는 총 $CH_4$ 가스양($m^3$/day)은?(단, 1단계 소화조 및 2단계 소화조에서의 VS 제거율은 각각 55%, 20%이고, $CH_4$ 가스생산량은 각각 $1m^3/kg-VS$ 제거, $0.5m^3/kg-VS$ 제거이다.)

**풀이**

우선 분뇨량(kg/day)을 구하면
분뇨량 $= 50kL/day \times 1{,}000L/kL \times 1.4g/L \times kg/1{,}000g = 70kg/day$

1단계 $CH_4$ 가스양
$(m^3/day) = 70kg/day \times 0.55 \times 1m^3/kg = 38.5 m^3/day$

2단계 $CH_4$ 가스양
$(m^3/day) = 70kg/day \times 0.45 \times 0.2 \times 0.5m^3/kg = 3.15 m^3/day$

총 $CH_4$ 가스양$(m^3/day) = 38.5 + 3.15 = 41.65 m^3/day$

---

**16** 아래와 같은 조건일 때 혐기성 소화조의 용량($m^3$)은?(단, 유기물량의 50%가 액화 및 가스화 되며 방식은 2조식이다.)

⟨조건⟩
- 분뇨투입량 : 1,000kL/day
- 유기물농도 : 60%
- 일반 슬러지 함수율 : 90%
- 투입분뇨 함수율 : 95%
- 소화일수 : 30일

**풀이**

$$소화조\ 용량(m^3) = \frac{Q_1 + Q_2}{2} \times T$$

$Q_1$(소화 전 분뇨) $= 1{,}000kL/day$

$Q_2$(소화 후 분뇨) $= 1{,}000kL/day \times 0.05 \times [0.4 + (0.6 \times 0.5)] \times \dfrac{100}{100-90}$

$\qquad\qquad\qquad\quad = 350kL/day$

$= \dfrac{(1{,}000+350)m^3/day}{2} \times 30day = 20{,}250 m^3$

**17** 피산소성(혐기성) 소화탱크에서 유기물이 70%, 무기물이 30%인 슬러지를 소화하여 소화슬러지의 유기물이 60%, 무기물이 40%가 되었다면 소화율(%)은?

풀이

$$\text{소화율}(\%) = \left(1 - \frac{VS_2/FS_2}{VS_1/FS_1}\right) \times 100 = \left(1 - \frac{0.6/0.4}{0.7/0.3}\right) \times 100 = 35.7\%$$

**18** 어느 하수처리장에서 발생한 생슬러지 내 고형물은 유기물(VS)이 85%, 무기물(FS)이 15%로 구성되어 있으며, 이를 혐기소화조에서 처리하자 소화슬러지 내 고형물은 유기물(VS)이 60%, 무기물(FS)이 40%로 되었다. 이때 소화율(%)은?

풀이

$$\text{소화율}(\%) = \left(1 - \frac{0.6/0.4}{0.85/0.15}\right) \times 100 = 73.5\%$$

**19** VS 75%를 함유하는 슬러지 고형물을 1ton/day로 받아들일 경우 소화조의 부하율(kg VS/$m^3$ · day)은?(단, 슬러지 소화용적=550$m^3$, 비중=1.0)

풀이

$$\text{소화조의 부하율}(\text{kg VS/m}^3 \cdot \text{day}) = \frac{1{,}000\text{kg/day} \times 0.75\text{VS}}{550\text{m}^3} = 1.36\text{kg VS/m}^3 \cdot \text{day}$$

**20** 분뇨를 혐기성 소화방식으로 처리하기 위하여 직경 10m, 높이 6m의 소화조를 설치하였다. 분뇨 주입량을 1일 24$m^3$로 할 때 소화조 내 체류시간(day)은?

풀이

$$\text{체류시간}(\text{day}) = \frac{\left(\frac{3.14 \times 10^2}{4}\right)\text{m}^2 \times 6\text{m}}{24\text{m}^3/\text{day}} = 19.63\text{day}$$

**21** 분뇨처리장 제1소화조의 슬러지양은 30%가 되어야 한다. 1일 100kL 투입에서 슬러지양(kL)은?(단, 제1소화조의 소화일수는 15일로 한다.)

풀이

슬러지양(kL) = 100kL/day × 0.3 × 15day = 450kL

# 005 호기성 소화

## (1) 개요
호기성 미생물의 내생호흡을 이용하여 유기물의 안정화를 도모하고 슬러지 감량 및 처리에 적합한 슬러지를 만든다.

## (2) 장점
① 혐기성 소화보다 운전이 용이하다.
② 상등액(상층액)의 BOD와 SS 농도가 낮아 수질이 양호하며 암모니아 농도도 낮다.
③ 초기 시공비가 적고 악취발생이 저감된다.
④ 처리수 내 유지류의 농도가 낮다.

## (3) 단점
① 소화 슬러지양이 많다.
② 소화 슬러지의 탈수성이 불량하다.
③ 설치부지가 많이 소요되고 폭기에 소요되는 동력비가 상승한다.
④ 유기물 저감률이 적고 연료가스 등 부산물의 가치가 적다.(유용한 에너지원인 메탄가스 발생이 없음)

## (4) 분뇨의 활성슬러지법(생물학적 처리)
① 1단계 활성슬러지 처리방식은 분뇨의 희석 없이 예비폭기(30~45분 정도) 후 희석수를 가하여 활성슬러지 방법으로 처리하는 것이다.
② 2단계 활성슬러지 처리방식에는 2개의 폭기조가 필요하다.
③ 희석포기처리방식의 특징은 희석포기하여 폭기로의 유출수를 침전시킨 후에 슬러지를 폭기조로 반응시키지 않는다는 것이다.
④ 일반적으로 희석수는 원수의 약 20배(20~30배) 정도가 적당하다.

### 필수문제

**01** 호기성 소화처리로 200kL/day의 분뇨를 처리할 경우 처리장에 필요한 송풍량($m^3$/hr)을 구하시오. (단, BOD=20,000ppm, 제거율=80%, 제거 BOD당 필요 송풍량=100$m^3$/BODkg, 분뇨비중=1.0, 24시간 연속 가동 기준)

풀이

송풍량($m^3$/hr) = 200$m^3$/day × 20,000mg/L × 1,000L/$m^3$ × 0.8 × 100$m^3$/BODkg
　　　　　　× kg/$10^6$mg × day/24hr
= 13,333.33$m^3$/hr

### 필수문제

**02** 호기성 소화방법에 의하여 100kL/day의 분뇨를 처리할 경우 처리장에 필요한 송풍량($m^3$/hr)은?(단, BOD 농도 20,000mg/L, 송풍량 BODkg당 100$m^3$, BOD 제거효율 60%)

풀이

BOD양 = 100$m^3$/day × 20,000mg/L × day/24hr × 1,000L/$m^3$ × kg/$10^6$mg × 0.6
= 50kg/hr

송풍량($m^3$/hr) = 50kgBOD/hr × 100$m^3$/BODkg = 5,000$m^3$/hr

### 필수문제

**03** 분뇨 저류포기조에 500kL의 분뇨를 유입시켜 5일 동안 연속 포기하였더니 BOD가 50% 제거되었다. BOD 제거 kg당 공기공급량은 50$m^3$로 하였을 때 시간당 공기공급량($m^3$/hr)은?(단, 분뇨의 BOD는 20,000mg/L, 비중 1.0)

풀이

시간당 공기공급량($m^3$/hr) = 50$m^3$/kg × 20,000mg/L × 0.5 × 500kL/5day
　　　　　　　　　　× $10^3$L/kL × kg/$10^6$mg × day/24hr
= 2,083.33$m^3$/hr

# 006 슬러지 세척(세정법, 수세법 : Elutriation)

## (1) 개요
① 수세는 주로 혐기성 소화된 슬러지를 대상으로 실시하며 소화슬러지의 알칼리도를 낮춘다.
② 세척수(희석수)와 슬러지의 비는 약 2 : 1 정도이다.

## (2) 장점
① 슬러지 탈수에 소요되는 응집제 사용을 줄일 수 있다.
② 농축을 양호하게 한다.

## (3) 단점
비료가치가 상실될 수 있다.(세척으로 인한 질소 제거)

> **Reference 열처리법**
> 슬러지에 열을 가하여 무기약품을 사용해서 탈수개선을 위해 사용하는 방법이다.

---

**학습 Point**
1. 호기성 소화의 장단점 숙지
2. 슬러지 세척의 장단점 숙지

---

 수문제

**01** 미생물에 의해 $C_7H_{12}$가 호기적으로 완전산화 분해되는 경우에 요구되는 이론산소량은 $C_7H_{12}$ 1mg당 몇 mg인가?

**풀이**

$C_7H_{12} + 10O_2 \rightarrow 7CO_2 + 6H_2O$
96mg : $10 \times 32$mg
1mg : $O_0$(mg)

이론산소량($O_0$ : mg) $= \dfrac{1\text{mg} \times (10 \times 32)\text{mg}}{96\text{mg}} = 3.3\text{mg}$

**02** 분뇨를 호기성 산화방식으로 처리하고자 한다. 소화조의 처리용량이 50m³/day인 처리장에 필요한 산기관 수는?(단, 분뇨의 BOD 20,000mg/L, BOD 처리효율 75%, 소모공기량 100m³/BOD · kg, 산기관 1개당 통풍량 0.2m³/min, 연속산기방식)

**풀이**

산기관 수(개) = $\dfrac{\text{BOD 처리 필요 폭기량(공기량)}}{\text{1개 산기관의 송풍량}}$

$= \dfrac{\begin{array}{l}[50\text{m}^3/\text{day} \times 20{,}000\text{mg/L} \times 1{,}000\text{L/m}^3 \times 1\text{kg}/10^6\text{mg} \\ \times 100\text{m}^3/\text{BOD} \cdot \text{kg} \times 0.75 \times \text{day}/24\text{hr} \times 1\text{hr}/60\text{min}]\end{array}}{0.2\text{m}^3/\text{min} \cdot \text{개}}$

$= 260.4 (261\text{개})$

**03** BOD 300mg/L, 희석분뇨량 2,000m³/day, BOD 부하는 0.5kg-BOD/m³ · day이다. BOD 처리에 필요한 공기량비가 1.3m³/hr · m³이라면 산기관의 수는?(단, 산기관 용량은 180L/min이다.)

**풀이**

산기관 수(개) = $\dfrac{\text{BOD 처리 필요 폭기량(공기량)}}{\text{1개 산기관의 송풍량}}$

분뇨 중 BOD = $2{,}000\text{m}^3/\text{day} \times 300\text{mg/L} \times 1{,}000\text{L/m}^3 \times 1\text{kg}/10^6\text{mg}$
$= 600(\text{kg}-\text{BOD/day})$

폭기조 용량 = BOD양 ÷ BOD부하
$= 600(\text{kg}-\text{BOD/day}) \div 0.5(\text{kg}-\text{BOD/m}^3 \cdot \text{day})$
$= 1{,}200\text{m}^3$

폭기량(필요공기량) = $1.3\text{m}^3/\text{hr} \cdot \text{m}^3 \times 1{,}200\text{m}^3$
$= 1{,}560\text{m}^3/\text{hr} \times 1\text{hr}/60\text{min} \times 1{,}000\text{L/m}^3$
$= 26{,}000\text{L/min}$

$= \dfrac{26{,}000\text{L/min}}{180\text{L/min} \cdot \text{개}} = 144.14 (145\text{개})$

**04** 희석분뇨량 2,000m³/day, BOD 240mg/L, 폭기조의 부하량 0.4 BODkg/m³·일, 포기조 포기량 2.0m³/hr·m³이다. 포기조의 산기관 수는?(단, 개당 산기관의 용량은 120L/min 이다.)

**풀이**

산기관 수(개) = $\dfrac{\text{BOD 처리 필요 폭기량(공기량)}}{\text{1개 산기관의 송풍량}}$

폭기조 부피를 구하여 수리학적 체류시간을 구함

수리학적 체류시간(HRT) = $\dfrac{V(\text{m}^3)}{Q(\text{m}^3/\text{min})} = \dfrac{1{,}200\text{m}^3}{2{,}000\text{m}^3/\text{day}} = 0.6\,\text{day}$

폭기조 부피($V$) = $\dfrac{\text{유량} \times \text{농도}}{\text{부하량}}$

$= \dfrac{2{,}000\text{m}^3/\text{day} \times 1{,}000\text{L}/\text{m}^3 \times 240\text{mg/L} \times 1\text{kg}/10^6\text{mg}}{0.4\text{kg/day}\cdot\text{m}^3}$

$= 1{,}200\text{m}^3$

$= \dfrac{2{,}000\text{m}^3/\text{day} \times 2.0\text{m}^3/\text{hr}\cdot\text{m}^3 \times 1{,}000\text{L}\text{m}^3 \times \text{hr}/60\text{min} \times 0.6\text{day}}{120\text{L/min}\cdot\text{개}}$

$= 333.3\,(334\text{개})$

**05** 분뇨 저류포기조에 400kL의 분뇨를 유입시켜 5일 동안 연속 포기하였더니 BOD가 40% 제거되었다. BOD 제거 kg당 공기공급량 50m³으로 하였을 때, 시간당 공급공기량(m³/hr)은?(단, 분뇨의 BOD는 20,000mg/L, 비중 1.0)

**풀이**

시간당 공급공기량(m³/hr) = 50m³/kg × 20,000mg/L × 0.4 × 400kL/5day
　　　　　　　　　　　× $10^3$L/kL × 1kg/$10^6$mg × day/24hr
= 1,333.33 m³/hr

**06** 어느 도시의 인구가 60,000명이고 분뇨의 1일 1인당 발생량은 1.1L이다. 수거된 분뇨의 1일 발생 BOD(kg/일)는?(단, 분뇨의 BOD는 16,000ppm이다.)

**풀이**

분뇨발생량(비중 1.0 가정) = 1.1L/인·일 × 60,000인 × 1kg/L = 66,000kg/일
발생 BOD(kg/day) = 66,000kg/일 × 16,000ppm(mg/kg) × 1kg/$10^6$mg = 1,056kg/day

**07** 생분뇨의 SS가 20,000mg/L이고, 1차 침전지에서 SS 제거율은 80%이다. 1일 100kL의 분뇨를 투입할 때 1차 침전지에서 1일 발생되는 슬러지양(ton/day)은?(단, 발생슬러지의 함수율은 97%이고 비중은 1.0이다.)

> **풀이**
> 슬러지양(ton/day) = 유입 SS양 × 제거량 × $\dfrac{100}{100-Xw}$
> = 100kL/day × 20,000mg/L × 1,000L/kL × ton/$10^9$mg × 0.8 × $\dfrac{100}{100-97}$
> = 53.33ton/day

**08** 3,785m³/day 유량의 하수처리장에서 유입 BOD와 SS의 농도는 각각 200mg/L이고 1차 침전지에 의하여 SS는 50%, BOD는 30%가 제거된다고 할 때 1차 침전지에서의 슬러지양(kg/day)은?(단, 생물학적 분해는 없으며 BOD 제거는 SS 제거로 인함)

> **풀이**
> BOD는 침전슬러지양에 영향을 주지 않으므로
> 슬러지양(kg/day) = 유입 SS양 × 제거율
> = 3,785m³/day × 200mg/L × 1,000L/m³ × 1kg/$10^6$mg × 0.5
> = 378.5kg/day

**09** 다음과 같은 조건의 침전지에서 1일 발생하는 슬러지의 부피(m³/day)는?(단, 기타 사항은 고려하지 않음)

> • 폐수유입량 : 20,000m³/day  • 유입폐수의 SS : 400mg/L
> • 침전지의 SS 제거율 : 45%  • 슬러지 비중 : 1.3

> **풀이**
> 슬러지 부피(m³/day) = $\dfrac{\text{질량(중량)}}{\text{밀도(비중)}}$
> = $\dfrac{20,000\text{m}^3/\text{day} \times 400\text{mg/L} \times 10^{-6}\text{kg/mg}}{1.3\text{kg/L}} \times 0.45 = 2.77\text{m}^3/\text{day}$

### 필수문제

**10** 생분뇨의 SS가 40,000mg/L, 1차 침전지에서 SS 제거율은 80%이다. 1일 100kL의 분뇨를 투입할 경우 1차 침전지에서 1일 발생슬러지양은 몇 ton인가?(단, 발생슬러지의 함수율은 97%이고, 비중은 1.0이다.)

> **풀이**
>
> 슬러지양(ton/day) = $100m^3/day \times 40,000mg/L \times 1,000L/m^3 \times ton/10^9mg \times 0.8 \times \dfrac{100}{100-97}$
>
> = 106.67 ton/day

### 필수문제

**11** 어떤 분뇨처리장의 1일 처리량이 200m³/day이며 생분뇨의 $BOD_5$가 20,000mg/L라면 이 처리장에서 탈수 후 발생되는 슬러지양(m³/day)은?(단, 슬러지 비중은 1.0으로 가정하고 처리 후 슬러지 발생량은 (건조고형물로서) $BOD_5$ kg당 1kg씩 발생하며, 슬러지를 탈수시킨 후 함수율은 75%로 한다.)

> **풀이**
>
> 슬러지양(m³/day) = $200m^3/day \times 20,000mg/L \times 1,000L/m^3 \times 1kg/10^6mg$
>
> $\quad\quad \times 1kg슬러지/BOD_5\ 1kg \times m^3/1,000kg \times \dfrac{100}{100-75}$
>
> = 16 m³/day

### 필수문제

**12** 분뇨처리장 1차 침전지에서 1일 슬러지 제거량이 80m³/day이고 SS 농도가 30,000mg/L이었다. 이 슬러지를 탈수했을 때 탈수된 슬러지의 함수율이 80%이었다면 탈수된 슬러지양(ton/day)은?(단, 슬러지 비중 1.0)

> **풀이**
>
> 슬러지양(ton/day) = $80m^3/day \times 30,000mg/L \times 1,000L/m^3 \times 1ton/10^9mg \times \dfrac{100}{100-80}$
>
> = 12 ton/day

### 필수문제

**13** 다음과 같은 조건의 최초 침전지에서 1일 발생하는 슬러지의 부피($m^3$)는?(단, 폐수 유입량 2,000$m^3$/day, 유입폐수의 SS 400mg/L, 침전지의 SS 제거율 45%, 슬러지의 비중은 1.15, 기타 사항은 고려하지 않음)

**[풀이]**

$$\text{슬러지 부피}(m^3) = \frac{\text{질량(중량)}}{\text{밀도(비중)}}$$

$$= \frac{2,000m^3/day \times 400mg/L \times 1ton/10^9mg \times 1,000L/m^3 \times 0.45}{1.15ton/m^3} = 0.31m^3$$

### 필수문제

**14** 어느 분뇨처리장에서 BOD가 20,000mg/L, SS가 30,000mg/L인 분뇨를 2kL/day 소화처리하고자 한다. 이때 협잡물 제거장치에 의해 SS는 30%, BOD는 20% 제거된다고 하면 소화조에 유입되는 BOD 부하량(kg/day)은?(단, 분뇨 비중 1.0, 협잡물 제거 후 소화조로 유입)

**[풀이]**

BOD 부하량(kg/day) = $2m^3$/day × 20,000mg/L × 1,000L/$m^3$ × 1kg/$10^6$mg × (1−0.2)
= 32kg/day

### 필수문제

**15** 진공여과기 1대를 사용하여 슬러지를 탈수하고 있다. 다음과 같은 조건에서 운전할 때 건조 고형물을 기준으로 여과속도 18kg/$m^2$·hr인 진공여과기의 1일 운전시간(hr/day)은?

- 폐수 유입량 : 20,000$m^3$/day
- SS 제거율 : 85%
- 여과면적 : 20$m^2$
- 유입 SS농도 : 300mg/L
- 약품첨가량 : 제거 SS양의 20%
- 비중 : 1.0

**[풀이]**

우선 제거 SS양을 구하면

제거 SS양 = 20,000$m^3$/day × 300mg/L × 0.85 × 1,000L/$m^3$ × $10^{-6}$kg/mg = 5,100kg/day

약품첨가량을 고려하여 계산하면

5,100 × 1.2 = 6,120kg/day

$$\text{운전시간(hr/day)} = \frac{\text{탈수량}}{\text{여과속도} \times \text{여과면적}} = \frac{6,120kg/day}{18kg/m^2 \cdot hr \times 20m^2} = 17hr/day$$

**16** 전처리에서의 SS 제거율은 50%, 1차 처리에서 SS 제거율이 80%일 때 방류수 수질기준 이내로 처리하기 위한 2차 처리 최소효율(%)은?(단, 분뇨 SS : 10,000mg/L, SS 방류수 수질기준 70mg/L)

풀이

$$\text{SS 제거효율(\%)} = \left(1 - \frac{SS_o}{SS_i}\right) \times 100(\%)$$

$$SS_o = 70\text{mg/L}$$

$$SS_i = SS \times (1-\eta_1) \times \eta = 10,000\text{mg/L} \times (1-0.8) \times 0.5 = 1,000\text{mg/L}$$

$$= \left(1 - \frac{70}{1,000}\right) \times 100 = 93\%$$

**17** 유입수의 BOD가 300ppm이고 정화조의 BOD 제거율이 85%라면 정화조를 거친 방류수의 BOD(ppm)는?

풀이

방류수 $BOD(\text{ppm}) = 300\text{ppm} \times (1-0.85) = 45\text{ppm}$

**18** BOD 15,000mg/L, $Cl^-$ 800ppm인 분뇨를 희석하여 활성슬러지법으로 처리한 결과 BOD 40mg/L, $Cl^-$ 40ppm이었을 때, 활성슬러지법의 BOD 처리효율(%)은?(단, 염소는 활성슬러지법에 의해 처리되지 않음)

풀이

$$\text{BOD 처리효율(\%)} = \left(1 - \frac{BOD_o}{BOD_i}\right) \times 100$$

$$BOD_o = 40\text{mg/L}$$

$$BOD_i = 15,000\text{mg/L} \times 40/800(희석비율) = 750\text{mg/L}$$

$$= \left(1 - \frac{40}{750}\right) \times 100 = 94.67\%$$

**19** 분뇨 1차 처리 후의 BOD가 4,000mg/L이고, 2차 처리제거율을 85%로 할 경우 1차 처리수를 몇 배로 희석하면 BOD가 40mg/L의 방류수 허용기준에 맞는가?

**풀이**

BOD 제거효율(%) $= \left(1 - \dfrac{BOD_o}{BOD_i}\right) \times 100(\%)$

$BOD_o = 40\text{mg/L}$

$BOD_i = BOD \times 1/P = 4,000\text{mg/L} \times 1/P$ ($P$ : 희석배수)

$85\% = \left[1 - \dfrac{40\text{mg/L}}{4,000\text{mg/L} \times 1/P}\right] \times 100$, $P = 15$배

---

**20** BOD 농도 15,000mg/L인 생분뇨를 투입하여 1차 소화를 거친 다음, 20배 희석한 후 2차 처리를 하여 방류수 BOD 농도를 27mg/L로 하고자 한다. 1차 소화조에서의 BOD 제거율이 65%, 희석수의 BOD 농도가 0mg/L라면 2차 처리장치에서의 BOD 제거율(%)은?

**풀이**

BOD 제거율(%) $= \left(1 - \dfrac{BOD_o}{BOD_i}\right) \times 100$

$BOD_o = 27\text{mg/L}$

$BOD_i = BOD \times (1-\eta_1) \times 1/P$
$= 15,000\text{mg/L} \times (1-0.65) \times 1/20 = 262.5\text{mg/L}$

$= \left(1 - \dfrac{27}{262.5}\right) \times 100 = 89.71\%$

---

**21** BOD 농도가 20,000ppm인 생분뇨를 1차 처리(소화)하여 BOD를 75% 제거하였다. 이것을 2차 처리한 후 20배 희석하여 방류하였을 때 방류수의 BOD 농도가 20ppm이었다면 이때 2차 처리에서의 BOD 제거율(%)은?(단, 희석수의 BOD는 0ppm으로 가정한다.)

**풀이**

BOD 제거율(%) $= \left(1 - \dfrac{BOD_o}{BOD_i}\right) \times 100$

$BOD_o = 20\text{ppm}$

$BOD_i = BOD \times (1-\eta_1) \times 1/P$
$= 20,000\text{ppm} \times (1-0.75) \times 1/20 = 250\text{ppm}$

$= \left(1 - \dfrac{20}{250}\right) \times 100 = 92\%$

**필수문제**

**22** 수거분뇨를 제1, 2차 활성슬러지공법과 희석방법을 사용하여 처리하고 있다. 처리 전 수거분뇨의 BOD가 12,000mg/L이며 제1차 활성슬러지의 처리에서 BOD 제거율은 80%이고 20배 희석 후 방류수에서의 BOD가 30mg/L라면 제2차 활성슬러지 처리에서 BOD 제거율(%)은?

> **풀이**
> 
> BOD 제거율(%) $= \left(1 - \dfrac{BOD_o}{BOD_i}\right) \times 100$
> 
> $BOD_o = 30\,mg/L$
> 
> $BOD_i = BOD \times (1-\eta_1) \times 1/P$
> 
> $\quad = 12{,}000\,mg/L \times (1-0.8) \times 1/20 = 120\,mg/L$
> 
> $= \left(1 - \dfrac{30}{120}\right) \times 100 = 75\%$

**필수문제**

**23** BOD 60,000mg/L의 축산분뇨를 1차로 25배 희석하고 2차 생물학적 처리로 BOD를 98% 처리한다면 2차 처리수의 BOD는 몇 mg/L인가?(기타 조건은 고려하지 않음)

> **풀이**
> 
> BOD 제거율(%) $= \left(1 - \dfrac{BOD_o}{BOD_i}\right) \times 100$
> 
> $BOD_i = BOD \times 1/P = 60{,}000\,mg/L \times 1/25 = 2{,}400\,mg/L$
> 
> $0.98 = \left(1 - \dfrac{BOD_o}{2{,}400}\right)$
> 
> 2차 처리수 BOD($BOD_o$) $= 48\,mg/L$

**필수문제**

**24** BOD 농도가 22,000mg/L인 분뇨를 전처리과정을 거쳐 활성슬러지공법으로 처리하고자 한다. 분뇨의 유입량이 15kL/day, 전처리과정의 BOD 제거율이 80%, 포기조의 규격이 폭 4m, 길이 10m, 깊이 4m라면 포기조의 단위용적당 BOD 부하(kg/m³·day)는?(단, 비중은 1.0으로 가정)

> **풀이**
> 
> BOD 부하(kg/m³·day) $= \dfrac{15\,m^3/day \times 22{,}000\,mg/L \times 1{,}000\,L/m^3 \times kg/10^6 mg}{(4 \times 10 \times 4)\,m^3} \times (1-0.8)$
> 
> $= 0.41\,kg/m^3 \cdot day$

# 슬러지의 탈수

## (1) 개요
폐수처리장에서 발생되는 액상폐기물을 관리할 때 최우선으로 고려할 사항이 탈수이며, 슬러지의 탈수가능성을 표현하는 용어는 Specific Resistance Coefficient이다.

## (2) 목적
슬러지 내의 수분을 제거·처리하여야 할 슬러지양을 감소시키는 데 있다.

## (3) 장점
① 슬러지 처리 및 운반비용 감소
② 취급 용이
③ 소각처리 용이
④ 매립의 경우 침출수량 감소

## (4) 탈수방법
① **천일건조**(건조상)
  ㉠ 슬러지 건조상의 설계를 위한 고려사항
    ⓐ 기상조건(강우량, 일사량, 온·습도, 풍속)
    ⓑ 슬러지의 성상
    ⓒ 탈수보조제의 사용 여부
  ㉡ 장점
    ⓐ 운전비용 절감
    ⓑ 특별한 기술이 요구되지 않음
    ⓒ 슬러지 성상에 따라 민감하지 않으며 광범위함
    ⓓ 케이크에 수분함유량이 적음
  ㉢ 단점
    ⓐ 부지가 많이 소요
    ⓑ 기상요소에 따라 소요면적 변동이 커짐
② **진공탈수**(여과)
  ㉠ 진공탈수기는 슬러지조에 드럼을 넣고 드럼 내를 진공펌프에 의해 감압함으로써 여액을 추출하며 종류는 로터리 드럼형, 벨트형, 코일형이 있다.
  ㉡ 로터리 드럼형은 여과막이 드럼과 함께 회전한다.
  ㉢ 벨트형, 코일형은 여과막이 드럼 주위를 회전한다.

ⓓ 진공여과기로 슬러지 탈수 시, 슬러지 개량에 투입하는 응집제는 무기계통의 응집제를 사용한다.

③ 가압탈수
  ㉠ 여과막을 통해서 슬러지의 압력으로 탈수시키는 방법으로 필터프레스가 주로 사용된다.
  ㉡ 장점
    ⓐ 구조와 조작 간단
    ⓑ 고압 여과 시에도 안정
    ⓒ 함수율 낮게 처리 가능(약 50%)
    ⓓ 여과 면적을 크게 얻을 수 있음
  ㉢ 단점
    ⓐ 유지관리비가 큼(Batch Type)
    ⓑ 여과완료 후 고형물(Cake) 제거가 불편함

④ 원심분리탈수
  액체로부터 고체성분을 분리하는 방법으로 원심분리탈수에 있어서는 슬러지 고형물의 비중이 물 비중보다 큰 것이 좋다.

⑤ 벨트 프레스
  ㉠ 이동되는 벨트에 의해서 슬러지를 연속적으로 탈수시키며 약품주입은 필수적 요소이다.
  ㉡ 우선 중력에 의한 탈수 후 벨트의 이동에 따라 롤 사이 압력으로 탈수가 진행된다.
  ㉢ 탈수에 영향을 주는 운전요소는 벨트종류, 세척 수의 유량과 압력, 폴리머 주입량과 주입 지점이다.

## (5) 여과비저항(Specific Resistance Coefficient : 비저항계수)

슬러지의 탈수특성을 파악하는 데 이용한다.

$$(R) = \frac{2a \cdot \Delta p \cdot A^2}{\mu \cdot C} \, (\sec^2/g)$$

여기서, $R$ : 여과비저항($\sec^2/g$)
  $a$ : 실험상수($\sec/cm^6$)
  $\Delta p$ : 압력($g/cm^2$)
  $A$ : 여과면적($cm^2$)
  $\mu$ : 여액의 점도($g/cm \cdot \sec$)
  $C$ : 고형물의 농도($g/cm^3$)

## (6) 슬러지 내 수분의 구성(함유) 형태

① 간극수(Cavemous Water)
  ㉠ 큰 고형물입자 간극에 존재하며 슬러지 내 존재하는 물의 형태 중 아주 많은 양을 차지한다.
  ㉡ 고형물질과 직접 결합해 있지 않기 때문에 농축 등의 방법으로 용이하게 분리 가능하다.

② 모관결합수(Capillary Water)
  ㉠ 미세한 슬러지 고형물질의 아주 작은 입자 사이에 존재하는 수분이다.
  ㉡ 모세관현상을 일으켜서 모세관압으로 결합되어 있는 수분이다.
  ㉢ 모세관 표면장력의 전체의 힘과 반대로 작용하는 동일 힘을 가하면 제거가 가능하다.
     (반대로 작용 동일 힘 ; 원심력, 진공압 등 기계적 압착)

③ 부착수(Adhesion Water)
  ㉠ 콜로이드상 입자의 결합수가 생물학적 처리로 발생되는 미세 슬러지에 부착되어 있는 수분이다.
  ㉡ 미세 슬러지 부착 수분은 제거가 어렵다.
  ㉢ 콜로이드상 입자의 결합수는 응집반응시켜 제거가 가능하다.

④ 내부수
  ㉠ 세포액으로 구성된 내부수분이다.
  ㉡ 내부수는 결합강도가 가장 커서 탈수하기 어려운 특성이 있다. 즉, 슬러지 건조 시 증발이 가장 어려운 형태이다.(제거하기 위해서 세포막을 파괴)
  ㉢ 제거하기 위해서는 호기성·혐기성 분해, 고온가열, 냉동을 이용하면 내부수가 외부수로 된다.

⑤ 탈수성이 용이한(분리하기 쉬운) 수분형태 순서

   모관결합수 ← 간극모관결합수 ← 쐐기상 모관결합수 ← 표면부착수 ← 내부수

  ㉠ 함수율이 가장 높은 것 : 모관결합수 65~70%
  ㉡ 함수율이 가장 낮은 것 : 내부수 7~10%

⑥ 고형물질과 결합강도가 용이한(강한) 순서

   내부수 ← 표면부착수 ← 쐐기상 모관결합수 ← 간극모관결합수 ← 모관결합수

> **Reference** 폐수처리 슬러지를 연소하기 위한 전처리

① 수분을 제거하고 고형물의 농도를 높인다.
② 통상적인 탈수 케이크보다 더 높은 탈수 케이크를 만드는 것이 필요하다.
③ 탈수효율이 낮을수록 연소로에서는 더 많은 연료가 필요하게 된다.
④ 탈수가 효율적으로 수행되면 연료비가 향상되어 최대 슬러지의 처리용량을 얻을 수 있다.

> **Reference** 모세관 흡수시간(CST) 측정법

① 하수처리과정에서 발생하는 슬러지의 탈수특성을 평가하기 위한 방법이다.
② 여과지의 일정한 거리를 시료의 물이 흡수되어 전파되어 가는 시간을 측정하는 것으로 슬러지 입자의 크기 및 친수성 정도에 따라 측정되는 시간이 다르게 나타난다.
③ 다른 탈수성능을 측정하는 방법에 비하여 장치가 간단하고 측정시간이 짧다는 장점이 있다.
④ 탈수성이 불량한 시료의 경우, CST 수치는 높게 나타난다.

#### 학습 Point

1. 슬러지의 탈수 장점 숙지
2. 천일건조, 가압탈수 내용 숙지
3. 슬러지 내 수분의 구성형태 내용 숙지
4. 탈수성이 용이한 수분형태 및 결합강도가 용이한 순서 숙지

---

**01** 진공여과탈수기로 투입되는 슬러지양이 120m³/hr이고 슬러지함수율 95%, 여과율(고형물 기준)이 100kg/m² · hr의 조건을 가질 때 여과면적(m²)은?(단, 슬러지 비중은 1.0 기준)

**풀이**

$$여과면적(m^2) = \frac{탈수량}{여과속도(여과율)} = \frac{120m^3/hr}{100kg/m^2 \cdot hr \times m^3/1,000kg} \times (1-0.95) = 60m^2$$

**02** 진공여과기로 슬러지를 탈수하여 Cake의 함수율을 70%로 할 때 여과속도는 20kg/m² · h(고형물 기준), 여과면적은 50m²인 조건에서 4시간 동안 Cake 발생량(ton)은?(단, 비중은 1.0으로 가정)

**풀이**

$$\begin{aligned} Cake\ 발생량(ton) &= 여과속도(kg/m^2 \cdot hr) \times 여과면적(m^2) \times 함수율\ 보정 \\ &= 20kg/m^2 \cdot hr \times 50m^2 \times 4hr \\ &= 4,000kg(4ton) \times \frac{100}{100-70} = 13.33ton \end{aligned}$$

**03** 고형물 농도가 80,000ppm인 농축슬러지양 10m³/hr를 탈수하기 위해 개량제 Ca(OH)₂를 고형물당 10wt% 주입하여 함수율 85wt%인 슬러지 Cake를 얻었다면 예상슬러지 Cake의 양(m³/hr)은?(단, 비중은 1.0으로 가정)

**풀이**

Cake 양(m³/hr) = 고형물 농축슬러지양 × 응집제 첨가량 × 함수율 보정
$$= 10\text{m}^3/\text{hr} \times 80,000\text{mg/L} \times 1\text{kg}/10^6\text{mg} \times \text{L/kg} \times \left(\frac{100+10}{100}\right) \times \left(\frac{100}{100-85}\right)$$
$$= 5.87\text{m}^3/\text{hr}$$

**04** 고형물 농도 80kg/m³의 농축슬러지를 1시간에 8m³ 탈수시키려고 한다. 슬러지 중의 고형물당 소석회 첨가량을 중량기준 20%로 했을 때 함수율 80%의 탈수 Cake가 얻어졌다. 이 탈수 Cake의 겉보기 비중량을 1,000kg/m³로 할 경우 발생 Cake의 부피(m³/hr)는?

**풀이**

Cake 부피(m³/hr) $= 80\text{kg/m}^3 \times 8\text{m}^3/\text{hr} \times \text{m}^3/1,000\text{kg} \times \left(\frac{100+20}{100}\right) \times \left(\frac{100}{100-80}\right)$
$$= 3.84\text{m}^3/\text{hr}$$

**05** 수거분뇨 1kL를 전처리(SS 제거용 30%)하여 발생한 슬러지를 수분함량 80%로 탈수한 슬러지양(kg)은?(단, 수거분뇨 SS농도=4%, 비중 1.0 기준)

**풀이**

탈수 슬러지양(kg) $= 1\text{kL} \times 0.3 \times 1,000\text{L/kL} \times 1\text{kg/1L} \times 0.04 \times \frac{100}{100-80} = 60\text{kg}$

**06** 다음 조건에서의 여과비 저항(S²/g)을 구하시오.

- 여과압력 : 980g/cm²
- 고형물 농도 : 68mg/mL
- 실험상수 : 4.75s/cm⁶
- 여액점도 : 0.0112g/cm · s
- 여과면적 : 42cm²

**풀이**

여과비 저항$(R) = \frac{2a\Delta PA^2}{\mu C} = \frac{2 \times 4.75 \times 980 \times 42^2}{0.0112 \times 0.068} = 2.15 \times 10^{10} \text{sec}^2/\text{g}$

### 필수문제

**07** 6%의 고형물을 함유하는 345m³의 슬러지를 진공여과시켜 75%의 수분을 함유하는 슬러지 Cake로 만든다면 생산되는 슬러지 Cake의 양(m³)은?(단, 여과 전후의 슬러지 비중은 1로 한다.)

**풀이**

$$\text{Cake 양}(m^3) = 345m^3 \times 0.06 \times \frac{100}{100-75} = 82.8 m^3$$

### 필수문제

**08** 분뇨저장탱크 내의 악취 발생 공간 체적이 40m³이고 시간당 4차례씩 교환하고자 한다. 발생된 악취공기를 퇴비여과방식을 채택하여 투과속도 20m/hr로 처리하고자 한다. 이때 필요한 퇴비여과상의 면적은 몇 m²인가?

**풀이**

$$\text{여과상 면적}(m^2) = \frac{\text{가스양}}{\text{투과속도}} = \frac{40m^3 \times 4/hr}{20m/hr} = 8m^2$$

### 필수문제

**09** 어느 분뇨처리장에서 잉여슬러지양은 분뇨처리장의 30%이며, 함수율은 99%이다. 이것을 농축조에서 함수율 98%로 농축하여 탈수기로 탈수시키고자 한다. 탈수기는 일주일 중 6일간 운전하고 1일 5시간씩 가동한다면 탈수기의 능력은 어느 정도(m³/hr)로 하여야 하는가?(단, 1일 분뇨처리장은 100kL이다.)

**풀이**

고형물 수지식에 의한 농축 후 슬러지양

100kL × 0.3 × 0.01 = 농축 후 슬러지양 × 0.02

농축 슬러지양 = 15kL/일

탈수기 능력(m³/hr) = 15kL/일 × 7일/주 × 1주/6일 × 1일/5시간 = 3.5kL/hr(3.5m³/hr)

# SECTION 008 폐기물 중간처리시설

## (1) 개요
① 폐기물 중간처리는 폐기물의 감량화, 안정화, 자원화를 목적으로 하며 폐기물을 최종 처분하기 전에 실시하는 모든 조작을 총칭한다.
② 중간처리기술 중 처리 후 잔류하는 고형물이 적은 순서는 용융, 소각, 고화이다.

## (2) 생물학적 처리
① 개요
  ㉠ 미생물의 대사작용을 이용한 처리방법이며 호기성 처리방법 및 혐기성 처리방법으로 구분한다.
  ㉡ 폐수의 성분 중 생물학적 분해가 가능한 유기물 등 성분을 조사하여 먼저 약품비 저감 등에 유리한 생물학적 처리를 고려하며 용존 유기물질, 콜로이드성 유기물질을 함유하고 있는 폐수에 적용한다.
  ㉢ 질소가 생물학적 탈질제거공정에 의해 처리될 때 질소의 최종제거물 형태는 $N_2$이다.

② 대사작용
  ㉠ 미생물의 생체유지 및 증식을 위해 기본적으로 이루어지는 작용이다.
  ㉡ 분류
    ⓐ 동화작용 : 영양원을 분해하여 생체를 합성하는 작용
    ⓑ 이화작용 : 합성된 세포물질을 분해하여 에너지를 얻는 작용
  ㉢ 이화작용으로 얻은 에너지를 동화작용에 사용한다.
  ㉣ 대사작용의 세균군에 의한 분류
    ⓐ 호기성 세균
    ⓑ 혐기성 세균(대표적 : 메탄균)
    ⓒ 임의성 세균

③ 호기성 처리방법에 영향을 미치는 요인
  ㉠ 산소 : 효과적 용존산소(DO)는 0.5~1.0ppm
  ㉡ 온도 : 최적 온도조건은 15~25℃
  ㉢ pH : 최적 pH조건은 pH 6~8
  ㉣ 방해물질 : 산·알칼리제, 중금속류, 중성세제, 살충제 등

④ 혐기성 처리방법에 영향을 미치는 요인
  ㉠ 온도
    중온소화 최적온도조건은 30~40℃, 고온소화 최적온도조건은 50~60℃이다.

㉡ pH
  ⓐ 메탄균의 최적 pH조건은 7.0~8.5(7.2~7.4)
  ⓑ 메탄균은 유기산 농도가 높으면 완충작용으로 억제됨
㉢ 유기산 농도
  혐기성 소화 시 일반적인 유기산의 최적농도는 200~450mg/L 정도이다.
㉣ 방해물질
  중금속류, 강산, 알칼리성 물질 등이 방해물질이다.

⑤ 탄소원과 에너지원에 따른 미생물 분류
  ㉠ 광(합성) 독립(자가)영향미생물
    ⓐ 탄소원 : 이산화탄소($CO_2$)
    ⓑ 에너지원 : 빛
  ㉡ 광(합성) 종속영양미생물
    ⓐ 탄소원 : 유기탄소
    ⓑ 에너지원 : 빛
  ㉢ 화학독립(자가)영양미생물
    ⓐ 탄소원 : 이산화탄소($CO_2$)
    ⓑ 에너지원 : 무기물의 산화 · 환원반응
  ㉣ 화학종속영양미생물
    ⓐ 탄소원 : 유기탄소
    ⓑ 에너지원 : 유기물의 산화 · 환원반응

⑥ 질소 및 인을 제거하기 위한 생물학적 고도처리방법($A_2O$)의 공정
  ㉠ $A_2O$ 공법
    혐기-호기(A/O) 공법을 개량하여 질소, 인을 제거하기 위한 공법으로 반응조는 혐기조, 무산소조, 호기조로 구성되며 질산성 질소를 제거하기 위한 내부반송과 최종침전지 슬러지 반송으로 구성된다.
  ㉡ 혐기조의 혐기성 조건에서 인을 방출시키며, 후속 호기조에서 미생물이 인을 과잉으로 취할 수 있게 한다.
  ㉢ 무산소조에서는 호기조의 내부 반송수 중의 질산성 질소를 탈질시키는 역할을 한다.
  ㉣ 호기조의 역할
    ⓐ 유기물의 산화    ⓑ 질산화    ⓒ 인의 과잉 섭취

⑦ 난분해성 유기화합물의 생물학적 반응
  ㉠ 고리분할
  ㉡ 탈알킬화
  ㉢ 탈할로겐화

> **Reference**
>
> (1) 생물학적 질산화공정
>   ① 질산화반응에 관여하는 미생물은 호기성 미생물이며 독립영양계 미생물로서 산소가 필요하다.
>   ② 질산화반응의 최적온도는 30℃이고 pH는 감소한다.
>
> (2) 생물학적 탈질화공정
>   ① 탈질화공정은 주로 종속영양계 미생물에 의해 발생하며 탈질소를 위해서는 메탄올 또는 내부 탄소원을 이용한다.
>   ② 일반적으로 $N_2$ 형태의 최종제거물이 발생하며 용존산소농도가 탈질화 공정에서 주요변수로 작용한다.

### (3) 물리화학적 처리

① 흡착법
  ㉠ 흡착은 용액 중의 분자(피흡착제)가 물리적 또는 화학적 힘에 의해 고체표면(흡착제)에 부착하는 현상으로 수은처리 시 유용하다.
  ㉡ 물리적 흡착 특징
    ⓐ 할로겐족이 포함되어 있으면 일반적으로 흡착농도가(흡착률이) 증가
    ⓑ 수산기(-OH)가 있으면 흡착률이 감소
    ⓒ 불포화 유기물의 흡착률이 포화유기물보다 높음
    ⓓ 방향족 고리수 증가 시 흡착률이 일반적으로 증가
    ⓔ 곁가지 사슬을 가진 유기물이 곧은 사슬을 가진 유기물보다 흡착이 잘 됨
    ⓕ 분자량이 큰 화학물질은 활성탄 흡착이 잘 됨(기공확산이 율속단계인 경우, 분자량이 클수록 흡착속도는 늦음)
    ⓖ 비극성이 높은 화학물질은 활성탄 흡착이 잘 됨
    ⓗ 용해도가 낮은 화학물질은 활성탄 흡착이 잘 됨
    ⓘ pH가 낮을수록 흡착이 잘 됨
    ⓙ 페놀은 활성탄 흡착작용에 타당성이 높은 물질

② 화학적 침전법
  ㉠ 응집제의 가교 및 반데르발스력 감소를 이용하여 처리대상물질의 무게를 증가시켜 침전하는 방법이다.
  ㉡ 중금속 처리에 일반적으로 사용되고 침전 가능한 모든 유해물질을 포함하고 있는 액상폐기물에도 적용할 수 있다.
  ㉢ pH의 적정 유지(통상 pH 10 이상 알칼리성으로 하여 침전)가 중요하며 에너지 소비율 및 설치비는 낮으나 유지운영비는 높다.

ⓔ 납은 응집을 이용하고, 비소는 침전을 주로 이용하여 처리한다.
ⓜ 수은을 함유한 폐액 처리방법은 황화물 침전물이다.
ⓗ 6가크롬을 함유한 유해폐기물의 처리방법은 황산제1철 환원법이 많이 적용된다.

> **Reference**
>
> 석회를 주입하여 슬러지 중의 미생물을 사멸시키기 위해서는 최소한 pH를 11 이상으로 유지하는 것이 가장 적절하고 온도 15℃에서 4시간 정도이면 병원성 미생물이 사멸한다.

> **Reference** 배소법
>
> 폐염산을 고온로 내로 공급하여 수분의 증발, 염화철의 분해를 이용하여 생성되는 염화수소를 염산으로 회수하는 방법이다.

③ **용매추출법**
  ㉠ 원리
    액상폐기물에 용매를 사용하여 추출 흡수하는 방법, 즉 액상폐기물에서 제거하고자 하는 성분을 용매 쪽으로 흡수시키는 것이며 용매추출 시 가장 중요한 사항은 요구되는 용매의 양이다.
  ㉡ 적용
    높은 분배계수와 끓는점 낮은 폐기물에 적용 가능성이 높으며 고농도 페놀 폐수 및 유기물의 농도가 10%(100,000ppm) 이상이면 경제적 타당성이 매우 높아진다.
  ㉢ 이용 가능성이 높은 폐기물의 특징
    ⓐ 추출법에 사용되는 용매는 비극성이어야만 함
    ⓑ 용매회수가 가능하여야 함(방법 : 증류 등)
    ⓒ 높은 분배계수(선택성이 큼)를 가지는 것이어야 함
    ⓓ 낮은 끓는점(회수성 높음)을 가지는 것이어야 함
    ⓔ 물에 대한 용해도가 낮은 것이어야 함
    ⓕ 밀도가 물과 다른 것이어야 함
  ㉣ 용매추출 대상 폐기물
    ⓐ 미생물에 의한 분해가 힘든 물질
    ⓑ 활성탄을 사용하기에는 농도가 너무 높은 물질
    ⓒ 낮은 휘발성으로 인해 스트리핑으로 처리하기 곤란한 물질

④ 오존처리법
  ㉠ 원리
    3개의 산소원자 중 제3원자의 결합력이 약해 발생기 산소로 되는 성질을 이용하여 소독작용을 하는 방법이다.
  ㉡ 적용
    난분해성 유기물질(시안, 페놀, PCB)의 분해를 위한 전처리공정, 고도처리, 농도 100ppm 미만의 저농도 유기물질 산화에 적용한다.
  ㉢ 장점
    ⓐ 물에 화학물질이 남지 않고 유기물에 의한 이취미가 제거
    ⓑ 난분해성 물질인 PCDD, PCB 처리가 가능
  ㉣ 단점
    ⓐ 오존발생장치의 가격이 고가
    ⓑ 고농도 유기물질(TS 1% 이상)은 경제성이 떨어짐
  ㉤ 시안은 이온교환기술로 처리가 곤란하며 알칼리 염소분해 또는 오존처리법이 가능하다.

⑤ **열가수분해법**
  ㉠ 시안화합물 처리방법이다.
  ㉡ 시안화합물을 압력용기 중에서 가열하여 시안을 암모니아와 개미산으로 가수분해시키는 방법이다.

⑥ **습식 산화법**(습식 고온고압 산화처리 : Wet Air Oxidation)
  ㉠ 원리
    ⓐ 수중에 용해되어 있거나 고체상태로 부유하고 있는 유기물(젖은 폐기물이나 슬러지)을 공기에 의하여 산화시키는 방식으로 Zimmerman Process라고 한다.
      〔Zimmerman Process ; 유기물을 포함하는 폐액을 바로 산화반응물로 예열하여 공기 산화온도까지 높이고, 그곳에 공기를 보내주면 공기 중의 산소에 의하여 유기물이 연소(산화)되는 원리〕
    ⓑ 액상슬러지 및 분뇨에 열(≒150~300℃ ; ≒210℃)과 압력(70~100atm ; 70atm)을 작용시켜 용존산소에 의하여 화학적으로 슬러지 내의 유기물을 산화시키는 방식이다.(산소가 있는 고압하의 수중에서 유기물질을 산화시키는 폐기물 열분해기법이며 유기산이 회수됨)
  ㉡ 주요 기기장치
    ⓐ 고압펌프
    ⓑ 공기압축기
    ⓒ 열교환기
    ⓓ 반응탑

ⓒ 특징
　ⓐ 처리시설의 수명이 짧음
　ⓑ 탈수성이 좋고 고액분리가 잘됨
　ⓒ 완전멸균되지 않아 악취가 발생
　ⓓ 산화 후 액체처리 문제로 인하여 잘 사용되지 않음

⑦ Steam Reforming
　㉠ 원리
　　산화 시에 스팀을 주입하여 일산화탄소와 수소를 생성시키는 방법이다.
　㉡ 장점
　　ⓐ 슬러지의 탈수성 향상
　　ⓑ 고액분리가 우수
　　ⓒ 처리효율 안정적
　　ⓓ 산화범위에 융통성이 있고 슬러지의 질에 영향이 적음
　　ⓔ 발열반응이기 때문에 에너지 요구량 낮음
　㉢ 단점
　　ⓐ 투자유지비가 높으며 시설의 수명이 짧음
　　ⓑ 질소제거율이 낮으며 스케일 생성 등이 문제
　　ⓒ 기기의 부식, 냄새, 열교환기의 이상 및 조작상의 어려움 발생

$$NaCN + 2H_2O \rightarrow HCOONa + NH_3$$

**Reference** 유기염소계 화학물질의 화학적 탈염소화 분해기술

① 화학 추출 분해법
② 알칼리 촉매 분해법
③ 분별 증류촉매 수소화 탈염소법

**Reference** 미생물의 성장단계(일단배양, Batch Culture)

① 대수 성장단계(1단계)
② 감소 성장단계(2단계)
③ 내생 성장단계(3단계)

### 학습 Point

1. 생물학적 처리 대사작용 내용 숙지
2. 탄소원, 에너지원에 따른 미생물 분류
3. 용매추출법 내용 숙지
4. 습식산화법 내용 숙지

**01** 폐수유입량이 10,000m³/일이고 유입폐수의 SS가 400mg/L라면 이것을 Alum[$Al_2(SO_4)_3$ · $18H_2O$] 250mg/L로 처리할 때 1일 발생하는 침전슬러지(건조고형물 기준)의 양(kg/day)은?(단, 응집침전시 유입 SS의 75%가 제거되며 생성되는 $Al(OH)_3$는 모두 침전하고 $CaSO_4$는 용존상태로 존재, Al : 27, S : 32, Ca : 40)

$$Al_2(SO_4)_3 \cdot 18H_2O + 3Ca(HCO_3)_2 \rightarrow 2Al(OH)_3 + 2CaSO_4 + 6CO_2 + 18H_2O$$

**풀이**

침전슬러지양(kg/day) = 침전 SS양 + 응집제 $Al(OH)_3$양

침전 SS양 = 10,000m³/day × 400mg/L
　　　　　× 10³L/m³ × 1kg/10⁶mg × 0.75 = 3,000kg/day

$Al(OH)_3$양 = $Al_2(SO_4)_3$ · $18H_2O$ : $2Al(OH)_3$
　　　　　　　　666kg : 2 × 78kg
　　　　10,000m³/day × 250mg/L × 10³L/m³
　　　　　× 1kg/10⁶mg : $x$(kg/day)
　　　　　　　　　　$x$ = 585.59kg/day

= 3,000 + 585.59 = 3,585.59kg/day

# SECTION 009 고형화 처리

## (1) 개요 및 특징

① 폐기물이 고체로 경화되는 성질을 갖는 물질과 혼합함으로써 형성되고 고체 구조 내에 독성 폐기물을 고정시키거나 포획시키는 방법이다.
② 자체 유해물질이 고정되어 2차 보관용기 없이도 고형된 상태로 운송이 가능할 정도로 충분히 구조적으로 안정성을 갖는 단일구조체로 만드는 방법이다.
③ 재이용 가능한 농도이어야 하며 분해 불가능하고, 연소 불가능한 것이어야 한다.
④ Equilibrium Leaching Test로서 유해물질의 침출 여부를 결정한다.
⑤ 고화처리는 타 처리에 비하여 저렴하고, 간단하며 고화처리 후 유해물질의 용해도는 감소한다.
⑥ 고화처리 후 폐기물의 밀도가 커지고 부피 및 중량은 증가한다.
⑦ 오염된 토양의 처리를 위해 고형화 처리시 토양 $1m^3$당 고형화재의 첨가량은 약 150kg이다.

## (2) 목적(장점)

① 유해폐기물의 불활성화[독성(Toxicity)저하 및 폐기물 내의 오염물질 이동성 감소]
② 용출 억제(물리적으로 안정한 물질로 변화)
③ 토양 개량(토질 개량제)
④ 매립 시 충분한 강도 확보
⑤ 취급(Handling)을 용이하게 함
⑥ 소성 2차 제품 생산
⑦ 폐기물 내 오염물질의 용해도(Solubility) 감소
⑧ 폐기물 표면적의 감소에 따른 폐기물 성분의 손실을 줄임
⑨ 폐기물의 수송 및 운반 용이

## (3) 고려사항(주의사항)

① 용출방지(수질오염 유발)
② 수분과의 접촉방지(용해도 최소화)
③ 폐기물의 처분, 운반비용의 증가

## (4) 고형화 기술의 비교

① 무기성(무기적) 고형화 기술
  ㉠ 원리
    시멘트, 석회/시멘트, 포졸란/석회, 포졸란/시멘트, 용해성 규산염/시멘트, 석고 등을

불용화시키거나 고화체 구조 내에 고정화하고 환경유해요인을 제거하여 안전하게 매립이 가능하게 한다.
ⓒ 특징
ⓐ 화학적 및 물리적 반응이 수반됨
ⓑ 비용이 저렴
ⓒ 다양한 산업폐기물에 적용이 용이
ⓓ 상온 상압 조건에서 처리가 용이
ⓔ 수용성은 작으나 수밀성은 양호
ⓕ 장기적으로 안정성이 있음
ⓖ 고화재료의 확보가 용이하고 독성이 적음
ⓗ 기계적, 구조적으로 양호한 특성을 가짐
ⓘ 폐기물의 특정성분에 의한 중합체 구조가 장기적으로 강화되는 장점이 있다.
ⓙ 시멘트, 석회, 포졸란 등을 이용

② 유기성(유기적) 고형화 기술
㉠ 원리
요소수지, 폴리부타디엔, 폴리에스테르, 에폭시, 아스팔트 등을 이용하여 주로 방사성 폐기물 등을 안정화시키는 방법이다.
㉡ 특징
ⓐ 일반적으로 물리적으로 봉입함
ⓑ 처리비용이 고가
ⓒ 최종 고화체의 체적 증가가 다양
ⓓ 수밀성이 매우 크고 다양한 폐기물에 적용 용이
ⓔ 미생물, 자외선에 대한 안정성이 약함
ⓕ 일반 폐기물보다 방사선 폐기물 처리에 적용(방사성 폐기물을 제외한 기타 폐기물에 대한 적용사례가 제한됨)
ⓖ 상업화된 처리법의 현장자료가 미비
ⓗ 고도 기술을 필요로 하며 촉매 등 유해물질이 사용
ⓘ 역청, 파라핀, PE, UPE 등을 이용

**(5) 고화처리 후 적정처리 여부 시험, 조사항목**

① 물리적 시험
㉠ 압축강도시험  ㉡ 투수율(수축률)시험
㉢ 내수성 및 내구성 검사  ㉣ 밀도 측정

② 화학적 시험
용출시험

### (6) 고형화 처리방법

① **시멘트 고형화법**(시멘트 기초법 : Cement-based Processes)
   ㉠ 개요
      ⓐ 가장 흔히 사용되는 고화처리방법 중의 하나이며 결합재는 포틀랜드 시멘트이다. [포틀랜드 시멘트(무기성 고화제)를 사용하여 고농도의 중금속 폐기물을 고형화하는 방법]
      ⓑ (유해폐기물+물+시멘트)의 고형화 덩어리를 의미하며 고형화된 시료의 [표면적/부피] 비를 감소시키거나 투수성을 감소시키는 것이 중요하다.
      ⓒ 수화반응, 포졸란반응, 탄산화반응과 관련이 있다.
   ㉡ 반응식
      $3CaOAl_2O_3 + 6H_2O \rightarrow 3CaOAl_2O_3 \cdot 6H_2O + 열$
   ㉢ 특징
      ⓐ 물과 규산염의 수화반응 시 겔(Gel)이 형성되어 수화반응 생성물과 규소섬유 상태의 시멘트 매트릭스를 형성하여 매트릭스 내에 유해물질이 화학적으로 고정된다.(액상 규산소다를 첨가하는 이유는 폐기물, 시멘트 반죽을 교화질로 만들어 주기 위함)
      ⓑ 포틀랜드 시멘트의 주성분은 $CaO \cdot SiO_2$(규산염)이며 CaO(60~65%), $SiO_2$ (22%), 기타(13%)로 구성된다.
      ⓒ 용해성 화합물(망간, 주석, 구리, 납 등)은 고화시간을 연장시키고 물리적 강도를 감소시킨다.
      ⓓ 불순물(유기물질, 실크, 점토 등)은 고화시간을 지체시킨다.
      ⓔ 염기성 물질이므로 산성 폐기물의 처리 및 방사성 폐기물, 중금속에 적합하다.
      ⓕ 장점
         • 시멘트 혼합과 처리기술이 잘 발달되어 있어 특별한 기술이 필요치 않으며 장치이용이 쉬움
         • 폐기물의 건조나 탈수가 필요 없음
         • 다양한 폐기물 처리가 가능함
         • 시멘트의 양을 조절하여 폐기물 콘크리트의 강도를 크게 할 수 있음
         • 재료의 값이 저렴하고 풍부함
      ⓖ 단점
         • 낮은 pH에서 폐기물 성분의 용출가능성이 있음
         • 시멘트 및 첨가제는 폐기물의 부피 및 중량을 증가시킴
      ⓗ 영향인자
         • C/W(시멘트/폐기물) : 배합비율(C/W)이 클수록 강도는 증가
         • Wa/C(물/시멘트) : Wa/C 비율이 클수록 압축강도 감소, 투수계수 증가
         • A/V(면적/부피) : A/V 비율이 작을수록 투수성 감소, 용출특성 억제

- 양생기간 : 길수록 압축강도 증가, 고형화(고정화) 정도는 높음
- pH : pH 높을수록 용출특성 감소

② **석회기초법**(Lime Based Processes)
  ㉠ 개요
    ⓐ Ca(OH)$_2$나 Lime을 사용하여 고형화하는 방법이다.
      폐기물+석회+포졸란 → 고형화
    ⓑ 일반적으로 석회-포졸란 화학반응이 잘 알려져 있어 처리기술이 잘 발달되어 있다.
    ⓒ 포졸란이란 규소를 함유하는 미연분상태 물질로서, 자체 미연분상태 물질만으로는 시멘트성 반응이 없어 석회 Ca(OH)$_2$와 물이 결합하여 불용성, 수밀성의 화합물질을 생성하는 물질이며, 대표적인 포졸란으로는 분말성이 좋은 fly ash가 있다.
    ⓓ 두 가지 폐기물(폐기물, 소각재)을 동시에 처리할 수 있다.
    ⓔ 고형유기물, 무기산성 폐기물, 산화물, 중금속, 방사성 폐기물에 적용한다.
  ㉡ 장점
    ⓐ 공정운전이 간단하고 용이함
    ⓑ 석회 가격이 매우 저렴하고 광범위하게 이용 가능함
    ⓒ 탈수가 필요하지 않음
    ⓓ 동시에 두 가지 폐기물 처리가 가능함
    ⓔ 석회-포졸란 화학반응이 간단하고 기술이 잘 발달되어 있음
  ㉢ 단점
    ⓐ pH가 낮을 때 폐기물 성분의 용출가능성이 증가함
    ⓑ 최종 폐기물질의 양이 증가됨

③ **열가소성 플라스틱법**(Thermoplastic Techniques)
  ㉠ 개요
    ⓐ 열(≒130~150℃)을 가했을 때 액체상태로 변화하는 열가소성 플라스틱을 이러한 상태에서 폐기물과 혼합한 후 냉각하여 고형화하는 방법이다.
    ⓑ 열가소성(열을 가하면 쉽게 녹아 소성을 가지는 성질) 플라스틱으로는 Asphalt, Paraffin, Bitumen, Polyethylene 등이 있다.
    ⓒ 유해성 및 방사성 폐기물과 같은 특정폐기물 처리에 많이 이용된다.
  ㉡ 장점
    ⓐ 용출 손실률이 시멘트기초법에 비하여 상당히 적음(플라스틱은 물과 친화성이 없음)
    ⓑ 고화 처리된 폐기물 성분을 회수하여 재활용이 가능함
    ⓒ 대부분의 매트릭스 물질은 수용액의 침투에 저항성이 매우 큼
  ㉢ 단점
    ⓐ 광범위하고 복잡한 장치로 인한 숙련된 기술이 필요함

ⓑ 처리과정에서 화재의 위험성이 있음
ⓒ 높은 온도에서 고온분해되는 물질에는 적용할 수 없음
ⓓ 폐기물을 건조시켜야 함
ⓔ 혼합률(MR)이 비교적 높음
ⓕ 에너지 요구량이 큼

④ **유기중합체법**(Organic Polymer-Techniques : 열중합체법)
  ㉠ 개요
    ⓐ 고형성분을 유기중합체(대표적 : 스펀지)에 물리적으로 고립시키는 방법으로 핵폐기물 처리에 많이 이용된다.
    ⓑ 단량체(Monomer)를 폐기물과 혼합한 뒤 촉매를 사용하여 중합시켜 고분자물질로 만드는 방법이다.
  ㉡ 장점
    ⓐ 혼합률(MR)이 비교적 낮음
    ⓑ 저온도 공정임
  ㉢ 단점
    ⓐ 중합에 사용되는 어떤 촉매는 상당한 부식성이 있으므로 특별한 혼합장치와 용기 라이너가 필요함
    ⓑ 고형성분만 처리가 가능함
    ⓒ 처분 시(최종) 2차 용기에 넣어 매립하여야 함
    ⓓ 최종처분 전에 건조시켜야 함

⑤ **자가시멘트법**(Self-cementing Techniques)
  ㉠ 개요
    ⓐ FGD 슬러지 중 일부(10%)를 생석회화 한 후 여기에 소량의 물(수분량 조절역할)과 첨가제를 가하여 폐기물이 스스로 고형화되는 성질을 이용하는 방법이다. 즉, 연소가스 탈황 시 발생된 높은 황화물을 함유한 슬러지 처리에 사용된다.
    ⓑ 콘크리트와 같은 고형물을 얻기 위해서 석회와 함께 미세한 포졸란물질을 폐기물과 섞는 방법이며, 시멘트의 수화반응시 많은 양의 물을 필요로 한다.
    ⓒ 연소가스 배연탈황 시 발생된 고농도 황함유 슬러지(FGD 슬러지) 처리에 많이 쓰이는 고형화처리법이다.
  ㉡ 장점
    ⓐ 혼합률(MR)이 비교적 낮음
    ⓑ 중금속의 고형화 처리에 효과적임
    ⓒ 전처리(탈수 등)가 필요 없음
  ㉢ 단점
    ⓐ 장치비가 크며 숙련된 기술이 요구됨

ⓑ 보조에너지가 필요함
ⓒ 많은 황화물을 가지는 폐기물에 적합함

⑥ **피막형성법**(Surface Encapsulation Techniques : 표면 캡슐화법)
㉠ 개요
폐기물을 건조 후 부타디엔과 같은 결합제를 혼련하여 고온에서 응고시킨 다음 플라스틱 등으로 피막을 입혀 고형화시키는 방법이다.(폐기물+부타디엔 → P.E 코팅)
㉡ 장점
ⓐ 혼합률(MR)이 비교적 낮음
ⓑ 침출성이 고형화방법 중 가장 낮음
㉢ 단점
ⓐ 많은 에너지가 요구됨
ⓑ 값비싼 시설과 숙련된 기술을 요함
ⓒ 피막형성용 수지값이 고가임
ⓓ 화재위험성이 있음

⑦ **유리화법**(Glassification Techniques)
㉠ 개요
ⓐ 유리화는 폐기물을 유리물질 안에 고정화시키는 방법이다.
ⓑ 유리물질은 $SiO_2$, $NO_2CO_3$, $CaO$ 등이다.
ⓒ 침출수가 거의 일어나지 않기 때문에 2차 오염의 유발가능성이 없어야 하는 방사능 폐기물과 독성이 강한 산업폐기물에 적용한다.
㉡ 장점
ⓐ 첨가제 비용이 비교적 저렴함
ⓑ 2차 오염물질의 발생이 거의 없음
㉢ 단점
ⓐ 에너지 집약적임
ⓑ 특수장치와 숙련된 기술인원이 필요함

## (7) 고형화 정도 평가

① 양생기간
② 강도시험(물리적, 기계적 특성)
③ 유해성분 용출에 대한 저항성
④ 용출시험을 통한 유해물질 농도측정

## (8) 고형화 계산

① 부피변화율($VCR$ ; $VCF$) : 처리해야 할 폐기물의 부피증가를 나타내는 지표

$$VCR = \frac{\text{고형화처리 후 폐기물부피}(V_s)}{\text{고형화처리 전 폐기물부피}(V_r)}$$

② 혼합률($MR$)

폐기물과 고화제(첨가제) 사이의 혼합률이며 설계지표로 이용되고, 섞음률이라고도 하며 고화제 첨가량과 폐기물량의 중량비로 나타낸다.

$$MR = \frac{\text{첨가제(고화제)의 질량}(M_a)}{\text{폐기물의 질량}(M_r)}$$

③ 고형화 처리 후 폐기물의 질량($M_s$)

$$M_s = M_r + M_a$$

④ VCR과 MR의 관계

$$VCR = \frac{V_s}{V_r} = \frac{(M_s/\rho_s)}{(M_r/\rho_r)} = \left(\frac{M_s \rho_r}{M_r \rho_s}\right)$$

$$= \frac{(M_r + M_a)}{M_r} \times \frac{\rho_r}{\rho_s}$$

$$= (1 + MR) \times \frac{\rho_r}{\rho_s}$$

여기서, $\rho_r$ : 고형화 처리 전의 폐기물 밀도
$\rho_s$ : 고형화 처리 후의 폐기물 밀도

## (9) 지정폐기물의 고화처리

① 고화의 비용은 다른 처리에 비하여 일반적으로 저렴하다.
② 처리공정은 다른 처리공정에 비하여 비교적 간단하다.
③ 고화처리 후 폐기물의 밀도가 커지고, 부피 및 중량은 증가된다.
④ 고화처리 후 유해물질의 용해도는 감소한다.

> **Reference** 폐기물 중간처리기술 중 처리 후 잔류고형물 양 순서
>
> 용융 < 소각 < 고화

 **사료화 기계설비의 구비요건**

① 사료화의 소요시간이 짧고 우수한 품질의 사료생산이 가능하여야 한다.
② 오수발생, 소음 등의 2차 환경오염이 없어야 한다.
③ 미생물첨가제 등 발효제의 안정적 공급과 일정시간 미생물 활성이 유지되어야 한다.
④ 내부식성이 있고, 소요부지가 적어야 한다.

 학습 Point

① 고형화 처리목적 숙지
② 유기성, 무기성 기술 내용 비교 숙지
③ 고형화 처리방법 종류 숙지
④ 시멘트 고형화법, 석회기초법, 자가시멘트법, 피막형성법 내용 숙지
⑤ VCR과 MR의 관계식 숙지

**01** 밀도가 1.0t/m³인 지정폐기물 100m³을 시멘트고형화 처리방법에 의해 고화처리하여 매립하고자 한다. 고화제인 시멘트량을 규정에 의하여 혼합하였다면 고화제의 혼합률은?(단, 규정 : 고화제 투입량은 폐기물 1m³당 150kg)

**풀이**

$$혼합률(MR) = \frac{첨가제의\ 질량}{폐기물\ 질량} = \frac{150\text{kg/m}^3 \times 100\text{m}^3}{1,000\text{kg/m}^3 \times 100\text{m}^3} = 0.15$$

**02** 밀도가 2.5g/cm³인 폐기물 10kg에 고형화재료 10kg을 첨가하여 고형화시킨 결과 밀도가 3.0g/cm³로 증가 시 VCR은?

**풀이**

$$VCR = \frac{V_s}{V_r} = \frac{(M_s/\rho_s)}{(M_r/\rho_r)}$$

$$V_r = \frac{10\text{kg}}{2.5\text{g/cm}^3 \times \text{kg}/1,000\text{g}} = 4,000\text{cm}^3$$

$$V_s = \frac{(10+10)\text{kg}}{3.0\text{g/cm}^3 \times \text{kg}/1,000\text{g}} = 6,666.67\text{cm}^3$$

$$= \frac{6,666.67}{4,000} = 1.67$$

### 수문제

**03** 유해폐기물 고화처리 시 흔히 사용하는 지표인 혼합률(MR)은 고화제 첨가량과 폐기물량의 중량비로 정의된다. 고화처리 전 폐기물의 밀도가 $1.0g/cm^3$, 고화처리된 폐기물의 밀도 $1.3g/cm^3$이라면 MR이 0.755일 때 고화처리된 폐기물의 부피변화율(VCF)은?

풀이

$$VCF = (1 + MR) \times \frac{\rho_r}{\rho_s} = (1 + 0.755) \times \frac{1.0}{1.3} = 1.35$$

### 수문제

**04** 폐기물을 고화처리방법으로 처리하였다. 혼합률이 0.25, 고화처리 전 밀도 $1.3t/m^3$, 고화처리 후 밀도 $1.5t/m^3$일 때 VCR은?

풀이

$$VCR = (1 + MR) \times \frac{\rho_r}{\rho_s} = (1 + 0.25) \times \frac{1.3}{1.5} = 1.08$$

### 수문제

**05** 고형화 처리조건이 다음과 같을 때 VCR은?

- 중금속슬러지 밀도(고화처리 전) : $1.15ton/m^3$
- 고형화슬러지 밀도(고화처리 후) : $1.3ton/m^3$
- 첨가 시멘트 무게 : 중금속 슬러지의 25%
- 고화처리 전의 중량 : 1ton

풀이

$$VCR = \frac{V_s}{V_r}$$

$$V_r = \frac{1ton}{1.15ton/m^3} = 0.8695m^3$$

$$V_s = \frac{[1 + (1 \times 0.25)]ton}{1.3ton/m^3} = 0.9615m^3$$

$$= \frac{0.9615}{0.8695} = 1.11$$

# 폐기물 최종처리(매립)의 일반적 사항

## (1) 개요
① 매립은 폐기물의 최종처분방법으로 자연계의 정화기능을 이용하여 폐기물을 무해화·안정화하는 방법으로 부지만 확보 가능하다면 가장 많이 사용할 수 있는 방법이다.
② 지정폐기물의 최종처리시설은 차단형 및 관리형 매립시설이다.

## (2) 매립지 선정 시 고려사항
① 계획 매립용량 확보
② 경제성, 거리(수집, 운반, 도로, 교통량) 및 접근난이도
③ 침출수의 공공수역의 오염관계(수원지와 위치조사 등 주변환경조건)
④ 자연재해 발생장소(지진, 단층지대, 화재 등) 및 지하수위
⑤ 장래이용성(지지력, 사후매립지 이용계획)
⑥ 복토문제 및 생태보존문제
⑦ 기상요소(풍향, 기상변화, 강우량)

## (3) 해안매립지 선정 시 고려사항
① 공유수면매립법상 규제를 받는 장소를 피할 것
② 조류특성에 변화를 주기 쉬운 장소를 피할 것
③ 수심이 얕고, 조위의 변화가 작고, 토질이 안정된 장소를 선택할 것
④ 토사의 이동에 의한 침식을 받는 장소를 피할 것
⑤ 물질확산에 영향을 주는 장소를 피할 것

## (4) 육상매립지 선정 시 고려사항
① 지하수가 흐르거나 지하수맥이 존재하지 않을 것
② 경관의 손상이 적을 것
③ 집수면적이 작을 것
④ 계곡 구배의 안정도가 높을 것

## (5) 폐기물매립지 입지배제 기준
① 100년 빈도 홍수범람 지역 및 습지대
② 지하수위가 지표면으로부터 1.5m 미만인 지역
③ 단층지역
④ 일정거리 이내 지역(호소 300m, 음용수 수원 60m, 비행장 3,000m, 공원 및 주요도로 300m)
⑤ 고고학적 또는 역사학적으로 중요한 지역, 생태학적 보호지역

### (6) 일반적 매립시설의 설계인자
① 침출수의 처리방법　　　　② 연약지반에 대한 고려
③ 차수설비　　　　　　　　④ 가스처리 장치

### (7) 매립지 운영관리상 고려사항
① 매립지의 배치 및 설계　　② 매립지의 운전과 관리
③ 매립가스의 관리　　　　　④ 침출수 관리
⑤ 환경적 감시　　　　　　　⑥ 매립종료 후 사후관리

### (8) 매립의 종류 분류
① 매립방법
　㉠ 단순매립　　　　　　　㉡ 위생매립
　㉢ 안전매립

② 매립위치
　㉠ 내륙매립　　　　　　　㉡ 해안매립

③ 매립구조
　㉠ 혐기성 매립　　　　　　㉡ 혐기성 위생매립
　㉢ 개량 혐기성 위생매립　 ㉣ 준호기성 매립
　㉤ 호기성 매립

④ 매립공법
　㉠ 내륙매립
　　ⓐ 샌드위치 공법　　　　ⓑ 셀 공법
　　ⓒ 압축 공법　　　　　　ⓓ 도랑형 공법
　㉡ 해안매립
　　ⓐ 내수배제 또는 수중투기 공법　ⓑ 순차투입 공법
　　ⓒ 박층뿌림 공법

> **Reference** 매립지 입지선정 절차 중 후보지 평가단계
> ① 후보지 등급 결정
> ② 현장조사(보링조사 포함)
> ③ 입지선정기준에 의한 후보지 평가

### (9) 일반적인 폐기물 매립방법

① 폐기물은 매일 1.8~2.4m의 높이로 매립한다.
② 중간복도는 30cm의 흙으로 덮고 최종복도는 60cm의 흙으로 덮는다.
③ 다짐 후 폐기물 밀도가 390~740kg/m³이 되도록 한다.

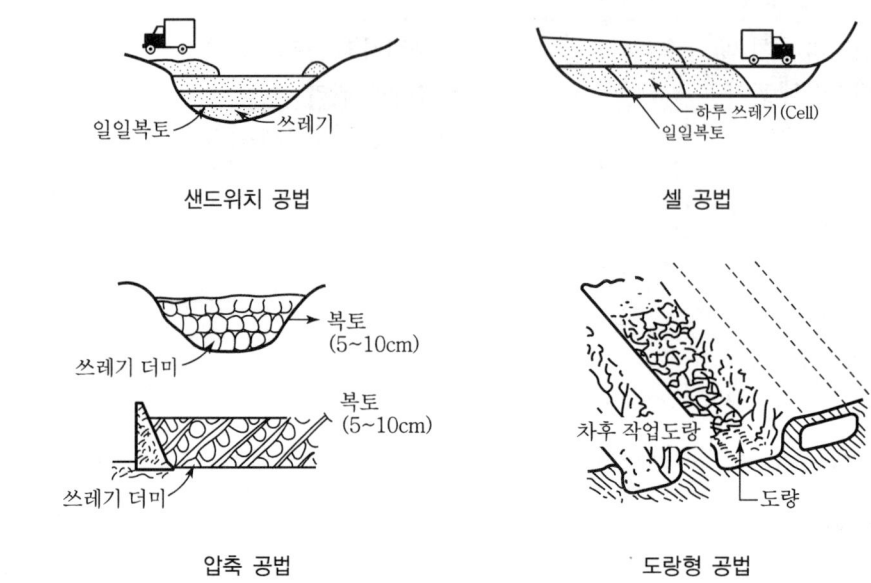

[내륙매립 공법 종류]

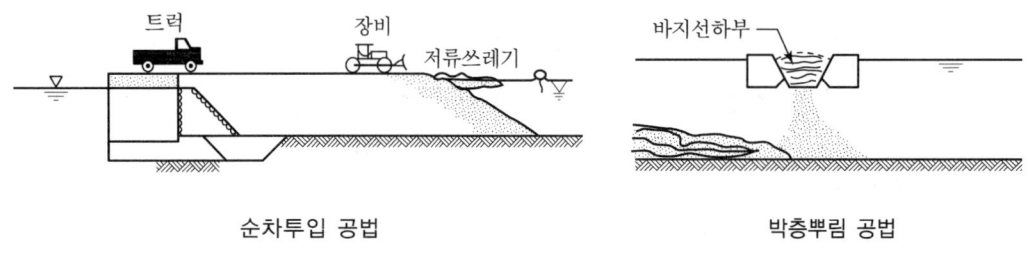

[해안매립 공법 종류]

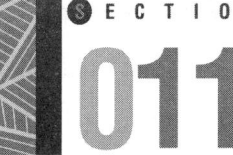

# 011 매립방법의 구분

## (1) 위생매립(Sanitary Landfill)

① 개요

일반폐기물 매립에 가장 경제적이고 널리 이용되는 방법으로 (복토+침출수처리)가 이루어지며 지반의 침하, 침출수에 의한 지하수 오염, $CH_4$ 가스 발생 등을 고려하여야 한다.

② 위생매립지 기능
  ㉠ 저류기능   ㉡ 차수기능   ㉢ 처리기능

③ 장점
  ㉠ 부지 확보가 가능할 경우 가장 경제적인 방법이다.(소각, 퇴비화의 비교)
  ㉡ 거의 모든 종류의 폐기물처분이 가능하다.
  ㉢ 처분대상 폐기물의 증가에 따른 추가인원 및 장비가 크지 않다.
  ㉣ 매립 후에 일정기간이 지난 후 토지로 이용될 수 있다.(주차시설, 운동장, 골프장, 공원)
  ㉤ 추가적인 처리과정이 요구되는 소각이나 퇴비화와는 달리 위생매립은 완전한 최종적인 처리법이다.
  ㉥ 분해가스(LFG) 회수이용이 가능하다.
  ㉦ 다른 방법에 비해 초기투자 비용이 낮다.

④ 단점
  ㉠ 경제적 수송거리 내에서 매립지 확보가 곤란하다.(인구밀집지역, 거주자 등의 문제점)
  ㉡ 매립이 종료된 매립지역에서의 건축을 위해서는 지반침하에 대비한 특수설계와 시공이 요구된다.(유지관리도 요구됨)
  ㉢ 유독성 폐기물처리에 부적합하다.(방사능, 폐유폐기물, 병원폐기물 등)
  ㉣ 폐기물 분해 시 발생하는 폭발성 가스인 메탄과 가스가 나쁜 영향을 미칠 수 있다.
  ㉤ 적절한 위생매립기준이 매일 지켜지지 않으면 불법투기와 차이가 없다.

⑤ 종류
  ㉠ 도랑식   ㉡ 경사식   ㉢ 지역식

## (2) 셀 공법매립(Cell Landfill)

① 개요
  ㉠ 매립된 쓰레기 및 비탈에 복토를 실시하여 셀 모양으로 셀마다 일일복토를 해나가는 방식으로 현재 가장 많이 이용되는 매립법이다.
  ㉡ 쓰레기 비탈면의 경사각도는 15~25%이고 1일 작업하는 셀 크기는 매립처분량에 따라 결정된다.

② 장점
  ㉠ 현재 가장 위생적인 방법이다.(장래 토지이용이 가장 유리)

    &copy; Cell마다 독립된 매립층이 완성되므로 화재의 발생 및 확산을 방지할 수 있다.
    &copy; 폐기물의 흩날림을 방지한다.
    &copy; 해충의 발생을 방지할 수 있다.
    &copy; 고밀도 매립이 가능하다.
  ③ 단점
    &copy; 복토비용 및 유지관리비가 많이 든다.
    &copy; 침출수 처리시설 및 발생가스 처리시설 설치 시 매립층 내 수분, 발생가스의 이동이 억제되어 충분한 고려가 요구된다.

### (3) 압축방식매립(Baling System)
 ① 개요
   &copy; 쓰레기를 매립하기 전에 감량화를 목적으로 먼저 쓰레기를 일정한 더미형태로 압축하여 부피를 감소시킨 후 포장을 실시하는 매립방법이다.
   &copy; 지가가 비쌀 경우에 유효한 방법이다.
   &copy; 층별로 정렬하는 것이 보편적으로 매립각층별로 일일복토(5~10cm)를 실시하며 최종 복토(1.5~2m)는 향후 토지이용을 고려하여 실시한다.
 ② 장점
   &copy; 운반이 쉽고 안정성이 유리하다.
   &copy; 지반의 침하가 거의 없고 복토재의 양이 적게 든다.
   &copy; 매립지 소요면적이 적게 들고 수명을 연장시킬 수 있다.
 ③ 단점
   &copy; 비용이 많이 소요된다.[압축 더미(Bale)를 만들어 운반]
   &copy; 중간처리시설(파쇄기, 압축기 등)이 필요하다.
   &copy; 더미 덩어리 취급, 운반 시 파손에 주의하여야 한다.

### (4) 도랑형 방식매립(Trench System : 도랑 굴착 매립공법)
 ① 개요
   &copy; 도랑을 파고 폐기물을 매립한 후 다짐 후 다시 복토하는 방법, 즉 매립지 바닥에 복토가 충분할 때 사용한다.
   &copy; 매립지 바닥이 두껍고(지하수면이 지표면으로부터 깊은 곳에 있는 경우) 또한 복토를 적합한 지역에 이용하는 방법으로 거의 단층매립만 가능한 공법이다.
 ② 특징
   &copy; 도랑의 깊이는 약 2.5~7m(10m)로 하고 폭은 20m 정도이고 파낸 흙을 복토재로 이용 가능한 경우 경제적이다.(소규모 도랑 ; 폭 5~8m, 깊이 1~2m)
   &copy; 도랑에서 굴착된 토사는 매일 또는 중간복토로 사용하여 쓰레기의 날림을 최소화할 수 있다.

ⓒ 매립종료 후 토지이용 효율이 증대된다.
ⓔ 도랑은 합성수지나 점토를 이용하여 차수시설을 하여 가스나 침출수의 이동을 최소화시킨다.
ⓜ 사전 정비작업이 필요하지 않으나 단층매립으로 매립용량의 낭비가 크다.
ⓗ 사전작업 시 침출수 수집장치나 차수막 설치가 용이하지 못하다.

### (5) 지역식 방식매립(Area Method : 평지매립방식)
① 지하수면이 높은 지역이나 셀 또는 도랑의 굴착이 용이하지 않은 지형에서 적용한다.
② 매립지 바닥을 파지 않고 제방을 쌓는 것으로 저지대 지역에 쓰레기를 매립한 후 복토하는 방법이다.
③ 다층 매립이 가능하나 복토량이 많이 소요되는 단점이 있다.
④ 작업면의 크기를 쓰레기 발생량 및 매립작업계획에 따라 쉽게 조절할 수 있다.
⑤ 복토할 흙을 타지(인근)에서 가져와 복토를 진행한다.

### (6) 계곡방식매립(Depression Method)
① 협곡, 계곡 채석장을 매립지로 활용하는 방법이다.
② 일반적으로 셀 방식으로 시행되며 고밀도 매립에 효과적이다.
③ 매립량에 비해 복토량이 많이 소요된다.
④ 매립종료 후 복토재의 확보가 중요한 고려요인이다.

 **Reference** 샌드위치(Sandwich)공법

폐기물을 수평으로 고르게 깔아 압축하면서 폐기물층과 복토층을 교대로 쌓는 공법으로 좁은 산간지 등의 매립지에 적용한다.

**✓ 학습 Point**
1. 매립지 선정 시 고려사항 숙지
2. 내륙매립, 해안매립공법의 종류 숙지
3. 위생매립, 셀 공법매립, 도랑형 방식매립 내용 숙지

### (7) 해안매립
① 개요
 ⓐ 처분장의 면적이 크고, 1일 처분량이 많으나 완전한 샌드위치방식에 의한 매립이 곤란하다.
 ⓑ 수중부에 쓰레기를 깔고 압축작업과 복토를 실시하기 어려우므로 근본적으로 내륙매립과 다르다.

② 종류
　㉠ 순차투입 공법
　　ⓐ 호안 측으로부터 순차적으로 쓰레기를 투입하여 순차적으로 육지화하는 방법이다.
　　ⓑ 수심이 깊은 처분장에서는 건설비 과다로 내수를 완전히 배제하기가 곤란한 경우가 많기 때문에 순차투입공법을 택하는 경우가 많다.
　　ⓒ 바닥지반이 연약한 경우 쓰레기하중으로 연약층이 유동하거나 국부적으로 두껍게 퇴적하기도 한다.
　　ⓓ 부유성 쓰레기의 수면확산에 의해 수면부와 육지부의 경계구분이 어려워 매립장비가 매몰되기도 한다.(안전사고 유발 가능성)
　　ⓔ 처분장은 평면으로 면적이 크고 1일 처분량이 많다.
　　ⓕ 수중부에서 쓰레기를 고르게 깔고 압축하는 작업이 불가능하며, 완벽한 복토를 실시하기도 어려움이 있다.
　㉡ 박층뿌림 공법
　　ⓐ 개량된 지반이 붕괴될 위험성이 있는 경우에 밑면이 뚫린 바지선에 폐기물을 적재하여 쓰레기를 박층으로 떨어뜨려 뿌려줌으로써 바닥지반의 하중을 균등하게 해주는 방법이다.
　　ⓑ 쓰레기 지반 안정화 및 매립부지의 조기 이용에 유리한 방법이다.
　　ⓒ 대규모 설비의 매립지에 적합하다.
　　ⓓ 매립효율은 좋지 않다.
　㉢ 내수배제 또는 수중투기공법
　　ⓐ 외주호안이나 중간제방 등에 의해 고립된 매립지 내의 해수를 그대로 둔 채 쓰레기를 투기하거나 매립 전에 내수를 일부 배제한 후 쓰레기를 투기하는 방법 및 내수를 완전히 배제하여 육상매립과 같은 형태로 매립하는 방법이 있다.
　　ⓑ 내수배제를 하지 않는 방법은 수압의 영향이 적고 구조상 유리하나 오염된 내수를 처리해야 하고 쓰레기 부유, 화재대책이 필요하다.
　　ⓒ 내수배제를 하는 방법은 수압이 증가되어 과대한 구조가 되기 쉬워 저류구조물의 구조, 환경보전, 방재대책이 필요하다.
　　ⓓ 지반개량이 특히 필요한 지역이나 설비가 대규모인 매립지 등에 적합하며 매립지의 조기이용에 유리한 방법이다.
③ 다짐공법
　㉠ 일반적으로 해안매립지의 연약지반 안정화를 위한 공법이다.
　㉡ 종류
　　ⓐ 모래다짐말뚝 공법　　ⓑ 진공다짐 공법　　ⓒ 중추낙하 공법
　　ⓓ 석화 Pile 공법　　ⓔ 배수 공법

# SECTION 012 매립구조에 의한 구분

### (1) 혐기성 매립(피산소성 매립)
① 습지 또는 계곡 등에 폐기물을 중간복토와 함께 매립하여 쓰레기층의 내부상태가 혐기성 상태로 되는 단순 투기하는 방법이다.
② 불법투기로 인한 문제가 발생하여 법으로 금지하고 있다.
③ 호기성 매립에 비해 안정화 속도가 매우 늦고 고농도의 침출수가 발생한다.

### (2) 혐기성 위생매립(피산소성 위생매립)
① 폐기물을 쌓고(높이 약 2~3m) 그 위에 복토(약 50cm)하는 공법이다.
② 침출수, 가스 문제는 계속 남아 있으나 악취, 파리, 화재 문제는 해결된다.
③ 침출수의 BOD 또는 질소함량이 높아 주변 수역을 오염시킬 수 있다.

### (3) 개량형 혐기성 위생매립(개량형 피산소성 위생매립)
① 혐기성 위생매립시설의 바닥 저부에 침출수 배수용 집수관 및 차수막을 설치한 구조로 오수대책을 세운 구조이다.
② 혐기성 상태를 유지하나 침출수 집수를 통해 안정화 속도를 다소 높일 수 있다.
③ 현행 시행되고 있는 위생매립은 대부분 이에 속하며 공사비가 다소 많이 소요된다.
④ 일반적으로 매립지 장외에 저류조를 설치하고 침출수를 집수하고 오수관리를 하는 구조로 되어 있다.

### (4) 준호기성 매립
① 오수를 가능한 한 빨리 매립지 외로 배제하여 폐기물과 저수의 수압을 저감시켜 지하토양으로의 오수의 침투를 방지함과 동시에 집수하는 단계에서 가능한 한 침출수를 정화할 수 있도록 집수장치를 설계한 구조이다.
② 혐기성 분해를 통한 안정화에 비해 속도가 빠르고 침출수 성상이 양호하다.
③ 침출수에 대한 지하수오염, 토양오염을 저감할 수 있다.
④ 친산소성 영역이 확대되고 폐기물의 분해가 촉진되며 집수장치의 마모가 적다.
⑤ 공사비가 많이 소요되며 단위체적당 매립량이 적고 운전관리비가 많이 소요된다.

### (5) 호기성 매립
① 준호기성 매립에서의 침출수 집수관 이외에 별도의 공기주입시설을 설치하여 강제적으로 공기를 불어넣어 매립지 내부를 호기성 상태로 유지하는 공법이다.

② 호기성 미생물에 의한 분해반응으로 유기물의 안정화 속도가 빠르고 메탄의 발생이 없으며 고농도의 침출수 발생을 방지할 수 있다.(안정화 속도가 3배 빠름)
③ 유지관리비가 높고 매립가용량이 적은 단점이 있다.

> **Reference** 바이오리액터형 매립지
>
> (1) 정의
> 폐기물의 생물학적 안정화를 가속시키기 위하여 매립지의 폐기물 내로 잘 통제된 방법에 의해 침출수와 매립가스 응축수를 비롯한 수분이나 공기를 주입하는 폐기물 매립지를 말한다.
>
> (2) 장점
> ① 매립지 가스 회수율의 증대
> ② 추가 공간확보로 인한 매립지 수명연장
> ③ 폐기물의 조기 안정화
> ④ 침출수 재순환에 의한 염분 및 암모니아성 질소 감소
> ⑤ 침출수 처리비용의 절감

학습 **Point**
1 순차투입공법, 박층뿌림공법 내용 숙지
2 준호기성 매립, 호기성 매립 내용 숙지

# SECTION 013 복토(덮개설비)

## (1) 개요
복토에 가장 적합한 토양은 양토(Loamy Soil)이며 복토재로서 점토를 사용할 경우 기능상 가장 취약한 것은 수분보유능력이다.

## (2) 복토재의 구비조건
① 투수계수가 작을 것
② 공급이 용이하고 독성이 없을 것
③ 원료가 저렴하고 살포가 용이할 것
④ 악천후에도 사용이 용이할 것
⑤ 생분해 가능성이 있고 연소되지 않을 것[복토재로 부속토(콤포스트)나 생물발효를 시킨 오니를 사용하면 폐기물의 분해를 증가시킴]

## (3) 복토의 주요 기능
① 악취 및 유독가스 발산 저감
② 먼지, 종이 등의 흩날림 방지(비산방지)
③ 병원균 매개체(파리, 모기, 쥐 등) 서식방지
④ 토양미생물의 접종 및 서식공간 제공
⑤ 화재방지(예방)
⑥ 강우에 의한 우수침투량 감소 및 이동방지(침출수 발생량 감소)
⑦ 매립완료 후 사후관리(식물성장에 필요한 토양제공) 위함
⑧ 미관상의 문제 개선(경관향상)

## (4) 일일복토(당일복토)
① 매일 최소 15cm 이상 실시가 바람직함
② 화재예방 및 악취발산 억제
③ 해충 서식방지 및 비산방지, 병충해 발생방지가 주목적
④ 차수성, 투수성 및 통기성이 우수한 사질토계(모래) 토양이 적합
⑤ 일일복토 재기능은 복토층 구조, 최종 투수성, 매립사면 안정화

## (5) 중간복토
① 최소두께는 7일 이상 방치 시 30cm 이상 실시

② 쓰레기 운반차량을 위한 도로지반 제공 및 장기간 방치되는 매립부분의 우수배제가 목적
   (작업 · 운반차량의 도로로 사용하는 경우 슬래그나 자갈이 섞인 토양이 적합)
③ 화재예방, 악취발산 억제 및 가스배출 억제
④ 우수침투 방지, 쓰레기가 바람에 날리는 것 방지
⑤ 매립지 가스 이동과 우수침투 방지를 위해서는 투수성, 통기성이 좋지 않은 점성계 토양이 바람직
⑥ 지반의 안정과 강도를 증가

### (6) 최종복토

① 최소두께는 60cm 이상 실시
② 일반적으로 하부로부터 가스의 수집과 배출을 위한 층(가스 배제층), 차수층(차단층), 배수층, 보호층(식생대층)으로 구성
③ 우수침투 방지 및 식물성장을 위한 장소(토양층) 제공, 침출수 발생량 감소기능, 병원균 매개체 서식 방지
④ 매립가스 유출 차단 및 침식 방지
⑤ 침식에 대한 저항력이 크고 투수성이 작으며, 식생에 적합한 양질토양을 사용

### (7) 인공복토재

① 복토재 확보가 어렵거나, 매립용량을 증진시키기 위해 일일복토재 대용으로 인공복토를 사용한다.
② 구비조건
   ㉠ 투수계수가 낮을 것(우수침투량 감소)
   ㉡ 병원균 매개체 서식방지, 악취제거, 종이흩날림을 방지할 수 있을 것
   ㉢ 미관상 좋고 연소가 잘 되지 않으며 독성이 없어야 할 것
   ㉣ 생분해가 가능하고 저렴할 것
   ㉤ 악천후에도 시공 가능하고 살포가 용이하며 적은 두께로 효과가 있어야 할 것

> **Reference** 최종복토층 최소권장기준(미국)
>
> (1) 최종복토
>    두께 : 60cm, 최소경사 : 2%
> (2) 배수층
>    두께 : 30cm, 최소투수계수 : $10^{-2}$cm/sec
> (3) 점토층
>    두께 : 60cm, 최대투수계수 : $10^{-7}$cm/sec

### Reference  매립지의 악취성 물질

① 메틸메르캅탄 : $CH_3SH$
② 아세트알데히드 : $CH_3CHO$
③ 스티렌 : $C_6H_5CHCH_2$
④ 이황화메틸 : $(CH_3)_2S_2$
⑤ 황화수소 : $H_2S$
⑥ 황화메틸 : $CH_3SCH_3$
⑦ 트리메틸아민 : $(CH_3)_3N$
⑧ 암모니아 : $NH_3$

### 학습 Point

1. 복토의 주요기능 내용 숙지
2. 복토재의 구비조건 숙지
3. 일일복토, 중간복토, 최종복토 내용 숙지

---

**01** 매일평균 200ton의 쓰레기를 배출하는 도시가 있다. 매립지의 평균두께를 5m, 매립밀도를 $0.8t/m^3$로 가정할 때 향후 5년간(1년은 360일 가정)의 쓰레기 매립을 위한 최소 매립면적($m^2$)은?(단, 복토, 침하, 진입로, 기타 시설 등은 고려치 않는다.)

**풀이**

$$\text{매립면적}(m^2) = \frac{\text{매립폐기물의 양}}{\text{폐기물 밀도} \times \text{매립깊이}}$$

$$= \frac{200\text{ton/day} \times 360\text{day/year} \times 5\text{year}}{0.8\text{ton/m}^3 \times 5\text{m}} = 90,000\,m^2$$

---

**02** 인구 200,000명인 어느 도시의 매립지를 조성하고자 한다. 1인 1일 쓰레기 발생량은 1.3kg이고 쓰레기 밀도는 $0.5t/m^3$이며 이 쓰레기를 압축하면 그 용적이 2/3로 줄어든다. 압축한 쓰레기를 매립할 경우 연간 필요한 매립면적($m^2$)은?(단, 매립지의 깊이 3m, 기타 조건은 고려하지 않음)

**풀이**

$$\text{연간 매립면적}(m^2/\text{year}) = \frac{\text{매립폐기물의 양}}{\text{폐기물 밀도} \times \text{매립깊이}}$$

$$= \frac{1.3\text{kg/인} \cdot \text{일} \times 200,000\text{인} \times 365\text{day/year}}{500\text{kg/m}^3 \times 3\text{m}} \times \frac{2}{3}$$

$$= 42,177.78\,m^2/\text{year}$$

**03** 1일 폐기물 배출량이 350ton인 도시에서 도랑(Trench)법으로 매립지를 선정하려 한다. 쓰레기의 압축이 30%가 가능하다면 1일 필요한 면적($m^2$/day)은?(단, 쓰레기의 밀도는 250kg/$m^3$, 매립지의 깊이 5m)

> **풀이**
> 일일 매립면적($m^2$/day) = $\dfrac{\text{매립폐기물의 양}}{\text{폐기물 밀도} \times \text{매립깊이}}$
> 
> $= \dfrac{350\text{ton/day}}{0.25\text{ton/}m^3 \times 5m} \times (1-0.3) = 196\,m^2$/day

**04** 인구가 200,000명인 어느 도시 쓰레기의 배출원단위가 1.2kg/인·일 이고 밀도는 0.45t/$m^3$으로 측정되었다. 이러한 쓰레기를 분쇄하여 그 용적이 2/3로 되었으며, 이 분쇄된 쓰레기를 다시 압축하면서 또다시 1/3 용적이 축소되었다. 분쇄만 하여 매립할 때와 분쇄, 압축한 후에 매립할 때 양자 간의 연간매립 소요면적($m^2$/year)의 차이는?(단, Trench 깊이는 4m이며, 기타 조건은 고려하지 않음)

> **풀이**
> 분쇄만 한 경우의 매립면적
> ($m^2$/year) = $\dfrac{1.2\text{kg/인·일} \times 200,000\text{인} \times 365\text{일/year}}{450\text{kg/}m^3 \times 4m} \times \dfrac{2}{3} = 32,444.44\,m^2$/year
> 
> 분쇄 후 압축한 경우의 매립면적
> ($m^2$/year) = $32,444.44\,m^2$/year $\times \left(1 - \dfrac{1}{3}\right) = 21,629.63\,m^2$/year
> 
> 소요면적 차이($m^2$/year) = 32,444.44 − 21,629.63 = $10,814.81\,m^2$/year

**05** 인구가 50,000명인 도시에서 발생한 폐기물을 압축하여 도랑식 위생매립방법으로 처리하고자 한다. 1년 동안 매립에 필요한 매립지의 부지면적($m^2$/year)은?

- 도랑깊이 : 3.5m
- 발생폐기물의 밀도 : 500kg/$m^3$
- 폐기물발생량 : 1.5kg/인·일
- 쓰레기 부피감소율(압축) : 30%

> **풀이**
> 연간 매립지역($m^2$/year) = $\dfrac{1.5\text{kg/인·일} \times 50,000\text{인} \times 365\text{일/year}}{500\text{kg/}m^3 \times 3.5m} \times (1-0.3)$
> 
> $= 10,950\,m^2$/year

**필수문제**

**06** 어느 지역에서 매립에 의해 처리하고자 하는 폐기물 양은 1일 150ton이다. 이를 도랑식 매립법에 의해 매립하고자 할 때 발생폐기물 밀도 650kg/m³, 부피감소율 45%, Trench 유효깊이 1.5m, 매립면적 중 Trench 점유율이 80%라면 1년간 소요부지면적(m²/year)은?

**풀이**

$$\text{연간 매립면적}(m^2/\text{year}) = \frac{150\text{ton/day} \times 365\text{day/year}}{0.65\text{ton/m}^3 \times 1.5\text{m} \times 0.8} \times (1-0.45) = 38{,}605.77\,\text{m}^2/\text{year}$$

**필수문제**

**07** 인구 100만 명인 어느 도시의 쓰레기 발생률은 2.0kg/인·일, 아래의 조건들에 따라 쓰레기를 매립하고자 할 때 연간 매립지의 소요면적(m²/year)은?(단, 쓰레기 압축밀도 500kg/m³, 매립지 Cell 1층의 높이는 5m이며 총 8개의 층으로 매립하며, 기타 조건은 고려하지 않음)

**풀이**

$$\text{연간 매립면적}(m^2/\text{year}) = \frac{2.0\text{kg/인}\cdot\text{일} \times 1{,}000{,}000\text{인} \times 365\text{day/year}}{500\text{kg/m}^3 \times (5\text{m} \times 8)} = 36{,}500\,\text{m}^2/\text{year}$$

**필수문제**

**08** 1일 쓰레기 발생량이 50ton인 도시의 쓰레기를 깊이 3.0m의 도랑식(Trench)으로 매립하는 데 발생된 쓰레기밀도 500kg/m³, 도랑점유율 60%, 부피감소율 40%일 경우 3년간 필요한 매립면적은 몇 m²인가?(단, 기타 조건은 고려하지 않음)

**풀이**

$$\text{매립면적}(m^2) = \frac{50\text{ton/day} \times 365\text{day/year} \times 3\text{year}}{0.5\text{ton/m}^3 \times 3.0\text{m} \times 0.6} \times (1-0.4) = 36{,}500\,\text{m}^2$$

**필수문제**

**09** 인구 25,000인 도시에서 1인 1일 쓰레기배출량이 1.5kg이고 밀도가 0.45ton/m³인 쓰레기를 매립용량이 20,000m³인 도랑식 트렌치에 매립·처분하고자 할 때 트렌치의 사용일수(day)는?(단, 매립 시 부피감소율은 35%이며, 기타 조건은 고려하지 않음)

**풀이**

$$\text{매립기간}(\text{day}) = \frac{\text{매립용적}}{\text{쓰레기 발생량}} = \frac{20{,}000\text{m}^3 \times 450\text{kg/m}^3}{1.5\text{kg/인}\cdot\text{일} \times 25{,}000\text{인} \times 0.65} = 369.23\,(370\text{day})$$

**필수문제**

**10** 어느 도시에 사용할 매립지의 총용량은 $6,132,000m^3$이며 그 도시의 쓰레기배출량은 2kg/인·일이다. 매립지에서 압축에 의한 쓰레기 부피감소율이 30%일 경우 매립지를 사용할 수 있는 연수(year)는?(단, 수거대상인구 800,000명, 발생쓰레기 밀도 $500kg/m^3$로 함)

**풀이**

$$매립기간(year) = \frac{매립용적}{쓰레기\ 발생량} = \frac{6,132,000m^3 \times 500kg/m^3}{2kg/인·일 \times 800,000인 \times 365일/year \times 0.7} = 7.5year$$

# SECTION 014 매립지 내의 유기물 분해

## (1) 개요
① 매립지에서의 분해반응과 관련이 있는 것은 C/N비, 수분량, 폐기물 조성, 압축정도, 방해물의 존재와 온도 등이다.
② 매립 초기에는 호기성 분해가 시작되나 매립지 내 산소가 거의 소비되어 혐기성 분해반응이 진행된다.

## (2) 호기성 분해
초기에 친산소성 상태하에서 유기성분의 분해가 시작된다.

## (3) 혐기성 분해
① 매립지 내의 산소가 거의 손실되면 피산소성 상태에서 분해가 진행되며 발생가능한 가스는 $CH_4$, $CO_2$, $NH_3$, $H_2S$ 등이다.
② 유기물질의 혐기성 완전분해 방정식(반응식)

$$C_aH_bO_cN_dS_e + \left(\frac{4a-b-2c+3d+2e}{4}\right)H_2O$$
$$\rightarrow \left(\frac{4a+b-2c-3d-2e}{8}\right)CH_4 + \left(\frac{4a-b+2c+3d+2e}{8}\right)CO_2 + dNH_3 + eH_2S$$

③ 폐기물 매립 후의 분해순서

매립 → 호기성 분해 → 혐기성 분해 → 유기산 형성(산성물질) → 메탄 발생

## (4) 매립지 내에서 일어나는 물리·화학적 및 생물학적 변화
① 유기물질의 호기성, 혐기성 분해, 가스 및 액체 생성(미생물적 반응)
② 화학적 산화
③ 가스의 이동 및 방출
④ 침출수 발생 및 이동
⑤ 분해물질의 농도구배 및 삼투압에 의한 용존물질의 이동
⑥ 침출수에 의한 유기물질과 무기물질의 용출(침출액의 이동)
⑦ 압밀에 의해 물질이 공극 사이로 침투하여 불균일한 매립층 침강

### (5) 매립지 내 가스(LFG ; Land Fill Gas)의 단계별 발생

① 매립지에서 발생하는 가스는 메탄, 탄산가스, 질소가 주성분이고 시간의 경과에 따라 조성이 달라진다.
② 매립 초기에는 $CO_2$의 함량이 많으나 2년 정도 후에는 $CO_2$나 $CH_4$의 비율이 거의 비슷하다.
③ $CO_2$는 침출수의 산도를 높이며 공기보다 무겁고 $CH_4$는 공기보다 가볍다.
④ 매립 후 시간경과에 따른 가스생성단계

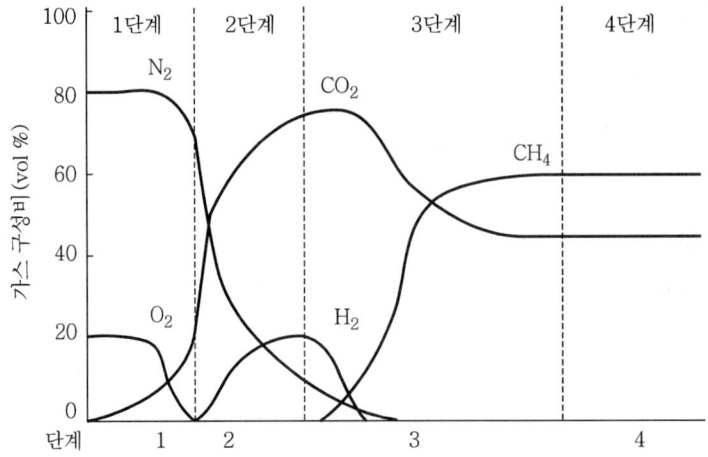

[매립 경과기간에 따른 LFG 가스의 조성변화]

㉠ 제1단계〔호기성 단계 : 초기조절 단계〕
　ⓐ 호기성 유지상태(친산소성 단계)이다.
　ⓑ 질소($N_2$)와 산소($O_2$)는 급격히 감소하고, 탄산가스($CO_2$)는 서서히 증가하는 단계이며 가스의 발생량은 적다.
　ⓒ 산소는 대부분 소모한다.($O_2$ 대부분 소모, $N_2$ 감소 시작)
　ⓓ 매립물의 분해속도에 따라 수일에서 수개월 동안 지속된다.
　ⓔ 폐기물 내 수분이 많은 경우에는 반응이 가속화되어 용존산소가 고갈되어 다음 단계(제2단계)로 빨리 진행된다.

㉡ 제2단계〔혐기성 비메탄화 단계 : 전이단계〕
　ⓐ 피산소성(혐기성) 단계이지만 메탄이 형성되지 않는 단계이다.
　ⓑ 임의성 미생물에 의하여 $SO_4^{2-}$와 $NO_3^-$가 환원되는 단계이다. 이 반응에 의해 $CO_2$가 생성된다.
　ⓒ 수분이 충분한 경우에는 다음 단계(제3단계)로 빨리 진행된다.
　ⓓ pH는 5 이하이며 혐기성 박테리아의 활동에 의해 지방산, 알코올, $CO_2$, $H_2$ 등을 생성한다.

ⓒ 제3단계〔혐기성 메탄생성축적 단계 : 산형성 단계〕
  ⓐ 피산소성 단계로 메탄생성균과 메탄과 이산화탄소로 분해되는 미생물로 인해 메탄이 생성된다.(혐기성 단계로 $CH_4$ 가스가 생성되기 시작)
  ⓑ 가스 내의 $CH_4$ 함량이 증가하기 시작하며 $H_2$, $CO_2$의 비율은 낮아진다.
  ⓒ 55℃ 정도까지 온도가 증가한다.
  ⓓ pH는 6.8~8.0 정도이고 매립 후 약 25~55주 경과된 단계이다.
  ⓔ 일반적으로 산형성 단계에서 매립지 침출수 중 중금속, BOD, COD의 농도가 가장 높다.(침출수의 pH가 5~6 이하로 감소함)

ⓔ 제4단계〔혐기성 정상상태 단계 : 메탄발효 단계〕
  ⓐ 매립 후 2년이 경과하여 완전한 혐기성(피산소성) 단계로 발생되는 가스의 구성비가 거의 일정한 정상상태의 단계이다.
  ⓑ 메탄생성균이 우점종이 되어 유기물분해와 동시에 $CH_4$, $CO_2$ 가스 등이 생성된다.
  ⓒ 가스의 조성은 ($CH_4$ : $CO_2$ : $N_2$=55% : 40% : 5%)이다.
  ⓓ 탄산가스는 침출수의 산도를 높인다.
  ⓔ pH가 중성값보다 약간 증가한다.

### (6) 매립가스(LFG)의 회수, 재활용 기준
① 폐기물에 50% 이상의 분해 가능한 물질이 포함되어, 실제 분해하여 기체를 발생하여야 한다.
② 발생기체의 50% 이상 포집이 가능해야 한다.
③ 폐기물 1kg당 0.37$m^3$ 이상의 가스를 생성할 수 있어야 한다.
④ 기체의 발열량이 2,200kcal/$m^3$ 이상이어야 한다.

### (7) 매립가스(LFG)에서 $CO_2$ 제거방법
① 흡수법
② 흡착법(물리적, 화학적)
③ 막분리법(막으로 선택적 통과 분리)
④ 저온분리법(저온냉각에 의한 분리)
⑤ 화학적 전환법

### (8) 매립지로부터 가스발생 시 최소한의 환기설비 또는 가스대책 설비를 계획하여야 하는 경우
① 발생가스의 축적으로 덮개설비에 손상이 일어날 우려가 있는 경우
② 최종복토위의 식물이 고사될 우려가 있는 경우

③ 유독가스가 방출될 우려가 있는 경우
④ 매립지 위치가 주변개발지역과 밀접한 경우

### (9) 매립가스의 수직포집방식
① 폐기물 부등침하에 영향이 적다.
② 파손된 포집정의 교환이나 추가시공이 가능하다.
③ 포집공의 압력조절이 가능하다.
④ 포집효율이 비교적 높다.

### (10) 매립가스 추출
① 매립가스에 의한 환경영향을 최소화하기 위해 매립지 운영 및 사용 종료 후에도 지속적으로 매립가스를 강제적으로 추출하여야 한다.
② 굴착정의 깊이는 매립깊이의 75% 수준으로 하며, 바닥 차수층이 손상되지 않도록 주의하여야 한다.
③ LFG 추출에는 표면으로부터 공기 유입을 차단하고 추출정의 가스 추출을 용이하게 하기 위하여 관의 유공부위 주위에 투과성이 높은 자갈로 되메우기를 실시한다.
④ 여름철 집중 호우 시 지표면에서 6m 이내에 있는 포집정 주위에는 매립지 내 지하수위가 상승하여 LFG 진공 추출 시 지하수도 함께 빨려 올라올 수 있으므로 주의하여야 한다.

### (11) 매립가스 정제기술 중 흡착법(PSA)의 특징
① 다양한 가스 조성에 적용이 가능하다.
② 고농도 $CO_2$ 처리에 적합하다.
③ 소용량의 가스 처리에 유리하다.
④ 공정수 및 폐수 발생이 없다.

### (12) 매립가스의 이동현상
① 토양 내에서 발생된 가스는 분자확산에 의해 대기로 방출한다.
② 대류에 의한 이동은 가스 발생량이 많은 경우에 주로 나타난다.
③ 매립가스는 수평보다 수직 방향으로의 이동속도가 높다.
④ 미량 가스는 대류보다 확산에 의한 이동속도가 높다.

### (13) 매립지 가스발생량의 추정방법
① 화학양론적인 접근에 의한 폐기물 조성으로부터 추정
② BMP(Biological Methane Potential)법에 의한 메탄가스 발생량 조사법
③ 라이지미터(Lysimeter)에 의한 가스 발생량 추정법

### (14) 지하수에 용해된 $CO_2$에 의한 영향

매립지 발생가스 중 이산화탄소는 밀도가 커서 매립지 하부로 이동하여 지하수와 접촉하게 된다.
① 지하수 중 광물의 함량을 증가시킨다.
② 지하수의 경도를 높인다.
③ 지하수의 pH를 낮춘다.
④ 지하수의 SS 농도를 증가시킨다.

### (15) 메탄가스 처리(메탄산화세균에 의한 처리)

① 메탄산화세균은 호기성 미생물이다.
② 메탄산화세균은 자가영양미생물이다.
③ 메탄산화세균은 주로 복토층 부근에서 많이 발견된다.
④ 메탄은 메탄산화세균에 의해 산화되며, 이산화탄소로 바뀐다.

### (16) 매립지 가스에 의한 환경영향

① 화재와 폭발
② VOC 용해로 인한 지하수 오염
③ 매립가스 내 VOC 함유로 인한 건강 위해
④ $CO_2$, $CH_4$, $NH_3$, $H_2$, $H_2S$ 등 다양한 가스성분 함유

---

**학습 Point**

1. 유기물질의 혐기성 완전분해 방정식 숙지
2. LFG 단계별 내용 숙지
3. LFG 회수, 재활용 기준 숙지

---

 필수문제

**01** $C_4H_9O_3N$으로 표현되는 유기물 1몰이 혐기성 상태에서 다음과 같이 분해될 때 발생하는 메탄의 양(몰)은?

$$C_4H_9O_3N + (a)\,H_2O \rightarrow (b)\,CO_2 + (c)\,CH_4 + (d)\,NH_3$$

**풀이**

$$메탄(몰) = \frac{4a+b-2c-3d}{8} = \frac{(4\times 4)+9-(2\times 3)-(3\times 1)}{8} = 2.0몰$$

## 필수문제

**02** 유기물($C_6H_{12}O_6$) 1kg을 혐기성으로 완전분해할 때 생성될 수 있는 이론적 메탄의 용적($Sm^3$)은?

**풀이**

완전분해 반응식

$C_6H_{12}O_6 \rightarrow 3CO_2 + 3CH_4 \, [(C_6H_{12}O_6 \rightarrow 12\times6+12+(16\times2)=180)]$

180kg : $3\times22.4Sm^3$

1kg : $CH_4(Sm^3)$

$CH_4(Sm^3) = \dfrac{1kg \times (3\times22.4)Sm^3}{180kg} = 0.37Sm^3$

## 필수문제

**03** $C_5H_{11}O_2N$으로 화학적 조성을 나타낼 수 있는 생분해가능 유기물이 매립지에서 혐기성으로 완전분해된다면 발생하는 메탄(b)과 이산화탄소(a) 가운데 메탄의 부피백분율($\dfrac{b}{b+a}\times100\%$)은?(단, N은 $NH_3$로 발생한다.)

**풀이**

완전분해 반응식

$C_5H_{11}O_2N + 2H_2O \rightarrow 3CH_4 + 2CO_2 + NH_3$

메탄의 부피백분율(%) $= \dfrac{b}{b+a} = \dfrac{3}{3+2} \times 100 = 60\%$

## 필수문제

**04** 매립지에서 유기물의 완전분해식을 $C_{68}H_{111}O_{50}N + aH_2O \rightarrow bCH_4 + 33CO_2 + NH_3$로 가정할 때 유기물 100kg을 완전분해하면 소모되는 물의 양(kg)은?

**풀이**

완전분해 반응식

$C_{68}H_{111}O_{50}N + 16H_2O \rightarrow 35CH_4 + 33CO_2 + NH_3$

1,741kg : $16\times18$kg

100kg : $H_2O$(kg)

$H_2O(kg) = \dfrac{100kg \times (16\times18)kg}{1,741kg} = 16.5kg$

### 필수문제

**05** 고형 폐기물의 매립 시 10kg의 $C_6H_{12}O_6$가 혐기성 분해를 한다면 이론적 가스발생량(L)은? (단, 밀도 : $CH_4$ 0.7167g/L, $CO_2$ 1.9768g/L)

**풀이**

완전분해 반응식

$C_6H_{12}O_6 \rightarrow 3CO_2 + 3CH_4$

180kg : 3×44kg
10kg : $CO_2$(kg)  ⇒  $CO_2(kg) = \dfrac{10kg \times (3 \times 44)kg}{180kg} = 7.33kg$

$CO_2(kg) = \dfrac{7.33kg}{0.0019768kg/L} = 3,708.01L$

180kg : 3×16kg
10kg : $CH_4$(kg)  ⇒  $CH_4(kg) = \dfrac{10kg \times (3 \times 16)kg}{180kg} = 2.67kg$

$CH_4(kg) = \dfrac{2.67kg}{0.0007167kg/L} = 3,725.41L$

가스발생량(L) = 3,708.01 + 3,725.41 = 7,433.42L

### 필수문제

**06** $CH_3OH$이 혐기성 반응으로 완전분해되었다. 발생한 $CH_4$ 양이 1.4L였다면 투입한 $CH_3OH$의 양(g)은?(단, 표준상태기준, 최종생성물은 메탄, 이산화탄소, 물이다.)

**풀이**

$CH_4O \rightarrow 0.75CH_4$

32g : 0.75×22.4L
$CH_4O$(g) : 1.4L

$CH_4O(g) = \dfrac{32g \times 1.4L}{0.75 \times 22.4L} = 2.67g$

### 필수문제

**07** 매립지에 매립된 쓰레기양이 3,000ton이고, 이 중 유기물 함량이 40%이며, 유기물에서 가스로의 전환율이 70%이다. 만약 유기물 kg당 $1m^3$의 가스가 생성되고 가스 중 메탄함량이 40%라면 발생되는 총 메탄의 부피($m^3$)는?(단, 표준상태로 가정)

**풀이**

총 메탄 부피($m^3$) = $1m^3$/kg × 3,000ton × 1,000kg/ton × 0.4 × 0.7 × 0.4 = $336,000 m^3$

**08** 침출수를 혐기성 공법으로 처리하고자 한다. 유입유량이 $1,000m^3/day$이고 BOD 600mg/L 이며 BOD 처리효율이 95%라면 이때 혐기성 공법에서 발생되는 메탄가스의 양은 몇 $m^3/day$인가?(단, $1.5m^3gas/BODkg$, 가스 중 메탄의 부피함량 64%)

**풀이**

메탄의 양($m^3/day$) = $1,000m^3/day \times 600mg/L \times 1,000L/m^3 \times kg/10^6mg$
$\times 1.5m^3gas/BODkg \times 0.95 \times 0.64$
= $547.2m^3/day$

# SECTION 015 침출수의 발생

## (1) 개요 및 특징
① 침출수는 폐기물을 통하면서 용해되거나 부유되어 있는 물질이 함께 추출된 액체이다.
② 일반적으로 매립장침출수 생성에 가장 큰 영향을 미치는 인자는 지표로 침투되는 강수이다.(영향인자 ; 강수량, 폐기물의 매립 정도, 복토재의 재질 등)
③ 매립지로부터 침출수의 유출을 방지하기 위해서는 투수계수 및 수두차를 감소시켜야 한다.
④ 관리형 폐기물 매립지에서 발생하는 침출수의 주된 발생원은 강우에 의하여 상부로부터 유입되는 물이다.
⑤ 침출수는 폐기물을 통과하면서 폐기물 내의 성분을 용해시키거나 부유물질을 함유하기도 한다.
⑥ 가스발생량이 많을수록 침출수 내 유기물질 농도는 감소한다.
⑦ 외부에서 침투하는 물과 내부에 있는 물이 유출되어 형성되며, 매립지의 침출수의 이동은 서서히 일어난다.
⑧ 매립지의 침출수 수질을 결정하는 가장 큰 요인은 폐기물의 조성이다.

## (2) 매립지의 침하
① 침하에 영향을 미치는 인자
　㉠ 초기다짐(다짐 정도)
　㉡ 폐기물 특성(성상)
　㉢ 성분 정도
　㉣ 압밀의 효과
　㉤ 생물학적 분해 정도
② 최종침하의 90% 정도가 5년 내에 일어난다.
③ **침하원인**
　㉠ 다짐불완전
　㉡ 유기물 분해로 인한 침하
　㉢ 파쇄의 미실시

## (3) 중금속
① 일반적으로 매립지 침출수 중 중금속의 농도가 가장 높게 나타나는 시기는 산형성 단계이다.
② 산 형성 단계에서는 5 이하의 낮은 pH 값을 나타내며 $BOD_5$, COD, TOC, 영양염 및 중금속 농도는 높게 측정된다.

## (4) 침출수 발생량

① 일일 강우량에 의한 수정식(합리식)

$$Q = \frac{1}{1,000} \times C \times I \times A$$

여기서, $Q$ : 침출수 양($m^3$/day)
　　　　$C$ : 유출계수(침투율)
　　　　$I$ : 연평균 일일강우량(mm/day)
　　　　$A$ : 매립지 표면적($m^2$)

② 생성 영향인자에 의한 침출수량(L)식

$$침출수량(L) = 강우량 - (유출량 + 증발산량) + 토양수분보유량$$

침출수 생성영향인자 : 강수량, 증발량, 증산량, 유출량, 토양수분보유량

③ 강우량으로부터 매립지 내의 지하침투량

$$지하침투량 = [총강우량(1 - 유출률)] - 폐기물의 수분저장량 - 증발량$$

④ 강우강도($I$) 관련식
　㉠ Talbot형

$$I = \frac{a}{t + b}$$

　㉡ Sherman형

$$I = \frac{c}{t^n}$$

　㉢ Japanese형

$$I = \frac{d}{\sqrt{t} + e}$$

여기서, $I$ : 강우강도(mm/hr)
　　　　$t$ : 지속시간(min)
　　　　$a$, $b$, $c$, $d$, $e$, $n$ : 상수

## (5) 침출수 특징

① 갈색(짙은 갈색)계통이며, 부패악취가 있다.
② 매립 초기에는 pH 6~7의 약산성, 나중에는 약알칼리성(pH 7~8)을 나타낸다.
③ BOD는 시간이 경과하면서 급격히 감소하는 특징이 있다.
④ COD는 매립경과 연수가 증가함에 따라 COD/TOC의 비가 점진적으로 감소하는 경향이 있다.
⑤ 중금속은 분해 초기에 농도가 높다. 즉, 산 형성단계에서 농도가 가장 높다.
⑥ $NO_3-N$의 농도는 높지 않고 가스방출이 많을수록 유기물질농도가 저하된다.
⑦ 복토의 다짐밀도가 높을수록 침출수 농도는 높다.
⑧ 혐기성 매립방식이 호기성 매립방식에 비해 침출수 농도가 높다.
⑨ 유기폐기물 함량이 높을수록 유기오염농도가 높고 초기 BOD/COD비가 크다.
⑩ BOD/COD비는 초기에는 높고 시간경과에 따라 낮아진다.(매립 초기에는 생분해성이 높은 유기물 함량이 높은 반면 매립 연한이 오래된 경우에는 난분해성 유기물 함량이 높다.)
⑪ 침출수의 수질은 연차별, 계절별로 변화한다.
⑫ 침출수의 암모니아성 질소 농도는 상당 기간 동안 높은 값을 보인다.
⑬ 침출수의 pH가 높아지면 토양의 양이온 교환능력은 높아진다.

## (6) 침출수 집배수층의 체상분율($D_n$)과 매립지 주변 토양의 체상분율($d_n$) 관계

① 매립지 설계 시 침출수 집배수층의 조건으로 만족 여부 판단한다.
② 집배수층 재료는 일반적으로 자갈, 쇄석 등을 이용한다.
③ 침출수 집배수층이 주변물질에 의해 막히지 않을 조건(집수관을 덮는 필터 재료가 주변에서 유입된 미립자에 의해 막히지 않도록 하기 위한 조건)

$$\frac{D_{15}(필터재료\ 입경)}{d_{85}(주변토양)} < 5$$

④ 침출수 집배수층이 충분한 투수성을 유지할 조건

$$\frac{D_{15}(필터재료)}{d_{15}(주변토양)} > 5$$

여기서, $D$ : 침출수 집배수층의 필터재료의 입경
$D_{15}$ : 입경누적곡선에서 통과한 백분율로 15%에 상당하는 입경
$d$ : 집배수층 주변토양의 입경
$d_{85}$ : 입경누적곡선에서 통과한 백분율로 85%에 상당하는 입경
$d_{15}$ : 입경누적곡선에서 통과한 백분율로 15%에 상당하는 입경

**필수문제**

**01** 매립지 침출수의 발생량을 추정하는 일일강우량에 의한 식을 이용하는 경우 다음 조건에서 일일 발생하는 침출수의 양($m^3$/day)은?(단, 침투된 강우는 모두 침출수로 발생되며 기타 조건은 고려하지 않음)

- 침투율 : 0.3
- 연평균 일강우량 : 5mm
- 매립지 면적 : 300,000$m^2$

**[풀이]**

침출수량($m^3$/day) = $\dfrac{CIA}{1,000}$ = $\dfrac{0.3 \times 5 \times 300,000}{1,000}$ = 450$m^3$/day

**필수문제**

**02** 인구가 600,000명이고 1인당 하루 1.3kg의 쓰레기를 배출하는 지역에 면적이 1,000,000$m^2$인 매립장을 건설하려고 한다. 강우량이 1,350mm/year인 경우 침출수 발생량(ton/year)은?(단, 강우량 중 60%가 증발되고 40%만 침출수로 발생된다고 가정하고 침출수 비중은 1, 기타 조건은 고려하지 않음)

**[풀이]**

침출수량(ton/year) = $\dfrac{0.4 \times 1,350 \times 1,000,000}{1,000}$ = 540,000ton/year

**필수문제**

**03** 쓰레기의 밀도가 750kg/$m^3$이며 매립된 쓰레기의 총량은 30,000ton이다. 여기에서 유출되는 침출수는 약 몇 $m^3$/year인가?(단, 침출수 발생량은 강우량의 60%이고, 쓰레기의 매립 높이는 6m이며 연간강우량은 1,300mm이다.)

**[풀이]**

침출수($m^3$/year) = $\dfrac{CIA}{1,000}$

$A = \dfrac{30,000\text{ton}}{6\text{m} \times 0.75\text{ton/m}^3}$ = 6,666.67$m^2$

= $\dfrac{0.6 \times 1,300 \times 6,666.67}{1,000}$ = 5,200$m^3$/year

### 필수문제

**04** 매립지의 총면적은 100km²이고 연간 평균강수량이 1,100mm가 될 때 그 매립지에서 침출수로의 유출률이 0.6이었다고 한다. 이때 침출수의 일평균 처리계획수량(m³/day)은?(단, 강우강도 대신에 평균강수량으로 계산)

**풀이**

$$침출수량(m^3/year) = \frac{CIA}{1,000}$$
$$= \frac{0.6 \times 1,100mm/year \times year/365day \times (100 \times 10^6 m^2)}{1,000}$$
$$= 180,821.92 m^3/day$$

### 필수문제

**05** 폐기물 매립지 표면적이 50,000m²이며, 침출수량은 연간 강우량의 15%라면, 1년간 침출수에 의한 BOD 누출량(kg/year)은?(단, 연간 평균강우량은 1,200mm, 침출수 BOD는 10,000mg/L)

**풀이**

$$침출수량(m^3/year) = \frac{0.15 \times 1,200 \times 50,000}{1,000} = 9,000 m^3/year$$

$$침출수에 의한 BOD 누출량(kg/year) = 9,000 m^3/year \times 10,000 mg/L$$
$$\times 1,000 L/m^3 \times kg/10^6 mg$$
$$= 90,000 kg/year$$

### 필수문제

**06** 강우량이 1,500mm/year, 증발산량이 500mm/year, 유출량이 30mm/year일 때 침출수량(mm/year)은?

**풀이**

침출수량(mm/year) = 강우량 − (유출량+증발산량) = 1,500 − (30+500) = 970mm/year

## 07 다음 조건의 침출수량(mm/year)은?

- 연평균 강우량 : 1,500mm
- 유출계수 : 12%
- 연간 증발산량 : 300mm
- 토양수분보유량 : 0%

**풀이**

침출수량(mm/year)=강우량−(유출량+증발산량)+토양수분보유량
유출량=강우량×유출계수 = 1,500mm/year×0.12 = 180mm/year
= 1,500−(180+300)+0 = 1,020mm/year

## (7) 침출수 이동속도(V) : Darcy 법칙에 의한 속도계산식

$$V(\text{cm/sec}) = KI = K\frac{dH}{dL} = K\frac{h_2-h_1}{L_2-L_1}$$

여기서, $K$ : 투수계수(cm/sec)(액체밀도에 반비례)
$V$ : 침출수 유속(침투율 : 투수계수)(cm/sec)
$dH$ : 수위차(수두차)(cm)
$dL$ : 수평방향 두 지점 사이 거리($L_2$와 $L_1$ 사이 거리)(cm)
$I\left(\dfrac{dH}{dL}\right)$ : 두 지점 사이 수리경사

**Reference**

수리학적 수두의 차이가 없을 때는 농도경사(기울기)에 따라 오염물질은 다공성 매체를 이동한다.

## 01 수두차가 1.5m이고 두 지점 사이의 거리가 4.0m일 때 이 지점을 통과하는 침출수의 유속(cm/sec)은?(단, 투수계수 0.2cm/sec)

**풀이**

$$V = KI = K\left(\frac{dH}{dL}\right) = 0.2\text{cm/sec} \times \frac{1.5\text{m}}{4.0\text{m}} = 0.075\text{cm/sec}$$

### 필수문제

**02** 매립지에서 매립지 바닥층의 침투율을 단위면적($m^2$)당 2.5L/day 정도로 제안하고자 한다. 이때 다음 조건에서 필요한 두께(m)는?(지하수위는 점토층 바로 아래에 위치함)

- 점토수위 : 0.4m
- 점토투수계수 : $0.85 L/m^2 \cdot day$

**풀이**

침투율$(V) = K \cdot \left( \dfrac{dH}{dL} \right)$

$2.5 \text{L/day} \cdot m^2 = 0.85 \text{L/}m^2 \cdot \text{day} \times \left( \dfrac{0.4 \text{m}}{\text{두께}} \right)$

두께(m) = 0.136m

### 필수문제

**03** 침출수의 배출속도를 단위면적당 0.5L/day, 매립지 바닥의 침출수 높이를 0.9m로 유지하고자 한다. 이에 필요한 바닥의 점토층 두께(m)는?(단, 점토층 침투율 $0.05 L/m^2 \cdot day$, Darcy 법칙 적용)

**풀이**

침투율$(V) = K \cdot \left( \dfrac{dH}{dL} \right)$

$0.5 \text{L/day} \cdot m^2 = 0.05 \text{L/}m^2 \cdot \text{day} \times \left( \dfrac{0.9 \text{m}}{\text{점토두께}} \right)$

두께(m) = 0.09m

### 필수문제

**04** 지하수 상·하류 두 지점의 수두차 1m, 두 지점 사이의 수평거리 500m, 투수계수 200m/day일 때 대수층의 두께 2m, 폭 1.5m인 지하수의 유량($m^3$/day)은?

**풀이**

$Q(m^3/day) = A \times V$

$V = K\left(\dfrac{dH}{dL}\right) = 200 \text{m/day} \times \left( \dfrac{1\text{m}}{500\text{m}} \right) = 0.4 \text{m/day}$

$= (2 \times 1.5)m^2 \times 0.4 \text{m/day} = 1.2 m^3/day$

## (8) 침출수의 처리

① 매립지의 침출수 수질을 결정하는 데 가장 큰 요인은 폐기물의 조성이다.
② 침출수 특성에 따른 처리공정구분

| 구분 | 항목 | I | II | III |
|---|---|---|---|---|
| 침출수 특성 | COD(mg/L) | 10,000 이상 | 500~10,000 | 500 이하 |
| | COD/TOC | 2.7(2.8) 이상 | 2.0~2.7 | 2.0 이하 |
| | BOD/COD | 0.5 이상 | 0.1~0.5 | 0.1 이하 |
| | 매립연한 | 초기<br>(5년 이하) | 중간<br>(5~10년) | 오래(고령)됨<br>(10년 이상) |
| 주처리 공정 | 생물학적 처리 | 좋음(양호) | 보통 | 나쁨(불량) |
| | 화학적 응집·침전<br>(화학적 침전 : 석회투여) | 보통(불량) | 나쁨(불량) | 나쁨(불량) |
| | 화학적 산화 | 보통·나쁨(불량) | 보통 | 보통 |
| | 역삼투(R.O) | 보통 | 좋음(양호) | 좋음(양호) |
| | 활성탄 흡착 | 보통·좋음(양호) | 보통·좋음(양호) | 좋음(양호) |
| | 이온교환수지 | 나쁨(불량) | 보통·좋음(양호) | 보통 |

㉠ 고농도의 TDS(50,000mg/L 이상)를 포함한 침출수는 생물학적 처리가 곤란하다.
㉡ 많은 생물학적 처리시설에 있어서는 중금속의 독성이 문제가 되기도 한다.
㉢ 황화물의 농도가 높으면 혐기성 처리 시 악취문제가 발생할 수 있다.
㉣ 높은 COD의 침출수는 혐기성 처리하는 것이 호기성 처리보다 경제적이다.
㉤ 매립대상물질이 가연성 쓰레기가 주종인 경우 생물학적 처리가 주로 이루어진다.
㉥ 매립 초기에는 생물학적 처리가 주가 되지만 유기물질의 안정화가 이루어지는 매립 후기에는 물리화학적 처리가 주로 이루어진다.
㉦ CN은 침전, 이온교환 수지기술을 적용하기 곤란하며 알칼리 염소법, 오존산화법 등으로 처리한다.
㉧ 일반적으로 납은 응집, 비소는 침전, 수은은 흡착으로 처리한다.
㉨ BOD : N : P의 비율을 조사하여 생물학적 처리의 문제점을 조사하여야 한다.
㉩ 강우상태에 따른 매립장에서의 유출 오수량 조절방안을 강구하여야 한다.
㉪ 폐수처리 시 거품의 발생과 제거에 대한 방안을 강구하여야 한다.

> **Reference** 해안 매입침출수의 성상
>
> ① 암모니아가 풍부한 오수이다.
> ② SS 유래의 COD는 낮다.
> ③ pH는 8.0 전후로 약알칼리이다.
> ④ BOD/COD는 매립경과년수와 함께 저하된다.
> ⑤ 매립이 진행됨에 따라 색깔은 흑갈색이 된다.

③ 펜톤(Fenton) 산화법
  ㉠ Fenton액을 첨가하여 난분해성 유기물질을 생분해성 유기물로 전환(산화)시킨다.
  ㉡ OH 라디컬에 의한 산화반응으로 철(Fe)촉매하에서 과산화수소($H_2O_2$)를 분해시켜 OH 라디컬을 생성하고 이들이 활성화되어 수중의 각종 난분해성 유기물질을 산화분해시키는 처리공정이다.(난분해성 유기물질 → 생분해성 유기물질)
  ㉢ 펜톤 산화제의 조성은 [과산화수소수+철(염); $H_2O_2 + FeSO_4$]이며 펜톤시약의 반응시간은 철염과 과산화수소의 주입농도에 따라 변화되며 여분의 과산화수소수는 후처리의 미생물성장에 영향을 미칠 수 있다.
  ㉣ 펜톤 산화반응의 최적 침출수 pH는 3~3.5(4) 정도에서 가장 효과적이다.
  ㉤ 펜톤 산화법의 공정순서
    pH 조정조 → 급속교반조(산화) → 중화조 → 완속교반조 → 침전조 → 생물학적 처리(RBC) → 방류조
  ㉥ 난분해성 유기물질의 제거 및 NBDCOD를 BDCOD로 변환시켜 생분해성을 증가시키며 응집제를 첨가하여 침전시킨다.
  ㉦ 매립지의 경우 COD를 기준 이내로 처리하기 위해 기존 공정에 펜톤처리공정(or RBC공정)을 추가하여 운전하는 이유는 난분해성 유기물질을 산화시키기 위함이다.
  ㉧ 유입시설의 변화 시에도 탄력적인 대응이 가능하다.
  ㉨ 시설비는 오존처리시나 활성탄흡착탑보다 적게 소요된다.
  ㉩ 슬러지 생산량이 많아질 수 있다.(철염을 이용하므로 수산화철의 슬러지 다량생성)
  ㉪ 염료폐수, 염색폐수, 화학폐수처리시설에 적용이 가능하다.

④ $A_2O$ 공법
  ㉠ 생물학적 고도처리방법으로 탈질성능이 약하며 폐슬러지 내 P(인)의 함량이 높아(≒ 3~5%) 비료로서 가치가 있다.
  ㉡ 생물학적 질소, 인 동시 제거가 가능한 공법이다.
  ㉢ 장치구성이 복잡하며 동절기의 경우 성능이 안정적이지 못하다.
  ㉣ 처리공정 중 호기조의 역할
    ⓐ 질산화 공정
    ⓑ 인의 과잉섭취

ⓒ 유기물의 산화
ⓓ 처리공정 중 혐기성조의 역할
ⓐ 인의 방출(호기성조에서 미생물이 과잉섭취할 수 있도록 함)
ⓑ 유기물의 흡수
ⓒ 탈질공정(무산소조역할 : 호기성조의 내부반송수의 질소(Nitrate)를 탈질시키는 역할을 함)

⑤ **침출수 혐기성 처리공정**
㉠ 고농도의 침출수를 희석 없이 처리할 수 있다.
㉡ 미생물의 낮은 증식으로 인하여 슬러지 처리비용이 감소된다.
㉢ 호기성 공정에 비하여 낮은 영양물질 요구량을 가진다.(인 부족현상을 일으킬 가능성이 적음)
㉣ 호기성 처리공정에 비하여 온도, 중금속에 대한 영향이 크다.
㉤ 중금속에 의한 저해효과가 호기성 공정에 비해 크다.
㉥ 대부분의 염소계 화합물은 혐기성상태에서 분해가 잘 일어나므로 난분해성물질을 함유한 침출수의 처리시 효과적이다.

**Reference**

① 오존산화처리는 유입수질 변화시 탄력적으로 대응할 수 있으며 상수처리시설이나 화학폐수 처리시설에 적용할 수 있다.
② 수은을 함유한 폐액처리방법으로는 황화물침전법이 있다.

**필수문제**

**01** 슬러지 매립지 침출수에 함유되어 있는 암모니아를 염소로 처리하려고 한다. 침출수 발생량은 $3,780m^3/day$이고, 이를 처리하기 위해 $7.7kg/day$의 염소를 주입하고 잔류염소농도는 $0.2mg/L$였다면 염소요구량은 몇 kg/L인가?

**풀이**

염소요구량 = 염소주입량 − 잔류염소농도

$$염소주입량 = \frac{7.7kg/day \times 10^6 mg/kg}{3,780m^3/day \times 1,000L/m^3} = 2.037 mg/L$$

$= 2.037 - 0.2 = 1.84 mg/L$

## (9) 반응속도

① 1차반응식

$$\ln \frac{c_t}{c_o} = -kt, \quad c_t = c_o e^{-kt}$$

여기서, $c_t$ : $t$시간 경과 후 농도, $c_o$ : 반응 초기 농도
$t$ : 반응시간(day, hr), $k$ : 반응속도상수($1/hr$ ; $hr^{-1}$)

② 2차반응식

$$\frac{1}{c_t} - \frac{1}{c_o} = kt, \quad k\text{단위} : \left(\frac{1}{\text{농도} \times \text{시간}}\right)$$

③ 0차반응식
반응시간이 경과해도 분해반응 속도는 변하지 않고 일정

$$c_t = -kt + c_o$$

## (10) 매립장 우수 집배수설비

① 매립장 배수설비의 종류
　㉠ 지하수 집배수설비
　㉡ 우수 집배수설비
　㉢ 침출수 집배수설비

② 우수 집배수설비의 기능
　㉠ 미 매립구역의 우수 등이 매립구역 내로 유입되는 것을 방지
　㉡ 기 매립구역의 우수 등이 매립구역 내로 유입되는 것을 방지
　㉢ 매립지 주변의 강우 등이 매립지에 유입되는 것을 방지

③ 매립지 주위의 우수를 배수하기 위한 배수관의 결정조건
　㉠ 유수단면적은 토사의 혼입으로 인한 유량증가 및 여유고를 고려하여야 한다.
　㉡ 우수의 배수에 있어서 토수로의 경우는 평균유속이 3m/sec 이하가 좋다.
　㉢ 우수의 배수에 있어서 콘크리트수로의 경우는 평균유속이 8m/sec 이하가 좋다.
　㉣ 수로의 조도계수는 작게 하는 것이 좋다.

> **Reference** 우수배수로 속도(Manning식)
>
> $$V = \frac{1}{n} R^{2/3} I^{1/2}$$
>
> 여기서, $V$ : 평균유속(m/sec), $n$ : 조도계수,
> $R$ : 동수경사(경심), $I$ : 수로경사(강우강도)

> **Reference** 지중배수시설(Subsurface Drainage System)
> ① 유해폐기물 매집장에 널리 이용된다.
> ② 반응성 화학물질(철, 망간, 칼슘)의 침적으로 막힘이 발생하기 쉽다.
> ③ 표면차수시설과 함께 사용되어야 한다.
> ④ 주로 12m 이하의 얕은 깊이에 설치된다.

### (11) 저류구조물

① 저류구조물의 기능 및 목적
  ㉠ 쓰레기의 유출, 붕괴방지
  ㉡ 계획된 쓰레기 저장
  ㉢ 매립지로부터의 침출수 누출과 유출방지
  ㉣ 매립지의 침수가 예상되는 경우 안전하게 저수
  ㉤ 매립완료 후에 쓰레기를 안전하게 저류

② 저류구조물의 종류
  ㉠ 존(Zone)형 성토제방
    ⓐ 투수성이 다른 몇 개의 Zone으로 구성
    ⓑ 안정성이 높아 제방높이가 높을 경우에 적합
    ⓒ 차수성, 반투수성 재료를 구입할 수 있을 때 적합
    ⓓ 시공속도가 느림
  ㉡ 균일형 성토제방
    ⓐ 안정성이 큼
    ⓑ 배수구를 설치해야 함
    ⓒ 시공이 복잡함
  ㉢ 중력식 콘크리트제방
    ⓐ 중력식 자중에 의해 하중을 지지하는 옹벽으로 옹벽 내부에 콘크리트 저항력 이상의 인장력이 발생되지 않도록 하는 방식
    ⓑ 시공이 용이함
    ⓒ 옹벽높이가 낮을 경우 적합
    ⓓ 기초지반이 양호하여야 적용 가능

### (12) 침출수 집배수 설비

① 집배수층은 일반적으로 자갈을 많이 사용한다.
② 집배수설비는 발생하는 침출수를 차수설비로부터 제거시키는 설비이다.

③ 침출수 집배수층 설계지표
  ㉠ 두께는 최소 30cm 이상, 집배수층의 바닥경사는 2~4% 정도이다.
  ㉡ 투수계수는 최소 1cm/sec, 집배수층 재료의 입경은 10~13mm 또는 16~32mm이다.

④ 침출수 집배수관(유공관) 설계지표
  ㉠ 집배수관의 최소직경은 15cm 이상, 집배수관 간격은 15~30cm 정도이다.
  ㉡ 집배수관 구멍 직경은 1cm 이상(집배수층재료의 최소입경 미만)이다.
  ㉢ 구멍간격과 집배수관 직경의 비는 1~1.5 : 1이다.

⑤ 침출수 집배수관 종류
  ㉠ 유공흄관
    집수관 및 배수관으로 광범위하게 사용되며 강성이 높아 관의 변형이 우려되는 곳에 적당하다.
  ㉡ 유공합성수지관
    집수관 및 배수관으로 광범위하게 사용되며 연성이 좋아 지반침하에 어느 정도 적응한다.
  ㉢ 돌망태
    소규모 매립지에 집수관으로 주로 사용되며 막힘 문제로 유공관 지름의 2배 이상으로 적용한다.

⑥ 침출수 유량 조정조의 기능
  ㉠ 침출수처리 전처리
  ㉡ 침출수 수질 균일화
  ㉢ 호우 시 또는 계절적 유입수 수량변동 조정

> **Reference** 매립지의 주요 시설
> ① 차수설비             ② 침출수 집배수설비
> ③ 복토                 ④ 우수 집배수설비
> ⑤ 침출수 처리시설      ⑥ 매립지 가스 추출·처리시설
> ⑦ 환경오염 감시시설(지하수 검사공 등)

 학습 Point

1 침출수 발생량 합리식 숙지
2 생성영향인자에 의한 침출수량식 숙지
3 침출수 이동속도(Darcy)식 숙지
4 펜톤산화법 내용 숙지
5 1차 반응식(반응속도) 숙지

**01** 유해폐기물 농도감소가 1차 반응식에 의해 결정시 반감기가 50hr일 때 감소속도상수($hr^{-1}$)는?

**[풀이]**

1차 반응식

$\ln \dfrac{C_t}{C_o} = -kt$, $\ln 0.5 = -k \times 50\text{hr}$, $k = 0.0138 \text{hr}^{-1}$

**02** 초기농도가 150mg/L인 오염물질이 5시간 후에 20mg/L로 감소하였다면 2시간 후의 농도(mg/L)는?(단, 오염물질 분해는 1차 반응)

**[풀이]**

$\ln \dfrac{C_t}{C_o} = -kt$

$\ln \dfrac{20}{150} = -k \times 5\text{hr}$, $k = 0.403 \text{hr}^{-1}$

$c_t = c_o e^{-k \cdot t} = 150 \text{mg/L} \times e^{-(0.403 \times 2)} = 66.99 \text{mg/L}$

**03** 유해물질이 초기농도의 절반이 될 때까지의 소요시간(hr)은?(단, 1차 감속속도 상수는 0.0665/hr)

**[풀이]**

1차 반응식

$\ln \dfrac{C_t}{C_o} = -kt$, $\ln 0.5 = -0.0665 \text{hr}^{-1}$, $t = 10.42 \text{hr}$

**04** 유해폐기물이 1차 반응식에 의해 감소한다. 속도상수가 0.069/hr일 때 반감기(hr)는?

**[풀이]**

1차 반응식

$\ln \dfrac{C_t}{C_o} = -kt$, $\ln 0.5 = -0.069 \text{hr}^{-1}$, 반감기($t$) = 10.05hr

### 05 어느 매립지에서 침출수농도가 반으로 감소하는 데 5.5년 걸렸다면 침출수의 농도가 80% 분해되는 데는 몇 년이 소요되겠는가?(단, 1차 반응)

> **풀이**
>
> $\ln \dfrac{C_t}{C_o} = -kt$
>
> $\ln 0.5 = -k \times 5.5 \text{year}, \quad k = 0.126 \text{year}^{-1}$
>
> 80% 분해 소요시간(반응 후 농도 20%를 의미)
>
> $\ln \left( \dfrac{20}{100} \right) = -0.126 \text{year}^{-1}$
>
> 소요시간(년) = 12.77year

## (13) 차수설비(Liner System)

① 개요

차수설비의 재료는 점토, 합성차수막, 시멘트계, 아스팔트계 등이 사용되고 차수재 선정 시에는 내구성, 신뢰성, 시공·유지관리성, 낮은 투수성을 고려한다.

② 차수설비의 형태(일반적)
- ㉠ 연직차수막
- ㉡ 표면차수막

③ 매립지 차수시설기능
- ㉠ 침출수에 의한 공공수역 및 지하수오염, 주변환경에 미칠 나쁜 영향을 방지한다.
- ㉡ 주변 지하수 유입에 의한 침출수량 증가를 방지한다.
- ㉢ 침출수 내의 이동상황을 차단한다.
- ㉣ 매립지 내의 오수 및 주변지하수의 유입방지, 매립지 주위의 배수공에 의해 우수 및 지하수 유입방지
- ㉤ 배수공에 의해 침출수 집수 및 매립지 밖으로의 배수

④ 차수설비의 구분(매립지 형태)
- ㉠ 매립지 바닥 토양층의 자정작용에 의존하는 매립형태
- ㉡ 점토나 합성 차수막에 의존하는 매립형태

⑤ 매립지에서 침출수의 유출방지
- ㉠ 투수계수와 수두차 모두 감소시켜야 한다.
- ㉡ 투수계수는 토양층(차수층)에 침출수가 통과하는 속도(cm/sec)이며 이 값이 작을 수록 유출을 방지할 수 있다.

⑥ 차단형 매립형태
　㉠ 점토나 합성차수막에 의하여 발생되는 침출수를 지하수로 유입시키지 않고 가능한 한 거의 완전히 차단한다는 전제 조건하에 설계되는 매립형태이다.
　㉡ 차단형 매립 차수설비에 쓰이는 재료
　　ⓐ 점토(Clay Soil)
　　ⓑ 합성차수막(FML ; Flexible Membrane Liner)
　　ⓒ Soil Mixture(토양, 아스팔트, 시멘트 등 혼합물)

⑦ 연직차수막
　㉠ 적용조건
　　지중에 수평방향의 차수층이 존재할 때 사용
　㉡ 시공
　　수직 또는 경사시공
　㉢ 지하수 집배수시설
　　불필요
　㉣ 차수성 확인
　　지하매설로서 차수성 확인이 어려움
　㉤ 경제성
　　단위면적당 공사비는 많이 소요되나 총 공사비는 적게 듦
　㉥ 보수
　　지중이므로 보수가 어렵지만 차수막 보강시공이 가능
　㉦ 공법 종류
　　ⓐ 어스댐코어공법　　ⓑ 강널말뚝공법
　　ⓒ 그라우트공법　　　ⓓ 굴착에 의한 차수시트 매설공법

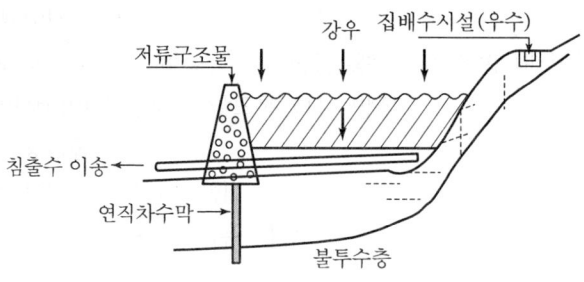

[연직차수막]

⑧ 표면차수막
　㉠ 적용조건
　　ⓐ 매립지반의 투수계수가 큰 경우에 사용
　　ⓑ 매립지의 필요한 범위에 차수재료로 덮인 바닥이 있는 경우에 사용

ⓒ 시공
　매립지 전체를 차수재료로 덮는 방식으로 시공
ⓒ 지하수 집배수시설
　원칙적으로 지하수 집배수시설을 시공하므로 필요함
ⓔ 차수성 확인
　시공시에는 차수성이 확인되지만 매립 후에는 곤란함
ⓜ 경제성
　단위면적당 공사비는 저가이나 전체적으로 비용이 많이 듦
ⓗ 보수
　매립 전에는 보수, 보강 시공이 가능하나 매립 후에는 어려움
ⓢ 공법 종류
　ⓐ 지하연속벽　　　ⓑ 합성고무계 시트
　ⓒ 합성수지계 시트　ⓓ 아스팔트계 시트
ⓞ 주의사항
　지하수 등의 양압에 의해 변형, 균열이 발생하여 차수재료가 쉽게 파손될 수 있으므로 주의

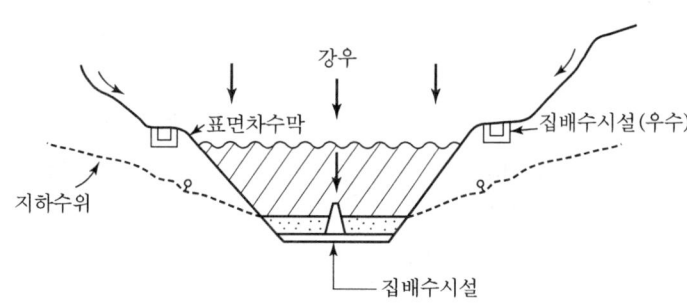

[표면차수막]

## (14) 차수설비의 재료

① 점토(Clay Soil)층
　㉠ 개요
　　ⓐ 점토는 일반적으로 토양입자의 직경이 0.002mm 미만인 토양을 말한다.
　　ⓑ 매립지의 복토용으로 사용하는 재료 중에서 투수도(Permeability)가 가장 낮은 것은 미사질식토(실트질 점토, Silty Clay)이다.
　㉡ 장점
　　침출수 내의 오염물질 흡착능력이 우수[고유의 흡착성과 양이온 교환능력(CEC)을 가지고 있으므로]

ⓒ 단점
　ⓐ 재료의 취득이 용이하지 못함
　ⓑ 투수율이 타 차수재료에 비해 상대적으로 높음
　ⓒ 균등질의 불투수층 시공이 용이하지 못함
　ⓓ 바닥처리가 나쁘면 부동침하 및 균열위험이 있음
　ⓔ 포설두께가 합성차수막에 비해 상대적으로 두꺼움
ⓔ 점토의 수분함량과 관계되는 지표
　ⓐ 액성한계(LL)
　　점토의 수분함량이 그 이상이 되면 상태가 더 이상 선명화(플라스틱과 같이)되지 못하고 액체상태로 되는 수분함량(Liquid Limit)
　ⓑ 소성한계(PL)
　　점토의 수분함량이 일정수준 미만이 되면 성형상태를 유지하지 못하고 부스러지는 상태에서의 수분함량(Plastic Limit)
　ⓒ 소성지수(PI)=LL-PL(소성지수 : 점토의 수분 함량지표)
ⓜ 차수막 적합조건(점토)

| 항목 | 적합기준 |
| --- | --- |
| 투수계수 | $10^{-7}$cm/sec 미만 |
| 점토 및 미사토 함량 | 20% 이상 |
| 소성지수(PI) | 10% 이상 30% 미만 |
| 액성한계(LL) | 30% 이상 |
| 자갈 함유량 | 10% 미만 |
| 직경 2.5cm 이상 입자 함유량 | 0% |

ⓗ 특징
　ⓐ 벤토나이트 첨가 시 차수성이 더 좋아짐
　ⓑ 바닥처리가 나쁘면 부동침하 및 균열위험이 있음
　ⓒ 급경사가 아닌 어떤 지반에도 적용 가능
ⓢ 점토층 통과 소요시간($t$) : Darcy 법칙

$$t = \frac{d^2 \eta}{k(d+h)}$$

여기서, $t$ : 침출수의 점토층 통과시간(year)
　　　 $d$ : 점토층의 두께(m)
　　　 $h$ : 침출수 수두(m)
　　　 $k$ : 투수계수(m/year)
　　　 $\eta$ : 유효공극률(공극용적/흙입자용적)

ⓞ 토양 투수계수에 미치는 영향인자
　ⓐ 토양
　　• 토양입자크기　　• 공극률　　• 입자크기분포(토양)
　ⓑ 액체
　　• 점성계수　　• 비중량(액체) : 투수계수와 반비례

**필수문제**

**01** 다음 조건과 같은 매립지 내 침출수가 차수층을 통과하는 데 소요되는 시간(year)은?(단, 점토층두께 1.0m, 유효공극률 0.35, 투수계수 $10^{-7}$cm/sec, 상부침출수수두 0.4m, 기타 조건은 고려하지 않음)

> **풀이**
> 
> 소요시간($t$ : year) $= \dfrac{d^2\eta}{k(d+h)}$ (sec)
> 
> $= \dfrac{1.0^2\text{m}^2 \times 0.35}{10^{-7}\text{cm/sec} \times 1\text{m}/100\text{cm} \times (1.0+0.4)\text{m}}$
> 
> $= 250{,}000{,}000\text{sec} \times \text{year}/31{,}536{,}000\text{sec} = 7.93\text{year}$

**필수문제**

**02** 유효공극률 0.2, 점토층 위의 침출수수두 1.5m인 점토차수층 1.0m를 통과하는 데 10년이 걸렸다면 점토차수층의 투수계수(cm/sec)는?

> **풀이**
> 
> $t = \dfrac{d^2\eta}{K(d+h)}$
> 
> $315{,}360{,}000 \sec = \dfrac{1.0^2\text{m}^2 \times 0.2}{K(1.0+1.5)\text{m}}$
> 
> 투수계수($K$) $= 2.54 \times 10^{-10}$m/sec $\times 100$cm/m $= 2.54 \times 10^{-8}$cm/sec

**필수문제**

**03** 어떤 도시의 오염된 지하수의 Darcy(유출속도)가 0.1m/day이고, 유효공극률이 0.4일 때 오염으로부터 600m 떨어진 지점에 도달하는 데 걸리는 시간(year)은?(단, 유출속도 : 단위시간에 흙의 전체 단면적을 통하여 흐르는 물의 속도)

> **풀이**
> 
> 소요시간(year) $= \dfrac{600\text{m}}{0.1\text{m/day} \times 365\text{day/year}} \times 0.4 = 6.58\text{year}$

② 합성차수막(FML ; Flexible Membrane Liner)
　㉠ 개요
　　고밀도 합성수지로 구성된 인조 차수막으로 지반안정과 침출수 누수 방지를 한다.
　㉡ 특징
　　ⓐ 자체의 차수성은 우수하나 파손에 의한 누수위험이 있음
　　ⓑ 어떤 지반에도 적용 가능하나 시공시 주의가 요구됨
　　ⓒ 내구성은 높으나 파손 및 열화의 위험이 있으므로 주의가 요구됨
　　ⓓ 투수계수가 낮고 점토차수재에 비해 두께가 얇아도 가능하므로 매립장 유효용량이 증가됨
　　ⓔ 점토에 비하여 가격은 고가이나 시공이 용이함
　　ⓕ 차수설비인 복합차수층에서 일반적으로 합성차수막 바로 상부에 침출수집배수층이 위치함
　㉢ 합성차수막 종류
　　ⓐ IIR : Isoprene – Isobutylene(Butyl Rubber)
　　ⓑ CPE : Chlorinated Polyethylene
　　ⓒ CSPE : Chlorosulfonated Polyethylene
　　ⓓ EPDM : Ethylene Propylene Diene Monomer
　　ⓔ LDPE : Low – Density Polyethylene
　　ⓕ HDPE : High – Density Polyethylene
　　ⓖ CR : Chloroprene Rubber(Neoprene, Polychloroprene)
　　ⓗ PVC : Polyvinyl Chloride
　㉣ 합성차수막 분류
　　ⓐ 열가소성(Thermoplastic) 계통
　　ⓑ 열경화성(Thermosetting) 계통

> **Reference** 열적 성질에 따른 플라스틱 구분
>
> (1) 열경화성 수지
>   ① 유동성을 띠는 고분자에 촉매 등을 가해서 가열할 경우 반응에 의해 경화된다.
>   ② 경화된 수지는 가열 시 유동상태로 되지 않고 고온으로 가열 시 분해되어 탄화되는 비가역적 수지이다.
> (2) 열가소성 수지
>   ① 열을 가하면 용융유동하여 가소성을 갖게 되고 냉각하면 고화하여 성형화된다.
>   ② 가열용융, 냉각고화 공정의 반복이 가능하게 되는 수지이다.

㉤ 합성차수막 세부분류
ⓐ Thermoplastics : PVC
ⓑ Crystalline Thermoplastics : HDPE, LDPE
ⓒ Thermoplastic Elastomers : CPE, CSPE
ⓓ Elastomer Thermoplastics : EDPM, IIR, CR
㉥ Crystallinity(결정도)가 증가할수록 합성차수막에 나타나는 성질
ⓐ 열에 대한 저항도 증가
ⓑ 화학물질에 대한 저항성 증가
ⓒ 투수계수의 감소
ⓓ 인장강도의 증가
ⓔ 충격에 약해짐
ⓕ 단단해짐
㉦ HDPE, LDPE(거의 유사하나 HDPE가 조금 더 단단함)
ⓐ 장점
• 대부분의 화학물질에 대한 저항성이 큼
• 온도에 대한 저항성이 높음
• 강도가 높음
• 접합상태가 양호
ⓑ 단점
유연하지 못하여 구멍 등 손상을 입을 우려가 있음
㉧ CPE
ⓐ 장점
강도가 높음
ⓑ 단점
• 방향족 탄화수소 및 용매류(기름 종류)에 약함
• 접합상태가 양호하지 못함
㉨ CSPE
ⓐ 장점
• 미생물에 강함
• 접합이 용이함
• 산과 알칼리에 특히 강함
ⓑ 단점
• 기름, 탄화수소, 용매류에 약함
• 강도가 낮음

ⓩ PVC
　ⓐ 장점
　　• 작업이 용이함
　　• 강도가 높음
　　• 접합이 용이함
　　• 가격이 저렴함
　ⓑ 단점
　　• 자외선, 오존, 기후에 약함
　　• 대부분 유기화학물질(기름 등)에 약함
㋋ EPDM
　ⓐ 장점
　　• 강도가 높음
　　• 수분함량이 낮음
　ⓑ 단점
　　• 기름, 탄화수소, 용매에 약함
　　• 접합상태가 양호하지 못함
㋌ IIR
　ⓐ 장점
　　수중에서 부풀어 오르는 정도가 낮음
　ⓑ 단점
　　• 강도가 낮음
　　• 탄화수소에 약함
　　• 접합이 용이하지 못함
㋍ CR
　ⓐ 장점
　　• 대부분의 화학물질에 대한 저항성이 높음
　　• 마모 및 기계적 충격에 강함
　ⓑ 단점
　　• 접합이 용이하지 못함
　　• 가격이 고가임

③ **복합차수층**(단면)

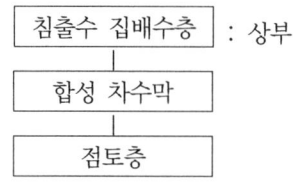

### Reference 사용종료 매립지 안정화 평가기준(환경적 측면)

① 침출수 원수의 수질이 2년 연속 배출허용기준에 적합하고 BOD/COD$_{cr}$이 0.1 이하일 것
② 매립가스 발생량이 2년 연속 증가하지 않고 매립가스 관측정에서 특정한 매립가스 중 CH$_4$ 농도가 5% 이내일 것
③ 매립폐기물 토사성분 중 가연물 함량이 5% 미만이거나 C/N비가 10 이하일 것
④ 매립지 내부온도가 주변 지중온도와 유사할 것

### Reference 폐기물매립으로 발생될 수 있는 피해

① 육상매립으로 인한 유역의 변화로 우수의 수로가 영향을 받기 쉽다.
② 매립지에서 대량 발생되는 파리의 방제에 살충제를 사용하면 점차 저항성이 생겨 약제를 변경해야 한다.
③ 쓰레기의 혐기성분해로 생긴 메탄가스 등에 자연착화하기 쉽다.
④ 쓰레기 부패로 악취가 발생하여 주변지역에 악영향을 준다.

#### 학습 Point

1. 차단형 매립차수설비 재료 종류 숙지
2. 연직차수막과 표면차수막의 비교 내용 숙지
3. 점토층의 장단점 내용 숙지
4. 점토차수막 적합조건 숙지
5. 점토층 통과소요시간 계산식 숙지
6. 결정도 증가 시 합성차수막에 나타나는 성질 숙지
7. 각 합성차수막의 장단점 내용 숙지

# SECTION 016 토양오염의 대책

## (1) 개요
토양오염은 대기, 수질, 폐기물 등 1차 오염물질에 의한 축적성 오염이며 예방대책으로는 광산 및 채석장의 침전지 설치, 비료의 적정량사용, 토양오염 측정망 설치운영 등이 있고 사후대책으로는 객토가 있다.

## (2) 토양오염의 특징
① 오염경로의 다양성
② 피해발현의 완만성 및 만성적인 형태
③ 오염영향의 국지성
④ 오염의 비인지성 및 타 환경 인자와의 영향관계의 모호성
⑤ 원상복구의 어려움

## (3) 지하수 오염의 특징
① 지하수 흐름의 완만성
② 지하수 흐름방향의 모호성
③ 지하수 오염원 및 오염경로의 다양성
④ 모니터링의 곤란성
⑤ 원상복구의 어려움

> **Reference 지하수의 특성**
> ① 무기이온 함유량이 높고, 경도가 높다.
> ② 미생물이 거의 없고, 자정속도가 느리다.
> ③ 유속이 느리고 수온변화가 적다.
> ④ 지하수 수질은 지질매체에 의해 영향을 받는다.
> ⑤ 지표수에 비해 용존물질량이 많고 용해되어 있는 염류의 농도가 높다.
> ⑥ 국지적인 지역의 환경조건에 영향을 받는다.

> **Reference 토양오염의 영향**
> ① 분해되지 않는 농약의 토양 축적
> ② 비료 속의 중금속으로 인한 농경지의 오염
> ③ 오염된 토양인근 하천의 부영양화
> ④ 토양이 떼알구조(입단구조)에서 홑알구조(단립구조)로 변화

### (4) 토양의 조성

① 고상, 액상, 기상의 조성을 체적백분율로 표시한 것이 삼상분포이며 액상률 및 기상률은 강우와 건조에 의해 용이하게 변화한다.
② 토양의 고상 중 모래는 토양의 구조를 결정함과 동시에 뼈대의 역할을 한다.
③ 조성 구분
　㉠ 고형물질(50%)
　　ⓐ 토양광물질(45%)　　　ⓑ 유기물(5%)
　㉡ 공극(50%)
　　ⓐ 토양공극(25%)　　　ⓑ 물(25%)
　㉢ 토양 구성 4성분
　　ⓐ 광물질(무기물)(45%)　ⓑ 물(25%)
　　ⓒ 공기(25%)　　　　　ⓓ 유기물(5%)

### (5) 토양공기의 조성

① 토양공기는 토양성분과 식물양분에 산화적 변화를 일으키는 원인이 된다.
② 대기와 비교하여 $N_2$(75~90%), $CO_2$(0.1~1.0%), Ar(0.93~1.1%), 상대습도(95~100%)는 높은 편이며 $O_2$(2~20%)는 낮은 편이다.
③ 토양이 깊어질수록 토양공기 내 산소량은 감소한다.

### (6) 토양오염 물질 중 BTEX

① B : Benzene(벤젠)　　　　② T : Toluene(톨루엔)
③ E : Ethylbenzene(에틸벤젠)　④ X : Xylene(크실렌 ; 자일렌)

### (7) 토양수분장력(Soil Moisture Tensio ; PF)

① 토양입자를 둘러싼 수막의 최외층 물분자 간의 장력을 나타낸다.
② 토양수분장력이 가장 큰 토양수분은 결합수이고 가장 낮은 토양수분은 중력수이다.
③ 수분장력은 토양이 수분을 보유하는 힘, 즉 토양입자표면과 수분 사이의 결합력을 압력단위(atm, Pa, bar)로 표시한 것으로 물기둥 높이(cm)의 대수 값인 PF로 표시한다.

$$PF = \log H$$

여기서, $PF$ : Potential Force(토양이 수분을 함유하는 힘)
　　　　$H$ : 수주의 높이(cm) → 물기둥 높이
　　　　　(1기압=760mmHg=1,013.25mb=1.01325bar=1,033cm$H_2O$)

> **Reference** 토양층위
>
> 토양의 수직적 성층구조를 토양단면이라 한다.
> O층(유기물층) → A층(표층, 용탈층) → B층(집적층) → C층(모재층) → R층(기반암)

### 필수문제

**01** 토양 수분압력이 10기압에 해당하는 경우 PF의 값은?

> **풀이**
> $PF = \log H$
> 10기압에 해당하는 물기둥 높이가 10,000cm(1기압 = 1,000cm)
> $PF = \log 10,000 = 4$
> $\left[ 10\text{기압} \times \dfrac{1,033\text{cmH}_2\text{O}}{1\text{기압}} = 10,330\text{cmH}_2\text{O} \fallingdotseq 10,000\text{cmH}_2\text{O} \right]$

### 필수문제

**02** PF = 4인 물기둥의 높이(cm)는?

> **풀이**
> $PF = \log H$, $4 = \log H$, $H = 10^4 \text{cm}$

### 필수문제

**03** 어떤 주유소에서 오염된 토양을 복원하기 위해 오염 정도 조사를 실시한 결과, 오염토양 부피는 4,000m³, BTEX는 평균 150mg/kg으로 나타났다. 이때 오염토양에 존재하는 BTEX의 총함량(kg)은?(단, 토양의 bulk density = 1.9g/cm³)

> **풀이**
> BTEX의 양(kg) = 4,000m³ × 150mg/kg × 1.9g/cm³ × kg/1,000g × kg/10⁶mg × 10⁶cm³/m³
> = 1,140kg

## (8) 토양수분의 물리학적 분류

① **결합수**(PF : 7.0 이상)
   ㉠ 토양입자가 화학적으로 결합되어 있고 약 100℃에서 가열해도 증발하지 않는다.
   ㉡ 식물의 이용은 불가능하나 화합물의 성질에 영향을 준다.

② **흡습수**(PF : 4.5 이상)
   ㉠ 상대습도가 높은 공기 중에 풍건토양을 방치하면 토양입자의 표면에 물이 강하게 흡착되는데 이 물을 흡습수라 한다.
   ㉡ 100~110℃에서 8~10시간 가열하면 쉽게 제거할 수 있다.
   ㉢ 강하게 흡착되어 있으므로 식물이 직접 이용할 수 없다.
   ㉣ 부식토에서의 흡습수의 양은 무게비로 70%에 달한다.

③ **모세관수**(PF : 2.54~4.5)
   ㉠ 흡습수 외부에 표면장력과 중력이 평형을 유지하여 존재하는 수분이다.
   ㉡ 수분 1,000cm의 물기둥의 압력으로 결합되어 있고 식물이 이용 가능한 유효수분이다.

④ **중력수**(PF : 2.54 이하)
   ㉠ 중력에 의하여 토양입자로부터 유리되어 토양입자 사이를 이동하거나 지하로 침투하는 물이다.
   ㉡ 대수층에 모여 지하수원이 되며, 이동 시 염류가 용탈된다.
   ㉢ 모세관수에 포화 이상의 수분이 가해져 중력에 의해 이동할 때 생긴다.

## (9) 토양의 공극률(Porosity)

$$공극률(\%) = \left(1 - \frac{\rho_b}{\rho_p}\right) \times 100$$

여기서, $\rho_b$ : 용적밀도(토양)
$\rho_p$ : 입자의 밀도

**Reference** 토양의 저항성($R$) : 겉보기비저항

$R = \dfrac{2\pi SV}{I}$ (Ω-cm) : Wenner Array

$I$ : 전류
$S$ : 전극 간격
$V$ : 측정전압(전위차)

**01** 토양의 용적밀도가 $1.50g/cm^3$이고, 입자밀도가 $2.22g/cm^3$일 때 공극률(%)은?(단, 물의 비중은 1로 가정)

> **풀이**
> 
> 공극률(%) $= \left(1 - \dfrac{\rho_b}{\rho_p}\right) \times 100 = \left(1 - \dfrac{1.50}{2.22}\right) \times 100 = 32.43\%$

**02** 공극률이 0.4인 토양이 깊이 5m까지 오염되어 있다면 오염된 토양의 $m^2$당 공극의 체적은 몇 $m^3$인가?

> **풀이**
> 
> 공극체적($m^3$) $= 1m^2 \times 5m \times 0.4 = 2.0m^3$

### (10) NAPL(비수용성 액체)

① LNAPL(저밀도 비수용성 액체)
   ㉠ 물보다 밀도가 작은 비수용성 액체이다.
   ㉡ 물보다 가벼워 지하수를 만나면 지하수 표면 위에 기름층을 형성하게 된다.
   ㉢ 해당 물질
      벤젠, 톨루엔, 에틸벤젠, 자일렌, 휘발유, 디젤유, 이소프로필 알코올, 나프탈렌

② DNAPL(고밀도 비수용성 액체)
   ㉠ 물보다 밀도가 큰 비수용성 액체이다.
   ㉡ 해당 물질
      TCE, PCE, 페놀, PCB, 사염화탄소, 클로로포름

### (11) 침출수가 토양을 따라 이동 시 반응현상

① 흡착
② 여과
③ 희석
④ 침전
⑤ 미생물의 분해

## (12) 토양오염 처리기술

① 원위치 처리기술
  ㉠ 생물학적 분해법(Biodegrandation) ⇨ in-situ(오염토양 내에서 처리)
  ㉡ 생물주입 배출법(Bioventing) ⇨ in-situ
  ㉢ 토양 수세법(Soil Flushing) ⇨ in-situ
  ㉣ 토양 증기 추출법(Soil Vapor Extraction) ⇨ in-situ
  ㉤ 유리화법(Vitrification) ⇨ in-situ

② 굴착 후 처리기술
  ㉠ 토양경작법(Land Forming) ⇨ ex-situ(오염토양 밖에서 처리)
  ㉡ 토양세척법(Soil Washing) ⇨ ex-situ
  ㉢ 토양증기추출법(Soil Vapor Extraction) ⇨ ex-situ
  ㉣ 용매추출법(Solvent Extraction) ⇨ ex-situ
  ㉤ 고온열탈착법(High-Temperature Thermal Desorption) ⇨ ex-situ

> **Reference** 중금속의 토양오염원
> ① 공장폐수
> ② 도시하수
> ③ 소각장 배연가스

> **Reference**
> (1) In-situ 처리기술 : 오염토양 내에서 처리
> (2) Ex-situ 처리기술 : 오염토양을 굴착해서 처리
> (3) On site : 굴착된 토양을 뒤집어 처리
> (4) Off site : 굴착된 토양을 별도의 처리장소로 운반하여 처리

③ 토양증기추출법(SVE ; Soil Vapor Extraction)
  ㉠ 원리
    ⓐ 불포화 대수층에서 토양을 진공상태로 만들어 줌으로써 토양으로부터 휘발성, 준휘발성 오염물질을 제거하는 기술로 토양증기추출 시 공기는 지하수면 위에 주입되고, 배출정에서 휘발성 화합물질을 수집한다.
    ⓑ 압력 및 농도구배를 형성하기 위하여 추출정을 굴착하여 진공상태로 만들어 줌으로써 토양 내의 휘발성 오염물질을 휘발·추출하는 원리의 기술이다.
    ⓒ 하나의 추출정의 영향 반경은 6~45m 정도이다.
  ㉡ 영향인자
    ⓐ 오염물질분포 깊이와 면적(추출정의 위치가 오염지역 내인 경우 적용)

      ⓑ 오염물질 농도(오염물질의 헨리상수 0.01 이상 및 상온에서 휘발성을 갖는 유기물질에 적용)
      ⓒ 대수층의 깊이
      ⓓ 토양의 특성과 성분(오염부지, 공기투과계수가 $1 \times 10^{-4}$cm/sec인 경우 적용)
   ㉢ 장점
      ⓐ 비교적 기계 및 장치가 간단·단순함
      ⓑ 지하수의 깊이에 대한 제한을 받지 않음
      ⓒ 유지, 관리비가 적으며 굴착이 필요 없음
      ⓓ 생물학적 처리효율을 보다 높여줌
      ⓔ 단기간에 설치가 가능함
      ⓕ 가장 많은 적용사례가 있음
      ⓖ 즉시 결과를 얻을 수 있고 영구적 재생이 가능함
      ⓗ 다른 시약이 필요 없음
   ㉣ 단점
      ⓐ 지반구조의 복잡성으로 인해 총 처리기간을 예측하기 어려움
      ⓑ 오염물질의 증기압이 낮은 경우 오염물질의 제거효율이 낮음
      ⓒ 토양의 침투성이 양호하고 균일하여야 적용 가능함
      ⓓ 토양층이 치밀하여 기체흐름의 정도가 어려운 곳에서는 사용이 곤란함
      ⓔ 추출 기체는 후처리를 위해 대기오염 방지장치가 필요함
      ⓕ 오염물질의 독성은 처리 후에도 변화가 없음
   ㉤ SVE 효율에 영향을 미치는 인자
      ⓐ 공기투과계수                ⓑ 수분함량
      ⓒ 공극률                      ⓓ 용해도
      ⓔ 헨리상수(0.01 이상)         ⓕ 증기압(0.5mmHg 이상)
      ⓖ 분배계수(흡착계수)
   ㉥ 2차오염 배기가스 처리장치(흡착방법)
      ⓐ 배기가스의 온도가 낮을수록 처리성능은 향상된다.
      ⓑ 배기가스 중의 수분을 전 단계에서 최대한 제거해 주어야 한다.
      ⓒ 흡착제의 교체주기는 파과지점을 설계하여 정한다.
      ⓓ 흡착반응기 내 채널링(Channeling)현상을 최소화하기 위하여 배기가스의 선속도를 정확하게 조절한다.

④ 생물주입 배출법(Bioventing)
   ㉠ 원리
      불포화 토양층 내에 산소를 공급함으로써 미생물의 분해를 통해 유기물질을 분해처리하는 기술이다.

ⓒ 영향인자
　　　ⓐ 토양의 pH(pH 6~8)
　　　ⓑ 수분함량(통기성과 산소전달률을 감소 → 적절한 수분함량 유지)
　　　ⓒ 필수양분, 질소, 인
　　　ⓓ 온도
　　ⓒ 특징
　　　ⓐ 휘발성이 강한 유기물질 이외에도 중간 정도의 휘발성을 가지는 분자량이 다소 큰 유기물질도 처리할 수 있다.
　　　ⓑ 용해도가 큰 오염물질은 많은 양이 토양수분 내에 용해상태로 존재하게 되어 처리효율이 떨어지나 장치가 간단하고 설치가 용이하다.
　　　ⓒ 오염부지 주변의 공기 및 물의 이동에 의한 오염물질이 확산될 수 있다.
　　　ⓓ 일반적으로 토양증기추출에 비하여 토양공기의 추출량은 약 1/10 수준이다.
　　　ⓔ 기술적용 시에는 대상부지에 대한 정확한 산소소모율의 산정이 중요하다.
　　　ⓕ 토양투수성은 공기를 토양 내에 강제순환시킬 때 매우 중요한 영양인자이다.
　　　ⓖ 현장지반구조 및 오염물 분포에 따른 처리기간의 변동이 심하다.
　　　ⓗ 배출가스 처리의 추가비용이 없으나 추가적인 영양염류의 공급은 필요하다.

⑤ **토양 경작법**(Landfarming)
　㉠ 원리
　　오염토양을 굴착 후 지표면에 깔아놓고 정기적으로 뒤집어줌으로써 공기를 공급해주면서 미생물에 호기성 생분해 조건을 제공, 유기성 물질을 제거하는 기술이다.
　㉡ 영향인자
　　ⓐ 오염물질의 형태와 농도
　　ⓑ 오염물질의 분포깊이와 분산
　　ⓒ 독성물질, 휘발성 유기물질 존재 여부
　㉢ 특징
　　ⓐ 많은 공간이 필요하고 굴착 시 비용이 추가됨
　　ⓑ 난분해물질 제거를 위해서는 장시간이 소요됨
　　ⓒ 유기용매가 대기 중으로 방출되어 공기를 오염시킬 수 있어 사전에 처리해야 함

⑥ **생물학적 분해법**(Biodegradation)
　㉠ 미생물이 토양에서 유기오염물질을 분해시키는 과정이다.
　㉡ 산소가 충분히 공급되면 미생물은 유기오염물질을 이산화탄소, 물, 미생물 세포 등으로 변화시킨다.
　㉢ 산소가 없는 상태에서는 메탄, 이산화탄소, 수소 등으로 변화시킨다.
　㉣ 오염물질과 미생물의 접촉이 원활하지 않은 토양은 정화효과가 낮다.

ⓜ 온도가 낮을 경우 생분해 속도가 느리고 중금속, 염분 등의 농도가 높을 경우 미생물 성장에 해롭다.

⑦ **토양수세법**(Soil Flushing)
㉠ 오염물질의 용해도를 증가시키기 위한 첨가제를 함유한 물을 토양에 주입함으로써 지하수위가 상승하여 오염물질이 침출되어 처리된다.
㉡ 투수성이 낮은 토양은 처리하기 곤란하다.
㉢ 토양과 계면활성제의 상호작용은 오염물질의 유동을 감소시킨다.

⑧ **토양세척법**(Soil Washing)
㉠ 적절한 세척제를 이용하여 토양입자에 결합되어 있는 유기오염물질(표면장력 약화)과 중금속(토양으로부터 분리)을 처리하는 방법으로 오염물질의 제거가 아닌 오염토양의 부피감소가 목적이다. 세척제로 사용되는 산, 염기, 착염물질은 금속물질을 추출, 정화시키는 데 주로 이용된다.
㉡ 외부환경의 조건변화에 대한 영향이 적다.
㉢ 자체적인 조건조절이 가능한 폐쇄형 공정이며, 고농도의 휴믹질이 존재하는 경우 전처리가 필요하다.
㉣ 부지 내에서 유해오염물의 이송 없이 바로 처리할 수 있고 적용 가능한 오염물질 종류(비휘발성, 생물학적 난분해성 물질)의 범위가 넓다.
㉤ 적용방법에 따라 in-situ, ex-situ 방법이 있으며 in-situ 기법은 토양의 투수성에 많은 제약을 받는다.
㉥ 오염토양 부피의 단시간 내의 효율적인 급감으로 2차 처리비용을 절감할 수 있다.
㉦ 점토와 같은 미세입자에 흡착된 유기오염물질은 제거가 어렵다.(처리효과가 가장 높은 토양입경은 자갈)
㉧ 세척 후 발생하는 처리수의 처리를 고려해야 하며 일반적으로 고비용이다.
㉨ 토양세척력의 주요인자는 지하수 차단벽의 유무, 투수계수, 분배계수, 알칼리도, 양이온 및 음이온의 존재 유무 등이며 유기물 함량이 높을수록 세척효율이 낮아진다.
㉩ 토양세척력의 종류로는 Steam/고온수세법, 계면활성제법, 용제법 등이 있다.

⑨ **현지 생물학적 복원 방법**
㉠ 상온·상압상태의 조건에서 이용하기 때문에 많은 에너지가 필요하지 않고 저농도의 오염물도 처리가 가능하다.
㉡ 물리화학적 방법에 비하여 처리면적이 크다.
㉢ 포화 대수층뿐만 아니라 불포화대수층의 처리도 가능하다.
㉣ 원래 오염물질보다 독성이 더 큰 중간생성물이 생성될 수 있다.
㉤ 생물학적 복원은 굴착, 드럼에 의한 폐기 등과 비교하여 낮은 비용으로 적용 가능하다.
㉥ 2차 오염 발생률이 낮으며 원위치에서도 오염정화가 가능하다.
㉦ 유해한 중간물질을 만드는 경우가 있어 분해생성물의 유무를 미리 조사하여야 한다.

⑩ 토양의 물리적 개량(소화된 슬러지 이용)
  ㉠ 수분보유력이 증가하며 경작이 수월해진다.
  ㉡ 유기물 함량이 증가되어 토양미생물 성장이 활성화된다.
  ㉢ 토양 속의 통기성 및 공극률이 증가된다.
⑪ 객토
  오염된 농경지의 정화를 위해 다른 장소로부터 비오염토양을 운반하여 넣는 정화기술이다.
⑫ 유기물(슬러지 등)의 토지주입
  ㉠ 슬러지를 토지 주입 시 중금속의 흡수량 감소를 위해 토양의 pH는 6.5 또는 그 이상이어야 한다.
  ㉡ 용수슬러지에는 다량의 lime이 포함되어 있어 pH가 높고 토양의 산도를 중화시키는 데 유용하다.
  ㉢ 각종 중금속의 허용범위 내에서 주입시켜야 할 슬러지 양은 하수슬러지가 용수슬러지보다 많다.
  ㉣ 토양의 산도를 중화시키기 위한 lime의 소요량은 토양 pH가 5.5 이하일 때가 5.5 이상일 때보다 많다.
  ㉤ 슬러지폐기물을 토양에 주입 시 장점
    ⓐ 토양의 침식이 감소함
    ⓑ 토양의 투수성이 증가함
    ⓒ 폐기물을 방치하는 것보다 농경지와 같은 비점원 오염원으로부터의 오염물질 배출량이 감소됨
    ⓓ 토양의 수분함량이 증가함
    ⓔ 유기물함량이 증가되어 토양미생물 성장이 활성화됨
  ㉥ 하수슬러지를 토지(토양)에 주입 시 부하율 결정인자
    ⓐ 토양종류      ⓑ 작물종류      ⓒ 지형
    ⓓ 기후          ⓔ 냄새유발 여부  ⓕ 적용방법

### (13) 지하수오염 처리기술

① 공기살포기법(Air Sparging)
  ㉠ 포화대수층 내에 공기를 강제 주입하여 오염물질을 휘발시켜 추출시킴으로써 처리하는 공법이다.
  ㉡ 적용 가능한 경우
    ⓐ 오염물질의 용해도가 낮은 경우
    ⓑ 포화대수층 경우(자유면 대수층 조건 경우)
    ⓒ 대수층의 투수도가 $10^{-3}$cm/sec 이상일 때
    ⓓ 토양의 종류가 사질토, 균질토일 때

ⓔ 오염물질의 호기성 생분해능이 높은 경우일 때

② Directional Wells
  ㉠ 수직굴착으로 오염물질에 대한 접근이 용이하지 않은 지반구조이거나 오염물질이 수평으로 퍼져 있는 경우 주입정과 추출정을 수평 또는 일정각도로 배치하여 처리하는 기술이다.
  ㉡ 이 처리는 불특정한 여러 종류의 오염물질을 완전히 처리하는 데 적용할 수 있다.
  ㉢ 정확한 배관의 위치를 설정하기 어려우며 장치를 설치할 때 배관이 파괴될 수 있다.

③ 유해폐기물의 펌프-처리복원방법은 규제기준이 달성되어 펌핑을 멈출 때 탈착현상이 발생한다.

> **Reference** 전자 수용체
>
> ① 미생물의 호기성 호흡에서는 미생물이 산소를 전자의 최종수용체로 이용하기 때문에 산소의 공급이 필요하다.
> ② 생물학적 복원기법에서 호기성 조건을 위하여 산소를 주입하게 되는데 적정한 산소주입방법에는 대기 중의 공기주입, 압축산소주입, 과산화수소($H_2O_2$)주입 등이 있으며, 이 중 미생물에 의한 호흡과정에서 같은 양이 사용되는 경우 전자수용체로서 가장 효율이 높은 물질은 과산화수소이다.

> **Reference** 열탈착법
>
> 토양 속 오염물을 직접 분해하지 않고 보다 처리하기 쉬운 형태로 전환하는 기법으로, 토양의 형태나 입경의 영향을 적게 받고 탄화수소계 물질로 인한 오염토양 복원에 효과적인 기술이다.

> **Reference** 유기오염물질의 지하이동모델링에 포함되는 주요인자
>
> ① 유기오염물질의 분배계수
> ② 토양의 수리전도도
> ③ 생물학적 분해속도

1 토양오염, 지하수 오염의 특징 내용 숙지
2 토양오염물질 중 BTEX 종류 숙지
3 토양수분장력 계산식 숙지
4 NAPL 내용 숙지
5 토양 증기추출법, 생물주입 배출법, 토양경작법, 토양세척법 내용 숙지
6 공기살포기법, Directional Wells 내용 숙지

**필수문제**

**01** 주유소에서 오염된 토양을 복원하기 위해 오염정도 조사를 실시한 결과, 토양오염 부피는 5,000m³, BTEX는 평균 300mg/kg으로 나타났다. 이때 오염토양에 존재하는 BTEX의 총함량(kg)은?(단, 토양의 Bulk Denisty=1.9g/cm³)

풀이
BTEX의 총함량(kg) = $300\text{mg/kg} \times 5{,}000\text{m}^3 \times 1.9\text{g/cm}^3 \times 10^6\text{cm}/\text{m}^3 \times \text{kg}/10^3\text{g} \times \text{kg}/10^6\text{mg}$
= 2,850kg

**필수문제**

**02** 토양 중에서 1분 동안 12m를 침출수가 이동(겉보기속도)하였다면, 이때 토양공극 내의 침출수속도(m/sec)는?(단, 유효공극률=0.4)

풀이
침출수속도(m/sec) = $\dfrac{12\text{m/min} \times \text{min}/60\text{sec}}{0.4}$ = 0.5m/sec

**필수문제**

**03** 토양의 양이온 치환용량(CEC)이 10meq/100g이고 염기포화도가 70%라면, 이 토양에서 $H^+$이 차지하는 양(meq/100g)은?

풀이
염기포화도(%) = $\dfrac{\text{교환성 염기의 총량}}{\text{양이온 교환용량}} \times 100$

여기서, 교환성 염기는 Ca, Mg, K, Na이고 H, Al는 제외됨

$70 = \dfrac{10 - H^+}{10} \times 100$

$H^+ = 3\text{meq}/100\text{g}$

# 017 자원화

자원화 기술에는 Composting, Gasification, Pyrolysis, SRF 등이 있다.

## (1) 폐플라스틱

① 재생이용법
  ㉠ 단순재생
    균질한 폐플라스틱을 원료로 재생 이용하는 것을 말한다.
  ㉡ 복합재생
    혼합플라스틱 폐기물을 그대로 또는 다른 물질과 혼합하여 재생하는 것을 말한다.
  ㉢ 재활용방법
    ⓐ 용융고화 재생이용법
    ⓑ 열분해이용법(용해재생법)
    ⓒ 파쇄이용법

② 분해이용법
  ㉠ 폐기물에 열을 가하여 고분자물질인 폐플라스틱을 저분자량의 화합물로 변환하는 방법이다.
  ㉡ PE, PP는 300~450℃ 전후에서 분해되고, 550℃ 이하에서 반응이 완료된다.
  ㉢ 경질 PVC는 200℃ 이상에서 1차로 급격한 감량이 나타나고 400℃ 부근에서 2차열 분해가 나타난다.
  ㉣ PVC, 페놀수지, 요소수지는 200~300℃, HDPE는 400~600℃, ABS는 350~550℃에서 완전분해된다.
  ㉤ 열분해 방법
    ⓐ 감압증류분해       ⓑ 수증기 개질방법
    ⓒ 저온열분해(PVC)    ⓓ 욕열분해(PC, PP, PS 열욕매체 사용)

③ 플라스틱 소각
  ㉠ 열가소성 폐플라스틱은 열분해 휘발분이 매우 많고 고정탄소는 적다.
  ㉡ 열가소성 폐플라스틱은 분해연소를 원칙으로 하며 플라스틱 자체의 열전도율이 낮아 온도분포가 균일하다.
  ㉢ 열경화성 폐플라스틱은 일반적으로 연소성이 불량하고 점화성도 곤란하여 수열에 의한 팽윤 균열을 일으킨다.
  ㉣ 열경화성 폐플라스틱의 적당한 노 형식은 전처리 파쇄 후 유동층 방식에 의한 것이 좋다.
  ㉤ 플라스틱의 소각 시에는 보통 도시폐기물이 연소할 때 필요한 공기량의 약 10배가 필요하다.

ⓑ 플라스틱의 발열량은 보통 도시폐기물의 발열량보다 약 6~7배(5,000~11,000kcal/kg)가 높아 고온부식을 일으킨다.
ⓐ 질소를 함유한 플라스틱에서는 불완전연소에 의하여 HCN이 발생한다.
ⓞ 염소를 함유한 플라스틱은 유해중금속이 첨가된 경우가 많기 때문에 유해물질의 비산도 문제가 된다.
ⓩ 감압증류법은 황의 함량이 낮은 저유황유를 회수할 수 있다.
ⓩ 멜라민수지를 불완전연소하면 HCN과 $NH_3$가 생성된다.
ⓚ 열분해에 의해 생성된 모노머는 휘발성이 크고, 생성가스의 연소성도 크다.
ⓣ 플라스틱 폐기물 중 할로겐 화합물을 함유하고 있는 것은 폴리염화비닐이다.
ⓟ 플라스틱은 용융점이 낮아 화격자나 구동장치 등에 고장을 일으킨다.

④ 플라스틱 소각 시 수분의 영향
　㉠ 수분의 증발잠열 때문에 에너지가 많이 요구된다.
　㉡ 부분연소에 의해 유해물질이 다량 발생된다.
　㉢ 초기 승온시간이 길게 소요된다.

## (2) 폐타이어

① 개요
고무의 종류와 사용 정도에 따라 재생이 곤란한 경우가 많아 처리에 어려움이 있다.

② 이용 및 처리방법
　㉠ 시멘트킬른 열이용
　　시멘트킬른 연료인 유연탄의 일부를 폐타이어로 대체하여 시멘트제조 보조연료로 이용된다.
　㉡ 토목공사
　　폐타이어 내부에 흙과 골재를 투입하여 사방공사에 이용된다.
　㉢ 고무분말
　　폐타이어를 분쇄하여 고무분말을 만들고 고무분말을 탈황하여 재생고무를 생산한다.
　㉣ 건류소각재 이용
　　폐타이어 원형을 잘게 파쇄하여 소각한 후 발생한 소각재를 이용하여 카본블랙 제조한다.
　㉤ 열분해를 이용한 연료를 회수한다.
　㉥ 열병합 발전의 연료로 이용된다.

## (3) 폐산

① 개요
폐산은 수분을 포함하는 경우가 많으며 배출원도 다양하여, 처리회수법도 다양하다.

② 처리회수법
　㉠ 감압증류법
　　감압하에서 가열하여 물과 HCl을 방출시킨 후 냉각 응축시켜 염산을 회수하며 고순도로 회수가 가능하나 많은 에너지가 필요하다.
　㉡ 황산치환법
　　ⓐ 장치 간단, 설치비 저렴
　　ⓑ 운전 간단, 장치손상 적음
　　ⓒ 단시간에 시동·정지가 가능
　　ⓓ 폐염산 중 황산이 혼합되어도 처리 가능
　㉢ 스프레이 배소법(염화제1철의 수중분해)
　㉣ 유동배소법(염화철의 열분해를 유동상으로 처리)
　㉤ 이온교환막을 사용한 확산투석법

### (4) 폐산 또는 폐알칼리 재활용 기술

① 폐염산, 염화제2철 폐액을 이용한 폐수처리제, 전자회로 부식제 생산
② 폐황산, 폐염산을 이용한 수처리 응집제 생산
③ 구리 에칭액을 이용한 황산구리 생산

### (5) 가연성 쓰레기의 연료화 장점

① 저장이 용이하다.
② 수송이 용이하다.
③ 쓰레기로부터 폐열을 회수할 수 있다.
④ 가연성 쓰레기의 특성에 맞는 소각로에서 연소하여야 한다.

 수문제

**01** 500ton/day 규모의 폐기물 에너지 전환시설의 폐기물 에너지 함량을 2,400kcal/kg으로 가정할 때 이로부터 생성되는 열발생률(kcal/kWh)은?(단, 엔진에서 발생한 전기에너지는 20,000kW이며, 전기공급에 따른 손실은 10%라고 가정한다.)

**풀이**

$$열발생률(kcal/kWh) = \frac{500 ton/day \times 2,400 kcal/kg \times 1,000 kg/ton \times day/24hr}{20,000 kW \times 0.9}$$

$$= 2,777.78 kcal/kWh$$

**학습 Point**

1 폐플라스틱 재생이용법, 소각법 숙지
2 폐타이어 이용·처리방법 숙지

# PART 03
## 폐기물 처분 기술

WASTE TREATMENT

# SECTION 001 연소이론

## (1) 연소

### ① 개요
㉠ 연소란 빛과 열을 수반하는 급격한 산화현상이며 발열화학반응을 한다.
㉡ 연소가 되기 위해서는 착화온도까지 가열해야 하고 공기 또는 산소의 공급이 필요하다.
㉢ 연소의 3요소는 가연물, 산소공급원, 점화원이다.

### ② 열량
㉠ 열(에너지)의 물리량을 열량이라 한다.
㉡ 단위는 cal or kcal로 나타낸다.
㉢ kcal란 1atm(760mmHg)에서 순수한 물 1kg을 1℃(14.5~15.5℃)만큼 올리는 데 필요한 열량을 의미한다.
㉣ 단위질량의 물질을 1℃ 상승하는데 필요한 열량을 비열이라 한다.

### ③ 섭씨온도(℃)와 화씨온도(℉)의 관계
㉠ 섭씨온도(℃)
1기압(760mmHg)의 압력하에 물의 빙점을 0℃, 비등점을 100℃로 하여 그 사이를 100등분한 것이다.
㉡ 화씨온도(℉)
1기압(760mmHg)의 압력하에 염수의 빙점을 0℉, 인체의 체온을 100℉로 하여 그 사이를 100등분한 것이다.
㉢ 관계식

$$°F = \left(\frac{9}{5} \times °C\right) + 32$$

$$°C = \frac{5}{9} \times (°F - 32)$$

여기서, ℉ : 화씨온도(0℃=32℉)
　　　　℃ : 섭씨온도

### 01 화씨온도 80°F는 섭씨온도(℃)로 얼마인가?

**풀이**

$$℃ = \frac{5}{9} \times (°F - 32) = \frac{5}{9} \times (80 - 32) = 26.67℃$$

④ 절대온도($T$)와 섭씨온도(℃), 화씨온도(°F)의 관계
   절대온도의 눈금은 열역학 제2법칙에서 유도된 것이다.

$$T = 273 + ℃, \quad T = 460 + °F$$

⑤ 반응열
   ㉠ 반응열은 화학반응 시 열의 방출이나 흡수가 일어날 때 생기는 열을 의미한다.
   ㉡ Hess법칙
       반응열의 양은 반응이 일어나는 과정에 무관하고 반응 전후에 있어서의 물질 및 그 상태에 의해서 결정된다는 법칙이다.

⑥ 착화온도
   ㉠ 가연성 물질이 외부로부터 가열을 요하지 않고 스스로 발생하는 연소열로 연소를 계속할 수 있는 최저의 온도, 즉 연료 자신의 연소열에 의하여 연소를 계속하게 되는 온도를 의미하며 착화온도가 낮은 물질일수록 위험성이 크다.
   ㉡ 착화점, 발화점, 발화온도라고 한다.
   ㉢ 특징
       ⓐ 연료의 분자구조가 간단할수록 착화온도는 높아진다.
       ⓑ 연료의 화학결합의 활성도가 클수록 착화온도는 낮아진다.
       ⓒ 연료의 화학반응성이 클수록 착화온도는 낮아진다.
       ⓓ 동질물질인 경우 화학적으로 발열량이 클수록 착화온도는 낮아진다.
       ⓔ 공기 중의 산소농도 및 압력이 높을수록 착화온도는 낮아진다.
       ⓕ 석탄의 탄화도가 작을수록 착화온도는 낮아진다.
       ⓖ 비표면적이 클수록 착화온도는 낮아진다.
   ㉣ 각 물질의 착화온도
       장작 250~300℃, 목탄 320~400℃, 갈탄 250~450℃, 역청탄 320~400℃, 무연탄 400~500℃, 코크스 500~600℃, 황 630℃, 중유 530~580℃, 탄소 800℃, 수소 580℃, 용광로가스 700~800℃

⑦ 인화점
   ㉠ 인화점은 가연성 물질이 점화원에 의하여 발화될 수 있는 최저온도를 말한다.
   ㉡ 석유류의 인화온도
      휘발유(0~50℃), 등유(30~70℃), 중유(90~120℃)

⑧ 연소속도(가연물과 산소의 반응속도를 의미)를 지배하는 요인
   ㉠ 인화점은 공기 중의 산소의 확산속도(분무시스템의 확산)
   ㉡ 연료용 공기 중의 산소농도
   ㉢ 반응계의 온도 및 농도(반응계 : 가연물 및 산소)
   ㉣ 활성화에너지
   ㉤ 산소와의 혼합비
   ㉥ 촉매

⑨ 과열증기
   포화증기온도 이상으로 가열한 증기를 말한다.

⑩ 물질상태변화
   ㉠ 고체 → 액체(융해), 액체 → 고체(응고)
   ㉡ 액체 → 기체(기화), 기체 → 액체(액화)
   ㉢ 고체 → 기체(승화), 기체 → 고체(승화)

# SECTION 002 연료의 연소

## (1) 개요
① 연료란 연소 시에 발생하는 열을 경제적으로 이용할 수 있는 가연성 물질로서 고체연료, 액체연료, 기체연료로 크게 구분된다.
② 가연성 쓰레기의 연료화 장점은 저장용이, 수송용이, 폐열회수 등이 있다.

## (2) 종류(구분)
① 고체연료의 연소
  ㉠ 석탄, 코크스, 목탄, 장작 등의 연료이다.
  ㉡ 연소방법에는 화격자 연소와 미분탄 연소가 있다.
  ㉢ 화격자 연소의 장점은 연속적인 소각과 배출이 가능하고 용량부하가 크며 전자동 운전이 가능하다.
  ㉣ 화격자 연소의 단점은 연소속도와 착화가 느리고 체류시간이 길며 교반력이 약하여 국부가열이 발생할 염려가 있다.
  ㉤ 미분탄 연소의 착화와 연소속도는 미분탄 입자가 작을수록 빠르고 적은 공기비로도 완전연소가 가능하다는 특징이 있다.
  ㉥ 수분이 많을수록 착화가 나쁘고 열손실을 초래하며 휘발분이 많을 경우는 매연발생이 심하다.
  ㉦ 고정탄소가 많을 경우 발열량이 높고 매연발생이 적으며, 회분이 많을 경우 발열량이 낮다.
  ㉧ 장점
    ⓐ 저장, 취급(수송)이 편리하다.
    ⓑ 야적이 가능하다.
    ⓒ 연소장치가 간단하고 가격이 저렴하다.
    ⓓ 매장량이 풍부하며 연소성이 느린 점을 이용하여 특수목적에 사용할 수 있다.
    ⓔ 인화, 폭발의 위험성이 적다.
  ㉨ 단점
    ⓐ 전처리가 필요하다.
    ⓑ 완전연소가 곤란하여 회분이 남게 된다.
    ⓒ 연소효율이 낮고 고온을 얻기가 어렵다.
    ⓓ 연소조절이 어렵고 매연이 발생된다.
    ⓔ 착화연소가 곤란하며 연료의 배관수송이 어렵다.
    ⓕ 점화와 소화가 용이하지 않다.

ⓒ 석탄의 탄화도
  ⓐ 정의
    고정탄소에 대한 휘발분의 비율을 연료비라 하며 석탄의 탄화 정도를 나타내는 지수를 탄화도라고 한다.
  ⓑ 석탄의 탄화도 증가 시 나타나는 성질
    - 연료비가 높아진다.(양질의 석탄이 됨)
    - 고정탄소의 함량이 증가한다.
      (고정탄소가 클수록 양질의 석탄 : 무연탄>역청탄>갈탄>이탄>목재)
    - 발열량이 높아진다.
    - 휘발분이 감소한다.
    - 매연발생률이 낮아지게 된다.
    - 비열이 감소한다.
    - 착화온도가 높아진다.
    - 연소속도가 느려진다.

> **Reference** $Al_2O_3$
>
> $Al_2O_3$는 석탄의 재 성분에 다량 포함되어 있으며, 융점이 높다.

> **Reference** 미분탄 연소장치(Pulverized Coal Incinerator)
>
> (1) 개요
>   석탄의 표면적을 크게(0.1mm 정도 크기로 분쇄)하고 1차 공기 중에 부유시켜서 공기와 함께 노 내로 흡입시켜 연소시키는 방법으로 적은 공기비로도 완전연소가 가능하다는 특징이 있다.
>
> (2) 특징
>   ① 반응속도는 탄의 성질, 공기량 등에 따라 변한다.
>   ② 연소에 요하는 시간은 대략 입자 지름의 제곱에 비례한다.
>   ③ 부하변동에 쉽게 적응할 수 있으므로 대형과 대용량 설비에 적합하다.
>
> (3) 장점
>   ① 같은 양의 석탄에서는 표면적이 대단히 커지고, 공기와의 접촉 및 열전달도 좋아지므로 작은 공기비로도 완전연소가 가능하다.
>   ② 점화 및 소화시 열손실은 적고 부하의 변동에 쉽게 적용할 수 있다.
>   ③ 연소속도가 빠르고 높은 연소효율을 기대할 수 있다.
>   ④ 사용연료의 범위가 넓어 스토커 연소에 적합하지 않은 점결탄과 낮은 발열량의 탄 등에도 사용할 수 있다.
>   ⑤ 대용량 보일러에 적용할 수 있다.

(4) 단점
① 설치 및 유지비가 고가이다.
② 재비산이 많고 집진장치가 필요하다.
③ 분쇄기 및 배관 중에 폭발의 우려 및 수송관의 마모가 일어날 수 있다.
④ 역화, 폭발의 위험성이 있다.
⑤ 소용량 보일러에는 적용할 수 없다.

② 액체연료의 연소
㉠ 휘발유, 등유, 경유, 중유 등의 연료이며 탄수소비(C/H비)+가 가장 큰 것은 중유이다.(중유>경유>등유>휘발유)
㉡ 액체를 분무화하여 산소와 반응하여 연소가 이루어진다.
㉢ 분무입경이 작을수록 착화와 연소속도가 빨라진다.
㉣ 액체연료 연소속도에 영향을 미치는 인자
   ⓐ 기름방울과 공기의 혼합 정도
   ⓑ 분무각도
   ⓒ 연료의 예열온도

㉤ 장점
   ⓐ 발열량이 높아 연소효율이 좋다.(완전연소 가능)
   ⓑ 회분의 발생이 거의 없고 저장·운반이 용이하다.
   ⓒ 석탄 연소에 비하여 매연발생이 적다.
   ⓓ 연소조절이 용이하며 일정한 품질을 구할 수 있다.
   ⓔ 계량화 기록이 쉽고 저장 중 변질이 적다.

㉥ 단점
   ⓐ 국부가열 가능성이 커 화재위험이 있고 역화가 발생할 수 있다.
   ⓑ 연소 시 소음발생을 유발하며 불완전 연소 시 $SO_x$, 매연이 발생한다.
   ⓒ 국내 자원이 적고 수입에의 의존비율이 높으며 소량의 재 중에 금속산화물이 장해원인이 될 수 있다.

㉦ 중유의 특징
   ⓐ 탄수소비(C/H)가 증가하면 비열은 감소한다.
   ⓑ 중유의 유동점은 중유를 저온에서 취급시 난이도를 나타내는 척도이며 점도가 낮을수록 유동점은 낮아진다.
   ⓒ 비중이 큰 중유는 일반적으로 발열량이 낮고 비중이 작을수록 연소성이 양호하다.

ⓓ 잔류탄소가 많은 중유는 일반적으로 점도가 높으며, 일반적으로 중질유일수록 잔류탄소가 많다.
　　　ⓔ 중유연소에서 보일러의 경우 배가스 중의 $CO_2$ 농도 범위는 11~14% 정도이다.
　　ⓒ 석유계 액체연료의 특성
　　　ⓐ 석유계 연료는 연소의 조절이 간단하고 용이하다.
　　　ⓑ 석유계 연료는 동일중량의 석탄계 연료에 비해 용적이 35~50% 정도이다.
　　　ⓒ 석유계 연료의 발열량(kcal/kg)은 석탄계 연료보다 높다.
　　　ⓓ 석유계 연료는 연소 시 과잉공기량이 적고 쉽게 완전 연소되며 연소 후 슬러리가 없다.
　　　ⓔ 석유계 연료의 연소 시 열효율이 높아 회분이 없으며 운반과 적재도 간단·신속하다.
　　　ⓕ 비중이 커지면 탄수소비(C/H)가 커지고 발열량은 감소한다.
　　　ⓖ 점도가 작아지면 유동성이 좋아져 분무화가 잘 된다.
　　　ⓗ 점도가 높아지면 인화점이 높아진다.

③ **기체연료의 연소**
　㉠ LNG, LPG 등의 연료이다.
　㉡ 공기와 혼합률이 적당하면 착화와 동시에 연소가 일어난다.
　㉢ 연소 시 연소가스의 유출속도가 너무 빠르면 취소가 일어나고 늦어지면 역화가 발생할 수 있다.
　㉣ 건성가스의 주성분은 $CH_4$이다.
　㉤ 장점
　　ⓐ 작은 과잉공기비(10~20%)로 완전연소가 가능하여 연소효율이 높다.
　　ⓑ 회분 및 $SO_2$, 매연 발생이 없다.(연료의 예열이 쉽고 유황 함유량이 적어 SOx 발생량이 적다.)
　　ⓒ 점화·소화가 용이하고 연소조절이 쉽다.(안정된 연소가 가능)
　　ⓓ 발열량이 크며 회분이 없고 균일가열된다.
　　ⓔ 연소율의 가연범위(Turn-down Ratio, 부하변동범위)가 넓다.
　㉥ 단점
　　ⓐ 시설비(저장, 이송)가 크고 폭발위험성이 있다.
　　ⓑ 실내에서 누설될 경우 위험하다.
　　ⓒ 다른 연료에 비해 취급이 곤란(위험성)하다.

### (3) 연료 구비조건

① 공급이 용이하며 인체에 영향을 미치지 않아야 한다.
② 발열량이 커야 하며 안정성, 경제성을 갖고 있어야 한다.
③ 저장 및 운반이 편리해야 한다.

### (4) 연료가 노에서 연소 시 좋은 연소가 되기 위한 조건

① AFR(Air Fuel Ratio : 공연비)가 잘 맞아야 한다.
② 공기와 연료의 혼합이 잘 이루어져야 한다.
③ 충분한 산소공급 및 체류시간이 필요하다.
④ 연료점화를 위해 혼합도가 높아야 한다.
⑤ 점화온도가 유지되고, 재(Ash)의 발생이 최소가 되는 소각로 형태가 요구된다.

### (5) 연소 종류(특성)

① 증발연소
  ㉠ 화염으로부터 열을 받으면 가연성 증기가 발생하는 연소, 즉 액체연료가 액면에서 증발하여 가연성 증기로 되어 산소와 반응, 착화되어 화염이 발생하고 증발이 촉진되면서 연소가 이루어진다.
  ㉡ 증발연소는 비교적 용융점이 낮은 고체가 연소되기 전에 용융되어 액체와 같이 표면에서 증발되어 연소하는 현상이다.
  ㉢ 끓는점이 낮은 기름(휘발유, 등유, 알코올)의 연소는 증발연소이다.
  ㉣ 왁스가 액화 후 다시 기화되어 증기가 연소되는 형태도 증발연소이다.
  ㉤ 고체 및 액체연료 가연물의 연소형태이다.
  ㉥ 연료의 증발속도가 연소속도보다 빠르면 불완전연소가 되며 증발온도가 열분해온도보다 낮은 경우 증발연소된다.

② 분해연소
  ㉠ 연소 초기에 가연성 고체(목탄, 석탄, 타르 등)가 열분해에 의하여 가연성 가스가 생성되고 이것이 긴 화염을 발생시키면서 연소한다.(열분해에 의해 발생된 가스와 공기가 혼합하여 연소)
  ㉡ 고분자 물질은 분해연소하며 증발온도보다 분해온도가 낮은 경우에는 가열에 의해 열분해되어 휘발하기 쉬운 성분의 표면에서 떨어져 나와 연소하는 현상이다.
  ㉢ 증발연소와 동일하게 불꽃을 발생시킨다.
  ㉣ 대부분의 고체연료의 연소는 분해연소이다.

③ 표면연소
  ㉠ 고체연료 표면에 고온을 유지시켜 표면에서 반응을 일으켜 내부로 연소가 진행되는

형태이며 숯불연소, 불균일연소라고도 한다.
ⓒ 코크스 또는 분해연소가 끝난 석탄은 열분해가 일어나기 어려운 탄소가 주성분으로 그것 자체가 연소하는 과정으로 연소되면 적열할 뿐 화염이 없는 연소형태이다. 즉, 코크스나 목탄과 같은 휘발성 성분이 거의 없는 연료의 연소형태를 말한다.
ⓒ 산소나 산화가스가 고체표면 및 내부 공간에 확산되어 표면반응을 하며 연소하는 형태이다.(열분해에 의하여 가연성 가스를 발생하지 않고 물질 그 자체가 연소)
ⓔ 열분해가 끝난 코크스는 열분해가 어려운 고정탄소로 그 자체가 연소한다.
ⓜ 연소속도는 산소의 연료표면으로의 확산속도와 표면에서의 화학반응속도에 의해 영향을 받는다.

④ 확산연소
ⓐ 가연성 연료와 외부공기가 서로 확산에 의해 혼합하면서 화염을 형성하는 연소형태, 즉 연료는 버너노즐로부터 분리시켜 외부공기와 일정 속도로 혼합하여 연소하는 형태이다.
ⓑ 화염이 길고 그을음이 발생하기 쉽지만 역화의 위험은 없다.
ⓒ 확산연소에 사용되는 대표적 버너에는 포트형 및 버너형이 있다.
ⓓ 기체 연료가 대표적이다.

⑤ 자기연소
ⓐ 내부연소라고도 한다.
ⓑ 공기 중 산소를 필요로 하지 않으며, 분자(물질 자체) 자신이 가지고 있는 산소에 의해 연소하는 형태이다.
ⓒ 니트로글리세린이 대표적이다.(질화면, 니트로셀룰로오스 등은 그 자체가 가연물이면서 열분해에 의한 산소를 발생시킴)

⑥ 혼합기연소
ⓐ 기체연료와 공기를 알맞은 비율로 혼합(AFR)하여, 혼합기에 넣어 점화시키는 연소형태이다.
ⓑ AFR(공기, 연료 비율)이 중요한 인자로 작용한다.

⑦ 발연연소
열분해로 발생된 휘발성분이 점화되지 않고 다량의 발연을 수반하여 표면반응을 일으키면서 연소하는 형태이다.

[6] **연소효율**

① 가연성 물질을 연소할 때 완전연소량에 비해서 실제 연소되는 양의 비율이 연소효율이다.
② 강열감량이 크면 연소효율이 저하된다.(강열감량 : 소각재 잔사에 포함되어 있는 미연분량)
③ 폐기물 소각에 있어서 연소효율이 낮으면 보조연료가 많이 요구된다.

④ 연소효율의 발열량 표현식

$$연소효율(\eta) = \frac{H_l - (L_1 + L_2)}{H_l} \times 100(\%)$$

여기서, $H_l$ : 저위발열량(kcal/kg)
 $L_1$ : 미연 열손실(kcal/kg)
 $L_2$ : 불완전연소열 손실(kcal/kg)

## (7) 열효율

① 관련식

$$열효율(\%) = \frac{유효열}{공급입열} \times 100$$

여기서, 유효열 : 폐기물의 수분증발 후 가연분의 완전연소에 필요한 열량
 공급입열 : 폐기물의 저위발열량과 보조열량을 의미함

② 열효율 향상조건
  ㉠ 연소효율의 향상에 의한 강열감량을 최소화한다.
  ㉡ 열분해 생성물을 완전연소한다.
  ㉢ 연소생성 열량이 피연물에 최대한 유효하게 전달되고 배기가스에 의한 열손실을 저감한다.
  ㉣ 연소 잔사에 의한 현열손실을 감소하고 복사전열에 의한 방열손실을 가능한 최대로 줄인다.
  ㉤ 간헐운전조건에서는 승온시간을 단축시키고 배가스의 재순환으로 전열효율을 향상시킨다.

> **Reference**
> ① 현열 : 상변화 없이 물질의 온도를 변화시키는 데 필요한 열
> ② 잠열 : 온도변화 없이 물질의 상만 변화시키는 데 필요한 열

## (8) 역화

① 정의

역화현상은 가스노즐 분출속도가 연소속도보다 느리게 되면 화염이 버너 내부에서 연소하는 현상이다.

② 역화의 원인

㉠ 인화점이 낮은 연료 및 유류성분 중 물·이물질을 포함한 경우
㉡ 점화시간 지연 및 압력이 과대한 경우
㉢ 노즐부식 및 버너가 과열상태인 경우
㉣ 공기보다 연료 공급이 먼저 이루어진 경우
㉤ 1차 공기가 과대한 경우
㉥ 버너노즐부의 과열로 인하여 연소속도가 증가한 경우
㉦ 분출가스압이 저하한 경우

## (9) 검댕(매연)의 발생

① 전열면 등으로 발열속도보다 방열속도가 빨라서 화염의 온도가 저하될 때 많이 발생한다.
② 중합, 탈수소축합 등의 반응을 일으키는 탄화수소가 클수록 많이 발생한다.
③ 공기비가 매우 적을 때 다량 발생한다.
④ A중유 < B중유 < C중유 순으로 많이 발생한다.
⑤ 검댕(매연)의 발생이 최대인 온도는 400~550℃ 정도이다.

---

 학습 Point

① 착화온도 특징 내용 숙지
② 고체, 액체, 기체연료 내용 및 석탄 탄화도 증가 시 내용 숙지
③ 연소 종류 및 특성 내용 숙지
④ 열효율 향상조건 내용 숙지

**필수문제**

**01** 소각대상물인 열가소성 플라스틱의 저위발열량은 5,400kcal/kg이며 이 플라스틱 소각 시 발생되는 연소재 중의 미연손실은 저위발열량의 10%이고 불완전연소에 의한 손실은 600kcal/kg일 때 소각대상물의 연소효율(%)은?

풀이
$$\text{연소효율(\%)} = \frac{H_l - (L_1 + L_2)}{H_l} \times 100(\%) = \frac{5,400 - [(5,400 \times 0.1) + 600]}{5,400} \times 100 = 78.9\%$$

**필수문제**

**02** 소각로에서 슬러지의 온도가 30℃, 연소온도 900℃, 배기온도 350℃일 때, 소각로의 열효율(%)은?

풀이
$$\text{열효율(\%)} = \frac{\text{연소온도} - \text{배기온도}}{\text{연소온도} - \text{소각물 온도}} = \frac{900 - 350}{900 - 30} \times 100 = 74.71\%$$

# SECTION 003 연소반응

## (1) 개요

폐기물의 연소는 가연물(타는 성분)을 구성하는 원소, 즉 탄소(C), 수소(H), 황(S)에 의한 연소이며 3가연 원소의 연소반응에서 가연물질이 연소하기 위한 공기량, 연소생성 가스양을 구할 수 있다.

## (2) 연소반응식

### ① 고체 · 액체의 연소

- 탄소 ⇨ $C + O_2 \rightarrow CO_2 + 8,100 (kcal/kg)$
- 수소 ⇨ $2H_2 + O_2 \rightarrow 2H_2O + 34,000 (kcal/kg)$
- 황 ⇨ $S + O_2 \rightarrow SO_2 + 2,500 (kcal/kg)$

### ② 기체 연소

- 일산화탄소 ⇨ $2CO + O_2 \rightarrow 2CO_2 + 3,035 (kcal/Sm^3)$
- 수소 ⇨ $2H_2 + O_2 \rightarrow 2H_2O + 3,050 (kcal/Sm^3)$
- 일반탄화수소 ⇨ $C_mH_n + (m + \frac{n}{4})O_2 \rightarrow mCO_2 + \frac{n}{2}H_2O$
- 유기화학물질 ⇨ $C_aH_bO_cN_d + \left[\frac{4a+b-2c-3d}{4}\right]O_2$
  $\rightarrow a[CO_2] + \frac{b}{2}[H_2O] + \frac{d}{2}[N_2]$
- 메탄 ⇨ $CH_4 + 2O_2 \rightarrow CO_2 + 2H_2O + 9,530 (kcal/Sm^3)$
- 프로판 ⇨ $C_3H_8 + 5O_2 \rightarrow 3CO_2 + 4H_2O + 24,370 (kcal/Sm^3)$
- 프로필알코올 ⇨ $C_3H_7OH + 4.5O_2 \rightarrow 3CO_2 + 4H_2O$
- 메탄올 ⇨ $CH_3OH + 1.5O_2 \rightarrow CO_2 + 2H_2O$

### ③ 탄소(C)의 연소

㉠ 중량

| C | + | $O_2$ | → | $CO_2$ |
|---|---|---|---|---|
| 12kg | | 32kg | | 44kg |
| 1kg | | 2.67kg | | 3.67kg(44/12) |

ⓒ 부피(용량)

$$C + O_2 \rightarrow CO_2$$
12kg   22.4Sm³      22.4Sm³
1kg    1.87Sm³      1.87Sm³(22.4/12)

④ 수소(H)의 연소
  ㉠ 중량

$$H_2 + \frac{1}{2}O_2 \rightarrow H_2O$$
2kg    16kg         18kg
1kg     8kg          9kg(18/2)

  ㉡ 부피(용량)

$$H_2 + \frac{1}{2}O_2 \rightarrow H_2O$$
2kg    11.2Sm³      22.4Sm³
1kg     5.6Sm³      11.2Sm³(22.4/2)

⑤ 황(S)의 연소
  ㉠ 중량

$$S + O_2 \rightarrow SO_2$$
32kg   32kg         64kg
1kg     1kg          2kg(64/32)

  ㉡ 부피(용량)

$$S + O_2 \rightarrow SO_2$$
32kg   22.4Sm³      22.4Sm³
1kg     0.7Sm³      0.7Sm³(22.4/32)

## (3) 이론산소량

① 이론산소량($O_0$)은 연료를 완전연소시키는 데 필요한 최소한의 산소량을 의미한다.

② 이론산소량($O_0$) 산정방법
  ㉠ 원소 조성에 의한 방법
  ㉡ 발열량에 의한 방법
  ㉢ 셀룰로오스 치환법

③ 고체 및 액체연료
  고체, 액체연료 1kg의 연소 시 이론산소량($O_0$)
  ㉠ 중량

$$O_0 = 32/12C + 16/2(H - O/8) + 32/32S$$
$$= 2.667C + 8H - O + S \, (kg/kg)$$

  ㉡ 부피(용량)

$$O_0 = 22.4/12C + 11.2/2(H - O/8) + 22.4/32S$$
$$= 1.867C + 5.6H - 0.7O + 0.7S \, (Nm^3/kg)$$

  여기서, (H − O/8)는 유효수소이다. 연료 중에 산소가 함유되어 있을 때 수소 중 일부는 이 산소와 결합하여 결합수($H_2O$)를 생성하므로 전부 연소되지 않고 O/8만큼 연소가 되지 않는다는 의미이며 연료 중에 함유된 산소량을 보정하기 위해 사용된다. 즉, 유효수소는 실제 연소에 참여할 수 있는 수소의 양으로 전체수소에서 산소와 결합된 수소량을 제외한 양을 의미한다.(연료 중의 산소가 결합수의 상태로 있기 때문에 전 수소에서 연소에 이용되지 않는 수소분을 공제한 수소)

④ 기체연료 이론산소량($O_0$)

$$O_0 = 0.5H_2 + 0.5CO + 2CH_4 + \cdots + \left(m + \frac{n}{4}\right)C_mH_n - O_2 \, (Nm^3/Nm^3)$$
$$= 0.5H_2 + 0.5CO + 2CH_4 + 2.5C_2H_2 + 3C_2H_4 + 5C_3H_8$$
$$+ 6.5C_4H_{10} + 1.5H_2S - O_2$$

### 必수문제

**01** 탄소(C) 5kg을 완전연소시킨다면 산소는 몇 $Nm^3$ 필요한가?

**풀이**

연소반응식

$$C \;+\; O_2 \;\to\; CO_2$$

12kg : 22.4$Nm^3$

5kg : $O_2(Nm^3)$

$O_2(Nm^3) = \dfrac{5kg \times 22.4Nm^3}{12kg} = 9.33Nm^3$

### 必수문제

**02** 이론적으로 순수한 탄소 3kg을 완전연소시키는 데 필요한 산소의 양(kg)은?

**풀이**

연소반응식

$$C \;+\; O_2 \;\to\; CO_2$$

12kg : 32kg

3kg : $O_2(kg)$

$O_2(kg) = \dfrac{3kg \times 32kg}{12kg} = 8kg$

### 必수문제

**03** 탄소 3kg을 완전연소할 경우 발생하는 $CO_2$의 가스양($Nm^3$)은?

**풀이**

연소반응식

$$C \;+\; O_2 \;\to\; CO_2$$

12kg : 22.4$Nm^3$

3kg : $CO_2(Nm^3)$

$CO_2(Nm^3) = \dfrac{3kg \times 22.4Nm^3}{12kg} = 5.6Nm^3$

**04** CO 10kg을 완전연소시킬 때 필요한 이론적 산소량($Sm^3$)은?

**풀이**

$$2CO + O_2 \rightarrow 2CO_2$$
$$2 \times 28kg : 22.4Sm^3$$
$$10kg : O_2(Sm^3)$$
$$O_2(Sm^3) = \frac{10kg \times 22.4sm^3}{2 \times 28kg} = 4Sm^3$$

**05** $CO_2$ 50kg의 표준상태에서 부피($m^3$)는?(단, $CO_2$는 이상기체이고 표준상태로 간주)

**풀이**

연소반응식
$$C + O_2 \rightarrow CO_2$$
$$44kg : 22.4m^3$$
$$50kg : CO_2(m^3)$$
$$CO_2(m^3) = \frac{50kg \times 22.4Nm^3}{44kg} = 25.45m^3$$

**06** 도시쓰레기 성분 중 수소 1kg이 완전연소되었을 때 필요한 이론적 산소요구량(kg)과 연소생성물인 수분의 양(kg)은 각각 얼마인가?

**풀이**

연소반응식

이론적 산소요구량

$$H_2 + \frac{1}{2}O_2 \rightarrow H_2O$$
$$2kg : 16kg$$
$$1kg : O_2(kg)$$
$$O_2(kg) = 8kg$$

수분의 양

$$H_2 + \frac{1}{2}O_2 \rightarrow H_2O$$
$$2kg : 18kg$$
$$1kg : H_2O(kg)$$
$$H_2O(kg) = 9kg$$

### 07 필수문제

목재류 쓰레기 조성을 원소분석한 결과 중량비가 C : 69%, H : 6%, O : 18%, N : 5%, S : 2%였다. 목재쓰레기 100kg이 연소할 때 필요한 이론산소량($Sm^3$)은?

**풀이**

이론산소량($O_0$ : 용적)

$$O_0(Sm^3) = 1.867C + 5.6H - 0.7O + 0.7S$$
$$= (1.867 \times 0.69) + (5.6 \times 0.06) - (0.7 \times 0.18) + (0.7 \times 0.02)$$
$$= 1.51 Sm^3/kg \times 100kg = 151 Sm^3$$

### 08 필수문제

$CO_2$ 50kg의 표준상태에서 부피($m^3$)는?(단, $CO_2$는 기체상태이고 표준상태로 간주)

**풀이**

일반 기초화학개념 문제

$CO_2$(44kg)의 표준상태(0℃, 1기압)에서의 부피는 22.4$m^3$

$44kg : 22.4m^3 = 50kg : CO_2(m^3)$

$$CO_2(m^3) = \frac{22.4m^3 \times 50kg}{44kg} = 25.45 m^3$$

### 09 필수문제

소각로 배기가스 중 HCl 농도가 300ppm이면 이는 약 몇(mg/$Sm^3$)에 해당하는가?

**풀이**

$$농도(mg/Sm^3) = 300 \times \frac{36.5}{22.4} = 300 mL/Sm^3(ppm) \times \frac{36.5mg}{22.4mL}$$
$$= 488.84 mg/Sm^3$$

일반기초화학 개념문제

표준상태(0℃, 1기압)에서 중량과 용량 관계식

농도(mg/$Sm^3$) = ppm × $\frac{분자량}{22.4}$,  농도(ppm) = mg/$Sm^3$ × $\frac{22.4}{분자량}$

### 必수문제

**10** 표준상태(0℃, 1기압)에서 어떤 배기가스 내에 $CO_2$ 농도가 0.05%라면 몇 $mg/m^3$에 해당하는가?

> **풀이**
> 
> $$mg/m^3 = ppm \times \frac{분자량}{22.4}$$
> 
> $$ppm = 0.05\% \times \frac{10,000ppm}{1\%} = 500ppm$$
> 
> $$= 50mL/m^3 \times \frac{44mg}{22.4mL} = 982.14 mg/m^3$$

### 必수문제

**11** 페놀($C_6H_5OH$) 188g을 무해화하기 위하여 완전연소시켰을 때 발생하는 $CO_2$의 발생량(kg)은?

> **풀이**
> 
> $C_6H_5OH \Rightarrow C_6H_6O$
> 
> $C_6H_6O + 7O_2 \rightarrow 6CO_2 + 3H_2O$
> 
> 94g : $6 \times 44g$
> 
> 188g : $CO_2(kg)$
> 
> $$CO_2(kg) = 528g \times \frac{kg}{1,000g} = 0.53kg$$

## (4) 이론공기량

① 이론공기량($A_0$)은 연료를 완전연소하는 데 필요한, 화학양론상 최소한의 공기량을 의미한다.

② 이론공기량($A_0$) 산정방법
  ㉠ 원소 조성에 의한 방법
  ㉡ 발열량에 의한 방법
  ㉢ 셀룰로오스 치환법

③ 고체 및 액체연료
  고체, 액체 연료 1kg의 연소 시 이론공기량($A_0$)

㉠ 중량

$$A_0 = O_0 \times \frac{1}{0.232}$$

$$O_0 = \frac{32}{12}C + \frac{16}{2}\left(H - \frac{O}{8}\right) + \frac{32}{32}S$$
$$= 2.667C + 8\left(H - \frac{O}{8}\right) + S$$

$$A_0 = 11.5C + 34.63H - 4.31O + 4.31S \,(kg/kg)$$

여기서, C, H, O, S는 액체 및 고체 연료 1kg 중에 탄소, 수소, 산소, 황의 중량분율을 의미한다.

㉡ 용량

$$A_0 = O_0 \times \frac{1}{0.21}$$

$$O_0 = \frac{22.4}{12}C + \frac{11.2}{2}\left(H - \frac{O}{8}\right) + \frac{22.4}{32}S$$
$$= 1.867C + 5.6\left(H - \frac{O}{8}\right) + 0.7S$$

$$A_0 = 8.89C + 26.67H - 3.33O + 3.33S \,(Nm^3/kg)$$

④ 기체연료

$$A_0 = \frac{O_0}{0.21} \,(Nm^3/Nm^3)$$
$$= \frac{1}{0.21}\left[0.5(H_2) + 0.5(CO) + 2(CH_4) + \cdots + \left(m + \frac{n}{4}\right)C_mH_n - O_2\right]$$

⑤ 발열량을 이용한 이론공기량 및 이론가스양 계산(Rosin식)
㉠ 고체연료
ⓐ 이론공기량$(A_0) = 1.01 \times \frac{저위발열량(H_l)}{1,000} + 0.5 \,(Sm^3/kg)$
ⓑ 이론가스양$(G_0) = 0.89 \times \frac{H_l}{1,000} + 1.65 \,(Sm^3/kg)$

ⓒ 액체연료

ⓐ 이론공기량$(A_0) = 0.85 \times \dfrac{H_l}{1,000} + 2$ (m³/kg)

ⓑ 이론가스양$(G_0) = 1.11 \times \dfrac{H_l}{1,000} + 0$ (Sm³/kg)

### 필수문제

**01** 분자식이 $C_mH_n$인 탄화수소가스 1Sm³의 완전연소에 필요한 이론공기량(Sm³/Sm³)은?

**풀이**

$C_mH_n$의 완전연소반응식

$$C_mH_n + \left(m + \dfrac{n}{4}\right)O_2 \rightarrow mCO_2 + \dfrac{n}{2}H_2O$$

이론공기량$(A_0)$

$$A_0 = \dfrac{O_0}{0.21}$$

$O_0$(이론산소량) ⇨ 기체연료 1Sm³에 필요한 이론산소량은 $\left(m + \dfrac{n}{4}\right)$Sm³

$$\begin{bmatrix} 22.4\text{Sm}^3 & : & \left(m + \dfrac{n}{4}\right) \times 22.4\text{Sm}^3 \\ 1\text{Sm}^3 & : & O_0 \\ O_0 = \left(m + \dfrac{n}{4}\right) & & \end{bmatrix}$$

$$A_0(\text{Sm}^3/\text{Sm}^3) = \dfrac{\left(m + \dfrac{n}{4}\right)}{0.21} = 4.76m + 1.19n(\text{Sm}^3/\text{Sm}^3)$$

### 필수문제

**02** 탄소 80%, 수소 10%, 산소 8%, 황 2%로 조성된 중유의 완전연소에 필요한 이론공기량(Sm³/kg)은?

**풀이**

$$A_0(\text{Sm}^3/\text{kg}) = \dfrac{1}{0.21}\left[1.867C + 5.6\left(H - \dfrac{O}{8}\right) + 0.7S\right]$$

$$= \dfrac{1}{0.21}\left[(1.867 \times 0.8) + 5.6\left(0.1 - \dfrac{0.08}{8}\right) + (0.7 \times 0.02)\right] = 9.58\text{Sm}^3/\text{kg}$$

### 03. 무게비가 탄소 85%, 수소 13%, 황 2%의 조성인 중유의 연소에 필요한 이론공기량($Sm^3/kg$)은?

**풀이**

$$A_0(m^3/kg) = \frac{1}{0.21}[1.867C + 5.6H + 0.7S]$$

$$= \frac{1}{0.21}[(1.867 \times 0.85) + (5.6 \times 0.13) + (0.7 \times 0.02)] = \frac{2.33}{0.21} = 11.10 Sm^3/kg$$

### 04. 탄소, 수소 및 황의 중량비가 각각 83%, 14%, 3%인 폐유 3kg을 소각하는 데 필요한 이론공기량($Sm^3$)은?

**풀이**

$$A_0(Sm^3/kg) = \frac{1}{0.21}(1.867C + 5.6H + 0.7S)$$

$$= \frac{1}{0.21}[(1.867 \times 0.83) + (5.6 \times 0.14) + (0.7 \times 0.03)]$$

$$= 11.21 Sm^3/kg \times 3kg = 33.64 Sm^3$$

### 05. 쓰레기의 성분이 탄소 85%, 수소 10%, 산소 2%, 황 3%로 구성되어 있다면 이를 1kg 연소시킬 때 필요한 이론공기량은 얼마($Sm^3/kg$)인가?(단, 표준상태)

**풀이**

$$A_0(Sm^3/kg) = \frac{1}{0.21}(1.867C + 5.6H + 0.7S - 0.7O)$$

$$= \frac{1}{0.21}[(1.867 \times 0.85) + (5.6 \times 0.1) + (0.7 \times 0.03) - (0.7 \times 0.02)]$$

$$= \frac{2.154}{0.21} Sm^3/kg = 10.26 Sm^3/kg$$

### 필수문제

**06** 쓰레기 1톤을 소각처리하고자 한다. 쓰레기 조성이 다음과 같을 때 이론공기량($Sm^3$)은?

> C : 50%,  H : 18%,  O : 32%

**풀이**

$$A_0(Sm^3) = \frac{1}{0.21}(1.867C + 5.6H - 0.7O)$$

$$= \frac{1}{0.21}[(1.867 \times 0.5) + (5.6 \times 0.18) - (0.7 \times 0.32)]$$

$$= 8.19 Sm^3/kg \times 1ton \times 1,000 kg/ton = 8,190 Sm^3$$

### 필수문제

**07** 어떤 폐기물의 원소조성이 다음과 같을 때 이론공기량($Sm^3/kg$)은?[단, 가연분 80%, (C=45%, H=10%, O=40%, S=5%), 수분 10%, 회분 10%]

**풀이**

$$A_0(Sm^3/kg) = \frac{1}{0.21}(1.867C + 5.6H + 0.7S - 0.7O)$$

가연분 중 각 성분 계산 : C = 0.8 × 45 = 36%
H = 0.8 × 10 = 8%
O = 0.8 × 40 = 32%
S = 0.8 × 5 = 4%

$$= \frac{1}{0.21}[(1.867 \times 0.36) + (5.6 \times 0.08) + (0.7 \times 0.04) - (0.7 \times 0.32)] = 4.4 Sm^3/kg$$

### 필수문제

**08** $CH_3OH$ 500g을 연소시키는 데 필요한 이론공기량의 부피($Nm^3$)는?

**풀이**

$CH_3OH + 1.5O_2 \rightarrow CO_2 + 2H_2O$

32kg  : 1.5 × 22.4 $Nm^3$

0.5kg : $O_0(Nm^3)$

$$O_0(Nm^3) = \frac{0.5kg \times (1.5 \times 22.4 Nm^3)}{32kg} = 0.525 Nm^3$$

$$A_0(Nm^3) = \frac{O_0}{0.21} = \frac{0.525}{0.21} = 2.5 Nm^3$$

### 必수문제

**09** 메탄올($CH_3OH$) 3kg이 연소하는 데 필요한 이론공기량($Sm^3$)을 구하시오.

**풀이**

방법 Ⅰ

$CH_3OH$의 분자량은 $[C + H_4 + O = 12 + (1 \times 4) + 16 = 32]$이다.

각 성분의 구성비 : $C = 12/32 = 0.375$, $H = 4/32 = 0.125$, $O = 16/32 = 0.500$

$A_0 = \dfrac{1}{0.21}(1.867C + 5.6H - 0.7O)$

$\quad = \dfrac{1}{0.21}[(1.867 \times 0.375) + (5.6 \times 0.125) - (0.7 \times 0.5)]$

$\quad = 5.0 Sm^3/kg \times 3kg = 15 Sm^3$

방법 Ⅱ

$CH_3OH + 1.5O_2 \rightarrow CO_2 + 2H_2O$

$32kg \quad : 1.5 \times 22.4 Sm^3$

$3kg \quad : O_0(Sm^3)$

$O_0(Sm^3) = \dfrac{3kg \times (1.5 \times 22.4 Sm^3)}{32kg} = 3.15 Sm^3$

$A_0(Sm^3) = \dfrac{O_0}{0.21} = \dfrac{3.15}{0.21} = 15 Sm^3$

### 必수문제

**10** 프로필알코올($C_3H_7OH$) 3kg을 완전연소하는 데 필요한 이론공기량($Sm^3$)은?

**풀이**

$C_3H_7OH$의 분자량은 $(C_3 + H_8 + O = (12 \times 3) + (1 \times 8) + 16 = 60)$

각 성분의 구성비 : $C = \dfrac{36}{60} = 0.6$

$\qquad\qquad\qquad H = \dfrac{8}{60} = 0.133$

$\qquad\qquad\qquad O = \dfrac{16}{60} = 0.267$

$A_0 = \dfrac{1}{0.21}(1.867C + 5.6H - 0.7O)$

$\quad = \dfrac{1}{0.21}[(1.867 \times 0.6) + (5.6 \times 0.133) - (0.7 \times 0.267)] = 8\ Sm^3/kg \times 3kg = 24 Sm^3$

### 必수문제

**11** 폐지 500kg을 소각하고자 한다. 이론공기량($Sm^3$)은?[단, 폐지의 성분은 모두 셀룰로오스($C_6H_{10}O_5$)로 가정함]

**풀이**

$C_6H_{10}O_5 + 6O_2 \rightarrow 6CO_2 + 5H_2O$

162kg : $6 \times 22.4 Sm^3$

500kg : $O_0(Sm^3)$

$O_0(Sm^3) = \dfrac{500kg \times (6 \times 22.4)Sm^3}{162kg} = 414.81 Sm^3$

$A_0 = \dfrac{O_0}{0.21} = \dfrac{414.81}{0.21} = 1,975.29 Sm^3$

### 必수문제

**12** 주성분이 $C_{10}H_{17}O_6N$인 활성슬러지폐기물을 소각하고자 한다. 폐기물 10kg 소각에 이론적으로 필요한 공기의 무게(kg)는?(단, 공기 중 산소량은 중량비로 23%)

**풀이**

방법 Ⅰ

$C_{10}H_{17}O_6N$의 분자량은

$[C_{10} + H_{17} + O_6 + N = (12 \times 10) + (1 \times 17) + (16 \times 6) + (14) = 247]$이다.

각 성분의 구성비 : $C = \dfrac{120}{247} = 0.486$, $H = \dfrac{17}{247} = 0.069$

$O = \dfrac{96}{247} = 0.388$, $N = \dfrac{14}{247} = 0.056$

$A_0 = \dfrac{O_0}{0.23} = 11.5C + 34.63H - 4.31O + 4.31S \,(kg/kg)$

$= [(11.5 \times 0.486) + (34.63 \times 0.069) - (4.31 \times 0.388)]$

$= 6.32 kg/kg \times 10kg = 63.2 kg$

방법 Ⅱ

$C_{10}H_{17}O_6N + 10.5O_2 \rightarrow 10CO_2 + 8.5H_2O + \dfrac{1}{2}N_2$

247kg : $10.5 \times 32 kg$

10kg : $O_0(kg)$

$O_0(kg) = 13.60 kg$

$A_0(kg) = \dfrac{13.60}{0.23} = 59.14 kg$

### 必수문제

**13** 어떤 폐기물의 원소 조성이 다음과 같을 때 이론공기량(kg/kg)은?(폐기물 원소 조성 : C=80%, H=10%, O=10%)

**풀이**

이론공기량(kg/kg) = 11.5C + 34.63H − 4.31O
$$= (11.5 \times 0.8) + (34.63 \times 0.1) - (4.31 \times 0.1) = 12.23 \text{kg/kg}$$

### 必수문제

**14** 탄소 5kg을 완전연소하는 데 소요되는 이론공기량은 몇 $Nm^3$인가?

**풀이**

연소방정식
$$C + O_2 \rightarrow CO_2$$
$$12\text{kg} : 22.4\text{Nm}^3$$
$$5\text{kg} : O_0(\text{Nm}^3)$$

$$O_0(\text{Nm}^3) = \frac{5\text{kg} \times 22.4\text{Nm}^3}{12\text{kg}} = 9.33\text{Nm}^3$$

$$A_0(\text{Nm}^3) = \frac{9.33}{0.21} = 44.43\text{Nm}^3$$

### 必수문제

**15** $C_6H_6$ $5\text{Sm}^3$가 완전연소하는 데 소요되는 이론공기량($Sm^3$)은?

**풀이**

방법 Ⅰ
$$A_0(\text{Sm}^3) = \frac{1}{0.21} \times \left(m + \frac{n}{4}\right)(\text{Sm}^3/\text{Sm}^3)$$
$$= 4.76m + 1.19n$$
$$= (4.76 \times 6) + (1.19 \times 6)$$
$$= 35.7\text{Sm}^3/\text{Sm}^3 \times 5\text{Sm}^3$$
$$= 178.5\text{Sm}^3$$

방법 Ⅱ
$$C_6H_6 + 7.5O_2 \rightarrow 6CO_2 + 3H_2O$$
$$22.4\text{m}^3 : 7.5 \times 22.4\text{m}^3$$
$$5\text{Sm}^3 : O_0(\text{Sm}^3)$$
$$O_0(\text{Sm}^3) = 37.5\text{Sm}^3$$
$$A_0(\text{Sm}^3) = \frac{O_0}{0.21} = \frac{37.5}{0.21} = 178.5\text{Sm}^3$$

### 必수문제

**16** 30g의 에탄($C_2H_6$)을 완전연소시키기 위한 이론공기량(L)은?(단, 0℃, 1기압 기준)

> 풀이
>
> 완전연소방정식
> $C_2H_6 + 3.5O_2 \rightarrow 2CO_2 + 3H_2O$
> 30g : 3.5×22.4L
> 30g : $O_0$(L)
> $O_0(L) = \dfrac{30kg \times (3.5 \times 22.4)L}{30g} = 78.4L$
> $A_0(L) = \dfrac{O_0}{0.21} = \dfrac{78.4}{0.21} = 373.33L$

### 必수문제

**17** 프로판($C_3H_8$) $3Sm^3$의 연소에 필요한 이론공기량($Sm^3$)은?

> 풀이
>
> $A_0(Sm^3) = \dfrac{1}{0.21} \times \left(m + \dfrac{n}{4}\right)(Sm^3/Sm^3)$
> $= 4.76m + 1.19n$
> $= (4.76 \times 3) + (1.19 \times 8)$
> $= 23.8 Sm^3/Sm^3 \times 3Sm^3 = 71.4 Sm^3$

### 必수문제

**18** 프로판($C_3H_8$) 1kg을 완전연소 시 발생하는 $CO_2$량(kg)과 아세틸렌($C_2H_2$) 1kg을 완전연소 시 발생하는 $CO_2$량(kg)의 비는?(단, 아세틸렌 연소 시 $CO_2$량/프로판 연소 시 $CO_2$량)

> 풀이
>
> $C_3H_8 + 5O_2 \rightarrow 3CO_2 + 4H_2O$      $C_2H_2 + 2.5O_2 \rightarrow 2CO_2 + H_2O$
> 44kg : 3×44kg      26kg : 2×44kg
> 1kg : $CO_2$(kg)      1kg : $CO_2$(kg)
> $CO_2$(kg) = 3kg      $CO_2$(kg) = 3.39kg
>
> $\dfrac{(\text{아세틸렌 연소 시 } CO_2 \text{량})}{(\text{프로판 연소 시 } CO_2 \text{량})} = \dfrac{3.39}{3} = 1.13$

**19** 건조슬러지의 원소분석결과 분자식이 $C_5H_7NO_2$라면 이 슬러지 10kg을 완전연소하는 데 필요한 이론공기의 질량(kg)은?(단, 표준상태기준)

**풀이**

$C_5H_7NO_2$의 분자량은

$[C_5 + H_7 + N + O_2 = (12 \times 5) + (1 \times 7) + 14 + (16 \times 2) = 113]$이다.

각 성분의 구성비 : $C = \dfrac{60}{113} = 0.53$, $H = \dfrac{7}{113} = 0.062$

$N = \dfrac{14}{113} = 0.124$, $O = \dfrac{32}{113} = 0.283$

$A_0(kg) = \dfrac{O_0}{0.23} = 11.5C + 34.63H - 4.31O + 4.31S \,(kg/kg)$

$= [(11.5 \times 0.53) + (34.63 \times 0.062) - (4.31 \times 0.283)]$

$= 7.02 kg/kg \times 10 kg = 70.2 kg$

**20** 황화수소 $1Sm^3$ 완전연소에 필요한 이론공기량($Sm^3$)은?(단, 황은 완전연소하여 전량 이산화황으로 된다.)

**풀이**

완전연소반응식

$2H_2S + 3O_2 \rightarrow 2H_2O + 2SO_2$

$2 \times 22.4 Sm^3$ : $3 \times 22.4 Sm^3$

$1 Sm^3$ : $O_o(Sm^3)$

$O_o(Sm^3) = 1.5 Sm^3$

이론공기량$(A_0) = \dfrac{1.5}{0.21} = 7.14 Sm^3$

**21** 저위발열량 10,000kcal/kg인 중유의 연소 시 이론공기량($Sm^3$/kg)은?(단, Rosin식 적용)

**풀이**

Rosin식 - 액체연료 이론공기량$(A_0)$

$A_0(Sm^3/kg) = 0.85 \times \dfrac{H_l}{1,000} + 2 = 0.85 \times \left(\dfrac{10,000}{1,000}\right) + 2 = 10.5 Sm^3/kg$

### (5) 실제공기량과 공기비

① 연소 시 실제로는 이론공기량보다 많은 양의 공기를 공급하여야 완전연소가 가능하다. 즉, 실제공기량($A$)은 이론공기량($A_0$)과 공기비($m$)를 적용하여 산출한다.
② 도시폐기물의 연속식 소각로의 일반적 과잉공기비는 1.5~2.5 정도이다.
③ 공기비

$$m = \frac{A}{A_0} \;;\; A = mA_0$$

여기서, $m$ : 공기비(과잉공기계수)
$A$ : 실제공기량
$A_0$ : 이론공기량

④ 과잉공기량($A^+$)

$$\begin{aligned} A^+ &= A - A_0 \\ &= mA_0 - A_0 \\ &= A_0(m-1) \end{aligned} \;\Rightarrow\; m = 1 + \left(\frac{과잉공기량}{A_0}\right)$$

⑤ 과잉공기율

$$과잉공기율(\%) = \frac{(A - A_0)}{A_0} \times 100 = \frac{A_0(m-1)}{A_0} \times 100 = (m-1) \times 100$$

⑥ 공기비 산출방법
  ㉠ 연소가스의 조성으로 근사적으로 구한다.(배기가스 성분에 의한 공기비)
    ⓐ 완전연소 시 공기비(CO=0)

$$m = \frac{21}{21 - O_2}$$

    ⓑ 불완전연소 시 공기비

$$[CO = 0] \text{ 경우 } m = \frac{N_2}{N_2 - 3.76 O_2}$$

$$[CO \neq 0] \text{ 경우 } m = \frac{N_2}{N_2 - 3.76(O_2 - 0.5CO)} \;:\; N_2 = 100 - [CO_2 + O_2 + CO]$$

ⓛ $CO_{2max}$(최대탄산가스율)을 이용하여 구한다.

$$m = \frac{CO_{2max}\%}{CO_2\%}$$

여기서, $CO_{2max}$ : • 공기 중 산소가 모두 $CO_2$로 변화하여 연소가스 중의 $CO_2$ 비율이 최대가 된 것을 의미한다.

• $CO_{2max} = \dfrac{CO_2 \text{ 발생량}}{\text{이론건조연소가스양}}$

⑦ 공기비의 영향
  ㉠ 공기비가 클 경우
    ⓐ 공연비가 커지고 연소실 내에서 연소온도가 낮아진다.
    ⓑ 통풍력이 증대되어 배기가스에 의한 열손실이 커진다.
    ⓒ 배기가스 중 SOx(황산화물), NOx(질소산화물)의 함량이 증가하여 연소장치의 절연면 부식에 크게 영향을 미친다.
    ⓓ $CH_4$, CO 및 C 등 연료 중의 가연성 물질의 농도가 감소되는 경향을 보인다.
    ⓔ 에너지손실이 커진다.
    ⓕ 연소가스의 희석효과가 높아진다.

  ㉡ 공기비가 작을 경우
    ⓐ 배기가스 내 매연의 발생이 크다.(불완전 연소로 인함)
    ⓑ 연소가스의 폭발위험성이 크다.(불완전 연소로 인함)
    ⓒ 열손실에 큰 영향을 주어 연소효율이 저하된다.
    ⓓ CO, HC의 오염물질 농도가 증가한다.
    ⓔ 가연성분과 산소의 접촉이 원활하게 이루어지지 못한다.

> **Reference** 연소방법별 공기비($m$)
>
> ① 가스버너(1.1~1.2)   ② 유류버너(1.2~1.4)
> ③ 미분탄버너(1.2~1.4)   ④ 이동화격자(1.3~1.6)

  학습 Point
1. 이론산소량, 이론공기량 계산식 숙지
2. 실제공기량, 공기비, 과잉공기량, 과잉공기율 계산식 숙지
3. 공기비 산출방법 계산식 숙지
4. 공기비가 클 경우와 작을 경우의 내용 숙지

### 필수문제

**01** 폐기물 소각에 필요한 이론공기량이 $1.49\text{Nm}^3/\text{kg}$이고 공기비는 $1.8$이었다. 하루 폐기물소각량이 200ton일 때 실제 필요한 공기량($\text{Nm}^3/\text{hr}$)은?

> **풀이**
> 실제공기량$(A) = m \times A_0$
> $m = 1.8$
> $A_0 = 1.49\text{Nm}^3/\text{kg}$
> $= 1.8 \times 1.49\text{Nm}^3/\text{kg} \times 200\text{ton/day} \times 1,000\text{kg/ton} \times \text{day}/24\text{hr}$
> $= 22,350\text{Nm}^3/\text{hr}$

### 필수문제

**02** 쓰레기를 소각처리하고자 한다. 중량백분율로 탄소성분이 11%, 수소 3%, 산소 13%이고 기타 성분(불연성 성분)이 73%일 때 소각로에 공급해야 할 실제공기량($\text{Nm}^3/\text{kg}$)은?[단, 과잉공기계수 $m = 2.1$, 이론공기량$(A_0) = 8.89\text{C} + 26.7\left(\text{H} - \dfrac{\text{O}}{8}\right) + 3.3\text{S}\,(\text{Nm}^3/\text{kg})$]

> **풀이**
> 실제공기량$(A) = m \times A_0$
> $m = 2.1$
> $A_0 = 8.89\text{C} + 26.7\left(\text{H} - \dfrac{\text{O}}{8}\right) + 3.3\text{S}$
> $= \left[(8.89 \times 0.11) + 26.7\left(0.03 - \dfrac{0.13}{8}\right)\right] = 1.345\text{Nm}^3/\text{kg}$
> $= 2.1 \times 1.345 = 2.82\text{Nm}^3/\text{kg}$

### 필수문제

**03** 실제공기량과 이론공기량의 비를 $m$(과잉공기비)이라고 한다. 연소 후 배기가스 중 5%의 $O_2$가 함유되어 있다면 $m$은?(단, 기체연료의 연소, 완전연소로 가정함)

> **풀이**
> 공기비$(m)$
> $m = \dfrac{21}{21 - O_2} = \dfrac{21}{21 - 5} = 1.31$

### 필수문제

**04** 배기가스성분을 검사해보니 $O_2$량이 10.5%(부피기준)였다. 완전연소를 가정한다면 공기비는?

**풀이**

$$공기비(m) = \frac{21}{21-O_2} = \frac{21}{21-10.5} = 2$$

### 필수문제

**05** 어떤 폐기물의 원소 조성이 다음과 같고 실제공기량이 $6Sm^3$일 때 공기비는?[단, 가연분 60%(C=45%, H=10%, O=40%, S=5%), 수분 30%, 회분 10%]

**풀이**

공기비($m$)

$$m = \frac{A}{A_0}$$

$A = 6Sm^3$

$$A_0 = \frac{1}{0.21}(1.867C + 5.6H + 0.7S - 0.7O)$$

가연분 중 각 성분계산 : $C = 0.6 \times 45 = 27\%$, $H = 0.6 \times 10 = 6\%$
$O = 0.6 \times 40 = 24\%$, $S = 0.6 \times 5 = 3\%$

$$= \frac{1}{0.21}[(1.867 \times 0.27) + (5.6 \times 0.06) + (0.7 \times 0.03) - (0.7 \times 0.24)] = 3.3Sm^3$$

$$= \frac{6}{3.3} = 1.8$$

### 필수문제

**06** 배기가스의 분석치가 $CO_2$ : 10%, $O_2$ : 5%, $N_2$ : 85%이면 연소 시 공기비는?

**풀이**

공기비($m$)

$$m = \frac{N_2}{N_2 - 3.76O_2} = \frac{85}{85 - (3.76 \times 5)} = 1.28$$

### 필수문제

**07** $CH_4$ 75%, $CO_2$ 5%, $N_2$ 8%, $O_2$ 12%로 조성된 기체연료 $1Sm^3$을 $10Sm^3$의 공기로 연소한다면 이때 공기비는?

> **풀이**
> $CH_4 + 2O_2 \rightarrow CO_2 + 2H_2O$
> $1Sm^3/Sm^3 : 2Sm^3/Sm^3$
> $0.75Sm^3 : O_0(CH_4$ 연소 시 이론산소량$)$
> $CH_4$ 연소 시 이론산소량$(O_0) = 1.5Sm^3/Sm^3$
> 필요이론산소량 $= 1.5 - 0.12 = 1.38Sm^3/Sm^3$
> 이론공기량 $= \dfrac{1.38}{0.21} = 6.57Sm^3/Sm^3$
> 공기비$(m) = \dfrac{10}{6.57} = 1.52$

### 필수문제

**08** 탄소, 수소의 중량조성이 각각 86%, 14%인 액체연료를 매시 5kg 연소하는 경우 배기가스의 분석치는 $CO_2$ 10.5%, $O_2$ 5.5%, $N_2$ 84%였다. 이 경우 매시 실제 필요한 공기량$(Sm^3/hr)$은?

> **풀이**
> 실제공기량$(A) = m \times A_o$
> $m = \dfrac{N_2}{N_2 - 3.76 O_2} = \dfrac{84}{84 - (3.76 \times 5.5)} = 1.33$
> $A_0 = \dfrac{1}{0.21}(1.867C + 5.6H) = \dfrac{1}{0.21}[(1.867 \times 0.86) + (5.6 \times 0.14)]$
> $= 11.38Sm^3/kg$
> $= 1.33 \times 11.38Sm^3/kg \times 5kg/hr = 75.68Sm^3/hr$

### 필수문제

**09** 배기가스성분을 분석한 결과 $N_2$ 85%, $O_2$ 6%, CO 1%와 같은 조성을 나타냈다. 이때 이 소각로의 공기비는?(단, 쓰레기에는 질소, 산소성분이 없다고 가정함)

> **풀이**
> 불완전연소 시 공기비$(m)$
> $m = \dfrac{N_2}{N_2 - 3.76(O_2 - 0.5CO)} = \dfrac{85}{85 - 3.76[6 - (0.5 \times 1)]} = 1.32$

### (6) 최대 이산화탄소량[$CO_{2max}$ ; %]

① 이론공기량($A_0$)으로 완전연소하는 경우 이론건조연소가스($G_{od}$) 중 $CO_2$의 백분율을 의미하며 연소가스 중 $CO_2$의 농도가 최대값을 갖도록 연소하는 것이 이상적이다.

② $CO_{2max}$는 배기가스 중에 포함되어 있는 $CO_2$의 최대치를 의미하며, 이론공기량으로 연소 시 그 값이 가장 커진다.

③ 관련식

$$CO_{2max}(\%) = \frac{CO_2}{G_{od}} \times 100 = \frac{1.867C}{G_{od}} \times 100$$

$$= \frac{\text{단위연료당 } CO_2 \text{ 발생량}}{\text{이론건조 연소가스양}} \times 100$$

$$CO_{2max}(\%) = \frac{CO_2}{CO_2 + N_2} \times 100$$

㉠ 고체 및 액체 연료의 경우

$$CO_{2max}(\%) = \frac{1.867C}{G_{od}} \times 100 = \frac{187C}{G_{od}}$$

여기서, C : 연료 내 탄소량

KOH 용액에 $SO_2$가 흡수되는 경우

$$CO_{2max}(\%) = \frac{1.867C + 0.7S}{G_{od}} \times 100$$

㉡ 기체연료의 경우

$$CO_{2max}(\%) = \frac{(CO) + (CO_2) + (CH_4) + 2(C_2H_4) + x(C_xH_y)}{G_{od}} \times 100$$

$$CO_{2max}(\%) = \frac{\Sigma CO_2 \text{량}}{G_{od}} \times 100$$

여기서, $\Sigma CO_2$량 : 배기가스 내의 총 $CO_2$량
$G_{od}$ : 이론건조연소가스양($Sm^3/Sm^3$)

ⓒ 완전연소의 경우(CO=0일 경우)

$$CO_{2max}(\%) = \frac{(CO_2) \times 100}{100 - \left(\frac{O_2}{0.21}\right)} = \frac{21 \times CO_2}{21 - O_2} = m \times CO_2$$

여기서, $CO_2$ : 연소가스 내의 $CO_2$량($Sm^3/Sm^3$)
$m$ : 과잉공기비

ⓔ 불완전연소의 경우(CO≠0일 때)

$$CO_{2max}(\%) = \frac{21[CO_2 + CO]}{[21 - O_2 + 0.395CO]}$$

여기서, CO : 연소가스 내의 CO량($Sm^3/Sm^3$)

④ 공기비와 $CO_{2max}(\%)$의 관계
   ㉠ 완전연소 시

$$\frac{21}{21-(O_2)} = m, \quad m = \frac{CO_{2max}(\%)}{CO_2(\%)}$$

   ㉡ 불완전연소 시

$$m = \frac{21(N_2)}{21(N_2) - 79[O_2 - 0.5(CO)]} = \frac{(N_2)}{(N_2) - 3.76(O_2)}$$

### ✓ 학습 Point

1. 고체 및 액체 연료의 경우 $CO_{2max}$ 계산식 숙지
2. 기체연료의 경우 $CO_{2max}$ 계산식 숙지
3. 공기비와 $CO_{2max}$의 관계식 숙지

---

**필수문제**

**01** 공기비를 1.3으로 하는 어떤 연료를 연소시킬 때 배출가스조성을 분석한 결과 $CO_2$가 11%였다면 $CO_{2max}(\%)$는?

**풀이**

$m = \dfrac{CO_{2max}(\%)}{CO_2(\%)}$

$CO_{2max}(\%) = m \times CO_2 = 1.3 \times 11 = 14.3\%$

### 必수문제

**02** 이론공기량을 사용하여 $C_3H_8$을 완전연소시킬 때 이론건조가스 중의 $CO_{2max}$(%)는?

**풀이**

- 방법 Ⅰ

$$CO_{2max} = \frac{CO_2량}{G_{od}} \times 100$$

$$C_3H_8 + 5O_2 \rightarrow 3CO_2 + 4H_2O$$
$$22.4 Sm^3/Sm^3 : 5 \times 22.4 Sm^3/Sm^3$$
$$1 Sm^3/Sm^3 : 5 Sm^3/Sm^3 \quad [CO_2 \rightarrow 3 Sm^3/Sm^3]$$

$$G_{od} = (1-0.21)A_0 + CO_2$$
$$= \left[(1-0.21) \times \frac{5}{0.21}\right] + 3 = 21.81 Sm^3/Sm^3$$

$$= \frac{3}{21.81} \times 100 = 13.76\%$$

- 방법 Ⅱ (실제반응식 이용)

$$C_3H_8 + 5O_2 + xN_2 \rightarrow 3CO_2 + 4H_2O + xN_2$$

$C_3H_8$ $1Sm^3$당 이론산소량은 $5Sm^3$

⇨ 수반되는 $N_2 = 5 \times \left(\frac{79}{21}\right) = 18.8 Sm^3$

생성 $CO_2$는 $3 Sm^3$

$$CO_{2max}(\%) = \frac{CO_2}{CO_2 + N_2} \times 100 = \frac{3}{3+18.8} \times 100 = 13.76\%$$

### 必수문제

**03** 공기를 이용하여 일산화탄소를 완전연소시킬 때 이론건조가스 중 최대 탄산가스양(%)은? (단, 표준상태 기준)

**풀이**

$$CO_{2max} = \frac{CO_2량}{G_{od}} \times 100$$

$$2CO + O_2 \rightarrow 2CO_2$$
$$2 \times 22.4 Sm^3/Sm^3 : 22.4 Sm^3/Sm^3 : 2 \times 22.4 Sm^3/Sm^3$$

$$G_{od} = (1-0.21)A_o + CO_2$$
$$= \left[(1-0.21) \times \frac{1}{0.21}\right] + 2 = 5.76 Sm^3/Sm^3$$

$$= \frac{2}{5.76} \times 100 = 34.72\%$$

### 必수문제

**04** 메탄을 공기비 1.2에서 완전연소시킬 경우 건조연소가스 중의 $CO_{2max}(\%, vol)$는?

**풀이**

$$CO_{2max} = \frac{CO_2}{G_d} \times 100(\%)$$

$$G_d = (m - 0.21)A_0 + CO_2$$

$$A_0 = O_0 \times \frac{1}{0.21} \begin{bmatrix} CH_4 & + & 2O_2 & \rightarrow & CO_2 & + & 2H_2O \\ 1Sm^3/Sm^3 & : & 2Sm^3/Sm^3 & : & 1Sm^3/Sm^3 & : & 2Sm^3/Sm^3 \end{bmatrix}$$

$$= 2 \times \frac{1}{0.21} = 9.52(Sm^3/Sm^3)$$

$$= [(1.2 - 0.21) \times 9.52] + 1 = 10.42(Sm^3/Sm^3)$$

$$CO_2 = 1(Sm^3/Sm^3)$$

$$= \frac{1}{10.42} \times 100 = 9.6(\%) \qquad [CO_{2max}의 \ 개념]$$

### 必수문제

**05** 프로판($C_3H_8$)과 부탄($C_4H_{10}$)이 60% : 40%의 용적비로 혼합된 기체 $1Nm^3$이 완전연소될 때의 $CO_2$ 발생량($Nm^3$)은?

**풀이**

혼합가스 $1Nm^3$ 중의 각 함량

$C_3H_8 = \frac{60}{100}$, $C_4H_{10} = \frac{40}{100}$

$C_3H_8 \Rightarrow$ 탄소수(C)는 3 $\Rightarrow$ 연소 시 $1Nm^3$당 $3Nm^3$ $CO_2$ 발생

$C_4H_{10} \Rightarrow$ 탄소수(C)는 4 $\Rightarrow$ 연소 시 $1Nm^3$당 $4Nm^3$ $CO_2$ 발생

$CO_2$ 발생량 $= 3C_3H_8 + 4C_4H_{10} = 3 \times \left(\frac{60}{100}\right) + 4 \times \left(\frac{40}{100}\right) = 3.4Nm^3$

**06** 탄소 80%, 수소 20%로 구성된 액상폐기물을 완전연소 시 $CO_{2max}$(%)은?(단, 표준상태, 이론건조가스 기준)

> **풀이**
> 
> $CO_{2max} = \dfrac{1.867C}{G_{od}} \times 100$
> 
> $G_{od} = 1.867C + 0.7S + 0.8N + 0.79A_0$
> 
> $A_0 = \dfrac{O_0}{0.21} = \dfrac{1}{0.21}[(1.867 \times 0.8) + (5.6 \times 0.2)] = 12.44 Sm^3/kg$
> 
> $= (1.867 \times 0.8) + (0.79 \times 12.44) = 11.33 Sm^3/kg$
> 
> $= \dfrac{(1.867 \times 0.8)}{11.33} \times 100 = 13.18\%$

## (7) 이론연소가스양

① 이론연소가스양

㉠ 고체 및 액체연료

ⓐ 이론건연소가스양($G_{od}$)
- $G_{od}$는 배기가스 중 수증기(수분)가 포함되지 않은 상태의 조건이다.
- 이론공기량($A_0$)으로 연소 시 C, H, S 성분의 연소생성물 및 공기 내 질소의 양을 계산하여 연소가스양을 구한다.

$$G_{od} = A_0 \times 0.79 + \dfrac{22.4}{12}C + \dfrac{22.4}{32}S + \dfrac{22.4}{28}N$$

$$= (1-0.21)A_0 + 1.867C + 0.7S + 0.8N$$

$$= A_0 - 0.21\left[\dfrac{1.867C + 5.6\left(H - \dfrac{O}{8}\right) + 0.7S}{0.21}\right] + 1.867C + 0.7S + 0.8N$$

$$= 0.79A_0 + 1.867C + 0.7S + 0.8N (Sm^3/kg)$$

$$G_{od} = A_0 - 5.6H + 0.7O + 0.8N (Sm^3/kg)$$

단, 연료 중 O, N이 불포함 시

$$G_{od} = A_0 - 5.6H (Sm^3/kg)$$

여기서, $C : C + O_2 \rightarrow CO_2$   $\left[\dfrac{22.4 Sm^3}{12 kg} = 1.867 Sm^3/kg\right]$

$$H_2 : H_2 + \frac{1}{2}O_2 \rightarrow H_2O \quad \left[\frac{22.4\text{Sm}^3}{2\text{kg}} = 11.2\text{Sm}^3/\text{kg}\right]$$

$$S : S + O_2 \rightarrow SO_2 \quad \left[\frac{22.4\text{Sm}^3}{32\text{kg}} = 0.7\text{Sm}^3/\text{kg}\right]$$

$$N_2 : \text{연소반응 없음} \quad \left[\frac{22.4\text{Sm}^3}{28\text{kg}} = 0.8\text{Sm}^3/\text{kg}\right]$$

$$H_2O : \text{연소반응 없음} \quad \left[\frac{22.4\text{Sm}^3}{18\text{kg}} = 1.244\text{Sm}^3/\text{kg}\right]$$

ⓑ 이론습연소가스양($G_{ow}$)
- $G_{od}$에 수증기(수분)가 포함되는 상태의 조건이다.
- 연소용 공기 중의 수분은 연료 중의 수분이나 연소 시 생성되는 수분량에 비해 매우 적으므로 보통 무시할 수 있다.

$$G_{ow} = G_{od} + 11.2H + 1.244W$$
$$= (1 - 0.21)A_0 + 1.867C + 0.7S + 0.8N + 11.2H + 1.24W$$

$$G_{ow} = A_0 + 5.6H + 0.7O + 0.8N + 1.24W \,(\text{Sm}^3/\text{kg})$$

단, 연료 중 O, N이 불포함 시(수분 1.24W은 무시)

$$G_{od} = A_0 - 5.6H \,(\text{Sm}^3/\text{kg})$$

ⓒ $G_{ow}$와 $G_{od}$의 관계

$$G_{ow} = G_{od} + (11.2H + 1.24W)(\text{Sm}^3/\text{kg})$$
$$= G_{od} + 1.24(9H + W)$$

$$G_{od} = G_{ow} - (11.2H + 1.24W)(\text{Sm}^3/\text{kg})$$

ⓛ 기체연료

$$G_{od} = (1 - 0.21)A_0 + \Sigma \text{연소생성물}(\text{Sm}^3/\text{Sm}^3)$$

여기서, $\Sigma$연소생성물 : 주로 $N_2$, $CO_2$, $H_2O$

$$G_{ow} = G_{od} + H_2O(\text{Sm}^3/\text{Sm}^3)$$

대부분 기체연료는 탄화수소($C_xH_y$)의 형태이므로

$$G_{od} = 0.79A_0 + (x)\,(\text{Sm}^3/\text{Sm}^3)$$

$$G_{ow} = 0.79A_0 + \left(x + \frac{y}{2}\right)(\text{Sm}^3/\text{Sm}^3)$$

ⓒ 발열량을 이용한 간이식(Rosin식)
  ⓐ 고체연료
   • 이론공기량($A_0$)

$$A_0 = 1.01 \times \frac{\text{저위발열량}(H_l)}{1,000} + 0.5$$

   • 이론연소가스양($G_0$)

$$G_0 = 0.89 \times \frac{\text{저위발열량}(H_l)}{1,000} + 1.65$$

  ⓑ 액체연료
   • 이론공기량($A_0$)

$$A_0 = 0.85 \times \frac{\text{저위발열량}(H_l)}{1,000} + 2$$

   • 이론연소가스양($G_0$)

$$G_0 = 1.11 \times \frac{\text{저위발열량}(H_l)}{1,000}$$

② 실제연소가스양

실제연소가스양은 이론연소가스양과 과잉공기량의 합으로 구할 수 있다.

㉠ 고체 및 액체연료
  ⓐ 실제건연소가스양($G_d$)
   • $G_d$는 배기가스 중 수증기(수분)가 포함되지 않은 상태의 조건이다.
   • $G_d$는 이론건연소가스양($G_{od}$)과 과잉공기량(Ⓐ)을 합한 것이다.

$$G_d = G_{od} + Ⓐ$$
$$= G_{od} + (m-1)A_0$$
$$= [A_0 - 5.6H + 0.7O + 0.8N] + (m-1)A_0$$

$$G_d = mA_0 - 5.6H + 0.7O + 0.8N (Sm^3/kg)$$
$$= (m - 0.21)A_0 + 1.867C + 0.7S + 0.8N$$

ⓑ 실제습연소가스양($G_w$)
- $G_d$에 수증기(수분)가 포함되는 상태의 조건이다.
- $G_w$는 이론습연소가스양($G_{ow}$)과 과잉공기량(Ⓐ)을 합한 것이다.

$$G_w = G_{ow} + Ⓐ$$
$$= G_{ow} + (m-1)A_0$$
$$= [A_0 + 5.6H + 0.7O + 0.8N] + 1.24W + (m-1)A_0$$

$$G_w = mA_0 + 5.6H + 0.7O + 0.8N + 1.24W (Sm^3/kg)$$
$$= 1.867C + 11.2H + 0.7S + 0.8N + (m - 0.21)A_o + 1.24W$$

ⓒ 기체연료

대부분 기체연료는 탄화수소($C_xH_y$)의 형태이다.

ⓐ 탄화수소의 연소반응식

$$C_xH_y + \left(x + \frac{y}{4}\right)O_2 \rightarrow xCO_2 + \frac{y}{2}H_2O$$

ⓑ 실제건연소가스양($G_d$)

$$G_d = (m-1)A_0 + G_{od}$$
$$= (m - 0.21)A_0 + \Sigma 연소생성물(Sm^3/Sm^3) : 연소생성물(x)$$

ⓒ 실제습연소가스양($G_w$)

$$G_w = (m-1)A_0 + G_{ow}$$
$$= (m - 0.21)A_0 + \Sigma 연소생성물 : 연소생성물\left(x + \frac{y}{2}\right)$$
$$= G_d + H_2O (Sm^3/Sm^3)$$

> **Reference** 습연소가스 및 건연소가스
>
> ① 습연소가스
>   연소대상물질의 원소조성비에 따라 자체적으로 생성되는 수소 또는 수분을 포함하는 연소가스
> ② 건연소가스
>   자체적으로 생성되는 수소 또는 수분을 제외한 연소가스

**학습 Point**

1. 이론연소가스양, 실제연소가스양 계산식 숙지
2. 탄화수소 연소 시 연소방정식에 의한 계수계산법 숙지

---

### 必수문제

**01** 메탄 $1Sm^3$를 공기과잉계수 1.5로 연소시킬 경우 실제습윤연소가스양($Sm^3$)은 얼마인가?

**풀이**

$$CH_4 + 2O_2 \rightarrow CO_2 + 2H_2O$$

실제습윤연소가스양($G_w$ : $Sm^3$) $= (m-0.21)A_0 + \left(x + \dfrac{y}{2}\right)$

$$A_0 = \dfrac{1}{0.21}\left(x + \dfrac{y}{4}\right) = \dfrac{1}{0.21}\left(1 + \dfrac{4}{4}\right)$$
$$= 9.52 Sm^3/Sm^3$$
$$= (1.5 - 0.21) \times 9.52 + \left(1 + \dfrac{4}{2}\right)$$
$$= 15.28 Sm^3/Sm^3 \times 1Sm^3 = 15.28 Sm^3$$

---

### 必수문제

**02** 프로판 $1Sm^3$을 과잉공기계수 1.3으로 완전연소시킬 경우 건조연소가스양($Sm^3$)은?

**풀이**

$$C_3H_8 + 5O_2 \rightarrow 3CO_2 + 4H_2O$$

실제건조연소가스양($G_d$ : $Sm^3$) $= (m-0.21)A_0 + x$

$$A_0 = \dfrac{1}{0.21}\left(x + \dfrac{y}{4}\right) = \dfrac{1}{0.21}\left(3 + \dfrac{8}{4}\right) = 23.8 Sm^3/Sm^3$$
$$= [(1.3 - 0.21) \times 23.8] + (3)$$
$$= 28.94 Sm^3/Sm^3 \times 1Sm^3 = 28.94 Sm^3$$

### 필수문제

**03** 프로판 1kg을 완전연소 시 발생하는 $CO_2$양(kg)과 아세틸렌($C_2H_2$) 1kg을 완전연소 시 발생하는 $CO_2$양(kg)의 비는?(단, 아세틸렌 연소 시 $CO_2$양/프로판 연소 시 $CO_2$양)

> **풀이**
>
> 프로판
> $C_3H_8 + 5O_2 \rightarrow 3CO_2 + 4H_2O$
> 44kg : 3×44kg
> 1kg : $CO_2$(kg)
> $CO_2(kg) = \dfrac{1kg \times (3 \times 44)kg}{44kg} = 3kg$
>
> 아세틸렌
> $C_2H_2 + 2.5O_2 \rightarrow 2CO_2 + H_2O$
> 26kg : 2×44kg
> 1kg : $CO_2$(kg)
> $CO_2(kg) = \dfrac{1kg \times (2 \times 44)kg}{26kg} = 3.38kg$
>
> $CO_2$양의 비 $= \dfrac{3.38kg}{3kg} = 1.13$

### 필수문제

**04** 액화프로판 100kg을 기화시켜 5Nm³/hr로 연소시킨다면 실제사용시간(hr)은? (단, 표준상태 기준, 프로판은 전량 기화됨)

> **풀이**
>
> $C_3H_8 + 5O_2 \rightarrow 3CO_2 + 4H_2O$
> 44kg(무게)
> 22.4Nm³(부피)
>
> 사용시간(hr) $= \dfrac{100kg \times \dfrac{22.4Nm^3}{44kg}}{5Nm^3/hr} = 10.18hr$

### 필수문제

**05** 유황함량이 3%인 벙커C유 1ton을 연소시킬 경우 발생되는 $SO_2$의 양(kg)은? (단, 황성분 전량이 $SO_2$로 전환됨)

> **풀이**
>
> 화학반응식에서 구한다.
> S + $O_2$ → $SO_2$
> 32kg : 64kg
> 1,000kg×0.03 : $SO_2$(kg)
> $SO_2(kg) = \dfrac{1,000kg \times 0.03 \times 64kg}{32kg} = 60kg$

### 필수문제

**06** 탄소 3kg을 완전연소할 경우 발생하는 $CO_2$의 가스양($Nm^3$)은?

**풀이**

$$C + O_2 \rightarrow CO_2$$
$$12kg : 22.4Nm^3$$
$$3kg : CO_2(Nm^3)$$

$$CO_2(Nm^3) = \frac{3kg \times 22.4Nm^3}{12kg} = 5.6Nm^3$$

### 필수문제

**07** C, H, S의 중량비가 각각 87%, 11%, 2%인 중유를 공기비 1.3으로 연소시켜 배연탈황 후 건조연소가스 중의 $SO_2$ 농도를 측정한 결과 100ppm으로 나타났다. 이 배연탈황장치의 탈황률(%)은?(단, 연료 중의 S는 연소에 의해 전량 $SO_2$로 전환된다.)

**풀이**

실제건조연소가스양($G_d$) = $mA_o - 5.6H + 0.7O + 0.8N$
$= 1.867C + 0.7S + 0.8N + (m - 0.21)A_o$

이론공기량($A_o$) = $8.89C + 26.67H + 3.3S$
$= (8.89 \times 0.87) + (26.67 \times 0.11) + (3.3 \times 0.02)$
$= 10.74 Sm^3/kg$

공기비($m$) = 1.3
$= (1.867 \times 0.87) + (0.7 \times 0.02) + [(1.3 - 0.21) \times 10.74]$
$= 13.35 Sm^3/kg$

$SO_2$ 생성량 = $0.7S = 0.7 \times 0.02 = 0.014 Sm^3/kg$

$SO_2$ 농도(ppm) = $\frac{0.7S}{G_d} \times 10^6 = \frac{0.014}{13.35} \times 10^6 = 1,048.69 ppm$

배연탈황률(%) = $\frac{1,048.7 - 100}{1,048.7} \times 100 = 90.46\%$

# 004 발열량

## (1) 개요

① 단위질량의 연료가 완전연소 후 처음의 온도까지 냉각될 때 발생하는 열량을 말한다. 즉, 기체연료는 $1Sm^3$, 고체 및 액체연료는 1kg이 산소와 반응하여 완전연소시 발생하는 열량을 kcal로 나타낸다.
② 일반적으로 수증기의 증발잠열은 이용이 잘 안 되기 때문에 저위발열량이 주로 사용된다.
③ 잠열은 물체의 온도를 변화시키지 않고 상 변화를 일으키는 데만 사용되는 열량으로 물의 경우 100℃ 물을 100℃ 수증기로 변화시키는 데 필요한 열량이며, 이때 물의 기화 잠열은 539kcal/kg(kcal/L)이다.
④ 증발잠열의 포함 여부에 따라 고위발열량과 저위발열량으로 구분된다.

## (2) 단위

① 고체 및 액체연료
   kcal/kg

② 기체연료
   $kcal/Sm^3$

## (3) 고위발열량($H_h$)

① 정의
   연료를 완전연소 후 생성되는 수증기가 응축될 때 방출하는 증발잠열(수분응축열)을 포함한 열량으로 총발열량이라고도 한다.[연료 중 수분 및 연소에 의해 생성된 수분의 응축열(증발잠열)을 함유한 열량]

② 측정
   봄브 열량계(Bomb Calorimeter)

③ 계산식
   ㉠ 고체·액체연료(Dulong식)

$$H_h = 8,100C + 34,000\left(H - \frac{O}{8}\right) + 2,500S \, (kcal/kg)$$

ⓛ 기체연료

$$H_l = H_h - 480 \sum H_2O$$

여기서, $H_l$ : 저위발열량(kcal/Sm$^3$)
480 : 수증기($H_2O$) 1Sm$^3$의 증발잠열(kcal/Sm$^3$)
단, 중량으로 수증기의 응축잠열은 600kcal/kg
$\left(480\text{kcal/Sm}^3 = 600\text{kcal/kg} \times \dfrac{18\text{kg}}{22.4\text{Sm}^3}\right)$

$$H_l = H_h - 480[H_2 + 2CH_4 + 2C_2H_4 + 3C_2H_5 + 4C_3H_8 + \cdots + \dfrac{y}{2}(C_xH_y)]$$

### (4) 저위발열량($H_l$)

① 정의

연료가 완전연소 후 연소과정에서 생성되는 수증기(수분)의 증발잠열(응축열)을 제외한 열량으로 응축잠열을 회수하지 않고 배출하였을 때의 발열량이다.[순발열량, 진발열량]

② 계산
㉠ 연소분석치 ⎤
㉡ 연소반응식 ⎦ 에 의한 산출

③ 계산식

$$H_l = H_h - 600(9H + W)(\text{kcal/kg})$$

여기서, H : 연료 내의 수소함량(kg)
W : 연료 내의 수분함량(kg)
600 : 0℃에서 $H_2O$ 1kg의 증발열량

④ 단열 열량계, 물리적 조성, 원소분석에 의한 저위발열량 추정방법이 있다.

### (5) 각 성분의 발열량 반응식

① 고체 · 액체연료

[탄소]   $C + O_2 \rightarrow CO_2 + 8{,}100\text{kcal/kg}$
[수소]   $H_2 + \dfrac{1}{2}O_2 \rightarrow H_2O + 34{,}000\text{kcal/kg}$
[유황]   $S + O_2 \rightarrow SO_2 + 2{,}500\text{kcal/kg}$

② 기체연료

$$[수소] \quad H_2 + \frac{1}{2}O_2 \rightarrow H_2O + 3,050 \text{kcal/m}^3$$

$$[일산화탄소] \quad CO + \frac{1}{2}O_2 \rightarrow CO_2 + 3,035 \text{kcal/m}^3$$

$$[메탄] \quad CH_4 + 2O_2 \rightarrow CO_2 + 2H_2O + 9,530 \text{kcal/m}^3$$

$$[아세틸렌] \quad 2C_2H_2 + 5O_2 \rightarrow 4CO_2 + 2H_2O + 14,080 \text{kcal/m}^3$$

$$[에틸렌] \quad C_2H_4 + 3O_2 \rightarrow 2CO_2 + 2H_2O + 15,280 \text{kcal/m}^3$$

$$[에탄] \quad 2C_2H_6 + 7O_2 \rightarrow 4CO_2 + 6H_2O + 16,810 \text{kcal/m}^3$$

$$[프로필렌] \quad 2C_3H_6 + 9O_2 \rightarrow 6CO_2 + 6H_2O + 22,540 \text{kcal/m}^3$$

$$[프로판] \quad C_3H_8 + 5O_2 \rightarrow 3CO_2 + 4H_2O + 24,370 \text{kcal/m}^3$$

$$[부틸렌] \quad C_4H_8 + 6O_2 \rightarrow 4CO_2 + 4H_2O + 29,170 \text{kcal/m}^3$$

$$[부탄] \quad 2C_4H_{10} + 13O_2 \rightarrow 8CO_2 + 10H_2O + 32,010 \text{kcal/m}^3$$

**Reference 발열량**

① 폴리에틸렌(PE) : 10,400kcal/kg
② 폴리프로필렌(PP) : 11,500kcal/kg
③ 폴리스티렌(PS) : 9,500kcal/kg
④ 폴리염화비닐(PVC) : 4,100kcal/kg
⑤ 플라스틱 : 5,000~11,000kcal/kg
⑥ 도시폐기물 : 1,000~4,000kcal/kg
⑦ 하수슬러지 : 2,000~3,500kcal/kg
⑧ 열분해생성가스 : 4,500kcal/kg

**Reference 주요 기체연료 발열량 크기(kcal/m³)**

부탄 > 프로판
단, kcal/kg으로는 프로판 > 부탄

## (6) 발열량을 이용한 간이식(Rosin식)

① 정의

이론공기량($A_0$)과 이론연소가스양($G_0$)은 연료 종류에 따라 특유한 값을 취하며, 연료 중의 탄소분은 저위발열량에 대략 비례한다고 나타낸 식이 Rosin식이다.

② 관계식

㉠ 고체연료(Sm³/kg)
　이론공기량($A_0$) = $1.01 \times \frac{H_l}{1,000} + 0.5$
　이론가스양($G_0$) = $0.89 \times \frac{H_l}{1,000} + 1.65$

ⓒ 액체연료($Sm^3/kg$)
- 이론공기량($A_0$) = $0.85 + \dfrac{H_l}{1,000} + 2$
- 이론가스양($G_0$) = $1.11 \times \dfrac{H_l}{1,000}$

---

**✓ 학습 Point**

① 발열량 내용 및 기체연료 발열량 계산식 숙지
② 고위발열량, 저위발열량 관련식 숙지

---

**必 수문제**

**01** 메탄의 고위발열량이 $10,000 kcal/Sm^3$이라면 저위발열량($kcal/Sm^3$)은?

**풀이**

$H_l(kcal/Sm^3) = H_h - 480 \times nH_2O$

$CH_4 + 2O_2 \rightarrow 2H_2O + CO_2$

$= 10,000 - (480 \times 2) = 9,040 kcal/Sm^3$

---

**必 수문제**

**02** 수소 12.0%, 수분 0.5%인 액체연료의 고위발열량이 $11,000 kcal/kg$이라면 저위발열량($kcal/kg$)은?

**풀이**

$H_l(kcal/kg) = H_h - 600(9H+W) = 11,000 - 600 \times [(9 \times 0.12) + 0.005] = 10,349 kcal/kg$

---

**必 수문제**

**03** 저위발열량 $8,000 kcal/kg$의 중유를 연소시키는 데 필요한 이론공기량($Sm^3/kg$)은?(단, Rosin식)

**풀이**

이론공기량($A_0$ : $Sm^3/kg$) = $0.85 \times \dfrac{H_l}{1,000} + 2 = 0.85 \times \dfrac{8,000}{1,000} + 2 = 8.8 Sm^3/kg$

**04** 폐기물의 평균 저위발열량(kcal/kg)은?(단, 도표 내의 백분율은 중량 백분율이며, 수분의 증발잠열은 공히 500kcal/kg으로 가정한다.)

| 구분 | 성분비 | 고위발열량 |
|---|---|---|
| 종이 | 30% | 9,000kcal/kg |
| 목재 | 30% | 10,000kcal/kg |
| 음식류 | 20% | 8,500kcal/kg |
| 플라스틱 | 20% | 15,000kcal/kg |

**풀이**

각 $H_l$에서 증발잠열을 제외하여 성분비를 고려하여 계산한다.
$H_l = [(9,000-500) \times 0.3] + [(10,000-500) \times 0.3]$
$\quad\quad + [(8,500-500) \times 0.2] + [(15,000-500) \times 0.2]$
$\quad = 9,900 \text{kcal/kg}$

**05** 메탄 80%, 에탄 11%, 프로판 6%, 나머지는 부탄으로 구성된 기체연료의 고위발열량이 10,000kcal/Sm³이다. 이 기체연료의 저위발열량(kcal/Sm³)은?(단, $CH_4$, $C_2H_6$, $C_3H_8$, $C_4H_{10}$은 부피기준)

**풀이**

$CH_4$ 저위발열량(kcal/Sm³) $= H_h - 480 \times nH_2O$
$\quad\quad\quad\quad\quad\quad\quad\quad CH_4 + 2O_2 \rightarrow 2H_2O + CO_2$
$\quad\quad\quad\quad\quad\quad\quad\quad = 10,000 - (480 \times 2) = 9,040 \text{kcal/Sm}^3$
$C_2H_6$ 저위발열량(kcal/Sm³) $C_2H_6 + 3.5O_2 \rightarrow 3H_2O + 2CO_2$
$\quad\quad\quad\quad\quad\quad\quad\quad = 10,000 - (480 \times 3) = 8,560 \text{kcal/Sm}^3$
$C_3H_8$ 저위발열량(kcal/Sm³) $C_3H_8 + 5O_2 \rightarrow 4H_2O + 3CO_2$
$\quad\quad\quad\quad\quad\quad\quad\quad = 10,000 - (480 \times 4) = 8,080 \text{kcal/Sm}^3$
$C_4H_{10}$ 저위발열량(kcal/Sm³) $C_4H_{10} + 6.5O_2 \rightarrow 5H_2O + 4CO_2$
$\quad\quad\quad\quad\quad\quad\quad\quad = 10,000 - (480 \times 5) = 7,600 \text{kcal/Sm}^3$

혼합기체 저위발열량(kcal/Sm³) $= (9,040 \times 0.8) + (8,560 \times 0.11) + (8,080 \times 0.06)$
$\quad\quad\quad\quad\quad\quad\quad\quad\quad + (7,600 \times 0.03)$
$\quad\quad\quad\quad\quad\quad\quad\quad = 8,918.4 \text{kcal/Sm}^3$

# SECTION 005 공기연료비 (AFR ; Air/Fuel Ratio)

## (1) 개요

① 공기는 건조한 공기를 기준으로 하며 건조공기 부피는 $N_2$ 79%, $O_2$ 21%로 구성되며 건조공기 무게는 $N_2$ 76.8%, $O_2$ 23.2%로 구성된다.

② 부피기준의 공연비는 (공기몰 수/연료몰 수)으로 무게기준의 공연비는 (공기단위중량/연료단위중량)으로 나타낸다.

## (2) 관련식

① 부피식

$$AFR = \frac{공기의\ 몰수(Air-mole)}{연료의\ 몰수(Fuel-mole)}$$

$$AFR = \frac{산소의\ 몰수/0.21}{연료의\ 몰수}$$

② 무게(중량)식

$$AFR = \frac{공기의\ 중량(Air-kg)}{연료의\ 중량(Fuel-kg)}$$

$$AFR = \frac{공기의\ 몰수 \times 분자량}{연료의\ 몰수 \times 분자량}$$

### 必 수문제

**01** 프로판($C_3H_8$)의 이론적 연소 시 부피기준 AFR(Air−Fuel Ratio ; moles air/moles fuel)은?

**풀이**

$C_3H_8$의 연소반응식

$C_3H_8 + 5O_2 \rightarrow 3CO_2 + 4H_2O$

1mole : 5mole

$$AFR = \frac{\frac{1}{0.21} \times 5}{1} = 23.8\ mole\ air/mole\ fuel$$

02 옥탄($C_8H_{18}$) 1mol을 완전 연소시킬 때 공기연료비를 중량비(kg 공기/kg 연료)로 나타내시오. (단, 표준상태)

**풀이**

$C_8H_{18}$의 연소반응식

$C_8H_{18} + 12.5O_2 \rightarrow 8CO_2 + 9H_2O$

1mole : 12.5mole

부피기준 $AFR = \dfrac{\dfrac{1}{0.21} \times 12.5}{1} = 59.5 \, moles \, air/moles \, fuel$

중량기준 $AFR = 59.5 \times \dfrac{28.95}{114} = 15.14 \, kg \, air/kg \, fuel$ (28.95 ; 건조공기분자량)

# SECTION 006 등가비($\phi$)

## (1) 개요
연소과정에서 열평형을 이해하기 위한 관계식이다.

## (2) 관계식

$$\phi = \frac{(\text{실제의 연료량/산화제})}{(\text{완전연소를 위한 이상적 연료량/산화제})}$$

## (3) $\phi$에 따른 특성

① $\phi = 1$
  ㉠ 완전연소에 알맞은 연료와 산화제가 혼합된 경우이다.
  ㉡ $m = 1$

② $\phi > 1$
  ㉠ 연료가 과잉으로 공급된 경우이다.
  ㉡ $m < 1$

③ $\phi < 1$
  ㉠ 과잉공기가 공급된 경우이다.
  ㉡ $m > 1$
  ㉢ CO는 완전연소를 기대할 수 있어 최소가 되나 NO(질소산화물)은 증가된다.

**학습 Point**

① 등가비에 따른 특성 비교 내용 숙지

# SECTION 007 소각이론

## (1) 개요

① 소각은 쓰레기의 중간처분 단계이다. 일반적으로 폐기물 소각의 장점(목적)은 폐기물 감량화(부피 감소 – 주된 목적), 유독물질 안정화(위생적 처리 – 병원성 미생물 분해·제거·사멸), 대체 에너지화(폐열 이용)이고, 단점은 2차 대기오염물질의 발생이다.
② 연소공정은 '폐기물 주입 → 연소(소각) → 연소가스 처분(폐열회수, 연소가스처리) → 재의 처분' 등으로 구성되어 있다.
③ 수분이 적을수록 착화시간이 적고 회분이 많을수록 발열량이 낮아진다.
④ 폐기물의 건조는 '자유건조 → 항률건조 → 감률건조' 순으로 이루어진다.
⑤ PVC는 소각처리 시 다이옥신 발생을 유발하여 적용이 부적합하다.

## (2) 소각로 내 연소가스와 폐기물 흐름에 따른 구분(노 본체의 형식)

① **역류식**(향류식)
  ㉠ 폐기물의 이송방향과 연소가스의 흐름을 반대로 하는 형식이다.
  ㉡ 난연성 또는 착화하기 어려운 폐기물 소각에 가장 적합한 방식이다.
  ㉢ 열가스에 의한 방사열이 폐기물에 유효하게 작용하므로 수분이 많다.
  ㉣ 후연소 내의 온도저하나 불완전연소가 발생할 수 있다.
  ㉤ 복사열에 의한 건조에 유리하며 저위발열량이 낮은 폐기물에 적합하다.

② **병류식**
  ㉠ 폐기물의 이송방향과 연소가스의 흐름방향이 같은 형식이다.
  ㉡ 수분이 적고(착화성이 좋고) 저위발열량이 높을 때 적용한다.
  ㉢ 폐기물의 발열량이 높을 경우 적당한 형식이다.
  ㉣ 건조대에서의 건조효율이 저하될 수 있다.

③ **교류식**(중간류식)
  ㉠ 역류식과 병류식의 중간적인 형식이다.
  ㉡ 중간 정도의 발열량을 가지는 폐기물에 적합하다.
  ㉢ 두 흐름이 교차하여 폐기물 질의 변동이 클 때 적합하다.

④ **복류식**(2회류식)
  ㉠ 2개의 출구를 가지고 있는 댐퍼의 개폐로 역류식, 병류식, 교류식으로 조절할 수 있는 형식이다.
  ㉡ 폐기물의 질이나 저위발열량의 변동이 심할 경우에 적합하다.

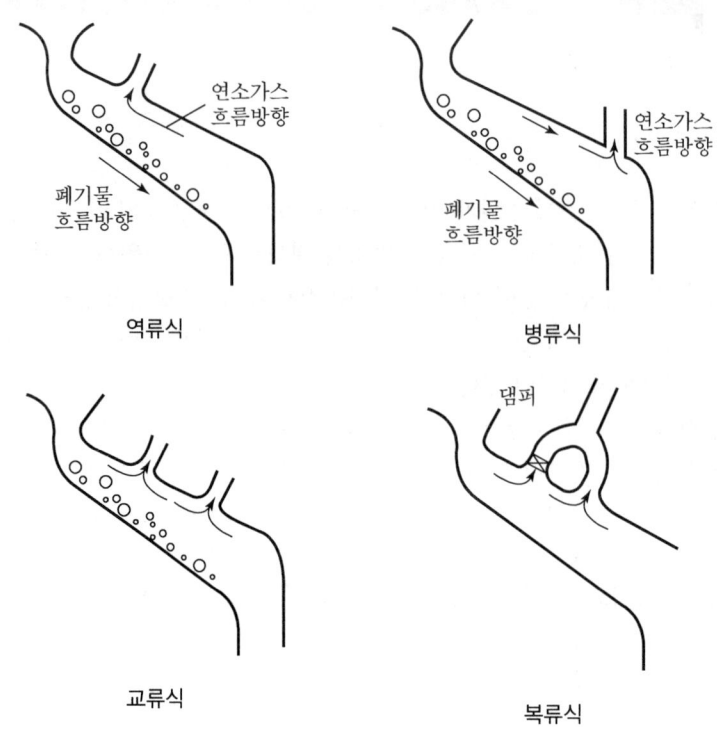

[소각로 흐름에 따른 구분]

## (3) 폐기물 투입방식에 따른 구분

① 하부 투입방식
   ㉠ 투입되는 연료와 공기흐름이 같은 방향이다.
   ㉡ 착화면의 이동방향과 공기의 흐름이 반대이다.
   ㉢ 연료층이 연소가스에 직접 접하지 않고 가열은 오직 고온의 산화층으로부터 방사되는 복사열에 의하여 연소가 된다.
   ㉣ 화층은 하부로부터 화격자 → 공급연료층 → 건류층 → 산화층 → 환원층 순으로 구성된다.
   ㉤ 공급공기량이 과다하게 증가하면 연소상태가 불안정하게 되어 화층이 형성되지 않거나 소화될 수 있다.

② 상부 투입방식
   ㉠ 투입되는 연료와 공기흐름이 반대방향이다.
   ㉡ 착화면의 이동방향과 공기의 흐름이 같다.
   ㉢ 화층은 하부로부터 화격자 → 회층 → 산화층 → 환원층 → 건류층 → 연료층 순으로 구성된다.
   ㉣ 하부 투입방식보다 더 고온이 되고 $CO_2$에서 CO로 변화속도가 빠르다.

ⓜ 공급공기는 고온의 회(재)층을 통과하므로 고온가스를 형성하여 착화속도를 빠르게 한다.
③ 십자 투입방식
ⓐ 투입되는 연료와 공기흐름이 어느 정도의 각도를 유지하고 공기는 공급연료에서 연소층으로 흐른다.
ⓑ 연소층과 회층 사이는 건류층, 환원층, 산화층의 3개 층으로 나누어져 있다.
ⓒ 화층은 공기 공급방향에서 연료층 → 건류층 → 산화층 → 환원층으로 구성된다.

### (4) 폐기물 반입(주입) 공급 시스템
① 폐기물을 연소기(소각시설)에 주입시는 방법은 회분식과 연속식이 있다.(대부분 연속식 운전)
② 소각로에 폐기물을 연속적으로 주입하기 위한 일반적인 저장시설의 크기(용량)는 2~3일분이다.
③ 저장시설 크기 결정 시에는 트럭 내의 폐기물 밀도나 저장시설 하역 후 밀도 차이가 나는 것에 주의하여 결정한다.
④ 저장시설에 사용되는 크레인의 용량은 $1.5 \sim 4.5 m^3$ 정도이다.
⑤ 저장시설부터 연소기까지 운반시간은 약 3분 정도이다.
⑥ 폐기물 계량장치, 폐기물 투입문, 폐기물 저장시설, 폐기물 크레인 등으로 구성된다.

### (5) 연소(소각)의 조건
① 연소의 장점
ⓐ 위생적이다.
ⓑ 폐기물을 감량시킨다.(부피 ; 5~6%, 무게 ; 13~20%)
ⓒ 매립소요면적을 많이 줄일 수 있다.

② 연소 반응식

$$\text{유기물} + O_2 \;\rightarrow\; CO_2 + CO + H_2O + SOx + NOx + Cl_2 + \text{열}$$
$$\uparrow$$
$$3T$$

③ 유기물질 완전연소조건
ⓐ 온도(Temperature)
ⓐ 연소물질의 발화온도, 수분함량, 공기량, 연소기기의 모양에 따라 연소온도가 변한다.
ⓑ 연소온도가 너무 높아지면 NOx 및 SOx가 형성된다.
ⓒ 연소온도가 낮으면 HC, CO 발생 및 악취가 난다.(불완전 연소)

ⓓ 연소온도가 높게 되면 연소시간이 짧아진다.
ⓔ 연소물질 입자직경이 크면 클수록 연소시간은 장시간 소요된다.
ⓕ 수분함량이 크면 연소온도가 저하된다.
ⓖ 연소온도는 600~1,000℃ 정도이다.

ⓛ 혼합(Turbulence)
ⓐ 연소기 내의 혼합은 공기나 화격자의 이송에 의해 행하여진다.
ⓑ 연소기 내의 단회로가 형성되면 다이옥신류의 전구물질(클로로벤젠, 클로로페놀)이 형성되어 다이옥신류의 배출 가능성이 크게 되므로 Baffle(격벽)을 설치하여 단회로를 방지하도록 하여야 한다.
ⓒ 적절한 공기공급과 연료비와 관련이 있다.

ⓒ 체류시간(연소시간 : Time)
ⓐ 완전연소를 위해 충분한 체류시간이 요구된다.
ⓑ 체류시간이 짧을 경우에는 대기오염유발물질이 발생된다.
ⓒ 연소가스의 체류시간은 연소실 내부온도가 850℃ 이상으로 유지되는 상태에서 소각량 200kg/day 이하(0.5sec 이상), 200kg/day~1ton/hr(1.0sec 이상), 2ton/hr 이상(2sec 이상) 유지되어야 한다.
ⓓ 2차 공기의 주입위치나 속도 등의 설계변수에 달려 있다.

④ **소각로의 완전연소조건**
㉠ 소각로 출구온도 850℃ 이상 유지
㉡ 연소 시 CO 농도 30ppm 이하 유지
㉢ $O_2$ 농도 6~12% 유지(화격자식)
㉣ 강열감량 5% 이하

## (6) 함수율이 높은 폐기물 소각 시 유의사항

① 가능한 한 연소속도를 빠르게 한다.
② 함수율이 높은 폐기물의 종류에는 주방쓰레기 및 하수슬러지 등이 있다.
③ 건조장치 설치 시 건조효율이 높은 기기를 선정한다.
④ 폐기물의 교란, 반전, 유동 등의 조작을 겸할 수 있는 기종을 선정한다.

## (7) 함수율이 아주 작은 고형폐기물의 소각

① 휘발성이 많고 열분해 속도가 빠른 것은 분해가스의 연소체류시간을 충분히 설정한다.
② 휘발성분이 많고 열분해 속도가 빠른 것은 고정상 또는 유동상 방식을 택한다.
③ 휘발성분이 비교적 적고 착화연소성이 불량한 것은 열부하를 크게 설정한다.
④ 휘발성분이 비교적 적고 착화연소성이 불량한 것은 연소분위기 온도를 높게 설정한다.

(8) 일반폐기물 소각처리 시 폐기물의 원소분석치를 이용하여 얻을 수 있는 항목

① 연소공기량
② 배기가스의 양 및 조성
③ 유해가스의 종류와 양

(9) 폐기물의 열적 처리방법

① 소각방법
② 열분해방법
③ 건류가스화방법

(10) 할로겐족 함유 폐기물 소각처리 시 문제점

① 소각 시 HCl 등이 발생한다.
② 대기오염방지시설의 부식 문제를 야기한다.
③ 발열량이 다른 성분에 비해 상대적으로 낮다.

> **Reference** 폐기물처리시설 설치의 환경성 조사서 포함사항
>
> ① 지역 현황
> ② 지역의 폐기물처리에 관한 사항
> ③ 처리시설 입지에 관한 사항
> ④ 처리시설에 관한 사항
> ⑤ 처리시설 주변에 미치는 환경영향 및 저감대책

# SECTION 008 소각로(연소기)의 종류

## (1) 화격자 소각로(Grate or Stoker)

① 원리
  ㉠ 소각로 내에 고정화격자 또는 이동화격자(가동화격자 : 투입폐기물이 적절하게 연소되도록 운반하는 역할)를 설치하여 이 화격자 위에 소각하고자 하는 소각물을 올려서 태우는 방식으로 재가 화격자를 통하여 화격자 하부로 쉽게 낙하하여 재를 제거한다.
  ㉡ 화격자는 노내의 폐기물 이동(주로 상단부에서 하단부 방향)을 원활하게 해 주며 폐기물을 잘 연소하도록 교반시키는 역할을 한다.
  ㉢ 일반적으로 아래에서 연소에 필요한 공기가 설계되도록 설계하기도 한다.
  ㉣ 주입형식 중 자연유하식은 쓰레기 저장조(Pit)로부터 크레인에 의하여 소각로 안으로 쓰레기를 주입하는 형식이다.

② 연소방식
  ㉠ 상향식 연소방식
    ⓐ 연소공기의 유동은 화격자 하부에서 상부로 통과시킨다.
    ⓑ 화격자 위에 있는 소각물의 연소를 촉진시킨다.
  ㉡ 하향식 연소방식
    ⓐ 연소공기의 유동은 화격자 상부에서 하부로 통과시킨다.
    ⓑ 휘발성분이 많고 열분해하기 쉬운 물질에 적용한다.
    ⓒ 상향식에 비하여 소각물의 양을 반 정도로 감소시킨다.
    ⓓ 발연성이 큰 폐기물을 상향연소시키면 연소가스양 및 매연이 많이 발생하여 하향연소방식을 채택하여 연소속도를 억제한다.

③ 화격자의 종류
  ㉠ 이동식
    주입폐기물을 잘 운반시키나 뒤집지는 못하는 문제점이 있다.
  ㉡ 복동식
    고정된 화격자 사이에 폐기물이 끼어 막히는 경우가 생긴다.
  ㉢ 흔들이식

④ 장점
  ㉠ 연속적인 소각과 배출이 가능하다.
  ㉡ 경사화격자 방식의 경우는 수분이 많거나 발열량이 낮은 폐기물도 어느 정도 소각이 가능하다.

ⓒ 용량부하가 크며 전자동운전이 가능하다.
ⓔ 전처리시설이 필요하지 않고 비산분진량이 유동층에 비해 적다.
ⓓ 유동층식에 비해 내구연한이 길고 전처리시설이 필요하지 않다.

⑤ 단점
  ㉠ 수분이 많거나 플라스틱과 같이 열에 쉽게 용해되는 물질에 의한 화격자 막힘의 염려가 있다.
  ㉡ 유동층식에 비해 내구연한이 길다.
  ㉢ 체류시간이 길고 교반력이 약하여 국부가열이 발생할 염려가 있다.
  ㉣ 고온 중에서 기계적 가동에 의해 금속부의 마모 및 손실이 심하게 나타난다.
  ㉤ 폐기물의 소각시간이 길고 배기가스양이 많으며 소각로의 가동, 정지조작이 불편하다.

⑥ 스토커 소각로의 연소공정
  건조 → 표면승온 → 휘발성 생성 → 착화 → 고정탄소의 표면연소 → 불꽃 이동연소

⑦ 부채형 반전식 화격자(Traveling Back Stoker)
  ㉠ 교반력이 커서 저질쓰레기의 소각에 적당하며 부채형 화격자의 90° 왕복운동에 의해 폐기물을 이송시킨다.
  ㉡ 여러 개의 부채형 화격자를 로폭방향으로 병렬로 조합하고, 한 조의 화격자를 형성하여 편심캠에 의한 역주행 Grate로 되어 있다.

⑧ 역동식 화격자(Pushing Back Grate Stoker)
  ㉠ 화격자상에서 건조, 연소, 후연소가 이루어지므로 폐기물 교반 및 연소조건이 양호하고 소각효율이 높다.
  ㉡ 화격자의 마모가 심하다.

⑨ 이상식 화격자(Traveling Grate Stoker)
  ㉠ 화격자를 무한궤도식으로 설치한 구조로 되어 있다.
  ㉡ 건조, 연소, 후연소의 각 스토커 사이에 높이 차이를 두어 낙하시킴으로써 쓰레기층을 뒤집으며 내구성이 좋은 구조로 되어 있는 것은?

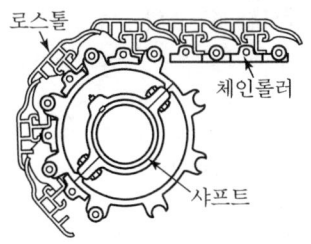

[이동식 화격자]

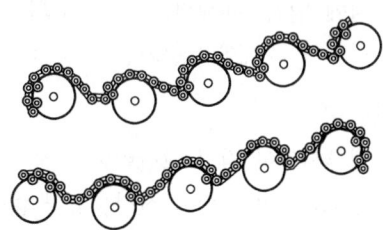

[요동식 화격자]

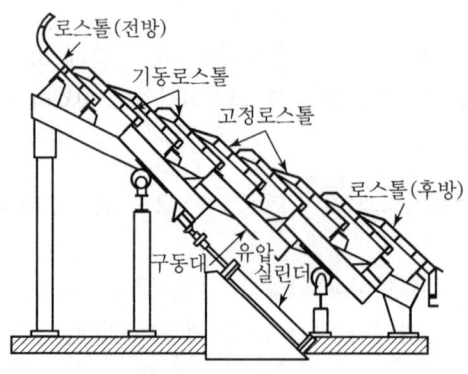

[흔들이식 화격자]

### (2) 고정상 소각로(Fixed Bed Incinerator)

① 개요

소각로 내의 화상 위에서 소각물을 태우는 방식의 화격자로서는 적재가 불가능한 슬러지(오니), 입자상 물질, 열을 받아 용융해서 착화연소하는 물질(플라스틱)의 연소에 적합하며 초기 가온 시 또는 저열량 폐기물에는 보조연료가 필요하다.

② 구조에 따른 구분
㉠ 경사식
ⓐ 소각물의 건조·연소에 대하여 기계적 가동부분이 없어 기계적 고장이 없고 건설비가 저렴하다는 장점이 있다.
ⓑ 경사식의 적용을 위해서는 소각물이 점착성이 없고 성상이 일정하여야 한다.
㉡ 수평식
ⓐ 회분이 적은 고분자계 폐기물 소각에 적합하다.
ⓑ 노 밖에 설치된 송풍기에 의하여 연소공기를 균등하게 강제 송풍해야 한다.
㉢ 연호곡면식

③ 장점
㉠ 열에 열화, 용해되는 소각물(플라스틱)을 잘 소각시킬 수 있다.
㉡ 화격자에 적재가 불가능한 슬러지, 입자상 물질의 폐기물을 소각할 수 있다.

④ 단점
㉠ 체류시간이 길고 교반력이 약하여 국부가열이 발생할 수 있다.
㉡ 연소효율이 나쁘고 잔사용량이 많이 발생된다.

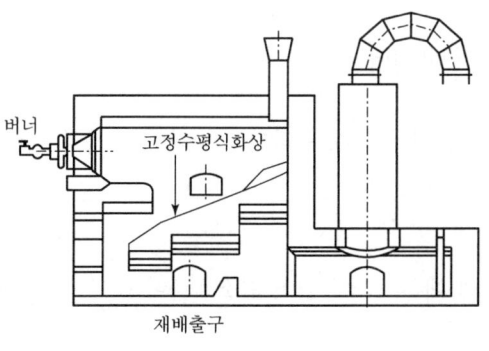

[경사고정상 소각로]

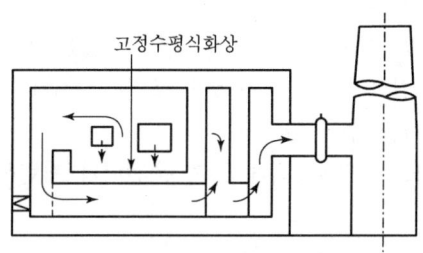

[수평고정상 소각로]

## (3) 다단로(Multiple Hearth)

① 개요
　㉠ 상부로부터 공급된 소각물을 여러 단으로 분할된 수평고정상로에서 회전축으로 교반하여 하부로 이동하게 하여 최종 재가 배출 시까지 다음 단으로 연속적으로 이동한다.
　㉡ 액상 및 기상폐기물은 보조버너 노즐을 이용, 노 내로 주입되어 보조연료의 양을 절감시켜 운전비용도 절감하는 경제적 이점이 있다.

② 구성
다단로는 내화물을 입힌 가열판, 중앙의 회전축, 일련의 평판상을 구성하는 교반팔 등으로 구성되어 있다.
　㉠ 가열판　　　　　　㉡ 회전축　　　　　　㉢ 교반팔(Rabble arms)
　㉣ 공기송풍기　　　　㉤ 연료버너　　　　　㉥ 소각재 배출설비
　㉦ 폐기물 공급설비

③ 다단로 3개 영역(가동영역이 다양함)
　㉠ 건조영역
　　상부 상영역으로 폐기물의 수분함량을 48%까지 건조시킨다.

ⓒ 연소, 탈취영역
연소 및 탈취가 진행되며 온도는 750~1,000℃의 영역이다.
ⓒ 냉각영역
뜨거운 재가 유입공기에 의해 냉각되고 소각재는 거의 불활성이며 배출가스는 250~600℃ 정도이다.

④ **장점**
㉠ 타 소각로에 비해 체류시간이 길어 연소효율이 높고 특히 휘발성이 낮은 폐기물 연소에 유리하다.
㉡ 다량의 수분이 증발되므로 수분함량이 높은 폐기물도 연소가 가능하다.
㉢ 물리·화학적 성분이 다른 각종 폐기물을 처리할 수 있다. 즉, 다양한 질의 폐기물에 대하여 혼소가 가능하다.
㉣ 많은 연소영역이 있으므로 연소효율을 높일 수 있다.(국소 연소를 피할 수 있음)
㉤ 보조연료로 다양한 연료(천연가스, 프로판, 오일, 석탄가루, 폐유 등)를 사용할 수 있다.
㉥ 클링커 생성을 방지할 수 있다.
㉦ 온도제어가 용이하고 동력이 적게 들며 운전비가 저렴하다.

⑤ **단점**
㉠ 체류시간이 길어 온도반응이 느리다.(휘발성이 적은 폐기물 연소에 유리)
㉡ 늦은 온도반응 때문에 보조연료 사용을 조절하기 어렵다.
㉢ 분진발생률이 높다.
㉣ 열적 충격이 쉽게 발생하고 내화물이나 상에 손상을 초래한다.(내화재의 손상을 방지하기 위해 1,000℃ 이상으로 운전하지 않는 것이 좋음)
㉤ 가동부(교반팔, 회전중심축)가 있으므로 유지비가 높다.
㉥ 유해폐기물의 완전분해를 위해서는 2차 연소실이 필요하다.
㉦ 불규칙적인 대형폐기물, 용융성재 포함 폐기물, 높은 분해온도를 요하는 폐기물 처리에는 부적합하다.
㉧ 가동부분이 많아 고장률이 높다.
㉨ 24시간 연속 운전을 필요로 한다.

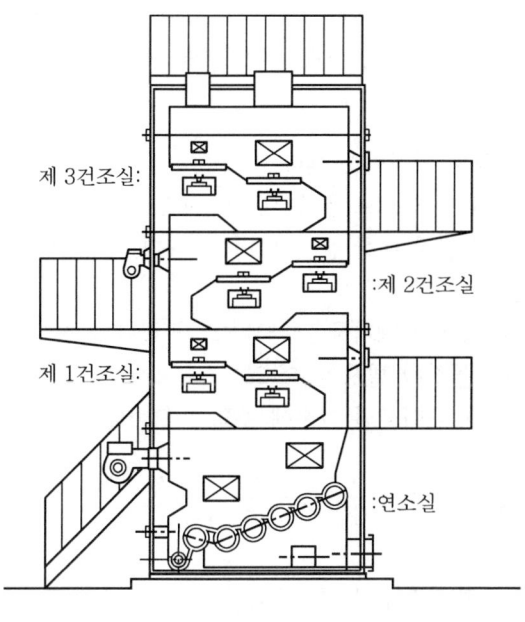

[다단소각로]

### (4) 회전로(Rotary Kiln : 회전식 소각로)

① 개요
  ㉠ 회전하는 원통형 소각로로서 경사진 구조로 되어 있는 연속구동방식의 회전식 소각로이다.
  ㉡ 길이와 직경의 비는 2~10, 회전속도는 0.3~1.5rpm 정도로 투입폐기물이 교반, 건조, 이동되면서 연소되며 액체상이나 고체상 또는 슬러지 상태의 유해폐기물에 적용한다.
  ㉢ 처리율은 보통 45kg/hr~2ton/hr으로 설계되고 일반적 연소온도는 800~1,600℃ 정도이다.

② 장점
  ㉠ 넓은 범위의 액상 및 고상 폐기물을 소각할 수 있다.
  ㉡ 액상이나 고상 폐기물을 각각 수용하거나 혼합하여 처리할 수 있고 건조효과가 매우 좋고 착화, 연소가 용이하다.
  ㉢ 경사진 구조로 용융상태의 물질에 의하여 방해받지 않는다.
  ㉣ 드럼이나 대형용기를 그대로 집어 넣을 수 있다.(전처리 없이 주입 가능)
  ㉤ 고형폐기물에 높은 난류도와 공기에 대한 접촉을 크게 할 수 있다.
  ㉥ 폐기물의 소각에 방해 없이 연속적 재의 배출이 가능하다.
  ㉦ 습식 가스세정시스템과 함께 사용할 수 있다.
  ㉧ 전처리(예열, 혼합, 파쇄) 없이 주입 가능하다.

ⓒ 폐기물의 체류시간을 로의 회전속도 조절로 제어할 수 있는 장점이 있다.
ⓒ 독성물질의 파괴에 좋다.(1,400℃ 이상 가동 가능)

③ 단점
㉠ 처리량이 적을 경우 설치비가 높다.
㉡ 노에서의 공기유출이 크므로 종종 대량의 과잉공기가 필요하다.
㉢ 대기오염 제어시스템에 대한 분진부하율이 높다.
㉣ 비교적 열효율이 낮은 편이다.
㉤ 구형 및 원통형 형태의 폐기물은 완전연소가 끝나기 전에 굴러떨어질 수 있다.
㉥ 대기 중으로 부유물질이 발생할 수 있다.
㉦ 대형폐기물로 인한 내화재의 파손에 주의를 요한다.

### (5) 유동층 소각로(Fluidized Bed Incinerator)

① 개요
㉠ 유동층 소각로는 하부에서 가스를 주입하여 불활성층인 모래를 유동시켜 이를 가열시키고 상부에서 폐기물을 주입하여 소각하는 형식으로 노 부하율이 높다.(슬러지일 경우 유입은 노의 하부 또는 상부에서도 가능)
㉡ 폐기물은 순간적으로 연소하므로 열효율이 좋지만 폐기물을 주입 전에 파쇄하여야 하는 단점이 있다.
㉢ 유동층은 보유열량이 높아($1.42 \times 10^5 \text{kcal/m}^3$) 최적연소조건을 형성하여 유동층 내의 온도는 항상 700~800℃을 유지하면서 연소한다.
㉣ 일반적 소각로에 비하여 소각이 어려운 난연성 폐기물(하수슬러지, 폐유, 폐윤활유, 저질탄, PCB) 소각에 우수한 성능을 나타낸다.

② 유동층 매체의 구비조건
㉠ 불활성이어야 한다.
㉡ 열에 대한 충격이 강하고 융점이 높아야 한다.
㉢ 내마모성이 있어야 한다.
㉣ 비중이 작아야 한다.
㉤ 공급이 안정되어야 한다.
㉥ 가격이 저렴하고 손쉽게 구입할 수 있어야 한다.
㉦ 입도분포가 균일하여야 한다.

③ 장점
㉠ 유동매체의 열용량이 커서 액상, 기상, 고형 폐기물의 전소 및 혼소, 균일한 연소가 가능하다.
㉡ 반응시간이 빨라 소각시간이 짧다.(노 부하율이 높다.)

ⓒ 연소효율이 높아 미연소분이 적고 2차 연소실이 불필요하다.
　　② 가스의 온도가 낮고 과잉공기량이 낮다. 따라서 NOx도 적게 배출된다.
　　⑩ 기계적 구동부분이 적어 고장률이 낮아 유지관리가 용이하다.(고온영역에서 작동하는 기기가 없기 때문에 다단로보다 유지관리가 용이)
　　ⓑ 노 내 온도의 자동제어로 열회수가 용이하다.
　　ⓢ 유동매체의 축열량이 높은 관계로 단시간 정지 후 가동시 보조연료 사용 없이 정상가동이 가능하다.
　　ⓞ 과잉공기량이 적으므로 다른 소각로보다 보조연료 사용량과 배출가스양이 적다.
　　ⓩ 석회 또는 반응물질을 유동매체에 혼입시켜 노 내에서 산성가스의 제거가 가능하다.

④ **단점**
　　㉠ 층의 유동으로 상으로부터 찌꺼기의 분리가 어려우며 운전비 특히, 동력비가 높다.
　　㉡ 폐기물의 투입이나 유동화를 위해 파쇄가 필요하다.(생활폐기물은 파쇄 등의 전처리가 필히 요구됨)
　　㉢ 상재료의 용융을 막기 위해 연소온도는 816℃를 초과할 수 없다.
　　㉣ 유동매체의 손실로 인한 보충이 필요하다.(매 300시간 가동에 총유동매체 부피의 약 5% 정도의 유실량을 보충)
　　㉤ 고점착성의 반유동상 슬러지는 처리하기 곤란하다.(유도층에서 슬러지의 연소상태에 따라 유동매체인 모래입자들의 뭉침현상 발생 및 주입 슬러지가 고온에 의하여 급속히 건조되어 큰 덩어리를 이루면 문제 발생)
　　㉥ 소각로 본체에서 압력손실이 크고 유동매체의 비산 또는 분진의 발생량이 가장 많다.
　　㉦ 조대한 폐기물은 전처리가 필요하다. 즉 폐기물의 투입이나 유동화를 위해 파쇄공정이 필요하다.
　　㉧ 유출모래에 의하여 시스템의 보조기들이 마모되어 문제점을 일으키기도 한다.

⑤ **구성인자**
　　㉠ Wind Box
　　㉡ Tuyeres(바람구멍)
　　㉢ Free Board(유동층)

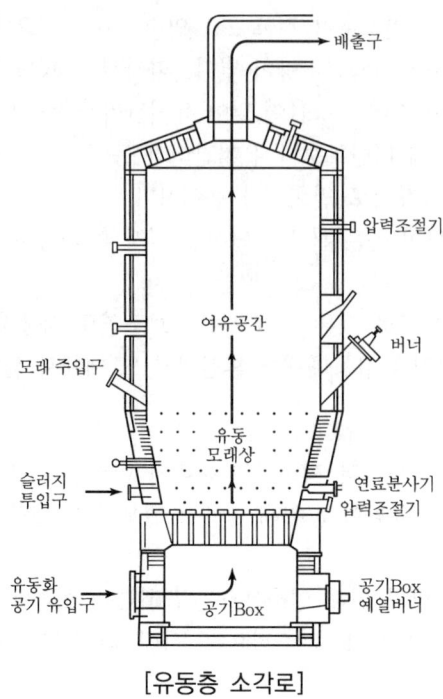

[유동층 소각로]

## (6) 액체 분무 주입형 소각로(Liquid Injection Incinerator)

① 개요
   ㉠ 액체 분무 주입형 소각로는 액상폐기물의 소각에 많이 이용되며 액상폐기물을 고온의 노 내로 분사시켜 자연 그대로 또는 조연물을 사용하여 소각시키며, 폐기물의 미세분 사장치인 노즐버너가 주 핵심이다. 즉 노즐버너를 통하여 액체를 미립화 하여야 한다.
   ㉡ 가장 일반적인 형식은 수평점화식이며 운동은 전부 펌프나 배관으로 이루어지게 되므로 밀폐구조가 가능하다.
   ㉢ 소각재의 배출설비가 없으므로 회분함량이 낮은 액상폐기물에 사용한다.
   ㉣ 하향점화방식은 염이나 입자상 물질을 포함한 폐기물 소각도 가능하다.

② 장점
   ㉠ 광범위한 종류의 액상폐기물을 연소할 수 있다.
   ㉡ 대기오염방지시설 이외에 소각재처리시설이 필요 없다.
   ㉢ 구동장치가 간단하고 고장이 적다.
   ㉣ 운영비가 저렴하다.
   ㉤ 기술개발이 잘 되어 있고 자동화가 용이하다.(가동 이외의 경우 무인운전이 가능)

③ 단점
   ㉠ 버너노즐을 이용하여 액체를 미립화하여야 한다.
   ㉡ 완전 연소시켜야 하며 내화물의 파손을 막아야 한다.

ⓒ 고농도 고형분의 농도가 높으면 버너가 막히기 쉽다.
ⓔ 대량처리가 어렵다.

### (7) 쓰레기 고형화연료(RDF) 소각로의 특징
① 시설비가 고가이고 숙련된 기술이 필요하다.
② 연료공급의 신뢰성 문제가 있을 수 있다.
③ 소각시설의 부식발생으로 수명이 단축될 수 있다.
④ 연소분진과 대기오염($SO_x$보다는 염소가스가 문제)에 대한 주의가 필요하다.

### (8) 연소방법에 따른 소각로 분류(소각기능에 따른 분류)
① 회분식 소각로
  간단한 구조를 갖는 것이 일반적이며 처리량은 노당 20ton/day가 일반적이다.

② 기계화 회분식 소각로
  재나 불연잔사물의 배출을 자동화하여 회분식 소각로의 단점을 보완한 것이다.

③ 완전연속식 소각로
  계장장비를 완비하고 적은 작업인원으로 24시간 연속운전이 가능한 소각로이다.

④ 준연속식 소각로
  소각설비를 완전자동화하여 연속식으로 할 경우 설치비나 유지관리비가 많이 소요되기 때문에 부분적으로 간소화하여 수동운전을 하도록 하는 소각로로서 일반적으로 16시간 정도의 운전시간을 목표로 설치한다.

---

 학습 Point

1. 소각로 폐기물 흐름에 따른 종류 및 특징 내용 숙지
2. 소각로 투입방식에 따른 종류 및 특징 내용 숙지
3. 유기물질 완전연소조건 3가지 내용 숙지
4. 화격자 연소기 내용 및 장단점 내용 숙지
5. 회전식 소각로 내용 및 장단점 내용 숙지
6. 유동층소각로의 유동매체 구비조건 및 장단점 내용 숙지
7. 액체 분무주입형 소각로 장단점 내용 숙지
8. RDF 소각로 특징 내용 숙지

# SECTION 009 소각로의 설계

## (1) 개요

소각로의 설계공정에서 소각로 연소효율(연소성능)의 영향인자는 소각온도, 체류시간, 산소공급과 난류혼합을 말한다.

## (2) 연소실의 크기

① 연소실은 주입폐기물을 건조, 휘발, 점화시켜 연소시키는 1차 연소실과 미연소분을 연소시키는 2차 연소실로 구성된다.
② 연소실의 운전척도는 공연비(A/F비), 혼합 정도, 연소온도 등이 있고 연소실의 크기는 충분히 커야 한다.
③ 일반적으로 연속 주입 시 250~350ton/day 규모이다.
④ 연소실의 크기가 작은 경우
  ㉠ 연소실 입구가 폐쇄될 수 있다.
  ㉡ 연소시간이 짧아 대기오염문제를 유발할 수 있다.
⑤ 연소실의 크기가 큰 경우
  연소효율이 저하된다.
⑥ 연소실의 연소온도는 600~1,000℃이며, 연소실의 크기는 주입폐기물 톤당 0.4~0.6 $m^3$/day로 설계한다.
⑦ 연소로 모양은 직사각형, 수직원통형, 혼합형, 로터리킬른형 등이 있는데 대부분이 직사각형 연소로이다.
⑧ 주입공기량은 폐기물 주입량의 13~17배 정도이다.

## (3) 연소실 열부하율(kcal/$m^3$ · hr)

① 연소실 열부하는 1시간 동안 단위부피당 발생되는 폐기물의 평균열량을 의미하며 설계된 연소실 체적의 적절함을 판단하는 기준이 된다.
② 열부하가 너무 크면 국부적인 과열에 의한 소각로의 손상 및 불완전 연소로 미연분, 다이옥신 등의 발생이 우려된다.
③ 열부하가 너무 작으면 연소실 내의 적정 온도유지가 어렵다.
④ 열부하율은 가능한 적정범위 내에서 가능한 크게 하는 것이 연소실 크기를 작게 할 수 있어 경제적이다.(보조연료 사용량을 줄임)
⑤ 연소실의 구조는 외부로부터의 열손실을 방지할 수 있게 하여야 하며 적정 열부하율을 유지할 수 있도록 한다.

⑥ 보조연료는 가연성 휘발성분이 적으며 착화성이 나쁘고 난연성 물질의 경우 많이 소요된다.
⑦ 열부하율은 소각로의 구조, 형식, 피소각물의 성상 및 특성에 영향을 받는다.
⑧ 폐기물의 저위발열량을 기준으로 산정한다.
⑨ 연소실 설계 시 연속연소식은 회분연소식에 비해 열부하를 크게 하여 설계한다.
⑩ 폐기물 종류에 따른 적정 소각로 열부하율
  ㉠ 도시쓰레기 화격자로 : $8\sim20\times10^4 kcal/m^3 \cdot hr$
  ㉡ 슬러지 고정상로 : $15\sim45\times10^4 kcal/m^3 \cdot hr$
  ㉢ 슬러지 다단로 : $7\sim15\times10^4 kcal/m^3 \cdot hr$
  ㉣ 슬러지 로터리킬른 : $7\sim10\times10^4 kcal/m^3 \cdot hr$
  ㉤ 슬러지 유동상로 : $7\sim15\times10^4 kcal/m^3 \cdot hr$

### (4) 화격자 부하율(화상연소율)

① 개요
  ㉠ 소각로 내의 화층을 형성하는 영역을 화상이라 하며 화격자 연소율을 화상연소율이라고도 한다. 즉, 단위면적당 폐기물의 연소속도를 의미한다.
  ㉡ 화격자부하율이 너무 크면 소각로 내 온도저하로 불완전연소를 초래할 수 있다.
  ㉢ 화상부하율이 크면 규모가 작고 경제성이 있으나 연소효율의 안정성이 떨어진다.
  ㉣ 회분의 함량이 적은 폐기물은 화격자 연소부하를 저하시킨다.
  ㉤ 유동상 소각로는 노상의 투영면적을 사용한다.

② 화상연소율(화상부하율 ; $kg/m^2 \cdot hr$)

$$화상부하율 = \frac{시간당\ 폐기물의\ 연소량(kg/hr)}{화상(화격자)의\ 면적(m^2)}$$

③ 소각로 화격자의 소요면적 설계인자
  ㉠ 폐기물 부하량인 경우 : $240\sim340 kg/m^2 \cdot hr$
  ㉡ 폐기물 발열량인 경우 : $2.8\sim3.4\times10^6 kJ/m^2 \cdot hr$

### (5) 연소온도

① 개요
단위연료의 이론공기량으로 연소 시 이론상 최고온도를 의미하고 연소 시 발생하는 화염온도를 말하며 이론연소온도와 실제연소온도가 있다.

② 관련식

$$t_2 = \frac{H_l}{G_0\,C_p} + t_1$$

여기서, $H_l$ : 저위발열량(kcal/Sm³), $G_0$ : 이론연소가스양(Sm³/Sm³)
$C_p$ : 연소가스양의 평균정압비열(kcal/Sm³·℃)
$t_1$ : 실제온도(℃), $t_2$ : 이론온도(℃)

③ 연소온도 영향인자
  ㉠ 연소의 발열량
  ㉡ 공기비
  ㉢ 산소농도
  ㉣ 화염전파의 열손실
  ㉤ 연소 및 공기의 현열
  ㉥ 연소상태

## (6) 소각로의 열효율을 향상시키기 위한 대책
① 연소생성열량을 피열물에 최대한 유효하게 전한다.
② 간헐운전에 있어서는 전열효율의 향상에 의한 승온시간의 단축을 도모한다.
③ 복사전열에 의한 방열손실을 최대한 감소시킨다.
④ 배기가스 재순환에 의해 전열효율을 향상시킨다.
⑤ 열분해 생성물의 완전연소화
⑥ 배기가스의 현열배출 손실의 저감
⑦ 연소잔사의 현열 손실 감소
⑧ 최종배출가스 온도를 낮춘다.

**Reference**

연소기 내에 단회로(short circuit)가 형성되어 불완전 연소된 가스가 외부로 배출되는 경우 대책은 baffle을 설치하는 것이다.

**학습 Point**
1 연소실 열부하율 및 화격자부하율 계산식 숙지
2 연소온도 계산식 숙지

## 必수문제

**01** 소각로에 폐기물을 투입하는 1시간 중에 투입작업시간은 20분이고 나머지 40분은 정리시간과 휴식시간으로 한다. 크레인 버킷용량은 4m³, 1회 투입하는 시간은 120초, 버킷으로 폐기물을 집었을 때 용적중량을 최대 0.4ton/m³으로 본다면 폐기물의 1일 최대공급능력(ton/day)은?(단, 소각로는 24시간 연속가동)

> **풀이**
> 최대공급능력(ton/day) = 0.4ton/m³ × 4m³/회 × 회/120sec
> × 60sec/min × 20min/hr × 24hr/day = 384ton/day

## 必수문제

**02** 가로, 세로, 높이가 각각 1.0m, 1.2m, 1.5m인 연소실에서 연소실 열발생률을 $3 \times 10^5$ kcal/m³·hr으로 유지하려면 저위발열량이 20,000kcal/kg인 중유를 매시간 얼마나 연소시켜야 하는가(kg/hr)?

> **풀이**
> 열발생률(kcal/m³·hr) = $\dfrac{\text{저위발열량(kcal/kg)} \times \text{시간당 연소량(kg/hr)}}{\text{연소실 부피(m}^3\text{)}}$
>
> 시간당 연소량(kg/hr) = $\dfrac{(1.0 \times 1.2 \times 1.5)\text{m}^3 \times (3 \times 10^5)\ \text{kcal/m}^3\cdot\text{hr}}{20{,}000\text{kcal/kg}}$ = 27kg/hr

## 必수문제

**03** 10m³ 용적의 소각로에서 연소실의 열발생률을 20,000kcal/m³·hr로 하기 위한 저위발열량 8,000kcal/kg인 폐기물의 투입량(kg/hr)은?

> **풀이**
> 폐기물의 양(kg/hr) = $\dfrac{\text{연소실 열발생률} \times \text{연소실 용적}}{\text{쓰레기 발열량}}$
> = $\dfrac{20{,}000\text{kcal/m}^3\cdot\text{hr} \times 10\text{m}^3}{8{,}000\text{kcal/kg}}$ = 25kg/hr

**필수문제**

**04** 도시생활폐기물을 1일 100ton 소각처리하고자 한다. 1일 소각운전시간 12시간, 소각대상물의 저위발열량 2,000kcal/kg, 연소실 열부하율이 $1.2 \times 10^5$ kcal/m³ · hr일 때 소각로의 유효용적(m³)은?

**풀이**

소각로 유효용적(m³) = $\dfrac{\text{소각량} \times \text{쓰레기 발열량}}{\text{연소실 열부하율}}$

$= \dfrac{(100\text{ton/일} \times \text{일}/12\text{hr} \times 1,000\text{kg/ton}) \times 2,000\text{kcal/kg}}{1.2 \times 10^5 \text{kcal/m}^3 \cdot \text{hr}} = 138.89\text{m}^3$

**필수문제**

**05** 발열량 8,000kcal/kg인 폐기물 10ton/day을 소각처리할 경우 소각로의 용적(m³)은?(단, 소각로의 일일가동시간은 8시간으로 가정하고 소각로 열부하율은 6,250kcal/m³ · hr)

**풀이**

소각로 용적(m³) = $\dfrac{(10\text{ton/day} \times \text{day}/8\text{hr} \times 1,000\text{kg/ton}) \times 8,000\text{kcal/kg}}{6,250\text{kcal/m}^3 \cdot \text{hr}} = 1,600\text{m}^3$

**필수문제**

**06** 연소실의 부피를 결정하려고 한다. 연소실의 부하율은 $3.6 \times 10^5$ kcal/m³ · hr이고 발열량이 1,600kcal/kg인 쓰레기를 1일 400ton 소각시킬 때 소각로의 연소실 부피(m³)는?(단, 소각로는 연속가동한다.)

**풀이**

소각로 부피(m³) = $\dfrac{\text{소각량} \times \text{쓰레기 발열량}}{\text{연소실 부하율}}$

$= \dfrac{(400\text{ton/day} \times \text{day}/24\text{hr} \times 1,000\text{kg/ton}) \times 1,600\text{kcal/kg}}{3.6 \times 10^5 \text{kcal/m}^3 \cdot \text{hr}} = 74.07\text{m}^3$

**필수문제**

**07** 화상부하율이 250kg/m² · hr인 경우 하루 300ton을 소각시킬 때 필요한 화상면적(m²)은?(단, 하루 24hr 연속소각 기준)

**풀이**

화상부하율(kg/m² · hr) = $\dfrac{\text{시간당 소각량}}{\text{화상면적}}$

화상면적(m²) = $\dfrac{\text{시간당 소각량}}{\text{화상부하율}} = \dfrac{300\text{ton/day} \times \text{day}/24\text{hr} \times 1,000\text{kg/ton}}{250\text{kg/m}^2 \cdot \text{hr}} = 50\text{m}^2$

### 必수문제

**08** 어느 도시에서 소각대상 폐기물이 1일 100톤 발생하고 있다. 스토커소각로에서 화상부하율을 $200kg/m^2 \cdot hr$로 설계하고자 하는 경우 소요되는 스토커의 화상면적($m^2$)은?(단, 소각로는 연속운전함)

**풀이**
$$\text{화상면적}(m^2) = \frac{100 ton/day \times day/24hr \times 1,000 kg/ton}{200 kg/m^2 \cdot hr} = 20.83 m^2$$

### 必수문제

**09** 폐기물 소각능력이 $600kg/m^2 \cdot hr$인 소각로를 1일 8시간 동안 운전 시 로스톨의 면적($m^2$)은?(단, 소각량은 1일 40톤이다.)

**풀이**
$$\text{로스톨 면적(화상면적 ; } m^2) = \frac{\text{시간당 소각량}}{\text{화상부하율(소각능력)}}$$
$$= \frac{40 ton/day \times day/8hr \times 1,000 kg/ton}{600 kg/m^2 \cdot hr} = 8.33 m^2$$

### 必수문제

**10** 폐기물의 연소능력이 $250kg/m^2 \cdot hr$이며 연소할 폐기물의 양이 $200m^3/day$이다. 1일 8시간 소각로를 가동시킨다고 할 때 로스톨의 면적($m^2$)은?(단, 폐기물 밀도 $150kg/m^3$)

**풀이**
$$\text{로스톨 면적}(m^2) = \frac{\text{시간당 소각량}}{\text{폐기물 연소능력(화상부하율)}}$$
$$= \frac{200 m^3/day \times 150 kg/m^3 \times day/8hr}{250 kg/m^2 \cdot hr} = 15 m^2$$

### 必수문제

**11** 도시 쓰레기소각로를 설계하고자 한다. 다음 자료를 이용한 소각로 화격자 면적($m^2$)은?(단, 쓰레기 소각량 : 100ton/day, 쓰레기 3성분 : 수분(50%), 휘발분(30%), 회분(10%), 화상부하율 : $300kg/m^2 \cdot hr$, 하루가동시간 : 8hr)

**풀이**
$$\text{로스톨 면적}(m^2) = \frac{\text{시간당 소각량}}{\text{화상부하율}}$$
$$= \frac{100 ton/day \times day/8hr \times 1,000 kg/ton}{300 kg/m^2 \cdot hr} = 41.67 m^3$$

**필수문제**

**12** 소각할 쓰레기의 양이 10,000kg/day이다. 1일 10시간 소각로를 가동시키고 화격자의 면적이 7.25m²일 경우 이 쓰레기 소각로의 소각능력(kg/m² · hr)은?

> **풀이**
> 소각능력(화상부하율 : kg/m² · hr) = $\dfrac{\text{시간당 소각량}}{\text{화격자 면적}}$
> $= \dfrac{10,000\text{kg/day} \times \text{day}/10\text{hr}}{7.25\text{m}^2} = 137.93 \text{kg/m}^2 \cdot \text{hr}$

**필수문제**

**13** 연료를 이론산소량으로 완전연소시켰을 경우의 이론연소온도는 몇 ℃인가?(단, 발열량 5,000kcal/Sm³, 이론연소가스양 20Sm³/Sm³, 연소가스 평균정압비열 0.35kcal/Sm³ · ℃, 실온 15℃이다.)

> **풀이**
> 이론연소온도(℃) = $\dfrac{\text{저위발열량}}{\text{이론연소가스양} \times \text{연소가스 평균정압비열}}$ + 실제온도
> $= \dfrac{5,000\text{kcal/Sm}^3}{20\text{Sm}^3/\text{Sm}^3 \times 0.35\text{kcal/Sm}^3 \cdot \text{℃}} + 15\text{℃} = 729.29\text{℃}$

**필수문제**

**14** 저위발열량이 7,000kcal/Sm³인 가스연료의 이론연소온도는 몇 ℃인가?(단, 이론연소가스양 10Sm³/Sm³, 연료연소가스의 평균정압비열은 0.35kcal/Sm³ · ℃, 기준온도 15℃, 공기는 예열하지 않으며 연소가스는 해리하지 않는다.)

> **풀이**
> 이론연소온도(℃) = $\dfrac{\text{저위발열량}}{\text{이론연소가스양} \times \text{연소가스 평균정압비열}}$ + 실제온도
> $= \dfrac{7,000\text{kcal/Sm}^3}{10\text{Sm}^3/\text{Sm}^3 \times 0.35\text{kcal/Sm}^3 \cdot \text{℃}} + 15\text{℃} = 2,015\text{℃}$

**필수문제**

**15** 저위발열량 13,500kcal/Sm³인 기체연료를 연소 시, 이론습연소가스양이 10Sm³/Sm³이고 이론연소온도는 2,500℃라고 한다. 연료연소가스의 평균정압비열(kcal/Sm³ · ℃)은? (단, 연소용 공기연료온도는 15℃)

> **풀이**
> 평균정압비열 = $\dfrac{\text{저위발열량}}{(\text{이론연소온도} - \text{실제온도}) \times \text{이론연소가스양}}$
> $= \dfrac{13,500\text{kcal/Sm}^3}{(2,500-15)\text{℃} \times 10\text{Sm}^3/\text{Sm}^3} = 0.543\text{kcal/Sm}^3 \cdot \text{℃}$

### 수문제

**16** 중유 300kg/hr를 과잉공기계수 1.2로 연소시킬 때 연소실로 주입되는 공기온도를 20℃에서 120℃로 올리기 위하여 요구되는 열량(kcal/hr)은?(단, 중유의 저위발열량은 10,000 kcal/kg, 이론공기량은 10Sm³/kg, 공기의 비열은 0.31kcal/Sm³ · ℃)

**풀이**

열량(kcal/kg)=단위열량×시간당 연료량

단위열량=(과잉공기계수×이론공기량)×비열×온도차
   = 1.2×10Sm³/kg×0.31kcal/Sm³ · ℃×(120−20)℃
   = 372kcal/kg
   = 372kcal/kg×300kg/hr = 111,600kcal/hr

### 수문제

**17** 아래와 같이 운전되는 Batch type 소각로의 쓰레기 kg당 전체 발열량(저위발열량+공기예열에 소요된 열량) kcal/kg은?

- 과잉공기비 : 2.4
- 공기예열온도 : 180℃
- 쓰레기 저위발열량 : 2,000kcal/kg
- 이론공기량 : 1.8Sm³/kg
- 공기정압비열 : 0.32kcal/Sm³ · ℃
- 공기온도 : 0℃

**풀이**

전체발열량(kcal/kg)= 단위열량+저위발열량

단위열량 = 과잉공기비×이론공기량×비열×온도차
   = 2.4×1.8Sm³/kg×0.32kcal/Sm³ · ℃×(180−0)℃
   = 248.83kcal/kg
   = 248.83kcal/kg+2,000kcal/kg = 2,248.83kcal/kg

### 수문제

**18** 평균발열량이 8,000kcal/kg인 P시의 폐기물을 소각하여 그 지역난방에 필요한 열에너지를 얻고자 한다. 이때 하루 지역난방에 필요한 200ton을 얻기 위하여 필요한 폐기물의 양(kg/day)은?(단, 난방보일러의 효율 65%, 보일러 급수온도 12℃, 보일러 배출온도 92℃, 물의 비열은 1.0kcal/kg · ℃)

**풀이**

폐기물의 양(kg/day)= $\dfrac{200\text{ton/day}\times 1,000\text{kg/ton}\times 1\text{kcal/kg}\cdot℃\times(92-12)℃}{8,000\text{kcal/kg}\times 0.65}$

= 3,076.92kcal/day

### 必수문제 19

고위발열량이 17,000kcal/Sm³인 에탄($C_2H_6$)을 연소시킬 때 이론연소온도(℃)는?(단, 이론연소가스양 21Sm³/Sm³이며, 연소가스의 정압비열은 0.63kcal/Sm³ · ℃, 연소용 공기 연료온도는 15℃, 공기는 예열하지 않으며, 연소가스는 해리되지 않음)

**풀이**

$$이론연소온도(℃) = \frac{저위발열량}{이론연소가스양 \times 연소가스\ 평균정압비열} + 실제온도$$

$$저위발열량(H_l) = H_h - 480\left[\frac{y}{2}(C_xH_y)\right]$$

$$= 17,000 - 480\left[\frac{6}{2}(C_2H_6)\right] = 15,560\,kcal/Sm^3$$

$$= \frac{15,560\,kcal/Sm^3}{21Sm^3/Sm^3 \times 0.63kcal/Sm^3 \cdot ℃} + 15℃ = 1,191.11℃$$

### 必수문제 20

산소 10kg과 질소 11kg으로 혼합된 기체가 있다. 이 혼합기체의 정압비열은 몇 kcal/kg · ℃인가?(단, 질소 및 산소의 정압비열은 각각 0.247, 0.217kcal/kg · ℃)

**풀이**

$$혼합정압비열(kcal/kg \cdot ℃) = \frac{(10 \times 0.217) + (11 \times 0.247)}{10 + 11} = 0.233\,kcal/kg \cdot ℃$$

### 必수문제 21

소각로에서 열교환기를 이용, 고온의 배기가스의 열을 회수하여 급수예열에 활용하고자 한다. 배기가스와 물의 유량은 각 1,000kg/hr, 급수입구온도 25℃, 배기가스 입구온도 660℃, 출구온도 360℃라 할 때 급수의 출구온도(℃)는?(단, 물과 배기가스의 비열은 각각 1.0, 0.24kcal/kg · ℃)

**풀이**

열량 = 물질의 양 × 비열 × 온도차

수온상승에 기여하는 열량 = $1,000kg/hr \times 1.0kcal/kg \cdot ℃ \times (t_o - 25)℃$

$= 1,000kcal/hr \times (t_o - 25)$

가스의 열교환열량 = $1,000kg/hr \times 0.24kcal/kg \cdot ℃ \times (660-360)℃ = 72,000\,kcal/hr$

$1,000 \times (t_o - 25) = 72,000$

$t_o(출구온도) = 97℃$

(7) 내화물
    ① 종류
        ㉠ 내화벽돌(점토질, 내화단열재, 고알루미나재)
        ㉡ 부정형 내화물(플라스틱, 캐스터블)
        ㉢ 내화모르타르
        ㉣ 단열보드
        ㉤ SiC(Silicon Carbide : 산화규소) 내화물
    ② 내화물 재질 선택 시 고려사항
        ㉠ 소각로의 벽·천장 등의 냉각장치 유무
        ㉡ 소각로의 연소형식
        ㉢ 연소가스의 출구, 조연버너의 위치 및 구조

(8) 소각로의 부식
    ① 고온부식
        ㉠ 개요
            ⓐ 소각로화격자에서 고온부식은 국부적으로 연소가 심한 장소에서 화격자의 온도가 상승함에 따라 발생한다.
            ⓑ 소각로에서의 고온부식은 320℃ 이상에서 소각재가 침착된 금속 면에서 발생, 즉 가스 성분과 소각재 성분에 의하여 부식이 진행된다.
            ⓒ 폐기물 내의 PVC는 소각로의 부식을 가속시킨다.
        ㉡ 온도에 따른 부식
            ⓐ 고온부식은 600~700℃에서 가장 심하고 700℃ 이상에서는 완만한 속도로 진행된다.
            ⓑ 320~480℃ 사이에서는 염화철이나 알칼리철 황산염 생성에 의한 부식이 발생된다.
            ⓒ 480~700℃ 사이에서는 염화철이나 알칼리철 황산염 분해에 의한 부식이 발생된다.
            ⓓ 700℃ 이상에서는 퇴적물이 완전분해되어 기체상에서 발생하는 부식과 같은 속도로 진행된다.
        ㉢ 고온부식의 대책
            ⓐ 고온부식 발생 금속표면에 피복 및 표면온도를 내린다.
            ⓑ 화격자의 냉각효율을 올린다.
            ⓒ 화격자 냉각을 위하여 공기주입량을 늘린다.
            ⓓ 부식이 이루어지는 부분에 고온공기를 주입하지 않는다.
            ⓔ 화격자 재질 선정에 유의한다.(고크롬강 및 저니켈강 사용 : 내식성 재료)
            ⓕ 퇴적 및 침적된 먼지 제거 및 부식성 가스농도를 낮춘다.

② 저온부식
　㉠ 개요
　　ⓐ 소각로 내에 결로로 생성된 수분에 부식성 가스($SO_3$ 등)가 용해되어 이온상태로 해리되면서 금속부와 전기화학적 반응에 의해 금속염을 생성함에 따라 부식이 진행된다.
　　ⓑ 저온부식은 배기가스 세정시설, 온수 열교환기, 덕트, 굴뚝 등에서 발생한다.
　㉡ 온도에 따른 부식
　　ⓐ 저온부식은 100~150℃에서 가장 심하고 150~320℃ 사이에서는 일반적으로 부식이 잘 일어나지 않는다.
　　ⓑ 250℃ 정도의 연소온도에서는 유황성분과 염소성분이 부식을 잘 일으킨다.
　㉢ 저온부식의 대책
　　ⓐ 저온부식 발생금속표면에 피복을 한다.
　　ⓑ 내부식성이 있는 재료를 선정한다.
　　ⓒ 연소가스와 접촉을 방지한다.
　　ⓓ 연소가스의 온도를 산노점 이상으로 상승시키기 위해 재가열한다.
　　ⓔ 공기예열 및 보온을 한다.

## (9) 소각로의 강제통풍방법

① 압입통풍(가압통풍)
　㉠ 원리
　　연소용 공기를 노 앞에서 설치된 가압송풍기를 이용하여 강제로 연소실 내부로 압입하는 통풍방식이다.
　㉡ 특징
　　ⓐ 연소용 공기를 예열할 수 있고 가압연소가 가능하다.
　　ⓑ 연소실 열부하율을 높일 수 있다.(열부하율이 너무 높으면 노벽의 수명 단축)
　　ⓒ 노 내압이 정압(+)으로 유지된다.
　　ⓓ 송풍기의 고장이 적고 점검, 유지, 보수가 용이하다.
　　ⓔ 역화의 위험성이 있고 배기가스의 유속은 6~8m/sec 정도이다.
　　ⓕ 흡입통풍방식보다 송풍기의 동력소모가 적다.

② 흡인통풍(흡입통풍)
　㉠ 원리
　　연기가스를 송풍기로 흡인하여 노 내의 압력을 부압(-)으로 하여 배기가스를 굴뚝에 흡인시켜 배출하는 통풍방식이다.
　㉡ 특징
　　ⓐ 압입통풍에 비하여 통풍력이 크다.

ⓑ 노 내압이 부압(-)으로 냉기침입의 우려가 있으나 역화의 위험성은 없다.
ⓒ 굴뚝의 통풍저항이 큰 경우에 적합하다.
ⓓ 배풍기의 점검 및 보수가 어렵고 수명이 짧다.
ⓔ 소요동력이 많이 요구되고 연소배기가스에 의한 부식이 발생한다.
ⓕ 대형의 배풍기가 필요하며 연소용 공기를 예열할 수 없다.
ⓖ 연소효율이 낮고 배기가스에 의한 마모가 발생한다.

③ 평형통풍
㉠ 원리
연소실 전면, 후면에 각 송풍기 및 배풍기를 부착한 병용식 통풍방식이다.
㉡ 특징
ⓐ 연소실의 구조가 복잡하여도 통풍이 잘 이루어진다.
ⓑ 통풍력이 커서 대형 연소로(보일러)에 적합하다.
ⓒ 통풍 및 노 내 압력의 조절이 용이하나 소음이 크고 설비비 및 유지비가 많이 소요된다.
ⓓ 통풍손실이 큰 연소설비에 사용되고 동력소모도 크다.
ⓔ 열가스의 누기 및 냉기의 침입이 없다.

### (10) 클링커(Clinker)

① 생성원인
㉠ 회분이 환원분위기에서 고온 열화하는 경우
㉡ 고온 연소부에서 회분이 접촉된 경우(폐기물로부터 클링커가 생성되는 대표적인 융점의 범위는 1,100~1,200℃)
㉢ 소각층의 두께 불균일로 얇은 층으로 연소공기가 과잉 공급되어 국부가열, 회분이 용융하는 경우

② 대책
㉠ 폐기물 소각층의 온도분포를 고르게 한다.
㉡ 폐기물 소각층의 교반속도를 제어한다.
㉢ 폐기물 중의 회분 유입을 억제한다.

### (11) 폐기물의 건조

① 개요
폐기물의 건조방식은 쓰레기의 허용농도, 형태, 물리적 및 화학적 성질 등에 의해 결정된다.

② 수분을 함유한 폐기물의 건조과정
예열건조기간 → 항률건조기간 → 감률건조기간

㉠ 항률건조기간에는 건조시간에 비례하여 수분함량과 함께 건조속도가 일정하다.
㉡ 감률건조기간에는 고형물의 표면온도 상승 및 유입되는 열량 감소로 건조속도가 느려진다.

③ 기류건조기의 특징
㉠ 건조시간이 짧다.
㉡ 고온의 건조가스 사용이 가능하다.
㉢ 가연성 재료에서는 분진폭발 및 화재의 위험성이 있다.
㉣ 작은 입경의 폐기물 건조에 적합하다.

④ 대류전열방식 건조방법은 열풍(400~800℃)과 직접 접촉시키는 방법을 말한다.

> **Reference** 소각로의 백연(white plum) 방지장치
>
> 배출가스 중 수증기 응축을 방지하여 지역의 대기오염 피해의식을 줄이기 위해 설치한다.

## (12) 도시쓰레기 소각잔재물

① 바닥재
㉠ 소각로 화격자 최종하부(Outburn Section)에서 배출되는 소각재로 Grate Ash라고도 한다.
㉡ 소각로 화격자 간 틈새로 낙하하는 소각재로 Grate Siftings라고도 한다.

② 비산재
㉠ 종류
ⓐ 집진시설로부터 제거된 집진재
ⓑ 보일러재
ⓒ 산성가스 처리잔재물
㉡ 안정화 방법
ⓐ 용융고화
ⓑ 약제처리
ⓒ 산용매추출

③ 폐기물 소각재의 용융고화방식의 특징
㉠ 용융방식에는 코크스 베드식, 아크 용융, 플라스마 용융 등이 있다.
㉡ 최종 처분되는 폐기물의 부피는 크게 감소시키고, 2차 오염의 가능성을 감소시킨다.
㉢ 용융되어 생성되는 슬래그에서 중금속이 용출되지 않도록 화학적으로 안정된 상태로 하는 방법이다.
㉣ 생성된 슬래그는 도로포장재 등 자원으로 활용이 가능하다.

### (13) 생활폐기물 소각시설의 폐기물 저장조

① 폐기물 저장조용량
원칙적으로 계획 1일 최대처리량의 5배 이상(500ton 이상은 3일)의 용량(중량기준)으로 설치한다.

② 구조
가능한 한 깊이는 최소화하여 효율적인 크레인 작업을 할 수 있도록 한다.

③ 저장조용량 산정
실측자료가 없을 경우 우리나라 평균밀도인 $0.22ton/m^3$를 적용하며 유기성 폐기물의 분리수거로 인하여 밀도를 낮게 책정하는 것이 바람직하다.

④ 안전
저장조 내에서 자연발화 등에 의한 화재를 대비하여 소화기 등 화재대비 소방시설 설치를 검토하여야 한다.

> **Reference** 폐기물 소각시설로부터 생성되는 고형잔류물
> ① 고형잔류물의 관리는 폐기물 소각로 설계와 운전 시에 매우 중요하다.
> ② 소각로·연소능력 평가는 재연소지수(ABI)를 이용하여 평가한다.
> ③ 비산재는 전기집진기나 백필터에 의해 99% 이상 제거가 가능하다.
> ④ 가스세정기 슬러지(잔류물)는 비산재 세정에서 발생되는 고형잔류물이다.

#### 학습 Point
1. 내화물 종류 숙지
2. 고온부식 및 저온부식 원인·대책 숙지
3. 클링커, 폐기물건조 내용 숙지

---

 수문제

**01** 어느 폐기물 소각처리 시 회분의 중량이 폐기물의 10%라고 한다. 이때 회분의 밀도가 $2g/cm^3$이고 처리해야 할 폐기물이 $3\times10^4 kg$이라면 소각 후 남게 되는 재의 이론체적($m^3$)은?

**풀이**
$$\text{재의 체적}(m^3) = \frac{\text{폐기물량}}{\text{밀도}} = \frac{3\times10^4 kg \times 1,000 g/kg}{2g/cm^3 \times 10^6 cm^3/m^3} \times 0.1 = 1.5 m^3$$

# SECTION 010 유해가스 제거설비

## (1) 개요

① 유해가스인 염화수소(HCl)와 황산화물(SOx)의 제거방법은 물리적·화학적 흡수방식이 있으며 질소산화물의 경우는 연소조건제어방법과 습식·건식 처리법이 있다.
② 유해가스 제거효율은 건식법의 경우 비교적 낮으나 습식법은 매우 높다.
③ 백연대책은 건식법(반건식법)의 경우 대책이 불필요하나 습식법은 배기가스 냉각 등 백연대책이 필요하다.
④ 운전비 및 건설비는 습식법의 경우가 높고 건식법은 낮다.
⑤ 건식법은 재처리, 부식방지 등 관리가 쉬우나, 습식법은 폐수가 발생하고 건식법에 비해 유지관리가 어렵다.

## (2) 황산화물의 제거방법

① 습식 흡수법
  ㉠ 특징
    ⓐ 흡수제를 용해 또는 현탁시켜서 배기가스와 접촉하여 탈황시킨다.
    ⓑ 배기가스의 온도는 저하하나 탈황률은 높다.
    ⓒ 흡수제로는 석회의 현탁액, 암모니아 수용액, 아황산나트륨 수용액 등을 사용한다.
  ㉡ 장점
    제거효율이 높고, 흡수제의 소요량이 적으며 냉각효과가 크다.
  ㉢ 단점
    설치비가 고가이고 폐수가 발생하며 백연 방지장치가 필요하다.
  ㉣ 종류
    ⓐ 석회법
      • 석회석($CaCO_3$) 또는 소석회($Ca(OH)_2$)의 현탁액으로 배기가스를 세정하여 $SO_2$를 제거하는 방법으로 탈황률의 유지 및 스케일 형성을 방지하기 위해 흡수액의 pH를 6으로 조정한다.
      • $CaCO_3 + SO_2 \rightarrow CaSO_3 + CO_2$
      • $Ca(HCO_3)_2 + SO_2 + H_2O \rightarrow CaSO_3 \cdot 2H_2O + 2CO_2$
      • 반응온도조건 120~150℃, pH는 6.5~7.0으로 유지한다.
      • 장점
        수용액이 흡수제이기 때문에 $SO_2$와 잘 반응한다. 즉, 흡수효율이 양호하다.
      • 단점
        − 흡수탑 내부에 결정의 퇴적 및 배기가스의 냉각 문제가 유발된다.

- 흡수탑의 부식 및 흡수탑 내부의 심한 압력강하가 발생된다.
- 백연이 발생한다.(대책 : 재가열)

ⓑ 암모니아 수용액을 흡수제로 사용하는 방법
수용액으로 $(NH_4)_2SO_4$를 사용한다.

ⓒ 아황산칼륨법
수용액으로 $K_2SO_3$를 사용하여 $SO_2$를 흡수, 아황산수소칼륨($KHSO_3$)으로 반응된다.

ⓓ 수산화나트륨법
탄산나트륨의 생성을 억제하기 위해 흡수액의 pH를 7로 조정한다.

② **건식흡수법**

㉠ 흡수제 종류에 따른 최적흡수온도

ⓐ 석회흡수법 : 1,050℃

ⓑ 알칼리성 알루미나법 : 330℃

ⓒ 활성산화망간법 : 135~150℃

㉡ 장점
설비 간단, 폐수가 발생하지 않는 것이다.

㉢ 단점
흡수제의 재생공정에 문제가 있고 흡수제의 과잉 사용, 처리효율이 낮고, 시험단계를 거치지 않는다.

㉣ 종류

ⓐ 석회흡수법
- $CaCO_3$ 분말을 연소실(1,000℃)에 직접 혼입하여 열분해에 의해 $SO_2$를 $CaSO_4$ (황산칼슘)으로 반응, 집진장치에서 최종 제거한다.
- $CaCO_3 \rightarrow CaO + CO_2$

$$CaO + SO_2 + \frac{1}{2}O_2 \rightarrow CaSO_4 \downarrow$$

- 장점
  - $CaCO_3$의 값이 저렴하고 배기가스 온도가 떨어지지 않는다.
  - 재생 시 부대시설이 필요하지 않다.
  - 소규모 및 노후보일러에도 적용 가능하다.
  - 운영비의 부담이 적다.
- 단점
  - $CaCO_3$와 회분의 응결로 압력손실 및 열전달이 감소한다.
  - $CaCO_3$ 분말이 미반응하면 후처리 집진장치의 효율이 저감된다.
  - 효율이 일반적으로 낮다.

- $SO_2$가 석회석 분말표면에 침투가 용이하지 않아 제거효율이 낮다.
ⓑ 활성망간법

활성산화망간($MnOx \cdot nH_2O$)의 분말을 흡수탑 내에서 $SO_2$와 $O_2$를 반응시켜 황산망간($MnSO_4$)을 생성시키며 부산물로서 황산암모늄[$(NH_4)_2SO_2$]이 발생한다.

ⓒ 흡착법
- $SO_2$를 함유한 배기가스를 활성탄층으로 통과시켜 $SO_2$를 흡착시킨다.
- 흡착된 $SO_2$는 활성탄 표면에서 산소와 반응하여 산화된 후 수증기와 반응하여 황산으로 흡착층에 고정된다.
- 활성탄은 재생 가능하고 황산은 회수한다.

$$SO_2 + \frac{1}{2}O_2 + H_2O \rightarrow H_2SO_4$$

ⓓ 전자선조사법

### (3) 황산화물의 발생방지법

① 저황 성분 함유연료의 사용으로 황산화물의 발생량을 방지한다.
② 높은 굴뚝으로 배기가스 배출 시 수직 및 수평확산에 의해 농도를 감소시킨다.
③ 대체연료의 전환을 통하여 황산화물의 발생량을 낮출 수 있다.
④ 촉매층(실리카겔의 담체에 $V_2O_5$, 황산칼륨촉매 고정)을 사용하여 $SO_2$를 접촉·산화시켜 무수황산으로 제거한다.
⑤ 중유 연소 시 탈황방법으로 미생물에 의한 탈황, 방사선에 의한 탈황, 금속산화물 흡착에 의한 탈황 등이 있다.

> **Reference** 수중 유기화합물의 활성탄 흡착탑
> 
> ① 가지구조의 화합물이 직선구조의 화합물보다 잘 흡착된다.
> ② 기공확산이 율속단계인 경우, 분자량이 클수록 흡착속도는 늦다.
> ③ 불포화탄화수소는 포화탄화수소보다 잘 흡착된다.
> ④ 물에 대한 용해도가 낮은 화합물이 높은 화합물보다 잘 흡착된다.

## 필수문제

**01** 황 성분이 1%인 폐기물을 10ton/hr 소각하는 소각로에서 배기가스 중의 $SO_2$를 $CaCO_3$로 완전히 탈황하는 경우 이론상 하루에 필요한 $CaCO_3$의 양(ton/day)은?(단, 폐기물 중의 S는 모두 $SO_2$로 전환되며, 소각로의 1일 가동시간은 8시간, Ca 원자량 40)

**풀이**

$CaCO_3 + SO_2 \rightarrow CaSO_3 + CO_2$

위의 반응식에서 S와 탄산칼슘($CaCO_3$)은 1 : 1 반응한다.

S $\rightarrow$ $CaCO_3$

32ton : 100ton

10ton/hr × 0.01 × 8hr/day : $CaCO_3$(ton/day)

$CaCO_3(\text{ton/day}) = \dfrac{100\text{ton} \times 10\text{ton/hr} \times 0.01 \times 8\text{hr/day}}{32\text{ton}} = 2.5\text{ton/day}$

## 필수문제

**02** 황의 함량이 3%인 폐기물 20,000kg을 연소할 때 생성되는 $SO_2$ 가스의 총부피는 몇 $Sm^3$인가?(단, 표준상태를 기준으로 하며 황 성분은 전량 $SO_2$로 가스화되며 완전연소이다.)

**풀이**

S + $O_2$ $\rightarrow$ $SO_2$

32kg : 22.4$Sm^3$

20,000kg × 0.03 : $SO_2(Sm^3)$

$SO_2(Sm^3) = \dfrac{20,000\text{kg} \times 0.03 \times 22.4Sm^3}{32\text{kg}} = 420Sm^3$

## 필수문제

**03** 유황함량이 3%인 벙커C유 1ton을 연소시킬 경우 발생되는 $SO_2$의 양(kg)은?(단, 황성분 전량이 $SO_2$ 전환됨)

**풀이**

S $\rightarrow$ $SO_2$

32kg : 64kg

1,000kg × 0.03 : $SO_2$(kg)

$SO_2(\text{kg}) = \dfrac{1,000\text{kg} \times 0.03 \times 64\text{kg}}{32\text{kg}} = 60\text{kg}$

### 必수문제

**04** 매시간 10ton의 폐유를 소각하는 소각로에서 황산화물을 탈황하여 부산물인 90% 황산으로 전량회수하면 그 부산물(kg/hr)은?(단, 폐유 중 황성분 2%, 탈황률 90%라 가정한다.)

풀이

$S \rightarrow H_2SO_4$

32kg : 98kg

10ton/hr × 0.02 × 0.9 : $H_2SO_4$(kg/hr) × 0.9

$$H_2SO_4(kg/hr) = \frac{10ton/hr \times 0.02 \times 0.9 \times 98kg \times 1,000kg/ton}{32kg \times 0.9} = 612.5 kg/hr$$

### 必수문제

**05** 비중이 0.9이고 황 함유량이 3%(무게기준)인 폐유를 2kL/hr의 속도로 연소할 때 생성되는 $SO_2$의 부피($Sm^3$/hr)와 무게(kg/hr)는 각각 얼마인가?(단, 황성분은 전량 $SO_2$로 전환함)

풀이

$SO_2$ 부피

$S + O_2 \rightarrow SO_2$

32kg : 22.4$Sm^3$

2kL/hr × 0.9kg/L × 1,000L/kL × 0.03 : $SO_2$($Sm^3$/hr)

$$SO_2(Sm^3) = \frac{2kL/hr \times 0.9kg/L \times 1,000L/kL \times 0.03 \times 22.4Sm^3}{32kg} = 37.8 Sm^3/hr$$

$SO_2$ 무게

$S + O_2 \rightarrow SO_2$

32kg : 64kg

2kL/hr × 0.9kg/L × 1,000L/kL × 0.03 : $SO_2$(kg/hr)

$$SO_2(kg) = \frac{2kL/hr \times 0.9kg/L \times 1,000L/kL \times 0.03 \times 64kg}{32kg} = 108 kg/hr$$

### 必수문제

**06** 폐기물 연소 후 배출되는 배기가스의 염화수소농도가 360ppm이고, 배기가스의 부피가 5,811Sm³/hr일 때, 배기가스 내 염화수소를 Ca(OH)₂로 처리 시 필요한 Ca(OH)₂의 양(kg/hr)은?(단, 표준상태를 기준으로 하고 Ca 원자량은 40, 처리반응률은 100%로 한다.)

> **풀이**
> 반응식
> $2HCl + Ca(OH)_2 \rightarrow CaCl_2 + 2H_2O$
> $2 \times 22.4 Sm^3 : 74kg$
> $5,811 Sm^3/hr \times 360 mL/m^3 \times m^3/10^6 mL : Ca(OH)_2(kg/hr)$
> $Ca(OH)_2(kg/hr) = \dfrac{5,811 Sm^3/hr \times 360 mL/m^3 \times m^3/10^6 mL \times 74 kg}{2 \times 22.4 Sm^3} = 3.46 kg/hr$

### 必수문제

**07** 소각과정에서 Cl₂ 농도가 0.4%인 배출가스 5,000Sm³/hr를 Ca(OH)₂ 현탁액으로 세정처리하여 Cl₂를 제거하려 할 때 이론적으로 필요한 Ca(OH)₂ 양(kg/hr)은?[단, 2Cl₂+2Ca(OH)₂ → CaI₂+Ca(OCl)₂+2H₂O ; 원자량 Cl(35.5), Ca(40)]

> **풀이**
> $2Cl_2 + 2Ca(OH)_2 \rightarrow CaCl_2 + Ca(OCl)_2 + 2H_2O$
> $2 \times 22.4 Sm^3 : 2 \times 74 kg$
> $5,000 Sm^3/hr \times 4,000 mL/m^3 \times m^3/10^6 mL : Ca(OH)_2(kg/hr)$
> $Ca(OH)_2(kg/hr) = \dfrac{5,000 Sm^3/hr \times 4,000 mL/m^3 \times m^3/10^6 mL \times (2 \times 74) kg}{2 \times 22.4 Sm^3} = 66.07 kg/hr$

### (4) 질소산화물 제거방법

① 질소산화물(NOx) 발생
  ㉠ 특징
    ⓐ NOx는 주로 연소과정에서 발생하며 대기오염 유발물질은 NO와 $NO_2$이다.
    ⓑ NOx는 발생 중 90%는 NO, 약 10%는 $NO_2$가 차지하며 유해폐기물 소각 시 발생하는 NO는 광화학스모그의 원인이 되는 물질이다.
  ㉡ 연소 시 NOx 생성에 영향인자
    ⓐ 온도
    ⓑ 반응속도
    ⓒ 반응물질의 농도
    ⓓ 반응물질의 혼합 정도

ⓔ 연소실 체류시간
ⓒ 연소공정에서 발생하는 질소산화물(NOx)의 종류
　ⓐ Fuel NOx
　　• 연료 자체가 함유하고 있는 질소 성분의 연소로 발생
　　• 연소 전 폐기물로부터 유기질소원을 제거하는 발생원 분리가 효과적인 통제방법이다.
　ⓑ Thermal NOx
　　• 연료의 연소로 인한 고온분위기에서 연소공기의 분해과정에서 발생, 즉 연소를 위하여 주입되는 공기에 포함된 질소와 산소의 반응에 의해 형성
　　• Fuel NOx와 함께 연소 시 발생하는 대표적인 질소산화물의 발생원이다.
　　• 연소통제와 배출가스 처리에 의해 통제할 수 있다.
　ⓒ Prompt NOx
　　연료와 공기 중 질소의 결합으로 발생

② **연소조절에 의한 질소산화물의 저감방법**(연소개선에 의한 NOx 억제방법)
버너 및 연소실의 구조를 개선하여도 질소산화물이 저감된다.
㉠ 저산소 연소
　ⓐ 낮은 공기비로 연소시키는 방법이다. 즉, 연소로 내로 과잉공기의 공급량을 줄여 질소와 산소가 반응할수 있는 기회를 적게 하는 것이다.
　ⓑ 낮은 공기비일 경우 CO 및 검댕의 발생이 증가하고, 노 내의 온도가 상승하므로 주의를 요한다.
㉡ 저온도 연소
　에너지 절약, 건조 및 착화성 향상을 위해 사용하는 예열공기의 온도를 조절하여 열적 NOx 생성량을 조절한다.(예열온도를 맞춰 연소온도를 낮춤)
㉢ 연소부분의 냉각
　연소실의 열부하를 낮춤으로써 NOx 생성을 저감할 수 있다.
㉣ 배기가스의 재순환
　냉각된 배기가스 일부를 연소실로 재순환하여 온도 및 산소농도를 낮춤으로써 NOx 생성을 저감할 수 있다.
㉤ 2단 연소
　1차 연소실에서 가스온도 상승을 억제하면서 운전하여 열적 및 연료 NOx의 생성을 줄이고 불완전연소가스는 2차 연소실에서 완전연소시키는 방법이다.
㉥ 버너 및 연소실의 구조 개선
　저 NOx 버너를 사용하고 버너의 위치를 적정하게 설치하여 열적 NOx 생성을 저감할 수 있다.

ⓢ 수증기 및 물분사 방법

물분자의 흡열반응을 이용하여 온도를 저하시켜 NOx 생성을 저감할 수 있다.

③ 처리기술에 의한 질소산화물 제거방법

㉠ 선택적 촉매환원법(SCR)

ⓐ 연소가스 중의 NOx를 환원제($NH_3$, CO)로 촉매($TiO_2-V_2O_5$)를 사용하여 암모니아($NH_3$)와 반응 $N_2$와 $H_2O$로 환원시키는 방법이다.

ⓑ 반응식
- $6NO+4NH_3 \rightarrow 5N_2+6H_2O$
- $6NO_2+8NH_3 \rightarrow 7N_2+12H_2O$

ⓒ 주입환원제가 배출가스 중 질소산화물을 우선적으로 환원한다는 의미에서 선택적 촉매환원법이라 한다.

ⓓ 적정반응 온도영역은 275~450℃이며 최적반응은 350℃에서 일어난다.

ⓔ 최적조건에서 약 90% 정도의 효율이 있다.

ⓕ 먼지, SOx 등에 의해 촉매의 활성이 저하되어 효율이 떨어진다.

ⓖ 촉매 교체 시 상당한 비용이 부담된다.

ⓗ 촉매반응탑 설치가 필요하여 설비비가 많이 든다.

ⓘ 질소산화물의 고효율제거에 사용되며 잔여물질이 없어 폐기물처리비용이 들지 않는다.

㉡ 선택적 무촉매환원법(SNCR)

ⓐ 연소가스에 환원제(암모니아요소)를 분사하여 고온에서 NOx와 선택적으로 반응하여 $N_2$와 $H_2O$를 분해하는 방법이다.

ⓑ 반응식
- $4NO+4NH_3+O_2 \rightarrow 4N_2+6H_2O$
- $4NO+2(NH_2)_2CO+O_2 \rightarrow 4N_2+4H_2O+2CO_2$

ⓒ 반응온도 영역은 750~950℃이며 최적반응은 800~900℃에서 일어난다.

ⓓ 질소산화물의 제거효율은 약 40~70%이다.

ⓔ 다양한 가스에 적용 가능하고 장치가 간단하여 유지보수가 용이하다.

ⓕ 약품을 과다사용하면 암모니아가 HCl과 반응하여 백연현상이 발생할 수 있으므로 주의를 요한다.(암모니아 슬립현상)

> **Reference** SNCR과 SCR의 비교

| 비교 항목 | SNCR | SCR |
|---|---|---|
| $NO_x$ 저감한계 | 50~80ppm | 20~40ppm |
| 제거효율 | 30~70% | 90% |
| 운전온도 | 850~950℃ | 300~400℃(220~400℃) |
| 소요면적 | 설치공간이 작음 | 촉매탑 설치공간 필요 |
| 암모니아 슬립 | 10~100ppm | 5~10ppm |
| PCDD 제거 | 거의 없음 | 가능성 있음(촉매를 통한 분해 가능) |
| 경제성 | 설치비가 저렴하다. | 수명이 짧다. |
| 고려사항 | • 투입온도, 혼합<br>• 암모니아 슬립(상대적으로 많음)<br>• NOx 제거효율 | • 운전온도<br>• 배기가스 가열비용<br>• 촉매독<br>• 암모니아 슬립<br>• 설치공간<br>• 촉매 교체비 |
| 장점 | • 다양한 가스성상에 적용 가능<br>• 장치가 간단<br>• 운전보수 용이 | • 높은 탈질효과<br>• 암모니아 슬립이 매우 적다. |
| 단점 | • 몰비를 크게 하면 암모니아 슬립에 의한 백연현상이 발생할 수 있음<br>• 연소온도를 950℃ 이하로 확실히 제어하여야 함(적정 연소가스 온도영역을 벗어나 운전 시 NOx 농도 증가) | • 유지비가 많이 든다.(촉매비용)<br>• 운전비가 많이 든다.<br>• 압력손실이 크다.<br>• 먼지, SOx 등에 의해 방해를 받는다. |

ⓒ 접촉분해법
  ⓐ NO가 함유된 배기가스를 $Co_3O_4$(산화코발트)에 접촉시켜 $N_2$와 $O_2$로 분해하는 방법이다.
  ⓑ 반응식

$$2NO \xrightarrow{Co_3O_4} N_2 + O_2$$

ⓓ 흡착법
  ⓐ 활성탄, 실리카겔의 흡착제에 배기가스를 흡착시키는 방법이다.
  ⓑ $NO_2$는 흡착 가능하나, NO는 흡착이 곤란하다.

ⓜ 전자선조사법

배기가스 중 암모니아를 첨가하여 전리성 방사선($\alpha$선, $\beta$선, $\gamma$선, 전자선 및 X선)을 조사하여 NOx와 SOx을 동시 제거하는 방법이다.

ⓗ 용융염 흡수법

배기가스 중의 NO를 용융염에 흡수하는 방법이다.

ⓢ 접촉 환원법

NOx에 함유된 배기가스를 촉매($CuO-Al_2O_3$, $Mn-Fe_2O_3$)하에서 환원제(CO, $H_2$, $CH_4$)를 이용하여 $N_2$로 환원시키는 방법으로 CO의 환원반응속도가 가장 빠르다.

ⓞ 습식법

ⓐ 물, 알칼리 흡수법
ⓑ 황산흡수법
ⓒ 산화흡수법
ⓓ 산화흡수환원법

### (5) 촉매법과 연소법(직접가열)의 비교 : 소각 시 탈취방법의 비교

① **직접연소법**

㉠ 연소장치 설계 시 오염물질의 폭발한계점 또는 인화점을 잘 알아야 한다.
㉡ HC, $H_2$, $NH_3$, KCN 및 유독성 가스의 제거법으로 사용한다.
㉢ 오염물의 발열량이 연소에 필요한 전체 열량의 50% 이상일 때 경제적으로 타당하다.
㉣ 화염온도가 1,400℃ 이상이 되면 질소산화물이 생성될 염려가 있다.

② **촉매연소법**

㉠ 배출가스양이 적은 경우와 악취물질의 종류 및 농도변화가 적은 시설에 적합하다.(일반 연소법으로 처리가 어려운 저농도의 경우에도 효과를 얻을 수 있음)
㉡ 촉매를 사용하여 연소에 필요한 활성화 에너지를 낮춤으로써 연소가 효과적으로 일어난다.
㉢ 장치의 부식과 처리대상가스의 제한이 있다.
㉣ 운전비용이 저렴하고 자동제어가 가능하며 질소산화물의 생성이 거의 없다.
㉤ 반응속도가 낮은 경우 장치의 대형화로 인하여 부식 등 관리 문제가 있다.

  학습 Point

1 황산화물 제거방법 중 습식흡수법 내용 숙지
2 연소 시 NOx 생성에 영향인자 숙지
3 연소조절에 의한 질소산화물의 저감방법 종류 및 내용 숙지
4 SNCR, SCR 비교 내용 숙지

### 必수문제

**01** NO 400ppm을 함유한 연소가스 300,000Sm³/hr을 암모니아를 환원제로 하는 선택적 촉매환원법으로 처리하고자 한다. $NH_3$ 반응률을 98%라 할 때 필요한 $NH_3$양(kg/hr)은?(단, 표준상태, 기타 조건은 고려하지 않음 ; $6NO + 4NH_3 \rightarrow 5N_2 + 6H_2O$)

> **풀이**
>
> 반응식
>
> $6NO + 4NH_3 \rightarrow 5N_2 + 6H_2O$
>
> $6 \times 22.4 Sm^3 : 4 \times 17 kg$
>
> $300,000 Sm^3/hr \times 400 mL/m^3 \times 1m^3/10^6 mL : NH_3(kg/hr) \times 0.98$
>
> $NH_3(kg/hr) = \dfrac{300,000 Sm^3/hr \times 400 mL/m^3 \times 1m^3/10^6 mL \times 4 \times 17 kg}{6 \times 22.4 Sm^3 \times 0.98} = 61.95 kg/hr$

### 必수문제

**02** 소각로에서 NOx 배출농도가 270ppm, 산소배출농도가 12%일 때 표준산소 농도 6%로 환산한 NOx 농도(ppm)는?

> **풀이**
>
> $NOx(ppm) = 배출농도 \times \dfrac{21 - O_2 \text{ 표준농도}}{21 - O_2 \text{ 실측농도}} = 270 ppm \times \dfrac{21 - 6}{21 - 12} = 450 ppm$

# 011 다이옥신류 제어

## (1) 개요 및 특징

① 다이옥신과 퓨란은 쓰레기 중 PVC 또는 플라스틱류 등을 포함하고 있는 합성물질을 연소시킬 때 발생한다. 즉 여러가지 유기물과 염소공여체로부터 생성된다.
② 다이옥신류란 $PCDD_S$와 $PCDF_S$를 총체적으로 말하며 다이옥신과 퓨란은 하나 또는 두 개의 산소원자와 1~8개의 염소원자가 결합된 두 개의 벤젠고리를 포함하고 있다.
③ 다이옥신과 퓨란류의 농도는 연소기 출구와 굴뚝 사이에서 증가하며, 산소과잉 조건에서 연소가 진행될 때 크게 증가한다. 즉 소각시설에서 다이옥신 생성에 영향을 주는 인자는 투입 폐기물 종류, 배출(후류)가스 온도, 연료공기의 양 및 분포 등이다.
④ 다이옥신의 이성체는 75개이고, 퓨란은 135개이다.
⑤ 2, 3, 7, 8 PCDD의 독성계수가 1이며, 여타 이성체는 1보다 작은 등가계수를 갖는다.

## (2) 소각로의 다이옥신류 배출경로(생성원인)

① 폐기물 중에 존재하는 다이옥신류(PCDD/PCDF)가 분해되지 않고 배출된다.
② PCDD/PCDF의 전구물질이 전환되어 배출된다.
③ 소각과정에서 유기물에 염소공여체가 반응하여 생성 배출된다.
④ 저온에서 촉매화 반응에 의해 분진과 결합하여 배출된다.

## (3) 제어 방법

① 1차적(사전, 연소전) 제어방법
  ㉠ 다이옥신류 전구물질(PVC, 유기염소계 화합물)을 사전에 제어한다.
  ㉡ 플라스틱류는 분리수거하고 페인트가 칠해져 있거나 페인트로 처리된 목재, 가구류 반입을 억제한다.
  ㉢ 연소온도, 일산화탄소, 산소, 유기물의 변동을 피하기 위해 균일한 조성으로 소각로에 투입한다.(다이옥신류의 생성이 최소가 되는 배출가스 내 산소와 일산화탄소의 농도가 되도록 연소상태를 제어)

② 2차적(노 내, 연소과정) 제어방법
  ㉠ 다이옥신 물질의 분해에 충분한 연소온도가 되도록 가동개시할 때 온도를 빨리 승온시키고 체류시간을 조정하고 완전연소를 위해 연료와 공기를 충분히 혼합시킨다.(완전연소 조건 3T)
  ㉡ 일반적으로 적절한 온도범위는 850~950℃ 정도이다. 즉, 소각 후 연소실 온도는 850℃ 이상 유지하여 2차 발생을 억제한다.(미국 EPA에서는 완전혼합상태에서 평균 980℃ 이상으로 소각하도록 권장)

ⓒ 연소용 공기(1차, 2차 공기)는 적정량을 효과적으로 배분 공급하여 완전연소가 가능하도록 한다.(충분한 $O_2$농도)
ⓔ 충분한 2차 연소실 확보와 고온연소에 따른 NOx 발생에 주의하여 운전하여야 한다.
ⓜ 입자이월(소각로 내 부유분진이 연소기 밖으로 빠져나가는 입자)은 다이옥신류의 저온형성에 참여하는 전구물질 역할을 하기 때문에 최소화한다. 즉, 소각로를 벗어나는 비산재의 양이 최대한 적도록 한다.
ⓑ 연소 시 발생하는 미연분의 양과 비산재의 양을 줄여 다이옥신을 저감할 수 있다.
ⓢ 다이옥신 재형성 온도구역을 최소화하여 재합성을 방지함으로써 저감한다.
ⓞ 연소실의 형상을 클링커 축적이 생기지 않는 구조로 한다.
ⓩ 실시간 연소상태를 모니터링하는 자동제어시스템을 운영한다. 특히 배출가스 중 산소와 일산화탄소를 측정하여 연소상태를 제어한다.

③ 3차적(후처리, 연소 후) 제어방법
㉠ 현재 가장 합리적인 조합처리방식은 활성탄주입시설+Bag Filter를 연결하여 제거하는 방법이다.(활성탄 주입시설+반응탑+Bag Filter)
㉡ 배기가스 Conditioning 시 칼슘 및 활성탄 분말 투입시설을 설치하여 다이옥신과 반응 후 집진함으로써 제거할 수 있다.
㉢ SCR, SNCR 방법으로 제거가 가능하다.
㉣ 촉매에 의한 다이옥신 분해방식은 활성탄흡착 처리방법에 비해 다이옥신을 무해화하기 위한 후처리가 필요없는것이 장점이다.(사용촉매 : $Al_2O_3$, $V_2O_5$, $TiO_2$ 등)
㉤ 촉매에 의한 다이옥신 분해방식에 사용되는 촉매는 반응성이 높은 금속산화물이 주로 사용된다.
㉥ 다이옥신 저감용 활성탄+백필터의 특징
ⓐ 분무된 활성탄이 필터백 표면에 코팅되어 백틸터에서도 흡착이 활발하게 일어난다.
ⓑ 파손 여과 백의 교체주기가 빈번하여 인력 및 경비부담이 크고 설비의 연속운전에 지장을 줄 수 있다.
ⓒ 다이옥신과 함께 중금속 등도 흡착될 우려가 있다.
ⓓ 체류시간이 짧아 다이옥신 재형성 방지가 어렵다.
ⓔ 활성탄 주입량을 변경하면 제거효율을 어느 정도 변경 가능하다.

# SECTION 012 주요 제진시설

### (1) 원심력식 집진(제진)장치(Cyclone)
① 개요
- ㉠ 분진을 함유하는 가스에 선회운동을 시켜서 가스로부터 분진을 분리 포집하는 장치이며 가스유입 및 유출형식에 따라 접선유입식과 축류식으로 나누어져 있다.
- ㉡ 압력손실은 80~100mmH$_2$O 정도이다.
- ㉢ 입구유속은 접선유입식이 7~15m/sec, 축류식이 10m/sec 전후이다.

② 특징
- ㉠ 설치비가 낮고 고온에서 운전 가능하다.
- ㉡ 내통의 관경이 작을수록 미세입자의 분리포집이 가능하다.
- ㉢ 입구유속이 클수록 압력손실은 커지나 집진효율은 높아진다.
- ㉣ 미세한 입자를 원심분리하고자 할 때 가장 큰 영향인자는 사이클론의 직경이다.
- ㉤ Blow down 방식을 적용하면 먼지제거효율을 향상시킬 수 있다.
- ㉥ 전기집진장치 및 여과집진장치의 전처리용으로 사용된다.
- ㉦ 직렬, 병렬로 연결하여 사용이 가능하다.
- ㉧ 비교적 압력손실은 적으나(80~100mmH$_2$O) 미세입자의 집진효율은 낮다.
- ㉨ 수분함량이 높은 먼지의 집진이 어렵고 분진량과 유량의 변화에 민감하다.
- ㉩ 조작이 간단하고 유지관리가 용이하며 운전비용이 저렴하다.

③ Blow down
- ㉠ 원리
사이클론의 집진효율을 향상시키기 위한 하나의 방법으로서 Dust Box 또는 Hopper부에서 처리가스의 5~10%를 흡인하여 선회기류의 교란을 방지하고 먼지가 재비산되어 빠져나가지 않게 하는 방법이다.
- ㉡ 효과
  - ⓐ 사이클론 내 난류억제로 인한 비산 방지
  - ⓑ 집진효율 증대
  - ⓒ 장치 내부의 먼지퇴적 억제

### (2) 세정식 집진시설(Wet Scrubber)
① 개요
세정액을 분사시키거나 함진가스를 분산시켜 액적 또는 액막을 형성시켜 함진가스를 세정시킴으로써 접촉에 의한 분진 및 유해가스의 동시처리가 가능하며 벤투리 스크러버가 압

력손실이 300~800mmH₂O로 가장 크다.

② 장점
　㉠ 미세분진 채취효율이 높고 2차적 분진처리가 불필요하다.
　㉡ 설치비용이 저렴하고 전기 여과집진장치보다 좁은 공간에도 설치가 가능하다.
　㉢ 부식성 가스의 회수가 가능하고 가스에 의한 폭발위험이 없다.
　㉣ 분진과 유해가스의 동시처리가 단일장치로 가능하며 한번 제거된 입자는 다시 처리가스 속으로 재비산되지 않는다.
　㉤ Demistor 사용으로 미스트 처리가 가능하다.
　㉥ 고온다습한 가스나 연소성 및 폭발성 가스의 처리가 가능하다.

③ 단점
　㉠ 유지관리비가 높고 부식성 가스로 인한 부식잠재성이 있다.
　㉡ 폐수가 발생하며 공업용수를 과잉 사용한다.
　㉢ 추운 겨울에 동결방지장치를 필요로 한다.
　㉣ 장치류에 plugging을 유발할 수 있다.

④ 종류
　㉠ 유수식(저수식 : 가스분산형)
　　ⓐ S형 임펠러형
　　ⓑ Guide Vane(나선안내익)형
　　ⓒ 분수(분출)형
　　ⓓ Rotor형
　㉡ 가압수식(액분산형)
　　ⓐ 벤투리 스크러버(압력손실 300~800mmH₂O로 가장 높음)
　　ⓑ 제트 스크러버
　　ⓒ 사이클론 스크러버
　　ⓓ 충전탑
　㉢ 회전식
　　ⓐ Theisen Washer
　　ⓑ Impulse Scrubber

⑤ 세정흡수탑의 조건
　㉠ 흡수장치에 들어가는 가스의 온도는 너무 높지 않게 일정하게 유지시켜 주어야 한다.
　㉡ 세정액에 중화제액 혼입에 의한 화학반응속도를 향상시킬 필요가 있다.
　㉢ 세정액과 가스의 접촉면적을 크게 잡고 교란에 의한 기체, 액체 접촉을 높여야 한다.
　㉣ 비교적 물에 대한 용해도가 낮은 CO, NO, H₂S 등의 흡수평형조건은 헨리의 법칙을 따른다.

### (3) 여과집진장치(Bag filter)

① 개요

함진가스를 여과재(filter media)에 통과시켜 입자를 분리포집하는 장치로서 압력손실 150mmH$_2$O 정도에서 먼지를 탈진, 제거하며 탈진방식에 따라 간헐식과 연속식으로 구분된다.

② 성능영향인자
  ㉠ 여과속도
  ㉡ 여과재성능
  ㉢ 압력손실
  ㉣ 탈진방식

③ 여과재의 조건
  ㉠ 포집효율이 높아야 한다.
  ㉡ 포집 시 흡인저항은 낮은 것이 좋다.
  ㉢ 가능한 흡습률이 작아야 한다.
  ㉣ 가볍고 1매당 무게의 불균형이 적어야 한다.
  ㉤ 여과재의 최고 온도는 Wool(80℃), Polyesters(120℃), Teflon(250℃), Glass Fiber(280~300℃) 정도이다.

④ 여과속도는 제거효율에 미치는 영향인자 중 가장 중요하다.

$$\text{여과속도}(V\,;\,\text{cm/sec}) = \frac{Q}{A} = \frac{\text{총처리가스유량}}{\text{총여과면적(여과 백 1개 면적} \times \text{여과 백 개수)}}$$

#### 必수문제

**01** Bag Filter를 이용하여 가스유량이 100m$^3$/min인 함진가스를 1.5cm/sec의 여과속도로 처리하고자 한다. 소요되는 여과포의 유효면적(m$^2$)은?

풀이

$$\text{유효면적(총여과면적}\,;\,\text{m}^2) = \frac{\text{처리가스유량}}{\text{여과속도}}$$

$$= \frac{100\text{m}^3/\text{min}}{1.5\text{cm/sec} \times \text{m}/100\text{cm} \times 60\text{sec/min}}$$

$$= 111.11\text{m}^2$$

### 필수문제

**02** 발생되는 배기가스양이 180m³/min이고 송풍관을 통해 10m/sec의 속도로 흘려보내고 있다. 송풍관의 지름(m)은?

**풀이**

$Q = A \times V$ (유량 = 단면적 × 유속)

$A = \dfrac{Q}{V} = \dfrac{180 \text{m}^3/\text{min}}{10 \text{m/sec} \times 60 \text{sec/min}} = 0.3 \text{m}^2$

$A = \dfrac{\pi D^2}{4}$

관지름($D$ : m) = $\sqrt{\dfrac{A \cdot 4}{\pi}} = \sqrt{\dfrac{0.3 \times 4}{3.14}} = 0.62 \text{m}$

### (4) 전기집진장치(Electrastatic Precipitator ; EP)

① 개요

특고압 직류전원을 사용하여 집진극(+), 방전극(−)으로 불평등 전계를 형성하고 이 전계에서의 코로나 방전을 이용, 함진가스 중의 입자에 전하를 부여하여 대전입자를 쿨롱력으로 집진극에 분리포집하는 장치이다. 즉, 코로나 방전에 의해 발생하는 전기력으로 입자를 대전시켜 집진한다.

② 압력손실
  ㉠ 건식 : 10mmH$_2$O
  ㉡ 습식 : 20mmH$_2$O

③ 집진효율
  99.9% 이상

④ 장점
  ㉠ 집진효율이 높다.(0.01μm 정도 포집 용이, 99.9% 정도 고집진 효율)
  ㉡ 대량의 분진함유가스의 처리가 가능하다.
  ㉢ 압력손실이 적고 미세한 입자까지도 처리가 가능하다.
  ㉣ 운전, 유지·보수비용이 저렴하다.
  ㉤ 고온(500℃ 전후)가스 및 대량가스 처리가 가능하다.
  ㉥ 광범위한 온도범위에서 적용이 가능하며 폭발성 가스의 처리도 가능하다.
  ㉦ 회수가치 입자포집에 유리하고 압력손실이 적어 소요동력이 적다.
  ㉧ 배출가스의 온도강하가 적다.

⑤ 단점
  ㉠ 분진의 부하변동(전압변동)에 적응하기 곤란하고, 고전압으로 안전사고의 위험성이 높다.
  ㉡ 분진의 성상에 따라 전처리시설이 필요하다.
  ㉢ 설치비용이 많이 소요되고 설치공간을 많이 차지한다.
  ㉣ 특정물질을 함유한 분진제거에는 곤란하다.
  ㉤ 가연성 입자의 처리가 곤란하다.

⑥ 전기비저항
  ㉠ 전기집진장치의 성능지배요인(먼지 전기비저항, 수분함량, 처리가스양 먼지직경, 먼지농도) 중 가장 큰 것이 분진의 전기비저항이다.
  ㉡ 전기비저항($10^4 \Omega \cdot cm$) 이하는 집진판에서 재비산이 일어난다.
  ㉢ 전기비저항($10^4 \sim 5 \times 10^{10} \Omega \cdot cm$)에서는 정상적인 먼지 제거성능을 보여 집진효율이 가장 양호한 범위이다.
  ㉣ 전기비저항($5 \times 10^{10} \Omega \cdot cm$ 부근)에서는 국부적인 절연파괴를 야기시켜 스파크 발생으로 인한 집진효율이 저하된다.
  ㉤ 전기비저항($10^{10} \sim 10^{13} \Omega \cdot cm$)에서는 역전리가 발생하여 집진효율이 크게 저하된다.

⑦ 수분함량
  수분함량이 증가할수록 전기비저항이 낮아져 집진효율이 증가하나 저온부식에 유의하여야 한다.

⑧ 처리가스양
  처리가스양이 증가(가스유속 증가)하면 입자의 재비산으로 집진효율이 감소하고 가스유속이 급격히 저하되면 집진기 내의 가스유속분포가 불균일하게 되어 집진효율이 크게 떨어진다.

⑨ 먼지입자 직경
  입자 직경이 작으면 집진극으로 이동하는 입자의 이동속도가 느려져서 집진효율이 감소되고 먼지입자의 비표면적이 증가되어 먼지입자의 대전량이 증가한다.

⑩ 먼지농도
  농도가 크면 입자의 비표면적이 크게 되어 공간상 전하가 크게 되고(전하효과) 방전전류가 억제, 집진율이 저하되므로 전처리 집진장치를 설치하여 전기집진기 입구 먼지농도를 낮추어야 한다.

> **Reference** 중력 · 관성력 집진장치

① 중력 집진장치는 내부가스 유속을 1~2m/s의 정도로 유지하는 것이 바람직하다.
② 관성력 집진장치는 10~100$\mu$m 이상의 분진을 50~70%까지 집진할 수 있다.

> **Reference** 관성력 집진장치의 효율향상조건

① 일반적으로 충돌 직전 처리가스의 속도가 크고, 처리 후의 출구 가스속도는 늦을수록 미립자의 제거가 쉽다.
② 기류의 방향전환 각도가 작고, 방향전환 횟수가 많을수록 압력손실은 커지나 집진은 잘 된다.
③ 적당한 모양과 크기의 효과가 필요하다.
④ 함진가스의 충돌 또는 기류의 방향전환 직진의 가스속도가 크고, 방향전환 시에 곡률반경이 작을수록 미세입자의 포집이 가능하다.

# SECTION 013 송풍기 소요동력

$$\text{소요동력(kW)} = \frac{Q \times \Delta P}{6{,}120 \times \eta} \times \alpha \qquad \text{HP} = \frac{Q \times \Delta P}{4{,}500 \times \eta} \times \alpha$$

여기서, $Q$ : 송풍량($m^3$/min)
  $\Delta P$ : 송풍기 유효전압(정압)(mmH$_2$O)
  $\eta$ : 송풍기 효율
  $\alpha$ : 여유율

### 필수문제

**01** 스토커식 소각시설에서의 총압력손실이 900mmH$_2$O, 폐처리가스양 45,000Sm$^3$/hr, 효율 65%인 송풍기의 소요동력(kW)은?

> **풀이**
> 송풍기 소요동력(kW) $= \dfrac{Q \times \Delta P}{6{,}120 \times \eta} \times a$
> $Q = 45{,}000\text{Sm}^3/\text{hr} \times \text{hr}/60\text{min} = 750\text{Sm}^3/\text{min}$
> $= \dfrac{750 \times 900}{6{,}120 \times 0.65} \times 1.0 = 169.69\text{kW}$

### 필수문제

**02** 폐처리가스양이 5,400Sm$^3$/hr인 스토커식 소각시설의 굴뚝에서 정압을 측정하였더니 20mmH$_2$O였다. 여유율 20%인 송풍기를 사용할 경우 필요한 소요동력(kW)은?(단, 송풍기 정압효율 80%, 전동기효율 70%)

> **풀이**
> 소요동력(kW) $= \dfrac{Q \times \Delta P}{6{,}120 \times n} \alpha$
> $Q = 5{,}400\text{Sm}^3/\text{hr} \times \text{hr}/60\text{min} = 90\text{Sm}^3/\text{min}$
> $= \dfrac{90 \times 20}{6{,}120 \times 0.8 \times 0.7} \times 1.2 = 0.63\text{kW}$

# SECTION 014 집진효율

$$집진효율(\eta) = \left(1 - \frac{C_o \cdot Q_o}{C_i \cdot Q_i}\right) \times 100 = \left(1 - \frac{C_o}{C_i}\right) \times 100 (\%)$$

여기서, $C_i$, $C_o$ : 집진장치 입·출구 분진농도($g/m^3$)
$Q_i$, $Q_o$ : 집진장치 입·출구 가스유량($m^3/hr$)

$$총집진효율(\eta_t) = 1 - (1 - \eta_1)(1 - \eta_2)(1 - \eta_3)$$

여기서, $\eta_1$ : 1차 집진장치 집진율
$\eta_2$ : 2차 집진장치 집진율
$\eta_3$ : 3차 집진장치 집진율

### 학습 Point

1. 다이옥신류 제어내용 및 2차적 제어방법 내용 숙지
2. 플라스틱 소각 내용 숙지
3. 원심력식 집진장치 특징 및 Blow down 정의 및 효과 숙지
4. 세정식 집진시설 장단점 내용 숙지
5. 여과재 조건 및 여과속도 계산식 숙지
6. 전기집진장치 장단점 및 전기비저항 내용 숙지
7. 송풍기 소요동력 계산식 숙지
8. 집진효율 계산식 숙지

### 필수문제

**01** 배기가스분진농도가 2,000mg/Nm³인 소각로에서 분진을 처리하기 위하여 집진효율 50%인 중력집진기, 80%인 여과집진기 그리고 세정집진기가 직렬로 연결되었다. 먼지농도를 5mg/Nm³ 이하로 줄이기 위해서는 세정집진기 집진효율은 최소한 몇 % 이상 되어야 하는가?

**풀이**

$$\left(1 - \frac{C_o}{C_i}\right) = 1 - (1-\eta_1)(1-\eta_2)(1-\eta_3)$$

$$\left(1 - \frac{5}{2,000}\right) = 1 - (1-0.5)(1-0.8)(1-\eta_3)$$

$$\eta_3 = 0.975 \times 100 = 97.5\%$$

### 필수문제

**02** 구형입자 분진이 최초의 입경에서 1.8배로 되면 침강속도는 몇 배로 되는가?(단, 비중은 동일하고 Stokes 법칙이 적용된다.)

**풀이**

Stoke 법칙에 의한 침강속도 $= \dfrac{(\rho_p - \rho_a)d^2 g}{18\mu} \simeq (1.8)^2 = 3.24$

$\simeq d^2$ ; $d$(입자직경)

### 필수문제

**03** 백필터를 통과한 가스의 분진농도가 8mg/Sm³이고 분진의 통과율이 5%라면 백필터를 통과하기 전 가스 중의 분진농도(g/Sm³)는?

**풀이**

통과율 $= \dfrac{\text{통과 후 농도}}{\text{통과 전 농도}}$

$0.05 = \dfrac{8\text{mg/Sm}^3}{\text{통과 전 농도}}$

통과 전 농도(g/m³) $= \dfrac{8\text{mg/Sm}^3 \times \text{g}/1,000\text{mg}}{0.05} = 0.16\text{g/m}^3$

# SECTION 015 폐열에너지 회수 및 이용

## (1) 개요
① 폐기물을 소각할 경우, 이들의 발열량에 해당하는 양의 열량이 발생하므로 배기가스의 온도가 올라가게 되어 이를 배출시켜야 한다.
② 일반적으로 배기가스의 온도를 250~300℃로 정하고 있다.
③ 하한온도는 배출가스에 의한 저온부식이 발생하지 않는 온도이며 상한온도는 분진의 부착에 의한 고온부식을 억제할 수 있는 온도이다.

## (2) 냉각설비방식
① 폐열보일러식(슈트블로어, 증기복수설비, 절탄기 등으로 구성)
② 물분사식
③ 공기혼합식
④ 간접공랭식

## (3) 보일러
① 정의
보일러의 배출가스 온도는 대략 250~300℃이고 연료의 연소열을 압력용기 속의 물로 전달하여 소요압력의 증기를 발생시키는 장치로 생산용 열에너지로 이용된다.

② 보일러 용량 표시
  ㉠ 정격증발량
  보일러를 연속운전 시 최대부하상태에서 단위시간에 발생할 수 있는 증발량을 의미하며 증기압, 온도, 급수온도 등을 같이 표시할 필요가 있다.

  ㉡ 환산증발량
  발생증기를 일정기준으로 환산하여 용량을 비교할 수 있는 방법으로 상당증발량이라고도 한다.

③ 보일러의 종류
  ㉠ 원통보일러
  ㉡ 수관보일러
  ㉢ 특수보일러

④ 보일러 효율
  ㉠ 연소에 의한 에너지가 열에너지로 어느 정도 전달되었는가를 나타낸다.
  ㉡ 발열량은 저위발열량을 사용한다.

$$\text{보일러 효율} = \frac{\text{증기발생에 소비된 열량}}{\text{연료의 완전연소 시 발생하는 열량}}$$

### (4) 열교환기

① 정의

열교환기는 단독으로 폐열을 회수하는 시설이 아니라, 보일러 등에 설치하여 보조적으로 폐열을 회수하는 데 주로 사용한다.

② 과열기
  ㉠ 보일러에서 발생하는 포화증기에 다량의 수분이 함유되어 있어 이것에 열을 과하게 가열하여 수분을 제거하고 과열도가 높은 증기를 얻기 위해서 설치하며, 고온부식의 우려가 있다.
  ㉡ 과열증기는 온도가 높을수록 효과가 크며 과열도는 사용재료에 따라 제한된다.
  ㉢ 과열기의 재료는 탄소강을 비롯하여 니켈, 크롬, 몰리브덴, 바나듐 등을 함유한 특수 내열 강판을 사용한다.
  ㉣ 과열기는 그 부착위치에 따라 전열형태가 다르다. 즉 방사형, 대류형, 방사·대류형 과열기로 구분된다.
  ㉤ 방사형 과열기
    ⓐ 화실의 천장부 또는 노벽에 배치한다.
    ⓑ 주로 화염의 방사열대류를 이용한다.
    ⓒ 보일러의 부하가 높아질수록 과열온도가 저하하는 경향이 있다.
  ㉥ 대류형 과열기
    ⓐ 보통 제1·제2연도의 중간에 설치한다.
    ⓑ 연소가스의 대류에 의한 전달열을 받는 과열기이다.
    ⓒ 보일러의 부하가 높아질수록 과열온도는 상승한다.
  ㉦ 방사·대류형 과열기
    ⓐ 대류전달면 입구 가까이에 설치한다.
    ⓑ 방사열과 대류전달열을 동시에 이용하는 과열기이다.

③ 재열기
  ㉠ 과열기와 같은 구조로 되어 있으며 설치위치는 대개 과열기 중간 또는 뒤쪽에 배치한다.
  ㉡ 보일러(증기) 터빈에서 팽창하여 포화증기에 가까워진 증기를 도중에서 이끌어 내어 그 압력으로 다시 예열하여 터빈에 되돌려 팽창시키는 역할을 한다.

④ 절탄기(이코노마이저)
  ㉠ 폐열회수를 위한 열교환기, 연도에 설치하며 보일러 전열면을 통과한 연소가스의 예열로 보일러 급수를 예열하여 보일러 효율을 높이는 장치이다.
  ㉡ 급수예열에 의해 보일러수와의 온도차가 감소되므로 보일러드럼에 발생하는 열응력이 감소된다.
  ㉢ 급수온도가 낮을 경우, 연소가스 온도가 저하되면 절탄기 저온부에 접하는 가스온도가 노점에 대하여 절탄기를 부식시키는 것을 주의하여야 한다.
  ㉣ 절탄기 자체로 인한 통풍저항 증가와 연도의 가스온도 저하로 인한 연도통풍력의 감소를 주의하여야 한다.

⑤ 공기예열기
  ㉠ 연도가스 여열을 이용하여 연소용 공기를 예열, 보일러효율을 높이는 장치이다.
  ㉡ 연료의 착화와 연소를 양호하게 하고 연소온도를 높이는 부대효과가 있다.
  ㉢ 절탄기와 병용설치하는 경우에는 공기예열기를 저온축에 설치하는데, 그 이유는 저온의 열회수에 적합하기 때문이다.
  ㉣ 소형보일러에서는 절탄기로 충분히 여열을 회수 가능하지만 대형보일러는 절탄기만으로는 흡수열량이 부족하여 공기예열기에 의한 열회수도 필요하다.
  ㉤ 대표적으로 판상공기예열기, 관형공기예열기 및 재생식 공기예열기 등이 있다.

⑥ 증기터빈
  ㉠ 증기가 갖는 열에너지를 회전운동으로 전환시키는 장치이다.
  ㉡ 터빈의 용량은 현장의 증기부하와 전력부하의 장기예측에 근거를 두고 설계한다.
  ㉢ 분류관점에 따른 터빈형식
    ⓐ 증기작동방식
      • 충동터빈(Impulse Turbine)
      • 반동터빈(Reaction Turbine)
      • 혼합식 터빈(Combination Turbine)
    ⓑ 증기이용방식
      • 배압터빈(Back Pressure Turbine)
      • 추기배압터빈(Back Pressure Extraction Turbine)
      • 복수터빈(Condensing Turbine)
      • 추기복수터빈(Condensing Extraction Turbine)
      • 혼합터빈(Mixed Pressure Turbine)

ⓒ 피구동기
- 직결형 터빈(Directly Pressure Turbine) ┐ 발전용
- 감속형 터빈(Geared Turbine) ┘
- 급수 펌프 구동 터빈(Feedwater Pump Drive Turbine) ┐ 기계구동형
- 압축기 구동 터빈(Compressor Drive Turbine) ┘

ⓓ 증기유동 방향
- 축류 터빈(Axial Flow Turbine)
- 반경류 터빈(Radial Flow Turbine)

ⓔ 케이싱수
- 1케이싱 터빈(Single Casing Turbine)
- 2케이싱 터빈(Two Casing Turbine)

ⓕ 흐름수
- 단류 터빈(Single Flow Turbine)
- 복류 터빈(Double Flow Turbine)

### (5) 소각로 폐열회수의 특징

① 열회수로 연소가스의 온도와 부피를 줄일 수 있다.
② 과잉공기량이 비교적 적게 요구된다.
③ 소각로의 연소실 크기가 비교적 크지 않다.
④ 조작이 복잡하며 수증기 생산설비가 필요하다.

### (6) 소각로(보일러)의 입·출열

① 입열 종류
  ㉠ 폐기물 자체열(보유열)   ㉡ 보조연료 유입열량   ㉢ 폐기물 연소열
  ㉣ 연소용으로 공급되는 예열공기열(공기현열)   ㉤ 냉각용 공기의 유입열량

② 출열 종류
  ㉠ 배기가스 배출열(배기손실)   ㉡ 연소로의 방열(방열손실)   ㉢ 축열손실
  ㉣ 불완전연소에 의한 손실열   ㉤ 회분(재의 유출열)

> **Reference 배압터빈**
> ① 증기를 다량으로 소비하는 산업 분야에 널리 적용된다.
> ② 열효율은 90%까지 기대할 수 있다.
> ③ 증기터빈 중 산업용의 약 70%를 차지한다.

# SECTION 016 감시제어설비

## (1) 설치목적

소각시설의 감시제어설비는 설치기기 운전상황의 정확한 파악, 더 나아가 고장 및 이상에 대한 판단과 대응을 하기 위한 것이다.

## (2) CCTV(감시용 폐쇄회로카메라) 설치위치

| Monitor 위치 | CCTV 위치 | 설치 목적 |
|---|---|---|
| 쓰레기 크레인조작실 | 투입 Hopper | 호퍼의 투입구 레벨상태감시 |
|  | Reception Hall | 쓰레기 투입상태 확인 |
| 중앙제어실 | 소각로(노 내) | 노 내 연소상태 및 화염감시 |
|  | 연돌 | 연돌매연 배출감시 |
|  | 보일러 수면계 | 보일러 수위감시 |

 학습 Point

① 과열기, 재열기, 절탄기, 공기예열기 정의 및 내용 숙지
② 증기터빈 분류관점에 따른 형식 종류 숙지

# PART 04 폐기물 공정시험기준

# [총칙]

## 01 적용범위

(1) 지정폐기물의 종류 구분, 금속, 유기물질의 용출농도, 재활용환경성평가의 절차 및 방법, 수출입금지대상 여부 확인, 폴리클로리네이티드비페닐의 함량기준, 고체상태의 처리기준 적합 여부는 공정시험기준의 규정에 의하여 시험·판정한다.

(2) 폐기물관리법에 의한 오염실태 조사 중 폐기물에 대한 것은 따로 규정이 없는 한 공정시험기준의 규정에 의하여 시험한다.

(3) 공정시험기준 이외의 방법이라도 측정결과가 같거나 그 이상의 정확도가 있다고 국내외에서 공인된 방법은 이를 사용할 수 있다.

(4) 이 공정시험기준에서 규정하지 않은 사항에 대해서는 일반적인 화학적 상식에 따르도록 하며, 이 공정시험기준에 기재한 방법 중 세부조작은 시험의 본질에 영향을 주지 않는다면 실험자가 일부를 변경할 수도 있다.

(5) 하나 이상의 공정시험기준으로 시험한 결과가 서로 달라 제반 기준의 적부 판정에 영향을 줄 경우에는 공정시험기준의 항목별 주시험법에 의한 분석 성적에 의하여 판정한다.

## 02 표시방법

(1) 단위 및 기호

  단위 및 기호는 KSA ISO 80000-1(양 및 단위)에 대한 규정에 따른다.

(2) 농도 〈중요내용〉

  ① 백분율(Parts Per Hundred)
    ㉠ W/V% : 용액 100mL 중 성분무게(g), 또는 기체 100mL 중의 성분무게(g)
    ㉡ V/V% : 용액 100mL 중 성분용량(mL), 또는 기체 100mL 중 성분용량(mL)
    ㉢ V/W% : 용액 100g 중 성분용량(mL)
    ㉣ W/W% : 용액 100g 중 성분무게(g)
      단, • 용액의 농도를 %로만 표시할 때는 W/V%
          • A/A%(area)는 단위면적(A, area) 중 성분의 면적(A)을 표시
  ② 천분율(Parts Per Thousand) : g/L, g/kg
  ③ 백만분율(ppm, Parts Per Million) : mg/L, mg/kg

④ 십억분율(ppb, Parts Per Billion) : μg/L, μg/kg(1ppm의 1/1,000)
⑤ 기체 중의 농도 : 표준상태(0℃, 1기압)로 환산 표시

### (3) 온도 *중요내용*

① 온도 용어

| 용어 | 온도(℃) | 비고 |
|---|---|---|
| 표준온도 | 0 | |
| 상온 | 15~25 | |
| 실온 | 1~35 | |
| 찬 곳 | 0~15의 곳 | 따로 규정이 없는 경우 |
| 냉수 | 15 이하 | |
| 온수 | 60~70 | |
| 열수 | 약 100 | |

② 수욕상 또는 수욕 중에서 가열한다.
   규정이 없는 한 수온 100℃에서 가열함을 뜻하고 약 100℃의 증기욕을 쓸 수 있다는 의미이다.
③ 시험은 따로 규정이 없는 한 상온에서 조작한다.(단, 온도의 영향이 있는 것의 판정은 표준온도를 기준으로 함)

## 03 기구 및 기기

### (1) 기구

① 유리기구
   KS L 2302 이화학용 유리기구의 모양 및 치수에 적합한 것이어야 한다.
② 검정
   국가 또는 국가에서 지정하는 기관에서 필한 것을 사용한다.

### (2) 기기

① 정도관리 목표수준에 적합하고, 그 기기를 사용한 방법이 국내외에서 공인된 방법으로 인정되는 경우 이를 사용할 수 있다.
② 측정기기는 공정시험기준에 의한 측정치와의 정확한 보정 후 사용할 수 있다.
③ 분석용 저울은 0.1mg까지 달 수 있는 것을 사용하여야 한다.

## 04 시약 및 용액

### (1) 시약
① 1급 이상 또는 이와 동등한 규격의 시약을 사용한다.
② 표준물질은 국가표준에 소급성이 인증된 인증표준물질을 사용한다.

### (2) 용액
① 용액의 앞에 몇 %라고 한 것(예 20% 수산화나트륨 용액)
  ㉠ 수용액을 말함
  ㉡ 일반적으로 용액 100mL에 녹아있는 용질의 g수를 나타냄
② 용액의 농도를 (1 → 10), (1 → 100), (1 → 1,000) 등으로 표시한 것
  ㉠ 고체성분 ⇨ 1g을 용매에 녹여 전체 양을 10mL, 100mL, 1,000mL로 하는 비율을 표시한 것
  ㉡ 액체성분 ⇨ 1mL를 용매에 녹여 전체 양을 10mL, 100mL, 1,000mL로 하는 비율을 표시한 것
③ 염산(1+2) : 염산 1mL와 물 2mL를 혼합하여 조제한 것

## 05 용어 정의 *중요내용*

### (1) 액상폐기물 : 고형물의 함량이 5% 미만

### (2) 반고상폐기물 : 고형물의 함량이 5% 이상 15% 미만

### (3) 고상폐기물 : 고형물의 함량이 15% 이상

### (4) 함침성 고상폐기물
종이, 목재 등 기름을 흡수하는 변압기 내부부재(종이, 나무와 금속이 서로 혼합되어 분리가 어려운 경우 포함)를 말함

### (5) 비함침성, 고상폐기물
금속판, 구리선 등 기름을 흡수하지 않는 평면 또는 비평면형태의 변압기 내부부재를 말함

### (6) 즉시 : 30초 이내에 표시된 조작을 하는 것을 의미

### (7) 감압 또는 진공 : 15mmHg 이하

### (8) 이상과 초과, 이하, 미만

① "이상"과 "이하"는 기산점 또는 기준점인 숫자를 포함
② "초과"와 "미만"은 기산점 또는 기준점인 숫자를 불포함
③ a~b ⇨ a 이상 b 이하

### (9) 바탕시험을 하여 보정한다.

시료에 대한 처리 및 측정을 할 때, 시료를 사용하지 않고 같은 방법으로 조작한 측정치를 빼는 것을 의미

### (10) 방울수

20℃에서 정제수 20방울을 적하할 때, 그 부피가 약 1mL 되는 것을 의미

### (11) 항량으로 될 때까지 건조한다.

같은 조건에서 1시간 더 건조할 때 전후 무게의 차가 g당 0.3mg 이하

### (12) 용액의 산성, 중성 또는 알칼리성 검사 시

유리전극법에 의한 pH 미터로 측정, 구체적으로 표시할 때는 pH 값을 사용

### (13) 용기

시험용액 또는 시험에 관계된 물질을 보존, 운반 또는 조작하기 위하여 넣어두는 것

| 구분 | 정의 |
| --- | --- |
| 밀폐용기 | 취급 또는 저장하는 동안에 이물질이 들어가거나 또는 내용물이 손실되지 아니하도록 보호하는 용기 |
| 기밀용기 | 취급 또는 저장하는 동안에 밖으로부터의 공기 또는 다른 가스가 침입하지 아니하도록 내용물을 보호하는 용기 |
| 밀봉용기 | 취급 또는 저장하는 동안에 기체 또는 미생물이 침입하지 아니하도록 내용물을 보호하는 용기 |
| 차광용기 | 광선이 투과하지 않는 용기 또는 투과하지 않게 포장한 용기이며 취급 또는 저장하는 동안에 내용물이 광화학적 변화를 일으키지 아니하도록 방지할 수 있는 용기 |

### (14) 여과한다 : KSM 7602 거름종이 5종 또는 이와 동등한 여과지를 사용하여 여과함을 말함

### (15) 정밀히 단다 : 규정된 양의 시료를 취하여 화학저울 또는 미량저울로 칭량함

### (16) 정확히 단다 : 규정된 수치의 무게를 0.1mg까지 다는 것

(17) **정확히 취한다** : 규정된 양의 액체를 홀피펫으로 눈금까지 취하는 것

(18) **정량적으로 씻는다.**

어떤 조작으로부터 다음 조작으로 넘어갈 때 사용한 비커, 플라스크 등의 용기 및 여과막 등에 부착한 정량대상 성분을 사용한 용매로 씻어 그 씻어낸 용액을 합하고 먼저 사용한 같은 용매를 채워 일정용량으로 하는 것

(19) **약** : 기재된 양에 대하여 ±10% 이상의 차가 있어서는 안 되는 것

(20) **냄새가 없다** : 냄새가 없거나, 또는 거의 없는 것을 표시하는 것

(21) **시험에 쓰는 물** : 정제수를 말함

### 필수문제

**01** 폐기물 시료 20g에 고형물 함량이 1.2g이었다면 어떤 폐기물에 속하는가?(단, 폐기물의 비중 1.0)

> **풀이**
> 고형물 함량 = $\frac{1.2}{20} \times 100 = 6\%$
> 고형물의 함량이 5% 이상 15% 미만인 경우이므로 반고상 폐기물에 속한다.

### 필수문제

**02** 수산화나트륨(NaOH) 40%(무게 기준) 용액을 조제한 후 100mL를 취하여 다시 물에 녹여 2,000mL로 하였을 때 수산화나트륨의 농도(N)는?

> **풀이**
> $N(eq/L) = 40g/100mL \times 100mL/2L \times 1eq/40g = 0.5eq/L(N)$

### 필수문제

**03** 0.1N-$AgNO_3$ 규정액 1mL는 몇 mg의 NaCl과 반응하는가?(단, 분자량 : $AgNO_3$ = 169.87, NaCl = 58.5)

> **풀이**
> $NaCl(mg) = 0.1eq/L \times 0.001L \times 169.87g/eq \times 58.5g/169.87g \times 10^3 mg/g = 5.85mg$

**04** 30% 수산화나트륨(NaOH)은 몇 몰(M)인가?(단, NaOH의 분자량 40)

> **풀이**
> $$M = \frac{30g}{100mL} \times \frac{1mol}{40g} \times \frac{1,000mL}{1L} = 7.5M(mol/L)$$

**05** 순수한 물 1,000mL에 비중이 1.18인 염산 100mL를 혼합하였을 때, 염산의 W/V% 농도는?

> **풀이**
> $$염산농도(W/V\%) = \frac{용질}{용질 + 용매}$$
> $$= \frac{100mL \times 1.18g/mL}{100mL + 1,000mL} \times 100 = 10.73W/V\%$$

# [정도보증/정도관리]

## 01 정도관리 요소

### (1) 바탕시료

① **방법바탕시료(Method blank)**
  ㉠ 시료와 유사한 매질을 선택하여 추출, 농축, 정제 및 분석 과정에 따라 측정하는 것
  ㉡ 매질, 실험절차, 시약 및 측정장비 등으로부터 발생하는 오염물질을 확인할 수 있음

② **시약바탕시료(Reagent blank)**
  ㉠ 시료를 사용하지 않고 추출, 농축, 정제 및 분석과정에 따라 모든 시약과 용매를 처리하여 측정한 것
  ㉡ 실험절차, 시약 및 측정장비 등으로부터 발생하는 오염물질을 확인할 수 있음

### (2) 검정곡선(Calibration curve) **중요내용**

① **개요**
  ㉠ 분석물질의 농도변화에 따른 지시값을 나타낸 것
  ㉡ 시료 중 분석대상물질의 농도를 포함하도록 범위를 설정
  ㉢ 검정곡선 작성용 표준용액은 가급적 시료의 매질과 비슷하게 제조

② 종류
  ㉠ 절대검정곡선법(External standard method)
    ⓐ 시료의 농도와 지시값과의 상관성을 검정곡선 식에 대입하여 작성하는 방법
    ⓑ 검정곡선은 직선성이 유지되는 농도범위 내에서 제조농도 3~5개를 사용
  ㉡ 표준물질첨가법(Standard addition method)
    ⓐ 시료와 동일한 매질에 일정량의 표준물질을 첨가하여 검정곡선을 작성하는 방법
    ⓑ 매질효과가 큰 시험분석방법에서 분석 대상 시료와 동일한 매질의 표준시료를 확보하지 못한 경우에 매질효과를 보정하여 분석할 수 있는 방법
  ㉢ 상대검정곡선법(Internal standard calibration)
    ⓐ 검정곡선 작성용 표준용액과 시료에 동일한 양의 내부표준물질을 첨가하여 시험분석 절차, 기기 또는 시스템의 변동으로 발생하는 오차를 보정하기 위해 사용하는 방법
    ⓑ 시험분석하려는 성분과 물리·화학적 성질은 유사하나 시료에는 없는 순수물질을 내부표준물질로 선택
    ⓒ 내부표준물질로는 분석하려는 성분에 동위원소가 치환된 것을 많이 사용

③ 검정곡선의 작성 및 검증
  ㉠ 검정곡선을 작성하고 얻어진 검정곡선의 결정계수($R^2$) 또는 감응계수(RF)의 상대표준편차가 일정 수준 이내이어야 함
  ㉡ 감응계수 **중요내용**

$$감응계수 = \frac{R}{C} = \frac{반응값}{표준용액의\ 농도}$$

  ㉢ 검정곡선은 분석할 때마다 작성하는 것이 원칙이며 분석 과정 중 검정곡선의 직선성을 검증하기 위하여 각 시료군(시료 20개 이내)마다 1회의 검정곡선 검증을 실시
  ㉣ 검증
    방법검출한계의 5~50배 또는 검정곡선의 중간 농도에 해당하는 표준용액에 대한 측정값이 검정곡선 작성 시의 지시값과 10% 이내에서 일치하여야 함, 만약 범위를 넘는 경우 검정곡선을 재작성

(3) 검출한계 **중요내용**

① 기기검출한계(IDL ; Instrument Detection Limit)
  ㉠ 시험분석 대상물질을 기기가 검출할 수 있는 최소한의 농도 또는 양
  ㉡ S/N 비의 2~5배 농도
  ㉢ 표준편차×3

② 방법검출한계(MDL ; Method Detection Limit)
  ㉠ 시료와 비슷한 매질 중에서 시험분석대상을 검출할 수 있는 최소한의 농도
  ㉡ 방법검출한계＝표준편차(S)×(99% 신뢰도에서의 $t$-분포값)

③ 정량한계(LOQ ; Limit Of Quantification)
  ㉠ 시험분석 대상을 정량화할 수 있는 측정값
  ㉡ 표준편차×10

④ 정밀도(Precision)
  ㉠ 시험분석결과의 반복성을 나타냄
  ㉡ 관련식

$$\text{정밀도}(\%) = \frac{S}{X} \times 100 = \frac{\text{표준편차}}{\text{평균값}} \times 100$$

### 필수문제

**01** 폐기물 내 납을 5회 분석한 결과 각각 1.5, 1.8, 2.0, 1.4, 1.6mg/L를 나타내었다. 분석에 대한 정밀도(%)는?(단, 표준편차＝0.241)

**풀이**

$$\text{정밀도}(\%) = \frac{\text{표준편차값}}{\text{평균값}} \times 100$$

$$\text{평균값} = \frac{1.5 + 1.8 + 2.0 + 1.4 + 1.6}{5} = 1.66 \text{mg/L}$$

$$= \frac{0.241}{1.66} \times 100 = 14.52\%$$

⑤ 정확도(Accuracy) *중요내용
  ㉠ 시험분석 결과가 참값에 얼마나 근접하는가를 나타냄
  ㉡ 관련식

$$\text{정확도}(\%) = \frac{C_M}{C_C} \times 100 = \frac{C_{AM} - C_s}{C_A}$$

여기서, $C_M$ : 인증표준물질을 분석한 결과값
  $C_C$ : 인증표준물질을 분석한 인증값
  $C_{AM}$ : 인증시료를 확보할 수 없는 경우 해당 표준물질을 첨가한 시료 분석값
  $C_S$ : 첨가하지 않은 시료 분석값
  $C_A$ : 첨가농도

⑥ 현장이중시료(Field duplicate) *중요내용*
  ㉠ 동일 위치에서 동일한 조건으로 중복 채취한 시료
  ㉡ 필요시 하루에 20개 이하의 시료를 채취할 경우에는 1개를, 그 이상의 시료를 채취할 때에는 시료 20개당 1개를 추가로 채취
  ㉢ 상대편차 백분율(RPD)

$$RPD(\%) = \frac{C_2 - C_1}{X} \times 100$$

# [지정폐기물에 함유된 유해물질의 기준]

<용출시험기준>

| No | 유해물질 | 기준(mg/L) | 시험결과 표시한계(mg/L) | 시험결과 표시자릿수 |
|---|---|---|---|---|
| 1 | 시안화합물 | 1 | 0.01 | 0.00 |
| 2 | 크롬 | – | 0.01 | 0.00 |
| 3 | 6가크롬 | 1.5 | 0.01 | 0.00 |
| 4 | 구리 | 3 | 0.008 | 0.000 |
| 5 | 카드뮴 | 0.3 | 0.002 | 0.000 |
| 6 | 납 | 3 | 0.04 | 0.00 |
| 7 | 비소 | 1.5 | 0.004 | 0.000 |
| 8 | 수은 | 0.005 | 0.0005 | 0.0000 |
| 9 | 유기인화합물 | 1 | 0.0005 | 0.0000 |
| 10 | 폴리클로리네이티드 비페닐(PCBs) | 액체상태의 것 : 2<br>액체상태 이외의 것 : 0.003 | 0.05<br>0.0005 | 0.00<br>0.0000 |
| 11 | 테트라클로로에틸렌 | 0.1 | 0.002 | 0.000 |
| 12 | 트리클로로에틸렌 | 0.3 | 0.008 | 0.000 |
| 13 | 할로겐화유기물질 | 5% | 10mg/kg | 0 |
| 14 | 기름성분 | 5% | 0.1% | 0.0 |

# [시료의 채취]

## 01 채취 도구 및 시료 용기

### (1) 채취 도구
시료의 채취 과정 또는 보관 중에 침식되거나 녹이 나는 재질의 것을 사용해서는 안 된다.

### (2) 시료 용기
① 구비조건
  ㉠ 시료를 변질시키거나 흡착하지 않는 것일 것
  ㉡ 기밀하고 누수가 없을 것
  ㉢ 흡습성이 없을 것

② 시료 용기
  ㉠ 무색경질의 유리병
  ㉡ 폴리에틸렌 병
  ㉢ 폴리에틸렌 백
  ㉣ 갈색경질 유리병 사용 채취 물질 *중요내용*
    ⓐ 노말헥산 추출 물질
    ⓑ 유기인
    ⓒ 폴리클로리네이티드비페닐(PCBs)
    ⓓ 휘발성 저급 염소화 탄화수소류

③ 마개 *중요내용*
  ㉠ 코르크 마개를 사용해서는 안 됨
  ㉡ 고무나 코르크마개에 파라핀지, 유지, 셀로판지를 씌워 사용할 수 있음

④ 시료용기 기재사항 *중요내용*
  ㉠ 폐기물의 명칭
  ㉡ 대상 폐기물의 양
  ㉢ 채취장소
  ㉣ 채취시간 및 일기
  ㉤ 시료번호
  ㉥ 채취책임자 이름
  ㉦ 시료의 양
  ㉧ 채취방법
  ㉨ 기타 참고자료(보관상태 등)

## 02 시료의 채취방법

### (1) 일반적 요령 *중요내용*

① 폐기물이 생성되는 단위공정별로 구분하여 채취한다.
② 시료를 채취하기 전에 폐기물을 잘 혼합하여야 한다.
③ 혼합이 불가능할 경우 전체의 성질을 대표할 수 있도록 서로 다른 곳에서 채취한다.
④ 서로 다른 종류의 폐기물이 혼재되어 있다고 판단될 때에는 혼재된 폐기물의 성분별로 각각에 대해 시료를 채취할 수 있다.

### (2) 고상혼합물 시료 채취

① 적당한 채취도구 사용한다.
② 한 번에 일정량씩 채취한다.

### (3) 액상혼합물 시료 채취

① 원칙적으로 최종지점의 낙하구에서 흐르는 도중에 채취한다.
② 용기에 들어 있을 경우에는 잘 혼합하여 균일한 상태로 하여 채취한다.

### (4) 콘크리트 고형화물 시료 채취 *중요내용*

① 소형
고상혼합물의 경우에 따른다.

② 대형
분쇄가 어려울 경우에는 임의의 5개소에서 채취하여 각각 파쇄하여 100g씩 균등 양을 혼합하여 채취한다.

### (5) 폐기물 소각시설의 소각재 시료 채취

① 일반사항
㉠ 연소실 바닥을 통해 배출되는 바닥재와 폐열보일러 및 대기오염 방지시설을 통해 배출되는 비산재의 채취에 적용
㉡ 공정상 소각재에 물을 분사하는 경우를 제외하고는 가급적 물을 분사하기 전에 시료를 채취함

② 연속식 연소방식의 소각재 반출 설비에서 시료 채취
㉠ 바닥재 저장소 : 부설된 크레인을 이용하여 채취
㉡ 비산재 저장소 : 낙하구 밑에서 채취
㉢ 운반차량에 적재되어 있는 경우 : 적재 차량에서 채취
㉣ 부지 내에 야적되어 있는 경우 : 야적더미에서 각 층별로 채취

| 채취장소 | 채취방법 |
|---|---|
| 소각재 저장조 | • 저장조에 쌓여 있는 소각재를 평면상에서 5등분<br>• 시료는 대표성이 있다고 판단되는 곳에서 각 등분마다 500g 이상을 채취 |
| 낙하구 밑 | • 시료의 양은 1회에 500g 이상 채취<br>• 전체 시료의 수는 (아래 표)에 따름 |
| 야적더미 | • 야적더미를 2m 높이마다 각각의 층으로 나눔<br>• 각 층별로 적절한 지점에서 500g 이상 채취 |
| 소각재가 적재되어 있는 운반차량 | • 아래 (7)의 ②항 내용에 따름 |

③ 회분식 연소방식의 소각재 반출 설비에서 시료 채취
  ㉠ 하루 동안의 운전 횟수에 따라 매 운전 시마다 2회 이상 채취
  ㉡ 시료의 양은 1회에 500g 이상

**(6) 시료의 양**

① 1회에 100g 이상 채취한다.
② 소각재의 경우에는 1회에 500g 이상 채취한다.

**(7) 시료의 수**

<대상폐기물의 양과 시료의 최소 수>

| 대상폐기물의 양(단위 : ton) | 시료의 최소 수 |
|---|---|
| ~ 1 미만 | 6 |
| 1 이상 ~ 5 미만 | 10 |
| 5 이상 ~ 30 미만 | 14 |
| 30 이상 ~ 100 미만 | 20 |
| 100 이상 ~ 500 미만 | 30 |
| 500 이상 ~ 1,000 미만 | 36 |
| 1,000 이상 ~ 5,000 미만 | 50 |
| 5,000 이상 ~ | 60 |

① 폐기물의 생성 또는 처리되는 공정이 적정하게 관리되고 있으며 성상이 일정한 경우에는 상기 표에 관계없이 필요한 개수의 현장 시료를 채취한다.
② 폐기물이 적재되어 있는 운반차량에서 시료를 채취할 경우 상기 표에 관계없이 적재 폐기물의 성상이 균일하다고 판단되는 깊이에서 시료 채취한다.

㉠ 5ton 미만의 차량에 적재되어 있는 경우
  적재폐기물을 평면상에서 6등분한 후 각 등분마다 시료 채취
㉡ 5ton 이상의 차량에 적재되어 있는 경우
  적재폐기물을 평면상에서 9등분한 후 각 등분마다 시료 채취

### 必수문제

**01** 도시에서 밀도가 $0.3t/m^3$인 쓰레기 $1,200m^3$가 발생되었다면 폐기물의 성상분석을 위한 최소 시료 수는?

> **풀이**
>
> 대상폐기물의 양(ton) = $1,200m^3 \times 0.3t/m^3 = 360ton$
> 100ton 이상~500ton 미만이므로 최소 시료 수는 30이다.

### 必수문제

**02** 폐기물이 1톤 미만으로 야적되어 있는 적환장에서 채취하여야 할 최소 시료의 총량(g)은? (단, 소각재는 아님)

> **풀이**
>
> 1회에 100g 이상 채취하며 1톤 미만이면 시료채취 최소수가 6이므로 100g×6=600g

## 03 시료의 보관방법 〈중요내용〉

0~4℃ 이하의 냉암소에 보관한다.

## 04 시료의 분할채취방법

### (1) 전처리

① 시료의 분할채취방법에 따라 균일화한다.
② 소각잔재, 슬러지, 입자상 물질은 그 상태로 채취한다.
③ 작은 돌멩이 등은 제거하고 채취한다.
④ 폐기물 중 입경이 5mm 미만인 것은 그 상태로 채취한다.
⑤ 폐기물 중 입경이 5mm 이상인 것은 분쇄하여 체로 걸러서 입경 0.5~5mm로 한다.

## (2) 시료의 분할채취방법 *중요내용

① 구획법
 ㉠ 모아진 대시료를 네모꼴로 엷게 균일한 두께로 편다.
 ㉡ 이것을 가로 4등분, 세로 5등분하여 20개의 덩어리로 나눈다.
 ㉢ 20개의 각 부분에서 균등량을 취한 후 혼합하여 하나의 시료로 만든다.

[구획법]

② 교호삽법
 ㉠ 분쇄한 대시료를 단단하고 깨끗한 평면 위에 원추형으로 쌓는다.
 ㉡ 원추를 장소를 바꾸어 다시 쌓는다.
 ㉢ 원추에서 일정한 양을 취하여 장방형으로 도포하고 계속해서 일정한 양을 취하여 그 위에 입체로 쌓는다.
 ㉣ 육면체의 측면을 교대로 돌면서 각각 균등한 양을 취하여 두 개의 원추를 쌓는다.
 ㉤ 하나의 원추는 버리고 나머지 원추를 앞의 조작을 반복하면서 적당한 크기까지 줄인다.

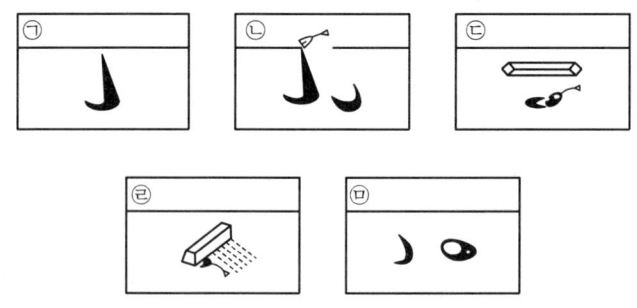

[교호삽법]

③ 원추사분법(축소비율이 일정하기 때문에 가장 많이 사용)
 ㉠ 분쇄한 대시료를 단단하고 깨끗한 평면 위에 원추형으로 쌓아 올린다.
 ㉡ 앞의 원추를 장소를 바꾸어 다시 쌓는다.
 ㉢ 원추의 꼭지를 수직으로 눌러서 평평하게 만들고 이것을 부채꼴로 사등분한다.
 ㉣ 마주보는 두 부분을 취하고 반은 버린다.
 ㉤ 반으로 줄어든 시료를 앞의 조작을 반복하여 적당한 크기까지 줄인다.

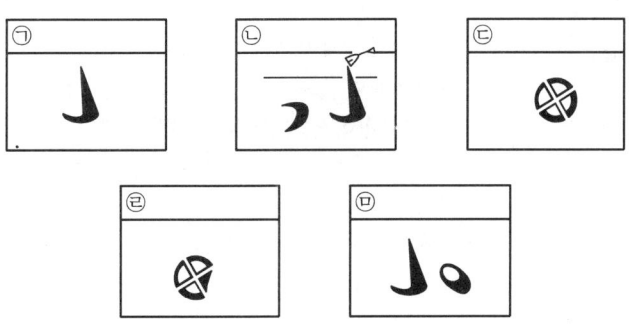

[원추 4분법]

### 필수문제

**01** 3,000g의 시료에 대하여 원추 4분법을 5회 조작하여 최종 분취된 시료(g)는?

> **풀이**
> 최종 시료 $= \left(\dfrac{1}{2}\right)^n \times 3,000\text{g} = \left(\dfrac{1}{2}\right)^5 \times 3,000\text{g} = 93.75\text{g}$

# [시료의 준비]

## 01 개요

### (1) 적용범위

① 함량시험방법
  ㉠ 지정폐기물 여부 판정을 위한 기름성분, 폴리클로리네이티드비페닐(PCBs)
  ㉡ 정제유의 품질검사
  ㉢ 폐기물관리법에서 규정하고 있지 않으나 폐기물 중에 함유된 오염물질의 농도 측정

② 용출시험방법 *중요내용*
  ㉠ 고상 또는 반고상 폐기물에 대하여 폐기물관리법에서 규정하고 있는 지정폐기물의 판정
  ㉡ 지정폐기물의 중간처리방법을 결정하기 위한 실험
  ㉢ 매립방법을 결정하기 위한 실험

③ 산분해법(용출용액 또는 액상폐기물)
  ㉠ 유기물 및 현탁물질 등이 함유되어 있어 혼탁되어 있거나, 색상을 띠고 있는 경우
  ㉡ 실험하고자 하는 목적성분들이 입자에 흡착되어 있는 경우
  ㉢ 난분해성의 착화합물 또는 착이온 상태로 존재하는 경우

## 02 용어 정의

### (1) 산 분해법

① 시료에 산을 첨가하고 가열하여 시료 중의 유기물 및 방해물질을 제거하는 방법이다.
② 이 과정에서 시료 중의 유기물 및 방해물질은 산에 의해 분해되고 이들과 착화합물을 형성하고 있던 중금속류는 이온 상태로 시료 중에 존재하게 된다.

### (2) 마이크로파 산 분해법

① 전반적인 처리 절차 및 원리는 산 분해법과 같으나 마이크로파를 이용해서 시료를 가열하는 것이 다르다.
② 마이크로파를 이용하여 시료를 가열할 경우 고온 고압하에서 조작할 수 있어 전처리 효율이 좋아진다.

## 03 분석기기 및 기구

### (1) 진탕기

상온, 상압에서 진탕횟수가 매분당 약 200회, 진폭이 4~5cm, 진탕시간 6시간의 연속진탕기를 사용한다.

### (2) 가열장치

가열멘틀(Heating mantle) 또는 가열판(Heating plate)을 규격에 맞게 사용한다.

### (3) 마이크로파 분해장치 〔중요내용〕

① 시료를 산과 함께 용기에 넣어 마이크로파를 가하면 강산에 의해 시료가 산화된다.
② 빠른 진동과 충돌에 의하여 극성분자들은 시료 내 다른 물질들과의 결합이 끊어져 이온상태로 수용액에 용해된다.
③ 이 장치는 가열 속도가 빠르고 재현성이 좋으며, 폐유 등 유기물이 다량 함유된 시료의 전처리에 이용한다.

## 04 분석절차

### (1) 함량 시험 방법

① 각 항목별 시험기준의 전처리에서 "액상 폐기물 시료 또는 용출용액 적당량"을 "폐기물시료 적당량"으로 하여 실험한다.
② 폐기물 시료가 고상이거나 반고상인 경우에는 6가크롬 실험을 적용할 수 없다.

### (2) 용출 시험 방법 *중요내용

고상 및 반고상 폐기물에 대하여 폐기물관리법에서 규정하고 있는 지정폐기물의 판정 및 지정폐기물의 중간처리방법 또는 매립방법을 결정하기 위한 실험에 적용한다.

① **시료용액의 조제**
  ㉠ 시료의 조제 방법에 따라 조제한 시료 100g 이상을 정확히 닮
  ⇩
  ㉡ 용매 : 정제수에 염산을 넣어 pH를 5.8~6.3
  ⇩
  ㉢ 시료 : 용매=1 : 10(w/v)의 비로 2,000mL 삼각 플라스크에 넣어 혼합

② **용출 조작**
  ㉠ 진탕 : 혼합액을 상온, 상압에서 진탕횟수가 매분당 약 200회, 진폭이 4~5cm의 진탕기를 사용하여 6시간 동안 연속 진탕
  ⇩
  ㉡ 여과 : 1.0μm의 유리 섬유여과지로 여과
  ⇩
  ㉢ 여과액을 적당량 취하여 용출 실험용 시료 용액으로 함

> **Reference 여과가 어려운 경우 용출조작**
>
> ① 원심분리 : 원심분리기를 사용하여 매분당 3,000회전 이상으로 20분 이상 원심분리
> ⇩
> ② 상등액을 적당량 취하여 용출 실험용 시료용액으로 한다.

③ **실험결과의 보정**
  ㉠ 용출시험의 결과는 시료 중의 수분함량 보정을 위해 함수율 85% 이상인 시료에 한하여 보정한다.(시료의 수분함량이 85% 이상이면 용출시험결과를 보정하는 이유는 매립을 위한 최대함수율 기준이 정해져 있기 때문, 즉 수분함량에 따라 유기물농도가 변하므로 보정함)

ⓒ 보정값

$$\frac{15}{100 - 시료의\ 함수율(\%)}$$

**01** 수분함량이 90%일 때 보정계수를 구하시오.

풀이
보정계수 = $\frac{15}{100 - 90}$ = 1.5

**02** 수분함량이 94%인 시료의 카드뮴을 용출하여 실험한 결과 농도가 1.2mg/L이었다면 시료의 수분함량을 보정한 농도(mg/L)는?

풀이
보정농도(mg/L) = 1.2mg/L × $\frac{15}{100 - 94}$ = 3mg/L

### (3) 산분해법(유기물질 전처리방법) <중요내용>

① 질산 분해법(질산에 의한 유기물 분해방법)
  ㉠ 적용 : 유기물 함량이 낮은 시료
  ㉡ 용액 산농도 : 약 0.7M
② 질산-염산 분해법(질산-염산에 의한 유기물 분해방법)
  ㉠ 적용 : 유기물 함량이 비교적 높지 않고 금속의 수산화물, 산화물, 인산염 및 황화물을 함유하고 있는 시료
  ㉡ 용액 산농도 : 약 0.5M
③ 질산-황산 분해법(질산-황산에 의한 유기물 분해방법)
  ㉠ 적용 : 유기물 등을 많이 함유하고 있는 대부분의 시료
  ㉡ 주의
    ⓐ 칼슘, 바륨, 납 등을 다량 함유한 시료는 난용성의 황산염을 생성하여 다른 금속성분을 흡착하므로 주의
    ⓑ 시료를 서서히 가열하여 액체의 부피가 약 15mL가 될 때까지 증발 농축한 후 공기 중에서 식힌다.
    ⓒ 분해를 끝내면 공기 중에서 식히고 정제수 50mL를 넣어 끓기 직전까지 서서히 가열하여 침전된 용해성 염 등을 녹인다.

ⓒ 용액 산농도 : 약 1.5~3.0M
④ 질산-과염소산 분해법(질산-과염소산에 의한 유기물 분해방법)
  ㉠ 적용 : 유기물을 다량 함유하고 있으면서 산화분해가 어려운 시료
  ㉡ 주의
    ⓐ 과염소산을 넣을 경우 진한 질산이 공존하지 않으면 폭발할 위험이 있으므로 반드시 진한 질산을 먼저 넣어야 함
    ⓑ 어떠한 경우에도 유기물을 함유한 뜨거운 용액에 과염소산을 넣어서는 안 됨
    ⓒ 납을 측정할 경우 시료 중에 황산이온($SO_4^{2-}$)이 다량 존재하면 불용성의 황산납이 생성되어 측정치에 손실을 가져온다. 이때는 분해가 끝난 액에 물 대신 아세트산암모늄용액(5+6) 50mL를 넣고 가열하여 액이 끓기 시작하면 킬달플라스크를 회전시켜 내벽을 액으로 충분히 씻어준 다음 약 5분 동안 가열을 계속하고 공기 중에서 식혀 여과함
    ⓓ 유기물의 분해가 완전히 끝나지 않아 액이 맑지 않을 때에는 다시 질산 5mL를 넣고 가열을 반복
    ⓔ 질산 5mL와 과염소산 10mL를 넣고 가열을 계속하여 과염소산이 분해되어 백연을 발생하기 시작하면 가열을 중지
    ⓕ 유기물 분해 시에 분해가 끝나면 공기 중에서 식히고 정제수 50mL을 넣어 서서히 끓이면서 질소산화물 및 유리염소를 완전히 제거
  ㉢ 용액 산농도 : 약 0.8M
⑤ 질산-과염소산-불화수소산 분해법(질산-과염소산-물화수소산에 의한 유기물 분해방법)
  ㉠ 적용 : 다량의 점토질 또는 규산염을 함유한 시료
  ㉡ 용액 산농도 : 약 0.8M
⑥ 회화법(회화에 의한 유기물 분해방법)
  ㉠ 적용 : 목적성분이 400℃ 이상에서 휘산되지 않고 쉽게 회화될 수 있는 시료
  ㉡ 주의 : 시료 중에 염화암모늄, 염화마그네슘, 염화칼슘 등이 다량 함유된 경우에는 납, 철, 주석, 아연, 안티몬 등이 휘산되어 손실을 가져오므로 주의
  ㉢ 용액 산농도 : 약 0.5M
⑦ 마이크로파 산분해법
  ㉠ 마이크로파영역에서 극성분자나 이온이 쌍극자 모멘트(Dipole Moment)와 이온전도(Ionic Conductance)를 일으켜 온도가 상승하는 원리를 이용하여 시료를 가열하는 방법이다.
  ㉡ 산과 함께 시료를 용기에 넣어 마이크로파를 가하면 강산에 의해 시료가 산화되면서 극성성분들의 빠른 진동과 충돌에 의하여 시료의 분자 결합이 절단되어 시료가 이온상태의 수용액으로 분해된다.
  ㉢ 가열속도가 빠르고 재현성이 좋으며 폐유 등 유기물이 다량 함유된 시료의 전처리에 이용된다.
  ㉣ 마이크로파는 전자파 에너지의 일종으로서 빛의 속도(약 300,000km/s)로 이동하는 교

류와 자기장(또는 파장)으로 구성되어 있다.
- ⑩ 마이크로파 주파수는 300~300,000MHz이다.
- ⑪ 시료의 분해에 이용되는 대부분의 마이크로파장치는 12.2cm 파장의 2,450MHz의 마이크로파 주파수를 갖는다.
- ⊗ 물질이 마이크로파 에너지를 흡수하게 되면 온도가 상승하며 가열속도는 가열되는 물질의 절연손실에 좌우된다.
- ⊙ 절연손실은 시료에 가해진 마이크로파 에너지 중 시료에 흡수되어 열로 전환됨으로써 잃어버리는 마이크로파 에너지를 말한다.
- ㉡ 마이크로파의 투과거리는 진공에서는 무한하고 물과 같은 흡수물질은 물에 녹아있는 물질의 성질에 따라 다르며 금속과 같은 반사물질은 투과하지 않는다.
- ㉣ 밀폐용기 내의 최고 압력은 약 120~200psi이다.
  - ⓐ 마이크로파의 전력은 밀폐용기 1~3개는 300W, 4~6개는 600W, 7개 이상은 1,200W로 조정한다.
  - ⓑ 시료(0.25g 이하)는 정확하게 취하여 용기에 넣고 여기에 질산 10mL를 넣는다.
  - ⓒ 분해가 끝난 후 충분히 용기를 냉각시키고 용기 내에 남아있는 질산가스를 제거한다. 필요하면 여과하고 거름종이를 정제수로 2~3회 씻는다.

### 必수문제

**01** 일정량의 유기물을 질산-과염소산법으로 전처리하여 최종적으로 50mL로 하였다. 용액의 납을 분석한 결과 농도가 2.0mg/L이었다면, 유기물의 원래 농도(mg/L)는?

**풀이**
원래 농도(mg/L) = $2.0\text{mg/L} \times \dfrac{100\text{mL}}{50\text{mL}} = 4.0\text{mg/L}$

# [상향류 투수방식의 유출시험]

## 01 목적

「폐기물관리법」의 재활용환경성평가를 위한 유출시험 및 생태독성시험을 위함이다.

## 02 적용범위

(1) 상향류 투수방식으로 고상 및 반고상폐기물 중 물에 용출 가능한 무기 및 유기물질의 시험용 유출액을 얻기 위한 방법

(2) 유해특성 중 생태독성시험을 위한 유출액을 얻기 위한 방법으로 사용

(3) 휘발성 유기화합물에 직접 적용하기는 어렵지만, 유출액의 포집 방법 또는 분석물질의 회수율 시험 등을 통해 검증된 경우에는 사용 가능

# [시약 및 용액]

### (1) 수산화나트륨용액(1M)

수산화나트륨 42g을 정제수 950mL를 넣어 녹이고 새로 만든 수산화바륨용액(포화)을 침전이 생기지 않을 때까지 한 방울씩 떨어뜨려 잘 섞고 마개를 하여 24시간 방치한 다음 여과하여 사용한다.

### (2) 아세트산납용액(10W/V%)

아세트산납·3수화물 11.8g을 정제수와 아세트산 1~2방울에 물을 넣어 100mL로 한다.

### (3) 이염화주석용액(수은 실험용)

이염화주석·2수화물 10g에 황산(1+20)(수은 실험용) 60mL를 넣어 섞으면서 가열하여 녹이고 냉각시킨 다음 정제수를 넣어 100mL로 한다.

### (4) 타타르산암모늄용액(10W/V%, 중금속 실험용)

타타르산암모늄 10g을 정제수에 녹여 100mL로 한 다음 구연산이암모늄용액(10W/V%)과 같은 방법으로 디티존사염화탄소용액(0.005W/V%)으로 씻은 후 사용한다.

### (5) 황산(수은 실험용)

필요에 따라 황산을 감압증류(5mmHg)하여 전체의 1/2에 상당하는 중류(中留)를 취하여 같은 양의 수은을 함유하지 않은 정제수에 주의하여 섞는다.

# [완충용액]

(1) 인산염완충용액(pH 6.8)

(2) 인산·탄산염 완충용액(수은실험용)

(3) 아세트산염완충용액(pH 4.0)

(4) 프탈산수소칼륨완충용액(pH 3.4)

## [표준용액]

(1) 구리 표준용액(100mg Cu/L)
(2) 납 표준원액(100mg Pb/L)
(3) 비소 표준원액(100mg As/L)
(4) 수은 표준원액(500mg Hg/L)
(5) 시안이온 표준원액(약 1,000mg CN/L)
(6) 카드뮴 표준원액(100mg Cd/L)
(7) 크롬 표준원액(100mg Cr/L)
(8) 염소화탄화수소류 혼합표준용액(1.5mg $C_2HCl_3$, 0.4mg $C_2Cl_4$/L)
(9) 파라티온 표준용액(5mg $C_{10}H_{14}NO_5PS$/L)
(10) 펜토에이트 표준용액(5mg $C_{10}HSO_6PS_2$/L)
(11) PCB(2염소) 표준용액(1mg $C_{12}H_8Cl_2$/L)

### 必 수문제

**01** 0.1N HCl 표준용액 50mL를 반응시키기 위해 0.1M Ca(OH)$_2$를 사용하였다. 이때 사용된 Ca(OH)$_2$의 소비량(mL)은?(단, HCl과 Ca(OH)$_2$의 역가는 각각 0.995와 1.005이다.)

**풀이**

$NVf = N'V'f'$

$0.1 \times 50 \times 0.995 = 0.2 \times \text{Ca(OH)}_2 \times 1.005$

$\text{Ca(OH)}_2 = 24.75\text{mL}$

[0.1M Ca(OH)$_2$ → 0.2N Ca(OH)$_2$]

### 必 수문제

**02** 크롬 표준원액(100mg Cr/L) 1,000mL를 만들기 위하여 필요한 다이크롬산칼륨(표준시약)의 양(g)은?(단, K : 39, Cr : 52)

**풀이**

다이크롬산칼륨을 전리하여 크롬을 생성하면 2mL의 크롬이온이 생성된다.

$K_2Cr_2O_7$ 분자량 $(2 \times 39) + (2 \times 52) + (16 \times 7) = 294$g

$K_2Cr_2O_7 \to 2Cr$

질량비례식

294g : $(2 \times 52)$g = $x$(g) : 0.1g/L × 1L

다이크롬산칼륨(g) = $\dfrac{294\text{g} \times 0.1\text{g/L} \times 1\text{L}}{(2 \times 52)\text{g}} = 0.283$g

**03** 크롬 표준원액(100mg Cr/L) 1,000mL를 만들기 위하여 필요한 다이크롬산칼륨(표준시약)의 양(g)은?(단, K : 39, Cr : 52)

> **풀이**
> 다이크롬산칼륨을 전리시켜 크롬을 생성하면 2mL의 크롬이온이 생성된다.

# [규정용액] : 질산은용액(0.1M)

## (1) 성분

1L 중 질산은(Silver nitrate, $AgNO_3$ 분자량 : 169.87) 16.987g을 함유한다.

## (2) 조제

질산은 17.0g에 정제수를 넣어 녹여 1L로 한다.

## (3) 표정

염화나트륨(표준시약)을 500~650℃에서 40~50분간 건조한 다음 데시케이터(실리카겔)에서 식힌 후 약 0.15g을 정확히 달아 정제수 50mL를 넣어 녹여 크롬산칼륨용액(10%) 1mL를 넣어 흔들면서 조제된 질산은용액으로 지속적인 엷은 적갈색을 나타낼 때까지 적정하여 규정도계수를 계산한다.

> 질산은용액(0.1M) 1mL ≡ 5.844mg NaCl

## (4) 주의

차광하여 보관하여야 한다.

# [강열감량 및 유기물 함량 – 중량법]

## 01 개요

### (1) 목적 *중요내용*

질산암모늄용액(25%)을 넣고 가열하여 (600±25)℃의 전기로 안에서 3시간 강열하고 데시케이터에서 식힌 후 질량을 측정하여 증발용기의 질량차이로부터 강열감량(%) 및 유기물함량(%)을 구한다.

### (2) 적용범위

① 폐기물의 강열감량 및 유기물함량의 측정에 적용한다.
② 0.1%까지 측정한다. *중요내용*

### (3) 간섭물질

① 눈에 보이는 이물질을 제거해야 한다.
② 용기 벽에 부착하거나 바닥에 가라앉는 물질이 있는 경우 시료 분취하는 과정에서 큰 오차가 발생할 수 있다.

## 02 용어 정의

### (1) 칭량병

① 증발접시라고도 한다.
② 시료의 무게를 재기 위해 사용하는 용기이다.

## 03 분석기기 및 기구 *중요내용*

### (1) 칭량병 또는 증발접시

① 백금제, 석영제 또는 사기제 도가니 또는 접시이다.
② 가급적 무게가 적은 것을 사용한다.

### (2) 저울

0.1mg까지 측정할 수 있는 것을 사용한다.

### (3) 데시케이터

실리카겔과 염화칼슘이 담겨 있는 데시케이터를 사용한다.

## 04 시약 및 표준용액

### (1) 시약

**질산암모늄용액(25W/V%)**
질산암모늄($NH_4NO_3$, 분자량 : 80.04) 25g을 정제수 100mL에 녹여 제조한다.

## 05 시료채취 및 관리 〈중요내용〉

### (1) 채취

유리병에 채취하고 가능한 한 빨리 측정한다.

### (2) 보관

미생물에 의해 분해 방지를 위해 0~4℃로 보관한다.

### (3) 기간

24시간 이내에 증발처리하여야 하나 최대한 7일을 넘기지 말아야 한다.

### (4) 온도

분석 전 상온이 되게 한다.

## 06 분석절차 〈중요내용〉

(1) 뚜껑을 덮은 증발용기를 미리 (600±25)℃에서 30분간 강열

⇩

(2) 데시케이터 안에서 식힌 후 사용하기 직전에 무게를 측정($W_1$)

⇩

(3) 시료 적당량(20g 이상)을 취함

⇩

(4) 도가니 또는 접시의 무게를 정확히 측정($W_2$)

⇩

(5) 질산암모늄용액(25%)을 넣어 시료에 적시고 천천히 가열하여 탄화시킴

⇩

(6) (600±25)℃의 전기로 안에서 3시간 강열함

⇩

(7) 실리카겔이 담겨 있는 데시케이터 안에 넣어 식힘

⇩

(8) 무게를 정확히 측정($W_3$)

※ 주의점 : 폐기물의 종류와 성상에 관계없이 수분이 첨가된 경우에는 수분을 제거한 후 강열감량 실험을 한다.

## 07 결과보고 중요내용

### (1) 강열감량

$$강열감량(\%) = \frac{(W_2 - W_3)}{(W_2 - W_1)} \times 100$$

### (2) 유기물 함량

$$유기물\ 함량(\%) = \frac{휘발성\ 고형물(g)}{고형물(g)} \times 100$$

### (3) 휘발성 고형물

$$휘발성\ 고형물(\%) = 강열감량(\%) - 수분(\%)$$

여기서, $W_1$ : 도가니 또는 접시의 무게
$W_2$ : 강열 전의 도가니 또는 접시와 시료의 무게
$W_3$ : 강열 후의 도가니 또는 접시와 시료의 무게

## 08 정도관리 목표값 〔중요내용〕

| 정도관리 항목 | 정도관리 목표 |
|---|---|
| 정량한계 | 0.1% |

**필수문제**

**01** 폐기물 시료에 대해 강열감량과 유기물함량을 조사하기 위해 다음과 같은 실험을 하였다. 아래와 같은 결과를 이용한 강열감량(%)는?

- 600±25℃에서 30분간 강열하고 데시케이터 안에서 방랭 후 접시의 무게($W_1$) : 48.256g
- 여기에 시료를 취한 후 접시와 시료의 무게($W_2$) : 73.352g
- 여기에 25% 질산암모늄용액을 넣어 시료를 적시고 천천히 가열하여 탄화시킨 다음 600±25℃에서 3시간 강열하고 데시케이터 안에서 방랭 후 무게($W_3$) : 52.824g

**풀이**

$$강열감량(\%) = \frac{W_2 - W_3}{W_2 - W_1} \times 100 = \frac{(73.352 - 52.824)g}{(73.352 - 48.256)g} \times 100 = 81.80\%$$

**필수문제**

**02** 다음 조건에서 폐기물의 강열감량(%)과 유기물함량(%)은?[단, 탄화(강열) 전의 도가니+시료 무게 : 74.59g, 탄화(강열) 후의 도가니+시료 무게 : 55.23g, 도가니 무게 : 50.43g, 수분 20%, 고형물 80%]

**풀이**

$$강열감량(\%) = \frac{W_2 - W_3}{W_2 - W_1} \times 100 = \frac{(74.59 - 55.23)g}{(74.59 - 50.43)g} \times 100 = 80.13\%$$

$$유기물함량(\%) = \frac{휘발성\ 고형물}{고형물} \times 100$$

$$= \frac{강열감량 - 수분}{고형물} \times 100$$

$$= \frac{(80.13 - 20)\%}{80\%} \times 100 = 75.16\%$$

**03** 고형물함량이 50%, 수분함량이 50%, 강열감량이 85%인 폐기물이 있다. 이 폐기물의 고형물 중 유기물함량은?

> **풀이**
> 
> $$유기물함량(\%) = \frac{휘발성\ 고형물}{고형물} \times 100$$
> 
> 휘발성 고형물 = 강열감량 − 수분 = 85 − 50 = 35%
> 
> $$= \frac{35}{50} \times 100 = 70\%$$

# [기름성분 – 중량법]

## 01 개요 *중요내용*

### (1) 목적

시료를 직접 사용하거나, 시료에 적당한 응집제 또는 흡착제 등을 넣어 노말헥산 추출물질을 포집한 다음 노말헥산으로 추출하고 잔류물의 무게로부터 구하는 방법이다.

### (2) 적용

① 비교적 휘발되지 않는 탄화수소 중 노말헥산에 용해되는 성분
② 비교적 휘발되지 않는 탄화수소유도체 중 노말헥산에 용해되는 성분
③ 비교적 휘발되지 않는 그리스유상물질 중 노말헥산에 용해되는 성분

### (3) 정량한계

0.1% 이하(정량범위 5~200mg, 표준편차율 5~20%)

### (4) 간접물질

〔강열감량 및 유기물 함량〕 내용과 동일함

> **Reference**
> 
> 중량법으로는 광물유류와 유지류를 분별하여 정량할 수 없다.

## 02 분석기기 및 기구 *중요내용*

### (1) 전기열판 또는 전기맨틀
80℃ 온도조절이 가능한 것을 사용한다.

### (2) 증발접시
① 알루미늄박으로 만든 접시, 비커 또는 증류플라스크를 말한다.
② 부피는 50~250mL인 것을 사용한다.

### (3) ㅏ자형 연결관 및 리비히 냉각관
증류플라스크를 쓸 경우 사용한다.

### (4) 분액깔때기

## 03 시약 및 표준용액

(1) 메틸오렌지 용액(0.1W/V%)  (2) 염산(1+11)
(3) 염화철(Ⅲ) 용액  (4) 탄산나트륨 용액(20W/V%)
(5) 노말헥산  (6) 염화나트륨
(7) 황산암모늄  (8) 무수황산나트륨

## 04 시료채취 및 관리
〔강열감량 및 유기물 함량〕내용과 동일함

## 05 분석절차 *중요내용*

(1) 시료 적당량을 분별깔때기에 넣고 메틸오렌지용액(0.1W/V%)을 2~3방울 넣고 황색이 적색으로 변할 때까지 염산(1+1)을 넣어 pH 4 이하로 조절한다.(단, 반고상 또는 고상 폐기물인 경우에는 폐기물 양의 약 2.5배에 해당하는 물을 넣어 잘 혼합한 다음 pH 4 이하로 조절하여 상등액으로 한다.)

※ 주의점 : 노말헥산 추출물질의 함량이 5mg/L 이하로 낮은 경우에는 5L 부피 시료병에 시료 4L를 채취하여 염화철(Ⅲ) 용액 4mL를 넣고 자석교반기로 교반하면서 탄산나트륨용액(20W/V%)을 넣어 pH 7~9로 조절한다. 5분간 세게 교반한 다음 방치하여 침전물이 전체액량의 약 1/10이 되도록 침강하면 상층액을 조심하여 흡인하여 버린다. 잔류 침전 층에 염산(1+1)으로 pH를 약 1로 하여 침전을 녹이고 분별깔때기에 옮긴다.

※ 염산을 가하는 이유는 지방산 중의 금속을 분해하여 유리시키고 또한 미생물에 의한 분해 등을 방지하기 위함이다.

(2) 시료의 용기는 노말헥산 20mL씩으로 2회 씻어서 씻은 액을 분별깔때기에 합하고 마개를 하여 5분간 세게 흔들어 섞고 정치하여 노말헥산층을 분리한다.

※ 주의점 : 추출 시 에멀션을 형성하여 액층이 분리되지 않거나 노말헥산층이 탁할 경우에는 분별깔때기 안의 수층을 원래의 시료용기에 옮기고, 에멀션층 또는 헥산층에 약 10g의 염화나트륨 또는 황산암모늄을 넣어 환류냉각관(약 300mm)을 부착하고 80℃ 물중탕에서 약 10분간 가열 분해한 다음 시험기준에 따라 시험한다.

(3) 수층에 한 번 더 시료용기를 씻은 노말헥산 20mL를 넣어 흔들어 섞고 정치하여 노말헥산층을 분리하여 앞의 노말헥산층과 합한다.

(4) 정제수 20mL씩으로 수 회 씻어준 다음 수층을 버리고 분별깔때기의 꼭지 부분에 건조여과지 또는 탈지면을 사용하여 여과하며, 여과 시 건조여과지 또는 탈지면 위에 무수황산나트륨을 3~5g을 사용하여 수분을 제거한다.

(5) 노말헥산을 무게를 미리 단 증발용기에 넣고, 분별깔때기에 노말헥산 소량을 넣어 씻어 준 다음 여과하여 증발용기에 합한다. 다시 노말헥산 5mL씩으로 여과지 또는 탈지면을 2회 씻어주고 씻은 액을 증발용기에 합한다.

(6) 증발용기가 알루미늄박으로 만든 접시 또는 비커일 경우에는 용기의 표면을 깨끗이 닦고 80℃로 유지한 전기열판 또는 전기맨틀에 넣어 노말헥산을 날려 보낸다.

(7) 증류플라스크일 경우에는 ㅏ자형 연결관과 냉각관을 달아 전기열판 또는 전기맨틀의 온도를 80℃로 유지하면서 매초당 한 방울의 속도로 증류한다. 증류플라스크 안에 2mL가 남을 때까지 증류한 다음 냉각관의 상부로부터 질소가스를 넣어 주어 증류플라스크 안의 노말헥산을 완전히 날려 보내고 증류플라스크를 분리하여 실온으로 냉각될 때까지 질소를 보내면서 완전히 노말헥산을 날려 보낸다.

(8) 증발용기 외부의 습기를 깨끗이 닦아 (80±5)℃의 건조기 중에 30분간 건조하고 실리카겔 데시케이터에 넣어 정확히 30분간 식힌 후 무게를 단다.

(9) 따로 실험에 사용된 노말헥산 전량을 미리 무게를 단 증발용기에 넣어, 시료와 같이 조작하여 노말헥산을 날려 보내어 바탕시험을 행하고 보정한다.

## 06 결과보고

$$노말헥산\ 추출물질(\%) = (a-b) \times \frac{100}{V}$$

여기서, $a$ : 실험 전후의 증발용기의 무게 차(g)
$b$ : 바탕시험 전후의 증발용기의 무게 차(g)
$V$ : 시료의 양(g)
　　주) 액상시료는 g으로 환산된 양을 사용

## 07 정도관리 목표값

| 정도관리 항목 | 정도관리 목표 |
|---|---|
| 정량한계 | 0.1% |

### 필수문제

**01** 노말헥산 추출물질을 측정하기 위해 시료 30g을 사용하여 공정시험기준에 따라 시험하였다. 실험 전후 증발용기의 무게차는 0.0176g이고 바탕시험 전후의 증발용기의 무게차는 0.011g이었다면 이를 적용하여 계산된 노말헥산 추출물질(%)은?

풀이
$$노말헥산\ 추출물질(\%) = (a-b) \times \frac{100}{V} = (0.0176 - 0.0011)g \times \frac{100}{30g} = 0.055\%$$

### 필수문제

**02** 노말헥산 추출물질시험에서 다음과 같은 결과를 얻었다. 이때 노말헥산 추출물질량은 몇 mg/L인가?

[결과]
- 건조증발용 플라스크 무게 : 52.0424g
- 추출건조 후 증발용 플라스크의 무게와 잔류물질 무게 : 52.0748g
- 시료량 : 40mL

풀이
$$노말헥산\ 추출물질(mg/L) = \frac{(52.0748 - 52.0424)g \times 1,000mg/g}{0.4L} = 81mg/L$$

# [수분 및 고형물 – 중량법]

## 01 개요

**(1) 목적**

시료를 105~110℃에서 4시간 건조하고 데시케이터에서 식힌 후 무게를 달아 증발접시의 무게 차로부터 수분 및 고형물의 양(%)을 구한다.

**(2) 적용범위 :** 0.1%까지 측정한다.

**(3) 간섭물질 :** 〔강열감량 및 유기물 함량〕 내용과 동일함

## 02 분석기기 및 기구

**(1) 평량병 또는 증발접시**

① 시료의 두께를 10mm 이하로 넓게 펼 수 있는 정도로 하부면적이 넓은 것을 사용하여야 한다.
② 가급적 무게가 적은 것을 사용한다.

**(2) 저울**

0.1mg까지 측정가능한 것을 사용한다.

**(3) 데시케이터**

실리카겔과 염화칼슘이 담겨 있는 데시케이터를 사용한다.

## 03 시료채취 및 관리

〔강열감량 및 유기물 함량〕 내용과 동일함

## 04 분석절차

(1) 평량법 또는 증발접시를 미리 105~110℃에서 1시간 건조
⇩
(2) 데시케이터 안에서 식힌 후 사용하기 직전에 무게를 측정
⇩
(3) 시료 적당량을 취함
⇩
(4) 증발접시와 시료의 무게를 정확히 측정
⇩
(5) 물중탕에서 수분의 대부분을 날려 보냄
⇩
(6) 105~110℃의 건조기 안에서 4시간 완전 건조시킴
⇩
(7) 실리카겔이 담겨 있는 데시케이터 안에 넣어 식힘
⇩
(8) 무게를 정확히 줄임

## 05 결과보고

(1) 수분

$$수분(\%) = \frac{(W_2 - W_3)}{(W_2 - W_1)} \times 100$$

(2) 고형물

$$고형물(\%) = \frac{(W_3 - W_1)}{(W_2 - W_1)} \times 100$$

여기서, $W_1$ : 평량병 또는 증발접시의 무게
$W_2$ : 건조 전의 평량병 또는 증발접시와 시료의 무게
$W_3$ : 건조 후의 평량병 또는 증발접시와 시료의 무게

## 06 정도관리 목표값

| 정도관리 항목 | 정도관리 목표 |
|---|---|
| 정량한계 | 0.1% |

**필수문제 01** 시료 중 수분함량 및 고형물함량을 정량한 결과가 다음과 같다면 고형물함량(%)은?(단, 증발접시의 무게 $W_1=245g$, 건조 전의 증발접시와 시료의 무게 $W_2=260g$, 건조 후의 증발접시와 시료의 무게 $W_3=250g$)

**풀이**
$$고형물함량(\%) = \frac{W_3 - W_1}{W_2 - W_1} \times 100 = \frac{250 - 245}{260 - 245} \times 100 = 33.33\%$$

**필수문제 02** 음식물폐기물의 수분을 측정하기 위해 실험하였더니 다음과 같은 결과를 얻었을 때 수분(%)은?(단, 건조 전 시료의 무게=50g, 증발접시의 무게=7.25g, 증발접시 및 시료의 건조 후 무게=15.75g)

**풀이**
$$수분(\%) = \frac{W_2 - W_3}{W_2 - W_1} \times 100 = \frac{57.25 - 15.75}{57.25 - 7.25} \times 100 = 83\%$$

# [수소이온농도 – 유리전극법]

## 01 개요

**(1) 목적**

액상폐기물과 고상폐기물의 pH를 유리전극과 기준전극으로 구성된 pH 측정기를 사용하여 측정한다.

**(2) 적용범위**

pH를 0.01까지 측정한다.

### (3) 간섭물질

① 유리전극

용액의 색도, 탁도, 콜로이드성 물질들, 산화 및 환원성 물질들, 염도에 의해 간섭을 받지 않는다.

② pH 10 이상에서 나트륨에 의해 오차가 발생하는 경우 "낮은 나트륨 오차 전극"을 사용하여 줄일 수 있다.

③ 기름층이나 작은 입자상이 전극을 피복하여 pH 측정을 방해하는 경우
  ㉠ 피복물을 부드럽게 문질러 닦아내거나 세척제로 닦아낸 후 정제수로 세척하고 부드러운 천으로 수분을 제거하여 사용함
  ㉡ 염산(1+9) 용액을 사용하여 피복물을 제거할 수 있음

④ pH
  ㉠ 수소이온 전극의 기전력은 온도변화에 따라 영향을 받음
  ㉡ 대부분의 pH 측정기는 자동으로 온도 보정
  ㉢ 온도별 표준액의 pH값에 따라 보정할 수도 있음

〈온도별 표준액의 pH값〉 *중요내용*

| 온도(℃) | 수산염 표준액 | 프탈산염 표준액 | 인산염 표준액 | 붕산염 표준액 | 탄산염 표준액 | 수산화칼슘 표준액 |
|---|---|---|---|---|---|---|
| 0 | 1.67 | 4.01 | 6.98 | 9.46 | 10.32 | 13.43 |
| 5 | 1.67 | 4.01 | 6.95 | 9.39 | 10.25 | 13.21 |
| 10 | 1.67 | 4.00 | 6.92 | 9.33 | 10.18 | 13.00 |
| 15 | 1.67 | 4.00 | 6.90 | 9.27 | 10.12 | 12.81 |
| 20 | 1.68 | 4.00 | 6.88 | 9.22 | 10.07 | 12.63 |
| 25 | 1.68 | 4.01 | 6.86 | 9.18 | 10.02 | 12.45 |
| 30 | 1.69 | 4.01 | 6.85 | 9.14 | 9.97 | 12.30 |
| 35 | 1.69 | 4.02 | 6.84 | 9.10 | 9.93 | 12.14 |
| 40 | 1.70 | 4.03 | 6.84 | 9.07 | - | 11.99 |
| 50 | 1.71 | 4.06 | 6.83 | 9.01 | - | 11.70 |
| 60 | 1.73 | 4.10 | 6.84 | 8.96 | - | 11.45 |

## 02 용어 정의

### (1) pH *중요내용*

① 유리전극과 비교전극으로 된 측정기를 사용하여 측정한다.
② 양 전극 간에 생성되는 기전력의 차를 이용하여 다음 식으로 정의된다.

$$pH_x = pH_s \pm \frac{F(E_x - E_s)}{2.303RT}$$ : 네른스트(Nernst)식

여기서, $pH_x$ : 시료의 pH 측정값
$pH_s$ : 표준용액의 pH($-\log[H^+]$)
$E_x$ : 시료에서의 유리전극과 비교전극 간의 전위차(mV)
$E_s$ : 표준용액에서의 유리전극과 비교전극 간의 전위차(mV)
$F$ : 패러데이(Faraday) 상수($9.649 \times 10^4$ C/mol)
$R$ : 기체상수{8.314J/(K · mol)}
$T$ : 절대온도(K)

### (2) 기준전극
① 은-염화은의 칼로멜 전극 등으로 구성된 전극이다.
② pH 측정기에서 측정 전위 값의 기준이 된다.

### (3) 유리전극(작용전극)
① pH 측정기에 유리전극이다.
② 수소이온의 농도가 감지되는 전극이다.

## 03 분석기기 및 기구

### (1) pH 측정기 *중요내용*
① pH 측정기의 구조
  ㉠ 보통 유리전극 및 기준전극으로 된 검출부와 검출된 pH를 지시하는 지시부로 되어 있음
  ㉡ 지시부에는 비대칭 전위조절(영점조절) 기능, 온도보정 기능이 있음
  ㉢ 온도보정기능이 없는 경우는 온도보정용 감온부가 있음
② 기준전극
  ㉠ 은-염화은의 칼로멜 전극 등이 사용
  ㉡ 기준전극과 작용전극이 결합된 전극이 측정하기에 편리
③ 자석교반기 또는 테플론으로 피복된 자석 바를 사용

## 04 표준용액

### (1) 보관 : 경질 유리병 또는 폴리에틸렌병

### (2) 사용기간

① 산성 표준용액 : 3개월
② 염기성 표준용액 : 산화칼슘(생석회) 흡수관을 부착하여 1개월 이내에 사용

### (3) 종류

① 수산염 표준용액(0.05M)
② 프탈산염 표준용액(0.05M)
③ 인산염 표준용액(0.025M)
④ 붕산염 표준용액(0.01M)
⑤ 탄산염 표준용액(0.025M)
⑥ 수산화칼슘 표준용액(0.02M, 25℃ 포화용액)

> **Reference**
> pH 표준용액용 정제수는 15분 이상 끓여서 이산화탄소를 날려 보내고 산화칼슘(생석회) 흡수관을 달아 식혀서 준비한다.

## 05 시료채취 및 관리

**(1) 측정** : 가능한 한 현장에서 측정한다.

**(2) 보관** : 액상 시료를 용기에 가득 채워서 밀봉하여 분석 전까지 보관한다.

## 06 정도보증/정도관리(QA/QC)

### (1) 정밀도

임의의 한 종류의 pH 표준용액에 대하여 검출부를 정제수로 잘 씻은 다음 5회 되풀이하여 pH를 측정했을 때 그 재현성이 ±0.05 이내이어야 한다.

### (2) 내부정도관리 주기 및 목표

① 보정
   시료를 측정하기 전에 표준용액 2개 이상으로 보정한다.
② 정도관리 목표값
   정밀도 ⇨ ±0.05 이내

## 07 분석절차

### (1) 액상폐기물

① 유리전극은 사용하기 수 시간 전에 정제수에 담가 두고, pH 측정기는 전원을 켠 다음 5분 이상 경과한 후에 사용한다.
② 유리전극을 정제수로 잘 씻은 후 여과지로 남아있는 물을 조심스레 닦아낸다. 온도보정을 할 수 있는 경우 pH 표준용액의 온도와 같게 맞추고 유리전극을 시료의 pH값에 가까운 표준용액에 담가 2분 지난 후 표준용액의 pH값이 되도록 조절한다.
③ pH 측정기가 온도보정 기능이 없는 경우는 표 2에서 온도에 따른 표준용액의 pH값을 읽어 조절한다. 두 pH값을 조절할 경우에는 인산염 pH 표준용액과 시료의 pH값에 가까운 pH 표준용액을 사용하여 조절한다.
④ 유리전극을 정제수로 잘 씻고 남아있는 물을 여과지 등으로 조심하여 닦아낸 다음 시료에 담가 측정값을 읽는다. 이때 온도를 함께 측정한다. 측정값이 0.05 이하의 pH 차이를 보일 때까지 반복 측정한다.
⑤ 시료는 유리전극이 충분히 잠기고 자석 교반기가 투명하게 보일 수 있을 정도로 사용한다. 만약 현장에서 pH를 측정할 경우에는 전극을 적절한 깊이에 직접 담가서 측정할 수도 있다.
⑥ 유리탄산을 함유한 시료의 경우에는 유리탄산을 제거한 후 pH를 측정한다.
⑦ pH 측정기의 구조 및 조작법은 제조회사에 따라 다르다. pH 11 이상의 시료는 오차가 크므로 알칼리용액에서 오차가 적은 특수전극을 사용한다.
⑧ 측정시료의 온도는 pH 표준용액의 온도와 동일해야 한다.

### (2) 반고상 또는 고상 폐기물 〔중요내용〕

① 시료 10g을 50mL 비커에 취한 다음 정제수(증류수) 25mL를 넣어 잘 교반하여 30분 이상 방치한 후 이 현탁액을 시료용액으로 하거나 원심분리한 후 상층액을 시료용액으로 한다.
② 이하의 시험기준은 액상 폐기물에 따라 pH를 측정한다.

## 08 결과보고 〔중요내용〕

pH 측정기의 값을 0.01 단위까지 직접 읽고 온도를 함께 측정한다.

## 09 정도관리 목표값

| 정도관리 항목 | 정도관리 목표 |
| --- | --- |
| 정량한계 | ±0.05 이내 |

### 필수문제
**01** pH가 각각 10과 12인 폐액을 동일 부피로 혼합하면 pH는?

**풀이**

$$pH = 14 - pOH$$

$$[OH^-] = \frac{(1 \times 10^{-4}) + (1 \times 10^{-2})}{1+1} = 0.00505$$

$$pOH = \log \frac{1}{[OH^-]} = \log \frac{1}{0.00505} = 2.3$$

$$= 14 - 2.3 = 11.7$$

### 필수문제
**02** pH 2인 용액 2L와 pH 1인 용액 2L를 혼합하였을 때 pH는?

**풀이**

$$pH = \log \frac{1}{[H^+]}$$

$$[H^+] = \frac{(2 \times 10^{-2}) + (2 \times 10^{-1})}{2+2} = 0.055$$

$$= \log \frac{1}{0.055} = 1.26$$

### 필수문제
**03** 0.002N NaOH 용액의 pH는?

**풀이**

$0.002\text{eq/L} \times 1\text{mol/1eq} = 0.002\text{M}$

$\text{NaOH} \rightarrow \text{Na}^+ + \text{OH}^-$

$pOH = -\log 0.002 = 2.70$

$pH + pOH = 14$

$pH = 14 - pOH = 14 - 2.7 = 11.3$

### 필수문제

**04** 0, N NaOH 용액 10mL를 중화하는 데 어떤 농도의 HCl 용액이 100mL 소요되었다. 이 HCl 용액의 pH는?

**풀이**

$NV = NV'$

$0.1\text{N} \times 10\text{mL} = N' \times 100\text{mL}$

$N'(\text{HCl}) = \dfrac{0.1\text{N} \times 10\text{mL}}{100\text{mL}} = 0.01\text{N}(\text{HCl } 1\text{가이므로 } 0.01\text{M})$

HCl의 pH $= 10\log \dfrac{1}{10^{-2}} = 2$

# [석면 – 편광현미경법]

## 01 개요

### (1) 목적

편광현미경과 입체현미경을 이용하여 고체 시료 중 석면의 특성을 관찰하여 정성과 정량분석을 하기 위한 것이다.

### (2) 적용범위 *중요내용

① 고체폐기물을 포함한 건축자재의 분석
② 유기 및 무기성분의 조합으로 된 모든 석면 함유 물질에서 석면 유무 판단
③ 정량범위 : 1~100%

### (3) 간섭물질

① 고형 시료의 유기물과 무기물은 석면섬유와 뒤섞이거나 석면섬유를 감싸고 있어 석면 고유의 광학적 특성(색상, 굴절률 등)을 방해하여 석면 광물 조성을 확인하고 정량하는 데 방해물질이 될 수 있다.
② 회화, 염산, 용매처리방법을 선택하여 간섭물을 제거한다.

## 02 용어 정의

**(1) 굴절률(Refractive index)**

① 물질(시료)에 빛의 투과 시 빛의 속도와 진공에서 빛의 속도 비를 말한다.
② 파장과 온도에 따라 변한다.

**(2) 색**

편광현미경의 개방니콜(Single polar 또는 Open nicole)상에서 섬유나 미립자의 색을 말한다.

**(3) 다색성(Pleochroism)**

편광현미경의 개방니콜상에서 재물대를 회전시켰을 때 회전각에 따라 나타나는 섬유나 미립자 색의 변화를 말한다.

**(4) 형태(Morphology)**

섬유나 미립자의 모양, 결정구조, 길고 짧음 등을 말한다.

**(5) 갈라지는 성질(Cleavage)**

① 원자들의 결합이 약해서 일정한 방향으로 쪼개지거나 갈라지는 성질을 말한다.
② 모든 석면섬유는 한쪽 방향으로의 완전한 방향성을 가지고 있다.

**(6) 간섭색**

① 상광선과 이상광선의 상호작용에 의해서 나타나는 색이다.
② 미립자의 두께와 방향에 따라 다양하게 나타나며 광물 자체의 색은 아니다.

**(7) 간섭상**

① 편광경(Conoscope) 장치(Bertrand lens를 넣었을 때)를 했을 때 빛의 간섭이 나타나는 현상이다.
② 광축의 수량에 따라 일축성과 이축성으로 나눌 수 있다.
③ 각각 결정의 광학적 방향성에 따라 양(+) 또는 음(−)의 간섭상으로 나누어진다.

**(8) 신장률(Elongation) 부호**

① 편광현미경의 직교니콜(Crossed polars 또는 Crossed nicol)상에서 보정판(The First-Order Red Compensator)을 삽입했을 때 평행 굴절률($n_\parallel$)과 수직 굴절률($n_\perp$)의 크기에 따라 "양(+)" 또는 "음(−)"의 신장률 부호를 나타낸다.
② 굴절률의 크기가 $n_\parallel > n_\perp$ 일 경우 "양(+)", 굴절률의 크기가 $n_\parallel < n_\perp$ 일 경우 "음(−)"의 부호이다.

③ 보통, 청색이 북동-남서이고, 오렌지색이 북서-남동의 방향을 가리키고 있다면 양(+)의 신장률 부호를 의미한다.(청석면은 음(-)의 신장률 부호, 백석면 등 5가지 석면은 양(+)의 신장률 부호를 갖는다.)

### (9) 소광(Extinction)

① 편광현미경의 직교니콜 상에서 이방성의 섬유나 미립자가 가장 어두워져 보이지 않는 현상을 말한다.
② 이방성의 섬유나 미립자의 갈라지는 성질(Cleavage)과 접안렌즈의 십자선을 일치시킨 후 재물대를 회전시켜 광물이 없어질(가장 어둡게 될) 때의 사이각을 소광각이라고 한다.

### (10) 복굴절(Birefringence ; B')

이방성 광물에 빛이 투과될 때 최대 굴절률과 최소 굴절률의 차이이다.

## 03 분석기기 및 기구 *중요내용*

### (1) 편광현미경 : 100~400배율

① 대물렌즈 : 배율 10, 20, 40배 또는 이와 동등한 것
② 접안렌즈 : 배율 10배 이상인 것
③ 십자선 접안렌즈(Retic eyepiece) : 십자선이 있는 것
④ 분산염색 대물렌즈 또는 이와 동등한 것
⑤ 보정판(The first order red plate compensator 또는 bertrand lens) : 약 (550±20)nm
⑥ 재물대(Stage) : 360° 회전 가능
⑦ 상부 편광판(Analyzer)
⑧ 하부 편광판(Polarizer)

### (2) 입체 현미경 : 배율 10~45배 이상

### (3) 작업후드 또는 글로브 박스 : 헤파필터(HEPA filter)가 설치된 장치

### (4) 기구

① 시료 용기 : 10~50mL 부피의 나사마개 있는 플라스틱 용기
② 막자와 막자사발 또는 저속 핸드드릴 : 저속의 전동방식
③ 체(Sieve) : 425$\mu$m, 500$\mu$m
④ 핀셋, 바늘, 약숟가락, 외과용 칼 : 시료를 고정, 절단, 이동용
⑤ 투명종이(Glassine paper) 또는 깨끗한 유리판 : 시료 작업판용
⑥ 현미경용 슬라이드 유리 : 75×25mm 이상

⑦ 현미경용 커버 유리 : 18×18mm 이상

## 04 시료채취 및 관리

### (1) 안전사항
① 헤파(HEPA) 필터류가 설치된 마스크와 보호복 등 모든 보호 장비를 구비한 후 채취한다.
② 채취 시 물을 분무하는 등 가능한 한 섬유 발생이 적도록 조치한다.
③ 섬유 방출이 많은 고속드릴을 사용하거나 망치로 분쇄하는 등의 채취방법은 피한다.

### (2) 시료의 채취
① 채취 도구
  ㉠ 석면 의심 함유 재질의 일부를 절단할 수 있는 도구
  ㉡ 집게
  ㉢ 밀봉용기
  ※ 주의점 : 세척과정은 헤파필터가 설치된 후드 안에서 공기흡입방식과 물에 젖은 종이 또는 헝겊으로 세척 작업을 병행한다. 물로 세척하는 경우에는 물에서 석면을 제거하는 시설 또는 장치를 갖추어야 한다.

② 발생원에 따른 시료의 채취방법
  ㉠ 건축 또는 시설물에서 직접 채취하는 경우
    대상 건물 또는 시설 단위별로 재질의 용도와 형태별로 구분하여 한 번에 일정량씩을 채취한다.
  ㉡ 건축 또는 시설물의 재질이 혼합되어 있는 경우
    폐기물 처리를 위해 적재되어 있는 곳이나 운반 단위별로 석면 함유가 의심되는 재질을 선택하여 한 번에 일정량씩을 채취한다.
  ㉢ 제조 또는 가공 공정에서의 경우
    제조 또는 공정단위별로 발생 폐기물을 채취한다.
  ㉣ 석면함유 의심 폐제품의 경우 *중요내용
    ⓐ 소형 크기 : 제품별로 채취하고 채취자가 시료량이 부족하다고 판단하는 경우에는 가능한 경우 2개 이상을 채취한다.
    ⓑ 대형 크기 : 제품별로 채취하되 시료의 무게나 형태로 인해 운반의 어려움 등이 있어 제품별로 채취하기가 곤란할 경우에는 석면 함유가 의심되는 재질을 별도로 분리하여 채취한다.
  ㉤ 매립 또는 폐기된 폐기물의 경우
    발생단위별로 석면 함유가 의심되는 재질들을 선별하여 한 번에 일정량씩을 채취한다.

③ 시료의 양 *중요내용

1회에 최소한 면적단위로는 1cm$^2$, 부피단위로는 1cm$^3$, 무게단위로는 2g 이상 채취한다.

④ 시료의 수
  ㉠ 폐기물의 생성 또는 처리되는 공정이 적정하게 관리되고 있으며 성상이 균일할 경우에는 임의의 시료를 채취할 수 있다.
  ㉡ 건축 또는 시설물의 경우, 재질의 용도와 형태별로 구분하여 시료의 수는 다음 표에 따른다.

〈대상 시료의 크기별 최소 시료채취 수〉

| 구분 | 대상 | 크기 | 최소 시료채취 수 |
|---|---|---|---|
| 건축 또는 시설물 | 천장, 벽, 바닥재의 경우 | 25m$^2$ 미만 | 1 |
| | | 25~100m$^2$ | 3 |
| | | 100~500m$^2$ | 5 |
| | | 500m$^2$ 이상 | 7 |
| | 단열재의 경우 | 2.0m 혹은 1.0m$^2$ 미만 | 1 |
| | | 2.0m 혹은 1.0m$^2$ 이상 | 3 |
| | 기타 재료의 경우 | 1.0m$^2$ 미만 | 1 |
| | | 1.0m$^2$ 이상 | 3 |

⑤ 시료의 보관
  ㉠ 고온다습한 곳을 피하고 상온에서 보관한다.
  ㉡ 밀폐용기 또는 헤파필터가 설치된 후드 안에서 보관한다.
  ㉢ 시료는 가급적 지정된 장소에 보관한다.

⑥ 시료의 폐기
  ㉠ 실험실에서 폐기되는 석면 함유 물질이나 석면으로 오염된 폐기물은 별도의 장소에 모아 폐기한다.
  ㉡ 석면 폐기물은 처리량을 고려하여 주기적으로 처리한다.

## 05 정도보증/정도관리(QA/QC)

### (1) 실험기기, 기구 및 시약의 관리

① 실험기기의 관리(현미경 일치성 확인방법) *중요내용
  ㉠ 하부 편광판과 상부 편광판의 90° 일치
  ㉡ 십자선의 일치
  ㉢ 보정판의 진동방향의 적절한 일치
  ㉣ 시료의 상이 조리개 안에서 적절하게 중심초점이 맞추어졌는지 여부

ⓜ 중심 조정
② 현미경과 부속품 *중요내용*
최소 1년에 1회 이상 광원의 밝기, 집광장치, 배율 등을 청소하고 재조정이 필요하다.
③ 실험기구의 관리
  ㉠ 석면분석 전 사용되는 분석기구, 분석장비에 대한 오염 여부를 항상 점검
  ㉡ 슬라이드와 커버글라스를 렌즈티슈로 닦음
  ㉢ 핀셋, 막자, 막자사발, 집게 등의 석면 오염을 확인
④ 실험시약의 관리
굴절률 시약은 굴절률 측정기 등을 이용하여 주기적으로 그 굴절률을 확인하여 기록한다.

(2) 내부정도관리

① 정성분석
  ㉠ 석면분석자는 편광현미경과 입체현미경을 사용하여 다음 표의 6가지 종류의 석면을 정확히 구분할 수 있어야 한다.
  ㉡ 분석자는 6가지 종류의 표준시료를 최소 1년 주기로 분석한다.

〈석면의 모양과 굴절특성〉 *중요내용*

| 석면의 종류 | 형태와 색상 | 굴절률(근사값) | | 복굴절률 |
| --- | --- | --- | --- | --- |
| | | 신장률(상한) | 신장률(하한) | |
| 백석면<br>(Chrysotile) | • 꼬인 물결 모양의 섬유<br>• 다발의 끝은 분산<br>• 가열되면 무색~밝은 갈색<br>• 다색성<br>• 종횡비는 전형적으로 10 : 1 이상 | 1.54 | 1.55 | 0.002<br>~0.014 |
| 갈석면<br>(Amosite) | • 곧은 섬유와 섬유 다발<br>• 다발 끝은 빗자루 같거나 분산된 모양<br>• 가열하면 무색~갈색<br>• 약한 다색성<br>• 종횡비는 전형적으로 10 : 1 이상 | 1.67 | 1.70 | 0.02<br>~0.03 |
| 청석면<br>(Crocidolite) | • 곧은 섬유와 섬유 다발<br>• 긴 섬유는 만곡<br>• 다발 끝은 분산된 모양<br>• 특징적인 청색과 다색성<br>• 종횡비는 전형적으로 10 : 1 이상 | 1.71 | 1.70 | 0.014<br>~0.016 |

| 석면의 종류 | 형태와 색상 | 굴절률(근사값) | | 복굴절률 |
|---|---|---|---|---|
| | | 신장률(상한) | 신장률(하한) | |
| 직섬석<br>(Anthophyllite) | • 곧은 섬유와 섬유 다발<br>• 절단된 파편 존재<br>• 무색~밝은 갈색<br>• 비다색성 내지 약한 다색성<br>• 종횡비는 일반적으로 10 : 1 이하 | 1.61 | 1.63 | 0.019<br>~0.024 |
| 투섬석<br>(Tremolite)<br>·<br>녹섬석<br>(Antinolite) | • 곧고 흰 섬유<br>• 절단된 파편이 일반적이며 큰 섬유 다발 끝은 분산된 모양<br>• 투섬석은 무색<br>• 녹섬석은 녹색~약한 다색성<br>• 종횡비는 일반적으로 10 : 1 이하 | 1.60<br>~1.62<br><br>1.62<br>~1.67 | 1.62<br>~1.64<br><br>1.64<br>~1.68 | 0.02<br>~0.03 |

② 정량분석
  ㉠ 부피법   ㉡ 면적법   ㉢ 무게법

### (3) 외부 정도관리

분석능력을 확인하고 검증하며 분석역량을 유지 · 개발한다.

## 06 분석절차

### (1) 전처리 ●중요내용

① 건조
  ㉠ 채취한 시료
    조제하기 전 가열등, 가열판, 건조기 등을 사용하여 온도를 60℃ 이하로 2시간 이상 건조
  ㉡ 채취한 시료가 육안상 젖어 있는 시료
    조제하기 전 가열등, 가열판, 건조기 등을 사용하여 온도를 60℃ 이하로 24시간 이상 건조
  ㉢ 시료조제나 전처리 후 물에 젖어있는 시료
    용기에 담아 건조기에 넣어 온도를 105~110℃를 유지하여 4시간 이상 건조
② 시료와 섬유 함유 여부 관찰
  ㉠ 후드 내에서 입체현미경(10~45배)을 통하여 시료의 표면 또는 보이는 내부의 섬유를 검사함
  ㉡ 시료를 절단하거나 부수어서 관찰시 판단사항
    ⓐ 시료의 균일 여부
    ⓑ 섬유의 존재 여부
    ⓒ 비산 여부

ⓒ 시료 속에 있는 접착제나 타르 등 방해물질을 제거하기 위해 시료의 일부를 유기용매 또는 산 처리하거나, 석면입자의 변형이 이루어지지 않는 온도에서 시료를 태움

③ 균일화
  ㉠ 시료의 입자크기를 425~500㎛ 범위로 분쇄
  ㉡ 상온에서 분쇄가 어려울 경우에는 액체질소로 냉각하여 분쇄

④ 굴절시약의 처리
  슬라이드 유리 위에 굴절시약 1~3방울을 떨어뜨린 후, 시료의 일정량을 슬라이드 유리 위 굴절시약에 담그고 바늘, 핀셋 등으로 시료를 적절히 분리하고, 깨고, 이동시켜 슬라이드 유리 위에 고르고 평평하게 배치시킨다.

(2) 정성평가

① 석면의 정성분석 항목
  ㉠ 형태
  ㉡ 굴절률
  ㉢ 다색성(Pleochroism)
  ㉣ 색깔
  ㉤ 복굴절(Birefringence)
  ㉥ 소광특성(Extinction)
  ㉦ 신장률부호(Sign of elongation)
  ㉧ 분산색(Interference color)

② 백석면 확인
  분산색 확인을 위한 대물렌즈를 끼우고 청색과 청-자홍색을 관찰한다.

③ 청석면 확인
  ㉠ 시료를 1.680 굴절시약으로 처리하고 청석면의 형태를 관찰하면, 그 형태는 곧고, 강직한 모양으로 분산색은 가로방향에서 금빛 노란색, 세로방향에서는 연한 노란색을 나타냄
  ㉡ 시료를 1.700 굴절시약으로 처리하고 청석면의 형태를 관찰하면, 그 형태는 곧고, 강직한 모양으로 청색 또는 자청색을 나타냄

④ 갈석면 확인
  ㉠ 시료를 1.680 굴절시약으로 처리하고 갈석면의 형태를 관찰
  ㉡ 곧은 섬유와 빗자루 같은 섬유다발이거나 끝이 벌어진 모양이며 분산색은 커밍토나이트 형태는 청색과 연한 청색을 나타냄

(3) 정량평가

① 편광현미경에 의한 육안 정량
  ㉠ 석면 종류에 따라 1.550, 1.605, 1.680 등 적합한 굴절시약을 선택하여 처리하고 석면의 함량을 종류별로 평가하고 면적(Area)%로 계산
  ㉡ 정량은 현미경 배율을 100으로 하여 평가

ⓒ 슬라이드 위의 3곳을 임의로 정하여 관찰하고 농도를 정한 후 3개의 평균값을 함량으로 정함
ⓔ 육안검사와 현미경검사로부터 시료 중 석면섬유의 종류와 함량을 측정하고 석면함량이 1% 이상 검출되면 이 시료는 석면함유물질로 판정함

② 무게차 측정에 의한 정량
  ㉠ 회화처리
    ⓐ 시료의 무게($W_1$)와 도가니의 무게($W_2$)를 측정
    ⓑ 시료를 정확히 일정량 취하여 도가니에 넣음
    ⓒ 시료가 담긴 도가니에 덮개를 덮고 전기로에서 300℃에서 2시간 가열한 후 온도를 올려 450℃에서 1시간 이상 회화시킴
    ⓓ 회화가 끝난 후 전기로에서 도가니를 꺼내고 데시케이터에서 실온으로 냉각시킴

    ※ 주의점 *중요내용*
      • 가열온도가 500℃ 이상 되지 않고 총 가열시간이 6시간 이상을 넘지 않도록 함
      • 회화는 HEPA 필터 설치된 후드 안의 전기로에서 수행

    ⓔ 데시케이터에서 실온으로 냉각한 도가니 무게($W_3$)를 측정
    ⓕ 잔여물 무게($R$)

    $$R(\%) = \frac{(W_3 - W_2)}{W_1} \times 100$$

    여기서, $W_1$ : 취한 시료의 양(g)
    $W_2$ : 도가니 무게(g)
    $W_3$ : 가열 후 시료가 담긴 도가니 무게(g)

    ※ 주의점 : 석면 분석 시 광학적인 간섭으로 유기 섬유를 제거하는 것이 목적이라면 다른 섬유가 남아 있다는 것을 확인하기 위해 편광현미경으로 잔여물을 관찰함

  ㉡ 염산처리
    ⓐ 0.5g 이하 정도의 시료를 취해 정확히 무게를 재어 100~250mL 비커에 담고 염산(1+3) 20mL 또는 진한 염산 5mL를 첨가하여 시계접시로 덮고 5분간 교반하고 정치함
    ⓑ 반응이 완결되지 않은 것으로 판단할 경우 5~10분간 더 교반하여 반응시킴
    ⓒ 47mm 필터의 무게를 측정함

    ※ 주의점 *중요내용*
      • 47mm 필터를 사용하고 필터 직경이 다르다면 시료 양을 조절해서 사용함
      • 산 분해 후에 시료가 너무 많으면 필터가 막히게 되고 완벽한 여과를 방해함
      • 너무 적은 시료는 무게 오차로 인해 정확도와 정밀도에 큰 영향을 줄 수 있음

ⓓ 세척과정

반응 후 잔류물을 한 번에 증류수 10mL로 3번 이상 세척함
- 미리 무게를 잰 여과지를 여과장치에 설치하고 산 처리한 용액을 붓고 감압한다. 한 번에 증류수 10mL로 3번 이상 세척함 : 감압여과
- 3,000~4,000rpm에서 10~20분간 원심분리한 후 상층액을 제거하고 한 번에 증류수 10mL로 3번 이상 세척함 : 원심분리

ⓔ 여과한 여과지를 건조하여 무게($F_3$)를 측정하고 초기 여과지 무게($F_2$)를 빼 여과지에 남은 잔여물 무게($F_3 - F_2$)를 계산함

ⓕ 잔여물 무게($R$)

$$R(\%) = \frac{(F_3 - F_2)}{F_1} \times 100$$

여기서, $F_1$ : 취한 시료의 양(g), $F_2$ : 여과지 무게(g)
$F_3$ : 전처리 후 여과지 무게(g)

ⓖ 잔여물 분석

석면의 정성이나 정량을 위해 잔여물을 편광현미경으로 분석함

※ 주의점
- 여과지에 있는 잔여물을 별도로 덜어내지 않고 그 상태를 입체현미경으로 관찰하여 이물질이 붙어 있는 것 없이 산 처리가 잘 되어 있는지 확인함
- 산 용해를 통해 이물질 성분이 완전하게 제거가 안 되었을 때는 시료를 다시 취해 파쇄나 분쇄 등에 의해 시료의 입자크기를 더 줄이고 열판으로 따뜻하게 가열하거나 산 처리 시간을 늘림

ⓒ 유기용매 처리

ⓐ 시료를 정확히 1.0~3.0g 취해($B_1$) 50~100mL 유리용기에 담음

ⓑ 테트라하이드로퓨란(THF)이나 산화프로필렌(propylene oxide) 등의 용매를 선택하여 15~25mL 첨가하고 마개를 닫음

ⓒ 시료가 담긴 유리용기를 초음파 욕조에 넣고 30분 정도 가동한다. 이때, 에어로졸 스프레이가 새어 나가지 않도록 용기 마개를 확인함

ⓓ 시료가 담긴 용기를 원심분리기에 옮겨 2,000~2,500rpm에서 30분간 가동함

※ 주의점
이 과정에서 원심분리 용기로 시료를 옮기는 경우, 빈 용기 무게($B_2$)를 재고 원래 용기에 남아있는 시료를 10~15mL의 용매로 세척하여 빈 용기로 옮김

ⓔ 시료의 상층액을 따르고 용매를 휘발시킨 후 용기무게($B_3$)를 다시 잼

※ 주의점
원심분리 후 피펫으로 상층 용매를 제거, 침전물이 따라 나오는 위험성을 최소화하기 위해 원심분리 용기 내 용매를 조금 남겨 둠

ⓕ 잔여물 무게($R$)

$$R(\%) = \frac{(B_3 - B_2)}{B_1} \times 100$$

여기서, $B_1$ : 취한 시료의 양(g)
           $B_2$ : 용기무게(g)
           $B_3$ : 전 처리 후 용기무게(g)

ㄹ) 석면함량을 무게(wt)%로 계산하는 방법

$$\text{시료 내 석면 wt}(\%) = \frac{\text{잔여물 내 석면 wt}\% \times \text{잔여물 내 wt}\%}{100}$$

예를 들어, 바닥타일 시료를 회화 후 염산 처리한 경우
       바닥타일 내 석면 wt% $= (B \times C \div 100) \times A \div 100$
                              $= 10 \times 70 \div 100 = 7\%$
      염산분해 후 석면 wt% $= (B \times C \div 100) = 20 \times 50 \div 100 = 10\%$
               여기서, $A$ : 회화로부터 잔여물 wt% $= 70\%$
                      $B$ : 염산으로부터 잔여물 wt% $= 20\%$
                      $C$ : 염산으로부터 잔여물 내 석면 wt% $= 50\%$

## 07 결과보고

**(1) 정성분석 결과**

편광현미경으로 시료를 관찰하여 기록, 석면 종류를 확인한다.

**(2) 정량분석 결과**

① 육안 평가 경우
    ㉠ 석면 종류 별로 다음 표의 양식과 같이 석면농도를 기록함
    ㉡ 농도(%) 값의 표기는 1% 이상은 정수로 표시함
    ㉢ 농도(%) 값의 표시는 1% 미만은 불검출로 표시함
    예) 불검출(<1%), 1%, 2%, 3%, 10%, 15%, 20%

⟨편광현미경법에 의한 미지시료의 결과⟩

| 시료번호 | 정성결과 | 정량결과(area%) |
|---|---|---|
| 시료 1 | 백석면 | 20 |
| | 청석면 | 5 |
| | 갈석면 | 3 |
| | 직섬석 | 2 |
| | 투섬석 | 1 |
| | 녹섬석 | 불검출(<1%) |

② 무게차 평가 경우
  ㉠ 다음 표의 양식과 같이 측정값을 기록하여 **석면농도(%)**를 무게단위로 나타냄
  ㉡ **석면농도(무게%)는 소수점 첫째 자리까지 나타냄**
  ㉢ **1.0% 미만은 불검출로 표현함**
  예 불검출(<1.0%), 1.0%, 2.0%, 10.0%, 15.0%, 20.0%

⟨무게차 측정법 기입 항목⟩

| 항목 | 측정값 | 비고 |
|---|---|---|
| $W_1$ | | 초기 시료무게 |
| $W_2$ | | 초기 용기무게 |
| $W_3$ | | 회화 후 용기무게 |
| $F_1$ | | 산 처리 초기 시료무게 |
| $F_2$ | | 초기 여과지 무게 |
| $F_3$ | | 산 처리 후 여과지 무게 |
| $F_4$ | | 산 처리 후 석면 무게 |
| $A_1 = \dfrac{(W_3 - W_2)}{W_1} \times 100$ | | 회화 잔여물(wt%) |
| $A_2 = \dfrac{(F_3 - F_2)}{F_1} \times 100$ | | 산 처리 잔여물(wt%) |
| $A_3 = \dfrac{F_4}{(F_3 - F_2)} \times 100$ | | 산 처리 잔여물 내 석면(wt%) |
| $C = (A_2 \times A_3 \div 100) \times A_1 \div 100$ | | 시료 중 석면 함량(wt%) |

※ wt%=무게%

# [석면-X선 회절기법]

## 01 개요

### (1) 목적
석면의 특정한 회절 피크의 특성을 관찰하여 정성 및 정량분석을 하기 위한 것이다.

### (2) 적용범위
① 고형폐기물을 포함한 건축자재의 분석
② 유기, 무기성분의 조합으로 된 모든 석면함유물질에서 석면 유무를 판단
③ 정량범위 : 0.1~100.0wt%

### (3) 간섭물질
① 클로라이트(Chlorite), 세피오라이트(Sepiolite), 석고(Gypsum), 섬유소(Cellulose), 탄산염(Carbonates), 탄산칼슘($CaCO_3$), 활석(Talc) 등의 간섭물질이 있는 경우 회화, 염산, 용매 처리방법을 선택하여 간섭물질을 제거한다.
② 안티고라이트(Antigorite), 리자다이트(Lizardite)는 백석면(Chrysotile), 할로이사이트(Halloysite), 카올리나이트(Kaolinite)는 갈석면(Amosite)와 동일한 X선 회절피크를 가지고 있는 물질이므로 확인이 필요하다.

## 02 용어 정의

### (1) 연속 주사(Continuous scan)
입력된 주사속도에 맞춰 카운터가 움직이면서 회절강도를 계수하는 방법이다.

### (2) 단속 주사(Step scan)
정해진 각도 위치마다 카운터가 고정되어 몇 초 내지는 몇십 초 동안 회절강도를 측정하는 방법이다.

## 03 분석기기 및 기구

### (1) X선 회절기 *중요내용*

① 전류전압안정기
② 주사모드(Scan mode) : 속도, 범위 조절 가능
③ X선 튜브 : 구리 타겟(Copper target), 1~3kW
④ 고니오미터(Goniometer) : 광학계, 필터, 단색화 장치로 구성
⑤ X선 검출기 : Xe, Kr, Ar 등을 이용한 계수관(Counter)
⑥ 자료 출력 장치 : 그림과 문자 출력 지원 가능
⑦ 시료 회전 장치 : 시료 5개 이상 설치 가능
⑧ 기기교정 표준시편

### (2) 기구

① 플라스틱 용기 : 폴리프로필렌 또는 폴리에틸렌 재질의 백 또는 병
② 분쇄기 : 냉동분쇄가 가능한 것
③ 체(Sieve) : 100$\mu$m, 10$\mu$m
④ 분석용 저울 : 0.01mg까지 측정 가능
⑤ 전기로 : 실온~500℃
⑥ 삼각플라스크(마개) 또는 비커(시계접시) : 50~100mL
⑦ 초음파 욕조 : 5L 이상
⑧ 자력교반기 : 50~300rpm 이상
⑨ 가열기 : 실온~150℃
⑩ 여과지 : 직경 25mm, 기공크기 0.45$\mu$m, 재질은 은(Silver) 또는 유리
⑪ 여과장치 : 25mm 여과지 홀더용
⑫ 데시케이터 : 실리카겔용

## 04 시약 및 표준용액

### (1) 시약

① 2-프로판올(2-propanol, $C_3H_7OH$, 분자량 : 60.10)
② 계면활성제
③ 염산(HCl, 분자량 : 36.46)

(2) 표준용액(표준시료)

백석면(Chrysotile), 청석면(Crocidolite), 갈석면(Amosite) 등의 순도 있는 시판용 표준시료

## 05 시료채취 및 관리

[석면 – 편광현미경법] 내용과 동일함

## 06 정도보증/정도관리(QA/QC)

(1) 교육

(2) 실험기기, 기구 및 시약의 관리

① 실험기기의 관리
  ㉠ X선 회절기의 유지 관리를 위한 지정 담당자를 선정하여 운영하여야 함
  ㉡ 최소 1년 단위로 부속품에 대한 점검을 실시하고 필요시 전문 서비스를 받아야 함
② 실험기구의 관리
  ㉠ 석면분석에 사용하는 모든 분석기구, 분석장비에 대한 오염 여부를 항상 점검함
  ㉡ 특히, 분쇄기구나 여과장치는 사용 전후에 대한 관리절차를 마련하여 이행함
③ 실험 시약의 관리
  ㉠ 실험에 사용되는 전처리 시약이나 여과지 등은 오염되지 않도록 관리함
  ㉡ 사용하는 소모품에 대해서는 최소 6개월 단위로 점검하여 구비해 둠

(3) 내부 정도관리

① 정성분석
  ㉠ 석면분석자는 X선 회절기를 사용하여 백석면, 갈석면, 청석면의 종류를 정확히 구분할 수 있어야 함
  ㉡ 표준시료를 최소 1년 주기로 점검하여 분석 장비의 상태를 확인함
② 정량분석
  석면분석자는 X선 회절기를 사용하여 석면에 대한 감도를 최소 1년 주기로 점검하여 분석 장비의 상태를 확인한다.

(4) 외부 정도관리

분석능력을 확인하고 검증하여 분석역량을 유지 개발한다.

## 07 분석절차

### (1) 시료의 조제

① 시료의 건조
  〔석면 – 편광현미경법〕 ① 건조 항목 내용과 동일함

② 시료의 균일화 〔중요내용〕
  분쇄장치로 분쇄할 수 있는 크기로 절단하거나 파쇄한다.
  ㉠ 정성분석용
    ⓐ 시료의 입자크기를 100μm 이하로 분쇄
    ⓑ 상온에서 분쇄가 어려울 경우에는 액체질소로 냉각하여 분쇄
  ㉡ 정량분석용
    ⓐ 시료의 입자크기를 10μm 이하로 분쇄
    ⓑ 상온에서 분쇄가 어려울 경우에는 액체질소로 냉각하여 분쇄

### (2) 전처리

채취한 시료에는 보통 셀룰로오스나 유기성 접착제와 같은 유기물과 탄산칼슘, 석고, 방해석, 마그네사이트와 같은 무기물 등이 혼합되어 있는 시료는 분석할 때 방해물질로 작용하여 실험 오차의 원인이 될 수 있다. 따라서 경우에 따라 이런 방해물질을 제거하기 위해 회화나 산처리의 전처리를 한 다음 실험한다.

① 회화처리
  ㉠ 시료를 정확히 일정량 취하여 도가니에 넣음
  ㉡ 시료가 담긴 도가니에 덮개를 덮고 전기로에서 300℃에서 2시간 가열한 후 온도를 올려 450℃에서 1시간 이상 회화함
  ㉢ 회화가 끝난 후 전기로에서 도가니를 꺼내고 데시케이터에서 실온으로 냉각시킴

  ※ 주의점 〔중요내용〕
    • 가열온도가 500℃ 이상 되지 않고 총 가열시간이 6시간 이상이 되지 않도록 한다.
    • 회화는 HEPA 필터 설치된 후드 안의 전기로에서 수행한다.

② 염산처리
  ㉠ 시료 0.5g 이하를 취해 100~250mL 비커에 담고 염산(1+3) 20mL 또는 진한 염산 5mL를 첨가하여 시계접시로 덮고 5분간 교반함
  ㉡ 반응이 완결되지 않은 것으로 판단할 경우 5~10분간 더 교반하여 반응시킴
  ㉢ 세척과정
    반응 후 잔류물을 한번에 증류수 10mL로 3번 이상 세척한다. 이때, 부유물이 많거나 분석할 시료의 손실이 많을 것이라고 판단하면 다음의 감압여과 또는 원심분리 과정으로 세척함
      ⓐ 감압여과 : 미리 무게를 잰 여과지를 여과장치에 설치하고 산 처리한 용액을 붓고 감압

하고 한 번에 증류수 10mL로 3번 이상 세척함
ⓑ 원심분리 : 3,000~4,000rpm에서 10~20분간 원심분리한 후 상층액을 제거하고 한번에 증류수 10mL로 3번 이상 세척함

③ 유기용매 처리

〔석면 – 편광현미경법〕ⓒ 유기용매처리 내용과 동일함(단, ⓔ, ⓕ항은 제외)

## (3) 정성분석

① 정성용 주사속도는 기기종류와 회사에 따라 다를 수 있다.
② 편광현미경 정성결과를 우선한다.

## (4) 정량분석(주의점)

### ① 시료채취(주의점)
㉠ 열판을 사용할 경우에는 교반용 자석을 플라스크에 넣는다.
㉡ 증류수로 세척하면 수용성 매질방해물이 제거될 수 있다. 시료가 휘저어지지 않도록 최대한 주의를 기울인다.
㉢ 편광현미경이나 X선 회절기 정성분석으로 방해물이 없는 반사판을 선택한다.
㉣ 정량용 주사속도는 기기종류와 회사에 따라 다를 수 있다.
㉤ 유리 여과지를 사용할 경우에는 별도의 보정판을 사용한다.

### ② 검정곡선(주의점)
㉠ 바탕시료를 위해 빈 삼각플라스크를 준비하고 시료와 같은 과정을 수행한다.
㉡ 표준시료는 입자크기의 영향이 크므로, 분말로 만들 경우 습식 체(Sieve)가 필요할 수 있다. 건조기에서 110℃를 유지하며 4시간 이상 건조하고 데시케이터에 저장한다.
㉢ 증류수로 세척하면 수용성 매질방해물이 제거될 수 있다. 시료가 휘저어지지 않도록 최대한 주의를 기울인다.
㉣ 검정곡선은 선형이어야 하며, $R^2$=0.99 이상의 값을 가져야 한다.

### ③ 함량계산(주의점)
㉠ 절편 값이 음의 큰 값을 가지면 바탕값 계산에 잘못이 있음을 의미한다. 이 경우는 바탕값 측정을 부정확하게 했거나 바탕값을 측정할 때 다른 상의 방해로 인해 나타난다.
㉡ 큰 양의 절편 값은 바탕값 계산이 잘못되었거나 불순물이 있음을 의미한다.

## 08 결과보고

(1) X선 회절 분석기를 이용하여 석면 종류에 따른 $2\theta$ 회절 피크 값을 기록하여 정성분석을 한다.

(2) 정성 확인 후 정량분석용 시료 제작은 한 분석 시료당 3개를 제작하여 측정하고, 평균값을 물질별로 석면농도(무게%)를 소수점 첫째 자리까지 표시하여 기록한다.

(3) 0.1% 미만은 불검출로 표시한다.

# [자외선/가시선 분광법]

## 01 원리 및 적용범위

이 시험방법은 시료물질이나 시료물질의 용액 또는 여기에 적당한 시약을 넣어 발색(發色)시킨 용액의 흡광도를 측정하여 시료 중의 목적성분을 정량하는 방법으로 파장 200~900nm에서의 액체의 흡광도를 측정함으로써 수중의 각종 오염물질 분석에 적용한다.

## 02 개요

(1) 광원으로 나오는 빛을 단색화장치(Monochrometer) 또는 필터(Filter)에 의하여 좁은 파장범위의 빛만을 선택하여 액층을 통과시킨 다음 광전측광으로 흡광도를 측정하여 목적성분의 농도를 정량하는 방법이다.

(2) **램버트 비어(Lambert-Beer)의 법칙** <sup>*중요내용*</sup>

강도 $I_o$인 단색광속이 그림과 같이 농도 $c$, 길이 $l$인 용액층을 통과하면 이 용액에 빛이 흡수되어 입사광의 강도가 감소한다.

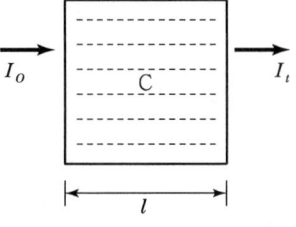

[흡광광도 분석방법 원리도]

$$I_t = I_o \cdot 10^{-\varepsilon cl}$$

여기서, $I_o$ : 입사광의 강도  $I_t$ : 투사광의 강도
$c$ : 농도  $l$ : 빛의 투과거리
$\varepsilon$ : 비례상수로서 흡광계수라 하고, $c=1\,\text{mol}$, $l=10\,\text{mn}$일 때의 $\varepsilon$의 값을 몰흡광 계수라 하며 $K$로 표시한다.

(3) 흡광도($A$) *중요내용*

흡광도는 투과도를 그 역수의 상용대수로 나타낸다.

$$A = \log\frac{1}{t}, \text{ 여기서, } t = \frac{I_t}{I_o}(\text{투과도}), \ A = \varepsilon cl$$

### 필수문제

**01** 강도 $I_o$의 단색광이 발생용액을 통과할 때 그 빛의 30%가 흡수되었다면 흡광도는?

풀이
흡광도 $= \log\dfrac{1}{\text{투과도}} = \log\dfrac{1}{(1-0.3)} = 0.155$

### 필수문제

**02** 발색용액의 흡광도를 10mm 셀을 사용하여 측정한 결과 흡광도는 0.8이었다. 이 정색액에 5mm의 셀을 사용한다면 흡광도는?

풀이
흡광도와 셀의 길이는 비례($A = \varepsilon cl$)
10mm : 0.8 = 5mm : 흡광도
흡광도 $= \dfrac{0.8 \times 5\text{mm}}{10\text{mm}} = 0.4$

# 03 장치

## (1) 장치의 구성 *중요내용*

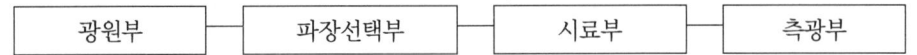

광원부 — 파장선택부 — 시료부 — 측광부

## (2) 광원부 *중요내용*

① 가시부와 근적외부 광원 : 텅스텐램프
② 자외부 광원 : 중수소 방전관

## (3) 파장선택부 *중요내용*

① 단색화장치
   ㉠ 프리즘, 회절격자 또는 두 가지를 조합시킨 것을 사용
   ㉡ 단색광을 내기 위해서 슬릿(Slit)을 부속시킴
② 필터
   ㉠ 색유리 필터
   ㉡ 젤라틴 필터
   ㉢ 간접필터

## (4) 시료부

① 시료액을 넣은 흡수셀(시료셀)
② 대조액을 넣은 흡수셀(대조셀)
③ 셀홀더(셀을 보호하기 위함)
④ 시료실

## (5) 측광부 *중요내용*

① 자외 내지 가시파장 범위 : 광전관, 광전자 증배관
② 근적외 파장 범위 : 광전도셀
③ 가시파장 범위 : 광전지
④ 지시계 : 투과율, 흡광도, 농도 또는 이를 조합한 눈금이 있고 숫자로 표시되는 것도 있음
⑤ 기록계 : 투과율, 흡광도, 농도 등을 자동기록

## (6) 광전분광광도계 *중요내용*

① 파장선택부에 단색화장치를 사용한 장치로 구조에 따라 단광속형과 복광속형이 있고 복광속형에는 흡수스펙트럼을 자동기록할 수 있는 것도 있다.

② 광전분광광도계에는 미분측광, 2파장측광, 시차측광이 가능한 것도 있다.

### (7) 광전광도계 *중요내용*

파장 선택부에 필터를 사용한 장치로 단광속형이 많고 비교적 구조가 간단하여 작업분석용에 적당하다.

### (8) 흡수셀

① 흡수셀은 일반적으로 4각형 또는 시험관형의 것을 사용한다.
② 보통형 흡수셀

(단위 : mm)

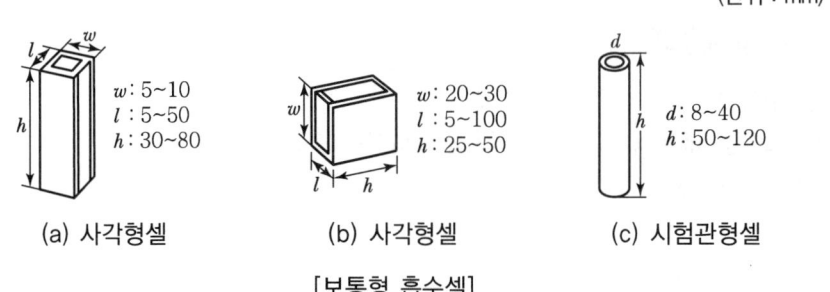

(a) 사각형셀  (b) 사각형셀  (c) 시험관형셀

[보통형 흡수셀]

③ 특수형 흡수셀

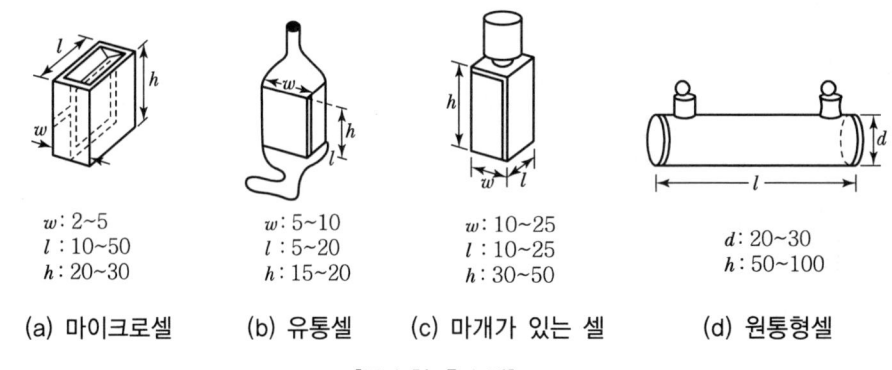

(a) 마이크로셀  (b) 유통셀  (c) 마개가 있는 셀  (d) 원통형셀

[특수형 흡수셀]

(a) : 액량 1 mL 이하 액층의 길이 10mm 이상의 것에 사용
(b) : 시료액을 흘려보내면서 그 농도를 측정할 때 사용
(c) : 휘발성 시료액을 넣었을 때 마개가 있는 것에 사용
(d) : 액층의 길이가 50mm 이상으로 저농도 시료를 측정할 때 사용

④ 흡수셀 재질 *중요내용*
  ㉠ 가시 및 근적외부 파장범위 : 유리제
  ㉡ 자외부 파장범위 : 석영제
  ㉢ 근적외부 파장범위 : 플라스틱제

## (9) 장치의 보정

① 파장눈금의 보정

〈파장눈금의 교정〉

| 광원의 종류 | 사용하는 휘선스펙트럼의 파장(nm) | |
|---|---|---|
| 수소방전관 | 486.13 | 656.28 |
| 중수소방전관 | 486.00 | 656.10 |
| 석영저압수은 | 253.65 | 365.01 |
| 방전관 | 435.88 | 546.07 |

㉠ 자동기록식 광전분광광도계의 파장교정은 홀뮴(Holmium)유리의 흡수스펙트럼을 이용한다. *중요내용*

㉡ 파장을 교정할 때 주사속도가 너무 크면 흡수 봉우리의 파장이 달라지는 수가 있으므로 적당한 속도로 주사해야 한다.

㉢ 홀뮴유리나 간섭필터를 사용하여 파장을 교정할 때도 파장폭이 너무 크면 파장이 달라지는 수가 있으므로 주의해야 한다.

② 흡광도 눈금의 보정 *중요내용*

㉠ 110℃에서 3시간 이상 건조한 중크롬산 칼륨(1급 이상)을 N/20 수산화포타슘(수산화칼륨)(KOH) 용액에 녹여 다이크롬산포타슘(중크롬산용액)($K_2Cr_2O_7$)을 만든다.

㉡ 농도는 시약의 순도를 고려하여 $K_2Cr_2O_7$으로서 0.0303g/L가 되도록 한다.

㉢ 이 용액의 일부를 신속하게 10.0mm 흡수셀에 취하고 25℃에서 1nm 이하의 파장폭에서 흡광도를 측정한다.

③ 미광(Stray Light)의 유무조사
커트필터를 사용하여 미광의 유무 조사

〈광원 또는 광전측광검출기의 사용파장 한계〉 *중요내용*

| 파장역(nm) | 한계파장이 생기는 이유 |
|---|---|
| 200~220 | 검출기 또는 수은방전관, 중수소방전관의 단파장 사용한계 |
| 300~330 | 텅스텐램프의 단파장 사용한계 |
| 700~800 | 광전자 증배관의 장파장 사용한계 |

## 04 측정

### (1) 장치의 실내 설치 구비 조건
① 전원의 전압 및 주파수의 변동이 적을 것
② 직사광선을 받지 않을 것
③ 습도가 높지 않고 온도변화가 적을 것
④ 부식성 가스나 먼지가 없을 것
⑤ 진동이 없을 것

### (2) 흡수셀의 준비
① **시료액의 흡수파장이 약 370nm 이상 : 석영 또는 경질유리 흡수셀** *중요내용*
② **시료액의 흡수파장이 약 370nm 이하 : 석영흡수셀** *중요내용*
③ 따로 흡수셀의 길이(L)를 지정하지 않았을 때는 10mm 셀을 사용한다.
④ 시료셀에는 시험용액을, 대조셀에는 따로 규정이 없는 한 증류수를 넣는다.
⑤ 흡수셀의 세척방법 *중요내용*
  ㉠ 탄산소듐(2W/V%)에 소량의 음이온 계면활성제(보기 : 액상 합성세제)를 가한 용액에 흡수셀을 담가 놓고 필요하면 40~50℃로 약 10분간 가열한다. 흡수셀을 꺼내 물로 씻은 후 질산(1+5)에 소량의 과산화수소를 가한 용액에 약 30분간 담가 놓았다가 꺼내어 물로 잘 씻는다. 깨끗한 가제나 흡수지 위에 거꾸로 놓아 물기를 제거하고 실리카겔을 넣은 데시케이터 중에서 건조하여 보존한다.
  ㉡ 급히 사용하고자 할 때는 물기를 제거한 후 에틸알코올로 씻고 다시 에틸에테르로 씻은 다음 드라이어(Dryer)로 건조해도 무방하다.
  ㉢ 또 빈번하게 사용할 때는 물로 잘 씻은 다음 증류수를 넣은 용기에 담가 두어도 무방하다.
  ㉣ 질산과 과산화수소의 혼액 대신에 새로 만든 크롬산과 황산용액에 약 1시간 담근 다음 흡수셀을 꺼내어 물로 충분히 씻어내도 무방하다. 그러나 이 방법은 크롬의 정량이나 자외역 측정을 목적으로 할 때 또는 접착하여 만든 셀에는 사용하지 않은 것이 좋다.
  ㉤ 세척 후에는 지문이 묻지 않도록 주의하고 빛이 통과하는 면에는 손이 직접 닿지 않도록 해야 한다.

### (3) 흡광도측정준비
① 측정파장에 따라 필요한 광원과 광전측광 검출기를 선정한다.
② 전원을 넣고 잠시 방치하여 장치를 안정시킨 후 감도와 영점(Zero)을 조절한다.
③ 단색화장치나 필터를 이용하여 지정된 측정파장을 선택한다.

### (4) 흡광도의 측정 순서

① 눈금판의 지시가 안정되어 있는지 확인한다. 〔중요내용〕
② 대조셀을 광로에 넣고 광원으로부터의 광속을 차단하고 영점을 맞춘다.
③ 광원으로부터 광속을 통하여 눈금 100에 맞춘다.
④ 시료셀을 광로에 넣고 눈금판의 지시치를 흡광도 또는 투과율로 읽는다. 투과율로 읽을 때는 나중에 흡광도로 환산해 주어야 한다.
⑤ 필요하면 대조셀을 광로에 바꿔넣고 영점과 100에 변화가 없는지 확인한다.
⑥ 위 ②, ③, ④의 조작 대신에 농도를 알고 있는 표준액 계열을 사용하여 각각의 눈금에 맞추는 방법도 무방하다.

### (5) 흡수곡선의 측정

① 필요한 파장범위에 대해서 10nm마다의 흡광도를 측정하여 횡측(가로)에 파장을, 종축(세로)에 흡광도를 표시하고 그래프용지에 양자의 관계곡선을 작성하여 흡수곡선을 만든다.
② 흡수 최대치(Peak) 부근에서는 파장간격을 1~5nm까지 좁게 하여 흡광도를 측정하는 것이 좋다.
③ 흡광도의 변화가 적은 파장에서는 파장간격을 적당히 넓게 하여도 상관없다. 이때 흡광도 대신에 투과율을 종축에 표시해도 된다.
④ 흡수곡선을 작성하는 데는 자기분광광전광도계를 사용하는 것이 편리하다.

## 05 정량방법

### (1) 검량곡선의 작성

① 검량곡선은 표준용액의 여러가지 농도에 대하여 적당한 대조액을 사용하며 흡광도를 측정하고 표준용액의 농도를 횡측, 흡광도를 종축에 취하여 그래프 용지 위에 양자의 관계선을 구하여 작성한다.
② 검량곡선은 거의 직선을 나타내는 범위 내에서 사용하는 것이 좋다.
③ 시약이 바뀌거나 시험자가 바뀔 때에는 검량곡선을 다시 작성하는 것이 좋다.
④ 투과율을 측정하여 흡광도로 환산하지 않고 검량곡선을 작성할 때는 편대수 그래프 용지를 사용하여 대수축에 투과율을 취하여 검량선을 작성한다.
⑤ **표준용액**
  ㉠ 분석하려는 성분의 순물질 또는 일정농도의 표준용액을 단계적으로 취하여 규정된 방법에 따라 표준용액 계열을 만든다.
  ㉡ 표준용액 농도는 시험용액 중의 분석하려는 성분의 추정농도와 거의 같은 농도범위로 한다.

⑥ 대조액

일반적으로 용매를 사용하며 분석하려는 성분이 들어 있지 않은 같은 종류의 시료를 사용하여 규정된 방법에 따라 제조한다.

## (2) 측정조건의 검토 *중요내용*

① 측정파장은 원칙적으로 최고의 흡광도가 얻어질 수 있는 최대 흡수파장을 선정한다. 단, 방해성분의 영향, 재현성 및 안정성 등을 고려하여 차선(次善)의 측정파장 또는 필터를 선정하는 수도 있다.
② 대조액은 용매, 바탕시험액 기타 적당한 용액을 선정한다.
③ 측정된 흡광도는 되도록 0.2~0.8의 범위에 들도록 시험용액의 농도 및 흡수셀의 길이를 선정한다.
④ 부득이 흡광도를 0.1 미만에서 측정할 때는 눈금 확대기를 사용하는 것이 좋다.

## (3) 정량조작

① 피검액을 메스플라스크 같은 용기에 달아 넣는다.
② 발색시약, 산, 알칼리, 완충액, 마스킹제, 안정제 등 각각 규정된 순서에 따라 가한다.
③ 충분한 발색이 되도록 필요하면 가열 또는 방치한다.
④ 용매를 가하여 일정용적으로 희석한다.
⑤ 광도계의 측정파장 또는 필터, 슬릿의 폭, 흡수셀 등을 규정한 방법에 따라 조절 또는 준비한다.
⑥ 발색액의 일부를 흡수셀에 넣어 흡광도를 측정한다.
⑦ 측정한 흡광도를 작성한 검량선과 비교하여 목적하는 성분의 농도를 구한다.

※ 비고 : 시료 중의 목적성분 농도가 낮을 때는 발색액에 잘 녹지 않는 피검성분을 다시 잘 녹는 용매로 추출하여 흡광도를 측정하고 농도를 구해도 무방하다.

# [시안 – 자외선/가시선 분광법]

## 01 개요

### (1) 목적

① **측정금속류** : 시안화합물

② **분석** *중요내용*

시료를 pH 2 이하의 산성으로 조절한 후에 에틸렌다이아민테트라아세트산나트륨을 넣고 가열 증류하여 시안화합물을 시안화수소로 유출시켜 수산화나트륨용액을 포집한 다음 중화하고 클로라민-T와 피리딘·피라졸론 혼합액을 넣어 나타나는 청색을 620nm에서 측정하는 방법이다.

### (2) 적용범위

① 시안화물 및 시안착화합물의 분석에 적용한다.
② 각 시안화합물의 종류를 구분하여 정량할 수 없다.
③ 정량한계 : 0.01mg/L

### (3) 간섭물질 *중요내용*

① 시안화합물 측정 시 방해물질들은 증류하면 대부분 제거된다.
(다량의 지방성분, 잔류염소, 황화합물은 시안화합물 분석 시 간섭할 수 있음)
② 다량의 지방성분 함유 시료
아세트산 또는 수산화나트륨용액으로 pH 6~7로 조절한 후 시료의 약 2%에 해당하는 부피의 노말헥산 또는 클로로폼을 넣어 추출하여 유기물층은 버리고 수층을 분리하여 사용한다.
③ 황화합물이 함유된 시료
아세트산아연용액(10W/V%) 2mL를 넣어 제거한다. 이 용액 1mL는 황화물이온 약 14mg에 해당된다.
④ 잔류염소가 함유된 시료
잔류염소 20mg당 L-아스코빈산(10W/V%) 0.6mL 또는 이산화비소산나트륨용액(10W/V%) 0.7mL를 넣어 제거한다.

## 02 분석기기 및 기구

### (1) 자외선/가시선 분광광도계 *중요내용*

① 구성
광원부, 파장선택부, 시료부, 측광부
② 흡광도 측정
빛 경로길이가 1cm 이상 되며, 620nm의 파장에서 흡광도의 측정이 가능하여야 한다.

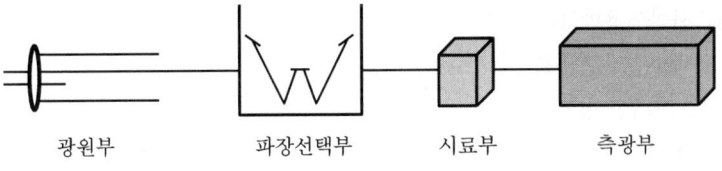

[자외선/가시선 분광광도계]

## (2) 시안증류장치 [중요내용]

시안증류장치를 이용하여 시료를 전처리한다.

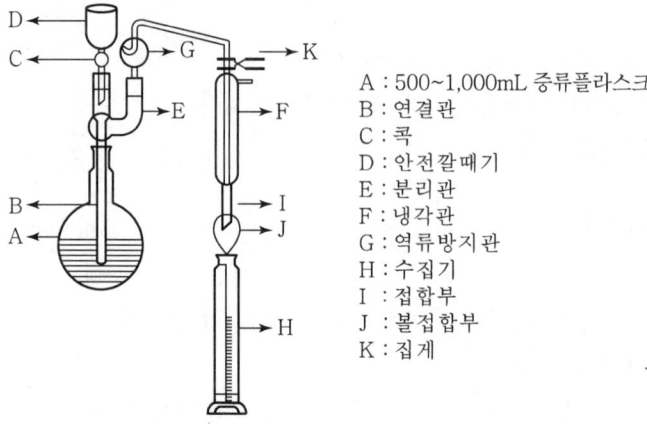

A : 500~1,000mL 증류플라스크
B : 연결관
C : 콕
D : 안전깔때기
E : 분리관
F : 냉각관
G : 역류방지관
H : 수집기
I : 접합부
J : 볼접합부
K : 집게

[시안증류장치]

# 03 시안 및 표준용액

## (1) 시약

① 페놀프탈레인에틸알코올용액(0.5W/V%)
② 아세트산용액(1+8)
③ 인산염완충용액
④ 클로라민-T용액(1W/V%) : 시안 이온을 염화시안으로 하기 위해 사용
⑤ 피리딘·피라졸론혼합액
⑥ 인산
⑦ 수산화나트륨용액(2W/V%)
⑧ 설퍼민산암모늄용액(10W/V%)
⑨ 에틸렌다이아민테트리아세트산이나트륨용액(시안실험용)
⑩ 수산화나트륨용액(1M)
⑪ 아세트산아연용액(10W/V%)
⑫ 이산화비소산나트륨용액(10W/V%)
⑬ L-아스코르빈산(10W/V%)
⑭ 질산은용액(0.1M)

### (2) 표준용액

① 시안표준원액(약 1,000mg/L)

㉠ 농도결정

$$\text{시안}(mg/L) = a \times f \times 52.04$$

여기서, $a$ : 질산은용액(0.1M) 소비량(mL)
$f$ : 질산은용액(0.1M)의 농도계수

㉡ 질산은용액(0.1M)의 농도계수 결정
질산은 17.0g에 정제수를 넣어 녹여 1L로 하고 표정함

## 04 시료채취 및 관리 〔중요내용〕

(1) 시료는 미리 세척한 유리 또는 폴리에틸렌 용기에 채취한다.

(2) 시료는 수산화나트륨용액을 가하여 pH 12 이상으로 조절하여 냉암소에서 보관한다.

(3) 최대 보관시간은 24시간이며 가능한 한 즉시 실험한다.

## 05 정도보증/정도관리(QA/QC)

### (1) 방법검출한계 및 정량한계 〔중요내용〕

① 시안이 함유하고 있지 않은 것으로 확인된 폐기물 일정 양에 정량한계 부근의 농도를 첨가한 시료 7개를 준비, 측정하여 표준편차를 구한다.
② 방법검출한계 : 표준편차×3.14
③ 정량한계 : 표준편차×10
④ 정량한계 : 0.01mg/L

### (2) 방법바탕시료의 측정

① 시료군마다 1개의 방법바탕시료를 측정한다.
② 방법바탕시료는 정제수를 사용하여 전처리, 측정하며 측정값은 방법검출한계 이하이어야 한다.

### (3) 검정곡선의 작성 및 검증

정량범위 내의 3개 이상의 농도에 대해 검정곡선을 작성하고 얻어진 검정곡선의 결정계수($R^2$)가 0.98 이상이어야 하며 허용범위를 벗어나면 재작성하도록 한다.

### (4) 정밀도 및 정확도

① 시안 표준용액을 정량한계 농도의 10배가 되도록 동일하게 표준물질을 첨가한 시료를 4개 이상 준비하여, 평균값과 표준편차를 구한다.
② 정확도는 첨가한 표준물질의 농도에 대한 측정 평균값의 상대 백분율로서 나타내며, 그 값은 75~125% 이내이어야 한다.
③ 정밀도는 측정값의 % 상대표준편차(RSD)로 계산하며 측정값이 25% 이내이어야 한다.

## 06 분석방법(피리딘-피라졸론법)

(1) 전처리한 시료 20mL를 정확히 취하여 50mL 부피플라스크에 넣고 지시약으로 페놀프탈레인·에틸알코올용액(0.5W/V%) 1방울을 넣어 조심하여 흔들어 주면서 용액의 적색이 없어질 때까지 아세트산(1+8)을 넣는다.(약 1mL 소요)

(2) 바탕시험액을 대조용액으로 하여 620nm에서 시료용액의 흡광도를 측정하고 미리 작성한 검정곡선식으로부터 시안의 양(mg)을 계산한다.

## 07 결과보고

### (1) 농도계산

$$\text{시안의 농도(mg/L)} = A_s \times \frac{V_1}{V_0} \times \frac{1{,}000}{V_d}$$

여기서, $A_s$ : 검정곡선에서 얻은 시안의 양(mg)
$V_0$ : 전처리에 사용된 시료량(mL)
$V_1$ : 전처리 후 표선 맞춘 시료량(mL)
$V_d$ : 사용한 액상 폐기물의 부피(mL)

## 08 정도관리 목표값

| 정도관리 항목 | 정도관리 목표 |
|---|---|
| 정량한계 | 0.01mg/L |
| 검정곡선 | 결정계수($R^2 \geq 0.98$) |
| 정밀도 | 상대표준편차가 25% 이내 |
| 정확도 | 75~125% |

# [시안 – 이온전극법]

## 01 개요

### (1) 목적

① 측정금속 : 시안

② 분석

액상폐기물과 고상폐기물을 pH 12~13의 알칼리성으로 조절한 후 시안 이온전극과 비교전극을 사용하여 전위를 측정하고 그 전위차로부터 시안을 정량하는 방법이다.

### (2) 적용범위

① 액상폐기물, 반고상폐기물 및 고상폐기물의 시안 측정에 적용한다.

② 정량한계 : 0.5mg/L

### (3) 간섭물질 : 〔시안 자외선/가시선 분광법〕 내용과 동일함

### (4) 이온전극법의 특성

① 측정범위

이온농도의 측정범위는 일반적으로 $10^{-1} \sim 10^{-4}$mol/L(또는 $10^{-7}$mol/L)이다.

② 이온강도

이온의 활량계수는 이온강도의 영향을 받아 변동되기 때문에 용액 중의 이온강도를 일정하게 유지해야 할 필요가 있다. 따라서 분석대상 이온과 반응하지 않고 전극전위에 영향을 일으키지 않는 염류를 이온강도 조절용 완충용액으로 첨가하여 시험한다.

③ pH
이온전극의 종류나 구조에 따라서 사용 가능한 pH의 범위가 있기 때문에 주의하여야 한다.

④ 온도
측정용액의 온도가 10℃ 상승하면 전위구배는 1가 이온이 약 2mV, 2가 이온이 약 1mV 변화한다. 그러므로 검량선 작성 시 표준용액의 온도와 시료용액의 온도는 항상 같아야 한다.

⑤ 교반
시료용액의 교반은 이온전극의 전극전위, 응답속도, 정향하한값에 영향을 나타낸다. 그러므로 측정에 방해되지 않는 범위 내에서 세게 일정한 속도로 교반해야 한다.

## 02 용어 정의

### (1) 이온전극 *중요내용

이온전극은 [이온전극 | 측정 용액 | 비교전극]의 측정계에서 측정대상 이온에 감응하여 네른스트식에 따라 이온 활동도에 비례하는 전위차를 나타낸다.

$$E = E_0 + \left[\frac{2.303\,RT}{zF}\right] \log A$$

여기서, $E$ : 측정 용액에서 이온전극과 비교전극 간에 생기는 전위차(mV)
  $E_0$ : 표준전위(mV)
  $R$ : 기체상수(8.314J/K·mol)
  $z$ : 이온전극에 대하여 전위의 발생에 관계하는 전자수(이온가)
  $F$ : 패러데이(Faraday) 상수(96,480C)
  $A$ : 이온 활동도(mol/L)

### (2) 기준전극

① 은-염화은의 칼로멜 전극 등으로 구성된 전극이다.
② pH 측정기에서 측정 전위값의 기준이 된다.

### (3) 유리전극(작용전극)

① 이온측정기에서 유리전극이다.
② 이온의 농도가 감지되는 전극이다.

## 03 분석기기 및 기구

장치의 기본 구성은 전위차계, 이온전극, 비교전극, 시료용기 및 자석교반기로 되어 있다.

### (1) 전위차계 **중요내용**

① 이온전극과 비교전극 간에 발생하는 전위차를 1mV 단위까지 읽을 수 있어야 한다.
② 고압력저항($10^{12}\Omega$ 이상)의 전위차계로서 pH-mV계, 이온전극용 전위차계 또는 이온농도계 등을 사용한다.

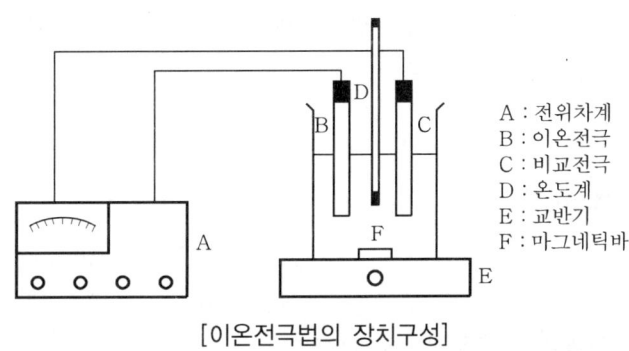

A : 전위차계
B : 이온전극
C : 비교전극
D : 온도계
E : 교반기
F : 마그네틱바

[이온전극법의 장치구성]

### (2) 시안 이온전극

① 이온전극은 분석대상 이온에 대한 고도의 선택성이 있고 이온농도에 비례하여 전위를 발생할 수 있는 전극으로 유리막 전극, 고체막 전극, 격막형 전극 등이 있다.
② 시안의 감응막은 $AgI^+$, $Ag_2S$, AgI로 구성되어 있다.

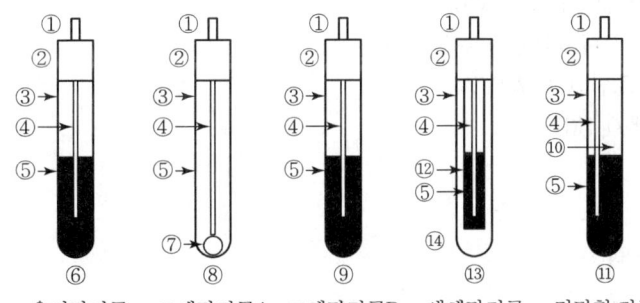

유리막전극  고체막전극A  고체막전극B  액체막전극  격막형 전극

1. 도선
2. 캡
3. 지지관(유리 또는 에폭시 수지)
4. 내부전극
5. 내부액
6. 유리막
7. 도전성 접착제
8. 고체막
9. 단결정막
10. 검지전극
11. 가스투과성막
12. 내부전극 지지관
13. 다공성막
14. 액상 이온교환체

[이온전극의 종류와 구조]

### (3) 비교전극

① 이온전극과 조합하여 이온농도에 대응하는 전위차를 나타낼 수 있는 것이어야 한다.
② 표준전위가 안정된 전극이 필요하다.
③ 주 사용 내부전극 ◀중요내용
   ㉠ 염화제일수은전극(칼로멜 전극)
   ㉡ 은-염화은전극

### (4) 자석교반기 또는 테플론으로 피복된 자석 바 사용

자석교반기는 회전에 의하여 열이 발생하여 액온에 변화가 일어나서는 안 되며, 회전속도가 일정하게 유지되는 것이어야 한다.

## 04 시약 및 표준용액

### (1) 시약

① 페놀프탈레인에틸알코올용액(0.5W/V%)
② 인산
③ 수산화나트륨용액(2W/V%)
④ 설퍼민산암모늄용액(10W/V%)
⑤ 에틸렌다이아민테트라아세트산이나트륨용액(시안실험용)
⑥ 수산화나트륨용액(1M)
⑦ 아세트산아연용액(10W/V%)
⑧ 이산화비소산나트륨용액(10W/V%)
⑨ L-아스코르빈산(10W/V%)
⑩ 질산은용액(0.1M)

### (2) 표준용액

① 시안표준원액
   ㉠ 농도 결정

$$시안(mg/L) = a \times f \times 52.04$$

   여기서, $a$ : 질산은용액(0.1M) 소비량(mL)
   $f$ : 질산은용액(0.1M)의 농도 계수

## 05 시료채취 및 관리 *중요내용*

(1) 시료는 미리 세척한 유리 또는 폴리에틸렌 용기에 채취함

(2) 시료는 수산화나트륨용액을 가하여 pH 12 이상으로 조절하여 냉암소에서 보관

(3) 최대 보관시간은 24시간이며 가능한 한 즉시 실험함

## 06 정도보증/정도관리(QA/QC)

방법검출한계, 정량한계, 정밀도 및 정확도는 연 1회 이상 산정하는 것을 원칙으로 한다.

### (1) 방법검출한계 및 정량한계 *중요내용*

① 시안이 함유하고 있지 않은 것으로 확인된 폐기물 일정 양에 정량한계 부근의 농도를 첨가한 시료 7개를 준비, 측정하여 표준편차를 구한다.
② 방법검출한계 : 표준편차×3.14
③ 정량한계 : 표준편차×10
④ 정량한계 : 0.5mg/L

### (2) 방법바탕시료의 측정

① 시료군마다 1개의 방법바탕시료를 측정한다.
② 방법바탕시료는 정제수를 사용, 전처리, 측정하며 측정값은 방법검출한계 이하이어야 한다.

### (3) 검정곡선의 작성 및 검증 *중요내용*

정량범위 내의 3개 이상의 농도에 대해 검정곡선을 작성하고 얻어진 검정곡선의 결정계수($R^2$)가 0.98 이상이어야 하며 허용범위를 벗어나면 재작성하도록 한다.

### (4) 정밀도 및 정확도 *중요내용*

① 시안 표준용액을 정량한계 농도의 10배가 되도록 동일하게 표준물질을 첨가한 시료를 4개 이상 준비하여, 평균값과 표준편차를 구한다.
② 정확도는 첨가한 표준물질의 농도에 대한 측정 평균값의 상대 백분율로서 나타내며, 그 값은 75~125% 이내이어야 한다.
③ 정밀도는 측정값의 % 상대표준편차(RSD)로 계산하며 측정값이 25% 이내이어야 한다.

## 07 분석절차

### (1) 전처리

액상 폐기물 시료 또는 용출용액 적당량(시안으로서 0.05mg 이하)을 취하여 500mL 증류플라스크에 넣고 정제수를 넣어 약 250mL로 한 다음 지시약으로 페놀프탈레인·에틸알코올용액(0.5W/V%)을 2~3방울 넣고 인산 또는 수산화나트륨용액(2%)을 사용하여 중화하고 시안증류장치를 조립한다.

※ 주의점
시안화물은 독성이 강하므로 후드나 배기시설이 잘 갖추어진 곳에서 주의깊게 다루어야 하며 피부에 접촉이나 호흡이나 섭취가 되지 않게 주의해야 한다.

### (2) 분석방법

① 전처리한 시료 100mL를 200mL 비커에 옮기고 시안이온전극과 비교전극을 담가 기포가 일어나지 않는 범위 내에서 일정한 속도로 세게 교반하여 전위가 안정될 때의 값을 측정한다.
② 미리 작성한 검정곡선으로부터 시안의 양(mg)을 계산한다.

※ 주의점
시료와 표준용액의 측정 시 온도차는 ±1℃이어야 하고, 교반속도가 일정하여야 한다. 액온이 1℃ 변화할 때에 약 1mV의 전위차가 변화하게 된다.

## 08 결과보고

### (1) 농도계산

$$\text{시안의 농도(mg/L)} = A_s \times \frac{V_1}{V_0} \times \frac{1{,}000}{V_d}$$

여기서, $A_s$ : 검정곡선에서 얻은 시안의 양(mg)
$V_0$ : 전처리에 사용된 시료량(mL)
$V_1$ : 전처리 후 표선 맞춘 시료량(mL)
$V_d$ : 사용한 액상 폐기물의 부피(mL)

## 09 정도관리 목표값 *중요내용*

| 정도관리 항목 | 정도관리 목표 |
|---|---|
| 정량한계 | 0.5mg/L |
| 검정곡선 | 결정계수($R^2$)≥0.98 or 감응계수(RF)의 상대표준편차≤10% |
| 정밀도 | 상대표준편차가 25% 이내 |
| 정확도 | 75~125% |

# [금속류]

## 01 목적

**(1) 분석 금속류**

① 구리　　　　② 납　　　　③ 비소
④ 수은　　　　⑤ 카드뮴　　⑥ 크롬
⑦ 6가크롬

**(2) 폐기물 중 금속류 측정의 주된 목적**

폐기물 중에 유해성 금속 성분에 대해 감시하고 관리하는 데 있다.

## 02 적용 가능한 실험 *중요내용*

(1) 원자흡수분광광도법 : 주 실험법

(2) 유도결합플라스마 - 원자발광분광법

(3) 자외선/가시선 분광법

## 03 금속류 분석에서의 일반적인 주의사항

(1) 금속의 미량분석에서는 유리기구, 정제수 및 여과지에서의 금속 오염을 방지하는 것이 중요하다.

(2) 사용하는 시약에서도 오염이 되므로 순수시약으로 사용되며 특히 산처리와 농축과정 중에 오염이 될 수 있으므로 바탕시험을 통해 오염 여부를 잘 평가해야 한다.

(3) 분석실험실은 일반적으로 산을 이용한 전처리 및 가열 농축과정에서 발생하는 유독기체를 배출시킬 수 있는 환기시설(후드) 등이 갖추어져 있어야 한다.

# [원자흡수분광광도법]

## 01 원리 및 적용범위

이 시험방법은 시료를 적당한 방법으로 해리시켜 중성원자로 증기화하여 생긴 기저상태(Ground State or Normal State)의 원자가 이 원자 증기층을 투과하는 특유파장의 빛을 흡수하는 현상을 이용하여 광전측광과 같은 개개의 특유 파장에 대한 흡광도를 측정하여 시료 중의 원소 농도를 정량하는 방법으로, 대기 또는 배출 가스 중의 유해 중금속, 기타 원소의 분석에 적용한다.

## 02 용어

(1) 역화(Flame Back)

불꽃의 연소속도가 크고 혼합기체의 분출속도가 작을 때 연소현상이 내부로 옮겨지는 것을 말한다.

(2) 원자흡광스펙트럼(Atomic Absorption Spectrum)

물질의 원자증기층을 빛이 통과할 때 각각 특유한 파장의 빛을 흡수한다. 이 빛을 분산하여 얻어지는 스펙트럼을 말한다.

(3) 공명선(Resonance Line)

원자가 외부로부터 빛을 흡수했다가 다시 먼저 상태로 돌아갈 때 방사하는 스펙트럼선을 말한다.

(4) 근접선(Neighbouring Line)

목적하는 스펙트럼선에 가까운 파장을 갖는 다른 스펙트럼선을 말한다.

(5) 중공음극램프(Hollow Cathode Lamp)

원자흡광분석의 광원이 되는 것으로 목적원소를 함유하는 중공음극 한 개 또는 그 이상을 저압의 네온과 함께 채운 방전관을 말한다.

(6) 다음극 중공음극램프(Multi-Cathod Hollow Cathode Lamp)

두 개 이상의 중공음극을 갖는 중공음극램프이다.

(7) 다원소 중공음극램프(Multi-Element Hollow Cathode Lamp)

한 개의 중공음극에 두 종류 이상의 목적원소를 함유하는 중공음극램프이다.

(8) 충전가스(Filler Gas)

중공음극램프에 채우는 가스이다.

(9) 소연료불꽃(Fuel-Lean Flame)

가연성 가스와 조연성 가스의 비를 적게 한 불꽃, 즉 가연성 가스/조연성 가스의 값을 적게 한 불꽃이다.

(10) 다연료 불꽃(Fuel-Rich Flame)

가연성 가스/조연성 가스의 값을 크게 한 불꽃이다.

(11) 분무기(Nebulizer Atomizer)

시료를 미세한 입자로 만들어 주기 위하여 분무하는 장치이다.

(12) 분무실(Nebulizer-Chamber, Atomizer Chamber)

분무기와 병용하여 분무된 시료용액의 미립자를 더욱 미세하게 해주는 한편, 큰 입자와 분리시키는 작용을 갖는 장치이다.

(13) 슬롯버너(Slot Burner, Fish Tail Burner)

가스의 분출구가 세극상으로 된 버너이다.

(14) 전체분무버너(Total Consumption Burner, Atomizer Burner)

시료용액을 빨아올려 미립자로 되게 하여 직접 불꽃 중으로 분무하여 원자증기화하는 방식의 버너이다.

(15) 예복합 버너(Premix Type Burner)

가연성 가스, 조연성 가스 및 시료를 분무실에서 혼합시켜 불꽃 중에 넣어 주는 방식의 버너이다.

(16) 선폭(Line Width)

스펙트럼선의 폭을 말한다.

(17) 선프로파일(Line Profile)

파장에 대한 스펙트럼선의 강도를 나타내는 곡선이다.

(18) 멀티 패스(Multi-Path)

불꽃 중에서의 광로를 길게 하고 흡수를 증대시키기 위하여 반사를 이용하여 불꽃 중에 빛을 여러 번 투과시키는 것을 말한다.

## 03 개요

(1) 원자증기화하여 생긴 기저상태의 원자가 그 원자증기층을 투과하는 특유 파장의 빛을 흡수하는 성질을 이용한 것이다.

(2) 흡광도($A$) *중요내용*

$$A = \log\left(\frac{I_{o\nu}}{I_\nu}\right), \ 투과율(T:\%) = \left(\frac{I_\nu}{I_{o\nu}}\right) \times 100$$

(3) 투과율($T$) *중요내용*

$$T(\%) = \left(\frac{I_\nu}{I_{o\nu}}\right) \times 100, \ A = E_{AA}Cl$$

여기서, $E_{AA}$ : 원자흡광률
$C$ : 시료 중 목적원자 농도
$l$ : 광원으로부터 반사되는 길이

(4) 원자흡광률은 목적원자마다 고유한 정수로 나타나므로 $l$이 결정되어 있을 때는 $A$를 측정하여 $C$를 구할 수가 있다.

# 04 장치

### (1) 장치의 개요

① 원자흡광 분석장치는 일반적으로 광원부, 시료원자화부, 파장선택부(분광부) 및 측광부로 구성되어 있고 단광속형과 복광속형이 있다. *중요내용*
② 여러 개 원소의 동시 분석이나 내표준법에 의한 분석을 목적으로 할 때는 구성요소를 여러 개 복합 멀티채널형의 장치도 있다.

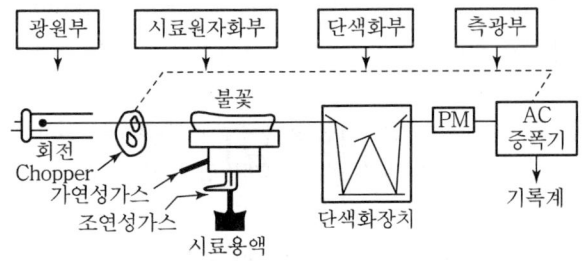

[원자흡광 분석장치의 구성]

### (2) 광원부

① 광원램프 *중요내용*
  ㉠ 중공음극램프
    ⓐ 원자흡광 스펙트럼선의 선폭보다 좁은 선폭을 갖고 휘도가 높은 스펙트럼을 방사하는 중공음극램프가 많이 사용된다.
    ⓑ 중공음극램프는 양극(+)과 중공원통상의 음극(-)을 저압의 희유가스 원소와 함께 유리 또는 석영제의 창판을 갖는 유리관 중에 봉입한 것으로 음극은 분석하려고 하는 목적의 단일원소, 목적원소를 함유하는 합금 또는 소결합금으로 만들어져 있다.
  ㉡ 열음극 및 방전램프, 방전램프
    나트륨(Na), 칼륨(K), 칼슘(Ca), 루비듐(Rb), 세슘(Cs), 카드뮴(Cd), 수은(Hg), 탈륨(Tl)과 같이 비점이 낮은 원소에서 사용된다.

② 램프점등장치
  ㉠ 중공음극램프를 동작시키는 방식에는 직류점등 방식과 교류점등 방식이 있다.
  ㉡ 직류점등 방식에서는 광원램프와 시료의 원자화부와의 사이에 빛의 단속기를 넣어 빛을 변조시키고 측광부에서는 변조된 교류 신호만을 검출 증폭하여 불꽃 자신이나 시료의 발광 등에 의한 영향을 제거하도록 하는 것이 보통이다.
  ㉢ 교류점등 방식은 광원의 빛 자체가 변조되어 있기 때문에 빛의 단속기(Chopper)는 필요하지 않다.
  ㉣ 직류 또는 교류점등 방식의 광원램프의 점등장치로서 구비조건
    ⓐ 전원회로는 전류 또는 전압이 일정한 것

ⓑ 램프의 전류값을 정밀하게 조정할 수 있는 것
ⓒ 램프의 수에 따라 필요한 만큼의 예비점등 회로를 갖는 것

### (3) 시료원자화부

① 시료원자화 장치
  ㉠ 시료를 원자증기화하기 위한 장치이다.
  ㉡ 시료를 원자화하는 일반적인 방법은 용액상태로 만든 시료를 불꽃 중에 분무하는 방법이며 플라스마 제트(Plasma Jet) 불꽃 또는 방전(Spark)을 이용하는 방법도 있다.
  ㉢ 고체시료를 흑연도가니 중에 넣어서 증발시키거나 음극 스퍼터링(Sputtering)에 의하여 원자화시키는 방법도 있다.
  ㉣ 버너
  버너는 크게 나누어 시료용액을 직접 불꽃 중으로 분무하여 원자화하는 전분무 버너와 시료용액을 일단 분무실 내에 불어넣고 미세한 입자만을 불꽃 중에 보내는 예혼합 버너가 있다.
  ㉤ 불꽃(가연성 가스와 조연성 가스의 조합) *중요내용
    ⓐ 수소-공기와 아세틸렌-공기 : 거의 대부분의 원소분석에 유효하게 사용
    ⓑ 수소-공기 : 원자 외 영역에서의 불꽃 자체에 의한 흡수가 적기 때문에 이 파장영역에서 분석선을 갖는 원소의 분석
    ⓒ 아세틸렌-아산화질소 : 불꽃의 온도가 높기 때문에 불꽃 중에서 해리하기 어려운 내화성 산화물(Refractory Oxide)을 만들기 쉬운 원소의 분석
    ⓓ 프로판-공기 : 불꽃온도가 낮고 일부 원소에 대하여 높은 감도를 나타냄
  ㉥ 가스유량 조절기
  가연성 가스 및 조연성 가스의 압력과 유량을 조절하여 적당한 혼합비로 안정한 불꽃을 만들어 주기 위하여 사용된다.

② 광학계
  ㉠ 원자증기 중에 빛을 투과시키기 위한 계기이다.
  ㉡ 불꽃 중에 빛을 투과시 만족조건 *중요내용
    ⓐ 빛이 투과하는 불꽃 중에서의 유효길이를 되도록 길게 한다.
    ⓑ 불꽃으로부터 빛이 벗어나지 않도록 한다.
    가늘고 긴 세극을 갖는 슬롯 버너를 사용할 때는 빛이 투과하는 불꽃의 길이를 10cm 정도까지 길게 할 수는 있지만 유효불꽃 길이를 그 이상으로 해 주려면 적당한 광학계를 이용하여 빛을 불꽃 중에 반복하여 투과시키는 멀티패스(Multi Path) 방식을 사용한다.

### (4) 분광기(파장선택부)

분광기(파장선택부)는 광원램프에서 방사되는 휘선 스펙트럼 가운데서 필요한 분석선만을 골라내기 위하여 사용된다.(일반적으로 회절격자나 프리즘을 이용한 분광기 사용)

① 분광기
  ㉠ 분광기로서는 광원램프에서 방사되는 휘선 스펙트럼 중 필요한 분석선만을 다른 근접선이나 바탕(Background)으로부터 분리해내기에 충분한 분해능(分解能)을 갖는 것이어야 한다.
  ㉡ 동시에 양호한 SN비로 광전측광을 할 수 있는 밝기를 가질 것이 요망된다.

② 필터(Filter)
  알칼리나 알칼리토류 원소와 같이 광원의 스펙트럼 분포가 단순한 것에서는 분광기 대신 간섭필터를 사용하는 수가 있다.

③ 에탈론(Ethalon) 간섭분광기
  광원부에 연속광원 사용 시 매우 높은 분해능을 요구할 경우 사용된다.

### (5) 측광부

① 검출기 *중요내용
  원자외 영역에서부터 근적외 영역에 걸쳐서는 광전자 증배관을 가장 널리 사용한다.

② 증폭기
  ㉠ 직류방식
    검출기에서 나오는 출력신호를 직류 증폭기에서 증폭하여 지시계기로 보냄
  ㉡ 교류방식
    ⓐ 교류증폭기에서 증폭한 후 정류하여 지시계기로 보냄
    ⓑ 불꽃의 빛이나 시료의 발광 등의 영향이 적음

③ 지시계기
  ㉠ 직독식 미터
    증폭기에서 나오는 신호를 흡광도, 흡광률(%) 또는 투과율(%) 등으로 눈금을 읽기 위한 것
  ㉡ 보상식 퍼텐쇼미터(Potentiometer)
  ㉢ 기록계 디지털표시기

## 05 검량선의 작성과 정량법 *중요내용

### (1) 검량선의 직선영역

① 원자흡광분석에 있어서의 검량선은 일반적으로 저농도 영역에서는 양호한 직선성을 나타내지만 고농도 영역에서는 여러 가지 원인에 의하여 휘어진다.

② 정량을 행하는 경우에는 직선성이 좋은 농도 또는 흡광도의 영역을 사용하지 않으면 안 된다.

### (2) 검량곡선법

① 검량선은 적어도 3종류 이상의 농도의 표준시료용액에 대하여 흡광도를 측정하여 표준물질의 농도를 가로대에, 흡광도를 세로대에 취하여 그래프를 그려서 작성한다.
② 분석시료의 조성과 표준시료와의 조성이 일치하거나 유사하여야 한다.

### (3) 표준첨가법

같은 양의 분석시료를 여러 개 취하고 여기에 표준물질이 각각 다른 농도로 함유되도록 표준용액을 첨가하여 용액열을 만든다. 이어 각각의 용액에 대한 흡광도를 측정하여 가로대에 용액영역 중의 표준물질 농도를, 세로대에는 흡광도를 취하여 그래프용지에 그려 검량선을 작성한다.

### (4) 내부표준물질법

① 이 방법은 분석시료 중에 다량으로 함유된 공존원소 또는 새로 분석시료 중에 가한 내부 표준원소(목적원소와 물리적 화학적 성질이 아주 유사한 것이어야 한다)와 목적원소와의 흡광도 비를 구하는 동시 측정을 행한다.
② 이 방법은 측정치가 흩어져 상쇄하기 쉬우므로 분석값의 재현성이 높아지고 정밀도가 향상된다.

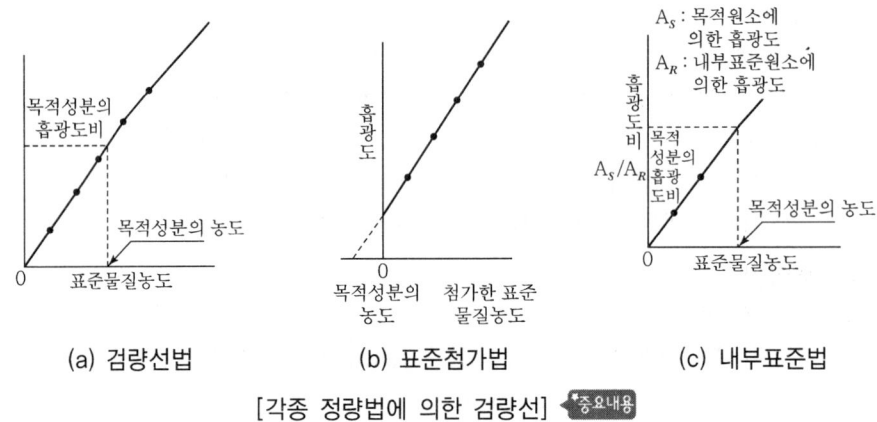

[각종 정량법에 의한 검량선]

## 06 간섭

### (1) 분광학적 간섭

① 분석에 사용하는 스펙트럼선이 다른 인접선과 완전히 분리되지 않는 경우 : 파장선택부의 분해능이 충분하지 않기 때문에 일어나며 검량선의 직선영역이 좁고 구부러져 있어 분석감도

정밀도도 저하된다. 이때는 다른 분석선을 사용하여 재분석하는 것이 좋다.
② 분석에 사용하는 스펙트럼의 불꽃 중에서 생성되는 목적원소의 원자증기 이외의 물질에 의하여 흡수되는 경우 : 표준시료와 분석시료의 조성을 더욱 비슷하게 하며 간섭의 영향을 어느 정도까지 피할 수 있다.

### (2) 물리적 간섭
① 시료용액의 점성이나 표면장력 등 물리적 조건의 영향에 의하여 일어나는 것이다.
② 시료용액의 점도가 높아지면 분무 능률이 저하되며 흡광의 강도가 저하된다.
③ 이러한 종류의 간섭은 표준시료와 분석시료와의 조성을 거의 같게 하여 피할 수 있다.

### (3) 화학적 간섭 *중요내용*
① 불꽃 중에서 원자가 이온화하는 경우
  이온화 전압이 낮은 알칼리 및 알칼리토류 금속원소의 경우에 많고 특히 고온 불꽃을 사용한 경우에 두드러진다. 이 경우에는 이온화 전압이 더 낮은 원소 등을 첨가하여 목적원소의 이온화를 방지하여 간섭을 피할 수 있다.
② 공존물질과 작용하여 해리하기 어려운 화합물이 생성되어 흡광에 관계하는 기저상태의 원자수가 감소하는 경우
  공존하는 물질이 음이온의 경우와 양이온의 경우가 있으나 일반적으로 음이온 쪽의 영향이 크다.
③ ②의 화학적 간섭을 피하는 방법
  ㉠ 이온교환이나 용매추출 등에 의한 방해물질의 제거
  ㉡ 과량의 간섭원소의 첨가
  ㉢ 간섭을 피하는 양이온(예 : 란타늄, 스트론튬, 알칼리 원소 등) 음이온 또는 은폐제, 킬레이트제 등의 첨가
  ㉣ 목적원소의 용매추출
  ㉤ 표준첨가법의 이용

## 07 주의사항

### (1) 장치의 설치
① 온도 습도 및 직사광선 : 고온 또는 극단의 저온, 급격한 온도변화, 습기가 많은 장소 및 직사광선이 쪼이는 장소를 피한다.
② 먼지 : 가능한 한 먼지가 적은 장소를 택한다. 실험실 내에서는 실내화를 착용하는 것이 좋다.
③ 진동 : 가능한 한 진동이 작은 장소이어야 한다.
④ 환기 : 통풍이 잘 되는 장소가 좋고 불꽃 연소부의 위쪽에 Hood 등의 배기설비를 갖추어야 한다.

### (2) 고압가스의 취급

① 가스는 완전히 빌 때까지 사용하지 않도록 주의하지 않으면 안 된다. 이것은 아세틸렌이나 프로판 통이 거의 비었을 때 가스의 조성이 변화하기 때문인데 일반적으로 제조원에서 가스를 다시 충전시킬 때 사고가 일어날 위험을 막기 위한 것이다.
② 아세틸렌을 사용할 경우에는 구리 또는 구리합금의 관을 사용하여서는 안 된다.

### (3) 불꽃의 취급

① 아세틸렌 사용의 경우
특히 아세틸렌-아산화질소 불꽃을 사용하는 경우에는 역화의 폭발을 특별히 주의하여야 한다.
② 아산화질소용 감압밸브는 동결 방지형의 것을 사용한다.

## 08 분석오차의 원인 *중요내용*

(1) 표준시료의 선택의 부적당 및 제조의 잘못

(2) 분석시료의 처리방법과 희석의 부적당

(3) 표준시료와 분석시료의 조성이나 물리적 화학적 성질의 차이

(4) 공존물질에 의한 간섭

(5) 광원램프의 드리프트(Drift) 열화

(6) 광원부 및 파장선택부의 광학계의 조정 불량

(7) 측광부의 불안정 또는 조절 불량

(8) 분무기 또는 버너의 오염이나 폐색

(9) 가연성 가스 및 조연성 가스의 유량이나 압력의 변동

(10) 불꽃을 투과하는 광속의 위치 조정 불량

(11) 검량선 작성의 잘못

(12) 계산의 잘못

# [금속류 – 원자흡수분광광도법]

## 01 개요

### (1) 분석

질산을 가한 시료 또는 산 분해 후 농축시료를 직접 불꽃으로 주입하여 원자화한 후 원자흡수분광광도법으로 분석한다.

### (2) 적용범위

① 적용 금속류
  ㉠ 구리  ㉡ 납  ㉢ 카드뮴
② 불꽃
  공기 – 아세틸렌 불꽃
③ 정량한계
  ㉠ 구리 : 0.008mg/L  ㉡ 납 : 0.04mg/L  ㉢ 카드뮴 : 0.002mg/L
④ 낮은 농도의 구리, 납, 카드뮴은 암모늄 피롤리딘 다이티오카바메이트(APDC)와 착물을 생성시켜 메틸아이소부틸케톤(MIBK)으로 추출하여 공기 – 아세틸렌 불꽃에 주입하여 분석한다.

### (3) 간섭물질

① 화학물질이 공기 – 아세틸렌 불꽃에서 분자상태로 존재하여 낮은 흡광도를 보일 경우의 원인
  ㉠ 불꽃의 온도가 너무 낮아 원자화가 일어나지 않는 경우
  ㉡ 안정한 산화물질로 바뀌어 불꽃에서 원자화가 일어나지 않는 경우
② 염이 많은 시료를 분석하면 버너헤드 부분에 고체가 생성되어 불꽃이 자주 꺼질 때 버너헤드를 청소해야 할 경우의 대책
  ㉠ 시료를 묽혀 분석
  ㉡ 메틸아이소부틸케톤 등을 사용하여 추출, 분석
③ 시료 중에 칼륨, 나트륨, 리튬, 세슘과 같이 쉽게 이온화되는 원소가 1,000mg/L 이상의 농도로 존재 시 금속측정을 간섭할 경우의 대책
  검정곡선용 표준물질에 시료의 매질과 유사하게 첨가하여 보정
④ 시료 중에 알칼리금속의 할로겐 화합물을 다량 함유하는 경우에는 분자흡수나 광란에 의하여 오차발생 대책
  추출법으로 카드뮴을 분리하여 실험

## 02 용어 정의

### (1) 발광세기
금속원자를 적절한 방법으로 들뜨게 한 다음, 각 금속의 들뜸 상태에서 에너지준위가 낮은 상태로 전자가 되돌아가는 과정에서, 각 궤도 간의 에너지 차이가 빛으로 방출될 때의 빛에너지의 세기를 말한다.

### (2) 바탕보정
① 원자흡수분광광도법에서 용액에 공존하는 여러 물질들에 의해 발생하는 스펙트럼 방해를 최소화시키기 위한 방법이다.
② 스펙트럼 방해를 줄여 바탕보정을 실시하는 방법
  ㉠ 분석파장 변화
  ㉡ 불꽃온도 상승
  ㉢ 복사선 완충제 추가
  ㉣ 두 선 보정법
  ㉤ 연속광원법
  ㉥ 제만(Zeeman) 효과법

### (3) 용매추출
용매를 써서 고체 또는 액체시료 중에서 성분물질의 일종(때로는 2종 이상)을 용해시켜 분리하는 조작을 말하며 단순히 추출이라고도 하는 분리법이다.

### (4) 인증표준물질
공인된 인증서가 첨부되고 각 지정된 양에 대하여 인증값, 측정불확도 및 소급성을 검증할 수 있는 표준물질이다.

## 03 분석기기 및 기구

### (1) 원자흡수분광광도계(AAS)
① 구성
  ㉠ 광원부
  ㉡ 시료원자화부
  ㉢ 파장선택부
  ㉣ 측광부
② 구분
  ㉠ 단광속형
  ㉡ 복광속형
  ㉢ 다중채널형(다원소 분석이나 내부표준물질법)

(2) 광원램프
① 납 속 빈 음극램프
② 좁은 선폭과 높은 휘도를 갖는 스펙트럼을 방사하는 특징이 있다.

(3) 기체
① 가연성 기체 : 아세틸렌
② 조연성 기체 : 공기

## 04 시약 및 표준용액

(1) 시약

① 질산
② 질산(1+1)
③ 질산(1+15)
④ 황산
⑤ 황산(1+19)
⑥ 염산
⑦ 염산(1+1)
⑧ 염산(1+50)
⑨ 과염소산
⑩ 불화수소산
⑪ 아세트산암모늄용액(5+6) 등

(2) 표준용액
① 모든 표준원액은 표준용액을 제조하는 데 사용한다.
② 표준원액은 최대 1년까지 사용할 수 있으나 10mg/L 이하의 표준용액은 최소한 1개월마다 새로 조제해야 한다.

## 05 정도보증/정도관리(QA/QC)

(1) 방법검출한계 및 정량한계 (중요내용)
① 시안이 함유하고 있지 않은 것으로 확인된 폐기물 일정 양에 정량한계 부근의 농도를 첨가한 시료 7개를 준비, 측정하여 표준편차를 구한다.
② 방법검출한계 : 표준편차×3.14
③ 정량한계 : 표준편차×10
④ 정량한계 : 0.01mg/L

(2) 방법바탕시료의 측정
① 시료군마다 1개의 방법바탕시료를 측정한다.
② 방법바탕시료는 정제수를 사용, 전처리, 측정하며 측정값은 방법검출한계 이하이어야 한다.

### (3) 검정곡선의 작성 및 검증 *중요내용*

4개 이상의 농도에 대해 검정곡선을 작성하여 얻어진 검정곡선의 결정계수($R^2$)가 0.98 이상이어야 하고 허용범위를 벗어나면 재작성하도록 한다.

### (4) 정밀도 및 정확도 *중요내용*

① 폐기물 기준이 되는 농도로 동일하게 표준물질을 첨가한 폐기물시료를 4개 이상 준비하여 평균값의 표준편차를 구한다.
② 정확도는 첨가한 표준물질의 농도에 대한 측정 평균값의 상대 백분율로서 나타내며, 그 값은 75~125% 이내이어야 한다.
③ 정밀도는 측정값의 % 상대표준편차(RSD)로 계산하며 측정값이 25% 이내이어야 한다.

## 06 분석절차

### (1) 전처리

① 액상 폐기물 시료 또는 용출용액 적당량을 취하여 산분해법에 따라 전처리한 후 시료용액은 0.1~1N 산성용액으로 하여 실험한다.
② 다이에틸다이티오카르바민산-메틸다이소부틸케톤 방법 : 수용액
　액상 폐기물 시료 또는 용출용액 적당량을 취하여 아래와 같이 다이에틸다이티오카르바민산-메틸아이소부틸케톤 방법에 의해 시료를 전처리하여 수용액으로 측정하는 방법이다.
③ 다이에틸다이티오카르바민산-메틸아이소부틸케톤 방법 : 유기용매
　액상 폐기물 시료 또는 용출용액 적당량을 취하여 아래와 같이 다이에틸다이티오카르바민산-메틸아이소부틸케톤 방법에 의해 시료를 전처리하여 유기용매층을 직접 측정하는 방법이다.

### (2) 분석방법

전처리에서 얻은 실험용액을 금속(구리, 납, 카드뮴) 속 빈 음극램프를 사용하여 다음 표에 제시된 파장을 사용하여 측정한다.

〈원자흡수분광광도법에 의한 정량한계 및 정량범위〉 *중요내용*

| 금속종류 | 측정파장(nm) | 불꽃기체 | 정량한계[1] (mg/L) | 정량범위[1] (mg/L) |
|---|---|---|---|---|
| 구리 | 324.7 | A-Ac | 0.008 | 0.008~4 |
| 납 | 283.3 | A-Ac | 0.04 | 0.04~20 |
| 카드뮴 | 228.8 | A-Ac | 0.002 | 0.002~2 |

※ A-Ac : 공기-아세틸렌
　[1] 시료의 농축배수를 고려하여 시료 중에 농도로 계산한 값

## 07 농도계산

$$\text{폐기물 중 금속(구리, 납, 카드뮴)의 농도(mg/L)} = \frac{(C_1 - C_0)}{V_0} \times V_s$$

여기서, $C_1$ : 검정곡선에서 얻어진 분석시료의 금속농도(mg/L)
$C_0$ : 검정곡선에서 얻어진 바탕시험용액의 금속농도(mg/L)
$V_0$ : 전처리에 사용된 시료량(mL)
$V_s$ : 전처리 후 표선 맞춘 시료량(mL)

## 08 정도관리 목표값

| 정도관리 항목 | 정도관리 목표 |
|---|---|
| 정량한계 | 구리 0.008mg/L, 납 0.04mg/L, 카드뮴 0.002mg/L |
| 검정곡선 | 결정계수($R^2$) ≥ 0.98 |
| 정밀도 | 상대표준편차가 25% 이내 |
| 정확도 | 75~125% |

# [유도결합플라스마 – 원자발광분광법]

## 01 개요

(1) ICP는 아르곤가스를 플라스마 가스로 사용하여 수정발진식 고주파발생기로부터 발생된 주파수 27.13MHz 영역에서 유도코일에 의하여 플라스마를 발생시킨다.

(2) ICP의 토치(Torch)는 3중으로 된 석영관이 이용된다.

(3) 아르곤플라스마는 토치 위에 불꽃형태(직경 12~15mm, 높이 약 30mm)로 생성되지만 온도, 전자 밀도가 가장 높은 영역은 중심축보다 약간 바깥쪽(2~4mm)에 위치한다.

(4) ICP의 구조는 중심에 저온, 저전자 밀도의 영역이 형성되어 도넛 형태로 되는데 이 도넛 모양의 구조가 ICP의 특징이다.

(5) 플라스마의 온도는 최고 15,000K까지 이르며 보통시료는 6,000~8,000K의 고온에 주입되므로

거의 완전한 원자화가 일어나 분석에 장애가 되는 많은 간섭을 배제하면서 고감도의 측정이 가능하게 된다. 또한 플라스마는 그 자체가 광원으로 이용되기 때문에 매우 넓은 농도범위에서 시료를 측정할 수 있다.

(6) 고온(6,000~8,000K)에서 들뜬 원자가 바닥상태로 이동할 때 방출하는 발광강도를 측정한다.

## 02 장치

### (1) 장치구성

① ICP 발광광도 분석장치는 시료주입부, 고주파 전원부, 광원부, 분광부, 연산처리부 및 기록부로 구성되어 있다.
② 분광부는 검출 및 측정방법에 따라 연속주사형 단원소측정장치와 다원소동시측정장치로 구분된다.

### (2) 시료주입부

분무기(Nebulizer) 및 챔버로 이루어져 있으며 시료용액을 흡입하여 에어로졸 상태로 플라스마에 주입시키는 부분이다.

### (3) 고주파 전원부

① 현재 널리 사용하고 있는 고주파 전원은 수정발진식의 27.13MHz로 1~3kW의 출력이다.
② 수용액 시료의 경우 보통 1~1.5kW가 사용되지만 유기용매의 경우에는 2kW 정도에서 사용된다.

### (4) 광원부

① 광원은 유도결합플라스마 그 자체로서 3중으로 된 석영제방전관(토치, torch)의 중간을 흐르는 아르곤가스를 테슬라코일에서 일부 전리시킴과 동시에 방전관 상단에 감겨 있는 유도코일에 고주파 전류를 흐르게 하면 방전관 내부에 루프 형태의 자기장을 형성하게 되며 이 자기장의 주위에는 와전류가 흐르게 된다.
② 시료 중의 원자는 이 도넛형의 플라스마 중심부에 주입되어 6,000~8,000K의 고온에서 가열 여기되고 발광하게 된다.

### (5) 분광부 및 측광부

① 플라스마 광원으로부터 발광하는 스펙트럼선을 선택적으로 분리하기 위해서는 분해능이 우수한 회절격자가 많이 사용된다.
② 회절격자는 평면상에 같은 간격으로 300~4,000lines/mm 정도의 평행선이 그어져 있는

것으로서 이것은 정수배에 상당하는 각의 방향에만 회절선의 상이 나타난다.
③ 분광기의 성능은 초점거리, 회절격자의 크기와 간격 수, 슬릿의 폭 등에 따라 좌우되며 최종 적으로는 분해능으로 결정된다.
④ 분광기는 그 기능에 따라 단색화분광기(Monochromator)와 다색화분광기(Polychromator)로 구분된다.

### (6) 연산처리부(Photomultiplier)

광전증배관(Photomultiplier)에 들어간 광은 전류로 변화되어 광의 강도에 비례하는 전류가 콘덴서에 저장되며, 콘덴서에 축적된 전하량은 컴퓨터 콘덴서의 전하량과 비례관계에 있기 때문에 농도를 측정할 수 있다.

### (7) ICP 발광분석 장치의 설치조건 *중요내용*

① 직사광선이 들어오지 않는 곳
② 부식성 가스의 노출이 없는 곳
③ 실온 15~27℃, 상대습도 70% 이하를 일정하게 유지할 수 있는 곳
④ 강력한 자장, 전기장 등을 발생하는 장치가 주위에 없을 것
⑤ 진동이 없는 곳
⑥ 발광부로부터의 고주파가 타 기기에 영향을 미치지 않는 곳

## 03 장치의 조작법

### (1) 플라스마가스의 준비

아르곤가스 : 액체 아르곤 또는 압축 아르곤가스로 순도 99.99%(V/V%) 이상의 것

### (2) 설정조건

① **고주파출력**
  수용액 시료의 경우 0.8~1.4kW, 유기용매 시료의 경우 1.5~2.5kW로 설정
② **가스의 유량**
  플라스마 토치 및 시료주입부의 형식에 따라 다르나 일반적으로 냉각가스는 10~18L/min, 보조가스는 0~2L/min, 운반가스는 0.5~2L/min의 범위에서 설정한다.
③ 플라스마 발광부 관측높이 유도코일 상단으로부터 15~18mm의 범위에서 측정하는 것이 보통이나 알칼리원소의 경우는 20~25mm의 범위에서 측정한다.
④ **분석선(파장)의 설정**
  일반적으로 가장 감도가 높은 파장을 설정한다.

### (3) 조작순서

① 주전원 스위치를 넣고 유도코일의 냉각수가 흐르는지 확인한 다음 기기를 안정화시킨다.
② 여기원(R F Power)의 전원스위치를 넣고 아르곤가스를 주입하면서 테슬코일에 방전시켜 플라스마를 점등한다.
③ 점등 후 약 1분간 플라스마를 안정화시킨다.
④ 수은램프의 발광선을 이용하여 분광기의 파장을 교정하고 분석파장을 정확히 설정한다.
⑤ 적당한 농도로 조제된 표준용액(또는 혼합표준용액)을 플라스마에 주입하여 각 원소의 스펙트럼선 강도를 측정하고 설정파장의 적부를 확인한다.

# [금속류 – 유도결합플라스마 – 원자발광분광법]

## 01 개요

### (1) 분석 *중요내용*

시료를 고주파유도코일에 의하여 형성된 아르곤 플라스마에 주입하여 6,000~8,000K에서 들뜬 원자가 바닥상태로 이동할 때 방출하는 발광선 및 발광강도를 측정하여 원소의 정성 및 정량분석을 수행한다.

### (2) 적용범위 *중요내용*

① 적용금속류
　구리, 납, 비소, 카드뮴, 크롬, 6가크롬 등 원소의 동시분석에 적용한다.(많은 원소를 동시분석 가능)
② 정량한계 : 0.002~0.01mg/L
③ 각 원소의 정량범위

〈유도결합플라스마-원자발광광도법에 의한 금속별 측정 파장 정량한계 및 정량범위〉

| 금속 종류 | 측정파장<br>(nm) | 제2측정파장<br>(nm) | 정량한계[1]<br>(mg/L) | 정량범위[1]<br>(mg/L) |
|---|---|---|---|---|
| 구리 | 324.75 | 219.96 | 0.006 | 0.006~50 |
| 납 | 220.35 | 217.00 | 0.040 | 0.040~100 |
| 비소 | 193.70 | 189.04 | 0.050 | 0.050~100 |
| 카드뮴 | 226.50 | 214.44 | 0.004 | 0.004~50 |
| 크롬 | 267.72 | 206.15 | 0.007 | 0.007~50 |
| 6가크롬 | 267.72 | 206.15 | 0.007 | 0.0073~50 |

(3) 간섭물질 〔중요내용〕

① 대부분의 간섭물질은 산 분해에 의해 제거된다.
② 간섭의 종류
   ㉠ 광학간섭
      분석하는 금속원소 이외에서 발광하는 파장은 측정을 간섭하며 다음과 같은 경우 간섭이 발생한다.
      ⓐ 어떤 원소가 동일파장에서 발광할 때
      ⓑ 파장의 스펙트럼선이 넓어질 때
      ⓒ 이온과 원자의 재결합으로 연속 발광할 때
      ⓓ 분자띠 발견 시
   ㉡ 물리적 간섭
      ⓐ 발생원인
         • 시료의 분무 또는 운반과정에서 물리적 특성, 즉 점도와 표면장력의 변화 시
         • 시료 중에 산의 농도가 10W/V% 이상으로 높은 경우
         • 용존 고형물질이 1,500mg/L 이상으로 높은 반면, 검정용 표준용액의 산의 농도는 5% 이하로 낮을 경우
      ⓑ 대책
         • 시료 희석
         • 표준용액을 시료의 매질과 유사하게 함
         • 표준물질 첨가법 사용
   ㉢ 화학적 간섭
      ⓐ 발생원인
         분자생성, 이온화 효과, 열화학 효과 등이 시료 분무와 원자화 과정에서 방해요인으로 나타남
      ⓑ 대책
         이 영향은 별로 심하지 않으며 적절한 운전 조건의 선택으로 최소화할 수 있음
③ 간섭효과 의심 시 조치사항
   ㉠ 연속희석법
      ⓐ 적용
         분석대상의 농도가 수행검출한계의 10배 이상의 농도일 경우
      ⓑ 판정(평가)
         시료를 희석하여 측정하였을 때 희색배수를 고려해서 계산한 농도 값이 본래 농도 값의 10% 이내를 보여야 함. 10%를 벗어나면 물리·화학적 간섭이 의심됨
   ㉡ 표준물질첨가법
      ⓐ 판정(평가)
         측정시료에 표준물질을 수행검출한계의 20~100배의 농도로 첨가하여 분석하였

을 때에 회수율이 90~110% 이내이어야 함. 만약 이 범위를 벗어나면 매질의 영향을 의심해야 함
ⓒ 대체분석과 비교
원자흡수분광광도법 또는 유도결합플라스마-질량분석법과 같은 대체방법과 비교함
ⓔ 전파장분석
가능한 파장의 간섭을 알기 위해 전파장분석을 수행함
④ 표준물질첨가법에 의해 측정하는 것이 좋은 경우
㉠ 시료 중에 칼슘과 마그네슘의 농도 합이 500mg/L 이상
㉡ 측정값이 규제값의 90% 이상

## 02 분석기기 및 기구 *중요내용*

**(1) 유도결합플라스마 - 원자발광분광기(KP - AES)**

① 구성
　㉠ 시료도입부　　㉡ 고주파전원부　　ⓒ 광원부
　ⓔ 분광부　　　　㉤ 연산처리부 및 기록부

② 분광부 구분
　㉠ 연속주사형 단원소 측정장치
　㉡ 다원소 동시측정장치

**(2) 아르곤**

액화 또는 압축 아르곤으로서 99.99W/V% 이상의 순도를 갖는 것이어야 한다.

## 03 시약 및 표준용액

**(1) 시약**

① 질산　　　　　　　　② 황산　　　　　　　　③ 과염소산
④ 불화수소산　　　　　⑤ 염산　　　　　　　　⑥ 염산(1+1)
⑦ 질산(1+1)　　　　　⑧ 황산(1+19)　　　　　⑨ 수산화나트륨(20W/V%)
⑩ 황산제이철암모늄용액　⑪ 암모니아수(1+4)　　⑫ 질산암모늄용액(1%)
⑬ 아세트산암모늄(5+6)

(2) 표준용액

① 모든 표준원액은 표준용액을 제조하는 데 사용한다.
② 표준원액은 최대 1년까지 사용할 수 있으나 10mg/L 이하의 표준용액은 최소한 1개월마다 새로 조제해야 한다.
③ 구리
  ㉠ 구리 표준원액(1,000mg/L)　　　㉡ 구리 표준용액(50.0mg/L)
④ 납
  ㉠ 납 표준원액(1,000mg/L)　　　㉡ 납 표준용액(50.0mg/L)
⑤ 비소
  ㉠ 비소 표준원액(1,000mg/L)　　　㉡ 비소 표준용액(50.0mg/L)
⑥ 카드뮴
  ㉠ 카드뮴 표준원액(1,000mg/L)　　　㉡ 카드뮴 표준용액(50.0mg/L)
⑦ 크롬
  ㉠ 크롬 표준원액(1,000mg/L)　　　㉡ 크롬 표준용액(50.0mg/L)

## 04 정도보증/정도관리(QA/QC)

(1) 방법검출한계 및 정량한계 *중요내용*

① 시안이 함유하고 있지 않은 것으로 확인된 폐기물 일정 양에 정량한계 부근의 농도를 첨가한 시료 7개를 준비, 측정하여 표준편차를 구한다.
② 방법검출한계 : 표준편차×3.14
③ 정량한계 : 표준편차×10
④ 정량한계 : 0.01mg/L

(2) 방법바탕시료의 측정

① 시료군마다 1개의 방법바탕시료를 측정한다.
② 방법바탕시료는 정제수를 사용, 전처리, 측정하며 측정값은 방법검출한계 이하이어야 한다.

(3) 검정곡선의 작성 및 검증 *중요내용*

4개 이상의 농도에 대해 검정곡선을 작성하여 얻어진 검정곡선의 결정계수($R^2$)가 0.98 이상이어야 하고 허용범위를 벗어나면 재작성하도록 한다.

(4) 정밀도 및 정확도 *중요내용*

① 폐기물 기준이 되는 농도로 동일하게 표준물질을 첨가한 폐기물시료를 4개 이상 준비하여

평균값의 표준편차를 구한다.
② 정확도는 첨가한 표준물질의 농도에 대한 측정 평균값의 상대 백분율로서 나타내며, 그 값은 75~125% 이내이어야 한다.
③ 정밀도는 측정값의 % 상대표준편차(RSD)로 계산하며 측정값이 25% 이내이어야 한다.

## 05 분석절차

### (1) 전처리

① 구리, 납, 비소, 카드뮴, 크롬 : 산분해법 *중요내용
② 6가크롬
3가크롬이 존재하지 않을 경우 액상 폐기물 시료 또는 용출용액 적당량을 여과하고 염산 또는 질산을 넣어 0.1~1M 산성용액으로 하여 정제수를 넣어 일정 부피로 한다.

### (2) 분석방법

① 각 금속 측정 파장 *중요내용
  ㉠ 크롬, 6가크롬 : 267.72nm
  ㉡ 구리 : 324.75nm
  ㉢ 카드뮴 : 226.50nm
  ㉣ 납 : 220.35nm
  ㉤ 비소 : 193.70nm
② 시료에서 측정한 각 금속의 측정값을 검정곡선의 y값에 대입하여 농도(mg/L)를 계산한다.
③ 바탕시험을 행하여 보정한다.

### (3) 검정곡선의 작성

① 각각의 중금속의 표준용액(50.0mg/L) 0~20mL를 단계적으로 정확히 취하여 100mL 부피 플라스크에 넣고 질산(1+1) 2mL, 염산(1+1) 10mL 및 정제수를 넣어 표선을 맞춘다. 단, 표준용액은 바탕용액을 제외하고 3개 이상 제조해야 하며 필요에 따라 사용하는 표준용액의 양을 달리 할 수 있다.
② 분석방법으로 실험하여 금속의 농도와 측정값으로부터 관계선을 작성한다.
③ 금속의 농도(mg/L)를 가로축(x축)에, 각 금속의 측정값을 세로축(y축)에 취하여 검정곡선을 작성한다.
④ 시료용액의 발광강도를 측정하고 미리 작성한 검정곡선으로부터 카드뮴의 양을 구하여 농도를 산출한다.

## 06 농도계산

$$\text{폐기물 중 금속의 농도(mg/L)} = \frac{(C_1 - C_0)}{V_0} \times V_s$$

여기서, $C_1$ : 검정곡선에서 얻어진 분석시료의 금속 농도(mg/L)
$C_0$ : 검정곡선에서 얻어진 바탕시험용액의 금속 농도(mg/L)
$V_0$ : 전처리에 사용된 시료량(mL)
$V_s$ : 전처리 후 표선 맞춘 시료량(mL)

## 07 정도관리 목표값

| 정도관리 항목 | 정도관리 목표 |
|---|---|
| 정량한계 | 0.002~0.01mg/L |
| 검정곡선 | 결정계수($R^2$)≥0.98 또는 감응계수(RF)의 상대표준편차≤10% |
| 정밀도 | 상대표준편차가 25% 이내 |
| 정확도 | 75~125% |

# [구리]

## 01 적용 가능한 시험방법

| 구리 | 정량한계 | 정밀도(RSD) |
|---|---|---|
| 원자흡수분광광도법 | 0.008mg/L | 25% 이내 |
| 유도결합플라스마-원자발광분광법 | 0.006mg/L | 25% 이내 |
| 자외선/가시선 분광법 | 0.002mg | 25% 이내 |

## 02 구리-원자흡수분광광도법

[금속류-원자흡수분광광도법] 내용과 동일함

## 03 구리-유도결합플라스마-원자발광분광법

[금속류-유도결합플라스마-원자발광분광법] 내용과 동일함

# [구리-자외선/가시선 분광법]

## 01 개요

**(1) 분석 : 다이에틸다이티오카르바민산법** *중요내용*

시료 중에 구리이온이 알칼리성에서 다이에틸다이티오카르바민산나트륨과 반응하여 생성하는 황갈색의 킬레이트 화합물을 아세트산부틸로 추출하여 흡광도를 440nm에서 측정하는 방법이다.

**(2) 적용범위**

① 적용 금속 : 구리
② 정량범위 : 0.002~0.03mg *중요내용*
③ 정량한계 : 0.002mg *중요내용*

**(3) 간섭물질** *중요내용*

① 시료의 전처리를 하지 않고 직접 시료를 사용하는 경우
시료 중에 시안화합물이 함유되어 있으면 염산으로 산성 조건을 만든 후 끓여 시안화물을 완전히 분해 제거한 다음 실험한다.

② 비스무트(Bi)가 구리의 양보다 2배 이상 존재할 경우
㉠ 황색을 나타내어 방해한다. 이때는 시료의 흡광도를 $A_1$으로 하고 따로 같은 양의 시료를 취하여 시료의 시험기준 중 암모니아수(1+1)를 넣어 중화하기 전에 시안화칼륨용액(5W/V%) 3mL를 넣어 구리를 시안착화합으로 만든 다음 중화하여 실험하고 이 액의 흡광도를 $A_2$로 함

ⓒ 구리에 의한 흡광도는 $A_1 - A_2$
③ 흡수셀이 더러워 측정값에 오차가 발생한 경우
  ㉠ 탄산나트륨용액(2W/V%)에 소량의 음이온 계면활성제를 가한 용액에 흡수셀을 담가 놓고 필요하면 40~50℃로 약 10분간 가열
  ㉡ 흡수셀을 꺼내 정제수로 씻은 후 질산(1+5)에 소량의 과산화수소를 가한 용액에 약 30분간 담가 놓았다가 꺼내어 정제수로 잘 씻고, 깨끗한 거즈나 흡수지 위에 거꾸로 놓아 물기를 제거하고 실리카겔을 넣은 데시케이터 중에서 건조하여 보존
  ㉢ 급히 사용하고자 할 때는 물기를 제거한 후 에틸알코올로 씻고 다시 에틸에테르로 씻은 다음 드라이어로 건조해서 사용

## 02 분석기기 및 기구

### (1) 자외선/가시선 분광광도계

① 구성 : 광원부, 파장선택부, 시료부, 측광부

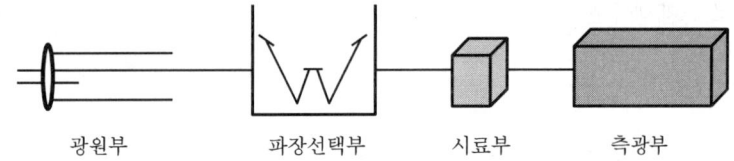

광원부    파장선택부    시료부    측광부

② 광원부의 광원
  ㉠ 가시부와 근적외부 : 텅스텐 램프
  ㉡ 자외부 : 중수소 방전관

### (2) 흡수셀

① 흡수파장에 따른 사용 흡수셀
  ㉠ 370nm 이상 : 석영 또는 경질유리 흡수셀
  ㉡ 370nm 이하 : 석영흡수셀
② 따로 흡수셀의 길이를 지정하지 않았을 때는 10mm 셀을 사용한다.
③ 시료셀에는 실험용액을 넣는다.
④ 대조셀에는 따로 규정이 없는 한 정제수를 넣는다.
⑤ 넣고자 하는 용액으로 흡수셀을 씻은 다음 셀의 약 80%까지 넣고 외면까지 젖어 있을 때는 깨끗이 닦는다.
⑥ 휘발성 용매를 사용할 때와 같은 경우에는 흡수셀에 마개를 한다.
⑦ 흡수셀에 방향성이 있을 때는 항상 방향을 일정하게 하여 사용한다.

## 03 시약 및 표준용액

### (1) 시약

① 질산
② 메타크레솔퍼플에틸알코올용액(0.1W/V%)
③ 구연산이암모늄용액(다이에틸다이티오카르바민산-메틸아이소부틸케톤, 아세트산부틸법 실험용) : pH 조절 보조제
④ 에틸렌다이아민테트라아세트산이나트륨용액(구리 실험용)
⑤ 암모니아수(1+1) : pH 조절
⑥ 다이에틸다이티오카르바민산나트륨용액(1W/V%) : 구리 발색
⑦ 아세트산부틸(초산부틸) : 구리 추출
⑧ 무수황산나트륨

### (2) 표준용액

① 모든 표준원액은 표준용액을 제조하는 데 사용한다.
② 표준원액은 최대 1년까지 사용할 수 있으나 10mg/L 이하의 표준용액은 최소한 1개월마다 새로 조제해야 한다.

## 04 정도보증/정도관리(QA/QC)

### (1) 방법검출한계 및 정량한계 *중요내용*

① 시안이 함유하고 있지 않은 것으로 확인된 폐기물 일정 양에 정량한계 부근의 농도를 첨가한 시료 7개를 준비, 측정하여 표준편차를 구한다.
② 방법검출한계 : 표준편차×3.14
③ 정량한계 : 표준편차×10
④ 정량한계 : 0.01mg/L

### (2) 방법바탕시료의 측정

① 시료군마다 1개의 방법바탕시료를 측정한다.
② 방법바탕시료는 정제수를 사용, 전처리, 측정하며 측정값은 방법검출한계 이하이어야 한다.

### (3) 검정곡선의 작성 및 검증 *중요내용*

4개 이상의 농도에 대해 검정곡선을 작성하여 얻어진 검정곡선의 결정계수($R^2$)가 0.98 이상이어야 하고 허용범위를 벗어나면 재작성하도록 한다.

## (4) 정밀도 및 정확도 〈중요내용〉

① 폐기물 기준이 되는 농도로 동일하게 표준물질을 첨가한 폐기물시료를 4개 이상 준비하여 평균값의 표준편차를 구한다.
② 정확도는 첨가한 표준물질의 농도에 대한 측정 평균값의 상대 백분율로서 나타내며, 그 값은 75~125% 이내이어야 한다.
③ 정밀도는 측정값의 % 상대표준편차(RSD)로 계산하며 측정값이 25% 이내이어야 한다.

## 05 분석절차

### (1) 분석방법

① 바탕시험액을 대조용액으로 하여 440nm에서 시료용액의 흡광도를 측정한다.
② 시료에서 측정한 구리의 측정값을 검정곡선의 y값에 대입하여 농도(mg/L)를 계산한다.
③ 바탕시험 값을 보정한다.

### (2) 검정곡선의 작성

① 구리 표준용액(1.0mg/L) 0~30.0mL를 단계적으로 취하여 시료의 시험기준에 따라 실험한다.(단, 표준용액은 바탕용액을 제외하고 3개 이상 제조해야 하며 필요에 따라 사용하는 표준용액의 양을 달리할 수 있음)
② 구리의 농도(mg/L)를 가로축(x축)에, 각 금속의 측정값을 세로축(y축)에 취하여 검정곡선을 작성한다.

## 06 농도계산 〈중요내용〉

$$\text{폐기물 중 구리의 농도(mg/L)} = \frac{(C_1 - C_0)}{V_0} \times V_s$$

여기서, $C_1$ : 검정곡선에서 얻어진 분석시료의 구리 농도(mg/L)
$C_0$ : 검정곡선에서 얻어진 바탕시험용액의 구리 농도(mg/L)
$V_0$ : 전처리에 사용된 시료량(mL)
$V_s$ : 전처리 후 표선맞춘 시료량(mL)

## 07 정도관리 목표값

| 정도관리 항목 | 정도관리 목표 |
| --- | --- |
| 정량한계 | 0.002mg |
| 검정곡선 | 결정계수($R^2$) ≥ 0.98 |
| 정밀도 | 상대표준편차가 25% 이내 |
| 정확도 | 75~125% |

# [납]

## 01 적용 가능한 실험방법

| 납 | 정량한계 | 정밀도(RSD) |
| --- | --- | --- |
| 원자흡수분광광도법 | 0.004mg/L | 25% 이내 |
| 유도결합플라스마-원자발광분광법 | 0.040mg/L | 25% 이내 |
| 자외선/가시선 분광법 | 0.001mg | 25% 이내 |

## 02 납-원자흡수분광광도법

〔금속류-원자흡수분광광도법〕 내용과 동일함

### 必 수문제

**01** 원자흡수분광광도법 분석 시, 질산-염산법으로 유기물을 분해시켜 분석한 결과 폐기물 시료량 5g, 최종 여액량 100mL, Pb 농도가 20mg/L였다면, 이 폐기물의 Pb 함유량(mg/kg)은?

> **풀이**
> 
> Pb 함유량(mg/kg) = $\dfrac{20\text{mg/L} \times 0.1\text{L}}{5\text{g} \times \text{kg}/1{,}000\text{g}}$ = 400mg/kg

## 03 납-유도결합플라스마-원자발광분광법

〔금속류-유도결합플라스마-원자발광분광법〕 내용과 동일함

# [납-자외선/가시선 분광법]

## 01 개요

### (1) 분석 *중요내용*

시료 중에 납 이온이 시안화칼륨 공존하에 알칼리성에서 디티존과 반응하여 생성하는 납 디티존착염을 사염화탄소로 추출하고 과잉의 디티존을 시안화칼륨용액으로 씻은 다음 납 착염의 흡광도를 520nm에서 측정하는 방법이다.

### (2) 적용범위

① 적용금속 : 납
② 정량범위 : 0.001~0.04mg *중요내용*
③ 정량한계 : 0.001mg *중요내용*

### (3) 간섭물질 *중요내용*

① 전처리를 하지 않고 직접 시료를 사용하는 경우
   시료 중에 시안화합물이 함유되어 있으면 염산 산성으로 끓여 시안화물을 완전히 분해 제거한 다음 실험한다.

② 시료에 다량의 비스무트(Bi)가 공존하면 시안화칼륨용액으로 수회 씻어도 무색이 되지 않는 경우 다음과 같이 납과 비스무트를 분리하여 실험한다. 추출하여 10~20mL로 한 사염화탄소층에 프탈산수소칼륨 완충용액(pH 3.4) 20mL씩을 2회 역추출하고 전체 수층을 합하여 분별깔때기에 옮긴다. 암모니아수(1+1)를 넣어 약알칼리성으로 하고 시안화칼륨용액(5W/V%) 5mL 및 정제수를 넣어 약 100mL로 한 다음 이하 시료의 시험기준에 따라 추출조작부터 다시 실험한다.

③ 흡수셀이 더러워 측정값에 오차가 발생한 경우
   ㉠ 탄산나트륨용액(2W/V%)에 소량의 음이온 계면활성제를 가한 용액에 흡수셀을 담가 놓고 필요하면 40~50℃로 약 10분간 가열
   ㉡ 흡수셀을 꺼내 정제수로 씻은 후 질산(1+5)에 소량의 과산화수소를 가한 용액에 약 30분간 담가 놓았다가 꺼내어 정제수로 잘 씻는다. 깨끗한 거즈나 흡수지 위에 거꾸로 놓

ⓐ 물기를 제거하고 실리카겔을 넣은 데시케이터 중에서 건조하여 보존
ⓒ 급히 사용하고자 할 때는 물기를 제거한 후 에틸알코올로 씻고 다시 에틸에테르로 씻은 다음 드라이어로 건조해서 사용

## 02 분석기기 및 기구 <중요내용>

### (1) 자외선/가시선 분광광도계

① 구성
광원부, 파장선택부, 시료부, 측광부
② 광원부의 광원
㉠ 가시부와 근적외부 : 텅스텐 램프
㉡ 자외부 : 중수소 방전관

### (2) 흡수셀

① 흡수파장에 따른 사용 흡수셀
㉠ 370nm 이상 : 석영 또는 경질유리 흡수셀
㉡ 370nm 이하 : 석영흡수셀
② 따로 흡수셀의 길이를 지정하지 않았을 때는 10mm 셀을 사용한다.
③ 시료셀에는 실험용액을 넣는다.
④ 대조셀에는 따로 규정이 없는 한 정제수를 넣는다.
⑤ 넣고자 하는 용액으로 흡수셀을 씻은 다음 셀의 약 80%까지 넣고 외면까지 젖어 있을 때는 깨끗이 닦는다.
⑥ 휘발성 용매를 사용할 때와 같은 경우에는 흡수셀에 마개를 한다.
⑦ 흡수셀에 방향성이 있을 때는 항상 방향을 일정하게 하여 사용한다.

## 03 시약 및 표준용액

### (1) 시약

① 질산　　　　　② 질산(1+1)　　　　　③ 황산
④ 황산(1+19)　　⑤ 염산　　　　　　　⑥ 염산(1+1)
⑦ 염산(1+10)　　⑧ 염산용액(0.2M)　　⑨ 과염소산
⑩ 불화수소산　　⑪ 아세트산암모늄용액(5+6) 등

## (2) 표준용액

납 표준용액(1,000mg/L, 100.0mg/L, 1.0mg/L)

## 04 정도보증/정도관리(QA/QC)

### (1) 방법검출한계 및 정량한계 〔중요내용〕
① 시안이 함유하고 있지 않은 것으로 확인된 폐기물 일정 양에 정량한계 부근의 농도를 첨가한 시료 7개를 준비, 측정하여 표준편차를 구한다.
② 방법검출한계 : 표준편차×3.14
③ 정량한계 : 표준편차×10
④ 정량한계 : 0.01mg/L

### (2) 방법바탕시료의 측정
① 시료군마다 1개의 방법바탕시료를 측정한다.
② 방법바탕시료는 정제수를 사용, 전처리, 측정하며 측정값은 방법검출한계 이하이어야 한다.

### (3) 검정곡선의 작성 및 검증 〔중요내용〕
4개 이상의 농도에 대해 검정곡선을 작성하여 얻어진 검정곡선의 결정계수($R^2$)가 0.98 이상이어야 하고 허용범위를 벗어나면 재작성하도록 한다.

### (4) 정밀도 및 정확도 〔중요내용〕
① 폐기물 기준이 되는 농도로 동일하게 표준물질을 첨가한 폐기물시료를 4개 이상 준비하여 평균값의 표준편차를 구한다.
② 정확도는 첨가한 표준물질의 농도에 대한 측정 평균값의 상대 백분율로서 나타내며, 그 값은 75~125% 이내이어야 한다.
③ 정밀도는 측정값의 % 상대표준편차(RSD)로 계산하며 측정값이 25% 이내이어야 한다.

## 05 분석절차

### (1) 전처리 : 산분해법
전처리를 하지 않고 직접 시료를 사용하는 경우 시료 중에 시안화칼륨이 함유 시 염산 산성으로 끓여 시안화물을 완전히 분해 제거한다.

### (2) 분석방법(주의점)

① 시료에 다량의 비스무트(Bi)가 공존하면 시안화칼륨용액으로 수회 씻어도 무색이 되지 않는다. 이때에는 다음과 같이 납과 비스무트를 분리하여 실험한다.
② 추출하여 10~20mL로 한 사염화탄소층에 프탈산수소칼륨 완충용액(pH 3.4) 20mL를 2회 역추출하고 전체 수층을 합하여 분별깔때기에 옮긴다. 암모니아수(1+1)를 넣어 약알칼리성으로 하고 시안화칼륨용액(5W/V%) 5mL 및 정제수를 넣어 약 100mL로 한 다음 이하 시료의 시험기준에 따라 추출조작부터 다시 실험한다.

### (3) 검정곡선의 작성

납 표준용액(1.0mg/L) 0~40.0mL를 단계적으로 취하여 약 50mL로 한 다음 시료의 시험기준에 따라 실험한다.(단, 표준용액은 바탕용액을 제외하고 3개 이상 제조해야 하며 필요에 따라 사용하는 표준용액의 양을 달리 할 수 있음)

## 06 농도계산 〈중요내용〉

$$\text{폐기물 중 납의 농도(mg/L)} = \frac{(C_1 - C_0)}{V_0} \times V_s$$

여기서, $C_1$ : 검정곡선에서 얻어진 분석시료의 납 농도(mg/L)
　　　　$C_0$ : 검정곡선에서 얻어진 바탕시험용액의 납 농도(mg/L)
　　　　$V_0$ : 전처리에 사용된 시료량(mL)
　　　　$V_s$ : 전처리 후 표선맞춘 시료량(mL)

## 07 정도관리 목표값 〈중요내용〉

| 정도관리 항목 | 정도관리 목표 |
|---|---|
| 정량한계 | 0.001mg |
| 검정곡선 | 결정계수($R^2$) ≥ 0.98 |
| 정밀도 | 상대표준편차가 25% 이내 |
| 정확도 | 75~125% |

# [납-유도결합플라스마-원자발광분광법]

(1) 폐기물 중에 납의 측정방법으로, 시료를 분해한 후 농축시료를 아르곤 플라스마에 주입하여 방출하는 발광선 및 발광강도를 측정하여 정성 및 정량분석을 수행한다.

(2) 〔금속류-유도결합플라스마-원자발광분광법〕 내용과 동일함

# [비소]

## 01 적용 가능한 실험방법

| 비소 | 정량한계 | 정밀도(RSD) |
|---|---|---|
| 원자흡수분광도법 | 0.005mg/L | 25% 이내 |
| 유도결합플라스마-원자발광분광법 | 0.050mg/L | 25% 이내 |
| 자외선/가시선 분광법 | 0.002mg | |

## 02 비소-유도결합플라스마-원자발광분광법

〔금속류-유도결합플라스마-원자발광분광법〕 내용과 동일함

# [비소 - 수소화물생성 - 원자흡수분광광도법]

## 01 개요

### (1) 분석 *중요내용*

전처리한 시료용액 중에 아연 또는 나트륨붕소수화물을 넣어 생성된 수소화비소를 원자화시켜서 193.7nm에서 흡광도를 측정하고 비소를 정량하는 방법이다.

### (2) 적용범위 *중요내용*

① 적용금속 : 비소
② 불꽃 : 아르곤 - 수소 불꽃
③ 낮은 농도의 비소는 암모늄피롤리딘다이티오카바메이트(APDC)와 착물을 생성시켜 메틸아이소부틸케톤(MIBK)으로 추출하여 공기 - 아세틸렌 불꽃에 주입하여 분석한다.
④ 정량범위 : 193.7nm에서 0.005~0.5mg/L
⑤ 정량한계 : 0.005mg/L

### (3) 간섭물질 *중요내용*

① 화학물질이 공기 - 아세틸렌 불꽃에서 분자상태로 존재하여 낮은 흡광도를 보일 경우의 원인
  ㉠ 불꽃의 온도가 너무 낮아 원자화가 일어나지 않는 경우
  ㉡ 안정한 산화물질로 바뀌어 불꽃에서 원자화가 일어나지 않는 경우
② 염이 많은 시료를 분석하면 버너헤드 부분에 고체가 생성되어 불꽃이 자주 꺼질 때 버너헤드를 청소해야 할 대책
  ㉠ 시료를 묽혀 분석
  ㉡ 메틸아이소부틸케톤 등을 사용하여 추출, 분석
③ 시료 중에 칼륨, 나트륨, 리튬, 세슘과 같이 쉽게 이온화되는 원소가 1,000mg/L 이상의 농도로 존재 시 금속측정을 간섭할 경우의 대책
  검정곡선용 표준물질에 시료의 매질과 유사하게 첨가하여 보정한다.
④ 시료 중에 알칼리금속의 할로겐 화합물을 다량 함유하는 경우에는 분자흡수나 광란에 의하여 오차발생 시 대책
  추출법으로 카드뮴을 분리하여 실험한다.

## 02 용어 정의

(1) 발광세기
(2) 바탕보정
(3) 용매추출
(4) 인증표준물질

〔금속류－원자흡수분광광도법〕 내용과 동일함

## 03 분석기기 및 기구

### (1) 원자흡수분광광도계(AAS)

〔금속류－원자흡수분광광도법〕 내용과 동일함

### (2) 광원램프 *중요내용

〔금속류－원자흡수분광광도법〕 내용과 동일함

### (3) 기체 *중요내용

① 일반적으로 가연성 기체로 아세틸렌을, 조연성 기체로 공기를 사용한다.
② 수소－공기와 아세틸렌－공기는 거의 대부분의 원소 분석에 유용하게 사용할 수 있다.
③ 수소－공기는 원자 외 영역에서 불꽃 자체에 의한 흡수가 적기 때문에 이 파장영역에서 흡수선을 갖는 원소의 분석에 적당하다.
④ 어떠한 종류의 불꽃이라도 가연성 기체와 조연성 기체의 혼합비는 감도에 크게 영향을 주므로 금속의 종류에 따라 최적혼합비를 선택하여 사용한다.

(4) 비화수소 발생장치 *중요내용*

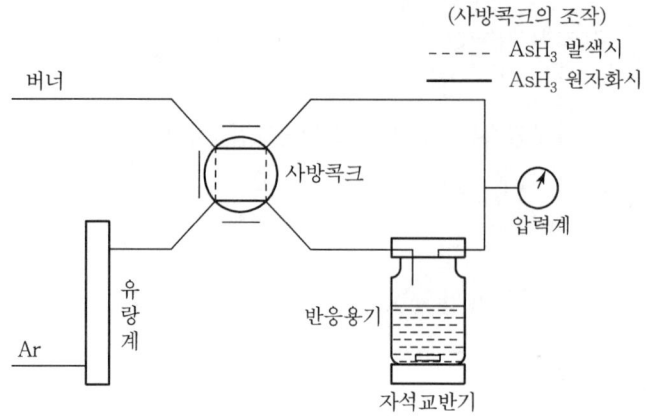

[비화수소 발생장치]

## 04 시약 및 표준용액

(1) 시약

① 질산  ② 황산(1+1)  ③ 황산(1+19)
④ 염산(1+1)  ⑤ 과망간산칼륨용액(0.3W/V%)  ⑥ 과염소산 등

(2) 표준용액

① 모든 표준원액은 표준용액을 제조하는 데 사용한다.
② 표준원액은 최대 1년까지 사용할 수 있으나 10mg/L 이하의 표준용액은 최소한 1개월마다 새로 조제해야 한다.

## 05 정도보증/정도관리(QA/QC)

〔금속류 – 원자흡수분광광도법〕 내용과 동일함

## 06 분석절차

### (1) 전처리

① 액상 폐기물 시료 또는 용출용액이 비소로서 0.001mg 이하 함유할 경우
   ㉠ 액상 폐기물 시료 또는 용출용액을 취하여 100mL 비커에 넣고 황산(1+1) 1mL 및 질산 2mL를 넣은 다음 과망간산칼륨용액(0.3W/V%)을 착색될 때까지 넣어 가열함
   ㉡ 탈색되면 과망간산칼륨용액(0.3W/V%)을 추가하고 황산의 백연을 충분히 발생시켜 잔류하는 질산을 완전히 제거함
   ㉢ 실온까지 공기 중에서 식혀 염산(1+1) 4mL 및 정제수를 넣어 약 20mL로 함

② 시료 중 유기물, 질산염 및 아질산염이 존재하지 않을 경우
   액상 폐기물 시료 또는 용출용액 적당량을 100mL 비커에 취하여 염산(1+1) 4mL를 넣고 끓지 않을 정도로 수 분간 가열한 다음 냉각하고 정제수를 넣어 약 20mL로 한다.

③ 유기물 등이 다량 함유된 시료의 경우
   액상 폐기물 시료 또는 용출용액 적당량을 100mL 비커에 취하여 황산(1+1) 1mL, 질산 2mL 및 과염소산 3mL를 넣고 가열하여 백연을 충분히 발생시킨 다음, 공기 중에서 식힌 후 염산(1+1) 4mL와 정제수를 넣어 약 20mL로 한다. 유기물이 완전히 분해되지 않을 경우 질산 2mL씩을 추가하고 분해를 반복한다.

### (2) 분석방법(주의점) 〔중요내용〕

아연분말은 비소함량이 0.005mg/L 이하의 것을 사용하여야 한다.

## 07 농도계산 〔중요내용〕

$$\text{폐기물 중 비소의 농도(mg/L)} = \frac{(C_1 - C_0)}{V_0} \times V_s$$

여기서, $C_1$ : 검정곡선에서 얻어진 분석시료의 비소 농도(mg/L)
$C_0$ : 검정곡선에서 얻어진 바탕시험용액의 비소 농도(mg/L)
$V_0$ : 전처리에 사용된 시료량(mL)
$V_s$ : 전처리 후 표선맞춘 시료량(mL)

## 08 정도관리 목표값 *중요내용*

| 정도관리 항목 | 정도관리 목표 |
|---|---|
| 정량한계 | 0.005mg/L |
| 검정곡선 | 결정계수($R^2$) ≥ 0.98 |
| 정밀도 | 상대표준편차가 25% 이내 |
| 정확도 | 75~125% |

# [비소 – 자외선/가시선 분광법]

## 01 개요

**(1) 분석(다이에틸다이티오카르바민산은법)** *중요내용*

시료 중의 비소를 3가비소로 환원시킨 다음 아연을 넣어 발생되는 비화수소를 다이에틸다이티오카르바민산은의 피리딘용액에 흡수시켜 이때 나타나는 적자색의 흡광도를 530nm에서 측정하는 방법이다.(흡광도의 눈금보정 시약 : 수산화 중크롬산칼륨을 N/20 수산화칼륨용액에 녹여 사용)

**(2) 적용범위**

① 적용금속 : 비소
② 정량범위 : 0.002~0.01mg *중요내용*
③ 정량한계 : 0.002mg *중요내용*

**(3) 간섭물질** *중요내용*

① 시료 중 다량의 철과 망간을 함유하는 경우
  ㉠ 디티존에 의한 카드뮴 추출이 불완전하다. 이 경우에는 중화한 시료 일정량에 염산을 넣어 2M의 염산산성으로 하여 강염기성 음이온교환수지컬럼(R~Cl형, 지름 10mm, 길이 220mm)에 3mL/min의 속도로 유출시켜 카드뮴을 흡착하고 염산(1+9)으로 씻어준 다음 새로운 수집기에 질산(1+12)을 사용하여 용출하는 카드뮴을 받는다.
  ㉡ 이 용출용액을 가지고 시험기준에 따라 실험한다. 이때는 시험기준 중 타타르산용액(2W/V%)으로 역추출하는 조작을 생략해도 된다.

② 시료에 다량의 비스무트(Bi)가 공존하면 시안화칼륨용액으로 수회 씻어도 무색이 되지 않은 경우 다음과 같이 납과 비스무트를 분리하여 실험한다. 추출하여 10~20mL로 한 사염화탄소층에 프탈산수소칼륨 완충용액(pH 3.4) 20mL씩을 2회 역추출하고 전체 수층을 합하여 분별깔때기에 옮긴다. 암모니아수(1+1)를 넣어 약알칼리성으로 하고 시안화칼륨용액(5W/V%) 5mL 및 정제수를 넣어 약 100mL로 한 다음 이하 시료의 시험기준에 따라 추출조작부터 다시 실험한다.

③ 흡수셀이 더러워 측정값에 오차가 발생한 경우
  ㉠ 탄산나트륨용액(2W/V%)에 소량의 음이온 계면활성제를 가한 용액에 흡수셀을 담가 놓고 필요하면 40~50℃로 약 10분간 가열한다.
  ㉡ 흡수셀을 꺼내 정제수로 씻은 후 질산(1+5)에 소량의 과산화수소를 가한 용액에 약 30분간 담가 놓았다가 꺼내어 정제수로 잘 씻는다. 깨끗한 거즈나 흡수지 위에 거꾸로 놓아 물기를 제거하고 실리카겔을 넣은 데시케이터 중에서 건조하여 보존한다.

## 02 분석기기 및 기구

### (1) 자외선/가시선 분광광도법

### (2) 흡수셀

〔구리-자외선/가시선 분광광도법〕 내용과 동일함

### (3) 비화수소발생장치 〈중요내용〉

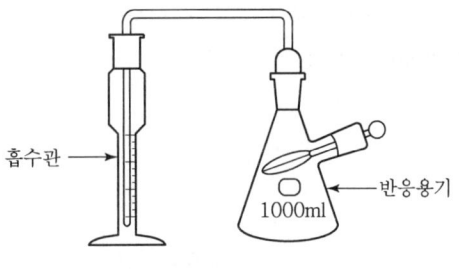

[비화수소발생장치]

## 03 정도보증/정도관리(QA/QC)

〔구리-자외선/가시선 분광법〕 내용과 동일함

## 04 분석절차

### (1) 전처리

① 비소로서 0.01mg 이하 함유하고 있는 시료인 경우

액상 폐기물 시료 또는 용출용액 적당량을 비커에 취하여 질산 5mL와 황산 3mL를 넣고 가열하여 백연을 발생시킨다. 공기 중에서 식힌 다음 정제수 소량으로 비커의 기벽을 씻어주고 백연이 발생할 때까지 가열한다. 다시 공기 중에서 식힌 후 비소 발생병에 옮겨 염산(1+1) 2mL와 정제수를 넣어 약 40mL로 한다.

② 비소 함량이 미량이거나 방해물질을 함유하고 있는 시료인 경우

㉠ 액상 폐기물 시료 또는 용출용액 적당량(비소로서 0.01mg 이하 함유)을 취하여 시료 1L에 대하여 질산 3mL와 과망간산칼륨용액(0.3%)을 한 방울씩 떨어뜨려 엷은 홍색으로 착색시킨 다음 끓인다.

㉡ 과망간산의 엷은 홍색이 탈색할 때는 다시 과망간산칼륨용액(0.3%)을 탈색하지 않을 때까지 넣어 끓이고 공기 중에서 식혀 과산화수소(1+30)를 소량씩 넣어 과망간산을 분해한다.

㉢ 염화철(Ⅲ)용액(비소실험용) 5mL를 넣고 액온을 약 80℃로 하여 메타크레솔퍼플·에틸알코올용액(0.05W/V%) 수 방울을 넣고 액의 색이 자색이 될 때까지 암모니아수(1+2)를 넣는다. 이때의 pH는 약 9~10이다.

③ 침전이 완결된 다음 작은 여과지로 여과하고 소량의 온수로 2~3회 씻어준다. 침전은 온 황산(1+5) 18mL와 염산(1+1) 2mL를 여과지상에 조금씩 떨어뜨려 녹이고, 여과지는 온수로 씻어 여과액과 씻은 액을 비소발생병에 옮기고 정제수를 넣어 약 40mL로 한다.

④ 유기물을 많이 함유하고 있는 시료인 경우

액상 폐기물시료 또는 용출용액 적당량을 취하여 질산-황산에 의한 유기물 분해에 따라 전처리한 시료 적당량을 비소발생병에 취하여 온 황산(1+5) 18mL와 염산(1+1) 2mL를 가하고 정제수를 넣어 약 40mL로 한다.

## 05 농도계산 [중요내용]

$$\text{폐기물 중 비소의 농도(mg/L)} = \frac{(C_1 - C_0)}{V_0} \times V_s$$

여기서, $C_1$ : 검정곡선에서 얻어진 분석시료의 비소 농도(mg/L)
$C_0$ : 검정곡선에서 얻어진 바탕시험용액의 비소 농도(mg/L)
$V_0$ : 전처리에 사용된 시료량(mL)
$V_s$ : 전처리 후 표선맞춘 시료량(mL)

## 06 정도관리 목표값

| 정도관리 항목 | 정도관리 목표 |
|---|---|
| 정량한계 | 0.002mg |
| 검정곡선 | 결정계수($R^2$)≥0.98 |
| 정밀도 | 상대표준편차가 25% 이내 |
| 정확도 | 75~125% |

# [수은]

## 01 적용 가능한 시험방법

| 수은 | 정량한계 | 정밀도(RSD) |
|---|---|---|
| 원자흡수분광광도법(환원기화법) | 0.0005mg/L | 25% |
| 자외선/가시선 분광법(디티존법) | 0.001mg | 25% |

# [수은 – 환원기화 – 원자흡수분광광도법]

## 01 개요

### (1) 분석 *중요내용

시료 중 수은을 이염화주석을 넣어 금속수은으로 환원시킨 다음 이 용액에 통기하여 발생하는 수은 증기를 253.7nm의 파장에서 원자흡수분광광도법에 따라 정량하는 방법

### (2) 적용범위 *중요내용

① 적용 금속 : 수은
② 불꽃 : 공기 – 아세틸렌 불꽃
③ 정량범위 : 253.7nm에서 0.005~0.01mg/L
④ 정량한계 : 0.0005mg/L

### (3) 간섭물질 *중요내용

① 시료 중 염화물이온이 다량 함유된 경우에는 산화조작 시 유리염소를 발생하여 253.7nm에서 흡광도를 나타내는 경우
염산하이드록실 아민용액을 과잉으로 넣어 유리염소를 환원시키고 용기 중에 잔류하는 염소는 질소가스를 통기시켜 추출한다.

② 벤젠, 아세톤 등 휘발성 유기물질이 253.7nm에서 흡광도를 나타내는 경우
과망간산칼륨 분해 후 헥산으로 이들 물질을 추출 분리한 다음 실험한다.

## 02 용어 정의

(1) 발광세기
(2) 바탕보정
(3) 용매추출
(4) 인증표준물질

〔금속류 – 원자흡수분광광도법〕 내용과 동일함

## 03 분석기기 및 기구

### (1) 원자흡수분광광도계 *중요내용*

### (2) 기체

〔금속류 – 원자흡수분광광도법〕 내용과 동일함

### (3) 광원램프

① 수은 속 빈 음극램프
② 좁은 선폭과 높은 휘도를 갖는 스펙트럼을 반사하는 특징이 있다.

### (4) 환원플라스크 *중요내용*

환류냉각기가 부착된 부피 350mL의 삼각플라스크로 부피 250mL를 표시하는 선이 그어진 것을 사용한다.

### (5) 흡수셀 *중요내용*

유리제 또는 염화비닐제의 원통(길이 100mm) 양 끝에 석영유리창을 장치한 것을 사용한다.

(6) 수은 환원기화장치

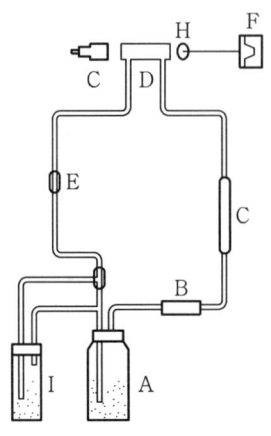 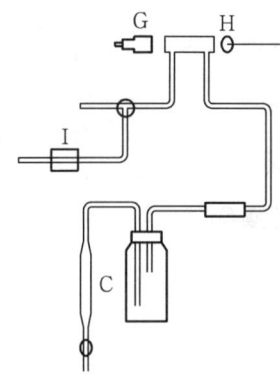

　　　밀폐식 환원기화장치　　　　　　　　개방식 환원기화장치

A : 환원용기(300~350mL의 유리병)
B : 건조관(입상의 과염소산 마그네슘 또는 염화칼슘으로 충전한 것)
C : 유량계(0.5~5L/min의 유량측정이 가능한 것)
D : 흡수셀(길이 10~30cm 석영제)
E : 송기펌프(0.5~3L/min의 송기능력이 있는 것)
F : 기록계
G : 수은 속 빈 음극램프
H : 측광부
I : 세척병(또는 수은제거 장치)

[수은 환원기화장치의 구성]

## 04 시료채취 및 관리

① 시료채취용기는 미리 세척제, 산, 정제수로 닦아주어야 한다.
② **시료가 액상폐기물인 경우**
　㉠ 진한 질산으로 pH 2 이하로 조절
　㉡ 채취 시료는 수분, 유기물 등 함유성분의 변화가 일어나지 않도록 0~4℃ 이하의 냉암소에 보관
　㉢ 가급적 빠른 시간 내에 분석하여야 하나 최대 28일 안에 분석
③ **시료가 고상폐기물인 경우**
　㉠ 0~4℃ 이하의 냉암소에 보관
　㉡ 가급적 빠른 시간 내에 분석

## 05 정도보증/정도관리(QA/QC)

[금속류 – 원자흡수분광광도법] 내용과 동일함

## 06 분석절차

### (1) 전처리 *중요내용*

① 액상 폐기물 시료 또는 용출용액 적당량(수은으로서 0.002mg 이하 함유)을 삼각플라스크에 넣고 정제수를 넣어 약 200mL로 하고 황산(1+1) 20mL와 진한 질산 5mL 및 과망간산칼륨용액(5W/V%) 10mL를 넣어 흔들어 섞고 약 15분간 방치한다.
② 과망간산칼륨의 색이 없어지면 2mL씩 추가하여 약 15분간 색이 지속될 때까지 반복한다.
③ 과잉의 망간산칼륨을 분해하기 위해 사용하는 용액은 10W/V% 염화하이드록시암모늄 용액이다.

### (2) 분석방법 *중요내용*

전처리한 시료[1] 전량을 환원용기에 옮기고 환원기화장치와 원자흡광분석장치를 연결한 다음, 환원용기에 이염화주석용액(수은 실험용) 10mL를 넣고 송기펌프를 작동시켜 발생한 수은증기를 흡수셀로 보냄[2]

> [1] 유기물 및 기타 방해물질을 함유하지 않은 시료는 전처리를 생략하고, 시료를 직접 환원용기에 넣고 황산(1+1) 20mL와 정제수를 넣어 약 250mL로 한 다음 시료의 시험기준에 따라 실험한다.
> [2] 환원기화장치가 개방식인 경우에는 이염화주석용액을 넣은 다음 밀폐하여 약 2분간 세게 흔들어 섞고 펌프의 작동과 동시에 콕을 열어 수은증기를 흡수셀에 보낸다. 이때에는 흡광도 대신 피크의 높이 또는 면적을 측정하여 계산한다.

## 07 농도계산 *중요내용*

$$\text{폐기물 중 수은의 농도(mg/L)} = \frac{(C_1 - C_0)}{V_0} \times V_s$$

여기서, $C_1$ : 검정곡선에서 얻어진 분석시료의 수은 농도(mg/L)
$C_0$ : 검정곡선에서 얻어진 바탕시험용액의 수은 농도(mg/L)
$V_0$ : 전처리에 사용된 시료량(mL)

$V_s$ : 전처리 후 표선맞춘 시료량(mL)

⇨ 흡광도 대신 피크의 높이 또는 면적을 측정하여 계산함

## 08 정도관리 목표값 *중요내용

| 정도관리 항목 | 정도관리 목표 |
|---|---|
| 정량한계 | 0.0005mg/L |
| 검정곡선 | 결정계수($R^2$) ≥ 0.98 |
| 정밀도 | 상대표준편차가 25% 이내 |
| 정확도 | 75~125% |

# [수은 – 자외선/가시선 분광법]

## 01 개요

### (1) 분석 *중요내용

수은을 황산 산성에서 디티존사염화탄소로 일차 추출하고 브로모화칼륨 존재하에 황산 산성으로 역추출하여 방해성분과 분리한 다음 알칼리성에서 디티존사염화탄소로 수은을 추출하여 490nm에서 흡광도를 측정하는 방법이다.

### (2) 적용범위

① 적용금속 : 수은
② 정량범위 : 0.001~0.025mg *중요내용
③ 정량한계 : 0.001mg *중요내용

### (3) 간섭물질 *중요내용

① 흡수셀이 더러워 측정값에 오차가 발생한 경우
  ㉠ 탄산나트륨용액(2W/V%)에 소량의 음이온 계면활성제를 가한 용액에 흡수셀을 담가 놓고 필요하면 40~50℃로 약 10분간 가열
  ㉡ 흡수셀을 꺼내 정제수로 씻은 후 질산(1+5)에 소량의 과산화수소를 가한 용액에 약 30분간 담가 놓았다가 꺼내어 정제수로 잘 씻고, 깨끗한 거즈나 흡수지 위에 거꾸로 놓아

물기를 제거하고 실리카겔을 넣은 데시케이터 중에서 건조하여 보존
ⓒ 급히 사용하고자 할 때는 물기를 제거한 후 에틸알코올로 씻고 다시 에틸에테르로 씻은 다음 드라이어로 건조해서 사용
② 흡광도의 측정값이 0.2~0.8의 범위에 들도록 실험용액의 농도를 조절한다.

## 02 분석기기 및 기구

[구리-자외선/가시선 분광법] 내용과 동일함

## 03 시료채취 및 관리 *중요내용*

## 04 정도보증/정도관리(QA/QC)

[수은-원자흡수분광광도법] 내용과 동일함

## 05 농도계산 *중요내용*

$$\text{폐기물 중 수은의 농도}(mg/L) = \frac{(C_1 - C_0)}{V_0} \times V_s$$

여기서, $C_1$ : 검정곡선에서 얻어진 분석시료의 수은 농도(mg/L)
$C_0$ : 검정곡선에서 얻어진 바탕시험용액의 수은 농도(mg/L)
$V_0$ : 전처리에 사용된 시료량(mL)
$V_s$ : 전처리 후 표선 맞춘 시료량(mL)

## 06 정도관리 목표값 *중요내용*

| 정도관리 항목 | 정도관리 목표 |
|---|---|
| 정량한계 | 0.001mg |
| 검정곡선 | 결정계수($R^2$) ≥ 0.98 |
| 정밀도 | 상대표준편차가 25% 이내 |
| 정확도 | 75~125% |

# [카드뮴]

## 01 적용 가능한 실험방법 *중요내용*

| 카드뮴 | 정량한계 | 정밀도(RSD) |
|---|---|---|
| 원자흡수분광광도법 | 0.002mg/L | 25% 이내 |
| 유도결합플라스마 – 원자발광분광법 | 0.004mg/L | 25% 이내 |
| 자외선/가시선 분광법 | 0.001mg | 25% 이내 |

## 02 카드뮴 – 원자흡수분광광도법

〔금속류 – 원자흡수분광광도법〕 내용과 동일함

## 03 카드뮴 – 유도결합플라스마 – 원자발광분광법

〔금속류 – 유도결합플라스마 – 원자발광분광법〕 내용과 동일함

# [카드뮴 – 자외선/가시선 분광법]

## 01 개요

### (1) 분석 : 디티존법 *중요내용*

시료 중에 카드뮴이온을 시안화칼륨이 존재하는 알칼리성에서 디티존과 반응시켜 생성하는 카드뮴착염을 사염화탄소로 추출하고, 추출한 카드뮴착염을 타타르산용액으로 역추출한 다음 수산화나트륨과 시안화칼륨을 넣어 디티존과 반응하여 생성하는 적색의 카드뮴착염을 사염화탄소로 추출하여 그 흡광도를 520nm에서 측정하는 방법이다.

### (2) 적용범위

① 적용금속 : 비소
② 정량범위 : 0.001~0.03mg *중요내용
③ 정량한계 : 0.001mg *중요내용

### (3) 간섭물질 *중요내용

① 시료 중 다량의 철과 망간을 함유하는 경우
    디티존에 의한 카드뮴추출이 불완전하다. 이 경우에는 중화한 시료 일정량에 염산을 넣어 2M의 염산산성으로 하여 강염기성 음이온교환수지컬럼(R~C1형, 지름 10mm, 길이 220mm)에 3mL/min의 속도로 유출시켜 카드뮴을 흡착하고 염산(1+9)으로 씻어 준 다음 새로운 수집기에 질산(1+12)을 사용하여 용출하는 카드뮴을 받는다. 이 용출용액을 가지고 시험기준에 따라 실험한다. 이때는 시험기준 중 타타르산용액(2W/V%)으로 역추출하는 조작을 생략해도 된다.

② 시료에 다량의 비스무트(Bi)가 공존하면 시안화칼륨용액으로 수회 씻어도 무색이 되지 않은 경우
    다음과 같이 납과 비스무트를 분리하여 실험한다. 추출하여 10~20mL로 한 사염화탄소층에 프탈산수소칼륨 완충용액(pH 3.4) 20mL씩을 2회 역추출하고 전체 수층을 합하여 분별깔때기에 옮긴다. 암모니아수(1+1)를 넣어 약알칼리성으로 하고 시안화칼륨용액(5W/V%) 5mL 및 정제수를 넣어 약 100mL로 한 다음 이하 시료의 시험기준에 따라 추출조작부터 다시 실험한다.

③ 흡수셀이 더러워 측정값에 오차가 발생한 경우
    ㉠ 탄산나트륨용액(2W/V%)에 소량의 음이온 계면활성제를 가한 용액에 흡수셀을 담가 놓고 필요하면 40~50℃로 약 10분간 가열한다.
    ㉡ 흡수셀을 꺼내 정제수로 씻은 후 질산(1+5)에 소량의 과산화수소를 가한 용액에 약 30분간 담가 놓았다가 꺼내어 정제수로 잘 씻는다. 깨끗한 가제나 흡수지 위에 거꾸로 놓아 물기를 제거하고 실리카겔을 넣은 데시케이터 중에서 건조하여 보존한다.

## 02 분석기기 및 기구

### (1) 자외선/가시선 분광광도계

### (2) 흡수셀

〔구리-자외선/가시선 분광법〕 내용과 동일함

## 03 시약 및 표준용액

**(1) 시약**

① 염산  ② 염산(1+9)  ③ 염산(1+10)
④ 질산(1+12)  ⑤ 황산  ⑥ 염화하이드록시암모늄용액(10W/V%) 등

**(2) 표준용액**

① 모든 표준원액은 표준용액을 제조하는 데 사용
② 표준원액은 최대 1년까지 사용할 수 있으나 10mg/L 이하의 표준용액은 최소한 1개월마다 새로 조제해야 함

## 04 정도보증/정도관리(QA/QC) 〈중요내용〉

〔구리-자외선/가시선 분광법〕 내용과 동일함

## 05 분석절차

**(1) 전처리 : 산분해법**

**(2) 분석방법**

① 시료 중 다량의 철과 망간을 함유하는 경우 디티존에 의한 카드뮴추출이 불완전하다. 이 경우에는 중화한 시료 일정량에 염산을 넣어 2M의 염산산성으로 하여 강염기성 음이온교환수지컬럼(R~C1형, 지름 10mm, 길이 220mm)에 3mL/min의 속도로 유출시켜 카드뮴을 흡착하고 염산(1+9)으로 씻어준 다음 새로운 수집기에 질산(1+12)을 사용하여 용출하는 카드뮴을 받는다.
② 이 용출용액을 가지고 시험기준에 따라 실험한다. 이때는 시험기준 중 타타르산용액(2W/V%)으로 역추출하는 조작을 생략해도 된다.

**(3) 검정곡선의 작성**

① 카드뮴 표준용액(1.0mg/L) 0~30.0mL를 단계적으로 취하여 약 30mL로 한다.(단, 표준용액은 바탕용액을 제외하고 3개 이상 제조해야 하며 필요에 따라 사용하는 표준용액의 양을 달리할 수 있음)
② 카드뮴의 농도(mg/L)를 가로축(x축)에, 카드뮴의 측정값을 세로축(y축)에 취하여 검정곡선을 작성한다.

## 06 농도계산

$$\text{폐기물 중 카드뮴의 농도(mg/L)} = \frac{(C_1 - C_0)}{V_0} \times V_s$$

여기서, $C_1$ : 검정곡선에서 얻어진 분석시료의 카드뮴 농도(mg/L)
　　　　$C_0$ : 검정곡선에서 얻어진 바탕시험용액의 카드뮴 농도(mg/L)
　　　　$V_0$ : 전처리에 사용된 시료량(mL)
　　　　$V_s$ : 전처리 후 표선맞춘 시료량(mL)

## 07 정도관리 목표값

| 정도관리 항목 | 정도관리 목표 |
| --- | --- |
| 정량한계 | 0.001mg |
| 검정곡선 | 결정계수($R^2$) ≥ 0.98 |
| 정밀도 | 상대표준편차가 25% 이내 |
| 정확도 | 75~125% |

# [크롬]

## 01 적용 가능한 실험방법

| 크롬 | 정량한계 | 정밀도(RSD) |
|---|---|---|
| 원자흡수분광광도법 | 0.01mg/L | 25% 이내 |
| 유도결합플라스마-원자발광분광법 | 0.007mg/L | 25% 이내 |
| 자외선/가시선 분광법<br>(다이페닐카바자이드법) | 0.002mg | 25% 이내 |

## 02 크롬-유도결합플라스마 원자발광분광법

〔금속류-유도결합플라스마 원자발광분광법〕 내용과 동일함

# [크롬-원자흡수분광광도법]

## 01 개요

### (1) 분석

크롬의 농도에 따라 다른 전처리 방법을 사용하여 시료를 분해한 후 농축시료를 직접 불꽃으로 주입하여 원자화하여 원자흡수분광광도법으로 분석하는 방법이다.

### (2) 적용범위

① 적용금속 : 크롬
② 불꽃
  ㉠ 아세틸렌-공기 불꽃
  ㉡ 아세틸렌-일산화이질소 불꽃
③ 정량범위 : 357.9nm에서 최종용액 중에서 0.01~5mg/L
④ 정량한계 : 0.01mg/L

## (3) 간섭물질

① 공기-아세틸렌으로는 아세틸렌 유량이 많은 쪽이 감도가 높지만 철, 니켈의 방해가 많다.
② 아세틸렌-일산화질소는 방해는 적으나 감도가 낮다.
③ 화학물질이 공기-아세틸렌 불꽃에서 분자상태로 존재하여 낮은 흡광도를 보일 경우의 원인
〔금속류-원자흡수분광광도법〕 내용과 동일함
④ 염이 많은 시료를 분석하면 버너헤드 부분에 고체가 생성되어 불꽃이 자주 꺼질 때 버너헤드를 청소해야 하는 경우 대책
〔금속류-원자흡수분광광도법〕 내용과 동일함
⑤ 시료 중에 칼륨, 나트륨, 리튬, 세슘과 같이 쉽게 이온화되는 원소가 1,000mg/L 이상의 농도로 존재 시 금속측정을 간섭하는 경우 대책
시료와 표준물질 모두에 이온 억제제로 염화칼륨을 첨가하거나 간섭이온을 매질과 유사하게 표준물질에 넣어 보정한다.
⑥ 공기-아세틸렌 불꽃에서 철, 니켈 등의 공존물질에 의한 방해영향이 클 경우 대책
황산나트륨을 1% 정도 넣어서 측정한다.

## 02 용어 정의

〔금속류-원자흡수분광광도법〕 내용과 동일함

## 03 분석기기 및 기구

### (1) 원자흡수분광광도계(AAS)

〔금속류-원자흡수분광광도법〕 내용과 동일함

### (2) 광원램프

① 크롬 속 빈 음극램프
② 좁은 선폭과 높은 휘도를 갖는 스펙트럼을 방사하는 특징이 있다.

### (3) 기체

① 일반적 가연성 기체로 아세틸렌을, 조연성 기체로 공기를 사용한다.
② 수소-공기와 아세틸렌-공기는 거의 대부분의 원소분석에 유효하게 사용할 수 있다.
③ 수소-공기는 원자외 영역에서 불꽃 자체에 의한 흡수가 적기 때문에 이 파장영역에서 흡수선을 갖는 원소의 분석에 적당하다.

④ 아세틸렌 – 일산화이질소 불꽃은 불꽃의 온도가 높기 때문에 불꽃 중에서 해리하기 어려운 내화성 산화물을 만들기 쉬운 원소의 분석에 적당하다.
⑤ 어떠한 종류의 불꽃이라도 가연성 기체와 조연성 기체의 혼합비는 감도에 크게 영향을 주므로 금속의 종류에 따라 최적혼합비를 선택하여 사용한다.

## 04 시약 및 표준용액

### (1) 시약

① 황산제일철암모늄용액
② 질산암모늄용액(1W/V%)
③ 황산암모늄용액(40W/V%)
④ 과망간산칼륨용액(0.3W/V%)(목적 : 시료 중의 3가크롬을 6가크롬으로 산화하기 위함)
⑤ 트라이옥실아민 · 메틸아이소부틸케톤용액(3W/V%) 등

## 05 정도보증/정도관리(QA/QC)

〔금속류 – 원자흡수분광광도법〕 내용과 동일함

## 06 분석절차

### (1) 검정곡선의 작성

① 크롬 표준용액(10.0mg/L) 0~50.0mL를 단계적으로 100mL 부피플라스크에 넣고 시료와 같은 산의 농도가 되게 산을 넣은 다음 표선까지 정제수를 넣는다.(단, 표준용액은 바탕용액을 제외하고 3개 이상 제조해야 하며 필요에 따라 사용하는 표준용액의 양을 달리할 수 있음)
② 공기 – 아세틸렌 불꽃에서는 철, 니켈 등의 공존물질에 의한 방해영향이 크므로 이때는 황산나트륨을 1% 정도 넣어서 측정한다.

## 07 농도계산 〔중요내용〕

$$\text{폐기물 중 크롬의 농도(mg/L)} = \frac{(C_1 - C_0)}{V_0} \times V_s$$

여기서, $C_1$ : 검정곡선에서 얻어진 분석시료의 크롬 농도(mg/L)
$C_0$ : 검정곡선에서 얻어진 바탕시험용액의 크롬 농도(mg/L)
$V_0$ : 전처리에 사용된 시료량(mL)
$V_s$ : 전처리 후 표선 맞춘 시료량(mL)

## 08 정도관리 목표값

| 정도관리 항목 | 정도관리 목표 |
|---|---|
| 정량한계 | 0.01mg/L |
| 검정곡선 | 결정계수($R^2$)≥0.98 |
| 정밀도 | 상대표준편차가 25 이내 |
| 정확도 | 75~125 |

# [크롬 – 자외선/가시선 분광법]

## 01 개요

### (1) 분석

시료 중에 총 크롬을 과망간산칼륨을 사용하여 6가크롬으로 산화시킨 다음 산성에서 다이페닐카바자이드와 반응하여 생성되는 적자색 착화합물의 흡광도를 540nm에서 측정하여 총 크롬을 정량하는 방법이다.

### (2) 적용범위

① 적용금속 : 총 크롬
② 정량범위 : 0.002~0.05mg
③ 정량한계 : 0.002mg

### (3) 간섭물질

① 시료 중 철이 2.5mg 이하로 공존할 경우
다이페닐카바자이드용액을 넣기 전에 피로인산나트륨·10수화물용액(5%) 2mL를 넣어준다.
② 철 및 기타 방해원소를 다량 함유한 경우
㉠ 시료 적당량(크롬으로서 0.05mg 이하 함유)을 분별깔때기에 넣고 시료 20mL에 대하여 황산(1+1)을 5mL의 비율로 넣어 산 농도를 약 3.6N로 조절하고 과망간산칼륨용액(0.3%)을 한 방울씩 넣어 액의 색을 엷은 홍색으로 한 다음 쿠페론용액(5W/V%) 5mL, 클로로폼 10mL를 넣어 흔들어 섞고 정치하여 클로로폼 층을 분리함

ⓒ 수층을 100mL 비커에 옮기고 증발 건조한다. 잔사에 소량의 황산 및 질산을 넣고 다시 증발 건조하여 유기물질을 분해한 다음 황산(1+9) 3mL와 정제수 약 30mL를 넣어 녹이고 분석방법에 따라 실험함

③ 흡수셀이 더러워 측정값에 오차가 발생한 경우
  ㉠ 탄산나트륨용액(2W/V%)에 소량의 음이온 계면활성제를 가한 용액에 흡수셀을 담가 놓고 필요하면 40~50℃로 약 10분간 가열
  ㉡ 흡수셀을 꺼내 정제수로 씻은 후 질산(1+5)에 소량의 과산화수소를 가한 용액에 약 30분간 담가 놓았다가 꺼내어 정제수로 잘 씻고, 깨끗한 가제나 흡수지 위에 거꾸로 놓아 물기를 제거하고 실리카겔을 넣은 데시케이터 중에서 건조하여 보존
  ㉢ 급히 사용하고자 할 때는 물기를 제거한 후 에틸알코올로 씻고 다시 에틸에테르로 씻은 다음 드라이어로 건조해서 사용

## 02 분석기기 및 기구 〔중요내용〕

## 03 정도보증/정도관리(QA/QC) 〔중요내용〕

〔구리 – 자외선/가시선 분광법〕 내용과 동일함

## 04 분석절차

### (1) 전처리(주의점) 〔중요내용〕

황산의 백연이 발생하기 시작할 때 강열을 하면 무수황산크롬의 불용성 침전이 생성되므로 필요 이상의 강열은 하지 않아야 한다.

### (2) 분석방법(주의점) 〔중요내용〕

① 발색 시 황산의 최적농도는 0.1M이다. 시료의 전처리에서 다량의 황산을 사용하였을 경우에는 시료에 무수황산나트륨 200mg을 넣고 가열하여 황산의 백연을 발생시켜 황산을 제거한 다음 황산(1+9) 3mL를 넣고 실험한다.
② 시료 중 철이 2.5mg 이하로 공존할 경우에는 다이페닐카르바지드용액을 넣기 전에 피로인산나트륨·10수화물용액(5%) 2mL를 넣어 주면 영향이 없다.

### (3) 검정곡선의 작성

크롬 표준용액(2.0mg/L) 0~25.0mL를 100mL 비커에 취하여 넣고 황산(1+9) 3mL를 넣는다.(단, 표준용액은 바탕용액을 제외하고 3개 이상 제조해야 하며 필요에 따라 사용하는 표준용액의 양을 달리할 수 있음)

## 05 농도계산

$$\text{폐기물 중 크롬의 농도(mg/L)} = \frac{(C_1 - C_0)}{V_0} \times V_s$$

여기서, $C_1$ : 검정곡선에서 얻어진 분석시료의 크롬 농도(mg/L)
$C_0$ : 검정곡선에서 얻어진 바탕시험용액의 크롬 농도(mg/L)
$V_0$ : 전처리에 사용된 시료량(mL)
$V_s$ : 전처리 후 표선 맞춘 시료량(mL)

## 06 정도관리 목표값

| 정도관리 항목 | 정도관리 목표 |
| --- | --- |
| 정량한계 | 0.02mg |
| 검정곡선 | 결정계수($R^2$) ≥ 0.98 |
| 정밀도 | 상대표준편차가 25 % 이내 |
| 정확도 | 75~125% |

# [6가크롬]

## 01 일반적 성질

크롬은 주기율표 6족에 속하는 원소로 원자번호 24, 원자량 51.996, 녹는점 1,890℃, 끓는점 2,482℃, 비중 7.20(28℃), 원자가 2, 3, 6이다. 단단한 고광택의 철회색 금속으로 강도와 내식성을 높이기 위해 합금으로 사용된다. 수중에서는 주로 3가크롬과 6가크롬으로 존재하고 6가크롬은 독성이 강하여 다량으로 섭취할 경우 장궤양, 구토, 설사, 요결핍, 폐암, 비중격천공증상이 나타날 수 있다.

## 02 적용 가능한 시험방법 *중요내용*

| 납 | 정량한계 | 정밀도(RSD) |
|---|---|---|
| 원자흡수분광광도법 | 0.01mg/L | 25% 이내 |
| 유도결합플라스마-원자발광분광법 | 0.007mg/L | 25% 이내 |
| 자외선/가시선 분광법<br>(다이페닐카바자이드법) | 0.002mg | 25% 이내 |

## 03 6가크롬-유도결합플라스마-원자발광분광법

〔금속류-유도결합플라스마-원자발광분광법〕 내용과 동일함

# [6가크롬 – 원자흡수분광광도법]

## 01 개요

### (1) 분석  *중요내용*

3가크롬을 선택적으로 침전하여 제거한 후 6가크롬을 환원 및 침전시켜 전처리한 시료를 직접 불꽃으로 주입하여 원자화하여 원자흡수분광광도법으로 분석하는 방법이다.

### (2) 적용범위  *중요내용*

① 적용금속 : 6가크롬
② 불꽃 : ㉠ 아세틸렌 – 공기 불꽃    ㉡ 아세틸렌 – 산화이질소 불꽃
③ 정량범위 : 357.9nm에서 0.01~5mg/L
④ 정량한계 : 0.01mg/L

### (3) 간섭물질  *중요내용*

① 공기 – 아세틸렌으로는 아세틸렌 유량이 많은 쪽이 감도가 높지만 철, 니켈의 방해가 많다.
② 아세틸렌 – 산화이질소는 방해는 적으나 감도가 낮다.
③ 염이 많은 시료를 분석하면 버너 헤드 부분에 고체가 생성되어 불꽃이 자주 꺼질 때 버너 헤드를 청소해야 하는 경우 대책
　㉠ 시료를 묽혀 분석
　㉡ 메틸아이소부틸케톤 등을 사용하여 추출, 분석
④ 시료 중에 칼륨, 나트륨, 리튬, 세슘과 같이 쉽게 이온화되는 원소가 1,000mg/L 이상의 농도로 존재 시 금속측정을 간섭하는 경우의 대책
　검정곡선용 표준물질에 시료의 매질과 유사하게 첨가하여 보정한다.
⑤ 공기 – 아세틸렌 불꽃에서 철, 니켈 등의 공존물질에 의한 방해영향이 큰 경우의 대책
　황산나트륨을 1% 정도 넣어서 측정한다.

## 02 용어 정의  *중요내용*

### (1) 발광세기

금속원자를 적절한 방법으로 들뜨게 한 다음, 각 금속의 들뜸 상태에서 에너지준위가 낮은 상태로 전자가 되돌아가는 과정에서, 각 궤도 간의 에너지 차이가 빛으로 방출될 때의 빛에너지의 세기를 말한다.

### (2) 바탕보정

① 원자흡수분광광도법에서 용액에 공존하는 여러 물질들에 의해 발생하는 스펙트럼 방해를 최소화시키기 위한 방법이다.
② 스펙트럼 방해를 줄여 바탕보정을 실시하는 방법
  ㉠ 분석파장 변화      ㉡ 불꽃온도 상승
  ㉢ 복사선 완충제 추가   ㉣ 두 선 보정법
  ㉤ 연속광원법      ㉥ 제만(Zeeman) 효과법

### (3) 용매추출

용매를 써서 고체 또는 액체시료 중에서 성분물질의 일종(때로는 2종 이상)을 용해시켜 분리하는 조작을 말하며 단순히 추출이라고도 하는 분리법이다.

### (4) 인증표준물질

공인된 인증서가 첨부되고 각 지정된 양에 대하여 인증값, 측정불확도 및 소급성을 검증할 수 있는 표준물질이다.

## 03 분석기기 및 기구

### (1) 원자흡수분광광도계 〔중요내용〕

〔금속류 – 원자흡수분광광도법〕 내용과 동일함

### (2) 광원램프

① 크롬 속 빈 음극램프
② 좁은 선폭과 높은 휘도를 갖는 스펙트럼을 방사하는 특징이 있다.

### (3) 기체 〔중요내용〕

① 일반적 가연성 기체로 아세틸렌을, 조연성 기체로 공기를 사용한다.
② 수소-공기와 아세틸렌-공기는 거의 대부분의 원소 분석에 유효하게 사용할 수 있다.
③ 수소-공기는 원자 외 영역에서 불꽃 자체에 의한 흡수가 적기 때문에 이 파장영역에서 흡수선을 갖는 원소의 분석에 적당하다.
④ 아세틸렌-아산화질소 불꽃은 불꽃의 온도가 높기 때문에 불꽃 중에서 해리하기 어려운 내화성 산화물을 만들기 쉬운 원소의 분석에 적당하다.
⑤ 알루미늄 분석에 아산화질소 및 아세틸렌을 사용한다.
⑥ 프로판-공기 불꽃은 불꽃온도가 낮고 일부 원소에 대하여 높은 감도를 나타낸다.

⑦ 어떠한 종류의 불꽃이라도 가연성 기체와 조연성 기체의 혼합비는 감도에 크게 영향을 주므로 금속의 종류에 따라 최적혼합비를 선택하여 사용한다.

## 04 시약 및 표준용액

### (1) 시약
① 염산
② 질산
③ 황산
④ 질산(1+2)
⑤ 황산용액(0.5M)
⑥ 황산용액(1M) 등

### (2) 표준용액
① 모든 표준원액은 표준용액을 제조하는 데 사용한다.
② 표준원액은 최대 1년까지 사용할 수 있으나 10mg/L 이하의 표준용액은 최소한 1개월마다 새로 조제해야 한다.

## 05 정도보증/정도관리(QA/QC) 〈중요내용〉

〔금속류-원자흡수분광광도법〕 내용과 동일함

## 06 농도계산 〈중요내용〉

$$\text{폐기물 중 6가크롬의 농도(mg/L)} = \frac{(C_1 - C_0)}{V_0} \times V_s$$

여기서, $C_1$ : 검정곡선에서 얻어진 분석시료의 6가크롬 농도(mg/L)
$C_0$ : 검정곡선에서 얻어진 바탕시험용액의 6가크롬 농도(mg/L)
$V_0$ : 전처리에 사용된 시료량(mL)
$V_s$ : 전처리 후 표선 맞춘 시료량(mL)

## 07 정도관리 목표값

| 정도관리 항목 | 정도관리 목표 |
| --- | --- |
| 정량한계 | 0.01mg/L |
| 검정곡선 | 결정계수($R^2$)≥0.98 |
| 정밀도 | 상대표준편차가 25% 이내 |
| 정확도 | 75~125% |

# [6가크롬 – 자외선/가시선 분광법]

## 01 개요

### (1) 분석

시료 중에 6가크롬을 다이페닐카바자이드와 반응시켜 생성하는 적자색의 착화합물의 흡광도를 540nm에서 측정하여 6가크롬을 정량하는 방법이다.

### (2) 적용범위

① 적용금속 : 6가크롬
② 정량범위 : 0.002~0.05mg
③ 정량한계 : 0.002mg

### (3) 간섭물질

① 시료 중에 잔류염소가 공존하여 발색을 방해하는 경우
    시료에 수산화나트륨용액(20W/V%)을 넣어 pH 12 정도로 조절한 다음 입상활성탄을 10% 정도 되게 넣고 자석교반기로 약 30분간 교반하여 여과한 액을 시료로 사용한다.
② 시료 중 철이 2.5mg 이하로 공존할 경우
    다이페닐카바자이드용액을 넣기 전에 피로인산나트륨·10수화물용액(5%) 2mL를 넣어 주면 영향이 없다.
③ 흡수셀이 더러워 측정값에 오차가 발생한 경우
    [크롬 – 자외선/가시선 분광법] 내용과 동일함

## 02 분석기기 및 기구

〔크롬 – 자외선/가시선 분광광도법〕 내용과 동일함

## 03 정도보증/정도관리(QA/QC) *중요내용

〔구리 – 자외선/가시선 분광법〕 내용과 동일함

## 04 농도계산 *중요내용

$$\text{폐기물 중 6가크롬의 농도(mg/L)} = \frac{(C_1 - C_0)}{V_0} \times V_s$$

여기서, $C_1$ : 검정곡선에서 얻어진 분석시료의 6가크롬 농도(mg/L)
$C_0$ : 검정곡선에서 얻어진 바탕시험용액의 6가크롬 농도(mg/L)
$V_0$ : 전처리에 사용된 시료량(mL)
$V_s$ : 전처리 후 표선 맞춘 시료량(mL)

## 05 정도관리 목표값 *중요내용

| 정도관리 항목 | 정도관리 목표 |
| --- | --- |
| 정량한계 | 0.002mg |
| 검정곡선 | 결정계수($R^2$) ≥ 0.98 |
| 정밀도 | 상대표준편차가 25% 이내 |
| 정확도 | 75~125% |

# [유기인 – 기체크로마토그래피]

## 01 개요

### (1) 분석 *중요내용*

유기인화합물을 기체크로마토그래피로 분리한 다음 질소인 검출기 또는 불꽃광도 검출기로 분석하는 방법이다.

### (2) 적용범위 *중요내용*

① 적용 유기인 화합물
  ㉠ 이피엔     ㉡ 파라티온     ㉢ 메틸디메톤
  ㉣ 다이아지논  ㉤ 펜토에이트

② 검출기
  ㉠ 질소인 검출기
  ㉡ 불꽃광도 검출기

③ 정량한계 : 0.0005mg/L

### (3) 간섭물질 *중요내용*

① 추출 용매(노말헥산) 안에 함유하고 있는 불순물이 분석을 방해할 수 있다. 이 경우 바탕시료나 시약바탕시료를 분석하여 확인할 수 있다. 방해물질이 존재하면 용매를 증류하거나 컬럼 크로마토그래피를 이용하여 제거한다. 고순도의 시약이나 용매를 사용하면 방해물질을 최소화할 수 있다.
② 유리기구류는 세정제, 수돗물, 정제수 그리고 아세톤으로 차례로 닦아준 후 400℃에서 15~30분 동안 가열한 후 식혀 알루미늄박으로 덮어 깨끗한 곳에 보관하여 사용한다.
③ 매트릭스로부터 추출되어 나오는 방해물질이 있을 수 있는데 이는 시료마다 다르다. 만약 방해가 심하면 추가적으로 플로리실과 같은 고체상 정제과정이 필요하다.

> **Reference**
> ① 기체-액체크로마토그래피법에서 사용되는 담체는 내화벽돌, 합성수지, 규조토 등이다.
> ② 기체크로마토그래피 분석에서 머무름 시간(유지시간)을 측정할 때는 3회 측정하여 그 평균치를 구한다. 일반적으로 5~30분 정도에서 측정하는 피크의 머무름 시간은 반복시험을 할 때 ±3% 오차범위 이내이어야 한다.

## 02 분석기기 및 기구

### (1) 기체크로마토그래피 ※중요내용

① 컬럼
  ㉠ 안지름 : 0.20~0.35mm
  ㉡ 필름두께 : 0.1~0.50μm
  ㉢ 길이 : 15~60m

② 모세관 : Cross-linked methylsilicone 또는 cross-linked 5% phenylmethylsilicone

③ 운반기체 : 부피백분율 99.999% 이상의 헬륨(또는 질소)

④ 유량 : 0.5~4mL/min

⑤ 시료도입부 온도 : 200~250℃

⑥ 컬럼온도 : 40~280℃

⑦ 검출기
  ㉠ 질소인 검출기(NPD)
  ㉡ 불꽃광도 검출기(FPD)
  ㉢ NPD 및 FPD는 질소나 인이 불꽃 또는 열에서 생성된 이온이 루비듐염과 반응하여 전자를 전달하며 이때 흐르는 전자가 포착되어 전류의 흐름으로 바꾸어 측정하는 방법으로, 유기인 화합물 및 유기질소화합물을 선택적으로 검출할 수 있음

  ※ 비고
  검출기는 불꽃광도검출기 대신에 알칼리열 이온화 검출기 또는 전자 포획형 검출기를 사용할 수 있다.

⑧ 기체크로마토그래피의 조건

〈유기인계 농약류의 기체크로마토그래피 실험조건(예)〉

| 항목 | 조건 | | | | |
|---|---|---|---|---|---|
| 컬럼 | Ultra-2(cross-linked 5% phenylmethylsilicon, 30m 길이×0.2mm 안지름×0.25μm 필름두께) | | | | |
| 운반기체(유속) | 헬륨(1.0mL/min) | | | | |
| 분획비 | $\frac{1}{10}$ | | | | |
| 주입구온도 | 300℃ | | | | |
| 검출기온도 | 280℃ | | | | |
| 오븐온도 | 초기온도(℃) | 초기시간(min) | 승온속도(℃/min) | 최종온도(℃) | 최종시간(min) |
| | 50 | 3 | 10 | 300 | 5 |

> **Reference**
> 
> ① 일반적으로 기체크로마토그래피에서 사용하는 분배형 충전물질 중에서 고정상 액체는 실리콘계이고 물질은 불화규소이다.
> ② 기체크로마토그래프를 이용하면 물질의 정량분석을 가능하게 하는 측정치는 피크의 높이, 정성분석을 가능하게 하는 측정치는 유지시간이다.

> **Reference** 검출기(Detector) *중요내용*
> 
> 가스크로마토그래프 분석에 사용하는 검출기는 각각 그 목적에 따라 다음과 같은 것을 사용한다.
> ① **열전도도 검출기(TCD ; Thermal Conductivity Detector)** : 열전도도 검출기는 금속 필라멘트(Filament) 또는 전기저항체(Thermister)를 검출소자로 하여 금속판(Block) 안에 들어 있는 본체와 여기에 안정된 직류전기를 공급하는 전원회로, 전류조절부, 신호검출 전기회로, 신호감쇄부 등으로 구성된다.(운반가스 99.99% 이상의 수소 또는 헬륨)
> ② **불꽃이온화 검출기(FID ; Flame Ionization Detector)** : 불꽃이온화 검출기는 수소연소노즐(Nozzle), 이온수집기(Ion Collector)와 함께 대극 및 배기구로 구성되는 본체와 이 전극 사이에 직류전압을 주어 흐르는 이온전류를 측정하기 위한 직류전압 변환회로, 감도조절부, 신호감쇄부 등으로 구성된다.(운반가스 99.99% 이상의 질소 또는 헬륨)
> ③ **전자포획 검출기(ECD ; Electron Capture Detector)** : 전자포획 검출기는 방사선 동위원소($^{53}$Ni, $^3$H)로부터 방출되는 $\beta$선이 운반가스를 전리하여 미소전류를 흘려보낼 때 시료 중의 할로겐이나 산소와 같이 전자포획력이 강한 화합물에 의하여 전자가 포획되어 전류가 감소하는 것을 이용하는 방법으로 유기할로겐 화합물, 니트로화합물 및 유기금속화합물을 선택적으로 검출할 수 있으며 운반가스로 순도 99.999% 이상의 질소 또는 헬륨을 사용한다.
> ④ **불꽃광도 검출기(FPD ; Flame Photometric Detector)** : 불꽃광도 검출기는 수소염에 의하여 시료성분을 연소시키고 이때 발생하는 염광의 광도를 분광학적으로 측정하는 방법으로서 유기질소화합물 및 유기인 또는 유황화합물을 선택적으로 검출할 수 있다. 운반가스와 조연가스의 혼합부, 수소공급구, 연소노즐, 광학필터, 광전자증배관 및 전원 등으로 구성되어 있다.
> ⑤ **불꽃열이온 검출기(FTD ; Flame Thermionic Detector)** : 불꽃열이온 검출기는 불꽃이온화 검출기(FID), 유기염소화합물에 알칼리 또는 알칼리토류 금속염의 튜브를 부착한 것으로 유기질소화합물 및 유기인화합물, 유기염소화합물을 선택적으로 검출할 수 있다. 운반가스와 수소가스의 혼합부, 조연가스 공급구, 연소노즐, 알칼리원, 알칼리원 가열기구, 전극 등으로 구성되어 있다.

## (2) 구데르나다니쉬 농축기 *중요내용*

40℃ 이하 감압상태에서 헥산층의 대부분을 증발시킨다.

**(3) 정제용 컬럼**

① 실리카겔 컬럼
  ㉠ 크로마토그래피용 실리카겔 1.0g을 노말헥산 10mL를 넣어 혼합함
  ㉡ 관의 밑바닥에 헥산 전개액으로 습윤시킨 탈지면 또는 유리섬유를 깔고 그 위에 혼합물을 흘려 넣고 소량의 헥산 전개액으로 관의 내벽을 씻어 주고 하부의 콕을 열어 헥산 전개액을 유출시킴
  ㉢ 혼합물이 침착하여 안정화되고 헥산 전개액의 액면이 혼합물의 상단에 이르면 콕을 닫음 [그림 2]

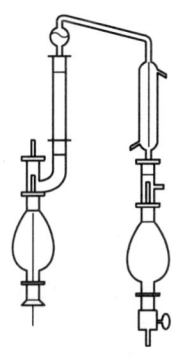

[그림 1] 구데르나다니쉬 농축기  　　[그림 2] 실리카겔 컬럼

② 플로리실 컬럼
  ㉠ 안지름 10mm, 길이 300mm의 유리관 하부에 콕을 부착한 것으로 밑바닥에 탈지면 또는 유리섬유를 깔고 크로마토그래피용 노말헥산 10mL로 관의 내부를 씻어준 다음 헥산이 탈지면 또는 유리섬유의 위까지 잠기도록 함
  ㉡ 플로리실(입경 147~246$\mu m$, 130℃에서 3시간 건조 후 데시케이터에서 30분간 방치하여 냉각한 것) 3g을 비커에 넣고 크로마토그래피용 노말헥산 10mL를 넣어 유리막대로 저으면서 기포를 제거한 다음 크로마토그래피용 노말헥산과 함께 유리관에 충전함
  ㉢ 플로리실층이 안정화되면 그 위에 크로마토그래피용 무수황산나트륨 1g을 넣고 소량의 크로마토그래피용 헥산으로 관의 내벽을 씻어준 다음 하부의 콕을 열어 헥산이 무수황산나트륨의 상단에 이를 때까지 유출시킴

③ 활성탄 컬럼
  ㉠ 안지름 15mm, 길이 300mm의 유리관 하부에 콕을 부착한 것으로 바닥에 탈지면 또는 유리섬유를 끼우거나 유리 여과판으로 된 관에 다르코 G-60(Darco G-60) 미결정 셀룰로오스 분말(1+10) 5g을 비커에 넣고 크로마토그래피용 아세톤으로 잘 섞어서 충전함
  ㉡ 콕을 열어 충전제 상단까지 아세톤을 유출시키고 크로마토그래피용 무수황산나트륨 3g을 넣는다. 아세톤 약 10mL로 크로마토그래피용 컬럼 내벽에 묻은 무수황산나트륨을 씻어 아래로 떨어뜨리고 콕을 열어 아세톤이 무수황산나트륨의 상단에 이를 때까지 유출시킴

※ 비고
컬럼충전제는 2종 이상을 사용하여 크로마토그램을 작성하며, 2종 이상에서 모두 확인된 성분에 한하여 정량한다.

> **Reference**
> ① 기체크로마토그래피에 사용되는 분리용 컬럼의 McReynold 상수가 작다는 것은 비극성 컬럼 이라는 의미이다.
> ② 기체크로마토그래피에 사용되는 분리관은 충전물질을 채운 내경 2~7mm의 시료에 대하여 불활성금속, 유리 또는 합성수지관으로 각 분석방법에 사용한다.

## 03 시료채취 및 관리

(1) 시료채취는 유리병을 사용하며 채취 전에 시료로서 세척하지 말아야 한다.

(2) 모든 시료는 시료채취 후 추출하기 전까지 4℃ 냉암소에서 보관한다.

(3) 7일 이내에 추출하고 40일 이내에 분석한다.

## 04 정도보증/정도관리(QA/QC)

(1) **방법검출한계 및 정량한계**
① 유기인 화합물이 없는 것으로 확인된 액상 폐기물에 정량한계 부근의 농도가 되도록 첨가한 7개의 첨가시료를 준비 추출하여, 표준편차를 구한다.
② 방법검출한계 : 표준편차×3.14
③ 정량한계 : 표준편차×10
④ 정량한계 : 0.0005mg/L

(2) **방법바탕시료의 측정**
① 시료군마다 1개의 방법바탕시료를 측정한다.
② 유기인 화합물이 없는 것으로 확인된 액상 폐기물을 사용하며 측정값은 방법검출한계 이하이어야 한다.

(3) **검정곡선의 작성 및 검증**
① 정량범위 내의 4개의 이상의 농도에 대해 검정곡선을 작성하고 얻어진 검정곡선의 결정

계수($R^2$)가 0.98 또는 감응계수(RF)의 상대표준편차가 15% 이내이어야 한다.
② 결정계수나 감응계수의 상대표준편차가 허용범위를 벗어나면 재작성하도록 한다.
③ 검정곡선을 검증하기 위하여 감응계수를 구하고 이 값이 초기 검정곡선 작성 시 구하여진 감응계수와 비교했을 때 상대표준편차가 ±15% 이내일 때는 원래의 검정곡선을 이용하여 시료 중의 농도를 정량한다.
④ 상대표준편차가 ±15% 이상일 때는 새로운 검정곡선을 작성하여야 한다.

### (4) 정밀도 및 정확도 *중요내용

① 유기인 화합물이 없는 것으로 확인된 액상 폐기물에 정량한계 농도의 10배가 되도록 동일하게 표준물질을 첨가한 시료를 4개 이상 준비하여, 평균값과 표준편차를 구한다.
② 정확도는 첨가한 표준물질의 농도에 대한 측정 평균값의 상대 백분율로 나타내며 그 값이 75~120% 이내이어야 한다.
③ 정밀도는 측정값의 % 상대표준편차(RSD)로 계산하며 측정값이 25% 이내이어야 한다.

## 05 분석절차

### (1) 전처리(주의점) *중요내용

① 헥산으로 추출할 경우 메틸디메톤의 추출률이 낮아질 수도 있다. 이때에는 헥산 대신 다이클로로메탄과 헥산의 혼합액(15 : 85)을 사용한다.
② 방해물질을 함유하지 않은 시료일 경우에는 정제조작을 생략하고 추출조작에서 얻어진 잔류물을 유기인 정제용 컬럼 용출용액에 일정량으로 녹여서 시료용액으로 한다.

### (2) 분석방법

① 추출물 1~3µL를 취하여 기체크로마토그래피에 주입하여 분석한다.
② 크로마토그램으로부터 각 분석성분 및 내부표준물질의 머무름시간(Retention time)에 해당하는 피크로부터 면적을 측정한다.

> **Reference** 기체크로마토그래피법의 정량분석
>
> 각 분석방법에서 규정하는 방법에 따라 시험하여 얻어진 크로마토그램의 재현성, 시료성분의 양, 피크의 면적 또는 높이와의 관계를 검토하여 분석한다.

### (3) 검정곡선의 작성

① 혼합표준용액(10.0mg/L) 0~5.0mL를 단계적으로 취하여 10mL 부피플라스크에 넣고 크로

마토그래피용 아세톤을 넣어 표선까지 채운다.(단, 표준용액은 바탕용액을 제외하고 3개 이상 제조해야 하며 필요에 따라 사용하는 표준용액의 양을 달리할 수 있음)

※ 주의점 〔중요내용〕
  시료분석결과 이 검정곡선 농도범위를 벗어나면 시료를 묽혀서 재분석하여야 한다.

② 용액 $1 \sim 3\mu L$를 취하여 기체크로마토그래피에 주입하여 분석한다.
③ 절대검정곡선법을 사용할 때에는 각 유기인의 양(mg/L)을 가로축(x축)에, 각 화합물에 해당하는 피크 면적을 세로축(y축)에 취하여 검정곡선을 작성한다.

※ 주의점 〔중요내용〕
  피크의 면적 대신 피크의 높이를 사용할 수 있으나 피크 면적을 사용하는 것이 바람직하다.

## 06 농도계산 〔중요내용〕

$$\text{폐기물 중 유기인의 농도(mg/L)} = \sum \frac{C_s}{V_0} \times V_f$$

여기서, $C_s$ : 검정곡선에서 얻어진 분석시료의 유기인 농도(mg/L)
  $V_f$ : 전처리한 용액의 최종 부피(여기서는 0.01L)
  $V_0$ : 전처리에 사용된 시료의 부피(L)

## 07 정도관리 목표값 〔중요내용〕

| 정도관리 항목 | 정도관리 목표 |
|---|---|
| 정량한계 | 0.0005mg/L |
| 검정곡선 | 결정계수($R^2$)≥0.98 또는 감응계수(RF)의 상대표준편차≤15% |
| 정밀도 | 상대표준편차가 25% 이내 |
| 정확도 | 75~125% |

# [유기인 – 기체크로마토그래피 – 질량분석법]

## 01 개요

### (1) 분석

유기인화합물을 기체크로마토그래피로 분리한 다음 질량검출기로 분석하는 방법이다.

### (2) 적용범위 *중요내용*

① 적용 유기인 화합물
  ㉠ 이피엔    ㉡ 파라티온    ㉢ 메틸디메톤
  ㉣ 다이아지논  ㉤ 펜토에이트

② 정량한계 : 0.0005mg/L

### (3) 간섭물질 *중요내용*

〔유기인 – 기체크로마토그래피〕 내용과 동일함

## 02 분석기기 및 기구 *중요내용*

### (1) 기체크로마토그래피

〔유기인 – 기체크로마토그래피〕 내용과 동일함

### (2) 질량분석기

① 성능구분
  ㉠ 자기장형(Magnetic sector)
  ㉡ 사중극자형(Quadrupole)
  ㉢ 이온트랩형(Ion trap)

② 이온화방식은 전자충격법(EI)을 사용하며 이온화에너지는 35~70eV를 사용한다.

③ 정량분석에는 선택이온검출법(SIM)을 이용하는 것이 바람직하다.

<유기인계 농약류의 선택이온>

| 물질명 | 분자량 | 제1선택이온(m/z) | 제2선택이온(m/z) |
|---|---|---|---|
| 이피엔 | 169 | 88 | 142, 109 |
| 다이아지논 | 304 | 304 | 179, 199 |
| 페니트로치온 | 277 | 277 | 109, 125 |
| 파라티온 | 291 | 291 | 109, 97 |
| 메틸디메톤 | 323 | 323 | 157, 185 |

(3) 농축기

구데르나다니쉬 농축기

(4) 정제용 컬럼 *중요내용*

〔유기인-기체크로마토그래피〕 내용과 동일함

# 03 시료채취 및 관리 *중요내용*

# 04 정도보증/정도관리(QA/QC) *중요내용*

# 05 분석절차

〔유기인-기체크로마토그래피〕 내용과 동일함

# 06 농도계산 *중요내용*

$$\text{폐기물 중 유기인의 농도(mg/L)} = \sum \frac{C_s}{V_0} \times V_f$$

여기서, $C_s$ : 검정곡선에서 얻어진 분석시료의 유기인 농도(mg/L)
$V_f$ : 전처리한 용액의 최종 부피(L)
$V_0$ : 전처리에 사용된 시료의 부피(L)

## 07 정도관리 목표값

| 정도관리 항목 | 정도관리 목표 |
|---|---|
| 정량한계 | 0.0005mg/L |
| 검정곡선 | 결정계수($R^2$)≥0.98 또는 감응계수(RF)의 상대표준편차≤15% |
| 정밀도 | 상대표준편차가 25% 이내 |
| 정확도 | 75~125% |

# [폴리클로리네이티드비페닐(PCBs) – 기체크로마토그래피]

## 01 개요

### (1) 목적

① 측정물질 : 폴리클로리네이티드비페닐(PCBs)

② 분석
시료 중의 폴리클로리네이티드비페닐(PCBs)을 헥산으로 추출하여 실리카겔 컬럼 등을 통과시켜 정제한 다음 기체크로마토그래피에 주입하여 크로마토그램에 나타난 피크 패턴에 따라 폴리클로리네이티드비페닐(PCBs)를 확인하고 정량하는 방법이다.

### (2) 적용범위

① 액상폐기물, 고상폐기물 및 비함침성 고상 폐기물 중에 폴리클로리네이티드비페닐류(PCBs)의 검사에 적용한다.

② 이 시험기준은 나타난 피크의 패턴에 따라 폴리클로리네이티드비페닐(PCBs)을 확인하고 정량하는 방법이다.

③ 용출용액의 폴리클로리네이티드비페닐(PCBs)의 정량한계 : 0.0005mg/L

④ 액상폐기물의 폴리클로리네이티드비페닐(PCBs)의 정량한계 : 0.05mg/L

⑤ 비함침성 고상폐기물의 정량한계
  ㉠ 표면 채취법 : $0.05\mu g/100cm^2$
  ㉡ 부재 채취법 : 0.005mg/kg

### (3) 간섭물질 *중요내용*

① 알칼리 분해를 하여도 헥산 층에 유분이 존재할 경우
실리카겔 컬럼으로 정제조작을 하기 전에 플로리실 컬럼을 통과시켜 유분을 분리한다.
② 유리기구류는 세정제, 뜨거운 수돗물 그리고 정제수 순으로 닦아준 후 400℃에서 15~30분 동안 가열한 후 식혀 알루미늄박으로 덮어 깨끗한 곳에 보관하여 사용한다.
③ 고순도의 시약이나 용매를 사용하여 방해물질을 최소화하여야 한다.
④ 전자포획검출기로 폴리클로리네이티드비페닐(PCBs)을 측정할 때 프탈레이트가 방해할 수 있는 경우
플라스틱 용기를 사용하지 않음으로써 최소화할 수 있다.
⑤ 실리카겔 컬럼 정제는 산, 염화페놀, 폴리클로로페녹시페놀 등의 극성화합물을 제거하기 위하여 수행하며, 사용 전에 정제하고 활성화시켜야 한다.

## 02 용어 정의

### (1) 폴리클로리네이티드비페닐 동질체(PCB congener)

폴리클로리네이티드비페닐(PCBs)은 비페닐 구조에 염소가 치환하여 총 209종류의 폴리클로리네이티드비페닐(PCBs)이 존재하고 각각의 이성질체를 동질체(Congener)라고 부른다.

## 03 분석기기 및 기구 *중요내용*

### (1) 기체크로마토그래피

① 컬럼
　㉠ 안지름 : 0.20~0.53mm
　㉡ 필름두께 : 0.1~5.0$\mu$m
　㉢ 길이 : 30~100m
② 모세관 : DB-1, DB-5 및 DB-608
③ 운반기체 : 부피백분율 99.999% 이상의 질소
④ 유량 : 0.5~3mL/min
⑤ 시료도입부 온도 : 250~300℃
⑥ 컬럼 온도 : 50~320℃
⑦ 검출기 온도 : 270~320℃
⑧ 검출기 : 전자포획검출기(ECD) : 운반기체는 99.999% 이상의 헬륨

⟨폴리클로리네이티드비페닐(PCBs)의 기체크로마토그래피 실험조건(예)⟩

| 항목 | 조건 | | | | | | |
|---|---|---|---|---|---|---|---|
| 컬럼 | Ultra-2(cross-linked 5% phenylmethylsilicon, 30m 길이×0.2mm 내경×0.33μm 필름두께) | | | | | | |
| 운반기체(유속) | 헬륨(1.0mL/min) | | | | | | |
| 분획비 | $\frac{1}{10}$ | | | | | | |
| 주입구 온도 | 280℃ | | | | | | |
| 전달선 온도 | 280℃ | | | | | | |
| 오븐온도 | 초기온도 (℃) | 초기시간 (min) | 승온속도 (℃/min) | 온도 (℃) | 승온속도 (℃/min) | 최종온도 (℃) | 최종시간 (min) |
| | 70 | 2 | 30.0 | 170 | 5.0 | 300 | 10 |

### (2) 정제 컬럼

① 플로리실 컬럼
  ㉠ 플로리실 컬럼 정제는 헥산층에 유분이 존재할 경우에 실리카겔 컬럼으로 정제하기 전 유분을 제거하기 위하여 사용함
  ㉡ 플로리실을 활성화하려면, 플로리실 5g을 190℃ 오븐에서 24시간 가열활성 후 데시케이터 내에서 30분 가량 방치하여 냉각한 후 사용함(보관할 경우에는 데시케이터 내에서 보관하며 빠른 시일 내에 사용함)

② 실리카겔 컬럼
  ㉠ 실리카겔 컬럼 정제는 산, 염화페놀, 폴리클로로페녹시페놀 등의 극성화합물을 제거하기 위하여 수행하며, 사용 전에 정제하고 활성화시켜야 함
  ㉡ 실리카겔을 활성화하려면, 실리카겔 4g을 130℃ 오븐에서 18시간 가열(활성화) 후 데시케이터 내에서 30분 가량 방치하여 냉각한 후 사용함(보관할 경우에는 데시케이터 내에서 보관하며 빠른 시일 내에 사용함)
  ㉢ 분석 시 실리카겔 컬럼에 무수황산나트륨을 첨가하는 이유는 탈수작업, 즉 수분제거이다.

### (3) 농축장치

① 구데르나다니쉬(KD) 농축기
② 회전증발농축기

### (4) 기타

① 부피실린더 : 부피 50mL의 마개 있는 것을 사용
② 미량주사기 : 1~10μL 부피의 액체용을 사용

## 04 시료채취 및 관리

### (1) 액상폐기물 및 고상폐기물

① 사용 중인 기기 내에 있는 경우
  ㉠ 비상사태의 돌발 위험이 있으므로 반드시 시설 담당자의 도움을 받아 시료 채취를 하도록 함
  ㉡ 준비된 시료용기의 내부를 채취하고자 하는 절연유로 3회 정도 완전히 닦아낸 다음 시료를 채취함

  ※ 주의점
  이때 다른 오염물질이 시료용기로 들어가지 않도록 주의해야 한다.

② 용기에 보관되어 있는 경우
  ㉠ 잘 섞은 후 균일하게 시료를 채취함
  ㉡ 두 층으로 분리되어 있어 섞기 어려운 경우에는 각 층의 양에 비례하여 채취함
  ㉢ 큰 저장용기에 들어있는 경우에 채취병을 사용하여 상, 중, 하, 저층 등을 구별하여 층별 비례채취법에 따라 채취함

### (2) 비함침성 고상폐기물

① 시료채취용기
  ㉠ 채취용기는 청결, 견고, 밀봉이 가능한 것으로 시료를 변질시키거나 흡착하지 않는 것이어야 하며 기밀하고 누수나 흡습성이 없는 갈색 경질의 유리병을 원칙으로 하나, 시료의 특성과 크기 등의 형태에 따라 알루미늄박 등을 사용할 수 있음
  ㉡ 유리용기에 폴리테트라플루오로에틸렌(PTFE)으로 피복된 격막이 내장되어 있는 뚜껑이나 동일 격막의 알루미늄 캡으로 밀봉함

② 시료채취방법
  ㉠ 폴리클로리네이티드비페닐(PCBs)의 오염가능성이 있거나, 처리시설 내부에서 시료를 채취하는 경우, 채취자의 안전을 위하여 보호 마스크, 시료채취용 장갑 등을 착용하고 시료를 채취하도록 함
  ㉡ 채취 대상 고상 폐기물을 함침성과 비함침성 폐기물로 구분하고, 비함침성 폐기물은 다시 평면형 부재(규소강판, 플라스틱 등)와 비평면 부재(동선 등)로 나눠 잘 섞은 후 균일하게 채취함

③ 시료 채취량 *중요내용*
  ㉠ 비평면형 비함침성 폐기물 : 폐기물 종류별로 $100g$ 이상
  ㉡ 평면형 비함침성 폐기물 : 종류별로 면적이 $500cm^2$ 이상

④ 시료의 보관 *중요내용*
  채취된 시료는 수분, 온도, 직사광선, 유기물 등의 영향이 없는 장소로서, $0 \sim 4℃$ 이하의 냉암소에 보관하여야 하며, 가급적 빠른 시일 내(4주 이내 권고)에 분석하여야 한다.

> **Reference** PCBs 기체크로마토그래피 분석 시 시약
>
> ① 아세톤　　② 노말헥산　　③ 무수황산나트륨　　④ 실리카겔
> ⑤ 수산화칼륨/에틸알코올용액　　⑥ 헥산세정수　　⑦ 황산
> ⑧ 에틸에테르　　⑨ 에틸에테르/노말헥산 용액

## 05 정도보증/정도관리(QA/QC) *중요내용*

### (1) 방법검출한계 및 정량한계

① 폴리클로리네이티드비페닐(PCBs)을 함유하지 않은 시료와 동일한 매질에 정량한계 부근의 농도를 첨가한 시료 7개를 준비 분석하여 표준편차를 구한다.

② 방법검출한계 : 표준편차×3.14

③ 정량한계 : 표준편차×10

④ 정량한계
　㉠ 용출용액 : 0.0005mg/L
　㉡ 액상 : 0.05mg/L
　㉢ 비함침성
　　ⓐ 표면채취법 : 0.05㎍/100cm$^2$　　ⓑ 부재채취법 : 0.005mg/kg

### (2) 방법바탕시료의 측정

① 분석시료 수가 20개 이하일 때에는 시료군마다 1개를 그 이상일 때에는 20개마다 1개의 방법바탕시료를 측정한다.

② 방법바탕시료는 폴리클로리네이티드비페닐(PCBs)을 포함하고 있지 않은 표준물질(PCBs free oil)을 구입하여, 전처리 과정과 동일한 순서로 시료를 분석하여 크로마토그램을 제시하며 측정값은 방법검출한계 이하이어야 한다.

### (3) 검정곡선의 작성 및 검증

① 정량범위 내 3개 이상의 농도로 검정곡선을 작성하고 얻어진 검정곡선의 결정계수($R^2$)가 0.98 또는 감응계수(RF)의 상대표준편차가 15% 이내이어야 하며 결정계수나 감응계수의 상대표준편차가 허용범위를 벗어나면 재작성하도록 한다.

② 검정곡선을 검증하기 위하여 감응계수를 구하고 이 값이 초기 검정곡선 작성 시 구하여진 감응계수와 비교했을 때 상대표준편차가 ±15% 이내일 때는 원래의 검정곡선을 이용하여 시료 중의 농도를 정량하며, 상대표준편차가 ±15% 이상일 때는 새로운 검정곡선을 작성하여야 한다.

### (4) 정밀도 및 정확도

① 유기인 화합물이 없는 것으로 확인된 액상 폐기물에 정량한계 농도의 10배가 되도록 동일하게 표준물질을 첨가한 시료를 4개 이상 준비하여, 평균값과 표준편차를 구한다.
② 정확도는 첨가한 표준물질의 농도에 대한 측정 평균값의 상대 백분율로 나타내며 그 값이 75~120% 이내이어야 한다.
③ 정밀도는 측정값의 % 상대표준편차(RSD)로 계산하며 측정값이 25% 이내이어야 한다.

### (5) 회수율

① 알칼리 분해 추출을 거친 시료에 10염화비페닐(Decachlorinated biphenyl) 50~100ng을 주입하여 회수율을 계산함 회수율 계산은 주입농도에 대한 검출농도의 백분율로 계산한다.

$$회수율(\%) = \frac{검출된\ 농도}{주입한\ 농도} \times 100$$

② 회수율 범위는 75~120%을 만족하여야 하며, 만족하지 못할 경우 다시 실험하여야 한다.

## 06 분석절차

### (1) 전처리

① **용출실험의 경우**
  ㉠ 용출용액 적당량을 분별깔때기에 넣고 크로마토그래피용 아세톤 50mL와 크로마토그래피용 노말헥산 50mL를 넣어 5~10분간 세게 흔들어 섞고 정치하여 수층을 다른 분별깔때기에 옮긴다.
  ㉡ 수층에 크로마토그래피용 노말헥산 50mL를 넣어 5~10분간 세게 흔들어 섞고 정치하여 헥산층을 분리한다.
  ㉢ 전체 헥산층을 합하여 크로마토그래피용 무수황산나트륨을 통과시켜 탈수한 후, 농축장치의 플라스크에 옮기고 물중탕에서 약 5mL가 될 때까지 농축한다.
  ※ 주의점
  • 추출조작에서 얻어진 농축액이 유분을 다량 함유할 경우에는 액상폐기물의 전처리에 따라 알칼리 분해할 수 있다.
  • 알칼리 분해를 하여도 헥산층에 유분이 존재할 경우에는 실리카겔 컬럼으로 정제하기 전에 플로리실 컬럼 정제에 따라 유분을 제거한다.

② **액상폐기물의 경우**
  ㉠ 알칼리 분해
  ⓐ 전기절연유와 같은 유분이 많은 폐유 시료의 경우 가능한 한도 내에서 소량의 채취가 필요하므로 약 0.1~1mL(또는 g) 정도의 시료를 200mL 분해 플라스크에 취한 다음

수산화칼륨/에틸알코올용액(1M) 50mL를 첨가하여 환류냉각기를 부착하고 수욕상에서 1시간 정도 알칼리 분해를 시킴

※ 주의점
사용 시료의 밀도를 제시한다.

ⓑ 알칼리 분해 후 분해 플라스크 내의 온도를 50℃까지 방치하여 냉각하고 준비된 분별깔때기에 분해액을 넣은 후, 내부표준물질 50~100ng을 주입한 다음 노말헥산 50mL를 가하여 진동 교반하여 추출작업을 한다. 하층의 용액을 다른 분별깔때기에 넣어 앞서 한 조작과 마찬가지로 노말헥산 50mL을 가하여 진동교반 후 헥산층이 충분히 분리될 때까지 정치시킨 다음 분해액은 버리고 전자의 노말헥산 추출물과 후자의 추출물을 함께 담음

※ 주의점
알칼리 분해과정 중 10염화비페닐이 분해되므로 알칼리 분해 후 주입한다.

ⓒ 분별깔때기에 100mL의 헥산세정수를 첨가하여 진동교반하고 헥산층이 충분히 분리될 때까지 정치시켜 둔다. 이와 같은 세정작업을 2회에 걸쳐서 함

※ 주의점
이때 에멀션이 발생할 경우에는 수 mL의 수산화칼륨(1M)을 첨가한 후 약하게 흔들어서 정치시켜두면 제거할 수 있다.

ⓛ 황산처리
ⓐ 전처리에서 분리한 물층(헥산세정수층)을 제거하고 수 mL의 황산을 헥산층에 첨가하여 잔여 유기물이 제거될 때까지 수회에 걸쳐서 황산처리를 함

※ 주의점
- 알칼리분해 추출과정 중 제거되지 않은 유기물질은 황산처리하여 제거한다.
- 황산처리의 완료 여부는 처리 후 황산의 색깔이 무색투명해질 때까지 반복하며, 이때 사용된 황산의 양과 횟수를 기록한다.

ⓑ 황산에 의한 처리가 끝나면 황산층을 버리고 잔여 황산분을 제거하기 위하여 100mL의 헥산세정수를 넣어 진동교반하고 헥산층이 충분히 분리될 때까지 정치시켜 둔다. 이와 같은 세정과정을 반복한 후 리트머스 종이를 이용하여 중성을 확인함

ⓒ 노말헥산층은 무수황산나트륨을 통과시켜 탈수작업을 행하고 농축장치를 이용하여 3~5mL까지 농축한다. 농축액은 실리카겔 컬럼을 통과시킴

③ 비함침성 고상폐기물 경우 *중요내용*

㉠ 시료준비 및 추출
ⓐ 평면형 부재
(i) 헥산으로 세척한 유리섬유 또는 거즈 10×10cm 넓이를 가진 격자틀 등을 미리 준비함
(ii) 채취한 시료의 표면을 헥산을 적신 유리섬유 등으로 10×10cm에 해당하는 면적을 3회 이상 깨끗이 닦아주고, 닦아낸 유리섬유 등은 알루미늄 호일 등에 잘 보관함

(iii) 면적이 500cm² 이상이 되도록 시료를 채취함
(iv) 보관한 유리섬유 등을 모아 미리 용매로 세척한 원통여과지에 넣어 16시간 이상 속슬레 추출하고 추출한 용액을 1mL까지 농축하여 시료로 사용함

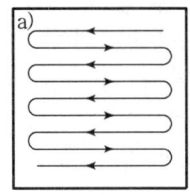 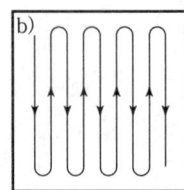 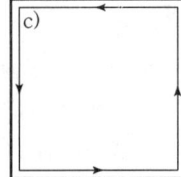

ⓑ 비평면형 부재
(i) 헥산으로 세척한 금속 절단용 가위를 미리 준비함
(ii) 시료를 가로세로 1cm 이하로 가위로 자름
(iii) 시료 100g을 500mL 삼각플라스크에 넣고 노말헥산 100mL를 주입하여 30분간 초음파 추출을 함
(iv) 추출물을 여과하고 플라스크 내용물을 20mL 헥산으로 3회 세정하여 여과함
(v) 여과용액을 1mL까지 농축하여 전체의 시료로 사용함

### (2) 실리카겔 컬럼 정제방법(주의점) *중요내용

① 실리카겔 컬럼에 의한 정제가 부적절한 경우에는 다층실리카겔 컬럼 정제를 할 수 있다.
② 실리카겔 컬럼 정제와 동등이상의 정제효율(카트리지 용출조건, 재현성, 회수율 등 포함)이 확인되고, 정제에 방해를 주는 피크가 없는 것이 확인되는 경우에는 시판되는 실리카 카트리지를 사용하여 정제할 수 있다.

### (3) 확인실험법(주의점) *중요내용

시료의 크로마토그램 확인과정 중 기체크로마토그래피 – 질량분석법의 확인이 필요하다고 판단되는 경우에는 기체크로마토그래피 – 질량분석법으로 폴리클로리네이티드비페닐(PCBs) 피크인지의 여부를 확인할 수 있다.

### (4) 분석방법(주의점) *중요내용

① 정량피크(Index peak)는 검정곡선에서 사용한 피크를 사용한다.
② 시료의 밀도를 측정하여 제시한다.

### (5) 검정곡선의 작성(주의점) *중요내용

① 정량피크(Index peak)는 폴리클로리네이티드비페닐(PCBs)을 함유하지 않은 시료와 동일한 매질에 표준물질을 주입해서 검출된 크로마토그램 중 가장 큰 피크의 25% 이상의 감도를 나타내는 피크와 IUPAC No. 18, 28, 31, 44, 52, 101, 118, 138, 149, 153, 170, 180,

194로 한다.
② 시료분석결과 이 검정곡선 농도범위를 벗어나면 시료를 묽혀서 재분석하여야 한다.
③ 피크의 면적 대신 피크의 높이를 사용할 수 있으나 피크 면적을 사용하는 것이 바람직하다.
④ 4염화메타자일렌은 실린지 첨가용 내부표준물질로 시료의 정확한 최종 농축액량을 계산하는 데 사용할 수 있다.

## 07 결과보고 〈중요내용〉

### (1) 검량선 보정계수의 산정

① 보정계수(CF)

$$CF = \frac{\text{표준물질 중 PCBs 피크의 면적(또는 높이)}}{\text{주입된 표준물질의 총량(ng)}}$$

② 평균보정계수를 구함($\overline{CF}$)

## 08 농도계산 〈중요내용〉

$$\text{폐기물 중 PCBs의 농도(mg/L)} = \frac{A_s D}{\overline{CF} V_i W_s}$$

여기서, $A_s$ : 시료 중 PCBs의 면적(또는 높이)
$D$ : 시료 최종 농축량($\mu$L)
$\overline{CF}$ : 표준물질 검량선에서 계산된 평균보정계수(As/ng)
$V_i$ : 기체크로마토그래피에 주입된 시료량($\mu$L)
$W_s$ : 사용된 시료량(mL)

$$D(\text{시료 최종 농축량}) = 1,000\mu L \times \frac{C_s}{C_i}$$

여기서, $D$ : 시료 최종 농축량($\mu$L)
$C_s$ : 시료에서 검출된 4염화메타자일렌의 농도(mg/L)
$C_i$ : 시료에 주입한 4염화메타자일렌의 농도(mg/L)
단, 4염화메타자일렌을 이용하여 시료의 최종 부피를 구하지 않는 경우에는 시료의 최종 농축량을 1,000$\mu$L로 함

## 09 정도관리 목표값 *중요내용

| 정도관리 항목 | 정도관리 목표 |
|---|---|
| 정량한계 | 용출용액 : 0.0005mg/L<br>액 상 : 0.05mg/L<br>비함침성 : 0.05μg/100cm² (표면채취법)<br>0.005mg/kg(부재채취법) |
| 검정곡선 | 결정계수($R^2$)≥0.98 또는 감응계수(RF)의 상대표준편차 ≤ 15% |
| 정밀도 | 상대표준편차가 25% 이내 |
| 정확도 | 75~120% |

# [폴리클로리네이티드비페닐(PCBs) - 기체크로마토그래피 - 질량분석법]

## 01 개요

### (1) 목적

① 측정목적 : 폴리클로리네이티드비페닐(PCBs)
② 분석 *중요내용
시료 중의 폴리클로리네이티드비페닐(PCBs)을 헥산으로 추출하여 실리카겔 컬럼 등을 통과시켜 정제한 다음 기체크로마토그래피 - 질량분석기로 분석하여 크로마토그램에 나타난 피크 패턴에 의하여 폴리클로리네이티드비페닐을 정량하는 방법이다.

### (2) 적용범위

① 액상 및 고상 폐기물 중의 폴리클로리네이티드비페닐의 검사에 적용한다.
② 나타난 피크 패턴에 따라 폴리클로리네이티드비페닐을 확인하고 정량하는 방법이다.
③ 정량한계 : 1.0mg/L *중요내용

### (3) 간섭물질

① 알칼리 분해를 하여도 헥산 층에 유분이 존재할 경우
실리카겔 컬럼으로 정제조작을 하기 전에 플로리실 컬럼을 통과시켜 유분을 분리한다.
② 유리기구류는 세정제, 뜨거운 수돗물 그리고 정제수 순으로 닦아준 후 400℃에서 15~30분 동안 가열한 후 식혀 알루미늄박으로 덮어 깨끗한 곳에 보관하여 사용한다.
③ 고순도의 시약이나 용매를 사용하여 방해물질을 최소화하여야 한다.

## 02 분석기기 및 기구

### (1) 기체크로마토그래피 *중요내용*

〔폴리클로리네이티드비페닐(PCBs) – 기체크로마토그래피〕내용과 동일함

### (2) 질량분석기(Mass spectrometer)

〔유기인 – 기체크로마토그래피 – 질량분석법〕내용과 동일함

### (3) 정제 컬럼

〔폴리클로리네이티드비페닐(PCBs) – 기체크로마토그래피〕내용과 동일함

### (4) 농축장치 *중요내용*

① 구데르나다니쉬(KD) 농축기
② 회전증발농축기

### (5) 기타

① 부피실린더 : 부피 50mL의 마개 있는 것을 사용
② 미량주사기 : $1 \sim 10\mu L$ 부피의 액체용을 사용

## 03 시약 및 표준용액

〔폴리클로리네이티드비페닐(PCBs) – 기체크로마토그래피〕내용과 동일함

## 04 시료채취 및 관리

### (1) 사용 중인 기기 내에 있는 경우

① 비상사태의 돌발 위험이 있으므로 반드시 시설 담당자의 도움을 받아 시료 채취를 하도록 한다.
② 준비된 시료용기의 내부를 채취하고자 하는 절연유로 3회 정도 완전히 닦아낸 다음 시료를 채취한다.

※ 주의점
　이때 다른 오염물질이 시료용기로 들어가지 않도록 주의해야 한다.

(2) 용기에 보관되어 있는 경우

① 잘 섞은 후 균일하게 시료를 채취한다.
② 두 층으로 분리되어 있어 섞기 어려운 경우에는 각 층의 양에 비례하여 채취한다.
③ 큰 저장용기에 들어 있는 경우에 채취병을 사용하여 상, 중, 하, 저층 등을 구별하여 층별 비례채취법에 따라 채취한다.

## 05 정도보증/정도관리(QA/QC)

〔폴리클로리네이티드비페닐(PCBs) - 기체크로마토그래피〕 내용과 동일함

## 06 분석절차

(1) 전처리

① **용출실험의 경우**
〔폴리클로리네이티드비페닐(PCBs) - 기체크로마토그래피〕 내용과 동일함

② **액상폐기물의 경우**
〔폴리클로리네이티드비페닐(PCBs) - 기체크로마토그래피〕 내용과 동일함

(2) 실리카겔 컬럼 정제방법

① **용출실험의 경우**
〔폴리클로리네이티드비페닐(PCBs) - 기체크로마토그래피〕 내용과 동일함

② **액상 폐기물의 경우**
　㉠ 황산처리
　㉡ 플로리실 컬럼 정제
　㉢ 실리카겔 컬럼 정제

(3) 확인실험법

(4) 분석방법

(5) 검정곡선의 작성

〔폴리클로리네이티드비페닐(PCBs) - 기체크로마토그래피〕 내용과 동일함

## 07 결과보고

〔폴리클로리네이티드비페닐(PCBs) – 기체크로마토그래피〕 내용과 동일함

## 08 농도계산

〔폴리클로리네이티드비페닐(PCBs) – 기체크로마토그래피〕 내용과 동일함

## 09 정도관리 목표값

| 정도관리 항목 | 정도관리 목표 |
| --- | --- |
| 정량한계 | 1.0mg/L |
| 검정곡선 | 결정계수($R^2$)≥0.98 또는 감응계수(RF)의 상대표준편차≤15% |
| 정밀도 | 상대표준편차가 25% 이내 |
| 정확도 | 75~120% |

# [폴리클로리네이티드비페닐(PCBs) – 기체크로마토그래피 – 절연유분석법]

## 01 개요

### (1) 목적

① 측정물질 : 폴리클로리네이티드비페닐(PCBs)

② 분석

절연유를 진탕 알칼리 분해하고 대용량 다층실리카겔 컬럼을 통과시켜 정제한 다음, 기체크로마토그래피 – 전자포획검출기(GC – ECD)에 주입하여 크로마토그램에 나타난 피크 형태에 따라 폴리클로리네이티드비페닐을 확인하고 신속하게 정량하는 방법이다.

### (2) 적용범위

① 이 시험기준은 절연유 중에 폴리클로리네이티드비페닐(PCBs)을 신속하게 분석하는 목적에 적용한다.

② 정량한계 : 0.5mg/L

### (3) 간섭물질

① 유리기구류는 세정제, 뜨거운 수돗물 그리고 정제수 순으로 닦아준 후 400℃에서 15~30분 동안 가열한 후 식혀 알루미늄박으로 덮어 깨끗한 곳에 보관하여 사용한다.
② 고순도의 시약이나 용매를 사용하여 방해물질을 최소화하여야 한다.
③ 전자포획검출기로 폴리클로리네이티드비페닐(PCBs)을 측정할 때 프탈레이트가 방해할 수 있는 경우
   플라스틱 용기를 사용하지 않음으로써 최소화할 수 있다.
④ 실리카겔 컬럼 정제는 산, 염화페놀, 폴리클로로페녹시페놀 등의 극성화합물을 제거하기 위하여 수행하며, 사용 전에 정제하고 활성화시켜야 한다.

## 02 분석기기 및 기구

### (1) 기체크로마토그래피

〔폴리클로리네이티드비페닐(PCBs) – 기체크로마토그래피〕 내용과 동일함

### (2) 다층 실리카겔 정제 컬럼

안지름 15mm, 길이 300mm의 유리관 하부에 콕을 부착한 정제용 유리컬럼 밑바닥에 탈지면 또는 유리섬유를 깔고 무수황산나트륨을 약 1g 넣은 다음 노말헥산을 넣어 위까지 잠기도록 한다.

### (3) 농축장치 〔중요내용〕

① 구데르나다니쉬(KD) 농축기
② 회전증발농축기

### (4) 기타

① 부피실린더 : 부피 50mL의 마개 있는 것을 사용
② 미량주사기 : 1~10μL 부피의 액체용을 사용

## 03 시료채취 및 관리

## 04 정도보증/정도관리(QA/QC)

〔폴리클로리네이티드비페닐(PCBs) – 기체크로마토그래피〕 내용과 동일함

## 05 분석절차

### (1) 실리카겔 컬럼 정제방법(주의점) *중요내용*

다층 실리카겔 컬럼 정제와 동등 이상의 정제효율(카트리지 용출조건, 재현성, 회수율 등 포함)이 확인되고, 정제에 방해를 주는 피크가 없는 것이 확인되는 경우에는 시판되는 제품을 사용하여 정제할 수 있다.

### (2) 확인실험법

### (3) 분석방법

### (4) 검정곡선의 작성

〔폴리클로리네이티드비페닐(PCBs) – 기체크로마토그래피〕내용과 동일함

## 06 결과보고 *중요내용*

## 07 농도계산 *중요내용*

〔폴리클로리네이티드비페닐(PCBs) – 기체크로마토그래피〕내용과 동일함

## 08 정도관리 목표값 *중요내용*

| 정도관리 항목 | 정도관리 목표 |
| --- | --- |
| 정량한계 | 0.5mg/L |
| 검정곡선 | 결정계수($R^2$)≥0.98 또는 감응계수(RF)의 상대표준편차≤15% |
| 정밀도 | 상대표준편차가 25% 이내 |
| 정확도 | 75~120% |

# [할로겐화 유기물질 – 기체크로마토그래피 – 질량분석법]

## 01 개요

### (1) 목적

① 측정물질 : 할로겐화 유기물질

② 분석 *중요내용*
폐유기용제 등의 시료 적당량을 희석용 용매로 희석한 후, 기체크로마토그래피 – 질량분석계에 직접 주입하여 시료 중 할로겐화 유기물질류를 분석하는 방법이다.

### (2) 적용범위

① 적용 할로겐화 유기물질
디클로로메탄, 트리클로로메탄, 테트라클로로메탄, 디클로로디플루오로메탄, 트리클로로플루오로메탄, 1,1-디클로로메탄, 1,2-디클로로에탄, 1,1,1-트리이클로로에탄, 1,1,2-트리클로로에탄, 트리클로로트리플루오로에탄, 트리클로로에틸렌, 테트라클로로에틸렌, 클로로벤젠, 1,2-디클로로벤젠, 1,3-디클로로놀, 2,4-디클로로페놀, 2,5-디클로로페놀, 2,6-디클로로페놀, 3,4-디클로로페놀, 3,5-디클로로페놀, 1,1-디클로로에틸렌, 시스-1,3-디클로로프로펜, 트란스-1,3-디클로로프로펜, 1,1,2-트리클로로-1,2,2-트리플로로에탄의 분석에 적용한다.

② 정량한계 : 10mg/kg *중요내용*

### (3) 간섭물질 *중요내용*

① 추출 용매에는 분석성분의 머무름 시간에서 피크가 나타나는 간섭물질이 있을 수 있어 추출 용매 안에 간섭물질이 발견되면 증류하거나 컬럼 크로마토그래피에 의해 제거한다.
② 이 실험으로 끓는점이 높거나 극성 유기화합물들이 함께 추출되므로 이들 중에는 분석을 간섭하는 물질이 있을 수 있다.
③ 디이클로로메탄과 같이 머무름 시간이 짧은 화합물은 용매의 피크와 겹쳐 분석을 방해할 수 있다.
④ 플루오르화탄소나 디클로로메탄과 같은 휘발성 유기물은 보관이나 운반 중에 격막(Septum)을 통해 시료 안으로 확산되어 시료를 오염시킬 수 있으므로 현장바탕시료로서 이를 점검하여야 한다.
⑤ 시료에 혼합표준액 일정량을 첨가하여 크로마토그램을 작성하고 미지의 다른 성분과 피크의 중복 여부를 확인하며 만일 피크가 중복될 경우 극성이 다르고 분리가 양호한 컬럼을 택하여 실험한다.

## 02 분석기기 및 기구

### (1) 기체크로마토그래피 *중요내용*

① 컬럼
  ㉠ 안지름 : 0.20~0.35mm
  ㉡ 필름두께 : 0.1~0.50$\mu$m
  ㉢ 길이 : 15~60m
② 모세관 : DB-1, DB-5 및 D-624
③ 운반기체 : 부피백분율 99.999% 이상의 헬륨(또는 질소)
④ 유량 : 0.5~4mL/min
⑤ 시료 도입부 온도 : 150~250℃
⑥ 컬럼온도 : 30~250℃

〈할로겐화 유기물질의 기체크로마토그래피 실험조건(예)〉

| 항목 | 조건 | | | | |
|---|---|---|---|---|---|
| 컬럼 | Ultra-2(cross-linked 5% phenylmethylsilicon, 30m 길이×0.2mm 안지름×0.33$\mu$m 필름두께) | | | | |
| 운반기체(유속) | 헬륨(1.0mL/min) | | | | |
| 분획비 | $\frac{1}{10}$ | | | | |
| 주입구 온도 | 200℃ | | | | |
| 전달선 온도 | 250℃ | | | | |
| 오븐 온도 | 초기온도 (℃) | 초기시간 (min) | 승온속도 (℃/min) | 온도 (℃) | 시간 (min) |
| | 35 | 7 | 5.0 | 50 | 0 |
| | | | 10.0 | 150 | 0 |

### (2) 질량분석기

〔유기인-기체크로마토그래피-질량분석법〕 내용과 동일함

## 03 시약 및 표준용액

### (1) 시약 *중요내용*

① 에틸알코올　　② 노말헥산　　③ 메틸알코올/메탄올

## 04 시료채취 및 관리 [중요내용]

유리용기에 상부공간이 없도록 채취하여 폴리테트라플루오로에틸렌(PTFE)으로 피복된 격막이 내장되어 있는 뚜껑이나 동일 격막의 알루미늄 캡으로 밀봉한다.

## 05 정도보증/정도관리(QA/QC)

### (1) 방법검출한계 및 정량한계 [중요내용]

① 할로젠화유기물질이 없는 것으로 확인된 액상 폐기물에 표준용액을 정량한계 부근의 농도가 되도록 첨가한 7개의 첨가시료를 준비, 추출하여, 표준편차를 구한다.
② 방법검출한계 : 표준편차 $\times$ 3.14
③ 정량한계 : 표준편차 $\times$ 10
④ 정량한계 : 10.0mg/kg

### (2) 방법바탕시료의 측정

① 시료군마다 1개의 방법바탕시료를 측정한다.
② 할로젠화유기물질이 없는 것으로 확인된 액상 폐기물을 사용하며 측정값은 방법검출한계 이하이어야 한다.

### (3) 검정곡선의 작성 및 검증

① 정량범위 내의 4개의 이상의 농도에 대해 검정곡선을 작성하고 얻어진 검정곡선의 결정계수($R^2$)가 0.98 또는 감응계수(RF)의 상대표준편차가 15% 이내이어야 한다.
② 결정계수나 감응계수의 상대표준편차가 허용범위를 벗어나면 재작성하도록 한다.
③ 검정곡선을 검증하기 위하여 감응계수를 구하고 이 값이 초기 검정곡선 작성 시 구하여진 감응계수와 비교했을 때 상대표준편차가 $\pm$15% 이내일 때는 원래의 검정곡선을 이용하여 시료 중의 농도를 정량한다.
④ 상대표준편차가 $\pm$15% 이상일 때는 새로운 검정곡선을 작성하여야 한다.

### (4) 정밀도 및 정확도

① 유기인 화합물이 없는 것으로 확인된 액상 폐기물에 정량한계 농도의 10배가 되도록 동일하게 표준물질을 첨가한 시료를 4개 이상 준비하여, 평균값과 표준편차를 구한다.
② 정확도는 첨가한 표준물질의 농도에 대한 측정 평균값의 상대 백분율로 나타내며 그 값이 75~120% 이내이어야 한다.
③ 정밀도는 측정값의 % 상대표준편차(RSD)로 계산하며 측정값이 25% 이내이어야 한다.

## 06 분석절차(주의점)

① 시료분석결과 이 검정곡선 농도범위를 벗어나면 시료를 묽혀서 재분석하여야 한다.
② 절대검정곡선법을 사용할 때에는 내부표준물질을 넣지 않아도 된다.
③ 피크의 면적 대신 피크의 높이를 사용할 수 있으나 피크 면적을 사용하는 것이 바람직하다.
④ 할로겐화유기물질은 휘발성이 높기 때문에 시료를 채취할 때 유리제 용기에 상부공간이 없도록 채취하여야 하며, 시료의 분취 및 기타 실험조작은 목적성분이 휘발되지 않도록 빠른 시간 내에 행한다.
⑤ 용매추출법 대신 헤드스페이스(Headspace)법 또는 퍼지·트랩(Purge and trap)법을 사용할 수도 있다.

## 07 농도계산

$$\text{폐기물 중 할로겐화유기물질의 농도(mg/kg)} = \frac{C_s}{W_d} \times f \times V$$

여기서, $C_s$ : 검정곡선에서 얻어진 분석성분 농도(mg/L)
       $f$ : 희석배수(여기서는 20)
       $V$ : 전처리한 용액의 부피(여기서는 약 0.05L)
      $W_d$ : 시료의 중량(여기서는 0.0005kg)

## 08 정도관리 목표값

| 정도관리 항목 | 정도관리 목표 |
| --- | --- |
| 정량한계 | 10.0mg/kg |
| 검정곡선 | 결정계수($R^2$)≥0.98 또는 감응계수(RF)의 상대표준편차≤15% |
| 정밀도 | 상대표준편차가 25% 이내 |
| 정확도 | 75~125% |

〈할로겐화 유기물질의 머무름 시간(예)〉

| 물질명 | 머무름 시간(분) |
| --- | --- |
| 1,1-디클로로에틸렌 | 3.07 |
| 헥사클로로부타다이엔 | 16.77 |

# [할로겐화 유기물질 – 기체크로마토그래피]

## 01 개요

### (1) 목적

① 측정물질 : 할로겐화 유기물질
② 분석 *중요내용*
  폐유기용제 등의 시료 적당량을 희석용 용매로 희석한 후, 기체크로마토그래피에 직접 주입하여 시료 중 할로겐화 유기물질류를 분석하는 방법이다.

### (2) 적용범위

### (3) 간섭물질

〔할로겐화 유기물질 – 기체크로마토그래피 – 질량분석법〕내용과 동일함

## 02 분석기기 및 기구

### (1) 기체크로마토그래피

〔할로겐화 유기물질 – 기체크로마토그래피 – 질량분석법〕내용과 동일함

### (2) 불꽃이온화검출기(FID) *중요내용*

① 본체 구성부
  ㉠ 수소연소노즐(Nozzle)
  ㉡ 이온수집기(Ion collector)
② 기타 구성부
  ㉠ 직류전압 변환회로    ㉡ 감도 조절부    ㉢ 신호 감쇄부

### (3) 전자포획검출기(ECD) *중요내용*

① 원리
  방사선 동위원소($^{63}$Ni, $^3$H 등)로부터 방출되는 $\beta$선이 운반기체를 전리하여 미소전류를 흘려보낼 때, 시료 중의 할로겐이나 산소와 같이 전자포획력이 강한 화합물에 의하여 전자가 포획되어 전류가 감소하는 것을 이용하는 방법이다.

② 선택적 검출물질
   ㉠ 유기할로겐화합물   ㉡ 나이트로화합물   ㉢ 유기금속화합물

## 03 시약 및 표준용액

## 04 시료채취 및 관리 *중요내용*

## 05 정도보증/정도관리(QA/QC)

## 06 농도계산 *중요내용*

## 07 정도관리 목표값 *중요내용*

〔할로겐화 유기물질 – 기체크로마토그래피 – 질량분석법〕 내용과 동일함

# [휘발성 저급염소화 탄화수소류 – 기체크로마토그래피]

## 01 개요

### (1) 목적 *중요내용*

측정 휘발성 저급염소화 탄화수소류
① 트리클로로에틸렌
② 테트라클로로에틸렌

### (2) 분석

시료 중의 트리클로로에틸렌 및 테트라클로로에틸렌을 헥산으로 추출하여 기체크로마토그래피로 정량하는 방법이다.

### (3) 적용범위 *중요내용*

① 적용 휘발성 저급염소화 탄화수소류
  ㉠ 트리클로로에틸렌($C_2HCl_3$)
  ㉡ 테트라클로로에틸렌($C_2Cl_4$)

② 정량한계
  ㉠ 트리클로로에틸렌 : 0.008mg/L
  ㉡ 테트라클로로에틸렌 : 0.002mg/L

### (4) 간섭물질

〔할로겐화 유기물질 – 기체크로마토그래피 – 중량분석법〕 내용과 동일함

## 02 분석기기 및 기구

### (1) 기체크로마토그래피

〔할로겐화 유기물질 – 기체크로마토그래피 – 질량분석법〕 내용과 동일함

### (2) 전자포획검출기(ECD)

① 원리
  방사선 동위원소($^{63}Ni$, $^3H$ 등)로부터 방출되는 $\beta$선이 운반기체를 전리하여 미소전류를 흘려보낼 때, 시료 중의 할로겐이나 산소와 같이 전자포획력이 강한 화합물에 의하여 전자가 포획되어 전류가 감소하는 것을 이용하는 방법이다. (운반기체 99.999% 이상의 헬륨 또는 질소)

② 선택적 검출물질
  ㉠ 유기할로겐화합물  ㉡ 나이트로화합물  ㉢ 유기금속화합물

### (3) 전해전도검출기(HECD)

## 03 시료채취 및 관리 *중요내용*

휘발성 – 탄화수소류는 휘발성이 높기 때문에 시료채취 시 유리제 용기에 상부공간이 없도록 채취하여야 한다.

(1) 염산(1+1), 인산(1+10) 또는 황산(1+5)을 1방울/10mL로 가하여 약 pH 2로 조절하고 4℃ 냉암소에서 보관한다.

(2) 시료가 잔류염소를 함유하고 있는 경우 : 티오황산나트륨(10mg/40mL)을 시료채취 전에 넣는다.

(3) 시료 중에 방향족 탄화수소(예로서 벤젠, 톨루엔, 에틸벤젠 등)는 쉽게 미생물에 의해 분해되므로 일주일 이상 보관할 경우 : 시료 500mL를 염산(1+1)으로 pH를 약 2로 조절한 후 시료를 병에 채운다.

(4) 모든 시료는 채취 후 14일 이내에 분석해야 한다.

(5) 시료에 염산을 가했을 때 거품이 생기면 그 시료는 버리고 산을 가하지 않은 채로 두 개의 시료를 채취하고 이 시료에는 산을 가하지 않았음을 표시해야 하고 24시간 안에 분석해야 한다.

## 04 정도보증/정도관리(QA/QC)

〔할로겐화 유기물질 – 기체크로마토그래피 – 질량분석법〕 내용과 동일함

## 05 분석절차(주의점) *중요내용

① 시료분석결과 이 검정곡선 농도범위를 벗어나면 시료를 묽혀서 재분석하여야 한다.
② 절대검정곡선법을 사용할 때에는 내부표준물질을 넣지 않아도 된다.
③ 피크의 면적 대신 피크의 높이를 사용할 수 있으나 피크 면적을 사용하는 것이 바람직하다.
④ 휘발성 저급염소화 탄화수소류는 휘발성이 높기 때문에 시료를 채취할 때 유리제 용기에 상부공간이 없도록 채취하여야 하며, 시료의 분취 및 기타 실험조작은 목적성분이 휘발되지 않도록 빠른 시간 내에 행한다.
⑤ 용매추출법 대신 헤드스페이스(Headspace)법 또는 퍼지 · 트랩(Purge and trap)법을 사용할 수도 있다.
⑥ 시료에 혼합표준용액 일정량을 첨가하여 크로마토그램을 작성하고 미지의 다른 성분과 피크의 중복 여부를 확인한다.(만일 피크가 중복될 경우 분리컬럼을 10% SP-1,000/carbopack B(60/80), 1% AT-1,000/Graphac-GB(60/80) 및 VOCOL, DB-624 capillary column 이나 또는 이들과 동등한 분리능을 가진 컬럼으로서 분리가 양호한 것을 택하여 실험함)

## 06 결과보고

〔할로겐화 유기물질 – 기체크로마토그래피 – 질량분석법〕 내용과 동일함

## 07 농도계산

$$\text{폐기물 중 휘발성 저급염소화탄화수소류의 농도(mg/L)} = C_s \times f$$

여기서, $C_s$ : 검정곡선에서 얻어진 분석성분 농도(mg/L)
$f$ : 최종 헥산층과 분리되면 $f = 1$, 분리되지 않으면 $f = 0.5$

## 08 정도관리 목표값

| 정도관리 항목 | 정도관리 목표 |
| --- | --- |
| 정량한계 | 트리클로로에틸렌 : 0.008mg/L<br>테트라클로로에틸렌 : 0.002mg/L |
| 검정곡선 | 결정계수($R^2$) ≥ 0.98 또는 감응계수(RF)의 상대표준편차 ≤ 15% |
| 정밀도 | 상대표준편차가 25% 이내 |
| 정확도 | 75~125% |

### Reference

① 휘발성 유기물질 중에서 트리할로메탄(THMs) 분석 시에 (1+1) HCl을 가하는 이유
→ THMs이 산화성 물질에 의해 산화되는 것을 막기 위한 것이다.
② 운반기체는 부피백분율 99.999% 이상의 헬륨(또는 질소)을 사용한다.
③ 시료도입부 온도는 150~250℃ 범위이다.

# [감염성 미생물 – 아포균 검사법]

## 01 개요

(1) 목적

① 측정물질 : 감염성 미생물

② 분석
감염성 폐기물을 증기멸균분쇄시설 또는 멸균분쇄시설(이하 "열관멸균분쇄시설"이라 한다)에서 멸균처리한 결과 특정한 저항성 미생물 포자(이하 "아포"라 한다)가 사멸된 경우 병원성 미생물을 포함한 다른 종류의 미생물도 사멸된 것으로 판단하는 방법이다.

(2) 적용범위

① 감염성 폐기물의 멸균잔류물에 대한 멸균 여부의 판정은 병원성 미생물보다 열저항성이 강하고 비병원성인 아포형성 미생물을 이용한 아포균 검사법이다.

② 멸균판정 *중요내용*
표준 지표생물포자가 $10^4$개 이상 감소하면 멸균된 것으로 본다.

(3) 간섭물질

일반적으로 미생물 실험은 시료 중에 함유된 미생물의 상태가 시시각각으로 변할 수 있으며, 당초 시료 중에 함유되어 있던 미생물 이외의 다른 미생물이 조작 중에 오염될 수 있다. 이러한 실험상의 오염을 방지하기 위하여 배지, 서약, 기구, 장비 등과 모든 실험조작은 원칙적으로 무균조작을 하여야 한다.

## 02 용어 정의

(1) 지표생물포자 *중요내용*

감염성 폐기물의 멸균잔류물에 대한 멸균 여부의 판정은 병원성 미생물보다 열저항성이 강하고 비병원성인 아포형성 미생물을 이용하는데, 이를 지표생물포자라 한다.

## 03 분석기기 및 기구 *중요내용*

(1) 배양기

온도가 $(32\pm1)$℃ 또는 $(55\pm1)$℃ 이상 유지되는 항온배양기를 사용한다.

(2) 시험아포 주입용기

부피는 120mL 이상이고 3~4개의 작은 구멍을 뚫어 증기가 침투할 수 있으며 높은 열저항성과 비접착성 재질의 회전식 뚜껑이 있는 용기를 사용하거나 시험아포를 담을 수 있도록 주름끈 또는 접착포가 달린 천으로 만든 주머니를 사용한다.

(3) 멸균된 플라스틱 페트리 디쉬

안지름 83mm, 깊이 12mm의 디쉬를 사용한다.

(4) 멸균된 핀셋의 피펫

## 04 시약 및 표준용액

### (1) 표준지표생물

① 바실러스 스테어로써머필러스(Bacillus strearothermophilus : ATCC 7953, 12980, 10149 등)를 증기멸균·분쇄시설의 표준 지표생물로 하고, 바실러스 섭틸리스(Bacillus subtilis : ATCC 9372, 19659, ATOCC 6633 등)는 열관멸균분쇄시설의 표준 지표생물로 한다.

② 표준 지표생물의 아포밀도는 세균현탁액 1mL에 $1 \times 10^4$개 이상의 아포를 함유하여야 한다. 이러한 표준 지표생물은 스트립(strips), 바이알(vials) 또는 디스크(discs) 등의 팩 형태로 시판되고 있는 것을 사용할 수 있으며, 이 경우 반드시 유효기간과 아포밀도를 확인하여야 한다.

③ 지표생물의 스트립, 바이알 또는 디스크는 시험아포 주입용기에 넣어 처리대상 감염성폐기물에 혼입시킨다.

## 05 시료채취 및 관리

(1) 정상운전조건에서 멸균처리가 끝난 다음 멸균잔류물을 잘 혼합하거나 혼합이 불가능할 경우에는 전체의 성상을 대표할 수 있도록 서로 다른 곳에서 시료를 채취한다.

(2) 시료의 채취는 가능한 한 무균적으로 하고 멸균된 용기에 넣어 1시간 이내에 실험실로 운반·실험하여야 하며, 그 이상의 시간이 소요될 경우에는 10℃ 이하로 냉장하여 6시간 이내에 실험실로 운반하고 실험실에 도착한 후 2시간 이내에 배양조작을 완료하여야 한다.(다만, 8시간 이내에 실험이 불가능할 경우에는 현지 실험용 기구세트를 준비하여 현장에서 배양조작을 하여야 함) *중요내용*

## 06 정도보증/정도관리(QA/QC)

시험아포균(표준 지표생물)의 아포밀도와 동등하거나 그 이상의 시판 키트(kit) 제품을 사용하는 경우에는 그 제품의 배양조건에 따른다.

## 07 분석절차

(1) 표준 지표생물의 스트립, 바이알 또는 디스크 팩 중 1개를 하나의 시험아포주입용기에 넣어 뚜껑을 닫는다.(이하 "시험아포팩"이라 함)

(2) 증기멸균분쇄시설 또는 열관멸균분쇄시설(이하 "증기·열관멸균분쇄시설"이라 한다)의 설치검사 및 정기검사 시에는 시험아포팩을 처리대상 감염성 폐기물 100kg에 1개를 원칙으로 하여 1회 멸균처리공정에 최소 5개 이상을 설치하여야 한다. 시험아포팩은 멸균기 내의 운전조건을 대표할 수 있는 적절한 위치에 각각 설치한다.

(3) 증기·열관멸균분쇄시설의 설치검사 및 정기검사는 2회 이상의 멸균처리공정의 검사결과로부터 판정한다. 또한 증기·열관멸균분쇄시설의 가동 검사 시에는 멸균처리공정에 매회 2개 이상의 시험아포팩을 설치한다.

(4) 실험결과 시험아포균 배양액이 혼탁한 경우 지표생물이 생장한 것으로 간주하며, 이를 확인하기 위하여 지표생물이 생장한 것으로 나타난 시험아포균 배양액과 대조시험아포균 배양액을 각각 소이빈-카제인 한천 평판배지에 접종하여 바실러스 섭틸리스 시험아포균은 (32±1)℃에서, 바실러스 스테어로써머필러스 시험아포균은 (55±1)℃에서 24시간 배양한다. 배양이 끝난 후 시험아포균 및 대조시험아포균을 서로 비교하여 판정한다.

## 08 결과보고

바실러스 스테어로써머필러스 시험아포균의 실험결과 시험아포균 배양액이 혼탁한 경우 지표생물이 생장한 것으로 간주하며, 이를 확인하기 위하여 지표생물이 생장한 것으로 나타난 시험아포균 배양액과 대조시험아포균 배양액을 실험 후 시험아포균 및 대조시험아포균을 서로 비교하여 판정한다.

# [감염성 미생물-세균배양 검사법]

## 01 개요

### (1) 목적

① 측정물질 : 감염성 미생물

② 분석 *중요내용*

감염성 폐기물을 증기·열관멸균분쇄시설의 정상운전으로 멸균처리한 다음, 그 멸균잔류물의 추출물을 혐기성 및 호기성균이 동시에 생장할 수 있는 티오글리콜레이트 배지(Fluid thioglycollate medium)에 배양하여 미생물의 생장 여부로부터 멸균상태를 확인하는 방법이다.

### (2) 적용범위

판정

세균배양 검사법으로 실험한 결과 세균이 검출되지 않으면 멸균된 것으로 본다.

### (3) 간섭물질

〔감염성 미생물-아포균검사법〕 내용과 동일함


## 02 용어 정의

### (1) 감염성 폐기물 지표생물

감염성 폐기물을 증기·열관멸균분쇄시설의 정상운전으로 멸균처리한 다음 그 멸균잔류물의 추출물을 혐기성 및 호기성균이 동시에 생장할 수 있는 티오글리콜레이트 배지(Fluid thipglycollate medium)에 배양하여 미생물의 생장 여부로부터 멸균상태를 검사하는데, 여기에서 혐기성 및 호기성균이 지표생물이 된다.


## 03 분석기기 및 기구 *중요내용*

### (1) 배양기

온도가 30~37℃가 유지되는 항온배양기를 사용한다.

(2) 증기멸균이 가능한 45mL 유리시험관

안지름 18mm, 길이 180mm의 유리 시험관을 사용한다.

(3) 현미경

미생물의 관찰이 가능한 현미경을 사용한다.

(4) 멸균된 핀셋, 가위 또는 메스 및 피펫

## 04 시약 및 표준용액

(1) 표준지표생물

〔감염성 미생물 – 아포균검사법〕 내용과 동일함

## 05 시료채취 및 관리

## 06 정도보증/정도관리(QA/QC)

〔감염성 미생물 – 아포균검사법〕 내용과 동일함

## 07 분석절차(주의점) *중요내용

배지가 혼탁되었거나 균의 생육이 의심되는 경우에는 최종 배양일에 새로운 티오글리콜레이트 배지에 계대하여 3일 이상 배양하고 균의 생장유무를 확인하여 시료의 멸균 여부를 판정한다.

## 08 결과보고

감염성 폐기물의 멸균잔류물에 대한 멸균 여부의 판정은 세균배양 검사법으로 실험한 결과 세균이 검출되지 않으면 멸균된 것으로 본다.

# [감염성 미생물 – 멸균테이프 검사법]

## 01 개요

### (1) 목적

① **측정물질** : 감염성 미생물

② **분석** 〔중요내용〕

감염성 폐기물을 증기멸균분쇄시설에서 멸균 처리하는 과정에 특정 수준의 온도, 증기 및 압력에서 시간이 경과함에 따라 변색하는 화학약품이 도포된 멸균테이프를 부착하여, 그 변색 여부로 멸균기의 고장이나 오류 등 성능상의 문제와 멸균상태를 간접적으로 확인하는 방법이다.

### (2) 적용범위

멸균테이프를 이용하여 실험한 결과 멸균테이프 제품에서 지정한 색으로 변색이 되면 멸균기의 성능과 멸균상태가 정상적인 것으로 본다.

### (3) 간섭물질

〔감염성 미생물 – 아포균검사법〕 내용과 동일함

## 02 용어 정의

### (1) 감염성 폐기물 표시물질

감염성 폐기물을 증기멸균분쇄시설에서 멸균 처리하는 과정에 특정 수준의 온도, 증기 및 압력에서 시간이 경과함에 따라 변색하는 화학약품이 도포된 멸균테이프를 이용한다.

## 03 분석기기 및 기구

### (1) 멸균테이프

스트립 또는 접착 테이프(Tapes) 형태로서 증기멸균분쇄시설에서 사용이 가능하고 특정수준의 온도, 증기 및 압력에서 시간이 경과함에 따라 변색하는 화학약품이 도포된 것을 사용한다.

## 04 시약 및 표준용액

**(1) 시약 :** 염산(1+1) 〔중요내용〕

**(2) 표준지표생물**

〔감염성 미생물-아포균검사법〕 내용과 동일함

## 05 시료채취 및 관리

## 06 정도보증/정도관리(QA/QC)

〔감염성 미생물-아포균검사법〕 내용과 동일함

## 07 분석절차

(1) 멸균취약지점을 포함하여 멸균기 안의 정상운전조건을 대표할 수 있는 적절한 위치에 멸균테이프를 10개 이상 부착한다. 〔중요내용〕

(2) 감염성 폐기물을 멸균기의 허용 부하량(負荷量) 또는 그 이하를 투입한다.

(3) 멸균기의 운전조건으로 멸균기를 작동하면서 정상운전조건이 유지되는지를 확인한다.

(4) 멸균처리가 끝난 다음 계기압이 외부 대기압과 평형상태로 될 때까지 방치하여 냉각한 후 멸균기의 뚜껑을 열고 멸균테이프를 꺼내어 테이프의 변색 유무를 육안으로 확인하여 멸균상태를 감지한다.(다만 멸균테이프 검사는 증기멸균분쇄시설의 가동검사에 한하여 검사할 수 있음)

## 08 결과보고

감염성 폐기물을 멸균테이프를 이용하여 실험한 결과 멸균테이프 제품에서 지정한 색으로 변색이 되면 멸균기의 성능과 멸균상태가 정상적인 것으로 본다.

# PART 05 핵심(계산) 150문제

## 01 다음과 같이 혼합된 쓰레기의 함수율(%)을 구하시오.

| 구성성분 | 구성중량비 | 함수율 |
|---|---|---|
| 연탄재 | 80% | 20% |
| 식품폐기물 | 15% | 60% |
| 종이류 | 3% | 15% |
| 플라스틱 | 2% | 5% |

**풀이**

$$함수율(\%) = \frac{(80 \times 0.2) + (15 \times 0.6) + (3 \times 0.15) + (2 \times 0.05)}{80 + 15 + 3 + 2} \times 100$$
$$= 25.55\%$$

## 02 함수율이 80%인 슬러지와 함수율 15%인 톱밥을 1 : 4의 중량(질량)비로 혼합하였다면 이 혼합물의 함수율(%)은?

**풀이**

$$함수율(\%) = \frac{(1 \times 0.8) + (4 \times 0.15)}{1 + 4} \times 100 = 28\%$$

## 03 쓰레기 20ton을 소각 시 재의 부피가 1.9m³ 발생하였다면 재의 밀도(kg/m³)는? (단, 재의 중량은 쓰레기 중량의 3%이다.)

**풀이**

$$재의\ 밀도(kg/m^3) = \frac{중량(kg)}{부피(m^3)}$$
$$= \frac{20\text{ton}}{1.9\text{m}^3} \times \frac{1{,}000\text{kg}}{1\text{ton}} \times 0.03 = 315.79\ kg/m^3$$

## 04 다음 조건의 겉보기 밀도(kg/m³)는?

| 조성 | 종이류 | 음식쓰레기 |
|---|---|---|
| 중량분율(%) | 40 | 50 |
| 밀도(kg/m³) | 400 | 180 |

**풀이**

전체(혼합)밀도 = 각 성분밀도 × 중량분율
$$= (400 \times 0.4) + (180 \times 0.5) + (150 \times 0.1)$$
$$= 265\ kg/m^3$$

**05** 폐기물의 밀도가 500kg/m³인 폐기물을 처리하여 부피감소율 90%, 질량감소율 80%로 되었을 경우, 처리 후 폐기물의 밀도(kg/m³)는?

> **풀이**
> 
> 처리 후 밀도(kg/m³) = 처리 전(밀도) × $\dfrac{(100-\text{질량감소율})}{(100-\text{부피감소율})}$
> 
> $= 500\text{kg/m}^3 \times \dfrac{(100-80)}{(100-90)} = 1,000\,\text{lkg/m}^3$

**06** 1인당 1일 쓰레기 발생량이 0.7kg일 때 쓰레기의 밀도(kg/m³)는?(단, 인구 10,000명, 2일마다 수거, 수거차량 30대, 차량당 적재용량 8m³)

> **풀이**
> 
> 밀도(kg/m³) = $\dfrac{\text{질량(kg)}}{\text{부피(m}^3\text{)}}$ = $\dfrac{0.7\text{kg/인·일} \times 10,000\text{인} \times 2\text{일}}{8\text{m}^3/\text{대} \times 30\text{대}}$ = 58.33 kg/m³

**07** 폐기물 중 비가연성 물질이 65%일 때 폐기물 10m³에 포함되어 있는 가연성 물질의 중량(kg)은?(단, 폐기물 밀도는 450kg/m³)

> **풀이**
> 
> 폐기물 = 가연성 물질 + 비가연성 물질
> 
> 가연성 물질의 중량(kg) = 부피 × 밀도 × (1 − 비가연성 물질)
> $= 10\text{m}^3 \times 450\text{kg/m}^3 \times (1-0.65) = 1,575\,\text{kg}$

**08** 함수율이 80%이고, 가연분이 건량기준으로 75%인 슬러지 50ton과 함수율이 35%이고, 회분이 건량기준으로 40%인 쓰레기 500ton과 혼합하여 처리할 때, 이 혼합된 폐기물의 가연분(%)은?

> **풀이**
> 
> 문제를 정리하면,
> 
> 슬러지(50ton) ─ w(수분) : 80%
>  └ TS : 20% ─ VS : 75%
>           └ FS : 25%
> 
> 쓰레기(500ton) ─ w(수분) : 35%
>  └ TS : 65% ─ VS : 60%
>            └ FS : 40%
> 
> 가연분(%) = $\dfrac{(50 \times 0.2 \times 0.75) + (500 \times 0.65 \times 0.6)}{50 + 500} \times 100$
> 
> $= 36.82\,\%$

**09** 함수율이 85%인 슬러지 Cake 10ton을 소각 시 소각재 발생량(kg)은?(단, 건조케이크 건조 중량당 무기성분 15%, 유기성분 중 연소효율 95%, 소각에 의한 무기물 손실은 없음)

> **풀이**
> 소각재 = 무기물 + 미연분(유기성분 중 미연소분)
> 무기물 = $10\text{ton} \times 1{,}000\text{kg/ton} \times (1-0.85) \times 0.15 = 225\,\text{kg}$
> 미연분 = $10\text{ton} \times 1{,}000\text{kg/ton} \times (1-0.85) \times (1-0.15) \times (1-0.95)$
> $= 63.75\,\text{kg}$
> $= 225 + 63.75 = 288.75\,\text{kg}$

**10** 건조된 슬러지 고형물의 비중이 1.35이고 건조 이전의 슬러지 내 고형물의 함량이 35%라 할 때 건조 전 슬러지의 비중은 얼마인가?

> **풀이**
> 슬러지 = 고형물 + 수분(함수)
> 
> $$\frac{\text{슬러지양}}{\text{슬러지 비중}} = \frac{\text{고형물량}}{\text{고형물 비중}} + \frac{\text{수분함량(함수량)}}{\text{수분(함수)비중}}$$
> 
> $$\frac{100}{\text{슬러지 비중}} = \frac{35}{1.35} + \frac{(100-35)}{1.0}$$
> 
> 슬러지 비중 = 1.099
> 
> (다른 방법) $\dfrac{1}{\text{슬러지 비중}} = \dfrac{0.35}{1.35} + \dfrac{(1-0.35)}{1.0}$
> 
> 슬러지 비중 = 1.099

**11** 생슬러지를 분석한 결과 수분이 90%였다. 고형물 중 휘발성 고형물이 70%, 휘발성 고형물의 비중 1.2, 무기성 고형물 비중이 2.0이라면 생슬러지 비중은?

> **풀이**
> 고형물의 비중을 우선 구하고 생슬러지 비중을 구함
> 고형물 비중
> 
> $$\frac{1}{\text{고형물의 비중}} = \frac{\text{휘발성의 함량}}{\text{휘발성의 비중}} + \frac{\text{무기성 함량}}{\text{무기성 비중}} = \frac{\text{유기물 함량}}{\text{유기물 비중}} + \frac{\text{무기물 함량}}{\text{무기물 비중}}$$
> 
> $$= \frac{0.7}{1.2} + \frac{(1-0.7)}{2.0}$$
> 
> 고형물 비중 = 1.364
> 생슬러지 비중
> 
> $$\frac{1}{\text{슬러지 비중}} = \frac{\text{고형물 함량}}{\text{고형물 비중}} + \frac{\text{함수량}}{\text{물(함수)비중}} = \frac{0.1}{1.364} + \frac{(1-0.1)}{1.0}$$
> 
> 생슬러지 비중 = 1.027

**12** 함수율이 90%인 슬러지의 겉보기 비중이 1.05 이다. 이 슬러지를 벨트 프레스로 탈수하여 함수율이 75%인 슬러지를 얻었다면 이 탈수슬러지의 겉보기 비중을 구하시오.

> **풀이**
> 
> 고형물의 비중을 우선 구하고 탈수슬러지 비중을 구함
> 
> 고형물 비중(90% 함수율 슬러지)
> 
> $$\frac{1}{\text{슬러지 비중}} = \frac{\text{고형물 함량}}{\text{고형물 비중}} + \frac{\text{함수량}}{\text{함수 비중}}$$
> 
> $$\frac{1}{1.05} = \frac{(1-0.9)}{\text{고형물 비중}} + \frac{0.9}{1.0}$$
> 
> 고형물 비중 = 1.909
> 
> 슬러지 비중(75% 함수율 슬러지)
> 
> $$\frac{1}{\text{슬러지 비중}} = \frac{(1-0.75)}{1.909} + \frac{0.75}{1.0}$$
> 
> 슬러지 비중 = 1.135

**13** 함수율이 70%인 쓰레기 5ton을 건조하여 건조 후 고형물 함량이 70%가 되었다. 건조 후 쓰레기의 중량(ton)은?

> **풀이**
> 
> 슬러지양과 함수율의 관계식 이용(고형물 물질수지식)
> 
> 초기슬러지양(100 − 초기함수율) = 처리 후 슬러지양(100 − 처리 후 함수율)
> 
> 5ton × (100 − 70) = 처리 후 슬러지양 × (100 − 30)
> 
> 처리 후(건조 후) 슬러지양 = 2.14 ton

**14** 함수율이 60%인 폐기물을 건조하여 건조 후 고형물 함량이 80%가 되었을 때, 이 건조 후 폐기물의 중량은 처음의 몇 %인지 구하시오.

> **풀이**
> 
> 처음 폐기물의 중량을 100%로 가정하여 물질수지식을 이용함
> 
> 고형물 물질수지식
> 
> 초기슬러지양(100 − 초기함수율) = 처리 후 슬러지양(100 − 처리 후 함수율)
> 
> 100 × (100 − 60) = 처리 후 슬러지양(100 − 20)
> 
> 처리 후 슬러지양(폐기물의 중량 : 처음 100%에 대한 비율임) = 50%

**15** 고형물이 20%인 음식쓰레기 20ton 을 소각하기 위하여 함수율이 30%로 되게 건조할 경우 무게(ton)는?(단, 비중은 1.0)

> **풀이**
> 고형물 물질수지식
> 초기슬러지양(100 − 초기함수율) = 처리 후 슬러지양(100 − 처리 후 함수율)
> 20ton × 20 = 처리 후 슬러지양 × (100 − 30)
> 처리 후 슬러지양(건조시 무게) = 5.71 ton

**16** 수분함량이 65%인 폐기물 15,000kg 을 건조하여 수분함량이 45%인 폐기물을 만들었을 때 제거된 수분의 양(kg)은?

> **풀이**
> 건조 후 폐기물 중량을 물질수지식을 이용하여 먼저 구함
> 15,000kg × (1 − 0.65) = 건조 후 폐기물 중량 × (1 − 0.45)
> 건조 후 폐기물 중량 = 9,545.45 kg
> 제거된 수분의 양(kg) = 건조 전 폐기물 중량 − 건조 후 폐기물 중량
> $\qquad\qquad\qquad\quad$ = 15,000 − 9,545.45 = 5,454.55 kg

**17** 소화슬러지의 발생량은 1일 투입량의 15% 이다. 소화슬러지의 함수율이 90% 라고 하면 1일 탈수된 슬러지의 양($m^3$)은?(단, 슬러지의 비중은 모두 1.0, 분뇨투입량 100KL/day, 탈수슬러지 함수율이 75%)

> **풀이**
> 고형물 물질수지식
> 100m³/day × 0.15 × (1 − 0.9) = 처리 후 슬러지양 × (1 − 0.75)
> 처리 후 슬러지양(1 일 탈수된 슬러지 양) = 6 m³(6 m³/day)

**18** 폐기물의 함수율이 20%이며, 건조기준으로 연소성분은 C가 55%, H가 15%이다. 건조폐기물은 열량계를 이용하여 열량을 측정하였더니 3,100kcal/kg 이다. 저위발열량(kcal/kg)을 구하시오.

> **풀이**
> $Hl = Hh - 600(9H + W)$ = 고위발열량 − 수분응축열
> $\qquad Hh = 3,100$ kcal/kg(열량계 이용 열량 측정)
> $\qquad$ 습윤기준 수소함량 = 0.15 × 0.8
> $Hl$(kcal/kg) = 3,100 − 600[(9 × 0.15 × 0.8) + 0.2] = 2,332 kcal/kg

**19** 수분이 1%, 수소가 13%인 연료의 고위발열량이 130,000kcal/kg 이라면 저위발열량(kcal/kg)은?

> **풀이**
> $Hl(\text{kcal/kg}) = Hh - 600(9H + W)$
> $\qquad = 130,000 - 600[(9 \times 0.13) + 0.01]$
> $\qquad = 129,292 \text{ kcal/kg}$

**20** 폐기물을 분석한 결과 수분 20%, 회분 10%, 고정탄소 30%, 휘발분이 40%이다. 또한 휘발분을 원소분석한 결과 수소 20%, 황 3%, 산소 27%, 탄소 50%일 경우 폐기물의 고위발열량(kcal/kg)은? 〔단, $Hh = 8,100C + 34,000\left(H - \dfrac{O}{8}\right) + 2,500S$〕

> **풀이**
> 발열량은 휘발분을 고려하여 계산
> 탄소함량 = 폐기물 중 탄소 + 휘발분 중 탄소
> $\qquad = 0.3 + (0.4 \times 0.5)$
> 수소함량 $= 0.4 \times 0.2$
> 황함량 $= 0.4 \times 0.03$
> $Hh(\text{kcal/kg}) = [8,100 \times ((0.4 \times 0.5) + 0.30)] + \left[34,000 \times \left((0.4 \times 0.2) - \left(\dfrac{0.4 \times 0.27}{8}\right)\right)\right]$
> $\qquad\qquad\qquad + [2500 \times (0.4 \times 0.03)]$
> $\qquad = 6,341 \text{ kcal/kg}$

**21** 어느 폐기물의 함유성분이 탄소 26%, 수소 6%, 산소 24%, 황 1%, 함수율 29%, 불활성 성분 14%일 때, 연소처리시 저위발열량(kcal/kg)은?

> **풀이**
> 고위발열량을 구하여 수분응축열을 고려하여 저위발열량을 구함
> $Hh = 8,100C + 34,000\left(H - \dfrac{O}{8}\right) + 2,500S$
> $\quad = (8,100 \times 0.26) + \left[34,000 \times \left(0.06 - \dfrac{0.24}{8}\right)\right] + [2,500 \times 0.01]$
> $\quad = 3,151 \text{ kcal/kg}$
> $Hl(\text{kcal/kg}) = Hh - 600(9H + W)$
> $\qquad = 3,151 - 600 \times [(9 \times 0.06) + 0.29]$
> $\qquad = 2,653 \text{ kcal/kg}$

**22** 다음은 폐기물에 대한 발열량 자료이다. 건량기준 폐기물의 평균발열량(kcal/kg)은?(단, 폐기물 중의 수분함량은 30%이다.)

| 구분 | 종이 | 목재 | 음식류 |
|---|---|---|---|
| 중량비(%) | 20 | 60 | 20 |
| 발열량(kcal/kg) | 4,000 | 4,500 | 1,800 |

**풀이**

건량기준 평균발열량 = 습량기준 발열량 × $\dfrac{(수분+건조폐기물)}{건조폐기물}$

습량기준 발열량 = $(4{,}000 \times 0.2) + (4{,}500 \times 0.6) + (1{,}800 \times 0.2)$
            = $3{,}860 \, kcal/kg$

건량기준 평균발열량(kcal/kg) = $3{,}860 \, kcal/kg \times \dfrac{30+70}{70} = 5{,}514.29 \, kcal/kg$

---

**23** 중유 1kg을 연소시킬 경우 연소효율이 85% 이면 저위발열량(kcal/kg)은?
(단, H : 11%, S : 1%, O : 0.6%, C : 86%, 수분 : 1.4%)

**풀이**

$Hh \, (kcal/kg) = 8{,}100C + 34{,}000\left(H - \dfrac{O}{8}\right) + 2{,}500S$

$\qquad = (8{,}100 \times 0.86) + \left[34{,}000 \times \left(0.11 - \dfrac{0.006}{8}\right)\right] + (2{,}500 \times 0.01)$

$\qquad = 10{,}705.5 \, kcal/kg$

$Hl \, (kcal/kg) = Hh - 600(9H + W)$
$\qquad = 10{,}705.5 - 600 \times [(9 \times 0.11) + 0.014]$
$\qquad = 10{,}103.1 \times 0.85 = 8{,}587.64 \, kcal/kg$

---

**24** $CH_4$의 $Hh$이 9,500kcal/sm³라면 저위발열량(kcal/sm³)은?

**풀이**

기체의 저위발열량의 경우 부피로 환산
$600 kcal/kg \times 18kg/22.4sm^3 = 482.14 \, kcal/sm^3$
$CH_4$ 연소시 $H_2O$ 2mol이 생성하므로

저위발열량(kcal/Sm³) = 고위발열량 − 수분의 응축잠열
$\qquad = 9{,}500 kcal/sm^3 - (482.14 kcal/sm^3 \times 2)$
$\qquad = 8{,}535.71 \, kcal/sm^3$

**25** 어떤 쓰레기의 가연분이 70%이며, 수분의 함수율이 25%라면 이 쓰레기의 저위발열량(kcal/kg)은?(단, 쓰레기의 3성분 조성비 기준의 추정식을 사용하며 발열량의 단위는 kcal/kg)

**풀이**
$Hl(\text{kcal/kg}) = 45VS - 6W(\text{kcal/kg}) = (45 \times 70) - (6 \times 25) = 3{,}000 \text{ kcal/kg}$

**26** 수분 : 20%, 회분 : 30%, 고정탄소 : 40%, 휘발분 : 10%인 폐기물을 연소시 발생하는 발열량(kcal/kg)을 계산하시오.(단, 듀롱식을 사용하며, 휘발분 속에 수소 : 15%, 탄소 : 50%, 산소 : 30%, 황 : 5%)

**풀이**
각 구성성분을 구함
$C \rightarrow$ 고정탄소$(0.4) + (0.1 \times 0.5) = 0.45$
$H \rightarrow 0.1 \times 0.15 = 0.015$
$O \rightarrow 0.1 \times 0.30 = 0.03$
$S \rightarrow 0.1 \times 0.05 = 0.005$
$Hh(\text{kcal/kg}) = (8{,}100 \times 0.45) + \left[34{,}000 \times \left(0.015 - \dfrac{0.03}{8}\right)\right] + (2{,}500 \times 0.005) = 4{,}040 \text{ kcal/kg}$

**27** 어느 도시에서 1주일 동안 쓰레기 수거상태를 조사한 결과가 다음과 같을 때, 이 지역의 1인당 1일 쓰레기 발생량(kg/인·일)은?(단, 수거대상인구 40,000명, 트럭대수 10대, 트럭용적 10m³, 트럭 1대당 쓰레기 수거횟수 5회/주, 적재시 쓰레기 밀도 600kg/m³)

**풀이**
쓰레기 발생량(kg/인·일) $= \dfrac{\text{쓰레기 부피} \times \text{쓰레기 밀도}}{\text{대상인구수}}$
$= \dfrac{10\text{m}^3/\text{대} \times 10\text{대} \times 5\text{회/주} \times \text{주}/7\text{일} \times 600\text{kg/m}^3}{40{,}000\text{인}}$
$= 1.07 \text{ kg/인·일}$

**28** 700세대 아파트에는 세대당 평균가족수가 5인이다. 배출하는 쓰레기를 3일마다 수거하는데 적재용량 8m³의 트럭 6대가 소요된다. 1인당 1일 쓰레기 배출량(kg/인·일)은?(단, 밀도는 150kg/m³)

**풀이**
쓰레기 배출량(kg/인·일) $= \dfrac{8\text{m}^3/\text{대} \times 6\text{대} \times 150\text{kg/m}^3}{700\text{세대} \times 5\text{인/세대} \times 3\text{day}} = 0.69 \text{ kg/인·일}$

**29** 인구 150,000명인 도시가 있다. 1일 1인당 1.3kg 의 쓰레기가 발생하고 있다. 이 쓰레기를 압축할 때 부피 감소율이 45%라고 하면 압축 후 쓰레기의 발생량($m^3$/year)은?(단, 쓰레기의 밀도는 0.8ton/$m^3$)

> **풀이**
> 쓰레기 발생량($m^3$/year) = $\dfrac{1.3\text{kg/인·일} \times 150{,}000\text{인} \times 365\text{일/year}}{800\text{kg/}m^3} \times (1-0.45)$
> $= 48{,}932.81\,m^3$/year

**30** 0.9ton/$m^3$인 쓰레기 2,000$m^3$가 적환장에 있다. 이 경우 8.5ton 차량으로 매립장까지 운반하고자 할 때 몇 대의 차량이 필요한가?

> **풀이**
> 소요차량(대) = $\dfrac{\text{쓰레기 총량}}{\text{쓰레기차량의 적재용량}}$
> $= \dfrac{0.9\text{ton/}m^3 \times 2{,}000\,m^3}{8.5}$
> $= 211.7\,(212\text{대})$

**31** 1일 폐기물 발생량이 3,500$m^3$인 도시에서 8$m^3$ 트럭으로 쓰레기를 매립장으로 운반하고자 한다. 다음의 조건에서 몇 대의 차량이 필요한가?

- 작업시간 : 8hr/day
- 왕복운반시간 : 40min
- 대기차량 : 3대
- 운반거리 : 3km
- 하차시간 : 10min
- 적재시간 : 10min

> **풀이**
> 트럭의 왕복횟수 = $\dfrac{3{,}500\,m^3/\text{day}}{8\,m^3/\text{대}} = 437.5\,(438\text{ 대/day} = 438\text{ 회})$
> 1일 1대 가능 횟수 소요시간 = 40min + 10min + 10min = 60 min(1 hr)
> → 1일 8시간 작업하므로 8회 작업 가능
> 소요차량(대) = $\dfrac{438\text{회}}{8\text{회}} = 54.7$
> = 55대 + 3대 (대기차량)
> = 58 대

**32** 인구 50,000명의 도시에서 폐기물 발생량이 2.0kg/인·일이며 밀도는 450kg/m³이다. 이것을 5m³의 차량으로 매립장까지 운반하고자 할 경우 소요차량 대수는?

- 운전시간 : 8hr/day
- 왕복운반시간 : 40min
- 적하시간 : 10min
- 운반거리 : 10km
- 적재시간 : 30min
- 대기차량 : 2대

**풀이**

폐기물 발생량 $= \dfrac{50{,}000 인 \times 2.0 \mathrm{kg/인 \cdot 일}}{450 \mathrm{kg/m^3}} = 222.22 \, \mathrm{m^2/day}$

일일 왕복횟수 $= \dfrac{222.22 \, \mathrm{m^3/day}}{5 \, \mathrm{m^3/대}} = 44.4 \, 대/일 = 45 \, 회/일$

1일 1대 가능횟수 $= \dfrac{8 \mathrm{hr/day} \times 60 \mathrm{min/hr}}{(40+30+10) \mathrm{min}} = 6 \, 회/day$

일일 필요대수(대) $= \dfrac{45 회}{6 회} = 7.5 = 8대 + 2대 \, (대기차량) = 10 \, 대$

**33** 어느 도시의 폐기물수거량이 4,000,000ton/year인 쓰레기의 수거에 5,000명의 수거인부가 종사한다면 MHT는?(단, 1일 작업시간 8hr, 1년 작업일수 300day)

**풀이**

$\mathrm{MHT} = \dfrac{수거인부 \times 총작업시간}{총수거량(총발생량)}$

$= \dfrac{5{,}000 인 \times (8 \mathrm{hr/day} \times 300 \mathrm{day/year})}{4{,}000{,}000}$

$= 3.0 \, MHT (\mathrm{man \cdot hr/ton})$

**34** A, B도시 중 어느 도시의 수거효율이 좋은지 계산하시오.

- A도시 : 하루 발생 쓰레기 1,000ton, 150명 수거인부, 일일평균 작업시간 8시간
- B도시 : 하루 발생 쓰레기 3,000ton, 300명 수거인부, 일일평균 작업시간 10시간

**풀이**

A도시의 $\mathrm{MHT} = \dfrac{150 인 \times (8 \mathrm{hr/day})}{1{,}000 \mathrm{ton/day}} = 1.2 \, \mathrm{MHT(man \cdot hr/ton)}$

B도시의 $\mathrm{MHT} = \dfrac{300 인 \times (10 \mathrm{hr/day})}{3{,}000 \mathrm{ton/day}} = 1.0 \, \mathrm{MHT(man \cdot hr/ton)}$

B도시의 MHT(수거효율)이 좋음

**35** 인구 150,000인 지역의 폐기물 배출량이 1.5kg/인·일일 때, 소요차량대수는?(단, 폐기물 밀도 400kg/m³, 적재용량 4.5m³, 1일 3회 운행함)

**풀이**

$$\text{소요차량대수(대)} = \frac{1.5\text{kg/인·일} \times 150{,}000\text{인}}{400\text{kg/m}^3 \times 4.5\text{m}^3/\text{회} \times 3\text{회/대·일}}$$
$$= 41.6 \,(\text{대})$$

**36** 인구 50만 명인 도시의 폐기물 발생량 중 가연성이 30% 이고 불연성이 70% 이다. 다음 조건일 때 가연성 쓰레기를 운반하는 데 필요한 차량대수는?

- 쓰레기 발생량 : 1.5kg/인·일
- 쓰레기 차량의 적재용량 : 4.5m³
- 가연성 쓰레기 밀도 : 600kg/m³
- 차량은 1일 1회 운행

**풀이**

$$\text{소요차량대수} = \frac{\text{가연성 쓰레기의 총량}}{\text{쓰레기차의 적재용량}}$$
$$= \frac{1.5\text{kg/인·일} \times 500{,}000 \times 0.3}{600\text{kg/m}^3 \times 4.5\text{m}^3/\text{대}}$$
$$= 83.8 \,(84\,\text{대})$$

**37** 인구 200,000명, 폐기물 발생량 1.2kg/인·일이다. 다음 조건에서 소요차량대수는?(단, 대기차량 5대, 압축률 1.4)

- 쓰레기밀도 : 450kg/m³
- 왕복시간 : 40분
- 운전시간 : 8시간
- 운반시간 : 10분
- 운반거리 : 4km
- 적재시간 : 10분
- 적재용량 : 8m³

**풀이**

$$\text{소요차량대수} = \frac{\text{하루 폐기물 수거량}}{\text{1일·1대당 운반량}}$$

$$\text{하루 폐기물 수거량(발생량)} = \frac{200{,}000\text{인} \times 1.2\text{kg/인·일}}{450\text{kg/m}^3} = 533.3\,\text{m}^3/\text{일}$$

$$\text{1일 1대당 운반량} = \frac{8\text{m}^3/\text{대} \times 8\text{hr/대·일}}{(40+10+10)\text{min/대} \times \text{hr/60min}} \times 1.4$$
$$= 89.6\,\text{m}^3/\text{일·대}$$

$$\text{소요차량대수(대)} = \frac{533.3\text{m}^3/\text{일}}{89.6\text{m}^3/\text{일·대}} = 5.95 + 5 = 10.95\,(11\text{대})$$

**38** 폐기물의 압축비가 2.5 일 때 부피감소율은?

**풀이**

$$부피감소율(VR) = \left(1 - \frac{1}{CR}\right) \times 100 = \left(1 - \frac{1}{2.5}\right) \times 100$$
$$= 60\%$$

**39** 쓰레기를 압축시켜 용적감소율이 55%일 때 압축비는?

**풀이**

$$압축비(CR) = \frac{100}{(100 - VR)} = \frac{100}{(100 - 55)}$$
$$= 2.22$$

**40** 밀도가 0.5ton/m³인 폐기물을 0.95ton/m³로 압축하면 부피감소율(%)은?

**풀이**

$$부피감소율(VR) = \left(1 - \frac{V_f}{V_i}\right) \times 100\,(\%)$$

$$V_i = \frac{1\text{ton}}{0.5\text{ton/m}^3} = 2\,\text{m}^3$$

$$V_f = \frac{1\text{ton}}{0.95\text{ton/m}^3} = 1.05\,\text{m}^3$$

$$= \left(1 - \frac{1.05}{2}\right) \times 100$$
$$= 47.5\%$$

**41** 밀도가 0.4ton/m³인 폐기물을 0.85ton/m³로 압축 시 압축비는?

**풀이**

$$압축비(CR) = \frac{V_i}{V_f}$$

$$V_i = \frac{1\text{ton}}{0.4\text{ton/m}^3} = 2.5\,\text{m}^3$$

$$V_f = \frac{1\text{ton}}{0.85\text{ton/m}^3} = 1.18\,\text{m}^3$$

$$= \frac{2.5}{1.18}$$
$$= 2.12$$

42 평균 크기 10cm인 폐기물을 2.5cm로 파쇄하고자 할 때 소요동력은 동일폐기물을 5cm로 파쇄시 소요동력의 몇 배인가?(단, Kick의 법칙을 이용)

**풀이**

Kick의 법칙

파쇄에너지$(E) = C\ln\left(\dfrac{L_1}{L_2}\right)$

$E_1 = C\ln\left(\dfrac{10}{2.5}\right) = C\ln 4$

$E_2 = C\ln\left(\dfrac{10}{5}\right) = C\ln 2$

동력비 $= \dfrac{E_1}{E_2} = \dfrac{\ln 4}{\ln 2} = 2$ 배

43 도시폐기물을 파쇄할 경우 $X_{90} = 2.5$cm로 하며 (90% 이상을 2.5cm보다 작게 파쇄할 경우) $X_0$(특성입자)를 구한 값(cm)은?(Rosin-Rammler식 적용 $n=1$)

**풀이**

$Y = 1 - \exp\left[-\left(\dfrac{X}{X_0}\right)^n\right]$

$0.9 = 1 - \exp\left[-\left(\dfrac{2.5}{X_0}\right)^1\right]$

$-\dfrac{2.5}{X_0} = \ln 0.1$

특성입자$(X_0 : \text{cm}) = \dfrac{2.5}{2.3} = 1.07\,\text{cm}$

44 토양의 입도분포를 조사하여 다음과 같은 결과를 얻었다. 유효입경, 균등계수, 곡률계수를 구하시오. (단, $D_{10}$, $D_{30}$, $D_{60}$은 각각 통과백분율 10%, 30%, 60%에 해당하는 입경)

| 구분 | $D_{10}$ | $D_{30}$ | $D_{60}$ |
|---|---|---|---|
| 입자크기(mm) | 0.25 | 0.55 | 0.85 |

**풀이**

유효입경$(D_{10})$ : 0.25 mm

균등계수$(U) = \dfrac{D_{60}}{D_{10}} = \dfrac{0.85}{0.25} = 3.4$

곡률계수$(Z) = \dfrac{(D_{30})^2}{D_{10} \times D_{60}} = \dfrac{(0.55)^2}{0.25 \times 0.85} = 1.42$

**45** 직경이 2.8m인 트롬멜 스크린의 최적속도(rpm)는?

풀이

최적회전속도(rpm) = 임계속도($\eta_c$) × 0.45

$$\eta_c = \frac{1}{2\pi}\sqrt{\frac{g}{r}} = \frac{1}{2\pi}\sqrt{\frac{9.8}{1.4}}$$

$$= 0.42 \text{cycle/sec} \times 60 \text{sec/min}$$

$$= 25.2 \text{cycle/min} = 25.2 \text{rpm}$$

$$= 25.2 \text{rpm} \times 0.45 = 11.34 \text{rpm}$$

**46** 다음의 경우 Worrell식에 대한 선별효율(%)을 구하시오.

- 총투입 폐기물 : 100ton
- 회수량 중 회수대상물질 : 60ton
- 회수량 : 70ton
- 기각회수물질 : 5ton

풀이

$x_1$ 60 ton ⇨ $y_1$ 10 ton

$x_2$ 5 ton ⇨ $y_2$ 25 ton(100 − 70 − 5)

$x_0 = x_1 + x_2 = 60 + 5 = 65$ ton

$y_0 = y_1 + y_2 = 10 + 25 = 35$ ton

$$\text{선별효율(\%)} = \left[\left(\frac{x_1}{x_0}\right) \times \left(\frac{y_2}{y_0}\right)\right] \times 100$$

$$= \left[\left(\frac{60}{65}\right) \times \left(\frac{25}{35}\right)\right] \times 100 = 65.93 \%$$

**47** 투입량이 1ton/hr, 회수량이 700kg/hr(그중 회수 대상물질 550kg), 제거량이 300kg/hr(그중 회수대상물질 70kg)일 때 Rietema식을 이용하여 선별효율(%)을 구하시오.

풀이

$x_1$ 550 kg/hr ⇨ $y_1$ 150 kg/hr

$x_2$ 70 kg/hr ⇨ $y_2$ 230 kg/hr(1,000 − 700 − 70)

$x_0 = x_1 + x_2 = 550 + 70 = 620$ kg/hr

$y_0 = y_1 + y_2 = 150 + 230 = 380$ kg/hr

$$\text{선별효율(\%)} = \left(\left|\frac{x_1}{x_0} - \frac{y_1}{y_0}\right|\right) \times 100$$

$$= \left(\left|\frac{550}{620} - \frac{150}{380}\right|\right) \times 100 = 49.24 \%$$

**48** 퇴비화를 위하여 다음 조건의 분뇨와 쓰레기를 중량비 1 : 2로 혼합하면 C/N 비는?

| 구분 | 함수율 | 탄소 | 질소 |
|---|---|---|---|
| 분뇨 | 90% | TS의 40% | TS의 15% |
| 쓰레기 | 20% | TS의 60% | TS의 2% |

**풀이**

$$C/N \text{ 비} = \frac{\text{혼합물 중 탄소의 양}}{\text{혼합물 중 질소의 양}}$$

혼합물 중 탄소의 양 $= \left[\left[\frac{1}{1+2} \times (1-0.9) \times 0.4\right] + \left[\frac{2}{1+2} \times (1-0.2) \times 0.6\right]\right]$
$= 0.333$

혼합물 중 질소의 양 $= \left[\left[\frac{1}{1+2} \times (1-0.9) \times 0.15\right] + \left[\frac{2}{1+2} \times (1-0.2) \times 0.02\right]\right]$
$= 0.015$

$= \frac{0.333}{0.015} = 22.2$

**49** 쓰레기를 수거하여 분석한 결과 함수율이 20%이고, 총 휘발성 고형물은 총 고형물의 80%, 유기탄소량은 총 휘발성 고형물의 90%이다. 또한 총 질소량이 총 고형물의 3%일 때 C/N 비는?

**풀이**

$$C/N \text{ 비} = \frac{\text{탄소의 양}}{\text{질소의 양}} \text{ (폐기물 1kg 기준으로 계산)}$$

$$= \frac{1\text{kg} \times (1-0.2) \times 0.8 \times 0.9}{1\text{kg} \times (1-0.2) \times 0.03} = 24$$

**50** 열작감량에 대한 탄소의 함유량은 $0.5 \times Gv$ [$Gv$ = 열작감량률(%), 건조고형물에 대한 비]로 표시한다. 어떤 폐기물의 열작감량이 건조고형물에 대하여 60%, 질소는 3%가 함유되어 있고, 함수율이 30%라면 C/N 비는?

**풀이**

$$C/N \text{ 비} = \frac{\text{탄소의 양}}{\text{질소의 양}} \text{ (폐기물 1kg 기준으로 계산)}$$

$$= \frac{0.5 \times 1\text{kg}(1-0.3) \times 0.6}{1\text{kg} \times (1-0.3) \times 0.03} = 10$$

**51** 어느 도시에서 1일 수거되는 분뇨가 400KL 일 때 분뇨 투입구의 수는?

- 수거차량 용량 : 3KL/대
- 작업시간 : 6시간/일
- 수거차량에서 분뇨 투입시간 : 30분
- 안전율 : 1.3

**풀이**

분뇨 투입구 수$(N) = \dfrac{수거량}{1대\ 투입량} = \dfrac{400\text{KL/day}}{3\text{KL/대} \times 6\text{hr/day} \times 60\text{min/hr} \times 대/30\text{min}} \times 1.3$
$= 14.44\ (15\ 개)$

**52** 침출수를 혐기성 여상으로 처리하고자 한다. 유량이 1,500m³/day, BOD가 500mg/L이고 처리효율이 90%라면 이때 혐기성 여상에서 발생되는 메탄가스의 양(m³/day)은?(단, 1.5m³ 가스/BOD-kg, 가스 중 메탄함량 60%)

**풀이**

메탄가스의 양$(\text{m}^3/\text{day}) = 1{,}500\text{m}^3/\text{day} \times 500\text{mg/L} \times 1{,}000\text{L/m}^3 \times 1\text{kg}/10^6\text{mg}$
$\qquad\qquad\qquad\quad \times 0.9 \times 1.5\text{m}^3\text{gas/BOD·kg} \times 0.6$
$= 607.5\ \text{m}^3/\text{day}$

**53** 어느 분뇨처리장에서 Gas 발생량이 150m³/day이다. 이 소화조의 운영상태를 정상적으로 본다면 발생되는 CH₄가스양(m³/day)은?

**풀이**

소화조의 정상운영상태 : 가스양 중 메탄이 ≒ 60%(2/3)이다.
$CH_4$ 가스양$(\text{m}^3/\text{day}) = 150 \times 0.6 = 90\ \text{m}^3/\text{day}$

**54** 어떤 분뇨처리장으로 VS가 1.5g/L인 분뇨가 50KL/day 유입될 때 소화조에서 발생되는 총 $CH_4$가스양(m³)은?(단, 1단계 및 2단계 소화소에서 VS 제거율은 각각 60%, 20%이고 $CH_4$ 가스 발생량은 각각 1m³/kg-VS 제거, 0.5m³/kg-VS 제거)

**풀이**

분뇨 중 VS 함량
$50\text{KL/day} \times 1.5\text{g/L} \times 1{,}000\text{L/KL} \times 1\text{kg}/1{,}000\text{g} = 75\ \text{kg-VS/day}$
1단계 소화조에서 $CH_4$ 발생량
$75\text{kg-VS/day} \times 0.6 \times 1\text{m}^3/\text{kg-VS 제거} = 45\ \text{m}^3/\text{day}$
2단계 소화조에서 $CH_4$ 발생량
$75\text{kg-VS/day} \times (1-0.6) \times 0.2 \times 0.5\text{m}^3/\text{kg-VS 제거} = 3\ \text{m}^3/\text{day}$
총 $CH_4$ 가스양$(\text{m}^3) = 45 + 3 = 48\ \text{m}^3/\text{day}$

**55** VS가 50%이고 함수율이 95%인 농축슬러지 100m³을 소화시켰다. 소화율(VS대상)이 40%이고, 소화 후 함수율이 93%라면 소화 후의 부피(m³)는?(단, 모든 슬러지의 비중 1.0)

> **풀이**
> 잔류고형물을 구하여 함수율을 보정하여 구함
> 소화 후 슬러지양(m³) = $(VS + FS) \times \dfrac{100}{100 - X_w}$
> $$FS = (100 \times 0.05)\text{m}^3 \times 0.5 = 2.5\,\text{m}^3$$
> $$VS = (100 \times 0.05)\text{m}^3 \times 0.5 \times (1 - 0.4) = 1.5\,\text{m}^3$$
> $$= (2.5 + 1.5) \times \dfrac{100}{100 - 93}$$
> $$= 57.14\,\text{m}^3$$

**56** 함수율이 98%인 슬러지 40m³을 농축하여 96%로 하였을 때 슬러지 부피(m³)는?

> **풀이**
> 고형물 수지식 이용(물질수지식)
> $40\text{m}^3 \times (1 - 0.98) =$ 농축 후 슬러지 부피 $\times (1 - 0.96)$
> 농축 후 슬러지 부피(m³) = $20\,\text{m}^3$

**57** 함수율 80%인 슬러지 50m³을 15m³로 농축하였다면 함수율(%)은?

> **풀이**
> 고형물 수지식 이용(물질수지식)
> $50\text{m}^3 \times (1 - 0.8) = 15\text{m}^3 \times$ 농축 후 고형물 함량
> 농축 후 고형물 함량 $= 0.67$
> 농축 후 함수율(%) $= 1 - 0.67 = 0.33 \times 100 = 33\,\%$

**58** 유기물($C_6H_{12}O_6$) 15kg을 혐기성으로 완전분해할 때 생성될 수 있는 이론적 메탄의 양(sm³)은?

> **풀이**
> $C_6H_{12}O_6 \rightarrow 3CH_4 + 3CO_2$
> 180kg : $3 \times 22.4\,\text{sm}^3$
> 15kg : $CH_4(\text{sm}^3)$
> $CH_4(\text{sm}^3) = \dfrac{15\text{kg} \times (3 \times 22.4)\text{sm}^3}{180\text{kg}}$
> $\qquad\qquad = 5.6\,\text{sm}^3$

**59** 분뇨 500KL/day 를 소화할 경우 1일 동안 얻어지는 열량(kcal/day)은?(단, $CH_4$ 발열량 5,500kcal/$m^3$, 발생가스는 전량 $CH_4$으로 가정하고 발생가스양은 분뇨투입량의 8배로 한다.)

> **풀이**
> 1일 얻어지는 열량(kcal/day) = 500KL/day × 5,500kcal/$m^3$ × 1,000L/KL × $m^3$/1,000L × 8
> $= 2.2 \times 10^7$ kcal/day

**60** 분뇨시설을 가온식으로 운전하고 있다. 분뇨투입량이 1.0KL/hr 일 때 1시간 동안 투입된 분뇨를 소화온도까지 올리는 데 필요한 열량은 몇 kcal/hr인가?(소화온도 35℃, 투입분뇨온도 20℃, 분뇨의 비열은 1cal/g·℃이며, 분뇨의 비중은 1.0, 기타 열손실은 없는 것으로 간주한다.)

> **풀이**
> 열량(kcal/hr) = 슬러지양(분뇨량) × 비열 × 온도차
> = 1.0KL/hr × 1ton/1KL × 1,000kg/1ton × 1.0kcal/kg·℃ × (35 − 20)℃
> = 15,000 kcal/hr

**61** 함수율 95%인 슬러지의 고형물 중 80%가 휘발분이며 그중 50%가 탄소이고 $CH_4$ 생성률은 80%이다. 이 슬러지를 이용하여 용량 150$m^3$인 소화조를 중온소화시키려고 한다. 소화조 가열에 필요한 최소 슬러지량(ton)은?(단, 슬러지의 온도는 20℃, 중온소화온도 37℃, 비중은 1.0, 메탄발열량 6,000kcal/kg, 비열 1.0kcal/kg·℃)

> **풀이**
> 우선 열량을 구함
> 열량 = 슬러지양 × 비열 × 온도차
> = 150$m^3$ × 1ton/1$m^3$ × 1,000kg/1ton × 1.0kcal/kg·℃ × (37 − 20)℃
> = 2,550,000 kcal
>
> 위의 필요열량과 발생열량이 같으므로
> 슬러지양(kg) × (1 − 0.95) × 0.8 × 0.5 × 0.8 × 6000kcal/kg = 2,550,000 kcal
> 슬러지양(kg) = 26,562.5kg × ton/1,000kg = 26.56 ton

**62** 혐기성 소화탱크에서 유기물이 80%, 무기물이 20% 인 슬러지를 소화하여 소화슬러지의 유기물이 70%, 무기물이 30%가 되었다면 소화율(%)은?

> **풀이**
> 소화효율(%) = $\left(1 - \dfrac{VS_2/FS_2}{VS_1/FS_1}\right) \times 100 = \left(1 - \dfrac{0.7/0.3}{0.8/0.2}\right) \times 100 = 41.6\%$

## 63 $C_6H_{12}O_6$(포도당) 1kg을 호기성 분해할 경우 필요한 산소량(kg)은?

**풀이**

호기성 완전반응식

$C_6H_{12}O_6 + 6O_2 \rightarrow 6CO_2 + 6H_2O$

180kg : $6 \times 32$kg

1kg : $O_2$(kg)

$O_2(kg) = \dfrac{1kg \times (6 \times 32)kg}{180kg} = 1.06kg$

## 64 $C_6H_{12}O_6$(포도당) 1kg을 혐기성 분해할 경우 $CH_4$ 생성량($m^3$)은?

**풀이**

혐기성 완전반응식

$C_6H_{12}O_6 \rightarrow 3CO_2 + 3CH_4$

180kg : $3 \times 22.4 m^3$

1kg : $CH_4(m^3)$

$CH_4(m^3) = \dfrac{1kg \times (3 \times 22.4)m^3}{180kg} = 0.37m^3$

## 65 분뇨를 호기성 산화방식으로 처리하고자 한다. 소화조의 용량이 100$m^3$/day인 처리장에 필요한 산기관의 수는?(단, 분뇨의 BOD는 20,000mg/L, 1차 BOD 처리효율 75%, 소모공기량 100$m^3$/BOD-kg, 산기관 1개당 통풍량 0.15$m^3$/min, 연속산기방식)

**풀이**

$$산기관(개) = \dfrac{100m^3/day \times 20,000mg/L \times 1,000L/m^3 \times 1kg/10^6 mg \times 0.75 \times 100m^3/BOD\cdot kg \times day/24hr \times 1hr/60min}{0.15m^3/min}$$

$= 694.4 \,(695\,개)$

**66** 생분뇨의 SS가 30,000mg/L이고, 1차 침전조에서 SS 제거율은 85%이다. 1일 100KL 분뇨를 투입할 경우 1차 침전지에서 1일 발생되는 슬러지량(ton/day)은?(단, 발생슬러지 함수율은 97%이고 비중은 1.0)

풀이

슬러지양(ton/day) = 유입 $SS$량 × 제거량 × $\dfrac{100}{100-\text{함수율}}$

$= 100\text{KL/day} \times 30,000\text{mg/L} \times 1,000\text{L/KL} \times \text{ton}/10^9\text{mg}$

$\quad \times 0.85 \times \dfrac{100}{100-97}$

$= 85\,\text{ton/day}$

다른 풀이방법(고형물 물질수지식)
1차 침전조제거 SS량 $= 100\text{KL/day} \times 30,000\text{mg/L} \times 1,000\text{L/KL}$

$\quad\quad \times \text{ton}/10^9\text{mg} \times 0.85$

$= 2.55\,\text{ton}\cdot\text{ss/day}$

고형물 물질수지식
$2.55\,\text{ton}\cdot\text{ss/day} =$ 발생슬러지양 $\times (1-0.97)$
발생슬러지양 $= 85\,\text{ton/day}$

**67** 분뇨처리과정 중 농축슬러지의 고형물 농도가 5%이고 이 고형물 중 유기물의 함유율이 70%이며, 다시 소화과정에 의하여 유기물의 70%가 분해되고 소화된 슬러지의 고형물함량이 5.5%일 때 전체 슬러지량은 얼마나 감소(%)하는가?

풀이

소화 후 유기물(VS) 함량 : 슬러지 1kg 기준
$\quad 1\text{kg} \times 0.05 \times 0.7 \times (1-0.7) = 0.0105\,\text{kg}$

소화 후 무기물(FS) 함량
$\quad 1\text{kg} \times 0.05 \times (1-0.7) = 0.015\,\text{kg}$

소화 후 고형물량 $= 0.0105 + 0.015 = 0.0255\,\text{kg}$

$\quad$ 소화슬러지양 $= \dfrac{\text{소화 후 고형물량}}{\text{소화 후 고형물의 비율}} = \dfrac{0.0255\text{kg}}{0.055} = 0.46\,\text{kg}$

$\quad$ 슬러지감소비율(%) $=$ 최초슬러지양 $-$ 소화슬러지양
$\quad\quad = 1 - 0.46$
$\quad\quad = 0.54 \times 100 = 54\,(\%)$

**68** 분뇨처리장 1차 침전지에서 1일 슬러지제거량이 100m³/day이고 SS농도가 30,000mg/L이었다. 이 슬러지를 탈수했을 때 탈수된 슬러지의 함수율이 80%이었다면 탈수된 슬러지량(ton/day)은?(단, 비중 1.0)

> **풀이**
> 슬러지양(ton/day) $= 100\text{m}^3/\text{day} \times 30,000\text{mg/L} \times 1,000\text{L/m}^3 \times 10^{-9}\text{ton/mg} \times \dfrac{100}{100-80}$
> $= 15\,\text{ton/day}$

**69** 어느 분뇨처리장에서 잉여슬러지량은 분뇨처리장의 40%이며 함수율은 99%이다. 이것을 농축조에서 함수율 98%로 농축하여 탈수기로 탈수시키고자 한다. 탈수기를 일주일 중 6일간 운전하고 1일 6시간씩 가동한다면 탈수기 능력(KL/hr)은?(단, 1일 분뇨처리량 100KL)

> **풀이**
> 탈수기 능력(KL/hr) $= \dfrac{\text{농축 후 슬러지량}}{\text{탈수기 가동시간}}$
> 슬러지 고형물 물질수지에 의한 농축 후 슬러지양
> $100\text{KL/day} \times 0.4 \times (1-0.99) = $ 농축 후 슬러지양 $\times (1-0.98)$
> 농축 후 슬러지양 $= 20\,\text{KL/day}$
> $= \dfrac{20\text{KL/day} \times 7\text{day/주}}{6\text{day/주} \times 6\text{hr/day}}$
> $= 3.89\,\text{KL/hr}$

**70** 전처리에서의 SS제거율은 50%, 1차 처리에서 SS제거율이 85%일 때 방류수 수질기준 이내로 처리하기 위한 2차 처리의 최소효율(%)은?(단, 분뇨 SS : 10,000mg/L, 방류수 수질기준 60mg/L)

> **풀이**
> SS제거효율 $= \left(1 - \dfrac{SS_o}{SS_i}\right) \times 100\,(\%)$
> $SS_o = 60\,\text{mg/L}$
> $SS_i = SS \times (1-\eta_1) \times \eta$
> $= 10,000\text{mg/L} \times (1-0.85) \times 0.5$
> $= 750\,\text{mg/L}$
> $= \left(1 - \dfrac{60}{750}\right) \times 100 = 92\,\%$

**71** BOD 15,000mg/L, $Cl^-$ 800ppm인 분뇨를 희석하여 활성슬러지법으로 처리한 결과 BOD 30mg/L, $Cl^-$ 20ppm이었을 때, 활성슬러지법의 BOD 처리효율(%)은?(단, 염소는 활성슬러지법에 의해 처리되지 않음)

**[풀이]**

$$\text{BOD 처리효율(\%)} = \left(1 - \frac{BOD_o}{BOD_i}\right) \times 100 \, (\%)$$

$$BOD_o = 30 \, \text{mg/L}$$

$$BOD_i = 15,000 \, \text{mg/L} \times (20/800 = 1/40) = 375 \, \text{mg/L}$$

$$= \left(1 - \frac{30}{375}\right) \times 100 = 92 \, \%$$

**72** 다음 조건에서 활성슬러지법으로 제거된 BOD 제거효율(%)은?

| 구분 | BOD(mg/L) | SS(mg/L) | $Cl^-$(PPm) | 처리방법 |
|---|---|---|---|---|
| 생분뇨 | 20,000 | 30,000 | 5,000 | 1차 희석 후 |
| 방류수 | 40 | 60 | 250 | 활성슬러지법 |

**[풀이]**

$$\text{BOD 제거효율(\%)} = \left(1 - \frac{BOD_o}{BOD_i}\right) \times 100 \, (\%)$$

$$BOD_o = 40 \, \text{mg/L}$$

$$BOD_i = 20,000 \, \text{mg/L} \times (250/5,000 = 1/20) = 1,000 \, \text{mg/L}$$

$$= \left(1 - \frac{40}{1,000}\right) \times 100 = 96 \, \%$$

**73** 분뇨 1차 처리 후의 BOD가 5,000mg/L이고, 2차 처리제거율을 80%로 할 경우 1차 처리수를 몇 배로 희석하면 BOD가 30mg/L의 방류수 허용기준에 맞겠는가?

**[풀이]**

$$\text{BOD 제거효율(\%)} = \left(1 - \frac{BOD_o}{BOD_i}\right) \times 100 \, (\%)$$

$$BOD_o = 30 \, \text{mg/L}$$

$$BOD_i = BOD \times (1/p) = 5,000 \, \text{mg/L} \times (1/\text{희석비}(P))$$

$$80\% = \left[1 - \frac{30 \, \text{mg/L}}{5,000 \, \text{mg/L} \times 1/p}\right] \times 100$$

$$P = 33.3 \, \text{배}$$

## 74 다음과 같은 조건일 경우 진공여과기의 1일 운전시간(hr/day)은?

- 폐수유입량 : 10,000m³/day
- SS제거율 : 90%
- 약품첨가량 : 제거SS량의 15%
- 여과속도 : 20kg/m² · hr
- 유입SS농도 : 200mg/L
- 여과면적 : 20m²
- 건조고형물회수율 : 100%

**풀이**

제거SS량
$10{,}000\,\text{m}^3/\text{day} \times 200\,\text{mg/L} \times 0.9 \times 1{,}000\,\text{L/m}^3 \times 10^{-6}\,\text{kg/mg} = 1{,}800\,\text{kg/day}$

약품첨가량을 고려한 총 고형물량
$1{,}800 \times 1.15 = 2{,}070\,\text{kg/day}$

운전시간(hr/day) $= \dfrac{2{,}070\,\text{kg/day}}{20\,\text{kg/m}^2\cdot\text{hr} \times 20\,\text{m}^2} = 5.16\,\text{hr/day}$

## 75 탈수기로 유입되는 슬러지량이 100m³/hr이고, 슬러지 함수율 96%, 여과율(고형준 기준)이 100kg/m² · hr일 경우 여과면적(m²)은?(단, 슬러지 비중 1.0)

**풀이**

여과면적$(A:\text{m}^2) = \dfrac{Q}{V} \times (1-W)$

$= \dfrac{100\,\text{m}^3/\text{hr}}{100\,\text{kg/m}^2\cdot\text{hr} \times \text{m}^3/1{,}000\,\text{kg}} \times (1-0.96)$

$= 40\,\text{m}^2$

## 76 여과기로 유입되는 슬러지량이 1,000m³/day, BOD는 800mg/L이며, 잉여슬러지 발생량은 유입량의 5%(함수율 95%)이다. 여과율 10kg/m² · hr의 진공여과기로 탈수시 진공여과기의 면적(m²)은?(단, 탈수기 운전시간 : 8hr/day, 슬러지 비중 1.0)

**풀이**

여과면적$(A:\text{m}^2) = \dfrac{\text{잉여슬러지 중 고형물의 양}}{\text{여과속도(여과율)}}$

$= \dfrac{1{,}000\,\text{m}^3/\text{day} \times 0.05 \times (1-0.95)}{10\,\text{kg/m}^2\cdot\text{hr} \times 8\,\text{hr/day} \times 1\,\text{m}^3/1{,}000\,\text{kg}}$

$= 31.25\,\text{m}^2$

**77** 진공여과기로 슬러지를 탈수하여 Cake의 함수율을 85%로 할 때, 5시간 동안 Cake의 발생량(ton)은?(단, 여과속도 : 20kg/m² · hr(고형물 기준), 여과면적 : 40m², 비중 1.0)

> **풀이**
> Cake 발생량(ton) = 여과율(여과속도) × 여과면적 × 함수율 보정
> $= 20\text{kg/m}^2 \cdot \text{hr} \times 40\text{m}^2 \times 5\text{hr} \times \text{ton}/1{,}000\text{kg} \times \dfrac{100}{100-85}$
> $= 26.67 \text{ ton}$

**78** 고형물량이 60kg/m³인 농축슬러지 30m³/hr를 탈수시 소석회를 고형물의 15% 첨가하면 수분의 함량이 85%인 탈수 Cake를 얻을 수 있다. 이 농축슬러지에서 얻을 수 있는 탈수 Cake의 양(kg/hr)은?

> **풀이**
> 수 Cake 양(kg/hr) = 총 고형물량 × 함수율 보정
> $= 30\text{m}^3/\text{hr} \times 60\text{kg/m}^3 \times 1.15 \times \dfrac{100}{100-85}$
> $= 13{,}800 \text{ kg/hr}$

**79** 다음 조건에서의 여과비저항($s^2/g$)을 구하시오.

- 여과압력 : 980g/cm²
- 고형물농도 : 68mg/mL
- 실험상수 : 4.70s/cm⁶
- 여액점도 : 0.0112g/cm · s
- 여과면적 : 50cm²

> **풀이**
> 여과비저항($s^2/g$) = $\dfrac{2aPA^2}{\mu c}$
> $= \dfrac{2 \times 4.70 \times 980 \times 50^2}{0.0112 \times 0.068} = 3.02 \times 10^{10} \text{ (s}^2/\text{g)}$

**80** 호기성 소화방법에 의하여 100KL/day의 분뇨를 처리할 경우 처리장에서 필요한 송풍량(m³/hr)은?(단, BOD : 20,000ppm, 제거율 : 70%, 제거 BOD-kg당 필요송풍량 100m³/kg, 분뇨비중 1.0)

> **풀이**
> 필요송풍량(m³/hr) = 100KL/day × 20,000mg/kg × kg/10⁶mg × 1kg/1L
> × 1,000L/1KL × 0.7 × 100m³/kg × 1day/24hr
> = 5,833.3 m³/hr

**81** 하루 평균 150ton 의 쓰레기를 배출하는 도시가 있다. 매립지의 평균두께를 4m, 매립밀도를 0.8t/m³로 가정할 때 향후 3년간(1년은 360일 가정)의 쓰레기 매립을 위한 최소 매립면적(m²)은?(단, 복토, 침하 진입로, 기타 시설 등은 고려치 않는다.)

> **풀이**
> $$\text{매립면적}(m^2) = \frac{\text{매립폐기물의 양}}{\text{폐기물밀도} \times \text{매립깊이}} = \frac{150\text{ton/day} \times 360\text{day/year} \times 3\text{year}}{0.8\text{t/m}^3 \times 4\text{m}}$$
> $$= 50,625 \, m^2$$

**82** 1일 폐기물 배출량이 50ton인 어느 도시에서 Trench 공법으로 폐기물을 매립하려고 한다. 도랑의 깊이가 3.0m, 폐기물밀도 450kg/m³, 폐기물의 압축이 40%까지 된다면 연간 필요한 토지면적(m²/year)은?

> **풀이**
> $$\text{매립면적}(m^2/\text{year}) = \frac{50\text{ton/day} \times 365\text{day/year} \times 1,000\text{kg/ton}}{450\text{kg/m}^3 \times 3.0\text{m}} \times (1-0.4)$$
> $$= 8,111.1 \, m^2/\text{year}$$

**83** 인구가 30만 명인 어느 도시의 쓰레기 배출원 단위가 1.25kg/인·일 이고 밀도가 0.5ton/m³로 측정되었다. 이러한 쓰레기를 분쇄하여 그 용적이 2/3 로 되고 이 분쇄쓰레기를 다시 압축하여 1/3의 용적이 축소되었다면 분쇄만 하여 매립한 경우와 분쇄 후 압축하여 매립한 경우의 연간 매립소요면적 차이(m²/year)는?(단, Trench 깊이는 4m)

> **풀이**
> $$\text{분쇄만 한 경우의 매립면적}(m^2/\text{year}) = \frac{1.25\text{kg/인·일} \times 300,000\text{인} \times 365\text{day/year}}{500\text{kg/m}^3 \times 4\text{m}} \times \frac{2}{3}$$
> $$= 45,625 \, m^2/\text{year}$$
> $$\text{분쇄 후 압축한 경우의 매립면적}(m^2/\text{year}) = 45,625 m^2/\text{year} \times \left(1-\frac{1}{3}\right)$$
> $$= 30,416.67 \, m^2/\text{year}$$
> 소요면적 차이$(m^2/\text{year}) = 45,625 - 30,416.67 = 15,208.33 \, m^2/\text{year}$

**84** 20,000명인 도시에서 발생한 폐기물을 압축 후 도랑식 위생매립방법으로 처리하고자 한다. 1년 동안에 필요한 매립지 면적(m²/year)은?(단, 도랑의 깊이 3.5m, 폐기물 밀도 400kg/m³, 압축률 30%, 폐기물의 발생량 1.5kg/인·일)

> **풀이**
> $$\text{매립면적}(m^2/\text{year}) = \frac{1.5\text{kg/인·일} \times 20,000\text{인} \times 365\text{일/year}}{400\text{kg/m}^2 \times 3.5\text{m}} \times (1-0.3) = 5,475 \, m^2/\text{year}$$

**85** 1일 쓰레기 발생량이 50ton인 도시쓰레기를 깊이 3.5m의 도랑식으로 매립하는 데 발생된 쓰레기의 밀도가 500kg/m³, 도랑점유율 60%, 부피감소율 40%일 경우 2년간 필요한 부지 면적은 몇 m²인가?(기타 조건은 고려하지 않음)

> **풀이**
> 
> $$\text{매립면적}(m^2) = \frac{50\text{ton/day} \times 365\text{day/year} \times 2\text{year}}{0.5\text{ton/m}^3 \times 3.5\text{m} \times 0.6} \times (1-0.4)$$
> $$= 20,857.14\,m^2$$

**86** 어느 도시에 사용할 매립지의 총용량은 6,500,000m³이며, 그 도시의 쓰레기 배출량은 1.5kg/인·일이다. 매립지에서 압축에 의한 쓰레기 부피감소율이 30%일 경우 매립지를 사용할 수 있는 연수(year)는?(단, 수거대상인구 700,000명, 발생쓰레기 밀도 500kg/m³로 함)

> **풀이**
> 
> $$\text{매립기간}(\text{year}) = \frac{\text{매립용적}}{\text{쓰레기 발생량}}$$
> $$= \frac{6,500,000\text{m}^3 \times 500\text{kg/m}^3}{1.5\text{kg/인·일} \times 700,000\text{인} \times 365\text{일/year} \times (1-0.3)}$$
> $$= 12.11\,\text{year}$$

[87~89] 도시 전체인구는 10만 명이다. 이 도시의 쓰레기 발생량은 1.2kg/인·일, 쓰레기 밀도는 0.35ton/m³, 매립 시 압축률 45%일 경우 다음 물음에 답하시오.

**87** 1일 쓰레기발생량(m³/day)은?

> **풀이**
> 
> $$\text{쓰레기발생량}(m^3/\text{day}) = \frac{1.2\text{kg/인·일} \times 100,000\text{인} \times \text{ton}/1,000\text{kg}}{0.35\text{ton/m}^3}$$
> $$= 342.86\,m^3/\text{day}$$

**88** 쓰레기 운반차량의 적재량이 8ton인 경우 1일 소요되는 차량의 대수는?

> **풀이**
> 
> $$\text{차량대수}(\text{대}) = \frac{1.2\text{kg/인·일} \times 100,000\text{인} \times \text{ton}/1,000\text{kg}}{8\text{ton/1대}}$$
> $$= 15\,\text{대/일}$$

**89** 이 쓰레기를 Trench법으로 매립시 1년간 부지의 면적($m^2$/year)은?(단, 깊이는 2.5m)

> **풀이**
> 
> 연간 부지면적($m^2$/year) = $\dfrac{1.2 \text{kg/인·일} \times 100{,}000\text{인} \times \text{ton}/1{,}000\text{kg} \times 365\text{일/year}}{0.35\text{ton}/m^3 \times 2.5m} \times (1-0.45)$
> 
> = 27,531.43 $m^2$/year

**90** 반감기가 100hr일 때 감소속도상수 K를 구하여라.(단, 반응은 1차 반응기준)

> **풀이**
> 
> 1차 반응식
> 
> $\ln\dfrac{C_t}{C_0} = -Kt$
> 
> 여기서, $C_t$ : 반응 후 농도, $C_0$ : 초기농도, $K$ : 속도상수, $t$ : 반응시간
> 
> $\ln 0.5 = -K \times 100 \text{ hr}$
> 
> 속도상수($K$) = 0.00693$hr^{-1}$(0.00693/hr)

**91** 방사성 폐기물이 1차 반응에 의하여 감소한다면, 반감기가 4일 경우 속도상수(−/day)는?

> **풀이**
> 
> $\ln\dfrac{C_t}{C_0} = -Kt$      $\ln 0.5 = -K \times 4$
> 
> 속도상수($K$) = 0.173 /day

**92** 매립지의 침하는 1차 속도로 일어난다. 반감기가 5년이라면 6년 후 침하깊이는 몇 %인가?

> **풀이**
> 
> 1차 반응식에 의한 속도상수($K$)를 구함
> 
> $\ln\dfrac{C_t}{C_0} = -Kt$      $\ln 0.5 = -K \times 5$      $K = 0.1386$
> 
> 6년 후 침하율을 구함
> 
> $\ln\dfrac{C_t}{C_0} = -Kt$ → ($C_0$를 100으로 가정)
> 
> $\ln\left(\dfrac{C_t}{100}\right) = -0.1386 \times 6$
> 
> $C_t = 43.53$ → (6년 후 침하율이 43.53 진행됨을 의미)
> 
> 6년 후 침하된 깊이비율(%) = 초기침하깊이 − 6년 후 침하깊이 = 100 − 43.53 = 56.46 %

**93** 어느 매립지에서 침출수 농도가 반으로 감소하는 데 3.5년 걸렸다면, 침출수의 농도가 90% 분해되는 데 몇 년이 소요되는가?(단, 1차 반응)

> **풀이**
>
> $\ln\left(\dfrac{C_t}{C_0}\right) = -Kt$  　　$\ln 0.5 = -K \times 3.5$　　$K = 0.198$
>
> 90% 분해소요기간(반응 후 농도는 10% 의미)
>
> $\ln\left(\dfrac{10}{100}\right) = -0.198 \times t$
>
> 소요기간($t$ : 년) = 11.63 년

**94** 매립지 바닥으로부터 나오는 침출수의 속도는 Darcy 법칙으로 추정할 수 있다. 이 침출수의 배출속도를 단위면적당 0.2L/day 허용하며 매립지 바닥의 침출수의 높이를 0.8m로 유지시키고자 한다. 이에 필요한 매립지 바닥의 점토층(침투율 0.7L/m² · 일) 두께(m)는?

> **풀이**
>
> Darcy식
>
> $Q = KA = K\left(\dfrac{dh}{dl}\right)$
>
> 　　여기서, $Q$ : 침투율
> 　　　　　 $K$ : 투수계수
> 　　　　　 $dh$ : 침출수 높이(침출수로부터 지하수면까지의 깊이)
> 　　　　　 $dl$ : 점토의 두께(침출수가 흐르는 방향으로 차수층의 토양 깊이)
>
> $0.7\text{L/day}\cdot\text{m}^2 = 0.2\text{L/day}\cdot\text{m}^2 \times \left(\dfrac{0.8\text{m}}{\text{점토의 두께}}\right)$
>
> 점토의 두께(m) = 0.23 m

**95** 다음 조건과 같은 매립지 내 침출수가 차수층을 통과하는 데 소요되는 시간(year)은?(단, 점토층 두께 1.0m, 유효공극률 0.38, 투수계수 $10^{-7}$ cm/sec, 상부침출수 수두 0.3m)

> **풀이**
>
> 침출수의 점토층 통과시간(year) = $\dfrac{d^2 \cdot n}{K(d+h)}$ (sec)
>
> $= \dfrac{1.0^2\text{m}^2 \times 0.38}{(10^{-7}\text{cm/sec} \times \text{m}/100\text{cm}) \times (1.0+0.3)\text{m}}$
>
> $= 292,307,692 \text{ sec}(9.26 \text{ year})$

## 96
유효공극률 0.2, 점토층 위의 침출수 수두 1.5m인 점토차수층 1.0m를 통과하는 데 5년이 걸렸다면 점토차수층의 투수계수(cm/sec)는?

**풀이**

$$t = \frac{d^2 \times n}{K(d+h)}$$

$$31{,}536{,}000\,\text{sec/year} \times 5\,\text{year} = \frac{1.0^2\text{m}^2 \times 0.2}{K(1.0+1.5)\text{m}}$$

투수계수($K$: cm/sec = $5.07 \times 10^{-10}$ m/sec ($5.07 \times 10^{-8}$ cm/sec)

## 97
합리식을 이용하여 침출수의 양($\text{m}^3/\text{day}$)을 구하시오.(단, 매립지 면적(집수면적) : 25km$^2$, 설계 확률 강우강도(연평균 일일강우량) : 125mm/day, 유출계수 : 0.25)

**풀이**

침출수 양(첨두유량 : $\text{m}^3/\text{day}$) = $\dfrac{C \times I \times A}{1{,}000}$

$= \dfrac{0.25 \times 125 \times 2{,}500{,}000}{1{,}000}$ → ($2.5\text{km}^2 = 2{,}500{,}000\text{m}^2$)

$= 78{,}125\,\text{m}^3/\text{day}$

## 98
다음 조건의 침출수 양($\text{m}^3/\text{day}$)은?(단, 합리식을 이용함)

- 면적 10,000m$^2$, 관길이 1,000m
- 유입속도 30cm/sec
- 유입시간 360sec
- 강우강도($I$) = $\dfrac{3{,}600}{(t+20)}$ (mm/day)
- 유출계수 0.80

**풀이**

선제유입시간($t$ : min) = 파이프 통과시간 + 유입시간
$= (1{,}000\text{m} \times 1\text{sec}/0.3\text{m} \times 1\text{min}/60\text{sec}) + (360\text{sec} \times 1\text{min}/60\text{sec})$
$= 61.56\,\text{min}$

강우강도($I$ : mm;day) = $\dfrac{3{,}600}{(t+20)}$ mm/day

$= \dfrac{3{,}600}{(61.56+20)} = 44.14\,\text{mm/day}$

침출수 양($Q$ : $\text{m}^3/\text{day}$) = $\dfrac{C \times I \times A}{1{,}000}$

$= \dfrac{0.80 \times 44.14 \times 10{,}000}{1{,}000} = 353.11\,\text{m}^3/\text{day}$

**99** 매립지 주변을 고려하여 물수지를 고려한다. 강우량(P), 증발산량(ET), 유출량(R), 침출수량(L)만을 고려할 경우 연간 침출수량(mm/year)은?(단, P : 1,500mm/y, ET : 720mm/y, R : 40mm/y)

> **풀이**
> 침출수량($L$) = 강우량($P$) − [유출량($R$) + 증발산량($ET$)]
> = 1,500 − (40 + 720) = 740 mm/year

**100** 다음 조건의 침출수량(mm/year)은?

- 연평균 강우량 : 1,100mm
- 유출계수 : 10%
- 증발산량 : 700mm
- 토양과 폐기물의 수분보유량 : 0

> **풀이**
> 침출수량($L$) = 강우량($P$) − [유출량($R$) + 증발산량($ET$)] − 토양의 수분보유량($F$)
> 유출량 = 강우량(1,100mm/year) × 유출계수(0.1) = 110mm/year
> = 1,100 − (110 + 700) − 0
> = 290 mm/year

**101** 다음 조건의 매립장에서 예상되는 연간 침출수 발생량($m^3$/year)은?

- 매립지 면적 : 5ha
- 증산량 : 200mm
- 토양 유출계수 : 15%
- 연평균 강우량 : 1,500mm
- 토양의 수분 보유량 : 800mm
- 복토의 경사도 : 5%

> **풀이**
> 침출수량($m^3$/year) = 강우량($P$) − [유출량($R$) + 증발산량($ET$)] − 토양의 수분보유량($F$)
> 유출량 = 강우량(1,500mm/year) × 유출계수(0.15) = 0.225 m/year
> 침출수량($L$) = 1.5 − (0.225 + 0.2) − 0.8 = 0.275 m/year
> = 침출수량(m/year) × 매립지 면적($m^2$)
> = 0.275m/year × 5ha × $(100m)^2$/1ha
> = 13,750 $m^3$/year

## 102 탄소(C) 3kg을 완전 연소시킨다면 산소는 몇 $Nm^3$ 필요한가?

**풀이**

$$C \quad + \quad O_2 \quad \longrightarrow \quad CO_2$$
$$12kg \quad : \quad 22.4Nm^3$$
$$3kg \quad : \quad O_2\,(Nm^3)$$

$$O_2\,(Nm^3) = \frac{3kg \times 22.4Nm^3}{12kg} = 5.6\,Nm^3$$

## 103 탄소(C) 1kg을 완전 연소시키는 데 필요한 산소의 양(kg)은?

**풀이**

완전연소방식
$$C \quad + \quad O_2 \quad \longrightarrow \quad CO_2$$
$$12kg \quad : \quad 32kg$$
$$1kg \quad : \quad O_2\,(kg)$$

$$O_2\,(kg) = \frac{1kg \times 32kg}{12kg} = 2.67\,kg$$

## 104 $CO_2$ 100kg의 표준상태에서 부피($m^3$)는?(단, $CO_2$는 이상기체이고 표준상태)

**풀이**

완전연소방정식
$$C \quad + \quad O_2 \quad \rightarrow \quad CO_2$$
$$44kg : 22.4m^3$$
$$100kg : CO_2\,(m^3)$$

$$CO_2\,(m^3) = \frac{100kg \times 22.4m^3}{44kg} = 50.91\,m^3$$

## 105 쓰레기 조성을 원소 분석한 결과 중량비가 탄소 70%, 수소 5%, 산소 19%, 질소 4%, 황 2%였다. 이 쓰레기 50kg이 연소 시 필요한 이론산소량($sm^3$)은?

**풀이**

$$\begin{aligned}
\text{이론산소량}(sm^3) &= 1.867C + 5.6H - 0.7O + 0.7S \\
&= (1.867 \times 0.7) + (5.6 \times 0.05) - (0.7 \times 0.19) + (0.7 \times 0.02) \\
&= 1.468\,sm^3/kg \times 50kg \\
&= 73.4\,sm^3
\end{aligned}$$

**106** 탄소 80%, 수소 10%, 산소 9%, 황 1%로 조성된 중유의 완전연소에 필요한 이론공기량 (sm³/kg)은?

> **풀이**
> 이론공기량($A_o$)
> $$A_o(\text{sm}^3/\text{kg}) = \frac{1}{0.21}\left[1.867C + 5.6\left(H - \frac{O}{8}\right) + 0.7S\right]$$
> $$= \frac{1}{0.21}\left[(1.867 \times 0.8) + 5.6\left(0.1 - \frac{0.09}{8}\right) + (0.7 \times 0.01)\right]$$
> $$= 9.51 \text{ sm}^3/\text{kg}$$

**107** 쓰레기 1.5ton을 소각처리하고자 한다. 쓰레기 조성이 다음과 같을 때 이론공기량(sm³) 은?(단, C : 50%, H : 20%, O : 30%)

> **풀이**
> 이론공기량($A_o$)
> $$A_o(\text{sm}^3) = \frac{1}{0.21}(1.867 + 5.6H - 0.70)$$
> $$= \frac{1}{0.21}\left[(1.867 \times 0.5) + (5.6 \times 0.20) - (0.7 \times 0.30)\right]$$
> $$= 8.779 \text{sm}^3/\text{kg} \times 1{,}500\text{kg}$$
> $$= 13{,}167.86 \text{ sm}^3$$

**108** 폐기물의 원소 조성이 다음과 같을 때 이론공기량(sm³/kg)은?(단, 가연분 80%[C=50%, H=10%, O=35%, S=5%], 수분 10%, 회분 10%)

> **풀이**
> 이론공기량($A_o$)
> $$A_o(\text{sm}^3/\text{kg}) = \frac{1}{0.21}(1.867C + 5.6H + 0.7S - 0.7O)$$
> 가연분 중 각 성분계산 : C = 0.8 × 50 = 40%
> H = 0.8 × 10 = 8%
> O = 0.8 × 35 = 28%
> S = 0.8 × 5 = 4%
> $$= \frac{1}{0.21}\left[(1.867 \times 0.4) + (5.6 \times 0.08) + (0.7 \times 0.04) - (0.7 \times 0.28)\right]$$
> $$= 4.89 \text{ sm}^3/\text{kg}$$

**109** 프로필알코올($C_3H_7OH$) 1kg을 완전연소하는 데 필요한 이론공기량($sm^3$)은?

풀이

$C_3H_7OH$ 분자량
$C_3H_7OH = (12 \times 3) + (1 \times 8) + 16 = 60$

각 성분의 구성 : $C = \dfrac{36}{60} = 0.6$

$H = \dfrac{8}{60} = 0.133$

$O = \dfrac{16}{60} = 0.267$

$A_o(sm^3) = \dfrac{1}{0.21}[1.867C + 5.6H - 0.70]$

$= \dfrac{1}{0.21}[(1.867 \times 0.6) + (5.6 \times 0.133) + (0.7 \times 0.267)]$

$= 8\,sm^3/kg \times 1kg = 8\,sm^3$

**110** $C_6H_6$ $10sm^3$이 완전 연소하는 데 소요되는 이론공기량($sm^3$)은?

풀이

$A_o(sm^3) = \dfrac{1}{0.21}\left(m + \dfrac{n}{4}\right)(sm^3/sm^3)$

$= 4.76m + 1.19n$

$= (4.76 \times 6) + (1.19 \times 6)$

$= 35.7\,sm^3/sm^3 \times 10\,sm^3 = 357\,sm^3$

**111** 다음 조성의 기체연료 $1sm^3$을 완전 연소시키기 위하여 필요한 이론공기량($sm^3$)은?

$H_2 : 30\%$,　$CO : 9\%$,　$CH_4 : 20\%$,　$C_3H_8 : 5\%$,　$CO_2 : 5\%$,　$O_2 : 3\%$,　$N_2 : 28\%$

풀이

$H_2$ : 이론산소량

$H_2 + \dfrac{1}{2}O_2 \rightarrow H_2O$

$1sm^3 : 0.5sm^3$
$0.3sm^3(O_2 : sm^3)$
수소 연소시 이론산소량($O_2 : sm^3$) = $0.15\,sm^3$

CO : 이론산소량

$CO + \frac{1}{2}O_2 \rightarrow CO_2$

$1sm^3 : 0.5sm^3$

$0.09sm^3 : (O_2 : sm^3)$

CO 연소시 이론산소량$(O_2 : sm^3) = 0.045\,sm^3$

$CH_4$ : 이론산소량

$CH_4 + 2O_2 \rightarrow CO_2 + 2H_2O$

$1sm^3 : 2sm^3$

$0.2sm^3 : (O_2 : sm^3)$

$CH_4$ 연소시 이론산소량$(O_2 : sm^3) = 0.4\,sm^3$

$C_3H_8$ : 이론산소량

$C_3H_8 + 5O_2 \rightarrow 3CO_2 + 4H_2O$

$1sm^3 : 5sm^3$

$0.05sm^3 : (O_2 : sm^3)$

$C_3H_8$ 연소시 이론산소량$(O_2 : sm^3) = 0.25\,sm^3$

필요 이론산소량 $= (0.15 + 0.045 + 0.4 + 0.25) - 0.03$
$\qquad\qquad\quad = 0.815\,sm^3$

필요 이론공기량$(sm^3) = \dfrac{0.815}{0.21} = 3.88\,sm^3$

**112** 폐기물 1ton을 연소시킬 때의 이론공기량(kg)은?(단, 폐기물의 원소조성은 C : 20%, H : 2%, O : 18%, 불연성 물질이 60%, 공기 중의 산소량은 0.23)

> **풀이**
> 
> 이론산소량 $= 2.677C + 8\left(H - \dfrac{O}{8}\right) + S$
> 
> $\qquad\quad = (2.677 \times 0.2) + \left[8\left(0.02 - \dfrac{0.18}{8}\right) + 0\right]$
> 
> $\qquad\quad = 0.513\,kg/kg$
> 
> 이론공기량 $= \dfrac{0.513}{0.23} = 2.232\,kg$
> 
> 폐기물 1,000kg 연소시 이론공기량(kg) $= 2.232kg/kg - 폐기물 \times 1,000kg$
> $\qquad\qquad\qquad\qquad\qquad\qquad = 2,232\,kg$

**113** 쓰레기 소각시 소요공기량의 이론상 중량비는 얼마인가?(단, 쓰레기의 성분은 C : 9.66%, H : 2.31%, O : 9.97%, 기타 성분 : 78.06%)

**풀이**

이론산소량($O_o$)

$$O_o = 2.667\text{C} + 8\left(\text{H} - \frac{0}{8}\right) + \text{S}$$

$$= (2.667 \times 0.0966) + \left[8\left(0.0231 - \frac{0.0997}{8}\right)\right] + 0$$

$$= 0.342 \text{ kg/kg}$$

이론공기량($A_o$)

$$A_o = \frac{0.342}{0.23} = 1.49 \text{kg 공기/쓰레기 1kg}$$

**114** 수소 1kg을 연소하는 데 필요한 양론적인 공기량은 탄소 1kg을 연소하는 데 필요한 공기의 몇 배인가?(단, 공기 중의 산소량은 중량비로 0.232로 함)

**풀이**

수소

$$\text{H}_2 + \frac{1}{2}\text{O}_2 \rightarrow \text{H}_2\text{O}$$

2kg : 0.5× 32kg

1kg : $O_2$(kg)    $O_2$(kg)= 8kg

이론적인(양론적) 공기량 $= \frac{8}{0.232} = 34.48 \text{ kg}$

탄소

$$\text{C} + \text{O}_2 \rightarrow \text{CO}_2$$

12kg : 32kg

1kg : $O_2$(kg)    $O_2$(kg)= 2.667kg

이론적인(양론적) 공기량 $= \frac{2.667}{0.232} = 11.49$

공기 비율 $= \dfrac{\text{수소연소시 필요한 이론공기량}}{\text{탄소연소시 필요한 이론공기량}}$

$$= \frac{34.48}{11.49} = 3.0 \text{ (3 배)}$$

**115** 배기가스 성분의 분석결과 산소량이 9.5%이라면 완전연소시 공기비는?

> **풀이**
> 완전연소시 공기비(m)
> $$m = \frac{21}{21-O_2} = \frac{21}{(21-9.5)} = 1.83$$

**116** 폐기물 소각에 필요한 이론공기량이 $1.55\,Nm^3/kg$이고 공기비는 1.8이다. 하루 폐기물 소각량이 100ton일 경우 실제 필요한 공기량($Nm^3/hr$)은?

> **풀이**
> 실제공기량($A$ : $Nm^3/hr$) = $m \times A_o$
> $\qquad m(공기비) = 1.8$
> $\qquad A_o(이론공기량) = 1.55\,Nm^3/kg$
> $= 1.8 \times 1.55\,Nm^3/kg \times 100\,ton/day \times 1{,}000\,kg/ton \times day/24hr$
> $= 11{,}625\,Nm^3/hr$

**117** 어떤 폐기물의 원소조성이 다음과 같고 실제공기량이 $7sm^3$일 때 공기비는?

> 가연분 60%(C=40%, H=10%, O=45%, S=5%), 수분 30%, 회분 10%

> **풀이**
> 공기비($m$)
> $$m = \frac{A}{A_o}$$
> $\qquad A : 7\,sm^3$
> $\qquad A_o = \dfrac{1}{0.21}(1.867C + 5.6H + 0.7S - 0.70)$
> $\qquad\qquad$ 가연분 중 각 성분 : $C = 0.6 \times 40 = 24\,\%$
> $\qquad\qquad\qquad\qquad\qquad\qquad H = 0.6 \times 10 = 6\,\%$
> $\qquad\qquad\qquad\qquad\qquad\qquad O = 0.6 \times 45 = 27\,\%$
> $\qquad\qquad\qquad\qquad\qquad\qquad S = 0.6 \times 5 = 3\,\%$
> $\qquad = \dfrac{1}{0.21}[(1.867 \times 0.24) + (5.6 \times 0.06) + (0.7 \times 0.03) - (0.7 \times 0.27)]$
> $\qquad = 2.93\,sm^3$
> $= \dfrac{7}{2.93} = 2.39$

**118** 배기가스의 분석차가 $CO_2 : 10\%$, $O_2 : 10\%$, $N_2 : 80\%$이면 연소시 공기비($m$)는?

풀이
공기비($m$)
$$m = \frac{N_2}{N_2 - 3.76O_2} = \frac{80}{80 - (3.76 \times 10)} = 1.89$$

**119** 탄소, 수소의 중량 조성이 각각 85%, 15%인 액체연료를 15kg/hr 연소하는 경우 배기가스의 분석치는 $CO_2 : 10.5\%$, $O_2 : 6.5\%$, $N_2 : 83\%$였다. 이 경우 매시간당 실제 필요한 공기량($m^3$/hr)은?

풀이
실제공기량($A$)
$$A(m^3/hr) = m \times A_o$$
$$m = \frac{N_2}{N_2 - 3.76O_2} = \frac{83}{83 - (3.76 \times 6.5)} = 1.42$$
$$A_o = \frac{1}{0.21}(1.867C + 5.6H)$$
$$= \frac{1}{0.21}[(1.867 \times 0.85) + (5.6 \times 0.15)]$$
$$= 11.56 \, m^3/kg$$
$$= 1.42 \times 11.56 \, m^3/kg \times 15 kg/hr$$
$$= 246.16 \, m^3/hr$$

**120** 쓰레기 조성이 중량기준으로 C : 13%, H : 12%, 기타 불연소물질 75%이다. 만일 소각 시 소각로에 공급하여야 할 과잉공기량($m^3$/kg)은? [단, 과잉공기계수($m$) = 1.5, 이론공기량 ($A_o$ : $m^3$/kg) = $8.89C + 26.7\left(H - \frac{O}{8}\right) + 3.3S$]

풀이
과잉공기량($m^3$/kg) = 실제공기량 − 이론공기량
$$이론공기량(m^3/kg) = (8.89 \times 0.13) + \left[26.7\left(0.12 - \frac{0}{8}\right)\right] + (3.3 \times 0)$$
$$= 4.36 \, m^3/kg$$
$$= (1.5 \times 4.36) - 4.36 = 2.18 \, m^3/kg$$

**121** 소각대상 물질의 원소조성을 분석한 결과 C : 86%, H : 4%, O : 8%, S : 2%이고 연소 시 연소가스의 조성이 $CO_2$ : 12.5%, $O_2$ : 2.5%, $N_2$ : 85%였다. 실제공기량($sm^3/kg$)은?

> **풀이**
> 실제공기량($sm^3/kg$) = 이론공기량 × 공기비
> $$\text{이론공기량} = \frac{1}{0.21}\left[1.867C + 5.6\left(H - \frac{O}{8}\right) + 0.7S\right]$$
> $$= \frac{1}{0.21}\left[(1.867 \times 0.86) + \left[5.6\left(0.04 - \frac{0.08}{8}\right)\right] + (0.7 \times 0.02)\right]$$
> $$= \frac{1.78}{0.21} = 8.51 \ sm^3/kg$$
> $$\text{공기비} = \frac{N_2}{[N_2 - 3.76(O_2 - 0.5CO)]} = \frac{85}{[85 - (3.76 \times 2.5)]} = 1.124$$
> $$= 8.51 \ sm^3/kg \times 1.124 = 9.57 \ sm^3/kg$$

**122** 이론공기량을 사용하여 $C_4H_{10}$을 완전 연소시킨다면 발생되는 건조연소가스 중의 $CO_{2max}(\%)$는?

> **풀이**
> $$CO_{2max}(\%) = \frac{CO_2 \ \text{양}}{G_{od}} \times 100$$
> $$C_4H_{10} + 6.5O_2 \rightarrow 4CO_2 + 5H_2O$$
> $$22.4 \ m^3 : 6.5 \times 22.4 \ m^3$$
> $$1 \ m^3 : 6.5 \ m^3 \quad [CO_2 \rightarrow 4 \ m^3]$$
> $$G_{od} = (1 - 0.21)A_o + CO_2 = \left[(1-0.21)\frac{6.5}{0.21}\right] + 4 = 28.45 \ m^3/m^3$$
> $$= \frac{4}{28.45} \times 100 = 14.05\%$$

**123** 공기비를 1.25로 하는 어떤 연료를 연소시킬 때 배출가스 조성을 분석한 결과 $CO_2$가 15%이었다면 $CO_{2max}(\%)$는?

> **풀이**
> $$m = \frac{CO_{2max}\%}{CO_2\%}$$
> $$CO_{2max}(\%) = m \times CO_2\%$$
> $$= 1.25 \times 15 = 18.75\%$$

**124** 프로판($C_3H_8$)과 부탄($C_4H_{10}$)이 70% : 30%의 용적비로 혼합된 기체 $1Nm^3$이 완전 연소시 $CO_2$ 발생량($Nm^3$)은?

> **풀이**
>
> 혼합가스 $1Nm^3$ 중의 각 함량
>
> $C_3H_8 = \dfrac{70}{100}$, $C_4H_{10} = \dfrac{30}{100}$
>
> $C_3H_8$ → 탄소수(C)는 3(연소 시 $1Nm^3$당 $3Nm^3$ $CO_2$ 발생)
> $C_4H_{10}$ → 탄소수(C)는 4(연소 시 $1Nm^3$당 $4Nm^3$ $CO_2$ 발생)
>
> $\begin{aligned} CO_2 \text{ 발생량}(Nm^3) &= 3C_3H_8 + 4C_4H_{10} \\ &= 3 \times \left(\dfrac{70}{100}\right) + 4 \times \left(\dfrac{30}{100}\right) \\ &= 3.3\,Nm^3 \end{aligned}$

**125** 1.5%의 황을 함유하는 연료유를 1일 500kg 연소시키는 보일러가 있다. 배출되는 $SO_2$ (ppm)은?(단, 표준상태에서 연료 1kg 연소 시 기체생성부피는 $15m^3$, 연소 시 95% 황이 $SO_2$로 전환됨)

> **풀이**
>
> $SO_2\,(ppm) = \dfrac{SO_2 \text{양}}{\text{건조연소가스양}} \times 10^6$
>
> S의 연소반응식
> S + $O_2$ → $SO_2$
> $32\,kg : 22.4\,sm^3$
> $500\,kg/day \times 0.015 \times 0.95 : SO_2\,(sm^3)$
>
> $SO_2\,(sm^3) = \dfrac{500kg/day \times 0.015 \times 0.95 \times 22.4sm^3}{32kg} = 4.98\,sm^3/day$
>
> 건조연소가스양(연료 500kg/day 연소 시 기체량)
> $= 15m^3/kg \times 500\,kg/day$
> $= 7,500\,m^3/day$
>
> $= \dfrac{4.98\,sm^3}{7,500\,m^3/day} \times 10^6$
> $= 664\,ppm$

**126** $CH_4$ $1sm^3$을 공기과잉계수 1.3으로 연소시킬 경우 실제 습윤 연소가스양($sm^3$)은?

**풀이**

연소반응식
$CH_4 + 2O_2 \rightarrow CO_2 + 2H_2O$

실제 습윤 연소가스양($G_w$)

$G_w (sm^3) = (m - 0.21)A_o + \left(x + \dfrac{y}{2}\right)$

$A_o = \dfrac{1}{0.21}\left(x + \dfrac{y}{4}\right) = \dfrac{1}{0.21}\left(1 + \dfrac{4}{4}\right) = 9.52 \, sm^3$

$= [(1.3 - 0.21) \times 9.52] + \left(1 + \dfrac{4}{2}\right)$

$= 13.38 \, sm^3$

**127** $CH_4$ $1sm^3$을 공기과잉계수 1.3으로 연소시킬 경우 건조 연소가스양($sm^3$)은?

**풀이**

연소반응식
$CH_4 + 2O_2 \rightarrow CO_2 + 2H_2O$

실제 건조 연소가스양($G_d : sm^3$) = $(m - 0.21)A_o + (x)$

$A_o = \dfrac{1}{0.21}\left(x + \dfrac{y}{4}\right) = \dfrac{1}{0.21}\left(1 + \dfrac{4}{4}\right) = 9.52 \, sm^3$

$= [(1.3 - 0.21) \times 9.52] + (1)$

$= 11.38 \, sm^3$

**128** 프로판의 고위발열량이 12,000kcal/$sm^3$이라면 저위발열량(kcal/$sm^3$)은?

**풀이**

저위발열량($Hl$)

$Hl (kcal/sm^3) = Hh - 480 \times nH_2O$

$C_3H_8 + 5O_2 \rightarrow 3CO_2 + 4H_2O$

$= 12,000 - (480 \times 4)$

$= 10,080 \, kcal/sm^3$

**129** 수소 15.0%, 수분 1.0%인 액체연료의 고위발열량이 13,000kcal/kg이라면 저위발열량(kcal/kg)은?

> **풀이**
> 저위발열량($Hl$)
> $Hl\,(\text{kcal/kg}) = Hh - 600(9H + W)$
> $\qquad\qquad\quad = 13{,}000 - 600 \times [(9 \times 0.15) + 0.01]$
> $\qquad\qquad\quad = 12{,}184\,\text{kcal/kg}$

**130** $C_4H_{10}$의 이론적 연소 시 부피기준 AFR은?

> **풀이**
> $C_4H_{10}$ 연소반응식
> $C_4H_{10} + 6.5O_2 \rightarrow 4CO_2 + 5H_2O$
> $AFR = \dfrac{1/0.21 \times 6.5}{1} = 30.95\,\text{mols air/1mol fuel}$

**131** $C_8H_{18}$ 1mol을 완전 연소시 AFR을 중량비(kg공기/kg연료)로 구하시오. (단, 표준상태)

> **풀이**
> $C_8H_{18}$ 연소반응식
> $C_8H_{18} + 12.5O_2 \rightarrow 8CO_2 + 9H_2O$
> $AFR = \text{부피기준}\,AFR \times \dfrac{\text{건조공기분자량}(28.95)}{C_8H_{18}(\text{분자량})}$
> $\qquad\text{부피기준}\,AFR = \dfrac{1/0.21 \times 12.5}{1} = 59.5\,\text{mols air/mol fuel}$
> $\quad= 59.5 \times \dfrac{28.95}{114}$
> $\quad= 15.14\,\text{kg air/kg fuel}$

**132** 소각로 연소실 열부하가 50,000kcal/m³·hr, 저위발열량이 1,000kcal/kg, 폐기물 중량이 15,000kg일 때 소각로의 용적(m³)은?(단, 1일에 8시간씩 가동한다.)

> **풀이**
> 소각로 용적($\text{m}^3$) $= \dfrac{\text{소각로} \times \text{발열량}}{\text{연소실 열부하율}}$
> $\qquad\qquad\qquad = \dfrac{15{,}000\text{kg/day} \times 1{,}000\text{kcal/kg} \times \text{day/8hr}}{50{,}000\text{kcal/m}^3\cdot\text{hr}}$
> $\qquad\qquad\qquad = 37.5\,\text{m}^3$

**133** 소각로의 배기가스양이 5,000kg/hr, 가스온도 1,100℃, 체류시간이 2sec일 때 소각로의 용적($m^3$)은?(단, 표준온도에서 배기가스의 밀도는 0.2kg/$m^3$)

**풀이**

소각로 용적($m^3$) = 배기가스양 × 체류시간

$$= \frac{5,000\text{kg/hr} \times \text{hr}/3,600\text{sec} \times 2\text{sec}}{0.2\text{kg/m}^3} \times \frac{(273+1,100)}{273}$$

$$= 69.85 \, m^3$$

**134** 20$m^3$의 용적의 소각로에서 연소실 열발생률을 25,000kcal/$m^3$·hr로 하기 위한 저위발열량 8,000kcal/kg인 폐기물의 투입량(kg/hr)은?

**풀이**

폐기물의 양(kg/hr) = $\dfrac{\text{연소실 열발생률} \times \text{연소실 용적}}{\text{쓰레기 발열량}}$

$$= \frac{25,000\text{kcal/m}^3 \cdot \text{hr} \times 20\text{m}^3}{8,000\text{kcal/kg}}$$

$$= 62.5 \, \text{kg/hr}$$

**135** 폐기물 소각로의 연소실 열부하(kcal/$m^3$·hr)를 구하시오.(연소실 용적 550$m^3$, 1일 가동시간 8시간, 폐기물소각량 5,000kg/day, 폐기물 Hh 7,500kcal/kg 수분응축잠열 600kcal/kg)

**풀이**

연소실 열부하(kcal/$m^3$·hr) = $\dfrac{\text{소각발열량(저위발열량)}}{\text{용적}}$

$$= \frac{(7,500-600)\text{kcal/kg} \times 5,000\text{kg/day} \times \text{day/8hr}}{550\text{m}^3}$$

$$= 7,840.91 \, \text{kcal/m}^3 \cdot \text{hr}$$

**136** 폐기물 소각능력이 800kg/$m^2$·hr인 소각로를 1일 8시간 동안 운전시 로스톨(rostol)의 면적($m^2$)은?(단, 1일 소각량은 100톤)

**풀이**

로스톨(화상) 면적($m^2$) = $\dfrac{\text{시간당 소각량}}{\text{화상부하율(소각능력)}}$

$$= \frac{100,000\text{kg/day} \times \text{day/8hr}}{800\text{kg/m}^2 \cdot \text{hr}}$$

$$= 15.63 \, m^2$$

**137** 폐기물의 연소능력이 280kg/m² · hr이며 연소할 폐기물의 양이 200m³/day 이다. 1일 8hr 소각로를 가동시킨다고 할 때 화상면적(m²)은?(폐기물 밀도 200kg/m³)

> **풀이**
> 화상면적(m²) = $\dfrac{\text{시간당 소각량}}{\text{폐기물 연소능력(화상부하율)}}$
> $= \dfrac{200\text{m}^3/\text{day} \times 200\text{kg/m}^3 \times \text{day}/8\text{hr}}{280\text{kg/m}^2 \cdot \text{hr}}$
> $= 17.86 \text{ m}^2$

**138** 소각로에서 연소온도가 850℃, 배기온도 450℃, 슬러지 온도가 25℃일 경우 열효율(%)은?

> **풀이**
> 열효율(%) = $\dfrac{(\text{연소온도} - \text{배기온도})}{(\text{연소온도} - \text{공급온도})}$
> $= \dfrac{(850 - 450)}{(850 - 25)} \times 100$
> $= 48.5 \%$

**139** 연료를 이론산소량으로 완전연소시켰을 경우의 이론연소온도는 몇 ℃인가?(단, 저위발열량 5,000kcal/sm³, 이론연소가스양 15sm³/sm³ 연소가스 평균정압비율 0.35kcal/sm³ · ℃, 실온 15℃)

> **풀이**
> 이론연소온도(℃) = $\dfrac{\text{저위발열량}}{\text{이론연소가스양} \times \text{연소가스 평균정압비열}}$ + 실제온도
> $= \dfrac{5,000\text{kcal/sm}^3}{15\text{sm}^3/\text{sm}^3 \times 0.35\text{kcal/sm}^3 \cdot ℃} + 15℃$
> $= 967.38 \text{ ℃}$

**140** 폐기물발열량을 열량계로 측정하니 3,000kcal/kg이고 연소 시 수분생성량이 0.5kg/kg일 경우 저위발열량(kcal/kg)은?

> **풀이**
> 저위발열량($Hl$ : kcal/kg) = $Hh - 600(9H + W)$
> $= 3,000 - 600[(9 \times 0) + 0.5]$
> $= 2,700 \text{ kcal/kg}$

**141** 고위발열량이 19,000kcal/sm³인 프로판($C_3H_8$)을 연소시킬 때 이론연소온도(℃)는?(단, 이론연소가스양 15sm³/sm³이며, 연소가스의 정압비율은 0.63kcal/sm³·℃, 연료온도 15℃, 공기는 예열하지 않으며, 연소가스는 해리되지 않음)

> **풀이**
> 
> 이론연소온도(℃) = $\dfrac{\text{저위발열량}}{\text{이론연소가스량} \times \text{연소가스 평균정압비열}}$ + 실제온도
> 
> 저위발열량($Hl$) = $Hh - 480\left[\dfrac{y}{2}(C_xH_y)\right]$ = $19{,}000 - 480\left[\dfrac{8}{2}(C_3H_8)\right]$
> 
> = 17,080 kcal/sm³
> 
> = $\dfrac{17{,}080\text{kcal/sm}^3}{15\text{sm}^3/\text{sm}^3 \times 0.63\text{kcal/sm}^3\cdot℃}$ + 15℃
> 
> = 1,822.4 ℃

**142** 황성분이 1.5%인 폐기물을 5ton/hr 소각하는 소각로에서 배기가스 중의 $SO_2$를 $CaCO_3$으로 완전히 탈황하는 경우 이론상 하루에 필요한 $CaCO_3$의 양(ton/day)은?(단, 폐기물 중의 S는 모두 $SO_2$로 전환되며, 소각로의 1일 가동시간 8hr)

> **풀이**
> 
> 반응식
> $CaCO_3 + SO_2 \rightarrow CaSO_3 + CO_2$
> S와 $CaCO_3$는 1 : 1 반응
> S → $CaCO_3$
> 32 ton : 100 ton
> 5ton/hr × 0.015 × 8hr/day : $CaCO_3$(ton/day)
> 
> $CaCO_3$ (ton/day) = $\dfrac{100\text{ton} \times 5\text{ton/hr} \times 0.015 \times 8\text{hr/day}}{32\text{ton}}$ = 1.88 ton/day

**143** 20ton/hr 의 폐유를 소각하는 소각로에서 황산화물을 탈황하여 부산물인 90% 황산으로 전량 회수된다면 그 부산물(kg/hr)은?(단, 폐유 중 황성분 1.5%, 탈황률 95%라 가정한다.)

> **풀이**
> 
> S와 $H_2SO_4$는 1 : 1 반응
> S → $H_2SO_4$
> 32 kg : 98 kg
> 20 ton/hr × 0.015 × 0.95 : $H_2SO_4$(kg/hr) × 0.9
> 
> $H_2SO_4$ (kg/hr) = $\dfrac{98\text{kg} \times 20\text{ton/hr} \times 0.015 \times 0.95 \times 1{,}000\text{kg/ton}}{32\text{kg}/0.9}$ = 969.8 kg/hr

**144** 폐기물 연소 후 배출되는 HCl 농도가 400ppm이고, 부피가 6,100sm³/hr일 때, HCl를 $Ca(OH)_2$로 처리시 필요한 $Ca(OH)_2$의 양(kg/hr)은?(단, Ca원자량은 40, 처리반응률은 100%로 함)

> **풀이**
>
> 반응식
> $2HCl + Ca(OH)_2 \rightarrow CaCl_2 + 2H_2O$
> $2 \times 22.4 \, sm^2 : 74 \, kg$
> $6,100 sm^3/hr \times 400 mL/m^3 \times m^3/10^6 mL \quad : \quad Ca(OH)_2 : [kg/hr]$
>
> $Ca(OH)_2 \, (kg/hr) = \dfrac{6,100 sm^3/hr \times 400 mL/m^3 \times m^3/10^6 mL \times 74 kg}{2 \times 22.4 sm^3} = 4.03 \, kg/hr$

**145** 여과집진기(Bag Filter)를 이용하여 가스유량이 200m³/min 인 함진가스를 2.0cm/sec의 여과속도로 처리할 때 여과포의 유효면적(m²)은?

> **풀이**
>
> 유효면적(총여과면적 : m²) = $\dfrac{\text{처리가스유량}}{\text{여과속도}}$
>
> $= \dfrac{200 m^3/min}{2.0 cm/sec \times m/100 cm \times 60 sec/min}$
>
> $= 166.67 \, m^2$

**146** 밀도가 2.2g/cm³인 폐기물 30kg에 고형화재료 10kg을 첨가하여 고형화시킨 결과 밀도가 2.6g/cm³로 증가하였다면 부피변화율(VCF)은?

> **풀이**
>
> 부피변화율($VCF$)
>
> $VCF = \dfrac{\text{고화 처리 후의 폐기물 부피}}{\text{고화 처리 전의 폐기물 부피}}$
>
> 고화 전 부피 $= \dfrac{30 kg}{2.2 g/cm^3 \times kg/1,000 g} = 13,635.36 \, cm^3$
>
> 고화 후 부피 $= \dfrac{(30+10) kg}{2.6 g/cm^3 \times kg/1,000 g} = 15,384.62 \, cm^3$
>
> $VCF = \dfrac{15,384.62}{13,636.36} = 1.13$

## 147. 표준상태에서 배기가스 중 $CO_2$ 함유율이 0.15% 이라면 몇 $mg/sm^3$인가?

**풀이**

$$0.15\% \times \frac{10,000 ppm}{1\%} = 1,500 ppm$$

$$(mg/m^3) = 1,500 ppm \times \frac{44}{22.4}$$

$$= 2,946.43\ mg/m^3$$

## 148. 다음 조건의 전력생산량(kW)은?(단, 1kJ/hr=0.2784kW, 발열량 12,000kJ/kg인 폐기물 1ton/hr을 소각, 열효율 22%)

**풀이**

전력생산량(kW) = 생성열량 × 열효율
$= 12,000 kJ/kg \times 1,000 kg/hr \times 0.22 \times 0.2784 kW/(1kJ/hr)$
$= 734,976\ kW$

## 149. 다음 조건의 습윤중량기준 저위발열량(kcal/kg)은 얼마인가? 〔단, 건조중량기준 고위발열량 3,550kcal/kg, 폐기물 조성 수분 70%, 회분 7%, 가연분 23%(C : 11.5%, H : 1.83%, O : 8.76%, N : 0.39%, 기타 : 0.34%)〕

**풀이**

습윤저위발열량($Hl$ : kcal/kg) = 습윤고위발열량 $- 600(9H + W)$

습윤고위발열량 = 건조고위발열량 × $\dfrac{\text{고형물의 양}}{\text{폐기물의 양(습윤)}}$

$= 3,550 kcal/kg \times \dfrac{(1-0.7)}{1}$

$= 1,065\ kcal/kg$

$= 1,065 - 600[(9 \times 0.0183) + 0.7]$

$= 644.84 kcal/kg$

## 150. 폐기물처리기사(산업기사)의 골치 아픈 계산문제를 공부하는 방법은?

**풀이**

- 계산문제는 절대로 눈으로 풀면 안 됩니다.
- 계산문제는 실제로 계산기를 이용하여 "꼭" 직접 풀이해 보세요.
- 계산문제의 유형 및 난이도는 본 교재 필수문제 및 핵심계산문제에서 85% 이상은 벗어나지 않을 것으로 예상되며 "꼭" 여러분의 것으로 만드십시오.
- 계산문제 그래도 도저히 안 되면 좀 무식하지만 외우세요.

# PART 06 핵심(이론) 350문제

**01** 다음 중 유해성이 있다고 판단할 수 있는 폐기물의 성질과 가장 거리가 먼 것은?

㉮ 반응성  ㉯ 발화성
㉰ 부식성  ㉱ 부패성

**풀이** 유해 폐기물의 성질을 판단하는 성질(시험방법)
① 부식성       ② 독성
③ 유해성       ④ 난분해성
⑤ 반응성       ⑥ 유해가능성
⑦ 인화성(발화성) ⑧ 감염성
⑨ 용출특성

**02** 쓰레기 배출량을 추정하는 방법 중 시간만 고려하는 방법과 시간을 단순히 하나의 독립적인 종속인자로 고려하는 방법의 문제점을 보완할 수 있도록 고안된 모델은?

㉮ 동적모사모델    ㉯ 경향법
㉰ 다중회귀모델    ㉱ 물질수지모델

**03** 다음 중 쓰레기의 발생량 예측 방법 모델이 아닌 것은?

㉮ Trend Method
㉯ Multiple Regression Model
㉰ Dynamic Simulation Model
㉱ Direct Weighting Method

**풀이** 쓰레기 발생량 예측 방법
① 경향법(Trend Method)
② 다중회귀모델(Multiple Regression Model)
③ 동적 모사모델(Dynamic Simulation Model)

쓰레기 발생량 조사방법
① 적재차량 계수분석법(Load-count Analysis)
② 직접계근법(Direct Weighting Method)
③ 물질수지법(Material Balance Method)
④ 통계조사(표본조사, 전수조사)

**04** 폐기물 발생량을 예측하는 방법 중 단지 시간과 그에 따른 쓰레기 발생량(또는 성상) 간의 상관관계를 고려하는 것은?

㉮ 경향법          ㉯ 동적 모사모델
㉰ 다중회귀모델    ㉱ 전수조사모델

**05** 다중회귀모델에서 쓰레기 발생량에 영향을 주는 인자가 아닌 것은?

㉮ 인구      ㉯ 자원회수량
㉰ 지역소득  ㉱ 엥겔지수

**풀이** 발생량에 영향을 주는 인자
① 인구(인구변동)
② 지역소득(GNP or GRP)
③ 자원회수량
④ 상품 소비량 또는 매출액
⑤ 사회적·경제적 특성

**06** 쓰레기 발생량은 총 발생량보다는 주로 단위발생량으로 표기하는데, 단위로 적정한 것은?

㉮ kg/인·일    ㉯ kg/인·주
㉰ $m^3$/인·일  ㉱ $m^3$/인·주

**07** 다음 중 쓰레기 발생량 조사방법이 아닌 것은?

㉮ 물질수지법
㉯ 적재차량 계수분석법
㉰ 직접계근법
㉱ 수거트럭수지법

**08** 생활폐기물 발생량의 조사방법 중 직접계근법에 관한 설명과 가장 거리가 먼 것은?

㉮ 입구에서 쓰레기가 적재되어 있는 차량과 출구에서 쓰레기를 적하한 공차량을 계근하여 쓰레

**정답** 01 ㉱  02 ㉮  03 ㉱  04 ㉮  05 ㉱  06 ㉮  07 ㉱  08 ㉱

기량을 산출한다.
㉯ 비교적 정확한 쓰레기 발생량을 파악할 수 있다.
㉰ 적재차량 계수분석에 비해 작업량이 많고 번거롭다.
㉱ 주로 산업폐기물을 발생량을 추산하는 데 이용되며 조사범위가 정확하여야 한다.

[풀이] ㉱항의 설명은 조사방법 중 물질수지법 내용이다.

## 09 우리나라의 생활폐기물 일일발생량으로 적절한 것은?

㉮ 약 2.0 kg/인  ㉯ 약 0.5 kg/인
㉰ 약 1.0 kg/인  ㉱ 약 0.1 kg/인

## 10 쓰레기 발생량 조사방법에 관한 설명으로 틀린 것은?

㉮ 물질수지법 : 일반적인 생활폐기물 발생량을 추산할 때 주로 이용한다.
㉯ 적재차량 계수분석 : 일정기간 동안 특정지역의 쓰레기 수거, 운반차량의 댓수를 조사하여 이 결과를 밀도로 이용하여 질량으로 환산하는 방법이다.
㉰ 직접계근법 : 비교적 정확한 쓰레기 발생량을 파악할 수 있다.
㉱ 직접계근법 : 적재차량 계수 분석에 비하여 작업량이 많고 번거롭다는 단점이 있다.

[풀이] 물질수지법은 주로 산업폐기물 발생량을 추산할 때 이용하는 방법이다.

## 11 쓰레기 발생량 조사방법 중 물질수지법에 관한 설명으로 틀린 것은?

㉮ 주로 산업폐기물 발생량을 추산할 때 이용된다.
㉯ 먼저 조사하고자 하는 계의 경계를 정확하게 설정한다.
㉰ 물질수지를 세울 수 있는 상세한 데이터가 있는 경우에 가능하다.
㉱ 비용이 저렴하고 일반적으로 폭 넓게 사용된다.

[풀이] 물질수지법은 비용이 많이 소요되고 작업량이 많아 널리 이용되지 않고 특수한 경우에만 사용한다.

## 12 국내 대형 소각장 및 위생매립장에 반입되는 쓰레기의 양을 주로 측정하는 데 이용되며, 비교적 정확한 발생량을 파악할 수 있으나 작업량이 많고 번거로운 폐기물의 발생량 조사방법은?

㉮ 적재차량계수분석법
㉯ 직접계근법
㉰ 표본추출법
㉱ 물질수지법

## 13 쓰레기 발생량 조사법에 대한 설명이다. 다음 중 옳은 것은?

㉮ 적재차량 계수분석은 쓰레기의 밀도 또는 압축 정도를 정확히 파악할 수 있는 장점이 있다.
㉯ 직접계근법은 적재차량 계수분석에 비해 작업량은 적지만 정확한 쓰레기 발생량의 파악이 어렵다.
㉰ 물질수지법은 산업폐기물의 발생량 추산 시 많이 사용되는 방법이다.
㉱ 쓰레기의 발생량은 각 지역의 규모나 특성에 따라 많은 차이가 있어 주로 총 발생량으로 표기한다.

[풀이] ㉮항 : 적재차량 계수분석법의 단점은 쓰레기의 밀도 또는 압축 정도에 따라 오차가 크다는 것이다.
㉯항 : 직접계근법의 단점은 적재차량 계수분석에 비하여 작업량이 많고 번거로움이 있다는 것이다.
㉱항 : 쓰레기의 발생량은 각 지역의 규모나 특성에 따라 많은 차이가 있어 총 발생량보다는 주로 단위발생량(kg/인·일)으로 표기한다.

정답  09 ㉰  10 ㉮  11 ㉱  12 ㉯  13 ㉰

**14** 쓰레기 발생량 조사방법 중 전수조사의 장점이 아닌 것은?

㉮ 표본오차가 적다.
㉯ 표본치의 보정이 가능하다.
㉰ 조사기간이 짧다.
㉱ 행정시책에 대한 이용도가 높다.

**풀이** 전수조사는 조사기간이 길다.

**15** 쓰레기 발생량 조사방법 중 표본조사의 장점과 거리가 먼 것은?

㉮ 비용이 적게 든다.
㉯ 조사기간이 짧다.
㉰ 조사상 오차가 크다.
㉱ 행정시책의 이용도가 높다.

**풀이** 행정시책의 이용도가 높은 조사방법은 전수조사이다.

**16** 쓰레기 발생량에 영향을 주는 인자에 관한 설명으로 가장 거리가 먼 것은?

㉮ 쓰레기통이 클수록 쓰레기 발생량은 증가한다.
㉯ 수집빈도가 높을수록 쓰레기 발생량은 증가한다.
㉰ 생활수준이 낮을수록 쓰레기 발생량은 증가한다.
㉱ 도시규모가 커질수록 쓰레기 발생량은 증가한다.

**풀이** 생활수준이 높아지면 발생량이 증가하고 다양화된다.

**17** 쓰레기 발생량에 영향을 미치는 요인에 관한 설명으로 알맞지 않은 것은?

㉮ 수거빈도가 잦거나 쓰레기통의 크기가 크면 쓰레기 발생량이 증가한다.
㉯ 재활용품의 회수 및 재이용률이 높을수록 쓰레기 발생량이 감소한다.
㉰ 쓰레기 관련 법규는 쓰레기 발생량에 중요한 영향을 미친다.
㉱ 생활수준이 높은 주민들의 쓰레기 발생량은 그렇지 않은 주민들보다 적고 또한 단순하다.

**18** 폐기물 발생량에 영향을 미치는 인자들에 대한 설명으로 맞는 것은?

㉮ 대도시보다는 문화수준이 열악한 중소도시의 주민이 쓰레기를 더 많이 발생시킨다.
㉯ 쓰레기 발생량은 주방쓰레기량에 영향을 많이 받으므로, 엥겔지수가 높은 서민층의 쓰레기가 부유층보다 많다.
㉰ 쓰레기를 자주 수거해가면 쓰레기발생량이 증가한다.
㉱ 쓰레기통이 클수록 유효용적이 증가하여 발생량이 감소한다.

**풀이** ㉮항 : 생활수준(문화수준)이 높아지면 발생량이 증가하고 다양화된다.
㉯항 : 쓰레기 발생량은 서민층보다는 부유층에서 발생량이 많다.
㉱항 : 쓰레기통이 클수록 유효용적이 증가하여 발생량이 증가한다.

**19** 분뇨에 대한 설명 중 틀린 것은?

㉮ 유기물 함유도와 점도가 높아서 쉽게 고액분리되지 않는다.
㉯ 분과 뇨의 고형질의 비는 7 : 1 정도이다.
㉰ 협잡물의 함유율이 높고, 염분의 농도도 비교적 높다.
㉱ 일반적으로 1인 1일 평균 600g의 분과 300~800g의 뇨를 배출한다.

**풀이** 일반적으로 1인 1일 평균 100g의 분과 800g의 뇨를 배출한다.

정답 14 ㉰  15 ㉱  16 ㉰  17 ㉱  18 ㉰  19 ㉱

**20** 분뇨의 특징에 관한 설명으로 틀린 것은?

㉮ 분뇨는 외관상 황색~다갈색이며 비중은 1.02 정도이다.
㉯ 분뇨는 하수슬러지에 비해 질소의 농도가 높다.
㉰ 다량의 유기물을 포함하여 고액분리가 곤란하다.
㉱ 분뇨 중 질소산화물의 함유형태를 보면 분은 VS의 60~70% 정도이다.

[풀이] 분뇨 중 질소산화물의 함유형태를 보면 분은 VS의 12~20%, 뇨는 VS의 80~90% 정도이다.

**21** 우리나라 수거분뇨 내의 염소이온 농도로 가장 적절한 것은?

㉮ 약 5,500mg/L   ㉯ 약 8,500mg/L
㉰ 약 10,000mg/L  ㉱ 약 12,500mg/L

**22** 하수슬러지와 비교한 분뇨의 특성으로 옳은 것은?

㉮ 분뇨 내의 협잡물 농도는 높으나 염분, 질소농도는 낮다.
㉯ 분뇨 내의 협잡물과 염분농도는 높으나 질소농도는 낮다.
㉰ 분뇨 내의 협잡물과 질소농도는 높으나 염분농도는 낮다.
㉱ 분뇨 내의 협잡물, 염분, 질소농도는 높다.

**23** 분뇨의 일반적 성질 중 C/N비 및 협잡물의 비율로 맞는 것은?

㉮ C/N비 : 약 10, 협잡물 비율 : 약 3~5%
㉯ C/N비 : 약 20, 협잡물 비율 : 약 1~3%
㉰ C/N비 : 약 30, 협잡물 비율 : 약 3~5%
㉱ C/N비 : 약 40, 협잡물 비율 : 약 1~3%

**24** 폐기물의 성상분석 절차 중 가장 먼저 시행하는 것은?

㉮ 함수율 측정   ㉯ 밀도 측정
㉰ 원소분석 측정 ㉱ 발열량 측정

[풀이] 폐기물의 성상분석 단계
시료 → 밀도 측정 → 물리적 조성분석 → 건조 → 분류(가연, 부연성) → 절단 및 분쇄 → 화학적 조성분석 및 발열량 측정

**25** 도시 폐기물의 개략분석(Proximate Analysis) 항목과 가장 거리가 먼 것은?

㉮ 수분함량   ㉯ 휘발성 고형물
㉰ 고정탄소   ㉱ 산소함유량

[풀이] 도시폐기물의 개략분석(근사분석) 항목
① 수분함량  ② 휘발성 고형물
③ 고정탄소  ④ 회분(재)

**26** 폐기물 관리체계에서 비용이 가장 많이 소요되는 단계는?

㉮ 수거   ㉯ 매립
㉰ 저장   ㉱ 퇴비화

[풀이] 폐기물 관리에 소요되는 총 비용 중 수거 및 운반단계가 약 60% 이상을 차지한다.

**27** 효과적인 수거노선 설정에 관한 내용과 가장 거리가 먼 것은?

㉮ 적은 양의 쓰레기가 발생하나 동일한 수거빈도를 받기를 원하는 수거지점은 가능한 한 같은 날 왕복 내 수거되지 않도록 한다.
㉯ 가능한 한 지형지물 및 도로 경계와 같은 장벽을 이용하여 간선도로 부근에서 시작하고 끝나도록 배치하여야 한다.
㉰ U자형 회전은 피하고 많은 양의 쓰레기가 발생되

정답  20 ㉱  21 ㉮  22 ㉱  23 ㉮  24 ㉯  25 ㉱  26 ㉮  27 ㉮

는 발생원은 하루 중 가장 먼저 수거하도록 한다.
㉣ 가능한 한 시계방향으로 수거노선을 정한다.

풀이 적은 양의 쓰레기가 발생하나 동일한 수거빈도를 원하는 적재지점(수거지점)은 같은 날 왕복 내에서 수거한다.

## 28 수거노선에 대한 설명 중 틀린 것은?

㉮ 간선도로 부근에서 시작하고 끝나야 한다.
㉯ 언덕지역에서는 아래로 진행하면서 수거한다.
㉰ 가능한 한 시계방향으로 수거노선을 정한다.
㉣ 아주 많은 양의 쓰레기 발생원은 가장 나중에 수거한다.

풀이 아주 많은 양의 쓰레기가 발생되는 발생원은 하루 중 가장 먼저 수거한다.

## 29 효율적이고 경제적인 수거노선을 결정할 때 유의사항으로 틀린 것은?

㉮ 수거인원 및 차량형식이 같은 기존 시스템의 조건들을 서로 관련시킨다.
㉯ 아주 많은 양의 쓰레기가 발생되는 발생원은 하루 중 가장 먼저 수거한다.
㉰ U자형 회전을 이용하여 수거하고 가능한 시계방향으로 수거노선을 결정한다.
㉣ 출발점은 차고와 가깝게 하고 수거된 마지막 컨테이너가 처분지의 가장 가까이에 위치하도록 배치한다.

풀이 반복운행 또는 U자형 회전은 피하여 수거한다.

## 30 효과적인 수거를 위한 쓰레기 수거차량의 노선 결정 시 유의할 사항으로 옳지 않은 것은?

㉮ 아주 많은 양의 쓰레기가 발생되는 발생원은 하루 중 가장 먼저 수거한다.
㉯ 언덕지역에서는 언덕의 꼭대기에서부터 시작하

여 적재하면서 차량이 아래의 진행하도록 한다.
㉰ U자형 회전을 피한다.
㉣ 가급적 반시계방향으로 노선을 정한다.

풀이 가능한 시계방향으로 노선을 정한다.

## 31 수거 노선을 선정할 때 유의할 사항 중 잘못된 것은?

㉮ 지형지물 및 도로경계와 같은 장벽을 피하여 간선도로 부근에서 시작하고 끝나도록 한다.
㉯ 가능한 한 시계방향으로 수거 노선을 정한다.
㉰ 발생량이 아주 많은 발생원은 하루 중 가장 먼저 수거한다.
㉣ 발생량이 적으나 수거빈도가 동일하기를 원하는 적재지점은 가능한 한 같은 날 왕복 내에서 수거한다.

풀이 가능한 한 지형지물 및 도로경계와 같은 장벽을 사용하여 간선도로 부근에서 시작하고 끝내야 한다.

## 32 거주자가 정해진 수거일에 맞추어 쓰레기 저장용기를 노변에 갖다 놓으면 수거차량이 용기를 비우고 빈 용기를 주인이 찾아가는 쓰레기 수거형태는?

㉮ Curb Service
㉯ Alley Service
㉰ Poor-To-Door-Collection
㉣ Black Service

## 33 다음의 쓰레기 수거형태 중 효율이 가장 좋은 것은?(단, MHT 기준)

㉮ 운전 수거
㉯ 타종 수거
㉰ 대형쓰레기통 수거
㉣ 노변 수거

정답 28 ㉣ 29 ㉰ 30 ㉣ 31 ㉮ 32 ㉮ 33 ㉯

풀이 수거형태에 따른 수거효율
- 타종 수거 → 0.84MHT
- 대형쓰레기통 수거 → 1.1MHT
- 플라스틱 자루 수거 → 1.35MHT
- 집밖 이동식 수거 → 1.47MHT
- 집안 이동식 수거 → 1.86MHT
- 집밖 고정식 수거 → 1.96MHT
- 문전 수거 → 2.3MHT
- 벽면 부착식 수거 → 2.38MHT

**34** 가정용 쓰레기를 수거할 때 쓰레기통의 위치와 구조에 따라서 수거효율이 달라진다. 다음 중 수거효율이 가장 좋은 것은?

㉮ 집밖 이동식  ㉯ 집안 이동식
㉰ 벽면 부착식  ㉱ 집밖 고정식

풀이 집밖 이동식은 MHT가 1.47로 집안 이동식(1.86), 벽면 부착식(2.38), 집밖 고정식(1.96)보다 낮으며, MHT가 적은 수치일수록 수거효율이 높다.

**35** 새로운 쓰레기 수집시스템에 관한 설명으로 틀린 것은?

㉮ 모노레일 수송 : 쓰레기를 적환장에서 최종처분장까지 수송하는 데 적용할 수 있다.
㉯ 컨베이어 수송 : 광대한 지역에 적용될 수 있는 방법으로 컨베이어 세정에 문제가 된다.
㉰ 관거 수송 : 쓰레기 발생밀도가 높은 곳에서 현실성이 있으며 조대 쓰레기는 파쇄, 압축 등의 전처리가 필요하다.
㉱ 관거 수송 : 잘못 투입된 물건은 회수하기가 곤란하므로 가설 후에 경로변경이 어렵다.

풀이 ㉯항의 내용은 컨테이너 수송의 내용이다.

**36** 다음은 파이프-라인을 이용한 쓰레기 수송방법에 대한 설명이다. 정확하지 않은 내용은?

㉮ 쓰레기 발생밀도가 낮은 곳에서 현실성이 있다.
㉯ 잘못 투입된 물건을 회수하기가 곤란하다.
㉰ 조대 쓰레기는 파쇄, 압축 등의 전처리가 필요하다.
㉱ 장거리에는 이용이 곤란하다.

풀이 파이프-라인(관거) 쓰레기 수거방법은 쓰레기 발생밀도가 높은 지역에서 현실성이 있다.

**37** 쓰레기 수송방법 중 관거(Pipe Line) 방법에 관한 설명과 가장 거리가 먼 것은?

㉮ 초기 투자비용이 많이 소요된다.
㉯ 쓰레기 발생밀도가 상대적으로 높은 지역에서 사용 가능하다.
㉰ 장거리 수송이 경제적으로 현실성이 있다.
㉱ 관거 설치 후 노선변경이 어렵다.

풀이 장거리 수송하는 데는 부적합하다. 일반적으로 단거리(2.5 km 이내)에서만 현실성이 있다.

**38** 광대한 국토와 철도망이 있는 곳에서 사용가능하며 수집차의 집중과 청결유지가 가능한 지역의 선정이 문제가 되는 쓰레기 수송방식은?

㉮ 모노레일 수송  ㉯ 컨테이너 수송
㉰ 컨베이어 수송  ㉱ 관거 수송

**39** 다음은 다양한 수집시스템에 관한 설명이다. 각 시스템에 대한 설명 중 틀린 것은?

㉮ 모노레일 수송은 쓰레기를 발생원에서 최종적환장까지 수송하는 데 적용할 수 있다. 자동무인화의 장점에 비해 가설이 어렵고 설치비가 높은 단점이 있다.
㉯ 컨베이어 수송은 지하에 설치된 컨베이어에 의해 수송하는 방법으로 수송망을 하수도처럼 설치하면 각 가정의 쓰레기를 처분장까지 운반할 수 있다. 악취문제의 해결과 경관보전의 장점에

정답  34 ㉮  35 ㉯  36 ㉮  37 ㉰  38 ㉯  39 ㉮

비해 고가의 시설비와 정기적 정비가 필요한 단점이 있다.
㉰ 컨테이너 철도수송은 광대한 지역에서 적용할 수 있는 방법이며 철도역 기지의 선정이 어렵고 사용 후 컨테이너의 세정에 많은 물이 요구되어 폐수처리의 문제가 발생한다.
㉳ 관거를 이용한 수거는 자동화, 인건비절감, 무공해화가 가능하며 눈에 띄지 않는 장점이 있으나 가설 후 경로 변경의 어려움, 높은 설치비, 인구밀집지역에만 가능하다는 제한성이 존재한다.

[풀이] 모노레일(Mono Rail) 수송은 쓰레기를 적환장에서 최종처분장까지 수송하는 데 적용할 수 있다.

**40** 새로운 쓰레기 수집 수송 방법인 Pipe Line 수송방법의 장·단점으로 틀린 것은?

㉮ 사고발생 시 시스템 전체 마비를 예방할 수 있어 안정성이 높다.
㉯ 조대(粗大) 쓰레기는 파쇄, 압축 등의 전처리가 필요하다.
㉰ 쓰레기 발생밀도가 높은 지역에서 현실성이 있다.
㉱ 가설 후에 경로변경이 곤란하고 설치비가 높다.

[풀이] Pipe Line 수송방법은 사고발생 시 시스템 전체가 마비되며 대체시스템으로 전환이 필요하다.

**41** 새로운 폐기물 수송방법에 관한 내용 중 알맞지 않은 것은?

㉮ Mono-Rail 수송 : 쓰레기 적환장에서 최종 처분장까지 수송하는 데 적용할 수 있다.
㉯ Conveyor 수송 : 사용 후 세정으로 세정수 처리문제를 고려해야 한다.
㉰ Container 수송 : 광대한 국토와 철도망이 있는 곳에서 사용할 수 있다.
㉱ Pine-Line 수송 : 쓰레기의 발생밀도가 높고 단거리에서 현실성이 있다.

[풀이] 사용 후 세정으로 세정수 처리문제를 고려해야 하는 수송방법은 Container 수송이다.

**42** 쓰레기의 새로운 수집모델인 모노레일 수송에 관한 내용으로 틀린 것은?

㉮ 적환장에서 최종처분장까지 수송하는 데 적용할 수 있다.
㉯ 자동무인화할 수 있다.
㉰ 가설이 어렵고 설치비가 높다.
㉱ 시설 완료 후에도 경로변경이 용이하다.

[풀이] 모노레일 수송은 시설완료 후 경로변경이 어렵고 반송노선이 필요하다는 단점이 있다.

**43** 수송망을 하수도 시설처럼 가설하면 각 가정에서 배출된 쓰레기를 최종처분장까지 운반할 수 있으나 내구성과 미생물 부착 등의 문제가 있으며 유지비가 많이 드는 단점이 있는 쓰레기 수송수단은?

㉮ 컨테이너 철도 수송
㉯ 저장백(BAG) 수송
㉰ 컨테이너 수송
㉱ 컨베이어 수송

**44** 새로운 쓰레기 수거 시스템인 관거수거방법 중 공기수송에 대한 설명으로 옳지 않은 것은?

㉮ 공기수송은 고층주택 밀집지역에 적합하며 소음방지 시설이 필요하다.
㉯ 진공수송은 쓰레기를 받는 쪽에서 흡인하여 수송하는 것으로 진공압력은 $1.5\ kg_f/cm^2$ 이상이다.
㉰ 진공수송은 경제적인 수집거리는 약 $2\ km$ 정도이다.
㉱ 가압수송은 쓰레기를 불어서 수송하는 방법으로 진공수송보다는 수송거리를 더 길게 할 수 있다.

[풀이] 진공수송에 있어서 진공압력은 최대 $0.5\ kg_f/cm^2$ Vac 정도이다.

정답  40 ㉮  41 ㉯  42 ㉱  43 ㉱  44 ㉯

**45** 폐기물 수거의 효율성을 향상시키기 위한 적환장 설치 위치를 선정 시 고려사항으로 틀린 것은?

㉮ 쉽게 간선도로에 연결되며, 2차 보조 수송수단과 연결이 쉬운 곳
㉯ 건설비와 운영비가 적게 들고 경제적인 곳
㉰ 수거 쓰레기 발생지역의 무게중심에서 가능한 먼 곳
㉱ 주민의 반대가 적고, 환경적 영향이 최소인 곳

**풀이** 적환장의 설치장소는 수거하고자 하는 개별적 고형 폐기물 발생지역의 하중중심(무게중심)과 되도록 가까운 곳이어야 함

**46** 국내에서 쓰레기 전환시설이 NIMBY 시설로 인식되고 있다. 그 원인이라 볼 수 없는 것은?

㉮ 압축차량을 사용하므로, 직접 수송이 불가능하다.
㉯ 적환장 인근에 쓰레기 차량의 출입이 빈번해진다.
㉰ 악취발생 및 쓰레기가 비산하게 된다.
㉱ 파리, 모기 등의 해충과 쥐가 서식하게 되어서 비위생적이다.

**47** 다음 내용은 어떠한 적환 시스템을 설명하는 것인가?

> 수거차의 대기시간이 없이 빠른 시간 내에 적하를 마치므로 적환 내외의 교통체증 현상을 없애주는 효과가 있다.

㉮ 직접투하방식  ㉯ 저장투하방식
㉰ 간접투하방식  ㉱ 압축투하방식

**48** 적환장의 방식 중 저장투하방식에 대한 설명으로 옳지 않은 것은?

㉮ 쓰레기를 저장 피트(Pit)나 플랫폼에 저장한 후 불도저 등의 보조장치를 사용하여 수송차량에 싣는다.
㉯ 일반적으로 저장 피트는 2~2.5 m 깊이로 되어 있으며 저장량은 계획 처리량의 0.5~2일분의 쓰레기를 저장한다.
㉰ 수입차량의 대기시간을 단축시킬 수 있는 장점이 있다.
㉱ 부패성 쓰레기는 직접 투입되고 재활용품이 많은 쓰레기는 별도 투하되어 재활용품을 선별한 뒤 수송차량에 적재하여 매립지로 수송하게 된다.

**풀이** ㉱항은 직접·저장투하 결합방식의 내용이다.

**49** 일반적으로 적환장을 설치하는 경우와 가장 거리가 먼 것은?

㉮ 고밀도 거주지역이 존재할 때
㉯ 상업지역에서 폐기물 수집에 소형 용기를 많이 사용할 때
㉰ 불법투기와 다량의 어질러진 쓰레기들이 발생할 때
㉱ 처분지가 수집 장소로부터 멀리 떨어져 있을 때

**풀이** 저밀도 거주지역이 존재할 때 적환장을 설치한다.

**50** 적환 및 적환장에 관한 설명으로 알맞지 않은 것은?

㉮ 적환장은 수송차량의 적재용량에 따라 직접적환, 간접적환, 복합전환으로 구분된다.
㉯ 적환장은 소형 수거를 대형 수송으로 연결해주는 곳이며 효율적인 수송을 위하여 보조적인 역할을 수행한다.
㉰ 적환장의 설치장소는 수거하고자 하는 개별적 고형 폐기물 발생지역의 하중중심에 되도록 가까운 곳이어야 한다.
㉱ 적환을 시행하는 이유는 종말처리장이 대형화되어 폐기물의 운반거리가 연장되었기 때문이다.

**풀이** 적환장의 형식은 직접투하방식, 저장투하방식, 직접 저장투하 결합방식으로 구분한다.

**정답** 45 ㉰ 46 ㉮ 47 ㉯ 48 ㉱ 49 ㉮ 50 ㉮

**51** 적환장에 대한 설명으로 가장 거리가 먼 것은?

㉮ 최종처리장과 수거지역의 거리가 먼 경우 사용하는 것이 바람직하다.
㉯ 폐기물의 수거와 운반을 분리하는 기능을 한다.
㉰ 적환장에서 재사용 가능한 물질의 선별이 가능하다.
㉱ 적환장의 위치는 최종처분지와 가깝게 위치하는 것이 바람직하다.

풀이 적환장의 설치장소는 수거하고자 하는 쓰레기 발생지역의 무게중심과 되도록 가까운 곳이어야 한다.

**52** 다음 중 적환장 선정 시 고려해야 되는 사항과 거리가 먼 것은?

㉮ 환경피해 영향이 최소인 곳
㉯ 가급적 폐기물 발생지의 중심부에 위치할 것
㉰ 가급적 간선도로에서 거리가 가깝지 않을 것
㉱ 작업이 용이하고 설치가 간편할 것

풀이 주도로의 접근이 용이하고, 쉽게 간선도로에 연결되며, 2차 또는 보조수송 수단의 연결이 쉬운 지역에 설치한다.

**53** 적환장에 대한 설명으로 가장 옳은 것은?

㉮ 주위 민원을 피하기 위해 적환방법은 반드시 직접투하식을 택한다.
㉯ 쓰레기를 대용량 용기 및 대형차량으로 수거 시 더욱 필요하다.
㉰ 적환장의 위치는 쓰레기 발생량의 무게 중심에 둔다.
㉱ 최종 처분지 근처에 두는 것이 유리하다.

**54** 전과정평가(LCA)는 4부분으로 구성된다. 그 중 상품, 포장, 공정, 물질, 원료 및 활동에 의해 발생하는 에너지 및 천연원료요구량 대기·수질오염 물질 배출, 고형폐기물과 기타 기술적 자료구축 과정에 속하는 것은?

㉮ Scoping Analysis
㉯ Inventory Analysis
㉰ Impact Analysis
㉱ Improvement Analysis

풀이 ① Scoping Analysis : 설정분석(목표 및 범위)
② Inventory Analysis : 목록분석
③ Impact Analysis : 영향분석
④ Improvement Analysis : 개선분석(개선평가)

**55** 다음 중 LCA의 구성요소가 아닌 것은?

㉮ 수행평가
㉯ 목록분석
㉰ 영향평가
㉱ 개선평가

**56** 전 과정평가(LCA)는 4부분으로 구성된다. 환경부하에 대한 영향을 평가하는 기술적, 정량적 및 정성적 과정에 속하는 것은?

㉮ Scoping and Initiation
㉯ Inventory Analysis
㉰ Impact Analysis
㉱ Improvement Analysis

**57** 사용하는 자원, 에너지, 환경에 미치는 각종 부하를 원료자원 채취-생산-유통-사용-재사용-폐기의 전 과정에 걸쳐 가능한 정량적으로 분석 및 평가하여 현재 인류가 직면하고 있는 자원의 고갈 및 생태계의 파괴현상과 지구환경문제 등을 근본적으로 해결하기 위한 각종 개선방안을 모색하는 기술적이며 체계적인 과정을 의미하는 것은?

㉮ LCA(Life Cycle Assessment)

정답 51 ㉱ 52 ㉰ 53 ㉰ 54 ㉯ 55 ㉮ 56 ㉰ 57 ㉮

㉡ ISO 14000
㉢ EMAS(Ecomanagement & Audit Scheme)
㉣ ESSD(Environmentally Sound and Sustainable Development)

**58** 폐기물 관리를 위해서 가장 중요한 1차적인 근본적 항목에 해당되는 것은?
㉮ 재이용   ㉯ 감량화
㉰ 재활용   ㉱ 퇴비화

풀이 폐기물 관리에 있어서 우선적으로 고려할 사항
① 감량화
② 재회수 및 재활용(재이용)
③ 소각
④ 매립

**59** 폐기물 처리의 기본목표와 가장 거리가 먼 것은?
㉮ 감량화   ㉯ 원료화
㉰ 안정화   ㉱ 무해화

**60** 폐기물의 자원화 및 재활용을 추진하기 위하여 선행되어야 할 조건으로 가장 적절한 것은?
㉮ 소각시설의 건설추진
㉯ 위생매립시설 확보
㉰ 폐기물 수거료 인상
㉱ 재생제품 시장의 안정성 확보

**61** 가로의 청결상태를 기준으로 청소상태를 평가하는 것은?
㉮ CEI   ㉯ TUM
㉰ USI   ㉱ GFE

**62** 청소상태의 평가방법에 관한 설명으로 틀린 것은?
㉮ 지역사회 효과지수는 가로의 청소상태를 기준으로 평가한다.
㉯ 사용자 만족도지수는 서비스를 받는 사람들의 만족도를 설문조사하여 계산되며 설문문항은 6개로 구성되어 있다.
㉰ 지역사회 효과지수에서 가로 청결상태의 Scale은 1~6로 정하여 각각 100, 80, 60, 40, 20, 0점으로 한다.
㉱ 지역사회 효과지수는 가로 청소상태의 문제점이 관찰되는 경우 10점씩 감점한다.

풀이 지역사회 효과지수(CEI)에서 가로 청결상태의 Scale은 1~4로 정하여 100, 75, 50, 25, 0점으로 한다.

**63** 청소상태 만족도 평가를 위한 지역사회 효과지수인 CEI(Community Effects Index)에 관한 설명으로 알맞은 것은?
㉮ 적환장 크기와 수거량의 관계로 결정된다.
㉯ 수거방법에 따른 MHT 변화로 측정한다.
㉰ 가로(街路) 청소상태를 기준으로 측정한다.
㉱ 일반대중들에게 설문조사를 실시하여 결정한다.

**64** 청소상태를 평가하는 방법 중 서비스를 받는 사람들의 만족도를 설문조사하여 계산하는 '사용자 만족도 지수'의 약자로 알맞은 것은?
㉮ USI   ㉯ UAI
㉰ CEI   ㉱ CDI

정답  58 ㉯  59 ㉯  60 ㉱  61 ㉮  62 ㉰  63 ㉰  64 ㉮

**65** 다음 중 유해폐기물 불법매립과 관련이 깊은 사건은?

㉮ 보팔사건
㉯ 트레일 스멜터 사건
㉰ 러브운하 사건
㉱ 세베소 사건

**풀이** 러브커넬사건(러브운하사건)은 미국(1940~1952) 후커케미컬사의 유해폐기물 불법매립으로 일어난 환경재난사건이다.

**66** 폐기물은 단순히 버려져 못쓰는 것이라는 의식을 바꾸어 "폐기물=자원"이라는 공감대를 확산시킴으로써 재활용정책에 활력을 불어 넣은 "생산자 책임 재활용 제도"는?

㉮ ROHS  ㉯ ESSD
㉰ EPR    ㉱ WEE

**풀이** 생산자 책임 재활용 제도(EPR)
Extened Producer Responsibility

**67** 다음 국제협약 및 조약 중에서 유해폐기물의 국가 간 이동 및 처리의 통제를 위한 것은?

㉮ 런던국제덤핑협약
㉯ GATT협약
㉰ 리우(Rio)협약
㉱ 바젤(Basel)협약

**68** 1992년 리우데자네이로에서 가진 유엔환경개발 회의에서 대두된 용어(약자)로 「친환경적이면서 지속 가능한 개발」이란 뜻을 가진 것은?

㉮ EPSS  ㉯ ESSD
㉰ EEZ    ㉱ POHC

**69** 환경경영체제(ISO-14000)에 대한 설명 중 가장 거리가 먼 것은?

㉮ 기업이 환경문제의 개선을 위해 자발적으로 도입하는 제도이다.
㉯ 환경사업을 기업 영업의 최우선 과제 중의 하나로 삼는 경영체제이다.
㉰ 기업의 친환경성 이미지에 대한 광고 효과를 위해 도입할 수 있다.
㉱ 전 과정평가(LCA)를 이용하여 기업의 환경성과를 측정하기도 한다.

**풀이** 환경경영체제(ISO-14000)
① EMS라고도 하며 기존의 품질경영을 환경 분야에까지 확장한 개념
② 환경관리를 기업경영의 방침으로 삼고 기업 활동이 환경에 미치는 부정적인 영향을 최소화 하는 것을 의미
③ 환경경영의 구체적인 목표와 프로그램을 정하여 이의 달성을 위한 조직, 책임, 절차 등을 규정
④ 인적·물적인 경영자원을 효율적으로 배분하여 조직적으로 관리하는 체제를 의미

**70** 폐기물 처리 및 관리 차원에서 흔히 사용되는 용어에 대한 설명 중 옳지 않은 것은?

㉮ 3P(Polluter Pay(s) Principles)는 오염자부담 원칙을 말한다.
㉯ 3R(Recycle, Recreation, Reuse)은 폐기물의 재이용, 재활용 등 폐기물 관리에 관한 것을 말한다.
㉰ 3T(Temperature, Time, Turbulence)는 소각이나 열분해 시 적절한 소기의 목적을 달성할 수 있는 요소를 말한다.
㉱ ESSD는 친환경적이며 지속 가능한 개발을 말한다.

**풀이** 3R은 감량화(Reduction), 재이용 또는 재활용(Reuse or Recycle) 회수이용(Recovery)이다.

정답  65 ㉰  66 ㉰  67 ㉱  68 ㉯  69 ㉯  70 ㉯

## 71 쓰레기 감량화 대책 중 발생 대책이 아닌 것은?

㉮ 철저한 분리수거 실시
㉯ 가정용품의 적절한 정비
㉰ 중고품의 활용
㉱ 에너지 회수

**풀이** 에너지 회수, 중량 및 부피감소화, 재생이용은 발생 후 대책이다.

## 72 쓰레기 압축기를 형태에 따라 구별한 것으로 틀린 것은?

㉮ 소용돌이식 압축기
㉯ 충격식 압축기
㉰ 고정식 압축기
㉱ 백 압축기

**풀이** 압축기의 형태에 따른 구분
① 고정식 압축기(Stationary Compactors)
② 백 압축기(Bag compactors)
③ 수직 또는 소용돌이식 압축기(Vertical or Console Compactors)
④ 회전식 압축기(Rotary Compactors)

## 73 폐기물 압축기에 대한 설명으로 틀린 것은?

㉮ 고압력 압축기의 압력 강도는 700~35,000 kN/m³ 범위이다.
㉯ 고압력 압축기로 폐기물의 밀도를 1,600 kg/m³까지 압축시킬 수 있으나 경제적 폐기물의 압축 밀도는 1,000 kg/m³ 정도이다.
㉰ 고정식 압축기는 주로 유압에 의해 압축시키며 압축방법에 따라 회분식과 연속식으로 구분된다.
㉱ 수직식 또는 소용돌이식 압축기는 기계적 작동이나 유압 또는 공기압에 의해 작동하는 압축피스톤을 갖고 있다.

**풀이** 고정식 압축기는 주로 수압에 의해 압축시키고 압축은 압축피스톤을 사용한다. 또한 압축방법에 따라 수평식압축기, 수직식 압축기로 구분된다.

## 74 쓰레기 압축처리 방법 중 포장기(Baler)대한 설명으로 적합하지 않는 것은?

㉮ 압축 후 삼베나 가죽 또는 철끈으로 묶는다.
㉯ 관리에 용이한 크기나 무게로 포장한다.
㉰ 완전하게 건조되지 못한 폐기물은 취급하기 곤란하다.
㉱ 매립지에서는 포장을 해체하여 최종 처분한다.

## 75 폐기물 압축기에 대한 설명으로 옳지 않은 것은?

㉮ 캔류나 병류는 약 2.4atm 정도에서 압축되므로 저압 압축기를 사용할 수 있다.
㉯ 고압 압축기는 1,000kg/m³까지 압축시킬 수 있으나 경제적 압축 밀도는 700~800kg/m³ 정도이다.
㉰ 고정식 압축기는 주로 수압에 의해 압축시킨다.
㉱ 수직식 또는 소용돌이식 압축기는 압축 피스톤을 유압 또는 공기에 의해 작동시키거나 기계적으로 작동시킨다.

**풀이** 고압력 압축기는 1,600kg/m³까지 압축시킬 수 있으나 경제적 압축 밀도는 1,000kg/m³ 정도이다.

## 76 냉각파쇄기에 대한 설명으로 틀린 것은?

㉮ 파쇄기의 발열 및 열화를 방지한다.
㉯ 유가물을 고순도, 고회수율로 회수가 가능하다.
㉰ 복합재질의 선택 파쇄는 불가능하다.
㉱ 투자비가 크므로 특수용도로 주로 활용된다.

**풀이** 냉각파쇄기는 복합재질의 선택파쇄가 가능하다.

## 77 파쇄기에 관한 설명으로 틀린 것은?

㉮ 충격파쇄기는 유리나 목질류 등을 파쇄하는 데 이용된다.

㉰ 충격파쇄기는 대개 회전식이다.
㉯ 전단파쇄기는 충격파쇄기에 비해 파쇄속도가 느리고 이물질의 혼입에 대하여 약하다.
㉱ 압축파쇄기는 파쇄기의 마모가 심하고 비용이 많이 소요되는 단점이 있다.
**풀이** 압축파쇄기는 파쇄기의 마모가 적고 파쇄비용이 저렴한 장점이 있다.

## 78 폐기물파쇄기 중 전단파쇄기에 관한 설명으로 틀린 것은?

㉮ 고정칼, 왕복 또는 회전칼과의 교합에 의하여 폐기물을 전단한다.
㉯ 충격파쇄기에 비해 파쇄속도가 빠르다.
㉰ 충격파쇄기에 비해 파쇄물의 크기를 고르게 할 수 있다.
㉱ 충격파쇄기에 비해 이물질 혼입에 약하다.
**풀이** 전단파쇄기는 충격파쇄기에 비해 파쇄속도가 느리다.

## 79 파쇄 메커니즘과 가장 거리가 먼 것은?

㉮ 압축작용
㉯ 전단작용
㉰ 회전작용
㉱ 충격작용

**풀이** 파쇄기의 메커니즘(작용력)
① 압축작용
② 전단작용
③ 충격작용
④ 상기 3가지 조합작용

## 80 전단파쇄기에 관한 설명으로 옳지 않은 것은?

㉮ 충격파쇄기에 비해 이물질의 혼입에 강하며 폐기물의 입도가 고르다.
㉯ 고정칼의 왕복 또는 회전칼의 교합에 의하여 폐기물을 전단한다.
㉰ 주로 목재류, 플라스틱류 및 종이류를 파쇄하는 데 이용한다.
㉱ 충격파쇄기에 비해 대체적으로 파쇄속도가 느리다.

**풀이** 충격파쇄기에 비해 이물질의 혼입에 취약하며, 파쇄물의 입도를 고르게 할 수 있다.

## 81 폐기물을 분쇄하거나 파쇄하는 목적으로 가장 거리가 먼 것은?

㉮ 겉보기 비중의 감소
㉯ 유기물 분리
㉰ 비표면적의 증가
㉱ 입경분포의 균일화

**풀이** 폐기물의 분해·파쇄 목적
① 겉보기 비중의 증가
② 유기물의 분리, 회수
③ 비표면적의 증가
④ 입경분포의 균일화
⑤ 용적감소
⑥ 취급의 용이 및 운반비 감소
⑦ 매립 : 소각을 위한 전처리

## 82 폐기물의 파쇄에 대한 설명 중 틀린 것은?

㉮ 터브 그라인더(Tub Grinder)는 발생원에서 현장처리를 할 수 있는 일종의 해머밀 파쇄기이다.
㉯ 전단파쇄기는 해머밀 파쇄기보다 저속으로 운전된다.
㉰ 전형적인 터브 그라인더(Tub Grinder)는 투입구 직경이 크다는 특징을 가진다.
㉱ 해머밀 파쇄기는 반대방향으로 회전하는 두 개의 칼날작용으로 균일한 파쇄가 가능하다.

**풀이** 해머밀 파쇄기에 투입된 폐기물은 중심축의 주위를 고속회전하고 있는 회전해머의 충격에 의해 파쇄된다.

**정답** 78 ㉯ 79 ㉰ 80 ㉮ 81 ㉮ 82 ㉱

**83** 폐기물의 파쇄를 통한 세립화 및 균일화의 장점과 가장 거리가 먼 것은?

㉮ 조대 폐기물에 의한 소각로의 손상방지
㉯ 용량감소로 인한 운반비의 절감 및 매립부지 절약
㉰ 자력선별에 의한 고가 금속 등의 회수 가능
㉱ 고형 연료재 생산 및 연소가스 이용

**84** 쓰레기를 파쇄하여 매립 시 이점과 가장 거리가 먼 것은?

㉮ 곱게 파쇄하면 매립 시 복토가 필요 없거나 복토 요구량이 절감된다.
㉯ 매립 시 안정적인 혐기성 조건을 유지하면 냄새가 방지된다.
㉰ 매립작업이 용이하고 압축장비가 없어도 고밀도의 매립이 가능하다.
㉱ 폐기물 입자의 표면적이 증가되어 미생물작용이 촉진된다.

**[풀이]** 매립 시 폐기물이 잘 섞여서 호기성 조건을 유지하므로 냄새가 방지된다.

**85** 취성도가 낮은 쓰레기는 전단파쇄가 유효하다. 취성도를 가장 바르게 나타낸 것은?

㉮ 압축강도와 인장강도의 비
㉯ 인장강도와 전단강도의 비
㉰ 충격강도와 전단강도의 비
㉱ 충격강도와 압축강도의 비

**86** 파쇄처리에 따른 비표면적의 증가효과와 가장 거리가 먼 것은?

㉮ 소각처리 시 연소효율의 향상
㉯ 수거 시 비산먼지 발생방지 효율의 향상
㉰ 열분해 시 반응효율의 향상
㉱ 퇴비화 시 발효율의 향상

**[풀이]** 수거 시 비산먼지 발생에 의해 수거효율이 저감된다.

**87** 다음 중 특성입자크기에 관한 설명으로 가장 적절한 것은?

㉮ 입자의 무게 기준으로 53.2%가 통과할 수 있는 체의 눈 크기
㉯ 입자의 무게 기준으로 63.2%가 통과할 수 있는 체의 눈 크기
㉰ 입자의 무게 기준으로 73.2%가 통과할 수 있는 체의 눈 크기
㉱ 입자의 무게 기준으로 83.2%가 통과할 수 있는 체의 눈 크기

**88** 압력 메커니즘에 의한 파쇄에 대한 설명으로 옳지 않은 것은?

㉮ 금속, 플라스틱, 목재 등 다양한 폐기물에 적합하다.
㉯ 구조상 큰 덩어리의 폐기물 파쇄에 적합하다.
㉰ 기구적으로 가장 간단하고 튼튼하다고 할 수 있다.
㉱ 파쇄부의 마모가 적고 운전비용이 적게 소요된다.

**[풀이]** 압력 메커니즘을 이용한 압축파쇄기는 금속, 고무, 연질플라스틱 파쇄는 곤란하다.

**89** 비자성이고 전기전도성이 좋은 물질(동, 알루미늄, 아연)을 다른 물질로부터 분리하는 데 가장 적절한 선별방법은?

㉮ 와전류 선별
㉯ 자기선별
㉰ 자장선별
㉱ 정전기 선별

**90** 다음의 쓰레기 선별에 관련된 내용 중 틀린 것은?

㉮ Zigzag 공기 선별기는 컬럼의 층류를 발달시켜 선별효율을 증진시킨 것이다.
㉯ 손선별은 정확도가 높고 파쇄공정 유입 전 폭발 가능 위험물질을 분류할 수 있는 장점이 있다.
㉰ 관성선별로는 가벼운 것(유기물)과 무거운 것(무기질)을 분리한다.
㉱ 진동 스크린 선별은 주로 골재 분리에 많이 이용하며 체경이 막히는 문제가 발생할 수 있다.

[풀이] 지그재그(Zigzag) 공기 선별기는 컬럼의 난류를 높여줌으로써 선별효율을 증진시킨 것이다.

**91** 돌, 코르크 등의 불투명한 것과 유리 같은 투명한 것의 분리에 이용되는 선별방법은?

㉮ Floatation
㉯ Optical Sorting
㉰ Ilertial Separation
㉱ Electrostatic Separator

[풀이] Optical Sorting은 광학선별을 말한다.

**92** 광학선별은 물질이 가진 광학적 특성의 차를 이용하여 분리하는 기술이다. 다음 중 광학선별의 절차(과정) 단계에 대한 내용으로 틀린 것은?

㉮ 조사결과는 광학적으로 평가됨
㉯ 광학적으로 조사됨
㉰ 입자는 기계적으로 투입됨
㉱ 선별대상입자는 압축공기분사에 의해 정밀하게 제거됨

[풀이] 광학 선별의 절차(과정) 4단계
- 1단계 : 입자는 기계적으로 투입
- 2단계 : 광학적으로 조사
- 3단계 : 조사결과는 전기·전자적으로 평가
- 4단계 : 선별대상입자는 압축공기분사에 의해 정밀하게 제거됨

**93** 약간 경사진 판에 진동을 주어 무거운 것이 빨리 경사판 위로 올라가는 원리를 이용한 폐기물 선별 장치는?

㉮ Stoners
㉯ Secators
㉰ Bed Separator
㉱ Jigs

**94** 물렁거리는 가벼운 물질로부터 딱딱한 물질을 선별하는 데 이용되며, 경사진 컨베이어를 통해 폐기물을 주입시켜 회전하는 드럼 위에 떨어뜨려 분류하는 선별방식은?

㉮ Stoners
㉯ Jigs
㉰ Secators
㉱ Float Separator

**95** Trommel Screen에 대한 설명 중 틀린 것은?

㉮ 스크린 다음에 분쇄기를 두어 분리된 폐기물을 주입, 분쇄함으로써 입도를 균일하게 한다.
㉯ 원통의 경사도가 크면 효율도 떨어지고 부하율도 커진다.
㉰ 스크린 중 선별효율이 우수하고 유지관리상 문제가 적다.
㉱ 회전속도가 증가하면 어느 정도까지는 선별효율이 증가하나 일정속도 이상이 되면 원심력에 의해 막힘 현상이 일어난다.

[풀이] 트롬멜 스크린(Trommel Screen) 앞에 분쇄기를 설치하여 분리된 폐기물을 주입, 분쇄함으로써 입도를 균일하게 한다.

**96** 다음 중 폐유리병을 크기 및 색깔별로 선별할 수 있는 방법으로 가장 적절한 것은?

㉮ Hand Sorting
㉯ Floatation
㉰ Secators
㉱ Inertial Separation

[풀이] Hand Sorting은 손선별(인력선별)을 말한다.

정답  90 ㉮  91 ㉯  92 ㉮  93 ㉮  94 ㉰  95 ㉮  96 ㉮

**97** 공기선별기에 대한 설명 중 틀린 것은?

㉮ 수직공기선별기를 개선한 Zigzag 공기선별기는 칼럼의 난류를 완화시켜 선별효율을 증진시키고자 고안된 장치이다.
㉯ 일반적으로 공기 선별기의 성능은 주입률이 커질수록 떨어지는 것으로 알려져 있다.
㉰ 경사공기선별기는 중력에 의해 입구로 들어온 폐기물을 진동판에 의하여 분리한다.
㉱ 공기선별은 폐기물 내의 가벼운 물질인 종이나 플라스틱류를 기타 무거운 물질로부터 선별해내는 방법이다.

**풀이** 지그재그(Zigzag) 공기선별기는 컬럼의 난류를 완화시켜 선별효율을 증진시키고자 고안된 장치이다.

**98** 트롬멜 스크린에 관한 설명으로 틀린 것은?

㉮ 회전속도는 임계속도 이상으로 운전할 때가 최적이다.
㉯ 선별효율이 좋고 유지관리상의 문제가 적다.
㉰ 경사도가 크면 효율도 떨어지고 부하율도 커지며 대개 2~3° 정도이다.
㉱ 길이가 길면 효율은 증진되나 동력소모가 많다.

**풀이** 트롬멜 스크린의 최적 회전속도는 '임계회전속도 ×0.45' 정도이다.

**99** 폐기물 선별에 대한 설명 중 옳지 않은 것은?

㉮ 와전류식 선별은 전자석유도에 관한 페러데이법칙을 기초로 한다.
㉯ 풍력선별기에 있어 전형적인 폐기물/공기비는 2~7이다.
㉰ 펄스풍력선별기는 유속의 변화를 이용하는 장치이다.
㉱ 정전기적 선별을 이용하면 플라스틱에서 종이를 선별할 수 있다.

**풀이** 풍력선별기에 있어 전형적인 '공기/폐기율' 비는 2~7 정도이다.

**100** 선별방식 중 각 물질의 비중차를 이용하는 방법으로 약간 경사진 평판에 폐기물을 올려놓고 좌우로 빠른 진동과 느린 진동을 주어 가벼운 입자는 빠른 진동 쪽으로, 무거운 입자는 느린 진동 쪽으로 분류하는 것은?

㉮ Secators  ㉯ Stoners
㉰ Table    ㉱ Jig

**101** 와전류 분리에 관한 설명으로 알맞지 않은 것은?

㉮ 와전류 분리법은 비극성이고 전기전도도가 좋은 물질을 와전류현상에 의하여 다른 물질로부터 분리하는 방법이다.
㉯ 와전류 분리법으로 분리하기 좋은 물질은 동, 알루미늄, 아연 등이다.
㉰ 전자석 유도에 관한 페러데이법칙을 기초로 한다.
㉱ 와전류는 자장 중에 놓인 부도체의 외부에 전자유도로 생기는 와전류상의 전류이다.

**풀이** 와전류는 시간적으로 변화하는 자장 속에 놓인 도체의 내부에 전자유도로 생기는 와전류상의 전류이다.

**102** 트롬멜 스크린에 대한 설명으로 옳지 않은 것은?

㉮ 스크린 중에서 선별효율이 좋고 유지관리상의 문제가 적다.
㉯ 스크린의 경사도는 2~3° 정도이다.
㉰ 스크린의 경사도가 크면 효율이 떨어지고 부하율도 커진다.
㉱ 임계속도는 경험적으로 최적속도×0.45 정도이다.

**풀이** 트롬멜 스크린의 최적회전속도는 '임계회전속도 ×0.45' 정도이다.

**정답** 97 ㉮  98 ㉮  99 ㉯  100 ㉰  101 ㉱  102 ㉱

**103** 트롬멜 스크린의 전형적인 운전특성과 가장 거리가 먼 것은?

㉮ 스크린 개방면적(%) : 53
㉯ 경사속도[도(°)] : 15~25
㉰ 회전속도(rpm) : 11~13
㉱ 길이(m) : 4.0

**풀이** 트롬멜 스크린의 운전특성 중 경사도는 2~3°이다.

**104** 쓰레기 선별효율 중 Trommel 스크린 선별효율에 영향을 주는 인자에 관한 설명으로 알맞지 않은 것은?

㉮ 스크린에 폐기물을 주입하기 이전에 분쇄기를 두는 것이 효과적이다.
㉯ 회전속도는 어느 정도 증가할수록 선별효율이 증가하나 그 이상이 되면 막힘 현상이 일어난다.
㉰ 경사도가 크면 효율은 증진되나 부하율이 떨어진다.
㉱ 경험적으로 [임계회전속도×0.45=최적회전속도]로 나타낼 수 있다.

**풀이** 원통의 경사도가 크면 선별효율이 떨어지고 부하율도 떨어진다.

**105** 선별기인 스토너(Stoner)에 관한 설명으로 틀린 것은?

㉮ 원래 밀 등의 곡물에서 돌이나 기타 무거운 물질을 제거하기 위하여 고안되었다.
㉯ 공기가 유입되는 다공진동판으로 구성되어 있다.
㉰ 상당히 넓은 입자크기분포 범위에서 밀도선별기로 작용한다.
㉱ 중요한 운전변수는 다공판의 기울기와 공기의 유량이다.

**풀이** Stoner는 상당히 좁은 입자크기분포 범위 내에서 밀도선별기로 작용한다.

**106** '손선별'에 관한 설명으로 틀린 것은?

㉮ 선별의 정확도가 높다.
㉯ 파쇄공정으로 유입되기 전에 폭발가능성이 있는 위험물질을 분류할 수 있다.
㉰ 벨트폭은 한쪽에서만 작업하는 경우 60cm 정도로 한다.
㉱ 작업효율은 2.5~5.0ton/인·시간 정도이다.

**풀이** 손선별의 작업효율은 0.5 ton/인·hr이다.

**107** 와전류분리에 대한 설명으로 가장 거리가 먼 것은?

㉮ 와전류에 의한 자속의 방향은 그것을 일으키게 하는 자속과 같은 방향이 되어 반발력을 상쇄시킨다.
㉯ 와전류는 시간적으로 변화하는 자장 속에 놓인 도체의 내부에 전자유도에 의해 생기는 와상의 전류이다.
㉰ 자속이 두 개 있으며 고유저항, 도자율 등의 물성의 차이에서 반발력 크기의 차이가 생기기 때문에 비자성의 도체의 분리가 가능하다.
㉱ 비자성이고 전기전도도가 좋은 물질을 와전류현상에 의해 다른 물질에서 분리할 수 있다.

**풀이** 와전류에 의한 자속의 방향은 그것을 일으키게 하는 자속과 다른 방향이 되어 반발력 크기의 차이가 생겨 비자성 도체의 분리가 가능하다.

**108** 도시폐기물의 선별작업에서 가장 많이 사용되는 트롬멜 스크린의 선별효율에 영향을 주는 인자와 가장 거리가 먼 것은?

㉮ 회전 속도
㉯ 진동 속도
㉰ 폐기물 부하
㉱ 체눈의 크기

**정답** 103 ㉯ 104 ㉰ 105 ㉰ 106 ㉱ 107 ㉮ 108 ㉯

**풀이** 트롬멜 스크린의 선별효율에 영향을 주는 인자
① 체눈의 크기(입경)
② 직경
③ 경사도
④ 길이
⑤ 회전속도
⑥ 폐기물의 부하와 특성

## 109 사금선별을 위해 오래전부터 사용되던 습식 선별방법은?

㉮ Jigs
㉯ Stoners
㉰ Tommel Screen
㉱ Ballistic Separator

## 110 폐기물 선별방법 중 분쇄한 전기줄로부터 금속을 회수하거나 분쇄된 자동차나 연소재로부터 알루미늄, 구리 등을 회수하는 데 사용되는 선별장치는?

㉮ Fluidized Bed Separator
㉯ Stoners
㉰ Optical Sorting
㉱ Jigs

**풀이** Fluidized Bed Separator은 유동상 분리를 말한다.

## 111 다음 폐기물 처리장치 중 2차 오염물질로 폐수가 가장 많이 발생하는 장치는?

㉮ Pulverizer
㉯ Shredder
㉰ Compator
㉱ Hammer Mill

## 112 폐기물 선별기술에 대한 설명 중 가장 거리가 먼 내용은?

㉮ 공기선별은 무거운 물질로부터 가벼운 물질을 선별하는 데 이용
㉯ Stoners는 퇴비에서 유리와 같은 무거운 물질을 선별하는 데 이용
㉰ Gigs는 흔들층을 침투하는 능력의 차이로 가볍고 무거운 물질을 선별하는 장치
㉱ 관성분리법은 중력분리의 한 방법으로 입자의 종말속도와 공기의 상승속도의 차이를 이용함

**풀이** 관성선별은 분해된 폐기물을 중력이나 탄도학을 이용하여 가벼운 것(유기물)과 무거운 것(무기물)으로 분리한다.

## 113 도시폐기물을 입자 크기별로 분류하기 위하여 회전식 원통 스크린(Trommel)을 많이 이용한다. Trommel 스크린에 대한 설명 중 옳지 않은 것은?

㉮ 원통 내로 압축공기를 송입할 수 있다.
㉯ 원통의 체로 수평으로부터 5도 전후로 경사된 축을 중심으로 회전시켜 체분리하는 것이다.
㉰ 원통 내 부하율(폐기물)이 증가하면 선별효율은 감소한다.
㉱ 파쇄입경의 차이가 작을수록 선별효과는 적어지나 선별효율은 커져 분별공정이 잘 진행된다.

**풀이** 파쇄입경의 차이가 작을수록 선별효과가 적어져 선별효율이 낮아지므로 분별공정이 잘 진행되지 못한다.

## 114 펄스풍력 선별기의 전형적인 r(공기/폐기물)의 비는?

㉮ 1~2
㉯ 2~7
㉰ 7~9
㉱ 9~10

**정답** 109 ㉮ 110 ㉮ 111 ㉮ 112 ㉱ 113 ㉱ 114 ㉯

**115** 폐기물의 선별 및 재료회수공정의 기본적인 순서로서 가장 적절한 것은?

㉮ 폐기물-분쇄-저장-공기선별-자석선별-사이클론
㉯ 폐기물-저장-분쇄-공기선별-사이클론-자석선별
㉰ 폐기물-저장-분쇄-자석선별-공기선별-사이클론
㉱ 폐기물-분쇄-저장-공기선별-사이클론-자석선별

**116** 폐기물 중 철금속(Fe)/비철금속(Al, Cu)/유리병의 3종류를 각각 분리할 수 있는 방법으로 가장 적절한 것은?

㉮ 자력선별법
㉯ 정전기선별법
㉰ 와전류선별법
㉱ 풍력선별법

**117** RDF의 구비조건 아닌 것은?

㉮ 대기오염이 적을 것
㉯ 함수량이 낮을 것
㉰ 발열량이 낮을 것
㉱ 재의 양이 적을 것

[풀이] RDF의 구비조건
① 발열량이 높을 것
② 함수율이 낮을 것
③ 쓰레기 원료 중에 비가연성 성분이나 연소 후 잔류하는 재의 양이 적을 것
④ 대기오염이 적을 것
⑤ 배합률이 균일할 것
⑥ 저장 및 이송이 용이할 것
⑦ 기존 고체연료 사용시설에 사용 가능할 것

**118** RDF에 관한 설명으로 틀린 것은?

㉮ RDF 내 염소량이 크면 연료로 사용 시 다이옥신의 발생 등이 문제가 된다.
㉯ RDF 내 조성은 셀룰로오스가 주성분이므로 수분에 따른 부패의 우려가 없다.
㉰ RDF를 대량으로 사용하기 위해서는 배합률(조성)이 일정하여야 하며 재의 양이 적어야 한다.
㉱ RDF의 종류는 Power RDF, Pellet RDF, Fluff RDF가 있다.

[풀이] RDF의 조성은 주로 유기물질이므로 수분함량이 증가하면 부패하여 연료로서의 가치를 상실한다.

**119** RDF에 관한 설명으로 틀린 것은?

㉮ RDF의 조성은 주로 유기물질이므로 수분함량에 따라 부패되기 쉽다.
㉯ RDF 중에 Cl 함량이 크면 다이옥신 발생 위험성이 높다.
㉰ Pellet RDF의 수분함량은 4% 이하를 유지한다.
㉱ Fluff RDF의 발열량은 약 2,500~3,500kcal/kg 정도의 범위이다.

[풀이] Pellet RDF의 수분함량은 12~18% 정도이다.

**120** 일반적으로 직경이 10~20mm이고 길이가 30~50mm인 형태와 크기를 가지며 보관이나 운반의 효율을 높이는 동시에 단위 무게당 열량을 향상시킨 RDF의 종류는?

㉮ Powder RDF
㉯ Pellet RDF
㉰ Fluff RDF
㉱ Bubble RDF

[풀이] RDF의 종류 및 특성

| 종류 | 함수율(%) | 회분량(%) | 연료형태 | 열용량 | 이송방법 |
|---|---|---|---|---|---|
| Power RDF | 4% 이하 | 10~20% | 분말 (0.5mm 이하) | 4,300 kcal/kg | 공기 |
| Pellet RDF | 12~18% | 12~25% | 원통 (직경 10~20mm, 길이 30~50mm) | 3,300~4,000 kcal/kg | 제약 없음 |
| Fluff RDF | 15~20% | 22~30% | 사각 (25~50mm) | 2,500~3,500 kcal/kg | 공기 |

정답  115 ㉯  116 ㉰  117 ㉰  118 ㉯  119 ㉰  120 ㉯

**121** 쓰레기 고형화연료(RDF) 소각로의 장단점에 대한 설명으로 틀린 것은?

㉮ 일반적으로 기존 시설과 병용되어 시설비가 저렴하다.
㉯ 연료공급의 신뢰성 문제가 있을 수 있다.
㉰ 소각시설의 부식발생으로 수명이 단축될 수 있다.
㉱ 연소분진과 대기오염에 대한 주의가 필요하다.

**풀이** RDF 소각로는 동력이 많이 필요하고 투자비도 많이 소요되며 숙련된 기술을 필요로 한다.

**122** 폐기물전환연료(RDF)에 대한 설명 중 옳지 않은 것은?

㉮ RDF는 폐기물을 압착하여 고체연료로 만든 것을 말한다.
㉯ RDF의 주된 성분은 종이류, 플라스틱류, 섬유류이다.
㉰ RDF를 위하여 폐기물을 파쇄, 선별 등 전처리를 하여야 한다.
㉱ PVC나 PCB 함유폐기물이 혼합되어도 무관하다.

**풀이** RDF 중에 PVC 등이 함유되면 연소 시 배기가스처리에 유의해야 하며 Cl 함량이 크면 다이옥신의 발생 위험성도 높아진다.

**123** RDF 소각시설의 단점이나 문제점에 대한 설명 중 가장 거리가 먼 내용은?

㉮ 유황함량이 많아 연소 시 다량의 $SO_x$가 발생하여 연소분진과 대기오염에 대한 주의가 요망된다.
㉯ 소각시설의 부식발생으로 인하여 시설수명이 단축될 수 있다.
㉰ 일반 석탄보일러에서 사용 시 Slagging, Fouling 문제가 발생될 수 있다.
㉱ 조성이 유기물질이기 때문에 수분함량이 증대하면 부패된다.

**풀이** 황산화물($SO_x$)은 크게 문제되지 않으나 분진 및 악취가 문제된다.

**124** 다음 설명 중 옳지 않은 것은?

㉮ 연소는 열에 의한 산화과정이다.
㉯ 열분해는 공기를 공급하지 않은 상태에서 가열처리한다.
㉰ 가스화는 양론 이하의 공기량을 공급하여 처리한다.
㉱ RDF는 폐기물의 최종처리방법이다.

**풀이** RDF는 폐기물의 감량 및 재활용단계이다.

**125** 쓰레기 소각에 비하여 열분해공정의 특징이라 볼 수 없는 것은?

㉮ 배기가스양이 적다.
㉯ 환원성 분위기를 유지할 수 있어서 $Cr^{3+}$가 $Cr^{+6}$로 변화하지 않는다.
㉰ 황분, 중금속분이 Ash 중에 고정되는 확률이 적다.
㉱ 흡열반응이다.

**풀이** 열분해 공정은 황, 금속분이 Ash(회분) 중에 고정되는 비율이 크다.

**126** 쓰레기 열분해 시 열분해 온도가 증가할수록 발생가스 중 함량(구성비 %)이 증가하는 것은?

㉮ $H_2$　　　　㉯ $CH_4$
㉰ $C_2H_6$　　　㉱ $CO_2$

**풀이** 온도가 증가할수록 수소($H_2$) 함량은 증가하고 이산화탄소($CO_2$) 함량은 감소된다.

**127** 폐기물의 열분해에 관한 설명으로 틀린 것은?

㉮ 열분해를 통하여 얻어지는 연료의 성질을 결정짓는 요소로는 운전온도, 가열속도, 폐기물의 성질 등으로 알려져 있다.
㉯ 열분해방법은 저온법과 고온법이 있는데, 통상적으로 저온은 500~900℃, 고온은 1,100~1,500℃를 말한다.

㉰ 열분해 온도에 따른 가스의 구성비는 고온이 될수록 $CO_2$ 함량이 늘고 수소함량은 줄어든다.
㉱ 열분해에 의해 생성되는 액체물질에는 식초산, 아세톤, 메탄올, 오일, 타르, 방향성 물질이 있다.

**[풀이]** 열분해 온도에 따른 가스의 구성비는 고온이 될수록 $CO_2$ 함량은 줄고 수소 함량은 증가된다.

**128** 폐기물의 열분해에 관한 설명으로 옳지 않은 것은?

㉮ 500~900℃의 저온 열분해에서는 타르, Char 및 액체상태의 연료가 많이 생성된다.
㉯ 1,100~1,500℃의 고온 열분해에서는 가스 상태의 연료가 많이 생성된다.
㉰ 일반적으로 고온 열분해법을 열분해(Pyrolysis)라 부른다.
㉱ 일반적으로 장치를 1,700℃ 정도로 운전하면 모든 재는 슬래그로 배출된다.

**[풀이]** 일반적으로 고온 열분해법을 가스화(Gasification)라 부른다.

**129** 상부로부터 분쇄되었거나 또는 분쇄되지 않는 폐기물이 주입되어 건조된 후 열분해되어 슬래그나 재가 하부로 배출되는 열분해장치는?

㉮ 유동상 열분해장치
㉯ 고정상 열분해장치
㉰ 습상 열분해장치
㉱ 부유상 열분해장치

**130** 폐유, 폐용제와 더불어 폐플라스틱 또한 액체연료화가 가능한데 이 플라스틱의 일반적인 액체연료화 방법은?

㉮ 열분해
㉯ 감압증류
㉰ 용매추출
㉱ 이온정제

**131** 유기성 폐기물로부터 에너지 회수를 위한 열분해처리 공법에 대한 설명 중 가장 거리가 먼 내용은?

㉮ 저산소 혹은 무산소 분위기에서 반응시킨다.
㉯ 유지관리비가 저렴하다.
㉰ 소각에 비교하여 생산물의 정제장치가 필요하다.
㉱ 환원분위기이므로 대기오염물질의 발생이 적다.

**[풀이]** 열분해 처리공법은 수분함량이 많으면 운전온도까지 올려야 하고, 건조 과정을 거치므로 운전 및 유지관리비가 많이 든다.

**132** 반응속도가 빠르기 때문에 폐기물의 수분함량이 변화해도 큰 무리 없이 운전될 수 있는 장점이 있으나 열손실이 크고 운전이 까다로운 열분해장치로 가장 적절한 것은?

㉮ 유동상 열분해장치
㉯ 부유상 열분해장치
㉰ 다단상 열분해장치
㉱ 회전상 열분해장치

**133** 열분해를 통하여 생성되는 연료의 성질을 결정짓는 요소와 가장 거리가 먼 것은?

㉮ 폐기물의 성상
㉯ 가열속도
㉰ 운전온도
㉱ 산소분율

**[풀이]** 열분해를 통하여 얻어지는 연료의 성질을 결정짓는 요소
① 운전온도
② 가열속도
③ 가열시간
④ 폐기물의 성상
⑤ 수분함량
⑥ 공기공급
⑦ 스팀공급

**정답** 128 ㉰  129 ㉯  130 ㉮  131 ㉯  132 ㉮  133 ㉱

**134** 다음 중 탄질비(C/N, 건조질량)의 값이 가장 큰 것은?

㉮ 소나무  ㉯ 낙엽
㉰ 돼지분뇨  ㉱ 소화전 활성슬러지

**풀이** 주어진 항목 중 소나무가 C/N비 약 730 정도로 가장 높다.

**135** 유기성 폐기물 자원화 기술 중 퇴비화의 장단점으로 가장 거리가 먼 것은?

㉮ 운영 시 에너지 소모가 비교적 적다.
㉯ 퇴비가 완성되어도 부피가 크게 감소(50% 이하)되지 않는다.
㉰ 생산된 퇴비는 비료가치가 높다.
㉱ 다양한 재료를 이용하므로 퇴비제품의 품질표준화가 어렵다.

**풀이** 생산된 퇴비는 비료가치로서 경제성이 낮다.

**136** 유기성 폐기물 퇴비화의 장단점에 대한 설명으로 가장 거리가 먼 것은?

㉮ 다른 폐기물처리에 비해 고도의 기술수준이 요구되지 않는다.
㉯ 퇴비화 과정에서 부피가 90% 이상 줄어 최종처리 시 비용이 절감된다.
㉰ 다양한 재료를 이용하므로 퇴비제품의 품질표준화가 어렵다.
㉱ 초기 시설투자가 적으므로 운영 시에 소요되는 에너지도 낮다.

**풀이** 완성된 퇴비의 감용률은 50% 이하로서 다른 처리방식에 비하여 낮다.

**137** 퇴비를 효과적으로 생산하기 위하여 퇴비화 공정 중에 주입하는 Bulking Agent에 대한 설명과 가장 거리가 먼 것은?

㉮ 처리대상물질의 수분함량을 조절한다.
㉯ 미생물의 지속적인 공급으로 퇴비의 완숙을 유도한다.
㉰ 퇴비의 질(C/N 비) 개선에 영향을 준다.
㉱ 처리대상물질 내의 공기가 원활히 유동될 수 있도록 한다.

**138** 폐기물의 퇴비화기술에서 퇴비화의 운전인자는 매우 중요한 역할을 한다. 퇴비화의 운전인자 중 Bulking Agent의 특성이 아닌 것은?

㉮ 수분 흡수능력이 좋아야 한다.
㉯ 쉽게 조달이 가능한 폐기물이어야 한다.
㉰ 입자 간의 구조적 안정성이 있어야 한다.
㉱ 폐기물의 C/N비에 영향을 주지 않아야 한다.

**풀이** 퇴비의 질(C/N 조절효과) 개선에 영향을 준다.

**139** 우리나라 음식물 쓰레기를 퇴비로 재활용하는 데 있어서 가장 큰 문제점으로 지적되는 사항은?

㉮ 염분함량  ㉯ 발열량
㉰ 유기물함량  ㉱ 밀도

**140** Humus(부식질)의 특징과 거리가 먼 것은?

㉮ 악취가 없으며 흙냄새가 난다.
㉯ 물 보유력과 양이온교환능력이 좋다.
㉰ 탄질비(C/N)가 거의 1에 가깝다.
㉱ 짙은 갈색이다.

**풀이** C/N비는 낮은 편이며 10~20 정도이다.

**141** 퇴비화를 하기 위한 유기성 폐기물의 [탄소/질소비]에 대한 설명으로 옳지 않은 것은?

㉮ 탄소는 미생물들이 생장하기 위한 에너지원이다.
㉯ 질소는 생장에 필요한 단백질 합성에 주로 쓰인다.

**정답** 134 ㉮ 135 ㉰ 136 ㉯ 137 ㉯ 138 ㉱ 139 ㉮ 140 ㉰ 141 ㉰

㉰ 탄소/질소비가 20보다 낮으면 질소가 질산염으로 산화되어 pH가 낮아진다.
㉴ 보통 미생물의 세포의 탄소/질소비는 5~15로 미생물에 의한 유기물의 분해는 탄소/질소비가 미생물 세포의 그것과 비슷해질 때까지 이루어진다.

**풀이** C/N비가 20보다 낮으면 질소가 암모니아로 변하여 pH를 증가시키고, 이로 인해 암모니아 가스가 발생하여 퇴비화과정 중 악취가 생긴다.

## 142 폐기물의 퇴비화에 대한 설명 중 가장 거리가 먼 내용은?

㉮ 탄질률(C/N)은 퇴비화가 진행되므로 점차 낮아져 최종적으로 30 정도가 된다.
㉯ 폐기물 내에 질소함량이 적은 것은 퇴비화가 잘 되지 않는다.
㉰ pH는 운전 초기에는 5~6 정도로 떨어졌다가 퇴비화됨에 따라 증가하여 최종적으로 8~9가량이 된다.
㉱ 온도가 서서히 내려가 40℃ 이하 정도가 되면 퇴비화가 거의 완성된 상태로 간주한다.

**풀이** C/N비는 분해가 진행될수록 점점 낮아져 최종적으로 10 정도가 된다.

## 143 퇴비화과정에서 최종단계인 숙성단계를 거쳐서 생산된 퇴비(부식질, Humus)에 대한 설명 중 가장 올바른 것은?

㉮ 리그닌 함량과 가용영양분의 함량이 모두 낮다.
㉯ 리그닌의 함량은 낮지만, 가용영양분의 함량은 높다.
㉰ 리그닌의 함량은 높지만, 가용영양분의 함량은 낮다.
㉱ 리그닌 함량과 가용영양분의 함량이 모두 높다.

## 144 쓰레기 퇴비화 시 최적 발효조건이 아닌 것은?

㉮ 초기 C/N비는 25~50이 적당하다.
㉯ 초기 수분을 50~60 중량 %로 조정한다.
㉰ pH는 9 이상으로 조절한다.
㉱ 초기 며칠간은 55~60℃ 정도로 유지한다.

**풀이** 퇴비화에 가장 적합한 폐기물의 pH 범위는 5.5~8.0 범위이다.

## 145 퇴비화기술에 대한 설명으로 옳지 않은 것은?

㉮ 퇴비화를 정상적으로 유도하기 위해서는 배기가스의 산소농도가 15% 수준을 유지하여야 한다.
㉯ 유기성 폐기물이 대상이며 함수율이 60% 전후인 원료가 적합하다.
㉰ 분해를 위해서는 대상원료별 적합한 탄질소비를 맞추어 주는 것이 필요하다.
㉱ 통기개량제는 톱밥 등을 사용하며 수분조절, 탄질소비 조절기능을 겸한다.

**풀이** 퇴비화를 정상적으로 유도하기 위해서는 산소농도 5~15%의 공기를 공급하며 공기주입률은 약 50~200 L/min·m³ 정도로 한다.

## 146 다음 폐기물 중 C/N비가 가장 큰 물질은?

㉮ 톱밥  ㉯ 목초
㉰ 낙엽  ㉱ 가축분뇨

**풀이** C/N비
- 톱밥(약 510)
- 목초(약 20)
- 낙엽(약 60)
- 가축분뇨(약 20)

## 147 유기성 폐기물의 퇴비화과정(초기단계-고온단계-숙성단계) 중 고온단계에서 주된 역할을 담당하는 미생물은?

㉮ 전반기 : Pesudomonas
후반기 : Bacillus

**정답** 142 ㉮  143 ㉰  144 ㉰  145 ㉮  146 ㉮  147 ㉱

㉯ 전반기 : Thermoactinomyces
　후반기 : Enterbacter
㉰ 전반기 : Enterbacter
　후반기 : Pesudomonas
㉱ 전반기 : Bacillus
　후반기 : Thermoactinomyces

**148** 슬러지를 최종 처분하기 위한 가장 합리적인 처리공정 순서는?

A : 최종 처분, B : 건조, C : 개량, D : 탈수,
E : 농축, F : 유기물 안정화(소화)

㉮ E-F-D-C-B-A
㉯ E-D-F-C-B-A
㉰ E-F-C-D-B-A
㉱ E-D-C-F-B-A

**149** 일반적으로 탈수에 이용되지 않는 방법은?
㉮ 부상분리　　　㉯ 진공여과
㉰ 원심분리　　　㉱ 가압여과

풀이 **탈수방법**
① 천일건조(건조상)
② 진공탈수
③ 가압탈수
④ 원심분리탈수
⑤ 벨트 프레스

**150** 슬러지개량(Conditioning)에 관한 설명 중 틀린 것은?
㉮ 주로 슬러지의 탈수 성질을 향상시키기 위하여 시행한다.
㉯ 주로 화학약품처리, 열처리를 행하며, 수세나 물리적인 세척방법 등도 효과가 있다.
㉰ 슬러지를 열처리함으로써 슬러지 내의 Colloid와 미세입자 결합을 유도, 고액분리를 쉽게 한다.
㉱ 수세는 주로 혐기성 소환된 슬러지 대상으로 실시하며 소화슬러지의 알칼리도를 낮춘다.

풀이 슬러지 열처리방법은 슬러지액을 밀폐된 상황에서 150~200℃ 정도의 온도로 반 시간~한 시간 정도 처리함으로써 슬러지 내의 콜로이드와 겔구조를 파괴하여 탈수성을 개량한다.

**151** 슬러지를 개량하는 목적으로 가장 적합한 것은?
㉮ 슬러지의 탈수가 잘 되게 하기 위함
㉯ 탈리액의 BOD를 감소시키기 위함
㉰ 슬러지 건조를 촉진하기 위함
㉱ 슬러지의 악취를 줄이기 위함

풀이 슬러지 개량 목적 중 주된 것은 슬러지의 탈수성 향상이다.

**152** 슬러지를 농축시키는 이유와 가장 거리가 먼 사항은?
㉮ 유해물질 농도 감소
㉯ 화학약품 투어량 감소
㉰ 처리비용 감소
㉱ 저장탱크 용적 감소

풀이 **슬러지 농축 목적**
① 부피 감소
② 화학약품 투어량 감소
③ 처리비용 감소
④ 저장탱크 용적 감소
⑤ 탈수 시 탈수효율 향상
⑥ 소화조의 슬러지 가열 시 에너지 감소

**153** 슬러지 농축조를 설계하려고 할 때 고려하여야 할 사항으로 가장 거리가 먼 것은?
㉮ 슬러지의 유량 및 농도

㉯ 농축 후의 슬러지의 농도
㉰ 약품소요량의 유무
㉱ 상징액의 유량과 BOD 농도

**풀이** ① 정상적인 $CH_4$(메탄) 함유량 : 55~65 vol%
② 정상적인 $CO_2$(이산화탄소) 함유량 : 30 vol%

**154** 알칼리도를 감소시키기 위해 희석수를 사용하여 슬러지를 개량시키는 방법을 무엇이라고 하는가?

㉮ 탈수 Condition
㉯ Elutriation
㉰ Thickening
㉱ Thermal Condition

**풀이** Elutriation은 수세법(세정법)을 말한다.

**157** 유기성 슬러지의 재이용 방법으로 가장 거리가 먼 것은?

㉮ 소화가스 이용    ㉯ 열분해
㉰ 퇴비화    ㉱ 유효성분 직접추출

**158** 슬러지의 건조상 설계를 위한 고려사항으로 가장 거리가 먼 것은?

㉮ 일기    ㉯ 슬러지 성상
㉰ 탈수 보조제    ㉱ 토질의 증발력

**풀이** 슬러지 건조상 설계 시 고려사항
① 기상조건(강우량, 일사량, 온습도, 풍속)
② 슬러지 성상
③ 탈수보조제의 사용 여부

**155** 습식 고온고압 산화처리(Zimmerman Process)에 대한 설명으로 옳지 않은 것은?

㉮ 질소제거율이 높다.
㉯ 탈수성이 좋고 고액분리가 잘 된다.
㉰ 기기의 부식, 냄새, 열교환기의 이상 및 조작상의 어려움이 있다.
㉱ 가연물을 그대로의 상태로 공기에 의하여 산화하게 하는 방식으로 보통 70 atm, 210℃로 가동한다.

**풀이** Zimmerman Process는 투자 유지비가 높으며 시설의 수명이 짧고 질소제거율이 낮으며 스케일 생성 등이 문제가 된다.

**159** 분뇨처리 방식 중 혐기성 소화방식을 호기성 산화방식에 비교하여 설명한 것이다. 가장 거리가 먼 것은?

㉮ 슬러지가 적게 생성된다.
㉯ 유지관리에 숙련이 필요하다.
㉰ 슬러지의 탈수성이 양호하다.
㉱ 설치면적 및 운전비가 많이 소요된다.

**풀이** 동력시설의 소모가 적어 운전비용(동력비)이 저렴하다.

**156** 슬러지의 혐기성 소화가스 중의 메탄 함량이 70%, 이산화탄소의 함량이 30%라고 할 때 소화조의 작동상태는?

㉮ 불안정한 정상상태이다.
㉯ 평균적인 정상상태이다.
㉰ 비정상적인 상태이다.
㉱ 소화로 인하여 가스발생량이 증가한 상태이다.

**160** 분뇨를 혐기성 소화법으로 처리하고 있다. 정상적인 작동 여부를 확인하려고 할 때 조사항목과 거리가 먼 것은?

㉮ 소화가스양
㉯ 소화가스 중 메탄과 이산화탄소 함량
㉰ 유기산 농도
㉱ 투입 분뇨의 비중

**정답** 154 ㉯  155 ㉮  156 ㉯  157 ㉱  158 ㉱  159 ㉱  160 ㉱

[풀이] 분뇨를 혐기성 소화법으로 처리 중 정상작동 여부 확인 시 조사항목
① 소화가스양
② 소화가스 중 메탄과 이산화탄소의 함량
③ 유기산 농도(부하량)
④ 소화시간
⑤ 온도 및 체류시간
⑥ 휘발성 유기산
⑦ 알칼리도
⑧ pH

**161** 혐기성 소화의 장단점으로 틀린 것은?

㉮ 슬러지의 탈수 및 건조가 어렵다.
㉯ 호기성 처리에 비해 슬러지의 발생량이 적다.
㉰ 처리수를 다시 호기성 처리하여 방류한다.
㉱ 동력시설의 소모가 적어 운전비용이 저렴하다.

[풀이] 생성슬러지의 탈수 및 건조가 쉽다.

**162** 일반적으로 하수 슬러지를 혐기성 소화처리하는 경우, 소화로 내 유기산 농도로 가장 적절한 것은?

㉮ 200~450mg/L
㉯ 3,00~3,500mg/L
㉰ 5,500~6,000mg/L
㉱ 13,000~15,500mg/L

**163** 혐기성 소화공법에 비해 호기성 소화공법이 갖는 장단점이라 볼 수 없는 것은?

㉮ 상등액의 BOD 농도가 낮다.
㉯ 소화 슬러지량이 많다.
㉰ 소화슬러지의 탈수성이 좋다.
㉱ 운전이 쉽다.

[풀이] 호기성 소화는 소화 슬러지의 탈수성이 불량하다.

**164** 다량의 분뇨를 일시에 소화조에 투입할 때 일반적으로 나타나는 장해라 볼 수 없는 것은?

㉮ 스컴(Scum)의 발생 증가
㉯ pH 저하
㉰ 유기산의 저하
㉱ 탈리액의 인출 불균등

[풀이] 유기산의 농도가 증가한다.

**165** 호기성 소화공법의 특징에 대한 설명 중 틀린 것은?

㉮ 혐기성 소화보다 운전이 용이하다.
㉯ 상등액은 BOD와 SS가 낮으며 암모니아 농도도 낮다.
㉰ 처리수 내 유지류의 농도가 낮다.
㉱ 생산된 슬러지의 탈수성이 우수하다.

[풀이] 생산 슬러지의 탈수성이 불량하다.

**166** 소화조(평균 : 36℃~37℃, 10~15일간 저장)에서 혐기성 처리할 때 발생하는 가스의 양은 평균 투입 분뇨량의 몇 배 정도인가?

㉮ 2~3배
㉯ 4~5배
㉰ 6~7배
㉱ 8~9배

**167** 혐기성 분뇨처리의 특징 중 가장 거리가 먼 내용은?

㉮ 분뇨처리에서 가장 일반적으로 사용되는 공법이다.
㉯ 유기물의 농도가 높을수록 유리하다.
㉰ 소화슬러지의 발생량이 적다.
㉱ 분해에 소요되는 기간이 짧다.

[풀이] 혐기성 분뇨처리는 분해에 기간이 많이 소요된다.

정답 161 ㉮ 162 ㉮ 163 ㉰ 164 ㉰ 165 ㉱ 166 ㉱ 167 ㉱

**168** 다음은 분뇨를 혐기성 소화와 활성슬러지 공법을 연계하여 처리할 때의 공정들이다. 가장 합리적인 처리계통 순서는?

| ① 1차 소화조 | ② 2차 소화조 |
| --- | --- |
| ③ 폭기조 | ④ 소독조 |
| ⑤ 저류조 | ⑥ 투입조 |
| ⑦ 희석조 | ⑧ 침전조 |

㉮ ⑤→⑥→①→②→③→⑧→④→⑦
㉯ ⑥→⑧→⑤→①→②→⑦→③→④
㉰ ⑥→⑤→⑧→①→②→③→④→⑦
㉱ ⑥→⑤→①→②→⑦→③→⑧→④

**169** 혐기성 분해에 영향을 주는 인자로서 가장 거리가 먼 것은?

㉮ 탄질비
㉯ pH
㉰ 유기산농도
㉱ 온도

**170** 폐기물 처리시 에너지를 회수할 수 있는 처리방법과 가장 거리가 먼 것은?

㉮ RDF
㉯ 열분해
㉰ 호기성 소화
㉱ 혐기성 소화

**풀이** 호기성 소화에서는 유용한 에너지원인 메탄가스($CH_4$)가 발생되지 않는다.

**171** 폐기물을 화학적으로 처리하는 방법 중 용매 추출법에 대한 특징이 아닌 것은?

㉮ 높은 분배계수와 낮은 끓는점을 가지는 폐기물에 이용 가능성이 높다.
㉯ 사용되는 용매는 극성이어야 한다.
㉰ 증류 등에 의한 방법으로 용매 회수가 가능해야 한다.
㉱ 물에 대한 용해도가 낮고 물과 밀도가 다른 폐기물에 이용 가능성이 높다.

**풀이** 추출법에 사용되는 용매는 비극성이어야만 한다.

**172** 다음은 시안화합물 처리방법인 열가수분해법에 대한 내용이다. ( ) 안에 알맞은 내용은?

시안화합물을 압력용기 중에서 가열하여 시안을 ( )로(으로) 가수분해시키는 방법이다.

㉮ 암모니아와 개미산
㉯ 시안화나트륨과 금속염
㉰ 염소산나트륨과 암모늄
㉱ 시안화수소와 물

**173** 액상폐기물 처리 시 유용하게 적용되는 활성탄 흡착에 관한 설명으로 알맞지 않은 것은?

㉮ 곁가지 시슬을 가진 유기물이 곧은 시슬을 가진 유기물보다 흡착이 잘 된다.
㉯ 불포화 유기물이 포화유기물보다 흡착이 잘된다.
㉰ 수산기(OH)가 있으면 흡착률이 높아진다.
㉱ 할로겐족이 포함되어 있으면 일반적으로 흡착농도가 증가한다.

**풀이** 수산기(OH)가 있으면 물리적 흡착률이 감소한다.

**174** 다음의 유해성 물질 중 침전 이온교환기술을 적용하여 처리하기 가장 어려운 것은?

㉮ 비소
㉯ 시안
㉰ 납
㉱ 수은

**풀이** 시안은 이온교환기술로 처리가 곤란하며 알칼리 염소분해 또는 오존 처리가 가능하다.

**정답** 168 ㉱ 169 ㉮ 170 ㉰ 171 ㉯ 172 ㉮ 173 ㉰ 174 ㉯

**175** 유해폐기물 처리기술 중 용매추출에 대한 설명으로 가장 거리가 먼 것은?

㉮ 액상폐기물에서 제거하고자 하는 성분을 용매 쪽으로 흡수시키는 방법이다.
㉯ 용매추출에 사용되는 용매는 점도가 낮아야 하며 극성이어야 한다.
㉰ 용매추출 시 가장 중요한 사항은 요구되는 용매의 양이다.
㉱ 미생물에 의해 분해가 힘든 물질 및 활성탄을 이용하기에 농도가 너무 높은 물질 등에 적용 가능성이 크다.

**풀이** 용매추출에 사용되는 용매는 비극성이어야 한다.

**176** 액상폐기물에서 제거하려는 성분을 용매에 흡수시켜 처리하는 용매 추출 방법을 적용하여 처리할 가능성이 높은 경우라 볼 수 없는 것은?

㉮ 미생물에 의해 분해가 어려운 물질을 처리할 경우
㉯ 활성탄을 이용하기에는 농도가 너무 높은 물질을 처리할 경우
㉰ 낮은 휘발성으로 인해 Stripping하기가 곤란한 물질을 처리할 경우
㉱ 용해도가 너무 높아 응집처리가 곤란한 물질을 처리할 경우

**177** 쓰레기 중간처리의 목적으로 가장 거리가 먼 것은?

㉮ 감량화　　㉯ 안정화
㉰ 자원화　　㉱ 고형화

**178** 고형화 처리방법인 시멘트기초법에서 가장 흔히 사용되는 보통 포틀랜드의 주성분에 해당되는 것은?

㉮ MgO　　㉯ $Al_2O_2$
㉰ $SiO_2$　　㉱ $SO_3$

**풀이** 포틀랜드 시멘트의 주성분은 CaO · $SiO_2$(규산염)이며 CaO(60~65%), $SiO_2$(22%), 기타(13%)로 구성된다.

**179** 폐기물 고화처리 시 고화재의 종류에 따라 무기적 방법과 유기적 방법으로 나눌 수 있다. 유기적 고형화에 관한 설명으로 틀린 것은?

㉮ 수밀성이 크며 다양한 폐기물에 적용할 수 있다.
㉯ 최종 고화제의 체적증가가 거의 균일하다.
㉰ 미생물, 자외선에 대한 안정성이 약하다.
㉱ 상업화된 처리법의 현장자료가 빈약하다.

**풀이** 유기적(유기성) 고형화 기술은 최종 고화제의 체적증가가 다양하다.

**180** 유기적 고형화법과 비교한 무기적 고형화법에 관한 설명으로 틀린 것은?

㉮ 다양한 산업폐기물에 적용이 가능하다.
㉯ 비용이 저렴하다.
㉰ 상압 및 상온하에서 처리가 용이하다.
㉱ 수용성이 크며 재료의 독성이 없다.

**풀이** 무기적(무기성) 고형화 기술은 수용성은 작으나 수밀성은 양호하다.

**181** 유기적 고형화 기술에 대한 설명으로 틀린 것은?(단, 무기적 고형화 기술과 비교)

㉮ 수밀성이 크며 처리비용이 고가이다.
㉯ 미생물, 자외선에 대한 안정성이 강하다.
㉰ 방사성 폐기물에 적용한다.
㉱ 최종 고화재의 체적증가가 다양하다.

**풀이** 유기적 고형화기술은 미생물, 자외선에 대한 안정성이 약하다.

**정답** 175 ㉯　176 ㉱　177 ㉱　178 ㉰　179 ㉯　180 ㉱　181 ㉯

**182** 지정폐기물을 고화처리 후 적정처리 여부를 시험, 조사하는 항목과 가장 거리가 먼 것은?

㉮ 독성시험
㉯ 투수율
㉰ 압축강도
㉱ 용출시험

**풀이** 고화처리 후 적정처리 여부 시험·조사항목
    (1) 물리적 시험
        ① 압축강도시험
        ② 투수율시험
        ③ 내수성 검사
        ④ 밀도 측정
    (2) 화학적 시험
        용출시험

**183** 폐기물 시멘트 고형화법 중 시멘트 기초법에 관한 내용과 가장 거리가 먼 것은?

㉮ 시멘트-포졸란 반응과 처리기술이 잘 발달되어 있다.
㉯ 사용되는 시멘트의 양을 조절하여 폐기물 콘크리트의 강도를 높일 수 있다.
㉰ 폐기물의 건조나 탈수가 필요하지 않다.
㉱ 원료가 풍부하고 값이 싸다.

**풀이** 시멘트-포졸란 반응과 처리기술이 잘 발달되어 있는 것은 석회 기초법이다.

**184** 슬러지 고형화방법 중 시멘트기초법의 장점에 대한 설명으로 적절치 못한 것은?

㉮ 시멘트혼합과 처리기술이 잘 발달되어 있다.
㉯ 다양한 폐기물을 처리할 수 있다.
㉰ 폐기물의 건조나 탈수가 필요하지 않다.
㉱ 낮은 pH에서도 폐기물 성분의 용출 가능성이 없다.

**풀이** 낮은 pH에서 폐기물 성분의 용출 가능성이 있는 것이 단점이다.

**185** 가장 흔히 사용하는 고화 처리방법 중의 하나이며 무기성 고화재를 사용하여 고농도의 중금속 폐기에 적합한 화학적 처리방법은?

㉮ 피막 형성법
㉯ 유리화법
㉰ 시멘트 기초법
㉱ 열가소성 플라스틱법

**186** 유해성 폐기물을 고형화하여 처리하는 방법 중 시멘트기초법에 대한 설명으로 가장 옳은 것은?

㉮ 일반적으로 저농도 중금속에 적당한 방법이다.
㉯ 폐기물의 건조나 탈수과정이 따로 필요하다.
㉰ 높은 pH에서 폐기물 성분의 용출 가능성이 있다.
㉱ 폐기물의 무게와 부피를 증가시킨다.

**풀이** ㉮ 항 : 고농도 중금속 폐기물을 고형화하는 방법이다.
    ㉯ 항 : 폐기물의 건조나 탈수가 필요 없다.
    ㉰ 항 : 낮은 pH에서 폐기물 성분의 용출 가능성이 있다.

**187** 시멘트를 이용한 유해폐기물 고화처리 시 압축강도, 투수계수, 물/시멘트비 사이의 관계를 바르게 설명한 것은?

㉮ 물/시멘트비는 투수계수에 영향을 주지 않는다.
㉯ 압축강도와 투수계는 정비례한다.
㉰ 물/시멘트비가 낮으면 투수계수는 증가한다.
㉱ 물/시멘트비가 높으면 압축강도는 낮아진다.

**풀이** 물/시멘트비율이 클수록 압축강도는 감소하고 투수계수는 증가한다.

**188** 유해폐기물의 고화 처리방법 중 열가소성 플라스틱법의 장단점으로 틀린 것은?

㉮ 용출 손실률이 시멘트 기초법보다 낮다.
㉯ 대부분의 매트릭스 물질은 수용액의 침투에 저

**정답** 182 ㉮   183 ㉮   184 ㉱   185 ㉰   186 ㉱   187 ㉱   188 ㉰

항성이 매우 크다.
㉢ 고온분해되는 물질의 고화에 적합하여 재활용이 가능하다.
㉣ 혼합률이 비교적 높으며 폐기물을 건조시켜야 한다.

풀이 열가소성 플라스틱법은 높은 온도에서 고온분해되는 물질에는 적용할 수 없다.

**189** 고화처리법 중 열가소성 플라스틱법(Thermoplastic Process)에 관한 설명으로 틀린 것은?
㉮ 용출 손실률이 시멘트 기초법보다 낮다.
㉯ 고온분해되는 물질에는 적용할 수 없다.
㉰ 혼합률이 비교적 낮다.
㉱ 고화처리된 폐기물성분을 회수하여 재활용할 수 있다.

풀이 열가소성 플라스틱법은 혼합률이 높다.

**190** 고화처리된 폐기물 내의 유용한 폐기물 성분을 회수하여 다시 쓸 수 있는 고화 처리방법은?
㉮ 피막형성법
㉯ 자가시멘트법
㉰ 열가소성 플라스틱법
㉱ 유리화법

**191** 유해 폐기물을 고화 처리하는 방법 중 피막형성법에 대한 설명으로 틀린 것은?
㉮ 높은 혼합률(MR)을 가진다.
㉯ 침출성이 낮다.
㉰ 화재 위험성이 있다.
㉱ 피막형성용 수지 값이 비싸다.

풀이 피막형성법은 혼합률이 비교적 낮아 장점으로 작용한다.

**192** 폐기물 처리의 고화처리방법 중 피막형성법(표면캡슐화법)의 장점에 속하는 것은?
㉮ 침출성이 낮다.
㉯ 높은 혼합률을 갖는다.
㉰ 에너지 소요가 적다.
㉱ 피막형성을 위한 수지값이 저렴하다.

풀이 고화처리방법 중 침출성이 가장 낮은 것은 피막형성법이다.

**193** 시멘트 고형화법 중 자가시멘트법에 대한 설명으로 틀린 것은?
㉮ 혼합률이 낮으며 중금속 저지에 효과적이다.
㉯ 탈수 등 전처리가 필요없다.
㉰ 장치비가 적고 보조에너지가 필요없다.
㉱ 연소가스 탈황 시 발생된 슬러지 처리에 사용된다.

풀이 자가시멘트법은 장치비가 크고 보조에너지가 필요하다.

**194** 배연 탈황 시 발생된 슬러지 처리(FGD)에 많이 사용되는 고화 처리방법은?
㉮ 석회 기초법
㉯ 열가소성 플라스틱법
㉰ 표면 캡슐화법
㉱ 자가시멘트법

**195** 시멘트 고형화법 중 자가시멘트법에 대한 설명으로 옳지 않은 것은?
㉮ 고화제로 포틀랜드 시멘트를 이용한다.
㉯ 시멘트의 수화반응 시 많은 양의 물을 필요로 한다.
㉰ 콘크리트와 같은 고형물을 얻기 위하여 석회와 함께 미세한 포촐란 물질을 폐기물과 섞는 방법이다.

정답  189 ㉰  190 ㉰  191 ㉮  192 ㉮  193 ㉰  194 ㉱  195 ㉮

㉣ 연소가스 탈황 시 발생된 슬러지 처리에 많이 사용된다.

**풀이** 고화제로 포틀랜드 시멘트를 이용하는 방법은 시멘트 기초법이다.

**196** 유해성 물질(지정폐기물)을 고형화하는 유기중합체법에 대한 설명이다. 옳지 않은 것은?
㉮ 혼합률(MR)이 비교적 낮으며, 저온도 공정이다.
㉯ 고형성분만 처리 가능하며, 최종처분 후에 건조시켜야 한다.
㉰ 최종 처분 시 2차 용기에 넣어 매립하여야 한다.
㉱ 단량체를 폐기물과 혼합한 뒤 촉매를 사용하여 중합시켜 고분자 물질로 만드는 방법이다.

**풀이** 유기중합체법은 최종 처분 전에 건조시켜야 하는 단점이 있다.

**197** 다음 중 고형화 정도를 평가하는 항목이 아닌 것은?
㉮ 양생기간
㉯ 강도시험
㉰ 유해성분 용출에 대한 저항성
㉱ 용출시험을 통한 유해물질 종류 확인

**풀이** ㉱ 항 : 용출시험을 통한 유해물질 농도 측정으로 바뀌어야 한다.

**198** 다음 매립방식 중 내륙매립공법이 아닌 것은?
㉮ Cell 방식
㉯ 순차투입방식
㉰ 도랑형 공법
㉱ Sandwich 방식

**풀이** 내륙매립공법
① 샌드위치 공법
② 셀 공법

③ 압축공법
④ 도랑형 공법

해안매립공법
① 내수배제 또는 수중투기 공법
② 순차투입공법
③ 박층뿌림공법

**199** 다음 중 위생매립의 장점이 아닌 것은?
㉮ 매립이 종료된 매립지에 특별한 시공 없이 건축물을 세울 수 있다.
㉯ 부지확보가 가능할 경우 가장 경제적인 방법이다.
㉰ 거의 모든 종류의 폐기물 처분이 가능하다.
㉱ 처분대상 폐기물의 증가에 따른 추가 인원 및 장비가 크지 않다.

**풀이** 건축물은 매립지 침하방지 특수 설계 및 시공 후 가능하다.

**200** 다음이 설명하는 매립의 종류(매립구조에 의한 분류)는?

> 오수를 가능한 한 빨리 매립지 외로 배제하여 폐기물 층과 저부의 수압을 저감시켜 지하 토양으로의 오수의 침투를 방지함과 동시에 접수하는 단계에서 가능한 한 침출수를 정화할 수 있도록 집수장치를 설계한 구조

㉮ 개량 혐기성 위생매립
㉯ 준호기성 매립
㉰ 순차투입 내륙매립
㉱ 내수배제 내륙매립

**201** 매립공법 중 압축매립공법(Baling System)에 관한 설명으로 틀린 것은?
㉮ 쓰레기를 매립 후 다짐기계를 이용하여 일정한 압축을 실시한다.

**정답** 196 ㉯ 197 ㉱ 198 ㉯ 199 ㉮ 200 ㉯ 201 ㉮

㉯ 쓰레기의 운반이 쉽다.
㉰ 지가(地價)가 비쌀 경우에 유효한 방법이다.
㉱ 층별로 정렬하는 것이 보편적으로, 매립 각 층별로 일일복토를 실시하여야 한다.

**풀이** 쓰레기를 매립하기 전에 감량화를 목적으로 먼저 쓰레기를 일정한 더미형태로 압축하여 부피를 감소시킨 후 포장을 실시하는 매립방법이다.

**202** 해안매립공법 중 '순차투입방법'에 관한 설명으로 틀린 것은?

㉮ 호안 측으로부터 순차적으로 쓰레기를 투입하여 육지화하는 방법이다.
㉯ 부유성 쓰레기의 수면확산에 의해 수면부와 육지부의 경계 구분이 어려워 매립장비가 매몰되기도 한다.
㉰ 바닥지반이 연약한 경우 쓰레기 하중으로 연약층이 유동하거나 국부적으로 두껍게 퇴적되기도 한다.
㉱ 수심이 깊은 처분장은 내수를 완전히 배제한 후 순차투입방법을 택하는 경우가 많다.

**풀이** 수심이 깊은 처분장에서는 건설비 과다로 내수를 완전히 배제하기가 곤란한 경우가 많기 때문에 순차 투입공법을 택하는 경우가 많다.

**203** 해안매립지의 연약지반 안정화를 위한 다짐공법이 아닌 것은?

㉮ 모래다짐말뚝공법
㉯ 굴착다짐공법
㉰ 진공다짐공법
㉱ 중후낙하공법

**풀이** 굴착다짐공법은 육지에서 적용하며 해안매립지에서는 곤란하다.

**204** 쓰레기를 매립하기 전에 감용화를 목적으로 일정한 더미 형태로 부피를 감소시킨 후 포장을 실시하여 매립하는 내륙매립공법은?

㉮ 셀 공법
㉯ 도랑형공법
㉰ 샌드위치공법
㉱ 압축매립공법

**205** 매립방식 중 Cell방식의 장점에 대한 내용으로 가장 거리가 먼 것은?

㉮ 현재 가장 위생적인 매립방식이다.
㉯ 화재의 발생 및 확산을 방지할 수 있다.
㉰ 고밀도 매립이 가능하다.
㉱ 복토비용 및 유지관리비가 적게 든다.

**풀이** 셀공법은 복토내용 및 유지관리비가 많이 든다.

**206** 해안매립에 대한 설명 중 옳지 않은 것은?

㉮ 순차투입공법은 호안 측에서부터 쓰레기를 투입하여 순차적으로 육지화하는 방법이다.
㉯ 수중투기공법은 고립된 매립지 내의 해수를 그대로 둔채 쓰레기를 투기하는 매립방법이다.
㉰ 해안매립공법은 매립작업이 연속적인 투입방법으로 이루어지므로 완전한 샌드위치 방식의 매립에 적합하다.
㉱ 박층뿌림공법은 밑면이 뚫린 바지선 등으로 쓰레기를 박층으로 떨어뜨려 뿌려줌으로써 바닥지반의 하중을 균등하게 해주는 방법이다.

**풀이** 해안매립공법은 1일 처분량이 많고, 면적이 크며 연속적인 투입방법이 이루어지므로 완전한 샌드위치 방식에 의한 매립은 곤란하다.

**정답** 202 ㉱  203 ㉯  204 ㉱  205 ㉱  206 ㉰

**207** 내륙매립공법 중 도랑형공법의 특성에 대한 설명으로 가장 거리가 먼 것은?

㉮ 폭 20m 및 깊이 10m 정도의 도량을 판 후 매립한다.
㉯ 파낸 흙을 복토재로 이용 가능한 경우 경제적이다.
㉰ 사전 정비작업이 그다지 필요하지 않으나 단층매립으로 용량의 낭비가 크다.
㉱ 사전 작업 시 침출수 수집장치나 차수막 설치가 용이하다.

[풀이] 도랑형공법은 사전 작업 시 침출수 수집장치나 차수막 설치가 용이하지 못하다.

**208** 해안매립 공법 중 폐기물 지반의 안정화 및 매립부지 초기이용에 유리한 공법은?

㉮ 내수배제공법
㉯ 수중투기공법
㉰ 순차투입공법
㉱ 박층뿌림공법

**209** 매립지 운영 시 일반적으로 통용되는 당일 복토의 최소두께는?

㉮ 15cm     ㉯ 30cm
㉰ 45cm     ㉱ 60cm

[풀이] ① 일일복토(당일복토) → 15cm 이상
② 중간복토 → 30cm 이상
③ 최종복토 → 60cm 이상

**210** 폐기물 매립지 운영 시 행하는 복토의 종류 중 일일복토에 대한 설명으로 옳지 않은 것은?

㉮ 15 cm가량을 모래로 덮는 방법이다.
㉯ 차량반입도로 및 우수배제가 주목적이다.
㉰ 쓰레기의 비산, 악취발생방지, 병충해 발생방지가 주목적이다.
㉱ 적정 토양재질로 투수성이 높은 모래가 적절하다.

[풀이] 차량반입도로 및 우수배제가 주목적인 복토는 중간복토이다.

**211** 폐기물 매립지에서 사용되고 있는 복토재 재료의 종류에는 천연복토재와 인공복토재로 구분할 수 있다. 이 중 인공복토재의 특징이 아닌 것은?

㉮ 투수계수가 높아야 한다.
㉯ 악취발생량을 저감시킬 수 있어야 한다.
㉰ 독성이 없어야 한다.
㉱ 가격이 저렴해야 한다.

[풀이] 투수계수가 낮아서 우수침투량이 감소되어야 한다.

**212** 일일복토에 사용하는 가장 적합한 토양은?

㉮ 통기성이 나쁜 점성토계의 토양
㉯ 차수성, 통기성이 좋은 사질토계의 토양
㉰ 부식물질을 적절히 함유한 양토계 토양
㉱ 적당한 규격에 맞춘 Slag

**213** 복토재의 구비조건과 거리가 먼 것은?

㉮ 투수계수가 클 것
㉯ 공급이 용이하고 독성이 없을 것
㉰ 원료가 저렴하고 살포가 용이할 것
㉱ 악천후에도 사용이 용이할 것

[풀이] 복토재는 투수계수가 작아야 한다.

**214** 매립 시 적용되는 연직차수막과 표면차수막에 관한 설명으로 틀린 것은?

㉮ 연직차수막은 지중에 수평방향의 차수층 존재 시 사용된다.
㉯ 연직차수막은 지하수 집배시설이 필요하다.

정답  207 ㉱  208 ㉱  209 ㉮  210 ㉯  211 ㉮  212 ㉯  213 ㉮  214 ㉯

㉰ 연직차수막은 지하매설로서 차수성 확인이 어려우나 표면차수막은 사용 시 확인이 가능하다.
㉱ 연직차수막은 차수막 단위면적당 공사비가 비싸지만 총 공사비는 싸다.

풀이 연직차수막은 지하수 집배수시설이 불필요하다.

## 215 연직차수막과 표면차수막의 비교로 알맞지 않은 것은?

㉮ 지하수 집배수시설의 경우 연직차수막은 필요하나 표면차수막은 불필요하다.
㉯ 연직차수막은 지하에 매설하기 때문에 차수성 확인이 어렵다.
㉰ 연직차수막은 차수막 단위면적당 공사비는 비싸지만 총 공사로는 싸다.
㉱ 연직차수막은 차수막 보강시공이 가능하다.

풀이 지하수 집배수시설의 경우 연직차수막은 불필요하나 표면차수막은 필요하다.

## 216 연직차수막에 대한 설명 중 틀린 것은?

㉮ 지중에 수평방향의 차수층이 존재할 경우 채용
㉯ 차수막 단위면적당 공사비가 비싸지만 총 공사비는 저렴
㉰ 지중이므로 보수가 어렵지만 보강시공이 가능
㉱ 지하수 집배수시설이 필요

풀이 연직차수막은 지하수 집배수시설이 불필요하다.

## 217 다음 중 차수막에 대한 설명으로 적당하지 않는 것은?

㉮ 연직차수막은 지중에 암반 및 점성토로 구성된 불투수층이 수평방향으로 넓게 분포하고 있는 경우 수직 또는 경사로 시공한다.
㉯ 연직차수막은 지하에 매설하기 때문에 차수성 확인이 어렵다.
㉰ 표면차수막은 원칙적으로 지하수 집배수 시설을 시공한다.
㉱ 표면차수막은 단위면적당 공사비는 비싸지만 총 공사비로는 싸다.

풀이 표면차수막은 단위면적당 공사비는 저가이나 전체적으로는 비용이 많이 든다.

## 218 매립 시 표면차수막에 관한 설명으로 맞는 것은?

㉮ 지중에 수평방향의 차수층이 존재하는 경우 사용한다.
㉯ 시공 시에는 차수성이 확인되지만 매립 후에는 곤란하다.
㉰ 지하수 집배수시설이 불필요하다.
㉱ 경제성이 있어서 단위면적당 고가이나 전체는 싸다.

풀이 ㉮ : 매립지반의 투수계수가 큰 경우 및 매립지의 필요한 범위에 차수재료로 덮인 바닥이 있는 경우에 사용한다.
㉰ : 지하수질 배수시설이 필요하다.
㉱ : 경제성이 있어서 단위면적당 공사비는 적게드나 총 공사비는 많이 든다.

## 219 표면차수막 공법이 아닌 것은?

㉮ 지하연속벽
㉯ 합성고무계 시트
㉰ 아스팔트계 시트
㉱ 어스댐코어

풀이 연직차수막 공법 종류
① 어스댐코어 공법
② 강널말뚝 공법
③ 그라우트 공법
④ 굴착에 의한 차수시트매설 공법

**220** 점토가 차수막으로 적합하기 위한 포괄적 조건과 가장 거리가 먼 것은?

㉮ 소성지수 : 10% 미만
㉯ 투수계수 : $10^{-7}$cm/sec 미만
㉰ 점토 및 미사토 함유량 : 20% 이상
㉱ 액성한계 : 30% 이상

**풀이** 점토의 소성지수는 10% 이상 30% 미만이다.

**221** 매립지 내의 물의 이동을 나타내는 Darcy의 법칙을 기준으로 침출수의 유출을 방지하기 위한 옳은 방법은?

㉮ 투수계수는 감소, 수두차는 증가시킨다.
㉯ 투수계수는 증가, 수두차는 감소시킨다.
㉰ 투수계수 및 수두차를 증가시킨다.
㉱ 투수계수 및 수두차를 감소시킨다.

**222** 점토가 매립지의 차수막으로 적합하기 위한 대표적 조건(기준)으로 적절지 못한 것은?

㉮ 투수계수 : $10^{-7}$cm/sec 미만
㉯ 소성지수 : 10% 이상 30% 미만
㉰ 액성한계 : 30% 이상
㉱ 직경 2.5cm 이상인 입자 함유량 : 5% 미만

**풀이** 직경 2.5cm 이상 입자 함유량은 0%이어야 한다.

**223** 점토의 수분함량 지표인 소성지수, 액성한계, 소성한계의 관계로 맞는 것은?

㉮ 소성지수=액성한계-소성한계
㉯ 소성지수=액성한계+소성한계
㉰ 소성지수=액성한계/소성한계
㉱ 소성지수=소성한계/액성한계

**224** 매립장에서 적용되는 점토와 합성차수계 차수막에 관한 설명으로 틀린 것은?

㉮ 점토는 벤토나이트 첨가 시 차수성이 더 좋아진다.
㉯ 점토는 바닥처리가 나쁘면 부동침하 및 균열 위험이 있다.
㉰ 합성수지계 차수막은 점토에 비하여 내구성이 높으나 열화위험이 있다.
㉱ 합성수지계 차수막은 점토에 비하여 가격은 저렴하나 시공이 어렵다.

**풀이** 합성수지계 차수막은 점토에 비하여 가격은 고가이나 시공이 용이하다.

**225** 매립지의 복토용으로 사용하는 재료 중에서 투수도(Permeability)가 가장 낮은 것은?

㉮ Silty Sand
㉯ 시멘트 고화제(Uniform Silt)
㉰ Sity Clay
㉱ 압축된 매립층(Sandy Clay)

**226** 매립지의 불투수층의 재료 중 점토에 대한 설명으로 옳지 않은 것은?

㉮ 점토는 입자의 직경이 0.002mm 미만인 흙을 말한다.
㉯ 점토는 양이온 교환능력 등에 의한 오염물질의 정화기능도 가지고 있다.
㉰ 재료 획득의 어려움과 부등침하에 의한 균열이 단점으로 지적된다.
㉱ 점토 중 자갈함유량이 30% 미만이어야 한다.

**풀이** 점토 중 자갈함유량은 10% 미만이어야 한다.

**정답** 220 ㉮ 221 ㉱ 222 ㉱ 223 ㉮ 224 ㉱ 225 ㉰ 226 ㉱

**227** 합성차수막의 재료 중 High-Density Polyethylene에 관한 설명으로 틀린 것은?

㉮ 유인하지 못하고 구멍 등 손상을 입을 우려가 있다.
㉯ 대부분의 화학물질에 대한 저항성이 높다.
㉰ 온도에 대한 저항성이 낮다.
㉱ 적합상태가 양호하다.

**풀이** HDPE(High-Density Polyethylene)는 온도에 대한 저항성이 크다.

**228** 합성차수막인 CSPE에 관한 설명으로 틀린 것은?

㉮ 미생물에 강하다.
㉯ 접합이 용이하다.
㉰ 산과 알칼리에 특히 강하다.
㉱ 강도가 높다.

**풀이** CSPE(Chlorosulfonated Polyethylene)는 강도가 낮다.

**229** 다음 중 합성차수막의 분류가 틀린 것은?

㉮ PVC-Thermoplastic
㉯ CR-Elastomer
㉰ EDPM-Crystalline Thermoplastic
㉱ CPE-Thermoplastic Elastomers

**풀이** EDPM은 Eastomer Thermoplastics이다.

**230** 합성차수막 중 PVC에 관한 설명으로 틀린 것은?

㉮ 작업이 용이하다.
㉯ 접합이 용이하고 가격이 저렴하다.
㉰ 자외선, 오존, 기후에 강하다.
㉱ 대부분의 유기화학물질에 약하다.

**풀이** PVC는 자외선, 오존, 기후에 약하다.

**231** 매립지에 쓰이는 합성차수막의 재료별 장단점에 관한 설명으로 틀린 것은?

㉮ PVC : 가격은 저렴하나 자외선, 오존, 기후에 약하다.
㉯ HDPE : 온도에 대한 저항성이 높다.
㉰ CSPE : 산과 알칼리에 특히 강하다.
㉱ CPE : 접합상태가 양호하다.

**풀이** CPE(Chlorinated Pdyethylene)는 접합상태가 양호하지 못하다.

**232** 합성차수막 중 CR에 관한 설명으로 틀린 것은?

㉮ 가격이 비싸다.
㉯ 대부분의 화학물질에 대한 저항성이 높다.
㉰ 마모 및 기계적 충격에 강하다.
㉱ 접합이 용이하다.

**풀이** CR(Chloroprene Rubber)은 접합이 용이하지 못하다.

**233** 매립지에 쓰이는 합성차수막의 재료별 장단점에 관한 설명으로 틀린것은?

㉮ HDPE : 대부분의 화학물질에 대한 저항성이 크다.
㉯ CPE : 방향족 탄화수소, 기름 등 용매류에 강하다.
㉰ CR : 마모 및 기계적 충격에 강하다.
㉱ EDPM : 접합상태가 양호하지 못하다.

**풀이** CPE(Chlorinated Polyethylene)는 방향족 탄화수소, 기름 등 용매류에 약하다.

**234** HDPE, LDPE 합성차수막의 장점이 아닌 것은?

㉮ 대부분 화학물질에 대한 저항성이 높다.
㉯ 유연하여 손상의 우려가 적다.
㉰ 접합상태가 양호하다.
㉱ 온도에 대한 저항성이 높다.

**정답** 227 ㉰  228 ㉱  229 ㉰  230 ㉰  231 ㉱  232 ㉱  233 ㉯  234 ㉯

[풀이] HDPE, LDPE는 유연하지 못하여 구멍 등 손상을 입을 우려가 있다.

**235** 대부분의 화학물질에 대한 저항성이 높고 마모 및 기계적 충격에 강하나, 접합이 용이하지 못하고 가격이 비싼 합성차수막은?

㉮ PVC  ㉯ HDPE
㉰ CPE  ㉱ CR

**236** 차단형 매립지에서 차수설비에 쓰이는 재료 중 투수율이 상대적으로 높고 불투수층을 균일하게 시공하기 쉽지 않은 단점이 있는 반면에 침출수 중의 오염물질 흡착능력이 우수한 장점이 있는 것은?

㉮ CSPE
㉯ Soil Mixture
㉰ HDPE
㉱ Clay Soil

**237** 합성차수막의 Crystallinity가 증가할수록 합성차수막에 나타나는 성질로 틀린 것은?

㉮ 충격에 강해짐
㉯ 화학물질에 대한 저항성 증가
㉰ 외장강도 증가
㉱ 투수계수 감소

[풀이] ① Crystallinity(결정도)가 증가할수록 합성차수막은 충격에 약해진다.
② 결정도가 증가할수록 합성차수막에 나타나는 성질
 • 열에 대한 저항도 증가
 • 화학물질에 대한 저항성 증가
 • 투수계수의 감소
 • 인장강도의 증가
 • 충격에 약해짐
 • 단단해짐

**238** 침출수가 점토층을 통과하는 데 소요되는 시간을 계산하는 식으로 알맞은 것은?〔단, t : 통과시간(year), 점토공두께(m), h : 침출수수두(m), K : 투수계수(m/year), n : 유효공극률)〕

㉮ $t = \dfrac{nd^2}{K(d+h)}$  ㉯ $t = \dfrac{d_n}{K(d+h)}$

㉰ $t = \dfrac{nd^2}{K(2d+h)}$  ㉱ $t = \dfrac{nd^2}{K(2h+d)}$

**239** 강우량으로부터 매립지 내의 지하침투량(c)을 산정하는 식을 가장 잘 나타낸 것은?(단, P=총강우량, R=유출률, S=폐기물의 수분저장량, E=증산량)

㉮ C = P(1−R)−S−E
㉯ C = P(1−R)+S−E
㉰ C = P−R+S−E
㉱ C = P−R−S−E

**240** 매립지 가스발생 단계 중 친산소성 상태에 관한 설명으로 가장 적절한 것은?

㉮ 질소와 산소는 감소하는 반면 탄산가스는 증가한다.
㉯ 산소는 감소하는 반면 탄산가스와 질소는 증가한다.
㉰ 산소와 탄산가스는 감소하는 반면 질소는 증가한다.
㉱ 질소는 감소하는 반면 산소와 탄산가스는 증가한다.

[풀이] 매립지 가스발생 단계 중 친산소성 상태란 제1단계의 호기성 유지상태를 의미한다.

정답  235 ㉱  236 ㉱  237 ㉮  238 ㉮  239 ㉮  240 ㉮

**241** 혐기성 위생 매립지에서 발생되는 가스의 조성을 검사한 결과, 일정 기간 동안 $CH_4$, $CO_2$의 가스 구성비(부피%)가 각각 55%, 40%로 나타나고 있다면 이때 매립지 내의 생물반응단계로 가장 적절한 것은?

㉮ 준호기성 상태
㉯ 임의성 상태
㉰ 완전혐기성 상태
㉱ 혐기성 시작상태

**242** 다음 매립지 내에서의 분해단계(4단계)중 호기성 단계에 관한 설명으로 적절지 못한 것은?

㉮ $N_2$의 발생이 급격히 증가된다.
㉯ $O_2$가 소모된다.
㉰ 주요생성기체는 $CO_2$이다.
㉱ 매립물의 분해속도에 따라 수일에서 수개월 동안 지속된다.

**[풀이]** 호기성 단계(1단계), 즉 친산소성 단계에서는 $N_2$가 급격히 감소된다.

**243** 일반적으로 폐기물매립지의 혐기성 상태에서 발생 가능한 가스의 종류와 가장 거리가 먼 것은?

㉮ 이산화탄소
㉯ 황화수소
㉰ 염화수소
㉱ 암모니아

**[풀이]** 혐기성 상태에서 발생가스
① $CH_4$(55%)
② $CO_2$(40%)
③ $N_2$(5%)
④ $NH_3$
⑤ $H_2S$

**244** 다음은 매립쓰레기의 혐기성 분해과정을 나타낸 반응식이다. 발생가스 중의 메탄 함유율(발생량 부피%)을 구하는 식(③)으로 맞는 것은?

$$C_aH_bO_cN_d + (\text{①})H_2O \rightarrow (\text{②})CO_2 + (\text{③})CH_4 + (\text{④})NH_3$$

㉮ $\dfrac{(4a+b-2c-3d)}{8}$

㉯ $\dfrac{(4a+2b+2c-3d)}{8}$

㉰ $\dfrac{(4a-b+3c+3d)}{8}$

㉱ $\dfrac{(4a-2b-3c+3d)}{8}$

**[풀이]** 유기물질의 혐기성 완전분해식

$$C_aH_bO_cN_dSe + \left(\dfrac{4a-b-2c+3d+2e}{4}\right)H_2O$$
$$\rightarrow \left(\dfrac{4a+b-2c-3d-2e}{8}\right)CH_4 +$$
$$\left(\dfrac{4a-b+2c+3d+2e}{8}\right)CO_2 + dNH_3 + eH_2S$$

**245** 폐기물 매립지의 매립 후 4단계 분해과정의 경과기간에 대한 설명으로 옳지 않은 것은?

㉮ 1단계는 초기조절단계이며 매립 후 며칠 또는 몇 개월가량 지속적으로 초기혐기성 조건이다.
㉯ 2단계는 혐기성 비메탄화 단계이며 임의성 미생물에 의하여 $SO_4^{2-}$와 $NO_3^-$가 환원되는 단계로서 $CO_2$가 생성된다.
㉰ 3단계는 혐기성 메탄 생성축적단계이며 $CH_4$가스가 생산되는 혐기성 단계로서 온도가 55℃까지 증가된다.
㉱ 4단계는 혐기성 정상상태 단계이며 가스 중 $CH_4$와 $CO_2$의 함량이 거의 일정한 정상상태로서 혐기성 조건이다.

**[풀이]** 1단계는 호기성 단계 즉, $N_2$와 $O_2$는 급격히 감소하고 $CO_2$는 서서히 증가한다.

정답 241 ㉰ 242 ㉮ 243 ㉰ 244 ㉮ 245 ㉮

**246** 폐기물 매립 후 경과 기간에 따른 가스 구성 성분의 변화에 대한 설명으로 옳지 않은 것은?

㉮ 제1단계 : 호기성 단계로 폐기물 내의 수분이 많은 경우는 반응이 가속화되고 용존산소가 쉽게 고갈된다.
㉯ 제2단계 : 호기성 단계로 임의성 미생물에 의해서 $SO_4^{2-}$와 $NO_3^-$가 환원되는 단계이다.
㉰ 제3단계 : 혐기성 단계로 $CH_4$가 생성되며 온도가 약 55℃까지는 증가한다.
㉱ 제4단계 : 혐기성 단계로 가스 내의 $CH_4$와 $CO_2$의 함량이 거의 일정한 정상상태 단계이다.

풀이 제2단계는 혐기성 비메탄화 단계이다.

**247** 매립지에서 발생되는 가스를 회수, 재활용하기 위하여 일반적으로 요구되는 매립폐기물 및 발생가스 조건으로 옳지 않은 것은?

㉮ 폐기물 속에는 약 50%의 분해 가능한 물질을 포함하여야 한다.
㉯ 발생기체는 약 25% 이상을 포집할 수 있어야 한다.
㉰ 폐기물 1 kg당 $0.37m^3$ 이상의 기체가 생성되어야 한다.
㉱ 기체의 발열량이 $2,200kcal/m^3$ 이상이어야 한다.

풀이 발생기체의 50% 이상 포집이 가능하여야 한다.

**248** 유기성 폐기물의 생물화적 처리와 관련한 미생물에 대한 용어 중 독립영양계인 화학 독립영양계 미생물의 에너지원과 탄소원으로 맞는 것은?

㉮ 에너지원 : 유기산화환원반응, 탄소원 : $CO_2$
㉯ 에너지원 : 무기산화환원반응, 탄소원 : $CO_2$
㉰ 에너지원 : 유기산화환원반응, 탄소원 : 유기탄소
㉱ 에너지원 : 무기산화환원반응, 탄소원 : 유기탄소

풀이 탄소원과 에너지원에 따른 미생물 분류
① 광 독립 영양미생물
  ㉠ 탄소원 : $CO_2$
  ㉡ 에너지원 : 빛
② 광 종속 영양미생물
  ㉠ 탄소원 : 유기탄소
  ㉡ 에너지원 : 빛
③ 화학독립 영양미생물
  ㉠ 탄소원 : $CO_2$
  ㉡ 에너지원 : 무기물의 산화·환원반응
④ 화학종속 영양미생물
  ㉠ 탄소원 : 유기탄소
  ㉡ 에너지원 : 유기물의 산화·환원반응

**249** 침출수의 특성이 다음과 같을 때 처리공정의 효율성이 가장 알맞게 짝지어진 것은?

침출수의 특성
- COD/TOC > 2.8
- BOD/COD > 0.5
- 매립연한 : 5년 이하
- COD : 10,000 mg/L 이상

㉮ 생물학적 처리-양호, 화학적 침전(석회투어)-보통, 화학적 산화-불량, 이온교환수지-불량
㉯ 생물학적 처리-양호, 화학적 침전(석회투어)-불량, 화학적 산화-불량, 이온교환수지-양호
㉰ 생물학적 처리-양호, 화학적 침전(석회투어)-불량, 화학적 산화-양호, 이온교환수지-양호
㉱ 생물학적 처리-양호, 화학적 침전(석회투어)-불량, 화학적 산화-불량, 이온교환수지-불량

풀이 침출수 특성에 따른 처리공정 구분

| | 항목 | I | II | III |
|---|---|---|---|---|
| 침출수 특성 | COD (mg/L) | 10,000 이상 | 500~10,000 | 500 이하 |
| | COD/TOC | 2.7(2.8) 이상 | 2.0~2.7 | 2.0 이하 |
| | BOD/COD | 0.5 이상 | 0.1~0.5 | 0.1 이하 |
| | 매립연한 | 초기 (5년 이하) | 중간 (5~10년) | 오래(고령)됨 (10년 이상) |

정답  246 ㉯  247 ㉯  248 ㉯  249 ㉮

| | 항목 | I | II | III |
|---|---|---|---|---|
| 주 처 리 공 정 | 생물학적 처리 | 좋음 (양호) | 보통 | 나쁨 (불량) |
| | 화학적 응집·침전 (화학적 침전:석회 투여) | 보통 | 나쁨 (불량) | 나쁨 (불량) |
| | 화학적 산화 | 보통·나쁨 (불량) | 보통 | 보통 |
| | 역삼투 (R.O) | 보통 | 좋음 (양호) | 좋음 (양호) |
| | 활성탄 흡착 | 보통·좋음 (양호) | 보통·좋음 (양호) | 좋음 (양호) |
| | 이온교환 수지 | 나쁨 (불량) | 보통·좋음 (양호) | 보통 |

**250** COD/TOC<2.0, BOD/CON<0.1인 고령화된 매립지에서 발생되는 침출수 처리의 효율성이 불량한 공정은?〔단, COD(mg/L)는 500보다 작다.〕

㉮ 이온교환수지
㉯ 활성탄
㉰ 화학적 침전(석회투여)
㉱ 역삼투공정

**풀이** 249번 풀이 참조

**251** 다음 중 침출수를 물리화학적 처리 공정을 적용하여 처리하는 것이 가장 효과적인 조건은?

㉮ COD/TOC<2.0, BOD/COD>0.1인 오래된 매립지인 경우
㉯ COD/TOC<2.0, BOD/COD<0.1인 오래된 매립지인 경우
㉰ COD/TOC>2.8, BOD/COD>0.5인 초기 매립지인 경우
㉱ COD/TOC>2.8, BOD/COD<0.5인 초기 매립지인 경우

**풀이** 258번 풀이 참조

**252** 질소와 인을 제거하기 위한 생물학적 고도처리공법($A_2O$)의 공정 중 '호기조'의 역할과 가장 거리가 먼 것은?

㉮ 질산화         ㉯ 탈질화
㉰ 유기물의 산화  ㉱ 인의 과잉섭취

**253** 폐기물 매립지의 침출수 처리에 많이 사용되는 펜톤산화제의 조성으로 맞는 것은?

㉮ 과산화수소+철염   ㉯ 과산화수소+Alum
㉰ 오존+철염        ㉱ 오존+Alum

**254** A 매립지의 경우 COD를 기준 이내로 처리하기 위해 기존공정에 펜톤처리공정과 RBC 공정을 추가하여 운전하고 있다면 다음 중 공정 추가 원인으로 가장 적합한 것은?

㉮ 난분해성 유기물질의 과다유입
㉯ 휘발성 유기화합물의 과다유입
㉰ 질소성분 과다유입
㉱ 용존고형물 과다유입

**풀이** 기존공정에 펜톤처리공정과 RBC 공정을 추가하여 운전하는 이유는 난분해성 유기물질을 산화시키기 위함이다.

**255** 침출수 처리를 위한 Fenton 산화법에 관한 설명으로 틀린것은?

㉮ 응집제를 첨가하여 침전시킨다.
㉯ 침출수 pH를 9~10으로 조정한다.
㉰ Fenton액을 첨가하여 난분해성 유기물질을 생분해성 유기물질로 전환시킨다.
㉱ Fenton액은 철, 과산화수소를 포함한다.

**풀이** 펜톤 산화반응의 최적 침출수 pH는 3~3.5(4) 정도에서 가장 효과적이다.

**정답** 250 ㉯  251 ㉯  252 ㉯  253 ㉮  254 ㉮  255 ㉯

**256** 침출수 처리를 위한 방법 중 Fenton 산화처리에 관한 설명과 가장 거리가 먼 것은?

㉮ 처리시설은 접촉조, 재생조, 침전조로 구성되어 있다.
㉯ 난분해성 유기물질의 제거 및 NBDCOD를 BDCOD로 변환시켜 생분해성을 증가시킨다.
㉰ 유입시설의 변화 시 탄력적인 대응이 가능하다.
㉱ 시설비는 오존처리나 활성탄 흡착법보다 적게 소요된다.

[풀이] Fenton 산화법의 처리공정 순서는 pH 조정조 → 급속교반조(산화) → 중화조 → 완속교반조 → 침전조 → 생물학적 처리(RBC)

**257** 침출수 처리를 위한 Fenton 산화법의 공정 구성순서로 가장 알맞은 것은?

㉮ pH 조정조 → 급속교반조 → 중화조 → 완속교반조 → 침전조
㉯ 급속교반조 → 중화조 → 완속교반조 → pH 조정조 → 침전조
㉰ 중화조 → pH 조정조 → 급속교반조 → 완속교반조 → 침전조
㉱ 급속교반조 → 완속교반조 → pH 조정조 → 중화조 → 침전조

**258** 매립지 침출수 처리방법 중 물리화학적 처리방법이 아닌 것은?

㉮ 이온교환
㉯ SBR
㉰ 전해산화법
㉱ 침전 및 응집

[풀이] SBR(Seguencing Batch Reactor) 즉, 연속 회분식 반응도는 활성슬러지 공정 종류 중 하나이다.

**259** 침출수의 특성에 대한 설명 중 옳지 않은 것은?

㉮ 복토의 다짐밀도가 높을수록 침출수 농도는 높다.
㉯ 혐기성 매립방식이 호기성 매립방식에 비해 침출수 농도가 낮다.
㉰ 유기폐기물 함량이 높을수록 유기오염농도가 높고 초기 BOD/COD 비가 크다.
㉱ BOD/COD 비는 초기에는 높고 시간 경과에 따라 낮아진다.

[풀이] 혐기성 매립방식이 호기성 매립방식에 비해 침출수 농도가 높다.

**260** 어떤 매립지에서 다음과 같은 침출수를 생물학적 방법으로 처리하고자 한다. 원활히 처리하기 위하여 조성 중 보충 투입이 필요한 성분은?

BOD : 6,000, COD : 9,500
$NH_3-N$ 100, T−N 200
$NO_3-N$ 20, T−P 100
Alkalinity 2,500(as $CaCO_3$)
Hardness 2,000(as $CaCO_3$)
$Cl^-$ : 100, pH 7.0 (단위 mg/L)

㉮ N
㉯ P
㉰ Cl
㉱ Alkalinity

[풀이] 생물학적 처리 시 기본 영향밸런스
BOD : N : P = 100 : 5 : 1
문제상 BOD 6,000 ppm일 때 총질소(T−N)는 300 ppm, 총인(T−P)은 60 ppm 비율이 되어야 한다. 따라서 보충투입물질은 질소이다.

**261** 일반적으로 매립장 침출수 생성에 가장 큰 영향을 미치는 인자는?

㉮ 쓰레기 함수율
㉯ 지하수의 유입
㉰ 표토를 침투하는 강수(降水)
㉱ 쓰레기 분해과정에서 발생하는 발생수

정답  256 ㉮  257 ㉮  258 ㉯  259 ㉯  260 ㉮  261 ㉰

**262** 침출수를 혐기성 공정을 이용하여 처리할 때 장점으로 틀린 것은?

㉮ 고농도의 침출수를 희석 없이 처리할 수 있다.
㉯ 미생물의 낮은 증식으로 인하여 슬러지 처리비용이 감소된다.
㉰ 호기성 공정에 비하여 낮은 영양물 요구량을 가진다.
㉱ 중금속에 대한 저해효과가 호기성 공정에 비해 적다.

[풀이] 중금속에 대한 저해효과가 호기성 공정에 비해 크며 온도에 대한 영향도 크다.

**263** 토양오염 물질 중 BTEX 에 포함되지 않는 것은?

㉮ 벤젠
㉯ 톨루엔
㉰ 에콜렌
㉱ 자일렌

[풀이] 토양오염 물질 중 BTEX
B(Benzene) : 벤젠
T(Toluene) : 톨루엔
E(Ethylbenzene) : 에틸벤젠
X(Xylene) : 크실렌, 자일렌

**264** 토양오염의 특징으로 틀린 것은?

㉮ 오염경로의 다양성
㉯ 피해발현의 완만성
㉰ 타 환경인자와 영향관계의 모호성
㉱ 오염(영향)의 광역성 및 인지성

[풀이] 오염영향의 국지성 및 오염의 비인지성이다.

**265** 오염토양을 정화하는 기법인 토양증기추출법의 장단점으로 틀린 것은?

㉮ 오염물질의 독성은 변화가 없다.
㉯ 추출된 기체는 대기오염방지를 위해 후처리가 필요하다.
㉰ 기계 및 장치가 복잡하여 설치 기간이 길다.
㉱ 지반구조의 복잡성으로 총 처리시간을 예측하기가 어렵다.

[풀이] 토양증기 추출법 장점
① 비교적 기계 및 장치가 간단함
② 지하수의 깊이에 대한 제한을 받지 않음
③ 유지, 관리비가 적으며 굴착이 필요 없음
④ 생물학적 처리효율을 보다 높여줌
⑤ 단기간에 설치가 가능함
⑥ 가장 많은 적용사례가 있음
⑦ 즉시 결과를 얻을 수 있고 영구적 재생이 가능함
⑧ 다른 시약이 필요 없음

토양증기추출법 단점
① 지반구조의 복잡성으로 인해 총 처리기간을 예측하기 어려움
② 오염물질의 증기압이 낮은 경우 오염물질의 제거 효율이 낮음
③ 토양의 침투성이 양호하고 균일하여야 적용 가능함
④ 토양층이 치밀하여 기체흐름의 정도가 어려운 곳에서는 사용이 곤란함
⑤ 추출 기체는 후처리를 위해 대기오염방지 장치가 필요함
⑥ 오염물질의 독성은 처리 후에도 변화가 없음
⑦ 지반구조의 복잡성으로 인해 총 처리시간을 예측하기 곤란함

**266** 토양오염 처리기술 중 '토양증기추출법'에 대한 설명으로 맞는 것은?

㉮ 증기압이 낮은 오염물의 제거효율이 높다.
㉯ 추출된 기체는 대기오염방지를 위해 후처리가 필요하다.
㉰ 필요한 기계장치가 복잡하여 유지, 관리비가 많이 소요된다.
㉱ 토양층이 균일하고 치밀하여 기체 흐름이 어려운 곳에서 적용이 용이하다.

[풀이] 265번 해설 참조

정답  262 ㉱  263 ㉰  264 ㉱  265 ㉰  266 ㉯

**267** 토양오염 처리방법의 하나인 토양증기추출법과 관련된 인자와 그 기준으로 틀린 것은?

㉮ 대상오염물질의 헨리상수(무차원) : 0.01 이상
㉯ 대상오염물질 : 상온에서 휘발성을 갖는 유기물질
㉰ 추출정의 위치 : 오염지역 외곽
㉱ 오염부지 공기투과계수 : $1 \times 10^{-4}$ cm/sec

**풀이** 추출정의 위치는 오염지역 내이어야 한다.

**268** 토양증기추출(SVE) 시스템의 주요인자가 아닌 것은?

㉮ 오염물질의 증기압　㉯ 토양의 공기투과성
㉰ Henry상수　　　　㉱ 분배계수

**풀이** SVE 효율에 영향을 미치는 인자
① 공기투과계수
② 수분함량
③ 공극률
④ 용해도
⑤ 헨리상수(0.01 이상)
⑥ 증기압(0.5 mmHg 이상)
⑦ 분배계수(흡착계수)

**269** 토양 중 유기성 오염물질을 제거하기 위한 바이오벤팅(Bioventing)에 대한 설명으로 틀린 것은?

㉮ 불포화 토양층 내에 산소를 공급함으로써 미생물의 분해를 통해 유기물질을 분해 처리한다.
㉯ 휘발성이 강하거나 분자량이 작은 유기물질의 처리가 어렵다.
㉰ 일반적으로 토양증기추출에 비하여 토양공기의 추출량이 약 1/10 수준이다.
㉱ 기술 적용 시에는 대상부지에 대한 정확한 산소 소모율의 산정이 중요하다.

**풀이** 휘발성이 강한 유기물질 이외에도 중간 정도의 휘발성을 가지는 분자량이 다소 큰 유기물질도 처리할 수 있다.

**270** 토양오염 처리기술 중 토양세척법에 관한 설명으로 가장 거리가 먼 것은?

㉮ 적절한 세척제를 사용하여 토양 입자에 결합되어 있는 유해 유기오염물질의 표면장력을 약화시키거나, 중금속을 분리시켜 처리하는 기법이다.
㉯ 세척제로 사용되는 산, 염기, 환경물질은 금속물질을 추출, 정화시키는 데 주로 이용된다.
㉰ 적용방법에 따라 In-Situ, Ex-Situ 방법이 있으며 In-Situ 기법은 토양의 투수성에 많은 제약을 받는다.
㉱ 휘발성이 큰 물질을 주로 정화하게 되며 비휘발성, 생물학적 난분해성 물질도 분리 정화되는 부수적인 효과도 기대할 수 있다.

**풀이** 토양세척법은 적용 가능한 오염물질의 종류 범위가 넓고 특히 비휘발성, 생물학적 난분해성 물질을 정화하는 데 이용되는 기술이다.

**271** 토양의 현장처리기법인 토양세척법과 관련된 주요인자와 가장 거리가 먼 것은?

㉮ 헨리상수
㉯ 지하수 차단벽의 유무
㉰ 투수계수
㉱ 분배계수

**풀이** 토양세척법의 주요인자
① 지하수 차단벽의 유무
② 투수계수
③ 분배계수(토양/물)
④ 알칼리도
⑤ 양이온 및 음이온의 존재유무

**272** 토양오염처리방법인 Air Sparging의 적용조건에 관한 설명으로 틀린 것은?

㉮ 오염물질의 용해도가 낮은 경우에 적용이 유리하다.
㉯ 피압대수층 조건에 적용이 유리하다.

㉰ 대수층의 투수도가 $10^{-3}$ cm/sec 이상일 때 적용이 유리하다.
㉱ 토양의 종류가 사질토, 균질토일 때 적용이 유리하다.

**[풀이]** Air Sparging(공사살포기법)은 포화대수층인 경우만 적용 가능하다.

**273** 오염토양을 굴착하여 지표면에 깔아 놓고 정기적으로 뒤집어줌으로써 공기를 공급해주는 호기성 생물학적 처리방법을 무엇이라 하는가?

㉮ 생분해(Biodegradation)
㉯ 토지경작법(Landfarming)
㉰ 생물환기(Bioventing)
㉱ 산소보강(Oxygen Enhancement)

**274** 토양공기의 조성에 관한 설명으로 틀린 것은?

㉮ 토양성분과 식물양분에 산화적 변화를 일으키는 원인이 된다.
㉯ 대기에 비하여 토양공기 내 탄산가스의 함량이 낮다.
㉰ 대기에 비하여 토양공기 내 수증기의 함양이 높다.
㉱ 토양이 깊어질수록 토양공기 내 산소량은 감소한다.

**[풀이]** 대기에 비하여 토양공기 내 탄산가스($CO_2$)의 함량은 0.1~1.0%로 높은 편이다.

**275** 토양오염물질 중 LNAPL은 물보다 가벼워 지하수를 만나면 지하수 표면 위에 기름층을 형성하게 된다. 다음 중 LNAPL에 해당하지 않는 것은?

㉮ 염소계 유기용매류
㉯ 나프탈렌
㉰ 벤젠
㉱ 톨루엔

**[풀이]** NAPL(비수용성 액체)의 분류
① LNAPL : 저밀도 비수용성 액체
 ㉠ 알코올이나 MTBE, BTEX 등의 물보다 밀도가 작은 비혼합유체를 저밀도 비수용성 액체라고 함
 ㉡ 물에 쉽게 용해되지 않고 섞이지 않아 자연상에서 물과 분리된 유체의 형태로 존재하는 NAPL 중 물보다 밀도가 작은 NAPL 의미
 ㉢ 지중에 유입되어 지하수층에 도달하게 되면 물보다 가벼우므로 지하수층 상부에 뜨게 되고 지하수의 흐름에 따라 이동한다.
 ㉣ 대표적 오염물질
  • BTEX(벤젠, 톨루엔, 에틸벤젠, 크실렌)
  • 원유, 휘발유, 디젤유
  • 헵탄, 헥산
  • 이소프로필알코올
② DNAPL : 고밀도 비수용성 액체
 ㉠ 물에 쉽게 용해되지 않고 혼합되지 않아 자연상에서 물과 분리된 유체의 형태로 존재하는 NAPL 중 물보다 밀도가 큰 비수용성액체임
 ㉡ 물보다 비중이 크므로 지하수면 아래까지 침투하여 불투수층까지 도달함
 ㉢ 기반암에 도달한 DNAPL은 지하수 이동방향과 관계없이 기반암의 기울기에 따라 이동함
 ㉣ DNAPL의 정화가 LNAPL보다 훨씬 어렵고 비용도 많이 소모되어 오염지역에 대한 효과적인 정화방법도 개발되어 있지 않음
 ㉤ 밀도가 1 g/cm$^3$ 이상이며 일반적으로 물보다 무거우므로 지하수저면에 쌓이거나 암반에 형성된 균열 속으로 들어가기도 한다.
 ㉥ 대표적 오염물질
  • TCE(Trichloroethylene), PCE(Perchloroethylene)
  • 페놀, PCB(Polychlorinated Biphenyl)
  • 1,1,1-Trichloroethane(1,1,1-TCA), 2-Chlorophenol(클로로페놀)
  • 클로로포름, 사염화탄소

**276** 토양의 삼상(三相)에 대한 설명 중 옳지 않은 것은?

㉮ 고상, 액상, 기상의 조성을 체적백분율로 표시한

것이 삼상분포이다.
- ㉯ 고상률은 대부분 토양에서 80~90%를 차지하며 화산재 기원의 토양은 그보다 작아 70% 전후이다.
- ㉰ 액상률 및 기상률은 강우와 건조에 의해 용이하게 변화한다.
- ㉱ 토양의 고상 중 모래는 토양의 구조를 결정함과 동시에 뼈대의 역할을 한다.

**풀이** 고상률(고형물질)은 대부분 토양에서 토양 광물질(45%), 유기물(5%), 즉 50% 정도 차지한다.

**277** 착화온도에 관한 설명으로 틀린 것은?
- ㉮ 화학적 발열량이 클수록 착화온도는 높다.
- ㉯ 분자구조가 간단할수록 착화온도는 높다.
- ㉰ 화학결합의 활성도가 클수록 착화온도는 낮다.
- ㉱ 화학반응성이 클수록 착화온도는 낮다.

**풀이** 착화온도는 화학적 발열량이 클수록 착화온도는 낮아진다.

**278** 폐기물을 완전연소시키기 위한 소각로의 연소조건으로 가장 거리가 먼 것은?
- ㉮ 충분한 체류시간
- ㉯ 충분한 난류
- ㉰ 충분한 압력
- ㉱ 적당한 온도

**279** 다음 내용으로 알맞은 법칙은?

> 반응열의 양은 반응이 일어나는 과정에 무관하고, 반응 전후에 있어서의 물질 및 그 상태에 의하여 결정된다.

- ㉮ Graham의 법칙
- ㉯ Dalton의 법칙
- ㉰ Hess의 법칙
- ㉱ Le Chateller의 법칙

**280** 고체연료 및 액체연료의 비교 특성에 대한 설명으로 틀린 것은?
- ㉮ 석유계 연료는 연소의 조절이 간단하고 용이하다.
- ㉯ 석유계 연료는 동일 중량의 석탄계 연료보다 용적이 35~50% 정도이다.
- ㉰ 석유계 연료의 발열량(kcal/kg)은 석탄계 연료보다 높다.
- ㉱ 석유계 연료는 연소 시 과잉공기량이 많아 회분 발생량이 적다.

**풀이** 석유계 연료는 연소 시 과잉공기량이 적고 쉽게 완전연소되며 연소 후 슬러리가 없다.

**281** 코크스 또는 분해 연소가 끝난 석탄처럼 열분해가 일어나기 어려운 탄소를 주성분으로 그 자체가 연소하는 과정이며 연소 되면 적열할 따름이지 화염이 없는 연소형태는?
- ㉮ 자기연소
- ㉯ 증발연소
- ㉰ 표면연소
- ㉱ 확산연소

**282** 소각로의 열효율을 향상시키기 위한 대책으로 틀린 것은?
- ㉮ 연소 생성 열량을 피열물에 최대한 유효하게 전한다.
- ㉯ 승온시간을 연장시켜 현열손실을 감소시킨다.
- ㉰ 복사전열에 의한 방열손실을 최대한 감소시킨다.
- ㉱ 배기가스 재순환에 의해 전열효율을 향상시킨다.

**풀이** 간헐운전 조건에서는 승온시간을 단축시키고 배가스의 재순환으로 전열효율을 향상시킨다.

**283** 석탄의 탄화도가 증가하면 감소하는 것은?
- ㉮ 고정탄소
- ㉯ 착화온도
- ㉰ 비열
- ㉱ 발열량

**정답** 277 ㉮  278 ㉰  279 ㉰  280 ㉱  281 ㉰  282 ㉯  283 ㉰

**풀이** 석탄 탄화도 증가 시 높아지는 것
① 연료비
② 고정탄소 함량
③ 발열량
④ 착화온도

**284** 석탄의 탄화도가 증가하면 증가하는 것은?
㉮ 고정탄소  ㉯ 비열
㉰ 휘발분  ㉱ 매연발생률

**285** 다음이 설명하고 있는 연소의 종류는?

> 목탄, 석탄, 타르 등은 연소 초기 시 열분해에 의하여 가연성 가스가 생성되고 이것이 긴화염을 발생시키면서 연소한다.

㉮ 분해연소  ㉯ 확산연소
㉰ 표면연소  ㉱ 증발연소

**286** 고체연료의 연소 형태에 대한 설명 중 가장 거리가 먼 내용은?
㉮ 증발연소는 비교적 용융점이 높은 고체연료가 용융되어 액체연료와 같은 방식으로 증발되어 연소하는 형상을 말한다.
㉯ 분해연소는 증발온도보다 분해온도가 낮은 경우에 가열에 의하여 열분해가 일어나고 휘발하기 쉬운 성분이 표면에서 떨어져 나와 연소하는 것을 말한다.
㉰ 표면연소는 휘발분을 거의 포함하지 않는 목탄이다. 코크스 등의 연소로서 산소나 산화성 가스가 고체 표면이나 내부의 빈 공간에 확산되어 표면반응을 하는 것을 말한다.
㉱ 열분해로 발생된 휘발성분이 정화되지 않고 다량의 발연(發煙)을 수반하여 표면반응을 일으키면서 연소하는 것을 발연연소라 한다.

**풀이** 증발연소는 비교적 용융점이 낮은 고체가 연소되기 전에 용융되어 액체와 같이 표면에서 증발되어 연소하는 현상이다.

**287** 고체연료의 연소방법 중 미분탄 연소에 대한 설명으로 가장 거리가 먼 내용은?
㉮ 대형화하였을 때 화격자보다 설비비가 높고 부하변동에 대한 응답성도 낮다.
㉯ 높은 연소효율이 기대되고, 클링커의 생성으로 인한 장해가 없다.
㉰ 연료의 비표면적이 크기 때문에 적은 공기비로 연소시킬 수 있다.
㉱ 대형 및 대용량 설비에 적합하다.

**풀이** 미분탄연소는 비산재가 많아 클링커 생성 등 장해가 있다.

**288** 연소속도에 미치는 요인으로 가장 거리가 먼 것은?
㉮ 산소의 농도  ㉯ 촉매
㉰ 반응계의 온도  ㉱ 연료의 발열량

**풀이** 연소속도에 미치는 요인
① 산소의 농도
② 촉매
③ 반응계의 온도
④ 분무기의 확산 및 혼합
⑤ 반응계의 농도
⑥ 활성화 에너지

**289** 연료 중의 산소와 결합수의 상태로 있기 때문에 전수소에서 연소에 이용되지 않는 수소분을 공제한 수소를 무엇이라 하는가?
㉮ 결합수소  ㉯ 고립수소
㉰ 유효수소  ㉱ 자유수소

## 290 연소과정에서 등가비가 1보다 큰 경우는 다음 중 어느 것인가?

㉮ 과잉공기가 공급된 경우
㉯ 연료가 이론적인 경우보다 적을 경우
㉰ 완전연소에 알맞은 연료와 산화제가 혼합될 경우
㉱ 연료가 과잉으로 공급된 경우

**풀이** $\phi$에 따른 특성
① $\phi = 1$ (m =1)
  완전연소에 알맞은 연료와 산화제가 혼합된 경우
② $\phi > 1$ (m < 1)
  연료가 과잉으로 공급된 경우
③ $\phi < 1$ (m > 1)
  과잉공기가 공급된 경우

## 291 연소실 내 가스와 폐기물의 흐름에 관한 설명으로 틀린 것은?

㉮ 병류식은 폐기물의 발열량이 낮은 경우에 적합한 형식이다.
㉯ 교류식은 향류식과 병류식의 중간적인 형식이다.
㉰ 교류식은 중간 정도의 발열량을 가지는 폐기물에 적합하다.
㉱ 향류식은 폐기물의 이송방향과 연소가스의 흐름이 반대로 향하는 형식이다.

**풀이** 병류식은 수분이 적고, 저위발열량이 높을 때 적당한 형식이다.

## 292 소각로 내 연소가스와 폐기물 흐름에 따른 조작방법에 대한 설명으로 옳지 않은 것은?

㉮ 역류식은 수분이 많고 저위발열량이 낮은 쓰레기에 적합하며 후연소 내의 온도저하나 불완전연소의 염려가 없다.
㉯ 병류식은 이송방향과 연소가스의 흐름방향이 같은 형식으로 건조대에서의 건조효율이 저하될 수 있다.
㉰ 교류식은 역류식과 병류식의 중간적인 형식이다.
㉱ 복류식은 2개의 출구를 가지고 있는 댐퍼의 개폐로 역류식, 병류식, 교류식으로 조절할 수 있어 폐기물의 질이나 저위발열량의 변동이 심할 경우에 사용한다.

**풀이** 역류식은 난연성 또는 착화하기 어려운 폐기물소각에 가장 적합한 방식이고 후연소 내의 온도저하나 불완전연소가 발생할 수 있다.

## 293 도시생활폐기물을 대상으로 소각시스템에서 발생하는 소각잔재물의 종류에는 바닥재와 비산재가 있다. 다음 중 바닥재에 해당되는 것은?

㉮ Boiler Ash(Heat Reconery Ash)
㉯ Cyclone Ash
㉰ 대기오염방지시설 잔재물
㉱ Grate Siftings

**풀이** 소각잔재물
① 바닥재
  • Grate Ash(화격자 최종하부로 배출)
  • Grate Siftings(화격자 간 미세틈새로 낙하하는 바닥재)
② 비산재
  • 보일러재(Boiler Ash)
  • 집진재
  • 산성가스 처리 잔재물

## 294 도시쓰레기 소각시설에서 발생하는 소각잔재물은 바닥재와 비산재로 구분된다. 다음 중에서 바닥재에 해당하는 것은?

㉮ 소각로로부터 이송된 입자상 물질 및 Flue Gas 흐름으로부터 제거된 Sorbent 주입전의 응축된 재
㉯ 소각로 화격자의 Outburn Section에서 배출되는 재
㉰ 유통상 소각로 내의 폐열보일러 앞부분에 위치한 Hot Cyclone에 의하여 모여지는 입자상의 재

**정답** 290 ㉱  291 ㉮  292 ㉮  293 ㉱  294 ㉯

㉰ Wet Scrubber System으로부터 배출되는 고체 상의 재

풀이 Outburn Section은 화격자 최종하부를 의미한다.

### 295 소각조건의 3T란 무엇인가?
㉮ 온도, 연소량, 혼합
㉯ 온도, 연소량, 혼합
㉰ 온도, 압력, 혼합
㉱ 온도, 연소시간, 혼합

풀이 3T
① Time
② Temperature
③ Turbulence

### 296 소각을 위한 연소기중 화격자 연소기에 관한 설명으로 틀린 것은?
㉮ 기계적 작동으로 교반력이 강하다.
㉯ 연속적인 소각과 배출이 가능하다.
㉰ 체류시간이 길다.
㉱ 국부가열이 발생할 염려가 있다.

풀이 화격자 연소기(소각소)는 교반력이 약한 단점이 있다.

### 297 화격자 연소기(Grate of Stoker)에 대한 설명으로 맞는 것은?
㉮ 휘발성분이 많고 열분해하기 쉬운 물질을 소각할 경우 상향식 연소방식을 쓴다.
㉯ 이동식 화격자는 주입폐기물을 잘 운반시키거나 뒤집지는 못하는 문제점이 있다.
㉰ 수분이 많거나 플라스틱과 같이 열에 쉽게 용해되는 물질에 의한 화격자 막힘의 염려가 없다.
㉱ 체류시간이 짧고 교반력이 강하여 국부가열이 발생할 염려가 있다.

풀이
㉮ 항 : 휘발성분이 많고 열분해하기 쉬운 물질을 소각할 경우 하향식 연소방식을 쓴다.
㉰ 항 : 수분이 많거나 플라스틱과 같이 열에 쉽게 용해되는 물질에 의한 화격자 막힘의 염려가 있다.
㉱ 항 : 체류시간이 길고 교반력이 약하여 국부가열이 발생할 염려가 있다.

### 298 스토커 소각로 내에서의 연소공정으로 가장 옳은 것은?
㉮ 건조 → 휘발성 생성 → 표면승온 → 착화 → 고정탄소의 표면연소 → 불꽃이동연소
㉯ 건조 → 휘발성 생성 → 표면승온 → 착화 → 불꽃이동연소 → 고정탄소의 표면연소
㉰ 건조 → 표면승온 → 휘발성 생성 → 착화 → 고정탄소의 표면연소 → 불꽃이동연소
㉱ 건조 → 표면승온 → 휘발성 생성 → 착화 → 불꽃이동연소 → 고정탄소의 표면연소

### 299 폐기물소각로의 가동화격자(Grate)에 대한 설명으로 옳지 않은 것은?
㉮ 화격자는 투입폐기물이 적절하게 연소되도록 운반하는 역학을 한다.
㉯ 화격자 사이로 공기가 공급되도록 한다.
㉰ 폐기물의 부하량으로 화격자의 소요면적을 산출하는 경우에는 $140 \sim 240 kg/m^2 \cdot hr$의 부하량을 기준으로 한다.
㉱ 장점으로는 연속적인 소각과 배출이 가능하다.

풀이 폐기물의 부하량으로 화격자의 소요면적을 산출하는 경우에는 $240 \sim 340 kg/m^2 \cdot hr$의 부하량을 기준으로 한다.

### 300 다단로식 소각로에 대한 설명이 틀린 것은?
㉮ 유해폐기물의 완전분해를 위해서는 2차 연소실이 필요하다.

㉯ 액상 및 기상 폐기물의 이용은 보조연료의 양을 감소시켜 운전비용을 절감하는 경제적 이점이 있다.
㉰ 건조, 연소 등 가동영역이 다양하여 분진발생률이 낮다.
㉱ 체류시간이 길어 특히 휘발성이 적은 폐기물 연소에 유리하다.

**[풀이]** 다단로식 소각로는 건조영역, 연소·탈취영역, 냉각영역 3개의 가동영역이 다양하고 분진발생률이 높은 단점이 있다.

**301** 다단로식 소각로의 특징에 대한 설명과 가장 거리가 먼 것은?

㉮ 다량의 수분이 증발되므로 수분함량이 높은 폐기물도 연소가 가능하다.
㉯ 열적 충격이 적어 보조연료 사용을 조절하기가 용이하다.
㉰ 휘발성이 적은 폐기물 연소에 유리하다.
㉱ 체류시간이 길기 때문에 온도반응이 더디다.

**[풀이]** 다단로식 소각로는 늦은 온도반응 때문에 보조연료 사용을 조절하기 어렵다.

**302** 폐기물 처리를 위한 소각로 형식 중 '다단로'의 장점으로 틀린 것은?

㉮ 체류시간이 길어 특히 휘발성이 낮은 폐기물의 연소에 유리하다.
㉯ 수분함량이 높은 폐기물의 연소도 가능하다.
㉰ 물리·화학적 성분이 다른 각종 폐기물을 처리할 수 있다.
㉱ 온도반응이 빠르고 분진발생률이 낮다.

**[풀이]** 다단로식 소각로는 늦은 온도반응 때문에 보조연료 사용을 조절하기 어렵다.

**303** 다음은 로터리 킬른식(Rotary Kiln) 소각로의 특징에 대한 설명이다. 이 중 적합하지 않는 것은?

㉮ 대체로 예열, 혼합, 파쇄 등 전처리 후 주입한다.
㉯ 넓은 범위의 액상 및 고상 폐기물을 소각 할 수 있다.
㉰ 용융상태의 물질에 의하여 방해받지 않는다.
㉱ 습식 가스세정시스템과 함께 사용할 수 있다.

**[풀이]** 회전로(Rotaty Kiln)는 전처리(예열, 혼합, 파쇄 등) 없이 주입이 가능한 장점이 있다.

**304** 로타리 킬른식(Rotary Kiln) 소각로의 단점이라 볼 수 없는 것은?

㉮ 처리량이 적은 경우 설치비가 높다.
㉯ 용융상태의 물질에 대하여 방해를 받는다.
㉰ 로에서의 공기유출이 크므로 종종 대량의 과잉공기가 필요하다.
㉱ 대기오염 제어시스템에 분진부하율이 높다.

**[풀이]** 회전로는 경사진 구조로 용융상태의 물질에 의하여 방해받지 않는다.

**305** Rotary Kiln 소각로의 장점이 아닌 것은?

㉮ 드럼이나 대형 용기를 그대로 집어넣을 수 있다.
㉯ 습식 가스세정시스템과 함께 사용할 수 있다.
㉰ 처리량이 적은 경우, 설치비가 저렴하다.
㉱ 용융상태의 물질에 의하여 방해받지 않는다.

**[풀이]** Rotary Kiln은 처리량이 적을 경우 설치비가 높다.

**306** 회전로(Rotary Kiln)에 대한 설명으로 옳지 않은 것은?

㉮ 원통형 소각로의 길이와 직경의 비는 약 2~10이다.
㉯ 원통형 소각로의 회전속도는 3~15rpm 정도이다.

**정답** 301 ㉯ 302 ㉱ 303 ㉮ 304 ㉯ 305 ㉰ 306 ㉯

㉰ 처리율은 보통 45kg/hr~2ton/hr으로 설계된다.
㉱ 연소온도는 800~1,600℃ 정도이다.

**풀이** 원통형 회전로의 회전속도는 0.3~1.5rpm 정도이다.

## 307 유동층 소각로방식에 대한 설명 중 틀린 것은?

㉮ 상(床)으로부터 찌꺼기의 분리가 어렵다.
㉯ 기계적 구동부분이 적어 고장률이 낮다.
㉰ 폐기물의 투입이나 유동화를 위해 파쇄가 필요하다.
㉱ 가스온도가 높고 과잉공기량이 많다.

**풀이** 유동층 소각로는 가스의 온도가 낮고 과잉공기량이 낮다. 따라서 NOx도 적게 배출된다.

## 308 유동층 소각로의 특징이라고 할 수 없는 것은?

㉮ 상(床)으로부터 찌꺼기의 분리가 어렵다.
㉯ 기계적 구동부분이 많아 고장률이 높다.
㉰ 유동매체의 축열량이 높은 관계로 단기간 정지 후 가동 시에 보조연료 사용 없이 정상 가동이 가능하다.
㉱ 연소효율이 높아 미연소분의 배출이 적고 2차 연소실이 불필요하다.

**풀이** 유동층소각로는 기계적 구동부분이 적어 고장률이 낮아 유지관리가 용이하다.

## 309 유동층 소각로의 장단점이라 볼 수 없는 것은?

㉮ 반응시간이 느리고 소각시간이 길어진다.
㉯ 로 내 온도의 자동제어로 열회수가 용이하다.
㉰ 기계적 구동부분이 적어 고장률이 낮다.
㉱ 연소효율이 높아 미연소분의 배출이 적고 2차 연소실이 불필요하다.

**풀이** 유동층소각로는 반응시간이 빨라 소각시간이 짧다. 따라서 로 부하율이 높다.

## 310 유동층 소각로의 장점이 아닌 것은?

㉮ 연소효율이 높아 미연소분의 배출이 적고 2차 연소실 활용이 가능하다.
㉯ 유동매체의 열용량이 커서 액상, 기상, 고형폐기물의 전소 및 혼소가 가능하다.
㉰ 유동매체의 축열량이 높은 관계로 단기간 정지 후 가동 시 보조연료 사용 없이 정상 가동이 가능하다.
㉱ 가스의 온도와 과잉공기량이 낮아서 질소산화물도 적게 배출된다.

**풀이** 유동층 소각로는 연소효율이 높아 미연소분이 적고 2차 연소실이 불필요하다.

## 311 슬러지를 유동층 소각로로서 소각시키는 경우와 다단로에서 소각시키는 경우의 차이에 대한 설명으로 옳지 않은 것은?

㉮ 유동층 소각로에서는 주입 슬러지가 고온에 의하여 급속히 건조되어 큰 덩어리를 이루면 문제가 일어나게 된다.
㉯ 유동층 소각로에서는 유출모래에 의하여 시스템의 보조기기들이 마모되어 문제점을 일으키기도 한다.
㉰ 유동층 소각로는 고온영역에서 작동되는 기기가 없기 때문에 다단로보다 유지관리가 용이하게 된다.
㉱ 유동층 소각로의 연소온도가 다단로의 연소온도보다 높다.

**풀이** ① 유동층 소각로 연소온도 : 700~800℃
② 다단로 소각로 연소온도 : 750~1,000℃

## 312 슬러지나 고형폐유 저질탄 등 소각이 어려운 난연성 폐기물 소각에 적합한 소각로 형태로 가장 알맞은 것은?

**정답** 307 ㉱ 308 ㉯ 309 ㉮ 310 ㉮ 311 ㉱ 312 ㉯

㉮ 스토커형 소각로
㉯ 유동층 소각로
㉰ 원통상형 소각로
㉱ 로터리 킬른형 소각로

**313** 유동층 소각로의 장단점에 대한 설명으로 옳지 않은 것은?

㉮ 기계적 구동부분이 많아 고장이 잦다.
㉯ 석회 또는 반응물질을 유동매체에 혼입시켜 로 내에서 산성가스의 제거가 가능하다.
㉰ 반응시간이 빨라 소각시간이 짧고 로 부하율이 높다.
㉱ 과잉공기량이 적으므로 다른 소각로 보다 보조연료 사용량과 배출가스가 적다.

**풀이** 유동층 소각로는 기계적 구동부분이 적어 고장률이 낮아 유지관리가 용이하다.

**314** 유동층 소각로의 유동매체로 주로 사용되는 것은?

㉮ 모래
㉯ 소각잔사
㉰ 점토
㉱ 슬래그

**315** 다음에 나열하는 소각로 중 반드시 파쇄공정이 필요하며 연소를 위해서 매체가 필요한 것은?

㉮ 화격자식
㉯ 유동층식
㉰ 로터리킬른식
㉱ 바닥식(상식)

**316** 유동상 방식 소각로에서 사용되는 유동층 물질의 구비조건이 아닌 것은?

㉮ 불활성일 것
㉯ 융점이 높을 것
㉰ 비중이 클 것
㉱ 내마모성이 있을 것

**풀이** 유동층 매체의 구비조건
① 불활성일 것
② 열에 대한 충격이 강하고 융점이 높을 것
③ 내마모성이 있을 것
④ 비중이 작을 것
⑤ 공급이 안정적일 것
⑥ 가격이 저렴하고 손쉽게 구입할 수 있을 것
⑦ 입도분포가 균일할 것

**317** 액체 주입형 연소기에 관한 설명으로 틀린 것은?

㉮ 소각재의 배출설비가 없으므로 회분함량이 낮은 액상폐기물에 사용한다.
㉯ 노즐 등 구동장치가 많아 고장이 잦고 운영비가 비교적 많이 소요된다.
㉰ 고형분의 농도가 높으면 버너가 막히기 쉽다.
㉱ 하점정화 방식의 경우에는 염이나 입자상물질을 포함한 폐기물의 소각도 가능하다.

**풀이** 액체 분무 주입형 소각로는 구동장치가 간단하고 고장이 적어 운영비가 저렴하다.

**318** 액체 주입형 연소기(Liquid Injection Incinerator)에 대한 설명으로 틀린 것은?

㉮ 고형분의 농도 높으면 버너가 막히기 쉽다.
㉯ 광범위한 종류의 액상폐기물을 연소할 수 있다.
㉰ 소각재의 처리설비가 필요하다.
㉱ 구동장치가 없어 고장이 적다.

**풀이** 액체 주입형 소각로는 대기오염 방지, 소각재 처리시설이 필요 없다.

정답  313 ㉮  314 ㉮  315 ㉯  316 ㉰  317 ㉯  318 ㉰

**319** 액상분사 소각로(Liquid Injection Incinerator)의 단점으로 틀린 것은?

㉮ 구동장치가 복잡하고 고장이 잦다.
㉯ 완전히 연소시켜야 하며 내화물의 파손을 막아주어야 한다.
㉰ 고형분의 농도가 높으면 버너가 막히기 쉽다.
㉱ 대량 처리가 불가능하다.

[풀이] 액체주입형 소각로는 구동장치가 간단하고 고장이 적다.

**320** 소각로 화격자에서 고온부식은 국부적으로 연소가 심한 장소에서 화격자의 온도가 상승함에 따라 발생한다. 방지대책으로 틀린 것은?

㉮ 화격자의 냉각률을 올린다.
㉯ 공기주입량을 줄여 화격자의 과열을 막는다.
㉰ 부식되는 부분에 고온공기를 주입하지 않는다.
㉱ 화격자의 재질을 고크롬, 저니켈강으로 한다.

[풀이] 화격자의 냉각을 위하여 공기주입량을 늘인다.

**321** 쓰레기 소각로의 저온부식에서 부식속도가 가장 빠른 온도 범위는?

㉮ 100~150℃  ㉯ 150~200℃
㉰ 200~250℃  ㉱ 250~300℃

[풀이] ① 저온부식 가장 심한 온도 : 100~150℃
② 고온부식 가장 심한온도 : 600~700℃

**322** 소각로 내부축로 공사를 하기 전 사항으로 내화물 재질 선택 시 고려하여야 할 사항과 거리가 먼 것은?(단, 로의 형식, 구조에 관한 항목기준)

㉮ 소각로의 벽, 천장 등의 냉각장치 유, 무
㉯ 소각로의 연소형식
㉰ 연소가스의 출구, 보조버너의 위치 및 구조
㉱ 소각로 내의 적정 연소가스 구성비

**323** 폐기물 소각공정 주요 공정상태를 감시하기 위하여 CCTV(감시용 폐쇄회로 카메라)를 설치하였다. CCTV 위치별 설치목적으로 틀린 것은?

[조건]
• 스토커식 소각로
• 1일 200톤 소각규모
• 1일 24시간 가동기준

㉮ 소각로-노 내 연소상태 및 화염감시
㉯ 연돌-연돌매연 배출감시
㉰ 보일러드럼-보일러 내부 화염상태 감시
㉱ 쓰레기 투입호퍼-호퍼의 투입구 레벨상태감시

**324** 폐기물 소각로의 부식에 대한 설명 중 가장 거리가 먼 것은?

㉮ 소각로가 고온으로 운전되는 경우 소각로의 부식이 문제된다.
㉯ 소각로의 부식은 저온에서는 발생되지 않는다.
㉰ 폐기물 내의 PVC는 소각로의 부식을 가속시킨다.
㉱ 250℃ 정도의 PVC는 소각로의 부식을 가속시킨다.

[풀이] 저온부식은 100~150℃에서 가장 심하고 150~320℃ 사이에서는 일반적으로 부식이 잘 일어나지 않는다.

**325** 소각처리에 있어서 생성된 다이옥신의 배출을 최소화할 수 있는 기술로서 실질적으로 활성탄 주입시설과 가장 많이 사용되는 집진설비는?

㉮ 원심력 집진기  ㉯ 전기 집진기
㉰ 세정식 집진기  ㉱ 백필터 집진기

[풀이] 현재 가장 합리적인 조합처리 방식
활성탄 주입시설+반응탑+Bag Filter

정답  319 ㉮  320 ㉯  321 ㉮  322 ㉱  323 ㉰  324 ㉯  325 ㉱

**326** 연소가스 중의 질소산화물(NOx) 제거방법으로 채택한 SCR의 설명으로 틀린 것은?

㉮ 적정 운전온도범위는 650~700℃이다.
㉯ 먼지, SOx 등에 의해 효율이 저하된다.
㉰ 촉매 반응탑 설치가 필요하다.
㉱ 촉매는 $TiO_2-V_2O_5$계가 많이 사용된다.

**풀이** SCR의 적정반응 온도 영역은 275~450℃이며 최적반응은 350℃에서 일어난다.

**327** 소각로에 발생하는 질소산화물의 억제방법으로 알맞지 않은 것은?

㉮ 버너 및 연소실의 구조를 개선한다.
㉯ 배기가스를 재순환한다.
㉰ 예열온도를 높여 연소온도를 낮춘다.
㉱ 2단 연소시킨다.

**풀이** 질소산화물의 저감방법(억제방법)
① 저산소 연소
② 저온도 연소
③ 연소부분의 냉각
④ 배기가스의 재순환
⑤ 2단 연소
⑥ 버너 및 연소실의 구조개선
⑦ 수증기 및 물분사 방법

**328** 전기집진기에 대한 설명으로 틀린 것은?

㉮ 회수가치성이 있는 입자 포집이 가능하고 압력손실이 적어 소요동력이 적다.
㉯ 고온가스, 대량의 가스처리가 가능하다.
㉰ 전압변동과 같은 조건변동에 쉽게 적응한다.
㉱ 배출가스의 온도 강하가 적다.

**풀이** 전기집진기는 분진의 부하변동(전압변동)에 적응하기 곤란하여 고전압으로 안전사고의 위험성이 높다.

**329** 전기집진장치(EP)의 특징으로 틀린 것은?

㉮ 압력손실이 적고 미세한 입자까지도 제거할 수 있다.
㉯ 회수할 가치성이 있는 입자의 채취가 가능하다.
㉰ 분진의 부하변동에 대한 적응이 용이하다.
㉱ 운전비, 유지비 비용이 적게 소요된다.

**풀이** 전기집진기는 분진의 부하변동에 대한 적응이 곤란하다.

**330** 분진 및 유해가스를 동시처리 가능한 스크러버의 장점이라 볼 수 없는 것은?

㉮ 미세분진 채취효율이 높고 2차적 분진처리가 불필요하다.
㉯ 설치비용이 저렴하고 좁은 공간에 설치가 가능하다.
㉰ 부식성 가스의 회수가 가능하고 가스에 의해 폭발위험이 없다.
㉱ 유지관리비가 저렴하고 부식성 가스의 용해로 인한 부식을 방지할 수 있다.

**풀이** Wet Scrubber(세정식 집진시설)은 유지관리비가 높고 부식성가스로 인한 부식잠재성이 있다.

**331** 도시 생활폐기물을 대상으로 소각하는 과정에서 발생되는 다이옥신류 저감에 관한 내용 중 틀린 것은?

㉮ 다이옥신류의 생성이 최소가 되는 배출가스내 산소와 일산화탄소의 농도가 되도록 연소상태를 제어
㉯ 소각로를 벗어나는 비산재의 양이 적도록 제어
㉰ 연소기 출구와 굴뚝 사이의 거리증가로 다이옥신과 퓨란류의 농도를 최소화
㉱ 다이옥신물질의 분해에 충분한 연소온도와 체류시간 조성

**정답** 326 ㉮ 327 ㉰ 328 ㉰ 329 ㉰ 330 ㉱ 331 ㉰

**풀이** 다이옥신과 퓨란류의 농도는 연소기 출구와 굴뚝사이에서 증가하므로 최소화 하며 산소과잉조건에서 연소진행 시에도 크게 증가한다.

### 332 소각 시 다이옥신(Dioxin)의 발생 억제 방법에 관한 설명으로 알맞지 않은 것은?

㉮ 로 내 온도를 300~350℃ 범위로 일정하게 운전하여 다이옥신성분 발생을 최소화한다.
㉯ 배기가스 Conditioning 시 칼슘 및 활성탄분말 투입 시설을 설치하여 다이옥신과 반응 후 집진함으로써 줄일 수 있다.
㉰ 유기 염소계 화합물(PVC 제품류) 반입을 제한한다.
㉱ 페인트가 칠해져 있거나 페인트로 처리된 목재, 기구류 반입을 억제·제한한다.

**풀이** 일반적으로 로 내 적절한 온도범위는 850~920℃ 정도이다. 즉, 소각 후 연소실 온도는 850℃ 이상 유지하여 2차 발생을 억제한다.

### 333 연소 시 배출되는 질소산화물인 NO의 처리 방법에 관한 다음 내용 중 ( ) 안에 알맞은 것은?

| 접촉분해법 |
| --- |
| NO가 함유된 배기가스를 ( )에 접촉시켜 $N_2$와 $O_2$로 분해하는 방법 |

㉮ 산화코발트
㉯ 염화제일주석
㉰ 산화바나듐
㉱ 열화제이칼륨

**풀이** 접촉분해법
$$2NO \longrightarrow N_2 + O_2$$
$$\uparrow$$
$$CO_3O_4(산화코발트)$$

### 334 폐플라스틱 소각에 대한 설명으로 틀린 것은?

㉮ 열가소성 폐플라스틱은 열분해 휘발분이 매우 많고 고정탄소는 적다.
㉯ 열가소성 폐플라스틱은 분해 연소를 원칙으로 한다.
㉰ 열경화성 폐플라스틱은 일반적으로 연소성이 우수하고 점화가 용이하여 수열에 의한 균열이 적다.
㉱ 열경화성 폐플라스틱의 적당한 로 형식은 전처리 파쇄후 유동층 방식에 의한 것이다.

**풀이** 열경화성 플라스틱은 일반적으로 연소성이 불량하고 점화성도 곤란하여 수열에 의한 팽윤 균열을 일으킨다.

### 335 폐기물을 소각하는 과정에서 인체에 유해한 다이옥신류(PCDDs)와 퓨란류(PCDFs)의 발생으로 이 발생하는 경우가 있다. 소각연소 과정에서 발생하는 다이옥신류의 저감방법이 아닌 것은?

㉮ 소각로에 공급하는 폐기물을 균일화시킨다.
㉯ PCB 및 염화벤젠류와 같은 다이옥신 전구물질을 파괴시키기 위하여 소각 연소 연소를 850℃ 이상, 체류시간은 2초 이상 유지시킨다.
㉰ 소각 연소과정에서 최종 배출되는 비산재(Fly Ash)의 유출인자를 최소화시킨다.
㉱ 소각 후 배출되는 배기가스의 연소가스 처리시설(여과 집진기 등) 이전 온도는 300~500℃로 유지될 수 있도록 제어한다.

**풀이** 다이옥신류 및 퓨란류의 생성량은 약 300℃ 부근에서 최대가 되므로 연소가스 처리시설 이전 온도는 약 230℃ 이하로 유지하여 처리하여야 한다.

### 336 연소공정에서 발생하는 질소산화물(NOx)에 대한 설명으로 옳지 않은 것은?

㉮ 질소산화물(NOx)의 종류는 Thermal NOx, Fuel NOx, Prompt NOx로 대별할 수 있다.

**정답** 332 ㉮  333 ㉮  334 ㉰  335 ㉱  336 ㉱

㉯ Fuel NOx는 연료 자체가 함유하고 있는 질소성분의 연소로 발생한다.
㉰ Prompt NOx는 연료와 공기 중 질소의 결합으로 발생한다.
㉱ Thermal NOx는 연료의 연소로 인한 저온분위기에서 연소공기의 분해과정에서 발생

[풀이] Thermal NOx는 연료의 연소로 인한 고온분위기에서 연소공기의 분해과정에서 발생한다.

## 337 배기가스 중 황산화물을 제거하기 위한 방법으로 옳지 않은 것은?

㉮ 전자선 조사법  ㉯ 석회흡수법
㉰ 활성망간법  ㉱ 무촉매환원법

## 338 도시폐기물의 연소 시 NOx 의 생성에 영향을 미치는 요소가 아닌 것은?

㉮ 연소압력
㉯ 연소온도
㉰ 연소실체류시간
㉱ 폐기물의 성분 및 혼합정도

[풀이] 연소 시 NOx 생성에 영향을 미치는 요소
① 온도
② 반응속도
③ 반응물질의 농도
④ 반응물질의 혼합정도
⑤ 연소실 체류시간

## 339 배연탈황법에 대한 설명으로 옳지 않은 것은?

㉮ 석회석슬러리를 이용한 흡수법은 탈황률의 유지 및 스케일 형성을 방지하기 위해 흡수액의 pH를 6으로 조정한다.
㉯ 활성탄흡착탑에서 $SO_2$는 활성탄 표면에서 산화된 후 수증기와 반응하여 황산으로 고정된다.
㉰ 수산화나트륨용액 흡수법에서는 탄산나트륨의 생성을 억제하기 위해 흡수액의 pH를 7로 조정한다.
㉱ 활성산화망간은 상온에서 $SO_2$ 및 $O_2$와 반응하여 황산망간을 생성한다.

[풀이] 활성망간법
활성산화망간($MnOx \cdot nH_2O$)의 분말을 흡수탑 내에서 기류상대로 이송하여 $SO_2$와 $O_2$를 반응시켜 황산망간($M_nSO_4$)을 생성시키며 부산물로서 황산암모늄[$(NH_4)_2SO_2$]이 발생한다.

## 340 Cyclone 의 집진효율을 향상시키기 위한 방법으로 처리가스의 5~10%를 흡인하여 선회기류의 교란을 방지하고 먼지가 재비산되어 빠져나가지 않게 하는 방법은?

㉮ Blow Down
㉯ Back Down
㉰ Blow Up
㉱ Back Up

## 341 열교환기 중 과열기에 관한 성명으로 틀린 것은?

㉮ 일반적으로 보일러의 부하가 높아질수록 방사 과열기에 의한 과열온도는 상승한다.
㉯ 과열기의 재료는 탄소강의 비롯 니켈, 몰리브덴, 바나듐을 함유한 특수 내열 강관을 사용한다.
㉰ 과열기는 보일러에서 발생하는 포화증기에 다수의 수분이 함유되어 있으므로 이것을 과열하여 수분을 제거하고 과열도가 높은 증기를 얻기 위해 설치한다.
㉱ 과열기는 부착 위치에 따라 전열 형태가 다르다.

[풀이] 방사형 과열기는 보일러의 부하가 높아질수록 과열온도가 저하하는 경향이 있다.

정답  337 ㉱  338 ㉮  339 ㉱  340 ㉮  341 ㉮

## 342 열교환기 중 과열기에 대한 설명으로 틀린 것은?

㉮ 보일러에서 발생하는 포화증기에 다수의 수분이 함유되어 있으므로 이것을 과열하여 수분을 제거하고 과열도가 높은 증기를 얻기 위해 설치한다.
㉯ 일반적으로 보일러 부하가 높아질수록 대류 과열기에 의한 과열 온도는 저하하는 경향이 있다.
㉰ 과열기는 그 부착 위치에 따라 전열형태가 다르다.
㉱ 방사형 과열기는 주로 화염의 방사열을 이용한다.

[풀이] 대류형 과열기는 보일러의 부하가 높아질수록 과열 온도가 상승하는 경향이 있다.

## 343 열교환기 중 절탄기에 관한 설명으로 틀린 것은?

㉮ 급수 예열에 의해 보일러 수와의 온도차가 증가함에 따라 보일러 드럼에 열응력이 발생한다.
㉯ 급수온도가 낮을 경우, 굴뚝 가스 온도가 저하하면 절탄기 저온부식에 접하는 가스온도가 노점에 달하여 절탄기를 부식시킨다.
㉰ 굴뚝의 가스온도 저하로 인한 굴뚝 통풍력의 감소에 주의하여야 한다.
㉱ 보일러 전열면을 통하여 연소가스의 여열로 보일러 급수를 예열하여 보일러의 효율을 높이는 장치이다.

[풀이] 절탄기 급수예열에 의해 보일러수와의 온도차가 감소되므로 보일러 드럼에 발생하는 열응력이 감소된다.

## 344 열교환기 종류에 대한 설명 중 틀린 것은?

㉮ 과열기 : 보일러에서 발생하는 건조공기에 수분과 열을 공급하여 과열도를 높게 하기 위해 설치한다.
㉯ 재열기 : 대게 과열기의 중간 또는 뒤쪽에 배치된다.
㉰ 절탄기 : 연도에 설치되며 보일러 전열면을 통하여 연소가스의 여열로 보일러 급수를 예열하여 보일러의 효율을 높이는 장치이다.
㉱ 공기예열기 : 굴뚝가스 여열을 이용하여 연소용 공기를 예열, 보일러 효율을 높이는 장치이다.

[풀이] 과열기는 보일러에서 발생하는 포화증기에 다량의 수분이 함유되어 있어 이것에 열을 과하게 가열하여 수분을 제거하고 과열도가 높은 증기를 얻기 위해서 설치하며, 고온부식의 우려가 있다.

## 345 열교환기에 관한 설명으로 옳지 않은 것은?

㉮ 과열기 : 보일러에서 발생하는 포화증기에 다량의 수분이 함유되어 있어 이것에 열을 과하게 가열하여 수분을 제거하고 과열도가 높은 증기를 얻기 위해 설치한다.
㉯ 재열기 : 과열기와 같은 구조로 되어 있으며 설치위치는 대개 과열기의 앞쪽에 배치한다.
㉰ 절탄기 : 급수예열에 의해 보일러수와의 온도차가 감소하므로 보일러 드럼에 발생하는 열응력이 경감된다.
㉱ 이코노마이저(Economizer) : 굴뚝에 설치되며 보일러 전열면을 통하여 연소가스의 여열로 보일러 급수를 예열하여 보일러의 효율을 높이는 장치이다.

[풀이] 재열기는 과열기와 같은 구조로 되어 있으며 설치위치는 대개 과열기 중간 또는 뒤쪽에 배치한다.

## 346 폐기물 소각로의 폐열회수 및 이용설비에 대한 설명으로 틀린 것은?

㉮ 폐기물을 소각할 경우 이들의 발열량에 해당하는 양의 열량이 발생하므로 배기가스의 온도가 올라가게 되어 이를 냉각시켜 배출하여야 한다.

정답  342 ㉯  343 ㉮  344 ㉮  345 ㉯  346 ㉰

㉯ 일반적으로 배기가스의 온도를 250~300℃로 정하고 있다.
㉰ 상한온도는 배출가스에 의한 저온부식이 발생하지 않는 온도이다.
㉱ 냉각설비 방식으로는 폐열보일러식, 물분사식, 공기혼입식, 간접공냉식이 있다.

**풀이** 하한온도는 배출가스에 의한 저온부식이 발생하지 않는 온도이며 상한온도는 분진의 부착에 의한 고온부식을 억제할 수 있는 온도이다.

### 347 증기터빈을 증기 이용방식에 따라 분류했을 경우의 형식이 아닌 것은?

㉮ 혼합터빈(Mixed Preessure Turbine)
㉯ 복수터빈(Condensing Trubine)
㉰ 반동터빈(Reaction Trubine)
㉱ 배압터빈(Back Pressure Turbin)

**풀이** 증기작동방식
① 충동터빈(Impulse Turbine)
② 반동터빈(Reaction Turbine)
③ 혼합식 터빈(Combination Turbine)

증기이용방식
① 배압터빈(Back Pressure Turbine)
② 추기배압터빈(Back Pressure Extraction Turbine)
③ 복수터빈(Condensing Turbine)
④ 추기복수터빈(Condensing Extraction Turbine)
⑤ 혼합터빈(Mixed Pressure Turbine)

### 348 증기터빈에 대한 설명으로 옳지 않은 것은?

㉮ 증기작동 방식 관점으로 분류하면 충동터빈, 반동터빈, 혼합식 터빈으로 나누어진다.
㉯ 흐름수 관점으로 분류하면 단류터빈, 부류터빈으로 나뉘어진다.
㉰ 증기유동방향 관점으로 분류하면 축류터빈, 반경류터빈으로 나뉘어진다.
㉱ 증기구동관점으로 분류하면 배압터빈, 압축구동터빈으로 나뉘어진다.

**풀이** 배압터빈은 증기이용방식이고 압축구동 터빈은 피구동기방식이다.

### 349 폐열 이용시설 중 하나인 증기터빈의 분류과정과 터빈 형식을 잘못 연결한 것은?

㉮ 흐름수 : 단류터빈, 복류터빈
㉯ 증기작동방식 : 축류터빈, 반경류터빈
㉰ 증기이용방식 : 배압터빈, 복수터빈, 혼합터빈, 추기배압터빈, 추기복수터빈
㉱ 피구동기 : 발전용(직결형 터빈, 감속형 터빈), 기계구동형(급수펌프구동터빈, 압축기구터빈)

**풀이** 증기작동방식에는 충동터빈, 반동터빈, 혼합식 터빈이 있다.

### 350 다음 설명의 용어가 맞는 것은?

> 보일러를 연속운전 시 최대부하 상태에서 단위시간에 발생할 수 있는 증발량을 의미한다.

㉮ 정격증발량
㉯ 환산증발량
㉰ 감소증발량
㉱ 증가증발량

**풀이** 환산증발량
발생증기를 일정기준으로 환산하여 용량을 비교할 수 있는 방법으로 상당증발량이라고도 한다.

# PART 07
# 기출문제 풀이

# 2020년 통합 1·2회 기사

### 1과목 | 폐기물개론

**01** 도시의 연간 쓰레기 발생량이 14,000,000 ton이고 수거대상 인구가 8,500,000명, 가구당 인원은 5명, 수거인부는 1일당 12,460명이 작업하며 1명의 인부가 매일 8시간씩 작업할 경우 MHT는? (단, 1년은 365일)

① 1.9  ② 2.1
③ 2.3  ④ 2.6

**풀이** 
$$MHT = \frac{수거인부 \times 수거인부\ 총수거시간}{쓰레기\ 총발생량}$$

$$= \frac{12,460인 \times 8hr/day \times 365day/year}{14,000,000ton\ /year}$$

$$= 2.60 MHT(man \cdot hr/ton)$$

**02** 우리나라 쓰레기 수거형태 중 효율이 가장 나쁜 것은?

① 타종 수거
② 손수레 문전 수거
③ 대형쓰레기통 수거
④ 컨테이너 수거

**풀이** 수거형태에 따른 수거효율
① 타종 수거 → 0.84MHT
② 대형 쓰레기통 수거 → 1.1MHT
③ 플라스틱 자루 수거 → 1.35MHT
④ 집밖 이동식 수거 → 1.47MHT
⑤ 집안 이동식 수거 → 1.86MHT
⑥ 집밖 고정식 수거 → 1.96MHT
⑦ 문전 수거 → 2.3MHT
⑧ 벽면 부착식 수거 → 2.38MHT

**03** 물렁거리는 가벼운 물질로부터 딱딱한 물질을 선별하는 데 사용하며 경사진 컨베이어를 통해 폐기물을 주입시켜 천천히 회전하는 드럼 위에 떨어뜨려 분류하는 것은?

① Stoners  ② Secators
③ Conveyor sorting  ④ Jigs

**풀이** 스케터(Secators)
경사진 컨베이어를 통해 폐기물을 주입시켜 천천히 회전하는 드럼 위에 떨어뜨려서 선별하는 장치이다. 물렁거리는 가벼운 물질(가볍고 탄력 없는 물질)로부터 딱딱한 물질(무겁고 탄력 있는 물질)을 선별하는 데 사용되며, 주로 퇴비 중의 유리조각을 추출할 때 이용되는 선별장치이다.

**04** 1일 1인당 1kg의 폐기물을 배출하고, 1가구당 3인이 살며, 총가구수가 2,821가구일 때 1주일간 배출된 폐기물의 양(ton)은?(단, 1주일간 7일 배출함)

① 43  ② 59
③ 64  ④ 76

**풀이** 폐기물량(ton)
= 1일 1인당 폐기물발생량 × 총가구인구수 × 발생기간
= 1.0kg/인·일 × (3인/가구 × 2,821가구) × 7일
= 59,241kg × ton/1,000kg
= 59.24ton

**05** 폐기물의 수거 및 운반 시 적환장의 설치가 필요한 경우로 가장 거리가 먼 것은?

① 처리장이 멀리 떨어져 있을 경우
② 저밀도 거주지역이 존재할 때
③ 수거차량이 대형인 경우
④ 쓰레기 수송 비용절감이 필요한 경우

정답  01 ④  02 ②  03 ②  04 ②  05 ③

- 풀이 적환장 설치가 필요한 경우
  ① 작은 용량의 수집차량을 사용할 때($15m^3$ 이하)
  ② 저밀도 거주지역이 존재할 때
  ③ 불법투기와 다량의 어질러진 쓰레기들이 발생할 때
  ④ 슬러지 수송이나 공기수송방식을 사용할 때
  ⑤ 처분지가 수집장소로부터 멀리 떨어져 있을 때
  ⑥ 상업지역에서 폐기물 수집에 소형 용기를 많이 사용하는 경우
  ⑦ 쓰레기 수송 비용절감이 필요한 경우
  ⑧ 압축식 수거 시스템인 경우

## 06 액주입식 소각로의 장점이 아닌 것은?

① 대기오염 방지시설 이외 재처리 설비가 필요 없다.
② 구동장치가 없어 고장이 적다.
③ 운영비가 적게 소요되며 기술개발 수준이 높다.
④ 고형분이 있을 경우에도 정상 운영이 가능하다.

- 풀이 액체 분무 주입형 소각로의 장·단점
  ① 장점
    ㉠ 광범위한 종류의 액상폐기물을 연소할 수 있다.
    ㉡ 대기오염방지시설 이외에 소각재처리시설이 필요 없다.
    ㉢ 구동장치가 간단하고 고장이 적다.
    ㉣ 운영비가 저렴하다.
    ㉤ 기술개발이 잘 되어 있고 자동화가 용이하다. (가동 이외의 경우 무인운전이 가능)
  ② 단점
    ㉠ 버너노즐을 이용하여 액체를 미립화하여야 한다.
    ㉡ 완전 연소시켜야 하며 내화물의 파손을 막아야 한다.
    ㉢ 고농도 고형분의 농도가 높으면 버너가 막히기 쉽다.
    ㉣ 대량처리가 어렵다.

## 07 원소분석에 의한 듀롱의 발열량 계산식은?

① $H_l(kcal/kg) = 81C + 242.5(H-O/8) + 32.5S - 9(9H+W)$
② $H_l(kcal/kg) = 81C + 242.5(H-O/8) + 22.5S - 9(6H+W)$
③ $H_l(kcal/kg) = 81C + 342.5(H-O/8) + 32.5S - 6(6H+W)$
④ $H_l(kcal/kg) = 81C + 342.5(H-O/8) + 12.5S - 6(9H+W)$

- 풀이 듀롱식(저위발열량 : $H_l$)

$$H_l(kcal/kg) = 8,100C + 34,000(H - \frac{O}{8}) + 2,500S - 600(9H+W)$$

여기서, C : 탄소(%), H : 수소(%)
O : 산소(%), S : 황(%)
W : 수분(%)
600 : 0℃에서 $H_2O$ 1kg의 증발잠열

## 08 플라스틱 폐기물을 유용하게 재이용할 때 가장 적당하지 않은 이용 방법은?

① 열분해 이용법
② 접촉 산화법
③ 파쇄 이용법
④ 용융고화 재생 이용법

- 풀이 플라스틱 재활용(재이용)방법
  ① 용융고화 재생 이용법
  ② 열분해 이용법(용해재생법)
  ③ 파쇄 이용법

## 09 스크린 선별에 관한 설명으로 알맞지 않은 것은?

① 일반적으로 도시폐기물 선별에 진동스크린이 많이 사용된다.
② Post-screening의 경우는 선별효율의 증진을 목적으로 한다.
③ Pre-screening의 경우는 파쇄설비의 보호를 목적으로 많이 이용한다.
④ 트롬멜스크린은 스크린 중에서 선별효율이 좋고 유지관리가 용이하다.

- 풀이 스크린 선별
  1) 스크린의 종류
    ① 회전 스크린(Rotating screen)
      ㉠ 도시폐기물 선별에 주로 이용
      ㉡ 대표적 스크린은 트롬멜 스크린

(Trommel screen)
② 진동 스크린(Vibrating screen)
   골재 선별에 주로 이용
2) 스크린 위치에 따른 분류
   ① Post screening
      ㉠ 파쇄 → 스크린 선별
      ㉡ 선별효율에 중점
   ② Pre screening
      ㉠ 스크린 선별 → 파쇄
      ㉡ 파쇄설비 보호에 중점

**10** 10일 동안의 폐기물 발생량($m^3$/day)이 다음 표와 같을 때 평균치($m^3$/day), 표준편차 및 분산계수(%)가 순서대로 옳은 것은?

| 1 | 2 | 3 | 4 | 5 | 6 | 7 | 8 | 9 | 10 | 계 |
|---|---|---|---|---|---|---|---|---|----|----|
| 34 | 48 | 290 | 61 | 205 | 170 | 120 | 75 | 110 | 90 | 1,203 |

① 120.3, 91.2, 75.8
② 120.3, 85.6, 71.2
③ 120.3, 80.1, 66.6
④ 120.3, 77.8, 64.7

**풀이** 평균치($m^3$/day)
$$= \frac{34+48+290+61+205+170+120+75+110+90}{10}$$
$$= 120.3 \, m^3/day$$

표준편차($m^3$/day)
$$= \left( \frac{\begin{array}{l}(34-120.3)^2 + (48-120.3)^2 \\ +(290-120.3)^2 + (61-120.3)^2 \\ +(205-120.3)^2 + (170-120.3)^2 \\ +(120-120.3)^2 + (75-120.3)^2 \\ +(110-120.3)^2 + (90-120.3)^2\end{array}}{10-1} \right)^{0.5}$$
$$= 80.1 \, m^3/day$$

분산계수(%) = $\frac{표준편차}{평균치} \times 100$
$$= \frac{80.1}{120.3} \times 100 = 66.58\%$$

**11** 발열량 계산식 중 폐기물 내 산소의 반은 $H_2O$ 형태로 나머지 반은 $CO_2$의 형태로 전환된다고 가정하여 나타낸 식은?

① Dulong식
② Steuer식
③ Scheure-kestner식
④ 3성분 조성비 이용식

**풀이** 스튜어(Steuer)의 식

O의 $\frac{1}{2}$이 $H_2O$, 나머지 $\frac{1}{2}$이 CO(또는 $CO_2$)로 존재하는 것으로 가정한 식이다.

$$H_h = 8,100\left(C - \frac{3}{8}O\right) + 5,700 \times \frac{3}{8}O$$
$$+ 34,500\left(H - \frac{O}{16}\right) + 2,500S$$

$$H_l = 8,100\left(C - \frac{3}{8}O\right) + 5,700 \times \frac{3}{8}O$$
$$+ 34,500\left(H - \frac{O}{16}\right) + 2,500S$$
$$- 600(9H + W)$$

**12** 다음 중 지정폐기물이 아닌 것은?

① pH 1인 폐산
② pH 11인 폐알칼리
③ 기름성분만으로 이루어진 폐유
④ 폐석면

**풀이** 지정폐기물(폐알칼리)
폐알칼리(액체상태의 폐기물로서 수소이온 농도지수가 12.5 이상인 것으로 한정하며, 수산화칼륨 및 수산화나트륨을 포함한다)

**13** 집배수관을 덮는 필터재료가 주변에서 유입된 미립자에 의해 막히지 않도록 하기 위한 조건으로 옳은 것은?(단, $D_{15}$, $D_{85}$는 입경누적 곡선에서 통과한 중량의 백분율로 15%, 85%에 상당하는 입경)

① $\frac{D_{15}(필터재료)}{D_{85}(주변토양)} < 5$

② $\frac{D_{15}(필터재료)}{D_{85}(주변토양)} > 5$

③ $\frac{D_{15}(필터재료)}{D_{85}(주변토양)} < 2$

④ $\frac{D_{15}(필터재료)}{D_{85}(주변토양)} > 2$

정답 10 ③  11 ②  12 ②  13 ①

풀이 침출수 집배수층의 체상분율($D_n$)과 매립지 주변 토양의 체상분율($d_n$) 관계

① 침출수 집배수층이 주변물질에 막히지 않을 조건

$$\frac{D_{15}(필터재료\ 입경)}{d_{85}(주변토양)} < 5$$

여기서, $D_{15}$ : 입경누적곡선에서 통과한 백분율로 15%에 상당하는 입경

$d_{85}$ : 입경누적곡선에서 통과한 백분율로 85%에 상당하는 입경

② 침출수 집배수층이 충분한 투수성을 유지할 조건

$$\frac{D_{15}(필터재료)}{d_{15}(주변토양)} > 5$$

여기서, $d_{15}$ : 입경누적곡선에서 통과한 백분율로 15%에 상당하는 입경

## 14 전과정평가(LCA)의 평가단계 순서로 옳은 것은?

① 목적 및 범위 설정 → 목록 분석 → 개선 평가 및 해석 → 영향평가
② 목적 및 범위 설정 → 목록 분석 → 영향평가 → 개선 평가 및 해석
③ 목록 분석 → 목적 및 범위 설정 → 개선 평가 및 해석 → 영향평가
④ 목록 분석 → 목적 및 범위 설정 → 영향평가 → 개선 평가 및 해석

풀이 전과정평가(LCA) 4단계

① 목적 및 범위의 설정(Goal Definition Scoping) : 1단계
  [LCA 사용목적]
  ㉠ 복수제품 간의 비교선택
  ㉡ 제품 및 공정의 개선효과 파악
  ㉢ 목표치를 달성하기 위한 제품의 점검
  ㉣ 개선점의 추출(우선순위 결정)
  ㉤ 제품에 관계되는 주체 간의 의사전달 촉진
② 목록분석(Inventory Analysis) : 2단계
  상품, 포장, 공정, 물질, 원료 및 활동에 의해 발생하는 에너지 및 천연원료 요구량, 대기, 수질 오염물질 배출, 고형폐기물과 기타 기술적 자료구축 과정이다.
③ 영향평가(Impact Analysis or Assessment) : 3단계
  조사분석과정에서 확정된 자원요구 및 환경부하에 대한 영향을 평가하는 기술적, 정량적, 정성적 과정이다.
④ 개선평가 및 해석(Improvement Assessment) : 4단계
  전 과정에 대한 해석을 실시하는 과정이다.

## 15 유기성 폐기물의 퇴비화에 대한 설명으로 가장 거리가 먼 것은?

① 유기성 폐기물을 재활용함으로써 폐기물을 감량화할 수 있다.
② 퇴비로 이용 시 토양의 완충능력이 증가된다.
③ 생산된 퇴비는 C/N비가 높다.
④ 초기 시설 투자비가 일반적으로 낮다.

풀이 C/N비는 분해가 진행될수록 점점 낮아져 최종적으로 10 정도가 된다.

## 16 함수율 40%인 폐기물 1톤을 건조시켜 함수율 15%로 만들었을 때 증발된 수분량(kg)은?

① 약 104   ② 약 254
③ 약 294   ④ 약 324

풀이 $1,000\text{kg} \times (1-0.4)$
$= 건조\ 후\ 폐기물량 \times (1-0.15)$

건조 후 폐기물량 $= \dfrac{1,000\text{kg} \times 0.6}{0.85} = 705.88\text{kg}$

증발된 수분량(kg) $= 1,000\text{kg} - 705.88\text{kg}$
$= 294.12\text{kg}$

## 17 일반폐기물의 관리체계상 가장 먼저 분리해야 하는 폐기물은?

① 재활용물질   ② 유해물질
③ 자원성물질   ④ 난분해성물질

풀이 일반폐기물의 관리체계상 가장 먼저 분리해야 하는 폐기물은 유해물질이다.

정답 14 ② 15 ③ 16 ③ 17 ②

**18** 새로운 쓰레기 수송방법이라 할 수 없는 것은?

① Pipe Line 수송
② Monorail 수송
③ Container 철도수송
④ Dust-Box 수송

**풀이** 쓰레기 수송방법
　① 모노레일(monorail) 수송
　② 컨테이너(container) 수송
　③ 컨베이어(conveyor) 수송
　④ 관거(pipe-line) 수송

**19** 함수율(습윤중량 기준)이 $a$%인 도시쓰레기를 함수율이 $b$%($a>b$)로 감소시켜 소각시키고자 한다면 함수율 감소 후의 중량은 처음 중량의 몇 %인가?

① $\dfrac{b}{a}\times100$
② $\dfrac{a-b}{a}\times100$
③ $\dfrac{100-a}{100-b}\times100$
④ $\left(1+\dfrac{b}{a}\right)\times100$

**풀이** 함수율 감소 후의 중량은 처음 중량의 몇%
　초기 쓰레기양$\times(100-a)$
　$=$소각 후 쓰레기양$(100-b)$
　$\dfrac{\text{소각 후 쓰레기양}}{\text{초기 쓰레기양}}(\%)=\dfrac{(100-a)}{(100-b)}\times100$

**20** 폐기물의 발생원 선별 시 일반적인 고려사항으로 가장 거리가 먼 것은?

① 주민들의 협력과 참여
② 변화하고 있는 주민의 폐기물 저장 습관
③ 새로운 컨테이너, 장비, 시설을 위한 투자
④ 방류수 규제기준

**풀이** 폐기물의 발생원 선별 시 고려사항과 방류수 규제기준은 관련이 없다.

### 2과목　폐기물처리기술

**21** 유기성 폐기물의 생물학적 처리 시 화학 종속영양계 미생물의 에너지원과 탄소원을 옳게 나열한 것은?

① 유기 산화 환원반응, $CO_2$
② 무기 산화 환원반응, $CO_2$
③ 유기 산화 환원반응, 유기탄소
④ 무기 산화 환원반응, 유기탄소

**풀이** 탄소원과 에너지원에 따른 미생물 분류
　① 광(합성) 독립(자가)영향미생물
　　㉠ 탄소원 : 이산화탄소($CO_2$)
　　㉡ 에너지원 : 빛
　② 광(합성) 종속영양미생물
　　㉠ 탄소원 : 유기탄소
　　㉡ 에너지원 : 빛
　③ 화학독립(자가)영양미생물
　　㉠ 탄소원 : 이산화탄소($CO_2$)
　　㉡ 에너지원 : 무기물의 산화·환원반응
　④ 화학종속영양미생물
　　㉠ 탄소원 : 유기탄소
　　㉡ 에너지원 : 유기물의 산화·환원반응

**22** 중금속의 토양오염원이 아닌 것은?

① 공장폐수　　② 도시하수
③ 소각장 배연　④ 지하수

**풀이** 지하수는 중금속의 토양오염원과 관련이 없다.

**23** 희석분뇨의 유량 1,000m³/day, 유입 BOD 250mg/L, BOD 제거율 65%일 때, Lagoon의 표면적(m²)은?(단, Lagoon의 수심 5m, 산화속도 $K_1$=0.530이다.)

① 1,000　　② 163
③ 500　　　④ 200

**풀이** 1차 반응으로 가정
　$C_t=C_o\times e^{-kt}$

**정답**　18 ④　19 ③　20 ④　21 ③　22 ④　23 ②

$$250 \times 0.65 = 250 \times e^{-0.53t}$$
$$162.5 = 250 \times e^{-0.53t}$$
$$-0.53t = \ln\left(\frac{162.5}{250}\right)$$
$$t = 0.813\,day$$
$$t = \frac{V}{Q}$$
$$0.813\,day = \frac{5m \times A m^2}{1,000 m^3/day}$$
$$A(m^2) = 162.56 m^2$$

## 24 다음 중 유동층 소각로의 특징이 아닌 것은?

① 밑에서 공기를 주입하여 유동매체를 띄운 후 이를 가열시키고 상부에서 폐기물을 주입하여 소각하는 방식이다.
② 내화물을 입힌 가열판, 중앙의 회전축, 일련의 평판상으로 구성되며, 건조영역, 연소영역, 냉각영역으로 구분된다.
③ 생활폐기물은 파쇄 등의 전처리가 필히 요구된다.
④ 기계적 구동부분이 작아 고장률이 낮다.

**풀이** ②항의 내용은 다단로의 특징이다.

## 25 매립연한이 10년 이상 경과된 침출수의 특성에 대한 설명으로 옳은 것은?

① BOD/COD : 0.1 미만, COD : 500mg/L 미만
② BOD/COD : 0.1 초과, COD : 500mg/L 초과
③ BOD/COD : 0.5 미만, COD : 10,000mg/L 초과
④ BOD/COD : 0.5 초과, COD : 10,000mg/L 미만

**풀이** 침출수 특성에 따른 처리공정 구분

| | 항목 | I | II | III |
|---|---|---|---|---|
| 침출수 특성 | COD(mg/L) | 10,000 이상 | 500~10,000 | 500 이하 |
| | COD/TOC | 2.7(2.8) 이상 | 2.0~2.7 | 2.0 이하 |
| | BOD/COD | 0.5 이상 | 0.1~0.5 | 0.1 이하 |
| | 매립연한 | 초기 (5년 이하) | 중간 (5~10년) | 오래(고령)됨 (10년 이상) |

| | 항목 | I | II | III |
|---|---|---|---|---|
| 주처리공정 | 생물학적 처리 | 좋음(양호) | 보통 | 나쁨(불량) |
| | 화학적 응집·침전 (화학적 침전: 석회투여) | 보통·불량 | 나쁨(불량) | 나쁨(불량) |
| | 화학적 산화 | 보통·나쁨(불량) | 보통 | 보통 |
| 주처리공정 | 역삼투(R.O) | 보통 | 좋음(양호) | 좋음(양호) |
| | 활성탄 흡착 | 보통·좋음(양호) | 보통·좋음(양호) | 좋음(양호) |
| | 이온교환 수지 | 나쁨(불량) | 보통·좋음(양호) | 보통 |

## 26 폐기물 매립지의 4단계 분해과정에 대한 설명으로 옳지 않은 것은?

① 1단계 : 호기성 단계로서 며칠 또는 몇 개월가량 지속되며, 용존산소가 쉽게 고갈된다.
② 2단계 : 혐기성 단계이며 메탄가스가 형성되지 않고 $SO_4^{2-}$와 $NO_3^-$가 환원되는 단계이다.
③ 3단계 : 혐기성 단계로 메탄가스와 수소가스 발생량이 증가되고 온도가 약 55℃ 내외로 증가된다.
④ 4단계 : 혐기성 단계로 메탄가스와 이산화탄소 함량이 정상상태로 거의 일정하다.

**풀이** 제3단계[혐기성 메탄생성축적 단계 : 산형성 단계]
① 피산소성 단계로 메탄생성균과 메탄과 이산화탄소로 분해되는 미생물로 인해 메탄이 생성된다. (혐기성 단계로 $CH_4$ 가스가 생성되기 시작)
② 가스 내의 $CH_4$ 함량이 증가하기 시작하며 $H_2$, $CO_2$의 비율은 낮아진다.
③ 55℃ 정도까지 온도가 증가한다.
④ pH는 6.8~8.0 정도이고 매립 후 약 25~55주 경과된 단계이다.
⑤ 일반적으로 산형성 단계에서 매립지 침출수 중 중금속, BOD, COD의 농도가 가장 높다. (침출수의 pH가 5~6 이하로 감소함)

**정답** 24 ② 25 ① 26 ③

**27** 퇴비화에 적합한 초기 탄질(C/N)비는 30 내외이다. 탄질비가 15인 음식물쓰레기를 초기 퇴비화조건으로 조정하고자 할 때 가장 효과적인 물질은?(단, 혼합비율은 무게비율로 1:1 이다.)

① 우분
② 슬러지
③ 낙엽
④ 도축폐기물

**풀이** 우분, 슬러지, 도축폐기물보다 C/N비가 높은 낙엽이 가장 효과적이다.

**28** 매립지에서 사용하는 열가소성(thermo plastic) 합성차수막이 아닌 것은?

① Ethylene propylene diene monomer(EPDM)
② High-density polyethylene(HDPE)
③ Chlorinated polyethylene(CPE)
④ Polyvinyl chloride(PVC)

**풀이** 합성차수막 세부분류
① Thermoplastics : PVC
② Crystalline Thermoplastics : HDPE, LDPE
③ Thermoplastic Elastomers : CPE, CSPE
④ Elastomer Thermoplastics : EDPM, IIR, CR

**29** 유해성 폐기물을 대상으로 침전, 이온교환기술을 적용하기 가장 어려운 것은?

① As
② CN
③ Pb
④ Hg

**풀이** CN은 침전, 이온교환기술을 적용하기 곤란하며 알칼리 염소처리법, 오존산화법 등으로 처리한다.

**30** 다음 중 음식물쓰레기의 혐기성소화에 있어서 메탄발효조의 효과적인 운전조건과 거리가 먼 것은?

① 온도 : 35~37℃
② pH : 7.0~7.8
③ ORP : 100mV
④ 발생가스 : $CH_4$ 60% 이상 유지

**풀이** 혐기성소화는 기본적으로 혐기조건, 즉 산화환원전위(ORP) $-200mV$ 이하에서 운전된다.

**31** 매립지 바닥 차수막으로서 양이온 교환능 10meq/100g인 점토를 비중 2로 조성하였다면, 점토 차수막물질 $1m^3$에 교환 흡수될 수 있는 $Ca^{2+}$ 이온의 질량(g)은?(단, 원자량 : Ca = 40g/mol)

① 1,000
② 2,000
③ 3,000
④ 4,000

**풀이** $1m^3$의 부피가 가질 수 있는 양이온 교환능
$= 10meq/100g \times 2g/mL \times 10^6 mL/m^3$
$= 2,000eq/m^3(2eq/L)$

$Ca^{2+}$는 $2^+$이므로 $\dfrac{40g}{\left(\dfrac{40}{2}\right)eq} = 2g/eq$

$Ca^{2+}$ 이온질량 $= 2g/eq \times 2,000eq/m^3$
$= 4,000g/m^3$

**32** 함수율 97%의 슬러지를 농축하였더니 부피가 처음 부피의 1/3로 줄어들었을 때 농축슬러지의 함수율(%)은?(단, 비중은 함수율과 관계없이 1.0으로 동일하다.)

① 95
② 93
③ 91
④ 89

**풀이** $1 \times (1-0.97) = \left(1 \times \dfrac{1}{3}\right) \times (1-$농축 후 함수율$)$
$1-$농축 후 함수율 $= 0.09$
농축 후 함수율(%) $= (1-0.09) \times 100 = 91\%$

**33** 호기성 퇴비화에 대한 설명으로 옳지 않은 것은?

① 생산된 퇴비의 비료가치가 높다.
② 퇴비 완성 후에 부피감소가 50% 이하로 크지 않다.
③ 퇴비화 과정을 거치면서 병원균, 기생충 등이 사멸된다.
④ 다른 폐기물처리 기술에 비해 고도의 기술수준을 요구하지 않는다.

**풀이** 호기성 퇴비화에 의해 생산된 퇴비는 비료가치로서 경제성이 낮다.

정답  27 ③  28 ①  29 ②  30 ③  31 ④  32 ③  33 ①

**34** 어느 쓰레기 수거차의 적재능력은 15m³또는 10톤을 적재할 수 있다. 밀도가 0.6ton/m³인 폐기물 3,000m³을 동시에 수거하려 할 때, 필요한 수거차의 대수는?(단, 기타 사항은 고려하지 않음)

① 180대    ② 200대
③ 220대    ④ 240대

**풀이** 수거차 대수 = $\dfrac{\text{쓰레기 발생량}}{\text{1대당 운반량}} = \dfrac{3{,}000\text{m}^3}{15\text{m}^3}$
= 200대

**35** 혐기성소화에 의한 유기물의 분해단계를 옳게 나타낸 것은?

① 산생성 → 가수분해 → 수소생성 → 메탄생성
② 산생성 → 수소생성 → 가수분해 → 메탄생성
③ 가수분해 → 수소생성 → 산생성 → 메탄생성
④ 가수분해 → 산생성 → 수소생성 → 메탄생성

**풀이** 혐기성소화 유기물 분해단계
① 제1단계 : 가수분해단계
② 제2단계 : 산생성, 수소발효단계
③ 제3단계 : 메탄생성단계

**36** 호기성 퇴비화공정의 설계 시 운영고려 인자에 관한 설명으로 적합하지 않은 것은?

① 교반/뒤집기 : 공기의 단회로(channeling) 현상 발생이 용이하도록 규칙적으로 교반하거나 뒤집어 준다.
② pH 조절 : 암모니아가스에 의한 질소 손실을 줄이기 위해서 pH 8.5 이상 올라가지 않도록 주의한다.
③ 병원균의 제어 : 정상적인 퇴비화 공정에서는 병원균의 사멸이 가능하다.
④ C/N비 : C/N비가 낮은 경우는 암모니아가스가 발생한다.

**풀이** 교반/뒤집기
공기의 단회로(channeling) 현상 발생을 방지하기 위하여 반응기간 동안 규칙적으로 교반하거나 뒤집어 준다.

**37** 도시가정 쓰레기의 매립 시 유출되는 침출수의 정화시설 운전에 주의할 사항이 아닌 것은?

① BOD : N : P의 비율을 조사하여 생물학적 처리의 문제점을 조사할 것
② 강우상태에 따른 매립장에서의 유출 오수량 조절방안을 강구할 것
③ 폐수처리 시 거품의 발생과 제거에 대한 방안을 강구할 것
④ 생물학적 처리에 유해한 고농도의 유해중금속물질 처리를 위한 처리 방안을 조사할 것

**풀이** 고농도의 유해중금속물질을 포함한 침출수는 생물학적 처리가 곤란하다.

**38** 폐기물 매립지에 소요되는 연직차수막과 표면차수막의 비교설명으로 옳지 않은 것은?

① 연직차수막은 지중에 수직방향의 차수층이 존재하는 경우에 적용한다.
② 표면차수막은 매립지 지반의 투수계수가 큰 경우에 사용되는 방법이다.
③ 표면차수막에 비하여 연직차수막의 단위면적당 공사비는 비싸지만 총공사비는 더 싸다.
④ 연직차수막은 지하수 집배수시설이 불필요하나 표면차수막은 필요하다.

**풀이** 연직차수막
① 적용조건 : 지중에 수평방향의 차수층이 존재할 때 사용
② 시공 : 수직 또는 경사시공
③ 지하수 집배수시설 : 불필요
④ 차수성 확인 : 지하매설로서 차수성 확인이 어려움
⑤ 경제성 : 단위면적당 공사비는 많이 소요되나 총공사비는 적게 듦
⑥ 보수 : 지중이므로 보수가 어렵지만 차수막 보강시공이 가능
⑦ 공법 종류
  ㉠ 어스 댐 코어 공법
  ㉡ 강널말뚝(Sheet Pile) 공법
  ㉢ 그라우트 공법
  ㉣ 차수시트 매설 공법
  ㉤ 지중 연속벽 공법

**정답** 34 ②  35 ④  36 ①  37 ④  38 ①

**39** 소각처리에 가장 부적합한 폐기물은?

① 폐종이 ② 폐유
③ 폐목재 ④ PVC

**풀이** PVC는 소각처리 시 다이옥신 발생을 유발할 수 있다.

**40** 해안매립공법인 순차투입방법에 대한 설명으로 옳은 것은?

① 밑면이 뚫린 바지선을 이용하여 폐기물을 떨어뜨려 뿌려줌으로써 바닥지반 하중을 균등하게 해 준다.
② 외주호안 등에 부가되는 수압이 증대되어 과대한 구조가 되기 쉽다.
③ 수심이 깊은 처분장은 내수를 완전히 배제한 후 순차투입방법을 택하는 경우가 많다.
④ 바닥지반이 연약한 경우 쓰레기 하중으로 연약층이 유동하거나 국부적으로 두껍게 퇴적되기도 한다.

**풀이** ①항은 박층뿌림공법에 관한 설명이다.
②항은 내수배제 또는 수중투기공법에 관한 설명이다.
③ 수심이 깊은 처분장에서는 건설비 과다로 내수를 완전히 배제하기 곤란한 경우가 많기 때문에 순차투입공법을 택하는 경우가 많다.

## 3과목  폐기물소각 및 열회수

**41** 유동층을 이용한 슬러지(sludge)의 소각특성에 대한 다음 설명 중 틀린 것은?

① 소각로 가동 시 모래층의 온도는 약 600℃ 정도가 적당하다.
② 슬러지의 유입은 노의 하부 또는 상부에서도 유입이 가능하다.
③ 유동층에서 슬러지의 연소상태에 따라 유동매체인 모래입자들의 뭉침현상이 발생할 수도 있다.
④ 소각 시 유동매체의 손실이 생겨 보통 매 300시간 가동에 총모래부피의 약 5% 정도의 유실량을 보충해 주어야 한다.

**풀이** 소각로 가동 시 유동층(모래층)은 보유열량이 높아 $(1.42 \times 10^5 \text{kcal/m}^3)$ 최적연소조건을 형성하여 유동층 내의 온도는 항상 700~800℃를 유지하면서 연소시킨다.

**42** 슬러지를 유동층 소각로에서 소각시키는 경우와 다단로에서 소각시키는 경우의 차이에 대한 설명으로 옳지 않은 것은?

① 유동층 소각로에서는 주입 슬러지가 고온에 의하여 급속히 건조되어 큰 덩어리를 이루면 문제가 일어나게 된다.
② 유동층 소각로에서는 유출모래에 의하여 시스템의 보조기기들이 마모되어 문제점을 일으키기도 한다.
③ 유동층 소각로는 고온영역에서 작동되는 기기가 없기 때문에 다단로보다 유지관리가 용이하다.
④ 유동층 소각로의 연소온도가 다단로의 연소온도보다 높다.

**풀이** 유동층 소각로의 연소온도(700~800℃)가 다단로의 연소온도(750~1,000℃)보다 낮다.

**43** 어떤 폐기물의 원소조성이 다음과 같을 때 연소 시 필요한 이론공기량(kg/kg)은?(단, 중량기준, 표준상태기준으로 계산)

- 가연성분 : 70%(C 60%, H 10%, O 25%, S 5%)
- 회분 : 30%

① 4.65　　② 7.15
③ 8.35　　④ 9.45

**풀이** $A_o$(kg/kg)

$= \dfrac{1}{0.232}(1.867C + 5.6H + 0.7S - 0.7O)$

가연분 중 각 성분 : C = 0.7×0.6 = 0.42
　　　　　　　　　　H = 0.7×0.1 = 0.07
　　　　　　　　　　S = 0.7×0.05 = 0.035
　　　　　　　　　　O = 0.7×0.25 = 0.175

$= \dfrac{1}{0.232}[(1.867×0.42)+(5.6×0.07)$
$+(0.7×0.035)-(0.7×0.175)]$
$= 4.65\ \text{kg/kg}$

**44** 소각로의 열효율을 향상시키기 위한 대책이라 할 수 없는 것은?

① 연소잔사의 현열손실을 감소
② 전열효율의 향상을 위한 간헐운전 지향
③ 복사전열에 의한 방열손실을 최대한 감소
④ 배기가스 재순환에 의한 전열효율 향상과 최종 배출가스 온도 저감

**풀이** 소각로의 열효율 향상대책
　① 연소생성열량을 피열물에 최대한 유효하게 전한다.
　② 간헐운전에 있어서는 전열효율의 향상에 의한 승온시간의 단축을 도모한다.
　③ 복사전열에 의한 방열손실을 최대 감소시킨다.
　④ 배기가스 재순환에 의해 전열효율을 향상시킨다.
　⑤ 열분해 생성물을 완전연소시킨다.
　⑥ 배기가스의 현열배출 손실을 저감한다.
　⑦ 연소잔사의 현열 손실을 감소시킨다.
　⑧ 최종배출가스 온도를 낮춘다.

**45** 다음 중 일반적으로 사용되는 열분해장치의 종류와 거리가 먼 것은?

① 고정상 열분해 장치
② 다단상 열분해 장치
③ 유동상 열분해 장치
④ 부유상 열분해 장치

**풀이** 열분해장치의 종류
　① 고정상 열분해장치
　② 유동상 열분해장치
　③ 부유상 열분해장치
　④ 로터리킬른 열분해장치

**46** 백 필터(bag filter) 재질과 최고운전온도가 옳게 연결된 것은?

① Wool - 120~180℃
② Teflon - 300~330℃
③ Glass fiber - 280~300℃
④ Polyesters - 240~260℃

**풀이** 각 여과재의 최고사용온도
　① Wool : 80℃
　② Teflon : 250℃
　③ Polyesters : 120℃

**47** 다음 성분의 중유의 연소에 필요한 이론공기량(Sm³/kg)은?

(단위 : wt%)

| 탄소 | 수소 | 산소 | 황 |
|---|---|---|---|
| 87 | 4 | 8 | 1 |

① 1.80　　② 5.63
③ 8.57　　④ 17.16

**풀이** $A_o$(Sm³/kg)

$= \dfrac{1}{0.21}(1.867C + 5.6H - 0.7O + 0.7S)$

$= \dfrac{1}{0.21}[(1.867×0.87)+(5.6×0.04)$
$-(0.7×0.08)+(0.7×0.01)] = 8.57\ \text{Sm}^3/\text{kg}$

**정답** 43 ①　44 ②　45 ②　46 ③　47 ③

**48** 쓰레기를 소각 후 남은 재의 중량은 소각 전 쓰레기중량의 1/4이다. 쓰레기 30ton을 소각하였을 때 재의 용량이 4m³라면 재의 밀도(ton/m³)는?

① 1.3　　　　② 1.6
③ 1.9　　　　④ 2.1

**풀이**　재의 밀도(ton/m³) = $\dfrac{30\text{ton} \times 1/4}{4\text{m}^3}$
　　　　　　　　　　= $1.88\text{ton/m}^3$

**49** 연소의 특성을 설명한 내용으로 알맞지 않은 것은?

① 수분이 많을 경우는 착화가 나쁘고 열손실을 초래한다.
② 휘발분(고분자물질)이 많을 경우는 매연 발생이 억제된다.
③ 고정탄소가 많을 경우 발열량이 높고 매연 발생이 적다.
④ 회분이 많을 경우 발열량이 낮다.

**풀이**　휘발분이 많을수록 연소효율이 저하되고 매연발생이 심하다.

**50** 소각 시 강열감량에 관한 내용으로 가장 거리가 먼 것은?

① 연소효율에 대응하는 미연분과 회잔사의 강열감량은 항상 일치하지는 않는다.
② 강열감량이 작으면 완전연소에 가깝다.
③ 연소효율이 높은 노는 강열감량이 작다.
④ 가연분 비율이 큰 대상물은 강열감량의 저감이 쉽다.

**풀이**　가연분 비율이 큰 대상물은 강열감량의 저감이 쉽지 않다.

**51** 플라스틱을 열분해에 의하여 처리하고자 한다. 열분해 온도가 적절치 못한 것은?

① PE, PP, PS : 550℃에서 완전분해
② PVC, 페놀수지, 요소수지 : 650℃에서 완전분해
③ HDPE : 400~600℃에서 완전분해
④ ABS : 350~550℃에서 완전분해

**풀이**　PVC, 페놀수지, 요소수지의 열분해온도는 200~300℃ 정도이다.

**52** 기체연료인 메탄($CH_4$)의 고위발열량이 9,500 kcal/$Sm^3$라면 저위발열량(kcal/$Sm^3$)은?

① 8,260　　　　② 8,380
③ 8,420　　　　④ 8,540

**풀이**　$H_l(\text{kcal/Sm}^3) = H_h - 480 \times n H_2O$
　　　$CH_4 + 2O_2 \rightarrow CO_2 + 2H_2O$
　　　$= 9,500 \text{kcal/Sm}^3 - (480 \times 2)$
　　　$= 8,540 \text{kcal/Sm}^3$

**53** 이론공기량($A_o$)과 이론연소가스양($G_o$)은 연료종류에 따라 특유한 값을 취하며, 연료 중의 탄소분은 저위발열량에 대략 비례한다고 나타낸 식은?

① Bragg의 식　　② Rosin의 식
③ Pauli의 식　　　④ Lewis의 식

**풀이**　발열량을 이용한 간이식(Rosin 식)
　　　이론공기량($A_o$)과 이론연소가스양($G_o$)은 연료 종류에 따라 특유한 값을 취하며, 연료 중의 탄소분은 저위발열량에 대략 비례한다고 나타낸 식이다.

① 고체연료($m^3/kg$)

$$A_o = 1.01 \times \dfrac{H_l}{1,000} + 0.5$$
$$G_o = 0.89 \times \dfrac{H_l}{1,000} + 1.65$$

② 액체연료($m^3/kg$)

$$A_o = 0.85 + \dfrac{H_l}{1,000} + 2$$
$$G_o = 1.11 \times \dfrac{H_l}{1,000}$$

정답　48 ③　49 ②　50 ④　51 ②　52 ④　53 ②

**54** 폐열회수를 위한 열교환기 중 공기예열기에 관한 설명으로 옳지 않은 것은?

① 굴뚝 가스 여열을 이용하여 연소용 공기를 예열하여 보일러의 효율을 높이는 장치이다.
② 연료의 착화와 연소를 양호하게 하고 연소온도를 높이는 부대효과가 있다.
③ 대표적으로 판상 공기예열기, 관형 공기예열기 및 재생식 공기예열기 등이 있다.
④ 이코노마이저와 병용 설치하는 경우에는 공기예열기를 고온축에 설치한다.

**풀이** 공기예열기
① 연도가스 여열을 이용하여 연소용 공기를 예열, 보일러효율을 높이는 장치이다.
② 연료의 착화와 연소를 양호하게 하고 연소온도를 높이는 부대효과가 있다.
③ 절탄기와 병용설치하는 경우에는 공기예열기를 저온축에 설치하는데, 그 이유는 저온의 열회수에 적합하기 때문이다.
④ 소형보일러에서는 절탄기로 충분히 여열을 회수 가능하지만 대형보일러는 절탄기만으로는 흡수열량이 부족하여 공기예열기에 의한 열회수도 필요하다.
⑤ 대표적으로 판상 공기예열기, 관형 공기예열기 및 재생식 공기예열기 등이 있다.

**55** 질량분율이 H : 12.0%, S : 1.4%, O : 1.6%, C : 85%, 수분 2%인 중유 1kg을 연소시킬 때 연소효율이 80%라면 저위발열량(kcal/ kg)은?(단, 각 원소의 단위질량당 열량은 C : 8,100, H : 34,000, S : 2,500kcal/kg이다.)

① 10,540  ② 9,965
③ 8,218  ④ 6,970

**풀이** $H_h$(kcal/kg)
$= 8,100C + 34,000\left(H - \dfrac{O}{8}\right) + 2,500S$
$= (8,100 \times 0.85) + \left[34,000\left(0.12 - \dfrac{0.016}{8}\right)\right]$
$+ (2,500 \times 0.014) = 10,932$ kcal/kg

$H_l$(kcal/kg) $= H_h - 600(9H + W)$
$= 10,932$ kcal/kg $- 600$
$[(9 \times 0.12) + 0.02]$
$= 10,272$ kcal/kg $\times 0.8$
$= 8,217.6$ kcal/kg

**56** 열분해 장치의 방식 중 주입폐기물의 입자가 작아야 하고 주입량이 크지 못한 단점과 어떤 종류의 폐기물도 처리가 가능한 장점을 가지는 것으로 가장 적절한 것은?

① 부유상 방식  ② 유동상 방식
③ 다단상 방식  ④ 고정상 방식

**풀이** 부유상 열분해 방식
① 공기 없이 또는 부족한 공기주입상태에서 운전한다.
② 어떤 종류의 폐기물도 처리가 가능하다.
③ 주입폐기물의 입자가 작아야 하고 주입량도 크지 못한 단점이 있다.

**57** 열분해방법 중 산소흡입고온 열분해법의 특징에 대한 설명으로 가장 거리가 먼 것은?

① 폐플라스틱, 폐타이어 등의 열분해시설로 많이 사용된다.
② 분해온도는 높지만 공기를 공급하지 않기 때문에 질소산화물의 발생량이 적다.
③ 이동바닥로의 밑으로부터 소량의 순산소를 주입, 노내의 폐기물 일부를 연소, 강열시켜 이때 발생되는 열을 이용해 상부의 쓰레기를 열분해한다.
④ 폐기물을 선별, 파쇄 등 전처리과정을 하지 않거나 간단히 하여도 된다.

**풀이** 산소흡입고온 열분해법
① 분해온도는 높지만 공기를 공급하지 않기 때문에 질소산화물의 발생량이 적다.
② 이동바닥로의 밑으로부터 소량의 순산소를 주입, 노내의 폐기물 일부를 연소, 강열시켜 이때 발생하는 열을 이용해 상부의 쓰레기를 열분해한다.

정답  54 ④  55 ③  56 ①  57 ①

③ 폐기물을 선별, 파쇄 등 전처리 과정을 하지 않거나 간단히 하여도 된다.
④ 도시폐기물의 열분해 장치로 이용된다.

## 58 연소실의 운전척도를 나타내는 것이 아닌 것은?

① 공기와 폐기물의 공급비
② 폐기물의 혼합 정도
③ 연소가스의 온도
④ Ash의 발생량

**풀이** 연소실의 운전척도
공연비(A/F비), 혼합 정도, 연소가스온도 등이 있고 연소실의 크기는 충분히 커야 한다.

## 59 어떤 소각로에서 배출되는 가스양은 8,000kg/hr이고 온도는 1,000℃(1기압 기준)이다. 배기가스는 소각로 내에서 2초간 체류한다면 소각로 용적($m^3$)은?(단, 표준상태에서 배기가스 밀도 = 0.2kg/$m^3$)

① 약 84
② 약 94
③ 약 104
④ 약 114

**풀이** 소각로 용적($m^3$)
$= \dfrac{배출가스양 \times 체류시간}{배기가스밀도}$
$= \dfrac{8,000kg/hr \times hr/3,600sec \times 2sec}{0.2kg/m^3}$
$= 22.22m^3 \times \dfrac{273+1,000}{273}$
$= 103.62m^3$

## 60 소각로에서 소요되는 과잉 공기량이 지나치게 클 경우 나타나는 현상이 아닌 것은?

① 연소실의 온도 저하
② 배기가스에 의한 열손실
③ 배기가스 온도의 상승
④ 연소 효율 감소

**풀이** 공기비의 영향
① $m$이 클 경우

㉠ 연소실 내에서 연소온도가 낮아진다.
㉡ 통풍력이 증대되어 배기가스에 의한 열손실이 커진다.
㉢ 배기가스 중 SOx(황산화물), NOx(질소산화물)의 함량이 증가하여 연소장치의 부식에 크게 영향을 미친다.

② $m$이 작을 경우
㉠ 배기가스 내 매연의 발생이 크다.(불완전 연소로 인함)
㉡ 연소가스의 폭발위험성이 크다.(불완전 연소로 인함)
㉢ 열손실에 큰 영향을 준다.
㉣ CO, HC의 오염물질 농도가 증가한다.

### 4과목  폐기물공정시험기준(방법)

## 61 폐기물의 강열감량 및 유기물 함량을 중량법으로 시험 시 시료를 탄화시키기 위해 사용하는 용액은?

① 15% 황산암모늄용액
② 15% 질산암모늄용액
③ 25% 황산암모늄용액
④ 25% 질산암모늄용액

**풀이** 강열감량 및 유기물 함량 – 중량법
질산암모늄용액(25%)을 넣고 가열하여 탄화시킨 다음 (600±25)℃의 전기로 안에서 3시간 강열한 다음 데시케이터에서 식힌 후 무게를 달아 증발접시의 무게차로부터 구한다.

## 62 자외선/가시선 분광광도계 광원부의 광원 중 자외부의 광원으로 주로 사용되는 것은?

① 중수소 방전관
② 텅스텐 램프
③ 나트륨 램프
④ 중공음극 램프

**풀이** 자외선/가시선 분광광도계 광원부의 광원
① 가시부, 근적외부 : 텅스텐 램프
② 자외부 : 중수소 방전관

정답  58 ④  59 ③  60 ③  61 ④  62 ①

**63** 폐기물이 1톤 미만으로 야적되어 있는 적환장에서 채취하여야 할 최소 시료의 총량(g)은?(단, 소각재는 아님)

① 100　　② 400
③ 600　　④ 900

**풀이** 1회에 100g 이상 채취하며 1톤 미만이면 시료 채취 최소 수가 6이므로 100g×6=600g

**64** 고상 폐기물의 pH(유리전극법)를 측정하기 위한 실험절차로 (　)에 내용으로 옳은 것은?

> 고상폐기물 10g을 50mL 비커에 취한 다음 정제수 25mL를 넣어 잘 교반하여 (　) 이상 방치한 후 이 현탁액을 시료용액으로 하거나 원심분리한 후 상층액을 시료용액으로 사용한다.

① 10분　　② 30분
③ 2시간　　④ 4시간

**풀이** 반고상 또는 고상폐기물의 pH(유리전극법) 측정
시료 10g을 50mL 비커에 취한 다음 정제수(증류수) 25mL를 넣어 잘 교반하여 30분 이상 방치한 후 이 현탁액을 시료용액으로 하거나 원심분리한 후 상층액을 시료용액으로 한다.

**65** 0.1N NaOH 용액 10mL를 중화하는데 어떤 농도의 HCl 용액이 100mL 소요되었다. 이 HCl 용액의 pH는?

① 1　　② 2
③ 2.5　　④ 3

**풀이** $NV = N'V'$
$0.1N \times 10mL = N' \times 100mL$
$N'(HCl) = \dfrac{0.1N \times 10mL}{100mL}$
$\phantom{N'(HCl)} = 0.01N(HCl\ 1가이므로\ 0.01M)$
HCl의 pH $= \log \dfrac{1}{10^{-2}} = 2$

**66** 분석용 저울은 최소 몇 mg까지 달 수 있는 것이어야 하는가?(단, 총칙 기준)

① 1.0　　② 0.1
③ 0.01　　④ 0.001

**풀이** 분석용 저울은 0.1mg까지 측정할 수 있어야 한다.

**67** 시료의 채취방법에 관한 내용으로 (　)에 옳은 것은?

> 콘크리트 고형화물의 경우 대형의 고형화물로서 분쇄가 어려운 경우에는 임의의 ( ㉠ )에서 채취하여 각각 파쇄하여 ( ㉡ )씩 균등량 혼합하여 채취한다.

① ㉠ 2개소, ㉡ 100g　　② ㉠ 2개소, ㉡ 500g
③ ㉠ 5개소, ㉡ 100g　　④ ㉠ 5개소, ㉡ 500g

**풀이** 콘크리트 고형화물 시료 채취
① 소형 : 고상혼합물의 경우에 따른다.
② 대형 : 분쇄가 어려울 경우에는 임의의 5개소에서 채취하여 각각 파쇄하여 100g씩 균등량을 혼합하여 채취한다.

**68** 시안-이온전극법에 관한 내용으로 (　)에 옳은 내용은?

> 폐기물 중 시안을 측정하는 방법으로 액상폐기물과 고상폐기물을 (　)으로 조절한 후 시안 이온전극과 비교전극을 사용하여 전위를 측정하고 그 전위차로부터 시안을 정량하는 방법이다.

① pH 2 이하의 산성
② pH 4.5~5.3의 산성
③ pH 10의 알칼리성
④ pH 12~13의 알칼리성

**풀이** 시안-이온전극법
액상폐기물과 고상폐기물을 pH 12~13의 알칼리성으로 조절한 후 시안 이온전극과 비교전극을 사용하여 전위를 측정하고 그 전위차로부터 시안을 정량하는 방법이다.

**정답** 63 ③　64 ②　65 ②　66 ②　67 ③　68 ④

**69** 폐기물에 함유된 오염물질을 분석하기 위한 용출시험 방법 중 시료용액의 조제에 관한 설명으로 ( )에 알맞은 것은?

> 조제한 시료 100g 이상을 정밀히 달아 정제수에 염산을 넣어 ( )으로 한 용매(mL)를 1 : 10(W : V)의 비율로 넣어 혼합한다.

① pH 8.8~9.3　　② pH 7.8~8.3
③ pH 6.8~7.3　　④ pH 5.8~6.3

**풀이** 용출시험 시료용액 조제
① 시료의 조제 방법에 따라 조제한 시료 100g 이상을 정확히 단다.
⇩
② 용매 : 정제수에 염산을 넣어 pH를 5.8~6.3으로 한다.
⇩
③ 시료 : 용매=1 : 10(W/V)의 비로 2,000mL 삼각 플라스크에 넣어 혼합한다.

**70** 자외선/가시선 분광법에 의한 시안분석방법에 관한 설명으로 틀린 것은?

① 시료를 pH 10~12의 알칼리성으로 조절한 후에 질산나트륨을 넣고 가열 증류하여 시안화합물을 시안화수소로 유출하는 방법이다.
② 클로라민-T와 피리딘·피라졸론 혼합액을 넣어 나타나는 청색을 620nm에서 측정하는 방법이다.
③ 시안화합물을 측정할 때 방해물질들은 증류하면 대부분 제거되나 다량의 지방성분, 잔류염소, 황화합물은 시안화합물을 분석할 때 간섭할 수 있다.
④ 황화합물이 함유된 시료는 아세트산아연용액(10W/V%) 2mL를 넣어 제거한다.

**풀이** 시안 – 자외선/가시선 분광법
시료를 pH 2 이하의 산성으로 조절한 후에 에틸렌디아민테트라아세트산나트륨을 넣고 가열 증류하여 시안화합물을 시안화수소로 유출시켜 수산화나트륨용액을 포집한 다음 중화하고 클로라민-T와 피리딘·피라졸론 혼합액을 넣어 나타나는 청색을 620nm에서 측정하는 방법이다.

**71** 할로겐화 유기물질(기체크로마토그래피-질량분석법) 측정 시 간섭물질에 관한 설명으로 틀린 것은?

① 추출 용매 안에 간섭물질이 발견되면 증류하거나 컬럼 크로마토그래피에 의해 제거한다.
② 디클로로메탄과 같이 머무름 시간이 긴 화합물은 용매의 피크와 겹쳐 분석을 방해할 수 있다.
③ 끓는점이 높거나 극성 유기화합물들이 함께 추출되므로 이들 중에는 분석을 간섭하는 물질이 있을 수 있다.
④ 플루오르화탄소나 디클로로메탄과 같은 휘발성 유기물은 보관이나 운반 중에 격막을 통해 시료 안으로 확산되어 시료를 오염시킬 수 있으므로 현장 바탕시료로서 이를 점검하여야 한다.

**풀이** 디클로로메탄과 같이 머무름 시간이 짧은 화합물은 용매의 피크와 겹쳐 분석을 방해할 수 있다.

**72** 원자흡수분광광도법에 의하여 크롬을 분석하는 경우 적합한 가연성 가스는?

① 공기　　　　② 헬륨
③ 아세틸렌　　④ 일산화이질소

**풀이** 원자흡수분광광도법에 의하여 크롬을 분석하는 경우 일반적으로 가연성 기체로 아세틸렌을, 조연성 기체로 공기를 사용한다.

**73** 자외선/가시선 분광법을 이용한 카드뮴 측정에 관한 설명으로 ( )에 옳은 내용은?

> 시료 중의 카드뮴이온을 시안화칼륨이 존재하는 알칼리성에서 디티존과 반응시켜 생성하는 카드뮴착염을 사염화탄소로 추출하고 이를 ( )으로 역추출한 다음 수산화나트륨과 시안화칼륨을 넣어 디티존과 반응하여 생성하는 적색의 카드뮴착염을 사염화탄소로 추출하여 그 흡광도를 520nm에서 측정한다.

① 염화제일주석산 용액　② 부틸알코올
③ 타타르산 용액　　　　④ 에틸알코올

정답　69 ④　70 ①　71 ②　72 ③　73 ③

**풀이** 카드뮴 – 자외선/가시선 분광법(디티존법)
시료 중에 카드뮴 이온을 시안화칼륨이 존재하는 알칼리성에서 디티존과 반응시켜 생성하는 카드뮴착염을 사염화탄소로 추출하고, 추출한 카드뮴착염을 타타르산용액으로 역추출한 다음 수산화나트륨과 시안화칼륨을 넣어 디티존과 반응하여 생성하는 적색의 카드뮴착염을 사염화탄소로 추출하여 그 흡광도를 520nm에서 측정하는 방법이다.

**74** 원자흡수분광광도법의 분석장치를 나열한 것으로 적당하지 않은 것은?

① 광원부 – 중공음극램프, 램프점등장치
② 시료원자화부 – 버너, 가스유량 조절기
③ 파장선택부 – 분광기, 멀티패스 광학계
④ 측광부 – 검출기, 증폭기

**풀이** 파장선택부
분광기, 필터, 에탈론 간섭분광기

**75** 유기질소 화합물 및 유기인을 기체크로마토그래피로 분석할 경우 사용되는 검출기는?

① 불꽃광도검출기(FPD)
② 열전도도검출기(TCD)
③ 전자포획형검출기(ECD)
④ 불꽃이온화검출기(FID)

**풀이** 불꽃광도검출기(FPD ; Flame Photometric Detector)
불꽃광도검출기는 수소염에 의하여 시료성분을 연소시키고 이때 발생하는 염광의 광도를 분광학적으로 측정하는 방법으로서 인 또는 유황화합물을 선택적으로 검출할 수 있다. 운반가스와 조연가스의 혼합부, 수소공급구, 연소노즐, 광학필터, 광전자증배관 및 전원 등으로 구성되어 있다.

**76** 폐기물공정시험기준에서 규정하고 있는 대상 폐기물의 양과 시료의 최소 수가 잘못 연결된 것은?

① 1톤 이상~5톤 미만 : 10
② 5톤 이상~30톤 미만 : 14
③ 100톤 이상~500톤 미만 : 20
④ 500톤 이상~1,000톤 미만 : 36

**풀이** 대상 폐기물의 양과 시료의 최소 수

| 대상 폐기물의 양(단위 : ton) | 시료의 최소 수 |
|---|---|
| ~1 미만 | 6 |
| 1 이상~5 미만 | 10 |
| 5 이상~30 미만 | 14 |
| 30 이상~100 미만 | 20 |
| 100 이상~500 미만 | 30 |
| 500 이상~1,000 미만 | 36 |
| 1,000 이상~5,000 미만 | 50 |
| 5,000 이상~ | 60 |

**77** $K_2Cr_2O_7$을 사용하여 1,000mg/L의 Cr표준원액 100mL를 제조하려면 필요한 $K_2Cr_2O_7$의 양(mg)은?(단, 원자량 K = 39, Cr = 52, O = 16)

① 141
② 283
③ 354
④ 565

**풀이** $K_2Cr_2O_7$ 분자량 $= (2\times 39)+(2\times 52)+(16\times 7)$
$= 294g$
$K_2Cr_2O_7$을 전리시켜 Cr을 생성시키면 2mL의 Cr이온이 생성됨
$294g : 2\times 52g$
$X(mg) : 1,000mg/L \times 100mL \times L/1,000mL$
$X(mg) = \dfrac{294g \times 100mg}{2\times 52g} = 282.69mg$

[Note] $K_2Cr_2O_7 : 2Cr^{3+}$

**78** 폐기물 용출조작에 관한 내용으로 ( )에 옳은 것은?

> 시료용액 조제가 끝난 혼합액을 상온, 상압에서 진탕 횟수가 매분당 약 200회, 진폭 ( )의 진탕기를 사용하여 ( ) 연속 진탕한 다음 여과하고 여과액을 적당량 취하여 용출시험용 시료용액으로 한다.

① 4~5cm, 4시간
② 4~5cm, 6시간
③ 5~6cm, 4시간
④ 5~6cm, 6시간

**풀이** 용출시험방법(용출조작)
① 진탕 : 혼합액을 상온·상압에서 진탕 횟수가 매분당 약 200회, 진폭이 4~5cm인 진탕기를 사용

하여 6시간 연속 진탕
⇩
② 여과 : 1.0μm의 유리섬유여과지로 여과
⇩
③ 여과액을 적당량 취하여 용출실험용 시료용액으로 함

## 79 폐기물 중 크롬을 자외선/가시선 분광법으로 측정하는 방법에 대한 내용으로 틀린 것은?

① 흡광도는 540nm에서 측정한다.
② 총크롬을 다이페닐카바자이드를 사용하여 6가 크롬으로 전환시킨다.
③ 흡광도의 측정값이 0.2~0.8의 범위에 들도록 실험용액의 농도를 조절한다.
④ 크롬의 정량한계는 0.002mg이다.

**풀이** 크롬(자외선/가시선 분광법)
시료 중에 총크롬을 과망간산칼륨을 사용하여 6가 크롬으로 산화시킨 다음 산성에서 다이페닐카바자이드와 반응하여 생성되는 적자색 착화합물의 흡광도를 540nm에서 측정하여 총크롬을 정량하는 방법이다.

## 80 정량한계(LOQ)에 관한 설명으로 ( )에 내용으로 옳은 것은?

정량한계란 시험분석 대상을 정량화할 수 있는 측정값으로서 제시된 정량한계 부근의 농도를 포함하도록 시료를 준비하고 이를 반복 측정하여 얻은 결과의 표준편차에 ( )한 값을 사용한다.

① 3배  ② 3.3배
③ 5배  ④ 10배

**풀이** 정량한계(LOQ) = 표준편차 × 10

## 5과목 폐기물관계법규

## 81 의료폐기물의 수집·운반 차량의 차체는 어떤색으로 색칠하여야 하는가?

① 청색  ② 흰색
③ 황색  ④ 녹색

**풀이** 의료폐기물의 수집·운반 차량의 차체는 흰색으로 색칠하여야 한다.

## 82 과징금으로 징수한 금액의 사용 용도로 알맞지 않은 것은?

① 불법 투기된 폐기물의 처리 비용
② 폐기물처리시설의 지도·점검에 필요한 시설·장비의 구입 및 운영
③ 폐기물처리기준에 적합하지 아니하게 처리한 폐기물 중 그 폐기물을 처리한 자 또는 그 폐기물의 처리를 위탁한 자를 확인할 수 없는 폐기물로 인하여 예상되는 환경상 위해의 제거를 위한 처리
④ 광역폐기물처리시설의 확충

**풀이** 과징금의 사용 용도
① 광역폐기물 처리시설의 확충
② 공공 재활용기반시설의 확충
③ 폐기물재활용 신고자가 적합하게 재활용하지 아니한 폐기물의 처리
④ 폐기물을 재활용하는 자의 지도·점검에 필요한 시설·장비의 구입 및 운영

## 83 폐기물처리시설(소각시설, 소각열회수시설이나 멸균분쇄시설)의 검사를 받으려는 자가 해당 검사기관에 검사신청서와 함께 첨부하여 제출하여야 하는 서류와 가장 거리가 먼 것은?

① 설계도면
② 폐기물조성비 내용
③ 설치 및 장비확보 명세서
④ 운전 및 유지관리계획서

정답  79 ②  80 ④  81 ②  82 ①  83 ③

풀이) 검사신청서 첨부서류(소각시설, 소각열회수시설, 멸균분쇄시설)
① 설계도면
② 폐기물조성비 내용
③ 운전 및 유지관리계획서

**84** 대통령령으로 정하는 폐기물처리시설을 설치, 운영하는 자는 그 처리시설에서 배출되는 오염물질을 측정하거나 환경부령으로 정하는 측정기관으로 하여금 측정하게 하고, 그 결과를 환경부장관에게 보고하여야 한다. 다음 중 환경부령으로 정하는 측정기관과 가장 거리가 먼 것은?

① 수도권매립지관리공사
② 보건환경연구원
③ 국립환경과학원
④ 한국환경공단

풀이) 환경부령으로 정하는 오염물질 측정기관
① 보건환경연구원
② 한국환경공단
③ 수질오염물질 측정대행업의 등록을 한 자
④ 수도권매립지관리공사
⑤ 폐기물분석전문기관

**85** 폐기물처리업자나 폐기물처리 신고자가 휴업, 폐업 또는 재개업을 한 경우에 휴업, 폐업 또는 재개업을 한 날부터 며칠 이내에 신고서(서류 첨부)를 시·도지사나 지방환경관서의 장에게 제출하여야 하는가?

① 3일
② 10일
③ 20일
④ 30일

풀이) 폐기물처리업자나 폐기물처리 신고자가 휴업, 폐업 또는 재개업을 한 경우에 휴업, 폐업 또는 재개업을 한 날부터 20일 이내에 신고서를 시·도지사나 지방환경관서의 장에게 제출하여야 한다.

**86** 폐기물 처리시설의 유지·관리에 관한 기술관리를 대행할 수 있는 자는?

① 환경보전협회
② 환경관리인협회
③ 폐기물처리협회
④ 한국환경공단

풀이) 폐기물처리시설의 유지·관리에 관한 기술관리대행자
① 한국환경공단
② 엔지니어링 사업자
③ 기술사사무소
④ 그 밖에 환경부장관이 기술관리를 대행할 능력이 있다고 인정하여 고시하는 자

**87** 기술관리인을 두어야 할 폐기물처리시설이 아닌 것은?

① 시간당 처리능력이 120킬로그램인 감염성 폐기물 대상 소각시설
② 면적이 3천5백 제곱미터인 지정폐기물 매립시설
③ 절단시설로서 1일 처리능력이 150톤인 시설
④ 연료화시설로서 1일 처리능력이 8톤인 시설

풀이) 기술관리인을 두어야 하는 폐기물처리시설
① 매립시설의 경우
  ㉠ 지정폐기물을 매립하는 시설로서 면적이 3천 300 제곱미터 이상인 시설. 다만, 차단형 매립시설에서는 면적이 330제곱미터 이상이거나 매립용적이 1천 세제곱미터 이상인 시설로 한다.
  ㉡ 지정폐기물 외의 폐기물을 매립하는 시설로서 면적이 1만 제곱미터 이상이거나 매립용적이 3만 세제곱미터 이상인 시설
② 소각시설로서 시간당 처리능력이 600킬로그램(감염성 폐기물을 대상으로 하는 소각시설의 경우에는 200킬로그램) 이상인 시설
③ 압축·파쇄·분쇄 또는 절단시설로서 1일 처리능력 또는 재활용시설이 100톤 이상인 시설
④ 사료화·퇴비화 또는 연료화 시설로서 1일 재활용능력이 5톤 이상인 시설
⑤ 멸균·분쇄시설로서 시간당 처리능력이 100킬로그램 이상인 시설
⑥ 시멘트 소성로
⑦ 용해로(폐기물에 비철금속을 추출하는 경우로 한

정답) 84 ③  85 ③  86 ④  87 ①

정한다.)로서 시간당 재활용능력이 600킬로그램 이상인 시설
⑧ 소각열회수시설로서 시간당 재활용능력이 600킬로그램 이상인 시설

## 88 다음 중 사업장폐기물에 해당되지 않는 것은?
① 대기환경보전법에 따라 배출시설을 설치 운영하는 사업장에서 발생하는 폐기물
② 물환경보전법에 따라 배출시설을 설치 운영하는 사업장에서 발생하는 폐기물
③ 소음진동법관리법에 따라 배출시설을 설치 운영하는 사업장에서 발생하는 폐기물
④ 환경부장관이 정하는 사업장에서 발생하는 폐기물

**풀이**  "사업장폐기물"이란 「대기환경보전법」, 「물환경보전법」 또는 「소음·진동관리법」에 따라 배출시설을 설치·운영하는 사업장이나 그 밖에 대통령령으로 정하는 사업장에서 발생하는 폐기물을 말한다.

## 89 폐기물처리시설을 설치하고자 하는 자가 제출하여야 하는 폐기물처분시설 설치승인 신청서에 첨부되는 서류로 틀린 것은?
① 처분 대상 폐기물의 처분계획서
② 폐기물처분 시 소요되는 예산계획서
③ 폐기물 처분시설의 설계도서
④ 처분 후에 발생하는 폐기물의 처분계획서

**풀이**  폐기물처분시설 설치승인서 첨부서류
① 처분 또는 재활용대상 폐기물 배출업체의 제조공정도 및 폐기물배출명세서(사업장폐기물배출자가 설치하는 경우만 제출한다)
② 폐기물의 종류, 성질·상태 및 예상 배출량명세서(사업장폐기물배출자가 설치하는 경우만 제출한다)
③ 처분 또는 재활용대상 폐기물의 처분계획서
④ 폐기물처분시설 또는 재활용시설의 설치 및 장비확보 계획서
⑤ 폐기물처분시설 또는 재활용시설의 설계도서(음식물류 폐기물을 처분 또는 재활용하는 시설의 경우에는 물질수지도를 포함한다)
⑥ 처분 또는 재활용 후에 발생하는 폐기물의 처분계획서
⑦ 공동폐기물처분시설 또는 재활용시설의 설치·운영에 드는 비용부담 등에 관한 규약(폐기물처리시설을 공동으로 설치·운영하는 경우만 제출한다)
⑧ 폐기물매립시설의 사후관리계획서
⑨ 환경부장관이 고시하는 사항을 포함한 시설설치의 환경성조사서[면적이 1만 제곱미터 이상이거나 매립용적이 3만 세제곱미터 이상인 매립시설, 1일 처분능력이 100톤 이상(지정폐기물의 경우에는 10톤 이상)인 소각시설, 1일 재활용능력이 100톤 이상인 소각열회수시설이나 폐기물을 연료로 사용하는 시멘트 소성로의 경우만 제출한다]. 다만, 「환경영향평가법」에 따른 전략환경영향평가 대상사업, 환경영향평가 대상사업 또는 소규모 환경영향평가 대상사업의 경우에는 전략환경영향평가서, 환경영향평가서나 소규모 환경영향평가서로 대체할 수 있다.
⑩ 배출시설의 설치허가 신청서 또는 신고 시의 첨부서류(배출시설에 해당하는 폐기물 처분시설 또는 재활용시설을 설치하는 경우만 제출하며 제1호부터 제8호까지의 서류와 중복되면 그 서류는 제출하지 아니할 수 있다)

## 90 다음 용어의 정의로 틀린 것은?
① 환경용량이란 일정한 지역에서 환경오염 또는 환경훼손에 대하여 환경이 스스로 수용·정화 및 복원하여 환경의 질을 유지할 수 있는 한계를 말한다.
② 생활환경이란 인공적이지 않은 대기, 물, 토양에 관한 자연과 관련된 주변 환경을 말한다.
③ 자연환경이란 지하·지표(해양을 포함한다.) 및 지상의 모든 생물과 이들을 둘러싸고 있는 비생물적인 것을 포함한 자연의 상태(생태계 및 자연경관을 포함한다.)를 말한다.
④ 환경보전이란 환경오염 및 환경훼손으로부터 환경을 보호하고 오염되거나 훼손된 환경을 개선함과 동시에 쾌적한 환경의 상태를 유지·조성하기 위한 행위를 말한다.

**정답**  88 ④  89 ②  90 ②

> 풀이 "생활환경"이란 대기, 물, 토양, 폐기물, 소음·진동, 악취, 일조, 인공조명, 화학물질 등 사람의 일상생활과 관계되는 환경을 말한다.

**91** 다음 중 5년 이하의 징역이나 5천만 원 이하의 벌금에 처하는 경우가 아닌 것은?

① 허가를 받지 아니하고 폐기물처리업을 한 자
② 폐쇄명령을 이행하지 아니한 자
③ 대행계약을 체결하지 아니하고 종량제 봉투 등을 제작·유통한 자
④ 영업정지 기간 중에 영업행위를 한 자

> 풀이 폐기물관리법 제64조 참조

**92** 지정폐기물 중 부식성 폐기물(폐알칼리) 기준으로 옳은 것은?

① 액체상태의 폐기물로서 수소이온 농도지수가 12.0 이상인 것으로 한정하며 수산화칼륨 및 수산화나트륨을 포함한다.
② 액체상태의 폐기물로서 수소이온 농도지수가 12.0 이상인 것으로 한정하며 수산화칼륨 및 수산화나트륨은 제외한다.
③ 액체상태의 폐기물로서 수소이온 농도지수가 12.5 이상인 것으로 한정하며 수산화칼륨 및 수산화나트륨을 포함한다.
④ 액체상태의 폐기물로서 수소이온 농도지수가 12.5 이상인 것으로 한정하며 수산화칼륨 및 수산화나트륨은 제외한다.

> 풀이 폐알칼리(부식성 폐기물)
> 액체상태의 폐기물로서 수소이온 농도지수가 12.5 이상인 것으로 한정하며 수산화칼륨 및 수산화나트륨을 포함한다.

**93** '대통령령으로 정하는 폐기물처리시설'을 설치·운영하는 자는 그 폐기물 처리시설의 설치·운영이 주변지역에 미치는 영향을 3년마다 조사하여 그 결과를 환경부장관에게 제출하여야 한다. 다음 중 대통령령으로 정하는 폐기물처리시설 기준으로 틀린 것은?

① 매립면적 1만 제곱미터 이상의 사업장 지정폐기물 매립시설
② 매립면적 15만 제곱미터 이상의 사업장 일반폐기물 매립시설
③ 시멘트 소성로(폐기물을 연료로 하는 경우로 한정한다.)
④ 1일 처분능력이 10톤 이상인 사업장폐기물 소각시설

> 풀이 주변지역 영향 조사대상 폐기물처리시설 기준
> ① 1일 처리능력이 50톤 이상인 사업장폐기물 소각시설(같은 사업장에 여러 개의 소각시설이 있는 경우에는 각 소각시설의 1일 처리능력의 합계가 50톤 이상인 경우를 말한다.)
> ② 매립면적 1만 제곱미터 이상의 사업장 지정폐기물 매립시설
> ③ 매립면적 15만 제곱미터 이상의 사업장 일반폐기물 매립시설
> ④ 시멘트 소성로(폐기물을 연료로 사용하는 경우로 한정한다.)
> ⑤ 1일 재활용능력이 50톤 이상인 사업장폐기물 소각열회수시설(같은 사업장에 여러 개의 소각열회수시설이 있는 경우에는 각 소각열회수시설의 1일 재활용능력의 합계가 50톤 이상인 경우를 말한다)

**94** 폐기물 중간처분업자가 폐기물처리업의 변경허가를 받아야 할 중요사항으로 틀린 것은?

① 처분대상 폐기물의 변경
② 운반차량(임시차량은 제외한다)의 증차
③ 처분용량의 100분의 30 이상의 변경
④ 폐기물 재활용시설의 신설

> 풀이 폐기물처리업의 변경허가를 받아야 할 중요사항
> 폐기물 중간처분업, 폐기물 최종처분업 및 폐기물 종합처분업
> ① 처분 대상 폐기물의 변경
> ② 폐기물 처분시설 소재지의 변경
> ③ 운반차량(임시차량은 제외한다.)의 증차

정답  91 ④  92 ③  93 ④  94 ④

④ 폐기물 처분시설의 신설
⑤ 처분용량의 100분의 30 이상의 변경(허가 또는 변경허가를 받은 후 변경되는 누계를 말한다.)
⑥ 주요 설비의 변경(다만 다음 ㉠부터 ㉣까지의 경우만 해당한다.)
  ㉠ 폐기물 처분시설의 구조 변경으로 인하여 별표 9 제1호 나목 2) 가)의 (1) · (2), 나)의 (1) · (2), 다)의 (2) · (3), 라)의 (1) · (2)의 기준이 변경되는 경우
  ㉡ 차수시설 · 침출수 처리시설이 변경되는 경우
  ㉢ 별표 9 제2호 나목 2) 바)에 따른 가스처리시설 또는 가스활용시설이 설치되거나 변경되는 경우
  ㉣ 배출시설의 변경허가 또는 변경신고의 대상이 되는 경우
⑦ 매립시설 제방의 증 · 개축
⑧ 허용보관량의 변경

## 95 폐기물 재활용을 금지하거나 제한하는 항목 기준으로 옳지 않은 것은?

① 폴리클로리네이티드비페닐(PCBs)을 환경부령으로 정하는 농도 이상 함유하는 폐기물
② 폐유독물 등 인체나 환경에 미치는 위해가 매우 높을 것으로 우려되는 폐기물 중 대통령령으로 정하는 폐기물
③ 태반을 포함한 의료폐기물
④ 폐석면

**풀이** 재활용을 금지하거나 제한하는 폐기물
① 폐석면
② 폴리클로리네이티드비페닐(PCBs)을 환경부령으로 정하는 농도 이상 함유하는 폐기물
③ 의료폐기물(태반은 제외한다)
④ 폐유독물 등 인체나 환경에 미치는 위해가 매우 높을 것으로 우려되는 폐기물 중 대통령령으로 정하는 폐기물

## 96 폐기물관리법에서 사용하는 용어의 정의로 틀린 것은?

① 생활폐기물이란 사업장폐기물 외의 폐기물을 말한다.
② 폐기물이란 쓰레기, 연소재, 오니, 폐유, 폐산, 폐알칼리 및 동물의 사체 등으로서 사람의 생활이나 사업활동에 필요하지 아니하게 된 물질을 말한다.
③ 지정폐기물이란 사업장폐기물 중 폐유 · 폐산 등 주변 환경을 오염시킬 수 있거나 의료폐기물 등 인체에 위해를 줄 수 있는 해로운 물질로서 대통령령으로 정하는 폐기물을 말한다.
④ 폐기물처리시설이란 폐기물의 최초 및 중간처리시설과 최종처리시설로서 환경부령으로 정하는 시설을 말한다.

**풀이** 폐기물처리시설
폐기물의 중간처분시설, 최종처분시설 및 재활용시설로서 대통령령으로 정하는 시설을 말한다.

## 97 폐기물관리법을 적용하지 아니하는 물질에 대한 내용으로 옳지 않은 것은?

① 용기에 들어 있지 아니한 기체상의 물질
② 물환경보전법에 의한 오수 · 분뇨 및 가축분뇨
③ 하수도법에 따른 하수
④ 원자력안전법에 따른 방사성물질과 이로 인하여 오염된 물질

**풀이** 폐기물관리법을 적용하지 않는 물질
① 「원자력안전법」에 따른 방사성 물질과 이로 인하여 오염된 물질
② 용기에 들어 있지 아니한 기체상태의 물질
③ 「물환경보전법」에 따른 수질오염 방지시설에 유입되거나 공공수역(수역)으로 배출되는 폐수
④ 「가축분뇨의 관리 및 이용에 관한 법률」에 따른 가축분뇨
⑤ 「하수도법」에 따른 하수 · 분뇨
⑥ 「가축전염병예방법」이 적용되는 가축의 사체, 오염 물건, 수입 금지 물건 및 검역 불합격품
⑦ 「수산생물질병 관리법」에 적용되는 수산동물의 사체, 오염된 시설 또는 물건, 수입 금지 물건 및 검역 불합격품
⑧ 「군수품관리법」에 따라 폐기되는 탄약

**정답** 95 ③  96 ④  97 ②

## 98 방치폐기물의 처리를 폐기물처리 공제조합에 명할 수 있는 방치폐기물 처리량 기준으로 (  )에 옳은 것은?

> 폐기물처리 신고자가 방치한 폐기물의 경우 : 그 폐기물처리 신고자의 폐기물 보관량의 (    ) 이내

① 1.5배  ② 2배
③ 2.5배  ④ 3배

**풀이** ※ 법규 변경사항이므로 해설의 내용으로 학습 부탁드립니다.

**방치폐기물의 처리량과 처리기간**
① 폐기물처리 공제조합에 처리를 명할 수 있는 방치폐기물의 처리량은 다음 각 호와 같다.
　㉠ 폐기물처리업자가 방치한 폐기물의 경우 : 그 폐기물처리업자의 폐기물 허용보관량의 2배 이내
　㉡ 폐기물처리 신고자가 방치한 폐기물의 경우 : 그 폐기물처리 신고자의 폐기물 보관량의 2배 이내
② 환경부장관이나 시·도지사는 폐기물처리 공제조합에 방치폐기물의 처리를 명하려면 주변환경의 오염 우려 정도와 방치폐기물의 처리량 등을 고려하여 2개월의 범위에서 그 처리기간을 정하여야 한다. 다만, 부득이한 사유로 처리기간 내에 방치폐기물을 처리하기 곤란하다고 환경부장관이나 시·도지사가 인정하면 1개월의 범위에서 한 차례만 그 기간을 연장할 수 있다.

## 99 국가 차원의 환경보전을 위한 종합계획인 국가환경종합계획의 수립 주기는?

① 20년  ② 15년
③ 10년  ④ 5년

**풀이** 국가환경종합계획의 수립 주기 : 20년

## 100 생활폐기물 처리대행자(대통령령이 정하는 자)에 대한 기준으로 틀린 것은?

① 폐기물처리업자
② 폐기물관리법에 따른 건설폐기물 재활용업의 허가를 받은 자
③ 자원의 절약과 재활용촉진에 관한 법률에 따른 재활용센터를 운영하는 자(같은 법에 따른 대형폐기물을 수집·운반 및 재활용하는 것만 해당한다.)
④ 폐기물처리 신고자

**풀이** 생활폐기물 처리대행자
① 폐기물처리업자
② 폐기물처리 신고자
③ 「한국환경공단법」에 따른 한국환경공단
④ 전기·전자제품 재활용의무생산자 또는 전기·전자제품 판매업자(전기·전자제품 재활용의무생산자 또는 전기·전자제품 판매업자로부터 회수·재활용을 위탁받은 자를 포함한다) 중 전기·전자제품을 재활용하기 위하여 스스로 회수하는 체계를 갖춘 자
⑤ 재활용센터를 운영하는 자(대형폐기물을 수집·운반 및 재활용하는 것만 해당한다)
⑥ 재활용의무생산자 중 제품·포장재를 스스로 회수하여 재활용하는 체계를 갖춘 자(재활용의무생산자로부터 재활용을 위탁받은 자를 포함한다)
⑦ 「건설폐기물 재활용촉진에 관한 법률」에 따라 건설폐기물처리업의 허가를 받은 자(공사·작업 등으로 인하여 5톤 미만으로 발생되는 생활폐기물을 재활용하기 위하여 수집·운반하거나 재활용하는 경우만 해당한다)

**정답** 98 해설 확인  99 ①  100 ②

# 002 | 2020년 3회 기사

## 1과목 폐기물개론

**01** 슬러지를 처리하기 위하여 생슬러지를 분석한 결과 수분은 90%, 총고형물 중 휘발성 고형물은 70%, 휘발성 고형물의 비중은 1.1, 무기성 고형물의 비중은 2.2일 때 생슬러지의 비중은?(단, 무기성 고형물 + 휘발성 고형물 = 총고형물)

① 1.023　　② 1.032
③ 1.041　　④ 1.053

**풀이**
$$\frac{100}{슬러지\ 비중} = \frac{(10 \times 0.7)}{1.1} + \frac{(10 \times 0.3)}{2.2} + \frac{90}{1.0}$$
슬러지 비중 = 1.023

**02** 폐기물처리장치 중 쓰레기를 물과 섞어 잘게 부순 뒤 다시 물과 분리시키는 습식 처리장치는?

① Baler　　② Compactor
③ Pulverizer　　④ Shredder

**풀이** 펄버라이저(Pulverizer)
① 분쇄기의 일종으로 습식 방법을 이용하기 때문에 폐수가 다량 발생한다.
② 쓰레기를 물과 섞어 잘게 부순 뒤 다시 물과 분리시키는 습식 처리장치로 미분기라고도 한다.

**03** 폐기물 파쇄기에 대한 설명으로 틀린 것은?

① 회전드럼식 파쇄기는 폐기물의 강도차를 이용하는 파쇄장치이며 파쇄와 분별을 동시에 수행할 수 있다.
② 일반적으로 전단파쇄기는 충격파쇄기보다 파쇄속도가 느리다.
③ 압축파쇄기는 기계의 압착력을 이용하여 파쇄하는 장치로 파쇄기의 마모가 적고 비용도 적다.
④ 해머밀 파쇄기는 고정칼, 왕복 또는 회전칼과의 교합에 의하여 폐기물을 전단하는 파쇄기이다.

**풀이** 충격파쇄기
① 원리
　충격파쇄기(해머밀 파쇄기)에 투입된 폐기물은 중심축의 주위를 고속회전하고 있는 회전해머의 충격에 의해 파쇄된다.
② 특징
　㉠ 충격파쇄기는 주로 회전식이다.
　㉡ 해머밀(Hammermill)이 대표적이며 Hazemag식도 이에 속한다.
　㉢ Hammer나 Impeller의 마모가 심하다.

**04** 폐기물의 관거(Pipeline)을 이용한 수송방법 중 공기를 이용한 방법이 아닌 것은?

① 진공수송
② 가압수송
③ 슬러리수송
④ 캡슐수송

**풀이** 관거(pipeline) 수송방법
① 공기수송(진공수송, 가압수송)
② 슬러리수송
③ 캡슐수송

**05** 고정압축기의 작동에 대한 용어로 가장 거리가 먼 것은?

① 적하(Loading)
② 카세트용기(Cassettes Containing Bag)
③ 충전(Fill Charging)
④ 램압축(Ram Compacts)

**풀이** 고정압축기의 작동
호퍼(적하 ; Loading) → 투입/충진(충전 ; Fill Charging) → 압축(램압축 ; Ram Compacts)

정답　01 ①　02 ③　03 ④　04 ③　05 ②

## 06 쓰레기를 압축시킨 후 용적이 45% 감소되었다면 압축비는?

① 1.4  ② 1.6
③ 1.8  ④ 2.0

**풀이** 압축비$(CR) = \dfrac{V_i}{V_f} = \dfrac{100}{100 - VR}$

$= \dfrac{100}{100 - 45} = 1.82$

## 07 4%의 고형물을 함유하는 슬러지 $300\text{m}^3$를 탈수시켜 70%의 함수율을 갖는 케이크를 얻었다면 탈수된 케이크의 양$(\text{m}^3)$은?(단, 슬러지의 밀도 = $1\text{ton/m}^3$)

① 50  ② 40
③ 30  ④ 20

**풀이** $300\text{m}^3 \times 0.04 = $ 탈수 후 케이크양 $\times (1 - 0.7)$

탈수 후 케이크양 $= \dfrac{300\text{m}^3 \times 0.04}{0.3} = 40\text{m}^3$

## 08 폐기물의 발생량 예측방법이 아닌 것은?

① Load-Count Analysis Method
② Trend Method
③ Multiple Regression Model
④ Dynamic Simulation Model

**풀이** 폐기물 발생량 예측방법

| 방법(모델) | 내용 |
|---|---|
| 경향법<br>(Trend Method)<br>경향예측모델 | • 최저 5년 이상의 과거 처리 실적을 수식 model에 대하여 과거의 경향을 가지고 장래를 예측하는 방법<br>• 단지 시간과 그에 따른 쓰레기 발생량 (또는 성상) 간의 상관관계만을 고려하며 이를 수식으로 표현하면 $x = f(t)$<br>• $x = f(t)$는 선형, 지수형, 대수형 등에서 가장 근사한 형태를 택함 |
| 다중회귀모델<br>(Multiple Regression Model) | • 하나의 수식으로 각 인자들의 효과를 총괄적으로 나타내어 복잡한 시스템의 분석에 유용하게 사용할 수 있는 쓰레기 발생량 예측방법<br>• 각 인자마다 효과를 파악하기보다는 전체 인자의 효과를 총괄적으로 파악하는 것이 간편하고 유용한 예측방법으로 시간을 단순히 하나의 독립된 종속인자로 대입<br>• 수식 $x = f(X_1 X_2 X_3 \cdots X_n)$, 여기서 $X_1 X_2 X_3 \cdots X_n$은 쓰레기 발생량에 영향을 주는 인자<br>※ 인자 : 인구, 지역소득(GNP 또는 GRP), 자원회수량, 상품 소비량 또는 매출액 (자원회수량, 사회적·경제적 특성이 고려됨) |
| 동적모사모델<br>(Dynamic Simulation Model) | • 쓰레기 발생량에 영향을 주는 모든 인자를 시간에 대한 함수로 나타낸 후 시간에 대한 함수로 표현된 각 영향인자들 간의 상관관계를 수식화하는 방법<br>• 시간만을 고려하는 경향법과 시간을 단순히 하나의 독립적인 종속인자로 고려하는 다중회귀모델의 문제점을 보안한 예측방법<br>• Dynamo 모델 등이 있음 |

## 09 쓰레기 발생량 예측방법 중 모든 인자를 시간에 대한 함수로 나타낸 후, 시간에 대한 함수로 표현된 각 영향 인자들 간의 상관관계를 수식화하는 방법은?

① 경향법  ② 다중회귀모델
③ 회귀직선모델  ④ 동적모사모델

**풀이** 문제 8번 해설 참조

## 10 쓰레기의 관리체계를 순서대로 올바르게 나열한 것은?

① 발생-적환-수집-처리 및 회수-처분
② 발생-적환-수집-처리 및 회수-수송-처분
③ 발생-수집-적환-수송-처리 및 회수-처분
④ 발생-수집-적환-처리 및 회수-수송-처분

**풀이** 쓰레기 관리체계 순서
발생 → 수집 → 적환 → 처리 및 회수 → 처분

**정답** 06 ③  07 ②  08 ①  09 ④  10 ③

**11** 폐기물의 성상분석의 절차로 알맞은 것은?

① 시료→물리적 조성 파악→밀도 측정→분류→원소분석
② 시료→밀도 측정→물리적 조성 파악→전처리→원소분석
③ 시료→전처리→밀도 측정→물리적 조성 파악→원소분석
④ 시료→분류→전처리→물리적 조성 파악→원소분석

**풀이** 폐기물 시료 분석절차

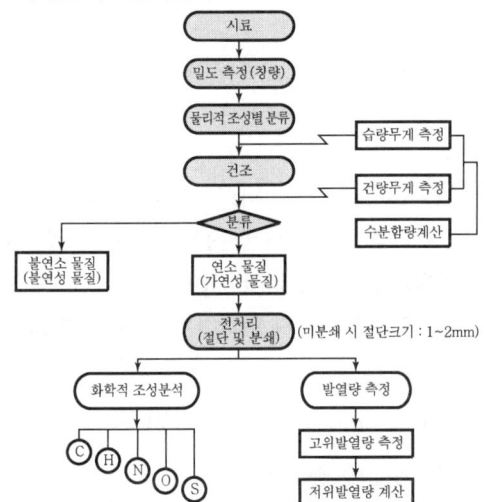

**12** 폐기물의 함수율이 25%이고, 건조기준으로 연소성분은 탄소 55%, 수소 18%이고 건조폐기물은 열량계에 의한 열량이 2,800kcal/kg일 때 저위발열량(kcal/kg)은?

① 1,521kcal/kg
② 1,721kcal/kg
③ 1,921kcal/kg
④ 2,121kcal/kg

**풀이** $H_l$(kcal/kg)
$= H_h - 600(9H + W)$
$= 2,800\text{kcal/kg} - 600[(9 \times 0.18 \times 0.75) + 0.25]$
$= 1,921\text{kcal/kg}$

**13** 환경경영체제(ISO-14000)에 대한 설명으로 가장 거리가 먼 내용은?

① 기업이 환경문제의 개선을 위해 자발적으로 도입하는 제도이다.
② 환경사업을 기업 영업의 최우선 과제 중의 하나로 삼는 경영체제이다.
③ 기업의 친환경성 이미지에 대한 광고 효과를 위해 도입할 수 있다.
④ 전과정평가(LCA)를 이용하여 기업의 환경성과를 측정하기도 한다.

**풀이** 환경경영체제(ISO-14000)
① ISO 14000(14001) 환경경영시스템은 조직의 활동, 서비스 및 제품과 관련된 환경위험요소를 사전에 충분히 식별하고, 평가함으로써 적절한 대응방안을 수립하여 이행하고, 지속적 개선을 통해 환경보존, 비용절감, 기업경쟁력 향상, 법규준수 및 이해관계자와의 좋은 관계 유지를 할 수 있도록 하는 시스템이다.
② 기업의 환경문제를 지속적으로 개선시키는 것이 목적이며, 기업활동이 환경에 미치는 부정적인 영향을 최소화하는 경영체제이다.

**14** 투입량이 1ton/hr이고 회수량이 600kg/hr(그중 회수대상물질은 500kg/hr)이며, 제거량은 400kg/hr(그중 회수대상물질은 100kg/hr)일 때 선별효율(%)은?(단, Worrell 식 적용)

① 약 63
② 약 69
③ 약 74
④ 약 78

**풀이** $E(\%) = \left[\left(\dfrac{x_1}{x_0}\right) \times \left(\dfrac{y_2}{y_0}\right)\right] \times 100$

$x_1$이 500kg/hr → $y_1$은 100kg/hr
$x_2$가 100kg/hr
→ $y_2$는 (1,000 - 600 - 100)
= 300kg/hr
$x_0 = x_1 + x_2 = 600$kg/hr
$y_0 = y_1 + y_2 = 400$kg/hr
$= \left[\left(\dfrac{500}{600}\right) \times \left(\dfrac{300}{400}\right)\right] \times 100 = 62.5\%$

**정답** 11 ② 12 ③ 13 ② 14 ①

## 15 LCA의 구성요소로 가장 거리가 먼 것은?

① 자료 평가
② 개선 평가
③ 목록 분석
④ 목적 및 범위의 설정

**풀이** 전과정평가(LCA) 4단계
① 목적 및 범위의 설정(Goal Definition Scoping) : 1단계
[LCA 사용목적]
㉠ 복수제품 간의 비교선택
㉡ 제품 및 공정의 개선효과 파악
㉢ 목표치를 달성하기 위한 제품의 점검
㉣ 개선점의 추출(우선순위 결정)
㉤ 제품에 관계되는 주체 간의 의사전달 촉진
② 목록분석(Inventory Analysis) : 2단계
상품, 포장, 공정, 물질, 원료 및 활동에 의해 발생하는 에너지 및 천연원료 요구량, 대기, 수질 오염물질 배출, 고형폐기물과 기타 기술적 자료구축 과정이다.
③ 영향평가(Impact Analysis or Assessment) : 3단계
조사분석과정에서 확정된 자원요구 및 환경부하에 대한 영향을 평가하는 기술적, 정량적, 정성적 과정이다.
④ 개선평가 및 해석(Improvement Assessment) : 4단계
전 과정에 대한 해석을 실시하는 과정이다.

## 16 폐기물의 파쇄목적이 잘못 기술된 것은?

① 입자 크기의 균일화
② 밀도의 증가
③ 유가물의 분리
④ 비표면적의 감소

**풀이** 폐기물의 파쇄목적(기대효과)
① 겉보기비중의 증가(수송, 매립지 수명 연장)
② 유가물의 분리, 회수
③ 비표면적의 증가(미생물 분해속도 증가)
④ 입경분포의 균일화(저장, 압축, 소각 용이)
⑤ 용적감소(부피감소 ; 무게변화)

## 17 쓰레기 수거효율이 가장 좋은 방식은?

① 타종식 수거방식
② 문전 수거(플라스틱 자루)방식
③ 문전 수거(재사용 가능한 쓰레기통)방식
④ 대형 쓰레기통 이용 수거방식

**풀이** 수거형태에 따른 수거효율
① 타종 수거 → 0.84MHT
② 대형 쓰레기통 수거 → 1.1MHT
③ 플라스틱 자루 수거 → 1.35MHT
④ 집밖 이동식 수거 → 1.47MHT
⑤ 집안 이동식 수거 → 1.86MHT
⑥ 집밖 고정식 수거 → 1.96MHT
⑦ 문전 수거 → 2.3MHT
⑧ 벽면 부착식 수거 → 2.38MHT

## 18 스크린상에서 비중이 다른 입자의 층을 통과하는 액류를 상하로 맥동시켜서 층의 팽창수축을 반복하여 무거운 입자는 하층으로, 가벼운 입자는 상층으로 이동시켜 분리하는 중력분리방법은?

① Secators
② Jigs
③ Melt Separation
④ Air Stoners

**풀이** 수중체(Jigs) 선별법
① 물에 잠겨 있는 스크린 위에 분류하려는 폐기물을 넣고 수위를 변화(1초당 2.5회가량 0.5~5cm의 폭)시켜 흔들층을 침투하는 능력의 차이로 가벼운 물질과 무거운 물질을 분류하는 원리이며 사금선별을 위해 오래전부터 사용되던 습식 선별방법이다.
② 스크린상에서 비중이 다른 입자의 토층을 통과하는 액류를 상하로 맥동시켜서 층의 팽창수축을 반복하여 무거운 입자는 하층으로, 가벼운 입자는 상층으로 이동시켜 분리하는 중력분리방법이다.

## 19 도시에서 폐기물 발생량이 185,000톤/년, 수거 인부는 1일 550명, 인구는 250,000명이라고 할 때 1인 1일 폐기물 발생량(kg/인·day)은?(단, 1년 365일 기준)

① 2.03
② 2.35
③ 2.45
④ 2.77

**풀이** 폐기물 발생량(kg/인·일)

$$= \frac{발생폐기물량}{대상 인구수}$$

$$= \frac{185,000 \text{ton/year} \times \text{year}/365\text{day} \times 10^3 \text{kg/ton}}{250,000인}$$

$$= 2.03 \text{kg/인·일}$$

**20** 폐기물 수집·운반을 위한 노선 설정 시 유의할 사항으로 가장 거리가 먼 것은?

① 될 수 있는 한 반복 운행을 피한다.
② 가능한 한 언덕길은 올라가면서 수거한다.
③ U자형 회전을 피해 수거한다.
④ 가능한 한 시계방향으로 수거노선을 정한다.

**풀이** 효과적·경제적인 수거노선 결정 시 유의(고려)사항 : 수거노선 설정요령
　① 지형이 언덕인 지역에서는 언덕의 위에서부터 내려가며 적재하면서 차량을 진행하도록 한다.(안전성, 연료비 절약)
　② 수거인원 및 차량형식이 같은 기존 시스템의 조건들을 서로 관련시킨다.
　③ 출발점은 차고와 가깝게 하고 수거된 마지막 컨테이너가 처분지의 가장 가까이에 위치하도록 배치한다.
　④ 가능한 한 지형지물 및 도로경계와 같은 장벽을 사용하여 간선도로 부근에서 시작하고 끝나야 한다.(도로경계 등을 이용)
　⑤ 가능한 한 시계방향으로 수거노선을 정한다.
　⑥ 적은 양의 쓰레기가 발생하나 동일한 수거빈도를 받기 원하는 적재지점(수거지점)은 가능한 한 같은 날 왕복 내에서 수거한다.
　⑦ 아주 많은 양의 쓰레기가 발생되는 발생원은 하루 중 가장 먼저 수거한다.
　⑧ 될 수 있는 한 한 번 간 길은 다시 가지 않는다.
　⑨ 반복운행 또는 U자형 회전은 피하여 수거한다.
　⑩ 교통량이 많거나 출퇴근시간은 피하여 수거한다.
　⑪ 수거지점과 수거빈도 결정 시 기존정책이나 규정을 참고한다.

### 2과목　폐기물처리기술

**21** 매립지 입지선정절차 중 후보지 평가단계에서 수행해야 할 일로 가장 거리가 먼 것은?

① 경제성 분석
② 후보지 등급 결정
③ 현장조사(보링조사 포함)
④ 입지선정기준에 의한 후보지 평가

**풀이** 매립지 입지선정절차 중 후보지 평가단계
　① 현장조사(보링조사 포함)
　② 입지선정기준에 의한 후보지 평가
　③ 후보지 등급 결정

[Note] 경제성 분석은 최종입지 결정단계

**22** 저항성 탐사에서의 토양의 저항성($R$)을 나타내는 식은?(단, $I$는 전류, $s$는 전극간격, $V$는 측정전압을 의미한다.)

① $R = \dfrac{2\pi s V}{I}$　　② $R = \dfrac{2\pi s I}{V}$

③ $R = \dfrac{s V}{2\pi I}$　　④ $R = \dfrac{s I}{2\pi V}$

**풀이** 토양의 저항성($R$) : 겉보기비저항

$$R = \frac{2\pi s V}{I} : \text{Wenner Array}(\Omega - \text{cm})$$

여기서, $I$ : 전류, $S$ : 전극간격
　　　　$V$ : 측정전압(전위차)

**23** 친산소성 퇴비화 과정의 온도와 유기물의 분해속도에 대한 일반적인 상관관계로 옳은 것은?

① 40℃ 이하에서 가장 분해속도가 빠르다.
② 40~55℃ 정도에서 가장 분해속도가 빠르다.
③ 55~60℃ 정도에서 가장 분해속도가 빠르다.
④ 60℃ 이상에서 가장 분해속도가 빠르다.

**풀이** 퇴비단의 온도는 초기 며칠간은 50~55℃를 유지하여야 하며 활발한 분해를 위해서는 55~60℃가 적당하다.

**정답**　20 ②　21 ①　22 ①　23 ③

**24** 침출수의 혐기성 처리에 대한 설명으로 옳지 않은 것은?

① 고농도의 침출수를 희석 없이 처리할 수 있다.
② 미생물의 낮은 증식으로 슬러지 발생량이 적다.
③ 온도, 중금속 등의 영향이 호기성 공정에 비해 크다.
④ 호기성 공정에 비해 높은 영양물질 요구량을 가진다.

[풀이] 호기성 공정에 비해 낮은 영양물질 요구량을 가진다(인 부족 현상을 일으킬 가능성이 적음).

**25** 스크린 선별에 대한 설명으로 옳은 것은?

① 트롬멜 스크린의 경사도는 2~3°가 적정하다.
② 파쇄 후에 설치되는 스크린은 파쇄설비 보호가 목적이다.
③ 트롬멜 스크린의 회전속도가 증가할수록 선별효율이 증가한다.
④ 회전 스크린은 주로 골재분리에 흔히 이용되며 구멍이 막히는 문제가 자주 발생한다.

[풀이] ② 파쇄 전에 설치되는 스크린은 파쇄설비 보호가 목적이다.
③ 트롬멜 스크린의 회전속도가 증가할수록 선별효율이 저하한다.
④ 회전 스크린은 선별효율이 좋고 유지관리상 문제가 적어 도시폐기물의 선별작업에서 가장 많이 사용되며 회전속도가 크게 증가하면 원심력에 의해 막힘현상이 일어난다.

**26** 용적이 1,000m³인 슬러지 혐기성 소화조에서 함수율 95%의 슬러지를 하루에 20m³를 소화시킨다면 이 소화조의 유기물 부하율(kgVS/m³ · day)은?(단, 슬러지 고형물 중 무기물 비율은 40%이고, 슬러지의 비중은 1.0으로 가정한다.)

① 0.2　② 0.4
③ 0.6　④ 0.8

[풀이] 유기물 부하율(kgVS/m³ · day)
$$= \frac{20\text{m}^3/\text{day} \times (1-0.95) \times (1-0.4) \times 1,000\text{kg/m}^3}{1,000\text{m}^3}$$
$= 0.6\text{kgVS/m}^3 \cdot \text{day}$

**27** 유기성 폐기물의 C/N비는 미생물의 분해 대상인 기질의 특성으로 효과적인 퇴비화를 위해 가장 직접적인 중요 인자이다. 일반적으로 초기 C/N비로 가장 적합한 것은?

① 5~15　② 25~35
③ 55~65　④ 85~100

[풀이] 퇴비화 시 초기 C/N비는 25~40 정도가 적당하고 적정 C/N비는 25~50 정도이다.

**28** 3,785m³/일 규모의 하수처리장에 유입되는 BOD와 SS 농도가 각각 200mg/L이다. 1차 침전에 의하여 SS는 60%가 제거되고, 이에 따라 BOD도 30% 제거된다. 후속처리인 활성슬러지공법(폭기조)에 의해 남은 BOD의 90%가 제거되며 제거된 kgBOD당 0.2kg의 슬러지가 생산된다면 1차 침전에서 발생한 슬러지와 활성슬러지공법에 의해 발생된 슬러지양의 총합(kg/일)은?(단, 비중은 1.0 기준, 기타 조건은 고려 안 함)

① 약 530　② 약 550
③ 약 570　④ 약 590

[풀이] 1차 침전 발생 슬러지양
$= 3,785\text{m}^3/\text{day} \times 200\text{mg/L} \times 1,000\text{L/m}^3$
$\times \text{kg}/10^6\text{mg} \times 0.6$
$= 454.2\text{kg/day}$

활성슬러지 발생 슬러지양
$= 3,785\text{m}^3/\text{day} \times 200\text{mg/L} \times 1,000\text{L/m}^3$
$\times \text{kg}/10^6\text{mg} \times 0.7 \times 0.9$
$\times 0.2\text{kg슬러지/BOD} \cdot \text{kg}$
$= 95.38\text{kg/day}$

총 발생 슬러지양
$= 454.2 + 95.38 = 549.56\text{kg/day}$

정답　24 ④　25 ①　26 ③　27 ②　28 ②

**29** 매립지 차수막으로서의 점토조건으로 적합하지 않은 것은?

① 액성한계 : 60% 이상
② 투수계수 : $10^{-7}$cm/sec 미만
③ 소성지수 : 10% 이상 30% 미만
④ 자갈 함유량 : 10% 미만

**풀이** 차수막 적합조건(점토)

| 항목 | 적합기준 |
|---|---|
| 투수계수 | $10^{-7}$cm/sec 미만 |
| 점토 및 미사토 함량 | 20% 이상 |
| 소성지수(PI) | 10% 이상 30% 미만 |
| 액성한계(LL) | 30% 이상 |
| 자갈 함유량 | 10% 미만 |
| 직경 2.5cm 이상 입자 함유량 | 0% |

**30** 고형화 처리 중 시멘트 기초법에서 가장 흔히 사용되는 포틀랜드 시멘트 화합물 조성 중 가장 많은 부분을 차지하고 있는 것은?

① $2SiO_2 \cdot Fe_2O_3$
② $3CaO \cdot SiO_2$
③ $2CaO \cdot MgO$
④ $3CaO \cdot Fe_2O_3$

**풀이** 포틀랜드 시멘트의 주성분
$CaO \cdot SiO_2$(규산염)이며, 그 외에 CaO(60~65%), $SiO_2$(22%), 기타(13%)

**31** 분뇨를 호기성 소화방식으로 일 500m³ 부피를 처리하고자 한다. 1차 처리에 필요한 산기관 수는?(단, 분뇨 BOD 20,000mg/L, 1차 처리효율 60%, 소요 공기량 50m³/BODkg, 산기관 통풍량 0.5m³/min · 개)

① 347
② 417
③ 694
④ 1,157

**풀이** 산기관 수(개)
$= \dfrac{\text{BOD 처리 필요 폭기량(공기량)}}{\text{1개 산기관의 송풍량}}$

$= \dfrac{\begin{matrix}500m^3/day \times 20,000mg/L \times 1,000L/m^3 \\ \times 1kg/10^6mg \times 50m^3/BOD \cdot kg \\ \times 0.6 \times day/24hr \times 1hr/60min\end{matrix}}{0.5m^3/min \cdot 개}$

$= 416.67(417개)$

**32** 컬럼의 유입구와 유출구 사이에 수리학적 수두의 차이가 없을 때 오염물질은 무엇에 따라 다공성 매체를 이동하는가?

① 농도 경사
② 이류 이동
③ 기계적 분산
④ Darcy 플럭스

**풀이** 수리학적 수두의 차이가 없을 때 오염물질은 확산, 즉 오염물질의 농도가 불균일할 때 농도가 높은 곳으로부터 낮은 곳으로 물질이 이동하는 현상에 의해 오염물질이 다공성 매체를 이동한다.

**33** 6가크롬을 함유한 유해폐기물의 처리방법으로 가장 적절한 것은?

① 양이온교환수지법
② 황산제1철 환원법
③ 화학추출분해법
④ 전기분해법

**풀이** 6가크롬 함유 유해폐기물 처리방법
6가크롬은 독성이 강하므로 3가크롬으로 환원시킨 후 침전시켜 제거한다. 환원제로는 $FeSO_4$, $Na_2SO_3$ 등을 사용한다.

**34** 유기염소계 화학물질을 화학적 탈염소화 분해할 경우 적합한 기술이 아닌 것은?

① 화학 추출 분해법
② 알칼리 촉매 분해법
③ 초임계 수산화 분해법
④ 분별 증류촉매 수소화 탈염소법

**풀이** 화학적 탈염소화 분해기술
 ① 화학추출분해법
 ② 알칼리촉매분해법
 ③ 분별 증류촉매 수소화 탈염소법

[Note] 초임계 수산화 분해법은 난분해성 유기물질이 포함된 폐액을 처리하는 방법이다.

**정답** 29 ① 30 ② 31 ② 32 ① 33 ② 34 ③

**35** 매립지 기체 발생단계를 4단계로 나눌 때 매립초기의 호기성 단계(혐기성 전 단계)에 대한 설명으로 옳지 않은 것은?

① 폐기물 내 수분이 많은 경우에는 반응이 가속화된다.
② 주요 생성기체는 $CO_2$이다.
③ $O_2$가 급격히 소모된다.
④ $N_2$가 급격히 발생한다.

**풀이** 제1단계[호기성 단계 : 초기조절 단계]
① 호기성 유지상태(친산소성 단계)이다.
② 질소($N_2$)와 산소($O_2$)는 급격히 감소하고, 탄산가스($CO_2$)는 서서히 증가하는 단계이며 가스의 발생량은 적다.
③ 산소는 대부분 소모한다.($O_2$ 대부분 소모, $N_2$ 감소 시작)
④ 매립물의 분해속도에 따라 수일에서 수개월 동안 지속된다.
⑤ 폐기물 내 수분이 많은 경우에는 반응이 가속화되어 용존산소가 고갈되어 다음 단계로 빨리 진행된다.

**36** 매립지의 표면차수막에 관한 설명으로 옳지 않은 것은?

① 매립지 지반의 투수계수가 큰 경우에 사용한다.
② 지하수 집배수시설이 필요하다.
③ 단위면적당 공사비는 비싸나 총공사비는 싸다.
④ 보수는 매립 전에는 용이하나 매립 후는 어렵다.

**풀이** 표면차수막
① 적용조건
  ㉠ 매립지반의 투수계수가 큰 경우에 사용
  ㉡ 매립지의 필요한 범위에 차수재료로 덮인 바닥이 있는 경우에 사용
② 시공 : 매립지 전체를 차수재료로 덮는 방식으로 시공
③ 지하수 집배수시설 : 원칙적으로 지하수 집배수시설을 시공하므로 필요함
④ 차수성 확인 : 시공 시에는 차수성이 확인되지만 매립 후에는 곤란함

⑤ 경제성 : 단위면적당 공사비는 저가이나 전체적으로 비용이 많이 듦
⑥ 보수 : 매립 전에는 보수, 보강 시공이 가능하나 매립 후에는 어려움
⑦ 공법 종류
  ㉠ 지하연속벽
  ㉡ 합성고무계 시트
  ㉢ 합성수지계 시트
  ㉣ 아스팔트계 시트

**37** 매립지에서 유기물의 완전분해식을 $C_{68}H_{111}O_{50}N + \alpha H_2O \rightarrow \beta CH_4 + 33CO_2 + NH_3$로 가정할 때 유기물 200kg을 완전분해 시 소모되는 물의 양(kg)은?

① 16  ② 21
③ 25  ④ 33

**풀이** $C_{68}H_{111}O_{50}N + \alpha H_2O$

$$= \left(\frac{4a-b-2c+3d+2e}{4}\right)H_2O$$

$$= \left[\frac{(4\times 68)-111-(2\times 50)+(2\times 1)}{4}\right]H_2O$$

$= 15.75 H_2O$

1,741kg : 15.75 × 18kg
200kg : $H_2O$(kg)

$$H_2O(kg) = \frac{200kg \times (15.75 \times 18)kg}{1,741kg}$$

$= 32.57kg\ H_2O$

**38** 재활용을 위한 매립가스의 회수조건으로 거리가 먼 것은?

① 발생기체의 50% 이상을 포집할 수 있어야 한다.
② 폐기물 1kg당 $0.37m^3$ 이상의 기체가 생성되어야 한다.
③ 폐기물 속에는 약 15~40%의 분해 가능한 물질이 포함되어 있어야 한다.
④ 생성된 기체의 발열량은 2,200kcal/$Sm^3$ 이상이어야 한다.

**풀이** 매립가스(LFG)의 회수 및 재활용기준
① 폐기물에 50% 이상의 분해 가능한 물질이 포함되어, 실제 분해하여 기체를 발생시킬 것
② 발생기체의 50% 이상 포집이 가능할 것
③ 폐기물 1kg당 $0.37m^3$ 이상의 가스를 생성할 수 있을 것
④ 기체의 발열량이 $2,200kcal/m^3$ 이상일 것

**39** 매립지의 침출수의 농도가 반으로 감소하는 데 약 3년이 걸렸다면 이 침출수의 농도가 99% 감소하는 데 걸리는 시간(년)은?(단, 1차 반응 기준)

① 10　　② 15
③ 20　　④ 25

**풀이**
$\ln\left(\dfrac{C_t}{C_o}\right) = -kt$

$\ln 0.5 = -k \times 3 year$, $k = 0.231 year^{-1}$

$\ln\left(\dfrac{1}{100}\right) = -0.231 year^{-1} \times t$

$t = 19.94 year$

**40** 생활폐기물 소각시설의 폐기물 저장조에 대한 설명 중 틀린 것은?

① 500톤 이상의 폐기물 조장조의 용량은 원칙적으로 계획 1일 최대 처리량의 3배 이상의 용량(중량기준)으로 설치한다.
② 저장조의 용량 산정은 실측자료가 없는 경우 우리나라 평균 밀도인 $0.22 ton/m^3$를 적용한다.
③ 저장조 내에서 자연발화 등에 의한 화재에 대비하여 소화기 등 화재대비시설을 검토한다.
④ 폐기물 저장조의 설치 시 가능한 한 깊이보다 넓이를 최소화하여 오염되는 면적을 줄이도록 한다.

**풀이** 폐기물 저장조의 설치 시 가능한 한 깊이는 최소화하여 효율적인 크레인작업을 알 수 있도록 한다.

## 3과목 폐기물소각 및 열회수

**41** 다단소각로에 대한 설명 중 옳지 않은 것은?

① 휘발성이 적은 폐기물 연소에 유리하다.
② 용융제를 포함한 폐기물이나 대형 폐기물의 소각에는 부적당하다.
③ 타 소각로에 비해 체류시간이 길어 수분함량이 높은 폐기물의 소각이 가능하다.
④ 온도반응이 늦기 때문에 보조연료사용량의 조절이 용이하다.

**풀이** 다단로 소각방식(Multiple Hearth)의 장단점
① 장점
　㉠ 타 소각로에 비해 체류시간이 길어 연소효율이 높고, 특히 휘발성이 낮은 폐기물 연소에 유리하다.
　㉡ 다량의 수분이 증발되므로 수분함량이 높은 폐기물도 연소가 가능하다.
　㉢ 물리·화학적 성분이 다른 각종 폐기물을 처리할 수 있다. 즉, 다양한 질의 폐기물에 대하여 혼소가 가능하다.
　㉣ 많은 연소영역이 있으므로 연소효율을 높일 수 있다.(국소 연소를 피할 수 있음)
　㉤ 보조연료로 다양한 연료(천연가스, 프로판, 오일, 석탄가루, 폐유 등)를 사용할 수 있다.
　㉥ 클링커 생성을 방지할 수 있다.
　㉦ 온도제어가 용이하고 동력이 적게 들며 운전비가 저렴하다.
② 단점
　㉠ 체류시간이 길어 온도반응이 느리다.(휘발성이 적은 폐기물 연소에 유리)
　㉡ 늦은 온도반응 때문에 보조연료 사용을 조절하기 어렵다.
　㉢ 분진발생률이 높다.
　㉣ 열적 충격이 쉽게 발생하고 내화물이나 상에 손상을 초래한다.(내화재의 손상을 방지하기 위해 1,000℃ 이상으로 운전하지 않는 것이 좋음)
　㉤ 가동부(교반팔, 회전중심축)가 있으므로 유지비가 높다.
　㉥ 유해폐기물의 완전분해를 위해서는 2차 연소실이 필요하다.

## 42 사이클론(cyclone) 집진장치에 대한 설명 중 틀린 것은?

① 원심력을 활용하는 집진장치이다.
② 설치면적이 작고 운전비용이 비교적 적은 편이다.
③ 온도가 높을수록 포집효율이 높다.
④ 사이클론 내부에서 먼지는 벽면과 마찰을 일으켜 운동에너지를 상실한다.

**풀이** 온도가 증가하면 가스점도가 증가하여 포집효율은 낮아진다.

## 43 탄소 1kg을 완전연소하는 데 소요되는 이론 공기량($Sm^3$)은?(단, 공기는 이상기체로 가정하고, 공기의 분자량은 28.84g/mol이다.)

① 1.866
② 5.848
③ 8.889
④ 17.544

**풀이**
$C + O_2 \rightarrow CO_2$
$12kg : 22.4Sm^3$
$1kg : O_o(Sm^3)$

$O_o(Sm^3) = \dfrac{1kg \times 22.4Sm^3}{12kg} = 1.867Sm^3$

$A_o(Sm^3) = \dfrac{1.867Sm^3}{0.21} = 8.89Sm^3$

## 44 절대온도의 눈금은 어느 법칙에서 유도된 것인가?

① Raoult의 법칙
② Henry의 법칙
③ 에너지보존의 법칙
④ 열역학 제2법칙

**풀이** 열역학적 온도눈금
열역학 제2법칙에서 흡열량 $Q_1$과 저온부에서 발열량 $Q_2$의 비는 고열원 온도 $\theta_1$과 저열원 온도 $\theta_2$의 비와 같은 것이 유도되는데, 이 온도를 열역학적 온도라고 한다. 이 열역학적 온도의 눈금으로는 대기압에서 물의 빙점과 비점의 차를 1/100로 한 것을 1K로 사용하고 있었지만, 현재는 물의 3중점이 273.16K가 되도록 눈금이 정해져 있다. 이것을 열역학적 온도눈금이라고 한다.

## 45 도시쓰레기를 소각방법으로 처리할 때의 장점이 아닌 것은?

① 쓰레기의 최종처분 단계이다.
② 쓰레기의 부피를 감소시킬 수 있다.
③ 발생되는 폐열을 회수할 수 있다.
④ 병원성 생물을 분해, 제거, 사멸시킬 수 있다.

**풀이** 폐기물 소각의 장점
부피 감소, 위생적 처리(병원성 생물을 분해, 제거, 사멸), 폐열회수 가능
※ 폐기물의 최종처분 단계가 아니고 중간처분 단계이다.

## 46 소각 시 유해가스 처리방법 중 건식, 습식, 반건식의 장·단점에 대한 설명으로 옳지 않은 것은?

① 유해가스 제거효율 : 건식법은 비교적 낮으나 습식법은 매우 높다.
② 백연 대책 : 건식법과 반건식법은 대책이 불필요하나 습식법은 배기가스 냉각 등 백연 대책이 필요하다.
③ 운전비 및 건설비 : 건식법은 낮으나 습식법은 높은 편이다.
④ 운전 및 유지관리 : 건식법은 재처리, 부식방지 등 관리가 어려우나 습식법은 폐수로 처리되어 건식법에 비해 유지관리가 용이하다.

**풀이** 건식법은 재처리, 부식방지 등 관리가 쉬우나, 습식법은 폐수가 발생되고 건식법에 비해 유지관리가 어렵다.

## 47 물질의 연소특성에 대한 설명으로 가장 거리가 먼 것은?

① 탄소의 착화온도는 700℃이다.
② 황의 착화온도는 목재의 경우보다 낮다.
③ 수소의 착화온도는 장작의 경우보다 높다.
④ 용광로가스의 착화온도는 700~800℃ 부근이다.

**풀이** 황의 착화온도는 약 630℃로 장작의 착화온도인 250~300℃보다 높다.

**정답** 42 ③  43 ③  44 ④  45 ①  46 ④  47 ②

**48** 전기집진기의 집진성능에 영향을 주는 인자에 관한 설명 중 틀린 것은?

① 수분함량이 증가할수록 집진효율이 감소한다.
② 처리가스양이 증가하면 집진효율이 감소한다.
③ 먼지의 전기비저항이 $10^4 \sim 5 \times 10^{10} \Omega \cdot cm$ 이상에서 정상적인 집진성능을 보인다.
④ 먼지입자의 직경이 작으면 집진효율이 감소한다.

**풀이** 수분함량이 증가할수록 전기비저항이 낮아져 집진효율이 증가하나 저온부식에 유의하여야 한다.

**49** 용적밀도가 $800 kg/m^3$인 폐기물을 처리하는 소각로에서 질량감소율과 부피감소율이 각각 90%, 95%인 경우 이 소각로에서 발생하는 소각재의 밀도($kg/m^3$)는?

① 1,500  ② 1,600
③ 1,700  ④ 1,800

**풀이** 밀도 $= 800 kg/m^3 \times \dfrac{(100-90)}{(100-95)} = 1,600 kg/m^3$

**50** 연소가스 흐름에 따라 소각로의 형식을 분류한다. 폐기물의 이송방향과 연소가스의 흐름방향이 반대로 향하고, 폐기물의 질이 나쁜 경우에 적당한 방식은?

① 향류식   ② 병류식
③ 교류식   ④ 2회류식

**풀이** 역류식(향류식)
① 폐기물의 이송방향과 연소가스의 흐름을 반대로 하는 형식이다.
② 난연성 또는 착화하기 어려운 폐기물 소각에 가장 적합한 방식이다.
③ 열가스에 의한 방사열이 폐기물에 유효하게 작용하므로 수분이 많다.
④ 후연소 내의 온도저하나 불완전연소가 발생할 수 있다.
⑤ 복사열에 의한 건조에 유리하며 저위발열량이 낮은 폐기물에 적합하다.

**51** 다음과 같은 조건으로 연소실을 설계할 때 필요한 연소실의 크기($m^3$)는?

- 연소실 열부하 : $8.2 \times 10^4 kcal/m^3 \cdot hr$
- 저위발열량 : 300 kcal/kg
- 폐기물 : 200 ton/day
- 작업시간 : 8 hr

① 76   ② 86
③ 92   ④ 102

**풀이** 소각로부피($m^3$)
$= \dfrac{\text{소각량} \times \text{쓰레기발열량}}{\text{연소실 열부하}}$

$= \dfrac{200 ton/day \times day/8hr \times 1,000 kg/ton \times 300 kcal/kg}{8.2 \times 10^4 kcal/m^3 \cdot hr} = 91.46 m^3$

**52** 폐기물의 물리화학적 분석 결과가 아래와 같을 때, 이 폐기물의 저위발열량(kcal/kg)은?(단, Dulong 식 적용)

(단위 : wt %)

| 수분 | 회분 | 가연분 | | | | | | 소계 |
|---|---|---|---|---|---|---|---|---|
| | | C | H | O | N | Cl | S | |
| 65 | 12 | 11.7 | 1.81 | 8.76 | 0.39 | 0.31 | 0.03 | 23 |
| 가연분의 원소조정 | | 50.87 | 7.85 | 38.08 | 1.70 | 1.35 | 0.15 | 100 |

① 약 700   ② 약 950
③ 약 1,200  ④ 약 1,450

**풀이** $H_h (kcal/kg)$
$= 8,100C + 34,000 \left(H - \dfrac{O}{8}\right) + 2,500S$
$= (8,100 \times 0.23 \times 0.5087) + 34,000$
$\left[(0.23 \times 0.0785) - \left(\dfrac{0.23 \times 0.3808}{8}\right)\right]$
$+ (2,500 \times 0.23 \times 0.0015)$
$= 1,190.21 kcal/kg$

$H_l (kcal/kg)$
$= H_h - 600(9H + W)$
$= 1,190.21 - 600[(9 \times 0.23 \times 0.0785) + 0.65]$
$= 702.71 kcal/kg$

정답  48 ①  49 ②  50 ①  51 ③  52 ①

**53** 폐기물 소각공정에서 발생하는 소각재 중 비산재(Fly Ash)의 안정화 처리기술과 가장 거리가 먼 것은?

① 산용매추출  ② 이온고정화
③ 약제처리    ④ 용융고화

**풀이** 비산재(Fly Ash)의 안정화 처리기술
① 용융고화
② 약제처리
③ 산용매추출

**54** 소각공정과 비교하였을 때, 열분해공정이 갖는 단점이라 볼 수 없는 것은?

① 반응이 활발치 못하다.
② 환원성 분위기로 $Cr^{+3}$가 $Cr^{+6}$로 전환되지 않는다.
③ 흡열반응이므로 외부에서 열을 공급시켜야 한다.
④ 반응생성물을 연료로서 이용하기 위해서는 별도의 정제장치가 필요하다.

**풀이** 열분해공정이 소각에 비하여 갖는 장점
① 대기로 방출하는 배기가스양이 적게 배출된다. (가스처리장치가 소형화)
② 황, 중금속분이 Ash(회분) 중에 고정되는 비율이 크다.
③ 상대적으로 저온이기 때문에 NOx(질소산화물), 염화수소의 발생량이 적다.
④ 환원기가 유지되므로 $Cr^{3+}$이 $Cr^{6+}$으로 변화하기 어려우며 대기오염물질의 발생이 적다.(크롬산화 억제)
⑤ 폐플라스틱, 폐타이어, 오니류 등 스토커 소각처리가 곤란한 물질도 처리 가능하다.
⑥ 공기공급장치의 소형화 및 감량화로 매립용량이 감소한다.
⑦ 소각에 비교하여 생성물의 정제장치가 필요하다.
⑧ 고온용융식을 이용하면 재를 고형화할 수 있고 중금속의 용출이 없어서 자원으로 활용할 수 있다.
⑨ 저장 및 수송이 가능한 연료를 회수할 수 있다.

**55** Thermal NOx에 대한 설명 중 틀린 것은?

① 연소를 위하여 주입되는 공기에 포함된 질소와 산소의 반응에 의해 형성된다.
② Fuel NOx와 함께 연소 시 발생하는 대표적인 질소산화물의 발생원이다.
③ 연소 전 폐기물로부터 유기질소원을 제거하는 발생원 분리가 효과적인 통제방법이다.
④ 연소통제와 배출가스 처리에 의해 통제할 수 있다.

**풀이** 연소 전 폐기물로부터 유기질소원을 제거하는 발생원 분리가 효과적인 통제방법은 Fuel NOx에 적용된다.

**56** 황 성분이 0.8%인 폐기물을 20ton/hr 성능의 소각로로 연소한다. 배출되는 배기가스 중 $SO_2$를 $CaCO_3$로 완전히 탈황하려 할 때, 하루에 필요한 $CaCO_3$의 양(ton/day)은?(단, 폐기물 중의 S는 모두 $SO_2$로 전환되며 소각로의 1일 가동시간은 16시간, Ca 원자량은 40이다.)

① 1.0    ② 2.0
③ 4.0    ④ 8.0

**풀이**
$CaCO_3 + SO_2 \rightarrow CaSO_3 + CO_2$
$\quad\quad S \quad\quad \rightarrow CaCO_3$
$\quad\quad 32kg \quad : \quad 100kg$
$20ton/hr \times 0.008 : CaCO_3(ton/day)$
$CaCO_3(ton/day)$
$= \dfrac{20ton/hr \times 0.008 \times 100kg \times 16hr/day}{32kg}$
$= 8.0 ton/day$

**57** 소각로 공사 및 운전과정에서 발생하는 악취, 소음, 배출가스 등의 발생원인별 개선방안으로 거리가 먼 것은?

① 쓰레기 반입장의 악취 : Air Curtain 설비를 설치 후 가동상태 및 효과점검 등으로 외부확산을 근본적으로 방지
② 쓰레기 저장조 및 반입장의 악취 : 흡착탈취 및 미생물 분해, 탈취제 살포 등으로 악취 원인물질 제거

정답  53 ②  54 ②  55 ③  56 ④  57 ③

③ 쓰레기 수거차량의 침출수 : 수거차량의 정기세차 및 소내 차량운행 속도를 증가시켜 쓰레기 침출수의 외부누출 방지
④ 소음 차단용 수림대 조성 : 소음원의 공학적 분석에 의한 소음발생 저지

**풀이** 쓰레기 수거차량의 침출수
수거차량의 정기세차 및 소내 차량운행 속도를 감소하여 쓰레기 침출수의 외부누출을 방지한다.

## 58 초기 다단로 소각로(Multiple Hearth)의 설계 시 목적 소각물은?

① 하수슬러지  ② 타르
③ 입자상 물질  ④ 폐유

**풀이** 다단로 소각로는 다량의 수분이 증발되므로 수분함량이 높은 폐기물(하수슬러지)도 연소가 가능하다.

## 59 화격자에 대한 설명 중 틀린 것은?

① 노 내의 폐기물 이동을 원활하게 해 준다.
② 화격자의 폐기물 이동방향은 주로 하단부에서 상단부 방향으로 이동시킨다.
③ 화격자는 폐기물을 잘 연소하도록 교반시키는 역할을 한다.
④ 화격자는 아래에서 연소에 필요한 공기가 공급되도록 설계하기도 한다.

**풀이** 화격자의 폐기물 이동방향은 주로 상단부에서 하단부 방향으로 이동시킨다.

## 60 소각로에서 하루 10시간 조업에 10,000kg의 폐기물을 소각 처리한다. 소각로 내의 열부하는 30,000 kcal/m³·hr이고 노의 체적은 15m³일 때 폐기물의 발열량(kcal/kg)은?

① 150  ② 300
③ 450  ④ 600

**풀이** 발열량(kcal/kg)
$$= \frac{\left[\begin{array}{c}\text{열발생률}(kcal/m^3 \cdot hr) \\ \times \text{연소실 부피}(m^3)\end{array}\right]}{\text{시간당 연소량}(kg/hr)}$$
$$= \frac{30,000kcal/m^3 \cdot hr \times 15m^3}{10,000kg/10hr} = 450kcal/kg$$

### 4과목 폐기물공정시험기준(방법)

## 61 다음 중 1μg/L와 동일한 농도는?(단, 액상의 비중 = 1)

① 1pph  ② 1ppt
③ 1ppm  ④ 1ppb

**풀이** 십억분율(ppb)
① μg/L
② μg/kg

## 62 유기물 함량이 비교적 높지 않고 금속의 수산화물, 산화물, 인산염 및 황화물을 함유하고 있는 시료에 적용되는 전처리방법은?

① 질산－염산 분해법
② 질산－황산 분해법
③ 질산－과염소산 분해법
④ 질산－불화수소산 분해법

**풀이** 질산－염산 분해법
① 적용 : 유기물 함량이 비교적 높지 않고 금속의 수산화물, 산화물, 인산염 및 황화물을 함유하고 있는 시료에 적용한다.
② 용액 산농도 : 약 0.5N

## 63 정도보증/정도관리에 적용하는 기기검출한계에 관한 내용으로 ( )에 옳은 것은?

> 바탕시료를 반복 측정 분석한 결과의 표준편차에 ( )한 값

**정답** 58 ① 59 ② 60 ③ 61 ④ 62 ① 63 ②

① 2배   ② 3배
③ 5배   ④ 10배

**풀이** 기기검출한계(IDL ; Instrument Detection Limit)
① 시험분석 대상물질을 기기가 검출할 수 있는 최소한의 농도 또는 양
② S/N비의 2~5배 농도
③ 표준편차×3

## 64 자외선/가시선 분광법으로 구리를 측정할 때 알칼리성에서 다이에틸다이티오카르바민산나트륨과 반응하여 생성되는 킬레이트 화합물의 색으로 옳은 것은?

① 적자색   ② 청색
③ 황갈색   ④ 적색

**풀이** 구리 – 자외선/가시선 분광법
시료 중에 구리이온이 알칼리성에서 다이에틸다이티오카르바민산나트륨과 반응하여 생성하는 황갈색의 킬레이트 화합물을 아세트산부틸로 추출하여 흡광도를 440nm에서 측정하는 방법이다.

## 65 환경측정의 정도보증/정도관리(QA/AC)에서 검정곡선방법으로 옳지 않은 것은?

① 절대검정곡선법   ② 표준물질첨가법
③ 상대검정곡선법   ④ 외부표준법

**풀이** 검정곡선 작성방법
① 절대검정곡선법(External Standard Method)
시료의 농도와 지시값의 상관성을 검정곡선 식에 대입하여 작성하는 방법이다.
② 표준물질첨가법(Standard Addition Method)
㉠ 시료와 동일한 매질에 일정량의 표준물질을 첨가하여 검정곡선을 작성하는 방법이다.
㉡ 매질효과가 큰 시험분석방법에서 분석 대상 시료와 동일한 매질의 표준시료를 확보하지 못한 경우 매질효과를 보정하여 분석할 수 있는 방법이다.
③ 상대검정곡선법(Internal Standard Calibration)
검정곡선 작성용 표준용액과 시료에 동일한 양의 내부표준물질을 첨가하여 시험분석절차, 기기 또는 시스템의 변동으로 발생하는 오차를 보정하기 위해 사용하는 방법이다.

## 66 온도에 관한 기준으로 옳지 않은 것은?

① 찬 곳은 따로 규정이 없는 한 0~15℃의 곳을 뜻한다.
② 각각의 시험은 따로 규정이 없는 한 실온에서 조작한다.
③ 온수는 60~70℃로 한다.
④ 냉수는 15℃ 이하로 한다.

**풀이** 온도 관련 기준
① 온도 용어

| 용어 | 온도(℃) |
|---|---|
| 표준온도 | 0 |
| 상온 | 15~25 |
| 실온 | 1~35 |
| 찬 곳 | 0~15의 곳 (따로 규정이 없는 경우) |
| 냉수 | 15 이하 |
| 온수 | 60~70 |
| 열수 | ≒100℃ |

② 수욕상 또는 수욕 중에서 가열한다.
규정이 없는 한 수온 100℃에서 가열함을 뜻하고 약 100℃의 증기욕을 쓸 수 있다는 의미
③ 시험은 따로 규정이 없는 한 상온에서 조작(단, 온도의 영향이 있는 것의 판정은 표준온도를 기준으로 함)

## 67 환원기화법(원자흡수분광광도법)으로 수은을 측정할 때 시료 중에 염화물이 존재할 경우에 대한 설명으로 옳지 않은 것은?

① 시료 중의 염소는 산화조작 시 유리염소를 발생시켜 253.7nm에서 흡광도를 나타낸다.
② 시료 중의 염소는 과망간산칼륨으로 분해 후 헥산으로 추출 제거한다.
③ 유리염소는 과량의 염산하이드록실아민 용액으로 환원시킨다.
④ 용액 중에 잔류하는 염소는 질소가스를 통기시켜 축출한다.

풀이) 과망간산칼륨 분해 후 헥산으로 벤젠, 아세톤 등 휘발성 유기물질을 추출 분리한 다음 실험한다.

**68** 수은을 원자흡수분광광도법으로 정량하고자 할 때 정량한계(mg/L)는?

① 0.0005   ② 0.002
③ 0.05     ④ 0.5

풀이) 수은(환원기화) 원자흡수분광광도법
정량한계 : 0.0005mg/L

**69** 자외선/가시선 분광법에 의한 납의 측정시료에 비스무스(Bi)가 공존하면 시안화칼륨 용액으로 수회 씻어도 무색이 되지 않는다. 이때 납과 비스무스를 분리하기 위해 추출된 사염화탄소층에 가해주는 시약으로 적절한 것은?

① 프탈산수소칼륨 완충액
② 구리아민동 혼합액
③ 수산화나트륨 용액
④ 염산히드록실아민 용액

풀이) 납-자외선/가시선 분광법의 간섭물질
① 전처리를 하지 않고 직접 시료를 사용하는 경우 시료 중에 시안화합물이 함유되어 있으면 염산 산성으로 끓여 시안화물을 완전히 분해 제거한 다음 실험한다.
② 시료에 다량의 비스무트(Bi)가 공존하면 시안화칼륨용액으로 수회 씻어도 무색이 되지 않는 경우 다음과 같이 납과 비스무트를 분리하여 실험한다. 추출하여 10~20mL로 한 사염화탄소층에 프탈산수소칼륨 완충용액(pH 3.4) 20mL씩을 2회 역추출하고 전체수층을 합하여 분별깔대기에 옮긴다. 암모니아수(1+1)를 넣어 약알칼리성으로 하고 시안화칼륨용액(5W/V%) 5mL 및 정제수를 넣어 약 100mL로 한 다음 이하 시료의 시험기준에 따라 추출조작부터 다시 실험한다.
③ 흡수셀이 더러워 측정값에 오차가 발생한 경우
㉠ 탄산나트륨용액(2W/V%)에 소량의 음이온 계면활성제를 가한 용액에 흡수셀을 담가 놓고 필요하면 40~50℃로 약 10분간 가열한다.
㉡ 흡수셀을 꺼내 정제수로 씻은 후 질산(1+5)에 소량의 과산화수소를 가한 용액에 약 30분간 담가 놓았다가 꺼내어 정제수로 잘 씻는다. 깨끗한 가제나 흡수지 위에 거꾸로 놓아 물기를 제거하고 실리카겔을 넣은 데시케이터 중에서 건조하여 보존한다.
㉢ 급히 사용하고자 할 때는 물기를 제거한 후 에틸알코올로 씻고 다시 에틸에테르로 씻은 다음 드라이어로 건조해서 사용한다.

**70** 시료 채취에 관한 내용으로 ( )에 옳은 것은?

회분식 연소방식의 소각재 반출설비에서 채취하는 경우에는 하루 동안의 운전횟수에 따라 매 운전 시마다 ( ㉠ ) 이상 채취하는 것을 원칙으로 하고, 시료의 양은 1회에 ( ㉡ ) 이상으로 한다.

① ㉠ 2회, ㉡ 100g   ② ㉠ 4회, ㉡ 100g
③ ㉠ 2회, ㉡ 500g   ④ ㉠ 4회, ㉡ 500g

풀이) 회분식 연소방식의 소각재 반출설비에서 시료채취
① 하루 동안의 운전횟수에 따라 매 운전 시마다 2회 이상 채취
② 시료의 양은 1회에 500g 이상

**71** 함수율 85%인 시료인 경우, 용출시험 결과에 시료 중의 수분함량 보정을 위하여 곱하여야 하는 값은?

① 0.5   ② 1.0
③ 1.5   ④ 2.0

풀이) 용출시험 결과 보정
① 용출시험의 결과는 시료 중의 수분함량 보정을 위해 함수율 85% 이상인 시료에 한하여 보정한다. (시료의 수분함량이 85% 이상이면 용출시험결과를 보정하는 이유는 매립을 위한 최대함수율 기준이 정해져 있기 때문)
② 보정값 $= \dfrac{15}{100 - 시료의\ 함수율(\%)}$
③ 설정계수 $= \dfrac{15}{100-85} = 1.0$

정답  68 ①   69 ①   70 ③   71 ②

## 72 청석면의 형태와 색상으로 옳지 않은 것은? (단, 편광현미경법 기준)

① 꼬인 물결 모양의 섬유
② 다발 끝은 분산된 모양
③ 긴 섬유는 만곡
④ 특징적인 청색과 다색성

**풀이** 석면의 대표적 종류 및 특성

| 석면의 종류 | 형태와 색상 |
|---|---|
| 백석면 (Chrysotile) | • 꼬인 물결 모양의 섬유<br>• 다발의 끝은 분산<br>• 가열되면 무색~밝은 갈색<br>• 다색성<br>• 종횡비는 전형적으로 10 : 1 이상 |
| 갈석면 (Amosite) | • 곧은 섬유와 섬유 다발<br>• 다발 끝은 빗자루 같거나 분산된 모양<br>• 가열하면 무색~갈색<br>• 약한 다색성<br>• 종횡비는 전형적으로 10 : 1 이상 |
| 청석면 (Crocidolite) | • 곧은 섬유와 섬유 다발<br>• 긴 섬유는 만곡<br>• 다발 끝은 분산된 모양<br>• 특징적인 청색과 다색성<br>• 종횡비는 전형적으로 10 : 1 이상 |

## 73 세균배양 검사법에 의한 감염성 미생물 분석 시 시료의 채취 및 보존방법에 관한 내용으로 ( )에 적절한 것은?

> 시료의 채취는 가능한 한 무균적으로 하고 멸균된 용기에 넣어 1시간 이내에 실험실로 운반·실험하여야 하며, 그 이상의 시간이 소요될 경우에는 ( ㉠ ) 이하로 냉장하여 ( ㉡ ) 이내에 실험실로 운반하여 실험실에 도착한 후 ( ㉢ ) 이내에 배양조작을 완료하여야 한다.

① ㉠ 4℃, ㉡ 6시간, ㉢ 2시간
② ㉠ 4℃, ㉡ 2시간, ㉢ 6시간
③ ㉠ 10℃, ㉡ 6시간, ㉢ 2시간
④ ㉠ 10℃, ㉡ 2시간, ㉢ 6시간

**풀이** 감염성 미생물 – 세균배양 검사법(시료채취 및 관리)
시료의 채취는 가능한 한 무균적으로 하고 멸균된 용기에 넣어 1시간 이내에 실험실로 운반·실험하여야 하며, 그 이상의 시간이 소요될 경우에는 10℃ 이하로 냉장하여 6시간 이내에 실험실로 운반하고 실험실에 도착한 후 2시간 이내에 배양조작을 완료하여야 한다.(다만, 8시간 이내에 실험이 불가능할 경우에는 현지 실험용 기구세트를 준비하여 현장에서 배양조작을 하여야 함)

## 74 자외선/가시선분광법으로 크롬을 측정할 때 시료 중 총크롬을 6가크롬으로 산화시키는 데 사용되는 시약은?

① 과망간산칼륨
② 이염화주석
③ 시안화칼륨
④ 디티오황산나트륨

**풀이** 크롬 – 자외선/가시선 분광법
시료 중에 총크롬을 과망간산칼륨을 사용하여 6가크롬으로 산화시킨 다음 산성에서 다이페닐카바자이드와 반응하여 생성되는 적자색 착화합물의 흡광도를 540nm에서 측정하여 총 크롬을 정량하는 방법이다.

## 75 다음 시약 제조방법 중 틀린 것은?

① 1M – NaOH 용액은 NaOH 42g을 정제수 950mL를 넣어 녹이고 새로 만든 수산화바륨 용액(포화)을 침전이 생기지 않을 때까지 한 방울씩 떨어뜨려 잘 섞고 마개를 하여 24시간 방치한 다음 여과하여 사용한다.
② 1M – HCl 용액은 염산 120mL에 정제수를 넣어 1,000mL로 한다.
③ 20W/V% – KI(비소시험용) 용액은 KI 20g을 정제수에 녹여 100mL로 하며 사용할 때 조제한다.
④ 1M – $H_2SO_4$ 용액은, 황산 60mL를 정제수 1L 중에 섞으면서 천천히 넣어 식힌다.

**풀이** 1M – HCl 용액은 염산 90mL에 정제수를 넣어 1,000mL로 한다.

**76** 원자흡수분광광도계에 대한 설명으로 틀린 것은?

① 광원부, 시료원자화부, 파장선택부 및 측광부로 구성되어 있다.
② 일반적으로 가연성 기체로 아세틸렌을, 조연성 기체로 공기를 사용한다.
③ 단광속형과 복광속형으로 구분된다.
④ 광원으로 넓은 선폭과 낮은 휘도를 갖는 스펙트럼을 방사하는 납 음극램프를 사용한다.

풀이 광원으로 좁은 선폭과 높은 휘도를 갖는 스펙트럼을 방사하는 납 속빈음극램프를 사용한다.

**77** 폐기물 시료에 대해 강열감량과 유기물함량을 조사하기 위해 다음과 같은 실험을 하였다. 아래와 같은 결과를 이용한 강열감량(%)은?

1) 600±25℃에서 30분간 강열하고 데시케이터 안에서 방랭 후 접시의 무게($W_1$) : 48.256g
2) 여기에 시료를 취한 후 접시와 시료의 무게 ($W_2$) : 73.352g
3) 여기에 25% 질산암모늄용액을 넣어 시료를 적시고 천천히 가열하여 탄화시킨 다음 600±25℃에서 3시간 강열하고 데시케이터 안에서 방랭 후 무게($W_3$) : 52.824g

① 약 74%     ② 약 76%
③ 약 82%     ④ 약 89%

풀이 강열감량(%) = $\dfrac{W_2 - W_3}{W_2 - W_1} \times 100$

= $\dfrac{(73.352 - 52.824)\text{g}}{(73.352 - 48.256)\text{g}} \times 100$

= 81.80%

**78** 기체크로마토그래피를 적용한 유기인 분석에 관한 내용으로 틀린 것은?

① 유기인 화합물 중 이피엔, 파라티온, 메틸디메톤, 다이아지논 및 펜토에이트의 측정에 이용된다.
② 유기인의 정량분석에 사용되는 검출기는 질소인 검출기 또는 불꽃광도검출기이다.
③ 정량한계는 사용하는 장치 및 측정조건에 따라 다르나 각 성분당 0.0005mg/L이다.
④ 유기인을 정량할 때 주로 사용하는 정제용 컬럼은 활성알루미나컬럼이다.

풀이 유기인 정제용 컬럼
  ① 실리카겔컬럼
  ② 플로리실컬럼
  ③ 활성탄컬럼

**79** 밀도가 0.3ton/m³인 쓰레기 1,200m³가 발생되어 있다면 폐기물의 성상분석을 위한 최소 시료 수(개)는?

① 20     ② 30
③ 36     ④ 50

풀이 대상폐기물의 양(ton) = 1,200m³ × 0.3t/m³
       = 360ton
100ton 이상~500ton 미만이므로 최소 시료 수는 30이다.

**80** 자외선/가시선 분광광도계에서 사용하는 흡수셀의 준비사항으로 가장 거리가 먼 것은?

① 흡수셀은 미리 깨끗하게 씻은 것을 사용한다.
② 흡수셀의 길이(L)를 따로 지정하지 않았을 때는 10mm 셀을 사용한다.
③ 시료셀에는 실험용액을, 대조셀에는 따로 규정이 없는 한 정제수를 넣는다.
④ 시료용액의 흡수파장이 약 370nm 이하일 때는 경질유리 흡수셀을 사용한다.

풀이 자외선/가시선 분광법에서 시료액의 흡수파장 370nm 이상은 석영 또는 경질유리 흡수셀을 사용하고, 370nm 이하는 석영 흡수셀을 사용한다.

## 5과목 폐기물관계법규

**81** 폐기물 처리시설의 중간처분시설 중 화학적 처분시설에 해당되는 것은?

① 정제시설　　② 연료화시설
③ 응집·침전시설　　④ 소멸화시설

풀이 화학적 처분시설
① 고형화·고화·안정화시설
② 반응시설(중화·산화·환원·중합·축합·치환 등의 화학반응을 이용하여 폐기물을 처분하는 단위시설을 포함한다.)
③ 응집·침전시설

**82** 환경부령으로 정하는 폐기물처리시설의 설치를 마친 자는 환경부령으로 정하는 검사기관으로부터 검사를 받아야 한다. 검사를 받으려는 자가 검사를 받기 위해 검사기관에 제출하는 검사신청서에 첨부하여야 하는 서류가 아닌 것은?(단, 음식물류 폐기물 처리시설의 경우)

① 설계도면
② 폐기물 성질, 상태, 양, 조성비 내용
③ 재활용제품의 사용 또는 공급계획서(재활용의 경우만 제출한다.)
④ 운전 및 유지관리계획서(물질수지도를 포함한다.)

풀이 검사신청서 첨부서류(음식물류 폐기물 처리시설)
① 설계도면
② 운전 및 유지관리계획서(물질수지도를 포함한다.)
③ 재활용제품의 사용 또는 공급계획서(재활용의 경우만 제출한다.)

**83** 폐기물처리업의 변경허가를 받아야 하는 중요사항에 관한 내용으로 틀린 것은?(단, 폐기물 수집·운반업 기준)

① 운반차량(임시 차량 제외)의 증차
② 수집·운반 대상 폐기물의 변경
③ 영업구역의 변경
④ 수집·운반시설 소재지 변경

풀이 폐기물처리업의 변경허가를 받아야 할 중요사항
[폐기물 수집·운반업]
① 수집·운반 대상 폐기물의 변경
② 영업구역의 변경
③ 주차장 소재지의 변경(지정폐기물을 대상으로 하는 수집·운반업만 해당한다)
④ 운반차량(임시차량은 제외한다)의 증차

**84** 폐기물의 수집·운반·보관·처리에 관한 구체적 기준 및 방법에 관한 설명으로 옳지 않은 것은?

① 사업장일반폐기물 배출자는 그의 사업장에서 발생하는 폐기물을 보관이 시작되는 날부터 15일을 초과하여 보관하여서는 아니 된다.
② 지정폐기물(의료폐기물 제외) 수집·운반차량의 차체는 노란색으로 색칠하여야 한다.
③ 음식물류 폐기물 처리 시 가열에 의한 건조에 의하여 부산물의 수분함량을 25% 미만으로 감량하여야 한다.
④ 폐합성고분자화합물은 소각하여야 하지만, 소각이 곤란한 경우에는 최대 지름 15센티미터 이하의 크기로 파쇄·절단 또는 용융한 후 관리형 매립시설에 매립할 수 있다.

풀이 사업장일반폐기물 배출자는 그의 사업장에서 발생하는 폐기물을 보관이 시작되는 날부터 90일을 초과하여 보관하여서는 아니 된다.

**85** 폐기물의 광역관리를 위해 광역폐기물처리시설의 설치·운영을 위탁할 수 있는 자에 해당되지 않는 것은?

① 해당 광역 폐기물처리시설을 발주한 지자체
② 한국환경공단
③ 수도권매립지관리공사
④ 폐기물의 광역처리를 위해 설립된 지방자치단체 조합

정답　81 ③　82 ②　83 ④　84 ①　85 ①

[풀이] 광역폐기물처리시설의 설치 · 운영의 위탁자
① 한국환경공단
② 수도권매립지관리공사
③ 지방자치단체조합으로서 폐기물의 광역처리를 위하여 설립된 조합
④ 해당 광역폐기물처리시설을 시공한 자(그 시설의 운영을 위탁하는 경우에만 해당한다.)

## 86 폐기물처리시설의 사용종료 또는 폐쇄신고를 한 경우에 사후관리 기간의 기준은 사용종료 또는 폐쇄신고를 한 날부터 몇 년 이내인가?

① 10년　　② 20년
③ 30년　　④ 50년

[풀이] 폐기물처리시설의 사용종료 또는 폐쇄신고를 한 경우에 사후관리기간의 기준
사용종료 또는 폐쇄신고를 한 날부터 30년 이내로 한다.

## 87 폐기물처리업에 종사하는 기술요원, 폐기물처리시설의 기술관리인, 그 밖에 대통령령으로 정하는 폐기물처리담당자는 환경부령으로 정하는 교육기관이 실시하는 교육을 받아야 함에도 불구하고 이를 위반하여 교육을 받지 아니한 자에 대한 과태료 처분기준은?

① 100만 원 이하의 과태료 부과
② 200만 원 이하의 과태료 부과
③ 300만 원 이하의 과태료 부과
④ 500만 원 이하의 과태료 부과

[풀이] 폐기물관리법 제68조 참조

## 88 주변지역 영향 조사대상 폐기물처리시설 기준으로 옳은 것은?(단, 동일 사업장에 1개의 소각시설이 있는 경우)

① 1일 처리능력이 5톤 이상인 사업장 폐기물 소각시설
② 1일 처리 능력이 10톤 이상인 사업장 폐기물 소각 시설
③ 1일 처리 능력이 30톤 이상인 사업장 폐기물 소각 시설
④ 1일 처리 능력이 50톤 이상인 사업장 폐기물 소각 시설

[풀이] 주변지역 영향 조사대상 폐기물처리시설 기준
① 1일 처리능력이 50톤 이상인 사업장폐기물 소각 시설(같은 사업장에 여러 개의 소각시설이 있는 경우에는 각 소각시설의 1일 처리능력의 합계가 50톤 이상인 경우를 말한다.)
② 매립면적 1만 제곱미터 이상의 사업장 지정폐기물 매립시설
③ 매립면적 15만 제곱미터 이상의 사업장 일반폐기물 매립시설
④ 시멘트 소성로(폐기물을 연료로 사용하는 경우로 한정한다.)
⑤ 1일 재활용능력이 50톤 이상인 사업장폐기물 소각열회수시설(같은 사업장에 여러 개의 소각열회수시설이 있는 경우에는 각 소각열회수시설의 1일 재활용능력의 합계가 50톤 이상인 경우를 말한다)

## 89 환경정책기본법에 따른 용어의 정의로 옳지 않은 것은?

① "환경용량"이란 일정한 지역에서 환경오염 또는 환경훼손에 대하여 환경이 스스로 수용, 정화 및 복원하여 환경의 질을 유지할 수 있는 한계를 말한다.
② "생활환경"이란 지상의 모든 생물과 이들을 둘러싸고 있는 비생물적인 것을 포함한 자연의 상태를 말한다.
③ "환경훼손"이란 야생동식물의 남획 및 그 서식지의 파괴, 생태계질서의 교란, 자연경관의 훼손, 표토의 유실 등으로 자연환경의 본래적 기능에 중대한 손상을 주는 상태를 말한다.
④ "환경보전"이란 환경오염 및 환경훼손으로부터 환경을 보호하고 오염되거나 훼손된 환경을 개선함과 동시에 쾌적한 환경상태를 유지 · 조성하기 위한 행위를 말한다.

정답　86 ③　87 ①　88 ④　89 ②

**풀이** 환경정책기본법상 용어
① '환경'이란 자연환경과 생활환경을 말한다.
② '자연환경'이란 지하·지표(해양을 포함한다.) 및 지상의 모든 생물과 이들을 둘러싸고 있는 비생물적인 것을 포함한 자연의 상태(생태계 및 자연경관을 포함한다.)를 말한다.
③ '생활환경'이란 대기, 물, 토양, 폐기물, 소음·진동, 악취, 일조(日照) 등 사람의 일상생활과 관계되는 환경을 말한다.
④ '환경오염'이란 사업활동 및 그 밖의 사람의 활동에 의하여 발생하는 대기오염, 수질오염, 토양오염, 해양오염, 방사능오염, 소음·진동, 악취, 일조 방해 등으로서 사람의 건강이나 환경에 피해를 주는 상태를 말한다.
⑤ '환경훼손'이란 야생동식물의 남획(濫獲) 및 그 서식지의 파괴, 생태계 질서의 교란, 자연경관의 훼손, 표토(表土)의 유실 등으로 자연환경의 본래적 기능에 중대한 손상을 주는 상태를 말한다.
⑥ '환경보전'이란 환경오염 및 환경훼손으로부터 환경을 보호하고 오염되거나 훼손된 환경을 개선함과 동시에 쾌적한 환경 상태를 유지·조성하기 위한 행위를 말한다.
⑦ '환경용량'이란 일정한 지역에서 환경오염 또는 환경훼손에 대하여 환경이 스스로 수용, 정화 및 복원하여 환경의 질을 유지할 수 있는 한계를 말한다.
⑧ '환경기준'이란 국민의 건강을 보호하고 쾌적한 환경을 조성하기 위하여 국가가 달성하고 유지하는 것이 바람직한 환경상의 조건 또는 질적인 수준을 말한다.

**90** 환경부장관이나 시·도지사가 폐기물처리업자에게 영업의 정지를 명령하고자 할 때 천재지변이나 그 밖의 부득이한 사유로 해당 영업을 계속하도록 할 필요가 있다고 인정되는 경우 영업정지에 갈음하여 부과할 수 있는 과징금의 범위기준으로 옳은 것은?

| 매출액에 ( )를 곱한 금액을 초과하지 아니하는 범위 |
|---|

① 100분의 3　　② 100분의 5
③ 100분의 7　　④ 100분의 9

**풀이** 폐기물처리업자에 대한 과징금
대통령령으로 정하는 매출액에 100분의 5를 곱한 금액을 초과하지 아니하는 범위에서 영업의 정지를 갈음하여 과징금을 부과할 수 있다.

**91** 폐기물처리시설의 사후관리업무를 대행할 수 있는 자로 옳은 것은?(단, 그 밖에 환경부장관이 사후관리 업무를 대행할 능력이 있다고 인정하고 고시하는 자는 고려하지 않음)

① 폐기물관리학회　　② 환경보전협회
③ 한국환경공단　　　④ 폐기물처리협의회

**풀이** 폐기물매립시설의 사후관리 업무를 대행할 수 있는 자는 한국환경공단이다.

**92** 폐기물처리시설의 유지·관리를 위해 기술관리인을 두어야 하는 폐기물처리시설의 기준으로 옳지 않은 것은?(단, 폐기물처리업자가 운영하는 폐기물처리시설은 제외한다.)

① 멸균, 분쇄시설로서 시간당 처리능력이 100킬로그램 이상인 시설
② 압축, 파쇄, 분쇄 또는 절단시설로서 1일 처리능력이 10톤 이상인 시설
③ 사료화, 퇴비화 또는 연료화시설로서 1일 처리능력이 5톤 이상인 시설
④ 의료폐기물을 대상으로 하는 소각시설로서 시간당 처리능력이 200킬로그램 이상인 시설

**풀이** 기술관리인을 두어야 하는 폐기물처리시설
① 매립시설의 경우
　㉠ 지정폐기물을 매립하는 시설로서 면적이 3천 300제곱미터 이상인 시설. 다만, 차단형 매립시설에서는 면적이 330제곱미터 이상이거나 매립용적이 1천 세제곱미터 이상인 시설로 한다.
　㉡ 지정폐기물 외의 폐기물을 매립하는 시설로서 면적이 1만 제곱미터 이상이거나 매립용적이 3만 세제곱미터 이상인 시설
② 소각시설로서 시간당 처리능력이 600킬로그램(감염성 폐기물을 대상으로 하는 소각시설의 경우에는 200킬로그램) 이상인 시설

**정답** 90 ②　91 ③　92 ②

③ 압축·파쇄·분쇄 또는 절단시설로서 1일 처리능력 또는 재활용시설이 100톤 이상인 시설
④ 사료화·퇴비화 또는 연료화 시설로서 1일 재활용능력이 5톤 이상인 시설
⑤ 멸균·분쇄시설로서 시간당 처리능력이 100킬로그램 이상인 시설
⑥ 시멘트 소성로
⑦ 용해로(폐기물에 비철금속을 추출하는 경우로 한정한다.)로서 시간당 재활용능력이 600킬로그램 이상인 시설
⑧ 소각열회수시설로서 시간당 재활용능력이 600킬로그램 이상인 시설

## 93 폐기물관리법에서 용어의 정의로 옳지 않은 것은?

① 생활폐기물 : 사업장폐기물 외의 폐기물을 말한다.
② 사업장폐기물 : 대기환경보전법, 물환경보전법 또는 소음·진동관리법에 따라 배출시설을 설치·운영하는 사업장이나 그 밖에 대통령령으로 정하는 사업장에서 발생하는 폐기물을 말한다.
③ 폐기물처리시설 : 폐기물의 중간처분시설, 최종처분시설 및 재활용시설로서 대통령령으로 정하는 시설을 말한다.
④ 처리 : 폐기물의 수거, 운반, 중화, 파쇄, 고형화 등의 중간처분과 매립하거나 해역으로 배출하는 등의 활동을 말한다.

**풀이** 처리
폐기물의 수집, 운반, 보관, 재활용, 처분을 말한다.

## 94 폐기물처리 신고자에게 처리금지를 갈음하여 부과할 수 있는 최대 과징금은?

① 1천만 원  ② 2천만 원
③ 5천만 원  ④ 1억 원

**풀이** 폐기물처리 신고자에 대한 과징금 처분
시·도지사는 폐기물처리 신고자가 처리금지를 명령하여야 하는 경우 그 처리금지가 다음 각 호의 어느 하나에 해당한다고 인정되면 대통령령으로 정하는 바에 따라 그 처리금지를 갈음하여 2천만 원 이하의 과징금을 부과할 수 있다.
① 해당 재활용사업의 정지로 인하여 그 재활용사업의 이용자가 폐기물을 위탁처리하지 못하여 폐기물이 사업장 안에 적체됨으로써 이용자의 사업활동에 막대한 지장을 줄 우려가 있는 경우
② 해당 재활용사업체에 보관 중인 폐기물 또는 그 재활용사업의 이용자가 보관 중인 폐기물의 적체에 따른 환경오염으로 인하여 인근지역 주민의 건강에 위해가 발생되거나 발생될 우려가 있는 경우
③ 천재지변이나 그 밖의 부득이한 사유로 해당 재활용사업을 계속하도록 할 필요가 있다고 인정되는 경우

## 95 폐기물처리업의 업종이 아닌 것은?

① 폐기물 재생처리업
② 폐기물 종합처분업
③ 폐기물 중간처분업
④ 폐기물 수집·운반업

**풀이** 폐기물처리업의 업종 구분과 영업내용
① 폐기물 수집·운반업
폐기물을 수집하여 재활용 또는 처분 장소로 운반하거나 폐기물을 수출하기 위하여 수집·운반하는 영업
② 폐기물 중간처분업
폐기물 중간처분시설을 갖추고 폐기물을 소각 처분, 기계적 처분, 화학적 처분, 생물학적 처분, 그 밖에 환경부장관이 폐기물을 안전하게 중간처분할 수 있다고 인정하여 고시하는 방법으로 중간처분하는 영업
③ 폐기물 최종처분업
폐기물 최종처분시설을 갖추고 폐기물을 매립 등(해역 배출은 제외한다.)의 방법으로 최종처분하는 영업
④ 폐기물 종합처분업
폐기물 중간처분시설 및 최종처분시설을 갖추고 폐기물의 중간처분과 최종처분을 함께하는 영업
⑤ 폐기물 중간재활용업
폐기물 재활용시설을 갖추고 중간가공 폐기물을 만드는 영업
⑥ 폐기물 최종재활용업
폐기물 재활용시설을 갖추고 중간가공 폐기물을 용도 또는 방법으로 재활용하는 영업

정답  93 ④  94 ②  95 ①

⑦ 폐기물 종합재활용업
폐기물 재활용시설을 갖추고 중간재활용업과 최종재활용업을 함께하는 영업

## 96 사후관리이행보증금의 사전적립 대상이 되는 폐기물을 매립하는 시설의 규모기준으로 옳은 것은?

① 면적 3천300m² 이상인 시설
② 면적 1만 m² 이상인 시설
③ 용적 3천300m³ 이상인 시설
④ 용적 1만 m³ 이상인 시설

**풀이** 사후관리이행보증금의 사전 적립
① 사후관리이행보증금의 사전 적립 대상이 되는 폐기물을 매립하는 시설은 면적이 3천300제곱미터 이상인 시설로 한다.
② 매립시설의 설치자는 폐기물처리업의 허가 · 변경허가 또는 폐기물처리시설의 설치 승인 · 변경승인을 받아 그 시설의 사용을 시작한 날부터 1개월 이내에 환경부령으로 정하는 바에 따라 사전적립금 적립계획서에 관련 서류를 첨부하여 환경부장관에게 제출하여야 한다.

## 97 폐유기용제 중 할로겐족에 해당되는 물질이 아닌 것은?

① 디클로로에탄
② 트리클로로트리플루오로에탄
③ 트리클로로프로펜
④ 디클로로디플루오로메탄

**풀이** 폐유기용제 중 할로겐족에 해당하는 물질
① 디클로로메탄(Dichloromethane)
② 트리클로로메탄(Trichloromethane)
③ 테트라클로로메탄(Tetrachloromethane)
④ 디클로로디플루오로메탄(Dichlorodifluoromethane)
⑤ 트리클로로플루오로메탄(Trichlorofluoromethane)
⑥ 디클로로에탄(Dichloroethane)
⑦ 트리클로로에탄(Trichloroethane)
⑧ 트리클로로트리플루오로에탄(Trichlorotrifluoroethane)
⑨ 트리클로로에틸렌(Trichloroethylene)
⑩ 테트라클로로에틸렌(Tetrachloroethylene)
⑪ 클로로벤젠(Chlorobenzene)
⑫ 디클로로벤젠(Dichlorobenzene)
⑬ 모노클로로페놀(Monochlorophenol)
⑭ 디클로로페놀(Dichlorophenol)
⑮ 1,1-디클로로에틸렌(1,1-Dichloroethylene)
⑯ 1,3-디클로로프로펜(1,3-Dichloropropene)
⑰ 1,1,2-트리클로로-1,2,2-트리플루오로에탄(1,1,2-Trichloro-1,2,2-Trifluoroethane)

## 98 폐기물처리시설을 사용종료하거나 폐쇄하고자 하는 자는 사용종료, 폐쇄신고서에 폐기물처리시설 사후관리계획서(매립시설에 한함)를 첨부하여 제출하여야 하는 폐기물매립시설 사후관리계획서에 포함되어야 할 사항으로 거리가 먼 것은?

① 지하수 수질조사계획
② 구조물 및 지반 등의 안정도 유지계획
③ 빗물배제계획
④ 사후환경영향 평가계획

**풀이** 폐기물매립시설 사후관리계획서의 포함사항
① 폐기물처리시설 설치 · 사용 내용
② 사후관리 추진일정
③ 빗물배제계획
④ 침출수 관리계획(차단형 매립시설은 제외한다.)
⑤ 지하수 수질조사계획
⑥ 발생가스 관리계획(유기성 폐기물을 매립하는 시설만 해당한다.)
⑦ 구조물과 지반 등의 안정도 유지계획

## 99 폐기물관리법상의 의료폐기물의 종류가 아닌 것은?

① 격리의료폐기물    ② 일반의료폐기물
③ 유사의료폐기물    ④ 위해의료폐기물

**풀이** 의료폐기물의 종류
① 격리의료폐기물
② 위해의료폐기물
③ 일반의료폐기물

**100** 폐기물관리법의 적용범위에 해당하는 물질은?

① 대기환경보전법에 의한 대기오염방지시설에 유입되어 포집된 물질
② 용기에 들어 있지 아니한 기체상태의 물질
③ 하수도법에 의한 하수
④ 물환경보전법에 따른 수질오염방지시설에 유입되거나 공공수역으로 배출되는 폐수

**풀이** 폐기물관리법을 적용하지 않는 물질
① 「원자력안전법」에 따른 방사성 물질과 이로 인하여 오염된 물질
② 용기에 들어 있지 아니한 기체상태의 물질
③ 「물환경보전법」에 따른 수질오염방지시설에 유입되거나 공공수역(수역)으로 배출되는 폐수
④ 「가축분뇨의 관리 및 이용에 관한 법률」에 따른 가축분뇨
⑤ 「하수도법」에 따른 하수・분뇨
⑥ 「가축전염병 예방법」이 적용되는 가축의 사체, 오염 물건, 수입 금지 물건 및 검역 불합격품
⑦ 「수산생물질병 관리법」에 적용되는 수산동물의 사체, 오염된 시설 또는 물건, 수입 금지 물건 및 검역 불합격품
⑧ 「군수품관리법」에 따라 폐기되는 탄약

**정답** 100 ①

# SECTION 003 2020년 4회 기사

## 1과목 폐기물개론

**01** 플라스틱 폐기물의 유효이용 방법으로 가장 거리가 먼 것은?

① 분해 이용법
② 미생물 이용법
③ 용융고화 재생 이용법
④ 소각폐열 이용법

**풀이** 플라스틱 자원화 방법
① 재이용법(주 : 용융고화 재생이용법)
② 분해 이용법
③ 소각에 의한 폐열회수 이용법

**02** 폐기물관리법에서 폐기물을 고형물 함량에 따라 액상, 반고상, 고상폐기물로 구분할 때 액상 폐기물의 기준으로 옳은 것은?

① 고형물 함량이 3% 미만인 것
② 고형물 함량이 5% 미만인 것
③ 고형물 함량이 10% 미만인 것
④ 고형물 함량이 15% 미만인 것

**풀이** 고형물 함량에 따른 폐기물 분류
① 액상폐기물 : 고형물의 함량이 5% 미만
② 반고상폐기물 : 고형물의 함량이 5% 이상 15% 미만
③ 고상폐기물 : 고형물의 함량이 15% 이상

**03** 일반적인 폐기물관리 우선순위로 가장 적합한 것은?

① 재사용 → 감량 → 물질재활용 → 에너지 회수 → 최종처분
② 재사용 → 감량 → 에너지 회수 → 물질재활용 → 최종처분
③ 감량 → 재사용 → 물질재활용 → 에너지 회수 → 최종처분
④ 감량 → 물질재활용 → 재사용 → 에너지 회수 → 최종처분

**풀이** 폐기물관리 순서
감량화 → 재이용 → 재활용 → 에너지 회수 → 최종처분(소각, 매립)

**04** 1년 연속 가동하는 폐기물 소각시설의 저장 용량을 결정하고자 한다. 폐기물 수거인부가 주 5일, 일 8시간 근무할 때 필요한 저장시설의 최소용량은?(단, 토요일 및 일요일을 제외한 공휴일에도 폐기물 수거는 시행된다고 가정한다.)

① 1일 소각용량 이하   ② 1~2일 소각용량
③ 2~3일 수거용량   ④ 3~4일 수거용량

**풀이** 폐기물 소각시설 최소 저장용량(1년, 주 5일 8시간 근무) : 2~3일 수거용

**05** 폐기물의 화학적 특성 중 3성분에 속하지 않는 것은?

① 가연분   ② 무기물질
③ 수분   ④ 회분

**풀이** 폐기물의 화학적 3성분
① 가연분, ② 수분, ③ 회분

**06** 쓰레기 종량제 봉투의 재질 중 LDPE의 설명으로 맞는 것은?

① 여름철에만 적합하다.
② 약간 두껍게 제작된다.
③ 잘 찢어지기 때문에 분해가 잘된다.
④ MDPE와 함께 매립지의 Liner용으로 적합하다.

정답 01 ② 02 ② 03 ③ 04 ③ 05 ② 06 ②

**풀이** LDPE는 약간 두껍게 제작된다. 즉, 강도가 높고 접합상태가 양호하다.

**07** 소비자 중심의 쓰레기 발생 Mechanism 그림에서 폐기물이 발생되는 시점과 재활용이 가능한 구간을 각각 가장 적절하게 나타낸 것은?

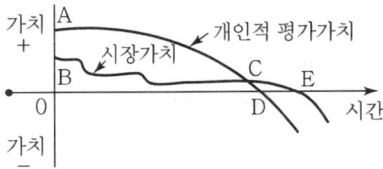

① C, DE  ② D, DE
③ E, CE  ④ E, DE

**풀이** ① 폐기물이 발생되는 시점 : 시장가치보다 개인적 평가가치가 낮은 상태를 의미함
② 재활용이 가능한 구간 : 시장가치가 어느 정도 유지하는 기간을 의미함

**08** 폐기물 관리차원의 3R에 해당하지 않는 것은?
① Resource  ② Recycle
③ Reduction  ④ Reuse

**풀이** 폐기물 관리차원의 3R
① Reduction(감량화)
② Recycle(재활용)
③ Reuse(재이용)

**09** $X_{90}$ =5.75cm로 생활폐기물을 파쇄할 때, Rosin-Rammler 모델에 의한 특성입자크기 $X_o$ (cm)는?(단, $n$=1)
① 1.0  ② 1.5  ③ 2.0  ④ 2.5

**풀이** $Y = 1 - \exp\left[-\left(\dfrac{X}{X_o}\right)^n\right]$

$0.9 = 1 - \exp\left[-\left(\dfrac{5.75}{X_o}\right)^1\right]$, $-\dfrac{5.75}{X_o} = \ln 0.1$

$X_o$(특성입자크기 : cm) $= \dfrac{5.75}{2.3} = 2.5$cm

**10** 폐기물 발생량 조사 및 예측에 대한 설명으로 틀린 것은?
① 생활폐기물 발생량은 지역규모나 지역특성에 따라 차이가 크기 때문에 주로 kg/인·일로 표기한다.
② 사업장폐기물 발생량은 제품제조공정에 따라 다르며 원단위로 ton/종업원수, ton/면적 등이 사용된다.
③ 물질수지법은 주로 사업장폐기물의 발생량을 추산할 때 사용한다.
④ 폐기물 발생량 예측방법으로 적재차량 계수법, 직접계근법, 물질수지법이 있다.

**풀이** ① 쓰레기 발생량 조사방법
  ㉠ 적재차량 계수분석법
  ㉡ 직접계근법
  ㉢ 물질수지법
  ㉣ 통계조사(표본조사, 전수조사)
② 쓰레기 발생량 예측방법
  ㉠ 경향법
  ㉡ 다중회귀모델
  ㉢ 동적모사모델

**11** 단열열량계로 측정할 때 얻어지는 발열량에 대한 설명으로 옳은 것은?
① 습량기준 저위발열량
② 습량기준 고위발열량
③ 건량기준 저위발열량
④ 건량기준 고위발열량

**풀이** 단열열량계로 측정할 때 얻어지는 발열량은 건량기준 고위발열량이다. 이를 기초로 습윤발열량으로 환산한다.

**12** 투입량 1.0ton/hr, 회수량 600kg/hr(그중 회수대상물질=550kg/hr), 제거량 400kg/hr(그중 회수대상물질=70kg/hr)일 때 선별효율(%)은?(단, Worrell 식 적용)
① 77  ② 79
③ 81  ④ 84

**정답** 07 ②  08 ①  09 ④  10 ④  11 ④  12 ①

[풀이] $E(\%) = \left[\left(\dfrac{x_1}{x_o}\right) \times \left(\dfrac{y_1}{y_o}\right)\right] \times 100$

$x_1$이 550kg/hr → $y_1$ = 50kg/hr
$x_2$가 70kg/hr → $y_2$ = (1,000 − 600 − 70)
                            = 330kg/hr
$x_o = x_1 + x_2 = 550 + 70 = 620$kg/hr
$y_o = y_1 + y_2 = 50 + 330 = 380$kg/hr

$= \left[\left(\dfrac{550}{620}\right) \times \left(\dfrac{330}{380}\right)\right] \times 100 = 77.04\%$

**13** 도시폐기물의 수거노선 설정방법으로 가장 거리가 먼 것은?

① 언덕인 경우 위에서 내려가며 수거한다.
② 반복운행을 피한다.
③ 출발점은 차고와 가까운 곳으로 한다.
④ 가능한 한 반시계방향으로 설정한다.

[풀이] 효과적 · 경제적인 수거노선 결정 시 유의(고려)사항 : 수거노선 설정요령
① 지형이 언덕인 지역에서는 언덕의 위에서부터 내려가며 적재하면서 차량을 진행하도록 한다.(안전성, 연료비 절약)
② 수거인원 및 차량형식이 같은 기존 시스템의 조건들을 서로 관련시킨다.
③ 출발점은 차고와 가깝게 하고 수거된 마지막 컨테이너가 처분지의 가장 가까이에 위치하도록 배치한다.
④ 가능한 한 지형지물 및 도로경계와 같은 장벽을 사용하여 간선도로 부근에서 시작하고 끝나야 한다.(도로경계 등을 이용)
⑤ 가능한 한 시계방향으로 수거노선을 정한다.
⑥ 적은 양의 쓰레기가 발생하나 동일한 수거빈도를 받기 원하는 적재지점(수거지점)은 가능한 한 같은 날 왕복 내에서 수거한다.
⑦ 아주 많은 양의 쓰레기가 발생되는 발생원은 하루 중 가장 먼저 수거한다.
⑧ 될 수 있는 한 한 번 간 길은 다시 가지 않는다.
⑨ 반복운행 또는 U자형 회전은 피하여 수거한다.
⑩ 교통량이 많거나 출퇴근시간은 피하여 수거한다.
⑪ 수거지점과 수거빈도 결정 시 기존정책이나 규정을 참고한다.

**14** 3.5%의 고형물을 함유하는 슬러지 300m³를 탈수시켜 70%의 함수율을 갖는 케이크를 얻었다면 탈수된 케이크의 양(m³)은?(단, 슬러지의 밀도 = 1ton/m³)

① 35        ② 40
③ 45        ④ 50

[풀이] 탈수 전 슬러지부피×0.035
    = 탈수 후 케이크양×(1−0.7)
300m³×0.035 = 탈수 후 케이크양×0.3

탈수 후 케이크양(m³) = $\dfrac{300\text{m}^3 \times 0.035}{0.3}$ = 35m³

**15** 플라스틱 폐기물 중 할로겐화합물이 포함된 것은?

① 멜라민수지        ② 폴리염화비닐
③ 규소수지          ④ 폴리아크릴로니트릴

[풀이] 염소계 물질이 할로겐화합물이므로 할로겐화합물을 함유하고 있는 것은 폴리염화비닐이다.

**16** 폐기물 관로수송시스템에 대한 설명으로 틀린 것은?

① 폐기물의 발생밀도가 높은 지역이 보다 효과적이다.
② 대용량 수송과 장거리 수송에 적합하다.
③ 조대폐기물은 파쇄 등의 전처리가 필요하다.
④ 자동집하시설로 투입하는 폐기물의 종류에 제한이 있다.

[풀이] 관거(Pipe Line) 수송의 장 · 단점
① 장점
  ㉠ 자동화, 무공해화, 안전화가 가능하다.
  ㉡ 눈에 띄지 않는다.(미관, 경관 좋음)
  ㉢ 에너지 절약이 가능하다.
  ㉣ 교통소통이 원활하여 교통체증 유발이 없다.
    (수거차량에 의한 도심지 교통량 증가 없음)
  ㉤ 투입 용이, 수집이 편리하다.
  ㉥ 인건비 절감의 효과가 있다.

② 단점
　㉠ 대형 폐기물(조대폐기물)에 대한 전처리 공정(파쇄, 압축)이 필요하다.
　㉡ 가설(설치) 후에 경로변경이 곤란하고 설치비가 비싸다.
　㉢ 잘못 투입된 폐기물은 회수하기 곤란하다.
　㉣ 2.5km 이내의 거리에서만 이용된다.(장거리, 즉 2.5km 이상에서는 사용 곤란)
　㉤ 단거리에 현실성이 있다.
　㉥ 사고발생 시 시스템 전체가 마비되며 대체시스템으로 전환이 필요하다.(고장 및 긴급사고 발생에 대한 대처방법이 필요함)
　㉦ 초기투자 비용이 많이 소요된다.
　㉧ Pipe 내부 진공도에 한계가 있다.(최대 0.5 kg/cm²)

**17** 쓰레기통의 위치나 형태에 따른 MHT가 가장 낮은 것은?

① 집안 고정식　　② 벽면 부착식
③ 문전 수거식　　④ 집밖 이동식

**풀이** 수거형태에 따른 수거효율
　① 타종 수거 → 0.84MHT
　② 대형 쓰레기통 수거 → 1.1MHT
　③ 플라스틱 자루 수거 → 1.35MHT
　④ 집밖 이동식 수거 → 1.47MHT
　⑤ 집안 이동식 수거 → 1.86MHT
　⑥ 집밖 고정식 수거 → 1.96MHT
　⑦ 문전 수거 → 2.3MHT
　⑧ 벽면 부착식 수거 → 2.38MHT

**18** 폐기물의 함수율은 25%이고, 건조기준으로 원소 성분 및 고위발열량은 다음과 같다. 이 폐기물의 저위발열량(kcal/kg)은?(단, C = 55%, H = 18%, 고위발열량 = 2,800kcal/kg)

① 1,921　　② 2,100
③ 2,218　　④ 2,602

**풀이** $Hl$(kcal/kg)
$= Hh - 600(9H + W)$
$= 2,800 - 600[(9 \times 0.18 \times 0.75) + 0.25]$
$= 1,921$ kcal/kg

**19** 선별기의 종류 및 습식선별의 형태가 아닌 것은?

① Stoners　　② Jigs
③ Flotation　　④ Wet Classifiers

**풀이** Stoners
공기가 유입되는 다공판으로 구성되어 있으며 약간 경사진 판에 진동을 줄 때 무거운 것이 빨리 판의 경사면 위로 올라가는 원리의 건식선별기이다.

**20** 폐기물의 성분을 조사한 결과 플라스틱의 함량이 20%(중량비)로 나타났다. 이 폐기물의 밀도가 300kg/m³라면 5m³ 중에 함유된 플라스틱의 양(kg)은?

① 200　　② 300
③ 400　　④ 500

**풀이** 무게(kg) = (밀도 × 부피) × 플라스틱 함유비율
$= 300$ kg/m³ $\times 5$ m³ $\times 0.2 = 300$ kg

## 2과목　폐기물처리기술

**21** 처리용량이 50kL/day인 분뇨처리장에 가스 저장탱크를 설치하고자 한다. 가스 저류시간을 8시간 생성가스양을 투입 분뇨량의 6배로 가정한다면 가스탱크의 저장용량(m³)은?

① 90　　② 100
③ 110　　④ 120

**풀이** 가스탱크용량(m³)
= 처리용량 × 저류시간
= (50kL/24hr × 8hr × 1,000L/kL
　× m³/1,000L) × 6
= 100m³

**정답** 17 ④　18 ①　19 ①　20 ②　21 ②

**22** 유기물($C_6H_{12}O_6$)을 혐기성(피산소성) 소화시킬 때 반응에 대한 설명으로 옳지 않은 것은?

① 유기물 1kg 분해 시 메탄이 $0.37Sm^3$ 생성된다.
② 유기물 1kg 분해 시 이산화탄소가 $0.37Sm^3$ 생성된다.
③ 유기물 90kg 분해 시 메탄이 24kg 생성된다.
④ 유기물 90kg 분해 시 이산화탄소가 24kg 생성된다.

풀이 완전분해 반응식
$C_6H_{12}O_6 \rightarrow 3CO_2 + 3CH_4$
180kg : $(3 \times 44)$kg
90kg : $CO_2$(kg)
$CO_2(kg) = \dfrac{90kg \times (3 \times 44)kg}{180kg} = 66kg$

**23** 1일 수거 분뇨투입량은 300kL, 수거차 용량이 3.0kL/대, 수거차 1대의 투입시간은 20분이 소요되며 분뇨처리장 작업시간은 1일 8시간으로 계획하면 분뇨투입구 수(개)는?(단, 최대 수거율을 고려하여 안전율 = 1.2배)

① 2  ② 5
③ 8  ④ 13

풀이 분뇨투입구 수
$= \dfrac{수거분뇨량}{차량용량 \times 작업시간 \times 분뇨투입시간} \times 안전율$
$= \dfrac{300kL/day}{3.0kL/대 \times 8hr/day \times 대/20min \times 60min/hr} \times 1.2 = 5개$

**24** 호기성 퇴비화공정의 가장 오래된 방법 중 하나로 설치비용과 운영비용은 낮으나 부지소요가 크고 유기물이 완전히 분해되는 데 3~5년이 소요되는 퇴비화 공법은?

① 뒤집기식 퇴비단 공법
② 통기식 정체퇴비단 공법
③ 플러그형 기계식 퇴비화 공법
④ 교반형 기계식 퇴비화 공법

풀이 뒤집기식 퇴비단 공법
① 퇴비단이 완전히 분해되는 데 3~5년이 걸리므로 병원균파괴율이 낮다.
② 건조가 빠르고 많은 양을 다룰 수 있으며 상대적으로 투자비가 낮다.
③ 부지소요가 많이 요구된다.

**25** 매립지에서 침출된 침출수 농도가 반으로 감소하는 데 약 3.5년이 걸렸다면 이 침출수 농도가 95% 분해되는 데 소요되는 시간(년)은?(단, 침출수 분해 반응은 1차 반응)

① 약 5  ② 약 10
③ 약 15  ④ 약 20

풀이 $\ln\left(\dfrac{C_t}{C_o}\right) = -kt$
$\ln 0.5 = -k \times 3.5\text{year}, \ k = 0.198\text{year}^{-1}$
$\ln\dfrac{5}{100} = -0.198\text{year}^{-1} \times t$
$t = 15.13\text{year}$

**26** 차단형 매립지에서 차수 설비에 쓰이는 재료 중 투수율이 상대적으로 높고 불투수층을 균일하게 시공하기가 어려운 단점이 있지만, 침출수 중의 오염물질 흡착능력이 우수한 장점이 있는 차수제는?

① CSPE  ② Soil Mixture
③ HDPE  ④ Clay Soil

풀이 점토(Clay Soil)층
① 장점
 침출수 내의 오염물질 흡착능력이 우수(고유의 흡착성과 양이온 교환능력(CEC)을 가지고 있으므로)
② 단점
 ㉠ 재료의 취득이 용이하지 못함
 ㉡ 투수율이 타 차수재료에 비해 상대적으로 높음
 ㉢ 균등질의 불투수층 시공이 용이하지 못함
 ㉣ 바닥처리가 나쁘면 부동침하 및 균열위험이 있음
 ㉤ 포설두께가 합성차수막에 비해 상대적으로 두꺼움

정답 22 ④  23 ②  24 ①  25 ③  26 ④

**27** 점토의 수분함량과 관계되는 지표로서 점토의 수분함량이 일정수준 미만이 되면 플라스틱 상태를 유지하지 못하고 부스러지는 상태에서의 수분함량을 의미하는 것은?

① 소성한계　　② 약성한계
③ 소성지수　　④ 극성한계

[풀이] 점토의 수분함량과 관계되는 지표
① 액성한계(LL)
점토의 수분함량이 그 이상이 되면 상태가 더 이상 선명화(플라스틱과 같이)되지 못하고 액체상태로 되는 수분함량(Liquid Limit)
② 소성한계(PL)
점토의 수분함량이 일정수준 미만이 되면 성형상태를 유지하지 못하고 부스러지는 상태에서의 수분함량(Plastic Limit)
③ 소성지수(PI) = LL − PL
(소성지수 : 점토의 수분함량 지표)

**28** 폐기물 매립지로 사용할 수 있는 곳은?

① 산림조성지로 부적격지
② 습지대 또는 단층지역
③ 100년 빈도의 홍수범람지역
④ 지하수위가 1.5미터 미만인 곳

[풀이] 폐기물 매립지 입지배제 기준
① 100년 빈도 홍수범람지역 및 습지대
② 지하수위가 지표면으로부터 1.5m 미만인 지역
③ 단층지역
④ 일정거리 이내 지역(호소 300m, 음용수 수원 60m, 비행장 3,000m, 공원 및 주요 도로 300m)
⑤ 고고학적 또는 역사학적으로 중요한 지역, 생태학적 보호지역

**29** 정상적으로 운전되고 있는 혐기성 소화조에서 발생되는 가스의 구성비에 대하여 알맞은 것은?

① $CH_4 > CO_2 > H_2 > O_2$
② $CH_4 > CO_2 > O_2 > H_2$
③ $CH_4 > H_2 > CO_2 > O_2$
④ $CH_4 > O_2 > CO_2 > H_2$

[풀이] 혐기성 소화조의 정상운영 시 가스구성비
$CH_4 > CO_2 > H_2 > O_2$

**30** 매립지의 4단계 분해과정 중 이산화탄소 농도가 최대이고 침출수의 pH가 가장 낮은 분해단계는?

① 1단계 : 호기성 단계
② 2단계 : 혐기성 단계
③ 3단계 : 산생성 단계
④ 4단계 : 메탄생성 단계

[풀이] 제3단계[혐기성 메탄생성축적 단계 : 산형성 단계]
① 피산소성 단계로 메탄생성균과 메탄과 이산화탄소로 분해되는 미생물로 인해 메탄이 생성된다. (혐기성 단계로 $CH_4$ 가스가 생성되기 시작)
② 가스 내의 $CH_4$ 함량이 증가하기 시작하며 $H_2$, $CO_2$의 비율은 낮아진다.
③ 55℃ 정도까지 온도가 증가한다.
④ pH는 6.8~8.0 정도이고 매립 후 약 25~55주 경과된 단계이다.
⑤ 일반적으로 산형성 단계에서 매립지 침출수 중 중금속, BOD, COD의 농도가 가장 높다.(침출수의 pH가 5~6 이하로 감소함)

**31** 토양오염물질 중 BTEX에 포함되지 않는 것은?

① 벤젠　　② 톨루엔
③ 에틸렌　　④ 자일렌

[풀이] 토양오염물질 중 BTEX
① B : Benzene(벤젠)
② T : Toluene(톨루엔)
③ E : Ethylbenzene(에틸벤젠)
④ X : Xylene(크실렌, 자일렌)

**32** 매립지 내의 물의 이동을 나타내는 Darcy의 법칙을 기준으로 침출수의 유출을 방지하기 위한 방법으로 옳은 것은?

① 투수계수는 감소, 수두차는 증가시킨다.
② 투수계수는 증가, 수두차는 감소시킨다.

정답　27 ①　28 ①　29 ①　30 ③　31 ③　32 ④

③ 투수계수 및 수두차를 증가시킨다.
④ 투수계수 및 수두차를 감소시킨다.

**풀이** 침출수 이동속도($V$) : Darcy 법칙에 의한 속도계산식

$$V(\text{cm/sec}) = KI = K\frac{dH}{dL} = K\frac{h_2-h_1}{L_2-L_1}$$

여기서, $K$ : 투수계수(cm/sec)(액체밀도에 반비례)
$V$ : 침출수 유속(침투율 : 투수계수) (cm/sec)
$dH$ : 수위차(수두차)(cm)
$dL$ : 수평방향 두 지점 사이 거리 ($L_2$와 $L_1$ 사이 거리)(cm)
$I\left(\dfrac{dH}{dL}\right)$ : 두 지점 사이 수리경사

## 33 시료의 성분분석결과 수분 10%, 회분 44%, 고정 탄소 36%, 휘발분 10%이고, 원소분석 결과 휘발분 중 수소 20%, 황 10%, 산소 30%, 탄소 40%일 때 저위발열량(kcal/kg)은?(단, 각 원소의 단위질량당 열량은 C : 8,100, H : 34,000, S : 2,500kcal/kg이다.)

① 2,650
② 3,650
③ 4,650
④ 5,560

**풀이**
$H_h(\text{kcal/kg}) = 8,100C + 34,000\left(H - \dfrac{O}{8}\right) + 2,500S$
$= 8,100 \times [(0.4 \times 0.1) + 0.36]$
$\quad + \left\{34,000 \times \left[(0.2 \times 0.1) - \left(\dfrac{0.3 \times 0.1}{8}\right)\right]\right\}$
$\quad + [2,500 \times (0.1 \times 0.1)]$
$= 3,817.5 \text{kcal/kg}$
$H_l(\text{kcal/kg}) = H_h - 600(9H + W)$
$= 3,817.5 - 600[(9 \times 0.2 \times 0.1) + 0.1]$
$= 3,649.5 \text{kcal/kg}$

## 34 결정도(Crystallinity)가 증가할수록 합성차수막에 나타나는 성질이라 볼 수 없는 것은?

① 인장강도 증가
② 열에 대한 저항성 증가
③ 화학물질에 대한 저항성 증가
④ 투수계수 증가

**풀이** 결정도(Crystallinity)가 증가할수록 합성차수막에 나타나는 성질
① 열에 대한 저항도 증가
② 화학물질에 대한 저항성 증가
③ 투수계수의 감소
④ 인장강도의 증가
⑤ 충격에 약해짐
⑥ 단단해짐

## 35 유기성의 폐기물의 생물분해성을 추정하는 식은 BF = 0.83 − 0.028LC로 나타낼 수 있다. 여기에서 LC가 의미하는 것은?

① 휘발성 고형물 함량
② 고정탄소분 중 리그닌 함량
③ 휘발성 고형분 중 리그닌 함량
④ 생물분해성 분율

**풀이** 유기성 폐기물의 생물분해성 추정식
BF = 0.83 − (0.028 × LC)
여기서, BF : 생분해성 분율
LC : 휘발성 고형분 중 리그닌 함량 (건조무게 %로 표시)

## 36 퇴비화 과정의 영향인자에 대한 설명으로 가장 거리가 먼 것은?

① 슬러지 입도가 너무 작으면 공기유동이 나빠져 혐기성 상태가 될 수 있다.
② 슬러지를 퇴비화할 때 Bulking Agent를 혼합하는 주목적은 산소와 접촉면적을 넓히기 위한 것이다.
③ 숙성퇴비를 반송하는 것은 Seeding과 pH조정이 목적이다.

**정답** 33 ② 34 ④ 35 ③ 36 ④

④ C/N비가 너무 높으면 유기물의 암모니아화로 악취가 발생한다.

**풀이** C/N비가 높으면 유기산 등이 퇴비의 pH를 낮추고 미생물의 성장과 활동도 억제되며 질소 부족(C/N비 80 이상이면 질소결핍현상)으로 퇴비화가 잘 형성되지 않아 퇴비화의 소요기간이 길어진다.(폐기물 내 질소함량이 적은 것은 퇴비화가 잘 되지 않는다.)

**37** 진공여과기 1대를 사용하여 슬러지를 탈수하고 있다. 다음 조건에서 건조고형물 기준의 여과속도 27kg/m² · h인 진공여과기의 1일 운전시간(h)은?

- 폐수유입량 = 20,000m³/day
- 유입 SS농도 = 300mg/L
- SS 제거율 = 85%
- 약품첨가량 = 제거 SS양의 20%
- 여과면적 = 20m²
- 건조고형물 여과회수율 = 100%
- 제거 SS양 + 약품첨가량 = 총 건조고형물량
- 비중은 1.0 기준

① 15.4  ② 13.2
③ 11.3  ④ 9.5

**풀이** 진공여과기 1일 운전시간(hr)

$= \dfrac{\text{제거 SS양}}{\text{여과속도} \times \text{여과면적}}$

$= \dfrac{20{,}000\text{m}^3/\text{day} \times 300\text{mg/L} \times \text{kg}/10^6\text{mg} \times 0.85 \times 1{,}000\text{L}/\text{m}^3 \times 1.2}{27\text{kg/m}^2 \cdot \text{hr} \times 20\text{m}^2}$

$= 11.33\text{hr}$

**38** 유해 폐기물 고화처리방법 중 대표적인 방법인 시멘트기초법에 가장 많이 쓰이는 고화제는?

① 알루미나 포틀랜드 시멘트
② 보통 포틀랜드 시멘트
③ 황산염 저항 포틀랜드 시멘트
④ 일반 조강 포틀랜드 시멘트

**풀이** 시멘트기초법에 가장 많이 쓰이는 고화제는 보통 포틀랜드 시멘트로 고농도의 중금속 폐기물을 고형화시킨다.

**39** 토양의 양이온치환용량(CEC)이 10meq/100g 이고, 염기포화도가 70%라면, 이 토양에서 H⁺이 차지하는 양(meq/100g)은?

① 3  ② 5
③ 7  ④ 10

**풀이** 염기포화도(%) $= \dfrac{\text{교환성 염기의 총량}}{\text{양이온 교환용량}} \times 100$

여기서, 교환성 염기는 Ca, Mg, K, Na이고, H, Al은 제외됨

$70 = \dfrac{10 - \text{H}^+}{10} \times 100$

$\text{H}^+ = 3\text{meq}/100\text{g}$

**40** 지하수의 특성으로 가장 거리가 먼 것은?

① 무기이온 함유량이 높고, 경도가 높다.
② 광범위한 지역의 환경조건에 영향을 받는다.
③ 미생물이 거의 없고 자정속도가 느리다.
④ 유속이 느리고 수온변화가 적다.

**풀이** 지하수는 국지적인 지역의 환경조건에 영향을 받는다. 즉, 오염영역이 좁은 편이다.

정답  37 ③  38 ②  39 ①  40 ②

## 3과목 폐기물소각 및 열회수

**41** 백필터를 통과한 가스의 분진농도가 $8mg/Sm^3$이고 분진의 통과율이 10%라면 백필터를 통과하기 전 가스 중의 분진농도($g/m^3$)는?

① 0.08
② 0.88
③ 0.80
④ 8.8

**풀이** $P(통과율) = \dfrac{통과\ 후\ 농도}{통과\ 전\ 농도}$

$0.1 = \dfrac{8mg/Sm^3}{통과\ 전\ 농도}$

통과 전 농도($g/m^3$)
$= \dfrac{8mg/Sm^3 \times g/1,000mg}{0.1} = 0.08 g/m^3$

**42** 열분해시설의 전처리단계를 옳게 나타낸 것은?

① 파쇄 → 건조 → 선별 → 2차 파쇄
② 파쇄 → 2차 파쇄 → 건조 → 선별
③ 파쇄 → 선별 → 건조 → 2차 선별
④ 선별 → 파쇄 → 건조 → 2차 선별

**풀이** 열분해시설의 전처리단계
파쇄 → 선별 → 건조 → 2차 선별

**43** 화격자(Stoker)식 소각로에서 쓰레기저장조(Pit)로부터 크레인에 의하여 소각로 안으로 쓰레기를 주입하는 방식은?

① 상부투입식
② 하부투입식
③ 강제유입식
④ 자연유하식

**풀이** 화격자 소각로의 쓰레기 주입형식 중 자연유하식
쓰레기저장조(Pit)로부터 크레인에 의하여 소각로 안으로 쓰레기를 주입하는 형식이다.

**44** 소각 시 탈취방법인 촉매연소법에 대한 설명으로 가장 거리가 먼 것은?

① 제거효율이 높다.
② 처리경비가 저렴하다.
③ 처리대상가스의 제한이 없다.
④ 저농도 유해물질에도 적합하다.

**풀이** 촉매연소법
① 배출가스양이 적은 경우와 악취물질의 종류 및 농도변화가 적은 시설에 적합하다.(일반 연소법으로 처리가 어려운 저농도의 경우에도 효과를 얻을 수 있음)
② 촉매를 사용하여 연소에 필요한 활성화 에너지를 낮춤으로써 연소가 효과적으로 일어난다.
③ 장치의 부식과 처리대상가스의 제한이 있다.
④ 운전비용이 저렴하고 자동제어가 가능하며 질소산화물의 생성이 거의 없다.
⑤ 반응속도가 낮은 경우 장치의 대형화로 인하여 부식 등 관리 문제가 있다.

**45** 플라스틱 재질 중 발열량(kcal/kg)이 가장 낮은 것은?

① 폴리에틸렌(PE)
② 폴리프로필렌(PP)
③ 폴리스티렌(PS)
④ 폴리염화비닐(PVC)

**풀이** 플라스틱의 발열량
① 폴리에틸렌(PE) : 10,400kcal/kg
② 폴리프로필렌(PP) : 11,500kcal/kg
③ 폴리스티렌(PS) : 9,500kcal/kg
④ 폴리염화비닐(PVC) : 4,100kcal/kg

**46** 액체연료의 연소속도에 영향을 미치는 인자로 거리가 먼 것은?

① 분무입경
② 충분한 체류시간
③ 연료의 예열온도
④ 기름방울과 공기의 혼합률

**정답** 41 ① 42 ③ 43 ④ 44 ③ 45 ④ 46 ②

풀이 연소속도란 가연물과 산소의 반응속도를 의미하며 산소농도, 촉매, 반응제 연료의 예열, 온도, 분무기 확산 및 혼합, 반응계 농도, 활성화 에너지, 분무입경 등에 영향을 받는다.

## 47 폐기물 소각시설로부터 생성되는 고형잔류물에 대한 설명이 틀린 것은?

① 고형잔류물의 관리는 폐기물 소각로 설계와 운전 시에 매우 중요하다.
② 소각로 연소능력 평가는 재연소지수(ABI)를 이용하여 평가한다.
③ 가스세정기 슬러지(잔류물)는 질소산화물 세정에서 발생되는 고형잔류물이다.
④ 비산재는 전기집진기나 백필터에 의해 99% 이상 제거가 가능하다.

풀이 가스세정기 슬러지(잔류물)는 비산재 세정에서 발생되는 고형잔류물이다.

## 48 연소조건 중 온도에 대한 설명으로 옳은 것은?

① 도시폐기물의 발화온도는 260~370℃ 정도되나 필요한 연소기의 최소온도는 850℃이다.
② 연소온도가 너무 높아지면 질소산화물(NOx)이나 산화물(Ox)이 억제된다.
③ 연소기로부터의 에너지 회수방법 중 스팀생산을 효과적으로 하기 위해 연소온도를 450℃로 높인다.
④ 연소온도가 높으면 연소에 필요한 소요 시간이 짧아지고 어느 일정 온도 이상에서는 연소시간이 중요하지 않게 된다.

풀이 ① 도시폐기물의 발화온도는 260~370℃ 정도되나 필요한 연소기의 출구온도는 850℃ 이상이다.
② 연소온도가 너무 높아지면 질소산화물(NOx)이나 산화물(Ox)이 증가된다.
③ 연소기로부터의 에너지 회수방법 중 스팀생산을 효과적으로 하기 위한 보일러의 배출가스온도는 150~350℃ 정도이다.

## 49 저위발열량이 8,000kcal/kg의 중유를 연소시키는 데 필요한 이론공기량($Sm^3/kg$)은?(단, Rosin 식 적용)

① 8.8
② 9.6
③ 10.5
④ 11.5

풀이 Rosin 식 – 액체연료 이론공기량($A_o$)

$$A_o(Sm^3/kg) = 0.85 \times \frac{H_l}{1,000} + 2$$
$$= 0.85 \times \left(\frac{8,000}{1,000}\right) + 2$$
$$= 8.8(Sm^3/kg)$$

## 50 화격자(Grate System)에 대한 설명 중 틀린 것은?

① 노 내의 폐기물 이동을 원활하게 해준다.
② 화격자는 폐기물을 잘 연소하도록 교반시키는 역할을 한다.
③ 화격자는 아래에서 연소에 필요한 공기가 공급되도록 설계하기도 한다.
④ 화격자의 폐기물 이동방향은 주로 하단부에서 상단부 방향으로 이동시킨다.

풀이 화격자의 폐기물 이동방향은 주로 상단부에서 하단부 방향으로 이동시킨다.

## 51 연소실의 주요 재질 중 내화재로써 거리가 먼 것은?

① 캐스터블
② 아우스테니트
③ 점토질 내화벽돌
④ 고알루미나, SiC 벽돌

풀이 **내화재(내화물)**
① 내화벽돌(점토질, 내화단열재, 고알루미나재)
② 부정형 내화물(플라스틱, 캐스터블)
③ 내화모르타르
④ 단열보드

정답 47 ③　48 ④　49 ①　50 ④　51 ②

## 52 폐놀 188g을 무해화하기 위하여 완전연소시켰을 때 발생되는 $CO_2$의 발생량(g)은?

① 132
② 264
③ 528
④ 1,056

**풀이**
$C_6H_5OH \rightarrow C_6H_6O$
$C_6H_6O + O_2 \rightarrow 6CO_2 + 3H_2O$
94g : 6×44g
188g : $CO_2$(g)

$CO_2(g) = \dfrac{188g \times (6 \times 44)kg}{94g} = 528g$

## 53 연소가스에 대한 설명으로 틀린 것은?

① 연소가스 – 연료가 연소하여 생성되는 고온가스
② 배출가스 – 연소가스가 피열물에 열을 전달한 후 연노로 방출되는 가스
③ 습윤연소가스 – 연소배기가스 내에 포화상태의 수증기를 포함한 가스
④ 연소배기가스의 분석 결과치 – 건조가스를 기준으로 조성비율을 나타냄

**풀이** 습윤연소가스란 연소대상물질의 원소조성비에 따라 자체적으로 생성되는 수소 또는 수분을 포함하는 연소가스를 말한다.

## 54 폐기물관리법령상 고온용융시설의 개별기준으로 옳은 것은?

① 잔재물의 강열감량은 5% 이하이어야 한다.
② 잔재물의 강열감량은 10% 이하이어야 한다.
③ 연소실은 연소가스가 1초 이상 체류할 수 있어야 한다.
④ 연소실은 연소가스가 2초 이상 체류할 수 있어야 한다.

**풀이** 고온용융시설의 개별기준
① 출구온도 : 섭씨 1,200℃ 이상
② 체류시간 : 1초 이상
③ 잔재물의 강열감량 : 1% 이하

## 55 전기집진기의 특징으로 거리가 먼 것은?

① 회수가치성이 있는 입자포집이 가능하다.
② 압력손실이 적고 미세입자까지도 제거할 수 있다.
③ 유지관리가 용이하고 유지비가 저렴하다.
④ 전압변동과 같은 조건변동에 적용하기가 용이하다.

**풀이** 전기집진장치(EP)
① 장점
  ㉠ 집진효율이 높다.(0.01μm 정도 포집 용이, 99.9% 정도 고집진 효율)
  ㉡ 대량의 분진함유가스의 처리가 가능하다.
  ㉢ 압력손실이 적고 미세한 입자까지 처리가 가능하다.
  ㉣ 운전, 유지·보수비용이 저렴하다.
  ㉤ 고온(500℃ 전후)가스 및 대량가스 처리가 가능하다.
  ㉥ 광범위한 온도범위에서 적용이 가능하며 폭발성 가스의 처리도 가능하다.
  ㉦ 회수가치 입자포집에 유리하고 압력손실이 적어 소요동력이 적다.
  ㉧ 배출가스의 온도강하가 적다.
② 단점
  ㉠ 분진의 부하변동(전압변동)에 적응하기 곤란하고, 고전압으로 안전사고의 위험성이 높다.
  ㉡ 분진의 성상에 따라 전처리시설이 필요하다.
  ㉢ 설치비용이 많이 소요되고 설치공간을 많이 차지한다.
  ㉣ 특정물질을 함유한 분진제거에는 곤란하다.
  ㉤ 가연성 입자의 처리가 곤란하다.

## 56 습식(액체)연소법의 설명으로 옳은 것은?

① 분무연소법과 증발연소법이 있다.
② 압력과 온도를 낮출수록 산화가 촉진된다.
③ Winkler 가스 발생로로서 공업화가 이루어졌다.
④ 가연성물질의 함량에 관계없이 보조연료가 필요하다.

**정답** 52 ③  53 ③  54 ③  55 ④  56 ①

**풀이** ② 압력과 온도를 높일수록 산화가 촉진된다.
③ Winkler 가스 발생로서 공업화가 이루어진 것은 기체연소법이다.
④ 가연성물질의 함량에 따라 보조연료가 필요하다.

## 57 소각로 종류별 장점과 단점에 대한 설명이 틀린 것은?

① 회전로방식 : 설치비가 저렴하나 수분함량이 많은 폐기물은 처리할 수 없다.
② 다단로방식 : 수분함량이 높은 폐기물도 연소가 가능하나 온도반응이 더디다.
③ 고정상방식 : 화격자에 적재가 불가능한 폐기물을 소각할 수 있으나 연소효율이 나쁘다.
④ 화격자방식 : 연속적인 소각과 배출이 가능하나 체류시간이 길고 국부가열이 발생할 염려가 있다.

**풀이** 회전로방식
① 처리량이 적을 경우 설치비가 높다.
② 넓은 범위의 액상 및 고상폐기물을 소각할 수 있다.

## 58 $CH_3OH$ 2kg을 연소시키는 데 필요한 이론공기량의 부피($Sm^3$)는?

① 7  ② 8
③ 9  ④ 10

**풀이** $CH_3OH + 1.5O_2 \rightarrow CO_2 + 2H_2O$
  32kg : $1.5 \times 22.4 Sm^3$
  2kg  : $O_o(Sm^3)$

$O_o(Sm^3) = \dfrac{2kg \times (1.5 \times 22.4)Sm^3}{32kg} = 2.1 Sm^3$

$A_o(Sm^3) = \dfrac{2.1 Sm^3}{0.21} = 10 Sm^3$

## 59 폐기물의 소각과정에서 연소효율을 높이기 위한 방법으로 보조연료를 사용하는 경우 보조연료의 특징으로 옳은 것은?

① 매연생성도는 방향족, 나프텐계, 올레핀계, 파라핀계 순으로 높다.
② C/H비가 클수록 비교적 비점이 높은 연료이며 매연발생이 쉽다.
③ C/H비가 클수록 휘발성이 낮고 방사율이 작다.
④ 중질유의 연료일수록 C/H비가 작다.

**풀이** ① 탄화수소(CH)의 종류에 따라 매연량이 달라지며 분자량이 클수록 매연 발생량이 많다.(파라핀계 탄화수소가 매연 발생량이 가장 적음)
③ C/H비가 클수록 휘발성이 높고 방사율이 크다.
④ 중질유의 연료일수록 C/H비가 크다.

## 60 RDF(Refuse Derived Fuel)가 갖추어야 하는 조건에 관한 설명으로 옳지 않은 것은?

① 제품의 함수율이 낮아야 한다.
② RDF용 소각로 제작이 용이하도록 발열량이 높지 않아야 한다.
③ 원료 중에 비가연성 성분이나 연소 후 잔류하는 재의 양이 적어야 한다.
④ 조성 배합률이 균일하여야 하고 대기오염이 적어야 한다.

**풀이** RDF의 구비조건
① 발열량(칼로리)이 높을 것
② 함수율이 낮을 것
③ 쓰레기 원료 중에 비가연성 성분이나 연소 후 잔류하는 재의 양이 적을 것
④ 대기오염이 적을 것
⑤ 배합률이 균일할 것(조성이 균일할 것)
⑥ 저장 및 이송이 용이할 것
⑦ 기존 고체연료 사용시설에 사용 가능할 것

정답  57 ①  58 ④  59 ②  60 ②

| 4과목 | 폐기물공정시험기준(방법) |

**61** 원자흡수분광광도법에 의한 검량선 작성방법 중 분석시료의 조성은 알고 있으나 공존성분이 복잡하거나 불분명한 경우, 공존성분의 영향을 방지하기 위해 사용하는 방법은?

① 검량선법　　② 표준첨가법
③ 내부표준법　　④ 외부표준법

**풀이** 표준첨가법
　　같은 양의 분석시료를 여러 개 취하고 여기에 표준물질이 각각 다른 농도로 함유되도록 표준용액을 첨가하여 용액열을 만든다. 이어 각각의 용액에 대한 흡광도를 측정하여 가로대에 용액영역중의 표준물질 농도를, 세로대에는 흡광도를 취하여 그래프용지에 그려 검량선을 작성한다.

**62** 시료채취 시 대상폐기물의 양과 최소시료 수가 옳게 짝지어진 것은?

① 1ton 미만 : 6
② 1ton 이상 5ton 미만 : 12
③ 5ton 이상 30ton 미만 : 15
④ 30ton 이상 100ton 미만 : 30

**풀이** 대상 폐기물의 양과 시료의 최소 수

| 대상 폐기물의 양(단위 : ton) | 시료의 최소 수 |
|---|---|
| ~1 미만 | 6 |
| 1 이상~5 미만 | 10 |
| 5 이상~30 미만 | 14 |
| 30 이상~100 미만 | 20 |
| 100 이상~500 미만 | 30 |
| 500 이상~1,000 미만 | 36 |
| 1,000 이상~5,000 미만 | 50 |
| 5,000 이상~ | 60 |

**63** 노말헥산 추출물질 시험결과가 다음과 같을 때 노말헥산 추출물질량(mg/L)은?

- 건조 증발용 플라스크 무게 : 42.0424g
- 추출건조 후 증발용 플라스틱 무게와 잔류물질 무게 : 42.0748g
- 시료량 : 200mL

① 152　　② 162
③ 252　　④ 272

**풀이** 노말헥산 추출물질(mg/L)
$= \dfrac{(\text{시료}+\text{용기무게}) - \text{용기무게}}{\text{시료량}}$
$= \dfrac{(42.0748 - 42.0424)\text{g} \times 1{,}000\text{mg/g}}{0.2\text{L}}$
$= 162\text{mg/L}$

**64** 감염성 미생물 검사법과 가장 거리가 먼 것은?

① 아포균 검사법　　② 최적확수 검사법
③ 세균배양 검사법　　④ 멸균테이프 검사법

**풀이** 감염성 미생물 분석방법
　　① 아포균 검사법
　　② 세균배양 검사법
　　③ 멸균테이프 검사법

**65** 정도보증/정도관리를 위한 현장 이중시료에 관한 내용으로 ( )에 알맞은 것은?

현장 이중시료는 동일 위치에서 동일한 조건으로 중복 채취한 시료로서 독립적으로 분석하여 비교한다. 현장 이중시료는 필요시 하루에 ( ) 이하의 시료를 채취할 경우에는 1개를, 그 이상의 시료를 채취할 때에는 시료 ( )당 1개를 추가로 채취한다.

① 5개　　② 10개
③ 15개　　④ 20개

**풀이** 현장 이중시료(Field Duplicate)
　　① 동일 위치에서 동일한 조건으로 중복 채취한 시료를 말한다.

**정답** 61 ②　62 ①　63 ②　64 ②　65 ④

② 필요시 하루에 20개 이하의 시료를 채취할 경우에는 1개를, 그 이상의 시료를 채취할 때에는 시료 20개당 1개를 추가로 채취한다.

## 66 자외선/가시선 분광법으로 카드뮴을 정량 시 사용하는 시약과 그 용도가 잘못 짝지어진 것은?

① 발색시약 : 디티존
② 시료의 전처리 : 질산 – 황산
③ 추출용매 : 사염화탄소
④ 억제제 : 황화나트륨

풀이 카드뮴 – 자외선/가시선 분광법(디티존법)
시료 중에 카드뮴 이온을 시안화칼륨이 존재하는 알칼리성에서 디티존과 반응시켜 생성하는 카드뮴착염을 사염화탄소로 추출하고, 추출한 카드뮴착염을 타타르산용액으로 역추출한 다음 수산화나트륨과 시안화칼륨을 넣어 디티존과 반응하여 생성하는 적색의 카드뮴착염을 사염화탄소로 추출하여 그 흡광도를 520nm에서 측정하는 방법이다.

## 67 HCl(비중 1.18) 200mL를 1L의 메스플라스크에 넣은 후 증류수로 표선까지 채웠을 때 이 용액의 염산농도(W/V%)는?

① 19.6
② 20.0
③ 23.1
④ 23.6

풀이 염산농도(W/V%) = $\dfrac{용질}{용질+용매}$

$= \dfrac{200\text{mL} \times 1.18\text{g/mL}}{200\text{mL} + 800\text{mL}} \times 100$

$= 23.6\text{W/V\%}$

## 68 유기인의 정제용 컬럼으로 적절하지 않은 것은?

① 실리카겔컬럼
② 플로리실컬럼
③ 활성탄컬럼
④ 실리콘컬럼

풀이 유기인 정제용 컬럼
① 실리카겔컬럼
② 플로리실컬럼
③ 활성탄컬럼

## 69 지정폐기물에 함유된 유해물질의 기준으로 옳은 것은?

① 납=3mg/L
② 카드뮴=3mg/L
③ 구리=0.3mg/L
④ 수은=0.0005mg/L

풀이 ② 카드뮴 : 0.3mg/L
③ 구리 : 3mg/L
④ 수은 : 0.005mg/L

## 70 자외선/가시선 분광법을 적용한 구리 측정에 관한 내용으로 옳은 것은?

① 정량한계는 0.002mg이다.
② 적갈색의 킬레이트 화합물이 생성된다.
③ 흡광도는 520nm에서 측정한다.
④ 정량범위는 0.01~0.05mg/L이다.

풀이 ② 황갈색의 킬레이트 화합물 생성
③ 흡광도 440nm
④ 정량범위 0.002~0.03mg

## 71 기체크로마토그래피법에서 사용하는 열전도도검출기(TCD)에서 사용되는 가스의 종류는?

① 질소
② 헬륨
③ 프로판
④ 아세틸렌

풀이 열전도도 검출기(TCD : Thermal Conductivity Detector)
열전도도 검출기는 금속 필라멘트(Filament) 또는 전기저항체(Thermister)를 검출소자로 하여 금속판(Block) 안에 들어 있는 본체와 여기에 안정된 직류전기를 공급하는 전원회로, 전류조절부, 신호검출 전기회로, 신호감쇄부 등으로 구성된다.(운반가스 99.99% 이상의 수소 또는 헬륨)

정답  66 ④  67 ④  68 ④  69 ①  70 ①  71 ②

## 72 폐기물공정시험기준에 적용되는 관련 용어에 관한 내용으로 틀린 것은?

① 반고상폐기물 : 고형물의 함량이 5% 이상 15% 미만인 것을 말한다.
② 비함침성 고상폐기물 : 금속판, 구리선 등 기름을 흡수하지 않는 평면 또는 비평면형태의 변압기 내부부재를 말한다.
③ 바탕시험을 하여 보정한다 : 규정된 시료로 같은 방법으로 실험하여 측정치를 보정하는 것을 말한다.
④ 정밀히 단다 : 규정된 양의 시료를 취하여 화학저울 또는 미량저울로 칭량함을 말한다.

**풀이** 바탕시험을 하여 보정한다
시료에 대한 처리 및 측정을 할 때, 시료를 사용하지 않고 같은 방법으로 조작한 측정치를 빼는 것을 의미한다.

## 73 기기검출한계(IDL)에 관한 설명으로 ( )에 옳은 것은?

> 시험분석 대상물질을 기기가 검출할 수 있는 최소한의 농도 또는 양으로서 바탕시료를 반복 측정 분석한 결과의 표준편차에 ( )배한 값을 말한다.

① 2　　② 3
③ 5　　④ 10

**풀이** 기기검출한계(IDL ; Instrument Detection Limit)
① 시험분석 대상물질을 기기가 검출할 수 있는 최소한의 농도 또는 양
② S/N비의 2~5배 농도
③ 표준편차×3

## 74 강열 전의 접시와 시료의 무게 200g, 강열 후의 접시와 시료의 무게 150g, 접시 무게 100g일 때 시료의 강열감량(%)은?

① 40　　② 50
③ 60　　④ 70

**풀이** 강열감량(%) $= \dfrac{W_2 - W_3}{W_2 - W_1} \times 100$

$= \dfrac{(200-150)g}{(200-100)g} \times 100 = 50\%$

## 75 유도결합플라스마 – 원자발광분광법의 장치에 포함되지 않는 것은?

① 시료주입부, 고주파전원부
② 광원부, 분광부
③ 운반가스유로, 가열오븐
④ 연산처리부

**풀이** 유도결합플라스마 – 원자발광분광기(KP – AES)
① 구성
　㉠ 시료도입부
　㉡ 고주파전원부
　㉢ 광원부
　㉣ 분광부
　㉤ 연산처리부 및 기록부
② 분광부 구분
　㉠ 연속주사형 단원소 측정장치
　㉡ 다원소 동시측정장치

## 76 온도에 대한 규정에서 14℃가 포함되지 않은 것은?

① 상온　　② 실온
③ 냉수　　④ 찬 곳

**풀이** 온도 관련 기준
① 온도 용어

| 용어 | 온도(℃) |
|---|---|
| 표준온도 | 0 |
| 상온 | 15~25 |
| 실온 | 1~35 |
| 찬 곳 | 0~15의 곳 (따로 규정이 없는 경우) |
| 냉수 | 15 이하 |
| 온수 | 60~70℃ |
| 열수 | ≒100℃ |

② 수욕상 또는 수욕 중에서 가열한다.
규정이 없는 한 수온 100℃에서 가열함을 뜻하고 약 100℃의 증기욕을 쓸 수 있다는 의미

③ 시험은 따로 규정이 없는 한 상온에서 조작(단, 온도의 영향이 있는 것의 판정은 표준온도를 기준으로 함)

## 77 시료 준비를 위한 회화법에 관한 기준으로 ( )에 옳은 것은?

> 목적성분이 ( ㉠ ) 이상에서 ( ㉡ )되지 않고 쉽게 ( ㉢ )될 수 있는 시료에 적용

① ㉠ 400℃, ㉡ 회화, ㉢ 휘산
② ㉠ 400℃, ㉡ 휘산, ㉢ 회화
③ ㉠ 800℃, ㉡ 회화, ㉢ 휘산
④ ㉠ 800℃, ㉡ 휘산, ㉢ 회화

**[풀이]** 회화법
① 적용
목적성분이 400℃ 이상에서 휘산되지 않고 쉽게 회화될 수 있는 시료에 적용한다.
② 주의
㉠ 시료 중에 염화암모늄, 염화마그네슘, 염화칼슘 등이 다량 함유된 경우에는 납, 철, 주석, 아연, 안티몬 등이 휘산되어 손실을 가져오므로 주의한다.
㉡ 액상폐기물 시료 또는 용출용액 적당량을 취하여 백금, 실리카 또는 사기제 증발접시에 넣고 수욕 또는 열판에서 가열하여 증발 건조한다. 용기를 회화로에 옮기고 400~500℃에서 가열하여 잔류물을 회화시킨 다음 방랭하고 염산(1+1) 10mL를 넣어 열판에서 가열한다.

## 78 자외선/가시선 분광법에서 시료액의 흡수파장이 약 370nm 이하일 때 일반적으로 사용하는 흡수셀은?

① 젤라틴셀
② 석영셀
③ 유리셀
④ 플라스틱셀

**[풀이]** 자외선/가시선 분광법에서 시료액의 흡수파장 370nm 이상은 석영 또는 경질유리 흡수셀을 사용하고, 370nm 이하는 석영 흡수셀을 사용한다.

## 79 중량법으로 기름성분을 측정할 때 시료채취 및 관리에 관한 내용으로 ( )에 옳은 것은?

> 시료는 ( ㉠ ) 이내 증발 처리를 하여야 하나 최대한 ( ㉡ )을 넘기지 말아야 한다.

① ㉠ 6시간, ㉡ 24시간
② ㉠ 8시간, ㉡ 24시간
③ ㉠ 12시간, ㉡ 7일
④ ㉠ 24시간, ㉡ 7일

**[풀이]** 중량법 – 기름성분
① 채취 : 유리병에 채취하고 가능한 빨리 측정
② 보관 : 미생물에 의한 분해방지를 위해 0~4℃로 보관
③ 기간 : 24시간 이내에 증발 처리하여야 하나 최대한 7일을 넘기지 말아야 함
④ 온도 : 분석 전 상온이 되게 함

## 80 시료의 전처리(산분해법)방법 중 유기물 등을 많이 함유하고 있는 대부분의 시료에 적용하는 것은?

① 질산–염산 분해법
② 질산–황산 분해법
③ 염산–황산 분해법
④ 염산–과염소산 분해법

**[풀이]** 질산 – 황산 분해법
유기물 등을 많이 함유하고 있는 대부분의 시료에 적용하며 칼슘, 바륨, 납 등을 다량 함유한 시료는 난용성의 황산염을 생성하여 다른 금속성분을 흡착하므로 주의하여야 한다.

**정답** 77 ② 78 ② 79 ④ 80 ②

## 5과목 폐기물관계법규

**81** 폐기물 처분시설 중 차단형 매립시설의 정기검사 항목이 아닌 것은?

① 소화장비 설치·관리실태
② 축대벽의 안정성
③ 사용종료매립지 밀폐상태
④ 침출수 집배수시설의 기능

[풀이] 차단형 매립시설의 정기검사 항목
① 소화장비 설치·관리실태
② 축대벽의 안정성
③ 빗물·지하수 유입방지 조치
④ 사용종료매립지 밀폐상태

**82** 폐기물관리법의 적용을 받지 않는 물질에 관한 내용으로 틀린 것은?

① 대기환경보전법에 의한 대기오염방지시설에 유입되어 포집된 물질
② 하수도법에 의한 하수·분뇨
③ 용기에 들어 있지 아니한 기체상태의 물질
④ 원자력안전법에 따른 방사성 물질과 이로 인하여 오염된 물질

[풀이] 폐기물관리법을 적용하지 않는 물질
① 「원자력안전법」에 따른 방사성 물질과 이로 인하여 오염된 물질
② 용기에 들어 있지 아니한 기체상태의 물질
③ 「물환경보전법」에 따른 수질오염 방지시설에 유입되거나 공공수역(수역)으로 배출되는 폐수
④ 「가축분뇨의 관리 및 이용에 관한 법률」에 따른 가축분뇨
⑤ 「하수도법」에 따른 하수·분뇨
⑥ 「가축전염병예방법」이 적용되는 가축의 사체, 오염 물건, 수입 금지 물건 및 검역 불합격품
⑦ 「수산생물질병 관리법」에 적용되는 수산동물의 사체, 오염된 시설 또는 물건, 수입 금지 물건 및 검역 불합격품
⑧ 「군수품관리법」에 따라 폐기되는 탄약

**83** 폐기물처리시설의 설치·운영을 위탁받을 수 있는 자의 기준 중 음식물류 폐기물 처분시설 또는 재활용시설 설치·운영을 위탁받을 수 있는 자의 기준에 해당되지 않는 기술인력은?

① 폐기물처리기사
② 수질환경기사
③ 기계정비산업기사
④ 위생사

[풀이] 폐기물처리시설의 설치·운영 위탁자 기준(음식물류 폐기물 처분시설 또는 재활용시설)
① 폐기물처리기사 1명
② 수질환경기사 또는 대기환경기사 1명
③ 기계정비산업기사 1명
④ 1일 50톤 이상의 음식물류 폐기물 처분시설 또는 재활용시설(위탁대상시설과 같은 종류의 시설만 해당한다)의 시공분야에서 2년 이상 근무한 자 2명(폐기물 처분시설 또는 재활용시설의 설치를 위탁받으려는 경우에만 해당한다)
⑤ 1일 50톤 이상의 음식물류 폐기물 처분시설 또는 재활용시설(위탁대상시설과 같은 종류의 시설만 해당한다)의 운전분야에서 2년 이상 근무한 자 2명(폐기물 처분시설 또는 재활용시설의 운영을 위탁받으려는 경우에만 해당한다)

**84** 사업장폐기물을 배출하는 사업장 중 대통령령으로 정하는 사업장의 범위에 해당되지 않는 것은?

① 지정폐기물을 배출하는 사업장
② 폐기물을 1일 평균 300킬로그램 이상 배출하는 사업장
③ 폐기물을 1회에 200킬로그램 이상 배출하는 사업장
④ 일련의 공사 또는 작업으로 폐기물을 5톤(공사를 착공하거나 작업을 시작할 때부터 마칠 때까지 발생하는 폐기물의 양을 말한다) 이상 배출하는 사업장

[풀이] 사업장의 범위
① 「물환경보전법」에 따라 공공폐수처리시설을 설치·운영하는 사업장

정답  81 ④  82 ①  83 ④  84 ③

② 「하수도법」에 따라 공공하수처리시설을 설치·운영하는 사업장

③ 「하수도법」에 따른 분뇨처리시설을 설치·운영하는 사업장

④ 「가축분뇨의 관리 및 이용에 관한 법률」에 따라 공공처리시설을 설치·운영하는 사업장

⑤ 폐기물처리시설(폐기물처리업의 허가를 받은 자가 설치하는 시설을 포함한다)을 설치·운영하는 사업장

⑥ 지정폐기물을 배출하는 사업장

⑦ 폐기물을 1일 평균 300킬로그램 이상 배출하는 사업장

⑧ 「건설산업기본법」에 따른 건설공사로 폐기물을 5톤(공사를 착공할 때부터 마칠 때까지 발생되는 폐기물의 양을 말한다) 이상 배출하는 사업장

⑨ 일련의 공사(제8호에 따른 건설공사는 제외한다) 또는 작업으로 폐기물을 5톤(공사를 착공하거나 작업을 시작할 때부터 마칠 때까지 발생하는 폐기물의 양을 말한다) 이상 배출하는 사업장

## 85
관리형 매립시설에서 발생하는 침출수의 배출허용기준 중 청정지역의 부유물질량에 대한 기준으로 옳은 것은?(단, 침출수매립시설환경정화설비를 통하여 매립시설로 주입되는 침출수의 경우에는 제외한다.)

① 20mg/L 이하
② 30mg/L 이하
③ 40mg/L 이하
④ 50mg/L 이하

풀이) 관리형 매립시설 침출수의 배출허용기준

| 구분 | 생물화학적 산소요구량 (mg/L) | 화학적 산소요구량(mg/L) | | | 부유물질량 (mg/L) |
|---|---|---|---|---|---|
| | | 과망간산칼륨법에 따른 경우 | | 중크롬산칼륨법에 따른 경우 | |
| | | 1일 침출수 배출량 2,000m³ 이상 | 1일 침출수 배출량 2,000m³ 미만 | | |
| 청정지역 | 30 | 50 | 50 | 400 (90%) | 30 |
| 가지역 | 50 | 80 | 100 | 600 (85%) | 50 |
| 나지역 | 70 | 100 | 150 | 800 (80%) | 70 |

## 86
지정폐기물의 분류번호가 07-00-00과 같이 07로 시작되는 폐기물은?

① 폐유기용제
② 유해물질 함유 폐기물
③ 폐석면
④ 부식성 폐기물

풀이) 지정폐기물의 세부분류
① 01 : 특정시설에서 발생하는 폐기물
② 02 : 부식성폐기물
③ 03 : 유해물질 함유 폐기물
④ 04 : 폐유기용제
⑤ 05 : 폐페인트 및 폐래커
⑥ 06 : 폐유
⑦ 07 : 폐석면
⑧ 08 : 폴리클로리네이티드비페닐 함유 폐기물
⑨ 09 : 폐유독물질
⑩ 10 : 의료폐기물

## 87
의료폐기물을 제외한 지정폐기물의 보관에 관한 기준 및 방법으로 틀린 것은?

① 지정폐기물은 지정폐기물 외의 폐기물과 구분하여 보관하여야 한다.
② 폐유기용제는 폭발의 위험이 있으므로 밀폐된 용기에 보관하지 않는다.
③ 흩날릴 우려가 있는 폐석면은 습도 조절 등의 조치 후 고밀도 내수성재질의 포대로 2중 포장하거나 견고한 용기에 밀봉하여 흩날리지 아니하도록 보관하여야 한다.
④ 지정폐기물은 지정폐기물에 의하여 부식되거나 파손되지 아니하는 재질로 된 보관시설 또는 보관용기를 사용하여 보관하여야 한다.

풀이) 폐유기용제는 휘발되지 아니하도록 밀폐된 용기에 보관하여야 한다.

정답  85 ②  86 ③  87 ②

**88** 생활폐기물 수집·운반 대행자에 대한 대행실적 평가 실시기준으로 옳은 것은?

① 분기에 1회 이상
② 반기에 1회 이상
③ 매년 1회 이상
④ 2년간 1회 이상

> 풀이) 생활폐기물 수집·운반 대행자에 대한 대행실적 평가기준(주민만족도와 환경미화원의 근로조건을 포함한다)을 해당 지방자치단체의 조례로 정하고, 평가기준에 따라 매년 1회 이상 평가를 실시하여야 한다. 이 경우 대행실적 평가는 민간전문가 등으로 평가단을 구성하여 실시하여야 한다.

**89** 폐기물의 처리에 관한 구체적 기준 및 방법에서 지정폐기물 중 의료폐기물의 기준 및 방법으로 옳지 않은 것은? (단, 의료폐기물 전용용기 사용의 경우)

① 한 번 사용한 전용용기는 다시 사용하여서는 아니 된다.
② 전용용기는 봉투형 용기 및 상자형 용기로 구분하되, 봉투형 용기의 재질은 합성수지류로 한다.
③ 봉투형 용기에 담은 의료폐기물의 처리를 위탁하는 경우에는 상자형 용기에 다시 담아 위탁하여야 한다.
④ 봉투형 용기에는 그 용량의 90퍼센트 미만으로 의료폐기물을 넣어야 한다.

> 풀이) 봉투형 용기에는 그 용량의 75퍼센트 미만으로 의료폐기물을 넣어야 한다.

**90** 관련법을 위반한 폐기물처리업자로부터 과징금으로 징수한 금액의 사용용도로서 적합하지 않은 것은?

① 광역 폐기물처리시설의 확충
② 폐기물처리 관리인의 교육
③ 폐기물처리시설의 지도·점검에 필요한 시설·장비의 구입 및 운영
④ 폐기물의 처리를 위탁한 자를 확인할 수 없는 폐기물로 인하여 예상되는 환경상 위해를 제거하기 위한 처리

> 풀이) 폐기물처리업자의 과징금 사용용도
> ① 광역 폐기물처리시설(지정폐기물 공공 처리시설을 포함한다)의 확충
> ② 공공 재활용기반시설의 확충
> ③ 법 제13조 또는 제13조의2를 위반하여 처리한 폐기물 중 그 폐기물을 처리한 자나 그 폐기물의 처리를 위탁한 자를 확인할 수 없는 폐기물로 인하여 예상되는 환경상 위해를 제거하기 위한 처리
> ④ 폐기물처리업자나 폐기물처리시설의 지도·점검에 필요한 시설·장비의 구입 및 운영

**91** 방치폐기물의 처리를 폐기물처리 공제조합에 명할 수 있는 방치폐기물의 처리량 기준으로 옳은 것은?(단, 폐기물처리업자가 방치한 폐기물의 경우)

① 그 폐기물처리업자의 폐기물 허용보관량의 1.2배 이내
② 그 폐기물처리업자의 폐기물 허용보관량의 1.5배 이내
③ 그 폐기물처리업자의 폐기물 허용보관량의 2배 이내
④ 그 폐기물처리업자의 폐기물 허용보관량의 3배 이내

> 풀이) ※ 법규 변경사항이므로 해설의 내용으로 학습 부탁드립니다.
>
> 방치폐기물의 처리량과 처리기간
> ① 폐기물처리 공제조합에 처리를 명할 수 있는 방치폐기물의 처리량은 다음 각 호와 같다.
>   ㉠ 폐기물처리업자가 방치한 폐기물의 경우 : 그 폐기물처리업자의 폐기물 허용보관량의 2배 이내
>   ㉡ 폐기물처리 신고자가 방치한 폐기물의 경우 : 그 폐기물처리 신고자의 폐기물 보관량의 2배 이내
> ② 환경부장관이나 시·도지사는 폐기물처리 공제조합에 방치폐기물의 처리를 명하려면 주변환경

정답  88 ③  89 ④  90 ②  91 해설 확인

의 오염 우려 정도와 방치폐기물의 처리량 등을 고려하여 2개월의 범위에서 그 처리기간을 정하여야 한다. 다만, 부득이한 사유로 처리기간 내에 방치폐기물을 처리하기 곤란하다고 환경부장관이나 시·도지사가 인정하면 1개월의 범위에서 한 차례만 그 기간을 연장할 수 있다.

## 92 의료폐기물의 종류 중 위해의료폐기물에 해당하지 않는 것은?

① 조직물류 폐기물   ② 격리계 폐기물
③ 생물·화학폐기물   ④ 혈액오염폐기물

풀이 **위해의료폐기물의 종류**
① 조직물류 폐기물 : 인체 또는 동물의 조직·장기·기관·신체의 일부, 동물의 사체, 혈액·고름 및 혈액생성물질(혈청, 혈장, 혈액 제제)
② 병리계 폐기물 : 시험·검사 등에 사용된 배양액, 배양용기, 보관균주, 폐시험관, 슬라이드 커버글라스 폐배지, 폐장갑
③ 손상성 폐기물 : 주삿바늘, 봉합바늘, 수술용 칼날, 한방침, 치과용 침, 파손된 유리재질의 시험기구
④ 생물·화학폐기물 : 폐백신, 폐항암제, 폐화학치료제
⑤ 혈액오염폐기물 : 폐혈액백, 혈액투석 시 사용된 폐기물, 그 밖에 혈액이 유출될 정도로 포함되어 있는 특별한 관리가 필요한 폐기물

## 93 폐기물처리업에 관한 설명으로 틀린 것은?

① 폐기물 수집·운반업 : 폐기물을 수집하여 재활용 또는 처분 장소로 운반하거나 폐기물을 수출하기 위하여 수집·운반하는 영업
② 폐기물 중간재활용법 : 폐기물 재활용시설을 갖추고 중간가공 폐기물을 만드는 영업
③ 폐기물 최종처분업 : 폐기물 최종처분시설을 갖추고 폐기물을 매립 등(해역 배출은 제외한다)의 방법으로 최종처분하는 영업
④ 폐기물 종합처분업 : 폐기물 재활용시설을 갖추고 중간재활용업과 최종재활용업을 함께 하는 영업

풀이 **폐기물처리업의 업종 구분과 영업내용**
① 폐기물 수집·운반업
폐기물을 수집하여 재활용 또는 처분 장소로 운반하거나 폐기물을 수출하기 위하여 수집·운반하는 영업
② 폐기물 중간처분업
폐기물 중간처분시설을 갖추고 폐기물을 소각 처분, 기계적 처분, 화학적 처분, 생물학적 처분, 그 밖에 환경부장관이 폐기물을 안전하게 중간처분할 수 있다고 인정하여 고시하는 방법으로 중간처분하는 영업
③ 폐기물 최종처분업
폐기물 최종처분시설을 갖추고 폐기물을 매립 등(해역 배출은 제외한다)의 방법으로 최종처분하는 영업
④ 폐기물 종합처분업
폐기물 중간처분시설 및 최종처분시설을 갖추고 폐기물의 중간처분과 최종처분을 함께하는 영업
⑤ 폐기물 중간재활용업
폐기물 재활용시설을 갖추고 중간가공 폐기물을 만드는 영업
⑥ 폐기물 최종재활용업
폐기물 재활용시설을 갖추고 중간가공 폐기물을 용도 또는 방법으로 재활용하는 영업
⑦ 폐기물 종합재활용업
폐기물 재활용시설을 갖추고 중간재활용업과 최종재활용업을 함께하는 영업

## 94 폐기물관리법에서 사용하는 용어의 정의로 옳지 않은 것은?

① 생활폐기물이란 사업장폐기물 외의 폐기물을 말한다.
② 폐기물처리시설이란 폐기물의 중간처분시설과 최종처분시설 및 재활용시설로서 대통령령으로 정하는 시설을 말한다.
③ 재활용이란 생산 공정에서 발생하는 폐기물의 양을 줄이고 재사용, 재생을 통하여 폐기물 배출을 최소화 하는 활동을 말한다.
④ 처분이란 폐기물의 소각·중화·파쇄·고형화 등의 중간처분과 매립하거나 해역으로 배출하는 등의 최종처분을 말한다.

정답  92 ②  93 ④  94 ③

풀이 "재활용"이란 다음의 어느 하나에 해당하는 활동을 말한다.
① 폐기물을 재사용·재생이용하거나 재사용·재생이용할 수 있는 상태로 만드는 활동
② 폐기물로부터 「에너지법」에 따른 에너지를 회수 또는 회수할 수 있는 상태로 만들거나 폐기물을 연료로 사용하는 활동으로서 환경부령으로 정하는 활동

**95** 환경부장관이나 시·도지사가 폐기물처리업자에게 영업정지에 갈음하여 과징금을 부과할 때, 폐기물처리업자가 매출액이 없거나 매출액을 산정하기 곤란한 경우로서 대통령령으로 정하는 경우에 부과할 수 있는 과징금의 최대 액수는?

① 5천만 원  ② 1억 원
③ 2억 원  ④ 3억 원

풀이 폐기물처리업자에 대한 과징금
환경부장관이나 시·도지사는 사업장의 사업규모, 사업지역의 특수성, 위반행위의 정도 및 횟수 등을 고려하여 과징금 금액의 2분의 1 범위에서 가중하거나 감경할 수 있다. 다만, 가중하는 경우에는 과징금 총액이 1억 원을 초과할 수 없다.

**96** 다음 조항을 위반하여 설치가 금지되는 폐기물소각시설을 설치, 운영한 자에 대한 벌칙기준은?

폐기물처리시설은 환경부령으로 정하는 기준에 맞게 설치하되, 환경부령으로 정하는 규모 미만의 폐기물 소각시설을 설치 운영하여서는 아니 된다.

① 2년 이하의 징역이나 2천만 원 이하의 벌금
② 3년 이하의 징역이나 3천만 원 이하의 벌금
③ 5년 이하의 징역이나 5천만 원 이하의 벌금
④ 7년 이하의 징역이나 7천만 원 이하의 벌금

풀이 폐기물관리법 제66조 참조

**97** 환경부령으로 정하는 지정폐기물을 배출하는 사업자가 그 지정폐기물을 처리하기 전에 환경부장관에게 제출하여 확인받아야 할 서류가 아닌 것은?

① 폐기물 수집·운반 계획서
② 폐기물처리계획서
③ 법에 따른 폐기물분석전문기관의 폐기물분석결과서
④ 지정폐기물의 처리를 위탁하는 경우에는 수탁처리자의 수탁확인서

풀이 지정폐기물 처리계획 확인(사전 제출서류)
① 수탁처리자의 수탁확인서
② 폐기물전문분석기관의 폐기물분석결과서
③ 폐기물처리계획서
④ 처리업자의 허가증사본

**98** 폐기물처리시설 주변지역 영향조사기준 중 조사횟수에 관한 내용으로 괄호에 알맞은 내용이 순서대로 짝지어진 것은?

각 항목당 계절을 달리하여 ( ) 이상 측정하되, 악취는 여름(6월부터 8월까지)에 ( ) 이상 측정해야 한다.

① 4회, 2회  ② 4회, 1회
③ 2회, 2회  ④ 2회, 1회

풀이 주변지역 영향조사의 조사횟수
각 항목당 계절을 달리하여 2회 이상 측정하되, 악취는 여름(6월부터 8월까지)에 1회 이상 측정하여야 한다.

**99** 폐기물 중간처분시설 중 기계적 처분시설에 속하는 것은?

① 증발·농축시설
② 고형화 시설
③ 소멸화 시설
④ 응집·침전시설

정답  95 ②  96 ①  97 ①  98 ④  99 ①

**풀이** 중간처분시설(기계적 처분시설)의 종류
① 압축시설(동력 7.5kW 이상인 시설로 한정한다)
② 파쇄·분쇄시설(동력 15kW 이상인 시설로 한정한다)
③ 절단시설(동력 7.5kW 이상인 시설로 한정한다)
④ 용융시설(동력 7.5kW 이상인 시설로 한정한다)
⑤ 증발·농축시설
⑥ 정제시설(분리·증류·추출·여과 등의 시설을 이용하여 폐기물을 처분하는 단위시설을 포함한다)
⑦ 유수 분리시설
⑧ 탈수·건조시설
⑨ 멸균분쇄시설

**100** 주변지역 영향 조사대상 폐기물처리시설 기준으로 옳은 것은?
① 매립면적 3천300제곱미터 이상의 사업장 지정폐기물 매립시설
② 매립용적 1천 세곱미터 이상의 사업장 지정폐기물 매립시설
③ 매립면적 1만 제곱미터 이상의 사업장 지정폐기물 매립시설
④ 매립용적 3만 세제곱미터 이상의 사업장 지정폐기물 매립시설

**풀이** 주변지역 영향 조사대상 폐기물처리시설 기준
① 1일 처리능력이 50톤 이상인 사업장폐기물 소각시설(같은 사업장에 여러 개의 소각시설이 있는 경우에는 각 소각시설의 1일 처리능력의 합계가 50톤 이상인 경우를 말한다)
② 매립면적 1만 제곱미터 이상의 사업장 지정폐기물 매립시설
③ 매립면적 15만 제곱미터 이상의 사업장 일반폐기물 매립시설
④ 시멘트 소성로(폐기물을 연료로 사용하는 경우로 한정한다)
⑤ 1일 재활용능력이 50톤 이상인 사업장폐기물 소각열회수시설(같은 사업장에 여러 개의 소각열회수시설이 있는 경우에는 각 소각열회수시설의 1일 재활용능력의 합계가 50톤 이상인 경우를 말한다)

**정답** 100 ③

# 2021년 1회 기사

## 1과목 폐기물개론

**01** Eddy Current Separator는 물질 특성상 세 종류로 분리한다. 이때 구리전선과 같은 종류로 선별되는 것은?

① 은수저
② 철나사못
③ PVC
④ 희토류 자석

**풀이** 와전류 분리법(Eddy Current Separator)은 물질 특성상 철금속(Fe), 비철금속(Al, Cu, Ag 등), 유리병의 3종류를 각각 분리할 경우 가장 적절하다.

**02** 사업장에서 배출되는 폐기물을 감량화시키기 위한 대책으로 가장 거리가 먼 것은?

① 원료의 대체
② 공정 개선
③ 제품 내구성 증대
④ 포장횟수의 확대 및 장려

**풀이** 폐기물을 감량화하기 위해서는 포장횟수의 축소 및 상품의 포장공간 비율을 최소화하여야 한다.

**03** 압축기에 쓰레기를 넣고 압축시킨 결과 압축비가 5였을 때 부피감소율(%)은?

① 50  ② 60  ③ 80  ④ 90

**풀이** $VR = \left(1 - \dfrac{1}{CR}\right) \times 100 = \left(1 - \dfrac{1}{5}\right) \times 100 = 80\%$

**04** 적환장의 설치 적용 이유로 가장 거리가 먼 것은?

① 저밀도 거주지역이 존재할 경우
② 불법투기와 다량의 어질러진 쓰레기들이 발생할 때
③ 부패성 폐기물 다량 발생지역이 있는 경우
④ 처분지가 수집 장소로부터 16km 이상 멀리 떨어져 있는 경우

**풀이** 적환장 설치가 필요한 경우
① 작은 용량의 수집차량을 사용할 때($15m^3$ 이하)
② 저밀도 거주지역이 존재할 때
③ 불법투기와 다량의 어질러진 쓰레기들이 발생할 때
④ 슬러지 수송이나 공기수송방식을 사용할 때
⑤ 처분지가 수집장소로부터 멀리 떨어져 있을 때
⑥ 상업지역에서 폐기물 수집에 소형 용기를 많이 사용하는 경우
⑦ 쓰레기 수송비용 절감이 필요한 경우
⑧ 압축식 수거 시스템인 경우

**05** 폐기물 수거노선의 설정 요령으로 적합하지 않은 것은?

① 수거지점과 수거빈도를 결정하는 데 기존 정책이나 규정을 참고한다.
② 간선도로 부근에서 시작하고 끝나도록 배치한다.
③ 반복운행을 피하도록 한다.
④ 반시계방향으로 수거노선을 설정한다.

**풀이** 효과적·경제적 수거노선 결정 시 유의(고려)사항 : 수거노선 설정 요령
① 지형이 언덕인 지역에서는 언덕의 위에서부터 내려가며 적재하면서 차량을 진행하도록 한다(안전성, 연료비 절약).
② 수거인원 및 차량형식이 같은 기존 시스템의 조건들을 서로 관련시킨다.
③ 출발점은 차고와 가깝게 하고 수거된 마지막 컨테이너가 처분지의 가장 가까이에 위치하도록 배치한다.
④ 가능한 한 지형지물 및 도로경계와 같은 장벽을 사용하여 간선도로 부근에서 시작하고 끝나야 한다(도로경계 등을 이용).
⑤ 가능한 한 시계방향으로 수거노선을 정한다.

정답 01 ① 02 ④ 03 ③ 04 ③ 05 ④

⑥ 적은 양의 쓰레기가 발생하나 동일한 수거빈도를 받기 원하는 적재지점(수거지점)은 가능한 한 같은 날 왕복 내에서 수거한다.
⑦ 아주 많은 양의 쓰레기가 발생되는 발생원은 하루 중 가장 먼저 수거한다.
⑧ 될 수 있는 한 한 번 간 길은 다시 가지 않는다.
⑨ 반복운행 또는 U자형 회전은 피하여 수거한다.
⑩ 교통량이 많은 때나 출퇴근 시간은 피하여 수거한다.
⑪ 수거지점과 수거빈도 결정 시 기존 정책이나 규정을 참고한다.

**06** 습량기준 회분량이 16%인 폐기물의 건량기준 회분량(%)은?(단, 폐기물의 함수율 = 20%)

① 20  ② 18
③ 16  ④ 14

**풀이** 건량기준 회분량(%) = $\dfrac{0.16}{(1-0.2)} \times 100 = 20\%$

**07** 쓰레기에서 타는 성분의 화학적 성상 분석 시 사용되는 자동원소분석기에 의해 동시 분석이 가능한 항목을 모두 나열한 것은?

① 탄소, 질소, 수소  ② 탄소, 황, 수소
③ 탄소, 수소, 산소  ④ 질소, 황, 산소

**풀이** 폐기물 원소분석에 있어 별도의 장치나 기기(연소관, 환원관 및 흡수관의 충전물 교환 등)를 필요로 하지 않고, 자동원소분석기를 이용하여 동시에 분석 가능한 항목은 C, H, N이다.

**08** 폐기물 성상분석에 대한 분석절차로 옳은 것은?

① 물리적 조성 → 밀도측정 → 건조 → 절단 및 분쇄 → 발열량분석
② 밀도측정 → 물리적 조성 → 건조 → 절단 및 분쇄 → 발열량분석
③ 물리적 조성 → 밀도측정 → 절단 및 분쇄 → 건조 → 발열량분석
④ 밀도측정 → 물리적 조성 → 절단 및 분쇄 → 건조 → 발열량분석

**풀이** 폐기물 시료 분석절차

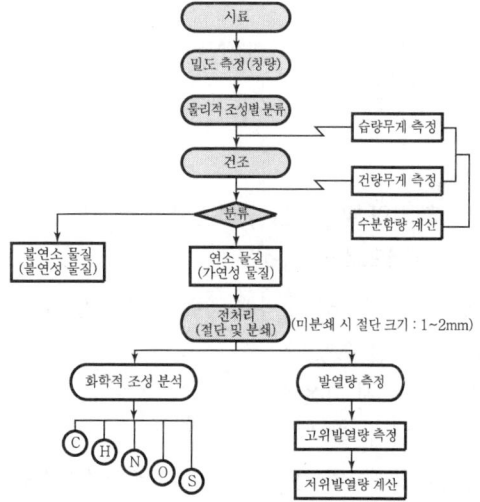

**09** 전과정평가(LCA)를 구성하는 4단계 중, 조사분석과정에서 확정된 자원요구 및 환경부하에 대한 영향을 평가하는 기술적, 정량적, 정성적 과정인 것은?

① Impact Analysis
② Initiation Analysis
③ Inventory Analysis
④ Improvement Analysis

**풀이** 전과정평가(LCA) 4단계
① 목적 및 범위의 설정(Goal Definition Scoping) : 1단계
[LCA 사용목적]
㉠ 복수 제품 간의 비교 선택
㉡ 제품 및 공정의 개선효과 파악
㉢ 목표치를 달성하기 위한 제품의 점검
㉣ 개선점의 추출(우선순위 결정)
㉤ 제품에 관계되는 주체 간의 의사전달 촉진
② 목록분석(Inventory Analysis) : 2단계
상품, 포장, 공정, 물질, 원료 및 활동에 의해 발생하는 에너지 및 천연원료 요구량, 대기·수질오염물질 배출, 고형폐기물과 기타 기술적 자료구축 과정이다.

정답  06 ①  07 ①  08 ②  09 ①

③ 영향평가(Impact Analysis or Assessment) : 3단계
조사분석과정에서 확정된 자원요구 및 환경부하에 대한 영향을 평가하는 기술적, 정량적, 정성적 과정이다.
④ 개선평가 및 해석(Improvement Assessment) : 4단계
전 과정에 대한 해석을 실시하는 과정이다.

**10** 쓰레기의 발열량을 구하는 식 중 Dulong 식에 대한 설명으로 옳은 것은?

① 고위발열량은 저위발열량, 수소 함량, 수분 함량만으로 구할 수 있다.
② 원소분석에서 나온 C, H, O, N 및 수분 함량으로 계산할 수 있다.
③ 목재나 쓰레기와 같은 셀룰로오스의 연소에서는 발열량이 약 10% 높게 추정된다.
④ Bomb 열량계로 구한 발열량에 근사시키기 위해 Dulong의 보정식이 사용된다.

**풀이** 듀롱(Dulong) 식
산소성분(O) 전부가 수소성분(H)과 결합하여 수분($H_2O$)으로 존재한다고 가정, 즉 폐기물이 거의 완전연소된다는 가정하에서 발열량을 산정하는 식으로 Bomb 열량계로 구한 발열량에 근사시키기 위해 Dulong 보정식을 사용한다(Dulong 공식에 의한 발열량 계산은 화학적 원소분석을 기초로 함).

**11** 퇴비화 과정에서 공기의 역할 중 잘못된 것은?

① 온도를 조절한다.
② 공급량은 많을수록 퇴비화가 잘된다.
③ 수분과 $CO_2$ 등 다른 가스들을 제거한다.
④ 미생물이 호기적 대사를 할 수 있도록 한다.

**풀이** 퇴비화 과정에서 공기의 역할
① 미생물의 호기적 대사를 도움
② 온도 조절
③ 수분, $CO_2$, 기타 가스를 제거
④ 공기의 과잉 공급 시 열손실이 생겨 미생물이 대사열을 빼앗겨서 동화작용이 저해된다.

**12** 파이프라인을 이용하여 폐기물을 수송하는 방법에 대한 설명으로 가장 거리가 먼 것은?

① 보다 친환경적이며 장거리 수송이 용이하다.
② 잘못 투입된 물건을 회수하기가 곤란하다.
③ 쓰레기 발생 밀도가 높은 곳일수록 현실성이 높아진다.
④ 조대쓰레기는 파쇄, 압축 등의 전처리를 할 필요가 있다.

**풀이** 관거(Pipe Line) 수송의 장단점
① 장점
㉠ 자동화, 무공해화, 안전화가 가능하다.
㉡ 눈에 띄지 않는다(미관, 경관 좋음).
㉢ 에너지 절약이 가능하다.
㉣ 교통소통이 원활하여 교통체증 유발이 없다(수거차량에 의한 도심지 교통량 증가 없음).
㉤ 투입이 용이하고, 수집이 편리하다.
㉥ 인건비 절감의 효과가 있다.
② 단점
㉠ 대형 폐기물(조대폐기물)에 대한 전처리 공정(파쇄, 압축)이 필요하다.
㉡ 가설(설치) 후에 경로변경이 곤란하고 설치비가 비싸다.
㉢ 잘못 투입된 폐기물은 회수하기 곤란하다.
㉣ 2.5km 이내의 거리에서만 이용된다(장거리, 즉 2.5km 이상에서는 사용 곤란).
㉤ 단거리에 현실성이 있다.
㉥ 사고 발생 시 시스템 전체가 마비되며 대체 시스템으로 전환이 필요하다(고장 및 긴급사고 발생에 대한 대처방법이 필요함).
㉦ 초기투자 비용이 많이 소요된다.
㉧ Pipe 내부 진공도에 한계가 있다.
(최대 $0.5kg/cm^2$)

**13** 트롬멜 스크린에 대한 설명으로 틀린 것은?

① 수평으로 회전하는 직경 3미터 정도의 원통 형태이며 가장 널리 사용되는 스크린의 하나이다.
② 최적회전속도는 임계회전속도의 45% 정도이다.
③ 도시폐기물 처리 시 적정회전속도는 100~180rpm이다.
④ 경사도는 대개 2~3°를 채택하고 있다.

**정답** 10 ④  11 ②  12 ①  13 ③

**풀이** 트롬멜 스크린의 운전 특성
① 스크린 개방면적(53%)  ② 경사도(2~3°)
③ 회전속도(11~30rpm)  ④ 길이(4.0m)

**14** 일반 폐기물의 수집운반 처리 시 고려사항으로 가장 거리가 먼 것은?

① 지역별, 계절별 발생량 및 특성 고려
② 다른 지역의 경유 시 밀폐 차량 이용
③ 해충방지를 위해서 약제살포 금지
④ 지역여건에 맞게 기계식 상차방법 이용

**풀이** 수거·운반 시 고려사항(적정한 수집·운반 시스템 대책 수립 시 검토항목)
① 수거빈도
② 수거거리
③ 수거구역
④ 쓰레기통 크기
⑤ 지역별, 계절별 발생량 및 특성 고려
⑥ 다른 지역 경유 시 밀폐차량 이용
⑦ 지역 여건에 맞게 기계식 상차방법 이용
⑧ 배출방법

**15** 도시의 쓰레기 특성을 조사하기 위하여 시료 100kg에 대한 습윤 상태의 무게와 함수율을 측정한 결과가 다음 표와 같을 때 이 시료의 건조중량(kg)은?

| 성분 | 습윤 상태의 무게(kg) | 함수율(%) |
|---|---|---|
| 연탄재 | 60 | 20 |
| 채소, 음식물류 | 10 | 65 |
| 종이, 목재류 | 10 | 10 |
| 고무, 가죽류 | 15 | 3 |
| 금속, 초자기류 | 5 | 2 |

① 70   ② 80
③ 90   ④ 100

**풀이** 건조중량
$$= \sum \left[ 습윤\ 상태\ 무게 \times \frac{(100-함수율)}{100} \right]$$

$$= \left(60 \times \frac{100-20}{100}\right) + \left(10 \times \frac{100-65}{100}\right)$$
$$+ \left(10 \times \frac{100-10}{100}\right) + \left(15 \times \frac{100-3}{100}\right) + \left(5 \times \frac{100-2}{100}\right)$$
$$= 80kg$$

**16** 쓰레기 수거계획 수립 시 가장 우선되어야 할 항목은?

① 수거빈도
② 수거노선
③ 차량의 적재량
④ 인부수

**풀이** 도시 쓰레기 수거계획 수립 시 가장 중요하게 고려해야 할 사항은 수거노선이다.

**17** 폐기물의 성분을 조사한 결과 플라스틱의 함량이 20%(중량비)로 나타났다. 이 폐기물의 밀도가 300kg/m³이라면 6.5m³ 중에 함유된 플라스틱의 양(kg)은?

① 300   ② 345
③ 390   ④ 415

**풀이** 무게(kg) = (밀도 × 부피) × 플라스틱 함유비율
$= 300kg/m^3 \times 6.5m^3 \times 0.2$
$= 390kg$

**18** pH가 2인 폐산용액은 pH가 4인 폐산용액에 비해 수소이온이 몇 배 더 함유되어 있는가?

① 2배   ② 5배
③ 10배   ④ 100배

**풀이** $pH = \log \frac{1}{[H^+]}$

수소이온농도 $[H^+] = 10^{-pH}$
pH 2인 경우 $[H^+] = 10^{-2} mol/L$
pH 4인 경우 $[H^+] = 10^{-4} mol/L$
비 $= \frac{10^{-2}}{10^{-4}} = 100$배

**정답** 14 ③  15 ②  16 ②  17 ③  18 ④

**19** 폐기물 시료를 축분함에 있어 처음 무게의 $\frac{1}{30} \sim \frac{1}{35}$의 무게를 얻고자 한다면 원추4분법을 몇 회 시행하여야 하는가?

① 10회  ② 8회
③ 6회   ④ 5회

**풀이** $\left(\frac{1}{2}\right)^n = \left(\frac{1}{2}\right)^5 = \frac{1}{32}\left(\frac{1}{30} \sim \frac{1}{35}\text{의 사이값}\right)$

**20** 직경이 1.0m인 트롬멜 스크린의 최적 속도(rpm)는?

① 약 63  ② 약 42
③ 약 19  ④ 약 8

**풀이** 최적 회전속도(rpm) = 임계속도($\eta_c$) × 0.45

$\eta_c = \frac{1}{2\pi}\sqrt{\frac{g}{r}} = \frac{1}{2\pi}\sqrt{\frac{9.8}{0.5}}$

　　= 0.705 cycle/sec × 60 sec/min
　　= 42.30 cycle/min(rpm)
　42.30 rpm × 0.45 = 19.03 rpm

## 2과목　폐기물처리기술

**21** 일반적으로 매립장 침출수 생성에 가장 큰 영향을 미치는 인자는?

① 쓰레기의 함수율
② 지하수의 유입
③ 표토를 침투하는 강수
④ 쓰레기 분해과정에서 발생하는 발생수

**풀이** ① 관리형 폐기물매립지에서 발생하는 침출수의 주된 발생원은 강우에 의하여 상부로부터 유입되는 물이다.
② 일반적으로 매립장 침출수 생성에 가장 큰 영향을 미치는 인자는 지표로 침투되는 강수이다(영향인자 : 강수량, 폐기물의 매립 정도, 복토재의 재질 등).

**22** 매립지에서 발생하는 메탄가스는 온실가스로 이산화탄소에 비하여 약 21배의 지구온난화 효과가 있는 것으로 알려져 있어 매립지에서 발생하는 메탄가스를 메탄산화세균을 이용하여 처리하고자 한다. 메탄산화세균에 의한 메탄처리와 관련한 설명 중 틀린 것은?

① 메탄산화세균은 혐기성 미생물이다.
② 메탄산화세균은 자가영양미생물이다.
③ 메탄산화세균은 주로 복토층 부근에서 많이 발견된다.
④ 메탄은 메탄산화세균에 의해 산화되며, 이산화탄소로 바뀐다.

**풀이** 메탄가스 처리(메탄산화세균에 의한 처리)
① 메탄산화세균은 호기성 미생물이다.
② 메탄산화세균은 자가영양미생물이다.
③ 메탄산화세균은 주로 복토층 부근에서 많이 발견된다.
④ 메탄은 메탄산화세균에 의해 산화되며, 이산화탄소로 바뀐다.

**23** 매립지에서의 물 수지(Water Balance)를 고려하여 침출수량을 추정하고자 한다. 강수량을 $P$, 폐기물 함유 수분량을 $W$, 증발산량을 $ET$, 유출(Run-off)량을 $R$로 표시하고, 기타 항을 무시할 때, 침출수량을 나타내는 식은?

① $P - W - ET - R$
② $W + P - ET + R$
③ $ET + R + P - W$
④ $P + W - ET - R$

**풀이** 침출수량
　= 강수량 − 증발산량 − 유출량 + 폐기물 함유 수분량

**24** 폐기물을 중간처리(소각처리)하는 과정에서 얻어지는 결과로 가장 거리가 먼 것은?

① 대체에너지화　② 폐기물 감량화
③ 유독물질 안정화　④ 대기오염 방지화

**풀이** 소각처리

폐기물의 중간처분 단계이며 일반적으로 폐기물 소각은 폐기물 감량화(부피 감소), 유독물질 안정화(위생적 처리), 대체에너지화(폐열 이용), 대기오염물질 발생의 특징이 있다.

**25** 시멘트를 이용한 유해폐기물 고화처리 시 압축강도, 투수계수, 물·시멘트비(Water/Cement Ratio) 사이의 관계를 바르게 설명한 것은?

① 물/시멘트비는 투수계수에 영향을 주지 않는다.
② 압축강도와 투수계수 사이는 정비례한다.
③ 물/시멘트비가 낮으면 투수계수는 증가한다.
④ 물/시멘트비가 높으면 압축강도는 낮아진다.

**풀이** ① 물/시멘트비가 클수록 투수계수는 증가한다.
② 압축강도와 투수계수 사이는 반비례한다.
③ 물/시멘트비가 낮으면 투수계수는 감소한다.

**26** 연소효율 식으로 옳은 것은?(단, $\eta(\%)$ : 연소효율, $H_l$ : 저위발열량, $L_c$ : 미연소손실, $L_i$ : 불완전연소손실)

① $\eta(\%) = \dfrac{H_l + (L_c - L_i)}{H_l} \times 100$

② $\eta(\%) = \dfrac{H_l - (L_c + L_i)}{H_l} \times 100$

③ $\eta(\%) = \dfrac{(L_c + L_i) - H_l}{H_l} \times 100$

④ $\eta(\%) = \dfrac{(L_c - L_i) - H_l}{H_l} \times 100$

**풀이** 연소효율$(\eta) = \dfrac{H_l - (L_1 + L_2)}{H_l} \times 100(\%)$

여기서, $H_l$ : 저위발열량(kcal/kg)
$L_1$ : 미연소손실(kcal/kg)
$L_2$ : 불완전연소손실(kcal/kg)

**27** 분뇨처리 최종생성물의 요구조건으로 가장 거리가 먼 것은?

① 위생적으로 안전할 것
② 생화학적으로 분해가 가능할 것
③ 최종생성물의 감량화를 기할 것
④ 공중에 혐오감을 주지 않을 것

**풀이** 분뇨처리 최종생성물의 요구조건
① 생화학적으로 안전할 것
② 위생적으로 안전할 것
③ 공중에 혐오감을 주지 않을 것
④ 최종생성물의 감량화를 기할 것
⑤ 자원으로서 재이용가치를 향상시킬 것

**28** 토양증기추출법(SVE)에 대한 설명으로 옳지 않은 것은?

① 생물학적 처리효율을 높여준다.
② 오염물질의 독성은 변화가 없다.
③ 총 처리시간을 예측하기가 용이하다.
④ 추출된 기체는 대기오염 방지를 위해 후처리가 필요하다.

**풀이** 토양증기추출법
① 장점
  ㉠ 비교적 기계 및 장치가 간단, 단순함
  ㉡ 지하수의 깊이에 대한 제한을 받지 않음
  ㉢ 유지, 관리비가 적으며 굴착이 필요 없음
  ㉣ 생물학적 처리효율을 보다 높여줌
  ㉤ 단기간에 설치가 가능함
  ㉥ 가장 많은 적용사례가 있음
  ㉦ 즉시 결과를 얻을 수 있고 영구적 재생이 가능함
  ㉧ 다른 시약이 필요 없음
② 단점
  ㉠ 지반구조의 복잡성으로 인해 총 처리기간을 예측하기 어려움
  ㉡ 오염물질의 증기압이 낮은 경우 오염물질의 제거효율이 낮음
  ㉢ 토양의 침투성이 양호하고 균일하여야 적용 가능함
  ㉣ 토양층이 치밀하여 기체흐름의 정도가 어려운 곳에서는 사용이 곤란함

**정답** 25 ④  26 ②  27 ②  28 ③

ⓜ 추출 기체는 후처리를 위해 대기오염 방지장치가 필요함
ⓗ 오염물질의 독성은 처리 후에도 변화가 없음

## 29 호기성 퇴비화 공정 설계인자에 대한 설명으로 틀린 것은?

① 퇴비화에 적당한 수분함량은 50~60%로 40% 이하가 되면 분해율이 감소한다.
② 온도는 55~60℃로 유지시켜야 하며 70℃를 넘어서면 공기공급량을 증가시켜 온도를 적정하게 조절한다.
③ C/N비가 20 이하이면 질소가 암모니아로 변하여 pH를 증가시켜 악취를 유발시킨다.
④ 산소 요구량은 체적당 20~30%의 산소를 공급하는 것이 좋다.

풀이 ① 퇴비화에 가장 적합한 공기공급 범위는 5~15%(산소농도)이며 공기주입률은 약 50~200L/min·$m^3$ 정도이다.
② 산소농도가 5~15%보다 크게 되면 온도저하로 인한 퇴비화가 저하된다.

## 30 점토의 수분함량 지표인 소성지수, 액성한계, 소성한계의 관계로 옳은 것은?

① 소성지수=액성한계−소성한계
② 소성지수=액성한계+소성한계
③ 소성지수=액성한계/소성한계
④ 소성지수=소성한계/액성한계

풀이 점토의 수분함량과 관계되는 지표
① 액성한계(LL)
점토의 수분함량이 그 이상이 되면 상태가 더 이상 선명화(플라스틱과 같이)되지 못하고 액체상태로 되는 수분함량(Liquid Limit)
② 소성한계(PL)
점토의 수분함량이 일정 수준 미만이 되면 성형상태를 유지하지 못하고 부스러지는 상태에서의 수분함량(Plastic Limit)
③ 소성지수(PI)=LL−PL(소성지수 : 점토의 수분함량 지표)

## 31 분뇨를 희석폭기방식으로 처리하려 할 때 적절한 방법으로 볼 수 없는 것은?

① BOD 부하는 $1kg/m^3 \cdot d$ 이하로 한다.
② 반송슬러지양은 희석된 분뇨량의 50~60%를 표준으로 한다.
③ 폭기시간은 12시간 이상으로 한다.
④ 조의 유효수심은 3.5~5m를 표준으로 한다.

풀이 분뇨를 희석폭기방식으로 처리 시 반송슬러지양은 희석된 분뇨량의 20~40%를 표준으로 한다.

## 32 아주 적은 양의 유기성 오염물질도 지하수의 산소를 고갈시킬 수 있기 때문에 생물학적 In-situ 정화에서는 인위적으로 지하수에 산소를 공급하여야 한다. 이와 같은 산소부족을 해결할 수 있는 대안 공급물질로 가장 적절한 것은?

① 과산화수소
② 이산화탄소
③ 에탄올
④ 인산염

풀이 생물학적 복원기법에서 호기성 조건을 위하여 산소를 주입하게 되는데 산소주입 방법에는 대기 중의 공기주입, 압축산소주입, 과산화수소($H_2O_2$) 주입 등이 있으며, 이 중 미생물에 의한 호흡 과정에서 같은 양이 사용되는 경우 전자수용체로서 가장 효율이 높은 물질이 과산화수소이다.

## 33 매립지 가스에 의한 환경영향이라 볼 수 없는 것은?

① 화재와 폭발
② VOC 용해로 인한 지하수 오염
③ 충분한 산소 제공으로 인한 식물 성장
④ 매립가스 내 VOC 함유로 인한 건강 위해

풀이 매립지 가스의 주요 성분은 $CO_2$, $CH_4$, $NH_3$, $H_2$, $H_2S$ 등으로 다양한 성분을 함유하고 있다.

**34** 다음 물질을 같은 조건하에서 혐기성 처리를 할 때 슬러지 생산량이 가장 많은 것은?

① Lipid   ② Protein
③ Amino acid   ④ Carbohydrate

**풀이** 같은 조건하에서 혐기성 처리 시 Carbohydrate(탄수화물)의 슬러지 발생량이 많다.

**35** 완전히 건조된 고형분의 비중이 1.3이며, 건조 이전의 슬러지 내 고형분 함량이 42%일 때 건조 이전 슬러지 케이크의 비중은?

① 1.042   ② 1.107
③ 1.132   ④ 1.163

**풀이** $\dfrac{100}{\text{슬러지 케이크 비중}} = \dfrac{42}{1.3} + \dfrac{(100-42)}{1.0}$
슬러지 케이크 비중 = 1.107

**36** 매립쓰레기의 혐기성 분해과정을 나타낸 반응식이 아래와 같을 때, 발생가스 중 메탄 함유율(발생량 부피%)을 구하는 식(ⓒ)으로 옳은 것은?

$$C_aH_bO_cN_d + (\text{㉠})H_2O \to (\text{㉡})CO_2 + (\text{㉢})CH_4 + (\text{㉣})NH_3$$

① $\dfrac{(4a+b+2c+3d)}{8}$

② $\dfrac{(4a-2b-2c+3d)}{8}$

③ $\dfrac{(4a+b-2c-3d)}{8}$

④ $\dfrac{(4a+2b-2c-3d)}{8}$

**풀이** $C_aH_bO_cN_dS_e + \left(\dfrac{4a-b-2c+3d+2e}{4}\right)H_2O$
$\to \left(\dfrac{4a+b-2c-3d-2e}{8}\right)CH_4$
$+ \left(\dfrac{4a-b+2c+3d+2e}{8}\right)CO_2 + dNH_3 + eH_2S$

**37** 매립지의 침출수를 혐기성 처리하고자 할 때 장점이 아닌 것은?

① 슬러지 처리 비용이 적어진다.
② 온도에 대한 영향이 거의 없다.
③ 고농도의 침출수를 희석 없이 처리할 수 있다.
④ 난분해성 물질이 함유된 침출수 처리에 효과적이다.

**풀이** 침출수 혐기성 처리는 온도에 대한 영향이 크고 중금속에 의한 저해효과가 호기성 공정에 비해 크다.

**38** 대표 화학적 조성이 $C_7H_{10}O_5N_2$인 폐기물의 C/N비는?

① 2   ② 3   ③ 4   ④ 5

**풀이** $C_7H_{10}O_5N_2$
C/N비 = $\dfrac{\text{탄소의 양}}{\text{질소의 양}} = \dfrac{12 \times 7}{14 \times 2} = 3$

**39** 수분이 90%인 젖은 슬러지를 건조시켜 수분이 20%인 건조 슬러지로 만들고자 한다. 젖은 슬러지 kg당 생산되는 건조 슬러지의 양(kg)은?

① 0.1   ② 0.125   ③ 0.25   ④ 0.5

**풀이** $1 \times (1-0.9) =$ 건조 후 슬러지 양 $\times (1-0.2)$
건조 후 슬러지 양 = $\dfrac{0.1}{0.8} = 0.125(kg)$

**40** 다음 그래프는 쓰레기 매립지에서 발생되는 가스의 성상이 시간에 따라 변하는 과정을 보이고 있다. 곡선 (가)와 (나)에 해당하는 가스는?

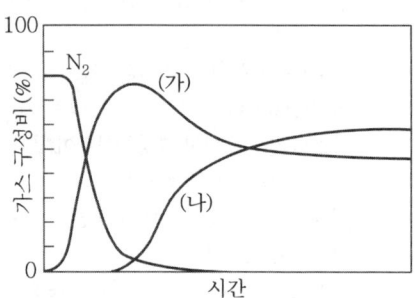

① (가) $H_2$ (나) $CH_4$   ② (가) $CH_4$ (나) $CO_2$
③ (가) $CO_2$ (나) $CH_4$   ④ (가) $CH_4$ (나) $H_2$

**풀이** 매립 경과기간에 따른 LFG 가스의 조성 변화

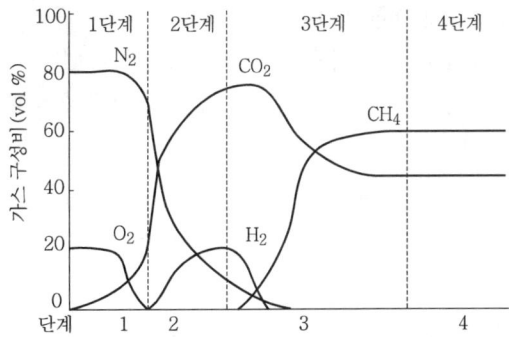

## 3과목  폐기물소각 및 열회수

**41** 유동층 소각로의 장점으로 거리가 먼 것은?

① 가스의 온도가 낮고 과잉공기량이 적어 $NO_x$도 적게 배출된다.
② 노 내 온도의 자동제어와 열회수가 용이하다.
③ 노 내 내축열량이 높아 투입이나 유동화를 위한 파쇄가 필요 없다.
④ 연소효율이 높아 미연소분의 배출이 적고 2차 연소실이 불필요하다.

**풀이** 유동층 소각로
① 장점
 ㉠ 유동매체의 열용량이 커서 액상, 기상, 고형 폐기물의 전소 및 혼소, 균일한 연소가 가능하다.
 ㉡ 반응시간이 빨라 소각시간이 짧다(노 부하율이 높다).
 ㉢ 연소효율이 높아 미연소분이 적고 2차 연소실이 불필요하다.
 ㉣ 가스의 온도가 낮고 과잉공기량이 낮다. 따라서 $NO_x$도 적게 배출된다.
 ㉤ 기계적 구동부분이 적어 고장률이 낮아 유지관리가 용이하다.
 ㉥ 노 내 온도의 자동제어로 열회수가 용이하다.
 ㉦ 유동매체의 축열량이 높은 관계로 단시간 정지 후 가동 시 보조연료 사용 없이 정상가동이 가능하다.
 ㉧ 과잉공기량이 적으므로 다른 소각로보다 보조연료 사용량과 배출가스양이 적다.
 ㉨ 석회 또는 반응물질을 유동매체에 혼입시켜 노 내에서 산성가스의 제거가 가능하다.
② 단점
 ㉠ 층의 유동으로 상으로부터 찌꺼기의 분리가 어려우며 운전비, 특히 동력비가 높다.
 ㉡ 폐기물의 투입이나 유동화를 위해 파쇄가 필요하다.
 ㉢ 상재료의 용융을 막기 위해 연소온도는 816℃를 초과할 수 없다.
 ㉣ 유동매체의 손실로 인한 보충이 필요하다.
 ㉤ 고점착성의 반유동상 슬러지는 처리하기 곤란하다.
 ㉥ 소각로 본체에서 압력손실이 크고 유동매체의 비산 또는 분진의 발생량이 가장 많다.
 ㉦ 조대한 폐기물은 전처리가 필요하다. 즉, 폐기물의 투입이나 유동화를 위해 파쇄공정이 필요하다.

**42** 연소실의 온도는 850℃ 이상을 유지하면서 연소가스의 체류시간은 2초 이상을 유지하는 것이 좋다고 한다. 그 이유가 아닌 것은?

① 완전연소를 시키기 위해서
② 화격자의 온도를 높이기 위해서
③ 연소가스 온도를 균일하게 하기 위해서
④ 다이옥신 등 유해가스를 분해하기 위해서

**풀이** 연소실의 온도는 850℃ 이상, 연소가스의 체류시간은 2초 이상 유지하는 이유는 완전연소, 연소가스 온도의 균일화, 다이옥신 등의 유해가스 분해를 위해서이다.

**43** 소각로에서 폐기물의 이송방향과 연소가스의 흐름방향이 같은 형식의 구조는?

① 향류식    ② 중간류식
③ 교류식    ④ 병류식

**정답** 41 ③  42 ②  43 ④

**풀이** 소각로 내 연소가스와 폐기물 흐름에 따른 구분
① 역류식(향류식)
  ㉠ 폐기물의 이송방향과 연소가스의 흐름을 반대로 하는 형식이다.
  ㉡ 난연성 또는 착화하기 어려운 폐기물 소각에 가장 적합한 방식이다.
  ㉢ 열가스에 의한 방사열이 폐기물에 유효하게 작용하므로 수분이 많다.
  ㉣ 후연소 내의 온도저하나 불완전연소가 발생할 수 있다.
  ㉤ 복사열에 의한 건조에 유리하며 저위발열량이 낮은 폐기물에 적합하다.
② 병류식
  ㉠ 폐기물의 이송방향과 연소가스의 흐름방향이 같은 형식이다.
  ㉡ 수분이 적고(착화성이 좋고) 저위발열량이 높을 때 적용한다.
  ㉢ 폐기물의 발열량이 높을 경우 적당한 형식이다.
  ㉣ 건조대에서의 건조효율이 저하될 수 있다.
③ 교류식(중간류식)
  ㉠ 역류식과 병류식의 중간적인 형식이다.
  ㉡ 중간 정도의 발열량을 가지는 폐기물에 적합하다.
  ㉢ 두 흐름이 교차하여 폐기물 질의 변동이 클 때 적합하다.
④ 복류식(2회류식)
  ㉠ 2개의 출구를 가지고 있는 댐퍼의 개폐로 역류식, 병류식, 교류식으로 조절할 수 있는 형식이다.
  ㉡ 폐기물의 질이나 저위발열량의 변동이 심할 경우에 적합하다.

**44** 폐기물별 발열량을 짝지어 놓은 것 중 틀린 것은?(단, 단위는 kcal/kg이다.)

① 플라스틱 : 5,000~11,000
② 도시폐기물 : 1,000~4,000
③ 하수슬러지 : 2,000~3,500
④ 열분해 생성가스 : 12,000~15,000

**풀이** 열분해 생성가스의 발열량은 약 4,500kcal/kg 정도이다.

**45** 아래의 설명에 부합하는 복토방법은?

> 굴착하기 어려운 곳에서 폐기물을 위생매립하기 위한 방법으로 구릉지 등에 폐기물을 살포시키고 다진 후에 복토하는 방법을 말하며, 복토할 흙을 타지(인근)에서 가져와 복토를 진행한다.

① 도랑매립법
② 평지매립법
③ 경사매립법
④ 개량매립법

**풀이** 지역식방식매립(Area Method : 평지매립방식)
① 지하수면이 높은 지역이나 셀 또는 도랑의 굴착이 용이하지 않은 지형에서 적용한다.
② 매립지 바닥을 파지 않고 제방을 쌓는 것으로 저대 지역에 쓰레기를 매립한 후 복토하는 방법이다.
③ 다층 매립이 가능하나 복토량이 많이 소요되는 단점이 있다.
④ 작업면의 크기를 쓰레기 발생량 및 매립작업계획에 따라 쉽게 조절할 수 있다.
⑤ 복토할 흙을 타지(인근)에서 가져와 복토를 진행한다.

**46** 배연탈황법에 대한 설명으로 가장 거리가 먼 것은?

① 활성탄 흡착법에서 $SO_2$는 활성탄 표면에서 산화된 후 수증기와 반응하여 황산으로 고정된다.
② 수산화나트륨용액 흡수법에서는 탄산나트륨의 생성을 억제하기 위해 흡수액의 pH를 7로 조정한다.
③ 활성산화망간은 상온에서 $SO_2$ 및 $O_2$와 반응하여 황산망간을 생성한다.
④ 석회석 슬러리를 이용한 흡수법은 탈황률의 유지 및 스케일 형성을 방지하기 위해 흡수액의 pH를 6으로 조정한다.

**풀이** 활성산화망간은 135~150℃에서 $SO_2$ 및 $O_2$와 반응하여 황산망간을 생성한다.

**정답** 44 ④   45 ②   46 ③

**47** 부탄 1,000kg을 기화시켜 15Nm³/h의 속도로 연소시킬 때, 부탄이 전부 연소되는 데 필요한 시간(h)은?(단, 부탄은 전량 기화된다고 가정한다.)

① 13
② 17
③ 26
④ 34

**풀이** 부탄연소시간(hr) $= \dfrac{1,000\text{kg}}{15\text{Nm}^3/\text{hr}} \times \dfrac{22.4\text{Nm}^3}{58\text{kg}}$
$= 25.75\text{hr}$

**48** 폐열보일러에 1,200℃인 연소배가스가 10Sm³/kg·h의 속도로 공급되어 200℃로 냉각될 때, 보일러 냉각수가 흡수한 열량(kcal/kg·h)은?(단, 보일러 내의 열손실은 없으며, 배가스의 평균정압비열은 1.2kcal/Sm³·℃으로 가정한다.)

① $1.2 \times 10^4$
② $1.6 \times 10^4$
③ $2.2 \times 10^4$
④ $2.6 \times 10^4$

**풀이** 열량 $= 10\text{Sm}^3/\text{kg}\cdot\text{hr} \times 1.2\text{kcal}/\text{Sm}^3\cdot\text{℃}$
$\times (1,200 - 200)\text{℃}$
$= 1.2 \times 10^4 \text{kcal}/\text{kg}\cdot\text{hr}$

**49** 폐수처리 슬러지를 연소하기 위한 전처리에 대한 설명 중 틀린 것은?

① 수분을 제거하고 고형물의 농도를 낮춘다.
② 통상적인 탈수 케이크보다 더 높은 탈수 케이크를 만드는 것이 필요하다.
③ 탈수 효율이 낮을수록 연소로에서는 더 많은 연료가 필요하게 된다.
④ 탈수가 효율적으로 수행되면 연료비가 향상되어 최대 슬러지의 처리용량을 얻을 수 있다.

**풀이** 폐수처리 슬러지를 연소하기 위한 전처리에서는 수분을 제거하고 고형물의 농도를 높인다.

**50** 연소과정에서 발생하는 질소산화물 중 Fuel $NO_X$ 저감 효과가 가장 높은 방법은?

① 연소실에 수증기를 주입한다.
② 이단연소에 의해 연소시킨다.
③ 연소실 내 산소 농도를 낮게 유지한다.
④ 연소용 공기의 예열온도를 낮게 유지한다.

**풀이** 이단연소는 1차 연소실에서 가스온도 상승을 억제하면서 운전하여 $NO_X$의 생성을 줄이고 불완전 연소가스는 2차 연소실에서 완전연소시키는 원리이며, 연료 $NO_X$ 저감효과가 가장 높은 방법이다.

**51** 액화분무소각로(Liquid Injection Incinerator)의 특징으로 가장 거리가 먼 것은?

① 광범위한 종류의 액상폐기물 소각에 이용 가능하다.
② 구동장치가 없어 고장이 적다.
③ 소각재의 처리설비가 필요 없다.
④ 충분한 연소로 노 내 내화물의 파손이 적다.

**풀이** 액체분무주입형 소각로(Liquid Injection Incinerator)
① 장점
 ㉠ 광범위한 종류의 액상폐기물을 연소할 수 있다.
 ㉡ 대기오염방지시설 이외에 소각재처리시설이 필요 없다.
 ㉢ 구동장치가 간단하고 고장이 적다.
 ㉣ 운영비가 저렴하다.
 ㉤ 기술개발이 잘되어 있고 자동화가 용이하다. (가동 이외의 경우 무인운전이 가능).
② 단점
 ㉠ 버너노즐을 이용하여 액체를 미립화하여야 한다.
 ㉡ 완전연소시켜야 하며 내화물의 파손을 막아야 한다.
 ㉢ 고농도 고형분의 농도가 높으면 버너가 막히기 쉽다.
 ㉣ 대량처리가 어렵다.

**정답** 47 ③  48 ①  49 ①  50 ②  51 ④

**52** 연소실과 열부하에 대한 설명 중 옳은 것은?

① 열부하는 설계된 연소실 체적의 적절함을 판단하는 기준이 된다.
② 폐기물의 고위발열량을 기준으로 산정한다.
③ 열부하가 너무 작으면 미연분, 다이옥신 등이 발생한다.
④ 연소실 설계 시 회분(Batch) 연소식은 연속 연소식에 비해 열부하를 크게 하여 설계한다.

**풀이** ② 폐기물의 저위발열량을 기준으로 산정한다.
③ 열부하가 너무 크면 국부적인 과열에 의한 소각로의 손상 및 불완전연소로 미연분, 다이옥신 등이 발생한다.
④ 연소실 설계 시 회분(Batch) 연소식은 연속 연소식에 비해 열부하를 작게 하여 설계한다.

**53** 에틸렌($C_2H_4$)의 고위발열량이 15,280kcal/$Sm^3$이라면 저위발열량(kcal/$Sm^3$)은?

① 14,320  ② 14,680
③ 14,800  ④ 14,920

**풀이** $C_2H_4 + 3O_2 \rightarrow 2CO_2 + 2H_2O$
$H_l(kcal/Sm^3) = H_h - 480 \times nH_2O$
$= 15,280 kcal/Sm^3 - (480 \times 2)$
$= 14,320 kcal/Sm^3$

**54** 폐기물 열분해 시 생성되는 물질로 가장 거리가 먼 것은?

① char/tar  ② 방향성 물질
③ 식초산   ④ $NO_x$

**풀이** 열분해에 의해 생성되는 물질
① 기체물질
$H_2$, $CH_4$, $CO$, $H_2S$, $HCN$, $CO_2$
② 액체물질
식초산, 아세톤, 메탄올, 오일, 타르, 방향성 물질
③ 고체물질
Char(탄소), 불활성 물질

**55** 소각로나 보일러에서 열정산 시 출열(出熱) 항목에 포함되지 않는 것은?

① 축열 손실
② 방열 손실
③ 배기 손실
④ 증기 손실

**풀이** ① 입열 종류
㉠ 폐기물 자체열(보유열)
㉡ 보조연료 유입열량
㉢ 폐기물 연소열
㉣ 연소용으로 공급되는 예열 공기열(공기 현열)
㉤ 냉각용 공기의 유입열량
② 출열 종류
㉠ 배기가스 배출열(배기 손실)
㉡ 연소로의 방열(방열 손실)
㉢ 축열 손실
㉣ 불완전연소에 의한 손실열
㉤ 회분(재의 유출열)

**56** 소각로의 연소효율을 향상시키는 대책으로 틀린 것은?

① 간헐운전 시 전열효율 향상에 의한 승온시간 연장
② 열적 감량을 적게 하여 완전연소화
③ 복사전열에 의한 방열손실 감소
④ 최종 배출가스 온도 저감 도모

**풀이** 소각로의 열효율 향상대책
① 연소생성열량을 피열물에 최대한 유효하게 전한다.
② 간헐운전에 있어서는 전열효율의 향상에 의한 승온시간의 단축을 도모한다.
③ 복사전열에 의한 방열손실을 최대한 감소시킨다.
④ 배기가스 재순환에 의해 전열효율을 향상시킨다.
⑤ 열분해 생성물을 완전연소시킨다.
⑥ 배기가스의 현열배출 손실을 저감한다.
⑦ 연소잔사의 현열 손실을 감소시킨다.
⑧ 최종배출가스 온도를 낮춘다.

**정답** 52 ①  53 ①  54 ④  55 ④  56 ①

**57** 열분해 공정에 대한 설명으로 가장 거리가 먼 것은?

① 산소가 없는 상태에서 열에 의해 유기성 물질을 분해와 응축반응을 거쳐 기체, 액체, 고체상 물질로 분리한다.
② 가스상 주요 생성물로는 수소, 메탄, 일산화탄소 그리고 대상물질 특성에 따른 가스성분들이 있다.
③ 수분함량이 높은 폐기물의 경우에 열분해 효율 저하와 에너지 소비량 증가 문제를 일으킨다.
④ 연소 가스화 공정이 높은 흡열반응인 데 비하여 열분해 공정은 외부 열원이 필요한 발열반응이다.

**풀이** 열분해 공정, 가스화 공정은 흡열반응이다.

**58** 저위발열량이 9,000kcal/Sm³인 가스연료의 이론연소온도(℃)는?(단, 이론연소가스양은 10Sm³/Sm³, 기준온도는 15℃, 연료연소가스의 정압비열은 0.35kcal/Sm³·℃로 한다.)

① 1,008   ② 1,293
③ 2,015   ④ 2,586

**풀이** 이론연소온도(℃)
$= \dfrac{\text{저위발열량}}{\text{이론연소가스양} \times \text{연소가스 평균정압비열}} + \text{실제온도}$
$= \dfrac{9,000\text{kcal/Sm}^3}{10\text{Sm}^3/\text{Sm}^3 \times 0.35\text{kcal/Sm}^3\cdot\text{℃}} + 15\text{℃}$
$= 2,586.43\text{℃}$

**59** 다음 기체를 각각 1Sm³씩 연소하는 데 필요한 이론산소량이 가장 많은 것은?(단, 동일 조건임)

① $C_2H_6$   ② $C_3H_8$
③ CO       ④ $H_2$

**풀이** ① $C_2H_6 + 3.5O_2 \to 2CO_2 + 3H_2O$
이론산소량 : 3.5Sm³
② $C_3H_8 + 5O_2 \to 3CO_2 + 4H_2O$
이론산소량 : 5Sm³
③ $CO + 0.5O_2 \to CO_2$
이론산소량 : 0.5Sm³
④ $H_2 + 0.5O_2 \to H_2O$
이론산소량 : 0.5Sm³

**60** 주성분이 $C_{10}H_{17}O_6N$인 슬러지 폐기물을 소각처리 하고자 한다. 폐기물 5kg 소각에 이론적으로 필요한 공기의 무게(kg)는?

① 21   ② 26
③ 32   ④ 38

**풀이** $C_{10}H_{17}O_6N + 11.25O_2 \to 10CO_2 + 8.5H_2O + \dfrac{1}{2}N_2$
247kg : 11.25×32kg
5kg : $O_2$(kg)
$O_2(\text{kg}) = 7.29\text{kg}$
$A_0(\text{kg}) = \dfrac{7.29}{0.23} = 31.68\text{kg}$

## 4과목 폐기물공정시험기준(방법)

**61** 자외선/가시선 분광법으로 시안을 분석할 때 간섭물질을 제거하는 방법으로 옳지 않은 것은?

① 시안화합물을 측정할 때 방해물질들은 증류하면 대부분 제거된다. 그러나 다량의 지방성분, 잔류염소, 황화합물은 시안화합물을 분석할 때 간섭할 수 있다.
② 황화합물이 함유된 시료는 아세트산아연용액(10w/v %) 2mL를 넣어 제거한다.
③ 다량의 지방성분을 함유한 시료는 아세트산 또는 수산화나트륨 용액으로 pH 6~7로 조절한 후 노말헥산 또는 클로로포름을 넣어 추출하여 수층은 버리고 유기물층을 분리하여 사용한다.
④ 잔류염소가 함유된 시료는 잔류염소 20mg당 L-아스코빈산(10w/v %) 0.6mL 또는 이산화비소산나트륨용액(10w/v %) 0.7mL를 넣어 제거한다.

풀이> **다량의 지방성분을 함유한 시료의 제거방법**
아세트산 또는 수산화나트륨 용액으로 pH 6~7로 조절한 후 시료의 약 2%에 해당하는 부피의 노말헥산 또는 클로로폼을 넣어 추출하여 유기물층은 버리고 수층을 분리하여 사용한다.

## 62 용출시험방법에 관한 설명으로 ( )에 옳은 내용은?

> 시료의 조제방법에 따라 조제한 시료 100g 이상을 정확히 달아 정제수에 염산을 넣어 ( )(으)로 한 용매(mL)를 시료 : 용매=1 : 10 (w : v)의 비로 2,000mL 삼각플라스크에 넣어 혼합한다.

① pH 4 이하  ② pH 4.3~5.8
③ pH 5.8~6.3  ④ pH 6.3~7.2

풀이> **용출시험 시료용액 조제**
① 시료의 조제 방법에 따라 조제한 시료 100g 이상을 정확히 단다.
⇩
② 용매 : 정제수에 염산을 넣어 pH를 5.8~6.3으로 한다.
⇩
③ 시료 : 용매=1 : 10(w : v)의 비로 2,000mL 삼각 플라스크에 넣어 혼합한다.

## 63 석면(X선 회절기법) 측정을 위한 분석절차 중 시료의 균일화에 관한 내용(기준)으로 ( )에 옳은 것은?

> 정성분석용 시료의 입자크기는 ( )$\mu m$ 이하로 분쇄를 한다.

① 0.1  ② 1.0
③ 10  ④ 100

풀이> **석면(X선 회절기법)의 시료균일화**
① 정성분석용
㉠ 시료의 입자크기를 100$\mu m$ 이하로 분쇄
㉡ 상온에서 분쇄가 어려울 경우에는 액체질소로 냉각하여 분쇄

② 정량분석용
㉠ 시료의 입자크기를 10$\mu m$ 이하로 분쇄
㉡ 상온에서 분쇄가 어려울 경우에는 액체질소로 냉각하여 분쇄

## 64 용매추출 후 기체크로마토그래피를 이용하여 휘발성 저급염소화탄화수소류 분석 시 가장 적합한 물질은?

① Dioxin
② Polychlorinated Biphenyl
③ Trichloroethylene
④ Polyvinylchloride

풀이> **휘발성 저급염소화탄화수소류 – 기체크로마토그래피 적용범위**
① 트리클로로에틸렌($C_2HCl_3$)
② 테트라클로로에틸렌($C_2Cl_4$)

## 65 pH 표준용액 조제에 관한 설명으로 옳지 않은 것은?

① 조제한 pH 표준용액은 경질유리병 또는 폴리에틸렌병에 보관한다.
② 염기성 표준용액은 산화칼슘 흡수관을 부착하여 1개월 이내에 사용한다.
③ 현재 국내외에 상품화되어 있는 표준용액을 사용할 수 있다.
④ pH 표준용액용 정제수는 묽은 염산을 주입한 후 증류하여 사용한다.

풀이> pH 표준용액용 정제수는 15분 이상 끓여서 이산화탄소를 날려보내고 산화칼슘(생석회) 흡수관을 달아 식혀서 준비한다.

정답  62 ③  63 ④  64 ③  65 ④

**66** 용출시험방법의 용출조작에 관한 내용으로 ( )에 옳은 내용은?

> 시료 용액의 조제가 끝난 혼합액을 상온, 상압에서 진탕 횟수가 매분당 약 200회, 진폭이 4~5cm의 진탕기를 사용하여 6시간 연속 진탕한 다음 1.0μm의 유리섬유여과지로 여과하고 여과액을 적당량 취하여 용출 실험용 시료 용액으로 한다. 다만, 여과가 어려운 경우 원심분리기를 사용하여 매분당 ( ) 원심분리한 다음 상징액을 적당량 취하여 용출 실험용 시료 용액으로 한다.

① 2,000회전 이상으로 20분 이상
② 2,000회전 이상으로 30분 이상
③ 3,000회전 이상으로 20분 이상
④ 3,000회전 이상으로 30분 이상

**풀이** 용출 조작
① 진탕 : 혼합액을 상온, 상압에서 진탕횟수가 매분당 약 200회, 진폭이 4~5cm의 진탕기를 사용하여 6시간 동안 연속 진탕
⇩
② 여과 : 1.0μm의 유리섬유여과지로 여과
⇩
③ 여과액을 적당량 취하여 용출 실험용 시료 용액으로 함

[Note] 여과가 어려운 경우 원심분리기를 사용하여 매분당 3,000회전 이상 20분 이상 원심분리한 다음 상징액을 적당량 취하여 용출실험용 시료 용액으로 한다.

**67** 다음의 실험 총칙에 관한 내용 중 틀린 것은?

① 연속측정 또는 현장측정의 목적으로 사용하는 측정기기는 공정시험기준에 의한 측정치와의 정확한 보정을 행한 후 사용할 수 있다.
② 분석용 저울은 0.1mg까지 달 수 있는 것이어야 하며 분석용 저울 및 분동은 국가검정을 필한 것을 사용하여야 한다.
③ 공정시험기준에 각 항목의 분석에 사용되는 표준물질은 특급시약으로 제조하여야 한다.
④ 시험에 사용하는 시약은 따로 규정이 없는 한 1급 이상의 시약 또는 동등한 규격의 시약을 사용하여 각 시험항목별 '시약 및 표준용액'에 따라 조제하여야 한다.

**풀이** 공정시험기준에 각 항목의 분석에 사용되는 표준물질은 국가표준에 소급성이 인증된 인증표준물질을 사용한다.

**68** 단색광이 임의의 시료용액을 통과할 때 그 빛의 80%가 흡수되었다면 흡광도는?

① 약 0.5  ② 약 0.6
③ 약 0.7  ④ 약 0.8

**풀이** 흡광도 = $\log \dfrac{1}{\text{투과율}} = \log \dfrac{1}{(1-0.8)} = 0.70$

**69** 구리(자외선/가시선 분광법 기준) 측정에 관한 내용으로 ( )에 옳은 내용은?

> 폐기물 중에 구리를 자외선/가시선 분광법으로 측정하는 방법으로 시료 중에 구리이온이 알칼리성에서 다이에틸다이티오카르바민산나트륨과 반응하여 생성하는 황갈색의 킬레이트 화합물을 ( )(으)로 추출하여 흡광도를 440nm에서 측정하는 방법이다.

① 아세트산부틸
② 사염화탄소
③ 벤젠
④ 노말헥산

**풀이** 구리 – 자외선/가시선 분광법
시료 중에 구리이온이 알칼리성에서 다이에틸다이티오카르바민산나트륨과 반응하여 생성하는 황갈색의 킬레이트 화합물을 아세트산부틸로 추출하여 흡광도를 440nm에서 측정하는 방법이다.

정답  66 ③  67 ③  68 ③  69 ①

**70** 용출시험방법의 적용에 관한 사항으로 ( )에 옳은 내용은?

> ( )에 대하여 폐기물관리법에서 규정하고 있는 지정폐기물의 판정 및 지정폐기물의 중간처리 방법 또는 매립방법을 결정하기 위한 실험에 적용한다.

① 수거 폐기물
② 고상 폐기물
③ 일반 폐기물
④ 고상 및 반고상 폐기물

**풀이** 용출시험방법의 적용
① 고상 또는 반고상폐기물에 대하여 폐기물관리법에서 규정하고 있는 지정폐기물의 판정
② 지정폐기물의 중간처리방법을 결정하기 위한 실험
③ 매립방법을 결정하기 위한 실험

**71** 시료의 조제방법으로 옳지 않은 것은?

① 돌멩이 등의 이물질을 제거하고, 입경이 5mm 이상인 것은 분쇄하여 체로 거른 후 입경이 0.5~5mm로 한다.
② 시료의 축소방법으로는 구획법, 교호삽법, 원추4분법이 있다.
③ 원추4분법을 3회 시행하면 원래 양의 1/3이 된다.
④ 시료의 분할 채취 방법에 따라 시료의 조성을 균일화 한다.

**풀이** $\left(\dfrac{1}{2}\right)^3 = \dfrac{1}{8}$, 즉 원추4분법으로 3회 시행하면 원래 양의 $\dfrac{1}{8}$이 된다.

**72** 유리전극법을 이용하여 수소이온농도를 측정할 때 적용범위 기준으로 옳은 것은?

① pH를 0.01까지 측정한다.
② pH를 0.05까지 측정한다.
③ pH를 0.1까지 측정한다.
④ pH를 0.5까지 측정한다.

**풀이** 수소이온농도 – 유리전극법
적용범위 : pH를 0.01까지 측정

**73** 유기인화합물 및 유기질소화합물을 선택적으로 검출할 수 있는 기체크로마토그래피 검출기는?

① TCD
② FID
③ ECD
④ FPD

**풀이** 불꽃광도검출기(FPD ; Flame Photometric Detector)
불꽃광도검출기는 수소염에 의하여 시료성분을 연소시키고 이때 발생하는 염광의 광도를 분광학적으로 측정하는 방법으로서 인 또는 유황화합물을 선택적으로 검출할 수 있다. 운반가스와 조연가스의 혼합부, 수소공급구, 연소노즐, 광학필터, 광전자중배관 및 전원 등으로 구성되어 있다.

**74** 음식물 폐기물의 수분을 측정하기 위해 실험하였더니 다음과 같은 결과를 얻었을 때 수분(%)은?(단, 건조 전 시료의 무게 = 50g, 증발접시의 무게 = 7.25g, 증발접시 및 시료의 건조 후 무게 = 15.75g)

① 87
② 83
③ 78
④ 74

**풀이** 수분(%) = $\dfrac{W_2 - W_3}{W_2 - W_1} \times 100$
= $\dfrac{57.25 - 15.75}{57.25 - 7.25} \times 100$
= 83%

**75** 노말헥산 추출물질을 측정하기 위해 시료 30g을 사용하여 공정시험기준에 따라 실험하였다. 실험 전후의 증발용기의 무게 차는 0.0176g이고 바탕 실험 전후의 증발용기의 무게 차가 0.0011g이었다면 이를 적용하여 계산된 노말헥산 추출물질(%)은?

① 0.035
② 0.055
③ 0.075
④ 0.095

정답  70 ④  71 ③  72 ①  73 ④  74 ②  75 ②

풀이 노말헥산 추출물질의 농도(%)
$$= (a-b) \times \frac{100}{V}$$
$$= (0.0176 - 0.0011)g \times \frac{100}{30g}$$
$$= 0.055\%$$

## 76 다음 중 농도가 가장 낮은 것은?

① 수산화나트륨$(1 \to 10)$
② 수산화나트륨$(1 \to 20)$
③ 수산화나트륨$(5 \to 100)$
④ 수산화나트륨$(3 \to 100)$

풀이 $(3 \to 100)$이란 3g(3mL)을 용매에 녹여 전체 양을 100mL로 하는 비율이므로 가장 작다.

① 수산화나트륨$(1 \to 10)$ : $\frac{1}{10} = 0.1 g/mL$

② 수산화나트륨$(1 \to 20)$ : $\frac{1}{20} = 0.05 g/mL$

③ 수산화나트륨$(5 \to 100)$ : $\frac{5}{100} = 0.05 g/mL$

④ 수산화나트륨$(3 \to 100)$ : $\frac{3}{100} = 0.03 g/mL$

## 77 PCBs(기체크로마토그래피 – 질량분석법) 분석 시 PCBs 정량한계(mg/L)는?

① 0.001   ② 0.05
③ 0.1     ④ 1.0

풀이 PCBs(기체크로마토그래피 – 질량분석법)
정량한계 : 1.0mg/L

## 78 기체크로마토그래피의 장치구성의 순서로 옳은 것은?

① 운반가스–유량계–시료도입부–분리관–검출기–기록부
② 운반가스–시료도입부–유량계–분리관–검출기–기록부
③ 운반가스–유량계–시료도입부–광원부–검출기–기록부
④ 운반가스–시료도입부–유량계–광원부–검출기–기록부

풀이 기체크로마토그래피의 장치구성 순서
운반가스 → 유량계 → 시료도입부 → 분리관 → 검출기 → 기록부

## 79 폐기물시료의 강열감량을 측정한 결과가 다음과 같을 때 해당 시료의 강열감량(%)은?(단, 도가니의 무게($W_1$) = 51.045g, 강열 전 도가니와 시료의 무게($W_2$) = 92.345g, 강열 후 도가니와 시료의 무게($W_3$) = 53.125g)

① 약 93   ② 약 95
③ 약 97   ④ 약 99

풀이 강열감량(%) $= \frac{(W_2 - W_3)}{(W_2 - W_1)} \times 100$

$$= \frac{(92.345 - 53.125)g}{(92.345 - 51.045)g} \times 100$$
$$= 94.96\%$$

## 80 자외선/가시선 분광법에서 램버트 비어의 법칙을 올바르게 나타내는 식은?(단, $I_o$ = 입사강도, $I_t$ = 투과강도, $l$ = 셀의 두께, $\varepsilon$ = 상수, $C$ = 농도)

① $I_t = I_o 10^{-\varepsilon Cl}$   ② $I_o = I_t 10^{-\varepsilon Cl}$
③ $I_t = CI_o 10^{-\varepsilon l}$   ④ $I_o = lI_t 10^{-\varepsilon C}$

풀이 램버트 – 비어(Lambert – Beer)의 법칙
강도 $I_o$인 단색광속이 그림과 같이 농도 $C$, 길이 $l$인 용액층을 통과하면 이 용액에 빛이 흡수되어 입사광의 강도가 감소한다.

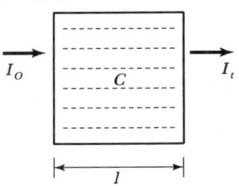

[흡광광도 분석방법 원리도]

$$I_t = I_o \cdot 10^{-\varepsilon Cl}$$

여기서, $I_o$ : 입사광의 강도
$I_t$ : 투사광의 강도
$C$ : 농도
$l$ : 빛의 투사거리
$\varepsilon$ : 비례상수로서 흡광계수라 하고, $C$=1mol, $l$=10mm일 때의 $\varepsilon$의 값을 몰흡광계수라 하며 $K$로 표시한다.

## 5과목 폐기물관계법규

### 81 과징금 부과에 대한 설명으로 ( )에 알맞은 것은?

폐기물을 부적정 처리함으로써 얻은 부적정처리이익의 ( ) 이하에 해당하는 금액과 폐기물의 제거 및 원상회복에 드는 비용을 과징금으로 부과할 수 있다.

① 1.5배
② 2배
③ 2.5배
④ 3배

**풀이** 환경부장관, 시·도지사 또는 시장·군수·구청장은 폐기물을 부적정 처리함으로써 얻은 부적정처리이익의 3배 이하에 해당하는 금액과 폐기물의 제거 및 원상회복에 드는 비용을 과징금으로 부과할 수 있다.

### 82 폐기물 중간처분시설에 관한 설명으로 옳지 않은 것은?

① 용융시설(동력 7.5kW 이상인 시설로 한정한다.)
② 압축시설(동력 7.5kW 이상인 시설로 한정한다.)
③ 파쇄·분쇄 시설(동력 7.5kW 이상인 시설로 한정한다.)
④ 절단시설(동력 7.5kW 이상인 시설로 한정한다.)

**풀이** 중간처분시설(기계적 처분시설)의 종류
① 압축시설(동력 7.5kW 이상인 시설로 한정한다.)
② 파쇄·분쇄시설(동력 15kW 이상인 시설로 한정한다.)
③ 절단시설(동력 7.5kW 이상인 시설로 한정한다.)
④ 용융시설(동력 7.5kW 이상인 시설로 한정한다.)
⑤ 증발·농축시설
⑥ 정제시설(분리·증류·추출·여과 등의 시설을 이용하여 폐기물을 처분하는 단위시설을 포함한다.)
⑦ 유수 분리시설
⑧ 탈수·건조시설
⑨ 멸균분쇄시설

### 83 폐기물처리시설 주변지역 영향조사 기준에 관한 내용으로 ( )에 알맞은 것은?

미세먼지 및 다이옥신 조사지점은 해당 시설에 인접한 주거지역 중 ( ) 이상 지역의 일정한 곳으로 한다.

① 2개소
② 3개소
③ 4개소
④ 6개소

**풀이** 주변지역 영향조사의 조사지점
① 미세먼지와 다이옥신 조사지점은 해당 시설에 인접한 주거지역 중 3개소 이상 지역의 일정한 곳으로 한다.
② 악취 조사지점은 매립시설에 가장 인접한 주거지역에서 냄새가 가장 심한 곳으로 한다.
③ 지표수 조사지점은 해당 시설에 인접하여 폐수, 침출수 등이 흘러들거나 흘러들 것으로 우려되는 지역의 상·하류 각 1개소 이상의 일정한 곳으로 한다.
④ 지하수 조사지점은 매립시설의 주변에 설치된 3개의 지하수 검사정으로 한다.
⑤ 토양조사지점은 4개소 이상으로 하고 토양정밀조사의 방법에 따라 폐기물매립 및 재활용지역의 시료채취지점의 표토와 심토에서 각각 시료를 채취해야 하며, 시료채취지점의 지형 및 하부토양의 특성을 고려하여 시료를 채취해야 한다.

**정답** 81 ④  82 ③  83 ②

**84** 폐기물 처분시설 또는 재활용시설의 설치기준에서 고온소각시설의 설치기준으로 옳지 않은 것은?

① 2차 연소실의 출구온도는 섭씨 1,100도 이상이어야 한다.
② 2차 연소실의 연소가스가 2초 이상 체류할 수 있고 충분하게 혼합될 수 있는 구조이어야 한다.
③ 배출되는 바닥재의 강열감량이 3퍼센트 이하가 될 수 있는 소각 성능을 갖추어야 한다.
④ 1차 연소실에 접속된 2차 연소실을 갖춘 구조이어야 한다.

**풀이** 폐기물 처분시설(중간처분시설 ; 고온소각시설) 설치기준
① 2차 연소실의 출구온도는 섭씨 1,100도 이상이어야 한다.
② 2차 연소실은 연소가스가 2초 이상 체류할 수 있고, 충분하게 혼합될 수 있는 구조이어야 한다. 이 경우 체류시간은 섭씨 1,100도에서의 부피로 환산한 연소가스의 체적으로 계산한다.
③ 고온소각시설에서 배출되는 바닥재의 강열감량이 5퍼센트 이하가 될 수 있는 소각 성능을 갖추어야 한다.
④ 1차 연소실에 접속된 2차 연소실을 갖춘 구조이어야 한다.

**85** 폐기물 발생 억제 지침 준수의무 대상 배출자의 업종에 해당하지 않는 것은?

① 금속가공제품 제조업(기계 및 가구 제외)
② 연료제품 제조업(핵연료 제조 제외)
③ 자동차 및 트레일러 제조업
④ 전기장비 제조업

**풀이** 폐기물 발생 억제 지침 준수의무 대상 배출자의 업종
① 식료품 제조업
② 음료 제조업
③ 섬유제품 제조업(의복 제외)
④ 의복, 의복액세서리 및 모피제품 제조업
⑤ 코크스, 연탄 및 석유정제품 제조업
⑥ 화학물질 및 화학제품 제조업(의약품 제외)
⑦ 의료용 물질 및 의약품 제조업
⑧ 고무제품 및 플라스틱제품 제조업
⑨ 비금속 광물제품 제조업
⑩ 1차 금속 제조업
⑪ 금속가공제품 제조업(기계 및 가구 제외)
⑫ 기타 기계 및 장비 제조업
⑬ 전기장비 제조업
⑭ 전자부품, 컴퓨터, 영상, 음향 및 통신장비 제조업
⑮ 의료, 정밀, 광학기기 및 시계 제조업
⑯ 자동차 및 트레일러 제조업
⑰ 기타 운송장비 제조업
⑱ 전기, 가스, 증기 및 공기조절 공급업

**86** 국가환경종합계획의 수립 주기로 옳은 것은?

① 5년         ② 10년
③ 15년        ④ 20년

**풀이** 국가환경종합계획의 수립 주기 : 20년

**87** 관리형 매립시설에서 발생하는 침출수에 대한 부유물질량의 배출허용기준은?(단, 물환경보전법 시행규칙의 나지역 기준)

① 50mg/L      ② 70mg/L
③ 100mg/L     ④ 150mg/L

**풀이** 관리형 매립시설 침출수의 배출허용기준

| 구분 | 생물화학적 산소요구량 (mg/L) | 화학적 산소요구량(mg/L) | | | 부유물질량 (mg/L) |
|---|---|---|---|---|---|
| | | 과망간산칼륨법에 따른 경우 | | 중크롬산칼륨법에 따른 경우 | |
| | | 1일 침출수 배출량 2,000m³ 이상 | 1일 침출수 배출량 2,000m³ 미만 | | |
| 청정지역 | 30 | 50 | 50 | 400 (90%) | 30 |
| 가지역 | 50 | 80 | 100 | 600 (85%) | 50 |
| 나지역 | 70 | 100 | 150 | 800 (80%) | 70 |

정답  84 ③  85 ②  86 ④  87 ②

**88** 의료폐기물을 제외한 지정폐기물의 수집·운반에 관한 기준 및 방법으로 적합하지 않은 것은?

① 분진·폐농약·폐석면 중 알갱이 상태의 것은 흩날리지 아니하도록 폴리에틸렌이나 이와 비슷한 재질의 포대에 담아 수집·운반하여야 한다.
② 액체상태의 지정폐기물을 수집·운반하는 경우에는 흘러나올 우려가 없는 전용의 탱크·용기·파이프 또는 이와 비슷한 설비를 사용하고, 혼합이나 유동으로 생기는 위험이 없도록 하여야 한다.
③ 지정폐기물 수집·운반차량(임시로 사용하는 운반차량을 포함)은 차체를 흰색으로 도색하여야 한다.
④ 지정폐기물의 수집·운반차량 적재함의 양쪽 옆면에는 지정폐기물 수집·운반차량, 회사명 및 전화번호를 잘 알아볼 수 있도록 붙이거나 표기하여야 한다.

**풀이** 지정폐기물 수집·운반차량의 차체는 노란색으로 색칠하여야 한다. 다만, 임시로 사용하는 운반차량인 경우에는 그러하지 아니하다.

**89** 폐기물처리 신고를 하고 폐기물을 재활용할 수 있는 자에 관한 기준으로 ( )에 알맞은 것은?

> 유기성 오니나 음식물류 폐기물을 이용하여 지렁이 분변토를 만드는 자 중 재활용용량이 1일 ( ) 미만인 자

① 1톤  ② 3톤
③ 5톤  ④ 10톤

**풀이** 폐기물처리 신고를 하고 폐기물을 재활용할 수 있는 자
① 건축·토목공사의 성토재·보조기층재·도로기층재와 매립시설의 복토용 등으로 이용하는 자
② 폐기물을 재활용하기 위하여 만든 중간가공 폐기물을 건축·토목공사의 성토재·보조기층재·도로기층재와 매립시설의 복토용 등으로 이용하는 자
③ 폐타이어를 매립시설의 차수재로 사용하는 자
④ 동·식물성 잔재물, 음식물류 폐기물, 유기성 오니, 왕겨 또는 쌀겨를 자신의 농경지의 퇴비나 자신의 가축의 먹이로 재활용하는 자
④의2. 폐자동차 또는 폐가전제품(냉매물질이 포함된 냉장고 및 에어컨디셔너는 제외한다)을 수리·수선하여 다시 사용할 수 있는 상태로 만드는 자. 다만, 수리·수선하는 과정에서 지정폐기물이나 특정대기·수질오염유해물질이 발생하지 아니하는 경우만 해당한다.
⑤ 폐어망을 「환경기술개발 및 지원에 관한 법률 시행규칙」 규정에 따른 환경시설의 미생물 담체로 사용하는 자
⑥ 철도용 폐받침목을 원형 그대로 재활용하는 자
⑦ 다른 사람의 폐기물(일정한 형태를 갖추고 있는 물체로 한정한다)을 재활용 유형에 따라 같은 용도로 다시 사용하는 자 또는 재활용 유형에 따라 수리·수선하거나 유리병 등 폐용기류를 세척하여 같은 용도로 다시 사용할 수 있는 상태로 만드는 자
⑧ 정수장 여과사를 세척하는 과정에서 이물질이나 유해물질 유입 없이 발생하는 폐여과사를 모래 대체제로 사용하는 자
⑨ 폐타이어를 충돌에 의한 파손방지 등의 용도로 선박·선착장 및 자동차 경주장에서 원형 그대로 재활용하는 자
⑩ 식물성잔재물을 버섯배지용으로 재활용하는 자
⑪ 유기성 오니나 음식물류 폐기물을 이용하여 지렁이 분변토를 만드는 자 중 재활용 용량이 1일 5톤 미만인 자
⑫ 동·식물성 잔재물, 왕겨 또는 쌀겨 등을 재활용 유형에 따라 비료로 제조하거나 재활용 유형에 따라 사료로 제조하는 자 중 1일 재활용 용량이 10톤 미만인 자
⑬ 폐의류 또는 폐섬유(폐원단 조각만 해당한다)를 재활용하는 자로서 다음 각 목의 어느 하나에 해당하는 경우
  ㉠ 폐의류를 수리·수선하여 원래의 용도로 재사용할 수 있는 상태로 만드는 경우
  ㉡ 폐의류를 분리·선별하여 포장한 후 폐의류를 수리·수선하여 원래의 용도로 재사용할 수 있는 상태로 만드는 자에게 공급하는 경우
  ㉢ 폐의류 또는 폐섬유(폐원단 조각만 해당한다)를 분리·선별한 후 포장하여 섬유제품이나 플라스틱 제품의 원료로 가공하는 자 또는 섬

유제품 또는 플라스틱 제품을 제조하는 자에게 공급하는 경우
⑭ 폐패각(廢貝殼)을 재활용하는 자(나전재료, 귀걸이 및 자개 보석함 등의 장식품, 어항 장식용 등의 장식품의 용도와 어업용 도구로 재활용하는 경우만 해당한다)
⑮ 왕겨, 제재부산물 중 톱밥·대패밥, 식물성 잔재물을 자신의 축사에 깔개로 재활용하는 자
⑯ 폐콘크리트 공시체(供試體)를 화단 경계석, 계단용, 토사유출 방지턱으로 원형 그대로 재사용하는 자
⑰ 그 밖에 환경부장관이 정하여 고시하는 방법에 따라 재활용하는 자

## 90 기술관리인을 두어야 할 폐기물처리시설이 아닌 것은?

① 시간당 처분능력이 120킬로그램인 의료폐기물 대상 소각시설
② 면적이 4천 제곱미터인 지정폐기물 매립시설
③ 절단시설로서 1일 처분능력이 200톤인 시설
④ 연료화시설로서 1일 처분능력이 7톤인 시설

**풀이** 기술관리인을 두어야 하는 폐기물처리시설
① 매립시설의 경우
  ㉠ 지정폐기물을 매립하는 시설로서 면적이 3천 300제곱미터 이상인 시설. 다만, 차단형 매립시설에서는 면적이 330제곱미터 이상이거나 매립용적이 1천 세제곱미터 이상인 시설로 한다.
  ㉡ 지정폐기물 외의 폐기물을 매립하는 시설로서 면적이 1만 제곱미터 이상이거나 매립용적이 3만 세제곱미터 이상인 시설
② 소각시설로서 시간당 처리능력이 600킬로그램(감염성 폐기물을 대상으로 하는 소각시설의 경우에는 200킬로그램) 이상인 시설
③ 압축·파쇄·분쇄 또는 절단시설로서 1일 처리능력 또는 재활용시설이 100톤 이상인 시설
④ 사료화·퇴비화 또는 연료화 시설로서 1일 재활용능력이 5톤 이상인 시설
⑤ 멸균·분쇄시설로서 시간당 처리능력이 100킬로그램 이상인 시설
⑥ 시멘트 소성로

⑦ 용해로(폐기물에 비철금속을 추출하는 경우로 한정한다.)로서 시간당 재활용능력이 600킬로그램 이상인 시설
⑧ 소각열회수시설로서 시간당 재활용능력이 600킬로그램 이상인 시설

## 91 폐기물관리법에서 사용되는 용어의 정의로 옳지 않은 것은?

① 처분이란 폐기물의 소각·중화·파쇄·고형화 등의 중간처분과 매립하거나 해역으로 배출하는 등의 최종처분을 말한다.
② 폐기물처리시설이란 생산 공정에서 발생하는 폐기물의 양을 줄이고, 사업장 내 재활용을 통하여 폐기물을 최종처분 하는 시설을 말한다.
③ 폐기물이란 쓰레기, 연소재, 오니, 폐유, 폐산, 폐알칼리 및 동물의 사체 등으로서 사람의 생활이나 사업활동에 필요하지 아니하게 된 물질을 말한다.
④ 생활폐기물이란 사업장폐기물 외의 폐기물을 말한다.

**풀이** 폐기물처리시설이란 폐기물의 중간처분시설, 최종처분시설 및 재활용시설로서 대통령령으로 정하는 시설을 말한다.

## 92 지정폐기물의 종류 중 유해물질함유 폐기물로 옳은 것은?(단, 환경부령으로 정하는 물질을 함유한 것으로 한정한다.)

① 광재(철광 원석의 사용으로 인한 고로 슬래그를 포함한다.)
② 폐흡착제 및 폐흡수제(광물유·동물유의 정제에 사용된 폐토사는 제외한다.)
③ 분진(소각시설에서 발생되는 것으로 한정하되, 대기오염 방지시설에서 포집된 것은 제외한다.)
④ 폐내화물 및 재벌구이 전에 유약을 바른 도자기 조각

풀이  ① 광재(철광 원석의 사용으로 인한 고로 슬래그는 제외한다.)
② 폐흡착제 및 폐흡수제(광물유·동물유의 정제에 사용된 폐토사를 포함한다.)
③ 분진(대기오염방지시설에서 포집된 것으로 한정하되, 소각시설에서 발생되는 것은 제외한다.)

## 93 위해의료폐기물 중 손상성폐기물과 거리가 먼 것은?

① 일회용 주사기
② 수술용 칼날
③ 봉합바늘
④ 한방침

풀이  위해의료폐기물의 종류
① 조직물류 폐기물 : 인체 또는 동물의 조직·장기·기관·신체의 일부, 동물의 사체, 혈액·고름 및 혈액생성물질(혈청, 혈장, 혈액 제제)
② 병리계 폐기물 : 시험·검사 등에 사용된 배양액, 배양용기, 보관균주, 폐시험관, 슬라이드 커버글라스 폐배지, 폐장갑
③ 손상성 폐기물 : 주삿바늘, 봉합바늘, 수술용 칼날, 한방침, 치과용 침, 파손된 유리재질의 시험기구
④ 생물·화학폐기물 : 폐백신, 폐항암제, 폐화학치료제
⑤ 혈액오염폐기물 : 폐혈액백, 혈액투석 시 사용된 폐기물, 그 밖에 혈액이 유출될 정도로 포함되어 있는 특별한 관리가 필요한 폐기물

## 94 폐기물 처분시설 또는 재활용시설 중 의료폐기물을 대상으로 하는 시설의 기술관리인 자격기준에 해당하지 않는 자격은?

① 수질환경산업기사
② 폐기물처리산업기사
③ 임상병리사
④ 위생사

풀이  기술관리인의 자격기준

| 구분 | 자격기준 |
| --- | --- |
| 폐기물 처분시설 또는 재활용시설 | |
| 가. 매립시설 | 폐기물처리기사, 수질환경기사, 토목기사, 일반기계기사, 건설기계기사, 화공기사, 토양환경기사 중 1명 이상 |
| 나. 소각시설(의료폐기물을 대상으로 하는 소각시설은 제외한다.), 시멘트 소성로 및 용해로 | 폐기물처리기사, 대기환경기사, 토목기사, 일반기계기사, 건설기계기사, 화공기사, 전기기사, 전기공사기사 중 1명 이상 |
| 다. 의료폐기물을 대상으로 하는 시설 | 폐기물처리산업기사, 임상병리사, 위생사 중 1명 이상 |
| 라. 음식물류 폐기물을 대상으로 하는 시설 | 폐기물처리산업기사, 수질환경산업기사, 화공산업기사, 토목산업기사, 대기환경산업기사, 일반기계기사, 전기기사 중 1명 이상 |
| 마. 그 밖의 시설 | 같은 시설의 운영을 담당하는 자 1명 이상 |

## 95 폐기물 관리의 기본원칙과 거리가 먼 것은?

① 폐기물은 중간처리보다는 소각 및 매립의 최종처리를 우선하여 비용과 유해성을 최소화하여야 한다.
② 폐기물로 인하여 환경오염을 일으킨 자는 오염된 환경을 복원할 책임을 지며, 오염으로 인한 피해의 구제에 드는 비용을 부담하여야 한다.
③ 국내에서 발생한 폐기물은 가능하면 국내에서 처리되어야 하고, 폐기물의 수입은 되도록 억제되어야 한다.
④ 누구든지 폐기물을 배출하는 경우에는 주변 환경이나 주민의 건강에 위해를 끼치지 아니하도록 사전에 적절한 조치를 하여야 한다.

정답  93 ① 94 ① 95 ①

풀이 폐기물 관리의 기본원칙
① 사업자는 제품의 생산방식 등을 개선하여 폐기물의 발생을 최대한 억제하고, 발생한 폐기물을 스스로 재활용함으로써 폐기물의 배출을 최소화하여야 한다.
② 누구든지 폐기물을 배출하는 경우에는 주변 환경이나 주민의 건강에 위해를 끼치지 아니하도록 사전에 적절한 조치를 하여야 한다.
③ 폐기물은 그 처리과정에서 양과 유해성(有害性)을 줄이도록 하는 등 환경보전과 국민건강보호에 적합하게 처리되어야 한다.
④ 폐기물로 인하여 환경오염을 일으킨 자는 오염된 환경을 복원할 책임을 지며, 오염으로 인한 피해의 구제에 드는 비용을 부담하여야 한다.
⑤ 국내에서 발생한 폐기물은 가능하면 국내에서 처리되어야 하고, 폐기물의 수입은 되도록 억제되어야 한다.
⑥ 폐기물은 소각, 매립 등의 처분을 하기보다는 우선적으로 재활용함으로써 자원생산성의 향상에 이바지하도록 하여야 한다.

**96** 폐기물처리업 업종구분과 영업내용의 범위를 벗어나는 영업을 한 자에 대한 벌칙기준은?

① 5년 이하의 징역 또는 5천만 원 이하의 벌금
② 3년 이하의 징역 또는 3천만 원 이하의 벌금
③ 2년 이하의 징역 또는 2천만 원 이하의 벌금
④ 1천만 원 이하의 과태료

풀이 폐기물관리법 제66조 참조

**97** 주변지역 영향 조사대상 폐기물처리시설에서 폐기물처리업자 설치·운영하는 사업장 지정폐기물 매립시설의 매립면적에 대한 기준으로 옳은 것은?

① 매립면적 1만 제곱미터 이상
② 매립면적 2만 제곱미터 이상
③ 매립면적 3만 제곱미터 이상
④ 매립면적 5만 제곱미터 이상

풀이 주변지역 영향 조사대상 폐기물처리시설 기준
① 1일 처리능력이 50톤 이상인 사업장폐기물 소각시설(같은 사업장에 여러 개의 소각시설이 있는 경우에는 각 소각시설의 1일 처리능력의 합계가 50톤 이상인 경우를 말한다.)
② 매립면적 1만 제곱미터 이상의 사업장 지정폐기물 매립시설
③ 매립면적 15만 제곱미터 이상의 사업장 일반폐기물 매립시설
④ 시멘트 소성로(폐기물을 연료로 사용하는 경우로 한정한다.)
⑤ 1일 재활용능력이 50톤 이상인 사업장폐기물 소각열회수시설(같은 사업장에 여러 개의 소각열회수시설이 있는 경우에는 각 소각열회수시설의 1일 재활용능력의 합계가 50톤 이상인 경우를 말한다.)

**98** 폐기물처리업의 허가를 받을 수 없는 자에 대한 기준으로 틀린 것은?

① 폐기물처리업의 허가가 취소된 자로서 그 허가가 취소된 날부터 10년이 지나지 아니한 자
② 파산선고를 받고 복권되지 아니한 자
③ 폐기물관리법을 위반하여 금고 이상의 형의 집행유예를 선고받고 그 집행유예 기간이 끝난 날부터 5년이 지나지 아니한 자
④ 폐기물관리법 외의 법을 위반하여 금고 이상의 형을 선고받고 그 형의 집행이 끝난 날부터 2년이 지나지 아니한 자

풀이 폐기물처리업의 허가를 받을 수 없는 자
① 미성년자, 피성년후견인 또는 피한정후견인
② 파산선고를 받고 복권되지 아니한 자
③ 이 법을 위반하여 금고 이상의 실형을 선고받고 그 형의 집행이 끝나거나 집행을 받지 아니하기로 확정된 후 10년이 지나지 아니한 자
③의2. 이 법을 위반하여 금고 이상의 형의 집행유예를 선고받고 그 집행유예 기간이 끝난 날부터 5년이 지나지 아니한 자
④ 이 법을 위반하여 대통령령으로 정하는 벌금형 이상을 선고받고 그 형이 확정된 날부터 5년이 지나지 아니한 자

정답 96 ③  97 ①  98 ④

⑤ 폐기물처리업의 허가가 취소되거나 전용용기 제조업의 등록이 취소된 자로서 그 허가 또는 등록이 취소된 날부터 10년이 지나지 아니한 자

⑤의2. 허가취소자 등과의 관계에서 자신의 영향력을 이용하여 허가취소자 등에게 업무집행을 지시하거나 허가취소자 등의 명의로 직접 업무를 집행하는 등의 사유로 허가취소자 등에게 영향을 미쳐 이익을 얻는 자 등으로서 환경부령으로 정하는 자

⑥ 임원 또는 사용인 중에 ①부터 ⑤까지 및 ⑤의2의 어느 하나에 해당하는 자가 있는 법인 또는 개인사업자

## 99 사업장폐기물을 배출하는 사업자가 지켜야 할 사항에 대한 설명으로 옳지 않은 것은?

① 사업장에서 발생하는 폐기물 중 유해물질의 함유량에 따라 지정폐기물로 분류될 수 있는 폐기물에 대해서는 폐기물분석전문기관에 의뢰하여 지정폐기물에 해당되는지를 미리 확인하여야 한다.
② 사업장에서 발생하는 모든 폐기물을 폐기물의 처리 기준과 방법 및 폐기물의 재활용 원칙 및 준수사항에 적합하게 처리하여야 한다.
③ 생산 공정에서는 폐기물감량화시설의 설치, 기술개발 및 재활용 등의 방법으로 사업장폐기물의 발생을 최대한으로 억제하여야 한다.
④ 사업장폐기물배출자는 발생된 폐기물을 최대한 신속하게 직접 처리하여야 한다.

풀이 사업장폐기물배출자는 발생된 폐기물 처리를 위탁하려면 환경부령으로 정하는 위탁·수탁의 기준 및 절차를 따라야 한다.

## 100 액체상태의 것은 고온소각하거나 고온용융처리하고, 고체상태의 것은 고온소각 또는 고온용융처리하거나 차단형 매립시설에 매립하여야 하는 것은?

① 폐농약
② 폐촉매
③ 폐주물사
④ 광재

풀이 폐농약의 경우
액체상태의 것은 고온소각하거나 고온용융처분하고, 고체상태의 것은 고온소각 또는 고온용융처분하거나 차단형 매립시설에 매립하여야 한다.

정답 99 ④  100 ①

# 2021년 2회 기사

## 1과목 폐기물개론

**01** 폐기물관리의 우선순위를 순서대로 나열한 것은?

① 에너지회수-감량화-재이용-재활용-소각-매립
② 재이용-재활용-감량화-에너지회수-소각-매립
③ 감량화-재이용-재활용-에너지회수-소각-매립
④ 소각-감량화-재이용-재활용-에너지회수-매립

**풀이** 폐기물관리 순서
감량화 → 재이용 → 재활용 → 에너지 회수 → 최종 처분(소각, 매립)

**02** 혐기성소화에 대한 설명으로 틀린 것은?

① 가수분해, 산생성, 메탄생성 단계로 구분된다.
② 처리속도가 느리고 고농도 처리에 적합하다.
③ 호기성처리에 비해 동력비 및 유지관리비가 적게 든다.
④ 유기산의 농도가 높을수록 처리효율이 좋아진다.

**풀이** 혐기성 소화 시 유기산의 농도가 높을수록 처리효율은 낮아진다.

**03** 인구 1천만 명인 도시를 위한 쓰레기 위생매립지(매립용량 100,000,000$m^3$)를 계획하였다. 매립 후 폐기물의 밀도는 500kg/$m^3$이고 복토량은 폐기물 : 복토 부피비율로 5 : 1이며 해당 도시 일인일일쓰레기발생량이 2kg일 경우 매립장의 수명(년)은?

① 5.7  ② 6.8  ③ 8.3  ④ 14.6

**풀이** 매립장의 수명(year)
$$= \frac{\text{매립용적(양)}}{\text{쓰레기 발생량}}$$
$$= \frac{100,000,000m^3 \times 500kg/m^3}{2kg/\text{인}\cdot\text{일} \times 10,000,000\text{인} \times 365\text{일}/year \times 1.2}$$
$$= 5.7 year$$

**04** 폐기물 선별과정에서 회전방식에 의해 폐기물을 크기에 따라 분리하는 데 사용되는 장치는?

① Reciprocating Screen
② Air Classifier
③ Ballistic Separator
④ Trommel Screen

**풀이** 트롬멜 스크린(Trommel Screen)
폐기물이 경사진 회전 트롬멜 스크린에 투입되면 스크린의 회전으로 인해 폐기물이 혼합되며, 길이 방향으로 밀려 나가면서 스크린 체의 규격에 따라 선별된다.(원통의 체로 수평 방향으로부터 5° 전후로 경사된 축을 중심으로 회전시켜 체 분리함)

**05** 슬러지의 수분을 결합상태에 따라 구분한 것 중에서 탈수가 가장 어려운 것은?

① 내부수  ② 간극모관결합수
③ 표면부착수  ④ 간극수

**풀이** 탈수성이 용이한(분리하기 쉬운) 수분형태 순서
모관결합수 > 간극모관결합수 > 쐐기상 모관결합수 > 표면부착수 > 내부수

**06** 유해폐기물 성분물질 중 As에 의한 피해증세로 가장 거리가 먼 것은?

① 무기력증 유발  ② 피부염 유발
③ Fanconi 씨 증상  ④ 암 및 돌연변이 유발

**정답** 01 ③  02 ④  03 ①  04 ④  05 ①  06 ③

**풀이** 비소(As)의 피해
① 무기력증 유발
② 피부염 유발
③ 암, 돌연변이 유발

**07** 폐기물의 수거노선 설정 시 고려해야 할 사항으로 가장 거리가 먼 것은?

① 언덕길은 내려가면서 수거한다.
② 발생량이 적으나 수거빈도가 동일하기를 원하는 곳은 같은 날 가장 먼저 수거한다.
③ 가능한 한 지형지물 및 도로경계와 같은 장벽을 사용하여 간선도로 부근에서 시작하고 끝나도록 배치하여야 한다.
④ 가능한 한 시계 방향으로 수거노선을 정하여 U자형 회전은 피하여 수거한다.

**풀이** 효과적·경제적인 수거노선 결정 시 유의(고려)사항 : 수거노선 설정요령
① 지형이 언덕인 지역에서는 언덕의 위에서부터 내려가며 적재하면서 차량을 진행하도록 한다.(안전성, 연료비 절약)
② 수거인원 및 차량형식이 같은 기존 시스템의 조건들을 서로 관련시킨다.
③ 출발점은 차고와 가깝게 하고 수거된 마지막 컨테이너가 처분지의 가장 가까이에 위치하도록 배치한다.
④ 가능한 한 지형지물 및 도로경계와 같은 장벽을 사용하여 간선도로 부근에서 시작하고 끝나야 한다.(도로경계 등을 이용)
⑤ 가능한 한 시계 방향으로 수거노선을 정한다.
⑥ 적은 양의 쓰레기가 발생하나 동일한 수거빈도를 받기 원하는 적재지점(수거지점)은 가능한 한 같은 날 왕복 내에서 수거한다.
⑦ 아주 많은 양의 쓰레기가 발생되는 발생원은 하루 중 가장 먼저 수거한다.
⑧ 될 수 있는 한 한 번 간 길은 다시 가지 않는다.
⑨ 반복운행 또는 U자형 회전은 피하여 수거한다.
⑩ 교통량이 많은 시간이나 출퇴근 시간은 피하여 수거한다.
⑪ 수거지점과 수거빈도 결정 시 기존 정책이나 규정을 참고한다.

**08** 폐기물 발생량의 결정방법으로 적합하지 않은 것은?

① 발생량을 직접 추정하는 방법
② 도시의 규모가 커짐을 이용하여 추정하는 방법
③ 주민의 수입 또는 매상고와 같은 이차적인 자료를 이용하여 추정하는 방법
④ 원자재 사용으로부터 추정하는 방법

**풀이** 폐기물의 발생량(생산량) 추정(결정)방법
① 발생량을 직접 측정(생산량을 직접 추정)하는 방법
② 원자재의 사용량으로부터 추정하는 방법
③ 주민의 수입이나 매상고와 같은 2차적인 자료로 추정하는 방법

**09** 폐기물의 관리목적 또는 폐기물의 발생량을 줄이기 위한 노력을 3R(또는 4R)이라고 줄여 말하고 있다. 이것에 해당하지 않는 것은?

① Remediation
② Recovery
③ Reduction
④ Reuse

**풀이** 폐기물의 관리목적
① Reduction(감량화)
② Reuse(재이용) or Recycle(재활용)
③ Recovery(회수이용)

**10** 폐기물처리와 관련된 설명 중 틀린 것은?

① 지역사회 효과지수(CEI)는 청소상태 평가에 사용되는 지수이다.
② 컨테이너 철도수송은 광대한 지역에서 효율적으로 적용될 수 있는 방법이다.
③ 폐기물 수거 노동력을 비교하는 지표로서는 MHT(man/hr · ton)를 주로 사용한다.
④ 직접저장투하 결합방식에서 일반 부패성 폐기물은 직접 상차 투입구로 보낸다.

**풀이** 폐기물 수거 노동력을 비교하는 지표로는 MHT(man · hr/ton)를 주로 사용한다.

**정답** 07 ② 08 ② 09 ① 10 ③

**11** 폐기물 발생량 예측방법 중 하나의 수식으로 쓰레기 발생량에 영향을 주는 각 인자들의 효과를 총괄적으로 나타내어 복잡한 시스템의 분석에 유용하게 사용할 수 있는 것은?

① 상관계수분석모델  ② 다중회귀모델
③ 동적모사모델  ④ 경향법모델

**풀이** 폐기물 발생량 예측방법

| 방법(모델) | 내용 |
|---|---|
| 경향법<br>(Trend Method)<br>경향예측모델 | • 최저 5년 이상의 과거 처리 실적을 수식 model에 대입하여 과거의 경향을 가지고 장래를 예측하는 방법<br>• 단지 시간과 그에 따른 쓰레기 발생량(또는 성상) 간의 상관관계만을 고려하며 이를 수식 $x = f(t)$로 표현<br>• $x = f(t)$는 선형, 지수형, 대수형 등에서 가장 근사한 형태를 택함 |
| 다중회귀모델<br>(Multiple Regression Model) | • 하나의 수식으로 각 인자들의 효과를 총괄적으로 나타내어 복잡한 시스템의 분석에 유용하게 사용할 수 있는 쓰레기 발생량 예측방법<br>• 각 인자마다 효과를 파악하기보다는 전체 인자의 효과를 총괄적으로 파악하는 것이 간편하고 유용한 예측방법으로 시간을 단순히 하나의 독립된 종속인자로 대입<br>• 수식 $x = f(X_1 X_2 X_3 \cdots X_n)$, 여기서 $X_1 X_2 X_3 \cdots X_n$ 은 쓰레기 발생량에 영향을 주는 인자<br>※ 인자 : 인구, 지역소득(GNP 또는 GRP), 자원회수량, 상품 소비량 또는 매출액(자원회수량, 사회적·경제적 특성이 고려됨) |
| 동적모사모델<br>(Dynamic Simulation Model) | • 쓰레기 발생량에 영향을 주는 모든 인자를 시간에 대한 함수로 나타낸 후 시간에 대한 함수로 표현된 각 영향인자들 간의 상관관계를 수식화하는 방법<br>• 시간만을 고려하는 경향법과 시간을 단순히 하나의 독립적인 종속인자로 고려하는 다중회귀모델의 문제점을 보완한 예측방법<br>• Dynamo 모델 등이 있음 |

**12** 폐기물 차량 총중량이 24,725kg, 공차량 중량이 13,725kg이며, 적재함의 크기 $L : 400$cm, $W : 250$cm, $H : 170$cm일 때 차량 적재계수(ton/m³)는?

① 0.757  ② 0.708
③ 0.687  ④ 0.647

**풀이** 적재계수(ton/m³)
$= \dfrac{\text{적재 폐기물의 중량}}{\text{적재함의 부피}}$
$= \dfrac{(24,725 - 13,725)\text{kg} \times \text{ton}/1,000\text{kg}}{(4 \times 2.5 \times 1.7)\text{m}^3}$
$= 0.647\text{ton/m}^3$

**13** 적환장에 대한 설명으로 틀린 것은?

① 직접투하방식은 건설비 및 운영비가 다른 방법에 비해 모두 적다.
② 저장투하방식은 수거차의 대기시간이 직접투하방식보다 길다.
③ 직접저장투하결합방식은 재활용품의 회수율을 증대시킬 수 있는 방법이다.
④ 적환장의 위치는 해당 지역의 발생 폐기물의 무게중심에 가까운 곳이 유리하다.

**풀이** 저장투하방식(Storage-discharge Transfer Station)
쓰레기를 저장 피트(Pit)나 플랫폼에 저장한 후 압축기 등으로 적환하는 방법으로 대도시의 대용량 쓰레기에 적합하며 수거차가 대기시간 없이 빠른 시간 내에 적하를 마치므로 교통체증 현상을 없애주는 효과가 있다.

**14** 쓰레기의 성상 분석절차로 가장 옳은 것은?

① 시료 → 전처리 → 물리적 조성 분류 → 밀도 측정 → 건조 → 분류
② 시료 → 전처리 → 건조 → 분류 → 물리적 조성 분류 → 밀도 측정
③ 시료 → 밀도 측정 → 건조 → 분류 → 전처리 → 물리적 조성 분류
④ 시료 → 밀도 측정 → 물리적 조성 분류 → 건조 → 분류 → 전처리

정답  11 ②  12 ④  13 ②  14 ④

**풀이** 폐기물 시료 분석절차

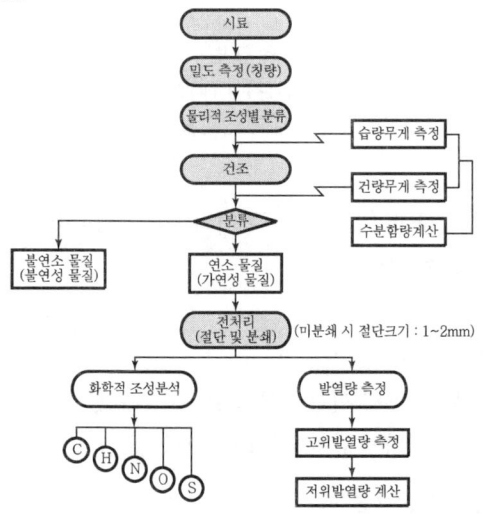

**15** 다음의 폐기물 파쇄 에너지 산정 공식을 흔히 무슨 법칙이라 하는가?

$$E = C\ln(L_1/L_2)$$
$E$ : 폐기물 파쇄 에너지, $C$ : 상수
$L_1$ : 초기 폐기물 크기, $L_2$ : 최종 폐기물 크기

① 리팅거(Rittinger) 법칙
② 본드(Bond) 법칙
③ 킥(Kick) 법칙
④ 로신(Rosin) 법칙

**풀이** 킥(Kick) 법칙
$$E = C\ln\left(\frac{L_1}{L_2}\right)$$
여기서, $E$ : 폐기물 파쇄 에너지(kW·hr/ton)
$C$ : 상수
$L_1$ : 초기 폐기물 크기(cm)
$L_2$ : 최종 파쇄 후 폐기물 크기(cm)

**16** 고형분 20%인 폐기물 10톤을 소각하기 위해 함수율이 15%가 되도록 건조시켰다. 이 건조폐기물의 중량(톤)은?(단, 비중은 1.0 기준)

① 약 1.8   ② 약 2.4
③ 약 3.3   ④ 약 4.3

**풀이** $10\text{ton} \times (1-0.8) = $ 건조폐기물$(\text{ton}) \times (1-0.15)$
건조폐기물$(\text{ton}) = \dfrac{10\text{ton} \times 0.2}{0.85} = 2.35\text{ton}$

**17** 퇴비화 과정의 초기단계에서 나타나는 미생물은?

① Bacillus sp.
② Streptomyces sp.
③ Aspergillus fumigatus
④ Fungi

**풀이** 퇴비화 초기단계 전반기에는 진균(Fungi) 및 세균(Bacteria)이 주로 유기물을 분해하여 탄수화물, 지방, 아미노산 등으로 흡수되게 한다.

**18** 다음 중 지정폐기물에 해당하는 폐산 용액은?

① pH가 2.0 이상인 것
② pH가 12.5 이상인 것
③ 염산농도가 0.001M 이상인 것
④ 황산농도가 0.005M 이상인 것

**풀이** 지정폐기물(폐산 용액)
액체상태의 폐기물로서 pH가 2.0 이하인 것으로 한정한다.

**19** 분뇨처리 결과를 나타낸 그래프의 ( )에 들어갈 말로 가장 알맞은 것은?(단, $S_e$ : 유출수의 휘발성 고형물질 농도(mg/L), $S_o$ : 유입수의 휘발성 고형물질 농도(mg/L), SRT : 고형물질의 체류시간)

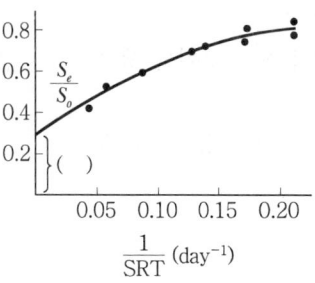

**정답** 15 ③   16 ②   17 ④   18 ④   19 ②

① 생물학적 분해 가능한 유기물질 분율
② 생물학적 분해 불가능한 휘발성 고형물질 분율
③ 생물학적 분해 가능한 무기물질 분율
④ 생물학적 분해 불가능한 유기물질 분율

**풀이** $\left(\dfrac{\text{유출수의 휘발성 고형물질 농도}}{\text{유입수의 휘발성 고형물질 농도}}\right)$의 비 0.3 이하는 생물학적 분해 불가능한 휘발성 고형물질 분율을 의미한다.

## 20 열분해에 영향을 미치는 운전인자가 아닌 것은?

① 운전 온도
② 가열 속도
③ 폐기물의 성질
④ 입자의 입경

**풀이** 열분해에 영향을 미치는 인자
① 운전(열분해) 온도
② 가열 속도
③ 가열 시간
④ 폐기물의 성질(수분함량)
⑤ 공기 공급

### 2과목 폐기물처리기술

## 21 매립 시 폐기물 분해과정을 시간순으로 옳게 나열한 것은?

① 호기성 분해 → 혐기성 분해 → 산성 물질 생성 → 메탄 생성
② 혐기성 분해 → 호기성 분해 → 메탄 생성 → 유기산 형성
③ 호기성 분해 → 유기산 생성 → 혐기성 분해 → 메탄 생성
④ 혐기성 분해 → 호기성 분해 → 산성 분해 → 메탄 생성

**풀이** 폐기물 매립 시 매립물질의 분해과정
① 호기성 단계
② 혐기성 비메탄화 단계
③ 산 형성 단계(혐기성 메탄 생성 축적 단계)
④ 메탄 생성 단계(메탄 발효 단계)

## 22 활성탄 흡착법으로 처리하기 가장 어려울 것으로 예상되는 것은?

① 농약
② 알코올
③ 유기할로겐화합물(HOCs)
④ 다핵방향족탄화수소(PAHs)

**풀이** 활성탄 흡착법
주로 비극성 물질에 유효하며 혼합 가스 내의 유기성 가스의 흡착에 주로 사용된다. 알코올은 극성이 강한 물질로 활성탄 흡착 효과가 거의 없다.

## 23 매립을 위해 쓰레기를 압축시킨 결과 용적감소율이 60%였다면 압축비는?

① 2.5
② 5
③ 7.5
④ 10

**풀이** 압축비$(CR) = \dfrac{100}{100-VR} = \dfrac{100}{100-60} = 2.5$

## 24 혐기소화과정의 가수분해단계에서 생성되는 물질과 가장 거리가 먼 것은?

① 아미노산
② 단당류
③ 글리세린
④ 알데하이드

**풀이** 혐기성 분해(가수분해 단계) 생성물질
① 다당류(녹말, 셀룰로오스) → 단당류, 2당류
② 지방(FATs) → 긴 사슬 지방산, 글리세린
③ 단백질 → 아미노산

**정답** 20 ④ 21 ① 22 ② 23 ① 24 ④

**25** 수위 40cm인 침출수가 투수계수 $10^{-7}$cm/s, 두께 90cm인 점토층을 통과하는 데 소요되는 시간(년)은?

① 11.7  ② 19.8
③ 28.5  ④ 64.4

**풀이** 소요시간(year) = $\dfrac{d^2\eta}{K(d+h)}$

$= \dfrac{0.9^2 \text{m}^2 \times 1}{10^{-7}\text{cm/sec} \times \text{m}/100\text{cm} \times (0.9+0.4)\text{m}}$

$= 623,076,923.1\text{sec} \times \text{year}/31,536,000\text{sec}$

$= 19.76\text{year}$

**26** 폐기물 매립지에서 사용하는 인공복토재의 특징이 아닌 것은?

① 독성이 없어야 한다.
② 가격이 저렴해야 한다.
③ 투수계수가 높아야 한다.
④ 악취 발생량을 저감시킬 수 있어야 한다.

**풀이** 인공복토재의 구비조건
① 투수계수가 낮을 것(우수침투량 감소)
② 병원균 매개체 서식 방지, 악취 제거, 종이흩날림 방지할 수 있을 것
③ 미관상 좋고 연소가 잘되지 않으며 독성이 없어야 할 것
④ 생분해가 가능하고 저렴할 것
⑤ 악천후에도 시공 가능하고 살포가 용이하며 적은 두께로 효과가 있어야 할 것

**27** 생활폐기물인 음식물쓰레기의 처리방법으로 가장 거리가 먼 것은?

① 감량 및 소멸화  ② 사료화
③ 호기성 퇴비화  ④ 고형화

**풀이** 음식물쓰레기 처리방법
① 감량 및 소멸화
② 사료화
③ 호기성 퇴비화

**28** 퇴비화 대상 유기물질의 화학식이 $C_{99}H_{148}O_{59}N$이라고 하면, 이 유기물질의 C/N비는?

① 64.9  ② 84.9
③ 104.9  ④ 124.9

**풀이** C/N비 = $\dfrac{\text{탄소의 양}}{\text{질소의 양}} = \dfrac{(12 \times 99)}{14} = 84.86$

**29** 유해폐기물 처리기술 중 용매추출에 대한 설명 중 가장 거리가 먼 것은?

① 액상 폐기물에서 제거하고자 하는 성분을 용매쪽으로 흡수시키는 방법이다.
② 용매추출에 사용되는 용매는 점도가 높아야 하며 극성이 있어야 한다.
③ 용매추출의 경제성을 좌우하는 가장 큰 인자는 추출을 위해 요구되는 용매의 양이다.
④ 미생물에 의해 분해가 힘든 물질 및 활성탄을 이용하기에 농도가 너무 높은 물질 등에 적용 가능성이 크다.

**풀이** 용매추출에 사용되는 용매는 점도가 낮아야 하며 비극성이어야 한다.

**30** 중유 연소 시 발생한 황산화물을 탈황시키는 방법이 아닌 것은?

① 미생물에 의한 탈황
② 방사선에 의한 탈황
③ 질산염 흡수에 의한 탈황
④ 금속산화물 흡착에 의한 탈황

**풀이** 중유탈황방법
① 미생물에 의한 탈황
② 방사선에 의한 탈황
③ 금속산화물 흡착에 의한 탈황
④ 접촉 수소화 탈황

정답  25 ②  26 ③  27 ④  28 ②  29 ②  30 ③

**31** 부식질(Humus)의 특징으로 틀린 것은?

① 짙은 갈색이다.
② 뛰어난 토양개량제이다.
③ C/N비가 30~50 정도로 높다.
④ 물 보유력과 양이온 교환능력이 좋다.

**풀이** 부식질의 특징
① 악취가 없으며 흙냄새가 난다.
② 물 보유력 및 양이온 교환능력이 좋다.
③ C/N비는 낮은 편이며 10~20 정도이다.
④ 짙은 갈색 또는 검은색을 띤다.
⑤ 병원균이 거의 사멸되어 토양개량제로서 품질이 우수하다.

**32** 분뇨의 슬러지 건량은 $3m^3$이며 함수율이 95%이다. 함수율을 80%까지 농축하면 농축조에서 분리액의 부피($m^3$)는?(단, 비중은 1.0이다.)

① 40
② 45
③ 50
④ 55

**풀이** 분리액($m^3$)
$$= \frac{건조슬러지}{(1-초기\,함수율)} - \frac{건조슬러지}{(1-처리\,후\,함수율)}$$
$$= \frac{3}{(1-0.95)} - \frac{3}{(1-0.8)} = 45m^3$$

**33** 0차 반응에 대한 설명 중 옳은 것은?

① 초기농도가 높으면 반감기가 짧다.
② 반응시간이 경과함에 따라 분해반응속도가 빨라진다.
③ 초기농도의 높고 낮음에 관계없이 반감기가 일정하다.
④ 반응시간이 경과해도 분해반응속도는 변하지 않고 일정하다.

**풀이** 0차 반응
반응물의 농도가 무제한 증가하더라도 반응속도에는 영향이 없는 반응이며, 반응시간이 경과해도 분해반응속도는 변하지 않고 일정하다.

**34** 우리나라의 매립지에서 침출수 생성에 가장 큰 영향을 주는 인자는?

① 쓰레기 분해과정에서 발생하는 발생수
② 매립쓰레기 자체 수분
③ 표토를 침투하는 강수
④ 지하수 유입

**풀이** 일반적으로 매립장 침출수 생성에 가장 큰 영향을 미치는 인자는 지표로 침투되는 강수이다.

**35** 토양오염처리공법 중 토양증기추출법의 특징이 아닌 것은?

① 통기성이 좋은 토양을 정화하기 좋은 기술이다.
② 오염지역의 대수층이 깊을 경우 사용이 어렵다.
③ 총 처리시간 예측이 용이하다.
④ 휘발성, 준휘발성 물질을 제거하는 데 탁월하다.

**풀이** 토양증기추출법
① 장점
  ㉠ 기계 및 장치가 비교적 간단·단순함
  ㉡ 지하수의 깊이에 대한 제한을 받지 않음
  ㉢ 유지, 관리비가 적으며 굴착이 필요 없음
  ㉣ 생물학적 처리효율을 보다 높여줌
  ㉤ 단기간에 설치가 가능함
  ㉥ 가장 많은 적용사례가 있음
  ㉦ 즉시 결과를 얻을 수 있고 영구적 재생이 가능함
  ㉧ 다른 시약이 필요 없음
② 단점
  ㉠ 지반구조의 복잡성으로 인해 총 처리기간을 예측하기 어려움
  ㉡ 오염물질의 증기압이 낮은 경우 오염물질의 제거효율이 낮음
  ㉢ 토양의 침투성이 양호하고 균일하여야 적용 가능함
  ㉣ 토양층이 치밀하여 기체흐름이 어려운 곳에서는 사용이 곤란함
  ㉤ 추출 기체는 후처리를 위해 대기오염 방지장치가 필요함
  ㉥ 오염물질의 독성은 처리 후에도 변화가 없음

**36** 함수율 95% 분뇨의 유기탄소량이 TS의 35%, 총질소량은 TS의 10%이고 이와 혼합할 함수율 20%인 볏짚의 유기탄소량이 TS의 80%이고 총질소량이 TS의 4%라면, 분뇨와 볏짚을 무게비 2 : 1로 혼합했을 때 C/N비는?(단, 비중은 1.0, 기타 사항은 고려하지 않는다.)

① 16    ② 18    ③ 20    ④ 22

[풀이] $C/N비 = \dfrac{혼합물 \; 중 \; 탄소의 \; 양}{혼합물 \; 중 \; 질소의 \; 양}$

혼합물 중 탄소의 양
$= \left[\left(\dfrac{2}{2+1} \times (1-0.95) \times 0.35\right)\right.$
$\left.+ \left(\dfrac{1}{2+1} \times (1-0.2) \times 0.8\right)\right]$
$= 0.225$

혼합물 중 질소의 양
$= \left[\left(\dfrac{2}{2+1} \times (1-0.95) \times 0.1\right)\right.$
$\left.+ \left(\dfrac{1}{2+1} \times (1-0.2) \times 0.04\right)\right]$
$= 0.014$

$C/N비 = \dfrac{0.225}{0.014} = 16.07$

**37** 토양 속 오염물을 직접 분해하지 않고 보다 처리하기 쉬운 형태로 전환하는 기법으로 토양의 형태나 입경의 영향을 적게 받고 탄화수소계 물질로 인한 오염토양 복원에 효과적인 기술은?

① 용매추출법    ② 열탈착법
③ 토양증기추출법    ④ 탈할로겐화법

[풀이] **열탈착법**
① 토양오염물질을 분해하는 것이 아니라 오염토양에 열을 가해 단순히 수분과 유기오염물질을 토양으로부터 분리하는 기술이다.
② 토양 속 오염물을 직접 분해하지 않고 보다 처리하기 쉬운 형태로 전환하는 기법이다.
③ 토양의 형태나 입경의 영향을 적게 받는다.
④ 탄화수소계 물질로 인한 오염토양 복원에 효과적인 기술이다.

**38** 침출수 집배수관의 종류 중 유공흄관에 관한 설명으로 옳은 것은?

① 관의 변형이 우려되는 곳에 적당하다.
② 지반의 침하에 어느 정도 적응할 수 있다.
③ 경량으로 가공이 비교적 용이하고 시공성이 좋다.
④ 소규모 처분장의 집수관으로 사용하는 경우가 많다.

[풀이] **침출수 집배수관 중 유공흄관**
① 집수관 및 배수관으로 광범위하게 사용된다.
② 관 주위의 작은 구멍이 막히지 않도록 막힘 방지에 유의하여야 한다.
③ 강성이 높아 관의 변형이 우려되는 곳에 적당하다.

**39** 사용 종료된 폐기물 매립지에 대한 안정화 평가 기준항목으로 가장 거리가 먼 것은?

① 침출수의 수질이 2년 연속 배출허용기준에 적합하고 $BOD/COD_{cr}$이 0.1 이하일 것
② 매립폐기물 토사성분 중의 가연물 함량이 5% 미만이거나 C/N비가 10 이하일 것
③ 매립가스 중 $CH_4$ 농도가 5~15% 이내에 들 것
④ 매립지 내부온도가 주변 지중온도와 유사할 것

[풀이] 매립가스 관측정에서 측정한 매립가스 중 $CH_4$ 농도가 5% 이하이어야 한다.

**40** 시멘트 고형화 방법 중 연소가스 탈황 시 발생된 슬러지 처리에 주로 적용되는 것은?

① 시멘트기초법    ② 석회기초법
③ 포졸란첨가법    ④ 자가시멘트법

[풀이] **자가시멘트법**
FGD 슬러지 중 일부(10%)를 생석회화한 후 여기에 소량의 물(수분량 조절 역할)과 첨가제를 가하여 폐기물이 스스로 고형화되는 성질을 이용하는 방법이다. 즉, 연소가스 탈황 시 발생된 높은 황화물을 함유한 슬러지 처리에 사용된다.

정답  36 ①  37 ②  38 ①  39 ③  40 ④

### 3과목 | 폐기물소각 및 열회수

**41** 연소 배출 가스양이 5,400Sm³/hr인 소각시설의 굴뚝에서 정압을 측정하였더니 20mmH₂O였다. 여유율 20%인 송풍기를 사용할 경우 필요한 소요동력(kW)은?(단, 송풍기 정압효율 80%, 전동기 효율 70%)

① 약 0.18  ② 약 0.32
③ 약 0.63  ④ 약 0.87

**풀이** 소요동력(kW) $= \dfrac{Q \times \Delta P}{6{,}120 \times \eta} \times \alpha$

$Q = 5{,}400 Sm^3/hr \times hr/60min$
$\quad = 90 Sm^3/min$
$\quad = \dfrac{90 \times 20}{6{,}120 \times 0.7 \times 0.8} \times 1.2$
$\quad = 0.63 kW$

**42** 유동층 소각로의 장단점으로 틀린 것은?

① 가스의 온도가 높고 과잉공기량이 많다.
② 투입이나 유동화를 위해 파쇄가 필요하다.
③ 유동매체의 손실로 인한 보충이 필요하다.
④ 기계적 구동부분이 적어 고장률이 낮다.

**풀이** 유동층 소각로
① 장점
  ㉠ 유동매체의 열용량이 커서 액상, 기상, 고형폐기물의 전소 및 혼소, 균일한 연소가 가능하다.
  ㉡ 반응시간이 빨라 소각시간이 짧다.(노 부하율이 높다.)
  ㉢ 연소효율이 높아 미연소분이 적고 2차 연소실이 불필요하다.
  ㉣ 가스의 온도가 낮고 과잉공기량이 낮다. 따라서 NOx도 적게 배출된다.
  ㉤ 기계적 구동부분이 적어 고장률이 낮아 유지관리가 용이하다.
  ㉥ 노 내 온도의 자동제어로 열회수가 용이하다.
  ㉦ 유동매체의 축열량이 높은 관계로 단시간 정지 후 가동 시 보조연료 사용 없이 정상가동이 가능하다.
  ㉧ 과잉공기량이 적으므로 다른 소각로보다 보조연료 사용량과 배출가스양이 적다.
  ㉨ 석회 또는 반응물질을 유동매체에 혼입시켜 노 내에서 산성가스의 제거가 가능하다.
② 단점
  ㉠ 층의 유동으로 상으로부터 찌꺼기의 분리가 어려우며 운전비, 특히 동력비가 높다.
  ㉡ 폐기물의 투입이나 유동화를 위해 파쇄가 필요하다.
  ㉢ 상재료의 용융을 막기 위해 연소온도는 816℃를 초과할 수 없다.
  ㉣ 유동매체의 손실로 인한 보충이 필요하다.
  ㉤ 고점착성의 반유동상 슬러지는 처리하기 곤란하다.
  ㉥ 소각로 본체에서 압력손실이 크고 유동매체의 비산 또는 분진의 발생량이 가장 많다.
  ㉦ 조대한 폐기물은 전처리가 필요하다. 즉, 폐기물의 투입이나 유동화를 위해 파쇄공정이 필요하다.

**43** 다음 중 연소실의 운전척도가 아닌 것은?

① 공기연료비  ② 체류시간
③ 혼합 정도  ④ 연소온도

**풀이** 연소실의 운전척도
공연비(A/F비), 혼합 정도, 연소가스온도 등이 있고 연소실의 크기는 충분히 커야 한다.

**44** 1차 반응에서 1,000초 동안 반응물의 1/2이 분해되었다면 반응물이 1/10 남을 때까지 소요되는 시간(sec)은?

① 3,923  ② 3,623
③ 3,323  ④ 3,023

**풀이** $\ln \dfrac{C_t}{C_o} = -k \times t$

$\ln 0.5 = -k \times 1{,}000 sec,\ k = 0.000693 sec^{-1}$

$\ln \dfrac{1/10}{1} = -0.000693 sec^{-1} \times t$

$t = 3{,}322.63 sec$

**정답** 41 ③  42 ①  43 ②  44 ③

**45** 폐기물 소각에 따른 문제점은 지구온난화 가스의 형성이다. 다음 배가스 성분 중 온실가스는?

① $CO_2$
② $NOx$
③ $SO_2$
④ $HCl$

풀이) $CO_2$는 완전연소 생성물이며 지구온난화의 대표적 물질이다.

**46** 30ton/day의 폐기물을 소각한 후 남은 재는 전체 질량의 20%이다. 남은 재의 용적이 $10.3m^3$일 때 재의 밀도($ton/m^3$)는?

① 0.32
② 0.58
③ 1.45
④ 2.30

풀이) 재의 밀도($ton/m^3$) = $\frac{질량}{부피}$

$= \frac{30ton \times 0.2}{10.3m^3}$

$= 0.58 ton/m^3$

**47** 폐기물의 소각을 위해 원소분석을 한 결과, 가연성 폐기물 1kg당 C 50%, H 10%, O 16%, S 3%, 수분 10%, 나머지는 재로 구성된 것으로 나타났다. 이 폐기물을 공기비 1.1로 연소시킬 경우 발생하는 습윤연소가스양($Sm^3/kg$)은?

① 약 6.3
② 약 6.8
③ 약 7.7
④ 약 8.2

풀이) 실제습연소가스양($G_w$)

$G_w = mA_o + 5.6H + 0.7O + 0.8N + 1.244W (Sm^3/kg)$

$A_o = \frac{1}{0.21}[(1.867 \times 0.5) + (5.6 \times 0.1) - (0.7 \times 0.16) + (0.7 \times 0.03)]$

$= 6.68 Sm^3/kg$

$= (1.1 \times 6.68) + (5.6 \times 0.1) + (0.7 \times 0.16) + (1.244 \times 0.1)$
$= 8.14 Sm^3/kg$

**48** 쓰레기의 저위발열량이 4,500kcal/kg인 쓰레기를 연소할 때 불완전연소에 의한 손실이 10%, 연소 중의 미연손실이 5%일 때 연소효율(%)은?

① 80
② 85
③ 90
④ 95

풀이) 연소효율 $= \frac{H_l - (L_1 + L_2)}{H_l}$

$= \frac{4,500 - (4,500 \times 0.15)}{4,500} \times 100$

$= 85\%$

**49** 로터리 킬른식(Rotary Kiln) 소각로의 특징에 대한 설명으로 틀린 것은?

① 습식가스 세정 시스템과 함께 사용할 수 있다.
② 넓은 범위의 액상 및 고상 폐기물을 소각할 수 있다.
③ 용융상태의 물질에 의하여 방해받지 않는다.
④ 예열, 혼합, 파쇄 등 전처리 후 주입한다.

풀이) 회전로식 소각로(Rotary Kiln Incinerator)
① 장점
  ㉠ 넓은 범위의 액상 및 고상 폐기물을 소각할 수 있다.
  ㉡ 전처리(예열, 혼합, 파쇄) 없이 소각물 주입이 가능하다.
  ㉢ 소각에 방해 없이 연속으로 재의 배출이 가능하다.
  ㉣ 동력비 및 운전비가 적다.
  ㉤ 소각물 부하 변동에 적응이 가능하다.
② 단점
  ㉠ 처리량이 적을 경우 설치비가 높다.
  ㉡ 후처리장치(대기오염방지장치)에 대한 분진 부하율이 높다.
  ㉢ 비교적 열효율이 낮은 편이다.
  ㉣ 구형 및 원통형 폐기물은 완전연소 전에 화상에서 이탈할 수 있다.
  ㉤ 노에서의 공기유출이 크므로 종종 대량의 과잉공기 및 2차 연소실이 필요하다.

정답  45 ①  46 ②  47 ④  48 ②  49 ④

**50** 폐기물 소각 시 발생되는 질소산화물 저감 및 처리방법이 아닌 것은?

① 알칼리 흡수법  ② 산화 흡수법
③ 접촉 환원법  ④ 디메틸아닐린법

**풀이** 질소산화물 저감 및 처리방법
① 선택적 촉매 환원법(SCR)
② 선택적 무촉매 환원법(SNCR)
③ 접촉 분해법
④ 흡착법
⑤ 전자선 조사법
⑥ 물, 알칼리 흡수법
⑦ 황산 흡수법
⑧ 산화 흡수법

[Note] 디메틸아닐린법은 황화수소($H_2S$) 저감방법이다.

**51** 폐기물의 연소 시 연소기의 부식 원인이 되는 물질이 아닌 것은?

① 염소화합물  ② PVC
③ 황화합물  ④ 분진

**풀이** 연소기의 부식 원인물질
① PVC
② 황화합물(유황 성분)
③ 염소화합물(염소 성분)

**52** 연소에 있어 검댕이의 생성에 대한 설명으로 가장 거리가 먼 것은?

① A중유 < B중유 < C중유 순으로 검댕이가 발생한다.
② 공기비가 매우 적을 때 다량 발생한다.
③ 중합, 탈수소축합 등의 반응을 일으키는 탄화수소가 적을수록 검댕이는 많이 발생한다.
④ 전열면 등으로 발열속도보다 방열속도가 빨라서 화염의 온도가 저하될 때 많이 발생한다.

**풀이** 검댕(매연)은 중합, 탈수소축합 등의 반응을 일으키는 탄화수소가 많을수록 많이 발생한다.

**53** 폐기물을 열분해시킬 경우의 장점에 해당되지 않는 것은?

① 분해가스, 분해유 등 연료를 얻을 수 있다.
② 소각에 비해 저장이 가능한 에너지를 회수할 수 있다.
③ 소각에 비해 빠른 속도로 폐기물을 처리할 수 있다.
④ 신규 석탄이나 석유의 사용량을 줄일 수 있다.

**풀이** 열분해는 소각에 비해 느린 속도로 폐기물을 처리한다.

**54** 액체주입형 연소기에 관한 설명으로 가장 거리가 먼 것은?

① 구동장치가 없어서 고장이 적다.
② 하방점화방식의 경우에는 염이나 입상 물질을 포함한 폐기물의 소각도 가능하다.
③ 연소기의 가장 일반적인 형식은 수평점화식이다.
④ 버너노즐 없이 액체 미립화가 용이하며, 대량처리에 주로 사용된다.

**풀이** 액체분무주입형 소각로(Liquid Injection Incinerator)
① 장점
㉠ 광범위한 종류의 액상 폐기물을 연소할 수 있다.
㉡ 대기오염방지시설 이외에 소각재처리시설이 필요 없다.
㉢ 구동장치가 간단하고 고장이 적다.
㉣ 운영비가 저렴하다.
㉤ 기술개발이 잘 되어 있고 자동화가 용이하다.
(가동 이외의 경우 무인운전이 가능)
② 단점
㉠ 버너노즐을 이용하여 액체를 미립화하여야 한다.
㉡ 완전연소시켜야 하며 내화물의 파손을 막아야 한다.
㉢ 고농도 고형분의 농도가 높으면 버너가 막히기 쉽다.
㉣ 대량처리가 어렵다.

정답  50 ④  51 ④  52 ③  53 ③  54 ④

**55** 다단로 방식 소각로에 대한 설명으로 옳지 않은 것은?

① 신속한 온도반응으로 보조연료 사용 조절이 용이하다.
② 다량의 수분이 증발되므로 수분함량이 높은 폐기물의 연소가 가능하다.
③ 물리, 화학적으로 성분이 다른 각종 폐기물을 처리할 수 있다.
④ 체류시간이 길어 휘발성이 적은 폐기물 연소에 유리하다.

**풀이** 다단로 소각방식(Multiple Hearth)의 장단점
① 장점
  ㉠ 타 소각로에 비해 체류시간이 길어 연소효율이 높고, 특히 휘발성이 낮은 폐기물 연소에 유리하다.
  ㉡ 다량의 수분이 증발되므로 수분함량이 높은 폐기물도 연소가 가능하다.
  ㉢ 물리·화학적 성분이 다른 각종 폐기물을 처리할 수 있다. 즉, 다양한 질의 폐기물에 대하여 혼소가 가능하다.
  ㉣ 많은 연소영역이 있으므로 연소효율을 높일 수 있다.(국소 연소를 피할 수 있음)
  ㉤ 보조연료로 다양한 연료(천연가스, 프로판, 오일, 석탄가루, 폐유 등)를 사용할 수 있다.
  ㉥ 클링커 생성을 방지할 수 있다.
  ㉦ 온도제어가 용이하고 동력이 적게 들며 운전비가 저렴하다.
② 단점
  ㉠ 체류시간이 길어 온도반응이 느리다.(휘발성이 적은 폐기물 연소에 유리)
  ㉡ 늦은 온도반응 때문에 보조연료 사용을 조절하기 어렵다.
  ㉢ 분진발생률이 높다.
  ㉣ 열적 충격이 쉽게 발생하고 내화물이나 상에 손상을 초래한다.(내화재의 손상을 방지하기 위해 1,000℃ 이상으로 운전하지 않는 것이 좋음)
  ㉤ 가동부(교반팔, 회전중심축)가 있으므로 유지비가 높다.
  ㉥ 유해폐기물의 완전분해를 위해서는 2차 연소실이 필요하다.

**56** 폐기물의 건조과정에서 함수율과 표면온도의 변화에 대한 설명으로 잘못된 것은?

① 폐기물의 건조방식은 쓰레기의 허용온도, 형태, 물리적 및 화학적 성질 등에 의해 결정된다.
② 수분을 함유한 폐기물의 건조과정은 예열건조기간 → 항률건조기간 → 감률건조기간 순으로 건조가 이루어진다.
③ 항률건조기간에는 건조시간에 비례하여 수분감량과 함께 건조속도가 빨라진다.
④ 감률건조기간에는 고형물의 표면온도 상승 및 유입되는 열량 감소로 건조속도가 느려진다.

**풀이** 항률건조기간에는 건조시간에 비례하여 수분함량과 함께 건조속도가 일정하다.

**57** 하수처리장에서 발생하는 하수 Sludge류를 효과적으로 처리하기 위한 건조방법 중에서 직접열 또는 열풍건조라고 불리는 전열방식은?

① 전도 전열방식
② 대류 전열방식
③ 방사 전열방식
④ 마이크로파 전열방식

**풀이** 대류 전열방식 건조방법
열풍(400~800℃)과 직접 접촉시키는 방법을 말한다.

**58** 폐기물의 원소조성이 C 80%, H 10%, O 10%일 때 이론공기량(kg/kg)은?

① 8.3
② 10.3
③ 12.3
④ 14.3

**풀이** 이론 공기량(kg/kg)
$= 11.5C + 34.63H - 4.31O$
$= (11.5 \times 0.8) + (34.63 \times 0.1) - (4.31 \times 0.1)$
$= 12.23 \text{kg/kg}$

정답  55 ①  56 ③  57 ②  58 ③

**59** 스토커식 도시폐기물 소각로에서 유기물을 완전연소시키기 위한 3T 조건으로 옳지 않은 것은?

① 혼합  ② 체류시간
③ 온도  ④ 압력

> 풀이  완전연소의 조건(3T)
>   ① Temperature(온도)
>   ② Time(체류시간, 연소시간)
>   ③ Turbulence(혼합)

**60** $CH_4$ 75%, $CO_2$ 5%, $N_2$ 8%, $O_2$ 12%로 조성된 기체연료 $1Sm^3$를 $10Sm^3$의 공기로 연소할 때 공기비는?

① 1.22  ② 1.32
③ 1.42  ④ 1.52

> 풀이  $CH_4 + 2O_2 \rightarrow CO_2 + 2H_2O$
> $1Sm^3 : 2Sm^3$
> $0.75Sm^3 : O_o$($CH_4$ 연소 시 이론산소량)
> $CH_4$ 연소 시 이론산소량($O_o$)=$1.5Sm^3$
> 필요 이론산소량=$1.5-0.12=1.38Sm^3$
> 이론공기량=$\dfrac{1.38}{0.21}=6.57Sm^3$
> 공기비($m$)=$\dfrac{10}{6.57}=1.52$

### 4과목  폐기물공정시험기준(방법)

**61** 30% 수산화나트륨(NaOH)은 몇 몰(M)인가?(단, NaOH의 분자량 40)

① 4.5  ② 5.5
③ 6.5  ④ 7.5

> 풀이  NaOH 1mol=40g
> $\dfrac{30g}{100mL} \times \dfrac{1mol}{40g} \times \dfrac{10^3 mL}{1L} = 7.5mol/L$ (M)

**62** 0.08 N–HCl 70mL와 0.04 N–NaOH 수용액 130mL를 혼합했을 때 pH는?(단, 완전 해리된다고 가정)

① 2.7  ② 3.6
③ 5.6  ④ 11.3

> 풀이  $NaOH + HCl \rightarrow NaCl + H_2O$(1가 반응)
> 중화반응이므로 (−)로 계산
> $(0.08 \times 70mL) - (0.04 \times 130mL) = x \times 200mL$
> $x = 2 \times 10^{-3} mol/L$
> $pH = -\log[H^+] = -\log 2 \times 10^{-3} = 2.7$

**63** 이온전극법에 관한 설명으로 (   )에 옳은 내용은?

> 이온전극은 [이온전극 | 측정용액 | 비교전극]의 측정계에서 측정대상 이온에 감응하여 (   )에 따라 이온 활동도에 비례하는 전위차를 나타낸다.

① 네른스트식
② 램버트식
③ 페러데이식
④ 플레밍식

> 풀이  이온전극은 [이온전극 | 측정 용액 | 비교전극]의 측정계에서 측정대상 이온에 감응하여 네른스트식에 따라 이온 활동도에 비례하는 전위차를 나타낸다.
> $E = E_0 + \left[\dfrac{2.303\,R\,T}{z\,F}\right] \log A$
> 여기서, $E$ : 측정 용액에서 이온전극과 비교전극 간에 생기는 전위차(mV)
>   $E_0$ : 표준전위(mV)
>   $R$ : 기체상수(8.314J/K·mol)
>   $z$ : 이온전극에 대하여 전위의 발생에 관계하는 전자수(이온가)
>   $F$ : 페러데이(Faraday) 상수 (96,480C/mol)
>   $A$ : 이온 활동도(mol/L)

정답  59 ④  60 ④  61 ④  62 ①  63 ①

**64** 투사광의 강도가 10%일 때 흡광도($A_{10}$)와 20%일 때 흡광도($A_{20}$)를 비교한 설명으로 옳은 것은?

① $A_{10}$는 $A_{20}$보다 흡광도가 약 1.4배가 높다.
② $A_{20}$는 $A_{10}$보다 흡광도가 약 1.4배가 높다.
③ $A_{10}$는 $A_{20}$보다 흡광도가 약 2.0배가 높다.
④ $A_{20}$는 $A_{10}$보다 흡광도가 약 2.0배가 높다.

**풀이** $A_{10} = \log \dfrac{1}{0.1} = 1$

$A_{20} = \log \dfrac{1}{0.2} = 0.70$

$\dfrac{A_{10}}{A_{20}} = \dfrac{1}{0.70} = 1.4$ ($A_{10}$는 $A_{20}$보다 흡광도가 약 1.4배가 높다.)

**65** 수은을 원자흡수분광광도법으로 측정할 때 시료 중 수은을 금속 수은으로 환원시키기 위해 넣는 시약은?

① 아연분말  ② 황산나트륨
③ 시안화칼륨  ④ 이염화주석

**풀이** 수은 – 원자흡수분광광도법
시료 중 수은을 이염화주석을 넣어 금속 수은으로 환원시킨 다음 이 용액에 통기하여 발생하는 수은 증기를 253.7nm의 파장에서 원자흡수분광광도법에 따라 정량하는 방법이다.

**66** 비소(자외선/가시선 분광법) 분석 시 발생되는 비화수소를 다이에틸다이티오카르바민산은의 피리딘 용액에 흡수시키면 나타나는 색은?

① 적자색  ② 청색
③ 황갈색  ④ 황색

**풀이** 비소 – 지외선/가시선 분광법
시료 중의 비소를 3가 비소로 환원시킨 다음 아연을 넣어 발생되는 비화수소를 다이에틸다이티오카르바민산은의 피리딘 용액에 흡수시켜 이때 나타나는 적자색의 흡광도를 530nm에서 측정하는 방법

**67** 비소를 자외선/가시선 분광법으로 측정할 때에 대한 내용으로 틀린 것은?

① 정량한계는 0.002mg이다.
② 적자색의 흡광도를 530nm에서 측정한다.
③ 정량범위는 0.002~0.01mg이다.
④ 시료 중의 비소에 아연을 넣어 3가 비소로 환원시킨다.

**풀이** 비소 – 지외선/가시선 분광법
시료 중의 비소를 3가 비소로 환원시킨 다음 아연을 넣어 발생되는 비화수소를 다이에틸다이티오카르바민산은의 피리딘 용액에 흡수시켜 이때 나타나는 적자색의 흡광도를 530nm에서 측정하는 방법

**68** 다량의 점토질 또는 규산염을 함유한 시료에 적용되는 시료의 전처리 방법으로 가장 옳은 것은?

① 질산 – 과염소산 – 불화수소산 분해법
② 질산 – 염산 분해법
③ 질산 – 과염소산 분해법
④ 질산 – 황산 분해법

**풀이** 질산 – 과염소산 – 불화수소산 분해법(시료의 전처리 방법)
① 적용 : 다량의 점토질 또는 규산염을 함유한 시료
② 액의 산 농도 : 약 0.8M

**69** 총칙의 용어 설명으로 옳지 않은 것은?

① 액상폐기물이라 함은 고형물의 함량이 5% 미만인 것을 말한다.
② 방울수라 함은 20℃에서 정제수 20방울을 적하할 때, 그 부피가 약 0.1mL 되는 것을 뜻한다.
③ 시험조작 중 즉시란 30초 이내에 표시된 조작을 하는 것을 뜻한다.
④ 고상폐기물이라 함은 고형물의 함량이 15% 이상인 것을 말한다.

**정답** 64 ① 65 ④ 66 ① 67 ④ 68 ① 69 ②

**풀이** 용어 정리
① 액상폐기물 : 고형물의 함량이 5% 미만
② 반고상폐기물 : 고형물의 함량이 5% 이상 15% 미만
③ 고상폐기물 : 고형물의 함량이 15% 이상
④ 함침성 고상폐기물 : 종이, 목재 등 기름을 흡수하는 변압기 내부부재(종이, 나무와 금속이 서로 혼합되어 분리가 어려운 경우 포함)를 말함
⑤ 비함침성 고상폐기물 : 금속판, 구리선 등 기름을 흡수하지 않는 평면 또는 비평면 형태의 변압기 내부부재를 말함
⑥ 즉시 : 30초 이내에 표시된 조작을 하는 것을 의미
⑦ 감압 또는 진공 : 15mmHg 이하
⑧ 이상과 초과, 이하, 미만
　㉠ "이상"과 "이하"는 기산점 또는 기준점인 숫자를 포함
　㉡ "초과"와 "미만"은 기산점 또는 기준점인 숫자를 불포함
　㉢ a~b → a 이상 b 이하
⑨ 바탕시험을 하여 보정한다. : 시료에 대한 처리 및 측정을 할 때, 시료를 사용하지 않고 같은 방법으로 조작한 측정치를 빼는 것을 의미
⑩ 방울수 : 20℃에서 정제수 20방울을 적하할 때, 그 부피가 약 1mL 되는 것을 의미
⑪ 항량으로 될 때까지 건조한다. : 같은 조건에서 1시간 더 건조할 때 전후 무게의 차가 g당 0.3mg 이하
⑫ 용액의 산성, 중성 또는 알칼리성 검사 시 : 유리전극법에 의한 pH 미터로 측정
⑬ 용기 : 시험용액 또는 시험에 관계된 물질을 보존, 운반 또는 조작하기 위하여 넣어두는 것

| 구분 | 정의 |
|---|---|
| 밀폐 용기 | 취급 또는 저장하는 동안에 이물질이 들어가거나 또는 내용물이 손실되지 아니하도록 보호하는 용기 |
| 기밀 용기 | 취급 또는 저장하는 동안에 밖으로부터의 공기 또는 다른 가스가 침입하지 아니하도록 내용물을 보호하는 용기 |
| 밀봉 용기 | 취급 또는 저장하는 동안에 기체 또는 미생물이 침입하지 아니하도록 내용물을 보호하는 용기 |
| 차광 용기 | 광선이 투과하지 않는 용기 또는 투과하지 않게 포장한 용기이며 취급 또는 저장하는 동안에 내용물이 광화학적 변화를 일으키지 아니하도록 방지할 수 있는 용기 |

⑭ 여과한다. : KSM 7602 거름종이 5종 또는 이와 동등한 여과지를 사용하여 여과함을 말함
⑮ 정밀히 단다. : 규정된 양의 시료를 취하여 화학저울 또는 미량저울로 칭량함
⑯ 정확히 단다. : 규정된 수치의 무게를 0.1mg까지 다는 것
⑰ 정확히 취하여 : 규정된 양의 액체를 홀피펫으로 눈금까지 취하는 것
⑱ 정량적으로 씻는다. : 어떤 조작으로부터 다음 조작으로 넘어갈 때 사용한 비커, 플라스크 등의 용기 및 여과막 등에 부착한 정량대상 성분을 사용한 용매로 씻어 그 씻어낸 용액을 합하고 먼저 사용한 같은 용매를 채워 일정용량으로 하는 것
⑲ 약 : 기재된 양에 대하여 ±10% 이상의 차가 있어서는 안 되는 것
⑳ 냄새가 없다. : 냄새가 없거나 또는 거의 없는 것을 표시하는 것
㉑ 시험에 쓰는 물 : 정제수를 말함

## 70 유기인의 분석에 관한 내용으로 틀린 것은?

① 기체크로마토그래피를 사용할 경우 질소인 검출기 또는 불꽃광도 검출기를 사용한다.
② 기체크로마토그래피는 유기인 화합물 중 이피엔, 파라티온, 메틸디메톤, 다이아지논 및 펜토에이트 분석에 적용된다.
③ 시료채취는 유리병을 사용하며 채취 전 시료로 3회 이상 세척하여야 한다.
④ 시료는 시료 채취 후 추출하기 전까지 4℃ 냉암소에 보관하고 7일 이내에 추출하고 40일 이내에 분석한다.

**풀이** 유기인 - 기체크로마토그래피의 시료관리기준
① 시료채취는 유리병을 사용하며 채취 전에 시료로 세척하지 말아야 함
② 모든 시료는 시료채취 후 추출하기 전까지 4℃ 냉암소에서 보관
③ 7일 이내에 추출하고 40일 이내에 분석함

정답 70 ③

## 71 ICP 원자발광분광기의 구성에 속하지 않은 것은?

① 고주파전원부  ② 시료원자화부
③ 광원부  ④ 분광부

**풀이** 유도결합플라스마 – 원자발광분광기(KP – AES)
① 구성
  ㉠ 시료도입부
  ㉡ 고주파전원부
  ㉢ 광원부
  ㉣ 분광부
  ㉤ 연산처리부 및 기록부
② 분광부 구분
  ㉠ 연속주사형 단원소 측정장치
  ㉡ 다원소 동시측정장치

## 72 용출시험 대상의 시료용액 조제에 있어서 사용하는 용매의 pH 범위는?

① 4.8~5.3  ② 5.8~6.3
③ 6.8~7.3  ④ 7.8~8.3

**풀이** 용출시험 시료용액 조제
① 시료의 조제 방법에 따라 조제한 시료 100g 이상을 정확히 단다.
  ⇩
② 용매 : 정제수에 염산을 넣어 pH를 5.8~6.3으로 한다.
  ⇩
③ 시료 : 용매=1 : 10(W/V)의 비로 2,000mL 삼각 플라스크에 넣어 혼합한다.

## 73 정량한계에 대한 설명으로 ( )에 옳은 것은?

정량한계(LOQ)란 시험분석 대상을 정량화할 수 있는 측정값으로서, 제시된 정량한계 부근의 농도를 포함하도록 시료를 준비하고 이를 반복 측정하여 얻은 결과의 표준편차에 ( )배 한 값을 사용한다.

① 2  ② 5  ③ 10  ④ 20

**풀이** 정량한계(LOQ)=표준편차×10

## 74 다음 ( )에 들어갈 적절한 내용은?

기체크로마토그래피 분석에서 머무름시간을 측정할 때는 ( ㉠ )회 측정하여 그 평균치를 구한다. 일반적으로 ( ㉡ )분 정도에서 측정하는 피크의 머무름시간은 반복시험을 할 때 ( ㉢ )% 오차범위 이내이어야 한다.

① ㉠ 3, ㉡ 5~30, ㉢ ±3
② ㉠ 5, ㉡ 5~30, ㉢ ±5
③ ㉠ 3, ㉡ 5~15, ㉢ ±3
④ ㉠ 5, ㉡ 5~15, ㉢ ±5

**풀이** 기체크로마토그래피 분석에서 머무름시간을 측정할 때는 3회 측정하여 그 평균치를 구한다. 일반적으로 5~30분 정도에서 측정하는 피크의 머무름시간은 반복시험을 할 때 ±3% 오차범위 이내이어야 한다.

## 75 흡광광도 분석장치에서 근적외부의 광원으로 사용되는 것은?

① 텅스텐 램프  ② 중수소 방전관
③ 석영 저압 수은관  ④ 수소 방전관

**풀이** 자외선/가시선 분광광도계 광원부의 광원
① 가시부, 근적외부 : 텅스텐 램프
② 자외부 : 중수소 방전관

## 76 PCBs를 기체크로마토그래피로 분석할 때 실리카겔 칼럼에 무수황산나트륨을 첨가하는 이유는?

① 유분 제거  ② 수분 제거
③ 미량 중금속 제거  ④ 먼지 제거

**풀이** 무수황산나트륨의 용도는 탈수작업, 즉 수분 제거이다.

## 77 대상 폐기물의 양이 5,400톤인 경우 채취해야 할 시료의 최소 수는?

① 20  ② 40
③ 60  ④ 80

**정답**  71 ②  72 ②  73 ③  74 ①  75 ①  76 ②  77 ③

풀이 **대상 폐기물의 양과 시료의 최소 수**

| 대상 폐기물의 양(단위 : ton) | 시료의 최소 수 |
|---|---|
| ~ 1 미만 | 6 |
| 1 이상~5 미만 | 10 |
| 5 이상~30 미만 | 14 |
| 30 이상~100 미만 | 20 |
| 100 이상~500 미만 | 30 |
| 500 이상~1,000 미만 | 36 |
| 1,000 이상~5,000 미만 | 50 |
| 5,000 이상~ | 60 |

**78** 폐기물의 용출시험방법에 관한 사항으로 ( )에 옳은 내용은?

> 시료용액의 조제가 끝난 혼합액을 상온, 상압에서 진탕 횟수가 매 분당 약 200회, 진폭이 4~5cm의 진탕기를 사용하여 ( ) 동안 연속 진탕한다.

① 2시간  ② 4시간
③ 6시간  ④ 8시간

풀이 **용출시험방법(용출조작)**
① 진탕 : 혼합액을 상온·상압에서 진탕 횟수가 매 분당 약 200회, 진폭이 4~5cm인 진탕기를 사용하여 6시간 연속 진탕
⇩
② 여과 : 1.0μm의 유리섬유여과지로 여과
⇩
③ 여과액을 적당량 취하여 용출실험용 시료용액으로 함

**79** 폐기물 중에 납을 자외선/가시선 분광법으로 측정하는 방법에 관한 내용으로 틀린 것은?

① 납 착염의 흡광도를 520nm에서 측정하는 방법이다.
② 전처리를 하지 않고 직접 시료를 사용하는 경우, 시료 중에 시안화합물이 함유되어 있으면 염산 산성으로 끓여 시안화물을 완전히 분해 제거한 다음 실험한다.
③ 시료에 다량의 비스무트(Bi)가 공존하면 시안화칼륨용액으로 수회 씻어 무색으로 하여 실험한다.
④ 정량한계는 0.001mg이다.

풀이 **납–자외선/가시선 분광법의 간섭물질**
① 전처리를 하지 않고 직접 시료를 사용하는 경우 시료 중에 시안화합물이 함유되어 있으면 염산 산성으로 끓여 시안화물을 완전히 분해 제거한 다음 실험한다.
② 시료에 다량의 비스무트(Bi)가 공존하면 시안화칼륨용액으로 수회 씻어도 무색이 되지 않는 경우 다음과 같이 납과 비스무트를 분리하여 실험한다. 추출하여 10~20mL로 한 사염화탄소층에 프탈산수소칼륨 완충액(pH 3.4) 20mL씩을 2회 역추출하고 전체수층을 합하여 분별깔대기에 옮긴다. 암모니아수(1+1)를 넣어 약알칼리성으로 하고 시안화칼륨용액(5W/V%) 5mL 및 정제수를 넣어 약 100mL로 한 다음 이하 시료의 시험기준에 따라 추출조작부터 다시 실험한다.
③ 흡수셀이 더러워 측정값에 오차가 발생한 경우
  ㉠ 탄산나트륨용액(2W/V%)에 소량의 음이온 계면활성제를 가한 용액에 흡수셀을 담가 놓고 필요하면 40~50℃로 약 10분간 가열한다.
  ㉡ 흡수셀을 꺼내 정제수로 씻은 후 질산(1+5)에 소량의 과산화수소를 가한 용액에 약 30분간 담가 놓았다가 꺼내어 정제수로 잘 씻는다. 깨끗한 가제나 흡수지 위에 거꾸로 놓아 물기를 제거하고 실리카겔을 넣은 데시케이터 중에서 건조하여 보존한다.
  ㉢ 급히 사용하고자 할 때는 물기를 제거한 후 에틸알코올로 씻고 다시 에틸에테르로 씻은 다음 드라이어로 건조해서 사용한다.

**80** 기체크로마토그래피의 검출기 중 인 또는 유황화합물을 선택적으로 검출할 수 있는 것으로 운반가스와 조연가스의 혼합부, 수소공급구, 연소노즐, 광학필터, 광전자증배관 및 전원 등으로 구성된 것은?

① TCD(Thermal Conductivity Detector)
② FID(Flame Ionization Detector)
③ FPD(Flame Photometric Detector)
④ FTD(Flame Thermionic Detector)

정답  78 ③  79 ③  80 ③

풀이 **불꽃광도검출기(FPD ; Flame Photometric Detector)**
불꽃광도검출기는 수소염에 의하여 시료성분을 연소시키고 이때 발생하는 염광의 광도를 분광학적으로 측정하는 방법으로서 인 또는 유황화합물을 선택적으로 검출할 수 있다. 운반가스와 조연가스의 혼합부, 수소공급구, 연소노즐, 광학필터, 광전자증배관 및 전원 등으로 구성되어 있다.

## 5과목   폐기물관계법규

**81** 음식물류 폐기물 발생 억제 계획의 수립주기는?

① 1년   ② 2년
③ 3년   ④ 5년

풀이 음식물류 폐기물 발생 억제 계획의 수립주기는 5년으로 하되, 그 계획에는 연도별 세부추진계획을 포함하여야 한다.

**82** 지정폐기물의 수집·운반·보관기준에 관한 설명으로 옳은 것은?

① 폐농약·폐촉매는 보관개시일부터 30일을 초과하여 보관하여서는 아니 된다.
② 수집·운반차량은 녹색 도색을 하여야 한다.
③ 지정폐기물과 지정폐기물 외의 폐기물을 구분 없이 보관하여야 한다.
④ 폐유기용제는 휘발되지 아니하도록 밀폐된 용기에 보관하여야 한다.

풀이 ① 폐농약·폐촉매는 보관개시일부터 45일을 초과하여 보관하여서는 아니 된다.
② 지정폐기물 수집·운반차량의 차체는 노란색으로 색칠을 하여야 한다.
③ 지정폐기물은 지정폐기물 외의 폐기물과 구분하여 보관하여야 한다.

**83** 제출된 폐기물 처리사업계획서의 적합통보를 받은 자가 천재지변이나 그 밖의 부득이한 사유로 정해진 기간 내에 허가신청을 하지 못한 경우에 실시하는 연장기간에 대한 설명으로 (   )의 기간이 옳게 나열된 것은?

> 폐기물 수집·운반업의 경우에는 총 연장기간 ( ㉠ ), 폐기물 최종처분업과 폐기물 종합처분업의 경우에는 총 연장기간 ( ㉡ )의 범위에서 허가신청기간을 연장할 수 있다.

① ㉠ 6개월, ㉡ 1년
② ㉠ 6개월, ㉡ 2년
③ ㉠ 1년, ㉡ 2년
④ ㉠ 1년, ㉡ 3년

풀이 제출된 폐기물 처리사업계획서의 적합통보를 받은 자가 천재지변이나 그 밖의 부득이한 사유로 정해진 기간 내에 허가신청을 하지 못한 경우에 폐기물 수집·운반업의 경우에는 총 연장기간 6개월, 폐기물 최종처분업과 폐기물 종합처분업의 경우에는 총 연장기간 2년의 범위에서 허가신청기간을 연장할 수 있다.

**84** 생활폐기물의 처리협조 규정(생활폐기물이 배출되는 토지나 건물의 소유자, 점유자 또는 관리자는 관할 특별자치도, 시군수의 조례로 정하는 바에 따라 생활환경 보전상 지장이 없는 방법으로 그 폐기물을 스스로 처리하거나 양을 줄여서 배출)을 위반한 자에 대한 과태료 기준은?

① 100만 원 이하
② 200만 원 이하
③ 300만 원 이하
④ 500만 원 이하

풀이 폐기물관리법 제68조 참조

정답  81 ④   82 ④   83 ②   84 ①

**85** 관할 구역의 폐기물의 배출 및 처리상황을 파악하여 폐기물이 적정하게 처리될 수 있도록 폐기물처리시설을 설치·운영하여야 하는 자는?

① 유역환경청장
② 폐기물 배출자
③ 환경부장관
④ 특별자치시장, 특별자치도지사, 시장·군수·구청장

**풀이** 특별자치시장, 특별자치도지사, 시장·군수·구청장은 관할 구역의 폐기물의 배출 및 처리상황을 파악하여 폐기물이 적정하게 처리될 수 있도록 폐기물처리시설을 설치·운영하여야 한다.

**86** 위해의료폐기물 중 조직물류폐기물에 해당되는 것은?

① 폐혈액백
② 혈액투석 시 사용된 폐기물
③ 혈액, 고름 및 혈액생성물(혈청, 혈장, 혈액제제)
④ 폐항암제

**풀이** 위해의료폐기물의 종류
  ① 조직물류 폐기물 : 인체 또는 동물의 조직·장기·기관·신체의 일부, 동물의 사체, 혈액·고름 및 혈액생성물질(혈청, 혈장, 혈액제제)
  ② 병리계 폐기물 : 시험·검사 등에 사용된 배양액, 배양용기, 보관균주, 폐시험관, 슬라이드, 커버글라스, 폐배지, 폐장갑
  ③ 손상성 폐기물 : 주삿바늘, 봉합바늘, 수술용 칼날, 한방침, 치과용 침, 파손된 유리재질의 시험기구
  ④ 생물·화학폐기물 : 폐백신, 폐항암제, 폐화학치료제
  ⑤ 혈액오염폐기물 : 폐혈액백, 혈액투석 시 사용된 폐기물, 그 밖에 혈액이 유출될 정도로 포함되어 있어 특별한 관리가 필요한 폐기물

**87** 지정폐기물 중 유해물질함유 폐기물의 종류로 틀린 것은?(단, 환경부령으로 정하는 물질을 함유한 것으로 한정한다.)

① 광재(철광 원석의 사용으로 인한 고로 슬래그는 제외한다.)
② 분진(대기오염 방지시설에서 포집된 것으로 한정하되, 소각시설에서 발생되는 것은 제외한다.)
③ 폐흡착제 및 폐흡수제(광물유, 동물유 및 식물유의 정제에 사용된 폐토사는 제외한다.)
④ 폐내화물 및 재벌구이 전에 유약을 바른 도자기 조각

**풀이** 폐흡착제 및 폐흡수제(광물유, 동물유 및 식물유의 정제에 사용된 폐토사를 포함한다.)

**88** 사업장에서 발생하는 폐기물 중 유해물질의 함유량에 따라 지정폐기물로 분류될 수 있는 폐기물에 대해서는 폐기물분석전문기관에 의뢰하여 지정폐기물에 해당되는지를 미리 확인하여야 한다. 이를 위반하여 확인하지 아니한 자에 대한 과태료 부과기준은?

① 200만 원 이하   ② 300만 원 이하
③ 500만 원 이하   ④ 1,000만 원 이하

**풀이** 폐기물관리법 제68조 참조

**89** 폐기물 처분시설의 설치기준에서 재활용시설의 경우 파쇄·분쇄·절단시설이 갖추어야 할 기준으로 ( )에 맞는 것은?

> 파쇄·분쇄·절단조각의 크기는 최대직경 ( ) 이하로 각각 파쇄·분쇄·절단할 수 있는 시설이어야 한다.

① 3센티미터   ② 5센티미터
③ 10센티미터   ④ 15센티미터

**풀이** 폐기물 처분시설의 설치기준(재활용시설)
  파쇄·분쇄·절단조각의 크기는 최대직경 15센티미터 이하로 각각 파쇄·분쇄·절단할 수 있는 시설이어야 한다.

**90** 주변지역 영향 조사대상 폐기물처리시설 중 '대통령령으로 정하는 폐기물처리시설' 기준으로 옳지 않은 것은?(단, 폐기물처리업자가 설치, 운영)

① 시멘트 소성로(폐기물을 연료로 사용하는 경우로 한정한다.)
② 매립면적 3만 제곱미터 이상의 사업장 일반폐기물 매립시설
③ 매립면적 1만 제곱미터 이상의 사업장 지정폐기물 매립시설
④ 1일 처분능력이 50톤 이상인 사업장폐기물소각시설(같은 사업장에 여러 개의 소각시설이 있는 경우에는 각 소각시설의 1일 처분 능력의 합계가 50톤 이상인 경우를 말한다.)

**풀이** 주변지역 영향 조사대상 폐기물처리시설 기준
① 1일 처분능력이 50톤 이상인 사업장폐기물 소각시설(같은 사업장에 여러 개의 소각시설이 있는 경우에는 각 소각시설의 1일 처분능력의 합계가 50톤 이상인 경우를 말한다.)
② 매립면적 1만 제곱미터 이상의 사업장 지정폐기물 매립시설
③ 매립면적 15만 제곱미터 이상의 사업장 일반폐기물 매립시설
④ 시멘트 소성로(폐기물을 연료로 사용하는 경우로 한정한다.)
⑤ 1일 재활용능력이 50톤 이상인 사업장폐기물 소각열회수시설(같은 사업장에 여러 개의 소각열회수시설이 있는 경우에는 각 소각열회수시설의 1일 재활용능력의 합계가 50톤 이상인 경우를 말한다.)

**91** 폐기물관리법령상 용어의 정의로 틀린 것은?

① 폐기물 : 쓰레기, 연소재, 오니, 폐유, 폐산, 폐알칼리 및 동물의 사체 등으로서 사람의 생활이나 사업활동에 필요하지 아니하게 된 물질을 말한다.
② 폐기물처리시설 : 폐기물의 중간처분시설 및 최종처분시설 중 재활용처리시설을 제외한 환경부령으로 정하는 시설을 말한다.
③ 지정폐기물 : 사업장폐기물 중 폐유·폐산 등 주변 환경을 오염시킬 수 있거나 의료폐기물 등 인체에 위해를 줄 수 있는 해로운 물질로서 대통령령으로 정하는 폐기물을 말한다.
④ 폐기물감량화시설 : 생산 공정에서 발생하는 폐기물의 양을 줄이고, 사업장 내 재활용을 통하여 폐기물 배출을 최소화하는 시설로서 대통령령으로 정하는 시설을 말한다.

**풀이** 폐기물처리시설
폐기물의 중간처분시설, 최종처분시설 및 재활용시설로서 대통령령으로 정하는 시설을 말한다.

**92** 폐기물 처리시설인 중간처분시설 중 기계적 처분시설의 종류로 틀린 것은?

① 절단시설(동력 7.5kW 이상인 시설로 한정한다.)
② 응집·침전 시설(동력 15kW 이상인 시설로 한정한다.)
③ 압축시설(동력 7.5kW 이상인 시설로 한정한다.)
④ 탈수·건조 시설

**풀이** 중간처분시설(기계적 처분시설)의 종류
① 압축시설(동력 7.5kW 이상인 시설로 한정한다.)
② 파쇄·분쇄시설(동력 15kW 이상인 시설로 한정한다.)
③ 절단시설(동력 7.5kW 이상인 시설로 한정한다.)
④ 용융시설(동력 7.5kW 이상인 시설로 한정한다.)
⑤ 증발·농축시설
⑥ 정제시설(분리·증류·추출·여과 등의 시설을 이용하여 폐기물을 처분하는 단위시설을 포함한다.)
⑦ 유수분리시설
⑧ 탈수·건조시설
⑨ 멸균분쇄시설

**93** 폐기물발생억제지침 준수의무 대상 배출자의 규모기준으로 옳은 것은?

① 최근 2년간 연평균 배출량을 기준으로 지정폐기물을 100톤 이상 배출하는 자
② 최근 2년간 연평균 배출량을 기준으로 지정폐기물을 200톤 이상 배출하는 자

정답  90 ②  91 ②  92 ②  93 ③

③ 최근 3년간 연평균 배출량을 기준으로 지정폐기물을 100톤 이상 배출하는 자
④ 최근 3년간 연평균 배출량을 기준으로 지정폐기물을 200톤 이상 배출하는 자

**풀이** 폐기물발생억제지침 준수의무 대상 배출자의 규모
① 최근 3년간 연평균 배출량을 기준으로 지정폐기물을 100톤 이상 배출하는 자
② 최근 3년간 연평균 배출량을 기준으로 지정폐기물 외의 폐기물을 1천 톤 이상 배출하는 자

**94** 대통령령으로 정하는 폐기물처리시설을 설치, 운영하는 자는 그 시설의 유지관리에 관한 기술업무를 담당하게 하기 위해 기술관리인을 임명하거나 기술관리 능력이 있다고 대통령령으로 정하는 자와 기술관리 대행계약을 체결하여야 한다. 이를 위반하여 기술관리인을 임명하지 아니하고 기술관리 대행 계약을 체결하지 아니한 자에 대한 과태료 처분 기준은?

① 2백만 원 이하의 과태료
② 3백만 원 이하의 과태료
③ 5백만 원 이하의 과태료
④ 1천만 원 이하의 과태료

**풀이** 폐기물관리법 제68조 참조

**95** 대통령령으로 정하는 폐기물처리시설을 설치, 운영하는 자는 그 처리시설에서 배출되는 오염물질을 측정하거나 환경부령으로 정하는 측정기관으로 하여금 측정하게 하고 그 결과를 환경부 장관에게 제출하여야 하는데 이때 '환경부령으로 정하는 측정기관'에 해당되지 않는 것은?

① 보건환경연구원
② 국립환경과학원
③ 한국환경공단
④ 수도권매립지관리공사

**풀이** 환경부령으로 정하는 오염물질 측정기관
① 보건환경연구원
② 한국환경공단
③ 수질오염물질 측정대행업의 등록을 한 자
④ 수도권매립지관리공사
⑤ 폐기물분석전문기관

**96** 폐기물 감량화 시설의 종류와 가장 거리가 먼 것은?

① 폐기물 재사용 시설
② 폐기물 재활용 시설
③ 폐기물 재이용 시설
④ 공정 개선 시설

**풀이** 폐기물 감량화 시설의 종류
① 공정 개선 시설
② 폐기물 재이용 시설
③ 폐기물 재활용 시설
④ 그 밖의 폐기물 감량화 시설

**97** 기술관리인을 두어야 할 폐기물처리시설이 아닌 것은?

① 압축·파쇄·분쇄시설로서 1일 처분능력이 50톤 이상인 시설
② 사료화·퇴비화시설로서 1일 재활용능력이 5톤 이상인 시설
③ 시멘트 소성로
④ 소각열회수시설로서 시간당 재활용능력이 600킬로그램 이상인 시설

**풀이** 기술관리인을 두어야 하는 폐기물처리시설
① 매립시설의 경우
㉠ 지정폐기물을 매립하는 시설로서 면적이 3천 300제곱미터 이상인 시설. 다만, 차단형 매립시설에서는 면적이 330제곱미터 이상이거나 매립용적이 1천 세제곱미터 이상인 시설로 한다.
㉡ 지정폐기물 외의 폐기물을 매립하는 시설로서 면적이 1만 제곱미터 이상이거나 매립용적이 3만 세제곱미터 이상인 시설

**정답** 94 ④  95 ②  96 ①  97 ①

② 소각시설로서 시간당 처리능력이 600킬로그램(감염성 폐기물을 대상으로 하는 소각시설의 경우에는 200킬로그램) 이상인 시설
③ 압축·파쇄·분쇄 또는 절단시설로서 1일 처리능력 또는 재활용시설이 100톤 이상인 시설
④ 사료화·퇴비화 또는 연료화 시설로서 1일 재활용능력이 5톤 이상인 시설
⑤ 멸균·분쇄시설로서 시간당 처리능력이 100킬로그램 이상인 시설
⑥ 시멘트 소성로
⑦ 용해로(폐기물에 비철금속을 추출하는 경우로 한정한다.)로서 시간당 재활용능력이 600킬로그램 이상인 시설
⑧ 소각열회수시설로서 시간당 재활용능력이 600킬로그램 이상인 시설

## 98 관리형 매립시설에서 발생하는 침출수의 배출허용기준(BOD-SS 순서)은?(단, 가 지역, 단위 mg/L)

① 30-30
② 30-50
③ 50-50
④ 50-70

**풀이** 관리형 매립시설 침출수의 배출허용기준

| 구분 | 생물화학적 산소요구량 (mg/L) | 화학적 산소요구량(mg/L) | | | 부유물질량 (mg/L) |
|---|---|---|---|---|---|
| | | 과망간산칼륨법에 따른 경우 | | 중크롬산칼륨법에 따른 경우 | |
| | | 1일 침출수 배출량 2,000m³ 이상 | 1일 침출수 배출량 2,000m³ 미만 | | |
| 청정지역 | 30 | 50 | 50 | 400 (90%) | 30 |
| 가 지역 | 50 | 80 | 100 | 600 (85%) | 50 |
| 나 지역 | 70 | 100 | 150 | 800 (80%) | 70 |

## 99 폐기물처리시설 설치승인신청서에 첨부하여야 하는 서류로 가장 거리가 먼 것은?

① 처분 또는 재활용 후에 발생하는 폐기물의 처분 또는 재활용계획서
② 처분 대상 폐기물 발생 저감 계획서
③ 폐기물 처분시설 또는 재활용시설의 설계도서(음식물류 폐기물을 처분 또는 재활용하는 시설인 경우에는 물질수지도를 포함한다.)
④ 폐기물 처분시설 또는 재활용시설의 설치 및 장비확보 계획서

**풀이** 폐기물처리시설 설치승인신청서 첨부서류
① 처분 또는 재활용 대상 폐기물 배출업체의 제조공정도 및 폐기물배출명세서(사업장폐기물배출자가 설치하는 경우만 제출한다.)
② 폐기물의 종류, 성질·상태 및 예상 배출량명세서(사업장폐기물배출자가 설치하는 경우만 제출한다.)
③ 처분 또는 재활용 대상 폐기물의 처분계획서
④ 폐기물처분시설 또는 재활용시설의 설치 및 장비확보 계획서
⑤ 폐기물처분시설 또는 재활용시설의 설계도서(음식물류 폐기물을 처분 또는 재활용하는 시설의 경우에는 물질수지도를 포함한다.)
⑥ 처분 또는 재활용 후에 발생하는 폐기물의 처분계획서
⑦ 공동폐기물처분시설 또는 재활용시설의 설치·운영에 드는 비용부담 등에 관한 규약(폐기물처리시설을 공동으로 설치·운영하는 경우만 제출한다.)
⑧ 폐기물매립시설의 사후관리계획서
⑨ 환경부장관이 고시하는 사항을 포함한 시설설치의 환경성조사서[면적이 1만 제곱미터 이상이거나 매립용적이 3만 세제곱미터 이상인 매립시설, 1일 처분능력이 100톤 이상(지정폐기물의 경우에는 10톤 이상)인 소각시설, 1일 재활용능력이 100톤 이상인 소각열회수시설이나 폐기물을 연료로 사용하는 시멘트 소성로의 경우만 제출한다]. 다만, 「환경영향평가법」에 따른 전략환경영향평가 대상사업, 환경영향평가 대상사업 또는 소규모 환경영향평가 대상사업의 경우에는 전략환경영향평가서, 환경영향평가서나 소규모 환경영향평가서로 대체할 수 있다.
⑩ 배출시설의 설치허가 신청 또는 신고 시의 첨부서류(배출시설에 해당하는 폐기물 처분시설 또는 재활용시설을 설치하는 경우만 제출하며 제1호부터 제8호까지의 서류와 중복되면 그 서류는 제출하지 아니할 수 있다.)

**100** 주변지역 영향 조사대상 폐기물처리시설의 기준으로 옳은 것은?

| 매립면적 ( ) 제곱미터 이상의 사업장 일반 폐기물 매립시설 |
|---|

① 1만  ② 3만
③ 5만  ④ 15만

**풀이** 주변지역 영향 조사대상 폐기물처리시설 기준
① 1일 처분능력이 50톤 이상인 사업장폐기물 소각시설(같은 사업장에 여러 개의 소각시설이 있는 경우에는 각 소각시설의 1일 처분능력의 합계가 50톤 이상인 경우를 말한다.)
② 매립면적 1만 제곱미터 이상의 사업장 지정폐기물 매립시설
③ 매립면적 15만 제곱미터 이상의 사업장 일반폐기물 매립시설
④ 시멘트 소성로(폐기물을 연료로 사용하는 경우로 한정한다.)
⑤ 1일 재활용능력이 50톤 이상인 사업장폐기물 소각열회수시설(같은 사업장에 여러 개의 소각열회수시설이 있는 경우에는 각 소각열회수시설의 1일 재활용능력의 합계가 50톤 이상인 경우를 말한다.)

# 006 2021년 4회 기사

## 1과목 폐기물개론

**01** 폐기물 1톤을 건조시켜 함수율을 50%에서 25%로 감소시켰을 때 폐기물 중량(톤)은?

① 0.42
② 0.53
③ 0.67
④ 0.75

**풀이** 1ton×(1−0.5)=건조 후 폐기물 중량(ton)×(1−0.25)

건조 후 폐기물 중량(ton) = $\dfrac{1\text{ton} \times 0.5}{0.75}$ = 0.67ton

**02** 하수처리장에서 발생되는 슬러지와 비교한 분뇨의 특성이 아닌 것은?

① 질소의 농도가 높음
② 다량의 유기물을 포함
③ 염분의 농도가 높음
④ 고액분리가 쉬움

**풀이** 분뇨의 특성
① 유기물 함유도와 점도가 높아서 쉽게 고액분리되지 않는다.(다량유기물을 포함하여 고액분리 곤란)
② 토사 및 협착물이 많고 분뇨 내 협잡물의 양과 질은 도시, 농촌, 공장지대 등 발생지역에 따라 그 차이가 크다.
③ 분뇨는 외관상 황색~다갈색이고 비중은 1.02 정도이며 악취를 유발한다.
④ 분뇨는 하수슬러지에 비해 질소의 농도가 높다.[NH₄HCO₃ 및 (NH₄)₂CO₃ 형태로 존재]
⑤ 분뇨 중 질소산화물의 함유형태를 보면 분은 VS의 12~20% 정도이고 뇨는 VS의 80~90%이다. 즉, 질소화합물 함유도가 높다.
⑥ 협잡물의 함유율이 높고 염분의 농도도 비교적 높다.
⑦ 일반적으로 1인 1일 평균 100g의 분과 800g의 뇨를 배출한다.
⑧ 고형물 중 휘발성 고형물 농도가 높다.
⑨ COD 함량이 높고 BOD는 COD의 약 1/3 정도이다.

**03** 우리나라 폐기물관리법에 따른 의료폐기물 중 위해의료폐기물이 아닌 것은?

① 조직물류 폐기물
② 병리계 폐기물
③ 격리폐기물
④ 혈액오염폐기물

**풀이** 위해의료폐기물의 종류
① 조직물류 폐기물 : 인체 또는 동물의 조직·장기·기관·신체의 일부, 동물의 사체, 혈액·고름 및 혈액생성물질(혈청, 혈장, 혈액 제제)
② 병리계 폐기물 : 시험·검사 등에 사용된 배양액, 배양용기, 보관균주, 폐시험관, 슬라이드 커버글라스 폐배지, 폐장갑
③ 손상성 폐기물 : 주삿바늘, 봉합바늘, 수술용 칼날, 한방침, 치과용 침, 파손된 유리재질의 시험기구
④ 생물·화학폐기물 : 폐백신, 폐항암제, 폐화학치료제
⑤ 혈액오염폐기물 : 폐혈액백, 혈액투석 시 사용된 폐기물, 그 밖에 혈액이 유출될 정도로 포함되어 있는 특별한 관리가 필요한 폐기물

**04** 쓰레기 발생량 조사방법이라 볼 수 없는 것은?

① 적재차량 계수분석법
② 물질수지법
③ 성상분류법
④ 직접계근법

**풀이** ① 쓰레기 발생량 조사방법
㉠ 적재차량 계수분석법
㉡ 직접계근법
㉢ 물질수지법
㉣ 통계조사(표본조사, 전수조사)
② 쓰레기 발생량 예측방법
㉠ 경향법
㉡ 다중회귀모델
㉢ 동적모사모델

정답 01 ③  02 ④  03 ③  04 ③

**05** 인구가 300,000명인 도시에서 폐기물 발생량이 1.2kg/인·일이라고 한다. 수거된 폐기물의 밀도가 0.8kg/L, 수거차량의 적재용량이 12m³라면, 1일 2회 수거하기 위한 수거차량의 대수는? (단, 기타 조건은 고려하지 않음)

① 15대  ② 17대
③ 19대  ④ 21대

**풀이** 수거차량(대)

$$= \frac{1.2\text{kg/인·일} \times 300,000\text{인}}{12\text{m}^3/\text{회} \times (0.8\text{kg}/10^{-3}\text{m}^3) \times 2\text{회/대·일}}$$

$= 18.75(19\text{대})$

**06** 밀도가 400kg/m³인 쓰레기 10ton을 압축시켰더니 처음 부피보다 50%가 줄었다. 이 경우 Compaction Ratio는?

① 1.5  ② 2.0
③ 2.5  ④ 3.0

**풀이** $CR = \left(\dfrac{100}{100-VR}\right) = \left(\dfrac{100}{100-50}\right) = 2.0$

**07** 30만 명 인구규모를 갖는 도시에서 발생되는 도시쓰레기양이 연간 40만 톤이고, 수거인부가 하루 500명이 동원되었을 때 MHT는?(단, 1일 작업시간 = 8시간, 연간 300일 근무)

① 3  ② 4
③ 6  ④ 7

**풀이** $\text{MHT} = \dfrac{\text{수거인부} \times \text{수거인부 총수거시간}}{\text{총수거량}}$

$= \dfrac{500\text{인} \times 8\text{hr/day} \times 300\text{day/year}}{400,000\text{ton/year}}$

$= 3\text{MHT(man·hr/ton)}$

**08** 효과적인 수거노선 설정에 관한 설명으로 가장 거리가 먼 것은?

① 적은 양의 쓰레기가 발생하나 동일한 수거빈도를 받기를 원하는 수거지점은 가능한 한 같은 날 왕복 내에서 수거되지 않도록 한다.
② 가능한 한 지형지물 및 도로 경계와 같은 장벽을 이용하여 간선도로 부근에서 시작하고 끝나도록 배치하여야 한다.
③ U자형 회전은 피하고 많은 양의 쓰레기가 발생되는 발생원은 하루 중 가장 먼저 수거하도록 한다.
④ 가능한 한 시계방향으로 수거노선을 정한다.

**풀이** 효과적·경제적인 수거노선 결정 시 유의(고려)사항 : 수거노선 설정요령
① 지형이 언덕인 지역에서는 언덕의 위에서부터 내려가며 적재하면서 차량을 진행하도록 한다.(안전성, 연료비 절약)
② 수거인원 및 차량형식이 같은 기존 시스템의 조건들을 서로 관련시킨다.
③ 출발점은 차고와 가깝게 하고 수거된 마지막 컨테이너가 처분지의 가장 가까이에 위치하도록 배치한다.
④ 가능한 한 지형지물 및 도로경계와 같은 장벽을 사용하여 간선도로 부근에서 시작하고 끝나야 한다.(도로경계 등을 이용)
⑤ 가능한 한 시계방향으로 수거노선을 정한다.
⑥ 적은 양의 쓰레기가 발생하나 동일한 수거빈도를 받기 원하는 적재지점(수거지점)은 가능한 한 같은 날 왕복 내에서 수거한다.
⑦ 아주 많은 양의 쓰레기가 발생되는 발생원은 하루 중 가장 먼저 수거한다.
⑧ 될 수 있는 한 한 번 간 길은 다시 가지 않는다.
⑨ 반복운행 또는 U자형 회전은 피하여 수거한다.
⑩ 교통량이 많거나 출퇴근시간은 피하여 수거한다.
⑪ 수거지점과 수거빈도 결정 시 기존정책이나 규정을 참고한다.

**09** $X_{90}$=4.6cm로 도시폐기물을 파쇄하고자 할 때 Rosin-Rammler 모델에 의한 특성입자크기($X_o$, cm)는?(단, $n$=1로 가정)

① 1.2  ② 1.6
③ 2.0  ④ 2.3

**풀이**
$$Y = 1 - \exp\left[-\left(\frac{X}{X_o}\right)^n\right]$$
$$0.9 = 1 - \exp\left[-\left(\frac{4.6}{X_o}\right)^1\right]$$
$$-\frac{4.6}{X_o} = \ln 0.1$$
특성입자크기($X_o$)=2.0cm

**10** 강열감량에 대한 설명으로 가장 거리가 먼 것은?

① 강열감량이 높을수록 연소효율이 좋다.
② 소각잔사의 매립처분에 있어서 중요한 의미가 있다.
③ 3성분 중에서 가연분이 타지 않고 남는 양으로 표현된다.
④ 소각로의 연소효율을 판정하는 지표 및 설계인자로 사용된다.

**풀이** 강열감량(열작감량)
① 소각재 중 미연분의 양을 중량 백분율로 표시한다.(강열감량=수분함량+가연분함량)
② 소각로의 연소효율을 판정하는 지표 및 설계인자로 사용한다.(소각로의 운전상태를 파악할 수 있는 중요한 지표)
③ 소각잔사의 매립처분에 있어서 중요한 의미가 있다.
④ 3성분 중에서 가연분이 타지 않고 남는 양으로 표현된다.
⑤ 강열감량이 낮을수록 연소효율이 좋다.
⑥ 소각로의 종류, 처리용량에 따른 화격자의 면적을 산정하는 데 중요한 자료이다.
⑦ 쓰레기의 가연분, 소각잔사의 미연분, 고형물 중의 유기분을 측정하기 위한 열작감량(완전연소 가능량, Ignition Loss)

**11** 폐기물의 성분을 조사한 결과 플라스틱의 함량이 10%(중량비)로 나타났다. 폐기물의 밀도가 300kg/m³이라면 폐기물 10m³ 중에 함유된 플라스틱의 양(kg)은?

① 300  ② 400
③ 500  ④ 600

**풀이** 플라스틱양=밀도×부피×함량
=300kg/m³×10m³×0.1=300kg

**12** 적환장을 설치하는 일반적인 경우와 가장 거리가 먼 것은?

① 불법 투기 쓰레기들이 다량 발생할 때
② 고밀도 거주지역이 존재할 때
③ 상업지역에서 폐기물 수집에 소형 용기를 많이 사용할 때
④ 슬러지 수송이나 공기수송 방식을 사용할 때

**풀이** 적환장 설치가 필요한 경우
① 작은 용량의 수집차량을 사용할 때(15m³ 이하)
② 저밀도 거주지역이 존재할 때
③ 불법 투기와 다량의 어질러진 쓰레기들이 발생할 때
④ 슬러지 수송이나 공기수송 방식을 사용할 때
⑤ 처분지가 수집장소로부터 멀리 떨어져 있을 때
⑥ 상업지역에서 폐기물 수집에 소형 용기를 많이 사용하는 경우
⑦ 쓰레기 수송 비용절감이 필요한 경우
⑧ 압축식 수거 시스템인 경우

**13** 폐기물을 파쇄하여 입도를 분석하였더니 폐기물 입도분포 곡선상 통과백분율이 10%, 30%, 60%, 90%에 해당되는 입경이 각각 2mm, 4mm, 6mm, 8mm이었다. 곡률계수는?

① 0.93  ② 1.13
③ 1.33  ④ 1.53

**풀이** 곡률계수 $= \dfrac{D_{30}^2}{D_{10}D_{60}} = \dfrac{4^2}{2\times 6} = 1.33$

정답  09 ③  10 ①  11 ①  12 ②  13 ③

**14** 고위발열량이 8,000kcal/kg인 폐기물 10톤과 6,000kcal/kg인 폐기물 2톤을 혼합하여 SRF를 만들었다면 SRF의 고위발열량(kcal/kg)은?

① 약 7,567   ② 약 7,667
③ 약 7,767   ④ 약 7,867

**풀이** 고위발열량(kcal/kg)
$= \dfrac{(8,000 \times 10) + (6,000 \times 2)}{10 + 2}$
$= 7,666.67\,kcal/kg$

**15** 도시 쓰레기 수거노선을 설정할 때 유의해야 할 사항으로 틀린 것은?

① 수거지점과 수거빈도를 정하는 데 있어서 기존 정책을 참고한다.
② 수거인원 및 차량 형식이 같은 기존 시스템의 조건들을 서로 관련시킨다.
③ 교통이 혼잡한 지역에서 발생되는 쓰레기는 새벽에 수거한다.
④ 쓰레기 발생량이 많은 지역은 연료 절감을 위해 하루 중 가장 늦게 수거한다.

**풀이** 효과적·경제적인 수거노선 결정 시 유의(고려)사항 : 수거노선 설정요령
  ① 지형이 언덕인 지역에서는 언덕의 위에서부터 내려가며 적재하면서 차량을 진행하도록 한다.(안전성, 연료비 절약)
  ② 수거인원 및 차량형식이 같은 기존 시스템의 조건들을 서로 관련시킨다.
  ③ 출발점은 차고와 가깝게 하고 수거된 마지막 컨테이너가 처분지의 가장 가까이에 위치하도록 배치한다.
  ④ 가능한 한 지형지물 및 도로경계와 같은 장벽을 사용하여 간선도로 부근에서 시작하고 끝나야 한다.(도로경계 등을 이용)
  ⑤ 가능한 한 시계방향으로 수거노선을 정한다.
  ⑥ 적은 양의 쓰레기가 발생하나 동일한 수거빈도를 받기 원하는 적재지점(수거지점)은 가능한 한 같은 날 왕복 내에서 수거한다.
  ⑦ 아주 많은 양의 쓰레기가 발생되는 발생원은 하루 중 가장 먼저 수거한다.
  ⑧ 될 수 있는 한 한 번 간 길은 다시 가지 않는다.
  ⑨ 반복운행 또는 U자형 회전은 피하여 수거한다.
  ⑩ 교통량이 많거나 출퇴근시간은 피하여 수거한다.
  ⑪ 수거지점과 수거빈도 결정 시 기존정책이나 규정을 참고한다.

**16** 전과정평가(LCA)는 4부분으로 구성된다. 그중 상품, 포장, 공정, 물질, 원료 및 활동에 의해 발생하는 에너지 및 천연원료 요구량, 대기, 수질 오염물질 배출, 고형폐기물과 기타 기술적 자료구축 과정에 속하는 것은?

① Scoping Analysis
② Inventory Analysis
③ Impact Analysis
④ Improvement Analysis

**풀이** 전과정평가(LCA) 4단계
  ① 목적 및 범위의 설정(Goal Definition Scoping) : 1단계
    [LCA 사용목적]
    ㉠ 복수제품 간의 비교선택
    ㉡ 제품 및 공정의 개선효과 파악
    ㉢ 목표치를 달성하기 위한 제품의 점검
    ㉣ 개선점의 추출(우선순위 결정)
    ㉤ 제품에 관계되는 주체 간의 의사전달 촉진
  ② 목록분석(Inventory Analysis) : 2단계
    상품, 포장, 공정, 물질, 원료 및 활동에 의해 발생하는 에너지 및 천연원료 요구량, 대기, 수질 오염물질 배출, 고형폐기물과 기타 기술적 자료구축 과정이다.
  ③ 영향평가(Impact Analysis or Assessment) : 3단계
    조사분석과정에서 확정된 자원요구 및 환경부하에 대한 영향을 평가하는 기술적, 정량적, 정성적 과정이다.
  ④ 개선평가 및 해석(Improvement Assessment) : 4단계
    전 과정에 대한 해석을 실시하는 과정이다.

정답  14 ②  15 ④  16 ②

**17** MBT에 관한 설명으로 맞는 것은?

① 생물학적 처리가 가능한 유기성 폐기물이 적은 우리나라는 MBT 설치 및 운영이 적합하지 않다.
② MBT는 지정폐기물의 전처리 시스템으로서 폐기물 무해화에 효과적이다.
③ MBT는 주로 기계적 선별, 생물학적 처리 등을 통해 재활용 물질을 회수하는 시설이다.
④ MBT는 생활폐기물 소각 후 잔재물을 대상으로 재활용 물질을 회수하는 시설이다.

[풀이] MBT(Mechanical Biological Treatment)의 특징
① 주로 기계적 선별, 생물학적 처리 등을 통해 재활용 물질을 회수하는 시설이다.
② 생물학적 처리가 가능한 유기성 폐기물이 많은 우리나라는 MBT 설치 및 운영이 적합하다.
③ MBT는 생활폐기물 전처리 시스템으로서 재활용 가치가 있는 물질을 회수하는 시설이다.

**18** 쓰레기 선별에 사용되는 직경이 5.0m인 트롬멜 스크린의 최적속도(rpm)는?

① 약 9     ② 약 11
③ 약 14    ④ 약 16

[풀이] 최적회전속도(rpm)
= 임계속도($\eta_c$) × 0.45

임계속도 = $\frac{1}{2\pi}\sqrt{\frac{9.8}{2.5}}$

= 0.32cycle/sec × 60sec/min
= 18.92cycle/min(rpm)

= 18.92rpm × 0.45 = 8.51rpm

**19** 분뇨처리를 위한 혐기성 소화조의 운영과 통제를 위하여 사용하는 분석항목으로 가장 거리가 먼 것은?

① 휘발성 산의 농도
② 소화가스 발생량
③ 세균수
④ 소화조 온도

[풀이] 혐기성 소화조의 운영과 통제을 위한 분석항목
① 소화가스 발생량
② 소화가스 중 메탄과 이산화탄소의 함량
③ 휘발성 산의 농도
④ 소화조 온도
⑤ 소화시간

**20** 쓰레기 발생량 예측방법으로 적절하지 않은 것은?

① 경향법        ② 물질수지법
③ 다중회귀모델   ④ 동적모사모델

[풀이] 폐기물 발생량 예측방법

| 방법(모델) | 내용 |
| --- | --- |
| 경향법 (Trend Method) 경향예측모델 | • 최저 5년 이상의 과거 처리 실적을 수식 model에 대하여 과거의 경향을 가지고 장래를 예측하는 방법<br>• 단지 시간과 그에 따른 쓰레기 발생량(또는 성상) 간의 상관관계만을 고려하며 이를 수식으로 표현하면 $x = f(t)$<br>• $x = f(t)$는 선형, 지수형, 대수형 등에서 가장 근사한 형태를 택함 |
| 다중회귀모델 (Multiple Regression Model) | • 하나의 수식으로 각 인자들의 효과를 총괄적으로 나타내어 복잡한 시스템의 분석에 유용하게 사용할 수 있는 쓰레기 발생량 예측방법<br>• 각 인자마다 효과를 파악하기보다는 전체 인자의 효과를 총괄적으로 파악하는 것이 간편하고 유용한 예측방법으로 시간을 단순히 하나의 독립된 종속인자로 대입<br>• 수식 $x = f(X_1 X_2 X_3 \cdots X_n)$, 여기서 $X_1 X_2 X_3 \cdots X_n$은 쓰레기 발생량에 영향을 주는 인자<br>※ 인자 : 인구, 지역소득(GNP 또는 GRP), 자원회수량, 상품 소비량 또는 매출액 (자원회수량, 사회적·경제적 특성이 고려됨) |
| 동적모사모델 (Dynamic Simulation Model) | • 쓰레기 발생량에 영향을 주는 모든 인자를 시간에 대한 함수로 나타낸 후 시간에 대한 함수로 표현된 각 영향인자들 간의 상관관계를 수식화하는 방법<br>• 시간만을 고려하는 경향법과 시간을 단순히 하나의 독립적인 종속인자로 고려하는 다중회귀모델의 문제점을 보완한 예측방법<br>• Dynamo 모델 등이 있음 |

정답   17 ③   18 ①   19 ③   20 ②

## 2과목 폐기물처리기술

**21** 매립지의 연직차수막에 관한 설명으로 옳은 것은?

① 지중에 암반이나 점성토의 불투수층이 수직으로 깊이 분포하는 경우에 설치한다.
② 지하수 집배수시설이 불필요하다.
③ 지하에 매설되므로 차수막 보강시공이 불가능하다.
④ 차수막의 단위면적당 공사비는 적게 소요되나 총공사비는 비싸다.

**풀이** 연직차수막
① 적용조건 : 지중에 수평방향의 차수층이 존재할 때 사용
② 시공 : 수직 또는 경사시공
③ 지하수 집배수시설 : 불필요
④ 차수성 확인 : 지하매설로서 차수성 확인이 어려움
⑤ 경제성 : 단위면적당 공사비는 많이 소요되나 총공사비는 적게 듦
⑥ 보수 : 지중이므로 보수가 어렵지만 차수막 보강시공이 가능
⑦ 공법 종류
  ㉠ 어스 댐 코어 공법
  ㉡ 강널말뚝(Sheet Pile) 공법
  ㉢ 그라우트 공법
  ㉣ 차수시트 매설 공법
  ㉤ 지중 연속벽 공법

**22** 토양증기추출공정에서 발생되는 2차 오염 배가스 처리를 위한 흡착방법에 대한 설명으로 옳지 않은 것은?

① 배가스의 온도가 높을수록 처리성능은 향상된다.
② 배가스 중의 수분을 전단계에서 최대한 제거해 주어야 한다.
③ 흡착제의 교체주기는 파과지점을 설계하여 정한다.
④ 흡착반응기 내 채널링 현상을 최소화하기 위하여 배가스의 선속도를 적정하게 조절한다.

**풀이** 배기가스의 온도가 높을수록 처리성능은 저감되며 활성탄 흡착탑 유입가스의 온도가 약 50℃ 이상일 때는 배가스를 냉각시켜야 한다.

**23** 매립지 중간복토에 관한 설명으로 틀린 것은?

① 복토는 메탄가스가 외부로 나가는 것을 방지한다.
② 폐기물이 바람에 날리는 것을 방지한다.
③ 복토재로는 모래나 점토질을 사용하는 것이 좋다.
④ 지반의 안정과 강도를 증가시킨다.

**풀이** 중간복토
① 최소두께는 7일 이상 방치 시 30cm 이상 실시
② 쓰레기 운반차량을 위한 도로지반 제공 및 장기간 방치되는 매립부분의 우수배제를 목적으로 함
③ 화재예방, 악취발산 억제 및 가스배출 억제
④ 우수침투 방지, 쓰레기가 바람에 날리는 것 방지
⑤ 차수성이 좋고, 통기성이 안 좋은 점토계 토양이 적합
⑥ 지반의 안정과 강도를 증가

**24** 휘발성 유기화합물질(VOCs)이 아닌 것은?

① 벤젠
② 디클로로에탄
③ 아세톤
④ 디디티

**풀이** DDT(Dichloro–Diphenyl–Trichloroethane)는 염소를 한 개씩 달고 있는 벤젠고리 2개와 3개의 염소가 결합한 형태의 유기염소화합물이다.

**25** 폐기물의 고화처리방법 중 피막형성법의 장점으로 옳은 것은?

① 화재 위험성이 없다.
② 혼합률이 높다.
③ 에너지 소비가 적다.
④ 침출성이 낮다.

**정답** 21 ② 22 ① 23 ③ 24 ④ 25 ④

**풀이** 피막형성법

① 장점
  ㉠ 혼합률(MR)이 비교적 낮다.
  ㉡ 침출성이 고형화방법 중 가장 낮다.
② 단점
  ㉠ 많은 에너지가 요구된다.
  ㉡ 값비싼 시설과 숙련된 기술을 요한다.
  ㉢ 피막형성용 수지값이 비싸다.
  ㉣ 화재위험성이 있다.

**26** 고형물농도가 80,000ppm인 농축슬러지양 20m³/hr를 탈수하기 위해 개량제(Ca(OH)₂)를 고형물당 10wt% 주입하여 함수율 85wt%인 슬러지 Cake을 얻었다면 예상 슬러지 Cake의 양(m³/hr)은?(단, 비중 = 1.0 기준)

① 약 7.3
② 약 9.6
③ 약 11.7
④ 약 13.2

**풀이** Cake 양(m³/hr)
= 고형물 농축슬러지양 × 응집제첨가량 × 함수율보정
= $20m^3/hr \times 80,000mg/L \times 1kg/10^6mg$
  $\times L/kg \times \left(\frac{100+10}{100}\right) \times \left(\frac{100}{100-85}\right)$
= $11.74m^3/hr$

**27** 친산소성 퇴비화 공정의 설계 운영고려 인자에 관한 내용으로 틀린 것은?

① 수분함량 : 퇴비화기간 동안 수분함량은 50~60% 범위에서 유지된다.
② C/N비 : 초기 C/N비는 25~50이 적당하며 C/N비가 높은 경우는 암모니아 가스가 발생한다.
③ pH 조절 : 적당한 분해작용을 위해서는 pH 7~7.5 범위를 유지하여야 한다.
④ 공기공급 : 이론적인 산소요구량은 식을 이용하여 추정이 가능하다.

**풀이** ① C/N비가 높으면 유기산 등이 퇴비의 pH를 낮추고 미생물의 성장과 활동도 억제되며 질소 부족(C/N비 80 이상이면 질소결핍현상)으로 퇴비화가 잘 형성되지 않아 퇴비화의 소요기간이 길어진다.(폐기물 내 질소함량이 적은 것은 퇴비화가 잘 되지 않는다.)
② C/N비가 20보다 낮으면 유기질소가 암모니아로 변하여 pH를 증가시키고, 이로 인해 암모니아 가스가 발생되어 퇴비화과정 중 악취가 생긴다.

**28** 분뇨슬러지를 퇴비화할 경우, 영향을 주는 요소로 가장 거리가 먼 것은?

① 수분함량        ② 온도
③ pH             ④ SS농도

**풀이** 분뇨슬러지를 퇴비화할 경우 영향을 주는 요소는 수분함량, C/N비, 온도, pH 등이다.

**29** 유기물($C_6H_{12}O_6$) 0.1ton을 혐기성 소화할 때 생성될 수 있는 최대 메탄의 양(kg)은?

① 12.5           ② 26.7
③ 37.3           ④ 42.9

**풀이** $C_6H_{12}O_6 \rightarrow 3CH_4 + 3CO_2$
  180kg : (3×16)kg
  100kg : $CH_4$(kg)
  $CH_4(kg) = \frac{100kg \times (3\times16)kg}{180kg} = 26.67kg$

[Note]
혐기성 완전분해식
$C_aH_bC_cN_d + \left(\frac{4a-b-2c+3d}{4}\right)H_2O$
$\rightarrow \left(\frac{4a+b-2c-3d}{8}\right)CH_4 + \left(\frac{4a-b+2c+3d}{8}\right)CO_2 + dNH_3$

**30** 매립지에서 침출된 침출수 농도가 반으로 감소하는 데 약 3년이 걸린다면 이 침출수 농도가 90% 분해되는 데 걸리는 시간(년)은?(단, 일차반응 기준)

① 6              ② 8
③ 10             ④ 12

**풀이** $\ln\left(\dfrac{C_t}{C_o}\right) = -kt$

$\ln 0.5 = -k \times 3$, $k = 0.231 \text{year}^{-1}$

$\ln\left(\dfrac{10}{100}\right) = -0.231 \text{year}^{-1} \times t$

$t = 9.97 \text{year}$

**풀이** 침출수$(m^3/year) = \dfrac{CIA}{1,000}$

$A = \dfrac{30,000 \text{ton}}{6m \times 0.75 \text{ton}/m^3}$

$= 6,666.67 m^2$

$= \dfrac{0.6 \times 1,300 \times 6,666.67}{1,000}$

$= 5,200 m^3/year$

**31** 소각장에서 발생하는 비산재를 매립하기 위해 소각재 매립지를 설계하고자 한다. 내부마찰각($\phi$) 30°, 부착도($c$) 1kPa, 소각재의 유해성과 특성변화 때문에 안정에 필요한 안전인자(FS)는 2.0일 때, 소각재 매립지의 최대경사각 $\beta$(°)는?

① 14.7  ② 16.1
③ 17.5  ④ 18.5

**풀이** 최대경사각 $= \tan^{-1}\left(\dfrac{\text{내부마찰각}}{\text{안전인자}}\right)$

$= \tan^{-1}\left(\dfrac{\tan 30°}{2}\right) = 16.10°$

**34** 총질소 2%인 고형폐기물 1ton을 퇴비화했더니 총질소는 2.5%가 되고 고형폐기물의 무게는 0.75ton이 되었다. 결과적으로 퇴비화 과정에서 소비된 질소의 양(kg)은?(단, 기타 조건은 고려하지 않음)

① 1.25  ② 3.25
③ 5.25  ④ 7.25

**풀이** 질소의 소비량(kg)
$= (1,000 kg \times 0.02) - (750 kg \times 0.025)$
$= 1.25 kg$

**32** 슬러지 수분 결합상태 중 탈수하기 가장 어려운 형태는?

① 모관결합수
② 간극모관결합수
③ 표면부착수
④ 내부수

**풀이** 탈수가 어려운 형태 순서
내부수 > 표면부착수 > 쐐기상 모관결합수 > 간극모관결합수 > 모관결합수

**35** 쓰레기 발생량은 1,000ton/day, 밀도는 0.5 ton/$m^3$이며, Trench법으로 매립할 계획이다. 압축에 따른 부피감소율 40%, Trench 깊이 4.0m, 매립에 사용되는 도랑면적 점유율이 전체 부지의 60%라면 연간 필요한 전체 부지 면적($m^2$)은?

① 182,500
② 243,500
③ 292,500
④ 325,500

**풀이** 연간매립면적($m^2$/year)
$= \dfrac{\text{쓰레기의 양}}{\text{밀도} \times \text{깊이}}$
$= \dfrac{1,000 \text{ton/day} \times 365 \text{day/year}}{0.5 \text{ton}/m^3 \times 4.0m \times 0.6} \times (1 - 0.4)$
$= 182,500 m^2/\text{year}$

**33** 쓰레기의 밀도가 750kg/$m^3$이며 매립된 쓰레기의 총량은 30,000ton이다. 여기에서 유출되는 연간 침출수량($m^3$)은?(단, 침출수 발생량은 강우량의 60%, 쓰레기의 매립 높이 = 6m, 연간 강우량 = 1,300mm, 기타 조건은 고려하지 않음)

① 2,600  ② 3,200
③ 4,300  ④ 5,200

**정답** 31 ②  32 ④  33 ④  34 ①  35 ①

**36** Soil Washing 기법을 적용하기 위하여 토양의 입도분포를 조사한 결과가 다음과 같을 경우, 유효입경(mm)과 곡률계수는?(단, $D_{10}$, $D_{30}$, $D_{60}$는 각각 통과백분율 10%, 30%, 60%에 해당하는 입자 직경이다.)

| 구분 | $D_{10}$ | $D_{30}$ | $D_{60}$ |
|---|---|---|---|
| 입자의 크기(mm) | 0.25 | 0.60 | 0.90 |

① 유효입경=0.25, 곡률계수=1.6
② 유효입경=3.60, 곡률계수=1.6
③ 유효입경=0.25, 곡률계수=2.6
④ 유효입경=3.60, 곡률계수=2.6

**풀이** 곡률계수 $= \dfrac{D_{30}^2}{D_{10} \times D_{60}} = \dfrac{0.60^2}{0.25 \times 0.90} = 1.6$

유효입경 $= D_{10} = 0.25$

**37** 함수율 60%인 쓰레기를 건조시켜 함수율 20%로 만들려면 건조시켜야 할 수분량(kg/톤)은?

① 150  ② 300
③ 500  ④ 700

**풀이** $1,000\text{kg} \times (1-0.6) =$ 건조 후 쓰레기양 $\times (1-0.2)$
건조 후 쓰레기양 $= 500\text{kg}$
건조시켜야 할 수분량 $= 1,000 - 500 = 500\text{kg}$

**38** 열분해와 운전인자에 대한 설명으로 틀린 것은?

① 열분해는 무산소상태에서 일어나는 반응이며 필요한 에너지를 외부에서 공급해 주어야 한다.
② 열분해가스 중 CO, $H_2$, $CH_4$ 등의 생성률은 열공급속도가 커짐에 따라 증가한다.
③ 열분해 반응에서는 열공급속도가 커짐에 따라 유기성 액체와 수분, 그리고 Char의 생성량은 감소한다.
④ 산소가 일부 존재하는 조건에서 열분해가 진행되면 $CO_2$의 생성량이 최대가 된다.

**풀이** 산소가 일부 존재하는 조건에서 열분해가 진행되면 $CO_2$의 생성량이 최소가 된다.

**39** 다음과 같은 특성을 가진 침출수의 처리에 가장 효율적인 공정은?

[침출수 특성]
COD/TOC<2.0, BOD/COD<0.1, 매립연한 10년 이상, COD 500 이하, 단위 mg/L

① 이온교환수지
② 활성탄
③ 화학적 침전(석회투여)
④ 화학적 산화

**풀이** 침출수 특성에 따른 처리공정 구분

| | 항목 | I | II | III |
|---|---|---|---|---|
| 침출수 특성 | COD(mg/L) | 10,000 이상 | 500~10,000 | 500 이하 |
| | COD/TOC | 2.7(2.8) 이상 | 2.0~2.7 | 2.0 이하 |
| | BOD/COD | 0.5 이상 | 0.1~0.5 | 0.1 이하 |
| | 매립연한 | 초기 (5년 이하) | 중간 (5~10년) | 오래(고령)됨 (10년 이상) |
| 주처리공정 | 생물학적 처리 | 좋음 (양호) | 보통 | 나쁨 (불량) |
| | 화학적 응집·침전 (화학적 침전 : 석회투여) | 보통·불량 | 나쁨 (불량) | 나쁨 (불량) |
| | 화학적 산화 | 보통·나쁨 (불량) | 보통 | 보통 |
| | 역삼투(R.O) | 보통 | 좋음 (양호) | 좋음 (양호) |
| | 활성탄 흡착 | 보통·좋음 (양호) | 보통·좋음 (양호) | 좋음 (양호) |
| | 이온교환 수지 | 나쁨 (불량) | 보통·좋음 (양호) | 보통 |

**40** 설계확률 강우강도를 계산할 때 적용되지 않는 공식은?

① Talbot형  ② Sherman형
③ Japanese형  ④ Manning형

정답  36 ①  37 ③  38 ④  39 ②  40 ④

**풀이** 설계확률 강우강도 계산식
① Talbot형
② Sherman형
③ Japanese형

## 3과목 폐기물소각 및 열회수

**41** 고형폐기물의 중량조성이 C : 72%, H : 6%, O : 8%, S : 2%, 수분 : 12%일 때 저위발열량(kcal/kg)은?(단, 단위질량당 열량 C : 8,100kcal/kg, H : 34,250kcal/kg, S : 2,250kcal/kg)

① 7,016　　② 7,194
③ 7,590　　④ 7,914

**풀이** $H_h = 8{,}100C + 34{,}250\left(H - \dfrac{O}{8}\right) + 2{,}250$

$= (8{,}100 \times 0.72) + \left[34{,}250\left(0.06 - \dfrac{0.08}{8}\right)\right]$
$\quad + (2{,}250 \times 0.02)$
$= 7{,}589.5 \text{kcal/kg}$

$H_l = H_h - 600(9H + W)$
$= 7{,}589.5 - 600[(9 \times 0.06) + 0.12]$
$= 7{,}193.5 \text{kcal/kg}$

**42** 유동층 소각로방식에 대한 설명으로 틀린 것은?

① 반응시간이 빨라 소각시간이 짧다.(노 부하율이 높다.)
② 기계적 구동부분이 많아 고장률이 높다.
③ 폐기물의 투입이나 유동화를 위해 파쇄가 필요하다.
④ 가스온도가 낮고 과잉공기량이 적어 NOx도 적게 배출된다.

**풀이** 유동층 소각로
① 장점
　㉠ 유동매체의 열용량이 커서 액상, 기상, 고형 폐기물의 전소 및 혼소, 균일한 연소가 가능하다.
　㉡ 반응시간이 빨라 소각시간이 짧다.(노 부하율이 높다.)
　㉢ 연소효율이 높아 미연소분이 적고 2차 연소실이 불필요하다.
　㉣ 가스의 온도가 낮고 과잉공기량이 낮다. 따라서 NOx도 적게 배출된다.
　㉤ 기계적 구동부분이 적어 고장률이 낮아 유지관리가 용이하다.
　㉥ 노 내 온도의 자동제어로 열회수가 용이하다.
　㉦ 유동매체의 축열량이 높은 관계로 단시간 정지 후 가동 시 보조연료 사용 없이 정상가동이 가능하다.
　㉧ 과잉공기량이 적으므로 다른 소각로보다 보조연료 사용량과 배출가스양이 적다.
　㉨ 석회 또는 반응물질을 유동매체에 혼입시켜 노 내에서 산성가스의 제거가 가능하다.
② 단점
　㉠ 층의 유동으로 상으로부터 찌꺼기의 분리가 어려우며 운전비, 특히 동력비가 높다.
　㉡ 폐기물의 투입이나 유동화를 위해 파쇄가 필요하다.
　㉢ 상재료의 용융을 막기 위해 연소온도는 816℃를 초과할 수 없다.
　㉣ 유동매체의 손실로 인한 보충이 필요하다.
　㉤ 고점착성의 반유동상 슬러지는 처리하기 곤란하다.
　㉥ 소각로 본체에서 압력손실이 크고 유동매체의 비산 또는 분진의 발생량이 가장 많다.
　㉦ 조대한 폐기물은 전처리가 필요하다. 즉, 폐기물의 투입이나 유동화를 위해 파쇄공정이 필요하다.

**43** 플라스틱 폐기물의 소각 및 열분해에 대한 설명으로 옳지 않은 것은?

① 감압증류법은 황의 함량이 낮은 저유황유를 회수할 수 있다.
② 멜라민 수지를 불완전 연소하면 HCN과 $NH_3$가 생성된다.
③ 열분해에 의해 생성된 모노머는 발화성이 크고, 생성가스의 연소성도 크다.
④ 고온열분해법에서는 타르, Char 및 액체상태의 연료가 많이 생성된다.

정답　41 ②　42 ②　43 ④

**풀이** ① 저온열분해방법에서는 타르(Tar), 탄화물(Char), 액체상태의 연료가 많이 생성된다.
② 고온열분해법에서는 가스상태의 연료가 많이 생성된다.

**44** 일반적으로 연소과정에서 매연(검댕)의 발생이 최대로 되는 온도는?

① 300~450℃  ② 400~550℃
③ 500~650℃  ④ 600~750℃

**풀이** 화염온도가 높을 경우 매연 발생은 적으나 발열속도보다 전열면 등으로의 방열속도가 빨라 불꽃의 온도가 낮은 경우 발생하기 쉬우며 400~550℃ 부근에서 최대로 발생된다.

**45** 탄화도가 클수록 석탄이 가지게 되는 성질에 관한 내용으로 틀린 것은?

① 고정탄소의 양이 증가한다.
② 휘발분이 감소한다.
③ 연소속도가 커진다.
④ 착화온도가 높아진다.

**풀이** 석탄의 탄화도 증가 시 나타나는 성질
① 연료비가 높아진다.(양질의 석탄이 됨)
② 고정탄소의 함량이 증가한다.(고정탄소가 클수록 양질의 석탄 : 무연탄>역청탄>갈탄>이탄>목재)
③ 발열량이 높아진다.
④ 휘발분이 감소한다.
⑤ 매연발생률이 낮아지게 된다.
⑥ 비열이 감소한다.
⑦ 착화온도가 높아진다.
⑧ 연소속도가 느려진다.

**46** 분자식이 $C_mH_n$인 탄화수소가스 $1Sm^3$의 완전연소에 필요한 이론공기량($Sm^3/Sm^3$)은?

① $3.76m+1.19n$
② $4.76m+1.19n$
③ $3.76m+1.83n$
④ $4.76m+1.83n$

**풀이** $C_mH_n$의 완전연소 반응식

$$C_mH_n + \left(m+\frac{n}{4}\right)O_2 \rightarrow mCO_2 + \frac{n}{2}H_2O$$

이론공기량($A_o$)

$$A_o = \frac{O_o}{0.21}$$

$O_o$(이론산소량) ⇨ 기체연료 $1Sm^3$에 필요한

이론산소량은 $\left(m+\frac{n}{4}\right)Sm^3$

$$\begin{bmatrix} 22.4Sm^3 & : & \left(m+\frac{n}{4}\right)\times 22.4Sm^3 \\ 1Sm^3 & : & O_o \\ O_o = \left(m+\frac{n}{4}\right) & & \end{bmatrix}$$

$$A_o(Sm^3/Sm^3) = \frac{\left(m+\frac{n}{4}\right)}{0.21}$$
$$= 4.76m + 1.19n(Sm^3/Sm^3)$$

**47** 화씨온도 100°F는 몇 ℃인가?

① 35.2  ② 37.8
③ 39.7  ④ 41.3

**풀이** $℃ = \frac{5}{9} \times (°F - 32)$
$= \frac{5}{9} \times (100 - 32)$
$= 37.78℃$

**48** 다음 연소장치 중 가장 작은 공기비의 값을 요구하는 것은?

① 가스 버너  ② 유류 버너
③ 미분탄 버너  ④ 수동수평화격자

**풀이** 연소장치의 공기비
① 가스 버너 : 1.1~1.2
② 유류 버너 : 1.2~1.4
③ 미분탄 버너 : 1.2~1.4
④ 수동수평화격자 : 1.5~2.0

**정답** 44 ②  45 ③  46 ②  47 ②  48 ①

**49** 저위발열량이 8,000kcal/Sm³인 가스연료의 이론연소온도(℃)는?(단, 이론연소가스양은 10Sm³/Sm³, 연료연소가스의 평균정압비열은 0.35kcal/Sm³·℃, 기준온도는 실온(15℃), 지금 공기는 예열되지 않으며, 연소가스는 해리되지 않는 것으로 한다.)

① 약 2,100    ② 약 2,200
③ 약 2,300    ④ 약 2,400

**풀이** 이론연소온도(℃)

$$= \frac{저위발열량}{이론연소가스양 \times 연소가스 평균정압비열} + 실제온도$$

$$= \frac{8,000 kcal/Sm^3}{10Sm^3/Sm^3 \times 0.35 kcal/Sm^3 \cdot ℃} + 15℃$$

$$= 2,300.71℃$$

**50** 열분해공정에 대한 설명으로 옳지 않은 것은?

① 배기가스양이 적다.
② 환원성 분위기를 유지할 수 있어 3가 크롬이 6가 크롬으로 변화하지 않는다.
③ 황분, 중금속분이 회분 속에 고정되는 비율이 작다.
④ 질소산화물의 발생량이 적다.

**풀이** 열분해공정이 소각에 비하여 갖는 장점
 ① 대기로 방출하는 배기가스양이 적게 배출된다. (가스처리장치가 소형화)
 ② 황, 중금속분이 Ash(회분) 중에 고정되는 비율이 크다.
 ③ 상대적으로 저온이기 때문에 NOx(질소산화물), 염화수소의 발생량이 적다.
 ④ 환원기가 유지되므로 Cr³⁺이 Cr⁶⁺으로 변화하기 어려우며 대기오염물질의 발생이 적다.(크롬 산화 억제)
 ⑤ 폐플라스틱, 폐타이어, 오니류 등 스토커 소각처리가 곤란한 물질도 처리 가능하다.
 ⑥ 공기공급장치의 소형화 및 감량화로 매립용량이 감소한다.
 ⑦ 소각에 비교하여 생성물의 정제장치가 필요하다.
 ⑧ 고온용융식을 이용하면 재를 고형화할 수 있고 중금속의 용출이 없어서 자원으로 활용할 수 있다.
 ⑨ 저장 및 수송이 가능한 연료를 회수할 수 있다.

**51** 열교환기 중 절탄기에 관한 설명으로 틀린 것은?

① 급수 예열에 의해 보일러수와의 온도차가 감소함에 따라 보일러 드럼에 열응력이 증가한다.
② 급수온도가 낮을 경우, 굴뚝가스 온도가 저하하면 절탄기 저온부에 접하는 가스온도가 노점에 달하여 절탄기를 부식시킨다.
③ 굴뚝의 가스온도 저하로 인한 굴뚝 통풍력의 감소에 주의하여야 한다.
④ 보일러 전열면을 통하여 연소가스의 여열로 보일러 급수를 예열하여 보일러의 효율을 높이는 장치이다.

**풀이** 절탄기(이코노마이저)
 ① 폐열회수를 위한 열교환기, 연도에 설치하며 보일러 전열면을 통과한 연소가스의 예열로 보일러 급수를 예열하여 보일러 효율을 높이는 장치이다.
 ② 급수예열에 의해 보일러수와의 온도차가 감소되므로 보일러드럼에 발생하는 열응력이 감소된다.
 ③ 급수온도가 낮을 경우, 연소가스 온도가 저하되면 절탄기 저온부에 접하는 가스온도가 노점에 대하여 절탄기를 부식시키는 것을 주의하여야 한다.
 ④ 절탄기 자체로 인한 통풍저항 증가와 연도의 가스온도 저하로 인한 연도통풍력의 감소를 주의하여야 한다.

**52** 액체 주입형 소각로의 단점이 아닌 것은?

① 대기오염방지시설 이외의 소각재 처리설비가 필요하다.
② 완전히 연소시켜 주어야 하며 내화물의 파손을 막아주어야 한다.
③ 고농도 고형분으로 인하여 버너가 막히기 쉽다.
④ 대량처리가 어렵다.

정답  49 ③  50 ③  51 ①  52 ①

[풀이] 액체 분무 주입형 소각로(Liquid Injection Incinerator)
① 장점
  ㉠ 광범위한 종류의 액상폐기물을 연소할 수 있다.
  ㉡ 대기오염방지시설 이외에 소각재처리시설이 필요 없다.
  ㉢ 구동장치가 간단하고 고장이 적다.
  ㉣ 운영비가 저렴하다.
  ㉤ 기술개발이 잘 되어 있고 자동화가 용이하다. (가동 이외의 경우 무인운전이 가능)
② 단점
  ㉠ 버너노즐을 이용하여 액체를 미립화하여야 한다.
  ㉡ 완전연소시켜야 하며 내화물의 파손을 막아야 한다.
  ㉢ 고농도 고형분의 농도가 높으면 버너가 막히기 쉽다.
  ㉣ 대량처리가 어렵다.

**53** 수분함량이 20%인 폐기물의 발열량을 단열열량계로 분석한 결과가 1,500kcal/kg이라면 저위발열량(kcal/kg)은?

① 1,320  ② 1,380
③ 1,410  ④ 1,500

[풀이] $H_l = H_h - 600(9H + W)$
$= 1,500 - (600 \times 0.2)$
$= 1,380 \text{kcal/kg}$

**54** 폐기물의 저위발열량을 폐기물 3성분 조성비를 바탕으로 추정할 때 3가지 성분에 포함되지 않는 것은?

① 수분  ② 회분
③ 가연분  ④ 휘발분

[풀이] 폐기물 3성분
① 가연분
② 수분
③ 회분

**55** 도시폐기물 소각로 설계 시 열수지(Heat Balance) 수립에 필요한 물, 수증기 그리고 건조공기의 열용량(Specific Heat Capacity)은?(단, 단위는 Btu/lb·°F이다.)

① 1, 0.5, 0.26
② 1, 0.5, 0.5
③ 0.5, 0.5, 0.26
④ 0.5, 0.26, 0.26

[풀이] 도시폐기물 소각로 설계 시 열수지 수립에 필요한 열용량
① 물 : 1.0Btu/lb·°F
② 수증기 : 0.5Btu/lb·°F
③ 건조공기 : 0.26Btu/lb·°F

**56** 표준상태에서 배기가스 내에 존재하는 $CO_2$ 농도가 0.01%일 때 이것은 몇 $mg/m^3$인가?

① 146  ② 196
③ 266  ④ 296

[풀이] $CO_2 = 0.01\% \times 10^4 \text{ppm}/\%$
$= 100 \text{ppm}$

농도$(mg/m^3) = 100 \text{ppm} (mL/m^3) \times \dfrac{44mg}{22.4mL}$
$= 196.43 mg/m^3$

**57** 옥탄($C_8H_{18}$)이 완전연소할 때 AFR은?(단, kg mol$_{air}$/kg mol$_{fuel}$)

① 15.1  ② 29.1
③ 32.5  ④ 59.5

[풀이] $C_8H_{18}$의 연소반응식
$C_8H_{18} + 12.5O_2 \rightarrow 8CO_2 + 9H_2O$
1mole : 12.5mole

부피기준 AFR $= \dfrac{\frac{1}{0.21} \times 12.5}{1}$
$= 59.5 \text{moles}_{air}/\text{moles}_{fuel}$

정답  53 ②  54 ④  55 ①  56 ②  57 ④

**58** 유황 함량이 2%인 벙커C유 1.0ton을 연소시킬 경우 발생되는 SO₂의 양(kg)은?(단, 황성분 전량이 SO₂로 전환됨)

① 30    ② 40
③ 50    ④ 60

**풀이**
$$S + O_2 \rightarrow SO_2$$
$$32kg : 64kg$$
$$1{,}000kg \times 0.02 : SO_2(kg)$$
$$SO_2(kg) = \frac{1{,}000kg \times 0.02 \times 64kg}{32kg} = 40kg$$

**59** 유동상 소각로의 특징으로 옳지 않은 것은?

① 과잉공기율이 작아도 된다.
② 층 내 압력손실이 작다.
③ 층 내 온도의 제어가 용이하다.
④ 노 부하율이 높다.

**풀이** 유동층 소각로
① 장점
  ㉠ 유동매체의 열용량이 커서 액상, 기상, 고형 폐기물의 전소 및 혼소, 균일한 연소가 가능하다.
  ㉡ 반응시간이 빨라 소각시간이 짧다.(노 부하율이 높다.)
  ㉢ 연소효율이 높아 미연소분이 적고 2차 연소실이 불필요하다.
  ㉣ 가스의 온도가 낮고 과잉공기량이 낮다. 따라서 NOx도 적게 배출된다.
  ㉤ 기계적 구동부분이 적어 고장률이 낮아 유지관리가 용이하다.
  ㉥ 노 내 온도의 자동제어로 열회수가 용이하다.
  ㉦ 유동매체의 축열량이 높은 관계로 단시간 정지 후 가동 시 보조연료 사용 없이 정상가동이 가능하다.
  ㉧ 과잉공기량이 적으므로 다른 소각로보다 보조연료 사용량과 배출가스양이 적다.
  ㉨ 석회 또는 반응물질을 유동매체에 혼입시켜 노 내에서 산성가스의 제거가 가능하다.
② 단점
  ㉠ 층의 유동으로 상으로부터 찌꺼기의 분리가 어려우며 운전비, 특히 동력비가 높다.
  ㉡ 폐기물의 투입이나 유동화를 위해 파쇄가 필요하다.
  ㉢ 상재료의 용융을 막기 위해 연소온도는 816℃를 초과할 수 없다.
  ㉣ 유동매체의 손실로 인한 보충이 필요하다.
  ㉤ 고점착성의 반유동상 슬러지는 처리하기 곤란하다.
  ㉥ 소각로 본체에서 압력손실이 크고 유동매체의 비산 또는 분진의 발생량이 가장 많다.
  ㉦ 조대한 폐기물은 전처리가 필요하다. 즉, 폐기물의 투입이나 유동화를 위해 파쇄공정이 필요하다.

**60** 할로겐족 함유 폐기물의 소각처리가 적합하지 않은 이유에 관한 설명으로 틀린 것은?

① 소각 시 HCl 등이 발생한다.
② 대기오염방지시설의 부식문제를 야기한다.
③ 발열량이 다른 성분에 비해 상대적으로 낮다.
④ 연소 시 수증기의 생산량이 많다.

**풀이** 할로겐족 함유 폐기물 소각처리 시 수증기의 생산량이 많은 것은 단점으로 볼 수 없다.

## 4과목 폐기물공정시험기준(방법)

**61** 자외선/가시선 분광법으로 크롬을 정량할 때 KMnO₄를 사용하는 목적은?

① 시료 중의 총 크롬을 6가 크롬으로 하기 위해서이다.
② 시료 중의 총 크롬을 3가 크롬으로 하기 위해서이다.
③ 시료 중의 총 크롬을 이온화하기 위해서이다.
④ 다이페닐카바자이드와 반응을 최적화하기 위해서이다.

**풀이** 크롬(자외선/가시선 분광법)
시료 중에 총 크롬을 과망간산칼륨을 사용하여 6가 크롬으로 산화시킨 다음 산성에서 다이페닐카바자이드와 반응하여 생성되는 적자색 착화합물의 흡광도를 540nm에서 측정하여 총 크롬을 정량하는 방법이다.

## 62 용액의 농도를 %로만 표현하였을 경우를 옳게 나타낸 것은?(단, W : 무게, V : 부피)

① V/V%
② W/W%
③ V/W%
④ W/V%

**풀이** 백분율(Parts Per Hundred)
① W/V% : 용액 100mL 중 성분무게(g), 또는 기체 100mL 중의 성분무게(g)
② V/V% : 용액 100mL 중 성분용량(mL), 또는 기체 100mL 중 성분용량(mL)
③ V/W% : 용액 100g 중 성분용량(mL)
④ W/W% : 용액 100g 중 성분무게(g)

단, • 용액의 농도를 %로만 표시할 때는 W/V%
• A/A%(area)는 단위면적(A, area) 중 성분의 면적(A)을 표시

## 63 시료의 전처리 방법으로 많은 시료를 동시에 처리하기 위하여 회화에 의한 유기물 분해 방법을 이용하고자 하며, 시료 중에는 염화칼슘이 다량 함유되어 있는 것으로 조사되었다. 아래 보기 중 회화에 의한 유기물분해 방법이 적용 가능한 중금속은?

① 납(Pb)
② 철(Fe)
③ 안티몬(Sb)
④ 크롬(Cr)

**풀이** 회화법
① 적용
목적성분이 400℃ 이상에서 휘산되지 않고 쉽게 회화될 수 있는 시료에 적용한다.
② 주의
㉠ 시료 중에 염화암모늄, 염화마그네슘, 염화칼슘 등이 다량 함유된 경우에는 납, 철, 주석, 아연, 안티몬 등이 휘산되어 손실을 가져오므로 주의한다.

㉡ 액상폐기물 시료 또는 용출용액 적당량을 취하여 백금, 실리카 또는 사기제 증발접시에 넣고 수욕 또는 열판에서 가열하여 증발 건조한다. 용기를 회화로에 옮기고 400~500℃에서 가열하여 잔류물을 회화시킨 다음 방랭하고 염산(1+1) 10mL를 넣어 열판에서 가열한다.

## 64 원자흡수분광광도법에 의하여 비소를 측정하는 방법에 대한 설명으로 거리가 먼 것은?

① 정량한계는 0.005mg/L이다.
② 운반 가스로 아르곤 가스(순도 99.99% 이상)를 사용한다.
③ 아르곤-수소불꽃에서 원자화시켜 253.7nm에서 흡광도를 측정한다.
④ 전처리한 시료 용액 중에 아연 또는 나트륨붕소수화물을 넣어 생성된 수소화비소를 원자화시킨다.

**풀이** 비소(원자흡수분광광도법)
이염화주석으로 시료 중의 비소를 3가 비소로 환원한 다음 아연을 넣어 발생되는 비화수소를 통기하여 아르곤-수소 불꽃에서 원자화시켜 193.7nm에서 흡광도를 측정하고 비소를 정량하는 방법이다.

## 65 감염성 미생물의 분석방법으로 가장 거리가 먼 것은?

① 아포균 검사법
② 열멸균 검사법
③ 세균배양 검사법
④ 멸균테이프 검사법

**풀이** 감염성 미생물 분석방법
① 아포균 검사법
② 세균배양 검사법
③ 멸균테이프 검사법

정답 62 ④  63 ④  64 ③  65 ②

**66** 기체크로마토그래피에 관한 일반적인 사항으로 옳지 않은 것은?

① 충전물로서 적당한 담체에 고정상 액체를 함침시킨 것을 사용할 경우 기체-액체 크로마토그래피법이라 한다.
② 무기화합물에 대한 정성 및 정량분석에 이용된다.
③ 운반기체는 시료도입부로부터 분리관 내를 흘러서 검출기를 통하여 외부로 방출된다.
④ 시료도입부, 분리관 검출기 등은 필요한 온도를 유지해 주어야 한다.

**[풀이]** 기체크로마토그래피법은 무기물 또는 유기물에 대한 정성 및 정량분석에 이용된다.

**67** 중량법에 의한 기름성분 분석방법에 관한 설명으로 옳지 않은 것은?

① 시료를 직접 사용하거나, 시료에 적당한 응집제 또는 흡착제 등을 넣어 노말헥산 추출물질을 포집한 다음 노말헥산으로 추출한다.
② 시험기준의 정량한계는 0.1% 이하로 한다.
③ 폐기물 중의 휘발성이 높은 탄화수소, 탄화수소유도체, 그리스유상물질 중 노말헥산에 용해되는 성분에 적용한다.
④ 눈에 보이는 이물질이 들어 있을 때에는 제거해야 한다.

**[풀이]** 기름성분-중량법은 비교적 휘발되지 않는 탄화수소, 탄화수소유도체, 그리스유상물질 중 노말헥산에 용해되는 성분에 적용한다.

**68** 석면의 종류 중 백석면의 형태와 색상에 관한 내용으로 가장 거리가 먼 것은?

① 곧은 물결 모양의 섬유
② 다발의 끝은 분산
③ 다색성
④ 가열되면 무색 ~ 밝은 갈색

**[풀이]** 석면의 대표적 종류 및 특성

| 석면의 종류 | 형태와 색상 |
|---|---|
| 백석면<br>(Chrysotile) | • 꼬인 물결 모양의 섬유<br>• 다발의 끝은 분산<br>• 가열되면 무색~밝은 갈색<br>• 다색성<br>• 종횡비는 전형적으로 10 : 1 이상 |
| 갈석면<br>(Amosite) | • 곧은 섬유와 섬유 다발<br>• 다발 끝은 빗자루 같거나 분산된 모양<br>• 가열하면 무색~갈색<br>• 약한 다색성<br>• 종횡비는 전형적으로 10 : 1 이상 |
| 청석면<br>(Crocidolite) | • 곧은 섬유와 섬유 다발<br>• 긴 섬유는 만곡<br>• 다발 끝은 분산된 모양<br>• 특징적인 청색과 다색성<br>• 종횡비는 전형적으로 10 : 1 이상 |

**69** 기체크로마토그래피에 의한 휘발성 저급염소화 탄화수소류 분석방법에 관한 설명과 가장 거리가 먼 것은?

① 끓는점이 낮거나 비극성 유기화합물들이 함께 추출되어 간섭현상이 일어난다.
② 시료 중에 트리클로로에틸렌($C_2HCl_3$)의 정량한계는 0.008mg/L, 테트라클로로에틸렌($C_2Cl_4$)의 정량한계는 0.002mg/L이다.
③ 디클로로메탄과 같은 휘발성 유기물은 보관이나 운반 중에 격막(Septum)을 통해 시료 안으로 확산되어 시료를 오염시킬 수 있으므로 현장 바탕시료로서 이를 점검하여야 한다.
④ 디클로로메탄과 같이 머무름 시간이 짧은 화합물은 용매의 피크와 겹쳐 분석을 방해할 수 있다.

**[풀이]** 휘발성 저급염소화 탄화수소류(기체크로마토그래피법)
이 실험으로 끓는점이 높거나 극성 유기화합물들이 함께 추출되므로 이들 중에는 분석을 간섭하는 물질이 있을 수 있다.

**70** 시안의 자외선/가시선 분광법에 관한 내용으로 ( )에 옳은 내용은?

> 클로라민 T와 피리딘 · 피라졸론 혼합액을 넣어 나타나는 ( )에서 측정한다.

① 적색을 460nm
② 황갈색을 560nm
③ 적자색을 520nm
④ 청색을 620nm

**풀이** 시안-자외선/가시선 분광법
시료를 pH 2 이하의 산성으로 조절한 후에 에틸렌다이아민테트라아세트산나트륨을 넣고 가열 증류하여 시안화합물을 시안화수소로 유출시켜 수산화나트륨용액을 포집한 다음 중화하고 클로라민-T와 피리딘 · 피라졸론 혼합액을 넣어 나타나는 청색을 620nm에서 측정하는 방법이다.

**71** 원자흡수분광광도법에서 일어나는 분광학적 간섭에 해당하는 것은?

① 불꽃 중에서 원자가 이온화하는 경우
② 시료용액의 점성이나 표면장력 등에 의하여 일어나는 경우
③ 분석에 사용하는 스펙트럼선이 다른 인접선과 완전히 분리되지 않는 경우
④ 공존물질과 작용하여 해리하기 어려운 화합물이 생성되어 흡광에 관계하는 기저상태의 원자수가 감소하는 경우

**풀이** 분광학적 간섭
① 분석에 사용하는 스펙트럼선이 다른 인접선과 완전히 분리되지 않는 경우 : 파장선택부의 분해능이 충분하지 않기 때문에 일어나며 검량선의 직선영역이 좁고 구부러져 있어 분석감도 정밀도도 저하된다. 이때는 다른 분석선을 사용하여 재분석하는 것이 좋다.
② 분석에 사용하는 스펙트럼의 불꽃 중에서 생성되는 목적원소의 원자증기 이외의 물질에 의하여 흡수되는 경우 : 표준시료와 분석시료의 조성을 더욱 비슷하게 하며 간섭의 영향을 어느 정도까지 피할 수 있다.

**72** 폐기물 시료의 용출시험 방법에 대한 설명으로 틀린 것은?

① 지정폐기물의 판정이나 매립방법을 결정하기 위한 시험에 적용한다.
② 시료 100g 이상을 정확히 달아 정제수에 염산을 넣어 pH를 4.5~5.3으로 맞춘 용매와 1 : 5의 비율로 혼합한다.
③ 진탕여과한 액을 검액으로 사용하나 여과가 어려운 경우 원심분리기를 이용한다.
④ 용출시험 결과는 수분함량 보정을 위해 함수율 85% 이상인 시료에 한하여 [15/(100-시료의 함수율(%))]을 곱하여 계산된 값으로 한다.

**풀이** 용출시험 시료용액 조제
① 시료의 조제 방법에 따라 조제한 시료 100g 이상을 정확히 단다.
⇩
② 용매 : 정제수에 염산을 넣어 pH를 5.8~6.3으로 한다.
⇩
③ 시료 : 용매=1 : 10(W/V)의 비로 2,000mL 삼각 플라스크에 넣어 혼합한다.

**73** 수소이온농도(pH) 시험방법에 관한 설명으로 틀린 것은?(단, 유리전극법 기준)

① pH를 0.1까지 측정한다.
② 기준전극은 은-염화은의 칼로멜 전극 등으로 구성된 전극으로 pH 측정기에서 측정 전위값의 기준이 된다.
③ 유리전극은 일반적으로 용액의 색도, 탁도, 콜로이드성 물질들, 산화 및 환원성 물질들 그리고 염도에 의해 간섭을 받지 않는다.
④ pH는 온도변화에 영향을 받는다.

**풀이** 수소이온농도-유리전극법
적용범위 : pH를 0.01까지 측정

**정답** 70 ④  71 ③  72 ②  73 ①

**74** 대상 폐기물의 양이 1,100톤인 경우 현장 시료의 최소 수(개)는?

① 40  ② 50
③ 60  ④ 80

> 풀이 대상 폐기물의 양과 시료의 최소 수
>
> | 대상 폐기물의 양(단위 : ton) | 시료의 최소 수 |
> | --- | --- |
> | ~ 1 미만 | 6 |
> | 1 이상~5 미만 | 10 |
> | 5 이상~30 미만 | 14 |
> | 30 이상~100 미만 | 20 |
> | 100 이상~500 미만 | 30 |
> | 500 이상~1,000 미만 | 36 |
> | 1,000 이상~5,000 미만 | 50 |
> | 5,000 이상~ | 60 |

**75** 폐기물 소각시설의 소각재 시료채취에 관한 내용 중 회분식 연소 방식의 소각재 반출 설비에서의 시료채취 내용으로 옳은 것은?

① 하루 동안의 운행시간에 따라 매 시간마다 2회 이상 채취하는 것을 원칙으로 한다.
② 하루 동안의 운행시간에 따라 매 시간마다 3회 이상 채취하는 것을 원칙으로 한다.
③ 하루 동안의 운전횟수에 따라 매 운전 시마다 2회 이상 채취하는 것을 원칙으로 한다.
④ 하루 동안의 운전횟수에 따라 매 운전 시마다 3회 이상 채취하는 것을 원칙으로 한다.

> 풀이 회분식 연소방식의 소각재 반출설비에서 시료채취
> ① 하루 동안의 운전횟수에 따라 매 운전 시마다 2회 이상 채취
> ② 시료의 양은 1회에 500g 이상

**76** 시안(CN)을 분석하기 위한 자외선/가시선 분광법에 대한 설명으로 옳지 않은 것은?

① 시안화합물을 측정할 때 방해물질들은 증류하면 대부분 제거된다.
② 정량한계는 0.01mg/L이다.
③ pH 2 이하 산성에서 피리딘·피라졸론을 넣고 가열 증류한다.
④ 유출되는 시안화수소를 수산화나트륨용액으로 포집한 다음 중화한다.

> 풀이 시안-자외선/가시선 분광법
> 시료를 pH 2 이하의 산성으로 조절한 후에 에틸렌다이아민테트라아세트산나트륨을 넣고 가열 증류하여 시안화합물을 시안화수소로 유출시켜 수산화나트륨용액을 포집한 다음 중화하고 클로라민-T와 피리딘·피라졸론 혼합액을 넣어 나타나는 청색을 620nm에서 측정하는 방법이다.

**77** 총칙에서 규정하고 있는 내용으로 틀린 것은?

① "항량으로 될 때까지 건조한다"라 함은 같은 조건에서 10시간 더 건조할 때 전후 무게의 차가 g당 0.1mg 이하일 때를 말한다.
② "방울수"라 함은 20℃에서 정제수 20방울을 적하할 때, 그 부피가 약 1mL 되는 것을 뜻한다.
③ "감압 또는 진공"이라 함은 따로 규정이 없는 한 15mmHg 이하를 뜻한다.
④ 무게를 "정확히 단다"라 함은 규정된 수치의 무게를 0.1mg까지 다는 것을 말한다.

> 풀이 "항량으로 될 때까지 건조한다."라 함은 같은 조건에서 1시간 더 건조할 때 전후 무게의 차가 g당 0.3mg 이하일 때를 말한다.

**78** 시료의 조제방법에 관한 설명으로 틀린 것은?

① 시료의 축소방법에는 구획법, 교호삽법, 원추 4분법이 있다.
② 소각잔재, 슬러지 또는 입자상 물질 중 입경이 5mm 이상인 것은 분쇄하여 체로 걸러서 입경이 0.5~5mm로 한다.
③ 시료의 축소방법 중 구획법은 대시료를 네모꼴로 엷게 균일한 두께로 편 후, 가로 4등분, 세로 5등분하여 20개의 덩어리로 나누어 20개의 각 부분에서 균등량씩을 취해 혼합하여 하나의 시료로 한다.

정답 74 ② 75 ③ 76 ③ 77 ① 78 ②

④ 축소라 함은 폐기물에서 시료를 채취할 경우 혹은 조제된 시료의 양이 많은 경우에 모은 시료의 평균적 성질을 유지하면서 양을 감소시켜 측정용 시료를 만드는 것을 말한다.

**풀이** 시료 조제방법(전처리)
① 시료의 분할채취방법에 따라 균일화한다.
② 소각잔재, 슬러지, 입자상 물질은 그 상태로 채취한다.
③ 작은 돌멩이 등은 제거하고 채취한다.
④ 폐기물 중 입경이 5mm 미만인 것은 그 상태로 채취한다.
⑤ 폐기물 중 입경이 5mm 이상인 것은 분쇄하여 체로 걸러서 입경 0.5~5mm로 한다.

**79** 폐기물 시료 20g에 고형물 함량이 1.2g이었다면 다음 중 어떤 폐기물에 속하는가?(단, 폐기물의 비중=1.0)

① 액상폐기물
② 반액상폐기물
③ 반고상폐기물
④ 고상폐기물

**풀이** 고형물 함량 = $\frac{1.2}{20} \times 100 = 6\%$
고형물의 함량이 5% 이상 15% 미만인 경우이므로 반고상폐기물에 속한다.

**80** PCB 측정 시 시료의 전처리 조작으로 유분의 제거를 위하여 알칼리 분해를 실시하는 과정에서 알칼리제로 사용하는 것은?

① 산화칼슘
② 수산화칼륨
③ 수산화나트륨
④ 수산화칼슘

**풀이** PCB 측정 시 시료의 전처리 조작으로 유분의 제거를 위하여 알칼리 분해를 실시하는 과정에서 사용하는 알칼리제 물질은 수산화칼륨이다.

### 5과목 폐기물관계법규

**81** 폐기물처리시설을 설치·운영하는 자는 환경부령이 정하는 기간마다 정기검사를 받아야 한다. 음식물류 폐기물 처리시설인 경우의 검사기간 기준으로 ( )에 옳은 것은?

> 최초 정기검사는 사용개시일부터 ( ㉠ )이 되는 날, 2회 이후의 정기검사는 최종 정기검사일부터 ( ㉡ )이 되는 날

① ㉠ 3년, ㉡ 3년
② ㉠ 1년, ㉡ 3년
③ ㉠ 3개월, ㉡ 3개월
④ ㉠ 1년, ㉡ 1년

**풀이** 폐기물 처리시설의 검사기간
① 소각시설
최초 정기검사는 사용개시일부터 3년이 되는 날(「대기환경보전법」에 따른 측정기기를 설치하고 같은 법 시행령에 따른 굴뚝원격감시체계관제센터와 연결하여 정상적으로 운영되는 경우에는 사용개시일부터 5년이 되는 날), 2회 이후의 정기검사는 최종 정기검사일(검사결과서를 발급받은 날을 말한다)부터 3년이 되는 날
② 매립시설
최초 정기검사는 사용개시일부터 1년이 되는 날, 2회 이후의 정기검사는 최종 정기검사일부터 3년이 되는 날
③ 멸균분쇄시설
최초 정기검사는 사용개시일부터 3개월, 2회 이후의 정기검사는 최종 정기검사일부터 3개월
④ 음식물류 폐기물 처리시설
최초 정기검사는 사용개시일부터 1년이 되는 날, 2회 이후의 정기검사는 최종 정기검사일부터 1년이 되는 날
⑤ 시멘트 소성로
최초 정기검사는 사용개시일부터 3년이 되는 날(「대기환경보전법」에 따른 측정기기를 설치하고 같은 법 시행령에 따른 굴뚝원격감시체계관제센터와 연결하여 정상적으로 운영되는 경우에는 사용개시일부터 5년이 되는 날), 2회 이후의 정기검사는 최종 정기검사일부터 3년이 되는 날

## 82 에너지 회수기준으로 알맞지 않은 것은?

① 다른 물질과 혼합하지 아니하고 해당 폐기물의 저위발열량이 킬로그램당 3천 킬로칼로리 이상일 것
② 환경부장관이 정하여 고시하는 경우에는 폐기물의 30퍼센트 이상을 원료나 재료로 재활용하고 그 나머지 중에서 에너지의 회수에 이용할 것
③ 회수열을 50퍼센트 이상 열원으로 스스로 이용하거나 다른 사람에게 공급할 것
④ 에너지의 회수효율(회수에너지 총량을 투입에너지 총량으로 나눈 비율을 말한다.)이 75퍼센트 이상일 것

**풀이** 에너지 회수기준
① 다른 물질과 혼합하지 아니하고 해당 폐기물의 저위발열량이 킬로그램당 3천 킬로칼로리 이상일 것
② 에너지의 회수효율(회수에너지 총량을 투입에너지 총량으로 나눈 비율을 말한다.)이 75퍼센트 이상일 것
③ 회수열을 모두 열원(熱源)으로 스스로 이용하거나 다른 사람에게 공급할 것
④ 환경부장관이 정하여 고시하는 경우에는 폐기물의 30퍼센트 이상을 원료나 재료로 재활용하고 그 나머지 중에서 에너지의 회수에 이용할 것

## 83 음식물류 폐기물을 대상으로 하는 폐기물 처분시설의 기술관리인의 자격으로 틀린 것은?

① 일반기계산업기사  ② 전기기사
③ 토목산업기사     ④ 대기환경산업기사

**풀이** 기술관리인의 자격기준

| 구분 | 자격기준 |
|---|---|
| 폐기물 처분시설 또는 재활용시설 | |
| 가. 매립시설 | 폐기물처리기사, 수질환경기사, 토목기사, 일반기계기사, 건설기계기사, 화공기사, 토양환경기사 중 1명 이상 |
| 나. 소각시설(의료폐기물을 대상으로 하는 소각시설은 제외한다.), 시멘트 소성로 및 용해로 | 폐기물처리기사, 대기환경기사, 토목기사, 일반기계기사, 건설기계기사, 화공기사, 전기기사, 전기공사기사 중 1명 이상 |
| 다. 의료폐기물을 대상으로 하는 시설 | 폐기물처리산업기사, 임상병리사, 위생사 중 1명 이상 |
| 라. 음식물류 폐기물을 대상으로 하는 시설 | 폐기물처리산업기사, 수질환경산업기사, 화공기사, 토목산업기사, 대기환경산업기사, 일반기계기사, 전기기사 중 1명 이상 |
| 마. 그 밖의 시설 | 같은 시설의 운영을 담당하는 자 1명 이상 |

## 84 폐기물처리시설을 설치 운영하는 자가 폐기물처리시설의 유지·관리에 관한 기술관리 대행을 체결할 경우 대행하게 할 수 있는 자로서 옳지 않은 것은?

① 한국환경공단
② 엔지니어링산업 진흥법에 따라 신고한 엔지니어링사업자
③ 기술사법에 따른 기술사사무소
④ 국립환경과학원

**풀이** 폐기물처리시설의 유지·관리에 관한 기술관리대행자
① 한국환경공단
② 엔지니어링사업자
③ 기술사사무소
④ 그 밖에 환경부장관이 기술관리를 대행할 능력이 있다고 인정하여 고시하는 자

## 85 기술관리인을 두어야 할 폐기물처리시설은? (단, 폐기물처리업자가 운영하는 폐기물처리시설 제외)

① 사료화·퇴비화 시설로서 1일 처리능력이 1톤인 시설
② 최종처분시설 중 차단형 매립시설에 있어서는 면적이 200제곱미터인 매립시설
③ 지정폐기물 외의 폐기물을 매립하는 시설로서 매립용적이 2만 세제곱미터인 시설
④ 연료화 시설로서 1일 재활용능력이 10톤인 시설

정답 82 ③  83 ①  84 ④  85 ④

풀이 기술관리인을 두어야 하는 폐기물처리시설
① 매립시설의 경우
  ㉠ 지정폐기물을 매립하는 시설로서 면적이 3천 300제곱미터 이상인 시설. 다만, 차단형 매립시설에서는 면적이 330제곱미터 이상이거나 매립용적이 1천 세제곱미터 이상인 시설로 한다.
  ㉡ 지정폐기물 외의 폐기물을 매립하는 시설로서 면적이 1만 제곱미터 이상이거나 매립용적이 3만 세제곱미터 이상인 시설
② 소각시설로서 시간당 처리능력이 600킬로그램(감염성 폐기물을 대상으로 하는 소각시설의 경우에는 200킬로그램) 이상인 시설
③ 압축·파쇄·분쇄 또는 절단시설로서 1일 처리능력 또는 재활용시설이 100톤 이상인 시설
④ 사료화·퇴비화 또는 연료화 시설로서 1일 재활용능력이 5톤 이상인 시설
⑤ 멸균·분쇄시설로서 시간당 처리능력이 100킬로그램 이상인 시설
⑥ 시멘트 소성로
⑦ 용해로(폐기물에 비철금속을 추출하는 경우로 한정한다.)로서 시간당 재활용능력이 600킬로그램 이상인 시설
⑧ 소각열회수시설로서 시간당 재활용능력이 600킬로그램 이상인 시설

## 86 주변지역 영향 조사대상 폐기물처리시설의 기준으로 옳은 것은?

① 1일 처리능력이 100톤 이상인 사업장폐기물 소각시설
② 매립면적 3,300제곱미터 이상의 사업장 지정폐기물 매립시설
③ 매립용적 3만 세제곱미터 이상의 사업장 지정폐기물 매립시설
④ 매립면적 15만 제곱미터 이상의 사업장 일반폐기물 매립시설

풀이 주변지역 영향 조사대상 폐기물처리시설 기준
① 1일 처리능력이 50톤 이상인 사업장폐기물 소각시설(같은 사업장에 여러 개의 소각시설이 있는 경우에는 각 소각시설의 1일 처리능력의 합계가 50톤 이상인 경우를 말한다.)
② 매립면적 1만 제곱미터 이상의 사업장 지정폐기물 매립시설
③ 매립면적 15만 제곱미터 이상의 사업장 일반폐기물 매립시설
④ 시멘트 소성로(폐기물을 연료로 사용하는 경우로 한정한다.)
⑤ 1일 재활용능력이 50톤 이상인 사업장폐기물 소각열회수시설(같은 사업장에 여러 개의 소각열회수시설이 있는 경우에는 각 소각열회수시설의 1일 재활용능력의 합계가 50톤 이상인 경우를 말한다.)

## 87 의료폐기물 중 일반의료폐기물이 아닌 것은?

① 일회용 주사기
② 수액세트
③ 혈액·체액·분비물·배설물이 함유되어 있는 탈지면
④ 파손된 유리재질의 시험기구

풀이 일반의료폐기물
혈액·체액·분비물·배설물이 함유되어 있는 탈지면, 붕대, 거즈, 일회용 기저귀, 생리대, 일회용 주사기, 수액세트

## 88 폐기물처리시설의 폐쇄명령을 이행하지 아니한 자에 대한 벌칙기준은?

① 1년 이하의 징역 또는 1천만 원 이하의 벌금
② 2년 이하의 징역 또는 2천만 원 이하의 벌금
③ 3년 이하의 징역 또는 3천만 원 이하의 벌금
④ 5년 이하의 징역 또는 5천만 원 이하의 벌금

풀이 폐기물관리법 제64조 참조

**89** 관리형 매립시설에서 발생하는 침출수의 배출허용기준 중 청정지역의 부유물질량에 대한 기준으로 옳은 것은?(단, 침출수매립시설환경정화설비를 통하여 매립시설로 주입되는 침출수의 경우에는 제외한다.)

① 20mg/L 이하  ② 30mg/L 이하
③ 40mg/L 이하  ④ 50mg/L 이하

**풀이** 관리형 매립시설 침출수의 배출허용기준

| 구분 | 생물화학적 산소요구량 (mg/L) | 화학적 산소요구량 (mg/L) | 부유물질량 (mg/L) |
|---|---|---|---|
| 청정지역 | 30 | 200 | 30 |
| 가지역 | 50 | 300 | 50 |
| 나지역 | 70 | 400 | 70 |

**90** 폐기물처리사업 계획의 적합통보를 받은 자 중 소각시설의 설치가 필요한 경우에는 환경부장관이 요구하는 시설·장비·기술능력을 갖추어 허가를 받아야 한다. 허가신청서에 추가서류를 첨부하여 적합통보를 받은 날부터 언제까지 시·도지사에게 제출하여야 하는가?

① 6개월 이내  ② 1년 이내
③ 2년 이내  ④ 3년 이내

**풀이** 적합통보를 받은 자는 그 통보를 받은 날부터 2년(폐기물 수집·운반업의 경우에는 6개월, 폐기물처리업 중 소각시설과 매립시설의 설치가 필요한 경우에는 3년) 이내에 환경부령으로 정하는 기준에 따른 시설·장비 및 기술능력을 갖추어 업종, 영업대상 폐기물 및 처리분야별로 지정폐기물을 대상으로 하는 경우에는 환경부장관의, 그 밖의 폐기물을 대상으로 하는 경우에는 시·도지사의 허가를 받아야 한다.

**91** 폐기물처리업자, 폐기물처리시설을 설치·운영하는 자 등은 환경부령이 정하는 바에 따라 장부를 갖추어 두고, 폐기물의 발생·배출·처리상황 등을 기록하여 최종 기재한 날부터 얼마 동안 보존하여야 하는가?

① 6개월  ② 1년
③ 3년  ④ 5년

**풀이** 폐기물처리업자는 마지막으로 기록한 날부터 3년간 보존하여야 한다.

**92** 사업장일반폐기물 배출자가 그의 사업장에서 발생하는 폐기물을 보관할 수 있는 기간 기준은?(단, 중간가공 폐기물의 경우는 제외)

① 보관이 시작된 날로부터 45일
② 보관이 시작된 날로부터 90일
③ 보관이 시작된 날로부터 120일
④ 보관이 시작된 날로부터 180일

**풀이** 사업장일반폐기물 배출자는 그의 사업장에서 발생하는 폐기물을 보관이 시작되는 날부터 90일을 초과하여 보관하여서는 아니 된다.

**93** 폐기물관리의 기본원칙으로 틀린 것은?

① 폐기물은 소각, 매립 등의 처분을 하기보다는 우선적으로 재활용함으로써 자원생산성의 향상에 이바지하도록 하여야 한다.
② 국내에서 발생한 폐기물은 가능하면 국내에서 처리되어야 하고, 폐기물은 수입할 수 없다.
③ 누구든지 폐기물을 배출하는 경우에는 주변 환경이나 주민의 건강에 위해를 끼치지 아니하도록 사전에 적절한 조치를 하여야 한다.
④ 사업자는 제품의 생산방식 등을 개선하여 폐기물의 발생을 최대한 억제하고, 발생한 폐기물을 스스로 재활용함으로써 폐기물의 배출을 최소화하여야 한다.

정답 89 ② 90 ④ 91 ③ 92 ② 93 ②

풀이 폐기물관리의 기본원칙
① 사업자는 제품의 생산방식 등을 개선하여 폐기물의 발생을 최대한 억제하고, 발생한 폐기물을 스스로 재활용함으로써 폐기물의 배출을 최소화하여야 한다.
② 누구든지 폐기물을 배출하는 경우에는 주변 환경이나 주민의 건강에 위해를 끼치지 아니하도록 사전에 적절한 조치를 하여야 한다.
③ 폐기물은 그 처리과정에서 양과 유해성(有害性)을 줄이도록 하는 등 환경보전과 국민건강보호에 적합하게 처리되어야 한다.
④ 폐기물로 인하여 환경오염을 일으킨 자는 오염된 환경을 복원할 책임을 지며, 오염으로 인한 피해의 구제에 드는 비용을 부담하여야 한다.
⑤ 국내에서 발생한 폐기물은 가능하면 국내에서 처리되어야 하고, 폐기물의 수입은 되도록 억제되어야 한다.
⑥ 폐기물은 소각, 매립 등의 처분을 하기보다는 우선적으로 재활용함으로써 자원생산성의 향상에 이바지하도록 하여야 한다.

## 94 사업장폐기물 배출자는 배출기간이 2개 연도 이상에 걸치는 경우에는 매 연도의 폐기물 처리실적을 언제까지 보고하여야 하는가?

① 당해 12월 말까지
② 다음 연도 1월 말까지
③ 다음 연도 2월 말까지
④ 다음 연도 3월 말까지

풀이 사업장폐기물 배출자는 배출기간이 2개 연도 이상에 걸치는 경우에는 매 연도의 폐기물 처리실적을 다음 연도 2월 말까지 보고하여야 한다.

## 95 폐기물처리시설을 설치·운영하는 자는 오염물질의 측정결과를 매 분기가 끝나는 달의 다음 달 며칠까지 시·도지사나 지방환경관서의 장에게 보고하여야 하는가?

① 5일
② 10일
③ 15일
④ 20일

풀이 폐기물처리시설을 설치·운영하는 자는 오염물질의 측정결과를 매 분기가 끝나는 달의 다음 달 10일까지 시·도지사나 지방환경서의 장에게 보고하고, 사후관리가 끝날 때까지 보존하여야 한다.

## 96 100만 원 이하의 과태료가 부과되는 경우에 해당하는 것은?

① 폐기물처리 가격의 최저액보다 낮은 가격으로 폐기물처리를 위탁한 자
② 폐기물 운반자가 규정에 의한 서류를 지니지 아니하거나 내보이지 아니한 자
③ 장부를 기록 또는 보존하지 아니하거나 거짓으로 기록한 자
④ 처리이행보증보험의 계약을 갱신하지 아니하거나 처리이행보증금의 증액 조정을 신청하지 아니한 자

풀이 폐기물관리법 제68조 참조

## 97 폐기물처리시설인 재활용시설 중 기계적 재활용시설과 가장 거리가 먼 것은?

① 연료화 시설
② 골재가공시설
③ 증발·농축시설
④ 유수 분리시설

풀이 폐기물처리시설의 종류 : 재활용시설
① 기계적 재활용시설
  ㉠ 압축·압출·성형·주조시설(동력 7.5kW 이상인 시설로 한정한다.)
  ㉡ 파쇄·분쇄·탈피시설(동력 15kW 이상인 시설로 한정한다.)
  ㉢ 절단시설(동력 15kW 이상인 시설로 한정한다.)
  ㉣ 용융·용해시설(동력 7.5kW 이상인 시설로 한정한다.)
  ㉤ 연료화시설
  ㉥ 증발·농축시설
  ㉦ 정제시설(분리·증류·추출·여과 등의 시설을 이용하여 폐기물을 재활용하는 단위시설을 포함한다.)
  ㉧ 유수 분리시설
  ㉨ 탈수·건조시설

정답 94 ③  95 ②  96 ③  97 ②

㉣ 세척시설(철도용 폐목재 받침목을 재활용하는 경우로 한정한다.)
② 화학적 재활용시설
  ㉠ 고형화 · 고화시설
  ㉡ 반응시설(중화 · 산화 · 환원 · 중합 · 축합 · 치환 등의 화학반응을 이용하여 폐기물을 재활용하는 단위시설을 포함한다.)
  ㉢ 응집 · 침전시설
③ 생물학적 재활용시설
  ㉠ 사료화 · 퇴비화(지렁이 분변토 생산시설 및 생석회 처리시설을 포함한다.) · 소멸화 · 부숙토 생산시설(1일 재활용능력 100킬로그램 이상인 시설로 한정하며, 건조에 의한 사료화 · 퇴비화시설을 포함한다.)
  ㉡ 호기성 · 혐기성 분해시설
  ㉢ 버섯재배시설

## 98 폐기물발생량 억제지침 준수의무대상 배출자의 규모에 대한 기준으로 옳은 것은?

① 최근 3년간의 연평균 배출량을 기준으로 지정폐기물을 100톤 이상 배출하는 자
② 최근 3년간의 연평균 배출량을 기준으로 지정폐기물을 200톤 이상 배출하는 자
③ 최근 3년간의 연평균 배출량을 기준으로 지정폐기물 외의 폐기물을 250톤 이상 배출하는 자
④ 최근 3년간의 연평균 배출량을 기준으로 지정폐기물 외의 폐기물을 500톤 이상 배출하는 자

**풀이** 폐기물발생량 억제지침 준수의무대상 배출자의 규모
① 최근 3년간의 연평균 배출량을 기준으로 지정폐기물을 100톤 이상 배출하는 자
② 최근 3년간의 연평균 배출량을 기준으로 지정폐기물 외의 폐기물을 1천 톤 이상 배출하는 자

## 99 폐기물처리업자(폐기물 재활용업자)의 준수사항에 관한 내용으로 ( )에 알맞은 것은?

유기성 오니를 화력발전소에서 연료로 사용하기 위하여 가공하는 자는 유기성 오니 연료의 저위발열량, 수분 함유량, 회분 함유량, 황분 함유량, 길이 및 금속성분을 ( ) 측정하여 그 결과를 시 · 도지사에게 제출하여야 한다.

① 매월 1회 이상
② 매 2월 1회 이상
③ 매 분기당 1회 이상
④ 매 반기당 1회 이상

**풀이** 유기성 오니를 화력발전소에서 연료로 사용하기 위하여 가공하는 자는 유기성 오니 연료의 저위발열량, 수분 함유량, 회분 함유량, 황분 함유량, 길이 및 금속성분을 매 분기당 1회 이상 측정하여 그 결과를 시 · 도지사에게 제출하여야 한다.

## 100 사업장폐기물을 공동으로 처리할 수 있는 사업자(둘 이상의 사업장폐기물 배출자)에 해당하지 않는 자는?

① 여객자동차 운수사업법에 따라 여객자동차 운송사업을 하는 자
② 공중위생관리법에 따라 세탁업을 하는 자
③ 출판문화사업 진흥법 관련규정의 출판사를 경영하는 자
④ 의료폐기물을 배출하는 자

**풀이** 사업장폐기물의 공동처리 – 환경부령으로 정하는 둘 이상의 사업장폐기물 배출자
① 자동차정비업을 하는 자
② 건설기계정비업을 하는 자
③ 여객자동차운송사업을 하는 자
④ 화물자동차운송사업을 하는 자
⑤ 세탁업을 하는 자
⑥ 인쇄사를 경영하는 자
⑦ 같은 법인의 사업자 및 동일한 기업집단의 사업자
⑧ 같은 산업단지 등 사업장 밀집지역의 사업장을 운영하는 자
⑨ 의료폐기물을 배출하는 자(종합병원은 제외한다)
⑩ 사업장폐기물이 소량으로 발생하여 공동으로 수집 · 운반하는 것이 효율적이라고 시 · 도지사, 시장 · 군수 · 구청장 또는 지방환경관서의 장이 인정하는 사업장을 운영하는 자

# 007 2022년 1회 기사

## 1과목 폐기물개론

**01** 폐기물에 관한 설명으로 ( )에 가장 적절한 개념은?

> 폐기물은 재질이나 물리화학적 특성의 변화를 가져오는 가공처리를 통하여 다른 용도로 사용될 수 있는 상태로 만드는 것을 ( )(이)라 한다.

① 재활용(Recycling)
② 재사용(Reuse)
③ 재이용(Reutilization)
④ 재회수(Recovery)

**풀이** ① **재활용(Recycling)**
폐기물을 재질이나 물리화학적 특성의 변화를 가져오는 중간처리과정(가공처리)을 통하여 원래의 용도 또는 타 용도로 사용될 수 있는 상태로 만드는 것을 의미한다.
② **재사용(Reuse)**
현 상태 그대로 또는 변형하여 원래의 용도 또는 타 용도로 재사용하는 것을 의미한다.
③ **재회수(Recovery)**
중간처리과정을 거쳐 유용한 물질만을 추출하여 원료 또는 에너지원으로 사용하는 것을 의미한다.

**02** 물렁거리는 가벼운 물질로부터 딱딱한 물질을 선별하는 데 사용하는 선별분류법으로 경사진 컨베이어를 통해 폐기물을 주입시켜 천천히 회전하는 드럼 위에 떨어뜨려서 분류하는 것은?

① Jigs     ② Table
③ Secators ④ Stoners

**풀이** Secators
① 경사진 컨베이어를 통해 폐기물을 주입시켜 천천히 회전하는 드럼 위에 떨어뜨려서 선별하는 장치이며 물렁거리는 가벼운 물질(가볍고 탄력 없는 물질)로부터 딱딱한 물질(무겁고 탄력 있는 물질)을 선별하는 데 사용한다.
② 주로 퇴비 중의 유리조각을 추출할 때 이용되는 선별장치이다.

**03** 국내에서 발생되는 사업장폐기물 및 지정폐기물의 특성에 대한 설명으로 가장 거리가 먼 것은?

① 사업장폐기물 중 가장 높은 증가율을 보이는 것은 폐유이다.
② 지정폐기물은 사업장폐기물의 한 종류이다.
③ 일반사업장폐기물 중 무기물류가 가장 많은 비중을 차지하고 있다.
④ 지정폐기물 중 그 배출량이 가장 많은 것은 폐산·폐알칼리이다.

**풀이** 사업장폐기물 중 가장 높은 증가율을 보이는 것은 폐산·폐알칼리, 유기용제이다.

**04** 인력선별에 관한 설명으로 옳지 않은 것은?

① 사람의 손을 통한 수동 선별이다.
② 컨베이어 벨트의 한쪽 또는 양쪽에서 사람이 서서 선별한다.
③ 기계적인 선별보다 작업량이 떨어질 수 있다.
④ 선별의 정확도가 낮고 폭발가능 물질 분류가 어렵다.

**풀이** 인력선별
선별의 정확도가 높고 파쇄공정으로 유입되기 전에 폭발가능물질의 분류가 가능하다.

정답  01 ①  02 ③  03 ①  04 ④

**05** 쓰레기의 양이 2,000m³이며, 밀도는 0.95 ton/m³이다. 적재용량 20ton의 트럭이 있다면 운반하는 데 몇 대의 트럭이 필요한가?

① 48대  ② 50대
③ 95대  ④ 100대

**풀이** 소요차량(대) $= \dfrac{\text{폐기물 발생량}}{\text{1대당 운반량}}$

$= \dfrac{0.95\text{ton/m}^3 \times 2,000\text{m}^3}{20\text{ton/대}} = 95\text{대}$

**06** 함수율 95%의 슬러지를 함수율 80%인 슬러지로 만들려면 슬러지 1ton당 증발시켜야 하는 수분의 양(kg)은?(단, 비중은 1.0 기준)

① 750  ② 650
③ 550  ④ 450

**풀이** $1,000\text{kg}(1-0.95) = $ 처리 후 슬러지양$(1-0.8)$
처리 후 슬러지양 $= 250\text{kg}$
증발된 수분량(kg) $= 1,000 - 250 = 750\text{kg}$

**07** 분뇨를 혐기성 소화공법으로 처리할 때 발생하는 CH₄가스의 부피는 분뇨투입량의 약 8배라고 한다. 분뇨를 500kL/day씩 처리하는 소화시설에서 발생하는 CH₄가스를 24시간 균등연소 시킬 때 시간당 발열량(kcal/hr)은?(단, CH₄가스의 발열량 = 약 5,500kcal/m³)

① $9.2 \times 10^5$  ② $5.5 \times 10^6$
③ $2.5 \times 10^7$  ④ $1.5 \times 10^8$

**풀이** $CH_4$ 발생량
$= 500\text{kL/day} \times \text{m}^3/\text{kL} \times 8 \times \text{day}/24\text{hr}$
$= 166.67\text{m}^3 CH_4/\text{hr}$
발열량(kcal/hr)
$= 166.67\text{m}^3 CH_4/\text{hr} \times 5,500\text{kcal/m}^3 CH_4$
$= 9.16 \times 10^5 \text{kcal/hr}$

**08** 폐기물의 밀도가 0.45ton/m³인 것을 압축기로 압축하여 0.75ton/m³로 하였을 때 부피감소율(%)은?

① 36  ② 40
③ 44  ④ 48

**풀이** $VR = \left(1 - \dfrac{V_f}{V_i}\right) \times 100$

$V_i = \dfrac{1\text{ton}}{0.45\text{ton/m}^3} = 2.222\text{m}^3$

$V_f = \dfrac{1\text{ton}}{0.75\text{ton/m}^3} = 1.333\text{m}^3$

$= \left(1 - \dfrac{1.333}{2.222}\right) \times 100 = 40.0\%$

**09** 쓰레기 수거노선 설정에 대한 설명으로 가장 거리가 먼 것은?

① 출발점은 차고와 가까운 곳으로 한다.
② 언덕지역의 경우 내려가면서 수거한다.
③ 발생량이 많은 곳은 하루 중 가장 나중에 수거한다.
④ 될 수 있는 한 시계방향으로 수거한다.

**풀이** 효과적·경제적인 수거노선 결정 시 유의(고려)사항 : 수거노선 설정요령
  ① 지형이 언덕인 지역에서는 언덕의 위에서부터 내려가며 적재하면서 차량을 진행하도록 한다.(안전성, 연료비 절약)
  ② 수거인원 및 차량형식이 같은 기존 시스템의 조건들을 서로 관련시킨다.
  ③ 출발점은 차고와 가깝게 하고 수거된 마지막 컨테이너가 처분지의 가장 가까이에 위치하도록 배치한다.
  ④ 가능한 한 지형지물 및 도로경계와 같은 장벽을 사용하여 간선도로 부근에서 시작하고 끝나야 한다.(도로경계 등을 이용)
  ⑤ 가능한 한 시계방향으로 수거노선을 정한다.
  ⑥ 적은 양의 쓰레기가 발생하나 동일한 수거빈도를 받기 원하는 적재지점(수거지점)은 가능한 한 같은 날 왕복 내에서 수거한다.
  ⑦ 아주 많은 양의 쓰레기가 발생되는 발생원은 하루 중 가장 먼저 수거한다.

**정답** 05 ③  06 ①  07 ①  08 ②  09 ③

⑧ 될 수 있는 한 한 번 간 길은 다시 가지 않는다.
⑨ 반복운행 또는 U자형 회전은 피하여 수거한다.
⑩ 교통량이 많거나 출퇴근시간은 피하여 수거한다.
⑪ 수거지점과 수거빈도 결정 시 기존정책이나 규정을 참고한다.

## 10 생활폐기물 중 포장폐기물 감량화에 대한 설명으로 옳은 것은?

① 포장지의 무료제공
② 상품의 포장공간 비율 감소화
③ 백화점 자체 봉투 사용 장려
④ 백화점에서 구매직후 상품 겉포장 벗기는 행위 금지

**풀이** ① 포장지의 무료제공 금지
③ 백화점 자체 봉투 사용 금지
④ 백화점 구매상품 겉포장 행위 금지

## 11 폐기물의 운송기술에 대한 설명으로 틀린 것은?

① 파이프라인 수송은 폐기물의 발생 빈도가 높은 곳에서는 현실성이 있다.
② 모노레일 수송은 가설이 곤란하고 설치비가 고가이다.
③ 컨베이어 수송은 넓은 지역에서 사용되고 사용 후 세정에 많은 물을 사용해야 한다.
④ 파이프라인 수송은 장거리 이송이 곤란하고 투입구를 이용한 범죄나 사고의 위험이 있다.

**풀이** 컨베이어(Conveyer) 수송
① 지하에 설치된 컨베이어에 의해 쓰레기를 수송하는 방법이다.
② 컨베이어 수송설비를 하수도처럼 배치하여 각 가정의 쓰레기를 처분장까지 운반할 수 있다.
③ 악취문제를 해결하고 경관을 보전할 수 있는 장점이 있다.
④ 전력비, 시설비, 내구성, 미생물 부착 등이 문제가 되며 고가의 시설비와 정기적인 정비로 인한 유지비가 많이 소요되는 단점이 있다.

## 12 폐기물 연소 시 저위발열량과 고위발열량의 차이를 결정짓는 물질은?

① 물
② 탄소
③ 소각재의 양
④ 유기물 총량

**풀이** 고위발열량에서 수분(물)의 응축잠열을 제외한 열량을 저위발열량이라 한다.

## 13 적환장을 이용한 수집, 수송에 관한 설명으로 가장 거리가 먼 것은?

① 소형의 차량으로 폐기물을 수거하여 대형차량에 적환 후 수송하는 시스템이다.
② 처리장이 원거리에 위치할 경우에 적환장을 설치한다.
③ 적환장은 수송차량에 싣는 방법에 따라서 직접투하식, 간접투하식으로 구별된다.
④ 적환장 설치장소는 쓰레기 발생 지역의 무게 중심에 되도록 가까운 곳이 알맞다.

**풀이** 적환장의 형식은 소형 차량에서 대형 차량으로 적재하는 방법을 기준으로 직접투하방식, 저장투하방식, 직접·저장투하 결합방식으로 구분할 수 있다.

## 14 발열량에 대한 설명으로 옳지 않은 것은?

① 우리나라 소각로의 설계 시 이용하는 열량은 저위발열량이다.
② 수분을 50% 이상 함유하는 쓰레기는 삼성분조성비를 바탕으로 발열량을 측정하여야 오차가 적다.
③ 폐기물의 가연분, 수분, 회분의 조성비로 저위발열량을 추정할 수 있다.
④ Dulong 공식에 의한 발열량 계산은 화학적 원소분석을 기초로 한다.

**풀이** 쓰레기 자체가 불균일성 물질이고 수분을 50% 이상 함유하고 있는 경우에는 상당한 오차가 발생할 수 있다.

**정답** 10 ② 11 ③ 12 ① 13 ③ 14 ②

**15** 쓰레기 발생량 조사방법이 아닌 것은?

① 적재차량 계수분석법
② 직접계근법
③ 물질수지법
④ 경향법

풀이 ① 쓰레기 발생량 조사방법
　　　㉠ 적재차량 계수분석법
　　　㉡ 직접계근법
　　　㉢ 물질수지법
　　　㉣ 통계조사(표본조사, 전수조사)
　② 쓰레기 발생량 예측방법
　　　㉠ 경향법
　　　㉡ 다중회귀모델
　　　㉢ 동적모사모델

**16** 폐기물 수거방법 중 수거효율이 가장 높은 방법은?

① 대형쓰레기통 수거　② 문전식 수거
③ 타종식 수거　　　　④ 적환식 수거

풀이 수거형태에 따른 수거효율
　㉠ 타종 수거 → 0.84MHT
　㉡ 대형쓰레기통 수거 → 1.1MHT
　㉢ 플라스틱 자루 수거 → 1.35MHT
　㉣ 집밖 이동식 수거 → 1.47MHT
　㉤ 집안 이동식 수거 → 1.86MHT
　㉥ 집밖 고정식 수거 → 1.96MHT
　㉦ 문전 수거 → 2.3MHT
　㉧ 벽면 부착식 수거 → 2.38MHT

**17** 폐기물 발생량 조사방법에 관한 설명으로 틀린 것은?

① 물질수지법은 일반적인 생활폐기물 발생량을 추산할 때 주로 이용한다.
② 적재차량 계수분석법은 일정기간 동안 특정지역의 폐기물 수거, 운반차량의 대수를 조사하여, 이 결과에 밀도를 이용하여 질량으로 환산하는 방법이다.

③ 직접계근법은 비교적 정확한 폐기물 발생량을 파악할 수 있다.
④ 직접계근법은 적재차량 계수분석에 비하여 작업량이 많고 번거롭다는 단점이 있다.

풀이 폐기물 발생량 조사방법
　① 적재차량 계수분석법(Load-count Analysis)
　　일정기간 동안 특정지역의 쓰레기 수거·운반차량의 대수를 조사하여, 이 결과를 밀도를 이용하여 질량으로 환산하는 방법이다.
　② 직접계근법(Direct Weighting Method)
　　입구에서 쓰레기가 적재되어 있는 차량과 출구에서 쓰레기를 적하한 공차량을 계근하여 쓰레기양을 산출하는 방법으로 비교적 정확한 쓰레기 발생량을 파악할 수 있다.
　③ 물질수지법(Material Balance Method)
　　물질수지(유입, 유출 폐기물)를 세울 수 있는 상세한 데이터가 있는 경우에 가능한 방법으로 주로 산업폐기물의 발생량 추산에 이용된다.

**18** 퇴비화 과정의 초기단계에서 나타나는 미생물은?

① Bacillus sp.
② Streptomyces sp.
③ Aspergillus fumigatus
④ Fungi

풀이 퇴비화 초기단계 전반기에는 진균(Fungi) 및 세균(Bacteria)이 주로 유기물을 분해하여 탄수화물, 지방, 아미노산 등으로 흡수되게 한다.

**19** 폐기물의 운송을 돕기 위하여 압축할 때, 부피감소율(Volume Reduction)이 45%이었다. 압축비(Compaction Ratio)는?

① 1.42　② 1.82
③ 2.32　④ 2.62

풀이 압축비$(CR) = \dfrac{100}{100-VR} = \dfrac{100}{100-45} = 1.82$

**20** 도시쓰레기 중 비가연성 부분이 중량비로 약 40%를 차지하였다. 밀도가 350kg/m³인 쓰레기 8m³가 있을 때 가연성 물질의 양(ton)은?

① 2.8　　② 1.92
③ 1.68　　④ 1.12

**풀이** 가연성 물질 양(ton)
= 밀도 × 부피 × 가연성 물질 함유비율
= $0.35 \text{ton/m}^3 \times 8\text{m}^3 \times (1-0.4) = 1.68 \text{ton}$

## 2과목　폐기물처리기술

**21** 폐기물을 수평으로 고르게 깔고 압축하면서 폐기물층과 복토층을 교대로 쌓는 공법은?

① Cell 공법　　② 압축매립 공법
③ 샌드위치 공법　　④ 도랑형 매립 공법

**풀이** 샌드위치(Sandwich) 공법
① 폐기물을 수평으로 고르게 깔고 압축하면서 폐기물층과 복토층을 교대로 쌓는 공법이다.
② 좁은 산간지 등의 매립지에서 적용된다.

**22** 호기성 퇴비화 4단계에 따른 온도변화로 가장 알맞은 것은?

① 고온단계-중온단계-냉각단계-숙성단계
② 중온단계-고온단계-냉각단계-숙성단계
③ 냉각단계-중온단계-고온단계-숙성단계
④ 숙성단계-냉각단계-중온단계-고온단계

**풀이** 호기성 퇴비화 4단계(온도변화)
중온단계 → 고온단계 → 냉각단계 → 숙성단계

**23** 유해폐기물의 고형화 처리 중 무기적 고형화에 비하여 유기적 고형화의 특징에 대한 설명으로 틀린 것은?

① 수밀성이 크며, 처리비용이 고가이다.
② 미생물, 자외선에 대한 안정성이 강하다.
③ 방사성 폐기물처리에 많이 적용한다.
④ 최종 고화체의 체적 증가가 다양하다.

**풀이** 유기성(유기적) 고형화 기술
① 요소수지, 폴리부타디엔, 폴리에스테르, 에폭시, 아스팔트 등을 이용하여 주로 방사성 폐기물 등을 안정화시키는 방법이다.
② 일반적으로 물리적으로 봉입한다.
③ 처리비용이 고가이다.
④ 최종 고화체의 체적 증가가 다양하다.
⑤ 수밀성이 매우 크고 다양한 폐기물에 적용이 용이하다.
⑥ 미생물, 자외선에 대한 안정성이 약하다.
⑦ 일반 폐기물보다 방사성 폐기물 처리에 적용한다. 즉, 방사성 폐기물을 제외한 기타 폐기물에 대한 적용사례가 제한되어 있다.
⑧ 상업화된 처리법의 현장자료가 미비하다.
⑨ 고도 기술을 필요로 하며 촉매 등 유해물질이 사용된다.
⑩ 역청, 파라핀, PE, UPE 등을 이용한다.

**24** 유해폐기물을 고화처리하는 방법 중 유기중합체법에 대한 설명이다. 단점으로 옳지 않은 것은?

① 고형성분만 처리 가능하다.
② 최종처리 시 2차 용기에 넣어 매립하여야 한다.
③ 중합에 사용되는 촉매 중 부식성이 있고, 특별한 혼합장치와 용기라이너가 필요하다.
④ 혼합률(MR)이 높고 고온공정이다.

**풀이** 유기중합체법은 혼합률(MR)이 비교적 낮고 저온공정이다.

**25** 지하수 중 에틸벤젠을 탈기(Air Stripping) 충전탑으로 제거하고자 한다. 지하수량($Q_w$) 5L/sec, 공기공급량($Q_a$) 100L/sec일 때, 에틸벤젠의 무차원 헨리상수 값이 0.3이라면 탈기계수(Stripping Factor) 값은?

① 20　　② 10
③ 6　　④ 3

**정답** 20 ③　21 ③　22 ②　23 ②　24 ④　25 ③

**풀이** 충전탑 탈기인자 $= \dfrac{G_m(\text{처리가스유속})}{L_m(\text{세정액유속})}$

$= \dfrac{100}{5} = 20$

에틸벤젠 탈기계수 $= 20 \times 0.3 = 6$

**26** SRF를 소각로에서 사용 시 문제점에 관한 설명으로 가장 거리가 먼 것은?

① 시설비가 고가이고, 숙련된 기술이 필요하다.
② 연료공급의 신뢰성 문제가 있을 수 있다.
③ Cl 함량 및 연소먼지 문제는 거의 없지만, 유황함량이 많아 SOx 발생이 상대적으로 많은 편이다.
④ Cl 함량이 높은 경우 소각시설의 부식발생으로 수명단축의 우려가 있다.

**풀이** SRF(고형연료제품)를 소각로에서 연소 시 Cl 함량 및 연소먼지 문제가 있고 유황함량이 적어 SOx 발생이 상대적으로 적은 편이다.

**27** 유기오염물질의 지하이동 모델링에 포함되는 주요 인자가 아닌 것은?

① 유기오염물질의 분배계수
② 토양의 수리전도도
③ 생물학적 분해속도
④ 토양 pH

**풀이** 유기오염물질 지하이동 모델링 포함인자
① 유기오염물질의 분배계수
② 토양의 수리전도도
③ 생물학적 분해속도
④ 흡착계수
⑤ 오염원에서 지하수까지의 수직거리

**28** 매립가스를 유용하게 활용하기 위해 $CH_4$와 $CO_2$를 분리하여야 한다. 다음 중 분리방법으로 적합하지 않은 것은?

① 물리적 흡착에 의한 분리
② 막분리에 의한 분리
③ 화학적 흡착에 의한 분리
④ 생물학적 분해에 의한 분리

**풀이** 매립가스에서 $CO_2$, $CH_4$ 분리방법
① 물리적 흡착에 의한 분리
② 화학적 흡착에 의한 분리
③ 막분리법
④ 저온분리법

**29** 함수율 95%인 슬러지를 함수율 70%의 탈수 Cake로 만들었을 경우의 무게비(탈수 후/탈수 전)는?(단, 비중 1.0, 분리액과 함께 유출된 슬러지양은 무시)

① 1/4  ② 1/5
③ 1/6  ④ 1/7

**풀이** 무게비 $= \dfrac{\text{처리 후 탈수슬러지양}}{\text{초기 탈수슬러지양}}$

$= \dfrac{1 - \text{초기 탈수함수율}}{1 - \text{처리 후 탈수함수율}}$

$= \dfrac{1 - 0.95}{1 - 0.7} = 0.167(1/6)$

**30** 위생매립방법에 대한 설명으로 가장 거리가 먼 것은?

① 도랑식 매립법은 도랑을 약 2.5~7m 정도의 깊이로 파고 폐기물을 묻은 후에 다지고 흙을 덮는 방법이다.
② 평지 매립법은 매립의 가장 보편적인 형태로 폐기물을 다진 후에 흙을 덮는 방법이다.
③ 경사식 매립법은 어느 경사면에 폐기물을 쌓은 후에 다지고 그 위에 흙을 덮는 방법이다.
④ 도랑식 매립법은 매립 후 흙이 부족하며 지면이 높아진다.

**풀이** 도랑형 방식매립(Trench System : 도랑 굴착 매립공법)
① 도랑을 파고 폐기물을 매립한 후 다짐 후 다시 복토하는 방법이다.
② 매립지 바닥이 두껍고(지하수면이 지표면으로부터 깊은 곳에 있는 경우) 또한 복토를 적합한 지역

**정답** 26 ③  27 ④  28 ④  29 ③  30 ④

에 이용하는 방법으로 거의 단층매립만 가능한 공법이다.
③ 도랑의 깊이는 약 2.5~7m(10m)로 하고 폭은 20m 정도이고 파낸 흙을 복토재로 이용 가능한 경우 경제적이다.(소규모 도랑 : 폭 5~8m, 깊이 1~2m)
④ 도랑에서 굴착된 토사는 매일 또는 중간복토로 사용하여 쓰레기의 날림을 최소화할 수 있다.
⑤ 매립종료 후 토지이용 효율이 증대된다.
⑥ 도랑은 합성수지나 점토를 이용하여 차수시설을 하여 가스나 침출수의 이동을 최소화시킨다.
⑦ 사전 정비작업이 필요하지 않으나 단층매립으로 매립용량의 낭비가 크다.
⑧ 사전작업 시 침출수 수집장치나 차수막 설치가 용이하지 못하다.

**31** 매립구조에 따라 분류하였을 때 매립종료 1년 후 침출수의 BOD가 가장 낮게 유지되는 매립방법은?(단, 매립조건, 환경 등은 모두 같다고 가정함)
① 혐기성 위생매립
② 개량형 혐기성 위생매립
③ 준호기성 매립
④ 호기성 매립

**풀이** 호기성 매립은 호기성 미생물에 의한 분해반응으로 유기물의 안정화 속도가 빠르고 메탄의 발생이 없으며 고농도의 침출수 발생을 방지할 수 있다.

**32** 생활폐기물 자원화를 위한 처리시설 중 선별시설의 설치지침이 틀린 것은?
① 선별라인은 반입형태, 반입량, 작업효율 등을 고려하여 계열화할 수 있다.
② 입도선별, 비중선별, 금속선별 등 필요에 따라 적정하게 조합하여 설치하되, 고형연료의 품질제고를 위하여 PVC 등을 선별할 수 있다.
③ 선별된 물질이 후속공정에 연속적으로 이송될 수 있도록 저류시설을 설치하여야 한다.
④ 선별시설은 계절적 변화 등에 관계없이 고형연료제품 제조 시 목표품질을 달성할 수 있는 적합한 선별시설을 계획하여야 한다.

**풀이** 선별된 물질이 후속공정과 연계되어 연속적으로 이송되지 않을 경우에는 적정용량의 저류시설을 설치하여야 한다.

**33** 폐기물 매립으로 인하여 발생될 수 있는 피해내용에 대한 설명으로 틀린 것은?
① 육상 매립으로 인한 유역의 변화로 우수의 수로가 영향을 받기 쉽다.
② 매립지에서 대량 발생되는 파리의 방제에 살충제를 사용하면 점차 저항성이 생겨 약제를 변경해야 한다.
③ 쓰레기의 호기성 분해로 생긴 메탄가스 등에 자연 착화하기 쉽다.
④ 쓰레기 부패로 악취가 발생하여 주변지역에 악영향을 준다.

**풀이** 쓰레기의 혐기성 분해로 생긴 메탄가스 등에 자연 착화하기 쉽다.

**34** 차수설비의 기능과 관계가 없는 사항은?
① 매립지 내의 오수 및 주변지하수의 유입 방지
② 매립지 주위의 배수공에 의해 우수 및 지하수 유입 방지
③ 우수로 인해 매립지 내의 바닥 이하로의 침수 방지
④ 배수공에 의해 침출수 집수 및 매립지 밖으로의 배수

**풀이** 매립지 차수설비는 침출수에 의한 공공수역 및 지하수오염, 주변환경에 미칠 나쁜 영향, 주변 지하수 유입에 의한 침출수량 증가를 방지한다.

**35** 폐기물을 매립 시 덮개 흙으로 덮어야 하는 이유로 가장 거리가 먼 것은?
① 쥐나 파리의 서식처를 없애기 위해
② $CO_2$ 가스가 외부로 나가는 것을 방지하기 위해
③ 폐기물이 바람에 의해 날리는 것을 방지하기 위해
④ 미관상 보기에 좋지 않아서

정답   31 ④   32 ③   33 ③   34 ③   35 ②

풀이 복토의 주요기능(용도, 목적)
① 쓰레기(먼지, 종이 등)의 비산 방지
② 악취 및 유독가스 확산 방지
③ 병원균 매개체(파리, 모기, 쥐 등) 서식 방지
④ 화재발생 방지
⑤ 강우에 의한 우수의 이동 및 침투 방지로 침출수량 최소화
⑥ 매립지의 압축효과에 의한 부등침하의 최소화
⑦ 미관상의 문제 개선(경관 향상)
⑧ 토양미생물의 접종 및 서식공간 제공

**36** 음식물쓰레기 처리방법으로 가장 부적합한 방법은?

① 매립
② 바이오가스 생산처리
③ 퇴비화
④ 사료화

풀이 음식물쓰레기는 수분과 염분 때문에 매립, 소각이 어려우며 주로 퇴비화, 사료화, 바이오가스 생산처리 등으로 처리한다.

**37** 슬러지를 건조하여 농토로 사용하기 위하여 여과기로 원래 슬러지의 함수율을 40%로 낮추고자 한다. 여과속도가 $10kg/m^2 \cdot hr$(건조고형물 기준), 여과면적 $10m^2$의 조건에서 시간당 탈수슬러지 발생량(kg/hr)은?

① 약 186
② 약 167
③ 약 154
④ 약 143

풀이 시간당 탈수슬러지 발생량
= 여과속도 × 여과면적 × 함수율 보정
$= 10kg/m^2 \cdot hr \times 10m^2 \times \dfrac{100}{100-40}$
$= 166.67 kg/hr$

**38** 1일 처리량이 100kL인 분뇨처리장에서 분뇨를 중온소화방식으로 처리하고자 한다. 소화 후 슬러지양($m^3$/day)은?

• 투입분뇨의 함수율 = 98%
• 고형물 중 유기물 함유율 = 70%, 그중 60%가 액화 및 가스화
• 소화슬러지 함수율 = 96%
• 슬러지 비중 = 1.0

① 15
② 29
③ 44
④ 53

풀이 소화 후 슬러지양($m^3$/day)
$= (VS' + FS) \times \dfrac{100}{100 - X_w}$
$FS = 100 m^3/day \times 0.02 \times 0.3 = 0.6 m^3/day$
$VS' = 100 m^3/day \times 0.02 \times 0.7 \times 0.4$
$= 0.56 m^3/day$
$= (0.6 + 0.56) \times \dfrac{100}{100-96} = 29 m^3/day$

[Note] $VS'$(잔류유기물), $FS$(무기물)

**39** 용매추출처리에 이용 가능성이 높은 유해폐기물과 가장 거리가 먼 것은?

① 미생물에 의해 분해가 힘든 물질
② 활성탄을 이용하기에는 농도가 너무 높은 물질
③ 낮은 휘발성으로 인해 스트리핑하기가 곤란한 물질
④ 물에 대한 용해도가 높아 회수성이 낮은 물질

풀이 이용 가능성이 높은 폐기물의 특징(용매추출법)
① 추출법에 사용되는 용매는 비극성이어야만 한다.
② 용매회수가 가능하여야 한다(방법 : 증류 등).
③ 높은 분배계수(선택성이 큼)를 가지는 것이어야 한다.
④ 낮은 끓는점(회수성 높음)을 가지는 것이어야 한다.
⑤ 물에 대한 용해도가 낮은 것이어야 한다.
⑥ 밀도가 물과 다른 것이어야 한다.

**40** BOD가 15,000mg/L, $Cl^-$이 800ppm인 분뇨를 희석하여 활성슬러지법으로 처리한 결과 BOD가 45mg/L, $Cl^-$이 40ppm이었다면 활성슬러지법의 처리효율(%)은?(단, 희석수 중에 BOD, $Cl^-$은 없음)

정답 36 ① 37 ② 38 ② 39 ④ 40 ②

① 92 ② 94
③ 96 ④ 98

**풀이** 처리효율(%)
$= \left(1 - \dfrac{BOD_o}{BOD_i}\right) \times 100$

$BOD_i = 15,000\,\text{mg/L} \times \left(\dfrac{40}{800}\right) = 750\,\text{mg/L}$

$= \left(1 - \dfrac{45}{750}\right) \times 100 = 94\%$

## 3과목 폐기물소각 및 열회수

**41** 소각로 설계에서 중요하게 활용되고 있는 발열량을 추정하는 방법에 대한 설명으로 옳지 않은 것은?

① 폐기물의 입자분포에 의한 방법
② 단열 열량계에 의한 방법
③ 물리적 조성에 의한 방법
④ 원소분석에 의한 방법

**풀이** 발열량 분석방법
① 단열 열량계에 의한 측정방법
② 원소분석에 의한 방법
③ 3성분 추정식에 의한 방법
④ 물리적 조성 분석치에 의한 방법

**42** 폐기물 처리시설 내 소요전력을 생산하는 데 가장 많이 사용하는 터빈은?

① 충동터빈 ② 배압터빈
③ 반동터빈 ④ 복수터빈

**풀이** 배압터빈
① 증기를 다량으로 소비하는 산업 분야에 널리 적용된다.
② 열효율은 90%까지 기대할 수 있다.
③ 증기터빈 중 산업용의 약 70%를 차지한다.

**43** 고체연료의 중량조성비가 다음과 같다면 이 연료의 저위발열량(kcal/kg)은?(단, C = 78%, H = 6%, O = 4%, S = 1%, 수분 = 5%, Dulong식 적용)

① 7,259 ② 7,459
③ 7,659 ④ 7,859

**풀이** $H_h(\text{kcal/kg})$
$= 8,100\text{C} + 34,000\left(\text{H} - \dfrac{\text{O}}{8}\right) + 2,500\text{S}$
$= (8,100 \times 0.78) + \left[34,000\left(0.06 - \dfrac{0.04}{8}\right)\right]$
$\quad + (2,500 \times 0.01)$
$= 8,213\,\text{kcal/kg}$

$H_l(\text{kcal/kg})$
$= H_h - 600(9\text{H} + \text{W})$
$= 8,213 - 600[(9 \times 0.06) + 0.05]$
$= 7,859\,\text{kcal/kg}$

**44** 액체주입형 연소기에 관한 설명으로 틀린 것은?

① 구동장치가 없어서 고장이 적다.
② 대기오염방지시설과 소각재의 처리설비가 필요하다.
③ 연소기의 가장 일반적인 형식은 수평 점화식이다.
④ 버너 노즐을 통하여 액체를 미립화하여야 하며 대량처리가 어렵다.

**풀이** 액체 분무 주입형 소각로(Liquid Injection Incinerator)
① 장점
  ㉠ 광범위한 종류의 액상폐기물을 연소할 수 있다.
  ㉡ 대기오염방지시설 이외에 소각재처리시설이 필요 없다.
  ㉢ 구동장치가 간단하고 고장이 적다.
  ㉣ 운영비가 저렴하다.
  ㉤ 기술개발이 잘 되어 있고 자동화가 용이하다. (가동 이외의 경우 무인운전이 가능)
② 단점
  ㉠ 버너노즐을 이용하여 액체를 미립화하여야 한다.
  ㉡ 완전 연소시켜야 하며 내화물의 파손을 막아야 한다.

**정답** 41 ① 42 ② 43 ④ 44 ②

ⓒ 고농도 고형분의 농도가 높으면 버너가 막히기 쉽다.
ⓔ 대량처리가 어렵다.

[Note] 액체 주입형 연소기는 소각재의 배출설비가 없으므로 회분함량이 낮은 액상폐기물에 사용한다.

## 45 기체연료 중 천연가스(LNG)의 주성분은?

① $H_2$  ② CO  ③ $CO_2$  ④ $CH_4$

**풀이** LNG는 $CH_4$을 주성분으로 하는 천연가스를 1기압하에서 −168℃(−162℃) 정도로 냉각하여 액화시킨 연료로 대량수송 및 저장을 가능하게 한다.

## 46 폐기물의 자원화기술 용어가 아닌 것은?

① Landfill
② Composting
③ Gasification & Pyrolysis
④ SRF

**풀이** Landfill(매립)은 자원화기술이 아니고 최종처분시설이다.

## 47 다음 설명에서 맞지 않는 것은?

① 1kcal은 표준기압에서 순수한 물 1kg를 1℃(14.5~15.5℃) 올리는 데 필요한 열량이다.
② 단위질량의 물질을 1℃ 상승하는 데 필요한 열량은 비열이다.
③ 포화 증기온도 이상으로 가열한 증기를 과열증기라 한다.
④ 고체에서 기체가 될 때에 취하는 열을 증발열이라 한다.

**풀이** 고체에서 기체가 될 때에 취하는 열을 승화열이라 한다.

## 48 유동상식 소각로의 장단점에 대한 설명으로 틀린 것은?

① 반응시간이 빨라 소각시간이 짧다.(노 부하율이 높다.)
② 연소효율이 높아 미연소분 배출이 적고 2차 연소실이 불필요하다.
③ 기계적 구동부분이 많아 고장률이 높다.
④ 상(床)으로부터 찌꺼기의 분리가 어려우며 운전비, 특히 동력비가 높다.

**풀이** 유동층 소각로
① 장점
  ⊙ 유동매체의 열용량이 커서 액상, 기상, 고형 폐기물의 전소 및 혼소, 균일한 연소가 가능하다.
  ⓒ 반응시간이 빨라 소각시간이 짧다.(노 부하율이 높다.)
  ⓔ 연소효율이 높아 미연소분이 적고 2차 연소실이 불필요하다.
  ⓓ 가스의 온도가 낮고 과잉공기량이 낮다. 따라서 NOx도 적게 배출된다.
  ⓜ 기계적 구동부분이 적어 고장률이 낮아 유지관리가 용이하다.
  ⓗ 노 내 온도의 자동제어로 열회수가 용이하다.
  ⓢ 유동매체의 축열량이 높은 관계로 단시간 정지 후 가동 시 보조연료 사용 없이 정상가동이 가능하다.
  ⓞ 과잉공기량이 적으므로 다른 소각로보다 보조연료 사용량과 배출가스양이 적다.
  ⓩ 석회 또는 반응물질을 유동매체에 혼입시켜 노 내에서 산성가스의 제거가 가능하다.
② 단점
  ⊙ 층의 유동으로 상으로부터 찌꺼기의 분리가 어려우며 운전비, 특히 동력비가 높다.
  ⓒ 폐기물의 투입이나 유동화를 위해 파쇄가 필요하다.
  ⓔ 상재료의 용융을 막기 위해 연소온도는 816℃를 초과할 수 없다.
  ⓓ 유동매체의 손실로 인한 보충이 필요하다.
  ⓜ 고점착성의 반유동상 슬러지는 처리하기 곤란하다.
  ⓗ 소각로 본체에서 압력손실이 크고 유동매체의 비산 또는 분진의 발생량이 가장 많다.
  ⓢ 조대한 폐기물은 전처리가 필요하다. 즉, 폐기물의 투입이나 유동화를 위해 파쇄공정이 필요하다.

정답  45 ④  46 ①  47 ④  48 ③

**49** 소각조건의 3T에 해당하는 것은?

① 온도, 연소량, 혼합
② 온도, 연소량, 압력
③ 온도, 압력, 혼합
④ 온도, 연소시간, 혼합

**풀이** 완전연소조건(3T)
① 온도(Temperature)
② 시간(Time)
③ 혼합(Turbulence)

**50** 회전식(Rotary) 소각로에 대한 설명으로 옳지 않은 것은?

① 일반적으로 열효율이 상대적으로 높다.
② 킬른은 1,600℃에 달하는 온도에서도 작동될 수 있다.
③ 높은 설치비와 보수비가 요구된다.
④ 다양한 액상 및 고형폐기물을 독립적으로 조합하지 않고서도 소각시킬 수 있다.

**풀이** 회전로식 소각로(Rotary Kiln Incinerator)
① 장점
  ㉠ 넓은 범위의 액상 및 고상폐기물을 소각할 수 있다.
  ㉡ 전처리(예열, 혼합, 파쇄) 없이 소각물 주입이 가능하다.
  ㉢ 소각에 방해 없이 연속으로 재의 배출이 가능하다.
  ㉣ 동력비 및 운전비가 적다.
  ㉤ 소각물 부하변동에 적응이 가능하다.
② 단점
  ㉠ 처리량이 적을 경우 설치비가 높다.
  ㉡ 후처리장치(대기오염방지장치)에 대한 분진부하율이 높다.
  ㉢ 비교적 열효율이 낮은 편이다.
  ㉣ 구형 및 원통형 폐기물은 완전연소 전에 화상에서 이탈할 수 있다.
  ㉤ 노에서의 공기유출이 크므로 종종 대량의 과잉공기 및 2차연소실이 필요하다.

**51** 소각로의 쓰레기 이동방식에 따라 구분한 화격자 종류 중 화격자를 무한궤도식으로 설치한 구조로 되어 있고 건조, 연소, 후연소의 각 스토커 사이에 높이 차이를 두어 낙하시킴으로써 쓰레기층을 뒤집으며 내구성이 좋은 구조로 되어 있는 것은?

① 낙하식 스토커   ② 역동식 스토커
③ 계단식 스토커   ④ 이상식 스토커

**풀이** 이상식 화격자(Traveling Grate Stoker)
① Chain Link에 화격자를 무한궤도형으로 설치한 구조로 되어 있다.
② 쓰레기 이송은 잘 이루어지나 연소에 필요한 쓰레기 중의 반전기능이 없다.
③ 건조, 연소, 후연소의 각 스토커 사이에 높은 차이를 두어 낙하시킴으로써 쓰레기층의 반전이 일어나도록 하거나 화격자상에 요동장치를 추가하기도 한다.

**52** 소각로의 연소효율을 증대시키는 방법으로 가장 거리가 먼 것은?

① 적절한 연소시간 유지
② 적절한 온도 유지
③ 적절한 공기공급과 연료비 설정
④ 층류상태 유지

**풀이** 소각로의 연소효율을 증대시키기 위해서는 난류상태를 유지하여야 한다.

**53** 폐기물 50ton/day를 소각로에서 1일 24시간 연속가동하여 소각처리할 때 화상면적($m^2$)은? (단, 화상부하 = 150kg/$m^2 \cdot$ hr)

① 약 14   ② 약 18
③ 약 22   ④ 약 26

**풀이** 화상면적($m^2$)
$$= \frac{\text{시간당 소각량}}{\text{화상부하율}}$$
$$= \frac{50\text{ton/day} \times \text{day}/24\text{hr} \times 1,000\text{kg/ton}}{150\text{kg/m}^2 \cdot \text{hr}}$$
$$= 13.8\text{m}^2$$

**정답** 49 ④  50 ①  51 ④  52 ④  53 ①

**54** 쓰레기 투입방식에 따라 소각로를 분류할 수 있다. 해당되지 않는 것은?

① 상부투입방식  ② 중간투입방식
③ 하부투입방식  ④ 십자투입방식

🔑 폐기물 투입방식에 따른 소각로 구분
① 하부투입방식
② 상부투입방식
③ 십자투입방식

**55** 폐기물 소각설비의 주요 공정 중 폐기물 반입 및 공급설비에 해당되지 않는 것은?

① 폐열보일러      ② 폐기물 계량장치
③ 폐기물 투입문   ④ 폐기물 크레인

🔑 폐기물 반입 및 공급설비
① 폐기물 계량장치
② 폐기물 투입문
③ 폐기물 저장시설
④ 폐기물 크레인

**56** 소각로에서 쓰레기의 소각과 동시에 배출되는 가스성분을 분석한 결과, $N_2$ = 82%, $O_2$ = 5%였을 때 소각로의 공기과잉계수($m$)는?(단, 완전연소라고 가정)

① 1.3   ② 2.3
③ 2.8   ④ 3.5

🔑 완전연소 공기비($m$)
$$m = \frac{21}{21-O_2} = \frac{21}{21-5} = 1.31$$

**57** 구성성분이 O 20%, H 6%, C 30%, 회분 14%, 수분 30%인 폐기물을 소각했을 때 고위발열량(kcal/kg)은?(단, Dulong식 기준)

① 약 2,420   ② 약 2,700
③ 약 3,130   ④ 약 3,620

🔑 $H_h$(kcal/kg)
$$= 8,100C + 34,000\left(H - \frac{O}{8}\right) + 2,500S$$
$$= (8,100 \times 0.3) + \left[34,000\left(0.06 - \frac{0.2}{8}\right)\right]$$
$$= 3,620 \text{kcal/kg}$$

**58** 열효율이 65%인 유동층 소각로에서 15℃의 슬러지 2톤을 소각시켰다. 배기온도가 400℃라면 연소온도(℃)는?(단, 열효율은 배기온도만을 고려한다.)

① 955    ② 988
③ 1,015  ④ 1,115

🔑 열효율(%) = $\frac{연소온도 - 배기온도}{연소온도 - 소각물온도}$

$0.65 = \frac{연소온도 - 400}{연소온도 - 15}$

$0.65 \times (연소온도 - 15) = 연소온도 - 400$

연소온도 × 0.35 = 390.25

연소온도 = 1,115℃

**59** 고형폐기물의 소각처리 시 여분의 공기(Excess Air)는 이론적인 산화에 필요한 양에 최소 몇 % 정도 더 넣어주어야 하는가?

① 5    ② 10
③ 20   ④ 60

🔑 고형폐기물 연소공기비 : 1.6~2.2
과잉공기량 = $A_o(m-1)$
= 1.6 - 1 = 0.6 × 100 = 60%

**60** 중유보일러의 경우, 적정공기비($m$ = 1.1~1.3)일 때 $CO_2$ 농도의 범위(%)는?

① 10~8%    ② 12~10%
③ 16~12%   ④ 20~16%

🔑 중유보일러 연소 경우 적정공기비가 1.1~1.3일 때 $CO_2$ 농도범위는 약 12~16%(11~14%) 정도이다.

## 4과목 폐기물공정시험기준(방법)

**61** 유도결합플라스마 – 원자발광분광법을 사용한 금속류 측정에 관한 내용으로 틀린 것은?

① 대부분의 간섭물질은 산 분해에 의해 제거된다.
② 유도결합플라스마 – 원자발광분광기는 시료도입부, 고주파전원부, 광원부, 분광부, 연산처리부 및 기록부로 구성된다.
③ 시료 중에 칼슘과 마그네슘의 농도가 높고 측정값이 규제값의 90% 이상일 때는 희석 측정하여야 한다.
④ 유도결합플라스마 – 원자발광분광기의 분광부는 검출 및 측정에 따라 연속주사형 단원소측정장치와 다원소동시 측정장치로 구분된다.

**풀이** 금속류(유도결합플라스마 – 원자발광분광법)
시료 중에 칼슘과 마그네슘의 농도합이 500mg/L 이상, 측정값이 규제값의 90% 이상인 경우 표준물질첨가법으로 측정하는 것이 좋다.

**62** 자외선/가시선 분광법에 의하여 폐기물 내 크롬을 분석하기 위한 실험방법에 관한 설명으로 옳은 것은?

① 발색 시 수산화나트륨의 최적 농도는 0.5N이다. 만일 수산화나트륨의 양이 부족하면 5mL를 넣어 시험한다.
② 시료 중에 철이 5mg 이상으로 공존할 경우에는 다이페닐카바자이드 용액을 넣기 전에 10% 피로인산나트륨 · 10수화물 용액 5mL를 넣는다.
③ 적자색의 착화합물을 흡광도 540nm에서 측정한다.
④ 총 크롬을 과망간산나트륨을 사용하여 6가크롬으로 산화시킨 다음 알칼리성에서 다이페닐카바자이드와 반응시킨다.

**풀이** 크롬 – 자외선/가시선 분광법
시료 중에 총 크롬을 과망간산칼륨을 사용하여 6가크롬으로 산화시킨 다음 산성에서 다이페닐카바자이드와 반응하여 생성되는 적자색 착화합물의 흡광도를 540nm에서 측정하여 총 크롬을 정량하는 방법이다.

**63** 시료의 전처리방법 중 질산 – 황산에 의한 유기물분해에 해당되는 항목들로 짝지어진 것은?

㉠ 시료를 서서히 가열하여 액체의 부피가 약 15mL가 될 때까지 증발 농축한 후 공기 중에서 식힌다.
㉡ 용액의 산 농도는 약 0.8N이다.
㉢ 염산(1+1) 10mL와 물 15mL를 넣고 약 15분간 가열하여 침전된 잔류물을 녹인다.
㉣ 분해가 끝나면 공기 중에서 식히고 정제수 50mL를 넣어 끓기 직전까지 서서히 가열하여 침전된 용해성염들을 녹인다.
㉤ 유기물 등을 많이 함유하고 있는 대부분의 시료에 적용된다.

① ㉡, ㉢, ㉣
② ㉢, ㉣, ㉤
③ ㉠, ㉣, ㉤
④ ㉠, ㉢, ㉤

**풀이** 질산 – 황산 분해법
① 적용 : 유기물 등을 많이 함유하고 있는 대부분의 시료
② 주의
  ㉠ 칼슘, 바륨, 납 등을 다량 함유한 시료는 난용성의 황산염을 생성하여 다른 금속성분을 흡착하므로 주의
  ㉡ 분해가 끝나면 공기 중에서 식히고 정제수 50mL를 넣어 끓기 직전까지 서서히 가열하여 침전된 용해성염 등을 녹임
  ㉢ 시료를 서서히 가열하여 액체의 부피가 15mL가 될 때까지 증발 농축한 후 공기 중에서 서서히 식힌다.
③ 용액 산농도 : 약 1.5~3.0N

정답  61 ③  62 ③  63 ③

**64** 폐기물 중의 유기물 함량(%)을 식으로 나타낸 것은?(단, $W_1$ : 도가니 또는 접시의 무게, $W_2$ : 강열 전의 도가니 또는 접시와 시료의 무게, $W_3$ : 강열 후의 도가니 또는 접시와 시료의 무게)

① $\dfrac{(W_2 - W_3)}{(W_3 - W_2)} \times 100$  ② $\dfrac{(W_2 - W_1)}{(W_3 - W_1)} \times 100$

③ $\dfrac{(W_3 - W_2)}{(W_2 - W_1)} \times 100$  ④ $\dfrac{(W_2 - W_3)}{(W_2 - W_1)} \times 100$

**65** 기체크로마토그래피법에 대한 설명으로 옳지 않은 것은?

① 일정 유량으로 유지되는 운반가스는 시료도입부로부터 분리관 내를 흘러서 검출기를 통하여 외부로 방출된다.
② 할로겐 화합물을 다량 함유하는 경우에는 분자흡수나 광산란에 의하여 오차가 발생하므로 추출법으로 분리하여 실험한다.
③ 유기인 분석 시 추출 용매 안에 함유하고 있는 불순물이 분석을 방해할 수 있으므로 바탕시료나 시약바탕시료를 분석하여 확인할 수 있다.
④ 장치의 기본구성은 압력조절밸브, 유량조절기, 압력계, 유량계, 시료도입부, 분리관, 검출기 등으로 되어 있다.

풀이 ②항은 원자흡수분광광도법과 관련된 내용이다.

**66** 5톤 이상의 차량에서 적재폐기물의 시료를 채취할 때 평면상에서 몇 등분하여 채취하는가?

① 3등분  ② 5등분
③ 6등분  ④ 9등분

풀이 폐기물이 차량에 적재되어 있는 경우 시료 채취 수
① 5ton 미만의 차량에 적재되어 있는 경우 적재폐기물을 평면상에서 6등분한 후 각 등분마다 시료 채취
② 5ton 이상의 차량에 적재되어 있는 경우 적재폐기물을 평면상에서 9등분한 후 각 등분마다 시료 채취

**67** 이온전극법을 적용하여 분석하는 항목은? (단, 폐기물공정시험기준에 의함)

① 시안  ② 수은
③ 유기인  ④ 비소

풀이 시안 분석방법
① 이온교환법
② 자외선/가시선 분광법

**68** 유도결합플라스마 발광광도법(ICP)에 대한 설명 중 틀린 것은?

① 시료 중의 원소가 여기되는 데 필요한 온도는 6,000~8,000K이다.
② ICP 분석장치에서 에어로졸 상태로 분무된 시료는 가장 안쪽의 관을 통하여 도너츠 모양의 플라스마 중심부에 도달한다.
③ 시료측정에 따른 정량분석은 검량선법, 내부표준법, 표준첨가법을 사용한다.
④ 플라스마는 그 자체가 광원으로 이용되기 때문에 매우 좁은 농도범위의 시료를 측정하는 데 주로 사용된다.

풀이 플라스마는 그 자체가 광원으로 이용되기 때문에 매우 넓은 농도범위에서 시료를 측정할 수 있다.

**69** 원자흡수분광광도계 장치의 구성으로 옳은 것은?

① 광원부 – 파장선택부 – 측광부 – 시료부
② 광원부 – 시료원자화부 – 파장선택부 – 측광부
③ 광원부 – 가시부 – 측광부 – 시료부
④ 광원부 – 가시부 – 시료부 – 측광부

풀이 원자흡수분광광도계 구성
광원부 → 시료원자화부 → 파장선택부 → 측광부

정답  64 ④  65 ②  66 ④  67 ①  68 ④  69 ②

**70** 유리전극법에 의한 수소이온농도 측정 시 간섭물질에 관한 설명으로 옳지 않은 것은?

① pH 10 이상에서 나트륨에 의해 오차가 발생할 수 있는데 이는 "낮은 나트륨 오차 전극"을 사용하여 줄일 수 있다.
② 유리전극은 일반적으로 용액의 색도, 탁도, 염도, 콜로이드성 물질들, 산화 및 환원성 물질들 등에 의해 간섭을 많이 받는다.
③ 기름층이나 작은 입자상이 전극을 피복하여 pH 측정을 방해할 경우에는 세척제로 닦아낸 후 정제수로 세척하고 부드러운 천으로 수분을 제거하여 사용한다.
④ 피복물을 제거할 때는 염산(1+9) 용액을 사용할 수 있다.

풀이) 유리전극은 용액의 색도, 탁도, 콜로이드성 물질들, 산화 및 환원성 물질들, 염도에 의해 간섭을 받지 않는다.

**71** 2N 황산 10L를 제조하려면 3M 황산 얼마가 필요한가?

① 9.99L  ② 6.66L
③ 5.55L  ④ 3.33L

풀이) $NV = N'V'$
$2 \times 10L = 6 \times H_2SO_4(L)$
$H_2SO_4(L) = \frac{20L}{6} = 3.33L$

**72** 강도 $I_0$의 단색광이 발색 용액을 통과할 때 그 빛의 30%가 흡수되었다면 흡광도는?

① 0.155  ② 0.181
③ 0.216  ④ 0.283

풀이) 흡광도$(A) = \log \frac{1}{투과율}$
$= \log \frac{1}{1-0.3} = 0.155$

**73** 폐기물의 시료채취 방법에 관한 설명으로 가장 거리가 먼 것은?

① 시료의 채취는 일반적으로 폐기물이 생성되는 단위 공정별로 구분하여 채취하여야 한다.
② 폐기물소각시설의 연속식 연소방식 소각재 반출 설비에서 채취할 때 소각재가 운반차량에 적재되어 있는 경우에는 적재차량에서 채취하는 것을 원칙으로 한다.
③ 폐기물소각시설의 연속식 연소방식 소각재 반출 설비에서 채취하는 경우, 비산재 저장조에서는 부설된 크레인을 이용하여 채취한다.
④ PCBs 및 휘발성 저급 염소화탄화수소류 실험을 위한 시료의 채취 시는 무색 경질의 유리병을 사용한다.

풀이) 폐기물소각시설의 연속식 연소방식의 소각재 반출 설비에서 채취하는 경우, 바닥재 저장소에서는 부설된 크레인을 이용하여 채취한다.

**74** 유해특성(재활용환경성평가) 중 폭발성 시험방법에 대한 설명으로 옳지 않은 것은?

① 격렬한 연소반응이 예상되는 경우에는 시료의 양을 0.5g으로 하여 시험을 수행하며, 폭발성 폐기물로 판정될 때까지 시료의 양을 0.5g씩 점진적으로 늘려준다.
② 시험결과는 게이지 압력이 690kPa에서 2,070 kPa까지 상승할 때 걸리는 시간과 최대 게이지 압력 2,070 kPa에 도달 여부로 해석한다.
③ 최대 연소속도는 산화제를 무게비율로써 10~90%를 포함한 혼합물질의 연소속도 중 가장 빠른 측정값을 의미한다.
④ 최대 게이지압력이 2,070kPa이거나 그 이상을 나타내는 폐기물은 폭발성 폐기물로 간주하며, 점화 실패는 폭발성이 없는 것으로 간주한다.

풀이) ③항은 폭발성 시험방법과는 무관하며 산화성 시험방법에 관한 내용이다.

**75** 유기물 함량이 비교적 높지 않고 금속의 수산화물, 산화물, 인산염 및 황화물을 함유한 시료에 적용하는 산분해법은?

① 질산 분해법
② 질산-황산 분해법
③ 질산-염산 분해법
④ 질산-과염소산 분해법

**풀이** 질산-염산 분해법
① 적용 : 유기물 함량이 비교적 높지 않고 금속의 수산화물, 산화물, 인산염 및 황화물을 함유하고 있는 시료에 적용한다.
② 용액 산농도 : 약 0.5N

**76** 폐기물공정시험기준에서 규정하고 있는 온도에 대한 설명으로 틀린 것은?

① 실온 1~35℃
② 온수 60~70℃
③ 열수 약 100℃
④ 냉수 4℃ 이하

**풀이** ① 온도용어

| 용어 | 온도(℃) |
|---|---|
| 표준온도 | 0 |
| 상온 | 15~25 |
| 실온 | 1~35 |
| 찬 곳 | 0~15의 곳(따로 규정이 없는 경우) |
| 냉수 | 15 이하 |
| 온수 | 60~70 |
| 열수 | ≒100 |

② 수욕상 또는 수욕 중에서 가열한다.
규정이 없는 한 수온 100℃에서 가열함을 뜻하고 약 100℃의 증기욕을 쓸 수 있다는 의미
③ 시험은 따로 규정이 없는 한 상온에서 조작(단, 온도의 영향이 있는 것의 판정은 표준온도를 기준으로 함)

**77** pH 측정(유리전극법)의 내부정도관리 주기 및 목표 기준에 대한 설명으로 옳은 것은?

① 시료를 측정하기 전에 표준용액 2개 이상으로 보정한다.
② 시료를 측정하기 전에 표준용액 3개 이상으로 보정한다.
③ 정도관리 목표(정도관리 항목 : 정밀도)는 ±0.01 이내이다.
④ 정도관리 목표(정도관리 항목 : 정밀도)는 ±0.03 이내이다.

**풀이** pH 측정(유리전극법)의 내부정도관리 주기 및 목표
① 시료를 측정하기 전에 표준용액 2개 이상으로 보정한다.
② 정도관리 목표(정도관리 항목 : 정밀도)는 ±0.05 이내이다.

**78** 폴리클로리네이티드비페닐(PCBs)의 기체크로마토그래피법 분석에 대한 설명으로 옳지 않은 것은?

① 운반기체는 부피백분율 99.999% 이상의 아세틸렌을 사용한다.
② 고순도의 시약이나 용매를 사용하여 방해물질을 최소화하여야 한다.
③ 정제컬럼으로는 플로리실 컬럼과 실리카겔 컬럼을 사용한다.
④ 농축장치로 구데르나다니쉬(KD)농축기 또는 회전증발농축기를 사용한다.

**풀이** PCBs의 기체크로마토그래피법 분석에서 운반기체는 부피백분율 99.999% 이상의 헬륨을 사용한다.

**79** '항량으로 될 때까지 건조한다'라 함은 같은 조건에서 1시간 더 건조할 때 전후 무게의 차가 g당 몇 mg 이하일 때를 말하는가?

① 0.01mg
② 0.03mg
③ 0.1mg
④ 0.3mg

**풀이** 항량으로 될 때까지 건조한다
같은 조건에서 1시간 더 건조할 때 전후 무게의 차가 g당 0.3mg 이하일 때를 말한다.

**80** 원자흡수분광광도법에 의한 구리(Cu) 시험방법으로 옳은 것은?

① 정량범위는 440nm에서 0.2~4mg/L 범위 정도이다.
② 정밀도는 측정값의 상대표준편차(RSD)로 산출하며 측정한 결과 ±25% 이내이어야 한다.
③ 검정곡선의 결정계수($R^2$)는 0.999 이상이어야 한다.
④ 표준편차율은 표준물질의 농도에 대한 측정 평균값의 상대백분율로시 니디내며 5~15% 범위이다.

풀이  구리(원자흡수분광광도법)
① 정량범위는 324.75nm에서 0.006~50mg/L 이다.
③ 검정곡선의 결정계수($R^2$)는 0.98 이상이어야 한다.
④ 정확도는 첨가한 표준물질의 농도에 대한 측정 평균값의 상대 백분율로서 나타내며, 그 값은 75~125% 이내이어야 한다.

## 5과목  폐기물관계법규

**81** 의료폐기물을 배출, 수집운반, 재활용 또는 처분하는 자는 환경부령이 정하는 바에 따라 전자정보처리프로그램에 입력을 하여야 한다. 이때 이용되는 인식방법으로 옳은 것은?

① 바코드인식방법
② 블루투스인식방법
③ 유선주파수인식방법
④ 무선주파수인식방법

풀이  전자정보처리프로그램 인식방법
무선주파수인식방법

**82** 폐기물처리업자의 영업정지처분에 따라 당해 영업의 이용자 등에게 심한 불편을 주는 경우 과징금을 부과할 수 있도록 하고 있다. 관련 내용 중 틀린 것은?

① 환경부령이 정하는 바에 따라 그 영업의 정지에 갈음하여 3억 원 이하의 과징금을 부과할 수 있다.
② 사업자의 사업규모, 사업지역의 특수성, 위반행위의 정도 및 횟수 등을 참작하여 과징금의 금액의 2분의 1 범위 안에서 가중 또는 감경할 수 있다.
③ 영업의 정지를 갈음하여 대통령령으로 정하는 매출액에 100분의 5를 곱한 금액을 초과하지 아니하는 범위에서 과징금을 부과할 수 있다.
④ 과징금을 납부하지 아니한 때에는 국세체납처분 또는 지방세체납처분의 예에 따라 과징금을 징수한다.

풀이  폐기물처리업자에 대한 과징금
환경부장관이나 시·도지사는 사업장의 사업규모, 사업지역의 특수성, 위반행위의 정도 및 횟수 등을 고려하여 과징금 금액의 2분의 1 범위에서 가중하거나 감경할 수 있다. 다만, 가중하는 경우에는 과징금 총액이 1억 원을 초과할 수 없다.

**83** 폐기물처리시설의 설치를 마친 자가 폐기물처리시설 검사기관으로 검사를 받아야 하는 시설이 아닌 것은?

① 소각시설
② 파쇄시설
③ 매립시설
④ 소각열회수시설

풀이  정기검사 대상 폐기물처리시설
① 소각시설
② 매립시설
③ 멸균분쇄시설
④ 음식물류 폐기물처리시설
⑤ 시멘트 소성로
⑥ 소각열회수시설

정답  80 ②  81 ④  82 ①  83 ②

**84** 폐기물처리시설의 종류 중 재활용시설(기계적 재활용시설)의 기준으로 틀린 것은?

① 용융시설(동력 7.5kW 이상인 시설로 한정)
② 응집·침전시설(동력 7.5kW 이상인 시설로 한정)
③ 압축시설(동력 7.5kW 이상인 시설로 한정)
④ 파쇄·분쇄시설(동력 15kW 이상인 시설로 한정)

**풀이** 폐기물처리시설의 종류 : 재활용시설
① 기계적 재활용시설
  ㉠ 압축·압출·성형·주조시설(동력 7.5kW 이상인 시설로 한정한다.)
  ㉡ 파쇄·분쇄·탈피시설(동력 15kW 이상인 시설로 한정한다.)
  ㉢ 절단시설(동력 15kW 이상인 시설로 한정한다.)
  ㉣ 용융·용해시설(동력 7.5kW 이상인 시설로 한정한다.)
  ㉤ 연료화시설
  ㉥ 증발·농축시설
  ㉦ 정제시설(분리·증류·추출·여과 등의 시설을 이용하여 폐기물을 재활용하는 단위시설을 포함한다.)
  ㉧ 유수 분리시설
  ㉨ 탈수·건조시설
  ㉩ 세척시설(철도용 폐목재 받침목을 재활용하는 경우로 한정한다.)
② 화학적 재활용시설
  ㉠ 고형화·고화시설
  ㉡ 반응시설(중화·산화·환원·중합·축합·치환 등의 화학반응을 이용하여 폐기물을 재활용하는 단위시설을 포함한다.)
  ㉢ 응집·침전시설
③ 생물학적 재활용시설
  ㉠ 사료화·퇴비화(지렁이 분변토 생산시설 및 생석회 처리시설을 포함한다.)·소멸화·부숙토 생산시설(1일 재활용능력 100킬로그램 이상인 시설로 한정하며, 건조에 의한 사료화·퇴비화시설을 포함한다.)
  ㉡ 호기성·혐기성 분해시설
  ㉢ 버섯재배시설

**85** 폐기물 관리의 기본원칙으로 틀린 것은?

① 사업자는 제품의 생산방식 등을 개선하여 폐기물의 발생을 최대한 억제해야 한다.
② 폐기물은 우선적으로 소각, 매립 등의 처분을 한다.
③ 폐기물로 인하여 환경오염을 일으킨 자는 오염된 환경을 복원할 책임을 져야 한다.
④ 누구든지 폐기물을 배출하는 경우에는 주변 환경이나 주민의 건강에 위해를 끼치지 아니하도록 사전에 적절한 조치를 하여야 한다.

**풀이** 폐기물 관리의 기본원칙
① 사업자는 제품의 생산방식 등을 개선하여 폐기물의 발생을 최대한 억제하고, 발생한 폐기물을 스스로 재활용함으로써 폐기물의 배출을 최소화하여야 한다.
② 누구든지 폐기물을 배출하는 경우에는 주변 환경이나 주민의 건강에 위해를 끼치지 아니하도록 사전에 적절한 조치를 하여야 한다.
③ 폐기물은 그 처리과정에서 양과 유해성(有害性)을 줄이도록 하는 등 환경보전과 국민건강보호에 적합하게 처리되어야 한다.
④ 폐기물로 인하여 환경오염을 일으킨 자는 오염된 환경을 복원할 책임을 지며, 오염으로 인한 피해의 구제에 드는 비용을 부담하여야 한다.
⑤ 국내에서 발생한 폐기물은 가능하면 국내에서 처리되어야 하고, 폐기물의 수입은 되도록 억제되어야 한다.
⑥ 폐기물은 소각, 매립 등의 처분을 하기보다는 우선적으로 재활용함으로써 자원생산성의 향상에 이바지하도록 하여야 한다.

**86** 사업장폐기물배출자는 사업장폐기물의 종류와 발생량 등을 환경부령으로 정하는 바에 따라 신고하여야 한다. 이를 위반하여 신고를 하지 아니하거나 거짓으로 신고를 한 자에 대한 과태료 처분 기준은?

① 200만 원 이하
② 300만 원 이하
③ 500만 원 이하
④ 1천만 원 이하

**풀이** 폐기물관리법 제68조 참조

정답  84 ②  85 ②  86 ④

**87** 폐기물처리시설(중간처리시설 : 유수분리시설)에 대한 기술관리대행계약에 포함될 점검항목과 가장 거리가 먼 것은?

① 분리수이동설비의 파손 여부
② 회수유저장조의 부식 또는 파손 여부
③ 분리시설 교반장치의 정상가동 여부
④ 이물질제거망의 청소 여부

**풀이** 중간처분시설(유수분리시설) 기술관리대행계약 점검항목
① 분리수이동설비의 파손 여부
② 회수유저장조의 부식 또는 파손 여부
③ 이물질제거망의 청소 여부
④ 폐유투입량 조절장치의 정상가동 여부
⑤ 정기적인 여과포의 교체 또는 세척 여부

**88** 사후관리항목 및 방법에 따라 조사한 결과를 토대로 매립시설이 주변환경에 미치는 영향에 대한 종합보고서를 매립시설의 사용종류신고 후 몇 년마다 작성하여야 하는가?

① 2년마다　② 3년마다
③ 5년마다　④ 10년마다

**풀이** 사후관리항목 및 방법에 따라 조사한 결과를 토대로 매립시설이 주변환경에 미치는 영향에 대한 종합보고서를 매립시설의 사용종료 신고 후 5년마다 작성하고, 작업일부터 30일 이내에 시·도지사 또는 지방환경관서의 장에게 제출해야 한다.

**89** 주변지역 영향 조사대상 폐기물처리시설 기준으로 (　)에 적절한 것은?

| 매립면적 (　) 제곱미터 이상의 사업장 지정폐기물 매립시설 |
| --- |

① 330　② 3,300
③ 1만　④ 3만

**풀이** 주변지역 영향 조사대상 폐기물처리시설 기준
① 1일 처리능력이 50톤 이상인 사업장폐기물 소각시설(같은 사업장에 여러 개의 소각시설이 있는 경우에는 각 소각시설의 1일 처리능력의 합계가 50톤 이상인 경우를 말한다.)
② 매립면적 1만 제곱미터 이상의 사업장 지정폐기물 매립시설
③ 매립면적 15만 제곱미터 이상의 사업장 일반폐기물 매립시설
④ 시멘트 소성로(폐기물을 연료로 사용하는 경우로 한정한다.)
⑤ 1일 재활용능력이 50톤 이상인 사업장폐기물 소각열회수시설(같은 사업장에 여러 개의 소각열회수시설이 있는 경우에는 각 소각열회수시설의 1일 재활용능력의 합계가 50톤 이상인 경우를 말한다.)

**90** 한국폐기물협회의 수행 업무에 해당하지 않는 것은?(단, 그 밖의 정관에서 정하는 업무는 제외)

① 폐기물처리 절차 및 이행 업무
② 폐기물 관련 국제 협력
③ 폐기물 관련 국제 교류
④ 폐기물과 관련된 업무로서 국가나 지방자치단체로부터 위탁받은 업무

**풀이** 한국폐기물협회의 업무
① 폐기물 관련 국제교류 및 협력
② 폐기물과 관련된 업무로서 국가나 지방자치단체로부터 위탁받은 업무
③ 그 밖에 정관에서 정하는 업무

**91** 폐기물처리시설 중 멸균분쇄시설의 경우 기술관리인을 두어야 하는 기준으로 맞는 것은?(단, 폐기물처리업자가 운영하지 않음)

① 1일 처리능력이 5톤 이상인 시설
② 1일 처리능력이 10톤 이상인 시설
③ 시간당 처리능력이 100kg 이상인 시설
④ 시간당 처리능력이 200kg 이상인 시설

**풀이** 기술관리인을 두어야 하는 폐기물처리시설
① 매립시설의 경우
　㉠ 지정폐기물을 매립하는 시설로서 면적이 3천 300제곱미터 이상인 시설. 다만, 차단형 매립시설에서는 면적이 330제곱미터 이상이거나

정답　87 ③　88 ③　89 ③　90 ①　91 ③

매립용적이 1천 세제곱미터 이상인 시설로 한다.
ⓒ 지정폐기물 외의 폐기물을 매립하는 시설로서 면적이 1만 제곱미터 이상이거나 매립용적이 3만 세제곱미터 이상인 시설
② 소각시설로서 시간당 처리능력이 600킬로그램(감염성 폐기물을 대상으로 하는 소각시설의 경우에는 200킬로그램) 이상인 시설
③ 압축·파쇄·분쇄 또는 절단시설로서 1일 처리능력 또는 재활용시설이 100톤 이상인 시설
④ 사료화·퇴비화 또는 연료화 시설로서 1일 재활용능력이 5톤 이상인 시설
⑤ 멸균·분쇄시설로서 시간당 처리능력이 100킬로그램 이상인 시설
⑥ 시멘트 소성로
⑦ 용해로(폐기물에 비철금속을 추출하는 경우로 한정한다.)로서 시간당 재활용능력이 600킬로그램 이상인 시설
⑧ 소각열회수시설로서 시간당 재활용능력이 600킬로그램 이상인 시설

## 92 폐기물처리시설의 설치기준 중 멸균분쇄시설(기계적 처분시설)에 관한 내용으로 틀린 것은?

① 밀폐형으로 된 자동제어에 의한 처분방식이어야 한다.
② 폐기물은 원형이 파쇄되어 재사용할 수 없도록 분쇄하여야 한다.
③ 수분함량이 30% 이하가 되도록 건조하여야 한다.
④ 폭발사고와 화재 등에 대비하여 안전한 구조이어야 한다.

풀이 악취를 방지할 수 있는 시설과 수분함량이 50퍼센트 이하가 되도록 처리할 수 있는 건조장치를 갖추어야 한다.

## 93 사후관리이행보증금의 사전적립에 관한 설명으로 ( )에 알맞은 것은?

사후관리이행보증금의 사전적립 대상이 되는 폐기물을 매립하는 시설은 면적이 ( ㉠ )인 시설로 한다. 이에 따른 매립시설의 설치자는 그 시설의 사용을 시작한 날부터 ( ㉡ )에 환경부령으로 정하는 바에 따라 사전적립금 적립계획서를 환경부장관에게 제출하여야 한다.

① ㉠ 1만제곱미터 이상, ㉡ 1개월 이내
② ㉠ 1만제곱미터 이상, ㉡ 15일 이내
③ ㉠ 3천300제곱미터 이상, ㉡ 1개월 이내
④ ㉠ 3천300제곱미터 이상, ㉡ 15일 이내

풀이 **사후관리이행보증금의 사전적립**
① 사후관리이행보증금의 사전적립 대상이 되는 폐기물을 매립하는 시설은 면적이 3천300제곱미터 이상인 시설로 한다.
② 매립시설의 설치자는 폐기물처리업의 허가·변경허가 또는 폐기물처리시설의 설치 승인·변경 승인을 받아 그 시설의 사용을 시작한 날부터 1개월 이내에 환경부령으로 정하는 바에 따라 사전적립금 적립계획서에 관련 서류를 첨부하여 환경부장관에게 제출하여야 한다.

## 94 환경보전협회에서 교육을 받아야 할 자가 아닌 것은?

① 폐기물 재활용신고자
② 폐기물처리시설의 설치·운영자가 고용한 기술담당자
③ 폐기물처리업자(폐기물 수집·운반업자는 제외)가 고용한 기술요원
④ 폐기물 수집·운반업자

풀이 **교육기관**
① 국립환경인력개발원, 한국환경공단 또는 한국폐기물협회
  ㉠ 폐기물처분시설 또는 재활용시설의 기술관리인이나 폐기물처리시설의 설치자로서 스스로 기술관리를 하는 자
  ㉡ 폐기물처리시설의 설치·운영자 또는 그가 고용한 기술담당자
② 「환경정책기본법」에 따른 환경보전협회 또는 한국폐기물협회
  ㉠ 사업장폐기물배출자 신고를 한 자 및 법 제17조제3항에 따른 서류를 제출한 자 또는 그가

고용한 기술담당자
ⓛ 폐기물처리업자(폐기물 수집·운반업자는 제외한다)가 고용한 기술요원
ⓒ 폐기물처리시설의 설치·운영자 또는 그가 고용한 기술담당자
ⓔ 폐기물 수집·운반업자 또는 그가 고용한 기술담당자
ⓜ 폐기물재활용신고자 또는 그가 고용한 기술담당자
③ 한국환경산업기술원
   재활용환경성평가기관의 기술인력
④ 국립환경인력개발원, 한국환경공단
   폐기물분석전문기관의 기술요원

## 95 토지이용의 제한기간은 폐기물매립시설의 사용이 종료되거나 그 시설이 폐쇄된 날부터 몇 년 이내로 하는가?

① 15년  ② 20년
③ 25년  ④ 30년

풀이 토지이용의 제한기간은 폐기물매립시설의 사용이 종료되거나 그 시설의 폐쇄된 날부터 30년 이내로 한다.

## 96 대통령령이 정하는 폐기물처리시설을 설치·운영하는 자는 그 폐기물처리시설의 설치·운영이 주변지역에 미치는 영향을 몇 년마다 조사하여야 하는가?

① 10년  ② 5년
③ 3년   ④ 2년

풀이 대통령령으로 정하는 폐기물처리시설을 설치·운영하는 자는 그 폐기물처리시설의 설치·운영이 주변지역에 미치는 영향을 3년마다 조사하고, 그 결과를 환경부장관에게 제출하여야 한다.

## 97 폐기물 인계·인수 사항과 폐기물처리현장 정보를 전자정보처리프로그램에 입력할 때 이용하는 매체가 아닌 것은?

① 컴퓨터
② 이동형 통신수단
③ 인터넷 통신망
④ 전산처리기구의 ARS

풀이 전자정보처리프로그램 입력 시 이용하는 매체
① 컴퓨터
② 이동형 통신수단
③ 전산처리기구의 ARS

## 98 폐기물처리시설 중 기계적 재활용시설에 해당되는 것은?

① 시멘트 소성로
② 고형화시설
③ 열처리조합시설
④ 연료화시설

풀이 폐기물처리시설의 종류 : 재활용시설
① 기계적 재활용시설
   ⓞ 압축·압출·성형·주조시설(동력 7.5kW 이상인 시설로 한정한다.)
   ⓛ 파쇄·분쇄·탈피시설(동력 15kW 이상인 시설로 한정한다.)
   ⓒ 절단시설(동력 15kW 이상인 시설로 한정한다.)
   ⓔ 용융·용해시설(동력 7.5kW 이상인 시설로 한정한다.)
   ⓜ 연료화시설
   ⓗ 증발·농축시설
   ⓢ 정제시설(분리·증류·추출·여과 등의 시설을 이용하여 폐기물을 재활용하는 단위시설을 포함한다.)
   ⓞ 유수 분리시설
   ⓩ 탈수·건조시설
   ⓧ 세척시설(철도용 폐목재 받침목을 재활용하는 경우로 한정한다.)
② 화학적 재활용시설
   ⓞ 고형화·고화시설
   ⓛ 반응시설(중화·산화·환원·중합·축합·치환 등의 화학반응을 이용하여 폐기물을 재활용하는 단위시설을 포함한다.)
   ⓒ 응집·침전시설

정답  95 ④  96 ③  97 ③  98 ④

③ 생물학적 재활용시설
  ㉠ 사료화 · 퇴비화(지렁이 분변토 생산시설 및 생석회 처리시설을 포함한다.) · 소멸화 · 부숙토 생산시설(1일 재활용능력 100킬로그램 이상인 시설로 한정하며, 건조에 의한 사료화 · 퇴비화시설을 포함한다.)
  ㉡ 호기성 · 혐기성 분해시설
  ㉢ 버섯재배시설

③ 매립면적 15만 제곱미터 이상의 사업장 일반폐기물 매립시설
④ 시멘트 소성로(폐기물을 연료로 사용하는 경우로 한정한다.)
⑤ 1일 재활용능력이 50톤 이상인 사업장폐기물 소각열회수시설(같은 사업장에 여러 개의 소각열회수시설이 있는 경우에는 각 소각열회수시설의 1일 재활용능력의 합계가 50톤 이상인 경우를 말한다.)

## 99 폐기물처리시설 주변지역 영향조사 시 조사 횟수 기준으로 ( )에 맞는 것은?

> 각 항목당 계절을 달리하여 ( ㉠ ) 이상 측정하되, 악취는 여름(6월부터 8월까지)에 ( ㉡ ) 이상 측정해야 한다.

① ㉠ 4회, ㉡ 2회
② ㉠ 4회, ㉡ 1회
③ ㉠ 2회, ㉡ 2회
④ ㉠ 2회, ㉡ 1회

**풀이** 주변지역 영향조사의 조사횟수
각 항목당 계절을 달리하여 2회 이상 측정하되, 악취는 여름(6월부터 8월까지)에 1회 이상 측정하여야 한다.

## 100 주변지역 영향 조사대상 폐기물처리시설에 해당하는 것은?

① 1일 처리능력 30톤인 사업장폐기물 소각시설
② 1일 처리능력 15톤인 사업장폐기물 소각시설이 사업장 부지 내에 3개 있는 경우
③ 매립면적 1만5천 제곱미터인 사업장 지정폐기물 매립시설
④ 매립면적 11만 제곱미터인 사업장 일반폐기물 매립시설

**풀이** 주변지역 영향 조사대상 폐기물처리시설 기준
① 1일 처리능력이 50톤 이상인 사업장폐기물 소각시설(같은 사업장에 여러 개의 소각시설이 있는 경우에는 각 소각시설의 1일 처리능력의 합계가 50톤 이상인 경우를 말한다.)
② 매립면적 1만 제곱미터 이상의 사업장 지정폐기물 매립시설

# 008 2022년 2회 기사

### 1과목 폐기물개론

**01** 혐기성 소화에서 독성을 유발시킬 수 있는 물질의 농도(mg/L)로 가장 적절한 것은?

① Fe : 1,000
② Na : 3,500
③ Ca : 1,500
④ Mg : 800

**풀이** 혐기성 소화조에서 독성으로 작용하는 농도
① Fe : 1,000mg/L
② Na : 5,000~8,000mg/L
③ Ca : 2,000~6,000mg/L
④ Mg : 1,700~4,000mg/L

**02** 도시폐기물의 유기성 성분 중 셀룰로오스에 해당하는 것은?

① 6탄당의 중합체
② 아미노산 중합체
③ 당, 전분 등
④ 방향환과 메톡실기를 포함한 중합체

**풀이** ① 유기물을 분류하는 기준 중 하나는 탄소골격을 구성하는 탄소의 수로 분류하며 탄소를 6개 갖고 있는 당(유기물)을 6탄당이라 부르고, 탄소 3개를 가지고 있는 3탄당과 5개를 갖는 5탄당이 흔한 당이다. 셀룰로오스는 대표적인 6탄당의 중합체이다.
② 셀룰로오스[$(C_6H_{10}O_5)_n$]는 6탄당 중합체물질이다.
③ 5탄당과 6탄당의 중합체의 대표적 물질은 헤미셀룰로오스, 아미노산 중합체의 대표적 물질은 단백질이다.

**03** 다음 조건을 가진 지역의 일일 최소 쓰레기 수거횟수(회)는?(단, 발생쓰레기 밀도 = 500kg/m³, 발생량 = 1.5kg/인·일, 수거대상 = 200,000인, 차량대수 = 4(동시 사용), 차량적재용적 = 50m³, 적재함 이용률 = 80%, 압축비 = 2, 수거인부 = 20명)

① 2
② 4
③ 6
④ 8

**풀이** 수거횟수(회/일)
$$= \frac{\text{총 배출량(kg/일)}}{\text{1회 수거량(kg/회)}}$$
$$= \frac{1.5\text{kg/인·일} \times 200,000\text{인}}{50\text{m}^3/\text{대} \times 4\text{대}/\text{회} \times 500\text{kg/m}^3 \times 0.8 \times 2}$$
$$= 1.88(2회/일)$$

**04** 완전히 건조시킨 폐기물 20g을 채취해 회분 함량을 분석하였더니 5g이었다. 폐기물의 함수율이 40%이었다면, 습량기준으로 회분 중량비(%)는?(단, 비중 = 1.0)

① 5
② 10
③ 15
④ 20

**풀이** 습량기준 회분 중량비
$$= \left(\frac{\text{전체 회분중량}}{\text{전체 건조중량}} \times \frac{100 - \text{함수율}}{100}\right) \times 100$$
$$= \left[\left(\frac{5}{20}\right) \times \left(\frac{100 - 40}{100}\right)\right] \times 100 = 15\%$$

**05** 소각방식 중 회전로(Rotary Kiln)에 대한 설명으로 옳지 않은 것은?

① 넓은 범위의 액상, 고상 폐기물을 소각할 수 있다.
② 일반적으로 회전속도는 0.3~1.5rpm, 주변속도는 5~25mm/sec 정도이다.
③ 예열, 혼합, 파쇄 등 전처리를 거쳐야만 주입이 가능하다.
④ 회전하는 원통형 소각로서 경사진 구조로 되어 있으며 길이와 직경의 비는 2~10 정도이다.

**풀이** 회전로(Rotary Kiln)는 전처리(예열, 혼합, 파쇄) 없이 주입 가능하다.

정답  01 ①  02 ①  03 ①  04 ③  05 ③

## 06 전과정평가(LCA)의 구성요소로 가장 거리가 먼 것은?

① 개선평가  ② 영향평가
③ 과정분석  ④ 목록분석

**풀이** 전과정평가(LCA) 4단계
① 목적 및 범위의 설정(Goal Definition Scoping)
  : 1단계[LCA 사용목적]
  ㉠ 복수 제품 간의 비교 선택
  ㉡ 제품 및 공정의 개선효과 파악
  ㉢ 목표치를 달성하기 위한 제품의 점검
  ㉣ 개선점의 추출(우선순위 결정)
  ㉤ 제품에 관계되는 주체 간의 의사전달 촉진
② 목록분석(Inventory Analysis) : 2단계
  상품, 포장, 공정, 물질, 원료 및 활동에 의해 발생하는 에너지 및 천연원료 요구량, 대기·수질오염 배출, 고형폐기물과 기타 기술적 자료 구축과정이다.
③ 영향평가(Impact Analysis or Assessment)
  : 3단계
  조사분석과정에서 확정된 자원요구 및 환경부하에 대한 영향을 평가하는 기술적, 정량적, 정성적 과정이다.
④ 개선평가 및 해석(Improvement Assessment)
  : 4단계
  전 과정에 대한 해석을 실시하는 과정이다.

## 07 분뇨의 함수율이 95%이고 유기물 함량이 고형물질량의 60%를 차지하고 있다. 소화조를 거친 뒤 유기물량을 조사하였더니 원래의 반으로 줄었다고 한다. 소화된 분뇨의 함수율(%)은?(단, 소화 시 수분의 변화는 없다고 가정한다. 분뇨 비중은 1.0으로 가정함)

① 95.5  ② 96.0
③ 96.5  ④ 97.0

**풀이** 소화 후 분뇨
= 수분 + 고형물 중 무기물 + 잔류유기물
= $(100 \times 0.95) + (100 \times 0.05 \times 0.4)$
  $+ (100 \times 0.05 \times 0.6 \times 0.5) = 98.5\%$
∴ 소화된 분뇨 함수율(%) = $\dfrac{95}{98.5} \times 100 = 96.45\%$

## 08 폐기물처리 또는 재생방법에 대한 사항의 설명으로 가장 거리가 먼 것은?

① Compaction의 장점은 공기층 배제에 의한 부피축소이다.
② 소각의 장점은 부피축소 및 질량감소이다.
③ 자력선별장비의 선별효율은 비교적 높다.
④ 스크린의 종류 중 선별효율이 가장 우수한 것은 진동스크린이다.

**풀이** 스크린의 종류 중 선별효율이 가장 우수한 것은 회전스크린(트롬멜 스크린)이다.

## 09 슬러지 처리과정 중 농축(Thickening)의 목적으로 적합하지 않은 것은?

① 소화조의 용적 절감
② 슬러지 가열비 절감
③ 독성물질의 농도 절감
④ 개량에 필요한 화학 약품 절감

**풀이** 농축 목적
① 부피감소(소화조의 용적 절감)
② 개량에 필요한 화학약품 투여량 감소
③ 처리비용 감소
④ 저장탱크 용적 감소
⑤ 탈수 시 탈수효율 향상
⑥ 소화조의 슬러지 가열 시 소요열량이 적게 요구됨

## 10 다음의 폐수처리장 슬러지 중 2차 슬러지에 속하지 않는 것은?

① 활성 슬러지
② 소화 슬러지
③ 화학적 슬러지
④ 살수여상 슬러지

**풀이** 화학적 슬러지는 3차 슬러지에 속한다.

**11** 쓰레기 수거노선 설정 요령으로 가장 거리가 먼 것은?

① 지형이 언덕인 경우는 내려가면서 수거한다.
② U자 회전을 피하여 수거한다.
③ 아주 많은 양의 쓰레기가 발생되는 발생원은 하루 중 가장 나중에 수거한다.
④ 가능한 한 시계방향으로 수거노선을 설정한다.

**풀이** 효과적·경제적 수거노선 결정 시 유의(고려)사항 : 수거노선 설정 요령
  ① 지형이 언덕인 지역에서는 언덕의 위에서부터 내려가며 적재하면서 차량을 진행하도록 한다(안전성, 연료비 절약).
  ② 수거인원 및 차량형식이 같은 기존 시스템의 조건들을 서로 관련시킨다.
  ③ 출발점은 차고와 가깝게 하고 수거된 마지막 컨테이너가 처분지의 가장 가까이에 위치하도록 배치한다.
  ④ 가능한 한 지형지물 및 도로경계와 같은 장벽을 사용하여 간선도로 부근에서 시작하고 끝나야 한다(도로경계 등을 이용).
  ⑤ 가능한 한 시계방향으로 수거노선을 정한다.
  ⑥ 적은 양의 쓰레기가 발생하나 동일한 수거빈도를 받기 원하는 적재지점(수거지점)은 가능한 한 같은 날 왕복 내에서 수거한다.
  ⑦ 아주 많은 양의 쓰레기가 발생되는 발생원은 하루 중 가장 먼저 수거한다.
  ⑧ 될 수 있는 한 한 번 간 길은 다시 가지 않는다.
  ⑨ 반복운행 또는 U자형 회전은 피하여 수거한다.
  ⑩ 교통량이 많은 때나 출퇴근 시간은 피하여 수거한다.
  ⑪ 수거지점과 수거빈도 결정 시 기존 정책이나 규정을 참고한다.

**12** 1,000세대(세대당 평균 가족 수 5인) 아파트에서 배출하는 쓰레기를 3일마다 수거하는 데 적재용량 11.0m³의 트럭 5대(1회 기준)가 소요된다. 쓰레기 단위 용적당 중량이 210kg/m³라면 1인 1일당 쓰레기 배출량(kg/인·일)은?

① 2.31
② 1.38
③ 1.12
④ 0.77

**풀이** 쓰레기 배출량(kg/인·일)
$= \dfrac{\text{쓰레기 수거량}}{\text{인구수}}$
$= \dfrac{11.0\text{m}^3/\text{대} \times 5\text{대} \times 210\text{kg/m}^3}{1,000\text{세대} \times 5\text{인/세대} \times 3\text{일}}$
$= 0.77\text{kg/인·일}$

**13** 트롬멜 스크린에 관한 설명으로 옳지 않은 것은?

① 스크린의 경사도가 크면 효율이 떨어지고 부하율도 커진다.
② 최적속도는 경험적으로 임계속도×0.45 정도이다.
③ 스크린 중 유지관리상의 문제가 적고, 선별효율이 좋다.
④ 스크린의 경사도는 대개 20~30° 정도이다.

**풀이** 트롬멜 스크린의 운전 특성
  ① 스크린 개방면적(53%)
  ② 경사도(2~3°)
  ③ 회전속도(11~30rpm)
  ④ 길이(4.0m)

**14** 폐기물 발생량이 5백만 톤/연인 지역의 수거인부의 하루 작업시간이 10시간이고, 1년의 작업일수는 300일이다. 수거효율(MHT)은 1.8로 운영되고 있다면, 필요한 수거인부의 수(명)는?

① 3,000
② 3,100
③ 3,200
④ 3,300

**풀이** $\text{MHT} = \dfrac{\text{수거인부 수} \times \text{수거인부 작업시간}}{\text{쓰레기 발생량(수거량)}}$

$1.8 = \dfrac{\text{수거인부 수} \times (10\text{hr/day} \times 300\text{day/year})}{5,000,000\text{ton/year}}$

수거인부 수 = 3,000명(인)

정답  11 ③  12 ④  13 ④  14 ①

**15** 폐기물 발생량 예측방법 중에서 각 인자들의 효과를 총괄적으로 나타내어 복잡한 시스템의 분석에 유용하게 적용할 수 있는 것은?

① 경향법
② 다중회귀모델
③ 동적모사모델
④ 인자분석모델

**풀이** 폐기물 발생량 예측방법

| 방법(모델) | 내용 |
|---|---|
| 경향법<br>(Trend Method)<br>경향예측모델 | • 최저 5년 이상의 과거 처리 실적을 수식 model에 대입하여 과거의 경향을 가지고 장래를 예측하는 방법<br>• 단지 시간과 그에 따른 쓰레기 발생량(또는 성상) 간의 상관관계만을 고려하며 이를 수식 $x = f(t)$로 표현<br>• $x = f(t)$는 선형, 지수형, 대수형 등에서 가장 근사한 형태를 택함 |
| 다중회귀모델<br>(Multiple<br>Regression Model) | • 하나의 수식으로 각 인자들의 효과를 총괄적으로 나타내어 복잡한 시스템의 분석에 유용하게 사용할 수 있는 쓰레기 발생량 예측방법<br>• 각 인자마다 효과를 파악하기보다는 전체 인자의 효과를 총괄적으로 파악하는 것이 간편하고 유용한 예측방법으로 시간을 단순히 하나의 독립된 종속인자로 대입<br>• 수식 $x = f(X_1 X_2 X_3 \cdots X_n)$, 여기서 $X_1 X_2 X_3 \cdots X_n$은 쓰레기 발생량에 영향을 주는 인자<br>※ 인자 : 인구, 지역소득(GNP 또는 GRP), 자원회수량, 상품 소비량 또는 매출액 (자원회수량, 사회적 · 경제적 특성이 고려됨) |
| 동적모사모델<br>(Dynamic<br>Simulation Model) | • 쓰레기 발생량에 영향을 주는 모든 인자를 시간에 대한 함수로 나타낸 후 시간에 대한 함수로 표현된 각 영향인자들 간의 상관관계를 수식화하는 방법<br>• 시간만을 고려하는 경향법과 시간을 단순히 하나의 독립적인 종속인자로 고려하는 다중회귀모델의 문제점을 보완한 예측방법<br>• Dynamo 모델 등이 있음 |

**16** Pipe Line(관로수송)에 의한 폐기물 수송에 대한 설명으로 가장 거리가 먼 것은?

① 단거리 수송에 적합하다.
② 잘못 투입된 물건은 회수하기가 곤란하다.
③ 조대쓰레기에 대한 파쇄, 압축 등의 전처리가 필요하다.
④ 쓰레기 발생밀도가 낮은 곳에서 사용된다.

**풀이** 관거(Pipe-line) 수송은 폐기물 발생밀도가 상대적으로 높은 인구 밀집지역 및 아파트 지역에서 현실성이 있다.

**17** 폐기물을 Ultimate Analysis에 의해 분석할 때 분석대상 항목이 아닌 것은?

① 질소(N)
② 황(S)
③ 인(P)
④ 산소(O)

**풀이** 극한분석(Ultimate Analysis)
화학적 조성분석을 의미하며 대상항목은 C, H, O, N, S, Cl이다.

**18** 쓰레기의 부피를 감소시키는 폐기물처리 조작으로 가장 거리가 먼 것은?

① 압축
② 매립
③ 소각
④ 열분해

**풀이** 매립은 쓰레기의 용적을 감소시키는 방법은 아니며 최종처리 방법이다.

**19** 생활폐기물의 관리와 그 기능적 요소에 포함되지 않는 사항은?

① 폐기물의 발생 및 수거
② 폐기물의 처리 및 처분
③ 원료의 절약과 발생 억제
④ 폐기물의 운반 및 수송

**풀이** 원료의 절약과 발생 억제는 폐기물관리의 기능적 요소에 해당하지 않는다.

정답  15 ②  16 ④  17 ③  18 ②  19 ③

**20** 재활용 대책으로서 생산·유통구조를 개선하고자 할 때 고려해야 할 사항으로 가장 거리가 먼 것은?

① 재활용이 용이한 제품의 생산 촉진
② 폐자원의 원료사용 확대
③ 발생부산물의 처리방법 강구
④ 제조업종별 생산자 공동협력체계 강화

**풀이** 발생부산물의 처리방법 강구는 생산·유통구조 개선 시 고려사항과 관계가 없다.

## 2과목 폐기물처리기술

**21** 매립지 주위의 우수를 배수하기 위한 배수로 단면을 결정하고자 한다. 이때 유속을 계산하기 위해 사용되는 식(Manning 공식)에 포함되지 않는 것은?

① 유출계수   ② 조도계수
③ 경심     ④ 강우강도

**풀이** 매립지 우수 배수로(개수로)속도 : Manning식

$$V = \frac{1}{n} R^{2/3} I^{1/2}$$

여기서, $V$ : 평균유속(m/sec)
$n$ : 조도계수
$R$ : 동수경사(경심)
$I$ : 수로경사(강우강도)

**22** 폐기물이 매립될 때 매립된 유기성 물질의 분해과정으로 옳은 것은?

① 호기성 → 혐기성(메탄 생성 → 산 생성)
② 호기성 → 혐기성(산 생성 → 메탄 생성)
③ 혐기성 → 호기성(메탄 생성 → 산 생성)
④ 혐기성 → 호기성(산 생성 → 메탄 생성)

**풀이** 혐기성소화 유기물 분해단계
① 제1단계 : 가수분해단계
② 제2단계 : 산생성, 수소발효단계
③ 제3단계 : 메탄생성단계

**23** 플라스틱을 재활용하는 방법과 가장 거리가 먼 것은?

① 열분해 이용법   ② 용융고화재생 이용법
③ 유리화 이용법   ④ 파쇄 이용법

**풀이** 플라스틱 재활용 방법
① 열분해 이용법(용해 재생)
② 용융고화재생 이용법
③ 파쇄 이용법

[Note] 유리화법은 폐기물을 유리물질($SiO_2$, $NO_2CO_3$, $CaO$) 안에 고정화시키는 방법이다.

**24** 아래와 같은 조건일 때 혐기성 소화조의 용량($m^3$)은?(단, 유기물량의 50%가 액화 및 가스화된다고 한다. 방식은 2조식이다.)

- 분뇨투입량 = 1,000kL/day
- 투입 분뇨 함수율 = 95%
- 유기물농도 = 60%
- 소화일수 = 30일
- 인발 슬러지 함수율 = 90%

① 12,350    ② 17,850
③ 20,250    ④ 25,500

**풀이** 소화조용량($m^3$)

$$= \frac{Q_1 + Q_2}{2} \times T$$

$Q_1$(소화 전 분뇨) = 1,000kL/day
$Q_2$(소화 후 분뇨) = 1,000kL/day × 0.05 × [0.4 + (0.6 × 0.5)] × $\frac{100}{100-90}$
= 350kL/day

$$= \frac{(1,000+350)m^3/day}{2} \times 30일$$

$$= 20,250 m^3/day$$

**25** 매립방식 중 Cell 방식에 대한 내용으로 가장 거리가 먼 것은?

① 일일복토 및 침출수 처리를 통해 위생적인 매립이 가능하다.
② 쓰레기의 흩날림을 방지하며, 악취 및 해충의 발생을 방지하는 효과가 있다.
③ 일일복토와 Bailing을 통한 폐기물 압축으로 매립부피를 줄일 수 있다.
④ Cell마다 독립된 매립층이 완성되므로 화재 확산 방지에 유리하다.

**풀이** 셀 공법 매립(Cell Method)
① 매립된 쓰레기 및 비탈에 복토를 실시하여 셀모양으로 셀마다 일일복토를 해나가는 방식이며 현재 가장 많이 이용된다(쓰레기 비탈면 경사각도 : 15~25%).
② 장점
 ㉠ 현재 가장 위생적인 방법이다(장래 토지이용이 가장 유리).
 ㉡ 화재의 발생 및 확산을 방지할 수 있다.
 ㉢ 폐기물의 흩날림을 방지한다.
 ㉣ 해충의 발생을 방지할 수 있다.
 ㉤ 고밀도 매립이 가능하다.
 ㉥ 침출수 처리시설 및 발생가스 처리시설의 장점을 충분히 이용한다.

**26** 매일 200ton의 쓰레기를 배출하는 도시가 있다. 매립지의 평균 매립 두께를 5m, 매립밀도를 0.8ton/m³로 가정할 때 1년 동안 쓰레기를 매립하기 위한 최소한의 매립지 면적(m²)은?(단, 기타 조건은 고려하지 않음)

① 12,250    ② 15,250
③ 18,250    ④ 21,250

**풀이** 매립면적(m²)
$= \dfrac{\text{매립폐기물의 양}}{\text{폐기물밀도} \times \text{매립깊이}}$
$= \dfrac{200\text{ton/day} \times 360\text{day/year} \times 1\text{year}}{0.8}$
$= 18,000\text{m}^2$

**27** 토양수분의 물리학적 분류 중 1,000cm 물기둥의 압력으로 결합되어 있는 경우는 다음 중 어디에 속하는가?

① 모세관수    ② 흡습수
③ 유효수분    ④ 결합수

**풀이** 토양수분의 물리학적 분류
① 결합수(pF 7.0 이상)
② 흡습수(pF 4.5 이상)
③ 모세관수(pF 2.54~4.5)
④ 중력수(pF 2.54 이하)

**28** 시멘트 고형화법 중 자가시멘트법에 대한 설명으로 가장 거리가 먼 것은?

① 혼합률이 낮고 중금속 저지에 효과적이다.
② 탈수 등 전처리와 보조에너지가 필요하다.
③ 장치비가 크고 숙련된 기술을 요한다.
④ 고농도 황화물 함유 폐기물에만 적용된다.

**풀이** 자가시멘트법(Self-Cementing Techniques)
① FGD 슬러지 중 일부(10%)를 생석회화한 후 여기에 소량의 물(수분량 조절역할)과 첨가제를 가하여 폐기물이 스스로 고형화되는 성질을 이용하는 방법이다. 즉, 연소가스 탈황 시 발생된 높은 황화물을 함유한 슬러지 처리에 사용된다.
② 장점
 ㉠ 혼합률(MR)이 비교적 낮다.
 ㉡ 중금속의 고형화 처리에 효과적이다.
 ㉢ 전처리(탈수 등)가 필요 없다.
③ 단점
 ㉠ 장치비가 크며 숙련된 기술이 요구된다.
 ㉡ 보조에너지가 필요하다.
 ㉢ 많은 황화물을 가지는 폐기물에 적합하다.

**29** 고형화 처리 중 시멘트 기초법에서 가장 흔히 사용되는 포틀랜드 시멘트의 주성분은?

① $CaO, Al_2O_3$    ② $CaO \cdot SiO_2$
③ $CaO, MgO$    ④ $CaO, Fe_2O_3$

정답  25 ③  26 ③  27 ①  28 ②  29 ②

**풀이** 포틀랜드 시멘트의 주성분
CaO · SiO₂(규산염)이며, 그 외에 CaO(60~65%), SiO₂(22%), 기타(13%)

**30** 비배출량(Specific Discharge)이 $1.6 \times 10^{-8}$ m/sec이고 공극률 0.4인 수분포화 상태의 매립지에서의 물의 침투속도(m/sec)는?

① $4.0 \times 10^{-8}$　　② $0.96 \times 10^{-8}$
③ $0.64 \times 10^{-8}$　　④ $0.25 \times 10^{-8}$

**풀이** 침투속도 = 비배출량/공극률 = $\frac{1.6 \times 10^{-8} \text{m/sec}}{0.4}$
　　　　　= $4.0 \times 10^{-8}$ m/sec

**31** 파쇄과정에서 폐기물의 입도분포를 측정하여 입도누적곡선상에 나타낼 때 10%에 상당하는 입경(전체 중량의 10%를 통과시킨 체눈의 크기에 상당하는 입경)은?

① 평균입경　　② 메디안경
③ 유효입경　　④ 중위경

**풀이** 유효입경(Effective Size)
입도누적곡선상의 10%에 해당하는 입자직경을 의미한다. 즉, 전체의 10%를 통과시킨 체눈의 크기에 해당하는 입경이다.

**32** 1일 폐기물 배출량이 700ton인 도시에서 도랑(Trench)법으로 매립지를 선정하려 한다. 쓰레기의 압축이 30%가 가능하다면 1일 필요한 매립지 면적(m²)은?(단, 발생된 쓰레기의 밀도는 250kg/m³, 매립지의 깊이는 2.5m)

① 634　　② 784　　③ 854　　④ 964

**풀이** 매립면적(m²/day)
= 매립폐기물의 양 / (폐기물 밀도 × 매립 깊이)
= $\frac{700 \text{ton/day}}{0.25 \text{ton/m}^3 \times 2.5 \text{m}} \times (1-0.3)$
= 784 m²/day

**33** 고형물 4.2%를 함유한 슬러지 150,000kg을 농축조로 이송한다. 농축조에서 농축 후 고형물의 손실 없이 농축슬러지의 무게가 70,000kg이라면 농축된 슬러지의 고형물 함유율(%)은?(단, 슬러지 비중은 1.0으로 가정함)

① 6.0　　② 7.0
③ 8.0　　④ 9.0

**풀이** 150,000kg × 0.042
= 70,000kg × 농축슬러지의 고형물 함유율

농축슬러지의 고형물 함유율(%)
= $\frac{150,000 \text{kg} \times 0.042}{70,000 \text{kg}} \times 100 = 9.0\%$

**34** 토양오염정화 방법 중 Bioventing 공법의 장단점으로 틀린 것은?

① 배출가스 처리의 추가비용이 없다.
② 지상의 활동에 방해 없이 정화작업을 수행할 수 있다.
③ 주로 포화층에 적용한다.
④ 장치가 간단하고 설치가 용이하다.

**풀이** Bioventing 공법
불포화 토양층 내에 산소를 공급함으로써 미생물의 분해를 통해 유기물질을 분해처리하는 기술이다.

**35** 도시의 폐기물 중 불연성분 70%, 가연성분 30%이고, 이 지역의 폐기물 발생량은 1.4kg/인 · 일이다. 인구 50,000명인 이 지역에서 불연성분 60%, 가연성분 70%를 회수하여 이 중 가연성분으로 SRF를 생산한다면 SRF의 일일 생산량(ton)은?

① 약 14.7　　② 약 20.2
③ 약 25.6　　④ 약 30.1

**풀이** SRF 생산량(ton/day)
= 1.4kg/인 · 일 × 50,000인 × ton/1,000kg
　× 0.3 × 0.7
= 14.7 ton/day

**정답** 30 ①　31 ③　32 ②　33 ④　34 ③　35 ①

**36** 퇴비화 방법 중 뒤집기식 퇴비단공법의 특징이 아닌 것은?

① 일반적으로 설치비용이 적다.
② 공기공급량 제어가 쉽고 악취영향 반경이 작다.
③ 운영 시 날씨에 많은 영향을 받는다는 문제점이 있다.
④ 일반적으로 부지소요가 크나 운영비용은 낮다.

풀이 공기공급량 제어가 제한적이며 악취영향 반경이 크다.

**37** 호기성 퇴비화 공정의 설계·운영 고려 인자에 관한 내용으로 틀린 것은?

① 공기의 채널링이 원활하게 발생하도록 반응기간 동안 규칙적으로 교반하거나 뒤집어 주어야 한다.
② 퇴비단의 온도는 초기 며칠간은 50~55℃를 유지하여야 하며 활발한 분해를 위해서는 55~60℃가 적당하다.
③ 퇴비화 기간 동안 수분함량은 50~60% 범위에서 유지되어야 한다.
④ 초기 C/N비는 25~50이 적정하다.

풀이 교반/뒤집기
공기의 단회로(Channeling) 현상 발생을 방지하기 위하여 반응기간 동안 규칙적으로 교반하거나 뒤집어 준다.

**38** 인구가 400,000명인 어느 도시의 쓰레기배출원 단위가 1.2kg/인·day이고, 밀도는 0.45ton/m³로 측정되었다. 쓰레기를 분쇄하여 그 용적이 2/3로 되었으며, 분쇄된 쓰레기를 다시 압축하면서 또다시 1/3 용적이 축소되었다. 분쇄만 하여 매립할 때와 분쇄, 압축한 후에 매립할 때에 두 경우의 연간 매립소요면적의 차이(m²)는?(단, Trench 깊이는 4m이며 기타 조건은 고려 안 함)

① 약 12,820  ② 약 16,230
③ 약 21,630  ④ 약 28,540

풀이 분쇄만 한 경우의 매립면적($m^2$/year)
$$= \frac{1.2kg/인·일 \times 400,000인 \times 365일/year}{450kg/m^3 \times 4m} \times \frac{2}{3}$$
$$= 64,888.88\,m^2/year$$

분쇄 후 압축한 경우의 매립면적($m^2$/year)
$$= 64,888.88\,m^2/year \times \left(1 - \frac{1}{3}\right)$$
$$= 43,259.25\,m^2/year$$

소요면적 차이($m^2$/year)
$$= 64,888.88 - 43,259.25 = 21,629.63\,m^2/year$$

**39** 토양오염의 특성으로 가장 거리가 먼 것은?

① 오염영향의 국지성
② 피해발현의 급진성
③ 원상복구의 어려움
④ 타 환경인자와 영향관계의 모호성

풀이 토양오염의 특징
① 오염경로의 다양성
② 피해발현의 완만성 및 만성적인 형태
③ 오염영향의 국지성
④ 오염의 비인지성 및 타 환경인자와의 영향관계의 모호성
⑤ 원상복구의 어려움

**40** 6.3%의 고형물을 함유한 150,000kg의 슬러지를 농축한 후, 소화조로 이송할 경우 농축슬러지의 무게는 70,000kg이다. 이때 소화조로 이송한 농축된 슬러지의 고형물 함유율(%)은?(단, 슬러지의 비중 = 1.0, 상등액의 고형물 함량은 무시)

① 11.5  ② 13.5
③ 15.5  ④ 17.5

풀이 $150,000kg \times 0.063$
$= 70,000kg \times$ 농축슬러지의 고형물 함유율

농축슬러지의 고형물 함유율(%)
$= 0.135 \times 100 = 13.5\%$

정답 36 ② 37 ① 38 ③ 39 ② 40 ②

## 3과목　폐기물소각 및 열회수

**41** 쓰레기의 발열량을 $H$, 불완전연소에 의한 열손실을 $Q$, 태우고 난 후의 재의 열손실을 $R$이라 할 때 연소효율 $\eta$을 구하는 공식 중 옳은 것은?

① $\eta = \dfrac{H-Q-R}{H}$ 　② $\eta = \dfrac{H+Q+R}{H}$

③ $\eta = \dfrac{H-Q+R}{H}$ 　④ $\eta = \dfrac{H+Q-R}{H}$

**풀이** 연소효율($\eta$)

$= \dfrac{\text{저위발열량} - \text{불완전연소 열손실} - \text{태우고 난 후 재의 열손실(미연열손실)}}{\text{저위발열량}}$

**42** 완전연소의 경우 고위발열량(kcal/kg)이 가장 큰 것은?

① 메탄　　　　② 에탄
③ 프로판　　　④ 부탄

**풀이** ① 메탄 : 13,320kcal/kg
② 에탄 : 12,410kcal/kg
③ 프로판 : 12,040kcal/kg
④ 부탄 : 11,840kcal/kg

**43** 소각로에 폐기물을 연속적으로 주입하기 위해서는 충분한 저장시설을 확보하여야 한다. 연속주입을 위한 폐기물의 일반적인 저장시설 크기로 정당한 것은?

① 24~36시간분　　② 2~3일분
③ 7~10일분　　　④ 15~20일분

**풀이** 연속주입을 위한 폐기물의 일반적인 저장시설 크기는 2~3일분이상 저장할 수 있는 충분한 크기이어야 한다.

**44** 프로판($C_3H_8$) : 부탄($C_4H_{10}$)이 40vol% : 60vol%로 혼합된 기체 $1Sm^3$가 완전연소될 때 발생되는 $CO_2$의 부피($Sm^3$)는?

① 3.2　　　　② 3.4
③ 3.6　　　　④ 3.8

**풀이** 혼합가스 $1Sm^3$ 중의 각함량

$C_3H_8 = \dfrac{40}{100}$, $C_4H_{10} = \dfrac{60}{100}$

$C_3H_8 \rightarrow$ 탄소수(C)는 3
$\rightarrow$ 연소 시 $1Sm^3$당 $3Sm^3$ $CO_2$ 발생

$C_4H_{10} \rightarrow$ 탄소수(C)는 4
$\rightarrow$ 연소 시 $1Sm^3$당 $4Sm^3$ $CO_2$ 발생

$CO_2$ 발생량 $= 3C_3H_8 + 4C_4H_{10}$
$= 3 \times \left(\dfrac{40}{100}\right) + 4 \times \left(\dfrac{60}{100}\right) = 3.6Sm^3$

**45** 열교환기 중 과열기에 대한 설명으로 틀린 것은?

① 보일러에서 발생하는 포화증기에 다량의 수분이 함유되어 있으므로 이것을 과열하여 수분을 제거하고 과열도가 높은 증기를 얻기 위해 설치한다.
② 일반적으로 보일러 부하가 높아질수록 대류과열기에 의한 과열온도는 저하하는 경향이 있다.
③ 과열기는 그 부착 위치에 따라 전열형태가 다르다.
④ 방사형 과열기는 주로 화염의 방사열을 이용한다.

**풀이** 대류형 과열기
① 보통 제1·제2연도의 중간에 설치한다.
② 연소가스의 대류에 의한 전달열을 받는 과열기이다.
③ 보일러의 부하가 높아질수록 과열온도는 상승한다.

**46** 프로판($C_3H_8$)의 고위발열량이 24,300kcal/$Sm^3$일 때 저위발열량(kcal/$Sm^3$)은?

① 22,380　　　② 22,840
③ 23,340　　　④ 23,820

**풀이** $H_l = H_h - 480 \times nH_2O$
$C_3H_8 + 5O_2 \rightarrow 3CO_2 + 4H_2O$
$= 24,300 - (480 \times 4) = 22,380 kcal/Sm^3$

**정답** 41 ①　42 ①　43 ②　44 ③　45 ②　46 ①

**47** 연료는 일반적으로 탄화수소화합물로 구성되어 있는데, 액체연료의 질량조성이 C 75%, H 25%일 때 C/H 물질량(mol)비는?

① 0.25　　　② 0.50
③ 0.75　　　④ 0.90

**풀이** C/H 몰비 $= \dfrac{\dfrac{75}{12}}{\dfrac{25}{1}} = 0.25$

**48** 황화수소 $1Sm^3$의 이론연소공기량($Sm^3$)은?

① 7.1　　　② 8.1
③ 9.1　　　④ 10.1

**풀이** 완전연소반응식
$2H_2S + 3O_2 \rightarrow 2H_2O + 2SO_2$
$2 \times 22.4 Sm^3 : 3 \times 22.4 Sm^3$
$1 Sm^3 : O_0(Sm^3)$

$O_0(Sm^3) = \dfrac{1Sm^3 \times (3 \times 22.4)Sm^3}{2 \times 22.4 Sm^3} Sm^3$
$= 1.5 Sm^3$

이론공기량($A_0$) $= \dfrac{1.5 Sm^3}{0.21} = 7.14 Sm^3$

**49** 소각로에서 열교환기를 이용해 배기가스의 열을 전량 회수하여 급수 예열을 한다고 한다면 급수 입구온도가 20℃일 경우 급수의 출구온도(℃)는?(단, 급수량 = 1,000kg/h, 물비열 = 1.03kcal/kg · ℃, 배기가스 유량 = 1,000kg/hr, 배기가스 입구온도 = 400℃, 배기가스의 출구온도 = 100℃, 배기가스 평균정압비열 = 0.25kcal/kg · ℃)

① 79　　　② 82
③ 87　　　④ 93

**풀이** 열량＝물질의 양×비열×온도차
수온 상승에 기여하는 열량
$= 1,000kg/hr \times 1.03 kcal/kg \cdot ℃ \times (t_0 - 20)℃$
$= 1,030 kcal/hr \times (t_0 - 20)℃$

가스의 열교환열량
$= 1,000kg/hr \times 0.25kcal/kg \cdot ℃ \times (400-100)℃$
$= 75,000 kcal/hr$
$1,030 kcal/hr \times (t_0 - 20) = 75,000 kcal/hr$
$t_0$(출구온도) $= 92.82℃$

**50** 다단로 방식 소각로의 장단점으로 옳지 않은 것은?

① 유해폐기물의 완전분해를 위한 2차 연소실이 필요 없다.
② 분진발생량이 많다.
③ 휘발성이 적은 폐기물 연소에 유리하다.
④ 체류시간이 길기 때문에 온도반응이 더디다.

**풀이** 다단로 소각방식(Multiple Hearth)의 장단점
① 장점
　㉠ 타 소각로에 비해 체류시간이 길어 연소효율이 높고, 특히 휘발성이 낮은 폐기물 연소에 유리하다.
　㉡ 다량의 수분이 증발되므로 수분함량이 높은 폐기물도 연소가 가능하다.
　㉢ 물리·화학적 성분이 다른 각종 폐기물을 처리할 수 있다. 즉, 다양한 질의 폐기물에 대하여 혼소가 가능하다.
　㉣ 많은 연소영역이 있으므로 연소효율을 높일 수 있다.(국소 연소를 피할 수 있음)
　㉤ 보조연료로 다양한 연료(천연가스, 프로판, 오일, 석탄가루, 폐유 등)를 사용할 수 있다.
　㉥ 클링커 생성을 방지할 수 있다.
　㉦ 온도제어가 용이하고 동력이 적게 들며 운전비가 저렴하다.
② 단점
　㉠ 체류시간이 길어 온도반응이 느리다.(휘발성이 적은 폐기물 연소에 유리)
　㉡ 늦은 온도반응 때문에 보조연료 사용을 조절하기 어렵다.
　㉢ 분진발생률이 높다.
　㉣ 열적 충격이 쉽게 발생하고 내화물이나 상에 손상을 초래한다.(내화재의 손상을 방지하기 위해 1,000℃ 이상으로 운전하지 않는 것이 좋음)

**정답** 47 ①　48 ①　49 ④　50 ①

ⓜ 가동부(교반팔, 회전중심축)가 있으므로 유지비가 높다.
ⓑ 유해폐기물의 완전분해를 위해서는 2차 연소실이 필요하다.

## 51 화격자 연소기에 대한 설명으로 옳은 것은?

① 휘발성분이 많고 열분해하기 쉬운 물질을 소각할 경우 상향식 연소방식을 쓴다.
② 이동식 화격자는 주입폐기물을 잘 운반하거나 뒤집지는 못하는 문제점이 있다.
③ 수분이 많거나 플라스틱과 같이 열에 쉽게 용해되는 물질에 의한 화격자 막힘의 우려가 없다.
④ 체류시간이 짧고 교반력이 강하여 국부가열이 발생할 우려가 있다.

풀이  ① 화격자 연소기 휘발성분이 많고 열분해하기 쉬운 물질을 소각할 경우 하향식 연소방식을 쓴다.
③ 수분이 많거나 플라스틱과 같이 열에 쉽게 용해되는 물질에 의한 화격자 막힘의 우려가 있다.
④ 체류시간이 길고 교반력이 약하여 국부가열이 발생할 염려가 있다.

## 52 소각공정과 비교할 때 열분해공정의 장점으로 옳지 않은 것은?

① 배기가스양이 적다.
② 황 및 중금속이 회분 속에 고정되는 비율이 낮다.
③ NOx의 발생량이 적다.
④ 환원성 분위기가 유지되므로 3가 크롬이 6가 크롬으로 변화되기 어렵다.

풀이  열분해공정이 소각에 비하여 갖는 장점
① 대기로 방출하는 배기가스양이 적게 배출된다. (가스처리장치가 소형화)
② 황, 중금속분이 Ash(회분) 중에 고정되는 비율이 크다.
③ 상대적으로 저온이기 때문에 NOx(질소산화물), 염화수소의 발생량이 적다.
④ 환원기가 유지되므로 $Cr^{3+}$이 $Cr^{6+}$으로 변화하기 어려우며 대기오염물질의 발생이 적다.(크롬산화 억제)

⑤ 폐플라스틱, 폐타이어, 오니류 등 스토커 소각처리가 곤란한 물질도 처리 가능하다.
⑥ 공기공급장치의 소형화 및 감량화로 매립용량이 감소한다.
⑦ 소각에 비교하여 생성물의 정제장치가 필요하다.
⑧ 고온용융식을 이용하면 재를 고형화할 수 있고 중금속의 용출이 없어서 자원으로 활용할 수 있다.
⑨ 저장 및 수송이 가능한 연료를 회수할 수 있다.

## 53 화상부하율(연소량/화상면적)에 대한 설명으로 옳지 않은 것은?

① 화상부하율을 크게 하기 위해서는 연소량을 늘리거나 화상면적을 줄인다.
② 화상부하율이 너무 크면 노내 온도가 저하하기도 한다.
③ 화상부하율이 적어질수록 화상면적이 축소되어 Compact화 된다.
④ 화상부하율이 너무 커지면 불완전연소의 문제가 발생하기도 한다.

풀이  ① 화상부하율이 커질수록 화상면적이 축소되어 Compact화 된다.
② 화상부하율(화격자 연소율)
화격자 연소율($kg/m^2 \cdot hr$)
$$= \frac{\text{시간당 폐기물의 연소량}(kg/hr)}{\text{화격자(화상) 면적}(m^2)}$$

## 54 소각로에 폐기물을 투입하는 1시간 중에 투입작업시간을 40분, 나머지 20분은 정리시간과 휴식시간으로 한다. 크레인 버킷 용량 $4m^3$, 1회에 투입하는 시간을 120초, 버킷 용적중량은 최대 0.4 $ton/m^3$일 때 폐기물의 1일 최대공급능력(ton/day)은?(단, 소각로는 24시간 연속가동)

① 524    ② 684
③ 768    ④ 874

풀이  최대공급능력(ton/day)
$= 0.4ton/m^3 \times 4m^3/회 \times 회/120sec \times 60sec/min$
$\times 40min/hr \times 24hr/day = 768ton/day$

정답  51 ②  52 ②  53 ③  54 ③

**55** 다이옥신을 억제시키는 방법이 아닌 것은?
① 제1차적(사전 방지) 방법
② 제2차적(노내) 방법
③ 제3차적(후처리) 방법
④ 제4차적 전자선조사법

🔑 다이옥신류 제어
  ① 제1차적(사전, 연소 전) 제어방법
  ② 제2차적(노내, 연소과정) 제어방법
  ③ 제3차적(후처리, 연소 후) 제어방법

**56** 연소시키는 물질의 발화온도, 함수량, 공급공기량, 연소기의 형태에 따라 연소온도가 변화된다. 연소온도에 관한 설명 중 옳지 않은 것은?
① 연소온도가 낮아지면 불완전연소로 HC나 CO 등이 생성되며 냄새가 발생된다.
② 연소온도가 너무 높아지면 NOx나 SOx가 생성되며 냉각공기의 주입량이 많아지게 된다.
③ 소각로의 최소온도는 650°C 정도이지만 스팀으로 에너지를 회수하는 경우에는 연소온도를 870°C 정도로 높인다.
④ 함수율이 높으면 연소온도가 상승하며, 연소물질의 입자가 커지면 연소시간이 짧아진다.

🔑 함수율이 높으면 연소온도가 낮아지며, 연소물질의 입자가 커지면 연소시간이 길어진다.

**57** 유동층 소각로에 관한 설명으로 가장 거리가 먼 것은?
① 상(床)으로부터 슬러지의 분리가 어렵다.
② 가스의 온도가 낮고 과잉공기량이 낮다.
③ 미연소분 배출로 2차 연소실이 필요하다.
④ 기계적 구동부분이 적어 고장률이 낮다.

🔑 유동층 소각로
  ① 장점
    ㉠ 유동매체의 열용량이 커서 액상, 기상, 고형 폐기물의 전소 및 혼소, 균일한 연소가 가능하다.
    ㉡ 반응시간이 빨라 소각시간이 짧다(노 부하율이 높다).
    ㉢ 연소효율이 높아 미연소분이 적고 2차 연소실이 불필요하다.
    ㉣ 가스의 온도가 낮고 과잉공기량이 낮다. 따라서 NOx도 적게 배출된다.
    ㉤ 기계적 구동부분이 적어 고장률이 낮아 유지관리가 용이하다.
    ㉥ 노내 온도의 자동제어로 열회수가 용이하다.
    ㉦ 유동매체의 축열량이 높은 관계로 단시간 정지 후 가동 시 보조연료 사용 없이 정상가동이 가능하다.
    ㉧ 과잉공기량이 적으므로 다른 소각로보다 보조연료 사용량과 배출가스양이 적다.
    ㉨ 석회 또는 반응물질을 유동매체에 혼입시켜 노내에서 산성가스의 제거가 가능하다.
  ② 단점
    ㉠ 층의 유동으로 상으로부터 찌꺼기의 분리가 어려우며 운전비, 특히 동력비가 높다.
    ㉡ 폐기물의 투입이나 유동화를 위해 파쇄가 필요하다.
    ㉢ 상재료의 용융을 막기 위해 연소온도는 816°C를 초과할 수 없다.
    ㉣ 유동매체의 손실로 인한 보충이 필요하다.
    ㉤ 고점착성의 반유동상 슬러지는 처리하기 곤란하다.
    ㉥ 소각로 본체에서 압력손실이 크고 유동매체의 비산 또는 분진의 발생량이 가장 많다.
    ㉦ 조대한 폐기물은 전처리가 필요하다. 즉, 폐기물의 투입이나 유동화를 위해 파쇄공정이 필요하다.

**58** 아래와 같은 조성을 갖는 폐기물을 완전연소시킬 때의 이론공기량($Sm^3/kg$)은?

| 가연성분 조성비(%) |
|---|
| C : 40, H : 5, O : 10, S : 5, 회분 : 40 |

① 2.7
② 3.7
③ 4.7
④ 5.7

정답  55 ④  56 ④  57 ③  58 ③

**풀이**  $A_0(\text{Sm}^3/\text{kg})$

$$= \frac{1}{0.21}(1.867C + 5.6H + 0.7S - 0.7O)$$

$$= \frac{1}{0.21}[(1.867 \times 0.4) + (5.6 \times 0.05)$$
$$+ (0.7 \times 0.05) - (0.7 \times 0.1)]$$

$$= 4.72 \text{Sm}^3/\text{kg}$$

## 59 소각로의 설계기준이 되고 있는 저위발열량에 대한 설명으로 옳은 것은?

① 쓰레기 속의 수분과 연소에 의해 생성된 수분의 응축열을 포함한 열량
② 고위발열량에서 수분의 응축열을 제외한 열량
③ 쓰레기를 연소할 때 발생되는 열량으로 수분의 수증기 열량이 포함된 열량
④ 연소 배출가스 속의 수분에 의한 응축열

**풀이** 저위발열량($H_l$)
발열량계에서 측정한 고위발열량에서 수분의 응축 잠열을 제외한 열량을 말한다.

## 60 폐기물 내 유기물을 완전연소시키기 위해서는 3T라는 조건이 구비되어야 한다. 3T에 해당하지 않는 것은?

① 충분한 온도    ② 충분한 연소시간
③ 충분한 연료    ④ 충분한 혼합

**풀이** 완전연소의 조건(3T)
① Temperature(온도)
② Time(체류시간, 연소시간)
③ Turbulence(혼합)

### 4과목 폐기물공정시험기준(방법)

## 61 기체크로마토그래피로 유기인을 분석할 때 시료관리 기준으로 ( )에 옳은 것은?

시료 채취 후 추출하기 전까지 ( ㉠ ) 보관하고 7일 이내에 추출하고 ( ㉡ ) 이내에 분석한다.

① ㉠ 4℃ 냉암소에서, ㉡ 21일
② ㉠ 4℃ 냉암소에서, ㉡ 40일
③ ㉠ pH 4 이하로, ㉡ 21일
④ ㉠ pH 4 이하로, ㉡ 40일

**풀이** 유기인-기체크로마토그래피의 시료관리기준
① 시료채취는 유리병을 사용하며 채취 전에 시료로 세척하지 말아야 함
② 모든 시료는 시료채취 후 추출하기 전까지 4℃ 냉암소에서 보관
③ 7일 이내에 추출하고 40일 이내에 분석함

## 62 가스체의 농도는 표준상태로 환산 표시한다. 이 조건에 해당되지 않는 것은?

① 상대습도 : 100%    ② 온도 : 0℃
③ 기압 : 760mmHg    ④ 온도 : 273K

**풀이** 기체 중의 농도 표준상태
0℃(273K), 1atm(760mmHg)

## 63 크롬 표준원액(100mg Cr/L) 1,000mL를 만들기 위하여 필요한 다이크롬산칼륨(표준시약)의 양(g)은?(단, K : 39, Cr : 52)

① 0.213    ② 0.283
③ 0.353    ④ 0.393

**풀이** 다이크롬산칼륨을 전리시켜 크롬을 생성하면 2mL의 크롬이온이 생성된다.
$K_2Cr_2O_7$ 분자량
$(2 \times 39) + (2 \times 52) + (16 \times 7) = 294g$
$K_2Cr_2O_7 \rightarrow 2Cr$
질량비례식

$294g : (2\times52)g = x(g) : 0.1g/L \times 1L$

다이크롬산칼륨$(g) = \dfrac{294g \times 0.1g/L \times 1L}{(2\times52)g}$

$= 0.283g$

[Note] $K_2Cr_2O_7 : 2Cr^{3+}$

## 64 유도결합플라스마 발광광도기계의 토치에 흐르는 운반물질, 보조물질, 냉각물질의 종류는 몇 종류의 물질로 구성되는가?

① 2종의 액체와 1종의 기체
② 1종의 액체와 2종의 기체
③ 1종의 액체와 1종의 기체
④ 1종의 기체

**풀이** ICP의 토치(Torch)는 3중으로 된 석영관이 이용되며 제일 안쪽으로는 시료가 운반가스(아르곤, 0.4~2.0L/min)와 함께 흐르며, 가운데 관으로는 보조가스(아르곤, 플라스마 가스, 0.5~2.0L/min), 제일 바깥쪽 관에는 냉각가스(아르곤, 10~20L/min)가 주입되는데, 토치(Torch)의 상단부분에는 물을 순환시켜 냉각시키는 유도코일이 감겨 있다.

## 65 원자흡광분석에서 일반적인 간섭에 해당되지 않는 것은?

① 분광학적 간섭    ② 물리적 간섭
③ 화학적 간섭    ④ 첨가물질의 간섭

**풀이** 원자흡광광도법에서 일어나는 간섭
① 분광학적 간섭    ② 물리적 간섭
③ 화학적 간섭

## 66 3,000g의 시료에 대하여 원추 4분법을 5회 조작하여 최종 분취된 시료의 양(g)은?

① 약 31.3    ② 약 62.5
③ 약 93.8    ④ 약 124.2

**풀이** 최종시료$(g) = \left(\dfrac{1}{2}\right)^n \times$시료

$= \left(\dfrac{1}{2}\right)^5 \times 3,000g = 93.75g$

## 67 유기인 측정(기체크로마토그래피법)에 대한 설명으로 옳지 않은 것은?

① 크로마토그램을 작성하여 각 분석성분 및 내부 표준물지의 머무름시간에 해당하는 피크로부터 면적을 측정한다.
② 추출물 10~30$\mu$L를 취하여 기체크로마토그래프에 주입하여 분석한다.
③ 시료채취는 유리병을 사용하며 채취 전에 시료로서 세척하지 말아야 한다.
④ 농축장치는 구데르나다니쉬 농축기를 사용한다.

**풀이** 추출물 1~3$\mu$L를 취하여 기체크로마토그래프에 주입하여 분석한다.

## 68 시료의 용출시험방법에 관한 설명으로 ( )에 옳은 것은?(단, 상온, 상압 기준)

용출조작은 진탕의 폭이 4~5cm인 왕복진탕기로 ( ㉠ )회/min로 ( ㉡ )시간 동안 연속 진탕한다.

① ㉠ 200, ㉡ 6    ② ㉠ 200, ㉡ 8
③ ㉠ 300, ㉡ 6    ④ ㉠ 300, ㉡ 8

**풀이** 용출 조작
① 진탕 : 혼합액을 상온, 상압에서 진탕횟수가 매 분당 약 200회, 진폭이 4~5cm의 진탕기를 사용하여 6시간 동안 연속 진탕
⇩
② 여과 : 1.0$\mu$m의 유리섬유여과지로 여과
⇩
③ 여과액을 적당량 취하여 용출 실험용 시료 용액으로 함

[Note] 여과가 어려운 경우 원심분리기를 사용하여 매분당 3,000회전 이상 20분 이상 원심분리한 다음 상징액을 적당량 취하여 용출실험용 시료 용액으로 한다.

정답  64 ④  65 ④  66 ③  67 ②  68 ①

**69** 기체크로마토그래피를 이용하면 물질의 정량 및 정성분석이 가능하다. 이 중 정량 및 정성분석을 가능하게 하는 측정치는?

① 정량-유지시간, 정성-피크의 높이
② 정량-유지시간, 정성-피크의 폭
③ 정량-피크의 높이, 정성-유지시간
④ 정량-피크의 폭, 정성-유지시간

**풀이** ① 정성분석 : 동일조건하에서 특정한 미지성분의 머무른값(유지시간)과 예측되는 물질의 봉우리의 머무른값(유지시간)을 비교하여야 한다.
② 정량분석 : 크로마토그램의 재현성, 시료분석의 양, 봉우리의 면적 또는 높이(피크의 높이)와의 관계를 검토하여 분석한다.

**70** 원자흡수분광광도법에 있어서 간섭이 발생되는 경우가 아닌 것은?

① 불꽃의 온도가 너무 낮아 원자화가 일어나지 않는 경우
② 불안정한 환원물질로 바뀌어 불꽃에서 원자화가 일어나지 않는 경우
③ 염이 많은 시료를 분석하여 버너헤드 부분에 고체가 생성되는 경우
④ 시료 중에 알칼리금속의 할로겐 화합물을 다량 함유하는 경우

**풀이** 금속류-원자흡수분광광도법(간섭물질)
① 화학물질이 공기-아세틸렌 불꽃에서 분자상태로 존재하여 낮은 흡광도를 보일 경우의 원인
  ㉠ 불꽃의 온도가 너무 낮아 원자화가 일어나지 않는 경우
  ㉡ 안정한 산화물질로 바뀌어 불꽃에서 원자화가 일어나지 않는 경우
② 염이 많은 시료를 분석하면 버너헤드 부분에 고체가 생성되어 불꽃이 자주 꺼질 때 버너헤드를 청소해야 할 경우의 대책
  ㉠ 시료를 묽혀 분석
  ㉡ 메틸아이소부틸케톤 등을 사용하여 추출, 분석
③ 시료 중에 칼륨, 나트륨, 리듐, 세슘과 같이 쉽게 이온화되는 원소가 1,000mg/L 이상의 농도로 존재 시 금속측정을 간섭할 경우의 대책

검정곡선용 표준물질에 시료의 매질과 유사하게 첨가하여 보정
④ 시료 중에 알칼리금속의 할로겐 화합물을 다량 함유하는 경우에는 분자흡수나 광란에 의하여 오차 발생 대책추출법으로 카드뮴을 분리하여 실험

**71** 분석하고자 하는 대상 폐기물의 양이 100톤 이상 500톤 미만인 경우에 채취하는 시료의 최소 수(개)는?

① 30  ② 36  ③ 45  ④ 50

**풀이** 대상 폐기물의 양과 시료의 최소 수

| 대상 폐기물의 양(단위 : ton) | 시료의 최소 수 |
|---|---|
| ~ 1 미만 | 6 |
| 1 이상~5 미만 | 10 |
| 5 이상~30 미만 | 14 |
| 30 이상~100 미만 | 20 |
| 100 이상~500 미만 | 30 |
| 500 이상~1,000 미만 | 36 |
| 1,000 이상~5,000 미만 | 50 |
| 5,000 이상~ | 60 |

**72** pH측정에 관한 설명으로 틀린 것은?

① 수소이온 전극의 기전력은 온도에 의하여 변화한다.
② pH 11 이상의 시료는 오차가 크므로 알칼리용액에서 오차가 적은 특수전극을 사용한다.
③ 조제한 pH 표준용액 중 산성 표준용액은 보통 1개월, 염기성 표준용액은 산화칼슘(생석회) 흡수관을 부착하여 3개월 이내에 사용한다.
④ pH 미터는 임의의 한 종류의 pH 표준용액에 대하여 검출부를 정제수로 잘 씻은 다음 5회 되풀이하여 측정했을 때 그 재현성이 ±0.05 이내이어야 한다.

**풀이** pH 표준용액 사용기간
① 산성 표준용액 : 3개월
② 염기성 표준용액 : 산화칼슘(생석회) 흡수관을 부착하여 1개월 이내에 사용

정답  69 ③  70 ②  71 ①  72 ③

**73** 기체크로마토그래피법의 설치조건에 대한 설명으로 틀린 것은?

① 실온 5~35℃, 상대습도 85% 이하로서 직사일광이 쪼이지 않는 곳으로 한다.
② 전원변동은 지정전압의 35% 이내로 주파수의 변동이 없는 것이어야 한다.
③ 설치장소는 진동이 없고 분석에 사용하는 유해물질을 안전하게 처리할 수 있어야 한다.
④ 부식가스나 먼지가 적은 곳으로 한다.

> 풀이  공급전원은 지정된 전력용량 및 주파수이어야 하고 전원변동은 지정전압의 10% 이내로서 주파수의 변동이 없는 것이어야 한다.

**74** 폐기물로부터 유류 추출 시 에멀전을 형성하여 액층이 분리되지 않을 경우 조작법으로 옳은 것은?

① 염화제이철 용액 4mL를 넣고 pH를 7~9로 하여 자석교반기로 교반한다.
② 메틸오렌지를 넣고 황색이 적색이 될 때까지 (1+1) 염산을 넣는다.
③ 노말헥산층에 무수황산나트륨을 넣어 수분간 방치한다.
④ 에멀견층 또는 헥산층에 적당량의 황산암모늄을 넣고 환류냉각관을 부착한 후 80℃ 물중탕에서 가열한다.

> 풀이  추출 시 에멀전을 형성하여 액층이 분리되지 않거나 노말헥산층이 탁할 경우에는 분별깔때기 안의 수층을 원래의 시료용기에 옮기고, 에멀견층 또는 헥산층에 약 10g의 염화나트륨 또는 황산암모늄을 넣어 환류냉각관(약 300mm)을 부착하고 80℃ 물중탕에서 약 10분간 가열 분해한 다음 시험기준에 따라 시험한다.

**75** 휘발성 저급염소화 탄화수소류를 기체크로마토그래피법을 이용하여 측정한다. 이때 사용하는 운반가스는?

① 아르곤  ② 아세틸렌
③ 수소    ④ 질소

> 풀이  휘발성 저급염소화 탄화수소류-기체크로마토그래피법의 운반가스는 부피백분율 99.999% 이상의 질소(또는 헬륨)이다.

**76** 크롬 및 6가 크롬의 정량에 관한 내용 중 틀린 것은?

① 크롬을 원자흡수분광광도법으로 시험할 경우 정량한계는 0.01mg/L이다.
② 크롬을 흡광광도법으로 측정하려면 발색시약으로 디에틸디티오카르바민산을 사용한다.
③ 6가 크롬을 흡광광도법으로 정량 시 시료 중에 잔류염소가 공존하면 발색을 방해한다.
④ 6가 크롬을 흡광광도법으로 정량 시 적자색의 착화합물의 흡광도를 측정한다.

> 풀이  크롬(자외선/가시선 분광법)
> 시료 중에 총 크롬을 과망간산칼륨을 사용하여 6가 크롬으로 산화시킨 다음 산성에서 다이페닐카바자이드와 반응하여 생성되는 적자색 착화합물의 흡광도를 540nm에서 측정하여 총 크롬을 정량하는 방법이다.

**77** 강열감량 및 유기물 함량(중량법) 측정에 관한 내용으로 (   )에 옳은 것은?

> 시료에 질산암모늄 용액(25%)을 넣고 가열하여 (600±25)℃의 전기로 안에서 (   ) 강열하고 데시케이터에서 식힌 후 무게를 달아 증발접시의 무게 차이로부터 강열감량 및 유기물 함량(%)을 구한다.

① 2시간  ② 3시간
③ 4시간  ④ 5시간

> 풀이  강열감량 및 유기물 함량-중량법
> 질산암모늄용액(25%)을 넣고 가열하여 탄화시킨 다음 (600±25)℃의 전기로 안에서 3시간 강열한 다음 데시케이터에서 식힌 후 무게를 달아 증발접시의 무게차로부터 구한다.

정답  73 ②  74 ④  75 ④  76 ②  77 ②

## 78 흡광광도법에서 흡광도 눈금의 보정에 관한 내용으로 ( )에 옳은 것은?

중크롬산칼륨을 ( )에 녹여 중크롬산칼륨용액을 만든다.

① N/10 수산화나트륨용액
② N/20 수산화나트륨용액
③ N/10 수산화칼륨용액
④ N/20 수산화칼륨용액

풀이 110℃에서 3시간 이상 건조한 중크롬산칼륨을 N/20 수산화칼륨용액에 녹여 중크롬산칼륨용액을 만든다.

## 79 총칙에 관한 내용으로 틀린 것은?

① "정밀히 단다"라 함은 규정된 수치의 무게를 0.1mg까지 다는 것을 말한다.
② "정확히 취하여"라 하는 것은 규정한 양의 액체를 홀피펫으로 눈금까지 취하는 것을 말한다.
③ "냄새가 없다"라고 기재한 것은 냄새가 없거나 또는 거의 없는 것을 표시하는 것이다.
④ "방울수"라 함은 20℃에서 정제수 20방울을 적하할 때, 그 부피가 약 1mL 되는 것을 뜻한다.

풀이 용어 정리
① 액상폐기물 : 고형물의 함량이 5% 미만
② 반고상폐기물 : 고형물의 함량이 5% 이상 15% 미만
③ 고상폐기물 : 고형물의 함량이 15% 이상
④ 함침성 고상폐기물 : 종이, 목재 등 기름을 흡수하는 변압기 내부부재(종이, 나무와 금속이 서로 혼합되어 분리가 어려운 경우 포함)를 말함
⑤ 비함침성 고상폐기물 : 금속판, 구리선 등 기름을 흡수하지 않는 평면 또는 비평면 형태의 변압기 내부부재를 말함
⑥ 즉시 : 30초 이내에 표시된 조작을 하는 것을 의미
⑦ 감압 또는 진공 : 15mmHg 이하
⑧ 이상과 초과, 이하, 미만
 ㉠ "이상"과 "이하"는 기산점 또는 기준점인 숫자를 포함
 ㉡ "초과"와 "미만"은 기산점 또는 기준점인 숫자를 불포함
 ㉢ a~b → a 이상 b 이하
⑨ 바탕시험을 하여 보정한다. : 시료에 대한 처리 및 측정을 할 때, 시료를 사용하지 않고 같은 방법으로 조작한 측정치를 빼는 것을 의미
⑩ 방울수 : 20℃에서 정제수 20방울을 적하할 때, 그 부피가 약 1mL 되는 것을 의미
⑪ 항량으로 될 때까지 건조한다. : 같은 조건에서 1시간 더 건조할 때 전후 무게의 차가 g당 0.3mg 이하
⑫ 용액의 산성, 중성 또는 알칼리성 검사 시 : 유리전극법에 의한 pH 미터로 측정
⑬ 용기 : 시험용액 또는 시험에 관계된 물질을 보존, 운반 또는 조작하기 위하여 넣어두는 것

| 구분 | 정의 |
| --- | --- |
| 밀폐 용기 | 취급 또는 저장하는 동안에 이물질이 들어가거나 또는 내용물이 손실되지 아니하도록 보호하는 용기 |
| 기밀 용기 | 취급 또는 저장하는 동안에 밖으로부터의 공기 또는 다른 가스가 침입하지 아니하도록 내용물을 보호하는 용기 |
| 밀봉 용기 | 취급 또는 저장하는 동안에 기체 또는 미생물이 침입하지 아니하도록 내용물을 보호하는 용기 |
| 차광 용기 | 광선이 투과하지 않는 용기 또는 투과하지 않게 포장한 용기이며 취급 또는 저장하는 동안에 내용물이 광화학적 변화를 일으키지 아니하도록 방지할 수 있는 용기 |

⑭ 여과한다. : KSM 7602 거름종이 5종 또는 이와 동등한 여과지를 사용하여 여과함을 말함
⑮ 정밀히 단다. : 규정된 양의 시료를 취하여 화학저울 또는 미량저울로 칭량함
⑯ 정확히 단다. : 규정된 수치의 무게를 0.1mg까지 다는 것
⑰ 정확히 취하여 : 규정된 양의 액체를 홀피펫으로 눈금까지 취하는 것
⑱ 정량적으로 씻는다. : 어떤 조작으로부터 다음 조작으로 넘어갈 때 사용한 비커, 플라스크 등의 용기 및 여과막 등에 부착한 정량대상 성분을 사용한 용매로 씻어 그 씻어낸 용액을 합하고 먼저 사용한 같은 용매를 채워 일정용량으로 하는 것
⑲ 약 : 기재된 양에 대하여 ±10% 이상의 차가 있어서는 안 되는 것

정답 78 ④  79 ①

⑳ 냄새가 없다. : 냄새가 없거나 또는 거의 없는 것을 표시하는 것
㉑ 시험에 쓰는 물 : 정제수를 말함

## 80 흡광광도법에 의한 시안(CN)시험에서 측정 원리를 바르게 나타낸 것은?

① 피리딘·피라졸론법-청색
② 디페닐카르바지드법-적자색
③ 디티존법-적색
④ 디에틸디티오카르바민산은법-적자색

**풀이** 시안 – 자외선/가시선 분광법
시료를 pH 2 이하의 산성으로 조절한 후에 에틸렌다이아민테트라아세트산나트륨을 넣고 가열 증류하여 시안화합물을 시안화수소로 유출시켜 수산화나트륨용액을 포집한 다음 중화하고 클로라민-T와 피리딘·피라졸론 혼합액을 넣어 나타나는 청색을 620nm에서 측정하는 방법이다.

### 5과목 폐기물관계법규

## 81 폐기물처리업자에게 영업정지에 갈음하여 부과할 수 있는 과징금에 관한 설명으로 ( )에 옳은 것은?

환경부장관이나 시·도지사는 폐기물처리업자에게 영업의 정지를 명령하려는 때 그 영업의 정지를 갈음하여 대통령령으로 정하는 ( )을 초과하지 아니하는 범위에서 과징금을 부과할 수 있다.

① 매출액에 100분의 1을 곱한 금액
② 매출액에 100분의 5를 곱한 금액
③ 매출액에 100분의 10을 곱한 금액
④ 매출액에 100분의 15를 곱한 금액

**풀이** 폐기물처리업자에 대한 과징금
대통령령으로 정하는 매출액에 100분의 5를 곱한 금액을 초과하지 아니하는 범위에서 영업의 정지를 갈음하여 과징금을 부과할 수 있다.

## 82 주변지역 영향 조사대상 폐기물처리시설기준으로 ( )에 적절한 것은?

매립면적 ( ) 제곱미터 이상의 사업장 일반폐기물 매립시설

① 3만
② 5만
③ 10만
④ 15만

**풀이** 주변지역 영향 조사대상 폐기물처리시설기준
① 1일 처리능력이 50톤 이상인 사업장폐기물 소각시설(같은 사업장에 여러 개의 소각시설이 있는 경우에는 각 소각시설의 1일 처리능력의 합계가 50톤 이상인 경우를 말한다.)
② 매립면적 1만 제곱미터 이상의 사업장 지정폐기물 매립시설
③ 매립면적 15만 제곱미터 이상의 사업장 일반폐기물 매립시설
④ 시멘트 소성로(폐기물을 연료로 사용하는 경우로 한정한다.)
⑤ 1일 재활용능력이 50톤 이상인 사업장폐기물 소각열회수시설(같은 사업장에 여러 개의 소각열회수시설이 있는 경우에는 각 소각열회수시설의 1일 재활용능력의 합계가 50톤 이상인 경우를 말한다.)

## 83 3년 이하의 징역이나 3천만 원 이하의 벌금에 해당하는 벌칙기준에 해당하지 않는 것은?

① 고의로 사실과 다른 내용의 폐기물분석 결과서를 발급한 폐기물분석전문기관
② 승인을 받지 아니하고 폐기물처리시설을 설치한 자
③ 다른 사람에게 자기의 성명이나 상호를 사용하여 폐기물을 처리하게 하거나 그 허가증을 다른 사람에게 빌려준 자

정답 80 ① 81 ② 82 ④ 83 ③

④ 폐기물처리시설의 설치 또는 유지·관리가 기준에 맞지 아니하여 지시된 개선명령을 이행하지 아니하거나 사용중지 명령을 위반한 자

(풀이) 폐기물관리법 제65조 참고

**84** 재활용의 에너지 회수기준 등에서 환경부령으로 정하는 활동 중 가연성 고형폐기물로부터 규정된 기준에 맞게 에너지를 회수하는 활동이 아닌 것은?

① 다른 물질과 혼합하지 아니하고 해당 폐기물의 고위발열량이 킬로그램당 5천 킬로칼로리 이상일 것
② 에너지의 회수효율(회수에너지 총량을 투입에너지 총량으로 나눈 비율을 말한다.)이 75퍼센트 이상일 것
③ 회수열을 모두 열원으로 스스로 이용하거나 다른 사람에게 공급할 것
④ 환경부장관이 정하여 고시하는 경우에는 폐기물의 30퍼센트 이상을 원료나 재료로 재활용하고 그 나머지 중에서 에너지의 회수에 이용할 것

(풀이) 에너지 회수기준
① 다른 물질과 혼합하지 아니하고 해당 폐기물의 저위발열량이 킬로그램당 3천 킬로칼로리 이상일 것
② 에너지의 회수효율(회수에너지 총량을 투입에너지 총량으로 나눈 비율을 말한다.)이 75퍼센트 이상일 것
③ 회수열을 모두 열원(熱源)으로 스스로 이용하거나 다른 사람에게 공급할 것
④ 환경부장관이 정하여 고시하는 경우에는 폐기물의 30퍼센트 이상을 원료나 재료로 재활용하고 그 나머지 중에서 에너지의 회수에 이용할 것

**85** 매립시설의 사후관리기준 및 방법에 관한 내용 중 발생가스 관리방법(유기성 폐기물을 매립한 폐기물매립시설만 해당된다.)에 관한 내용이다. ( )에 공통으로 들어갈 내용은?

외기온도, 가스온도, 메탄, 이산화탄소, 암모니아, 황화수소 등의 조사항목을 매립 종료 후 ( )까지는 분기 1회 이상, ( )이 지난 후에는 연 1회 이상 조사하여야 한다.

① 1년  ② 2년
③ 3년  ④ 5년

(풀이) 매립시설의 사후관리 기준 및 방법
발생가스 관리방법(유기성 폐기물을 매립한 폐기물 매립시설만 해당한다)
① 외기온도, 가스온도, 메탄, 이산화탄소, 암모니아, 황화수소 등의 조사항목을 매립 종료 후 5년까지는 분기 1회 이상, 5년이 지난 후에는 연 1회 이상 조사하여야 한다.
② 발생가스는 포집하여 소각처리하거나 발전·연료 등으로 재활용하여야 한다.

**86** 지정폐기물 중 의료폐기물을 수집·운반하는 경우의 시설, 장비, 기술능력 기준으로 틀린 것은?(단, 폐기물처리업 중 폐기물수집, 운반업의 기준)

① 적재능력 0.45톤 이상의 냉장차량(섭씨 4도 이하인 것을 말한다.) 3대 이상
② 소독장비 1식 이상
③ 폐기물처리산업기사, 임상병리사 또는 위생사 중 1명 이상
④ 모든 차량을 주차할 수 있는 규모의 주차장

(풀이) 지정폐기물 중 의료폐기물을 수집·운반하는 경우의 기술능력기준은 없다.

**87** 폐기물처리시설(매립시설인 경우)을 폐쇄하고자 하는 자는 당해 시설의 폐쇄 예정일 몇 개월 이전에 폐쇄신고서를 제출하여야 하는가?

① 1개월  ② 2개월
③ 3개월  ④ 6개월

정답  84 ①  85 ④  86 ③  87 ③

[풀이] 폐기물처리시설의 사용을 끝내거나 폐쇄하려는 자(폐쇄절차를 대행하는 자 포함) 그 시설의 사용종료일(매립면적을 구획하여 단계적으로 매립하는 시설은 구획별 사용종료일) 또는 폐쇄예정일 1개월(매립시설의 경우는 3개월) 이전에 사용종료·폐쇄신고서에 서류(매립시설인 경우만 해당한다)를 첨부하여 시·도지사나 지방환경관서의 장에게 제출하여야 한다.

## 88 폐기물을 매립하는 시설 중 사후관리이행보증금의 사전적립대상인 시설의 면적기준은?

① 3,000m² 이상  ② 3,300m² 이상
③ 3,600m² 이상  ④ 3,900m² 이상

[풀이] 사후관리이행보증금의 사전 적립
① 사후관리이행보증금의 사전 적립 대상이 되는 폐기물을 매립하는 시설은 면적이 3천300제곱미터 이상인 시설로 한다.
② 매립시설의 설치자는 폐기물처리업의 허가·변경허가 또는 폐기물처리시설의 설치승인·변경승인을 받아 그 시설의 사용을 시작한 날부터 1개월 이내에 환경부령으로 정하는 바에 따라 사전적립금 적립계획서에 관련 서류를 첨부하여 환경부장관에게 제출하여야 한다.

## 89 폐기물처리시설에서 배출되는 오염물질을 측정하기 위해 환경부령으로 정하는 측정기관이 아닌 것은?(단, 국립환경과학원장이 고시하는 기관은 제외함)

① 한국환경공단
② 보건환경연구원
③ 한국산업기술시험원
④ 수도권매립지관리공사

[풀이] 환경부령으로 정하는 오염물질 측정기관
① 보건환경연구원
② 한국환경공단
③ 수질오염물질 측정대행업의 등록을 한 자
④ 수도권매립지관리공사
⑤ 폐기물분석전문기관

## 90 매립시설의 설치를 마친 자가 환경부령으로 정하는 검사기관으로부터 설치검사를 받고자 하는 경우, 검사를 받고자 하는 날 15일 전까지 검사신청서에 각 서류를 첨부하여 검사기관에 제출하여야 하는데 그 서류에 해당하지 않는 것은?

① 설계도서 및 구조계산서 사본
② 시설운전 및 유지관리계획서
③ 설치 및 장비확보명세서
④ 시방서 및 재료시험성적서 사본

[풀이] 매립시설의 설치를 마친 자의 검사신청서 첨부서류
① 설계도서 및 구조계산서 사본
② 시방서 및 재료시험성적서 사본
③ 설치 및 장비확보명세서
④ 환경부장관이 고시하는 사항을 포함한 시설설치의 환경성조사서(면적이 1만 제곱미터 이상이거나 매립용적이 3만 세제곱미터 이상인 매립시설의 경우만 제출한다). 다만, 「환경영향평가법」에 따른 전략환경영향평가 대상사업, 환경영향평가 대상사업 또는 소규모 환경영향평가 대상사업의 경우에는 전략환경영향평가서, 환경영향평가서나 소규모 환경영향평가서로 대체할 수 있다.
⑤ 종전에 받은 정기검사결과서 사본(종전에 검사를 받은 경우에 한정한다)

## 91 폐기물처리업의 변경허가를 받아야 할 중요사항으로 틀린 것은?(단, 폐기물 수집·운반업에 해당하는 경우)

① 수집·운반 대상 폐기물의 변경
② 영업구역의 변경
③ 연락장소 또는 사무실 소재지의 변경
④ 운반차량(임시차량은 제외한다)의 증차

[풀이] 폐기물처리업의 변경허가를 받아야 할 중요사항
[폐기물 수집·운반업]
① 수집·운반 대상 폐기물의 변경
② 영업구역의 변경
③ 주차장 소재지의 변경(지정폐기물을 대상으로 하는 수집·운반업만 해당한다)
④ 운반차량(임시차량은 제외한다)의 증차

**92** 폐기물처분시설 중 관리형 매립시설에서 발생하는 침출수의 배출허용기준 중 '나지역'의 생물화학적 산소요구량의 기준(mg/L)은?

① 60
② 70
③ 80
④ 90

풀이 관리형 매립시설 침출수의 배출허용기준

| 구분 | 생물화학적 산소요구량 (mg/L) | 화학적 산소요구량(mg/L) | | | 부유물질량 (mg/L) |
|---|---|---|---|---|---|
| | | 과망간산칼륨법에 따른 경우 | | 중크롬산칼륨법에 따른 경우 | |
| | | 1일 침출수 배출량 2,000m³ 이상 | 1일 침출수 배출량 2,000m³ 미만 | | |
| 청정지역 | 30 | 50 | 50 | 400 (90%) | 30 |
| 가지역 | 50 | 80 | 100 | 600 (85%) | 50 |
| 나지역 | 70 | 100 | 150 | 800 (80%) | 70 |

**93** 폐기물의 재활용을 금지하거나 제한하는 것이 아닌 것은?

① 폐석면
② PCBs
③ VOCs
④ 의료폐기물

풀이 재활용을 금지하거나 제한하는 폐기물
① 폐석면
② 폴리클로리네이티드비페닐(PCBs)을 환경부령으로 정하는 농도 이상 함유하는 폐기물
③ 의료폐기물(태반은 제외한다)
④ 폐유독물 등 인체나 환경에 미치는 위해가 매우 높을 것으로 우려되는 폐기물 중 대통령령으로 정하는 폐기물

**94** 지정폐기물의 종류 중 유해물질함유 폐기물(환경부령으로 정하는 물질을 함유한 것으로 한정한다.)에 관한 기준으로 틀린 것은?

① 광재(철광 원석의 사용으로 인한 고로 슬래그는 제외한다.)
② 분진(대기오염 방지시설에서 포집된 것으로 한정하되, 소각시설에서 발생되는 것은 제외한다.)
③ 폐합성 수지
④ 폐내화물 및 재벌구이 전에 유약을 바른 도자기 조각

풀이 지정폐기물의 종류 중 유해물질함유 폐기물 종류에 폐합성 수지는 포함되지 않는다.

**95** 환경부장관은 폐기물에 관한 시험·분석 업무를 전문적으로 수행하기 위하여 폐기물 시험·분석 전문기관을 지정할 수 있다. 이에 해당되지 않는 기관은?

① 한국건설기술연구원
② 한국환경공단
③ 수도권매립지관리공사
④ 보건환경연구원

풀이 폐기물에 시험·분석 전문기관
① 「한국환경공단법」에 따른 한국환경공단(이하 "한국환경공단"이라 한다)
② 「수도권매립지관리공사의 설립 및 운영 등에 관한 법률」에 따른 수도권매립지관리공사
③ 「보건환경연구원법」에 따른 보건환경연구원
④ 그 밖에 환경부장관이 폐기물의 시험·분석 능력이 있다고 인정하는 기관

**96** 기술관리인을 두어야 하는 멸균분쇄시설의 시설기준으로 적절한 것은?

① 시간당 처분능력이 100kg 이상인 시설
② 시간당 처분능력이 125kg 이상인 시설
③ 시간당 처분능력이 200kg 이상인 시설
④ 시간당 처분능력이 300kg 이상인 시설

풀이 기술관리인을 두어야 하는 폐기물처리시설
① 매립시설의 경우
  ㉠ 지정폐기물을 매립하는 시설로서 면적이 3천 300제곱미터 이상인 시설. 다만, 차단형 매립시설에서는 면적이 330제곱미터 이상이거나 매립용적이 1천 세제곱미터 이상인 시설로 한다.

정답 92 ② 93 ③ 94 ③ 95 ① 96 ①

ⓒ 지정폐기물 외의 폐기물을 매립하는 시설로서 면적이 1만 제곱미터 이상이거나 매립용적이 3만 세제곱미터 이상인 시설
② 소각시설로서 시간당 처리능력이 600킬로그램(감염성 폐기물을 대상으로 하는 소각시설의 경우에는 200킬로그램) 이상인 시설
③ 압축·파쇄·분쇄 또는 절단시설로서 1일 처리능력 또는 재활용시설이 100톤 이상인 시설
④ 사료화·퇴비화 또는 연료화 시설로서 1일 재활용능력이 5톤 이상인 시설
⑤ 멸균·분쇄시설로서 시간당 처리능력이 100킬로그램 이상인 시설
⑥ 시멘트 소성로
⑦ 용해로(폐기물에 비철금속을 추출하는 경우로 한정한다.)로서 시간당 재활용능력이 600킬로그램 이상인 시설
⑧ 소각열회수시설로서 시간당 재활용능력이 600킬로그램 이상인 시설

## 97 폐기물관리의 기본원칙으로 틀린 것은?

① 폐기물은 소각, 매립 등의 처분을 하기보다는 우선적으로 재활용함으로써 자원생산성의 향상에 이바지하도록 하여야 한다.
② 국내에서 발생한 폐기물은 가능하면 국내에서 처리되어야 하고, 폐기물은 수입할 수 없다.
③ 누구든지 폐기물을 배출하는 경우에는 주변 환경이나 주민의 건강에 위해를 끼치지 아니하도록 사전에 적절한 조치를 하여야 한다.
④ 사업자는 제품의 생산방식 등을 개선하여 폐기물의 발생을 최대한 억제하고, 발생한 폐기물을 스스로 재활용함으로써 폐기물의 배출을 최소화하여야 한다.

**풀이** 폐기물관리의 기본원칙
① 사업자는 제품의 생산방식 등을 개선하여 폐기물의 발생을 최대한 억제하고, 발생한 폐기물을 스스로 재활용함으로써 폐기물의 배출을 최소화하여야 한다.
② 누구든지 폐기물을 배출하는 경우에는 주변 환경이나 주민의 건강에 위해를 끼치지 아니하도록 사전에 적절한 조치를 하여야 한다.

③ 폐기물은 그 처리과정에서 양과 유해성(有害性)을 줄이도록 하는 등 환경보전과 국민건강보호에 적합하게 처리되어야 한다.
④ 폐기물로 인하여 환경오염을 일으킨 자는 오염된 환경을 복원할 책임을 지며, 오염으로 인한 피해의 구제에 드는 비용을 부담하여야 한다.
⑤ 국내에서 발생한 폐기물은 가능하면 국내에서 처리되어야 하고, 폐기물의 수입은 되도록 억제되어야 한다.
⑥ 폐기물은 소각, 매립 등의 처분을 하기보다는 우선적으로 재활용함으로써 자원생산성의 향상에 이바지하도록 하여야 한다.

## 98 폐기물처리업자가 폐기물의 발생, 배출, 처리상황 등을 기록한 장부의 보존기간은?(단, 최종기재일 기준)

① 6개월간
② 1년간
③ 3년간
④ 5년간

**풀이** 폐기물처리업자는 장부를 마지막으로 기록한 날부터 3년간 보존하여야 한다.

## 99 폐기물처리시설 종류의 구분이 틀린 것은?

① 기계적 재활용시설 : 유수 분리시설
② 화학적 재활용시설 : 연료화시설
③ 생물학적 재활용시설 : 버섯재배시설
④ 생물학적 재활용시설 : 호기성·혐기성 분해시설

**풀이** 폐기물처리시설의 종류 : 재활용시설
① 기계적 재활용시설
ⓐ 압축·압출·성형·주조시설(동력 7.5kW 이상인 시설로 한정한다.)
ⓑ 파쇄·분쇄·탈피시설(동력 15kW 이상인 시설로 한정한다.)
ⓒ 절단시설(동력 15kW 이상인 시설로 한정한다.)
ⓓ 용융·용해시설(동력 7.5kW 이상인 시설로 한정한다.)
ⓔ 연료화시설
ⓕ 증발·농축시설
ⓖ 정제시설(분리·증류·추출·여과 등의 시

정답 97 ② 98 ③ 99 ②

설을 이용하여 폐기물을 재활용하는 단위시설을 포함한다.)
  ⊚ 유수 분리시설
  ㉛ 탈수·건조시설
  ㉜ 세척시설(철도용 폐목재 받침목을 재활용하는 경우로 한정한다.)
② 화학적 재활용시설
  ㉠ 고형화·고화시설
  ㉡ 반응시설(중화·산화·환원·중합·축합·치환 등의 화학반응을 이용하여 폐기물을 재활용하는 단위시설을 포함한다.)
  ㉢ 응집·침전시설
③ 생물학적 재활용시설
  ㉠ 사료화·퇴비화(지렁이 분변토 생산시설 및 생석회 처리시설을 포함한다.)·소멸화·부숙토 생산시설(1일 재활용능력 100킬로그램 이상인 시설로 한정하며, 건조에 의한 사료화·퇴비화시설을 포함한다.)
  ㉡ 호기성·혐기성 분해시설
  ㉢ 버섯재배시설

## 100 지정폐기물인 부식성 폐기물 기준으로 ( )에 올바른 것은?

| 폐산 : 액체상태의 폐기물로서 수소이온 농도지수가 ( ) 이하인 것에 한한다. |

① 1.0　　② 1.5
③ 2.0　　④ 2.5

**풀이** 폐산(부식성 폐기물)
액체상태의 폐기물로서 수소이온 농도지수가 2.0 이하인 것으로 한정한다.

정답  100 ③

# 2022년 4회 CBT 복원 · 예상문제

## 1과목  폐기물개론

**01** 도시폐기물을 파쇄할 경우 $X_{90}$=2.5cm로 하여 구한 $X_o$(특성입자)는?(단, Rosin Rammler 모델 적용, $n=1$)

① 약 1.1cm  ② 약 1.3cm
③ 약 1.5cm  ④ 약 1.7cm

**풀이**
$$Y = 1 - \exp\left[-\left(\frac{X}{X_o}\right)^n\right]$$
$$0.9 = 1 - \exp\left[-\left(\frac{2.5}{X_o}\right)^1\right]$$
$$-\frac{2.5}{X_o} = \ln 0.1$$
$$X_o(\text{특성입자 크기}) = \frac{2.5}{2.3} = 1.09\text{cm}$$

**02** Pipeline 수송에 관한 내용으로 틀린 것은?

① 가설 후에 경로변경이 곤란하고 설치비가 높다.
② 쓰레기의 발생밀도가 높은 인구밀집지역 및 아파트 지역 등에서 현실성이 있다.
③ 조대쓰레기의 압축, 파쇄 등의 전처리가 필요 없다.
④ 잘못 투입된 물건은 회수가 곤란하다.

**풀이**  관거(Pipeline) 수송의 장단점
  ① 장점
    ㉠ 자동화, 무공해화, 안전화가 가능하다.
    ㉡ 눈에 띄지 않는다.(미관, 경관 좋음)
    ㉢ 에너지 절약이 가능하다.
    ㉣ 교통소통이 원활하여 교통체증 유발이 없다.(수거차량에 의한 도심지 교통량 증가 없음)
    ㉤ 투입 용이, 수집이 편리하다.
    ㉥ 인건비 절감의 효과가 있다.
  ② 단점
    ㉠ 대형 폐기물(조대폐기물)에 대한 전처리 공정(파쇄, 압축)이 필요하다.
    ㉡ 가설(설치) 후에 경로변경이 곤란하고 설치비가 비싸다.
    ㉢ 잘못 투입된 폐기물은 회수하기 곤란하다.
    ㉣ 2.5km 이내의 거리에서만 이용된다.(장거리, 즉 2.5km 이상에서는 사용 곤란)
    ㉤ 단거리에 현실성이 있다.
    ㉥ 사고발생 시 시스템 전체가 마비되며 대체시스템으로 전환이 필요하다.(고장 및 긴급사고 발생에 대한 대처방법이 필요함)
    ㉦ 초기투자 비용이 많이 소요된다.
    ㉧ pipe 내부 진공도에 한계가 있다.(최대 0.5 kg/cm$^2$)

**03** 다음의 채취한 폐기물시료 분석절차 중 가장 먼저 진행하여야 하는 것은?

① 발열량 측정
② 전처리(절단 및 분쇄)
③ 분류(가연성, 불연성)
④ 화학적 조성분석

**풀이**  폐기물 시료 분석절차

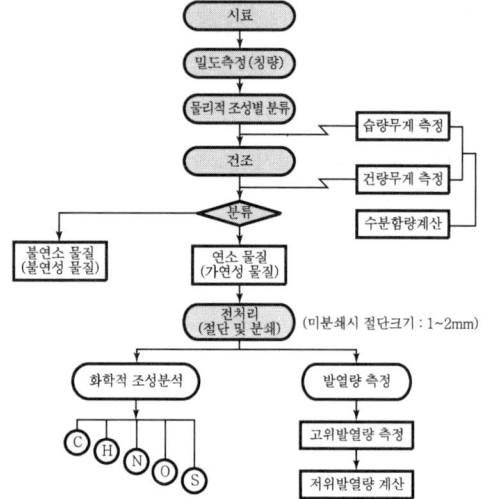

정답  01 ①   02 ③   03 ③

**04** 어느 도시에서 발생하는 쓰레기의 성분 중 비가연성이 약 70wt%를 차지하는 것으로 조사되었다. 밀도 400kg/m³인 쓰레기가 10m³ 있을 때 가연성 물질의 양은 약 몇 ton인가?

① 1.0　　　　② 1.2
③ 2.2　　　　④ 3.4

**풀이** 가연성 물질의 양
= 폐기물의 양 × 가연성 물질의 함유비율
= $(10m^3 \times 400kg/m^3 \times ton/1,000kg)$
　$\times \left(\dfrac{100-70}{100}\right)$
= 1.2ton

**05** 폐기물 압축기에 대한 설명으로 틀린 것은?

① 압축에 의해 부피를 1/10까지 감소시킬 수 있으며 수분이 빠지므로 중량도 감소시킬 수 있다.
② 고압력 압축기로 폐기물의 밀도를 1,600kg/m³까지 압축시킬 수 있으나 경제적 압축 밀도는 1,000kg/m³ 정도이다.
③ 고정식 압축기는 주로 유압에 의해 압축시키며 압축방법에 따라 회분식과 연속식으로 구분된다.
④ 수직식 또는 소용돌이식 압축기는 기계적 작동이나 유압 또는 공기압에 의해 작동하는 압축피스톤을 갖고 있다.

**풀이** 고정식 압축기는 주로 수압에 의해 압축시키고 압축방법에 따라 수평식 압축기, 수직식 압축기로 구분한다.

**06** 다음 중에서 쓰레기 발생량 조사방법이 아닌 것은?

① 적재차량 계수분석법
② 직접계근법
③ 물질수지법
④ 경향법

**풀이** ① 쓰레기 발생량 조사방법
　　　㉠ 적재차량 계수분석법
　　　㉡ 직접계근법
　　　㉢ 물질수지법
　　　㉣ 통계조사(표본조사, 전수조사)
② 쓰레기 발생량 예측방법
　　　㉠ 경향법
　　　㉡ 다중회귀모델
　　　㉢ 동적모사모델

**07** 쓰레기 발생량 예측모델 중 모든 인자를 시간에 대한 함수로 나타낸 후 시간에 대한 함수로 표현된 각 영향인자들 간의 상관관계를 수식화하는 방법은?

① 동적 모사모델　　② 다중인자모델
③ 다중회귀모델　　④ 동적 인자모델

**풀이** 폐기물 발생량 예측방법

| 방법(모델) | 내용 |
|---|---|
| 경향법<br>(Trend Method)<br>경향예측모델 | • 최저 5년 이상의 과거 처리 실적을 수식 model에 대하여 과거의 경향을 가지고 장래를 예측하는 방법<br>• 단지 시간과 그에 따른 쓰레기 발생량(또는 성상) 간의 상관관계만을 고려하며 이를 수식으로 표현하면 $x = f(t)$<br>• $x = f(t)$는 선형, 지수형, 대수형 등에서 가장 근사한 형태를 택함 |
| 다중회귀모델<br>(Multiple Regression Model) | • 하나의 수식으로 각 인자들의 효과를 총괄적으로 나타내어 복잡한 시스템의 분석에 유용하게 사용할 수 있는 쓰레기 발생량 예측방법<br>• 각 인자마다 효과를 파악하기보다는 전체 인자의 효과를 총괄적으로 파악하는 것이 간편하고 유용한 예측방법으로 시간을 단순히 하나의 독립된 종속인자로 대입<br>• 수식 $x = f(X_1 X_2 X_3 \cdots X_n)$<br>　여기서, $X_1 X_2 X_3 \cdots X_n$은 쓰레기 발생량에 영향을 주는 인자<br>※ 인자 : 인구, 지역소득(GNP 또는 GRP), 자원회수량, 상품 소비량 또는 매출액(자원회수량, 사회적·경제적 특성이 고려됨) |
| 동적모사모델<br>(Dynamic Simulation Model) | • 쓰레기 발생량에 영향을 주는 모든 인자를 시간에 대한 함수로 나타낸 후 시간에 대한 함수로 표현된 각 영향인자들 간의 상관관계를 수식화하는 방법<br>• 시간만을 고려하는 경향법과 시간을 단순히 하나의 독립적인 종속인자로 고려하는 다중회귀모델의 문제점을 보완한 예측방법<br>• Dynamo 모델 등이 있음 |

정답　04 ②　05 ③　06 ④　07 ①

**08** 쓰레기를 압축시키기 전 밀도가 0.38ton/m³이었던 것을 압축기에 넣어 압축시킨 결과 0.57 ton/m³으로 증가하였다. 이때 부피의 감소율은?

① 24.3%  ② 27.3%
③ 30.3%  ④ 33.3%

**풀이**
$$VR = \left(1 - \frac{V_f}{V_i}\right) \times 100$$

$$V_i = \frac{1\text{ton}}{0.38\text{ton/m}^3} = 2.6316\text{m}^3$$

$$V_f = \frac{1\text{ton}}{0.57\text{ton/m}^3} = 1.7544\text{m}^3$$

$$= \left(1 - \frac{1.7544}{2.6316}\right) \times 100 = 33.33\%$$

**09** 하수처리장에서 발생되는 슬러지와 비교한 분뇨의 특성이 아닌 것은?

① 질소의 농도가 높음
② 다량의 유기물을 포함
③ 염분의 농도가 높음
④ 고액분리가 쉬움

**풀이** 분뇨의 특성
① 유기물 함유도와 점도가 높아서 쉽게 고액분리되지 않는다.(다량유기물을 포함하여 고액분리 곤란)
② 토사 및 협잡물이 많고 분뇨 내 협잡물의 양과 질은 도시, 농촌, 공장지대 등 발생지역에 따라 그 차이가 크다.
③ 분뇨는 외관상 황색~다갈색이고 비중은 1.02 정도이며 악취를 유발한다.
④ 분뇨는 하수슬러지에 비해 질소의 농도가 높다.[$NH_4HCO_3$ 및 $(NH_4)_2CO_3$ 형태로 존재]
⑤ 분뇨 중 질소산화물의 함유형태를 보면 분은 VS의 12~20% 정도이고 뇨는 VS의 80~90%이다. 즉, 질소화합물 함유도가 높다.
⑥ 협잡물의 함유율이 높고 염분의 농도도 비교적 높다.
⑦ 일반적으로 1인 1일 평균 100g의 분과 800g의 뇨를 배출한다.
⑧ 고형물 중 휘발성 고형물 농도가 높다.
⑨ COD 함량이 높고 BOD는 COD의 약 1/3 정도이다.

**10** 다음 조건을 가진 어느 지역의 쓰레기 수거횟수는 1주일에 몇 회이어야 하는가?(단, 거리나 기타 제약은 고려하지 않는다.)

[조건]
• 쓰레기 밀도 : 650kg/m³
• 발생량 : 1.4kg/인 · 일
• 수거대상인구 : 15,000명
• 차량적재용적 : 10m³/대
• 적재함 이용률 : 85%
• 압축비 : 1.5
• 차량대수 : 1대 기준
• 수거인부 : 4명

① 12회  ② 15회
③ 18회  ④ 21회

**풀이** 수거횟수(회/주)
$$= \frac{\text{총발생량(kg/주)}}{\text{1회 수거량(kg/회)}}$$

$$= \frac{1.4\text{kg/인} \cdot 일 \times 15,000인 \times 7일/주}{10\text{m}^3/대 \times 대/회 \times 650\text{kg/m}^3 \times 0.85 \times 1.5}$$

$= 17.44(18회/주)$

**11** 슬러지 수분 중 가장 용이하게 분리할 수 있는 수분의 형태로 옳은 것은?

① 모관결합수  ② 세포수
③ 표면부착수  ④ 내부수

**풀이** 탈수성이 용이한(분리하기 쉬운) 수분형태 순서
모관결합수 > 표면부착수 > 내부수

**12** 인구 500,000인 어느 도시의 쓰레기 발생량 중 가연성이 60%라고 한다. 쓰레기 발생량이 1.2kg/인 · 일이고, 밀도는 0.8ton/m³, 쓰레기차의 적재용량이 15m³일 때, 가연성 쓰레기를 운반하는 데 필요한 차량은?(단, 차량은 1일 1회 운행 기준)

① 50대/일  ② 30대/일
③ 20대/일  ④ 10대/일

풀이) 소요차량(대) = 가연성 쓰레기의 총량 / 쓰레기차의 적재용량

$$= \frac{1.2\text{kg/인·일} \times 500{,}000\text{인} \times 0.6}{15\text{m}^3/\text{대} \times 800\text{kg/m}^3}$$

$$= 30\text{대/일}$$

**13** 다음 중 폐기물의 파쇄 목적이 잘못 기술된 것은?

① 입자 크기의 균일화
② 밀도의 증가
③ 유기물의 분리
④ 비표면적의 감소

풀이) 파쇄 목적(기대효과)
① 겉보기 비중의 증가(수송, 매립지 수명 연장)
② 유가물의 분리, 회수
③ 비표면적의 증가(미생물 분해속도 증가)
④ 입경분포의 균일화(저장, 압축, 소각 용이)
⑤ 용적감소(부피감소 ; 무게변화)

**14** 폐기물 압축기에 관한 설명으로 옳지 않은 것은?

① 고정압축기는 주로 수압으로 압축시킨다.
② 고정압축기는 압축방법에 따라 수평식과 수직식 압축기로 나눌 수 있다.
③ 백(Bag) 압축기는 회전판 위에 열려진 상태로 놓여 있는 백과 압축피스톤의 조합으로 구성된다.
④ 백(Bag) 압축기 중 회분식이란 투입량을 일정량씩 수회 분리하여 간헐적인 조작을 행하는 것을 말한다.

풀이) ① 백 압축기(Bag Compactors)
㉠ 백 압축기의 처리능력은 5~34m³/hr 범위가 대부분이다.
㉡ 작업자에 따라 처리능력이 달라지며 백 압축기의 능력평가는 작업가능한 내구성과 조업시간에 좌우된다.
㉢ 다종 다양하다.(수동식과 자동식, 수평식과 수직식, 다단식과 1단식, 연속식과 회분식)

② 회전식 압축기(Rotary Compactors)
㉠ 회전판 위에 open 상태로 있는 종이나 휴지로 만든 bag에 폐기물을 충전·압축하여 포장하는 소형 압축기이며 비교적 부피가 작은 폐기물을 넣어 포장하는 압축피스톤의 조합으로 구성되어 있다.
㉡ 표준형으로 8~10개의 bag(1개 bag의 부피 0.4m³)을 갖고 있으며, 큰 것은 20~30개의 bag을 가지고 있다.

**15** 파쇄기로 20cm의 폐기물을 5cm로 파쇄하는데 에너지가 40kWh/ton이 소요되었다. 15cm의 폐기물을 5cm로 파쇄 시 톤당 소요되는 에너지양은 몇 kWh/ton인가?(단, Kick의 법칙을 이용할 것)

① 30.4
② 31.7
③ 34.6
④ 36.8

풀이) $E = C \ln\left(\dfrac{L_1}{L_2}\right)$

$40\text{kW·hr/ton} = C \ln\left(\dfrac{20}{5}\right)$

$C = 28.85\text{kW·hr/ton}$

$E = 28.85\text{kW·hr/ton} \times \ln\left(\dfrac{15}{5}\right)$

$= 31.7\text{kW·hr/ton}$

**16** 압축기에 쓰레기를 넣고 압축시킨 결과 압축비가 5였다. 용적 감소율은?

① 50%
② 60%
③ 80%
④ 90%

풀이) $VR = \left(1 - \dfrac{1}{CR}\right) \times 100 = \left(1 - \dfrac{1}{5}\right) \times 100 = 80\%$

**17** 폐기물을 Ultimate Analysis에 의해 분석할 때 분석대상 항목이 아닌 것은?

① 질소(N)
② 황(S)
③ 인(P)
④ 산소(O)

풀이) 원소분석(Ultimate Analysis)에 의한 분석대상 항목
C, H, N, O, S, H₂O, Cl

정답  13 ④  14 ③  15 ②  16 ③  17 ③

**18** 발열량 분석에 대한 설명 중 옳지 않은 것은?
① 저위발열량은 소각로 설계기준이 된다.
② 원소분석방법에 의하여 저위발열량을 추정할 수 있다.
③ 단열열량계에 의하여 저위발열량을 추정할 수 있다.
④ 원소분석방법 중 Steuer의 식은 O가 전부 CO의 형태로 되어 있다고 가정한 경우이다.

**풀이** 스튜어(Steuer) 식은 O의 1/2이 $H_2O$, 나머지 1/2이 CO로 존재하는 것으로 가정한 식이다.

**19** 적환장 필요성에 대한 다음 설명 중 가장 옳은 것은?
① 초기에 대용량 수집차량을 사용할 때
② 불법투기와 다량의 어질러진 쓰레기가 발생할 때
③ 고밀도 주거지역이 존재할 때
④ 공업지역으로 폐기물 수집에 대형용기를 많이 사용할 때

**풀이** ① 작은 용량의 수집차량을 사용할 때
③ 저밀도 거주지역이 존재할 때
④ 상업지역에서 폐기물수집에 소형용기를 많이 사용하는 경우

**20** 함수율이 77%인 하수슬러지 20ton을 함수율 26%인 1,000ton의 폐기물과 섞어서 함께 처리하고자 한다. 이 혼합 폐기물의 함수율은?(단, 비중은 1.0 기준)
① 27%  ② 29%
③ 31%  ④ 34%

**풀이** 혼합함수율(%) = $\dfrac{(20 \times 0.77) + (1,000 \times 0.26)}{20 + 1,000}$
$= 0.27 \times 100 = 27\%$

## 2과목 폐기물처리기술

**21** 고형물 농도 $10kg/m^3$, 함수율 98%, 유량 $700m^3/$일·인 슬러지를 고형물 농도 $50kg/m^3$이고 함수율 95%인 슬러지로 농축시키고자 하는 경우 농축조의 소요 단면적($m^2$)은?(단, 침강속도는 10m/일이라고 가정한다.)
① 5.4  ② 5.6
③ 5.8  ④ 6.0

**풀이** $700m^3/day \times 10kg/m^3 \times (1-0.98)$
$=$ 농축된 유량 $\times 50kg/m^3 \times (1-0.95)$
농축된 유량 $= 56m^3/day$
소요단면적($m^2$) $= \dfrac{Q}{V} = \dfrac{56m^3/day}{10m/day} = 5.6m^2$

**22** 토양오염물질 중 BTEX에 포함되지 않는 것은?
① 벤젠  ② 톨루엔
③ 자일렌  ④ 에틸렌

**풀이** 토양오염물질 중 BTEX
① B : Benzene(벤젠)
② T : Toluene(톨루엔)
③ E : Ethylbenzene(에틸벤젠)
④ X : Xylene(크실렌 : 자일렌)

**23** 퇴비화의 영향인자인 C/N 비에 관한 내용으로 옳지 않은 것은?
① 질소는 미생물 생장에 필요한 단백질합성에 주로 쓰인다.
② 보통 미생물 세포의 탄질비는 25~50 정도이다.
③ 탄질비가 너무 낮으면 암모니아 가스가 발생한다.
④ 일반적으로 퇴비화 탄소가 많으면 퇴비의 pH를 낮춘다.

**풀이** 보통 미생물 세포의 탄질비는 5~15로 미생물에 의한 유기물의 분해는 탄질비가 미생물세포의 그것과 비슷해질 때까지 이루어진다.

**24** 폐기물을 화학적으로 처리하는 방법 중 용매 추출법에 대한 특징으로 가장 거리가 먼 것은?

① 높은 분배계수와 낮은 끓는점을 가지는 폐기물에 이용 가능성이 높다.
② 사용되는 용매는 극성이어야 한다.
③ 증류 등에 의한 방법으로 용매 회수가 가능해야 한다.
④ 물에 대한 용해도가 낮고 물과 밀도가 다른 폐기물에 이용 가능성이 높다.

풀이 이용 가능성이 높은 폐기물의 특징(용매추출법)
① 추출법에 사용되는 용매는 비극성이어야만 한다.
② 용매회수가 가능하여야 한다.(방법 : 증류 등)
③ 높은 분배계수(선택성이 큼)를 가지는 것이어야 한다.
④ 낮은 끓는점(회수성 높음)을 가지는 것이어야 한다.
⑤ 물에 대한 용해도가 낮은 것이어야 한다.
⑥ 밀도가 물과 다른 것이어야 한다.

**25** 매립장에서 침출된 침출수가 다음과 같은 점토로 이루어진 90cm의 차수층을 통과하는데 걸리는 시간은?

- 유효 공극률 = 0.5
- 점토층 하부의 수두 = 점토층 아랫면과 일치
- 점토층 투수계수 = $10^{-7}$cm/sec
- 점토층 위의 침출수 수두 = 40cm

① 6.9년  ② 7.9년
③ 8.9년  ④ 9.9년

풀이 소요시간(year)
$$= \frac{d^2\eta}{K(d+h)}$$
$$= \frac{0.9^2 m^2 \times 0.5}{10^{-7} cm/sec \times 1m/100cm \times (0.9+0.4)m}$$
$$= 311,538,461.5 sec(9.9 year)$$

**26** 합성차수막인 CSPE에 관한 설명으로 옳지 않은 것은?

① 미생물에 강하다.
② 강도가 약하다.
③ 접합이 용이하다.
④ 산과 알칼리에 약하다.

풀이 합성차수막 CSPE의 단점은 강도가 낮은 것이다.

**27** 내륙매립방법인 셀(Cell) 공법에 관한 설명으로 옳지 않은 것은?

① 화재의 확산을 방지할 수 있다.
② 쓰레기 비탈면의 경사는 15~25%의 기울기로 하는 것이 좋다.
③ 1일 작업하는 셀 크기는 매립장 면적에 따라 결정된다.
④ 발생가스 및 매립층 내 수분의 이동이 억제된다.

풀이 셀 매립공법으로 1일 작업하는 셀 크기는 매립처분량에 따라 결정된다.

**28** 쓰레기와 하수처리장에서 얻어진 슬러지를 함께 매립하려고 한다. 쓰레기와 슬러지의 고형물 함량이 각각 80%, 30%라고 하면 쓰레기와 슬러지를 8 : 2로 섞을 때의 이 혼합폐기물의 함수율은? (단, 무게 기준이며 비중은 1.0으로 가정함)

① 30%  ② 50%
③ 70%  ④ 80%

풀이 혼합함수율(%) $= \frac{(8 \times 0.2) + (2 \times 0.7)}{8+2} \times 100$
$= 30\%$

**29** BOD가 15,000mg/L, $Cl^-$이 800ppm인 분뇨를 희석하여 활성슬러지법으로 처리한 결과 BOD가 60mg/L, $Cl^-$이 40ppm이었다면 활성슬러지법의 처리효율은?(단, 희석수 중에 BOD, $Cl^-$은 없음)

정답  24 ②  25 ④  26 ④  27 ③  28 ①  29 ②

① 90%    ② 92%
③ 94%    ④ 96%

**풀이** BOD 처리효율(%)
$$= \left(1 - \frac{BOD_o}{BOD_i}\right) \times 100$$
$$BOD_i = 15,000 mg/L \times \frac{40}{800} = 750 mg/L$$
$$= \left(1 - \frac{60}{750}\right) \times 100 = 0.92 \times 100 = 92\%$$

**30** 다음 중 C/N비가 낮은 경우(20 이하)에 대한 설명이 아닌 것은?

① 암모니아 가스가 발생할 가능성이 높아진다.
② 질소원의 손실이 커서 비료효과가 저하될 가능성이 높다.
③ 유기산 생성량의 증가로 pH가 저하된다.
④ 퇴비화 과정 중 좋지 않은 냄새가 발생된다.

**풀이** ① C/N비가 높으면 유기산 등이 퇴비의 pH를 낮추고 미생물의 성장과 활동도 억제되며 질소 부족(C/N비 80 이상이면 질소결핍현상)으로 퇴비화가 잘 형성되지 않아 퇴비화의 소요기간이 길어진다.(폐기물 내 질소함량이 적은 것은 퇴비화가 잘 되지 않는다.)
② C/N비가 20보다 낮으면 유기질소가 암모니아로 변하여 pH를 증가시키고, 이로 인해 암모니아 가스가 발생되어 퇴비화과정 중 악취가 생긴다. C/N비가 20보다 낮으면 질소가 암모니아로 변하여 pH를 증가시킨다.

**31** 다음의 조건에서 침출수 통과 연수는?

[조건]
· 점토층의 두께 : 1m
· 유효공극률 : 0.40
· 투수계수 : $10^{-7}$cm/sec
· 상부침출수 수두 : 0.4m

① 약 7년    ② 약 8년
③ 약 9년    ④ 약 10년

**풀이** 침출수 통과 연수(year)
$$= \frac{d^2 \eta}{k(d+h)}$$
$$= \frac{1.0^2 m^2 \times 0.4}{10^{-7} cm/sec \times 1m/100cm \times (1.0+0.4)m}$$
$$= 285,714,285.7 sec \times year/31,536,000 sec$$
$$= 9.06 year$$

**32** 슬러지 수분 결합상태 중 탈수하기 가장 어려운 형태는?

① 모관결합수    ② 간극모관결합수
③ 표면부착수    ④ 내부수

**풀이** 탈수가 어려운 형태 순서
내부수 > 표면부착수 > 쐐기상 모관결합수 > 간극모관결합수 > 모관결합수

**33** 다음 조건의 중금속 슬러지를 시멘트 고형화할 때 부피변화율(VCF)은?

[조건]
· 고화처리 전의 중금속 슬러지 비중 : 1.1
· 고화처리 후 폐기물 비중 : 1.4
· 시멘트 첨가량 : 슬러지 무게의 60%

① 약 1.32    ② 약 1.26
③ 약 1.19    ④ 약 1.12

**풀이** $VCF = \dfrac{V_s}{V_r}$

$$V_r = \frac{1 ton}{1.1 ton/m^3} = 0.909 m^3$$
$$V_s = \frac{[1+(1\times 0.6)] ton}{1.4 ton/m^3} = 1.143 m^3$$
$$= \frac{1.143}{0.909} = 1.26$$

**정답** 30 ③  31 ③  32 ④  33 ②

**34** 다음 중 악취성 물질인 $CH_3SH$를 나타낸 것은?

① 메틸오닌  ② 다이메틸설파이드
③ 메틸메르캅탄  ④ 메틸케톤

**풀이** 악취성 물질
① 메틸메르캅탄 : $CH_3SH$
② 스티렌 : $C_6H_5CHCH_2$
③ 황화수소 : $H_2S$
④ 트리메틸아민 : $(CH_3)_3N$
⑤ 아세트알데히드 : $CH_3CHO$
⑥ 이황화메틸 : $(CH_3)_2S_2$
⑦ 황화메틸 : $CH_3SCH_3$
⑧ 암모니아 : $NH_3$

**35** 수거분뇨 1kL를 전처리(SS 제거율 30%)하여 발생한 슬러지를 수분함량 80%로 탈수한 슬러지양은?(단, 수거분뇨의 SS 농도는 4%, 비중은 1.0 기준)

① 20kg  ② 40kg
③ 60kg  ④ 80kg

**풀이** 탈수 슬러지양(kg)

$$= 제거된\ 슬러지양 \times \frac{100}{100 - 함수율}$$

$$= 1kL \times m^3/kL \times ton/m^3 \times 1,000kg/ton$$

$$\times 0.04 \times 0.3 \times \frac{100}{100 - 80}$$

$$= 60kg$$

**36** 소각장 굴뚝에서 배기가스 중의 염소($Cl_2$) 농도를 측정하였더니 150mL/$Sm^3$였다. 이 배기가스 중의 염소($Cl_2$)농도를 35.5mg/$Sm^3$로 줄이기 위하여 제거해야 할 염소($Cl_2$)농도(mL/$Sm^3$)는?(단, 염소 원자량 35.5)

① 약 102  ② 약 116
③ 약 128  ④ 약 139

**풀이** 배기가스 중 염소농도(mL/$Sm^3$)

$$= 35.5mg/Sm^3 \times \frac{22.4mL}{76mg}$$

$$= 10.46mL/Sm^3$$

제거효율(%) $= \left(1 - \frac{10.46}{150}\right) \times 100 = 93\%$

제거해야 할 염소농도(mL/$Sm^3$)

$$= 150mL/Sm^3 \times 0.93$$

$$= 139.5mL/Sm^3$$

**37** 퇴비화의 장단점과 가장 거리가 먼 것은?

① 운영 시에 소요되는 에너지가 낮은 장점이 있다.
② 다양한 재료를 이용하므로 퇴비제품의 품질 표준화가 어려운 단점이 있다.
③ 퇴비화가 완성되어도 부피가 크게 감소(50% 이하)하지 않는 단점이 있다.
④ 생산된 퇴비는 비료가치가 높은 장점이 있다.

**풀이** ① 퇴비화 장점
㉠ 유기성 폐기물을 재활용함으로써, 폐기물의 감량화가 가능하다.
㉡ 생산품인 퇴비는 토양의 이화학성질을 개선시키는 토양개량제로 사용할 수 있다.(Humus는 토양개량제로 사용)
㉢ 운영 시 에너지가 적게 소요된다.
㉣ 초기의 시설투자비가 낮다.
㉤ 다른 폐기물처리에 비해 고도의 기술수준이 요구되지 않는다.
② 퇴비화 단점
㉠ 생산된 퇴비는 비료가치로서 경제성이 낮다.(시장 확보가 어려움)
㉡ 다양한 재료를 이용하므로 퇴비제품의 품질표준화가 어렵다.
㉢ 부지가 많이 필요하고 부지선정에 어려움이 많다.
㉣ 퇴비가 완성되어도 부피가 크게 감소되지는 않는다.(완성된 퇴비의 감용률은 50% 이하로서 다른 처리방식에 비하여 낮다.)
㉤ 악취발생의 문제점이 있다.

정답  34 ③  35 ③  36 ④  37 ④

**38** 신도시에 분뇨처리장 투입시설을 설계하려고 한다. 1일 수거 분뇨투입량 300kL, 수거차 용량 3.0kL/대, 수거차 1대의 투입시간 20분, 분뇨처리장 작업시간은 1일 8시간으로 계획하면 분뇨투입구 수는?(단, 최대 수거율을 고려하여 안전율을 1.2로 한다.)

① 2개  ② 5개
③ 8개  ④ 13개

**풀이** 분뇨투입구 수

$= \dfrac{수거분뇨량}{차량용량 \times 작업시간 \times 분뇨투입시간} \times 안전율$

$= \dfrac{300 \text{kL/day}}{3.0 \text{kL/대} \times 8 \text{hr/day} \times 대/20\text{min} \times 60\text{min/hr}} \times 1.2$

$= 5개$

**39** 혐기성 소화공법에 비해 호기성 소화공법이 갖는 장단점이라 볼 수 없는 것은?

① 상등액의 BOD 농도가 낮다.
② 소화 슬러지양이 많다.
③ 소화 슬러지의 탈수성이 좋다.
④ 운전이 쉽다.

**풀이** 호기성 소화공법
① 장점
  ㉠ 혐기성 소화보다 운전이 용이하다.
  ㉡ 상등액(상층액)의 BOD와 SS 농도가 낮아 수질이 양호하며 암모니아 농도도 낮다.
  ㉢ 초기 시공비가 적고 악취발생이 저감된다.
  ㉣ 처리수 내 유지류의 농도가 낮다.
② 단점
  ㉠ 소화 슬러지양이 많다.
  ㉡ 소화 슬러지의 탈수성이 불량하다.
  ㉢ 설치부지가 많이 소요되고 폭기에 소요되는 동력비가 상승한다.
  ㉣ 유기물 저감률이 적고 연료가스 등 부산물의 가치가 적다.(메탄가스 발생 없음)

**40** 글리신($C_2H_5O_2N$) 5mole이 혐기성 소화에 의해 완전 분해될 때 생성 가능한 이론적 메탄 가스양은?(단, 표준상태 기준, 분해 최종산물은 $CH_4$, $CO_2$, $NH_3$)

① 84L  ② 96L
③ 108L  ④ 120L

**풀이** $C_2H_5O_2N + 0.5H_2O \rightarrow 0.75CH_4 + 1.25CO_2 + NH_3$
1 mole : $0.75 \times 22.4$ L
5 mole : $CH_4(L)$

$CH_4(L) = \dfrac{5\text{mole} \times (0.75 \times 22.4)\text{L}}{1\text{mole}} = 84\text{L}$

### 3과목 폐기물소각 및 열회수

**41** 가정에서 발생되는 쓰레기를 소각시킨 후 남은 재의 중량은 소각된 쓰레기의 1/5이다. 쓰레기 100톤을 소각하여 소각재 부피가 20m³이 되었다면 소각재의 밀도는?

① 2.0톤/m³  ② 1.5톤/m³
③ 1.0톤/m³  ④ 0.5톤/m³

**풀이** 소각재의 밀도(ton/m³) $= \dfrac{중량}{부피}$

$= \dfrac{100\text{ton}}{20 \text{ m}^3} \times \dfrac{1}{5}$

$= 1.0 \text{ton/m}^3$

**42** 다단로 소각로방식에 대한 설명으로 틀린 것은?

① 온도제어가 용이하고 동력이 적게 들어 운전비가 저렴하다.
② 수분이 적고 혼합된 슬러지 소각에 적합하다.
③ 가동부분이 많아 고장률이 높다.
④ 24시간 연속운전을 필요로 한다.

**풀이** 다단로 소각방식(Multiple Hearth)
① 장점
  ㉠ 타 소각로에 비해 체류시간이 길어 연소효율이 높고, 특히 휘발성이 낮은 폐기물 연소에 유리하다.
  ㉡ 다량의 수분이 증발되므로 수분함량이 높은 폐기물도 연소가 가능하다.
  ㉢ 물리·화학적 성분이 다른 각종 폐기물을 처리할 수 있다. 즉, 다양한 질의 폐기물에 대하여 혼소가 가능하다.
  ㉣ 많은 연소영역이 있으므로 연소효율을 높일 수 있다.(국소 연소를 피할 수 있음)
  ㉤ 보조연료로 다양한 연료(천연가스, 프로판, 오일, 석탄가루, 폐유 등)를 사용할 수 있다.
  ㉥ 클링커 생성을 방지할 수 있다.
  ㉦ 온도제어가 용이하고 동력이 적게 들며 운전비가 저렴하다.
② 단점
  ㉠ 체류시간이 길어 온도반응이 느리다.(휘발성이 적은 폐기물 연소에 유리)
  ㉡ 늦은 온도반응 때문에 보조연료 사용을 조절하기 어렵다.
  ㉢ 분진발생률이 높다.
  ㉣ 열적 충격이 쉽게 발생하고 내화물이나 상에 손상을 초래한다.(내화재의 손상을 방지하기 위해 1,000℃ 이상으로 운전하지 않는 것이 좋음)
  ㉤ 가동부(교반팔, 회전중심축)가 있으므로 유지비가 높다.
  ㉥ 유해폐기물의 완전분해를 위해서는 2차 연소실이 필요하다.

## 43 플라스틱 폐기물의 소각 및 열분해에 대한 설명으로 옳지 않은 것은?

① 감압증류법은 황의 함량이 낮은 저유황유를 회수할 수 있다.
② 멜라민 수지를 불완전 연소하면 HCN과 $NH_3$가 생성된다.
③ 열분해에 의해 생성된 모노머는 발화성이 크고, 생성가스의 연소성도 크다.
④ 고온열분해법에서는 타르, char 및 액체상태의 연료가 많이 생성된다.

**풀이** ① 저온열분해방법에서는 타르(Tar), 탄화물(Char), 액체상태의 연료가 많이 생성된다.
② 고온열분해법에서는 가스상태의 연료가 많이 생성된다.

## 44 공기비가 클 때 일어나는 현상으로 가장 거리가 먼 것은?

① 연소가스가 폭발할 위험이 커진다.
② 연소실의 온도가 낮아진다.
③ 부식이 증가한다.
④ 열손실이 커진다.

**풀이** 공기비의 영향
① $m$이 클 경우
  ㉠ 연소실 내에서 연소온도가 낮아진다.
  ㉡ 통풍력이 증대되어 배기가스에 의한 열손실이 커진다.
  ㉢ 배기가스 중 SOx(황산화물), NOx(질소산화물)의 함량이 증가하여 연소장치의 부식에 크게 영향을 미친다.
② $m$이 작을 경우
  ㉠ 배기가스 내 매연의 발생이 크다.(불완전 연소로 인함)
  ㉡ 연소가스의 폭발위험성이 크다.(불완전 연소로 인함)
  ㉢ 열손실에 큰 영향을 준다.
  ㉣ CO, HC의 오염물질 농도가 증가한다.

## 45 분자식 $C_mH_n$인 탄화수소가스 $1Sm^3$의 완전연소에 필요한 이론공기량($Sm^3$)은?

① $4.76m + 1.19n$  ② $5.67m + 0.73n$
③ $8.89m + 2.67n$  ④ $1.867m + 5.67n$

**풀이** $C_mH_n$의 완전연소 반응식
$$C_mH_n + \left(m + \frac{n}{4}\right)O_2 \rightarrow mCO_2 + \frac{n}{2}H_2O$$

이론공기량($A_o$)

$$A_o = \frac{O_o}{0.21}$$

$O_o$(이론산소량) ⇨ 기체연료 $1Sm^3$에 필요한

이론산소량은 $\left(m + \dfrac{n}{4}\right)Sm^3$

$$\begin{bmatrix} 22.4Sm^3 & : & \left(m+\dfrac{n}{4}\right) \times 22.4Sm^3 \\ 1Sm^3 & : & O_o \\ O_o = \left(m+\dfrac{n}{4}\right) \end{bmatrix}$$

$$A_o(Sm^3/Sm^3) = \frac{\left(m+\dfrac{n}{4}\right)}{0.21}$$
$$= 4.76m + 1.19n(Sm^3/Sm^3)$$

**46** 소각로에 열교환기를 설치, 배기가스의 열을 회수하여 급수 예열에 사용할 때 급수 출구온도는 몇 ℃인가?(단, 배기가스양 : 100kg/hr, 급수량 : 200kg/hr, 배기가스 열교환기 유입온도 : 500℃, 출구온도 : 200℃, 급수의 입구온도 : 10℃, 배기가스 정압비열 : 0.24kcal/kg · ℃)

① 26  ② 36  ③ 46  ④ 56

**풀이** 열량 = 물질의 양 × 비열 × 온도차

수온상승에 기여하는 열량
$= 200kg/hr \times 1.0kcal/kg \cdot ℃ \times (t_o - 10)℃$
$= 200kcal/hr \times (t_o - 10)$

가스의 열교환 열량
$= 100kg/hr \times 0.24kcal/kg \cdot ℃ \times (500-200)℃$
$= 7,200kcal/hr$

$200kcal/hr \times (t_o - 10) = 7,200kcal/hr$

$t_o$(출구온도) = 46 ℃

**47** 소각할 쓰레기의 양이 12,760kg/day이다. 1일 10시간 소각로를 가동시키고 화격자의 면적이 $7.25m^2$일 경우 이 쓰레기 소각로의 소각능력(kg/$m^2$ · hr)은?

① 116  ② 138
③ 176  ④ 189

**풀이** 소각능력(화상부하율 : $kg/m^2 \cdot hr$)
$= \dfrac{\text{시간당 소각량}}{\text{화격자 면적}}$
$= \dfrac{12,760kg/day \times day/10hr}{7.25m^2}$
$= 176kg/m^2 \cdot hr$

**48** 액체 주입형 소각로의 단점이 아닌 것은?

① 대기오염방지시설 이외의 소각재 처리설비가 필요하다.
② 완전히 연소시켜 주어야 하며 내화물의 파손을 막아주어야 한다.
③ 고농도 고형분으로 인하여 버너가 막히기 쉽다.
④ 대량처리가 어렵다.

**풀이** 액체 분무 주입형 소각로(Liquid Injection Incinerator)
① 장점
  ㉠ 광범위한 종류의 액상폐기물을 연소할 수 있다.
  ㉡ 대기오염방지시설 이외에 소각재처리시설이 필요 없다.
  ㉢ 구동장치가 간단하고 고장이 적다.
  ㉣ 운영비가 저렴하다.
  ㉤ 기술개발이 잘 되어 있고 자동화가 용이하다.
    (가동 이외의 경우 무인운전이 가능)
② 단점
  ㉠ 버너노즐을 이용하여 액체를 미립화하여야 한다.
  ㉡ 완전연소시켜야 하며 내화물의 파손을 막아야 한다.
  ㉢ 고농도 고형분의 농도가 높으면 버너가 막히기 쉽다.
  ㉣ 대량처리가 어렵다.

**49** 폐기물 소각시스템에서 연소가스 냉각설비로 폐열보일러를 많이 채택하고 있다. 이 폐열보일러의 구성요소가 아닌 것은?

① 슈트 블로어
② 증기 복수설비
③ 절탄기
④ 이류체 압력분무 Nozzle

정답  46 ③  47 ③  48 ①  49 ④

풀이 폐열보일러 구성요소
① 슈트블로어
② 증기복수설비
③ 절탄기, 과열기, 재열기, 공기예열기

## 50 준연속 연소식 소각로의 가동시간으로 적당한 설계 조건은?

① 8시간  ② 12시간
③ 16시간  ④ 18시간

풀이 준연속 연소식 소각로
소각설비를 완전자동화하여 연속식으로 할 경우 설치비나, 유지관리비가 많이 소요되기 때문에 부분적으로 간소화하여 수동운전을 하도록 하는 소각로로서 일반적으로 16시간 정도의 운전시간을 목표로 설치한다.

[Note] ① 전연속 연소식 소각로 가동시간(24시간)
② 고정화격자 회분연소식 소각로 가동시간(8시간)

## 51 메탄의 고위발열량이 11,000kcal/Sm³이면, 저위발열량은 몇 kcal/Sm³인가?(단, 물의 기화열은 600kcal/kg 이다.)

① 7,586  ② 8,543
③ 9,800  ④ 10,036

풀이 $H_l(kcal/Sm^3) = H_h - 480 \times nH_2O$
$= 11,000 - (480 \times 2)$
$= 10,040 kcal/Sm^3$

## 52 중량비로 탄소 75%, 수소 15%, 황 10%인 액체연료를 연소한 경우 최대탄산가스양($CO_{2max}$(%))은?

① 약 28%  ② 약 22%
③ 약 18%  ④ 약 14%

풀이 $CO_2max(\%)$
$= \dfrac{1.867 \times C}{G_{od}} \times 100$
$G_{od} = A_o - 5.6H$

$A_o = \dfrac{1}{0.21} \times (1.867 \times 0.75) + (5.6 \times 0.15)$
$\quad + (0.7 \times 0.1)$
$= 11 m^3$
$= 11 - (5.6 \times 0.15) = 10.16 m^3$
$= \dfrac{(1.867 \times 0.75)}{10.16} \times 100 = 13.78\%$

## 53 폐기물 소각 보일러에 $Na_2SO_3$(MW = 126)을 가하여 공급수 중의 산소를 제거한다. 이때 반응식은 $2Na_2SO_3 + O_2 \rightarrow 2Na_2SO_4$이다. 보일러 공급수 3,000톤에 산소함량 6mg/L일 때 이 산소를 제거하는 데 필요한 $Na_2SO_3$의 이론량은?(단, 공급수 비중은 1.0)

① 약 75kg  ② 약 95kg
③ 약 142kg  ④ 약 193kg

풀이 $2Na_2SO_3 + O_2 \rightarrow 2Na_2SO_4$
$2 \times 126 kg : 32 kg$
$Na_2SO_3(kg) : 3,000 ton \times 6mg/L \times$
$\quad 1,000L/m^3 \times kg/10^6 mg$

$Na_2SO_3(kg)$
$= \dfrac{\begin{bmatrix}(2 \times 126)kg \times 3,000 ton \times 6mg/L \\ \times 1,000L/m^3 \times kg/10^6 mg\end{bmatrix}}{32kg}$
$= 141.75 kg$

## 54 다음 중 전기집진기의 특징으로 거리가 먼 것은?

① 회수가치성이 있는 입자 포집이 가능하다.
② 압력손실이 적고 미세입자까지도 제거할 수 있다.
③ 유지관리가 용이하고 유지비가 저렴하다.
④ 전압변동과 같은 조건변동에 적응하기가 용이하다.

풀이 전기집진장치(EP)
① 장점
㉠ 집진효율이 높다.($0.01 \mu m$ 정도 포집 용이, 99.9% 정도 고집진 효율)
㉡ 대량의 분진함유가스의 처리가 가능하다.
㉢ 압력손실이 적고 미세한 입자까지도 처리가 가능하다.

정답 50 ③ 51 ④ 52 ④ 53 ③ 54 ④

ⓔ 운전, 유지·보수비용이 저렴하다.
ⓜ 고온(500℃ 전후)가스 및 대량가스 처리가 가능하다.
ⓗ 광범위한 온도범위에서 적용이 가능하며 폭발성 가스의 처리도 가능하다.
ⓢ 회수가치 입자포집에 유리하고 압력손실이 적어 소요동력이 적다.
ⓞ 배출가스의 온도강하가 적다.
ⓒ 단점
ⓐ 분진의 부하변동(전압변동)에 적응하기 곤란하고, 고전압으로 안전사고의 위험성이 높다.
ⓑ 분진의 성상에 따라 전처리시설이 필요하다.
ⓒ 설치비용이 많이 소요되고 설치공간을 많이 차지한다.
ⓓ 특정물질을 함유한 분진제거에는 곤란하다.
ⓔ 가연성 입자의 처리가 곤란하다.

## 55 절탄기 설치 시 주의할 점이라 볼 수 없는 것은?

① 통풍저항 증가
② 굴뚝가스 온도의 저하로 인한 굴뚝 통풍력 감소
③ 급수온도가 낮은 경우, 굴뚝가스 온도가 저하하면 절탄 시 저온부에 접하는 가스 온도가 노점에 달하여 절탄기를 부식시킴
④ 보일러 드럼에 발생하는 열응력 증가

**풀이** 절탄기 설치 시 급수예열에 의해 보일러수와의 온도차가 감소되므로 보일러드럼에 발생하는 열응력 감소에 주의하여야 한다.

## 56 폐기물을 완전연소시키기 위한 조건인 3T의 내용으로 옳은 것은?

① 온도, 압력, 연소시간
② 온도, 압력, 연소율
③ 온도, 연소시간, 혼합
④ 온도, 압력, 공기량

**풀이** 완전연소조건(3T)
① 온도(Temperature)
② 시간(Time)
③ 혼합(Turbulence)

## 57 다음의 집진장치 중 압력손실이 가장 큰 것은?

① 벤투리 스크러버(Venturi Scrubber)
② 사이클론 스크러버(Cyclone Scrubber)
③ 패킹 타워(Packing Tower)
④ 제트 스크러버(Jet Scrubber)

**풀이** 벤투리 스크러버의 압력손실은 300~800mmH$_2$O로 세정식 집진시설 종류 중 가장 크다.

## 58 폐열회수를 위한 열교환기 중 연도에 설치하며, 보일러 전열면을 통하여 연소가스의 여열로 보일러 급수를 예열하여 보일러 효율을 높이는 장치는?

① 재열기
② 절탄기
③ 공기예열기
④ 과열기

**풀이** 절탄기(이코노마이저)
① 폐열회수를 위한 열교환기, 연도에 설치하며 보일러 전열면을 통과한 연소가스의 여열로 보일러 급수를 예열하여 보일러 효율을 높이는 장치이다.
② 급수예열에 의해 보일러수와의 온도차가 감소되므로 보일러드럼에 발생하는 열응력이 감소된다.
③ 급수온도가 낮을 경우, 연소가스 온도가 저하되면 절탄기 저온부에 접하는 가스온도가 노점에 대하여 절탄기를 부식시키는 것을 주의하여야 한다.
④ 절탄기 자체로 인한 통풍저항 증가와 연도의 가스온도 저하로 인한 연도통풍력의 감소를 주의하여야 한다.

## 59 유동층 소각로의 장단점으로 옳지 않은 것은?

① 반응시간이 빨라 소각시간이 짧은 장점이 있다.
② 상(床)으로부터 찌꺼기의 분리가 어려운 단점이 있다.
③ 기계적 구동부분이 많아 고장률이 높은 단점이 있다.
④ 투입이나 유동화를 위해 파쇄가 필요한 단점이 있다.

**정답** 55 ④  56 ③  57 ①  58 ②  59 ③

**풀이** 유동층 소각로
① 장점
- ㉠ 유동매체의 열용량이 커서 액상, 기상, 고형 폐기물의 전소 및 혼소, 균일한 연소가 가능하다.
- ㉡ 반응시간이 빨라 소각시간이 짧다.(노 부하율이 높다.)
- ㉢ 연소효율이 높아 미연소분이 적고 2차 연소실이 불필요하다.
- ㉣ 가스의 온도가 낮고 과잉공기량이 낮다. 따라서 NOx도 적게 배출된다.
- ㉤ 기계적 구동부분이 적어 고장률이 낮아 유지관리가 용이하다.
- ㉥ 노 내 온도의 자동제어로 열회수가 용이하다.
- ㉦ 유동매체의 축열량이 높은 관계로 단시간 정지 후 가동시 보조연료 사용 없이 정상가동이 가능하다.
- ㉧ 과잉공기량이 적으므로 다른 소각로보다 보조연료 사용량과 배출가스양이 적다.
- ㉨ 석회 또는 반응물질을 유동매체에 혼입시켜 노 내에서 산성가스의 제거가 가능하다.

② 단점
- ㉠ 층의 유동으로 상으로부터 찌꺼기의 분리가 어려우며 운전비 특히, 동력비가 높다.
- ㉡ 폐기물의 투입이나 유동화를 위해 파쇄가 필요하다.
- ㉢ 상재료의 용융을 막기 위해 연소온도는 816℃를 초과할 수 없다.
- ㉣ 유동매체의 손실로 인한 보충이 필요하다.
- ㉤ 고점착성의 반유동상 슬러지는 처리하기 곤란하다.
- ㉥ 소각로 본체에서 압력손실이 크고 유동매체의 비산 또는 분진의 발생량이 가장 많다.
- ㉦ 조대한 폐기물은 전처리가 필요하다. 즉, 폐기물의 투입이나 유동화를 위해 파쇄공정이 필요하다.

**60** CH₃OH 2kg을 연소시키는 데 필요한 이론공기량의 부피는 몇 Sm³인가?

① 7　　② 8　　③ 9　　④ 10

**풀이** CH₃OH + 1.5O₂ → CO₂ + 2H₂O
　　　　32kg : 1.5×22.4Sm³
　　　　2kg : O₂(Sm³)

$$O_2(Sm^3) = \frac{2kg \times (1.5 \times 22.4)Sm^3}{32kg} = 2.1Sm^3$$

$$A_o(Sm^3) = \frac{2.1}{0.21} = 10Sm^3$$

### 4과목　폐기물공정시험기준(방법)

**61** 폐기물의 강열감량 및 유기물 함량을 중량법으로 시험 시 시료를 탄화시키기 위해 사용하는 용액은?

① 15% 황산암모늄용액
② 15% 질산암모늄용액
③ 25% 황산암모늄용액
④ 25% 질산암모늄용액

**풀이** 강열감량 및 유기물 함량 – 중량법
질산암모늄용액(25%)을 넣고 가열하여 탄화시킨 다음 (600±25)℃의 전기로 안에서 3시간 강열한 다음 데시케이터에서 식힌 후 무게를 달아 증발접시의 무게차로부터 구한다.

**62** 자외선/가시선 분광광도계 광원부의 광원 중 자외부의 광원으로 주로 사용되는 것은?

① 중수소 방전관　　② 텅스텐 램프
③ 나트륨 램프　　　④ 중공음극 램프

**풀이** 자외선/가시선 분광광도계 광원부의 광원
① 가시부, 근적외부 : 텅스텐 램프
② 자외부 : 중수소 방전관

**63** 폐기물에 함유된 오염물질을 분석하기 위한 용출시험 방법 중 시료용액의 조제에 관한 설명으로 ( )에 알맞은 것은?

> 조제한 시료 100g 이상을 정밀히 달아 정제수에 염산을 넣어 (　　)으로 한 용매(mL)를 1 : 10(W : V)의 비율로 넣어 혼합한다.

① pH 8.8~9.3　　② pH 7.8~8.3
③ pH 6.8~7.3　　④ pH 5.8~6.3

**정답**　60 ④　61 ④　62 ①　63 ④

풀이) 용출시험 시료용액 조제
① 시료의 조제 방법에 따라 조제한 시료 100g 이상을 정확히 단다.
⇩
② 용매 : 정제수에 염산을 넣어 pH를 5.8~6.3으로 한다.
⇩
③ 시료 : 용매 = 1 : 10(W/V)의 비로 2,000mL 삼각 플라스크에 넣어 혼합한다.

## 64 자외선/가시선 분광법을 이용한 카드뮴 측정에 관한 설명으로 ( )에 옳은 내용은?

시료 중의 카드뮴이온을 시안화칼륨이 존재하는 알칼리성에서 디티존과 반응시켜 생성하는 카드뮴착염을 사염화탄소로 추출하고 이를 ( )으로 역추출한 다음 수산화나트륨과 시안화칼륨을 넣어 디티존과 반응하여 생성하는 적색의 카드뮴착염을 사염화탄소로 추출하여 그 흡광도를 520nm에서 측정한다.

① 염화제일주석산 용액
② 부틸알코올
③ 타타르산 용액
④ 에틸알코올

풀이) 카드뮴 - 자외선/가시선 분광법(디티존법)
시료 중에 카드뮴 이온을 시안화칼륨이 존재하는 알칼리성에서 디티존과 반응시켜 생성하는 카드뮴착염을 사염화탄소로 추출하고, 추출한 카드뮴착염을 타타르산용액으로 역추출한 다음 수산화나트륨과 시안화칼륨을 넣어 디티존과 반응하여 생성하는 적색의 카드뮴착염을 사염화탄소로 추출하여 그 흡광도를 520nm에서 측정하는 방법이다.

## 65 $K_2Cr_2O_7$을 사용하여 1,000mg/L의 Cr표준원액 100mL를 제조하려면 필요한 $K_2Cr_2O_7$의 양(mg)은?(단, 원자량 K = 39, Cr = 52, O = 16)

① 141
② 283
③ 354
④ 565

풀이) $K_2Cr_2O_7$ 분자량 $= (2 \times 39) + (2 \times 52) + (16 \times 7)$
$= 294g$
$K_2Cr_2O_7$을 전리시켜 Cr을 생성시키면 2mL의 Cr이온이 생성됨
$294g : 2 \times 52g$
$X(mg) : 1,000mg/L \times 100mL \times L/1,000mL$
$X(mg) = \dfrac{294g \times 100mg}{2 \times 52g} = 282.69mg$

[Note] $K_2Cr_2O_7 : 2Cr^{3+}$

## 66 다음 중 1μg/L와 동일한 농도는?(단, 액상의 비중 = 1)

① 1pph
② 1ppt
③ 1ppm
④ 1ppb

풀이) 십억분율(ppb)
① μg/L
② μg/kg

## 67 환경측정의 정도보증/정도관리(QA/AC)에서 검정곡선방법으로 옳지 않은 것은?

① 절대검정곡선법
② 표준물질첨가법
③ 상대검정곡선법
④ 외부표준법

풀이) 검정곡선 작성방법
① 절대검정곡선법(External Standard Method)
시료의 농도와 지시값의 상관성을 검정곡선 식에 대입하여 작성하는 방법이다.
② 표준물질첨가법(Standard Addition Method)
㉠ 시료와 동일한 매질에 일정량의 표준물질을 첨가하여 검정곡선을 작성하는 방법이다.
㉡ 매질효과가 큰 시험분석방법에서 분석 대상 시료와 동일한 매질의 표준시료를 확보하지 못한 경우 매질효과를 보정하여 분석할 수 있는 방법이다.
③ 상대검정곡선법(Internal Standard Calibration)
검정곡선 작성용 표준용액과 시료에 동일한 양의 내부표준물질을 첨가하여 시험분석절차, 기기 또는 시스템의 변동으로 발생하는 오차를 보정하기 위해 사용하는 방법이다.

정답) 64 ③　65 ②　66 ④　67 ④

**68** 자외선/가시선 분광법에 의한 납의 측정시료에 비스무스(Bi)가 공존하면 시안화칼륨 용액으로 수회 씻어도 무색이 되지 않는다. 이때 납과 비스무스를 분리하기 위해 추출된 사염화탄소층에 가해주는 시약으로 적절한 것은?

① 프탈산수소칼륨 완충액
② 구리아민동 혼합액
③ 수산화나트륨 용액
④ 염산히드록실아민 용액

**풀이** 납 – 자외선/가시선 분광법의 간섭물질
① 전처리를 하지 않고 직접 시료를 사용하는 경우 시료 중에 시안화합물이 함유되어 있으면 염산 산성으로 끓여 시안화물을 완전히 분해 제거한 다음 실험한다.
② 시료에 다량의 비스무트(Bi)가 공존하면 시안화칼륨용액으로 수회 씻어도 무색이 되지 않는 경우 다음과 같이 납과 비스무트를 분리하여 실험한다. 추출하여 10~20mL로 한 사염화탄소층에 프탈산수소칼륨 완충용액(pH 3.4) 20mL씩을 2회 역추출하고 전체수층을 합하여 분별깔대기에 옮긴다. 암모니아수(1+1)를 넣어 약알칼리성으로 하고 시안화칼륨용액(5W/V%) 5mL 및 정제수를 넣어 약 100mL로 한 다음 이하 시료의 시험기준에 따라 추출조작부터 다시 실험한다.
③ 흡수셀이 더러워 측정값에 오차가 발생한 경우
  ㉠ 탄산나트륨용액(2W/V%)에 소량의 음이온 계면활성제를 가한 용액에 흡수셀을 담가 놓고 필요하면 40~50℃로 약 10분간 가열한다.
  ㉡ 흡수셀을 꺼내 정제수로 씻은 후 질산(1+5)에 소량의 과산화수소를 가한 용액에 약 30분간 담가 놓았다가 꺼내어 정제수로 잘 씻는다. 깨끗한 가제나 흡수지 위에 거꾸로 놓아 물기를 제거하고 실리카겔을 넣은 데시케이터 중에서 건조하여 보존한다.
  ㉢ 급히 사용하고자 할 때는 물기를 제거한 후 에틸알코올로 씻고 다시 에틸에테르로 씻은 다음 드라이어로 건조해서 사용한다.

**69** 자외선/가시선분광법으로 크롬을 측정할 때 시료 중 총크롬을 6가크롬으로 산화시키는 데 사용되는 시약은?

① 과망간산칼륨
② 이염화주석
③ 시안화칼륨
④ 디티오황산나트륨

**풀이** 크롬 – 자외선/가시선 분광법
시료 중에 총크롬을 과망간산칼륨을 사용하여 6가크롬으로 산화시킨 다음 산성에서 다이페닐카바자이드와 반응하여 생성되는 적자색 착화합물의 흡광도를 540nm에서 측정하여 총 크롬을 정량하는 방법이다.

**70** 자외선/가시선 분광광도계에서 사용하는 흡수셀의 준비사항으로 가장 거리가 먼 것은?

① 흡수셀은 미리 깨끗하게 씻은 것을 사용한다.
② 흡수셀의 길이(L)를 따로 지정하지 않았을 때는 10mm 셀을 사용한다.
③ 시료셀에는 실험용액을, 대조셀에는 따로 규정이 없는 한 정제수를 넣는다.
④ 시료용액의 흡수파장이 약 370nm 이하일 때는 경질유리 흡수셀을 사용한다.

**풀이** 자외선/가시선 분광법에서 시료액의 흡수파장 370nm 이상은 석영 또는 경질유리 흡수셀을 사용하고, 370nm 이하는 석영 흡수셀을 사용한다.

**71** 감염성 미생물 검사법과 가장 거리가 먼 것은?

① 아포균 검사법
② 최적확수 검사법
③ 세균배양 검사법
④ 멸균테이프 검사법

**풀이** 감염성 미생물 분석방법
① 아포균 검사법
② 세균배양 검사법
③ 멸균테이프 검사법

## 72 유기인의 정제용 컬럼으로 적절하지 않은 것은?

① 실리카겔컬럼  ② 플로리실컬럼
③ 활성탄컬럼  ④ 실리콘컬럼

**풀이** 유기인 정제용 컬럼
　① 실리카겔컬럼
　② 플로리실컬럼
　③ 활성탄컬럼

## 73 폐기물공정시험기준에 적용되는 관련 용어에 관한 내용으로 틀린 것은?

① 반고상폐기물 : 고형물의 함량이 5% 이상 15% 미만인 것을 말한다.
② 비함침성 고상폐기물 : 금속판, 구리선 등 기름을 흡수하지 않는 평면 또는 비평면형태의 변압기 내부부재를 말한다.
③ 바탕시험을 하여 보정한다 : 규정된 시료로 같은 방법으로 실험하여 측정치를 보정하는 것을 말한다.
④ 정밀히 단다 : 규정된 양의 시료를 취하여 화학저울 또는 미량저울로 칭량함을 말한다.

**풀이** 바탕시험을 하여 보정한다
　시료에 대한 처리 및 측정을 할 때, 시료를 사용하지 않고 같은 방법으로 조작한 측정치를 빼는 것을 의미한다.

## 74 유도결합플라스마-원자발광분광법의 장치에 포함되지 않는 것은?

① 시료주입부, 고주파전원부
② 광원부, 분광부
③ 운반가스유로, 가열오븐
④ 연산처리부

**풀이** 유도결합플라스마-원자발광분광기(KP-AES)
　① 구성
　　㉠ 시료도입부
　　㉡ 고주파전원부
　　㉢ 광원부
　　㉣ 분광부
　　㉤ 연산처리부 및 기록부
　② 분광부 구분
　　㉠ 연속주사형 단원소 측정장치
　　㉡ 다원소 동시측정장치

## 75 이온전극법으로 분석이 가능한 것은?(단, 폐기물공정시험기준 적용)

① 시안  ② 비소
③ 유기인  ④ 크롬

**풀이** 시안 분석방법
　① 자외선/가시선 분광법
　② 이온전극법

[Note]
　① 비소(원자흡수분광법, 유도결합플라스마-원자발광분광법, 자외선/가시선분광법)
　② 유기인(기체크로마토그래피법)
　③ 크롬(원자흡수분광법, 유도결합플라스마-원자발광분광법, 자외선/가시선분광법)

## 76 유해특성(재활용환경성 평가) 중 폭발성 시험방법에 대한 설명으로 옳지 않은 것은?

① 격렬한 연소반응이 예상되는 경우에는 시료의 양을 0.5g으로 하여 시험을 수행하며, 폭발성 폐기물로 판정될 때까지 시료의 양을 0.5g씩 점진적으로 늘려준다.
② 시험결과는 게이지 압력이 690kPa에서 2,070kPa까지 상승할 때 걸리는 시간과 최대 게이지 압력 2,070kPa에 도달 여부로 해석한다.
③ 최대 연소속도는 산화제를 무게비율로서 10~90%를 포함한 혼합물질의 연소속도 중 가장 빠른 측정값을 의미한다.
④ 최대 게이지 압력이 2,070kPa이거나 그 이상을 나타내는 폐기물은 폭발성 폐기물로 간주하며, 점화 실패는 폭발성이 없는 것으로 간주한다.

**정답** 72 ④　73 ③　74 ③　75 ①　76 ③

풀이 ③항은 폭발성 시험방법과는 무관하며 산화성 시험방법에 관한 내용이다.

**77** 폐기물 내 납을 5회 분석한 결과 각각 1.5, 1.8, 2.0, 1.4, 1.6mg/L를 나타내었다. 분석에 대한 정밀도(%)는?(단, 표준편차 = 0.241)

① 약 1.66  ② 약 2.41
③ 약 14.5  ④ 약 16.6

풀이 정밀도(%) = $\dfrac{\text{표준편차}}{\text{평균값}} \times 100$

평균 = $\dfrac{1.5+1.8+2.0+1.4+1.6}{5}$
= 1.66 mg/L

= $\dfrac{0.241}{1.66} \times 100 = 14.52\%$

**78** 액상폐기물에서 유기인을 추출하고자 하는 경우 가장 적합한 추출용매는?

① 아세톤  ② 노말헥산
③ 클로로포름  ④ 아세토니트릴

풀이 유기인 추출용매에는 크로마토그래피용 노말헥산을 사용한다.

**79** 다음에 설명한 시료 축소방법은?

> ㉠ 모아진 대시료를 네모꼴로 얇게 균일한 두께로 편다.
> ㉡ 이것을 가로 4등분, 세로 5등분하여 20개의 덩어리로 나눈다.
> ㉢ 20개의 각 부분에서 균등량씩 취하여 혼합하여 하나의 시료로 한다.

① 구획법  ② 등분법
③ 균등법  ④ 분할법

풀이 구획법
① 모아진 대시료를 네모꼴로 얇게 균일한 두께로 편다.
② 이것을 가로 4등분, 세로 5등분하여 20개의 덩어리로 나눈다.
③ 20개의 각 부분에서 균등량을 취한 후 혼합하여 하나의 시료로 만든다.

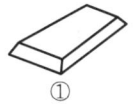
① 
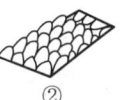
② 
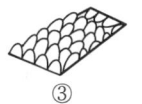
③

**80** 원자흡수분광광도법에 의한 분석 시 일반적으로 일어나는 간섭과 가장 거리가 먼 것은?

① 장치나 불꽃의 성질에 기인하는 분광학적 간섭
② 시료용액의 점성이나 표면장력 등에 의한 물리적 간섭
③ 시료 중에 포함된 유기물 함량, 성분 등에 의한 유기적 간섭
④ 불꽃 중에서 원자가 이온화하거나 공존물질과 작용하여 해리하기 어려운 화합물을 생성, 기저상태 원자 수가 감소되는 것과 같은 화학적 간섭

풀이 원자흡광광도법에서 일어나는 간섭
① 분광학적 간섭
② 물리적 간섭
③ 화학적 간섭

정답  77 ③  78 ②  79 ①  80 ③

## 5과목　폐기물관계법규

**81** 폐기물관리법에 사용하는 용어 설명으로 잘못된 것은?

① "지정폐기물"이란 사업장폐기물 중 폐유·폐산 등 주변 환경을 오염시킬 수 있거나 유해폐기물 등 인체에 위해를 줄 수 있는 해로운 물질로서 환경부령으로 정하는 폐기물을 말한다.
② "의료폐기물"이란 보건·의료기관, 동물병원, 시험·검사기관 등에서 배출되는 폐기물 중 인체에 감염 등 위해를 줄 우려가 있는 폐기물과 인체 조직 등 적출물(摘出物), 실험동물의 사체 등 보건·환경보호상 특별한 관리가 필요하다고 인정되는 폐기물로서 대통령령으로 정하는 폐기물을 말한다.
③ "처리"란 폐기물의 수집, 운반, 보관, 재활용, 처분을 말한다.
④ "처분"이란 폐기물의 소각·중화·파쇄·고형화 등의 중간 처분과 매립하거나 해역으로 배출하는 등의 최종 처분을 말한다.

> **풀이**　**지정폐기물**
> 사업장 폐기물 중 폐유·폐산 등 주변 환경을 오염시킬 수 있거나 의료폐기물 등 인체에 위해를 줄 수 있는 해로운 물질로서 대통령령으로 정하는 폐기물을 말한다.

**82** 폐기물을 매립하는 시설 중 사후관리 이행 보증금의 사전 적립대상인 시설의 면적기준은?

① $3,000m^2$ 이상　② $3,300m^2$ 이상
③ $3,600m^2$ 이상　④ $3,900m^2$ 이상

> **풀이**　사후관리이행보증금의 사전적립대상이 되는 폐기물을 매립하는 시설은 면적이 3천 300제곱미터($3,300m^2$) 이상인 시설로 한다.

**83** 환경부장관 또는 시·도지사가 폐기물처리 공제조합에 방치폐기물의 처리를 명할 때에는 처리량과 처리기간에 대하여 대통령령으로 정하는 범위 안에서 할 수 있도록 명하여야 한다. 이와 같이 폐기물처리 공제조합에 처리를 명할 수 있는 방치폐기물의 처리량에 대한 기준으로 옳은 것은? (단, 폐기물처리업자가 방치한 폐기물의 경우)

① 그 폐기물처리업자의 폐기물 허용보관량의 1.5배 이내
② 그 폐기물처리업자의 폐기물 허용보관량의 2.0배 이내
③ 그 폐기물처리업자의 폐기물 허용보관량의 2.5배 이내
④ 그 폐기물처리업자의 폐기물 허용보관량의 3.0배 이내

> **풀이**　※ 법규 변경사항이므로 해설의 내용으로 학습 부탁드립니다.
>
> **방치폐기물의 처리량과 처리기간**
> ① 폐기물처리 공제조합에 처리를 명할 수 있는 방치폐기물의 처리량은 다음 각 호와 같다.
>   ㉠ 폐기물처리업자가 방치한 폐기물의 경우 : 그 폐기물처리업자의 폐기물 허용보관량의 2배 이내
>   ㉡ 폐기물처리 신고자가 방치한 폐기물의 경우 : 그 폐기물처리 신고자의 폐기물 보관량의 2배 이내
> ② 환경부장관이나 시·도지사는 폐기물처리 공제조합에 방치폐기물의 처리를 명하려면 주변환경의 오염 우려 정도와 방치폐기물의 처리량 등을 고려하여 2개월의 범위에서 그 처리기간을 정하여야 한다. 다만, 부득이한 사유로 처리기간 내에 방치폐기물을 처리하기 곤란하다고 환경부장관이나 시·도지사가 인정하면 1개월의 범위에서 한 차례만 그 기간을 연장할 수 있다.

**84** 음식물류 폐기물 배출자는 음식물류 폐기물의 발생억제 및 처리계획을 환경부령으로 정하는 바에 따라 특별자치시장, 특별자치도지사, 시장·군수·구청장에게 신고하여야 한다. 이를 위반하여 음식물류 폐기물의 발생억제 및 처리계획을 신고하지 아니한 자에 대한 과태료 부과 기준은?

① 100만 원 이하
② 300만 원 이하
③ 500만 원 이하
④ 1,000만 원 이하

**풀이** 폐기물관리법 제68조 제3항 참조

**85** 재활용활동 중에는 폐기물(지정폐기물 제외)을 시멘트 소성로 및 환경부장관이 정하여 고시하는 시설에서 연료로 사용하는 활동이 있다. 이 시멘트 소성로 및 환경부장관이 정하여 고시하는 시설에서 연료로 사용하는 폐기물(지정폐기물 제외)이 아닌 것은?(단, 그 밖에 환경부장관이 고시하는 폐기물 제외)

① 폐타이어
② 폐유
③ 폐섬유
④ 폐합성 고무

**풀이** 시설에서 연료로 사용하는 폐기물
① 폐타이어  ② 폐섬유
③ 폐목재  ④ 폐합성수지
⑤ 폐합성고무
⑥ 분진(중유회, 코크스 분진만 해당한다)
⑦ 그 밖에 환경부장관이 정하여 고시하는 폐기물

**86** 사업장폐기물 배출자는 사업장폐기물의 종류와 발생량 등을 환경부령으로 정하는 바에 따라 신고하여야 한다. 이를 위반하여 신고를 하지 아니하거나 거짓으로 신고를 한 자에 대한 과태료 처분 기준은?

① 200만 원 이하
② 300만 원 이하
③ 500만 원 이하
④ 1천 만 원 이하

**풀이** 폐기물관리법 제68조 참조

**87** 사후관리이행보증금의 사전 적립에 관한 설명으로 ( )에 알맞은 것은?

> 사후관리이행보증금의 사전적립 대상이 되는 폐기물을 매립하는 시설은 면적이 ( ㉠ )인 시설로 한다. 이에 따른 매립시설의 설치자는 그 시설의 사용을 시작한 날부터 ( ㉡ )에 환경부령으로 정하는 바에 따라 사전적립금 적립계획서를 환경부장관에게 제출하여야 한다.

① ㉠ 1만 제곱미터 이상, ㉡ 1개월 이내
② ㉠ 1만 제곱미터 이상, ㉡ 15일 이내
③ ㉠ 3천 300제곱미터 이상, ㉡ 1개월 이내
④ ㉠ 3천 300제곱미터 이상, ㉡ 15일 이내

**풀이** 사후관리이행보증금의 사전 적립
① 사후관리이행보증금의 사전 적립 대상이 되는 폐기물을 매립하는 시설은 면적이 3천 300제곱미터 이상인 시설로 한다.
② 매립시설의 설치자는 폐기물처리업의 허가·변경허가 또는 폐기물처리시설의 설치 승인·변경 승인을 받아 그 시설의 사용을 시작한 날부터 1개월 이내에 환경부령으로 정하는 바에 따라 사전적립금 적립계획서에 관련 서류를 첨부하여 환경부장관에게 제출하여야 한다.

**88** 폐기물처리시설 중 기계적 재활용시설이 아닌 것은?

① 연료화 시설
② 탈수·건조 시설
③ 응집·침전 시설
④ 증발·농축 시설

**풀이** 폐기물처리시설의 종류 : 재활용시설
① 기계적 재활용시설
㉠ 압축·압출·성형·주조시설(동력 7.5kW 이상인 시설로 한정한다.)
㉡ 파쇄·분쇄·탈피시설(동력 15kW 이상인 시설로 한정한다.)
㉢ 절단시설(동력 15kW 이상인 시설로 한정한다.)
㉣ 용융·용해시설(동력 7.5kW 이상인 시설로 한정한다.)

정답  84 ①  85 ②  86 ④  87 ③  88 ③

ⓜ 연료화시설
ⓑ 증발 · 농축시설
ⓢ 정제시설(분리 · 증류 · 추출 · 여과 등의 시설을 이용하여 폐기물을 재활용하는 단위시설을 포함한다.)
ⓞ 유수 분리시설
ⓩ 탈수 · 건조시설
ⓒ 세척시설(철도용 폐목재 받침목을 재활용하는 경우로 한정한다.)
② 화학적 재활용시설
 ㉠ 고형화 · 고화시설
 ㉡ 반응시설(중화 · 산화 · 환원 · 중합 · 축합 · 치환 등의 화학반응을 이용하여 폐기물을 재활용하는 단위시설을 포함한다.)
 ㉢ 응집 · 침전시설
③ 생물학적 재활용시설
 ㉠ 사료화 · 퇴비화(지렁이 분변토 생산시설 및 생석회 처리시설을 포함한다.) · 소멸화 · 부숙토 생산시설(1일 재활용능력 100킬로그램 이상인 시설로 한정하며, 건조에 의한 사료화 · 퇴비화시설을 포함한다.)
 ㉡ 호기성 · 혐기성 분해시설
 ㉢ 버섯재배시설

**89** 매립지의 사후관리 기준방법에 관한 내용 중 토양 조사횟수 기준(토양조사방법)으로 옳은 것은?

① 월 1회 이상 조사
② 매 분기 1회 이상 조사
③ 매 반기 1회 이상 조사
④ 연 1회 이상 조사

풀이) 매립지의 사후관리 기준 및 방법(토양조사방법)
① 토양오염물질을 연 1회 이상 조사하여야 한다.
② 토양조사시점은 4개소 이상으로 하고 환경부장관이 정하여 고시하는 토양정밀조사방법에 따라 폐기물 매립 및 재활용 지역의 시료채취시점의 표토에서 시료를 채취한다.

**90** 폐기물 관리의 기본원칙으로 틀린 것은?

① 사업자는 제품의 생산방식 등을 개선하여 폐기물의 발생을 최대한 억제해야 한다.
② 폐기물은 우선적으로 소각, 매립 등의 처분을 한다.
③ 폐기물로 인하여 환경오염을 일으킨 자는 오염된 환경을 복원할 책임을 져야 한다.
④ 누구든지 폐기물을 배출하는 경우에는 주변 환경이나 주민의 건강에 위해를 끼치지 아니하도록 사전에 적절한 조치를 하여야 한다.

풀이) 폐기물 관리의 기본원칙
① 사업자는 제품의 생산방식 등을 개선하여 폐기물의 발생을 최대한 억제하고, 발생한 폐기물을 스스로 재활용함으로써 폐기물의 배출을 최소화하여야 한다.
② 누구든지 폐기물을 배출하는 경우에는 주변 환경이나 주민의 건강에 위해를 끼치지 아니하도록 사전에 적절한 조치를 하여야 한다.
③ 폐기물은 그 처리과정에서 양과 유해성을 줄이도록 하는 등 환경보전과 국민건강보호에 적합하게 처리되어야 한다.
④ 폐기물로 인하여 환경오염을 일으킨 자는 오염된 환경을 복원할 책임을 지며, 오염으로 인한 피해의 구제에 드는 비용을 부담하여야 한다.
⑤ 국내에서 발생한 폐기물은 가능하면 국내에서 처리되어야 하고, 폐기물의 수입은 되도록 억제되어야 한다.
⑥ 폐기물은 소각, 매립 등의 처분을 하기보다는 우선적으로 재활용함으로써 자원생산성의 향상에 이바지하도록 하여야 한다.

**91** 폐기물의 수집 · 운반, 재활용 또는 처분을 업으로 하려는 경우와 '환경부령으로 정하는 중요 사항'을 변경하려는 때에도 폐기물처리사업계획서를 제출해야 한다. 폐기물 수집 · 운반업의 경우 '환경부령으로 정하는 중요 사항'의 변경 항목에 해당하지 않는 것은?

정답 89 ④ 90 ② 91 ④

① 영업구역(생활폐기물의 수집·운반업만 해당한다.)
② 수집·운반 폐기물의 종류
③ 운반차량의 수 또는 종류
④ 폐기물 처분시설 설치 예정지

**풀이** 폐기물 수집·운반업에서 환경부령으로 정하는 중요사항
① 대표자 또는 상호
② 연락장소 또는 사무실 소재지(지정폐기물 수집·운반업의 경우에는 주차장 소재지를 포함한다)
③ 영업구역(생활폐기물의 수집·운반업만 해당한다)
④ 수집·운반 폐기물의 종류
⑤ 운반차량의 수 또는 종류

**92** 폐기물처리시설 중 화학적 처분시설에 해당되지 않는 것은?

① 연료화시설          ② 고형화시설
③ 응집·침전시설      ④ 안정화시설

**풀이** 화학적 처분시설
① 고형화·고화·안정화 시설
② 반응시설(중화·산화·환원·중합·축합·치환 등의 화학반응을 이용하여 폐기물을 처분하는 단위시설을 포함한다.)
③ 응집·침전 시설

**93** 시·도지사나 지방환경관서의 장이 폐기물처리시설의 개선명령을 명할 때 개선 등에 필요한 조치의 내용, 시설의 종류 등을 고려하여 정하여야 하는 기간은?(단, 연장기간은 고려하지 않음)

① 3개월              ② 6개월
③ 1년                ④ 1년 6개월

**풀이** 폐기물 처리시설의 개선명령에 따른 개선기간
① 개선명령 : 1년의 범위
② 사용중지명령 : 6개월의 범위
③ 기간연장 : 6개월의 범위

**94** 폐기물처리업의 업종 구분과 영업 내용의 범위를 벗어나는 영업을 한 자에 대한 벌칙 기준은?

① 1년 이하의 징역이나 5백만 원 이하의 벌금
② 1년 이하의 징역이나 1천만 원 이하의 벌금
③ 2년 이하의 징역이나 2천만 원 이하의 벌금
④ 3년 이하의 징역이나 3천만 원 이하의 벌금

**풀이** 폐기물관리법 제66조 참조

**95** 폐기물관리법에 적용되지 않는 물질의 기준으로 틀린 것은?

① 하수도법에 따른 하수
② 용기에 들어 있지 아니한 기체상태의 물질
③ 원자력법에 따른 방사성물질과 이로 인하여 오염된 물질
④ 물환경보전법에 따른 오수·분뇨

**풀이** 폐기물관리법을 적용하지 않는 물질
① 「원자력안전법」에 따른 방사성 물질과 이로 인하여 오염된 물질
② 용기에 들어 있지 아니한 기체상태의 물질
③ 「물환경보전법」에 따른 수질오염 방지시설에 유입되거나 공공수역(수역)으로 배출되는 폐수
④ 「가축분뇨의 관리 및 이용에 관한 법률」에 따른 가축분뇨
⑤ 「하수도법」에 따른 하수·분뇨
⑥ 「가축전염병예방법」이 적용되는 가축의 사체, 오염 물건, 수입 금지 물건 및 검역 불합격품
⑦ 「수산생물질병 관리법」에 적용되는 수산동물의 사체, 오염된 시설 또는 물건, 수입 금지 물건 및 검역 불합격품
⑧ 「군수품관리법」에 따라 폐기되는 탄약

**96** 환경부령으로 정하는 폐기물처리시설 검사기관 또는 단체가 아닌 것은?

① 한국환경공단        ② 국·공립연구기관
③ 폐기물분석전문기관  ④ 한국에너지공단

**정답** 92 ①  93 ③  94 ③  95 ④  96 ④

[풀이] ※ 법규 변경사항이므로 해설의 내용으로 학습 부탁 드립니다.

**환경부령으로 정하는 폐기물처리시설 검사기관 또는 단체**
① 한국환경공단
② 국·공립연구기관
③ 「국가표준기본법」에 따라 인정받은 시험·검사 기관
④ 「과학기술분야 정부출연연구기관 등의 설립·운영 및 육성에 관한 법률」에 따라 설립된 기관
⑤ 「폐기물관리법」에 따른 폐기물분석전문기관
⑥ 「환경분야 시험·검사 등에 관한 법률」에 따라 등록된 측정대행업자
⑦ 그 밖에 국립환경과학원장이 폐기물처리시설 검사에 관한 업무를 수행할 수 있는 인적·물적 기준을 갖추었다고 인정하여 고시하는 기관 또는 단체

## 97 폐기물처리업의 업종구분과 영업내용을 연결한 것으로 틀린 것은?

① 폐기물 수집·운반업 : 폐기물을 수집하여 재활용 또는 처분 장소로 운반하거나 폐기물을 수출하기 위하여 수집·운반하는 영업
② 폐기물 중간처분업 : 폐기물 중간처분시설 및 최종처분시설을 갖추고 폐기물을 소각·중화·파쇄·고형화 등의 방법에 의하여 중간처분 및 중간가공 폐기물을 만드는 영업
③ 폐기물 최종처분업 : 폐기물 최종처분시설을 갖추고 폐기물을 매립 등(해역 배출은 제외한다.)의 방법으로 최종처분하는 영업
④ 폐기물 종합처분업 : 폐기물 중간처분시설 및 최종처분시설을 갖추고 폐기물의 중간처분과 최종처분을 함께 하는 영업

[풀이] **폐기물처리업의 업종 구분과 영업내용**
① 폐기물 수집·운반업
폐기물을 수집하여 재활용 또는 처분 장소로 운반하거나 폐기물을 수출하기 위하여 수집·운반하는 영업

② 폐기물 중간처분업
폐기물 중간처분시설을 갖추고 폐기물을 소각 처분, 기계적 처분, 화학적 처분, 생물학적 처분, 그 밖에 환경부장관이 폐기물을 안전하게 중간처분할 수 있다고 인정하여 고시하는 방법으로 중간처분하는 영업
③ 폐기물 최종처분업
폐기물 최종처분시설을 갖추고 폐기물을 매립 등(해역 배출은 제외한다.)의 방법으로 최종처분하는 영업
④ 폐기물 종합처분업
폐기물 중간처분시설 및 최종처분시설을 갖추고 폐기물의 중간처분과 최종처분을 함께하는 영업
⑤ 폐기물 중간재활용업
폐기물 재활용시설을 갖추고 중간가공 폐기물을 만드는 영업
⑥ 폐기물 최종재활용업
폐기물 재활용시설을 갖추고 중간가공 폐기물을 용도 또는 방법으로 재활용하는 영업
⑦ 폐기물 종합재활용업
폐기물 재활용시설을 갖추고 중간재활용업과 최종재활용업을 함께하는 영업

## 98 해당 폐기물처리 신고자가 보관 중인 폐기물 또는 그 폐기물처리의 이용자가 보관 중인 폐기물의 적체에 따른 환경오염으로 인하여 인근지역 주민의 건강에 위해가 발생하거나 발생될 우려가 있는 경우, 그 처리금지를 갈음하여 부과할 수 있는 과징금은?

① 2천만 원 이하  ② 5천만 원 이하
③ 1억 원 이하    ④ 2억 원 이하

[풀이] **폐기물처리 신고자에 대한 과징금 처분**
시·도지사는 폐기물처리 신고자가 처리금지를 명령하여야 하는 경우 그 처리금지가 다음 각 호의 어느 하나에 해당한다고 인정되면 대통령령으로 정하는 바에 따라 그 처리금지를 갈음하여 2천만 원 이하의 과징금을 부과할 수 있다.

정답 97 ② 98 ①

① 해당 재활용사업의 정지로 인하여 그 재활용사업의 이용자가 폐기물을 위탁처리하지 못하여 폐기물이 사업장 안에 적체됨으로써 이용자의 사업활동에 막대한 지장을 줄 우려가 있는 경우
② 해당 재활용사업체에 보관 중인 폐기물 또는 그 재활용사업의 이용자가 보관 중인 폐기물의 적체에 따른 환경오염으로 인하여 인근지역 주민의 건강에 위해가 발생되거나 발생될 우려가 있는 경우
③ 천재지변이나 그 밖의 부득이한 사유로 해당 재활용사업을 계속하도록 할 필요가 있다고 인정되는 경우

**99** 폐기물의 광역관리를 위해 광역폐기물처리시설의 설치 또는 운영을 위탁할 수 없는 자는?

① 해당 광역 폐기물처리시설을 발주한 지자체
② 한국환경공단
③ 수도권매립지관리공사
④ 폐기물의 광역처리를 위해 설립된 지방자치단체조합

**풀이** 광역폐기물처리시설의 설치·운영의 위탁자
  ① 한국환경공단
  ② 수도권매립지관리공사
  ③ 지방자치단체조합으로서 폐기물의 광역처리를 위하여 설립된 조합
  ④ 해당 광역폐기물처리시설을 시공한 자(그 시설의 운영을 위탁하는 경우에만 해당한다.)

**100** 폐기물처리시설 설치에 있어서 승인을 받았거나 신고한 사항 중 환경부령으로 행하는 주요사항을 변경하려는 경우, 변경승인을 받지 아니하고 승인받은 사항을 변경한 자에 대한 벌칙 기준은?

① 5년 이하의 징역 또는 5천만 원 이하의 벌금
② 3년 이하의 징역 또는 3천만 원 이하의 벌금
③ 2년 이하의 징역 또는 2천만 원 이하의 벌금
④ 1년 이하의 징역 또는 1천만 원 이하의 벌금

**풀이** 폐기물관리법 제66조 참고

정답 99 ① 100 ③

# 2023년 1회 CBT 복원·예상문제

## 1과목 폐기물개론

**01** 폐기물적재차량 중량이 15,000kg, 빈 차의 중량이 11,000kg, 적재함의 크기는 가로 300cm, 세로 150cm, 높이 200cm일 때 단위용적당 적재량(t/m³)은?

① 0.22　② 0.31
③ 0.36　④ 0.44

**풀이** 단위용적당 적재량(ton/m³)
$= \dfrac{\text{폐기물 적재량}}{\text{적재함 부피}}$
$= \dfrac{(15{,}000 - 11{,}000)\text{kg} \times \text{ton}/1{,}000\text{kg}}{3\text{m} \times 1.5\text{m} \times 2\text{m}}$
$= 0.44 \text{ton/m}^3$

**02** 함수율이 60%인 쓰레기를 건조시켜서 함수율이 30%인 쓰레기로 만들면 쓰레기 5ton당 약 얼마의 수분을 증발시켜야 하는가?(단, 쓰레기 비중은 1.0)

① 약 2.14ton　② 약 2.86ton
③ 약 3.12ton　④ 약 3.84ton

**풀이** 5ton×(1-0.6)=건조 후 쓰레기양×(1-0.3)
건조 후 쓰레기양 $= \dfrac{5\text{ton} \times 0.4}{0.7} = 2.86\text{ton}$
증발수분량(ton)=건조 전 폐기물량-건조 후 폐기물량
$= 5 - 2.86 = 2.14\text{ton}$

**03** 어떤 쓰레기의 입도를 분석한 바 입도누적곡선상의 10%, 30%, 60%, 90%의 입경이 각각 2, 5, 10, 20mm였다고 한다. 이때 균등계수는?

① 2　② 5
③ 10　④ 20

**풀이** 균등계수$(u) = \dfrac{D_{60}}{D_{10}} = \dfrac{10}{2} = 5\text{mm}$

**04** 폐기물의 수거노선 설정 시 고려해야 할 사항과 가장 거리가 먼 것은?

① 지형이 언덕인 경우는 내려가면서 수거한다.
② 발생량은 적으나 수거빈도가 동일하기를 원하는 곳은 같은 날 왕복 내에서 수거 처리한다.
③ 가능한 한 시계방향으로 수거노선을 정한다.
④ 발생량이 가장 적은 곳부터 시작하여 많은 곳으로 수거노선을 정한다.

**풀이** 효과적·경제적인 수거노선 결정 시 유의(고려)사항 : 수거노선 설정요령
　① 지형이 언덕인 지역에서는 언덕의 위에서부터 내려가며 적재하면서 차량을 진행하도록 한다.(안전성, 연료비 절약)
　② 수거인원 및 차량형식이 같은 기존 시스템의 조건들을 서로 관련시킨다.
　③ 출발점은 차고와 가깝게 하고 수거된 마지막 컨테이너가 처분지의 가장 가까이에 위치하도록 배치한다.
　④ 가능한 한 지형지물 및 도로경계와 같은 장벽을 사용하여 간선도로 부근에서 시작하고 끝나야 한다.(도로경계 등을 이용)
　⑤ 가능한 한 시계방향으로 수거노선을 정한다.
　⑥ 적은 양의 쓰레기가 발생하나 동일한 수거빈도를 받기 원하는 적재지점(수거지점)은 가능한 한 같은 날 왕복 내에서 수거한다.
　⑦ 아주 많은 양의 쓰레기가 발생되는 발생원은 하루 중 가장 먼저 수거한다.
　⑧ 될 수 있는 한 한 번 간 길은 다시 가지 않는다.
　⑨ 반복운행 또는 U자형 회전은 피하여 수거한다.
　⑩ 교통량이 많거나 출퇴근시간은 피하여 수거한다.
　⑪ 수거지점과 수거빈도 결정 시 기존정책이나 규정을 참고한다.

**정답** 01 ④　02 ①　03 ②　04 ④

**05** 청소상태의 평가방법에 관한 설명으로 옳지 않은 것은?

① 지역사회 효과지수는 가로의 청소상태를 기준으로 평가한다.
② 사용자 만족도 지수는 서비스를 받는 사람들의 만족도를 설문조사하여 계산된다.
③ 지역사회 효과지수에서 가로 청결상태를 0~10점으로 부여하며 문제점 여부에 따라 1~2점씩 감점한다.
④ 지역사회 효과지수에서 감점이 되는 문제점은 화재 유발이 가능한 경우, 자동차와 같은 큰 폐기물이 버려져 있는 경우 등이다.

**풀이** 지역사회 효과지수에서 가로 청결상태를 0~100점으로 부여하며 문제점 여부에 따라 1개에 10점씩 감점한다.

**06** LCA의 구성요소로 가장 거리가 먼 것은?

① 자료 평가  ② 개선 평가
③ 목록 분석  ④ 목적 및 범위의 설정

**풀이** 전과정평가(LCA) 4단계
① 목적 및 범위의 설정(Goal Definition Scoping) : 1단계
[LCA 사용목적]
㉠ 복수제품 간의 비교선택
㉡ 제품 및 공정의 개선효과 파악
㉢ 목표치를 달성하기 위한 제품의 점검
㉣ 개선점의 추출(우선순위 결정)
㉤ 제품에 관계되는 주체 간의 의사전달 촉진
② 목록분석(Inventory Analysis) : 2단계
상품, 포장, 공정, 물질, 원료 및 활동에 의해 발생하는 에너지 및 천연원료 요구량, 대기, 수질 오염물질 배출, 고형폐기물과 기타 기술적 자료구축 과정이다.
③ 영향평가(Impact Analysis or Assessment) : 3단계
조사분석과정에서 확정된 자원요구 및 환경부하에 대한 영향을 평가하는 기술적, 정량적, 정성적 과정이다.
④ 개선평가 및 해석(Improvement Assessment) : 4단계
전 과정에 대한 해석을 실시하는 과정이다.

**07** 건식 파쇄인 전단파쇄기에 관한 설명으로 틀린 것은?

① 주로 목재류, 플라스틱류 및 종이류를 파쇄하는 데 이용된다.
② 고정칼, 왕복 또는 회전칼과의 교합에 의하여 폐기물을 전단한다.
③ Hammermill이 대표적이며 Impact Crusher 등이 있다.
④ 충격파쇄기에 비하여 파쇄속도가 느리고 이물질의 혼입에 약하다.

**풀이** 전단파쇄기
① 원리
고정칼의 왕복 또는 회전칼(가동칼)의 교합에 의하여 폐기물을 전단한다.
② 특징
㉠ 충격파쇄기에 비하여 파쇄속도가 느리다.
㉡ 충격파쇄기에 비하여 이물질의 혼입에 취약하다.
㉢ 충격파쇄기에 비하여 파쇄물의 입도(크기)를 고르게 할 수 있다.(장점)
㉣ 전단파쇄기는 해머밀 파쇄기보다 저속으로 운전된다.
㉤ 소각로 전처리에 많이 이용되나 처리용량이 작아 대량이나 연쇄파쇄에 부적합하다.
㉥ 분진, 소음, 진동이 적고 폭발위험이 거의 없다.
③ 종류
㉠ Van Roll식 왕복전단 파쇄기
㉡ Lindemann식 왕복전단 파쇄기
㉢ 회전식 전단 파쇄기
㉣ Tollemacshe
④ 대상 폐기물
목재류, 플라스틱류, 종이류, 폐타이어(연질플라스틱과 종이류가 혼합된 폐기물을 파쇄하는 데 효과적)

**정답** 05 ③  06 ①  07 ③

**08** 함수율이 94%인 수거분뇨 200kL/d를 70% 함수율의 건조슬러지로 만들면 하루의 건조슬러지 생성량은?(단, 수거분뇨의 비중은 1.0 기준)

① 30kL/d
② 35kL/d
③ 40kL/d
④ 45kL/d

**풀이** 200kL/day × (1 − 0.94)
= 건조 후 슬러지 생산량 × (1 − 0.7)
건조 후 슬러지 생산량(kL/day)
$= \dfrac{200\text{kL/day} \times (1-0.94)}{0.3}$
= 40kL/day

**09** 폐기물의 운송을 위하여 압축할 때, 부피감소율(Volume Reduction)이 45%였다. 압축비(Compaction Ratio)는?

① 1.42
② 1.82
③ 2.32
④ 2.62

**풀이** 압축비(CR) $= \dfrac{100}{100-\text{VR}} = \dfrac{100}{100-45} = 1.82$

**10** 와전류식 선별에 관한 내용으로 틀린 것은?

① 비철금속의 분리, 회수에 이용한다.
② 전기허용도 차이에 의해 비전도체들을 각각 선별할 수 있다.
③ 와전류식 선별기의 순도와 회수율은 98%까지도 보고되고 있다.
④ 전자석유도에 관한 패러데이법칙을 기초로 한다.

**풀이** 와전류 선별법
① 연속적으로 변화하는 자장 속에 비극성(비자성)이고 전기전도도가 우수한 물질(구리, 알루미늄, 아연 등)을 넣으면 금속 내에 소용돌이 전류가 발생하는 와전류현상에 의하여 반발력이 생기는데 이 반발력의 차를 이용하여 다른 물질로부터 분리하는 방법이다.
② 폐기물 중 철금속(Fe), 비철금속(Al, Cu), 유리병의 3종류를 각각 분리할 경우 와전류 선별법이 가장 적절하다.

**11** 40ton/hr 규모의 시설에서 평균크기가 30.5cm인 혼합된 도시폐기물을 최종크기 5.1cm로 파쇄하기 위한 동력은?(단, 평균크기 15.2cm에서 5.1cm로 파쇄하기 위하여 필요한 에너지 소모율은 14.9kW · hr/ton이며 킥의 법칙을 적용함)

① 약 380kW
② 약 580kW
③ 약 780kW
④ 약 980kW

**풀이** $E = C\ln\left(\dfrac{L_1}{L_2}\right)$

14.9kW · hr/ton $= C\ln\left(\dfrac{15.2}{5.1}\right)$

$C = 13.64$ kW · hr/ton

$E = 13.64\ln\left(\dfrac{30.5}{5.1}\right) = 24.39$ kW · hr/ton

동력(kW) = 24.39kW · hr/ton × 40ton/hr
= 975.8kW

**12** $X_{90}$ = 4.6cm로 도시폐기물을 파쇄하고자 할 때 Rosin − Rammler 모델에 의한 특성입자크기 $X_o$는?(단, $n$ = 1로 가정)

① 1.2cm
② 1.6cm
③ 2.0cm
④ 2.3cm

**풀이** $Y = 1 - \exp\left[-\left(\dfrac{X}{X_o}\right)^n\right]$

$0.9 = 1 - \exp\left[-\left(\dfrac{4.6}{X_o}\right)^1\right]$

$-\dfrac{4.6}{X_o} = \ln 0.1$

특성입자크기($X_o$) = 2.0cm

**13** 쓰레기 수거효율이 가장 좋은 방식은?

① 타종식 수거방식
② 문전 수거(플라스틱 자루)방식
③ 문전 수거(재사용 가능한 쓰레기통)방식
④ 대형 쓰레기통 이용 수거방식

**정답** 08 ③  09 ②  10 ②  11 ④  12 ③  13 ①

**풀이** 수거형태에 따른 수거효율
① 타종 수거 → 0.84MHT
② 대형 쓰레기통 수거 → 1.1MHT
③ 플라스틱 자루 수거 → 1.35MHT
④ 집밖 이동식 수거 → 1.47MHT
⑤ 집안 이동식 수거 → 1.86MHT
⑥ 집밖 고정식 수거 → 1.96MHT
⑦ 문전 수거 → 2.3MHT
⑧ 벽면 부착식 수거 → 2.38MHT

**14** 인구 10,000명의 도시에서 1일 1인당 1.5kg의 쓰레기를 배출하고 있다. 이때 쓰레기의 평균 겉보기 밀도는 500kg/m³이다. 일주일간 발생되는 쓰레기의 양은?(단, 토요일과 일요일은 2.0kg/인·일의 비율로 배출)

① 150m³  ② 200m³
③ 230m³  ④ 250m³

**풀이** 일주일(평일 5일+토·일요일)을 구분하여 계산 후 합한다.
평일(5일) 발생쓰레기양
$$= \frac{1.5\text{kg/인}\cdot\text{일} \times 10,000\text{인} \times 5\text{일/주}}{500\text{kg/m}^3}$$
$$= 150\text{m}^3/\text{주}$$
토·일요일 발생쓰레기양
$$= \frac{2.0\text{kg/인}\cdot\text{일} \times 10,000\text{인} \times 2\text{일/주}}{500\text{kg/m}^3}$$
$$= 80\text{m}^3/\text{주}$$
총 발생쓰레기양 = 150 + 80 = 230m³/주

**15** 다음은 슬러지의 수분을 결합상태에 따라 구분한 것이다. 이 중 탈수가 가장 어려운 것은?

① 내부수       ② 간극 모관 결합수
③ 표면 부착수  ④ 간극수

**풀이** 탈수성이 용이한 수분형태 순서
모관결합수 ← 간극모관결합수 ← 쐐기상 모관 결합수 ← 표면부착수 ← 내부수

**16** 3,000,000ton/year의 쓰레기 수거에 4,000명의 인부가 종사한다면 MHT값은?(단, 수거인부의 1일 작업시간은 8시간이고 1년 작업일수는 300일이다.)

① 2.4  ② 3.2
③ 4.0  ④ 5.6

**풀이** $\text{MHT} = \dfrac{\text{수거인부} \times \text{수거인부 총 수거시간}}{\text{총 수거량}}$
$$= \frac{4,000\text{인} \times (8\,\text{hr/day} \times 300\,\text{day/year})}{3,000,000\,\text{ton/year}}$$
$$= 3.2\,\text{MHT}$$

**17** 분리수거제도에서 감량화대책으로서 옳지 않은 것은?

① 수익성, 채산성이 있는 것은 민간이, 민간이 기피하는 것은 공공부문이 역할분담
② 분리대상 재활용품의 품목을 지정
③ 쓰레기 수집·운반장비의 기계화·현대화
④ 각종 상품구매 시에 봉투사용 권장

**풀이** 각종 상품 구매 시에 봉투사용을 금지한다.

**18** 다음 국제협약 및 조약 중에서 유해폐기물의 국가 간 이동 및 그 처리의 통제를 위한 것은?

① 런던국제덤핑 협약
② GATT 협약
③ 리우(Rio) 협약
④ 바젤(Basel) 협약

**풀이** 바젤(Basell) 협약
유해폐기물의 국가 간 이동 및 처리에 관한 국제협약으로 유해폐기물의 수출, 수입을 통제하여 유해폐기물 불법교역을 최소화하고, 환경오염을 최소화하는 것이 목적이다.

정답  14 ③  15 ①  16 ②  17 ④  18 ④

**19** 폐기물 발생량 조사방법 중 주로 산업 폐기물의 발생량을 추산할 때 사용하는 것은?

① 적재차량계수분석   ② 직접계근법
③ 물질수지법   ④ 경향법

**풀이** 폐기물 발생량 조사방법
① 적재차량 계수분석법(Load-count Analysis)
일정기간 동안 특정지역의 쓰레기 수거·운반차량의 대수를 조사하여, 이 결과를 밀도를 이용하여 질량으로 환산하는 방법이다.
② 직접계근법(Direct Weighting Method)
입구에서 쓰레기가 적재되어 있는 차량과 출구에서 쓰레기를 적하한 공차량을 계근하여 쓰레기양을 산출하는 방법으로 비교적 정확한 쓰레기 발생량을 파악할 수 있다.
③ 물질수지법(Material Balance Method)
물질수지(유입, 유출 폐기물)를 세울 수 있는 상세한 데이터가 있는 경우에 가능한 방법으로 주로 산업폐기물의 발생량 추산에 이용된다.

**20** 슬러지를 처리하기 위하여 생슬러지를 분석한 결과 수분은 90%, 총고형물 중 휘발성 고형물은 70%, 휘발성 고형물의 비중은 1.1, 무기성 고형물의 비중은 2.2였다. 생슬러지의 비중은?(단, 무기성 고형물 + 휘발성 고형물 = 총 고형물)

① 1.023   ② 1.032
③ 1.041   ④ 1.053

**풀이**
$$\frac{\text{슬러지양}}{\text{슬러지 비중}} = \frac{\text{휘발성 고형물}}{\text{휘발성 고형물 비중}} + \frac{\text{무기성 고형물}}{\text{무기성 고형물 비중}} + \frac{\text{함수량}}{\text{함수 비중}}$$

$$\frac{100}{\text{슬러지 비중}} = \frac{(10 \times 0.7)}{1.1} + \frac{(10-7)}{2.2} + \frac{90}{1.0}$$

슬러지 비중 = 1.023

## 2과목 폐기물처리기술

**21** 위생매립방법 중 매립지 바닥층이 두껍고 복토로 적합한 지역에 이용하며, 거의 단층매립만 가능한 방법은?

① Trench 방식   ② Sandwich 방식
③ Area 방식   ④ Ramp 방식

**풀이** 도랑형 방식매립(Trench System : 도랑 굴착 매립공법)
① 도랑을 파고 폐기물을 매립한 후 다짐 후 다시 복토하는 방법이다.
② 매립지 바닥이 두껍고(지하수면이 지표면으로부터 깊은 곳에 있는 경우) 또한 복토를 적합한 지역에 이용하는 방법으로 거의 단층매립만 가능한 공법이다.
③ 도랑의 깊이는 약 2.5~7m(10m)로 하고 폭은 20m 정도이고 파낸 흙을 복토재로 이용 가능한 경우 경제적이다.(소규모 도랑 : 폭 5~8m, 깊이 1~2m)
④ 도랑에서 굴착된 토사는 매일 또는 중간복토로 사용하여 쓰레기의 날림을 최소화할 수 있다.
⑤ 매립종료 후 토지이용 효율이 증대된다.
⑥ 도랑은 합성수지나 점토를 이용하여 차수시설을 하여 가스나 침출수의 이동을 최소화시킨다.
⑦ 사전 정비작업이 필요하지 않으나 단층매립으로 매립용량의 낭비가 크다.
⑧ 사전작업 시 침출수 수집장치나 차수막 설치가 용이하지 못하다.

**22** 포도당($C_6H_{12}O_6$)으로 구성된 유기물 3kg이 혐기성 미생물에 의해 완전히 분해되어 생성되는 메탄의 용적($Sm^3$)은?

① 1.12   ② 1.37
③ 1.52   ④ 1.83

**풀이** $C_6H_{12}O_6 \rightarrow 3CH_4$
180kg : $3 \times 22.4 Sm^3$
3kg : $CH_4(Sm^3)$

$$CH_4(Sm^3) = \frac{3kg \times (3 \times 22.4) Sm^3}{180kg} = 1.12 Sm^3$$

정답  19 ③  20 ①  21 ①  22 ①

**23** 매립지 내의 물의 이동을 나타내는 Darcy의 법칙을 기준으로 침출수의 유출을 방지하기 위한 옳은 방법은?

① 투수계수는 감소, 수두차는 증가시킨다.
② 투수계수는 증가, 수두차는 감소시킨다.
③ 투수계수 및 수두차를 증가시킨다.
④ 투수계수 및 수두차를 감소시킨다.

**풀이** 침출수 이동속도($V$) : Darcy 법칙에 의한 속도계산식

$$V(\text{cm/sec}) = KI = K\frac{dH}{dL} = K\frac{h_2 - h_1}{L_2 - L_1}$$

여기서, $K$ : 투수계수(cm/sec)
$V$ : 침출수 유속(침투율 : 투수계수) (cm/sec)
$dH$ : 수위차(수두차)(cm)
$dL$ : 수평방향 두 지점 사이 거리 ($L_2$와 $L_1$ 사이거리)(cm)
$I\left(\dfrac{dH}{dL}\right)$ : 두 지점 사이 수리경사

**24** 매립장 침출수 차단방법인 연직차수막과 표면차수막을 비교한 것으로 틀린 것은?

① 연직차수막은 지중에 수평방향의 차수층이 존재할 때 사용한다.
② 연직차수막은 지하수 집배수 시설이 필요하다.
③ 연직차수막은 차수막 보강시공이 가능하다.
④ 연직차수막은 차수막 단위면적당 공사비가 비싸다.

**풀이** 연직차수막
① 적용조건 : 지중에 수평방향의 차수층이 존재할 때 사용
② 시공 : 수직 또는 경사시공
③ 지하수 집배수시설 : 불필요
④ 차수성 확인 : 지하매설로서 차수성 확인이 어려움
⑤ 경제성 : 단위면적당 공사비는 많이 소요되나 총 공사비는 적게 듦
⑥ 보수 : 지중이므로 보수가 어렵지만 차수막 보강시공이 가능
⑦ 공법 종류
  ㉠ 어스 댐 코어 공법
  ㉡ 강널말뚝(sheet pile) 공법
  ㉢ 그라우트 공법
  ㉣ 차수시트 매설 공법
  ㉤ 지중 연속벽 공법

**25** 매립지 입지선정절차 중 후보지 평가단계에서 수행해야 할 일로 가장 거리가 먼 것은?

① 경제성 분석
② 후보지 등급 결정
③ 현장조사(보링조사 포함)
④ 입지선정기준에 의한 후보지 평가

**풀이** 매립지 입지선정절차 중 후보지 평가단계
① 현장조사(보링조사 포함)
② 입지선정기준에 의한 후보지 평가
③ 후보지 등급 결정

[Note] 경제성 분석은 최종입지 결정단계

**26** 처리용량이 50kL/day인 혐기성 소화식 분뇨 처리장에 가스저장탱크를 설치하고자 한다. 가스 저류시간을 8시간으로 하고 생성 가스양을 투입 분뇨량의 6배로 가정한다면, 가스탱크의 용량은?

① 90m³  ② 100m³
③ 110m³  ④ 120m³

**풀이** 가스탱크용량(m³) = 처리용량 × 저류시간
= 50kL/day × m³/kL × day/24hr × 8hr × 6
= 100m³

**27** 토양수분의 물리학적 분류 중 수분 1,000cm의 물기둥의 압력으로 결합되어 있는 경우는 다음 중 어디에 속하는가?

① 모세관수  ② 흡습수
③ 유효수분  ④ 결합수

**풀이** 토양수분의 물리학적 분류
① 결합수(pF 7.0 이상)
② 흡습수(pF 4.5 이상)
③ 모세관수(pF 2.54~4.5)
④ 중력수(pF 2.54 이하)

**정답** 23 ④  24 ②  25 ①  26 ②  27 ①

**28** 다음 그림은 쓰레기 매립지에서 발생되는 가스의 성상이 시간에 따라 변하는 과정을 보이고 있다. 곡선 ㉠과 ㉡이 나타내는 가스의 종류로 옳은 것은?

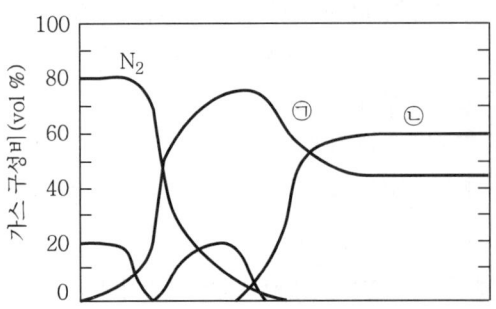

① ㉠ $H_2$, ㉡ $CH_4$  ② ㉠ $CH_4$, ㉡ $CO_2$
③ ㉠ $CO_2$, ㉡ $CH_4$  ④ ㉠ $CH_4$, ㉡ $H_2$

**풀이** 매립기간에 따른 발생가스의 조성변화

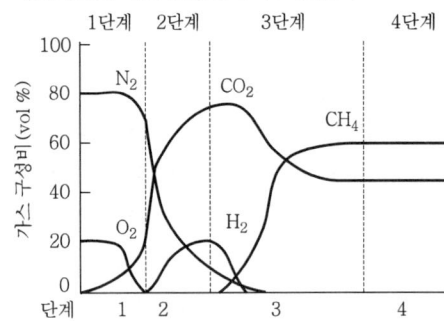

**29** 스크린 선별에 대한 설명으로 옳은 것은?
① 트롬멜 스크린의 경사도는 2~3°가 적정하다.
② 파쇄 후에 설치되는 스크린은 파쇄설비 보호가 목적이다.
③ 트롬멜 스크린의 회전속도가 증가할수록 선별효율이 증가한다.
④ 회전 스크린은 주로 골재분리에 흔히 이용되며 구멍이 막히는 문제가 자주 발생한다.

**풀이** ② 파쇄 전에 설치되는 스크린은 파쇄설비 보호가 목적이다.
③ 트롬멜 스크린의 회전속도가 증가할수록 선별효율이 저하한다.
④ 회전 스크린은 선별효율이 좋고 유지관리상 문제가 적어 도시폐기물의 선별작업에서 가장 많이 사용되며 회전속도가 크게 증가하면 원심력에 의해 막힘현상이 일어난다.

**30** 평균온도가 20℃인 수거분뇨 20kL/일을 처리하는 혐기성 소화조의 소화온도를 외부 기온에 의해 35℃로 유지하고자 한다. 이때 소요되는 열량(kcal/일)은?(단, 소화조의 열손실은 없는 것으로 간주하고, 분뇨의 비열은 1.1kcal/kg·℃, 비중은 1.02이다.)
① $293.8 \times 10^3$kcal/일
② $336.6 \times 10^3$kcal/일
③ $489.6 \times 10^3$kcal/일
④ $587.5 \times 10^3$kcal/일

**풀이** 열량(kcal/일)
= 수거분뇨량 × 비열 × 온도차
= 20kL/일 × 1.02kg/L × 1,000L/kL
  × 1.1kcal/kg·℃ × (35−20)℃
= $336.6 \times 10^3$kcal/일

**31** 인구 10만인 도시의 폐기물 발생량이 1kg/c·d이며 발생하는 폐기물을 모두 도랑식으로 매립하려고 한다. 도랑의 깊이가 3m, 폐기물의 밀도가 400kg/m³이며, 매립 시 폐기물의 부피감소율이 40%라고 할 때 연간 필요한 매립토지의 면적은? (단, 1년은 365일이고, 복토량 등 기타 조건은 고려하지 않음)
① 15,250m²/년  ② 16,250m²/년
③ 17,250m²/년  ④ 18,250m²/년

**풀이** 연간 매립면적(m²/year)
$$= \frac{\text{매립폐기물의 양}}{\text{폐기물 밀도} \times \text{매립 깊이}}$$
$$= \left(\frac{1\text{kg/인·일} \times 100,000\text{인} \times 365\text{day/year}}{400\text{kg/m}^3 \times 3\text{m}}\right) \times (1-0.4)$$
= 18,250m²/year

**32** 어느 펄프공장의 폐수를 생물학적으로 처리한 결과 매일 500kg의 슬러지가 발생하였다. 함수율이 80%이면 건조슬러지 중량은?(단, 비중은 1.0 기준)

① 50kg/일  ② 100kg/일
③ 200kg/일  ④ 400kg/일

풀이) 500kg/day×(1−0.8)=건조슬러지 중량×1.0
건조슬러지 중량(kg/day)=100kg/day

**33** 친산소성 퇴비화 공정의 설계·운영 고려 인자에 관한 내용으로 틀린 것은?

① 수분함량 : 퇴비화 기간 동안 수분함량은 50~60% 범위에서 유지된다.
② C/N비 : 초기 C/N비는 25~50이 적당하며 C/N비가 높은 경우는 암모니아 가스가 발생한다.
③ pH 조절 : 적당한 분해작용을 위해서는 pH 7~7.5 범위를 유지하여야 한다.
④ 공기공급 : 이론적인 산소요구량은 식을 이용하여 추정 가능하다.

풀이) ① C/N비가 높으면 유기산 등이 퇴비의 pH를 낮추고 미생물의 성장과 활동도 억제되며 질소 부족(C/N비 80 이상이면 질소결핍현상)으로 퇴비화가 잘 형성되지 않아 퇴비화의 소요기간이 길어진다. (폐기물 내 질소함량이 적은 것은 퇴비화가 잘 되지 않는다.)
② C/N비가 20보다 낮으면 유기질소가 암모니아로 변하여 pH를 증가시키고, 이로 인해 암모니아 가스가 발생되어 퇴비화과정 중 악취가 생긴다.

**34** 도랑식(Trench)으로 밀도가 0.55t/m³인 폐기물을 매립하려고 한다. 도랑의 깊이가 3m이고, 다짐에 의해 폐기물을 2/3로 압축시킨다면 도랑 1m²당 매립할 수 있는 폐기물은 몇 ton인가?(단, 기타 조건은 고려 안 함)

① 2.15  ② 2.48
③ 3.35  ④ 3.65

풀이) 매립폐기물량(ton/m²)
$$= 밀도 \times 깊이 \times \frac{1}{(1-부피감소율)}$$
$$= 0.55 \text{ton/m}^3 \times 3\text{m} \times \frac{1}{\left(1-\frac{1}{3}\right)}$$
$$= 2.48 \text{ton/m}^2$$

**35** 쓰레기의 밀도가 750kg/m³이며 매립된 쓰레기의 총량은 30,000ton이다. 여기에서 유출되는 침출수는 약 몇 m³/년인가?(단, 침출수 발생량은 강우량의 60%이고, 쓰레기의 매립 높이는 6m이며, 연간 강우량은 1,300mm, 기타 조건은 고려하지 않음)

① 2,600m³/년  ② 3,200m³/년
③ 4,300m³/년  ④ 5,200m³/년

풀이) 침출수(m³/year)
$$= \frac{CIA}{1,000}$$
$$A = \frac{30,000\text{ton}}{6\text{m} \times 0.75\text{ton/m}^3} = 6,666.67\text{m}^2$$
$$= \frac{0.6 \times 1,300 \times 6,666.67}{1,000}$$
$$= 5,200\text{m}^3/\text{year}$$

**36** 매립지의 침출수 농도가 반으로 감소하는 데 약 3년이 걸렸다면 이 침출수 농도가 99% 감소하는 데 걸리는 시간은?(단, 1차 반응 기준)

① 약 10년  ② 약 15년
③ 약 20년  ④ 약 25년

풀이) $\ln\frac{C_t}{C_o} = -kt$

$\ln 0.5 = -k \times 3\text{year}$, $k = 0.231\text{year}^{-1}$

$\ln\left(\frac{1}{100}\right) = -0.231\text{year}^{-1} \times t$

소요시간(year)=19.94year

정답  32 ②  33 ②  34 ②  35 ④  36 ③

**37** 매립지에 흔히 쓰이는 합성차수막의 종류인 CR에 관한 내용으로 옳지 않은 것은?

① 대부분의 화학물질에 대한 저항성이 높다.
② 마모 및 기계적 충격에 약하다.
③ 접합이 용이하지 못하다.
④ 가격이 비싸다.

**풀이** 합성차수막 CR
　① 장점
　　㉠ 대부분의 화학물질에 대한 저항성이 높음
　　㉡ 마모 및 기계적 충격에 강함
　② 단점
　　㉠ 접합이 용이하지 못함
　　㉡ 가격이 고가임

**38** 함수율이 97%, 총 고형물 중의 유기물이 80%인 슬러지를 소화조에 500m³/day의 비율로 투입하여 유기물의 2/3 가스화 또는 액화 후 함수율 95%인 소화슬러지를 얻었다고 한다. 소화 슬러지양은?(단, 비중은 1.0을 기준으로 한다.)

① 120m³/day
② 140m³/day
③ 160m³/day
④ 180m³/day

**풀이** 무기물(FS)
$$= 500\text{m}^3/\text{day} \times 0.03 \times 0.2 = 3\text{m}^3/\text{day}$$
잔류 유기물(VS′)
$$= 500\text{m}^3/\text{day} \times 0.03 \times 0.8 \times \frac{1}{3}$$
$$= 4\text{m}^3/\text{day}$$
소화슬러지양(m³/day)
$$= \text{FS} + \text{VS}' \times \frac{100}{100 - \text{함수율}}$$
$$= (3+4)\text{m}^3/\text{day} \times \frac{100}{100-95}$$
$$= 140\text{m}^3/\text{day}$$

**39** 점토의 수분함량 지표인 소성지수, 액성한계, 소성한계의 관계로 옳은 것은?

① 소성지수=액성한계−소성한계
② 소성지수=액성한계+소성한계
③ 소성지수=액성한계 / 소성한계
④ 소성지수=소성한계 / 액성한계

**풀이** ① 점토의 수분함량과 관계되는 지표
　　㉠ 액성한계(LL)
　　㉡ 소성한계(PL)
　　㉢ 소성지수(PI)=LL−PL(소성지수 : 점토의 수분함량 지표)
　② 액성한계(LL)
　　점토의 수분함량이 그 이상이 되면 상태가 더 이상 선명화(플라스틱과 같이)되지 못하고 액체상태로 되는 수분함량(Liquid Limit)
　③ 소성한계(PL)
　　점토의 수분함량이 일정수준 미만이 되면 성형상태를 유지하지 못하고 부스러지는 상태에서의 수분함량(Plastic Limit)

**40** 다음 슬러지의 물의 형태 중 탈수성이 가장 용이한 것은?

① 모관결합수
② 표면부착수
③ 내부수
④ 입자경계수

**풀이** 탈수성이 용이한 순서
모관결합수>간극모관결합수>쐐기상 모관결합수>표면부착수>내부수

**정답** 37 ② 38 ② 39 ① 40 ①

## 3과목 폐기물소각 및 열회수

**41** 완전연소일 경우 $(CO_2)_{max}$의 값(%)은?[단, $CO_2$ : 배출가스 중 $CO_2$양($Sm^3/Sm^3$), $O_2$ : 배출가스 중 $O_2$양($Sm^3/Sm^3$), $N_2$ : 배출가스 중 $N_2$양($Sm^3/Sm^3$)]

① $\dfrac{0.21(CO_2)}{0.21-(O_2)} \times 100$

② $\dfrac{(O_2)}{1-0.21(CO_2)} \times 100$

③ $\dfrac{0.21(CO_2)}{(CO_2)+(N_2)} \times 100$

④ $\dfrac{0.21(CO_2)}{0.21(N_2)-0.79(O_2)} \times 100$

**풀이** 완전연소(CO=0)

$$CO_{2max}(\%) = \dfrac{CO_2 \times 100}{100-\left(\dfrac{O_2}{0.21}\right)} = \dfrac{21 \times CO_2}{21-O_2}$$

$= m \times CO_2$

**42** 발열량 1,000kcal/kg인 쓰레기의 발생량이 20ton/day인 경우, 소각로 내 열부하가 50,000 kcal/m³·hr인 소각로의 용적은?(단, 1일 가동시간은 8hr이다.)

① 50m³   ② 60m³
③ 70m³   ④ 80m³

**풀이** 소각로 용적(m³)

$= \dfrac{\text{소각량} \times \text{쓰레기 발열량}}{\text{연소실 열부하율}}$

$= \dfrac{20\text{ton/day} \times \text{day/8hr} \times 1,000\text{kg/ton} \times 1,000\text{kcal/kg}}{50,000\text{kcal/m}^3 \cdot \text{hr}}$

$= 50\text{m}^3$

**43** 유동층 소각로에서 슬러지의 온도가 30℃, 연소온도 850℃, 배기온도 450℃일 때, 유동층 소각로의 열효율은?

① 49%   ② 51%
③ 62%   ④ 77%

**풀이** 열효율(%) $= \dfrac{\text{유효열}}{\text{공급입열}} \times 100$

$= \dfrac{\text{연소온도}-\text{배기온도}}{\text{연소온도}-\text{슬러지온도}} \times 100$

$= \dfrac{(850-450)℃}{(850-30)℃} \times 100 = 48.78\%$

**44** 연소공정 중 연소실에 대한 설명으로 틀린 것은?

① 연소실의 운전척도는 공기/연료비, 혼합 정도, 연소온도 등이 있고 연소실의 크기는 충분히 커야 한다.
② 연소실은 1차 및 2차 연소실로 구성되는데 주입 폐기물을 건조, 휘발, 점화시켜 연소시키는 곳은 2차 연소실이다.
③ 연소실의 연소온도는 600~1,000℃이며, 연소실의 크기는 주입폐기물 톤당 0.4~0.6m³/일로 설계한다.
④ 연소로 모양은 직사각형, 수직원통형, 혼합형, 로터리킬른형 등이 있는데, 대부분이 직사각형 연소로이다.

**풀이** 연소실은 주입폐기물을 건조, 휘발, 점화시켜 연소시키는 1차 연소실과 미연소분을 연소시키는 2차 연소실로 구성된다.

**45** 쓰레기의 발열량을 $H$, 불완전연소에 의한 열손실을 $Q$, 태우고 난 후 재의 열손실을 $R$이라 할 때 연소효율 $\eta$을 구하는 공식 중 옳은 것은?

① $\eta = \dfrac{H-Q-R}{H}$   ② $\eta = \dfrac{H+Q+R}{H}$

③ $\eta = \dfrac{H-Q+R}{H}$   ④ $\eta = \dfrac{H+Q-R}{H}$

정답 41 ① 42 ① 43 ① 44 ② 45 ①

[풀이] 연소효율의 발열량 표현식

$$\text{연소효율}(\eta) = \frac{H_l - (L_1 + L_2)}{H_l} \times 100(\%)$$

여기서, $H_l$ : 저위 발열량(kcal/kg)
$L_1$ : 미연 손실(kcal/kg)
$L_2$ : 불완전연소 손실(kcal/kg)

**46** 액상폐기물의 소각처리를 위하여 액체 주입형 연소기(Liquid Injection Incinerator)를 사용하고자 할 때 장점으로 적당하지 않은 것은?

① 광범위한 종류의 액상폐기물을 연소할 수 있다.
② 대기오염 방지시설 이외에 소각재의 처리설비가 필요 없다.
③ 구동장치가 없어서 고장이 적다.
④ 대량처리가 가능하다.

[풀이] 액체 분무 주입형 소각로(Liquid Injection Incinerator)
① 장점
  ㉠ 광범위한 종류의 액상폐기물을 연소할 수 있다.
  ㉡ 대기오염방지시설 이외에 소각재처리시설이 필요 없다.
  ㉢ 구동장치가 간단하고 고장이 적다.
  ㉣ 운영비가 저렴하다.
  ㉤ 기술개발이 잘 되어 있고 자동화가 용이하다.
    (가동 이외의 경우 무인운전이 가능)
② 단점
  ㉠ 버너노즐을 이용하여 액체를 미립화하여야 한다.
  ㉡ 완전 연소시켜야 하며 내화물의 파손을 막아야 한다.
  ㉢ 고농도 고형분의 농도가 높으면 버너가 막히기 쉽다.
  ㉣ 대량처리가 어렵다.

**47** 어떤 폐기물의 원소조성이 다음과 같을 때 연소 시 필요한 이론공기량(kg/kg)은?(단, 중량 기준, 표준상태 기준으로 계산함)

• 가연성분 : 70%(C 60%, H 10%, O 25%, S 5%)
• 회분 : 30%

① 4.65
② 7.15
③ 8.35
④ 9.45

[풀이] $A_o(\text{kg/kg})$
$= \frac{1}{0.232}(1.867C + 5.6H + 0.7S - 0.7O)$

가연분 중 각 성분
C = 0.7 × 0.6 = 0.42
H = 0.7 × 0.1 = 0.07
O = 0.7 × 0.25 = 0.175
S = 0.7 × 0.05 = 0.035

$= \frac{1}{0.232}\left\{\begin{array}{l}(1.867 \times 0.42) + (5.6 \times 0.07) \\ + (0.7 \times 0.035) - (0.7 \times 0.175)\end{array}\right\}$

$= 4.65 \text{kg/kg}$

**48** 소각로에서 하루 10시간 조업에 10,000kg의 폐기물을 소각처리한다. 소각로 내의 열부하는 30,000kcal/m³·hr이고, 노의 체적은 15m³이다. 이 폐기물의 발열량(kcal/kg)은?

① 150
② 300
③ 450
④ 600

[풀이] 발열량(kcal/kg)

$= \frac{\text{열발생률}(\text{kcal/m}^3 \cdot \text{hr}) \times \text{연소실 부피}(\text{m}^3)}{\text{시간당 연소량}(\text{kg/hr})}$

$= \frac{30,000\text{kcal/m}^3 \cdot \text{hr} \times 15\text{m}^3}{10,000\text{kg}/10\text{hr}}$

$= 450\text{kcal/kg}$

**49** 다음 중 폐기물의 발열량을 계산하는 공식은?

① 듀롱(Dulong)의 식
② 보상케-사툰(Bosanquet-Sutton)의 식
③ 브리그(Briggs)의 식
④ 베르누이(Bernoulli)의 식

[풀이] 듀롱(Dulong)의 식
산소성분(O) 전부가 수소성분(H)과 결합하여 수분($H_2O$)으로 존재한다고 가정하고 발열량을 산정하는 식으로 Bomb 열량계로 구한 발열량에 근사시키기 위해 Dulong 보정식을 사용한다.

정답 46 ④ 47 ① 48 ③ 49 ①

**50** 폐기물의 저위발열량을 폐기물 3성분 조성비를 바탕으로 추정할 때 다음 중 3가지 성분에 포함되지 않는 것은?

① 수분  ② 회분
③ 가연성분  ④ 휘발분

> **풀이** 폐기물 3성분 조성
> ① 수분
> ② 회분
> ③ 가연성분

**51** 옥탄($C_8H_{18}$) 1mol을 완전연소시킬 때 공기연료비를 중량비(kg공기/kg연료)로 적절히 나타낸 것은?(단, 표준상태 기준)

① 8.3  ② 10.5
③ 12.8  ④ 15.1

> **풀이** $C_8H_{18}$의 연소반응식
> $C_8H_{18} + 12.5O_2 \rightarrow 8CO_2 + 9H_2O$
> 1mole : 12.5mole
>
> 부피기준 AFR = $\dfrac{\dfrac{1}{0.21} \times 12.5}{1}$
>
> = 59.5moles air/moles fuel
>
> 중량기준 AFR = $59.5 \times \dfrac{28.95}{114}$
>
> = 15.14kg air/kg fuel
> (28.95 : 건조공기분자량)

**52** 착화온도에 관한 설명으로 옳지 않은 것은?

① 화학반응성이 클수록 착화온도는 낮다.
② 분자구조가 간단할수록 착화온도는 높다.
③ 화학 결합의 활성도가 클수록 착화온도는 낮다.
④ 화학적 발열량이 클수록 착화온도는 높다.

> **풀이** 낮은 착화온도를 가질 수 있는 물질의 조건
> ① 분자구조가 간단할수록 착화온도는 높아진다.
> ② 화학결합의 활성도가 클수록 착화온도는 낮아진다.
> ③ 화학반응성이 클수록 착화온도는 낮아진다.
> ④ 동질물질인 경우 화학적으로 발열량이 클수록 착화온도는 낮아진다.
> ⑤ 공기 중의 산소농도 및 압력이 높을수록 착화온도는 낮아진다.
> ⑥ 석탄의 탄화도가 작을수록 착화온도는 낮아진다.
> ⑦ 비표면적이 클수록 착화온도는 낮아진다.

**53** 유동층 소각로에 관한 설명으로 가장 거리가 먼 것은?

① 상(床)으로부터 찌꺼기의 분리가 어렵다.
② 가스의 온도가 낮고 과잉공기량이 낮다.
③ 미연소분 배출로 2차 연소실이 필요하다.
④ 기계적 구동부분이 적어 고장률이 낮다.

> **풀이** 유동층 소각로
> ① 장점
>   ㉠ 유동매체의 열용량이 커서 액상, 기상, 고형 폐기물의 전소 및 혼소, 균일한 연소가 가능하다.
>   ㉡ 반응시간이 빨라 소각시간이 짧다.(노 부하율이 높다.)
>   ㉢ 연소효율이 높아 미연소분이 적고 2차 연소실이 불필요하다.
>   ㉣ 가스의 온도가 낮고 과잉공기량이 낮다. 따라서 NOx도 적게 배출된다.
>   ㉤ 기계적 구동부분이 적어 고장률이 낮아 유지관리가 용이하다.
>   ㉥ 노 내 온도의 자동제어로 열회수가 용이하다.
>   ㉦ 유동매체의 축열량이 높은 관계로 단시간 정지 후 가동 시 보조연료 사용 없이 정상가동이 가능하다.
>   ㉧ 과잉공기량이 적으므로 다른 소각로보다 보조연료 사용량과 배출가스양이 적다.
>   ㉨ 석회 또는 반응물질을 유동매체에 혼입시켜 노 내에서 산성가스의 제거가 가능하다.
> ② 단점
>   ㉠ 층의 유동으로 상으로부터 찌꺼기의 분리가 어려우며 운전비 특히, 동력비가 높다.
>   ㉡ 폐기물의 투입이나 유동화를 위해 파쇄가 필요하다.
>   ㉢ 상재료의 용융을 막기 위해 연소온도는 816℃를 초과할 수 없다.
>   ㉣ 유동매체의 손실로 인한 보충이 필요하다.
>   ㉤ 고점착성의 반유동상 슬러지는 처리하기 곤란하다.

정답  50 ④  51 ④  52 ④  53 ③

ⓑ 소각로 본체에서 압력손실이 크고 유동매체의 비산 또는 분진의 발생량이 가장 많다.
ⓢ 조대한 폐기물은 전처리가 필요하다. 즉 폐기물의 투입이나 유동화를 위해 파쇄공정이 필요하다.

**54** 스토커식 소각로의 열부하가 40,000kcal/m³·hr이며, 폐기물의 저위발열량이 700kcal/kg일 때 소각로의 부피는?(단, 폐기물의 소각량은 1일 10톤이며, 소각로 가동시간은 1일 10시간 가동기준이다.)

① 15.0m³  ② 17.5m³
③ 20.0m³  ④ 22.5m³

[풀이] 소각로부피(m³)

$$= \frac{소각량 \times 쓰레기\ 발열량}{연소실\ 부하율}$$

$$= \frac{10ton/day \times day/10hr \times 1,000kg/ton \times 700kcal/kg}{40,000kcal/m^3 \cdot hr}$$

$$= 17.5m^3$$

**55** 열교환기 중 과열기에 대한 설명으로 틀린 것은?

① 보일러에서 발생하는 포화증기에 다수의 수분이 함유되어 있으므로 이것을 과열하여 수분을 제거하고 과열도가 높은 증기를 얻기 위해 설치한다.
② 일반적으로 보일러 부하가 높아질수록 대류 과열기에 의한 과열 온도는 저하하는 경향이 있다.
③ 과열기는 그 부착 위치에 따라 전열형태가 다르다.
④ 방사형 과열기는 주로 화염의 방사열을 이용한다.

[풀이] 대류형 과열기
① 보통 제1·제2 연도의 중간에 설치한다.
② 연소가스의 대류에 의한 전달열을 받는 과열기이다.
③ 보일러의 부하가 높아질수록 과열온도는 상승한다.

**56** 매시간 4ton의 폐유를 소각하는 소각로에서 발생하는 황산화물을 접촉산화법으로 탈황하고 부산물로 50%의 황산을 회수한다면 회수되는 부산물량(kg/hr)은?(단, 폐유 중 황성분 3%, 탈황률 95%라 가정함)

① 약 500  ② 약 600
③ 약 700  ④ 약 800

[풀이]
$$S \rightarrow H_2SO_4$$
$$32kg : 98kg$$
$$4ton/hr \times 0.03 \times 0.95 : H_2SO_4(kg/hr) \times 0.5$$

$H_2SO_4(kg/hr)$

$$= \frac{4ton/hr \times 0.03 \times 0.95 \times 98kg \times 1,000kg/ton}{32kg \times 0.5}$$

$$= 698.25kg/hr$$

**57** 연소실 내 가스와 폐기물의 흐름에 관한 설명으로 옳지 않은 것은?

① 병류식은 폐기물의 발열량이 낮은 경우에 적합한 형식이다.
② 교류식은 향류식과 병류식의 중간적인 형식이다.
③ 교류식은 중간 정도의 발열량을 가지는 폐기물의 질에 적합하다.
④ 향류식은 폐기물의 이송방향과 연소가스의 흐름이 반대로 향하는 형식이다.

[풀이] 소각로 내 연소가스와 폐기물 흐름에 따른 구분
① 역류식(향류식)
  ㉠ 폐기물의 이송방향과 연소가스의 흐름을 반대로 하는 형식이다.
  ㉡ 난연성 또는 착화하기 어려운 폐기물 소각에 가장 적합한 방식이다.
  ㉢ 열가스에 의한 방사열이 폐기물에 유효하게 작용하므로 수분이 많다.
  ㉣ 후연소 내의 온도저하나 불완전연소가 발생할 수 있다.
  ㉤ 복사열에 의한 건조에 유리하며 저위발열량이 낮은 폐기물에 적합하다.
② 병류식
  ㉠ 폐기물의 이송방향과 연소가스의 흐름방향이 같은 형식이다.
  ㉡ 수분이 적고(착화성이 좋고) 저위발열량이 높을 때 적용한다.
  ㉢ 폐기물의 발열량이 높을 경우 적당한 형식이다.

ⓔ 건조대에서의 건조효율이 저하될 수 있다.
③ 교류식(중간류식)
　ⓐ 역류식과 병류식의 중간적인 형식이다.
　ⓑ 중간 정도의 발열량을 가지는 폐기물에 적합하다.
　ⓒ 두 흐름이 교차하여 폐기물 질의 변동이 클 때 적합하다.
④ 복류식(2회류식)
　ⓐ 2개의 출구를 가지고 있는 댐퍼의 개폐로 역류식, 병류식, 교류식으로 조절할 수 있는 형식이다.
　ⓑ 폐기물의 질이나 저위발열량의 변동이 심할 경우에 적합하다.

## 58 다이옥신 방지 및 제어기술에 관한 내용으로 옳지 않은 것은?

① 활성탄과 백 필터를 같이 사용하는 경우에는 분무된 활성탄이 필터 백 표면에 코팅되어 백 필터에서도 흡착이 활발하게 일어난다.
② 활성탄과 백 필터를 같이 사용하는 경우에는 활성탄과 비산재를 분리, 재활용하기 용이하여 활성탄의 사용량이 절감되는 장점이 있다.
③ 촉매에 의한 다이옥신 분해 방식은 활성탄 흡착 처리 방법에 비해 다이옥신을 무해화하기 위한 후처리가 필요 없는 것이 장점이다.
④ 촉매에 의한 다이옥신 분해 방식에 사용되는 촉매는 반응성이 높은 금속 산화물이 주로 사용된다.

**풀이** 활성탄과 백 필터를 같이 사용하는 경우에는 활성탄과 비산재를 분리, 재활용하기가 용이하지 않으면 활성탄의 사용량이 증가되는 단점이 있다.

## 59 황의 함량이 5%인 폐기물 30,000kg을 연소할 때 생성되는 $SO_2$ 가스의 총 부피는 몇 $Sm^3$인가?(단, 표준상태를 기준으로 하며, 황성분은 전량 $SO_2$로 가스화되고, 완전연소이다.)

① 850　　② 950
③ 1,050　　④ 1,150

**풀이**
$$S \;+\; O_2 \;\to\; SO_2$$
$$32kg \;:\; 22.4Sm^3$$
$$30,000kg \times 0.05 \;:\; SO_2(Sm^3)$$
$$SO_2(Sm^3) = \frac{30,000kg \times 0.05 \times 22.4Sm^3}{32kg}$$
$$= 1,050Sm^3$$

## 60 쓰레기 소각에 비하여 열분해공정의 특징이라 볼 수 없는 것은?

① 배기가스양이 적다.
② 환원성 분위기를 유지할 수 있어서 $Cr^{3+}$가 $Cr^{6+}$로 변화하지 않는다.
③ 황분, 중금속분이 Ash 중에 고정되는 비율이 작다.
④ 흡열반응이다.

**풀이** 열분해공정이 소각에 비하여 갖는 장점
① 대기로 방출하는 배기가스양이 적게 배출된다. (가스처리장치가 소형화)
② 황, 중금속분이 Ash(회분) 중에 고정되는 비율이 크다.
③ 상대적으로 저온이기 때문에 NOx(질소산화물), 염화수소의 발생량이 적다.
④ 환원기가 유지되므로 $Cr^{3+}$이 $Cr^{6+}$으로 변화하기 어려우며 대기오염물질의 발생이 적다. (크롬산화 억제)
⑤ 폐플라스틱, 폐타이어, 오니류 등 스토커 소각처리가 곤란한 물질도 처리 가능하다.
⑥ 공기공급장치의 소형화 및 감량화로 매립용량이 감소한다.
⑦ 소각에 비교하여 생성물의 정제장치가 필요하다.
⑧ 고온용융식을 이용하면 재를 고형화할 수 있고 중금속의 용출이 없어서 자원으로 활용할 수 있다.
⑨ 저장 및 수송이 가능한 연료를 회수할 수 있다.

정답　58 ②　59 ③　60 ③

## 4과목　폐기물공정시험기준(방법)

**61** 폐기물이 1톤 미만으로 야적되어 있는 적환장에서 채취하여야 할 최소 시료의 총량(g)은?(단, 소각재는 아님)

① 100　　② 400
③ 600　　④ 900

풀이 1회에 100g 이상 채취하며 1톤 미만이면 시료 채취 최소 수가 6이므로 100g×6＝600g

**62** 분석용 저울은 최소 몇 mg까지 달 수 있는 것이어야 하는가?(단, 총칙 기준)

① 1.0　　② 0.1
③ 0.01　　④ 0.001

풀이 분석용 저울은 0.1mg까지 측정할 수 있어야 한다.

**63** 자외선/가시선 분광법에 의한 시안분석방법에 관한 설명으로 틀린 것은?

① 시료를 pH 10~12의 알칼리성으로 조절한 후에 질산나트륨을 넣고 가열 증류하여 시안화합물을 시안화수소로 유출하는 방법이다.
② 클로라민－T와 피리딘·피라졸론 혼합액을 넣어 나타나는 청색을 620nm에서 측정하는 방법이다.
③ 시안화합물을 측정할 때 방해물질들은 증류하면 대부분 제거되나 다량의 지방성분, 잔류염소, 황화합물은 시안화합물을 분석할 때 간섭할 수 있다.
④ 황화합물이 함유된 시료는 아세트산아연용액(10W/V%) 2mL를 넣어 제거한다.

풀이 시안－자외선/가시선 분광법
시료를 pH 2 이하의 산성으로 조절한 후에 에틸렌다이아민테트라아세트산나트륨을 넣고 가열 증류하여 시안화합물을 시안화수소로 유출시켜 수산화나트륨용액을 포집한 다음 중화하고 클로라민－T와 피리딘·피라졸론 혼합액을 넣어 나타나는 청색을 620nm에서 측정하는 방법이다.

**64** 원자흡수분광광도법의 분석장치를 나열한 것으로 적당하지 않은 것은?

① 광원부－중공음극램프, 램프점등장치
② 시료원자화부－버너, 가스유량 조절기
③ 파장선택부－분광기, 멀티패스 광학계
④ 측광부－검출기, 증폭기

풀이 파장선택부
분광기, 필터, 에탈론 간섭분광기

**65** 폐기물 중 크롬을 자외선/가시선 분광법으로 측정하는 방법에 대한 내용으로 틀린 것은?

① 흡광도는 540nm에서 측정한다.
② 총크롬을 다이페닐카바자이드를 사용하여 6가 크롬으로 전환시킨다.
③ 흡광도의 측정값이 0.2~0.8의 범위에 들도록 실험용액의 농도를 조절한다.
④ 크롬의 정량한계는 0.002mg이다.

풀이 크롬(자외선/가시선 분광법)
시료 중에 총크롬을 과망간산칼륨을 사용하여 6가 크롬으로 산화시킨 다음 산성에서 다이페닐카바자이드와 반응하여 생성되는 적자색 착화합물의 흡광도를 540nm에서 측정하여 총크롬을 정량하는 방법이다.

**66** 유기물 함량이 비교적 높지 않고 금속의 수산화물, 산화물, 인산염 및 황화물을 함유하고 있는 시료에 적용되는 전처리방법은?

① 질산－염산 분해법
② 질산－황산 분해법
③ 질산－과염소산 분해법
④ 질산－불화수소산 분해법

풀이 질산－염산 분해법
① 적용 : 유기물 함량이 비교적 높지 않고 금속의 수산화물, 산화물, 인산염 및 황화물을 함유하고 있는 시료에 적용한다.
② 용액 산농도 : 약 0.5N

## 67 온도에 관한 기준으로 옳지 않은 것은?

① 찬 곳은 따로 규정이 없는 한 0~15℃의 곳을 뜻한다.
② 각각의 시험은 따로 규정이 없는 한 실온에서 조작한다.
③ 온수는 60~70℃로 한다.
④ 냉수는 15℃ 이하로 한다.

**풀이** 온도 관련 기준
① 온도 용어

| 용어 | 온도(℃) |
|---|---|
| 표준온도 | 0 |
| 상온 | 15~25 |
| 실온 | 1~35 |
| 찬 곳 | 0~15의 곳<br>(따로 규정이 없는 경우) |
| 냉수 | 15 이하 |
| 온수 | 60~70℃ |
| 열수 | ≒100℃ |

② 수욕상 또는 수욕 중에서 가열한다.
  규정이 없는 한 수온 100℃에서 가열함을 뜻하고 약 100℃의 증기욕을 쓸 수 있다는 의미
③ 시험은 따로 규정이 없는 한 상온에서 조작(단, 온도의 영향이 있는 것의 판정은 표준온도를 기준으로 함)

## 68 시료 채취에 관한 내용으로 ( )에 옳은 것은?

회분식 연소방식의 소각재 반출설비에서 채취하는 경우에는 하루 동안의 운전횟수에 따라 매 운전 시마다 ( ㉠ ) 이상 채취하는 것을 원칙으로 하고, 시료의 양은 1회에 ( ㉡ ) 이상으로 한다.

① ㉠ 2회, ㉡ 100g
② ㉠ 4회, ㉡ 100g
③ ㉠ 2회, ㉡ 500g
④ ㉠ 4회, ㉡ 500g

**풀이** 회분식 연소방식의 소각재 반출설비에서 시료채취
① 하루 동안의 운전횟수에 따라 매 운전 시마다 2회 이상 채취
② 시료의 양은 1회에 500g 이상

## 69 다음 시약 제조방법 중 틀린 것은?

① 1M-NaOH 용액은 NaOH 42g을 정제수 950mL를 넣어 녹이고 새로 만든 수산화바륨 용액(포화)을 침전이 생기지 않을 때까지 한 방울씩 떨어뜨려 잘 섞고 마개를 하여 24시간 방치한 다음 여과하여 사용한다.
② 1M-HCl 용액은 염산 120mL에 정제수를 넣어 1,000mL로 한다.
③ 20W/V%-KI(비소시험용) 용액은 KI 20g을 정제수에 녹여 100mL로 하며 사용할 때 조제한다.
④ 1M-$H_2SO_4$ 용액은 황산 60mL를 정제수 1L 중에 섞으면서 천천히 넣어 식힌다.

**풀이** 1M-HCl 용액은 염산 90mL에 정제수를 넣어 1,000mL로 한다.

## 70 폐기물 시료에 대해 강열감량과 유기물함량을 조사하기 위해 다음과 같은 실험을 하였다. 아래와 같은 결과를 이용한 강열감량(%)은?

1) 600±25℃에서 30분간 강열하고 데시케이터 안에서 방랭 후 접시의 무게($W_1$) : 48.256g
2) 여기에 시료를 취한 후 접시와 시료의 무게 ($W_2$) : 73.352g
3) 여기에 25% 질산암모늄용액을 넣어 시료를 적시고 천천히 가열하여 탄화시킨 다음 600±25℃에서 3시간 강열하고 데시케이터 안에서 방랭 후 무게($W_3$) : 52.824g

① 약 74%
② 약 76%
③ 약 82%
④ 약 89%

**풀이** 강열감량(%) = $\dfrac{W_2 - W_3}{W_2 - W_1} \times 100$

$= \dfrac{(73.352 - 52.824)\text{g}}{(73.352 - 48.256)\text{g}} \times 100$

$= 81.80\%$

정답 67 ② 68 ③ 69 ② 70 ③

## 71 정도보증/정도관리를 위한 현장 이중시료에 관한 내용으로 ( )에 알맞은 것은?

> 현장 이중시료는 동일 위치에서 동일한 조건으로 중복 채취한 시료로서 독립적으로 분석하여 비교한다. 현장 이중시료는 필요시 하루에 ( ) 이하의 시료를 채취할 경우에는 1개를, 그 이상의 시료를 채취할 때에는 시료 ( )당 1개를 추가로 채취한다.

① 5개 ② 10개
③ 15개 ④ 20개

▶풀이 현장 이중시료(Field Duplicate)
① 동일 위치에서 동일한 조건으로 중복 채취한 시료를 말한다.
② 필요시 하루에 20개 이하의 시료를 채취할 경우에는 1개를, 그 이상의 시료를 채취할 때에는 시료 20개당 1개를 추가로 채취한다.

## 72 지정폐기물에 함유된 유해물질의 기준으로 옳은 것은?

① 납=3mg/L ② 카드뮴=3mg/L
③ 구리=0.3mg/L ④ 수은=0.0005mg/L

▶풀이 ② 카드뮴 : 0.3mg/L
③ 구리 : 3mg/L
④ 수은 : 0.005mg/L

## 73 기기검출한계(IDL)에 관한 설명으로 ( )에 옳은 것은?

> 시험분석 대상물질을 기기가 검출할 수 있는 최소한의 농도 또는 양으로서 바탕시료를 반복 측정 분석한 결과의 표준편차에 ( )배한 값을 말한다.

① 2 ② 3
③ 5 ④ 10

▶풀이 기기검출한계(IDL : Instrument Detection Limit)
① 시험분석 대상물질을 기기가 검출할 수 있는 최소한의 농도 또는 양
② S/N비의 2~5배 농도
③ 표준편차×3

## 74 온도에 대한 규정에서 14℃가 포함되지 않은 것은?

① 상온 ② 실온
③ 냉수 ④ 찬 곳

▶풀이 온도 관련 기준
① 온도 용어

| 용어 | 온도(℃) |
|---|---|
| 표준온도 | 0 |
| 상온 | 15~25 |
| 실온 | 1~35 |
| 찬 곳 | 0~15의 곳 (따로 규정이 없는 경우) |
| 냉수 | 15 이하 |
| 온수 | 60~70℃ |
| 열수 | ≒100℃ |

② 수욕상 또는 수욕 중에서 가열한다.
규정이 없는 한 수온 100℃에서 가열함을 뜻하고 약 100℃의 증기욕을 쓸 수 있다는 의미
③ 시험은 따로 규정이 없는 한 상온에서 조작(단, 온도의 영향이 있는 것의 판정은 표준온도를 기준으로 함)

## 75 용출시험방법의 용출조작을 나타낸 것으로 옳지 않은 것은?

① 혼합액을 상온, 상압에서 진탕 횟수가 매분당 약 200회가 되도록 한다.
② 진폭이 7~9cm의 진탕기를 사용한다.
③ 6시간 연속 진탕한 다음 1.0μm의 유리 섬유 여과지로 여과한다.
④ 여과가 어려운 경우 원심분리기를 사용하여 매분당 3,000회전 이상으로 20분 이상 원심분리한다.

정답 71 ④ 72 ① 73 ② 74 ① 75 ②

풀이 용출시험방법(용출조작)
① 진탕 : 혼합액을 상온·상압에서 진탕 횟수가 매분당 약 200회, 진폭이 4~5cm인 진탕기를 사용하여 6시간 연속 진탕
⇩
② 여과 : 1.0μm의 유리섬유여과지로 여과
⇩
③ 여과액을 적당량 취하여 용출실험용 시료용액으로 함

## 76 유리전극법에 의한 수소이온농도 측정 시 간섭물질에 관한 설명으로 옳지 않은 것은?

① pH 10 이상에서 나트륨에 의해 오차가 발생할 수 있는데 이는 "낮은 나트륨 오차전극"을 사용하여 줄일 수 있다.
② 유리전극은 일반적으로 용액의 색도, 탁도, 염도, 콜로이드성 물질들, 산화 및 환원성 물질들 등에 의해 간섭을 많이 받는다.
③ 기름층이나 작은 입자상이 전극을 피복하여 pH 측정을 방해할 경우에는 세척제로 닦아낸 후 정제수로 세척하고 부드러운 천으로 수분을 제거하여 사용한다.
④ 피복물을 제거할 때는 염산(1+9) 용액을 사용할 수 있다.

풀이 유리전극은 용액의 색도, 탁도, 콜로이드성 물질들, 산화 및 환원성 물질들, 염도에 의해 간섭을 받지 않는다.

## 77 중금속 분석의 전처리인 질산 – 과염소산 분해법에서 진한 질산이 공존하지 않는 상태에서 과염소산을 넣을 경우 발생되는 문제점은?

① 킬레이트 형성으로 분해효율이 저하됨
② 급격한 가열반응으로 휘산됨
③ 폭발 가능성이 있음
④ 중금속의 응집침전이 발생함

풀이 질산 – 과염소산 분해법
① 적용 : 유기물을 다량 함유하고 있으면서 산화분해가 어려운 시료에 적용한다.
② 주의
  ㉠ 과염소산을 넣을 경우 진한 질산이 공존하지 않으면 폭발할 위험이 있으므로 반드시 진한 질산을 먼저 넣어야 한다.
  ㉡ 어떠한 경우에도 유기물을 함유한 뜨거운 용액에 과염소산을 넣어서는 안 된다.
  ㉢ 납을 측정할 경우 시료 중에 황산이온($SO_4^{2-}$)이 다량 존재하면 불용성의 황산납이 생성되어 측정치에 손실을 가져온다. 이때는 분해가 끝난 액에 물 대신 아세트산암모늄용액(5+6) 50mL를 넣고 가열하여 액이 끓기 시작하면 킬달플라스크를 회전시켜 내벽을 액으로 충분히 씻어준 다음 약 5분 동안 가열을 계속하고 공기 중에서 식혀 여과한다.
  ㉣ 유기물의 분해가 완전히 끝나지 않아 액이 맑지 않을 때에는 다시 질산 5mL를 넣고 가열을 반복한다.
  ㉤ 질산 5mL와 과염소산 10mL를 넣고 가열을 계속하여 과염소산이 분해되어 백연이 발생하기 시작하면 가열을 중지한다.
  ㉥ 유기물 분해 시에 분해가 끝나면 공기 중에서 식히고 정제수 50mL을 넣어 서서히 끓이면서 질소산화물 및 유리염소를 완전히 제거한다.

## 78 pH 표준용액 조제에 대한 설명으로 옳지 않은 것은?

① 염기성 표준용액은 산화칼슘(생석회) 흡수관을 부착하여 2개월 이내에 사용한다.
② 조제한 pH 표준용액은 경질 유리병에 보관한다.
③ 산성표준용액은 3개월 이내에 사용한다.
④ 조제한 pH 표준용액은 폴리에틸렌병에 보관한다.

풀이 pH 표준용액 사용기간
① 산성 표준용액 : 3개월
② 염기성 표준용액 : 산화칼슘(생석회) 흡수관을 부착하여 1개월 이내에 사용

정답 76 ② 77 ③ 78 ①

**79** 폐기물공정시험기준의 용어 정의로 틀린 것은?

① 시험조작 중 '즉시'란 30초 이내에 표시된 조작을 하는 것을 뜻한다.
② 감압 또는 진공이라 함은 따로 규정이 없는 한 15mmHg 이하를 말한다.
③ '항량으로 될 때까지 건조한다'라 함은 같은 조건에서 1시간 더 건조할 때 전후 무게의 차가 g당 0.1mg 이하일 때를 말한다.
④ '비함침성 고상폐기물'이라 함은 금속판, 구리선 등 기름을 흡수하지 않는 평면 또는 비평면 형태의 변압기 내부부재를 말한다.

**풀이** '항량으로 될 때까지 건조한다.'라 함은 같은 조건에서 1시간 더 건조할 때 전후 무게의 차가 g당 0.3mg 이하일 때를 말한다.

**80** 기름 성분을 중량법으로 측정할 때 정량한계 기준은?

① 0.1% 이하
② 1.0% 이하
③ 3.0% 이하
④ 5.0% 이하

**풀이** 기름성분 – 중량법
정량한계 : 0.1% 이하(정량범위 5~200mg, 표준편차율 5~20%)

### 5과목  폐기물관계법규

**81** 폐기물처리업에 대한 과징금에 관한 내용으로 (  )에 옳은 내용은?

> 환경부장관이나 시·도지사는 사업장의 사업규모, 사업지역의 특수성, 위반행위의 정도 및 횟수 등을 고려하여 법의 규정에 따른 과징금 금액의 (    ) 범위에서 가중하거나 감경할 수 있다. 다만, 가중하는 경우에는 과징금 총액이 1억 원을 초과할 수 없다.

① 2분의 1
② 3분의 1
③ 4분의 1
④ 5분의 1

**풀이** 폐기물처리업자에 대한 과징금
환경부장관이나 시·도지사는 사업장의 사업규모, 사업지역의 특수성, 위반행위의 정도 및 횟수 등을 고려하여 과징금 금액의 2분의 1 범위에서 가중하거나 감경할 수 있다. 다만, 가중하는 경우에는 과징금 총액이 1억 원을 초과할 수 없다.

**82** 특별자치시장, 특별자치도지사, 시장·군수·구청장이 관할구역의 음식물류 폐기물의 발생을 최대한 줄이고 발생한 음식물류 폐기물을 적절하게 처리하기 위하여 수립하는 음식물류 폐기물 발생 억제계획에 포함되어야 하는 사항으로 틀린 것은?

① 음식물류 폐기물 처리기술의 개발계획
② 음식물류 폐기물의 발생 억제목표 및 목표 달성 방안
③ 음식물류 폐기물의 발생 및 처리현황
④ 음식물류 폐기물 처리시설의 설치현황 및 향후 설치계획

**풀이** 음식물류 폐기물 발생 억제계획의 포함사항
① 음식물류 폐기물의 발생 및 처리현황
② 음식물류 폐기물의 향후 발생 예상량 및 적정처리 계획
③ 음식물류 폐기물의 발생 억제목표 및 목표달성 방안
④ 음식물류 폐기처리시설의 설치현황 및 향후 설치계획
⑤ 음식물류 폐기물의 발생억제 및 적정처리를 위한 기술적·재정적 지원방안(재원의 확보계획을 포함한다.)

**83** 폐기물매립시설의 사후관리계획서에 포함되어야 할 내용으로 틀린 것은?

① 토양조사계획
② 지하수 수질조사계획
③ 빗물배제계획
④ 구조물 및 지반 등의 안정도 유지계획

[풀이] 폐기물 매립시설 사후관리계획서의 포함사항
① 폐기물처리시설 설치 · 사용 내용
② 사후관리 추진일정
③ 빗물배제계획
④ 침출수 관리계획(차단형 매립시설은 제외한다.)
⑤ 지하수 수질조사계획
⑥ 발생가스 관리계획(유기성 폐기물을 매립하는 시설만 해당한다.)
⑦ 구조물과 지반 등의 안정도 유지계획

**84** 폐기물처리시설 설치 · 운영자, 폐기물처리업자, 폐기물과 관련된 단체, 그 밖에 폐기물과 관련된 업무에 종사하는 자가 폐기물에 관한 조사연구 · 기술개발 · 정보보급 등 폐기물 분야의 발전을 도모하기 위하여 환경부장관의 허가를 받아 설립할 수 있는 단체는?

① 한국폐기물협회
② 한국폐기물학회
③ 폐기물관리공단
④ 폐기물처리공제조합

[풀이] 폐기물처리시설 설치 · 운영자, 폐기물처리업자, 폐기물과 관련된 단체, 그 밖에 폐기물과 관련된 업무에 종사하는 자는 폐기물에 관한 조사연구 · 기술개발 · 정보보급 등 폐기물분야의 발전을 도모하기 위하여 환경부장관의 허가를 받아 한국폐기물협회를 설립할 수 있다.

**85** 기술관리인을 두어야 할 폐기물처리시설 기준으로 옳은 것은?(단, 폐기물처리업자가 운영하는 폐기물처리시설은 제외)

① 시멘트 소성로로서 시간당 처분능력이 600킬로그램 이상인 시설
② 멸균분쇄시설로서 시간당 처분능력이 600킬로그램 이상인 시설
③ 사료화 · 퇴비화 또는 연료화시설로서 1일 재활용능력이 1톤 이상인 시설
④ 압축 · 파쇄 · 분쇄 또는 절단시설로서 1일 처분능력 또는 재활용능력이 100톤 이상인 시설

[풀이] 기술관리인을 두어야 하는 폐기물 처리시설
① 매립시설의 경우
  ㉠ 지정폐기물을 매립하는 시설로서 면적이 3천 300제곱미터 이상인 시설. 다만, 차단형 매립시설에서는 면적이 330제곱미터 이상이거나 매립용적이 1천 세제곱미터 이상인 시설로 한다.
  ㉡ 지정폐기물 외의 폐기물을 매립하는 시설로서 면적이 1만 제곱미터 이상이거나 매립용적이 3만 세제곱미터 이상인 시설
② 소각시설로서 시간당 처리능력이 600킬로그램(감염성 폐기물을 대상으로 하는 소각시설의 경우에는 200킬로그램) 이상인 시설
③ 압축 · 파쇄 · 분쇄 또는 절단시설로서 1일 처리능력 또는 재활용시설이 100톤 이상인 시설
④ 사료화 · 퇴비화 또는 연료화 시설로서 1일 재활용능력이 5톤 이상인 시설
⑤ 멸균 · 분쇄시설로서 시간당 처리능력이 100킬로그램 이상인 시설
⑥ 시멘트 소성로
⑦ 용해로(폐기물에 비철금속을 추출하는 경우로 한정한다.)로서 시간당 재활용능력이 600킬로그램 이상인 시설
⑧ 소각열회수시설로서 시간당 재활용능력이 600킬로그램 이상인 시설

**86** 폐기물처리시설의 사용개시 신고 시에 첨부하여야 하는 서류는?

① 해당 시설의 유지관리계획서
② 폐기물의 처리계획서
③ 예상배출내역서
④ 처리 후 발생되는 폐기물의 처리계획서

[풀이] 폐기물처리시설의 사용개시 신고 시 첨부서류
① 해당 시설의 유지관리계획서
② 다음 각 목의 어느 하나에 해당하는 시설의 경우에는 제3항에 따른 검사기관에서 발행한 그 시설의 검사결과서
  ㉠ 소각시설(법 제29조 제2항 제1호에 따른 시설은 제외한다.)
  ㉡ 매립시설

정답  84 ①  85 ④  86 ①

ⓒ 멸균분쇄시설에 해당하는 시설로서 의료폐기물을 대상으로 하는 시설을 포함한다. 이하 이 조에서 같다.
ⓔ 음식물류 폐기물을 처리하는 시설로서 1일 처리능력 100킬로그램 이상인 시설(이하 "음식물류 폐기물 처리시설"이라 한다). 다만, 1일 재활용능력이 100킬로그램 이상 200킬로그램 미만인 음식물류 폐기물 소멸화 시설은 2015년 7월 1일부터 2017년 6월 30일까지 제외한다.
ⓜ 시멘트 소성로(폐기물을 연료로 사용하는 경우로 한정한다.)
ⓗ 소각열회수시설

**87** 지정폐기물을 배출하는 사업자가 지정폐기물을 처리하기 전에 환경부장관에게 제출하여야 하는 서류가 아닌 것은?

① 폐기물 감량화 및 재활용 계획서
② 수탁처리자의 수탁확인서
③ 폐기물 전문분석기관의 폐기물 분석결과서
④ 폐기물처리계획서

풀이 지정폐기물 처리계획 확인(사전 제출서류)
① 수탁처리자의 수탁확인서
② 폐기물전문분석기관의 폐기물분석결과서
③ 폐기물처리계획서
④ 처리업자의 허가증사본

**88** 폐기물처리업의 시설·장비·기술능력의 기준 중 폐기물 수집·운반업(지정 폐기물 중 의료폐기물을 수집·운반하는 경우) 장비 기준으로 ( )에 옳은 것은?

적재능력 ( ㉠ ) 이상의 냉장차량(섭씨 4도 이하인 것을 말한다.) ( ㉡ ) 이상

① ㉠ 0.25톤, ㉡ 5대
② ㉠ 0.25톤, ㉡ 3대
③ ㉠ 0.45톤, ㉡ 5대
④ ㉠ 0.45톤, ㉡ 3대

풀이 지정폐기물 중 의료폐기물을 수집·운반하는 경우 기준
① 장비
㉠ 적재능력 0.45톤 이상의 냉장차량(섭씨 4도 이하인 것을 말한다. 이하 같다) 3대 이상
㉡ 약물소독장비 1식 이상
② 주차장 : 모든 차량을 주차할 수 있는 규모
③ 연락소 또는 사무실

**89** 관리형 매립시설에서 발생하는 침출수의 배출허용기준으로 옳은 것은?(단, 청정지역, 단위 mg/L, 중크롬산칼륨법에 의한 화학적 산소요구량 기준이며 ( ) 안의 수치는 처리효율을 표시함)

① 200(90%)
② 300(90%)
③ 400(90%)
④ 500(90%)

풀이 관리형 매립시설 침출수의 배출허용기준

| 구분 | 생물화학적 산소요구량 (mg/L) | 화학적 산소요구량(mg/L) | | | 부유물질량 (mg/L) |
|---|---|---|---|---|---|
| | | 과망간산칼륨법에 따른 경우 | | 중크롬산칼륨법에 따른 경우 | |
| | | 1일 침출수 배출량 2,000m³ 이상 | 1일 침출수 배출량 2,000m³ 미만 | | |
| 청정지역 | 30 | 50 | 50 | 400 (90%) | 30 |
| 가지역 | 50 | 80 | 100 | 600 (85%) | 50 |
| 나지역 | 70 | 100 | 150 | 800 (80%) | 70 |

**90** 정기적으로 주변지역에 미치는 영향을 조사하여야 할 폐기물처리시설에 해당하는 것은?

① 1일 처분능력이 30톤 이상인 사업장폐기물 소각시설
② 1일 재활용능력이 30톤 이상인 사업장폐기물 소각열회수시설
③ 매립면적이 1만 제곱미터 이상의 사업장 지정폐기물 매립시설
④ 매립면적이 10만 제곱미터 이상의 사업장 일반폐기물 매립시설

정답  87 ①  88 ④  89 ③  90 ③

풀이) 주변지역 영향 조사대상 폐기물처리시설 기준
① 1일 처리능력이 50톤 이상인 사업장폐기물 소각시설(같은 사업장에 여러 개의 소각시설이 있는 경우에는 각 소각시설의 1일 처리능력의 합계가 50톤 이상인 경우를 말한다.)
② 매립면적 1만 제곱미터 이상의 사업장 지정폐기물 매립시설
③ 매립면적 15만 제곱미터 이상의 사업장 일반폐기물 매립시설
④ 시멘트 소성로(폐기물을 연료로 사용하는 경우로 한정한다.)
⑤ 1일 재활용능력이 50톤 이상인 사업장폐기물 소각열회수시설(같은 사업장에 여러 개의 소각열회수시설이 있는 경우에는 각 소각열회수시설의 1일 재활용능력의 합계가 50톤 이상인 경우를 말한다.)

## 91 폐기물 처리시설의 종류 중 재활용시설에 해당하지 않는 것은?

① 용해로(폐기물에서 비철금속을 추출하는 경우로 한정한다.)
② 소성(시멘트 소성로는 제외한다.) · 탄화 시설
③ 골재세척시설(동력 7.5kW 이상인 시설로 한정한다.)
④ 의약품 제조시설

풀이) 재활용시설의 종류
① 기계적 재활용시설
② 화학적 재활용시설
③ 생물학적 재활용시설
④ 시멘트 소성로
⑤ 용해로(폐기물에서 비철금속을 추출하는 경우로 한정한다.)
⑥ 소성(시멘트 소성로는 제외한다.) · 탄화시설
⑦ 골재가공시설
⑧ 의약품 제조시설
⑨ 소각열회수시설(시간당 재활용능력이 200킬로그램 이상인 시설로서 에너지를 회수하기 위하여 설치하는 시설만 해당한다.)
⑩ 그 밖에 환경부장관이 폐기물을 안전하게 재활용할 수 있다고 인정하여 고시하는 시설

## 92 환경상태의 조사 · 평가에서 국가 및 지방자치단체가 상시 조사 · 평가하여야 하는 내용으로 틀린 것은?

① 환경의 질의 변화
② 환경오염원 및 환경훼손 요인
③ 환경오염지역의 원상회복실태
④ 자연환경 및 생활환경 현황

풀이) 환경정책기본법(환경상태의 조사 · 평가)상 국가 및 지방자치단체가 상시 조사 · 평가하는 내용
① 자연환경 및 생활환경 현황
② 환경오염 및 환경훼손 실태
③ 환경오염원 및 환경훼손 요인
④ 환경의 질의 변화
⑤ 그 밖에 국가환경종합계획의 수립 · 시행에 필요한 사항

## 93 폐기물 운반자는 배출자로부터 폐기물을 인수받은 날로부터 며칠 이내에 전자정보처리프로그램에 입력하여야 하는가?

① 1일
② 2일
③ 3일
④ 5일

풀이) 폐기물 운반자는 배출자로부터 폐기물을 인수받은 날로부터 2일 이내에 전자정보처리프로그램에 입력하여야 한다.

## 94 폐기물매립시설의 사후관리 업무를 대행할 수 있는 자는?(단, 그 밖에 환경부장관이 사후관리를 대행할 능력이 있다고 인정하여 고시하는 자의 경우 제외)

① 유역 · 지방 환경청
② 국립환경과학원
③ 한국환경공단
④ 시 · 도 보건환경연구원

풀이) 폐기물매립시설의 사후관리 업무를 대행할 수 있는 자는 한국환경공단이다.

정답 91 ③　92 ③　93 ②　94 ③

**95** 위해의료폐기물의 종류 중 시험·검사 등에 사용된 배양액, 배양용기, 보관균주, 폐시험관, 슬라이드, 커버글라스, 폐배지, 폐장갑이 해당하는 폐기물 분류는?

① 생물·화학폐기물
② 손상성 폐기물
③ 병리계 폐기물
④ 조직물류 폐기물

**풀이** 위해의료폐기물의 종류
① 조직물류 폐기물 : 인체 또는 동물의 조직·장기·기관·신체의 일부, 동물의 사체, 혈액·고름 및 혈액생성물질(혈청, 혈장, 혈액 제제)
② 병리계 폐기물 : 시험·검사 등에 사용된 배양액, 배양용기, 보관균주, 폐시험관, 슬라이드, 커버글라스 폐배지, 폐장갑
③ 손상성 폐기물 : 주삿바늘, 봉합바늘, 수술용 칼날, 한방침, 치과용 침, 파손된 유리재질의 시험기구
④ 생물·화학폐기물 : 폐백신, 폐항암제, 폐화학치료제
⑤ 혈액오염폐기물 : 폐혈액백, 혈액투석 시 사용된 폐기물, 그 밖에 혈액이 유출될 정도로 포함되어 있는 특별한 관리가 필요한 폐기물

**96** 폐기물관리법의 제정 목적으로 가장 거리가 먼 것은?

① 폐기물 발생을 최대한 억제
② 발생한 폐기물을 친환경적으로 처리
③ 환경보전과 국민생활의 질적 향상에 이바지
④ 발생 폐기물의 신속한 수거·이송처리

**풀이** 폐기물처리법 제정 목적
폐기물의 발생을 최대한 억제하고 발생한 폐기물을 친환경적으로 처리함으로써 환경보전과 국민생활의 질적 향상에 이바지하는 것을 목적으로 한다.

**97** 폐기물 재활용업자가 시·도지사로부터 승인받은 임시보관시설에 태반을 보관하는 경우, 시·도지사가 임시보관시설을 승인할 때 따라야 하는 기준으로 틀린 것은?(단, 폐기물처리사업장 외의 장소에서의 폐기물 보관시설 기준)

① 폐기물 재활용업자는 약사법에 따른 의약품제조업 허가를 받은 자일 것
② 태반의 배출장소와 그 태반 재활용시설이 있는 사업장의 거리가 100킬로미터 이상일 것
③ 임시보관시설에서의 태반 보관 허용량은 1톤 미만일 것
④ 임시보관시설에서의 태반 보관기간은 태반이 임시보관시설에 도착한 날부터 5일 이내일 것

**풀이** 임시보관시설에서의 태반 보관 허용량은 5톤 미만이다.

**98** 폐기물의 에너지 회수기준으로 옳지 않은 것은?

① 에너지 회수효율(회수에너지 총량을 투입에너지 총량으로 나눈 비율)이 75퍼센트 이상일 것
② 다른 물질과 혼합하지 아니하고 해당 폐기물의 저위발열량이 킬로그램당 3천 킬로칼로리 이상일 것
③ 폐기물의 50% 이상을 원료 또는 재료로 재활용하고 나머지를 에너지 회수에 이용할 것
④ 회수열을 모두 열원으로 스스로 이용하거나 다른 사람에게 공급할 것

**풀이** 에너지 회수기준
① 다른 물질과 혼합하지 아니하고 해당 폐기물의 저위발열량이 킬로그램당 3천 킬로칼로리 이상일 것
② 에너지의 회수효율(회수에너지 총량을 투입에너지 총량으로 나눈 비율을 말한다.)이 75퍼센트 이상일 것
③ 회수열을 모두 열원(熱源)으로 스스로 이용하거나 다른 사람에게 공급할 것
④ 환경부장관이 정하여 고시하는 경우에는 폐기물의 30퍼센트 이상을 원료나 재료로 재활용하고 그 나머지 중에서 에너지의 회수에 이용할 것

**99** 설치신고 대상 폐기물처분시설 규모기준으로 ( )에 맞는 것은?

생물학적 처분시설로서 1일 처분능력이 ( ) 미만인 시설

① 5톤   ② 10톤
③ 50톤   ④ 100톤

**풀이** 설치신고 대상 폐기물 처리시설
① 일반소각시설로서 1일 처리능력이 100톤(지정폐기물의 경우에는 10톤) 미만인 시설
② 고온소각시설·열분해시설·고온용융시설 또는 열처리조합시설로서 시간당 처리능력이 100킬로그램 미만인 시설
③ 기계적 처분시설 또는 재활용시설 중 증발·농축·정제 또는 유수분리시설로서 시간당 처리능력이 125킬로그램 미만인 시설
④ 기계적 처분시설 또는 재활용시설 중 압축·파쇄·분쇄·절단·용융 또는 연료화 시설로서 1일 처리능력이 100톤 미만인 시설
⑤ 기계적 처분시설 또는 재활용시설 중 탈수·건조시설, 멸균분쇄시설 및 화학적 처리시설
⑥ 생물학적 처분시설 또는 재활용시설로서 1일 처리능력이 100톤 미만인 시설
⑦ 소각열회수시설로서 1일 재활용능력이 100톤 미만인 시설

**100** 주변지역 영향 조사대상 폐기물처리시설에 해당하지 않는 것은?(단, 대통령령으로 정하는 폐기물처리시설로 폐기물처리업자가 설치·운영하는 시설)

① 시멘트 소성로(폐기물을 연료로 사용하는 경우는 제외한다.)
② 매립면적 15만 제곱미터 이상의 사업장 일반폐기물 매립시설
③ 매립면적 1만 제곱미터 이상의 사업장 지정폐기물 매립시설
④ 1일 처분능력이 50톤 이상인 사업장폐기물 소각시설(같은 사업장에 여러 개의 소각시설이 있는 경우에는 각 소각시설의 1일 처분능력의 합계가 50톤 이상인 경우를 말한다.)

**풀이** 주변지역 영향 조사대상 폐기물처리시설 기준
① 1일 처리능력이 50톤 이상인 사업장폐기물 소각시설(같은 사업장에 여러 개의 소각시설이 있는 경우에는 각 소각시설의 1일 처리능력의 합계가 50톤 이상인 경우를 말한다.)
② 매립면적 1만 제곱미터 이상의 사업장 지정폐기물 매립시설
③ 매립면적 15만 제곱미터 이상의 사업장 일반폐기물 매립시설
④ 시멘트 소성로(폐기물을 연료로 사용하는 경우로 한정한다.)
⑤ 1일 재활용능력이 50톤 이상인 사업장폐기물 소각열회수시설(같은 사업장에 여러 개의 소각열회수시설이 있는 경우에는 각 소각열회수시설의 1일 재활용능력의 합계가 50톤 이상인 경우를 말한다.)

정답 99 ④  100 ①

# 2024년 1회 CBT 복원 · 예상문제

**1과목** 폐기물개론

**01** 다음 중 쓰레기의 발생량 예측에 적용하는 방법이 아닌 것은?

① 경향법
② 물질수지법
③ 동적모사모델
④ 다중회귀모델

**풀이** ① 발생량 예측방법
　　㉠ 경향법
　　㉡ 동적모사모델
　　㉢ 다중회귀모델
② 발생량 조사방법
　　㉠ 적재차량 계수분석법
　　㉡ 직접계근법
　　㉢ 물질수지법
　　㉣ 통계조사, 표본조사, 전수조사

**02** 청소상태와 관련된 지표인 CEI(Community Effects Index)를 계산하기 위한 식에 적용되는 인자와 가장 거리가 먼 것은?

① 가로 지역의 범위
② 가로의 총수
③ 가로의 청결상태
④ 가로 청소상태의 문제점 여부

**풀이** 지역사회 효과지수(CEI ; Community Effects Index)
① 가로 청소상태를 기준으로 측정한다.
② CEI 지수에서 가로 청결상태 S의 Scale은 1~4로 정하여 각각 100, 75, 50, 25, 0점으로 한다.

$$CEI = \frac{\sum_{i=1}^{N}(S-P)}{N}$$

여기서, $N$ : 가로의 총수
　　　　$P$ : 가로 청소상태의 문제점 여부(1개에 10점씩 감점 계산)
　　　　$S$ : 가로의 청결상태(0~100점)

※ $S=100$점 : 아주 깨끗하고 버려진 쓰레기가 보이지 않는 경우
　 $S=75$점 : 수거를 위한 것이 아닌 쓰레기가 한 곳에 버려져 있는 경우
　 $S=50$점 : 대체로 쓰레기가 거리에 보이고, 또한 모아 놓은 것도 보이는 경우
　 $S=25$점 : 약 60L 이상의 쓰레기가 흩어져 있는 경우

**03** 함수율 50%인 쓰레기를 함수율 20%로 감소시킨다면 전체 중량은?(단, 쓰레기 비중은 1.0으로 가정함)

① 처음의 약 52%로 된다.
② 처음의 약 57%로 된다.
③ 처음의 약 63%로 된다.
④ 처음의 약 68%로 된다.

**풀이** 물질수지식을 이용하여 계산
　　초기 쓰레기중량×(1−0.5)
　　=처리 후 쓰레기중량×(1−0.2)

$$\frac{\text{처리 후 쓰레기중량}}{\text{초기 쓰레기중량}} = \frac{(1-0.5)}{(1-0.2)}$$

　　　　　　　　　　=0.625×100=62.5%

**04** 쓰레기의 성상분석 절차로 가장 옳은 것은?

① 시료 → 전처리 → 물리적 조성 → 밀도 측정 → 건조 → 분류
② 시료 → 전처리 → 건조 → 분류 → 물리적 조성 → 밀도 측정
③ 시료 → 밀도측정 → 건조 → 분류 → 전처리 → 물리적 조성
④ 시료 → 밀도 측정 → 물리적 조성 → 건조 → 분류 → 전처리

**정답** 01 ② 02 ① 03 ③ 04 ④

풀이 쓰레기 성상분석 절차 순서

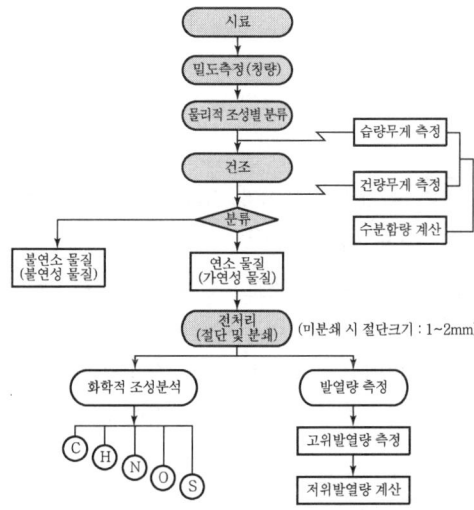

**05** 함수율이 80%(중량비)인 슬러지 내 고형물은 비중이 2.5인 FS 1/3과 비중이 1.0인 VS 2/3로 되어 있다. 이 슬러지의 비중은?(단, 물의 비중은 1.0이다.)

① 1.04  ② 1.08
③ 1.12  ④ 1.16

풀이
$$\frac{슬러지양}{슬러지비중} = \frac{유기성\ 고형물}{유기성\ 고형물\ 비중} + \frac{무기성\ 고형물}{무기성\ 고형물\ 비중} + \frac{함수량}{함수비중}$$

$$\frac{100}{슬러지비중} = \frac{13.33}{1.0} + \frac{6.67}{2.5} + \frac{80}{1.0}$$

$$\frac{100}{슬러지비중} = 95.998$$

슬러지비중 = 1.04

**06** 수거대상 인구가 2,000명인 어느 지역에서 4일 동안 발생한 쓰레기를 수거한 결과가 다음과 같다면 지역의 1일 1인당 쓰레기 발생량은?

- 트럭 수 : 6대
- 트럭의 용적 : 8.0m³/대
- 적재 시 쓰레기 밀도 : 200kg/m³

① 1.0kg/인 · 일  ② 1.2kg/인 · 일
③ 1.4kg/인 · 일  ④ 1.6kg/인 · 일

풀이 쓰레기발생량(kg/인 · 일)
$$= \frac{수거\ 쓰레기\ 부피 \times 쓰레기\ 밀도}{대상인구수}$$
$$= \frac{8m^3/대 \times 6대 \times 200kg/m^3}{2,000인 \times 4day}$$
$$= 1.2kg/인 \cdot 일$$

**07** 적환장의 설치가 필요한 경우와 가장 거리가 먼 것은?

① 고밀도 거주지역이 존재할 때
② 작은 용량의 수집 차량을 사용할 때
③ 슬러지 수송이나 공기수송 방식을 사용할 때
④ 불법투기와 다량의 어질러진 쓰레기들이 발생할 때

풀이 적환장 설치가 필요한 경우
① 작은 용량의 수집차량을 사용할 때(15m³ 이하)
② 저밀도 거주지역이 존재할 때
③ 불법투기와 다량의 어질러진 쓰레기들이 발생할 때
④ 슬러지 수송이나 공기수송방식을 사용할 때
⑤ 처분지가 수집장소로부터 멀리 떨어져 있을 때 (16km 이상)
⑥ 상업지역에서 폐기물 수집에 소형 용기를 많이 사용하는 경우
⑦ 쓰레기 수송 비용절감이 필요한 경우
⑧ 압축식 수거 시스템인 경우

**08** 트롬멜 스크린에 대한 설명으로 옳지 않은 것은?

① 원통회전속도가 어느 정도까지 증가할수록 선별효율이 증가하나 그 이상이 되면 막힘 현상이 일어난다.
② 최적속도는 [임계속도 × 1.45]로 나타낸다.
③ 원통경사도가 크면 선별효율이 떨어진다.
④ 스크린 중에서 선별효율이 우수하며 유지관리상의 문제가 적다.

풀이 트롬멜 스크린 최적회전속도는 [임계속도×0.45]이다.

정답  05 ①  06 ②  07 ①  08 ②

**09** 1일 폐기물발생량이 600톤인 도시에서 적재량 5톤 트럭으로 폐기물을 매립장까지 운반할 때 트럭의 운행시간 8시간/일, 운반거리 5km, 1회 왕복시간 20분, 적재시간 10분, 적하시간 10분, 예비차량 3대라면 1일소요 차량 수는?(단, 기타 조건은 고려하지 않음)

① 10대  ② 13대
③ 16대  ④ 19대

**풀이** (대) = $\frac{\text{하루 폐기물 수거량}}{\text{1일 · 1대 운반량}}$

- 하루 폐기물 수거량 = 600ton/day
- 1일 1대당 운반량

$= \frac{5\text{ton/대} \times 8\text{hr/대 · 일}}{(20+10+10)\text{min/대} \times \text{hr}/60\text{min}}$

$= 60\text{ton/일 · 대}$

$= \frac{600\text{ton/day}}{60\text{ton/day · 대}} = 10\text{대} + 3\text{대} = 13\text{대}$

**10** 다음과 같은 조건을 가진 지역에서 쓰레기를 수거하는 데 회별 소요되는 시간은?

[조건]
- 1가구당 가족 수 : 4인
- 1일 1인당 쓰레기 발생량 : 1kg
- 수거횟수 : 1회/1주
- 수거 쓰레기양 : 14,000kg/회
- 1가구당 수거 소요시간 : 0.5분

① 150분  ② 200분
③ 250분  ④ 300분

**풀이** 회별 소요시간(min/회)

$= \frac{\text{수거량}}{\text{총배출량}}$

$= \frac{0.5\text{min/가구} \times 14,000\text{kg/회} \times \text{회/주}}{1\text{kg/인 · 일} \times 4\text{인/가구} \times 7\text{일/주}} = 250\text{min}$

**11** 어떤 쓰레기의 입도를 분석하였더니 입도누적 곡선상의 10%, 30%, 60%, 90%의 입경이 각각 2, 6, 16, 25mm이었다면 이 쓰레기의 균등계수는?

① 2.0  ② 3.0
③ 8.0  ④ 13.0

**풀이** 균등계수($U$) = $\frac{D_{60}}{D_{10}} = \frac{16}{2} = 8$

**12** 폐기물 발생량에 영향을 미치는 인자에 대한 설명으로 옳은 것은?

① 대도시보다 중소도시의 발생량이 더 많다.
② 쓰레기통이 클수록 발생량은 줄어든다.
③ 수거빈도가 클수록 발생량은 증가한다.
④ 생활수준이 높아지면 발생량이 줄어든다.

**풀이** 폐기물 발생량에 영향을 미치는 인자

| 영향요인 | 내용 |
| --- | --- |
| 도시규모 | 도시의 규모가 커질수록 쓰레기 발생량 증가 |
| 생활수준 | 생활수준이 높아지면 발생량이 증가하고 다양화됨(증가율 10% 내외) |
| 계절 | 겨울철에 발생량 증가 |
| 수집빈도 | 수집빈도가 높을수록 발생량 증가 |
| 쓰레기통 크기 | 쓰레기통이 클수록 유효용적이 증가하여 발생량 증가 |
| 재활용품 회수 및 재이용률 | 재활용품의 회수 및 재이용률이 높을수록 쓰레기 발생량 감소 |
| 법규 | 쓰레기 관련 법규는 쓰레기 발생량에 중요한 영향을 미침 |
| 장소 | 상업지역, 주택지역, 공업지역 등 장소에 따라 발생량과 성상이 달라짐 |
| 사회구조 | 도시의 평균연령층, 교육수준에 따라 발생량은 달라짐 |

**13** 전과정평가(LCA)를 구성하는 4부분 중 조사분석과정에서 확정된 자원요구 및 환경부하에 대한 영향을 평가하는 기술적 · 정량적 · 정성적 과정인 것은?

① Impact Analysis
② Initiation Analysis
③ Inventory Analysis
④ Improvement Analysis

정답  09 ②  10 ③  11 ③  12 ③  13 ①

**풀이** 전과정평가(LCA) 4단계
① 1단계 : 목적 및 범위의 설정(Goal Definition Scoping)
  ㉠ LCA 사용목적
    • 복수제품 간의 비교선택
    • 제품 및 공정의 개선효과 파악
    • 목표치를 달성하기 위한 제품의 점검
    • 개선점의 추출(우선순위 결정)
    • 제품에 관계되는 주체 간의 의사전달 촉진
② 2단계 : 목록분석(Inventory Analysis)
  상품, 포장, 공정, 물질, 원료 및 활동에 의해 발생하는 에너지 및 천연원료 요구량, 대기, 수질오염 배출, 고형폐기물과 기타 기술적 자료구축과정이다.
③ 3단계 : 영향평가(Impact Analysis or Assessment)
  조사분석과정에서 확정된 자원요구 및 환경부하에 대한 영향을 평가하는 기술적, 정량적, 정성적 과정이다.
④ 4단계 : 개선평가 및 결과해석(Improvement Assessment)
  전 과정에 대한 해석을 실시하는 과정이다.

**14** 투입량이 1ton/h이고, 회수량이 600kg/h(그중 회수대상물질은 540kg/h)이며 제거량은 400kg/h(그중 회수대상물질은 50kg/h)일 때 Rietema 식에 의한 선별 효율은?

① 76.9%  ② 79.2%
③ 81.3%  ④ 83.2%

**풀이** Rietema식 $E(\%)$
$= \left( \left| \dfrac{x_1}{x_0} \right| - \left| \dfrac{y_1}{y_0} \right| \right) \times 100$

$x_1$ 540kg/hr → $y_1$ 60kg/hr
$x_2$ 50kg/hr → $y_2$ 1,000 − 600 − 50 = 350kg/hr
$x_0 = x_1 + x_2 = 540 + 50 = 590$kg/hr
$y_0 = y_1 + y_2 = 60 + 350 = 410$kg/hr
$= \left( \left| \dfrac{540}{590} \right| - \left| \dfrac{60}{410} \right| \right) \times 100$
$= 0.769 \times 100 = 76.9\%$

[Note] $x_0$(투입량 중 회수대상물질)
$y_0$(제거량 중 비회수대상물질)
$x_1$(회수량 중 회수대상물질)
$y_1$(회수량 중 비회수대상물질)
$x_2$(제거량 중 회수대상물질)
$y_2$(제거량 중 비회수대상물질)

**15** 쓰레기의 수거노선을 설정할 때 유의할 사항으로 옳지 않은 것은?

① 많은 양의 쓰레기 발생원은 하루 중 가장 나중에 수거한다.
② U자형 회전을 피하여 수거한다.
③ 적은 양의 쓰레기가 발생하나 동일한 수거빈도를 받기를 원하는 적재지점은 가능한 한 같은 날 왕복 내에서 수거하도록 한다.
④ 가능한 한 시계방향으로 수거노선을 정한다.

**풀이** 수거노선 설정 시 유의사항
① 지형이 언덕 지역에서는 언덕의 위에서부터 내려가며 적재하면서 차량을 진행하도록 한다(안전성, 연료비 절약).
② 수거인원 및 차량형식이 같은 기존시스템의 조건들을 서로 관련시킨다.
③ 출발점은 차고와 가깝게 하고 수거된 마지막 컨테이너가 처분지의 가장 가까이에 위치하도록 배치한다.
④ 가능한 지형지물 및 도로경계와 같은 장벽을 사용하여 간선도로 부근에서 시작하고 끝나야 한다(도로경계 등을 이용).
⑤ 가능한 한 시계방향으로 수거노선을 정한다.
⑥ 적은 양의 쓰레기가 발생하나 동일한 수거빈도를 받기 원하는 적재지점(수거지점)은 같은 날 왕복 내에서 수거한다.
⑦ 아주 많은 양의 쓰레기가 발생되는 발생원은 하루 중 가장 먼저 수거한다.
⑧ 될 수 있는 한 한 번 간 길은 다시 가지 않는다.
⑨ 반복운행 또는 U자형 회전은 피하여 수거한다.
⑩ 교통량이 많거나 출퇴근시간은 피하여 수거한다.

**16** 연간 3,000,000ton의 쓰레기를 1,000명의 인부들이 매일 8시간 수거한다. 이때 인부의 수거능력(MHT)은?

① 1.96인 · 시간/ton
② 1.96인/시간 · ton
③ 0.97인 · 시간/ton
④ 0.97인/시간 · ton

**풀이** 수거능력(MHT)

$$= \frac{수거인부수 \times 수거인부\ 총\ 수거시간}{총\ 수거량}$$

$$= \frac{1,000인 \times 8hr/day \times 365day/year}{3,000,000ton/year}$$

$$= 0.97인 \cdot hr/ton$$

**17** 쓰레기를 압축시키기 전 밀도가 $0.41ton/m^3$이었던 것이 압축기에 넣어 압축시킨 결과 $0.8ton/m^3$로 증가하였다. 이때 쓰레기 부피의 감소율은?

① 67.4%  ② 62.4%
③ 45.7%  ④ 48.8%

**풀이** 부피감소율(VR) $= \left(1 - \frac{V_f}{V_i}\right) \times 100$

$$V_i = \frac{1ton}{0.41ton/m^3} = 2.44m^3$$

$$V_f = \frac{1ton}{0.8ton/m^3} = 1.25m^3$$

$$= \left(1 - \frac{1.25}{2.44}\right) \times 100 = 48.77\%$$

**18** 어느 폐기물을 압축하여 75%의 부피감소율을 얻었다면 압축비는?

① 3.0  ② 3.5
③ 4.0  ④ 4.5

**풀이** 압축비(CR) $= \frac{V_i}{V_f}$

$$= \frac{100}{(100-VR)} = \frac{100}{100-75} = 4.0$$

**19** 선별방식 중 습식 분류법에 대한 설명으로 옳지 않은 것은?

① 유기물을 분류시키고자 하는 경우에 사용한다.
② 폐지로부터 펄프를 만들기 위한 경우에 사용한다.
③ 습식 방법에 의하여 분류된 물질은 건식에 의한 것보다 폭발의 위험성이 적다.
④ 습식 분류법은 먼지가 없고 경제적이므로 일반적으로 많이 사용된다.

**풀이** 습식 선별의 특징(건식 선별의 상대적 의미)
① 분류된 것이 깨끗하고 먼지가 발생하지 않는다.
② 습식 방법에 의하여 분류된 물질은 건식에 의한 것보다 폭발위험성이 적다.
③ 선별비용이 비싸며 폐기물이 부패하기 쉬워 악취 발생의 우려가 있어 많이 사용되지는 않는다.
④ 유기물을 분류시키고자 하는 경우나 폐지로부터 펄프를 만들기 위한 경우에 사용한다.

**20** 음식쓰레기 30톤이 있다. 이 쓰레기의 고형분 함량은 30%이고 소각을 위하여 수분함량이 20%가 되도록 건조시켰다. 건조 후 쓰레기의 중량은?(단, 쓰레기 비중은 1.0)

① 5.3톤  ② 7.3톤
③ 9.3톤  ④ 11.3톤

**풀이** $30ton \times 0.3 =$ 건조 후 쓰레기중량$\times (1-0.2)$

건조 후 쓰레기중량(ton) $= \frac{30ton \times 0.3}{0.8} = 11.25ton$

## 2과목 폐기물처리기술

**21** Soil Vapor Extraction(SVE) 기술에 대한 내용으로 옳지 않은 것은?

① 토양층이 치밀하여 기체 흐름이 어려운 곳에서는 적용이 어렵다.
② 지반구조에 상관없이 총 처리시간을 예측하기가 용이하다.
③ 생물학적 처리효율을 높여준다.
④ 오염물질의 독성은 변화가 없다.

**풀이** 토양증기추출법의 장단점
① 장점
  ㉠ 비교적 기계 및 장치가 간단·단순하다.
  ㉡ 지하수의 깊이에 대한 제한을 받지 않는다.
  ㉢ 유지, 관리비가 적으며 굴착이 필요 없다.
  ㉣ 생물학적 처리효율을 보다 높여준다.
  ㉤ 단기간에 설치가 가능하다.

정답  17 ④  18 ③  19 ④  20 ④  21 ②

ⓑ 가장 많은 적용사례가 있다.
ⓢ 즉시 결과를 얻을 수 있고 영구적 재생이 가능하다.
ⓞ 다른 시약이 필요 없다.
② 단점
  ㉠ 지반구조의 복잡성으로 인해 총 처리기간을 예측하기 어렵다.
  ㉡ 오염물질의 증기압이 낮은 경우 오염물질도 제거 효율이 낮다.
  ㉢ 토양의 침투성이 양호하고 균일하여야 적용 가능하다.
  ㉣ 토양층이 치밀하여 기체흐름의 정도가 어려운 곳에서는 사용이 곤란하다.
  ㉤ 추출 기체는 후처리를 위해 대기오염 방지장치가 필요하다.
  ㉥ 오염물질의 독성은 처리 후에도 변화가 없다.

## 22 유기성 폐기물 처리방법 중 퇴비화의 장단점으로 옳지 않은 것은?

① 생산된 퇴비는 비료가치가 낮다.
② 퇴비제품의 품질 표준화가 어렵다.
③ 생산품인 퇴비는 토양이 이화학성질을 개선시키는 토양개량제로 사용할 수 있다.
④ 퇴비화 과정 중 80% 이상 부피가 크게 감소된다.

**풀이** 퇴비화의 장단점
① 장점
  ㉠ 유기성 폐기물을 재활용, 그 결과 폐기물은 감량화가 가능하다.
  ㉡ 생산품인 퇴비는 토양의 이화학성질을 개선시키는 토양개량제로 사용할 수 있다(Hummus는 토양개량제로 사용).
  ㉢ 운영 시 에너지가 적게 소요된다.
  ㉣ 초기의 시설투자비가 낮다.
  ㉤ 다른 폐기물 처리에 비해 고도의 기술수준이 요구되지 않는다.
  ㉥ 퇴비화 과정을 거치면서 병원균, 기생충 등이 사멸된다.
② 단점
  ㉠ 생산된 퇴비는 비료가치로써 경제성이 낮다(시장 확보가 어려움).
  ㉡ 다양한 재료를 이용하므로 퇴비제품의 품질표준화가 어렵다.
  ㉢ 부지가 많이 필요하고 부지선정에 어려움이 많다.
  ㉣ 퇴비가 완성되어도 부피가 크게 감소되지는 않는다(완성된 퇴비의 감용률은 50% 이하로서 다른 처리방식에 비하여 낮다).
  ㉤ 악취발생의 문제점이 있다.

## 23 토양세척법의 처리효과가 가장 높은 토양입경정도는?

① 슬러지  ② 점토
③ 미사    ④ 자갈

**풀이** 토양세척법(Soil Washing)은 적절한 세척제를 이용하여 토양입자에 결합되어 있는 유기오염물질을 처리하는 방법으로 점토와 같은 미세입자에 흡착된 유기오염물질은 제거가 어려우며, 처리효과가 가장 높은 토양입경은 자갈이다.

## 24 연직차수막과 표면차수막에 대한 내용으로 옳지 않은 것은?

① 연직차수막은 지중에 수평방향의 차수층이 존재할 때 채용한다.
② 연직차수막은 지하수 집배수시설이 필요하다.
③ 표면차수막은 차수막 단위면적당 공사비가 싸다.
④ 표면차수막은 매립 전에는 보수가 용이하나 매립 후는 어렵다.

**풀이** 연직차수막
① 적용조건 : 지중에 수평방향의 차수층이 존재할 때 사용
② 시공 : 수직 또는 경사시공
③ 지하수 집배수시설 : 불필요
④ 차수성 확인 : 지하매설로서 차수성 확인이 어려움
⑤ 경제성 : 단위면적당 공사비는 많이 소요되나 총 공사비는 적게 듦
⑥ 보수 : 지중이므로 보수가 어렵지만 차수막 보강시공이 가능
⑦ 공법 종류
  ㉠ 어스댐코어 공법
  ㉡ 강널말뚝 공법
  ㉢ 그라우트 공법
  ㉣ 굴착에 의한 차수시트 매설공법

**표면차수막**
① 적용조건
  ㉠ 매립지반의 투수계수가 큰 경우에 사용

정답  22 ④  23 ④  24 ②

ⓒ 매립지의 필요한 범위에 차수재료로 덮인 바닥이 있는 경우에 사용
② 시공 : 매립지 전체를 차수재료로 덮는 방식으로 시공
③ 지하수 집배수시설 : 원칙적으로 지하수 집배수시설을 시공하므로 필요함
④ 차수성 확인 : 시공 시에는 차수성이 확인되지만 매립 후에는 곤란함
⑤ 경제성 : 단위면적당 공사비는 저가이나 전체적으로 비용 많이 듦
⑥ 보수 : 매립 전에는 보수, 보강 시공이 가능하나 매립 후에는 어려움
⑦ 공법 종류
　ⓐ 지하연속벽　　　ⓑ 합성고무계 시트
　ⓒ 합성수지계 시트　ⓓ 아스팔트계 시트

## 25 슬러지 내의 물의 형태에 관한 설명으로 옳지 않은 것은?

① 부착수 : 고형물과 직접 결합해 있지 않기 때문에 농축 등의 방법으로 용이하게 분리할 수 있다.
② 모관결합수 : 미세한 슬러지 고형물의 입자 사이에 존재하는 수분이다.
③ 모관결합수 : 모세관 현상을 일으켜서 모세관압으로 결합되어 있는 수분이다.
④ 간극수 : 큰 고형물입자 간극에 존재하는 수분으로 많은 양을 차지한다.

**풀이** 슬러지 내 수분의 구성(함유)형태
① 간극수(Cavemous Water)
　ⓐ 큰 고형물입자 간극에 존재하며 슬러지 내 존재하는 물의 형태 중 아주 많은 양을 차지한다.
　ⓑ 고형물질과 직접 결합해 있지 않기 때문에 농축 등의 방법으로 용이하게 분리 가능하다.
② 모관결합수(Capillary Water)
　ⓐ 미세한 슬러지 고형물질의 아주 작은 입자 사이에 존재하는 수분
　ⓑ 모세관현상을 일으켜서 모세관압으로 결합되어 있는 수분
　ⓒ 모세관 표면장력의 전체의 합과 반대로 작용하는 동일 힘을 가하면 제거가 가능하다(반대로 작용 동일 힘 : 원심력, 진공압 등 기계적 압착).
③ 부착수(Adhesion Water)
　ⓐ 콜로이드상 입자의 결합수가 생물학적 처리로 발생되는 미세 슬러지에 부착되어 있는 수분

　ⓑ 미세 슬러지 부착 수분은 제거하기 어렵다.
　ⓒ 콜로이드상 입자의 결합수는 응집반응시켜 제거가 가능하다.
④ 내부수
　ⓐ 세포액으로 구성된 내부수분
　ⓑ 내부수는 결합강도가 가장 커서 탈수하기 어려운 특성이 있다. 즉, 슬러지 건조 시 증발이 가장 어려운 형태이다(제거하기 위해서 세포막을 파괴).
　ⓒ 제거하기 위해서는 호기성·혐기성 분해, 고온가열, 냉동을 이용하면 내부수가 외부수로 된다.
⑤ 탈수성이 용이한(분리하기 쉬운) 수분형태 순서
　모관결합수>간극모관결합수>쐐기상 모관결합수>표면부착수>내부수
　ⓐ 함수율이 가장 높은 것 : 모관결합수(65~70%)
　ⓑ 함수율이 가장 낮은 것 : 내부수(7~10%)
⑥ 고형물질과 결합강도가 용이한(강한) 순서
　내부수>표면부착수>쐐기상 모관결합수>간극모관결합수>모관결합수

## 26 함수율이 96%인 슬러지 10L에 응집제를 가하여 침전 농축시킨 결과 상층액과 침전 슬러지의 용적비가 2 : 1이었다면 침전 슬러지의 함수율은?(단, 비중은 1.0 기준으로 하며 상층액 SS, 응집제량 등 기타 사항은 고려하지 않음)

① 84%　　　② 88%
③ 92%　　　④ 94%

**풀이** 물질수지식을 이용하여 계산
$10L \times (1-0.96) = (10L \times 1/3) \times (1-$침전함수율$)$
침전함수율 $= 0.8787 \times 100 = 87.87\%$

## 27 토양오염의 특성에 관한 설명으로 옳지 않은 것은?

① 오염경로가 다양하다.
② 피해발현이 완만하다.
③ 오염의 인자가 용이하다.
④ 원상복구가 어렵다.

**풀이** 토양오염의 특징
① 오염경로의 다양성
② 피해발현의 완만성 및 만성적인 형태
③ 오염영향의 국지성

④ 오염의 비인자성 및 타 환경인자와의 영향관계 모호성
⑤ 원상복구의 어려움

## 28 다음 중 토양수분장력이 가장 낮은 토양 수분은?

① 모세관수  ② 중력수
③ 결합수  ④ 흡습수

**풀이** 토양수분장력이 가장 큰 토양수분은 결합수(PF 7.0 이상)이고 가장 낮은 토양수분은 중력수(PF 2.54 이하)이다.

## 29 고화처리방법 중 자가시멘트법에 관한 설명으로 옳지 않은 것은?

① 혼합률(MR)이 낮다.
② 탈수 등 전처리가 필요하다.
③ 보조에너지가 필요하다.
④ 연소가스 탈황 시 발생된 슬러지 처리에 사용된다.

**풀이** 자가시멘트법의 장단점
① 장점
 ㉠ 혼합률(MR)이 비교적 낮다.
 ㉡ 중금속의 고형화 처리에 효과적이다.
 ㉢ 전처리(탈수 등)가 필요 없다.
② 단점
 ㉠ 장치비가 크며 숙련된 기술이 요구된다.
 ㉡ 보조에너지가 필요하다.
 ㉢ 많은 황화물을 가지는 폐기물에 적합하다.

## 30 매립지의 침출수의 농도가 반으로 감소하는 데 약 3년이 걸렸다면 이 침출수의 농도가 90% 감소하는 데 걸리는 시간은?(단, 1차 반응 기준)

① 약 10년  ② 약 12년
③ 약 14년  ④ 약 16년

**풀이**
$\ln\left(\dfrac{C_t}{C_o}\right) = -kt$

$\ln 0.5 = -k \times 3\text{year}$, $k = 0.231\text{year}^{-1}$

90% 감소하는 데 걸리는 시간($t$)

$\ln\left(\dfrac{10}{100}\right) = -0.231\text{year}^{-1} \times t$

$t = 9.97\text{year}$

## 31 밀도가 $1.5\text{g/cm}^3$인 폐기물 10kg에 고형물 재료를 5kg 첨가하여 고형화 시킨 결과 밀도가 $6.0\text{g/cm}^3$로 증가하였다면 폐기물의 부피변화율(VCF)은?

① 0.48  ② 0.42
③ 0.38  ④ 0.32

**풀이** 부피변화율(VCF)

$= \dfrac{V_s}{V_r} = \dfrac{(M_s/\rho_s)}{(M_r/\rho_r)}$

$V_r = \dfrac{10\text{kg}}{1.5\text{g/cm}^3 \times \text{kg}/1{,}000\text{g}} = 6{,}666.67\text{cm}^3$

$V_s = \dfrac{(10+5)\text{kg}}{6.0\text{g/cm}^3 \times \text{kg}/1{,}000\text{g}} = 2{,}500\text{cm}^3$

$= \dfrac{2{,}500}{6{,}666.67} = 0.38$

## 32 포도당($C_6H_{12}O_6$)으로 구성된 유기물 3kg이 혐기성 미생물에 의해 완전히 분해되어 생성되는 메탄의 용적($Sm^3$)은?

① 1.12  ② 1.37
③ 1.52  ④ 1.83

**풀이** 혐기성 완전분해 방정식(반응식)

$C_6H_{12}O_6 \rightarrow 3CO_2 + 3CH_4$
180kg : $3 \times 22.4\text{Sm}^3$
3kg : $CH_4(\text{Sm}^3)$

$CH_4(\text{Sm}^3) = \dfrac{3\text{kg} \times (3 \times 22.4)\text{Sm}^3}{180\text{kg}} = 1.12\,\text{Sm}^3$

## 33 매립지의 침출수의 특성이 COD/TOC=1.0, BOD/COD=0.03이라면 효율성이 가장 양호한 처리공정은?(단, 매립연한은 15년 정도이며, COD는 400mg/L)

① 역삼투
② 화학적 침전(석회투여)
③ 화학적 산화
④ 이온교환수지

**정답** 28 ② 29 ② 30 ① 31 ③ 32 ① 33 ①

**풀이** 침출수 특성에 따른 처리공정 구분

| | 항목 | I | II | III |
|---|---|---|---|---|
| 침출수특성 | COD(mg/L) | 10,000 이상 | 500~10,000 | 500 이하 |
| | COD/TOC | 2.7(2.8) 이상 | 2.0~2.7 | 2.0 이하 |
| | BOD/COD | 0.5 이상 | 0.1~0.5 | 0.1 이하 |
| | 매립연한 | 초기(5년 이하) | 중간(5~10년) | 오래(고령)됨(10년 이상) |
| 주처리공정 | 생물학적 처리 | 좋음(양호) | 보통 | 나쁨(불량) |
| | 화학적 응집·침전 (화학적 침전: 석회투여) | 보통·불량 | 나쁨(불량) | 나쁨(불량) |
| | 화학적 산화 | 보통·나쁨(불량) | 보통 | 보통 |
| | 역삼투(R.O) | 보통 | 좋음(양호) | 좋음(양호) |
| | 활성탄 흡착 | 보통·좋음(양호) | 보통·좋음(양호) | 좋음(양호) |
| | 이온교환 수지 | 나쁨(불량) | 보통·좋음(양호) | 보통 |

**34** 합성차수막인 CSPE의 장단점으로 옳지 않은 것은?

① 강도가 약하다.
② 접합이 용이하다.
③ 기름, 탄화수소 및 용매류에 강하다.
④ 산과 알칼리에 강하다.

**풀이** CSPE 합성차수막
① 장점
  ㉠ 미생물에 강함
  ㉡ 접합이 용이함
  ㉢ 산과 알칼리에 특히 강함
② 단점
  ㉠ 기름, 탄화수소, 용매류에 약함
  ㉡ 강도가 낮음

**35** 어느 도시에 사용할 매립지의 총용량은 $6,132,000m^3$이며, 그 도시의 쓰레기 배출량은 3kg/인·일이다. 매립지에서 압축에 의한 쓰레기 부피 감소율이 30%일 경우 이 매립지를 사용할 수 있는 연수는?(단, 수거대상인구 800,000명, 발생 쓰레기밀도 $500kg/m^3$로 함)

① 4
② 5
③ 6
④ 7

**풀이** 매립기간(year)
$= \dfrac{\text{매립용적}}{\text{쓰레기 발생량}}$

$= \dfrac{6,132,000m^3 \times 500kg/m^3}{3kg/\text{인}\cdot\text{일} \times 800,000\text{인} \times 365day/year \times 0.7}$

$= 5year$

**36** 진공여과기 1대를 사용하여 슬러지를 탈수하고 있다. 다음과 같은 조건에서 건조고형물 기준의 여과속도 $27kg/m^2\cdot hr$인 진공여과기의 1일 운전시간은?

- 폐수유입량 : $20,000m^3$/일
- 유입 SS 농도 : 300mg/L
- SS 제거율 : 85%
- 약품첨가량 : 제거 SS양의 20%
- 여과면적 : $20m^2$
- 건조고형물 여과회수율 : 100%
- 제거 SS양+약품첨가량=총 건조고형물량
- 비중은 1.0 기준

① 15.4시간
② 13.2시간
③ 11.3시간
④ 9.5시간

**풀이** 진공여과기 1일 운전시간(hr)
$= \dfrac{\text{제거 SS양}}{\text{여과속도} \times \text{여과면적}}$

$= \dfrac{20,000m^3/day \times 300mg/L \times kg/10^6mg \times 0.85 \times 1,000L/m^3 \times 1.2}{27kg/m^2\cdot hr \times 20m^2}$

$= 11.33hr$

**37** 어느 지역에서 매립에 의해 처리하고자 하는 폐기물 양은 1일 300ton이다. 이를 도랑식 매립법(Trench Methods)에 의해 매립하고자 할 때 발생 폐기물의 밀도가 $650kg/m^3$, 부피감소율이 45%, Trench 유효깊이가 1.5m, 매립면적 중 Trench 점유율이 80%라면, 1년간 소요 부지면적은?

① 약 $41,500m^2$
② 약 $52,500m^2$
③ 약 $65,500m^2$
④ 약 $77,200m^2$

정답 34 ③  35 ②  36 ③  37 ④

**풀이** 연간매립면적($m^2$/year)

$= \dfrac{\text{매립폐기물의 양}}{\text{폐기물밀도} \times \text{매립깊이}}$

$= \dfrac{300\text{t on/day} \times 365\text{day/year}}{0.65\text{t on/m}^3 \times 1.5\text{m} \times 0.8} \times (1-0.45)$

$= 77,211.54\text{m}^2/\text{year}$

## 38. 고형화 처리 중 시멘트 기초법에서 가장 흔히 사용되는 포틀랜드 시멘트 화합물 조성 중 가장 많은 부분을 차지하고 있는 것은?

① $2SiO_2 \cdot Fe_2O_3$
② $3CaO \cdot SiO_2$
③ $2CaO \cdot MgO$
④ $3CaO \cdot Fe_2O_3$

**풀이** 시멘트기초법에서 포틀랜드 시멘트의 주성분은 $3CaO \cdot SiO_2$(규산염)이며 $CaO$(60~65%), $SiO_2$(22%), 기타(13%)로 구성된다.

## 39. 슬러지를 개량하는 목적으로 가장 적합한 것은?

① 슬러지의 탈수가 잘 되게 하기 위함
② 탈리액의 BOD를 감소시키기 위함
③ 슬러지 건조를 촉진하기 위함
④ 슬러지의 악취를 줄이기 위함

**풀이** 슬러지 개량목적
① 슬러지의 탈수성 향상 : 주된 목적
② 슬러지의 안정화
③ 탈수 시 약품 소모량 및 소요동력을 줄임

## 40. 다음은 매립쓰레기의 혐기적 분해과정을 나타낸 반응식이다. 발생가스 중의 메탄 함유율(발생량 부피%)을 수하는 식( ⓒ )으로 맞는 것은?

$C_aH_bO_cN_d + (\ \textcircled{\tiny ㉠}\ )H_2O$
$\rightarrow (\ \textcircled{\tiny ㉡}\ )CO_2 + (\ \textcircled{\tiny ㉢}\ )CH_4 + (\ \textcircled{\tiny ㉣}\ )NH_3$

① $\dfrac{4a+b+2c+3d}{8}$
② $\dfrac{4a-2b-2c+3d}{8}$
③ $\dfrac{4a+b-2c-3d}{8}$
④ $\dfrac{4a+2b-2c-3d}{8}$

**풀이** $C_aH_bO_cN_dS_e + \left(\dfrac{4a-b-2c+3d+2e}{4}\right)H_2O$

$\rightarrow \left(\dfrac{4a+b-2c-3d-2e}{8}\right)CH_4$

$+ \left(\dfrac{4a-b+2c+3d+2e}{8}\right)CO_2$

$+ dNH_3 + eH_2S$

### 3과목 폐기물소각 및 열회수

## 41. 쓰레기 소각능력이 $100\text{kg/m}^2 \cdot \text{hr}$이며, 소각할 쓰레기양이 $20\text{ton/day}$인 경우, 1일 20시간 가동 시 화격자의 면적($m^2$)은?

① 5
② 10
③ 15
④ 20

**풀이** 화격자 면적($m^2$)

$= \dfrac{\text{시간당 소각량}}{\text{화상부하율(소각능력)}}$

$= \dfrac{20\text{t on/day} \times \text{day}/20\text{hr} \times 1,000\text{kg/t on}}{100\text{kg/m}^2 \cdot \text{hr}} = 10\text{m}^2$

## 42. 유황 함량이 2%인 벙커 C유 1.0ton을 연소시킬 경우 발생되는 $SO_2$의 양은?(단, 황성분 전량이 $SO_2$로 전환됨)

① 30kg
② 40kg
③ 50kg
④ 60kg

**풀이**
$\quad S \rightarrow SO_2$
$32\text{kg} : 64\text{kg}$
$1,000\text{kg} \times 0.02 : SO_2(\text{kg})$

$SO_2(\text{kg}) = \dfrac{(1,000\text{kg} \times 0.02) \times 64\text{kg}}{32\text{kg}} = 40\text{kg}$

## 43. 어떤 폐기물의 원소조성이 다음과 같을 때 이론공기량은?

| 폐기물 원소 조성 |
|---|
| C=80%, H=10%, O=10% |

**정답** 38 ② 39 ① 40 ③ 41 ② 42 ② 43 ③

① 약 8.3kg/kg  ② 약 10.3kg/kg
③ 약 12.3kg/kg  ④ 약 14.3kg/kg

**[풀이]** 이론공기량($A_o$)

$$A_o(kg/kg) = 11.5C + 34.63H - 4.31O$$
$$= (11.5 \times 0.8) + (34.63 \times 0.1)$$
$$- (4.31 \times 0.1)$$
$$= 12.23 kg/kg$$

**44** 프로판($C_3H_8$) 1kg을 완전연소 시 발생하는 $CO_2$양(kg)과 아세틸렌($C_2H_2$) 1kg을 완전연소 시 발생한 $CO_2$양(kg)의 비는?(단, 아세틸렌 연소 시 $CO_2$양/프로판 연소 시 $CO_2$양)

① 약 1.22  ② 약 1.13
③ 약 1.01  ④ 약 0.92

**[풀이]** $C_3H_8 + \left(3 + \frac{8}{4}\right)O_2 \rightarrow 3CO_2 + \frac{8}{2}H_2O$

$C_3H_8 + 5O_2 \rightarrow 3CO_2 + 4H_2O$

44kg : 3×44kg
1kg : $CO_2$(kg)

$$CO_2(kg) = \frac{1kg \times (3 \times 44)kg}{44kg} = 3kg$$

$C_2H_2 + \left(2 + \frac{2}{4}\right)O_2 \rightarrow 2CO_2 + \frac{2}{2}H_2O$

$C_2H_2 + 2.5O_2 \rightarrow 2CO_2 + 1H_2O$

26kg : 2×44kg
1kg : $CO_2$(kg)

$$CO_2(kg) = \frac{1kg \times (2 \times 44)kg}{26kg} = 3.38kg$$

$$\frac{\text{아세틸렌 연소 시 } CO_2\text{양}}{\text{프로판 연소시 } CO_2\text{양}} = \frac{3.38}{3} = 1.13$$

**45** 유동층 소각로에 대한 설명으로 옳지 않은 것은?

① 기계적 구동부분이 적어 고장률이 낮다.
② 상(床)으로부터 찌꺼기의 분리가 어렵다.
③ 과잉공기량이 높아 NOx가 다량 배출된다.
④ 연소효율이 높아 미연소분의 배출이 적어 2차 연소실이 불필요하다.

**[풀이]** 유동층 소각로의 장단점
① 장점
㉠ 유동매체의 열용량이 커서 액상, 기상, 고형 폐기물의 전소 및 혼소, 균일한 연소가 가능하다.
㉡ 반응시간이 빨라 소각시간이 짧다.(노 부하율이 높다.)
㉢ 연소효율이 높아 미연소분이 적고 2차 연소실이 불필요하다.
㉣ 가스의 온도가 낮고 과잉공기량이 낮다. 따라서 NOx도 적게 배출된다.
㉤ 기계적 구동부분이 적어 고장률이 낮아 유지관리가 용이하다.
㉥ 노 내 온도의 자동제어로 열회수가 용이하다.
㉦ 유동매체의 축열량이 높은 관계로 단시간 정지 후 가동 시 보조연료 사용 없이 정상가동이 가능하다.

**46** 페놀($C_6H_5OH$) 188g을 무해화하기 위하여 완전연소시켰을 때 발생되는 $CO_2$의 발생량은?

① 132g  ② 264g
③ 528g  ④ 1,056g

**[풀이]**  $C_6H_5OH \rightarrow C_6H_6O$
$C_6H_6O + O_2 \rightarrow 6CO_2 + 3H_2O$
94g : 6×44g
188g : $CO_2$(g)

$$CO_2(g) = \frac{188g \times (6 \times 44)kg}{94g} = 528g$$

**47** 증기터빈에 대한 설명으로 옳지 않은 것은?

① 증기작동방식으로 분류하면 충동터빈, 반동터빈, 혼합식 터빈으로 나누어진다.
② 증기이용방식으로 분류하면 발전용 터빈, 일반용 터빈으로 나누어진다.
③ 증기유동방향으로 분류하면 축류터빈, 반경류터빈으로 나누어진다.
④ 흐름수로 분류하면 단류터빈, 복류터빈으로 나누어진다.

**[풀이]** ① 증기작동방식
㉠ 충동터빈(Impulse Turbine)
㉡ 반동터빈(Reaction Turbine)
㉢ 혼합식 터빈(Combination Turbine)

**정답** 44 ②  45 ③  46 ③  47 ②

② 증기이용방식
  ㉠ 배압터빈(Back Pressure Turbine)
  ㉡ 추기배압터빈(Back Pressure Extraction Turbine)
  ㉢ 복수터빈(Condensing Turbine)
  ㉣ 추기복수터빈(Condensing Extraction Turbine)
  ㉤ 혼합터빈(Mixed Pressure Turbine)
③ 증기유동 방향
  ㉠ 축류터빈(Axial Flow Turbine)
  ㉡ 반경류터빈(Radial Flow Turbine)

**48** 배기가스 분석치가 $CO_2$ 10%, $O_2$ 10%, $N_2$ 80%이면 연소 시 공기비($m$)는?

① 약 1.38  ② 약 1.54
③ 약 1.76  ④ 약 1.89

**풀이** 공기비($m$) = $\dfrac{N_2}{N_2 - 3.76 O_2}$ = $\dfrac{80}{80 - (3.76 \times 10)}$ = 1.89

**49** 저위발열량 10,000kcal/kg의 중유를 연소시키는 데 필요한 이론공기량은?(단, Rosin식 적용)

① 8.5Sm³/kg  ② 10.5Sm³/kg
③ 12.5Sm³/kg  ④ 14.5Sm³/kg

**풀이** Rosin식(액체연료 이론공기량 : $A_o$)

$A_o (\text{Sm}^3/\text{kg}) = 0.85 \times \dfrac{H_l}{1,000} + 2$

$= 0.85 \times \dfrac{10,000}{1,000} + 2 = 10.5 \text{Sm}^3/\text{kg}$

**50** 백필터를 이용하여 가스유량이 100m³/min인 함진가스를 2.0cm/sec의 여과속도로 처리하고자 한다. 소요되는 여과포의 유효면적(m²)은?

① 83.3  ② 94.5
③ 111.2  ④ 124.3

**풀이** 여과포 유효면적(m²)

$= \dfrac{\text{처리가스유량}}{\text{여과속도}}$

$= \dfrac{100\text{m}^3/\text{min}}{2.0\text{cm/sec} \times \text{m}/100\text{cm} \times 60\text{sec/min}} = 83.33\text{m}^2$

**51** 구형 입자 분진이 최초의 입경에서 1.8배로 되면 침강속도는 몇 배로 되는가?(단, 비중은 동일하고 Stokes법칙이 적용된다.)

① 6.44배  ② 4.36배
③ 3.24배  ④ 2.82배

**풀이** Stokes의 침강속도 = $\dfrac{d^2(\rho_g - \rho)}{18\mu}$

침강속도 $\simeq d^2 = (1.8)^2 = 3.24$배

**52** 다음 내용으로 옳은 법칙은?

> 반응열의 양은 반응이 일어나는 과정에 무관하고, 반응 전후에 있어서의 물질 및 그 상태에 의하여 결정된다.

① Graham의 법칙  ② Henry의 법칙
③ Hess의 법칙  ④ Le Chatelier의 법칙

**풀이** Hess의 법칙(총열량 불변의 법칙)

물질의 화학변화에서 반응 전후의 물질의 종류와 상태가 같으면 반응경로가 달라도 방출하거나 흡수하는 열량은 항상 일정하다.

**53** 다음 중 액체연료인 석유류에 관한 설명으로 옳지 않은 것은?

① 비중이 커지면 탄화수소비(C/H)가 커진다.
② 비중이 커지면 발열량이 감소한다.
③ 점도가 작아지면 인화점이 높아진다.
④ 점도가 작아지면 유동성이 좋아져 분무화가 잘 된다.

**풀이** 석유계 액체연료의 특성

① 석유계 연료는 연소의 조절이 간단하고 용이하다.
② 석유계 연료는 동일중량의 석탄계 연료에 비해 용적이 35~50% 정도이다.
③ 석유계 연료의 발열량(kcal/kg)은 석탄계 연료보다 높다.
④ 석유계 연료는 연소 시 과잉공기량이 적고 쉽게 완전연소되며 연소 후 슬러리가 없다.
⑤ 석유계 연료의 연소 시 열효율이 높아 회분이 없으며 운반과 적재도 간단·신속하다.

**정답** 48 ④ 49 ② 50 ① 51 ③ 52 ③ 53 ③

⑥ 비중이 커지면 탄수소비(C/H)가 커지고 발열량은 감소한다.
⑦ 점도가 작아지면 유동성이 좋아져 분무화가 잘 된다.
⑧ 점도가 높아지면 인화점이 높아진다.

## 54 밀도가 800kg/m³인 폐기물을 처리하는 소각로에서 질량감소율은 85%이고 부피감소율은 90%이었을 경우 이 소각로에서 발생하는 소각재의 밀도는?

① 1,500kg/m³
② 1,400kg/m³
③ 1,300kg/m³
④ 1,200kg/m³

**풀이** 소각재 밀도(kg/m³) = $800 \text{kg/m}^3 \times \frac{100-85}{100-90}$
= $1,200 \text{kg/m}^3$

## 55 다단로 연소방식의 설명 중 옳지 않은 것은?

① 다단로는 내화물을 입힌 가열판, 중앙의 회전축, 일련의 평판상을 구성하는 교반팔로 구성되어 있다.
② 천연가스, 프로판, 오일, 폐유 등 다양한 연료를 사용할 수 있다.
③ 물리, 화학적 성분이 다른 각종 폐기물을 처리할 수 있다.
④ 온도반응이 신속하여 보조연료사용 조절이 용이하다.

**풀이** 다단로 소각방식(Multiple Hearth)
① 장점
  ㉠ 타 소각로에 비해 체류시간이 길어 연소효율이 높고 특히 휘발성이 낮은 폐기물 연소에 유리하다.
  ㉡ 다량의 수분이 증발되므로 수분함량이 높은 폐기물도 연소가 가능하다.
  ㉢ 물리·화학적 성분이 다른 각종 폐기물을 처리할 수 있다. 즉, 다양한 질의 폐기물에 대하여 혼소가 가능하다.
  ㉣ 많은 연소영역이 있으므로 연소효율을 높일 수 있다.(국소 연소를 피할 수 있음)
  ㉤ 보조연료로 다양한 연료(천연가스, 프로판, 오일, 석탄가루, 폐유 등)를 사용할 수 있다.
  ㉥ 클링커 생성을 방지할 수 있다.
  ㉦ 온도제어가 용이하고 동력이 적게 들며 운전비가 저렴하다.

② 단점
  ㉠ 체류시간이 길어 온도반응이 느리다.(휘발성이 적은 폐기물 연소에 유리)
  ㉡ 늦은 온도반응 때문에 보조연료 사용을 조절하기 어렵다.
  ㉢ 분진발생률이 높다.
  ㉣ 열적 충격이 쉽게 발생하고 내화물이나 상에 손상을 초래한다.(내화재의 손상을 방지하기 위해 1,000℃ 이상으로 운전하지 않는 것이 좋음)
  ㉤ 가동부(교반팔, 회전중심축)가 있으므로 유지비가 높다.
  ㉥ 유해폐기물의 완전분해를 위해서는 2차 연소실이 필요하다.

## 56 석탄의 탄화도가 증가하면 감소하는 것은?

① 휘발분
② 착화온도
③ 고정탄소
④ 발열량

**풀이** 석탄의 탄화도 증가 시 특징
① 연료비가 높아진다.(양질의 석탄이 됨)
② 고정탄소의 함량이 증가한다.(고정탄소가 클수록 양질의 석탄 : 무연탄 > 역청탄 > 갈탄 > 이탄 > 목재)
③ 발열량이 높아진다.
④ 휘발분이 감소한다.
⑤ 매연발생률이 낮아진다.
⑥ 비열이 감소한다.
⑦ 착화온도가 높아진다.

## 57 목재류 쓰레기 조성을 원소분석한 결과 중량비가 C : 69%, H : 6%, O : 18%, N : 5%, S : 2%였다. 목재류 쓰레기 300 kg을 연소할 때 필요한 이론산소량(Sm³)은?

① 약 431
② 약 432
③ 약 454
④ 약 481

**풀이** 이론산소량($O_o$)
$O_o$(Sm³)
= $1.867C + 5.6H - 0.7O + 0.7S$
= $(1.867 \times 0.69) + (5.6 \times 0.06) - (0.7 \times 0.18) + (0.7 \times 0.02)$
= $1.51 \text{Sm}^3/\text{kg} \times 300 \text{kg} = 453 \text{Sm}^3$

정답  54 ④  55 ④  56 ①  57 ③

**58** 표준상태(0℃, 1기압)에서 어떤 배기가스 내에 $CO_2$ 농도가 0.05%라면 몇 $mg/m^3$에 해당되는가?

① 832
② 982
③ 1,124
④ 1,243

**풀이** $0.05\% \times \dfrac{10,000ppm}{1\%} = 500ppm$

농도$(mg/m^3)$ = 500ppm$(mL/m^3) \times \dfrac{44mg}{22.4mL}$
= $982.14mg/m^3$

**59** 폐처리가스양이 5,400Sm³/hr인 스토크식 소각시설의 굴뚝에서 정압을 측정하였더니 20mmH₂O였다. 여유율이 20%인 송풍기를 사용할 경우 필요한 소요동력은?(단, 송풍기 정압효율 80%, 전동기 효율 70%)

① 약 0.63kW
② 약 1.32kW
③ 약 2.46kW
④ 약 3.35kW

**풀이** 소요동력(kW)
$= \dfrac{Q \times \Delta P}{6,120 \times \eta} \times \alpha$
$= \dfrac{90 \times 20}{6,120 \times 0.8 \times 0.7} \times 1.2 = 0.63kW$

**60** 열교환기 중 과열기에 관한 설명으로 옳지 않은 것은?

① 과열기는 그 부착 위치에 따라 전열형태가 다르다.
② 과열기의 재료는 탄소강을 비롯하여 니켈, 몰리브덴, 바나듐 등을 함유한 특수 내열 강관을 사용한다.
③ 일반적으로 보일러의 부하가 높아질수록 대류과열기에 의한 과열온도는 저하하는 경향이 있다.
④ 방사형 과열기는 화실의 천정부 또는 로벽에 배치되며 주로 화염의 방사열을 이용한다.

**풀이** 과열기
① 방사형 과열기
  ㉠ 화실의 천정부 또는 로 벽에 배치한다.
  ㉡ 주로 화염의 방사열대류를 이용한다.
  ㉢ 보일러의 부하가 높아질수록 과열온도가 저하하는 경향이 있다.

② 대류형 과열기
  ㉠ 보통 제1 · 제2연도의 중간에 설치한다.
  ㉡ 연소가스의 대류에 의한 전달열을 받는 과열기이다.
  ㉢ 보일러의 부하가 높아질수록 과열온도는 상승한다.
③ 방사 · 대류형 과열기
  ㉠ 대류전달면 입구 가까이에 설치한다.
  ㉡ 방사열과 대류전달열을 동시에 이용하는 과열기이다.

### 4과목 폐기물공정시험기준(방법)

**61** 청석면의 형태와 색상으로 옳지 않은 것은? (단, 편광현미경법 기준)

① 꼬인 물결 모양의 섬유
② 다발 끝은 분산된 모양
③ 긴 섬유는 만곡
④ 특징적인 청색과 다색성

**풀이** 석면의 대표적 종류 및 특성

| 석면의 종류 | 형태와 색상 |
|---|---|
| 백석면<br>(Chrysotile) | • 꼬인 물결 모양의 섬유<br>• 다발의 끝은 분산<br>• 가열되면 무색~밝은 갈색<br>• 다색성<br>• 종횡비는 전형적으로 10 : 1 이상 |
| 갈석면<br>(Amosite) | • 곧은 섬유와 섬유 다발<br>• 다발 끝은 빗자루 같거나 분산된 모양<br>• 가열하면 무색~갈색<br>• 약한 다색성<br>• 종횡비는 전형적으로 10 : 1 이상 |
| 청석면<br>(Crocidolite) | • 곧은 섬유와 섬유 다발<br>• 긴 섬유는 만곡<br>• 다발 끝은 분산된 모양<br>• 특징적인 청색과 다색성<br>• 종횡비는 전형적으로 10 : 1 이상 |

**62** 유리전극법을 이용하여 수소이온농도를 측정할 때 적용범위 기준으로 옳은 것은?

① pH를 0.01까지 측정한다.
② pH를 0.05까지 측정한다.
③ pH를 0.1까지 측정한다.
④ pH를 0.5까지 측정한다.

정답 58 ② 59 ① 60 ③ 61 ① 62 ①

[풀이] 수소이온농도 – 유리전극법
　　적용범위 : pH를 0.01까지 측정한다.

**63** 함수율이 85%인 시료인 경우, 용출시험결과에 시료 중의 수분함량 보정을 위하여 곱하여야 하는 것은?

① 0.5　　　　② 1.0
③ 1.5　　　　④ 2.0

[풀이] 용출시험결과보정
① 용출시험의 결과는 시료 중의 수분함량 보정을 위해 함수율 85% 이상인 시료에 한하여 보정한다.(시료의 수분함량이 85% 이상이면 용출시험결과를 보정하는 이유는 매립을 위한 최대함수율 기준이 정해져 있기 때문)
② 보정값 = $\dfrac{15}{100-시료의\ 함수율(\%)}$
③ 설정계수 = $\dfrac{15}{100-85}$ = 1.0

**64** 다음은 자외선/가시선 분광법을 이용한 카드뮴 측정에 관한 설명이다. ( ) 안에 옳은 내용은?

> 시료 중의 카드뮴 이온을 시안화칼륨이 존재하는 알칼리성에서 디티존과 반응시켜 생성하는 카드뮴착염을 사염화탄소로 추출하고 이를 (　)으로 역추출한 다음 수산화나트륨과 시안화칼륨을 넣어 디티존과 반응하여 생성하는 적색의 카드뮴착염을 사염화탄소로 추출하여 그 흡광도는 520nm에서 측정한다.

① 염화제일주석산 용액　② 부틸알코올
③ 타타르산 용액　　　　④ 에틸알코올

[풀이] 카드뮴 – 자외선/가시선 분광법
　시료 중에 카드뮴이온을 시안화칼륨이 존재하는 알칼리성에서 디티존과 반응시켜 생성하는 카드뮴착염을 사염화탄소로 추출하고, 추출한 카드뮴착염을 타타르산용액으로 역추출한 다음 수산화나트륨과 시안화칼륨을 넣어 디티존과 반응하여 생성하는 적색의 카드뮴착염을 사염화탄소로 추출하여 그 흡광도를 520nm에서 측정하는 방법이다.

**65** 다음의 시료채취 및 용출시험에 관한 내용 중 옳은 것은?

① 유기인 실험을 위한 시료의 채취 시에는 폴리에틸렌병을 사용하여야 한다.
② 시료 채취 후 코르크 마개를 사용하여 밀봉하며 고무마개는 비닐을 씌워 사용하여야 한다.
③ 대상 폐기물의 양이 10톤인 경우에 시료 최소 수는 14개이다.
④ 용출실험방법으로 액상폐기물의 지정폐기물 여부를 판정한다.

[풀이] ① 유기인 실험을 위한 시료의 채취 시에는 무색경질 유리병을 사용하여야 한다.
② 코르크 마개를 사용해서는 안 된다.
④ 고상 또는 반고상폐기물에 대하여 폐기물관리법에서 규정하고 있는 지정폐기물의 여부를 판정한다.

**66** '비함침성 고형폐기물'의 용어정의로 옳은 것은?

① 금속판, 구리선 등 기름을 흡수하지 않는 평면 또는 비평면형태의 변압기 외부부재를 말한다.
② 금속판, 구리선 등 기름을 흡수하지 않는 평면 또는 비평면형태의 변압기 내부부재를 말한다.
③ 금속판, 구리선 등 수분을 흡수하지 않는 평면 또는 비평면형태의 변압기 외부부재를 말한다.
④ 금속판, 구리선 등 수분을 흡수하지 않는 평면 또는 비평면형태의 변압기 내부부재를 말한다.

[풀이] ① 함침성 고상폐기물 : 종이, 목재 등 기름을 흡수하는 변압기 내부부재(종이, 나무와 금속이 서로 혼합되어 분리가 어려운 경우 포함)를 말한다.
② 비함침성 고상폐기물 : 금속판, 구리선 등 기름을 흡수하지 않는 평면 또는 비평면형태의 변압기 내부부재를 말한다.

정답　63 ②　64 ③　65 ③　66 ②

**67** 중량법으로 기름성분을 측정할 때 시료채취 및 관리에 관한 내용으로 옳은 것은?

① 시료는 6시간 이내에 증발처리를 하여야 하나 최대한 24시간을 넘기지 말아야 한다.
② 시료는 8시간 이내에 증발처리를 하여야 하나 최대한 24시간을 넘기지 말아야 한다.
③ 시료는 12시간 이내에 증발처리를 하여야 하나 최대한 7일을 넘기지 말아야 한다.
④ 시료는 24시간 이내에 증발처리를 하여야 하나 최대한 7일을 넘기지 말아야 한다.

**풀이** 중량법 – 기름성분
① 채취 : 유리병에 채취하고 가능한 빨리 측정
② 보관 : 미생물에 의한 분해방지를 위해 0~4℃로 보관
③ 기간 : 24시간 이내에 증발 처리하여야 하나 최대한 7일을 넘기지 말아야 함
④ 온도 : 분석 전 상온이 되게 함

**68** 반고상폐기물이라 함은 고형물의 함량이 몇 %인 것을 말하는가?

① 5% 이상 10% 미만  ② 5% 이상 15% 미만
③ 5% 이상 20% 미만  ④ 5% 이상 25% 미만

**풀이** 용어정의
① 액상폐기물 : 고형물의 함량이 5% 미만
② 반고상폐기물 : 고형물의 함량이 5% 이상 15% 미만
③ 고상폐기물 : 고형물의 함량이 15% 미만
④ 함침성 고상폐기물 : 종이, 목재 등 기름을 흡수하는 변압기 내부부재(종이, 나무와 금속이 서로 혼합되어 분리가 어려운 경우 포함)를 말함
⑤ 비함침성 고상폐기물 : 금속판, 구리선 등 기름을 흡수하지 않는 평면 또는 비평면형태의 변압기 내부부재를 말함

**69** 중량법을 이용하여 강열감량 및 유기물함량을 측정할 때 시료를 전기로에서 강열하기 전에 시료에 넣어 가열하여 탄화시키는 시약은?

① 질산암모늄용액(5%)
② 질산암모늄용액(25%)
③ 과염소산용액(5%)
④ 과염소산용액(25%)

**풀이** 강열감량 및 유기물 함량 – 중량법
질산암모늄용액(25%)을 넣고 가열하여 (600±25℃)의 전기로 안에서 3시간 강렬한 다음 데시케이터에서 식힌 후 질량을 측정하여 증발용기의 질량 차이로부터 강열감량 (%) 및 유기물함량(%)을 구한다.

**70** 온도의 표시방법으로 옳지 않은 것은?

① 실온은 1~25℃로 한다.
② 찬 곳은 따로 규정이 없는 한 0~15℃의 곳을 뜻한다.
③ 온수는 60~70℃ 이하를 말한다.
④ 냉수는 15℃ 이하를 말한다.

**풀이** ① 온도용어

| 용어 | 온도(℃) |
|---|---|
| 표준온도 | 0 |
| 상온 | 15~25 |
| 실온 | 1~35 |
| 찬 곳 | 0~15의 곳(따로 규정이 없는 경우) |
| 냉수 | 15 이하 |
| 온수 | 60~70 |
| 열수 | ≒100 |

② 수욕상 또는 수욕 중에서 가열한다.
규정이 없는 한 수온 100℃에서 가열함을 뜻하고 약 100℃의 증기욕을 쓸 수 있다는 의미
③ 시험은 따로 규정이 없는 한 상온에서 조작(단, 온도의 영향이 있는 것의 판정은 표준온도를 기준으로 함)

**71** 감염성 미생물의 분석방법과 가장 거리가 먼 것은?

① 아포균 검사법  ② 열멸균 검사법
③ 세균배양 검사법  ④ 멸균테이프 검사법

**풀이** 감염성 미생물 검사법
① 아포균 검사법
② 세균배양 검사법
③ 멸균테이프 검사법

정답  67 ④  68 ②  69 ②  70 ①  71 ②

## 72 수은을 환원기화-원자흡수분광광도법으로 측정할 때 시료 중 수은을 금속수은으로 환원시키기 위해 넣은 시약은?

① 아연분말  ② 이염화주석
③ 시안화칼륨  ④ 과망간산칼륨

**풀이** 수은-원자흡수분광광도법
시료 중 수은을 이염화주석을 넣어 금속수은으로 환원시킨 다음 이 용액에 통기하여 발생하는 수은 증기를 253.7nm의 파장에서 원자흡수분광광도법에 따라 정량하는 방법이다.

## 73 기체크로마토그래피법으로 측정하여야 하는 시험항목이 아닌 것은?

① 시안
② PCBs
③ 유기인
④ 휘발성 저급 염소화탄화수소류

**풀이** 시안 분석방법
① 이온교환법
② 자외선/가시선 분광법

## 74 다음은 폐기물 용출시험에 관한 내용이다. ( ) 안에 옳은 내용은?

시료용액 조제가 끝난 혼합액을 상온, 상압에서 진탕 회수가 매분당 ( ), 진폭 ( )의 진탕기를 사용하여 ( ) 연속 진탕한 다음 여과하고 여과액을 적당량 취하여 용출시험용 시료용액으로 한다.

① 약 200회, 4~5cm, 6시간
② 약 200회, 4~5cm, 4시간
③ 약 300회, 4~5cm, 6시간
④ 약 300회, 4~5cm, 4시간

**풀이** 용출 조작
① 진탕 : 혼합액을 상온, 상압에서 진탕횟수가 매분당 약 200회, 진폭이 4~5cm의 진탕기를 사용하여 6시간 동안 연속 진탕

⇩

② 여과 : 1.0μm의 유리 섬유여과지로 여과

⇩

③ 여과액을 적당량 취하여 용출 실험용 시료 용액으로 함

## 75 다음은 정량한계(LOQ)에 관한 내용이다. ( ) 안에 들어갈 내용으로 옳은 것은?

정량한계란 시험분석 대상을 정량화할 수 있는 측정값으로서 제시된 정량한계 부근의 농도를 포함하도록 시료를 준비하고 이를 반복 측정하여 얻은 결과의 표준편차에 ( ) 한 값을 사용한다.

① 3배  ② 5배
③ 10배  ④ 15배

**풀이** 정량한계(LOQ)=표준편차×10

## 76 회분식 연소방식의 소각재 반출 설비에서의 시료 채취에 관한 내용으로 옳은 것은?

① 하루 동안의 운전횟수에 따라 매 운전 시마다 2회 이상 채취하는 것을 원칙으로 한다.
② 하루 동안의 운전횟수에 따라 매 운전 시마다 3회 이상 채취하는 것을 원칙으로 한다.
③ 하루 동안의 운행시간에 따라 매 운전 시마다 2회 이상 채취하는 것을 원칙으로 한다.
④ 하루 동안의 운행시간에 따라 매 운전 시마다 3회 이상 채취하는 것을 원칙으로 한다.

**풀이** 회분식 연소방식의 소각재 반출 설비에서 시료 채취
① 하루 동안의 운전횟수에 따라 매 운전 시마다 2회 이상 채취하는 것을 원칙으로 한다.
② 시료의 양은 1회에 500g 이상으로 한다.

정답  72 ②  73 ①  74 ①  75 ③  76 ①

**77** 다음은 자외선/가시선 분광법을 적용한 구리 측정방법이다. ( ) 안에 내용으로 옳은 것은?

> 시료 중에 구리이온이 알칼리성에서 다이에틸 다이티오카르바민산나트륨과 반응하여 생성하는 ( ㉠ )의 킬레이트 화합물을 아세트산부틸로 추출하여 흡광도를 ( ㉡ )에서 측정하는 방법이다.

① ㉠ 적자색, ㉡ 540nm
② ㉠ 적자색, ㉡ 440nm
③ ㉠ 황갈색, ㉡ 540nm
④ ㉠ 황갈색, ㉡ 440nm

**풀이** 구리 – 자외선/가시선 분광법
시료 중에 구리이온이 알칼리성에서 다이에틸다이티 오카르바민산나트륨과 반응하여 생성하는 황갈색의 킬레이트 화합물을 아세트산부틸로 추출하여 흡광도 를 440nm에서 측정하는 방법이다.

**78** 폐기물이 4.5톤 차량에 적재되어 있을 때 시료를 채취하는 방법에 관한 설명으로 옳은 것은?

① 평면상에서 6등분, 수직면상에서 9등분한 후 각 등분마다 시료채취
② 평면상에서 9등분, 수직면상에서 6등분한 후 각 등분마다 시료채취
③ 평면상에서 6등분한 후 각 등분마다 시료채취
④ 평면상에서 9등분한 후 각 등분마다 시료채취

**풀이** ① 5ton 미만의 차량에 적재되어 있는 경우 적재폐기물을 평면상에서 6등분한 후 각 등분마다 시료채취
② 5ton 이상의 차량에 적재되어 있는 경우 적재폐기물을 평면상에서 9등분한 후 각 등분마다 시료채취

**79** 다음은 자외선/가시선 분광법으로 비소를 측정하는 방법이다. ( ) 안에 옳은 내용은?

> 시료 중의 비소를 3가비소로 환원시킨 다음 ( )을 넣어 발생되는 비화수소를 다이에틸다이티 오카르바민산의 피리딘 용액에 흡수시켜 이때 나타나는 적자색의 흡광도를 측정한다.

① 과망간산칼륨 용액
② 과산화수소수 용액
③ 요오드
④ 아연

**풀이** 비소 – 자외선/가시선 분광법
시료 중의 비소를 3가비소로 환원시킨 다음 아연을 넣어 발생되는 비화수소를 다이에틸다이티오카르바민산은 의 피리딘용액에 흡수시켜 이때 나타나는 적자색의 흡광도를 530nm에서 측정하는 방법이다.(흡광도의 눈금 보정 시약 : 수산화중크롬산칼륨을 N/20 수산화칼륨 용액에 녹여 사용)

**80** 총칙에서 규정하고 있는 사항 중 옳은 것은?

① 시험에 사용하는 시약은 따로 규정이 없는 한 2급 이상 또는 이와 동등한 규격의 시약을 사용한다.
② '밀폐용기'라 함은 취급 또는 저장하는 동안에 이 물질이 들어가거나 또는 내용물이 손실되지 아니하도록 보호하는 용기를 말한다.
③ '무게를 정밀히 단다'라 함은 규정된 수치의 무게를 0.1mg까지 다는 것을 말한다.
④ '정확히 취하여'라 함은 규정한 양의 액체를 메스실린더로 눈금까지 취하는 것을 말한다.

**풀이** ① 시험에 사용하는 시약은 따로 규정이 없는 한 1급 이상 또는 이와 동등한 규격의 시약을 사용한다.
③ '정밀히 단다'라 함은 규정된 양의 시료를 취하여 화학저울 또는 미량저울로 침량함을 말한다.
④ '정확히 취하여'라 함은 규정된 양의 액체를 홀피펫으로 눈금까지 취하는 것을 말한다.

**정답** 77 ④  78 ③  79 ④  80 ②

## 5과목 폐기물관계법규

**81** 폐기물처리업의 업종구분과 영업내용으로 옳지 않은 것은?

① 폐기물 종합재활용업 : 폐기물 재활용시설을 갖추고 중간 재활용업과 최종재활용업을 함께 하는 영업
② 폐기물 최종재활용업 : 폐기물 재활용시설을 갖추고 최종 재활용품을 만드는 영업
③ 폐기물 중간재활용업 : 폐기물 재활용시설을 갖추고 중간 가공 폐기물을 만드는 영업
④ 폐기물 수집·운반업 : 폐기물을 수집하여 재활용 또는 처분 장소로 운반하거나 폐기물을 수출하기 위하여 수집·운반하는 영업

> **풀이** 폐기물처리업의 업종 구분과 영업내용
> ① 폐기물 수집·운반업 : 폐기물을 수집하여 재활용 또는 처분 장소로 운반하거나 폐기물을 수출하기 위하여 수집·운반하는 영업
> ② 폐기물 중간분분업 : 폐기물 중간처분시설을 갖추고 폐기물을 소각 처분, 기계적 처분, 화학적 처분, 생물학적 처분, 그 밖에 환경부장관이 폐기물을 안전하게 중간분분할 수 있다고 인정하여 고시하는 방법으로 중간분분하는 영업
> ③ 폐기물 최종처분업 : 폐기물 최종처분시설을 갖추고 폐기물을 매립 등(해역 배출은 제외한다)의 방법으로 최종처분하는 영업
> ④ 폐기물 종합처분업 : 폐기물 중간처분시설 및 최종처분시설을 갖추고 폐기물의 중간처분과 최종처분을 함께하는 영업
> ⑤ 폐기물 중간재활용업 : 폐기물 재활용시설을 갖추고 중간가공 폐기물을 만드는 영업
> ⑥ 폐기물 최종재활용업 : 폐기물 재활용시설을 갖추고 중간가공 폐기물을 용도 또는 방법으로 재활용하는 영업
> ⑦ 폐기물 종합재활용업 : 폐기물 재활용시설을 갖추고 중간재활용업과 최종재활용업을 함께하는 영업

**82** 지정폐기물의 수집·운반·보관기준에 관한 설명으로 옳은 것은?

① 폐농약·폐촉매는 보관개시일부터 30일을 초과하여 보관하여서는 아니 된다.
② 수집·운반차량은 녹색 도색을 하여야 한다.
③ 지정폐기물과 지정폐기물 외의 폐기물을 구분 없이 보관하여야 한다.
④ 폐유기용제는 휘발되지 아니하도록 밀폐된 용기에 보관하여야 한다.

> **풀이** ① 폐농약·폐촉매는 보관개시일부터 45일을 초과하여 보관하여서는 아니 된다.
> ② 지정폐기물 수집·운반차량의 차체는 노란색으로 색칠을 하여야 한다.
> ③ 지정폐기물은 지정폐기물 외의 폐기물과 구분하여 보관하여야 한다.

**83** 기술관리인을 두어야 할 폐기물처리시설 기준으로 옳지 않은 것은?(단, 폐기물처리업자가 운영하는 폐기물처리시설은 제외)

① 시멘트 소성로(폐기물을 연료로 사용하는 경우로 한정한다)로서 1일 재활용능력이 10톤 이상인 시설
② 용해로(폐기물에서 비철금속을 추출하는 경우로 한정한다)로서 시간당 재활용능력이 600킬로그램 이상인 시설
③ 멸균분쇄시설로서 시간당 처분능력이 100킬로그램 이상인 시설
④ 사료화·퇴비화 또는 연료화 시설로서 1일 재활용능력이 5톤 이상인 시설

> **풀이** 기술관리인을 두어야 하는 폐기물 처리시설
> ① 매립시설의 경우
> ㉠ 지정폐기물을 매립하는 시설로서 면적이 3천 300제곱미터 이상인 시설. 다만, 차단형 매립시설에서는 면적이 330제곱미터 이상이거나 매립용적이 1천 세제곱미터 이상인 시설로 한다.
> ㉡ 지정폐기물 외의 폐기물을 매립하는 시설로서 면적이 1만 제곱미터 이상이거나 매립용적이 3만 세제곱미터 이상인 시설

② 소각시설로서 시간당 처리능력이 600킬로그램(감염성 폐기물을 대상으로 하는 소각시설의 경우에는 200킬로그램) 이상인 시설
③ 압축·파쇄·분쇄 또는 절단시설로서 1일 처리능력 또는 재활용능력이 100톤 이상인 시설
④ 사료화·퇴비화 또는 연료화 시설로서 1일 재활용능력이 5톤 이상인 시설
⑤ 멸균·분쇄시설로서 시간당 처리능력이 100킬로그램 이상인 시설
⑥ 시멘트 소성로
⑦ 용해로(폐기물에 비철금속을 추출하는 경우로 한정한다)로서 시간당 재활용능력이 600킬로그램 이상인 시설
⑧ 소각열회수시설로서 시간당 재활용능력이 600킬로그램 이상인 시설

## 84 폐기물처리시설 중 기계적 재활용시설이 아닌 것은?

① 연료화 시설
② 탈수·건조 시설
③ 응집·침전 시설
④ 증발·농축 시설

**풀이** 폐기물처리시설의 종류 : 재활용시설
① 기계적 재활용시설
  ㉠ 압축·압출·성형·주조시설(동력 7.5kW 이상인 시설로 한정한다)
  ㉡ 파쇄·분쇄·탈피시설(동력 15kW 이상인 시설로 한정한다)
  ㉢ 절단시설(동력 15kW 이상인 시설로 한정한다)
  ㉣ 용융·용해시설(동력 7.5kW 이상인 시설로 한정한다)
  ㉤ 연료화시설
  ㉥ 증발·농축시설
  ㉦ 정제시설(분리·증류·추출·여과 등의 시설을 이용하여 폐기물을 재활용하는 단위시설을 포함한다)
  ㉧ 유수 분리시설
  ㉨ 탈수·건조시설
  ㉩ 세척시설(철도용 폐목재 받침목을 재활용하는 경우로 한정한다)
② 화학적 재활용시설
  ㉠ 고형화·고화시설
  ㉡ 반응시설(중화·산화·환원·중합·축합·치환 등의 화학반응을 이용하여 폐기물을 재활용하는 단위시설을 포함한다)
  ㉢ 응집·침전시설
③ 생물학적 재활용시설
  ㉠ 사료화·퇴비화(지렁이 분변토 생산시설 및 생석회 처리시설을 포함한다)·소멸화·부숙토 생산시설(1일 재활용능력 100킬로그램 이상인 시설로 한정하며, 건조에 의한 사료화·퇴비화시설을 포함한다)
  ㉡ 호기성·혐기성 분해시설
  ㉢ 버섯재배시설

## 85 폐기물관리법이 적용되지 아니하는 물질에 대한 기준으로 옳지 않은 것은?

① 용기에 들어 있지 아니한 기체상태의 물질
② 하수도법에 따라 공공수역으로 배출되는 폐수
③ 군수품관리법에 따라 폐기되는 탄약
④ 원자력안전법에 따른 방사성 물질과 이로 인하여 오염된 물질

**풀이** 폐기물관리법을 적용하지 않는 물질
① 「원자력안전법」에 따른 방사성 물질과 이로 인하여 오염된 물질
② 용기에 들어 있지 아니한 기체상태의 물질
③ 「물환경보전법」에 따른 수질오염 방지시설에 유입되거나 공공수역(수역)으로 배출되는 폐수
④ 「가축분뇨의 관리 및 이용에 관한 법률」에 따른 가축분뇨
⑤ 「하수도법」에 따른 하수·분뇨
⑥ 「가축전염병예방법」이 적용되는 가축의 사체, 오염물건, 수입 금지 물건 및 검역 불합격품
⑦ 「수산생물질병 관리법」에 적용되는 수산동물의 사체, 오염된 시설 또는 물건, 수입 금지 물건 및 검역 불합격품
⑧ 「군수품관리법」에 따라 폐기되는 탄약

## 86 의료폐기물 전용 용기 검사기관으로 옳은 것은?

① 한국의료기기시험연구원
② 환경보전협회
③ 한국건설생활환경시험연구원
④ 한국화학시험원

**정답** 84 ③ 85 ② 86 ③

풀이 의료폐기물 전용 용기 검사기관
① 한국환경공단
② 한국화학융합시험원
③ 한국건설생활환경시험연구원
④ 그 밖에 국립환경과학원장이 의료폐기물 전용용기에 대한 검사능력이 있다고 인정하여 고시하는 기관

## 87 제출된 폐기물 처리사업계획서의 적합통보를 받은 자가 천재지변이나 그 밖의 부득이한 사유로 정해진 기간 내에 허가신청을 하지 못한 경우에 실시하는 연장기간에 대한 설명으로 ( )의 기간이 옳게 나열된 것은?

> 폐기물 수집 · 운반업의 경우에는 총 연장기간 ( ㉠ ), 폐기물 최종처분업과 폐기물 종합처분업의 경우에는 총 연장기간 ( ㉡ )의 범위에서 허가신청기간을 연장할 수 있다.

① ㉠ 6개월, ㉡ 1년   ② ㉠ 6개월, ㉡ 2년
③ ㉠ 1년, ㉡ 2년     ④ ㉠ 1년, ㉡ 3년

풀이 제출된 폐기물 처리사업계획서의 적합통보를 받은 자가 천재지변이나 그 밖의 부득이한 사유로 정해진 기간 내에 허가신청을 하지 못한 경우에 폐기물 수집 · 운반업의 경우에는 총 연장기간 6개월, 폐기물 최종처분업과 폐기물 종합처분업의 경우에는 총 연장기간 2년의 범위에서 허가신청기간을 연장할 수 있다.

## 88 폐기물 관리의 기본원칙으로 틀린 것은?

① 사업자는 제품의 생산방식 등을 개선하여 폐기물의 발생을 최대한 억제해야 한다.
② 폐기물은 우선적으로 소각, 매립 등의 처분을 한다.
③ 폐기물로 인하여 환경오염을 일으킨 자는 오염된 환경을 복원할 책임을 져야 한다.
④ 누구든지 폐기물을 배출하는 경우에는 주변 환경이나 주민의 건강에 위해를 끼치지 아니하도록 사전에 적절한 조치를 하여야 한다.

풀이 폐기물 관리의 기본원칙
① 사업자는 제품의 생산방식 등을 개선하여 폐기물의 발생을 최대한 억제하고, 발생한 폐기물을 스스로 재활용함으로써 폐기물의 배출을 최소화하여야 한다.
② 누구든지 폐기물을 배출하는 경우에는 주변 환경이나 주민의 건강에 위해를 끼치지 아니하도록 사전에 적절한 조치를 하여야 한다.
③ 폐기물은 그 처리과정에서 양과 유해성(有害性)을 줄이도록 하는 등 환경보전과 국민건강보호에 적합하게 처리되어야 한다.
④ 폐기물로 인하여 환경오염을 일으킨 자는 오염된 환경을 복원할 책임을 지며, 오염으로 인한 피해의 구제에 드는 비용을 부담하여야 한다.
⑤ 국내에서 발생한 폐기물은 가능하면 국내에서 처리되어야 하고, 폐기물의 수입은 되도록 억제되어야 한다.
⑥ 폐기물은 소각, 매립 등의 처분을 하기보다는 우선적으로 재활용함으로써 자원생산성의 향상에 이바지하도록 하여야 한다.

## 89 폐기물수집 · 운반업의 변경허가를 받아야 할 중요사항으로 틀린 것은?

① 수집 · 운반 대상 폐기물의 변경
② 영업구역의 변경
③ 처분시설 소재지의 변경
④ 운반차량(임시차량은 제외한다)의 증차

풀이 폐기물처리업의 변경허가를 받아야 할 중요사항
[폐기물 수집 · 운반업]
① 수집 · 운반 대상 폐기물의 변경
② 영업구역의 변경
③ 주차장 소재지의 변경(지정폐기물을 대상으로 하는 수집 · 운반업만 해당한다)
④ 운반차량(임시차량은 제외한다)의 증차

## 90 대통령령으로 정하는 폐기물처리시설을 설치, 운영하는 자는 그 시설의 유지관리에 관한 기술업무를 담당하게 하기 위해 기술관리인을 임명하거나 기술관리 능력이 있다고 대통령령으로 정하는 자와 기술관리대행계약을 체결하여야 한다. 이를 위반하여 기술관리인을 임명하지 아니하고 기술관리대행계약을 체결하지 아니한 자에 대한 과태료 처분 기준은?

① 2백만 원 이하의 과태료
② 3백만 원 이하의 과태료

정답 87 ② 88 ② 89 ③ 90 ④

③ 5백만 원 이하의 과태료
④ 1천만 원 이하의 과태료

풀이 폐기물관리법 제68조 참조

**91** 누구든지 특별자치도지사, 시장, 군수, 구청장이나 공원도로 등 시설의 관리자가 폐기물의 수집을 위해 마련한 장소나 설비 외의 장소에 폐기물을 버려서는 아니 된다. 이를 위반하여 사업장폐기물을 버린 자에 대한 벌칙기준으로 옳은 것은?(단, 징역형과 벌금형 병과 가능 기준)

① 2년 이하의 징역이나 1천 5백만 원 이하의 벌금
② 3년 이하의 징역이나 2천만 원 이하의 벌금
③ 5년 이하의 징역이나 3천만 원 이하의 벌금
④ 7년 이하의 징역이나 7천만 원 이하의 벌금

풀이 폐기물관리법 제63조 참조

**92** 폐기물 중간처분시설 중 화학적 처분시설로 분류되는 시설은?

① 고형화시설
② 유수분리시설
③ 연료화시설
④ 정제시설

풀이 화학적 처분시설
① 고형화 · 고화 · 안정화시설
② 반응시설(중화 · 산화 · 환원 · 중합 · 축합 · 치환 등의 화학반응을 이용하여 폐기물을 처분하는 단위시설을 포함한다.)
③ 응집 · 침전시설

**93** 폐기물 처분시설 또는 재활용시설의 관리기준에서 관리형 매립시설에서 발생하는 침출수의 배출허용기준으로 옳은 것은?(단, 화학적 산소요구량(mg/L), 과망간산칼륨법에 따른 경우, 1일 침출수 배출량은 2,000m³ 미만, 가 지역)

① 80
② 100
③ 120
④ 150

풀이 관리형 매립시설 침출수의 배출허용기준

| 구분 | 생물화학적 산소요구량 (mg/L) | 화학적 산소요구량(mg/L) | | | 부유물질량 (mg/L) |
|---|---|---|---|---|---|
| | | 과망간산칼륨법에 따른 경우 | | 중크롬산칼륨법에 따른 경우 | |
| | | 1일 침출수 배출량 2,000m³ 이상 | 1일 침출수 배출량 2,000m³ 미만 | | |
| 청정지역 | 30 | 50 | 50 | 400 (90%) | 30 |
| 가지역 | 50 | 80 | 100 | 600 (85%) | 50 |
| 나지역 | 70 | 100 | 150 | 800 (80%) | 70 |

**94** 폐기물처리시설 주변지역 영향조사 기준 중 조사방법(조사지점)에 관한 기준으로 옳은 것은?

미세먼지와 다이옥신 조사지점은 해당 시설에 인접한 주거지역 중 (    ) 이상의 일정한 곳으로 한다.

① 2개소
② 3개소
③ 4개소
④ 5개소

풀이 주변지역 영향조사의 조사지점
① 미세먼지와 다이옥신 조사지점은 해당 시설에 인접한 주거지역 중 3개소 이상 지역의 일정한 곳으로 한다.
② 악취 조사지점은 매립시설에 가장 인접한 주거지역에서 냄새가 가장 심한 곳으로 한다.
③ 지표수 조사지점은 해당 시설에 인접하여 폐수, 침출수 등이 흘러들거나 흘러들 것으로 우려되는 지역의 상 · 하류 각 1개소 이상의 일정한 곳으로 한다.
④ 지하수 조사지점은 매립시설의 주변에 설치된 3개의 지하수 검사정으로 한다.
⑤ 토양조사지점은 4개소 이상으로 하고 토양정밀조사의 방법에 따라 폐기물매립 및 재활용지역의 시료채취지점의 표토와 심토에서 각각 시료를 채취해야 하며, 시료채취지점의 지형 및 하부토양의 특성을 고려하여 시료를 채취해야 한다.

정답  91 ④  92 ①  93 ②  94 ②

**95** 의료폐기물(위해의료폐기물) 중 '시험, 검사 등에 사용된 배양액, 배양용기, 보관균주, 폐시험관, 슬라이드, 커버글라스, 폐배지, 폐장갑'이 해당되는 것은?

① 병리계 폐기물
② 손상성 폐기물
③ 위생계 폐기물
④ 보건성 폐기물

**풀이** 위해의료폐기물의 종류
① 조직물류 폐기물 : 인체 또는 동물의 조직 · 장기 · 기관 · 신체의 일부, 동물의 사체, 혈액 · 고름 및 혈액생성물질(혈청, 혈장, 혈액 제제)
② 병리계 폐기물 : 시험 · 검사 등에 사용된 배양액, 배양용기, 보관균주, 폐시험관, 슬라이드 커버글라스, 폐배지, 폐장갑
③ 손상성 폐기물 : 주삿바늘, 봉합바늘, 수술용 칼날, 한방침, 치과용 침, 파손된 유리재질의 시험기구
④ 생물 · 화학폐기물 : 폐백신, 폐항암제, 폐화학치료제
⑤ 혈액오염폐기물 : 폐혈액백, 혈액투석 시 사용된 폐기물, 그 밖에 혈액이 유출될 정도로 포함되어 있는 특별한 관리가 필요한 폐기물

**96** 폐기물 처분시설 또는 재활용시설 중 의료폐기물을 대상으로 하는 시설의 기술관리인 자격기준에 해당하지 않는 자격은?

① 폐기물처리산업기사
② 수질환경산업기사
③ 임상병리사
④ 위생사

**풀이** 기술관리인의 자격기준

| 구분 | 자격기준 |
| --- | --- |
| 폐기물 처분시설 또는 재활용시설 | |
| 가. 매립시설 | 폐기물처리기사, 수질환경기사, 토목기사, 일반기계기사, 건설기계기사, 화공기사, 토양환경기사 중 1명 이상 |
| 나. 소각시설(의료폐기물을 대상으로 하는 소각시설은 제외한다.), 시멘트 소성로 및 용해로 | 폐기물처리기사, 대기환경기사, 토목기사, 일반기계기사, 건설기계기사, 화공기사, 전기기사, 전기공사기사 중 1명 이상 |
| 다. 의료폐기물을 대상으로 하는 시설 | 폐기물처리산업기사, 임상병리사, 위생사 중 1명 이상 |
| 라. 음식물류 폐기물을 대상으로 하는 시설 | 폐기물처리산업기사, 수질환경산업기사, 화공산업기사, 토목산업기사, 대기환경산업기사, 일반기계기사, 전기기사 중 1명 이상 |
| 마. 그 밖의 시설 | 같은 시설의 운영을 담당하는 자 1명 이상 |

**97** 대통령령으로 정하는 폐기물처리시설을 설치, 운영하는 자는 그 처리시설에서 배출되는 오염물질을 측정하거나 환경부령으로 정하는 측정기관으로 하여금 측정하게 하고 그 결과를 환경부 장관에게 제출하여야 하는데 이때 '환경부령으로 정하는 측정기관'에 해당되지 않는 것은?

① 보건환경연구원
② 국립환경과학원
③ 한국환경공단
④ 수도권매립지관리공사

**풀이** 환경부령으로 정하는 오염물질 측정기관
① 보건환경연구원
② 한국환경공단
③ 수질오염물질 측정대행업의 등록을 한 자
④ 수도권매립지관리공사
⑤ 폐기물분석전문기관

**98** 한국폐기물협회의 업무와 가장 거리가 먼 것은?

① 폐기물산업의 발전을 위한 지도 및 조사, 연구
② 폐기물 관련 홍보 및 교육, 연수
③ 폐기물정책개발을 위한 위탁 사업
④ 폐기물 관련 국제교류 및 협력

**풀이** 한국폐기물협회의 업무
① 폐기물 산업의 발전을 위한 지도 및 조사 · 연구
② 폐기물 관련 홍보 및 교육 · 연수
③ 폐기물 관련 국제교류 및 협력
④ 폐기물과 관련된 업무로서 국가나 지방자치단체로부터 위탁받은 업무

정답   95 ①   96 ②   97 ②   98 ③

**99** 용어의 정의로 옳지 않은 것은?

① 폐기물감량화시설 : 생산 공정에서 발생하는 폐기물의 양을 줄이고, 사업장 내 재활용을 통하여 폐기물 배출을 최소화하는 시설로서 대통령령으로 정하는 시설을 말한다.
② 생활폐기물 : 사업장폐기물 외의 폐기물을 말한다.
③ 처리 : 폐기물을 소각·중화·파쇄·고형화 등의 중간처분과 매립하거나 해역으로 배출하는 최종처분을 말한다.
④ 폐기물처리시설 : 폐기물의 중간처분시설, 최종처분시설 및 재활용시설로서 대통령령으로 정하는 시설을 말한다.

**풀이** 처리
폐기물의 수집, 운반, 보관, 재활용, 처분을 말한다.

**100** 지정 폐기물 중 유해물질함유 폐기물(환경부령으로 정하는 물질을 함유한 것으로 한정한다.)에 관한 기준으로 옳지 않은 것은?

① 광재(철광 원석의 사용으로 인한 고로슬래그는 제외한다.)
② 분진(대기오염 방지시설에서 포집된 것으로 한정하되 소각시설에서 발생되는 것은 제외한다.)
③ 폐내화물 및 재벌구이 전에 유약을 바른 도자기 조각
④ 폐흡착제 및 폐흡수제(광물유 정제에 사용된 고화 폐기물은 제외한다.)

**풀이** 폐흡착제 및 폐흡수제의 정제에 사용된 폐토사를 포함한다.

정답  99 ③  100 ④

# SECTION 012 2025년 1회 CBT 복원 · 예상문제

### 1과목 폐기물개론

**01** $X_{90}$=3.0cm로 도시폐기물을 파쇄하고자 할 때, 즉 90% 이상을 3.0cm보다 작게 파쇄하고자 할 경우 Rosin – Rammler 모델에 의한 특성입자 크기는? (단, $n$=1로 가정)

① 1.30cm  ② 1.42cm
③ 1.74cm  ④ 1.92cm

**풀이** $Y = 1 - \exp\left[-\left(\dfrac{X}{X_0}\right)^n\right]$

$0.9 = 1 - \exp\left[-\left(\dfrac{3.0}{X_0}\right)^1\right]$, $-\dfrac{3.0}{X_0} = \ln 0.1$

$X_0$ (특성입자 크기) = $\dfrac{3.0}{2.3}$ = 1.30cm

**02** 투입량이 1.0t/hr이고, 회수량이 600kg/hr (그중 회수대상 물질은 550kg/hr)이며 제거량은 400kg/hr(그중 회수대상 물질은 70kg/hr)일 때 선별효율은?(단, Worrell 식 적용)

① 77%  ② 79%
③ 81%  ④ 84%

**풀이** $x_1$이 550kg/hr → $y_1$ : 50kg/hr
$x_2$가 70kg/hr → $y_2$ : 1,000 – 600 – 70 = 330kg/hr
$x_0 = x_1 + x_2 = 550 + 70 = 620$kg/hr
$y_0 = y_1 + y_2 = 50 + 330 = 380$kg/hr

Worrel 선별효율(%) = $\left[\left(\dfrac{x_1}{x_0}\right) \times \left(\dfrac{y_2}{y_0}\right)\right] \times 100$
$= \left[\left(\dfrac{550}{620}\right) \times \left(\dfrac{330}{380}\right)\right] \times 100$
$= 77.04\%$

[Note] $x_0$(투입량 중 회수대상물질)
$y_0$(제거량 중 비회수대상물질)
$x_1$(회수량 중 회수대상물질)
$y_1$(회수량 중 비회수대상물질)
$x_2$(제거량 중 회수대상물질)
$y_2$(제거량 중 비회수대상물질)

**03** 인구 1천만 명인 도시를 위한 쓰레기 위생매립지(매립용량 100,000,000m³)를 계획하였다. 매립 후 폐기물의 밀도는 500kg/m³이고 복토량은 폐기물 : 복토 부피비율로 5 : 10이며 해당 도시 일인 일일 쓰레기 발생량이 2kg일 경우 매립장의 수명은 몇 년인가?

① 5.7년  ② 6.8년
③ 8.3년  ④ 14.6년

**풀이** 매립장의 수명(year) = $\dfrac{\text{매립용적}}{\text{쓰레기 발생량}}$

$= \dfrac{100,000,000\text{m}^3 \times 500\text{kg/m}^3}{2\text{kg/인 · 일} \times 10,000,000\text{인} \times 365\text{일/year} \times 1.2}$

= 5.7year

**04** 쓰레기를 압축시켜 부피감소율이 55%인 경우 압축비는?

① 약 2.2  ② 약 2.8
③ 약 3.2  ④ 약 3.6

**풀이** 압축비($CR$) = $\dfrac{100}{100-VR} = \dfrac{100}{100-55}$ = 2.22

**05** 함수율 95%의 슬러지를 함수율 80%인 슬러지로 만들려면 슬러지 1ton당 얼마의 수분을 증발시켜야 하는가?(단, 비중은 1.0 기준)

① 750 kg  ② 650 kg
③ 550 kg  ④ 450 kg

**풀이** 1,000kg(1 – 0.95) = 처리 후 슬러지양(1 – 0.8)
처리 후 슬러지양 = 250kg
증발된 수분량(kg) = 1,000 – 250 = 750kg

정답  01 ①  02 ①  03 ①  04 ①  05 ①

**06** 수분함량이 20%인 쓰레기의 수분함량을 10%로 감소시키면 감소 후 쓰레기 중량은 처음 중량의 몇 %가 되겠는가?(단, 쓰레기의 비중은 1.0 기준)

① 87.6%  ② 88.9%
③ 90.3%  ④ 92.9%

**풀이** 초기 쓰레기양$(1-0.2)$=처리 후 쓰레기양$(1-0.1)$

$$\frac{처리\ 후\ 쓰레기양}{초기\ 쓰레기양} = \frac{(1-0.2)}{(1-0.1)} = 0.8888$$

처리 후 쓰레기 비율=$0.8888 \times 100 = 88.88\%$

**07** 쓰레기를 체분석하여 다음과 같은 결과를 얻었다. 곡률계수는?(단, $D_{10}$, $D_{30}$, $D_{60}$은 쓰레기 시료의 체 중량통과백분율이 각각 10%, 30%, 60%에 해당되는 직경을 의미함)

[결과]
$D_{10}$ : 0.01mm, $D_{30}$ : 0.05mm, $D_{60}$ : 0.25mm

① 0.5  ② 0.85
③ 1.0  ④ 1.25

**풀이** 곡률계수($Z$)=$\frac{(D_{30})^2}{D_{10} \times D_{60}} = \frac{0.05^2}{0.01 \times 0.25} = 1.0$

**08** 3.5%의 고형물을 함유하는 슬러지 300m³를 탈수시켜 70%의 함수율을 갖는 케이크를 얻었다면 탈수된 케이크의 양은 몇 m³인가?(단, 슬러지의 밀도는 1ton/m³이다.)

① 35m³  ② 40m³
③ 45m³  ④ 50m³

**풀이** $300m^3 \times 0.035$=탈수된 케이크 양$(m^3) \times (1-0.7)$

탈수된 케이크 양$(m^3) = \frac{300m^3 \times 0.035}{0.3} = 35m^3$

**09** 폐기물에 함유된 유용 성분을 분리해 내기 위해 1,000kg의 폐기물을 처리하여 700kg과 300kg으로 분류하였다. 이들 각 폐기물에 함유된 유용 성분의 함량을 조사하였더니 각각의 무게의 30%와 0.15%를 차지하고 있음을 알았다. 그러면 전체 폐기물에 함유되어 있는 유용 성분의 함량은 약 몇 %(무게 기준)인가?

① 21%  ② 27%
③ 31%  ④ 34%

**풀이** 유용 성분의 함량(%)
$= \frac{(700kg \times 0.3) + (300kg \times 0.0015)}{700kg + 300kg} \times 100 = 21.05\%$

**10** 다음 중에서 쓰레기 발생량 조사방법이 아닌 것은?

① 적재차량 계수분석법  ② 직접계근법
③ 물질수지법  ④ 경향법

**풀이** ① 쓰레기 발생량 조사방법
  ㉠ 적재차량 계수분석법
  ㉡ 직접계근법
  ㉢ 물질수지법
  ㉣ 통계조사(표본조사, 전수조사)
② 쓰레기 발생량 예측방법
  ㉠ 경향법
  ㉡ 다중회귀모델
  ㉢ 동적모사모델

**11** 쓰레기 수거노선 설정 요령으로 옳지 않은 것은?

① 지형이 언덕인 경우는 내려가면서 수거한다.
② U자 회전을 피하여 수거한다.
③ 아주 많은 양의 쓰레기가 발생되는 발생원은 하루 중 가장 나중에 수거한다.
④ 가능한 한 시계 방향으로 수거노선을 설정한다.

**풀이** 효과적·경제적인 수거노선 결정 시 유의(고려)사항 : 수거노선 설정요령
① 지형이 언덕인 지역에서는 언덕의 위에서부터 내려가며 적재하면서 차량을 진행하도록 한다.(안전성, 연료비 절약)
② 수거인원 및 차량형식이 같은 기존 시스템의 조건들을 서로 관련시킨다.

정답  06 ②  07 ③  08 ①  09 ①  10 ④  11 ③

③ 출발점은 차고와 가깝게 하고 수거된 마지막 컨테이너가 처분지의 가장 가까이에 위치하도록 배치한다.
④ 가능한 한 지형지물 및 도로경계와 같은 장벽을 사용하여 간선도로 부근에서 시작하고 끝나야 한다.(도로경계 등을 이용)
⑤ 가능한 한 시계방향으로 수거노선을 정한다.
⑥ 적은 양의 쓰레기가 발생하나 동일한 수거빈도를 받기 원하는 적재지점(수거지점)은 가능한 한 같은 날 왕복 내에서 수거한다.
⑦ 아주 많은 양의 쓰레기가 발생되는 발생원은 하루 중 가장 먼저 수거한다.
⑧ 될 수 있는 한 한 번 간 길은 다시 가지 않는다.
⑨ 반복운행 또는 U자형 회전은 피하여 수거한다.
⑩ 교통량이 많거나 출퇴근시간은 피하여 수거한다.
⑪ 수거지점과 수거빈도 결정 시 기존정책이나 규정을 참고한다.

**12** 인구 15만 명, 쓰레기발생량 1.4kg/인·일, 쓰레기 밀도 400kg/m³, 일일 운전시간 6시간, 운반거리 6km, 적재용량 12m³, 1회 운반 소요시간 60분(적재시간, 수송시간 등 포함)일 때 운반에 필요한 일일 소요차량 대수는?(단, 대기 차량 포함, 대기 차량 3대, 압축비 2.0)

① 6  ② 7
③ 8  ④ 11

**풀이** 소요차량(대)
$= \dfrac{\text{하루 폐기물 수거량}}{\text{1일 1대당 운반량}}$

하루 폐기물 수거량 = 1.4kg/인·일 × 150,000인
= 210,000kg/일

1일 1대당 운반량 $= \dfrac{[12m^3/대 \times 6hr/대·일 \times 400kg/m^3 \times 2.0]}{60min/대·hr/60min}$
= 57,600kg/일·대

$= \dfrac{210,000kg/일}{57,600kg/일·대} + 3대 = 6.6(7대)$

**13** 쓰레기 선별에 사용되는 직경이 5.0m인 트롬멜 스크린의 최적 속도는?

① 약 9rpm  ② 약 11rpm
③ 약 14rpm  ④ 약 16rpm

**풀이** 최적회전속도(rpm)
= 임계속도($\eta_c$) × 0.45

임계속도 $= \dfrac{1}{2\pi}\sqrt{\dfrac{9.8}{2.5}}$
= 0.32cycle/sec × 60sec/min
= 18.92cycle/min(rpm)
= 18.92rpm × 0.45 = 8.51rpm

**14** 물렁거리는 가벼운 물질로부터 딱딱한 물질을 선별하는 데 사용하며 경사진 컨베이어를 통해 폐기물을 주입시켜 천천히 회전하는 드럼 위에 떨어뜨려서 분류하는 것은?

① Stoners  ② Jigs
③ Secators  ④ Table

**풀이** Secators
① 경사진 컨베이어를 통해 폐기물을 주입시켜 천천히 회전하는 드럼 위에 떨어뜨려서 선별하는 장치이며 물렁거리는 가벼운 물질(가볍고 탄력 없는 물질)로부터 딱딱한 물질(무겁고 탄력 있는 물질)을 선별하는 데 사용한다.
② 주로 퇴비 중의 유리조각을 추출할 때 이용되는 선별 장치이다.

**15** 청소상태의 평가방법에 관한 설명으로 옳지 않은 것은?

① 지역사회 효과지수는 가로 청소상태의 문제점이 관찰되는 경우 각 10점씩 감점한다.
② 지역사회 효과지수에서 가로 청결상태의 Scale은 1~10으로 정하여 각각 10점 범위로 한다.
③ 사용자 만족도 지수는 서비스를 받는 사람들의 만족도를 설문조사하여 계산되며 설문 문항은 6개로 구성되어 있다.
④ 사용자 만족도 설문지 문항의 총점은 100점이다.

**풀이** 지역사회 효과지수에서 가로 청결상태의 Scale은 0~100점 범위로 한다.

정답  12 ②  13 ①  14 ③  15 ②

**16** 슬러지 수분 중 가장 용이하게 분리할 수 있는 수분의 형태로 옳은 것은?

① 모관결합수  ② 세포수
③ 표면부착수  ④ 내부수

**풀이** 탈수성이 용이한(분리하기 쉬운) 수분형태 순서
모관결합수 > 표면부착수 > 내부수

**17** 40ton/hr 규모의 시설에서 평균크기가 30.5cm인 혼합된 도시폐기물을 최종크기 5.1cm로 파쇄하기 위한 동력은?(단, 평균크기 15.2cm에서 5.1cm로 파쇄하기 위하여 필요한 에너지 소모율은 14.9kW·hr/ton이며 킥의 법칙을 적용함)

① 약 380kW  ② 약 580kW
③ 약 780kW  ④ 약 980kW

**풀이** $E = C\ln\left(\dfrac{L_1}{L_2}\right)$

$14.9\text{kW}\cdot\text{hr/ton} = C\ln\left(\dfrac{15.2}{5.1}\right)$

$C = 13.64\text{kW}\cdot\text{hr/ton}$

$E = 13.64\ln\left(\dfrac{30.5}{5.1}\right) = 24.39\text{kW}\cdot\text{hr/ton}$

동력(kW) $= 24.39\text{kW}\cdot\text{hr/ton} \times 40\text{ton/hr} = 975.8\text{kW}$

**18** 1,000세대(세대당 평균 가족 수 5인)인 아파트에서 배출하는 쓰레기를 3일마다 수거하는 데 적재용량 11.0m³의 트럭 5대(1회 기준)가 소요된다. 쓰레기 단위 용적당 중량이 210kg/m³라면 1인 1일당 쓰레기 배출량은?

① 2.31kg/인·일  ② 1.38kg/인·일
③ 1.12kg/인·일  ④ 0.77kg/인·일

**풀이** 쓰레기배출량(kg/인·일) $= \dfrac{\text{쓰레기 수거량}}{\text{수거인구 수}}$

$= \dfrac{11.0\text{m}^3/\text{대} \times 5\text{대} \times 210\text{kg/m}^3}{1,000\text{세대} \times 5\text{인/세대} \times 3\text{일}}$

$= 0.77\text{kg/인}\cdot\text{일}$

**19** 폐기물 차량 총 중량이 24,725kg, 공차량 중량이 13,725kg이며, 적재함의 크기 L : 400cm, W : 250cm, H : 170cm일 때 차량 적재계수(ton/m³)는?

① 0.757  ② 0.708
③ 0.687  ④ 0.647

**풀이** 적재계수(ton/m³) $= \dfrac{\text{적재 폐기물의 중량}}{\text{적재함의 부피}}$

$= \dfrac{(24,725 - 13,725)\text{kg} \times \text{ton}/1,000\text{kg}}{(4 \times 2.5 \times 1.7)\text{m}^3}$

$= 0.647\text{ton/m}^3$

**20** 인구 500,000인 어느 도시의 쓰레기 발생량 중 가연성이 60%라고 한다. 쓰레기 발생량이 1.2kg/인·일이고, 밀도는 0.8ton/m³, 쓰레기차의 적재용량이 15m³일 때, 가연성 쓰레기를 운반하는 데 필요한 차량은?(단, 차량은 1일 1회 운행 기준)

① 50대/일  ② 30대/일
③ 20대/일  ④ 10대/일

**풀이** 소요차량(대) $= \dfrac{\text{가연성 쓰레기의 총량}}{\text{쓰레기차의 적재용량}}$

$= \dfrac{1.2\text{kg/인}\cdot\text{일} \times 500,000\text{인} \times 0.6}{15\text{m}^3/\text{대} \times 800\text{kg/m}^3} = 30\text{대/일}$

정답  16 ①  17 ④  18 ④  19 ④  20 ②

## 2과목  폐기물처리기술

**21** 합성차수막인 CSPE에 관한 설명으로 옳지 않은 것은?

① 미생물에 강하다.
② 강도가 약하다.
③ 접합이 용이하다.
④ 산과 알칼리에 약하다.

**풀이** 합성차수막 CSPE의 단점은 강도가 낮은 것이다.

**22** 처리용량이 50kL/day인 혐기성 소화식 분뇨 처리장에 가스저장탱크를 설치하고자 한다. 가스 저류시간을 8시간으로 하고 생성 가스양을 투입 분뇨량의 6배로 가정한다면, 가스탱크의 용량은?

① 90m³  ② 100m³
③ 110m³  ④ 120m³

**풀이** 가스탱크용량(m³)
= 처리용량 × 저류시간
= 50kL/day × m³/kL × day/24hr × 8hr × 6
= 100m³

**23** 유해폐기물 고화 처리방법 중 자가시멘트법에 관한 설명으로 옳지 않은 것은?

① 혼합률(MR)이 일반적으로 높다.
② 장치비가 크며 숙련된 기술이 요구된다.
③ 보조에너지가 필요하다.
④ 고농도의 황화물 함유 폐기물에 적용된다.

**풀이** 자가시멘트법(Self-cementing Techniques)
① FGD 슬러지 중 일부(10%)를 생석회화한 후 여기에 소량의 물(수분량 조절역할)과 첨가제를 가하여 폐기물이 스스로 고형화되는 성질을 이용하는 방법이다. 즉, 연소가스 탈황 시 발생된 높은 황화물을 함유한 슬러지 처리에 사용된다.
② 장점
 ㉠ 혼합률(MR)이 비교적 낮다.
 ㉡ 중금속의 고형화 처리에 효과적이다.
 ㉢ 전처리(탈수 등)가 필요 없다.
③ 단점
 ㉠ 장치비가 크며 숙련된 기술이 요구된다.
 ㉡ 보조에너지가 필요하다.
 ㉢ 많은 황화물을 가지는 폐기물에 적합하다.

**24** 함수율 95%인 분뇨의 유기탄소량은 30%/TS이고 총 질소량은 15%/TS이다. 이 분뇨와 혼합할 볏짚의 함수율은 30%이며 유기탄소량은 90%/TS, 총 질소량은 3%/TS이다. 분뇨 : 볏짚을 무게비 2 : 3으로 혼합했을 경우의 C/N비는?

① 약 22.6  ② 약 24.6
③ 약 26.6  ④ 약 28.6

**풀이** C/N비
$= \dfrac{\text{혼합물 중 탄소의 양}}{\text{혼합물 중 질소의 양}}$

혼합물 중 탄소의 양
$= \left[\left(\dfrac{2}{2+3} \times (1-0.95) \times 0.3\right) + \left(\dfrac{3}{2+3} \times (1-0.3) \times 0.9\right)\right]$
$= 0.384$

혼합물 중 질소의 양
$= \left[\left(\dfrac{2}{2+3} \times (1-0.95) \times 0.15\right) + \left(\dfrac{3}{2+3} \times (1-0.3) \times 0.03\right)\right]$
$= 0.0156$

$= \dfrac{0.384}{0.0156} = 24.62$

**25** 내륙매립방법인 셀(Cell) 공법에 관한 설명으로 옳지 않은 것은?

① 화재의 확산을 방지할 수 있다.
② 쓰레기 비탈면의 경사는 15~25%의 기울기로 하는 것이 좋다.
③ 1일 작업하는 셀 크기는 매립장 면적에 따라 결정된다.
④ 발생가스 및 매립층 내 수분의 이동이 억제된다.

**풀이** 셀 매립공법으로 1일 작업하는 셀 크기는 매립처분량에 따라 결정된다.

정답  21 ④  22 ②  23 ①  24 ②  25 ③

**26** 토양수분의 물리학적 분류 중 수분 1,000cm의 물기둥의 압력으로 결합되어 있는 경우는 다음 중 어디에 속하는가?

① 모세관수  ② 흡습수
③ 유효수분  ④ 결합수

풀이) 토양수분의 물리학적 분류
① 결합수(pF 7.0 이상)
② 흡습수(pF 4.5 이상)
③ 모세관수(pF 2.54~4.5)
④ 중력수(pF 2.54 이하)

**27** 친산소성 퇴비화 공정의 설계·운영 시 고려인자에 관한 내용으로 틀린 것은?

① 공기의 채널링이 원활하게 발생하도록 반응기간 동안 규칙적으로 교반하거나 뒤집어 주어야 한다.
② 퇴비단의 온도는 초기 며칠간은 50~55℃를 유지하여야 하며 활발한 분해를 위해서는 55~60℃가 적당하다.
③ 퇴비화 기간 동안 수분함량은 50~60% 범위에서 유지되어야 한다.
④ 초기 C/N비는 25~50이 적정하다.

풀이) 퇴비단의 건조, 덩어리짐, 공기의 채널링 현상을 방지하기 위하여 반응기간 동안에 필요에 따라 규칙적으로 교반하거나 뒤집어 준다.

**28** 쓰레기와 하수처리장에서 얻어진 슬러지를 함께 매립하려고 한다. 쓰레기와 슬러지의 고형물 함량이 각각 80%, 30%라고 하면 쓰레기와 슬러지를 8 : 2로 섞을 때의 이 혼합폐기물의 함수율은? (단, 무게 기준이며 비중은 1.0으로 가정함)

① 30%  ② 50%
③ 70%  ④ 80%

풀이) 혼합함수율(%) = $\frac{(8\times0.2)+(2\times0.7)}{8+2}\times100 = 30\%$

**29** 다음 그림은 쓰레기 매립지에서 발생되는 가스의 성상이 시간에 따라 변하는 과정을 보이고 있다. 곡선 ㉠과 ㉡이 나타내는 가스의 종류로 옳은 것은?

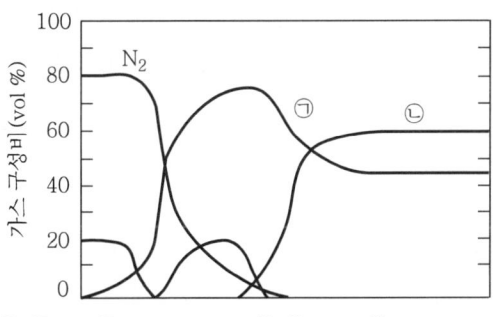

① ㉠ $H_2$ ㉡ $CH_4$   ② ㉠ $CH_4$ ㉡ $CO_2$
③ ㉠ $CO_2$ ㉡ $CH_4$   ④ ㉠ $CH_4$ ㉡ $H_2$

풀이) 매립기간에 따른 발생가스의 조성변화

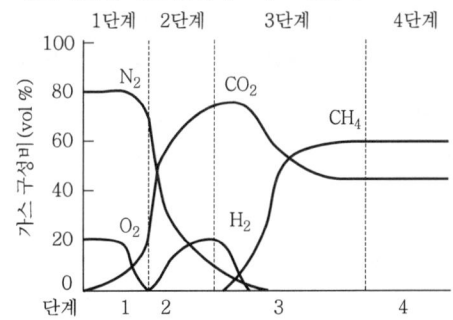

**30** 혐기성 소화조에서 유기물질 90%, 무기물질 10%의 슬러지(고형물 기준)를 소화 처리한 결과 소화슬러지(고형물 기준)는 유기물질 70%, 무기물질 30%로 되었다. 이때 소화율은?

① 약 54%  ② 약 64%
③ 약 74%  ④ 약 84%

풀이) 소화율(%) = $\left(1-\frac{VS_2/FS_2}{VS_1/FS_1}\right)\times100$
$= \left(1-\frac{0.7/0.3}{0.9/0.1}\right)\times100 = 74.07\%$

정답  26 ①  27 ①  28 ①  29 ③  30 ③

**31** 유해폐기물을 고화처리할 때 사용하는 지표인 Mix Ratio(MR 또는 섞음률)는 고화제 첨가량과 폐기물 양의 중량비로 정의된다. 고화 처리 전 폐기물의 밀도가 $1.0g/cm^3$, 고화처리 후 폐기물의 밀도가 $1.2g/cm^3$라면 MR이 0.3일 때 고화처리 후 폐기물의 부피는 처리 전 폐기물의 부피의 몇 배로 되는가?

① 약 1.1   ② 약 1.2
③ 약 1.3   ④ 약 1.4

**풀이** $VCF = (1+MR) \times \dfrac{\rho_r}{\rho_s} = (1+0.3) \times \dfrac{1.0}{1.2} = 1.08$

**32** BOD가 15,000mg/L, $Cl^-$이 800ppm인 분뇨를 희석하여 활성슬러지법으로 처리한 결과 BOD가 60mg/L, $Cl^-$이 40ppm이었다면 활성슬러지법의 처리효율은?(단, 희석수 중에 BOD, $Cl^-$은 없음)

① 90%   ② 92%
③ 94%   ④ 96%

**풀이** BOD 처리효율(%) $= \left(1 - \dfrac{BOD_o}{BOD_i}\right) \times 100$

$BOD_i = 15,000 mg/L \times \dfrac{40}{800} = 750 mg/L$

$= \left(1 - \dfrac{60}{750}\right) \times 100 = 0.92 \times 100 = 92\%$

**33** 매립지의 연직 차수막에 관한 설명으로 옳은 것은?

① 지중에 암반이나 점성토의 불투수층이 수직으로 깊이 분포하는 경우에 설치한다.
② 지하수 집배수시설이 불필요하다.
③ 지하에 매설되므로 차수막 보강시공이 불가능하다.
④ 차수막의 단위면적당 공사비는 적게 소요되나 총 공사비로는 비싸다.

**풀이** 연직차수막
① 적용조건 : 지중에 수평방향의 차수층이 존재할 때 사용
② 시공 : 수직 또는 경사시공
③ 지하수 집배수시설 : 불필요
④ 차수성 확인 : 지하매설로서 차수성 확인이 어려움
⑤ 경제성 : 단위면적당 공사비는 많이 소요되나 총 공사비는 적게 듦
⑥ 보수 : 지중이므로 보수가 어렵지만 차수막 보강시공이 가능
⑦ 공법 종류
  ㉠ 어스 댐 코어 공법
  ㉡ 강널말뚝(sheet pile) 공법
  ㉢ 그라우트 공법
  ㉣ 차수시트 매설 공법
  ㉤ 지중 연속벽 공법

**34** 슬러지를 톤당 5,000원에 위탁 처리하는 배출업소가 있다. 고성능 탈수기를 사용, 함수율을 낮추어 위탁비용을 줄이려 하는 경우 다음 조건하에서 탈수기 사용이 경제적이 되기 위해서는 탈수된 슬러지의 함수율이 얼마 이하가 되어야 하는가?

[조건]
• 탈수 전 슬러지 함수율 : 85%
• 탈수기 사용경비 : 유입슬러지 톤당 2,000원
• 위탁 비용은 슬러지의 함수율에 무관함
• 비중은 1.0 기준

① 81%   ② 79%
③ 77%   ④ 75%

**풀이** 5,000원/ton × (1-0.85)
= (5,000-2,000)원/ton × (1-탈수된 슬러지 함수율)

1-탈수된 슬러지 함수율 = $\dfrac{5,000원/ton \times 0.15}{3,000원/ton}$

탈수된 슬러지 함수율 = 0.75 × 100 = 75%

**35** 평균온도가 20℃인 수거분뇨 20kL/일을 처리하는 혐기성 소화조의 소화온도를 외부 기온에 의해 35℃로 유지하고자 한다. 이때 소요되는 열량(kcal/일)은?(단, 소화조의 열손실은 없는 것으로 간주하고, 분뇨의 비열은 1.1kcal/kg·℃, 비중은 1.02이다.)

정답 31 ① 32 ② 33 ② 34 ④ 35 ②

① $293.8\times10^3$kcal/일  ② $336.6\times10^3$kcal/일
③ $489.6\times10^3$kcal/일  ④ $587.5\times10^3$kcal/일

**풀이** 열량(kcal/일) = 수거분뇨량 × 비열 × 온도차
= 20kL/일 × 1.02kg/L × 1,000L/kL
× 1.1kcal/kg · ℃ × (35 − 20)℃
= $336.6\times10^3$kcal/일

## 36 다음 중 C/N비가 낮은 경우(20 이하)에 대한 설명이 아닌 것은?

① 암모니아 가스가 발생할 가능성이 높아진다.
② 질소원의 손실이 커서 비료효과가 저하될 가능성이 높다.
③ 유기산 생성량의 증가로 pH가 저하된다.
④ 퇴비화 과정 중 좋지 않은 냄새가 발생된다.

**풀이** ① C/N비가 높으면 유기산 등이 퇴비의 pH를 낮추고 미생물의 성장과 활동도 억제되며 질소 부족(C/N비 80 이상이면 질소결핍현상)으로 퇴비화가 잘 형성되지 않아 퇴비화의 소요기간이 길어진다.(폐기물 내 질소함량이 적은 것은 퇴비화가 잘 되지 않는다.)
② C/N비가 20보다 낮으면 유기질소가 암모니아로 변하여 pH를 증가시키고, 이로 인해 암모니아 가스가 발생되어 퇴비화과정 중 악취가 생긴다. C/N비가 20보다 낮으면 질소가 암모니아로 변하여 pH를 증가시킨다.

## 37 생분뇨 농축조에서의 SS 제거량은 농축조 투입 생분뇨 1L당 50,000mg이다. 농축 후 제거된 SS를 탈수하여 감량화하는 경우 탈수기에서 발생하는 탈수액의 양은?(단, 농축조 생분뇨투입량은 100kL/일, 탈수기 유입 SS 슬러지의 수분 97%, 탈수된 SS 슬러지의 수분 70%, 모든 분뇨 및 슬러지의 비중은 1.0으로 한다.)

① $75m^3$/일  ② $110m^3$/일
③ $125m^3$/일  ④ $150m^3$/일

**풀이** 탈수분리액($m^3$/day)
$$= \frac{분뇨}{(1-초기\ 함수율)} - \frac{분뇨}{(1-처리\ 후\ 함수율)}$$

$$= \left(\frac{100kL/day \times 50,000mg/L \times 1,000L/kL \times kg/10^6mg \times m^3/1,000kg}{1-0.97}\right)$$
$$- \left(\frac{100kL/day \times 50,000mg/L \times 1,000L/kL \times kg/10^6mg \times m^3/1,000kg}{1-0.7}\right)$$
$$= 150m^3/day$$

## 38 인구 10만인 도시의 폐기물 발생량이 1kg/c·d이며 발생하는 폐기물을 모두 도랑식으로 매립하려고 한다. 도랑의 깊이가 3m, 폐기물의 밀도가 $400kg/m^3$이며, 매립 시 폐기물의 부피감소율이 40%라고 할 때 연간 필요한 매립토지의 면적은?(단, 1년은 365일이고, 복토량 등 기타 조건은 고려하지 않음)

① $15,250m^2$/년  ② $16,250m^2$/년
③ $17,250m^2$/년  ④ $18,250m^2$/년

**풀이** 연간 매립면적($m^2$/year)
$$= \frac{매립폐기물의\ 양}{폐기물\ 밀도 \times 매립\ 깊이}$$
$$= \left(\frac{1kg/인\cdot일 \times 100,000인 \times 365day/year}{400kg/m^3 \times 3m}\right) \times (1-0.4)$$
$$= 18,250m^2/year$$

## 39 어느 매립지에서 침출된 침출수 농도가 반으로 감소하는 데 약 3.5년이 걸렸다면 이 침출수 농도가 95% 분해되는 데 소요되는 시간은?(단, 침출수 분해 반응은 1차 반응)

① 약 5년  ② 약 10년
③ 약 15년  ④ 약 20년

**풀이** $\ln\frac{C_t}{C_0} = -k \times t$

$\ln 0.5 = -k \times 3.5\text{year}$, $k = 0.198\text{year}^{-1}$

$\ln\frac{5}{100} = -0.198\text{year}^{-1} \times t$

$t = 15.13\text{year}$

정답  36 ③  37 ④  38 ④  39 ③

**40** 다음과 같은 특성을 가진 침출수의 처리에 가장 효율적인 공정은?

[침출수 특성]
COD/TOC<2.0, BOD/COD<0.1, 매립연한 10년 이상, COD 500 이하, 단위 mg/L

① 이온교환수지
② 활성탄
③ 화학적 침전(석회 투여)
④ 화학적 산화

**풀이** 침출수 특성에 따른 처리공정 구분

| | 항목 | I | II | III |
|---|---|---|---|---|
| 침출수특성 | COD(mg/L) | 10,000 이상 | 500~10,000 | 500 이하 |
| | COD/TOC | 2.7(2.8) 이상 | 2.0~2.7 | 2.0 이하 |
| | BOD/COD | 0.5 이상 | 0.1~0.5 | 0.1 이하 |
| | 매립연한 | 초기(5년 이하) | 중간(5~10년) | 오래(고령)됨(10년 이상) |
| 주처리공정 | 생물학적 처리 | 좋음(양호) | 보통 | 나쁨(불량) |
| | 화학적 응집·침전(화학적 침전: 석회투여) | 보통·불량 | 나쁨(불량) | 나쁨(불량) |
| | 화학적 산화 | 보통·나쁨(불량) | 보통 | 보통 |
| | 역삼투(R.O) | 보통 | 좋음(양호) | 좋음(양호) |
| | 활성탄 흡착 | 보통·좋음(양호) | 보통·좋음(양호) | 좋음(양호) |
| | 이온교환 수지 | 나쁨(불량) | 보통·좋음(양호) | 보통 |

## 3과목 폐기물소각 및 열회수

**41** 매시간 4ton의 폐유를 소각하는 소각로에서 발생하는 황산화물을 접촉산화법으로 탈황하고 부산물로 50%의 황산을 회수한다면 회수되는 부산물량(kg/hr)은?(단, 폐유 중 황성분 3%, 탈황률 95%라 가정함)

① 약 500
② 약 600
③ 약 700
④ 약 800

**풀이**
$$S \rightarrow H_2SO_4$$
$$32kg : 98kg$$
$$4ton/hr \times 0.03 \times 0.95 : H_2SO_4(kg/hr) \times 0.5$$
$$H_2SO_4(kg/hr)$$
$$= \frac{4ton/hr \times 0.03 \times 0.95 \times 98kg \times 1,000kg/ton}{32kg \times 0.5}$$
$$= 698.25kg/hr$$

**42** 폐기물을 완전연소시키기 위한 조건인 3T의 내용으로 옳은 것은?

① 온도, 압력, 연소시간
② 온도, 압력, 연소율
③ 온도, 연소시간, 혼합
④ 온도, 압력, 공기량

**풀이** 완전연소조건(3T)
① 온도(Temperature)
② 시간(Time)
③ 혼합(Turbulence)

**43** 소각로에서 열교환기를 이용해 배기가스의 열을 전량 회수하여 급수 예열한다면 급수 입구온도가 20℃일 경우 급수의 출구 온도(℃)는?(단, 배기가스 유량 1,000kg/hr, 급수량 1,000kg/hr, 배기가스 입구온도 400℃, 출구온도 100℃, 물비열 1.03kcal/kg·℃, 배기가스 평균정압비열 0.25kcal/kg·℃)

① 79
② 82
③ 87
④ 93

**풀이** 열량=물질의 양×비열×온도차
수온 상승에 기여하는 열량
$= 1,000kg/hr \times 1.03kcal/kg \cdot ℃ \times (t_0 - 20)℃$
$= 1,030kcal/hr \times (t_0 - 20)℃$
가스의 열교환열량
$= 1,000kg/hr \times 0.25kcal/kg \cdot ℃ \times (400 - 100)℃$
$= 75,000kcal/hr$
$1,030kcal/hr \times (t_0 - 20) = 75,000kcal/hr$
$t_0$(출구온도)$= 92.82℃$

정답 40 ② 41 ③ 42 ③ 43 ④

**44** 어떤 1차 반응에서 1,000초 동안 반응물의 1/2이 분해되었다면 반응물이 1/10 남을 때까지는 얼마의 시간이 소요되겠는가?

① 3,923초
② 3,623초
③ 3,323초
④ 3,023초

**풀이**
$\ln \dfrac{C_t}{C_0} = -k \times t$

$\ln 0.5 = -k \times 1,000 \text{sec}$, $k = 0.000693 \text{sec}^{-1}$

$\ln 0.1 = 0.000693 \text{sec}^{-1} \times t$

$t = 3,322.63 \text{sec}$

**45** 메탄올($CH_3OH$) 5kg을 연소하는 데 필요한 이론공기량($A_o$)은?

① 약 $12 Sm^3$
② 약 $18 Sm^3$
③ 약 $21 Sm^3$
④ 약 $25 Sm^3$

**풀이**
$CH_3OH + 1.5O_2 \rightarrow CO_2 + 2H_2O$

32kg : $1.5 \times 22.4 Sm^3$
5kg : $O_o(Sm^3)$

$O_0(Sm^3) = \dfrac{5kg \times (1.5 \times 22.4)Sm^3}{32kg} = 5.25 Sm^3$

$A_0(Sm^3) = \dfrac{5.25}{0.21} = 25 Sm^3$

**46** 증기 터빈을 증기 이용방식에 따라 분류했을 때의 종류가 아닌 것은?

① 반동 터빈(Reaction Turbine)
② 복수 터빈(Condensing Turbine)
③ 혼합 터빈(Mixed Pressure Turbine)
④ 배압 터빈(Back Pressure Turbine)

**풀이** ① 증기작동방식
  ㉠ 충동터빈(Impulse Turbine)
  ㉡ 반동터빈(Reaction Turbine)
  ㉢ 혼합식 터빈(Combination Turbine)
② 증기이용방식
  ㉠ 배압터빈(Back Pressure Turbine)
  ㉡ 추기배압터빈(Back Pressure Extraction Turbine)
  ㉢ 복수터빈(Condensing Turbine)
  ㉣ 추기복수터빈(Condensing Extraction Turbine)
  ㉤ 혼합터빈(Mixed Pressure Turbine)
③ 증기유동 방향
  ㉠ 축류 터빈(Axial Flow Turbine)
  ㉡ 반경류 터빈(Radial Flow Turbine)

**47** 탄소 85%, 수소 13%, 황 2%의 중유를 공기과잉계수 1.2로 연소시킬 때 건조 배기가스 중의 이산화황의 부피분율은?(단, 황성분은 전량 이산화황으로 전환, 표준상태 기준)

① 약 370ppm
② 약 880ppm
③ 약 1,110ppm
④ 약 1,440ppm

**풀이**
$SO_2(ppm) = \dfrac{0.7S}{G_d} \times 10^6$

$G_d = 1.867C + 0.7S + 0.8N + (m - 0.21)A_o$

$A_o = 8.89C + 26.67H + 3.3S$
$= (8.89 \times 0.85) + (26.67 \times 0.13) + (3.3 \times 0.02) = 11.09 Sm^3/kg$

$= (1.867 \times 0.85) + (0.7 \times 0.02) + [(1.2 - 0.21) \times 11.09]$
$= 12.58 Sm^3/kg$

$= \dfrac{0.7 \times 0.02}{12.58} \times 10^6 = 1,112.88 \text{ppm}$

**48** 로터리 킬른식(Rotary Kiln) 소각로의 단점이라 볼 수 없는 것은?

① 처리량이 적은 경우 설치비가 높다.
② 구형 및 원통형 물질은 완전연소가 끝나기 전에 굴러떨어질 수 있다.
③ 노에서의 공기 유출이 크므로 종종 대량의 과잉 공기가 필요하다.
④ 습식 가스 세정시스템과 함께 사용할 수 있다.

**풀이** 회전로식 소각로(Rotary Kiln Incinerator)
① 장점
  ㉠ 넓은 범위의 액상 및 고상폐기물을 소각할 수 있다.
  ㉡ 전처리(예열, 혼합, 파쇄) 없이 소각물 주입이 가능하다.
  ㉢ 소각에 방해 없이 연속으로 재의 배출이 가능하다.
  ㉣ 동력비 및 운전비가 적다.
  ㉤ 소각물 부하변동에 적응이 가능하다.
② 단점

정답 44 ③  45 ④  46 ①  47 ③  48 ④

㉠ 처리량이 적을 경우 설치비가 높다.
㉡ 후처리장치(대기오염방지장치)에 대한 분진부하율이 높다.
㉢ 비교적 열효율이 낮은 편이다.
㉣ 구형 및 원통형 폐기물은 완전연소 전에 화상에서 이탈할 수 있다.
㉤ 노에서의 공기유출이 크므로 종종 대량의 과잉공기 및 2차연소실이 필요하다.

**49** 다음의 타는 성분(완전연소의 경우) 중 고위발열량(kcal/kg$^3$)이 가장 큰 것은?

① 메탄
② 에탄
③ 프로판
④ 부탄

**풀이** ① 메탄 : 9,530kcal/kg
② 에탄 : 16,810kcal/kg
③ 프로판 : 23,700kcal/kg
④ 부탄 : 32,010kcal/kg

**50** 아래와 같은 조건에서 연료의 이론연소온도는?

[조건]
- 가스연료의 저발열량 : 5,000kcal/Sm$^3$
- 이론습연소가스양 : 8Sm$^3$/Sm$^3$
- 평균정압비열 : 0.32kcal/Sm$^3$·℃
- 연소용 공기 및 연료온도 : 10℃

① 1,923℃
② 1,943℃
③ 1,963℃
④ 1,983℃

**풀이** 이론연소온도(℃)
$$= \frac{저위발열량}{\begin{pmatrix}이론연소가스양\\ \times 연소가스 평균정압비열\end{pmatrix}} + 실제온도$$
$$= \frac{5,000\text{kcal/Sm}^3}{8\text{Sm}^3/\text{Sm}^3 \times 0.32\text{kcal/Sm}^3\cdot\text{℃}} + 10\text{℃}$$
$$= 1,963.13\text{℃}$$

**51** 다음의 집진장치 중 압력손실이 가장 큰 것은?

① 벤투리 스크러버(Venturi Scrubber)
② 사이클론 스크러버(Cyclone Scrubber)
③ 패킹 타워(Packing Tower)
④ 제트 스크러버(Jet Scrubber)

**풀이** 벤투리 스크러버의 압력손실은 300~800mmH$_2$O로 세정식 집진시설 종류 중 가장 크다.

**52** 연소실 내 가스와 폐기물의 흐름에 관한 설명으로 옳지 않은 것은?

① 병류식은 폐기물의 발열량이 낮은 경우에 적합한 형식이다.
② 교류식은 향류식과 병류식의 중간적인 형식이다.
③ 교류식은 중간 정도의 발열량을 가지는 폐기물의 질에 적합하다.
④ 향류식은 폐기물의 이송방향과 연소가스의 흐름이 반대로 향하는 형식이다.

**풀이** 소각로 내 연소가스와 폐기물 흐름에 따른 구분
① 역류식(향류식)
  ㉠ 폐기물의 이송방향과 연소가스의 흐름을 반대로 하는 형식이다.
  ㉡ 난연성 또는 착화하기 어려운 폐기물 소각에 가장 적합한 방식이다.
  ㉢ 열가스에 의한 방사열이 폐기물에 유효하게 작용하므로 수분이 많다.
  ㉣ 후연소 내의 온도저하나 불완전연소가 발생할 수 있다.
  ㉤ 복사열에 의한 건조에 유리하며 저위발열량이 낮은 폐기물에 적합하다.
② 병류식
  ㉠ 폐기물의 이송방향과 연소가스의 흐름방향이 같은 형식이다.
  ㉡ 수분이 적고(착화성이 좋고) 저위발열량이 높을 때 적용한다.
  ㉢ 폐기물의 발열량이 높을 경우 적당한 형식이다.
  ㉣ 건조대에서의 건조효율이 저하될 수 있다.
③ 교류식(중간류식)
  ㉠ 역류식과 병류식의 중간적인 형식이다.
  ㉡ 중간 정도의 발열량을 가지는 폐기물에 적합하다.
  ㉢ 두 흐름이 교차하여 폐기물 질의 변동이 클 때 적합하다.
④ 복류식(2회류식)
  ㉠ 2개의 출구를 가지고 있는 댐퍼의 개폐로 역류식, 병류식, 교류식으로 조절할 수 있는 형식이다.

ⓒ 폐기물의 질이나 저위발열량의 변동이 심할 경우에 적합하다.

## 53 액체 주입형 연소기에 관한 설명으로 옳지 않은 것은?

① 소각재 배출설비가 있어 회분함량이 높은 액상폐기물에도 널리 사용된다.
② 구동장치가 없어서 고장이 적다.
③ 고형분의 농도가 높으면 버너가 막히기 쉽다.
④ 하방점화방식의 경우에는 염이나 입상물질을 포함한 폐기물의 소각이 가능하다.

**풀이** 액체 분무 주입형 소각로(Liquid Injection Incinerator)
① 장점
  ㉠ 광범위한 종류의 액상폐기물을 연소할 수 있다.
  ㉡ 대기오염방지시설 이외에 소각재처리시설이 필요 없다.
  ㉢ 구동장치가 간단하고 고장이 적다.
  ㉣ 운영비가 저렴하다.
  ㉤ 기술개발이 잘 되어 있고 자동화가 용이하다.(가동 이외의 경우 무인운전이 가능)
② 단점
  ㉠ 버너노즐을 이용하여 액체를 미립화하여야 한다.
  ㉡ 완전 연소시켜야 하며 내화물의 파손을 막아야 한다.
  ㉢ 고농도 고형분의 농도가 높으면 버너가 막히기 쉽다.
  ㉣ 대량처리가 어렵다.

[Note] 액체 주입형 연소기는 소각재의 배출설비가 없으므로 회분함량이 낮은 액상폐기물에 사용한다.

## 54 다음 중 고체연료의 장점이 아닌 것은?

① 점화와 소화가 용이하다.
② 인화, 폭발의 위험성이 적다.
③ 가격이 저렴하다.
④ 저장, 운반 시 노천 야적이 가능하다.

**풀이** 고체연료
① 장점
  ㉠ 저장, 취급(수송)이 편리하다.
  ㉡ 야적이 가능하다.
  ㉢ 연소장치가 간단하고 가격이 저렴하다.
  ㉣ 매장량이 풍부하며 연소성이 느린 점을 이용하여 특수목적에 사용할 수 있다.
  ㉤ 인화, 폭발의 위험성이 적다.
② 단점
  ㉠ 전처리가 필요하다.
  ㉡ 완전연소가 곤란하여 회분이 남게 된다.
  ㉢ 연소효율이 낮고 고온을 얻기가 어렵다.
  ㉣ 연소조절이 어렵고 매연이 발생된다.
  ㉤ 착화연소가 곤란하며 연료의 배관수송이 어렵다.
  ㉥ 점화와 소화가 용이하지 않다.

## 55 폐열회수를 위한 열교환기 중 연도에 설치하며, 보일러 전열면을 통하여 연소가스의 여열로 보일러 급수를 예열하여 보일러 효율을 높이는 장치는?

① 재열기
② 절탄기
③ 공기예열기
④ 과열기

**풀이** 절탄기(이코노마이저)
① 폐열회수를 위한 열교환기, 연도에 설치하며 보일러 전열면을 통과한 연소가스의 여열로 보일러 급수를 예열하여 보일러 효율을 높이는 장치이다.
② 급수예열에 의해 보일러수와의 온도차가 감소되므로 보일러드럼에 발생하는 열응력이 감소된다.
③ 급수온도가 낮을 경우, 연소가스 온도가 저하되면 절탄기 저온부에 접하는 가스온도가 노점에 대하여 절탄기를 부식시키는 것을 주의하여야 한다.
④ 절탄기 자체로 인한 통풍저항 증가와 연도의 가스온도 저하로 인한 연도통풍력의 감소를 주의하여야 한다.

## 56 소각로에 폐기물을 투입하는 1시간 중에 투입작업시간 40분, 나머지 20분은 정리시간과 휴식시간으로 한다. 크레인 버킷(Bucket) 용량 4m³, 1회에 투입하는 시간을 120초, 버킷으로 폐기물을 짚었을 때 용적중량은 최대 0.4ton/m³으로 본다면 폐기물의 1일 최대공급능력은?(단, 소각로는 24시간 연속가동)

① 524ton/day
② 684ton/day
③ 768ton/day
④ 874ton/day

**풀이** 최대공급능력(ton/day)
$= 0.4\text{ton/m}^3 \times 4\text{m}^3/\text{회} \times \text{회}/120\text{sec} \times 60\text{sec/min} \times 40\text{min/hr} \times 24\text{hr/day}$
$= 768\text{ton/day}$

정답  53 ①  54 ①  55 ②  56 ③

**57** 다이옥신 방지 및 제어기술에 관한 내용으로 옳지 않은 것은?

① 활성탄과 백 필터를 같이 사용하는 경우에는 분무된 활성탄이 필터 백 표면에 코팅되어 백 필터에서도 흡착이 활발하게 일어난다.
② 활성탄과 백 필터를 같이 사용하는 경우에는 활성탄과 비산재를 분리, 재활용하기 용이하여 활성탄의 사용량이 절감되는 장점이 있다.
③ 촉매에 의한 다이옥신 분해 방식은 활성탄 흡착 처리 방법에 비해 다이옥신을 무해화하기 위한 후처리가 필요 없는 것이 장점이다.
④ 촉매에 의한 다이옥신 분해 방식에 사용되는 촉매는 반응성이 높은 금속 산화물이 주로 사용된다.

풀이) 활성탄과 백 필터를 같이 사용하는 경우에는 활성탄과 비산재를 분리, 재활용하기가 용이하지 않으면 활성탄의 사용량이 증가되는 단점이 있다.

**58** 열분해에 대한 설명으로 옳지 않은 것은?

① 열분해를 통한 연료의 성질을 결정짓는 요소로는 운전온도, 가열속도, 폐기물의 성질 등이다.
② 열분해공정으로부터 아세트산, 아세톤, 메탄올 등과 같은 액체상 물질을 얻을 수 있다.
③ 열분해 온도가 증가할수록 발생가스 내 수소의 구성비는 감소한다.
④ 열분해 온도가 증가할수록 발생가스 내 $CO_2$의 구성비는 감소한다.

풀이) 열분해 온도가 증가할수록 수소 함량은 증가, 이산화탄소 함량은 감소한다.

**59** 메탄의 고위발열량이 9,000kcal/Sm³라면 저위발열량(kcal/Sm³)은?

① 8,640
② 8,440
③ 8,240
④ 8,040

풀이) $H_l(kcal/Sm^3) = H_h - 480 \times nH_2O$
$CH_4 + 2O_2 \rightarrow 2H_2O + CO_2$
$= 9,000 - (480 \times 2) = 8,040 kcal/Sm^3$

**60** 전기집진장치(EP)의 특징으로 옳지 않은 것은?

① 전압변동과 같은 조건변동에 쉽게 적응할 수 있다.
② 회수할 가치성이 있는 입자의 채취가 가능하다.
③ 유지관리가 용이하고 유지비가 저렴하다.
④ 대량의 가스처리가 가능하다.

풀이) 전기집진장치(EP)
① 장점
  ㉠ 집진효율이 높다.(0.01μm 정도 포집 용이, 99.9% 정도 고집진 효율)
  ㉡ 대량의 분진함유가스의 처리가 가능하다.
  ㉢ 압력손실이 적고 미세한 입자까지도 처리가 가능하다.
  ㉣ 운전, 유지·보수비용이 저렴하다.
  ㉤ 고온(500℃ 전후)가스 및 대량가스 처리가 가능하다.
  ㉥ 광범위한 온도범위에서 적용이 가능하며 폭발성 가스의 처리도 가능하다.
  ㉦ 회수가치 입자포집에 유리하고 압력손실이 적어 소요동력이 적다.
  ㉧ 배출가스의 온도강하가 적다.
② 단점
  ㉠ 분진의 부하변동(전압변동)에 적응하기 곤란하고, 고전압으로 안전사고의 위험성이 높다.
  ㉡ 분진의 성상에 따라 전처리시설이 필요하다.
  ㉢ 설치비용이 많이 소요되고 설치공간을 많이 차지한다.
  ㉣ 특정물질을 함유한 분진제거에는 곤란하다.
  ㉤ 가연성 입자의 처리가 곤란하다.

## 4과목    폐기물공정시험기준(방법)

**61** 3,000g의 시료에 대하여 원추 4분법을 5회 조작하면 시료는 약 몇 g이 되는가?

① 31.3
② 62.5
③ 93.8
④ 124.2

풀이) 시료량 = 전체시료량 $\times \left(\dfrac{1}{2}\right)^n = 3,000g \times \left(\dfrac{1}{2}\right)^5$
$= 93.75g$

**62** 폐기물공정시험기준(방법)에 따라 용출 시험한 결과는 함수율 85% 이상인 시료에 한하여 시료의 수분함량을 보정한다. 수분함량이 90%일 때 보정계수는?

① 0.67
② 0.9
③ 1.5
④ 2.0

**풀이** 용출시험결과보정
① 용출시험의 결과는 시료 중의 수분함량 보정을 위해 함수율 85% 이상인 시료에 한하여 보정한다.(시료의 수분함량이 85% 이상이면 용출시험결과를 보정하는 이유는 매립을 위한 최대함수율 기준이 정해져 있기 때문)
② 보정값 $= \dfrac{15}{100 - \text{시료의 함수율(\%)}}$
③ 보정계수 $= \dfrac{15}{100-90} = 1.5$

**63** 폐기물이 1톤 미만 야적되어 있는 적환장에서 채취하여야 할 최소 시료 총량은?(단, 소각재는 아님)

① 100g
② 400g
③ 600g
④ 900g

**풀이** 1ton 미만 시료의 최소 수 6
시료의 양은 1회에 100g 이상 채취
6×100g=600g

**64** 중량법에 의한 기름성분 분석방법에 관한 설명으로 옳지 않은 것은?

① 시료를 직접 사용하거나, 시료에 적당한 응집제 또는 흡착제 등을 넣어 노말헥산 추출물질을 포집한 다음 노말헥산으로 추출한다.
② 이 시험기준의 정량한계는 0.1% 이하로 한다.
③ 폐기물 중의 휘발성이 높은 탄화수소, 탄화수소 유도체, 그리스유상물질 중 노말헥산에 용해되는 성분에 적용한다.
④ 눈에 보이는 이물질이 들어 있을 때에는 제거해야 한다.

**풀이** 기름성분(중량법) 적용
① 비교적 휘발되지 않는 탄화수소 중 노말헥산에 용해되는 성분
② 비교적 휘발되지 않는 탄화수소유도체 중 노말헥산에 용해되는 성분
③ 비교적 휘발되지 않는 그리스유상물질 중 노말헥산에 용해되는 성분

**65** 다음은 시안-이온전극법에 관한 내용이다. ( ) 안에 옳은 내용은?

> 폐기물 중 시안을 측정하는 방법으로 액상폐기물과 고상폐기물을 ( )으로 조절한 후 시안 이온전극과 비교 전극을 사용하여 전위를 측정하고 그 전위차로부터 시안을 정량하는 방법이다.

① pH 2 이하의 산성
② pH 4.5~5.3의 산성
③ pH 10의 알칼리성
④ pH 12~13의 알칼리성

**풀이** 시안-이온전극법
액상폐기물과 고상폐기물을 pH 12~13의 알칼리성으로 조절한 후 시안 이온전극과 비교전극을 사용하여 전위를 측정하고 그 전위차로부터 시안을 정량하는 방법이다.

**66** 기체크로마토그래피에 의한 휘발성 저급염소화 탄화수소류 분석방법에 관한 설명과 가장 거리가 먼 것은?

① 이 실험으로 끓는점이 낮거나 비극성 유기화합물들이 함께 추출되어 간섭현상이 일어난다.
② 이 시험기준에 의해 시료 중에 트리클로로에틸렌($C_2HCl_3$)의 정량한계는 0.008mg/L, 테트라클로로에틸렌($C_2Cl_4$)의 정량한계는 0.002mg/L이다.
③ 디클로로메탄과 같은 휘발성 유기물은 보관이나 운반 중에 격막(Septum)을 통해 시료 안으로 확산되어 시료를 오염시킬 수 있으므로 현장 바탕시료로서 이를 점검하여야 한다.
④ 디클로로메탄과 같이 머무름 시간이 짧은 화합물은 용매의 피크와 겹쳐 분석을 방해할 수 있다.

**정답** 62 ③  63 ③  64 ③  65 ④  66 ①

풀이 휘발성 저급염소화 탄화수소류(기체크로마토그래피법)
이 실험으로 끓는점이 높거나 극성 유기화합물들이 함께 추출되므로 이들 중에는 분석을 간섭하는 물질이 있을 수 있다.

## 67 수소이온농도(유리전극법) 측정을 위한 표준용액 중 가장 강한 산성을 나타내는 것은?

① 수산염 표준액
② 인산염 표준액
③ 붕산염 표준액
④ 탄산염 표준액

풀이 0℃에서 표준액의 pH값
① 수산염 표준액 : 1.67
② 프탈산염 표준액 : 4.01
③ 인산염 표준액 : 6.98
④ 붕산염 표준액 : 9.46
⑤ 탄산염 표준액 : 10.32
⑥ 수산화칼슘 표준액 : 13.43

## 68 다음은 용출시험방법의 용출조작에 관한 내용이다. ( ) 안에 옳은 내용은?

시료용액의 조제가 끝난 혼합액을 상온, 상압에서 진탕횟수가 매분당 약 200회, 진폭이 4~5cm인 진탕기를 사용하여 6시간 연속 진탕한 다음 1.0 $\mu m$의 유리섬유여과지로 여과하고 여과액을 적당량 취하여 용출실험용 시료용액으로 한다. 다만, 여과가 어려운 경우 원심분리기를 사용하여 매분당 ( ) 원심분리한 다음 상징액을 적당량 취하여 용출실험용 시료용액으로 한다.

① 2,000회전 이상으로 20분 이상
② 2,000회전 이상으로 30분 이상
③ 3,000회전 이상으로 20분 이상
④ 3,000회전 이상으로 30분 이상

풀이 용출 조작
① 진탕 : 혼합액을 상온, 상압에서 진탕횟수가 매분당 약 200회, 진폭이 4~5cm의 진탕기를 사용하여 6시간 동안 연속 진탕
⇩
② 여과 : 1.0$\mu m$의 유리 섬유여과지로 여과
⇩
③ 여과액을 적당량 취하여 용출 실험용 시료 용액으로 함

[Note] 여과가 어려운 경우 원심분리기를 사용하여 매분당 3,000회전 이상 20분 이상 원심분리한 다음 상징액을 적당량 취하여 용출실험용 시료용액으로 한다.

## 69 휘발성 저급염소화 탄화수소류를 기체크로마토그래피법으로 측정 시 사용되는 기구 및 기기에 대한 설명으로 틀린 것은?

① 검출기는 전자포획검출기 또는 전해전도검출기를 사용한다.
② 컬럼은 석영제로서 내경 2~3mm, 길이 0.1m의 것을 사용한다.
③ 운반기체는 부피백분율 99.999% 이상의 헬륨(또는 질소)이다.
④ 시료 도입부 온도는 150~250℃ 범위이다.

풀이 휘발성 저급염소화 탄화수소류(기체크로마토그래피법)
① 컬럼 안지름 : 0.20~0.35mm
② 필름 두께 : 0.1~0.5$\mu m$
③ 컬럼 길이 : 15~60m

## 70 폐기물 중에 크롬을 자외선/가시선 분광법으로 측정하는 방법에 대한 내용으로 틀린 것은?

① 흡광도는 540nm에서 측정한다.
② 총 크롬을 다이페닐카바자이드를 사용하여 6가 크롬으로 전환시킨다.
③ 흡광도의 측정값이 0.2~0.8의 범위에 들도록 실험용액의 농도를 조절한다.
④ 크롬의 정량한계는 0.002mg이다.

풀이 크롬(자외선/가시선 분광법)
시료 중에 총 크롬을 과망간산칼륨을 사용하여 6가 크롬으로 산화시킨 다음 산성에서 다이페닐카바자이드와 반응하여 생성되는 적자색 착화합물의 흡광도를 540nm에서 측정하여 총 크롬을 정량하는 방법이다.

정답 67 ① 68 ③ 69 ② 70 ②

**71** 유기물 함량이 비교적 높지 않고 금속의 수산화물, 산화물, 인산염 및 황화물을 함유한 시료에 적용하는 산분해법은?

① 질산 분해법
② 질산-황산 분해법
③ 질산-염산 분해법
④ 질산-과염소산 분해법

**풀이** 질산-염산 분해법
① 적용 : 유기물 함량이 비교적 높지 않고 금속의 수산화물, 산화물, 인산염 및 황화물을 함유하고 있는 시료에 적용한다.
② 용액 산농도 : 약 0.5N

**72** 정도보증/정도관리를 위한 검정곡선 작성법 중 검정곡선 작성용 표준용액과 시료에 동일한 양의 내부표준물질을 첨가하여 시험분석 절차, 기기 또는 시스템의 변동으로 발생하는 오차를 보정하기 위해 사용하는 방법은?

① 상대검정곡선법   ② 표준검정곡선법
③ 절대검정곡선법   ④ 보정검정곡선법

**풀이** 검정곡선 작성법
① 절대검정곡선법(External Standard Method)
  ㉠ 시료의 농도와 지시값과의 상관성을 검정곡선 식에 대입하여 작성하는 방법
  ㉡ 검정곡선은 직선성이 유지되는 농도범위 내에서 제조농도 3~5개를 사용한다.
② 표준물질첨가법(Standard Addition Method)
  ㉠ 시료와 동일한 매질에 일정량의 표준물질을 첨가하여 검정곡선을 작성하는 방법
  ㉡ 매질효과가 큰 시험분석방법에서 분석 대상 시료와 동일한 매질의 표준시료를 확보하지 못한 경우에 매질효과를 보정하여 분석할 수 있는 방법
③ 상대검정곡선법(Internal Standard Calibration)
검정곡선 작성용 표준용액과 시료에 동일한 양의 내부표준물질을 첨가하여 시험분석 절차, 기기 또는 시스템의 변동으로 발생하는 오차를 보정하기 위해 사용하는 방법

**73** 휘발성 고형물이 15%, 고형물이 40%인 경우 강열감량(%) 및 유기물 함량(%)은 각각 얼마인가?

① 75 및 37.5   ② 75 및 47.5
③ 85 및 37.5   ④ 85 및 47.5

**풀이** 강열감량(%) = 휘발성 고형물 + 수분 = 15 + 60 = 75%

유기물 함량(%) = $\dfrac{\text{휘발성 고형물}}{\text{고형물}} \times 100$

$= \dfrac{15}{40} \times 100 = 37.5\%$

**74** 시안을 자외선/가시선 분광법으로 측정할 때 사용하는 발색 관련 시약과 발색된 색은?

① 디페닐카르바지드, 적자색
② 디에틸디티오카르바민산, 황갈색
③ 디티존, 적색
④ 피리딘·피라졸론, 청색

**풀이** 시안-자외선/가시선 분광법
시료를 pH 2 이하의 산성으로 조절한 후에 에틸렌다이아민테트라아세트산나트륨을 넣고 가열 증류하여 시안화합물을 시안화수소로 유출시켜 수산화나트륨용액을 포집한 다음 중화하고 클로라민-T와 피리딘·피라졸론 혼합액을 넣어 나타나는 청색을 620nm에서 측정하는 방법이다.

**75** 다음 중 자외선/가시선 분광법과 원자흡수분광광도법의 두 가지 시험방법으로 모두 분석할 수 있는 항목은?(단, 폐기물공정시험기준(방법)에 준함)

① 시안
② 수은
③ 유기인
④ 폴리클로리네이티드비페닐

**풀이** 수은 적용 가능한 시험방법

| 수은 | 정량한계 | 정밀도(RSD) |
|---|---|---|
| 원자흡수분광광도법 (환원기화법) | 0.0005mg/L | 25% |
| 자외선/가시선 분광법 (디티존법) | 0.001mg | 25% |

**정답** 71 ③   72 ①   73 ①   74 ④   75 ②

**76** 총칙에 관한 내용으로 옳지 않은 것은?

① '정밀히 단다'라 함은 규정된 수치의 무게를 0.1 mg까지 다는 것을 말한다.
② '정확히 취하여'라 하는 것은 규정한 양의 액체를 홀피펫으로 눈금까지 취하는 것을 말한다.
③ '냄새가 없다'라고 기재한 것은 냄새가 없거나, 또는 거의 없는 것을 표시하는 것이다.
④ '방울수'라 함은 20℃에서 정제수 20방울을 적하할 때, 그 부피가 약 1mL 되는 것을 뜻한다.

**풀이** 정밀히 단다
규정된 양의 시료를 취하여 화학저울 또는 미량저울로 칭량함을 말한다.

**77** 폐기물 시료 20g에 고형물 함량이 1.2g이었다면 다음 중 어떤 폐기물에 속하는가?(단, 폐기물의 비중은 1.0)

① 액상폐기물　　② 반액상폐기물
③ 반고상폐기물　④ 고상폐기물

**풀이** 고형물 함량 $= \frac{1.2}{20} \times 100 = 6\%$
반고상폐기물 : 고형물의 함량이 5% 이상 15% 미만

**78** 총칙 내용 중 용어의 정의로 틀린 것은?

① 시험조작 중 '즉시'란 30초 이내에 표시된 조작을 하는 것을 뜻한다.
② 감압 또는 진공이라 함은 따로 규정이 없는 한 15mmHg 이하를 말한다.
③ '항량으로 될 때까지 건조한다'라 함은 같은 조건에서 1시간 더 건조할 때 전후 무게의 차가 g당 0.1mg 이하일 때를 말한다.
④ '비함침성 고상폐기물'이라 함은 금속판, 구리선 등 기름을 흡수하지 않는 평면 또는 비평면 형태의 변압기 내부 부재를 말한다.

**풀이** 항량으로 될 때까지 건조한다
같은 조건에서 1시간 더 건조할 때 전후 무게의 차가 g당 0.3mg 이하를 말한다.

**79** 기체크로마토그래피를 적용한 유기인 분석에 관한 내용으로 틀린 것은?

① 유기인 화합물 중 이피엔, 피라티온, 메틸디메톤, 다이아지논 및 펜토에이트의 측정에 이용된다.
② 유기인의 정량분석에 사용되는 검출기는 질소인 검출기 또는 불꽃광도 검출기이다.
③ 정량한계는 사용하는 장치 및 측정조건에 따라 다르나 각 성분당 0.0005 mg/L이다.
④ 유기인을 정량할 때 주로 사용하는 정제용 컬럼은 활성알루미나 컬럼이다.

**풀이** 유기인(기체크로마토그래피) 정제용 컬럼
① 실리카겔 컬럼
② 플로리실 컬럼
③ 활성탄 컬럼

**80** pH 측정(유리전극법)의 내부 정도관리 주기 및 목표 기준에 대한 설명으로 옳은 것은?

① 시료를 측정하기 전에 표준용액 2개 이상을 보정한다.
② 시료를 측정하기 전에 표준용액 3개 이상을 보정한다.
③ 정도관리 목표(정도관리 항목 : 정밀도)는 ±0.01 이내이다.
④ 정도관리 목표(정도관리 항목 : 정밀도)는 ±0.03 이내이다.

**풀이** pH 측정(유리전극법)의 내부 정도관리 주기 및 목표
① 시료를 측정하기 전에 표준용액 2개 이상을 보정한다.
② 정도관리 목표(정도관리 항목 : 정밀도)는 ±0.05 이내이다.

### 5과목　폐기물관계법규

**81** 폐기물 처분시설 중 차단형 매립시설의 정기검사 항목이 아닌 것은?

① 소화장비 설치·관리실태
② 축대벽의 안정성
③ 사용종료매립지 밀폐상태
④ 침출수 집배수시설의 기능

풀이　차단형 매립시설의 정기검사 항목
　　① 소화장비 설치·관리실태
　　② 축대벽의 안정성
　　③ 빗물·지하수 유입방지 조치
　　④ 사용종료매립지 밀폐상태

**82** 폐기물관리법에 사용하는 용어 설명으로 잘못된 것은?

① "지정폐기물"이란 사업장폐기물 중 폐유·폐산 등 주변 환경을 오염시킬 수 있거나 유해폐기물 등 인체에 위해를 줄 수 있는 해로운 물질로서 환경부령으로 정하는 폐기물을 말한다.
② "의료폐기물"이란 보건·의료기관, 동물병원, 시험·검사기관 등에서 배출되는 폐기물 중 인체에 감염 등 위해를 줄 우려가 있는 폐기물과 인체 조직 등 적출물(摘出物), 실험동물의 사체 등 보건·환경보호상 특별한 관리가 필요하다고 인정되는 폐기물로서 대통령령으로 정하는 폐기물을 말한다.
③ "처리"란 폐기물의 수집, 운반, 보관, 재활용, 처분을 말한다.
④ "처분"이란 폐기물의 소각·중화·파쇄·고형화 등의 중간 처분과 매립하거나 해역으로 배출하는 등의 최종 처분을 말한다.

풀이　지정폐기물
　　사업장폐기물 중 폐유·폐산 등 주변 환경을 오염시킬 수 있거나 의료폐기물 등 인체에 위해를 줄 수 있는 해로운 물질로서 대통령령으로 정하는 폐기물을 말한다.

**83** 사업장폐기물 배출자는 사업장폐기물의 종류와 발생량 등을 환경부령으로 정하는 바에 따라 신고하여야 한다. 이를 위반하여 신고를 하지 아니하거나 거짓으로 신고를 한 자에 대한 과태료 처분 기준은?

① 200만 원 이하　　② 300만 원 이하
③ 500만 원 이하　　④ 1천만 원 이하

풀이　폐기물관리법 제68조 참조

**84** 폐기물의 수집·운반, 재활용 또는 처분을 업으로 하려는 경우와 '환경부령으로 정하는 중요 사항'을 변경하려는 때에도 폐기물처리사업계획서를 제출해야 한다. 폐기물 수집·운반업의 경우 '환경부령으로 정하는 중요 사항'의 변경 항목에 해당하지 않는 것은?

① 영업구역(생활폐기물의 수집·운반업만 해당한다.)
② 수집·운반 폐기물의 종류
③ 운반차량의 수 또는 종류
④ 폐기물 처분시설 설치 예정지

풀이　폐기물 수집·운반업에서 환경부령으로 정하는 중요사항
　　① 대표자 또는 상호
　　② 연락장소 또는 사무실 소재지(지정폐기물 수집·운반업의 경우에는 주차장 소재지를 포함한다)
　　③ 영업구역(생활폐기물의 수집·운반업만 해당한다)
　　④ 수집·운반 폐기물의 종류
　　⑤ 운반차량의 수 또는 종류

**85** 사업장폐기물을 배출하는 사업장 중 대통령령으로 정하는 사업장의 범위에 해당되지 않는 것은?

① 지정폐기물을 배출하는 사업장
② 폐기물을 1일 평균 300킬로그램 이상 배출하는 사업장
③ 폐기물을 1회에 200킬로그램 이상 배출하는 사업장

정답　81 ④　82 ①　83 ④　84 ④　85 ③

④ 일련의 공사 또는 작업으로 폐기물을 5톤(공사를 착공하거나 작업을 시작할 때부터 마칠 때까지 발생하는 폐기물의 양을 말한다) 이상 배출하는 사업장

**풀이** 사업장의 범위
① 「물환경보전법」에 따라 공공폐수처리시설을 설치·운영하는 사업장
② 「하수도법」에 따라 공공하수처리시설을 설치·운영하는 사업장
③ 「하수도법」에 따른 분뇨처리시설을 설치·운영하는 사업장
④ 「가축분뇨의 관리 및 이용에 관한 법률」에 따라 공공처리시설을 설치·운영하는 사업장
⑤ 폐기물처리시설(폐기물처리업의 허가를 받은 자가 설치하는 시설을 포함한다)을 설치·운영하는 사업장
⑥ 지정폐기물을 배출하는 사업장
⑦ 폐기물을 1일 평균 300킬로그램 이상 배출하는 사업장
⑧ 「건설산업기본법」에 따른 건설공사로 폐기물을 5톤(공사를 착공할 때부터 마칠 때까지 발생되는 폐기물의 양을 말한다) 이상 배출하는 사업장
⑨ 일련의 공사(제8호에 따른 건설공사는 제외한다) 또는 작업으로 폐기물을 5톤(공사를 착공하거나 작업을 시작할 때부터 마칠 때까지 발생하는 폐기물의 양을 말한다) 이상 배출하는 사업장

## 86 폐기물 감량화 시설의 종류로 틀린 것은?

① 폐기물 자원화시설  ② 폐기물 재이용시설
③ 폐기물 재활용시설  ④ 공정 개선시설

**풀이** 폐기물 감량화 시설의 종류
① 공정 개선시설
② 폐기물 재이용시설
③ 폐기물 재활용시설
④ 그 밖의 폐기물 감량화 시설

## 87 음식물류 폐기물 발생억제 계획의 수립주기는?

① 1년   ② 2년
③ 3년   ④ 5년

**풀이** 음식물류 폐기물 발생억제 계획의 수립주기는 5년으로 하되, 그 계획에는 연도별 세부추진계획을 포함하여야 한다.

## 88 설치신고대상 폐기물처리시설 기준으로 ( )에 옳은 것은?

> 생물학적 처분시설 또는 재활용시설로서 1일 처분능력 또는 재활용 능력이 (    ) 미만인 시설

① 5톤   ② 10톤
③ 50톤  ④ 100톤

**풀이** 설치신고대상 폐기물처리시설의 규모기준
① 일반소각시설로서 1일 처리능력이 100톤(지정폐기물의 경우에는 10톤) 미만인 시설
② 고온소각시설·열분해시설·고온용융시설 또는 열처리조합시설로서 시간당 처리능력이 100킬로그램 미만인 시설
③ 기계적 처분시설 또는 재활용시설 중 증발·농축·정제 또는 유수분리시설로서 시간당 처리능력이 125킬로그램 미만인 시설
④ 기계적 처분시설 또는 재활용시설 중 압축·파쇄·분쇄·절단·용융 또는 연료화 시설로서 1일 처리능력이 100톤 미만인 시설
⑤ 기계적 처분시설 또는 재활용시설 중 탈수·건조시설, 멸균분쇄시설 및 화학적 처리시설
⑥ 생물학적 처분시설 또는 재활용시설로서 1일 처리능력이 100톤 미만인 시설
⑦ 소각열회수시설로서 1일 재활용능력이 100톤 미만인 시설

## 89 의료폐기물을 제외한 지정폐기물의 보관에 관한 기준 및 방법으로 틀린 것은?

① 지정폐기물은 지정폐기물 외의 폐기물과 구분하여 보관하여야 한다.
② 폐유기용제는 폭발의 위험이 있으므로 밀폐된 용기에 보관하지 않는다.
③ 흩날릴 우려가 있는 폐석면은 습도 조절 등의 조치 후 고밀도 내수성재질의 포대로 2중 포장하거나 견고한 용기에 밀봉하여 흩날리지 아니하도록 보관하여야 한다.
④ 지정폐기물은 지정폐기물에 의하여 부식되거나 파손되지 아니하는 재질로 된 보관시설 또는 보관용기를 사용하여 보관하여야 한다.

**풀이** 폐유기용제는 휘발되지 아니하도록 밀폐된 용기에 보관하여야 한다.

## 90 관련 법을 위반한 폐기물처리업자로부터 과징금으로 징수한 금액의 사용용도로서 적합하지 않은 것은?

① 광역 폐기물처리시설의 확충
② 폐기물처리 관리인의 교육
③ 폐기물처리시설의 지도 · 점검에 필요한 시설 · 장비의 구입 및 운영
④ 폐기물의 처리를 위탁한 자를 확인할 수 없는 폐기물로 인하여 예상되는 환경상 위해를 제거하기 위한 처리

**풀이** 폐기물처리업자의 과징금 사용용도
① 광역 폐기물처리시설(지정폐기물 공공 처리시설을 포함한다)의 확충
② 공공 재활용기반시설의 확충
③ 법 제13조 또는 제13조의2를 위반하여 처리한 폐기물 중 그 폐기물을 처리한 자나 그 폐기물의 처리를 위탁한 자를 확인할 수 없는 폐기물로 인하여 예상되는 환경상 위해를 제거하기 위한 처리
④ 폐기물처리업자나 폐기물처리시설의 지도 · 점검에 필요한 시설 · 장비의 구입 및 운영

## 91 폐기물처리업에 관한 설명으로 틀린 것은?

① 폐기물 수집 · 운반업 : 폐기물을 수집하여 재활용 또는 처분 장소로 운반하거나 폐기물을 수출하기 위하여 수집 · 운반하는 영업
② 폐기물 중간재활용법 : 폐기물 재활용시설을 갖추고 중간가공 폐기물을 만드는 영업
③ 폐기물 최종처분업 : 폐기물 최종처분시설을 갖추고 폐기물을 매립 등(해역 배출은 제외한다)의 방법으로 최종처분하는 영업
④ 폐기물 종합처분업 : 폐기물 재활용시설을 갖추고 중간재활용업과 최종재활용업을 함께하는 영업

**풀이** 폐기물처리업의 업종 구분과 영업내용
① 폐기물 수집 · 운반업
폐기물을 수집하여 재활용 또는 처분 장소로 운반하거나 폐기물을 수출하기 위하여 수집 · 운반하는 영업
② 폐기물 중간처분업
폐기물 중간처분시설을 갖추고 폐기물을 소각 처분, 기계적 처분, 화학적 처분, 생물학적 처분, 그 밖에 환경부장관이 폐기물을 안전하게 중간처분할 수 있다고 인정하여 고시하는 방법으로 중간처분하는 영업
③ 폐기물 최종처분업
폐기물 최종처분시설을 갖추고 폐기물을 매립 등(해역 배출은 제외한다)의 방법으로 최종처분하는 영업
④ 폐기물 종합처분업
폐기물 중간처분시설 및 최종처분시설을 갖추고 폐기물의 중간처분과 최종처분을 함께하는 영업
⑤ 폐기물 중간재활용업
폐기물 재활용시설을 갖추고 중간가공 폐기물을 만드는 영업
⑥ 폐기물 최종재활용업
폐기물 재활용시설을 갖추고 중간가공 폐기물을 용도 또는 방법으로 재활용하는 영업
⑦ 폐기물 종합재활용업
폐기물 재활용시설을 갖추고 중간재활용업과 최종재활용업을 함께하는 영업

## 92 주변지역 영향 조사대상 폐기물처리시설(폐기물 처리업자가 설치, 운영하는 시설) 기준으로 ( )에 알맞은 것은?

매립면적 ( )제곱미터 이상의 사업장 일반폐기물 매립시설

① 3만  ② 5만
③ 10만  ④ 15만

**풀이** 주변지역 영향 조사대상 폐기물처리시설 기준
① 1일 처리능력이 50톤 이상인 사업장폐기물 소각시설(같은 사업장에 여러 개의 소각시설이 있는 경우에는 각 소각시설의 1일 처리능력의 합계가 50톤 이상인 경우를 말한다.)
② 매립면적 1만 제곱미터 이상의 사업장 지정폐기물 매립시설
③ 매립면적 15만 제곱미터 이상의 사업장 일반폐기물 매립시설
④ 시멘트 소성로(폐기물을 연료로 사용하는 경우로 한정한다.)
⑤ 1일 재활용능력이 50톤 이상인 사업장폐기물 소각열회수시설(같은 사업장에 여러 개의 소각열회수시

설이 있는 경우에는 각 소각열회수시설의 1일 재활용능력의 합계가 50톤 이상인 경우를 말한다)

## 93 폐기물매립시설의 사후관리계획서에 포함되어야 할 내용으로 틀린 것은?

① 토양조사계획
② 지하수 수질조사계획
③ 빗물배제계획
④ 구조물 및 지반 등의 안정도 유지계획

**풀이** 폐기물 매립시설 사후관리계획서의 포함사항
① 폐기물처리시설 설치·사용 내용
② 사후관리 추진일정
③ 빗물배제계획
④ 침출수 관리계획(차단형 매립시설은 제외한다.)
⑤ 지하수 수질조사계획
⑥ 발생가스 관리계획(유기성 폐기물을 매립하는 시설만 해당한다.)
⑦ 구조물과 지반 등의 안정도 유지계획

## 94 폐기물처리업의 변경허가를 받아야 하는 중요사항으로 틀린 것은?(단, 폐기물 중간처분업, 폐기물 최종처분업 및 폐기물 종합처분업인 경우)

① 주차장 소재지의 변경
② 운반차량(임시차량은 제외한다.)의 증차
③ 처분대상 폐기물의 변경
④ 폐기물 처분시설의 신설

**풀이** 폐기물처리업의 변경허가를 받아야 할 중요사항
폐기물 중간처분업, 폐기물 최종처분업 및 폐기물 종합처분업
① 처분대상 폐기물의 변경
② 폐기물 처분시설 소재지의 변경
③ 운반차량(임시차량은 제외한다.)의 증차
④ 폐기물 처분시설의 신설
⑤ 처분용량의 100분의 30 이상의 변경(허가 또는 변경허가를 받은 후 변경되는 누계를 말한다.)
⑥ 주요 설비의 변경(다만 다음 ㉠부터 ㉣까지의 경우만 해당한다.)
  ㉠ 폐기물 처분시설의 구조 변경으로 인하여 별표 9 제1호 나목 2) 가)의 (1)·(2), 나)의 (1)·(2), 다)의 (2)·(3), 라)의 (1)·(2)의 기준이 변경되

는 경우
㉡ 차수시설·침출수 처리시설이 변경되는 경우
㉢ 별표 9 제2호 나목 2) 바)에 따른 가스처리시설 또는 가스활용시설이 설치되거나 변경되는 경우
㉣ 배출시설의 변경허가 또는 변경신고의 대상이 되는 경우
⑦ 매립시설 제방의 증·개축
⑧ 허용보관량의 변경

## 95 폐기물처리업의 시설·장비·기술능력의 기준 중 폐기물 수집·운반업(지정 폐기물 중 의료폐기물을 수집·운반하는 경우) 장비 기준으로 (  )에 옳은 것은?

적재능력 ( ㉠ ) 이상의 냉장차량(섭씨 4도 이하인 것을 말한다.) ( ㉡ ) 이상

① ㉠ 0.25톤  ㉡ 5대
② ㉠ 0.25톤  ㉡ 3대
③ ㉠ 0.45톤  ㉡ 5대
④ ㉠ 0.45톤  ㉡ 3대

**풀이** 지정폐기물 중 의료폐기물을 수집·운반하는 경우 기준
① 장비
  ㉠ 적재능력 0.45톤 이상의 냉장차량(섭씨 4도 이하인 것을 말한다. 이하 같다) 3대 이상
  ㉡ 약물소독장비 1식 이상
② 주차장 : 모든 차량을 주차할 수 있는 규모
③ 연락장소 또는 사무실

## 96 기술관리인을 두어야 하는 폐기물 처리시설이 아닌 것은?

① 폐기물에서 비철금속을 추출하는 용해로서 시간당 재활용능력이 600킬로그램 이상인 시설
② 소각열회수시설로서 시간당 재활용능력이 500킬로그램 이상인 시설
③ 압축·파쇄·분쇄 또는 절단시설로서 1일 처분능력 또는 재활용 능력이 100톤 이상인 시설
④ 사료화·퇴비화 또는 연료화시설로서 1일 재활용능력이 5톤 이상인 시설

**풀이** 기술관리인을 두어야 하는 폐기물 처리시설
① 매립시설의 경우
  ㉠ 지정폐기물을 매립하는 시설로서 면적이 3천 300제곱미터 이상인 시설. 다만, 차단형 매립시설에서는 면적이 330제곱미터 이상이거나 매립용적이 1천 세제곱미터 이상인 시설로 한다.
  ㉡ 지정폐기물 외의 폐기물을 매립하는 시설로서 면적이 1만 제곱미터 이상이거나 매립용적이 3만 세제곱미터 이상인 시설
② 소각시설로서 시간당 처리능력이 600킬로그램(감염성 폐기물을 대상으로 하는 소각시설의 경우에는 200킬로그램) 이상인 시설
③ 압축·파쇄·분쇄 또는 절단시설로서 1일 처리능력 또는 재활용 능력이 100톤 이상인 시설
④ 사료화·퇴비화 또는 연료화시설로서 1일 재활용능력이 5톤 이상인 시설
⑤ 멸균·분쇄시설로서 시간당 처리능력이 100킬로그램 이상인 시설
⑥ 시멘트 소성로
⑦ 용해로(폐기물에 비철금속을 추출하는 경우로 한정한다.)로서 시간당 재활용능력이 600킬로그램 이상인 시설
⑧ 소각열회수시설로서 시간당 재활용능력이 600킬로그램 이상인 시설

## 97 환경부령으로 정하는 재활용시설과 가장 거리가 먼 것은?

① 재활용가능자원의 수집·운반·보관을 위하여 특별히 제조 또는 설치되어 사용되는 수집·운반 장비 또는 보관시설
② 재활용제품의 제조에 필요한 전처리 장치·장비·설비
③ 유기성 폐기물을 이용하여 퇴비·사료를 제조하는 퇴비화·사료화 시설 및 에너지화 시설
④ 생활폐기물 중 혼합폐기물의 소각시설

**풀이** 환경부령으로 정하는 재활용시설
[자원의 절약과 재활용촉진에 관한 법률 시행규칙]
① 재활용가능자원의 수집·운반·보관을 위하여 특별히 제조 또는 설치되어 사용되는 수집·운반 장비 또는 보관시설
② 재활용가능자원의 효율적인 운반 또는 가공을 위한 압축시설, 파쇄시설, 용융시설 등의 중간가공시설
③ 재활용제품의 제조에 필요한 전처리 장치·장비·설비
④ 재활용제품을 제조·가공·보관하는 데 사용되는 장치·장비·시설
⑤ 유기성 폐기물을 이용하여 퇴비·사료를 제조하는 퇴비화·사료화 시설 및 에너지화 시설
⑥ 폐기물 중간재활용업, 폐기물 최종재활용업, 폐기물 종합재활용업의 허가를 받은 자와 폐기물처리 신고자가 폐기물의 재활용에 사용하는 시설 및 장비
⑦ 건설폐기물 중간처리업 허가를 받은 자가 건설폐기물의 재활용에 사용하는 시설 및 장비

## 98 폐기물 운반자는 배출자로부터 폐기물을 인수받은 날로부터 며칠 이내에 전자정보처리프로그램에 입력하여야 하는가?

① 1일  ② 2일
③ 3일  ④ 5일

**풀이** 폐기물 운반자는 배출자로부터 폐기물을 인수받은 날로부터 2일 이내에 전자정보처리프로그램에 입력하여야 한다.

## 99 최종처분시설 중 관리형 매립시설의 관리 기준에 관한 내용으로 ( )에 옳은 내용은?

매립시설 주변의 지하수 검사정 및 빗물·지하수배제시설의 수질검사 또는 해수수질검사는 해당 매립시설의 사용시작 신고일 2개월 전부터 사용시작 신고일까지의 기간 중에는 ( ㉠ ), 사용시작 신고일 후부터는 ( ㉡ ) 각각 실시하여야 하며, 검사 실적을 매년 ( ㉢ )까지 시·도지사 또는 지방환경관서의 장에게 보고하여야 한다.

① ㉠ 월 1회 이상, ㉡ 분기 1회 이상, ㉢ 1월 말
② ㉠ 월 1회 이상, ㉡ 반기 1회 이상, ㉢ 12월 말
③ ㉠ 월 2회 이상, ㉡ 분기 1회 이상, ㉢ 1월 말
④ ㉠ 월 2회 이상, ㉡ 반기 1회 이상, ㉢ 12월 말

**풀이** 관리형 매립시설의 관리기준
매립시설 주변의 지하수 검사정 및 빗물·지하수배제시설의 수질검사 또는 해수수질검사는 해당 매립시설의 사용시작 신고일 2개월 전부터 사용시작 신고일까지의

정답  97 ④  98 ②  99 ①

기간 중에는 월 1회 이상, 사용시작 신고일 후부터는 분기 1회 이상 각각 실시하여야 하며, 검사실적을 매년 1월 말까지 시·도지사나 지방환경관서의 장에게 보고하여야 한다.

**100** 폐기물처리시설(소각시설, 소각열회수시설이나 멸균분쇄시설)의 검사를 받으려는 자가 해당 검사기관에 검사신청서와 함께 첨부하여 제출하여야 하는 서류와 가장 거리가 먼 것은?

① 설계도면
② 폐기물조성비 내용
③ 설치 및 장비확보 명세서
④ 운전 및 유지관리계획서

**풀이** 검사신청서 첨부서류(소각시설, 소각열회수시설, 멸균분쇄시설)
  ① 설계도면
  ② 폐기물조성비 내용
  ③ 운전 및 유지관리계획서

정답 100 ③

## 폐기물처리 기사 필기

**발행일** | 2013. 1. 20 초판발행
2013. 5. 30 개정 1판1쇄
2014. 1. 15 개정 2판1쇄
2015. 1. 15 개정 3판1쇄
2016. 1. 15 개정 4판1쇄
2017. 1. 15 개정 5판1쇄
2018. 1. 20 개정 6판1쇄
2019. 1. 20 개정 7판1쇄
2020. 1. 20 개정 8판1쇄
2021. 1. 15 개정 9판1쇄
2022. 1. 30 개정 10판1쇄
2023. 1. 30 개정 11판1쇄
2024. 1. 10 개정 12판1쇄
2024. 3. 30 개정 13판1쇄
2025. 1. 10 개정 14판1쇄
2026. 1. 20 개정 15판1쇄

**저 자** | 서영민
**발행인** | 정용수
**발행처** | 예문사

**주 소** | 경기도 파주시 직지길 460(출판도시) 도서출판 예문사
**T E L** | 031) 955-0550
**F A X** | 031) 955-0660
**등록번호** | 11-76호

- 이 책의 어느 부분도 저작권자나 발행인의 승인 없이 무단 복제하여 이용할 수 없습니다.
- 파본 및 낙장은 구입하신 서점에서 교환하여 드립니다.
- 예문사 홈페이지 http : //www.yeamoonsa.com

**정가 : 43,000원**
ISBN 978-89-274-6004-6  13530